Anonymus

Sitzungsberichte und Abhandlungen

der naturwissenschaftlichen Gesellschaft Isis in Dresden

Anonymus

Sitzungsberichte und Abhandlungen
der naturwissenschaftlichen Gesellschaft Isis in Dresden

ISBN/EAN: 9783741172083

Hergestellt in Europa, USA, Kanada, Australien, Japan

Cover: Foto ©berggeist007 / pixelio.de

Manufactured and distributed by brebook publishing software
(www.brebook.com)

Anonymus

Sitzungsberichte und Abhandlungen

Sitzungsberichte und Abhandlungen

der

Naturwissenschaftlichen Gesellschaft

ISIS

in Dresden.

Herausgegeben

von dem Redactions-Comité.

Jahrgang 1898.

Mit 1 Tafel und 32 Abbildungen im Text.

Dresden.

In Commission der K. Sächs. Hofbuchhandlung H. Burdach.

Sitzungsberichte

der

Naturwissenschaftlichen Gesellschaft

ISIS

in Dresden.

1898.

Sitzungsberichte

der

Naturwissenschaftlichen Gesellschaft

ISIS

in Dresden.

1898.

I. Section für Zoologie.

Erste Sitzung am 13. Januar 1898. Vorsitzender: Prof. Dr. H. Nitsche. — Anwesend 27 Mitglieder.

Lehrer Cl. Vogel spricht über Bastardirungsvorgänge bei Säugethieren.

Director A. Schöpf giebt im Anschluss hieran Mittheilungen über Kreuzungsversuche im Dresdner zoologischen Garten und

Prof. Dr. H. Nitsche erwähnt noch die angeblich in Südamerika häufigeren und von den Franzosen „*chabin*" genannten Kreuzungen von Ziege und Schaf.

Prof. Dr. H. Nitsche spricht ferner über Entwickelung und Wechsel der Hörner bei der amerikanischen Gabelantilope (*Antilocapra americana*) und berichtet unter Vorlage mikroskopischer Präparate über seine histologischen Untersuchungen ihrer Hornscheide.

Zweite Sitzung am 3. März 1898. Vorsitzender: Prof. Dr. H. Nitsche. — Anwesend 26 Mitglieder.

Prof. Dr. H. Nitsche widmet dem am 6. Februar 1898 verstorbenen Ehrenmitgliede der Isis Prof. Dr. R. Leuckart einen Nachruf. Die Versammlung ehrt das Andenken des berühmten Verstorbenen durch Erheben von den Sitzen.

Institutsdirector Th. Reibisch zeigt und bespricht von Dr. Th. Wolf gesammelte und von dem Redner bearbeitete Binnenconchylien aus Ecuador.

Prof. Dr. H. Nitsche erläutert die Wandelungen, welche die Linné'sche Systematik der Säugethiere in den verschiedenen Ausgaben des „Systema naturae" durchgemacht hat, unter Vorlegung der wichtigeren Ausgaben dieses Werkes und eines in seinem Privatbesitz befindlichen Collegienheftes nach den Vorlesungen Linné's vom Jahre 1748.

Dritte Sitzung am 5. Mai 1898. Vorsitzender: Prof. Dr. H. Nitsche. — Anwesend 36 Mitglieder.

Prof. Dr. H. Nitsche spricht über die elektrischen Fische und erläutert seinen Vortrag durch Spirituspräparate und eine Tafel.

Dr. J. Thallwitz giebt im Anschluss Auskunft über die von ihm in der zoologischen Station zu Neapel beobachtete Stärke der Schläge des Zitterrochens.

Institutsdirector Th. Reibisch und Prof. Dr. R. Ebert stellen einige in der „Zoologie“ von C. Baenitz, Berlin 1880, 8°, befindliche Angaben über Purpurschnecke und Bandwurm richtig.

Institutsdirector Th. Reibisch berichtet über die Einführung von *Helix candicans* im Plauenschen Grunde.

Helix (Xerophila) candicans Ziegl., welche neuerdings auf einer Höhe neben dem Plauenschen Grunde gesammelt worden ist, gehört ursprünglich nicht in die sächsische Fauna. Weder Rossmaessler noch Andere gedenken ihrer in dieser Beziehung. Zur Erklärung dieses neuen Vorkommens theilt der Vortragende mit, dass er vor ungefähr 60 Jahren die Bekanntschaft eines Herrn Karl Ernst gemacht habe, welcher die Rossmaessler'sche Iconographie eifrig studirte und fleissig darnach sammelte. Auf den vielen Sammeltouren, welche derselbe ausführte, prägte er sich auch die Bodenformen und deren Bestandtheile, wo seine Lieblinge vorkamen, besonders ein. Einstmals, beim Besuche des „Weissen Berges“ bei Prag, fand er eine ähnliche Bergform wie hier am „Plauenschen Grunde“ und fragte sich dabei: Ob wohl die Schnecken, die am „Weissen Berge“ vorkommen, auch am „Plauenschen Grunde“ leben können? Um eine bestimmte Antwort auf seine Frage zu erhalten, sammelte er eine Menge Schnecken, die er für *Helix ericetorum* Müll. hielt, und siedelte dieselben als Colonisten auf der genannten Höhe an, wo sie noch heute lustig gedeihen.

II. Section für Botanik.

Erste Sitzung am 20. Januar 1898. Vorsitzender: Prof. Dr. O. Drude. — Anwesend 27 Mitglieder, 2 Gäste.

Prof. Dr. O. Drude trägt vor über die Milchsaftröhren der Euphorbien, unter Vorführung eines abgeschnittenen Busches aus dem K. Botanischen Garten und zahlreicher mikroskopischer Präparate von *Euphorbia piscatoria* Ait., die letzteren hergestellt von Herrn R. Pohle, Assistenten am botanischen Institut der K. Technischen Hochschule.

Hieran schliesst derselbe Mittheilungen über den gegenwärtigen Stand der Nomenclaturfrage, insbesondere über die sehr massvoll gehaltene Erklärung der Beamten des Berliner botanischen Gartens und Museums.

Dr. B. Schorler trägt vor über den Antheil der Pflanzen an der Selbstreinigung der Flüsse, speciell der Elbe bei Dresden.

Eine ausführliche Untersuchung über dieses Gegenstand ist zunächst als Gutachten an den Stadtrath zu Dresden vom Vortragenden ergangen und wird weiterhin verfolgt werden. Dieselbe befindet sich auch an anderer Stelle in Druck.

Zweite Sitzung am 10. März 1898. Vorsitzender: Prof. Dr. O. Drude. — Anwesend 41 Mitglieder, 2 Gäste.

Dr. R. Walther, Privatdocent für Chemie an der K. Technischen Hochschule, bespricht den von ihm construirten neuen Desinfectionsapparat, welcher geschlossene Räume mit dampfförmig zerstäubtem Formaldehyd zu erfüllen bestimmt ist, und theilt die von Dr. med. A. Schlossmann ausgeführten Controlen über die energische Wirkung auf die lebensfähigsten Bakterien in Kürze mit.

Assistent R. Pohle hat im botanischen Laboratorium eine mikroskopische Demonstration des Heu-Bakteriums: *Bacillus subtilis*, mit intensiver Geisselfärbung veranstaltet und bespricht das hierbei angewandete Tinctionsverfahren.

Prof. Dr. O. Drude hält, anknüpfend an die ausführlichen Mittheilungen von Nobbe in der November-Hauptversammlung 1896, einen kurz zusammenfassenden Vortrag über die jetzigen Anschauungen, welche der stickstoffsammelnden Thätigkeit der in den Leguminosen-Knöllchen vegetirenden Bodenbakterien gelten, besonders über die Frage nach Symbiose oder parasitärer Infection mit späterem für die Ernährung günstigen Erfolge.

Vorgelegt werden Prof. Dr. A. Fischer's Vorlesungen über Bakterien.

Dritte Sitzung am 12. Mai 1898. Vorsitzender: Prof. Dr. O. Drude. — Anwesend 40 Mitglieder, 5 Gäste.

Dr. med. J. Gründler hat mit 20 aufgestellten Mikroskopen, unter welchen die doppelte Anzahl auserlesener Präparate seiner selbst verfertigten Sammlung vorgeführt wird, einen grossen Demonstrationsvortrag über Bacillariaceen (Diatomeen) vorbereitet.

Der Vortragende erläutert das für die Aufbewahrung und den Einschluss der Bacillariaceen übliche Verfahren und die Herstellung der sogen. Typenplatten, veranschaulicht ausserdem den Gegenstand durch zahlreiche Tafelwerke seiner Privatbibliothek.

Assistent R. Pohle hält darauf eine zweite mikroskopische Demonstration über den Beginn der Cambium-Thätigkeit bei *Populus canadensis*, verfolgt an einem dieser Beobachtung im botanischen Garten gewidmeten Exemplare im April und der ersten Mai-Dekade dieses Jahres.

Vorgelegt werden von Herrn F. Fritzsche mehrere Blüthen-Abnormitäten, besonders die *Convallaria majalis* fl. *roseo* von dem Original-Standorte in der Lössnitz, sowie

vom Vorsitzenden verschiedene neuere Werke: Annals of R. Garden, Calcutta; F. von Müller: Salsolaceous plants; Tschirch: Anatomischer Atlas u. a. m.

III. Section für Mineralogie und Geologie.

Erste Sitzung am 3. Februar 1898. Vorsitzender: Prof. Dr. E. Kalkowsky. — Anwesend 41 Mitglieder und Gäste.

Der Vorsitzende bespricht die Zwillingsbildungen des Quarzes unter Vorlegung von Zwillingen mit gekreuzten Axensystemen aus Japan und von Doppelzwillingen von Amethyst aus Brasilien nebst Präparaten.

Sodann bespricht er ausführlich das Werk von Dr. Alphons Stübel: Die Vulkanberge von Ecuador, Berlin 1897, 4°.

Zweite Sitzung am 17. März 1898. Vorsitzender: Prof. Dr. E. Kalkowsky. — Anwesend 29 Mitglieder und Gäste.

Der Vorsitzende macht zu der von Herrn W. Putscher ausgestellten Edelsteinsuite einige allgemeine Bemerkungen über den Begriff der Edelsteine und ihren Werth.

Dr. W. Bergt hält seinen angekündigten Vortrag über die Geologie der Antillen.

Prof. Dr. E. Kalkowsky bespricht die zweite Hälfte der von Oberlehrer Dr. R. Nessig als Programmschrift des Realgymnasiums zu Dresden-Neustadt ausgearbeiteten „Geologischen Excursionen in der Umgegend von Dresden“.

Prof. H. Engelhardt legt vor den ersten Theil des zweiten Bandes der Beschreibung der unter der Leitung von E. von Drygalski 1891—1893 ausgeführten Grönland-Expedition und

berichtet über seine neuesten Untersuchungen von Pflanzen aus dem Polirschiefer von Sullodilz in Böhmen.

Dritte Sitzung am 9. Juni 1898. Vorsitzender: Privatdocent Dr. W. Bergt. — Anwesend 32 Mitglieder und Gäste.

Oberlehrer Dr. R. Nessig hält einen Vortrag über Studien über den Dresdner Haidesand. (Vergl. Abhandlung II.)

Dr. E. Naumann berichtet über Concretionen im Glacialmergel von Sellbu in Norwegen und von den Imatrafällen in Finnland.

Der Vorsitzende legt vor die neueste Arbeit von Geh. Rath Prof. Dr. H. B. Geinitz: Die Calamarien der Steinkohlenformation und des Rothliegenden im Dresdner K. Mineralogisch-geologischen Museum, Leipzig 1898, 4°, und

macht im Anschluss daran einige allgemeine Bemerkungen über die Bestimmung von Calamiten.

IV. Section für prähistorische Forschungen.

Erste Sitzung am 10. Februar 1898. Vorsitzender: Dr. J. Deichmüller. — Anwesend 27 Mitglieder.

Prof. Dr. H. Nitsche spricht über die sogenannten Welzikonstäbe als angeblichen Beweis für die Existenz des Menschen zur Interglacialzeit in der Schweiz.

Die in den interglacialen Schieferkohlen von Wetzikon bei Zürich gefundenen, angeblich durch Menschenhand zugespitzten Holzstücke, welche Rütimeyer für Zeugen der Existenz des Menschen zur Interglacialzeit in Europa erklärte, sind nach den neuesten Untersuchungen von C. Schröter (Festschr. d. naturforsch. Ges. Zürich, 1896, 2. Th., S. 407 u. f.) nur herausgewitterte Aeste von Fichte und Kiefer, sogen. „Hornäste“, ohne jede Spur menschlicher Bearbeitung. Der Vortragende legt verschiedene derartige, aus der Sammlung der K. Forstakademie Tharandt stammende Hornäste, theils ausgewitterte, theils noch im Stammholz sitzende, vor.

Hieran schliesst derselbe Bemerkungen über uralte, bis heute im Norden und Osten von Europa erhaltene Formen von Angelgeräthen, verbunden mit Demonstrationen und der Vorlage von Schriften von O. Grimm: Der erste Fischer und die erste Angel, und von F. Trybom: Angelhaken von Holz aus den Scheeren von Norbotten (Tidning für Idrott., No. 24, 1888).

Diese Geräthe, die von den Karelen an den Nowgorod'schen Seen und den Finnen am Nordende des botnischen Meerbusens zum Fange grosser Aalraupen gebraucht werden, sind mit kleinen lebenden Fischen geköderte Setzangeln mit hölzernen Haken. Ein solcher Haken wird dadurch hergestellt, dass ein gerades Fichten- oder Birkenästchen etwas ober- und unterhalb der Stelle, wo von ihm ein Seitenzweig abgeht, abgeschnitten und zugespitzt wird. Der gleichfalls passend gekürzte und gespitzte Seitenzweig bildet dann den Widerhaken, an dessen Ursprungsstelle die Angelleine angebunden wird. Der Haken wird derartig in den Köderfisch geschoben, dass nur der Seitenzweig am Bauche nach hinten vorragt und die Schnur in einer Schlinge um den Köder gelegt ist.

Prof. Dr. H. Nitsche erläutert noch den Bau der Fischspeere und die Art des Fischfangs mit denselben.

Dr. J. Deichmüller berichtet über den Erfolg der Eingaben an die K. Ministerien, den Schutz der urgeschichtlichen Alterthümer in Sachsen betreffend, und

bespricht einen zur Ansicht ausgestellten Bronzefund von Velem St. Veit in Ungarn unter Hinweis auf die Beschreibung dieses Fundes in den Mittheil. d. Wien. anthrop. Ges. 1897, XVII. Bd.

Excursion am 18. Juni 1898.

Unter Führung von Dr. J. Deichmüller besuchten 18 Mitglieder von Niedersedlitz aus zunächst die zum Rittergut Lockwitz gehörende Kiesgrube westlich der Niedermühle, in welcher Herdstellen aus der jüngeren Steinzeit mit den charakteristischen Resten der Bandkeramik aufgeschlossen sind, und später den Burgberg südwestlich von Lockwitz, wo ein dort angelegter Steinbruch Gelegenheit gab, Gefässscherben aus slavischer Zeit in reichlicher Menge zu sammeln.

V. Section für Physik und Chemie.

Erste Sitzung am 17. Februar 1898. Vorsitzender: Prof. Dr. F. Foerster. — Anwesend 53 Mitglieder und Gäste.

Privatdocent Dr. R. Walther spricht über Explosivstoffe und erläutert seinen Vortrag durch Versuche und durch Vorlage von Präparaten.

Nach einem geschichtlichen Ueberblick über die Erfindung des Schiesspulvers, seine Herstellung und Verbrennungsproducte (feste und gasförmige) geht der Vortragende von diesen impulsiven auf die fulminanten Explosivstoffe (Knallquecksilber, Knallgold, Acetylen-Metallverbindungen) über, von denen das Knallquecksilber als Carbyloximquecksilber $(C=NO)_2Hg$ in neuester Zeit von Nef erkannt wurde. Seit 1832 nitrirte man Stärke, Holzfaser u. s. w. und gelangte 1845 (Böttger) zur Schiesswolle, dem Vorläufer des Dynamits. Dieses Oel, als Trinitroglycerin 1845 von Sobrero entdeckt, wurde 1866 durch Nobel praktisch anwendbar gemacht durch seine Vereinigung mit Kieselguhr. Hierauf folgte die Entdeckung der Sprenggelatine und 1886 die des rauchlosen Pulvers (Schiessbaumwolle und Pikrinsäure). Technische Darstellung der Schiessbaumwolle, ihre Anwendung und Wirkung, sowie eine eingehende Besprechung des Nitroglycerins neben den Pikraten bilden den Schluss des Vortrags.

Zweite Sitzung am 24. März 1898. Vorsitzender: Prof. Dr. F. Pockels. — Anwesend 40 Mitglieder.

Prof. Dr. F. Pockels spricht über die bei Blitzentladungen vorkommenden Stromstärken.

Der Vortragende erwähnt zunächst die bisher vorliegenden Schätzungen der bei Blitzschlägen auftretenden mittleren Stromstärken durch W. Kohlrausch und die Berechnung der entladenen Elektricitätsmenge durch E. Riecke. Sodann bespricht er seine eigenen Versuche über die Magnetisirung von Basaltstäben durch nicht oscillirende Batterieentladungen, durch welche nachgewiesen ist, dass die remanente Magnetisirung als Mass für das Maximum der Entladungsstromstärke dienen kann. Es wird ein solcher Versuch vorgeführt, bei dem ein in einigen Centimetern Abstand neben einer geradlinigen Strecke des Schliessungskreises der Batterie liegendes kurzes Basaltprisma durch eine nicht oscillirende Entladung von 1500 Ampère maximaler Stromstärke stark magnetisirt wurde, durch eine viel stärkere oscillirende Entladung dagegen gar nicht, ja sogar den vorhandenen Magnetismus ganz verlor. Da nun die Blitze aller Wahrscheinlichkeit nach nicht oscillirende Entladungen sind, so glaubt der Vortragende, dass diese Methode auch zur Ermittelung von deren Maximalstromstärke würde dienen können, indem man an besonders exponirten Blitzableitern Basaltstäbe in geeigneter Weise anbrächte. In Ermangelung derartiger Beobachtungen konnte zunächst nur eine rohe Schätzung der Stärke von Blitzschlägen, welche an Waldbäumen auf Basaltbergen ihre Spuren hinterlassen haben, durch Messung des magnetischen Momentes von am Fusse dieser Bäume gesammelten Basaltstücken ausgeführt werden; es ergaben sich dabei in 3 Fällen für die Maximalstromstärke untere Grenzwerthe von 6400—10600 Ampère.

Der Vortragende schliesst mit der an die Isis-Mitglieder gerichteten Bitte, ihm von ähnlichen etwa in den benachbarten Basaltgebieten beobachteten Fällen Mittheilung zu machen.

Dr. M. Toepler spricht über die Schichtung elektrischer Funken und über Gleitfunken.

Der Vortragende bespricht zunächst die eigenthümliche Erscheinung, dass bei Elektricitätsentladung durch Luft oder Gase die Intensität der Licht- und Wärmeentwickelung nicht an allen Stellen der Entladungsbahn (des Funkens, Blitzes, Lichtbogens u. s. w.) die gleiche ist. Es bilden sich sogen. Schichten (Licht- oder Wärmeschichten) aus, d. h. Stellen grösserer und kleinerer Licht- und Wärmewirkung folgen einander in mehr oder minder grosser Regelmässigkeit. Nach Besprechung hierher gehöriger Beobachtungen von A. Toepler, Lehmann, Kayser, von Obermayer u. A. wird die noch wenig beachtete Erscheinung, dass auch der Metalldampf dünner (durch eine Batterieentladung zerstäubter) Metalldrähte unter Umständen klar geschichtet ist, eingehender behandelt. Nach Projection von geschichteten Metalldampf-Niederschlägen verschiedener zerstäubter Drähte wird die Bildung von Gleitfunken längs Metallpulver, auf Wasseroberflächen und Gipsplatten, sowie auf einseitig metallisch belegten Glasplatten (vergl. hierzu Abh. d. naturwissenschaftl. Ges. Isis in Dresden, 1897, S. 41) besprochen. Vortragender weist nach, dass man zwei Arten von Gleitfunken zu unterscheiden hat; die Ausbildung des langen Gleitfunkenkanales kann entweder durch eine einmal in geeigneter Weise an den Gleitfunkenpolen auftretende Potentialdifferenz veranlasst werden, oder auch dadurch, dass letztere mehrmals innerhalb sehr kurzer Zeit (im Rhythmus elektrischer Oscillationen) ihr Vorzeichen wechselt. Gleitfunken von mehr als einem Meter Länge werden zum Schlusse vorgeführt.

Dritte Sitzung am 23. Juni 1898. Vorsitzender: Prof. Dr. F. Foerster. — Anwesend 87 Mitglieder und Gäste.

Dr. A. Schlossmann spricht über die Milch und ihre Bedeutung als Nahrungsmittel und erläutert den Vortrag durch Versuche und Vorlegung von Präparaten. (Vergl. Abhandlung III.)

Dr. A. Lottermoser spricht über das colloïdale Quecksilber.

Anschliessend an die Arbeiten E. von Meyer's und des Vortragenden über colloïdales Silber versuchte Letzterer auch Quecksilber in colloïdaler Form zu gewinnen. Nach vielen vergeblichen Versuchen, dasselbe durch Einwirkung der verschiedensten Reductionsmittel auf Quecksilbersalze, namentlich Quecksilberoxydulnitrat, zu gewinnen, wobei meist unlösliches graues Metall entstand, führte endlich die Anwendung von Zinnoxydulsalzen zum Ziele. Zur technischen Gewinnung wird eine Lösung von Zinnoxydulnitrat verwendet, welches, mit einer Lösung von Quecksilberoxydulnitrat versetzt, eine tiefbraune Flüssigkeit, die Lösung des colloïdalen Quecksilbers, giebt, aus welcher durch Ammoncitrat dasselbe in fester Form ausgesalzen wird.

Andere Zinnoxydulsalze, namentlich Zinnchlorür, zu verwenden bietet noch einige Schwierigkeiten, doch hofft der Vortragende, durch fortgesetzte Versuche dieselben zu heben. Zinnoxydulsulfat erzeugt einen tiefbraunen Niederschlag, welcher als Analogon des Goldpurpurs des Cassius als ein basischer Zinnsalzniederschlag, auf dem sich colloïdales Quecksilber abgeschieden hat, angesehen werden muss.

Das Präparat, welches von der Firma von Heyden in Radebeul fabricirt wird, soll in der Medicin als Ersatz des gewöhnlichen Quecksilbers dienen; Versuche in dieser Richtung sollen in der nächsten Zeit beginnen. Das colloïdale Quecksilber wird wegen seiner Löslichkeit in Wasser entschiedene Vortheile vor dem gewöhnlichen Quecksilber bieten.

VI. Section für Mathematik.

Erste Sitzung am 10. Februar 1898. Vorsitzender: Prof. Dr. K. Rohn. — Anwesend 13 Mitglieder und Gäste.

Prof. Dr. K. Rohn spricht über Zusammensetzung von Bewegungen und reguläre Raumeintheilung.

Die reguläre Raumeintheilung oder, was damit gleichbedeutend ist, die reguläre Anordnung von Punkten im Raume ist von grösster Bedeutung für die Erklärung der Molekularstructur der Krystalle. Um nicht die Grenzflächen der Krystalle in Betracht ziehen zu müssen, denkt man sich die reguläre Anordnung der Punkte ins Unbegrenzte fortgesetzt; dann kann man diese Anordnung so definiren, dass man sagt: jeder Punkt des unbegrenzten Systems sei von der Gesammtheit der übrigen Punkte in ganz gleicher Weise umgeben, wie jeder andere. Darin liegt aber das Mittel, solche reguläre Punktsysteme zu erzeugen; denn nach der Definition wird es Bewegungen des Raumes in sich geben, bei welchen das reguläre Punktsystem mit sich selbst zur Deckung kommt. Solcher Raumbewegungen werden unendlich viele existiren und zwar wird dabei irgend ein Punkt des Systems in einen beliebigen anderen übergeführt werden können. Umgekehrt kann man aus einem Punkte alle übrigen Punkte des Systems ableiten, indem man ihn alle jene Raumbewegungen ausführen lässt. Diese Raumbewegungen bilden aber eine Gruppe, d. h.: Kennt man irgend zwei Raumbewegungen, welche das reguläre Punktsystem mit sich selbst zur Deckung bringen, so thun dies auch alle Raumbewegungen, die sich aus jenen beiden durch Wiederholung und Combination zusammensetzen lassen; das liegt ja ganz auf der Hand. Eine allgemeine Raumbewegung lässt sich aber durch eine Schraubenbewegung ersetzen. Giebt es also irgend zwei Schraubenbewegungen, welche das reguläre Punktsystem in sich überführen, so thun dies alle Schraubenbewegungen, die aus jenen durch Wiederholung und Zusammensetzung hervorgehen. Mit anderen Worten: Aus einem Punkte erhält man alle Punkte des regulären Systems, indem man ihn allen Bewegungen unterwirft, die sich aus zwei Schraubungen durch Wiederholung und Combination ergeben.

Es wird nun die Frage sein, ob man mit zwei beliebigen Schraubungen ein reguläres Punktsystem erzeugen kann. Zum näheren Studium dieser Frage werden zunächst die Zusammensetzung und Zerlegung von Bewegungen in der Ebene (Drehung und Schiebung), und sodann von Bewegungen im Raume (Drehung, Schiebung und Schraubung) besprochen. Als die wichtigsten Sätze hierbei mögen folgende beide hervorgehoben werden: 1. Jede Schraubung um eine Axe kann ersetzt werden durch eine Schraubung um irgend eine dazu parallele Axe und eine vorangehende oder nachfolgende Schiebung; die zu den Schraubungen gehörigen Winkel sind gleich. 2. Zwei aufeinanderfolgende Schraubungen lassen sich durch eine einzige Schraubung ersetzen: Axenrichtung und Winkel der letzteren hängen nur von den Axenrichtungen und Winkeln der ersteren ab. Diese Abhängigkeit ist die gleiche, wenn man statt der Schraubungen drei Drehungen um drei durch einen Punkt laufende Axen ausführt, wenn nur die Drehungsaxen den bez. Schraubenaxen parallel und die Drehungswinkel den bez. Schraubungswinkeln gleich sind.

Mit Hilfe dieser Sätze wird hierauf ein Beweis von Schönflies entwickelt, worin gezeigt wird, dass man im Allgemeinen aus zwei Schraubungen durch Zusammensetzung stets beliebig kleine Schraubungen ableiten kann, d. h. solche, die sich in eine beliebig kleine Schiebung und in eine beliebig kleine Drehung zerlegen lassen. Nur wenn die Schraubungswinkel für die beiden Schraubungen ganzzahlige Theile von 2π sind, lassen sich aus ihnen keine beliebig kleinen Schraubungen ableiten. Im ersten Falle werden die Punkte des regulären Systems beliebig dicht bei einander liegen. Solche Systeme können aber nicht die Anordnung der Moleküle eines Krystalls repräsentiren, denn die Abstände dieser Moleküle von einander werden zwar sehr klein, aber immerhin endlich sein. Es werden also nur zwei Schraubungen, deren Winkel ganzzahlige Teile von 2π sind, zur Erzeugung regulärer Punktsysteme, wie sie die Molekularstructur fordert, Verwendung finden können. Daraus geht sofort hervor, dass es auch reine Schiebungen in der Richtung der Schraubenaxen giebt, welche das reguläre Punktsystem in sich selbst überführen. Das Punktsystem lässt sich demzufolge in mehrere Punktgitter auflösen, wobei jedes Gitter einer regulären Eintheilung des Raumes in Parallelepipeda entspricht. Diese Bemerkung ermöglicht aber die Aufsuchung aller regulären Punktsysteme.

Zweite Sitzung am 14. April 1898. Vorsitzender: Prof. Dr. K. Rohn. — Anwesend 9 Mitglieder.

Dr. A. Witting spricht über planimetrische Constructionen in begrenzter Ebene.

Der Vortragende führt zunächst ein Beispiel dafür an, dass bei sehr bekannten planimetrischen Elementaraufgaben nicht immer die einfachsten mit Zirkel und Lineal möglichen Constructionen ausgeführt zu werden pflegen. Sodann wird an einer Anzahl Fundamentalaufgaben gezeigt, wie eine exacte Construction praktisch möglich ist, wenn einzelne der gegebenen Punkte ausserhalb des Randes des Reissbretts liegen. Dabei wurde insbesondere angenommen, dass sich gegebene Geraden in weiter Ferne unter so spitzen Winkeln schneiden, dass Parallelverschiebungen und Aehnlichkeitsconstructionen ausgeschlossen werden müssen. Den Schluss bilden einige Aufgaben, bei denen Punkte in unendliche Entfernung gerückt waren.

Dritte Sitzung am 16. Juni 1898. Vorsitzender: Prof. Dr. K. Rohn. — Anwesend 10 Mitglieder.

Geh. Hofrath Prof. Dr. M. Krause spricht über Partialbruchzerlegung bei transcendenten Functionen.

Gegenstand des Vortrags bildet ein Beweis des berühmten Mittag-Leffler'schen Theorems über die Zerlegung der sogen. gebrochenen transcendenten Functionen. Zu den elementaren Begriffen der ganzen rationalen und der gebrochenen rationalen Function hat die neuere Functionentheorie zwei naturgemässe Gegenstücke geschaffen: die Begriffe der ganzen transcendenten und der gebrochenen transcendenten Function. Nachdem Weierstrass gezeigt hatte, dass jede ganze transcendente Function mit einer endlichen oder unendlichen Anzahl von Nullstellen in ähnlicher Weise wie eine ganze rationale Function als ein Product von Ausdrücken darstellbar ist, deren jeder nur an einer Stelle verschwindet, lag die Vermuthung nahe, dass jede gebrochene transcendente Function sich ähnlich wie eine gebrochene rationale Function als eine Summe von Ausdrücken darstellen lassen werde, die im Endlichen nur je eine ausserwesentliche singuläre Stelle besitzen. Diese Vermuthung wurde durch das genannte Theorem bestätigt. — Vortragender zeigt nun, im Anschluss an Betrachtungen, welche H. Burkhardt in seinem jüngst erschienenen „Lehrbuch der Functionentheorie“ angestellt hat, dass der schwierige und umständliche Beweis, den Mittag-Leffler ursprünglich für sein Theorem gegeben hat, durch einen kürzeren und wesentlich einfacheren ersetzt werden kann.

An der kurzen Besprechung, die sich an den Vortrag knüpft, betheiligen sich Prof. Dr. K. Rohn und Dr. A. Witting.

VII. Hauptversammlungen.

Erste Sitzung am 27. Januar 1898. Vorsitzender: Prof. Dr. G. Helm. — Anwesend 54 Mitglieder und Gäste.

Oberlehrer Dr. H. Lohmann spricht über Eishöhlen und Höhleneis.

Vortragender erläutert an einer grossen Zahl von Zeichnungen, Photographien, Gips- und Paraffinabgüssen den Charakter der Eishöhlen und die Structur und Art der Entstehung des in denselben abgelagerten Eises. Eine eingehende Bearbeitung dieses Gegenstandes durch den Vortragenden wird voraussichtlich in der Zeitschrift des deutsch-österreichischen Alpenvereins veröffentlicht werden.

Dr. med. J. Grosse spricht über Carl Gustav Carus in seiner Bedeutung für die Naturwissenschaften.

Zum Schluss giebt der Vorsitzende eine kurze Uebersicht über die bisher erzielten Erfolge der Eingaben, in welchen die Isis und der K. Sächs. Alterthumsverein bei den K. Ministerien um Schutz der vorgeschichtlichen Alterthümer des Landes nachgesucht haben.

Zweite Sitzung am 24. Februar 1898. Vorsitzender: Prof. Dr. G. Helm. — Anwesend 44 Mitglieder und Gäste.

Der Vorsitzende des Verwaltungsraths, Prof. H. Engelhardt, legt den Rechenschaftsbericht für 1897 (s. S. 15) und den Voranschlag für 1898 vor. Letzterer wird einstimmig genehmigt. Als Rechnungsrevisoren werden Bankier A. Kuntze und Architect R. Günther gewählt.

Geh. Hofrath Prof. L. Lewicki spricht über das maschinentechnische Laboratorium der K. Technischen Hochschule.

Hieran schliesst sich unter der Führung des Vortragenden eine Besichtigung dieses Laboratoriums und seiner Einrichtungen.

Dritte Sitzung am 31. März 1898. Vorsitzender: Prof. Dr. G. Helm. — Anwesend 24 Mitglieder und Gäste.

Nachdem der Rechenschaftsbericht für 1897 von den Rechnungsrevisoren geprüft und richtig befunden worden ist, wird dem Kassirer Decharge ertheilt.

Oberlehrer Dr. P. Wagner spricht über die physikalischen und geologischen Untersuchungen der Böhmerwaldseen und erläutert seinen Vortrag durch zahlreiche Photographien und Zeichnungen.

Vergl. hierzu: Wissenschaftl. Veröffentlich. d. Vereins für Erdkunde zu Leipzig, 1898, Bd. IV.

Vierte Sitzung am 28. April 1898. Vorsitzender: Prof. Dr. G. Helm. — Anwesend 31 Mitglieder und Gäste.

Das K. Sächs. Ministerium des Innern wünscht die Einreichung eines Entwurfs einer kurzen Belehrung und Anweisung über die den urgeschichtlichen Alterthümern zu widmende Beachtung und Fürsorge. Mit der Bearbeitung eines solchen Entwurfs wird Dr. J. Deichmüller beauftragt.

Ingenieur E. Lewicki hält unter Vorführung von Experimenten einen Vortrag über Centrifugalguss.

Vergl. hierzu: Zeitschrift des Vereins deutscher Ingenieure. Bd. XLII.

An den Vortrag schliesst sich eine kurze Discussion.

Fünfte Sitzung und Excursion am 19. Mai 1898. 14 Mitglieder der Dresdner Isis vereinigten sich in Demitz bei Bischofswerda mit fünf Mitgliedern der Bautzner Schwestergesellschaft zu einem gemeinschaftlichen Ausflug in das Granitgebiet der dortigen Gegend.

Nach Besichtigung der dicht an der Haltestelle Demitz aufgedeckten Gletscherschliffe und Rundhöcker auf dem Granit wanderten die Theilnehmer unter Führung des Herrn E. Rodig, Geschäftsführers der Firma C. G. Kunath, nach dem Klosterberg, um hier die Lagerungsverhältnisse und die Gewinnung des Granits in den ausgedehnten Steinbrüchen kennen zu lernen.

Hieran schloss sich unter Vorsitz von Prof. H. Engelhardt eine kurze Hauptversammlung im Bahnhofsrestaurant Demitz, in welcher verschiedene geschäftliche Angelegenheiten erledigt wurden.

Eine Fusswanderung nach Bischofswerda schloss den vom Wetter begünstigten Ausflug ab.

Sechste Sitzung am 26. Mai 1898. Vorsitzender: Prof. Dr. G. Helm. — Anwesend 43 Mitglieder und Gäste.

Dr. med. A. Schlossmann spricht über eine neue Art der Wohnungs-Desinfection durch Zerstäuben von Formaldehyd und führt den hierzu benutzten Apparat in Thätigkeit vor.

Privatdocent Dr. W. Bergt hält einen Vortrag über die Geologie von Schantung (Kiautschou).

Siebente Sitzung am 30. Juni 1898. Vorsitzender: Prof. Dr. G. Helm. — Anwesend 48 Mitglieder und Gäste.

Prof. H. Engelhardt legt vor und bespricht die „Jubiläumsschrift zur Feier des 25jährigen Bestehens der Gelsenkirchener Bergwerksactiengesellschaft zu Rheinelbe bei Gelsenkirchen", Düsseldorf 1898, 4°, mit zahlreichen Tafeln.

Prof. H. Fischer hält einen Demonstrationsvortrag über die Westinghouse-Bremse, an welchen sich eine kurze Debatte anschliesst.

Veränderungen im Mitgliederbestande.

Gestorbene Mitglieder:

Am 7. Februar 1898 starb in Leipzig Geh. Rath Dr. Rudolf Leuckart, Professor der Zoologie und Zootomie an der dortigen Universität, einer der hervorragendsten und verdientesten Zoologen der Gegenwart. Unserer Gesellschaft gehörte der Verewigte seit 1869 als Ehrenmitglied an.

Am 12. April 1898 starb in München Geh. Rath Dr. Fridolin von Sandberger, bis vor kurzer Zeit Professor der Mineralogie und Geologie an der Universität Würzburg, correspondirendes Mitglied der Isis seit 1862.

Am 17. April 1898 verschied in Cambridge, Mass., im Alter von 74 Jahren Jules Marcou, früher Professor der paläontologischen Geologie am Polytechnikum in Zürich, später Staatsgeolog der Vereinigten Staaten von Nordamerika, bekannt durch seine Forschungen im Gebiete der „Dyas", Ehrenmitglied unserer Gesellschaft seit 1866.

Am 22. April 1898 starb in Celle im 83. Lebensjahr Oberappellationsrath a. D. Dr. Karl Nöldeke, bekannt als Florist wie als Bearbeiter der hannoverschen Landesgeschichte, Ehrenmitglied der Isis seit 1888.

Am 18. Juni 1898 starb in München Dr. Karl Wilhelm von Gümbel, K. Bayerischer Oberbergdirector und Professor an der dortigen Universität, ein um die geologische Erforschung Bayerns hochverdienter Gelehrter, seit 1860 Ehrenmitglied unserer Gesellschaft.

Neu aufgenommene wirkliche Mitglieder:

Biedermann, Paul, Dr. phil., Realgymnasial-Oberlehrer in Dresden, am 27. Januar 1898;
Heinrich, Karl, Buchdruckereibesitzer in Dresden, am 24. Februar 1898;
Henke, Rich., Prof. Dr., Conrector am Annenrealgymnasium in Dresden, am 27. Januar 1898;
Jorre, Friedr., Dr. phil., Chemiker in Dresden, am 30. Juni 1898;
von Laffert, Rich., Major in Dresden, am 27. Januar 1898;
Lewicki, Ernst, Ingenieur und Adjunct am Maschinenbau-Laboratorium der K. Techn. Hochschule in Dresden, am 19. Mai 1898;
Lottermoser, Alfr., Dr. phil., Assistent am anorg.-chem. Laboratorium der K. Techn. Hochschule in Dresden, am 30. Juni 1898;

Mühlfriedel, Rich., Bezirksschullehrer in Dresden, am 27. Januar 1898;
Müller, Erich, Dr. phil., Chemiker in Dresden, am 30. Juni 1898;
Paulack, Theodor, Apotheker in Dresden, am 24. Februar 1898;
Prinzhorn, Joh. Ludw., Realschuldirector in Dresden, am 27. Januar 1898;
Röbner, Wilh., Bezirksschullehrer in Dresden, am 31. März 1898;
Scheidhauer, Rich., Civilingenieur in Dresden, am 19. Mai 1898;
Struve, Alex., Dr. phil., Fabrikbesitzer in Dresden,
Viehmeyer, Herm., Bezirksschullehrer in Dresden,
Wähmann, Friedr., Bezirksschullehrer in Dresden, } am 24. Februar 1898.

Aus den correspondirenden in die wirklichen Mitglieder sind übergetreten:

Menzel, Paul, Dr. med., in Dresden;
Thallwitz, Joh., Dr. phil., Realschul-Oberlehrer in Dresden.

Kassenabschluss der ISIS vom Jahre 1897.

Einnahmen.

Position		Mark	Pf.
1	Kassenbestand der Isis vom Jahre 1896	258	17
2	Ackermannstiftung	5015	—
	Zinsen hiervon	204	—
3	Bodemerstiftung	1000	—
	Zinsen hiervon	80	—
4	Gehestiftung	3336	—
	Zinsen hiervon	115	—
5	v. Pischkestiftung	500	—
	Zinsen hiervon	17	62
6	Purgoldstiftung	600	—
	Zinsen hiervon	21	—
7	Isis-Kapital	1638	51
	Zinsen hiervon	59	67
8	Reservefonds	1300	—
	Zinsen hiervon	33	30
9	Div. Sparkassenzinsen	8	49
10	Mitgliederbeiträge	2025	—
11	Eintrittsgelder	105	—
12	Freiwillige Beiträge und Geschenke	175	15
13	Erlös aus Drucksachen und Diversen	42	37
		16679	28
	Vortrag für 1898:		
	Ackermannstiftung	5015	—
	Bodemerstiftung	1000	—
	Gehestiftung	3336	—
	v. Pischkestiftung	500	—
	Purgoldstiftung	600	—
	Isis-Kapital	1638	51
	Reservefonds	1800	—
	Kassenbestand am 1. Januar 1898	457	46
	Hierüber 3 Actien des zoologischen Gartens zu Dresden.		

Ausgaben.

Position		Mark	Pf.
1	Gehalte	639	—
2	Inserate	79	83
3	Localspesen	130	—
4	Buchbinderarbeiten	216	60
5	Bücher und Zeitschriften	281	45
6	Sitzungsberichte und Drucksachen	1181	11
7	Insgemein	188	02
	Ackermannstiftung	5015	—
	Bodemerstiftung	1000	—
	Gehestiftung	3336	—
	v. Pischkestiftung	500	—
	Purgoldstiftung	600	—
	Isis-Kapital	1638	51
	Reservefonds	1800	—
	Kassenbestand der Isis am 31. December 1897	457	46
		16679	28

Dresden, am 28. Februar 1898.

H. Warnatz, z. Z. Kassirer der Isis.

14

I. Section für Zoologie.

Vierte Sitzung am 6. October 1898. Vorsitzender: Prof. Dr. H. Nitsche. — Anwesend 40 Mitglieder.

Prof. Dr. O. Schneider überreicht durch Vermittelung des Vorsitzenden für die Bibliothek der Gesellschaft ein Exemplar seiner neuesten Arbeit: Die Thierwelt der Nordsee-Insel Borkum unter Berücksichtigung der von den übrigen ostfriesischen Inseln bekannten Arten. (Sonder-Abdruck aus den Abhandl., herausgeg. vom naturwissenschaftl. Verein zu Bremen, Bd. XVI, Heft 1.)

Lehrer A. Jenke zeigt verschiedene von ihm im Zimmer gezüchtete Entwickelungsstufen der Blutlaus, *Schizoneura lanigera*, vor.

Dr. P. Wagner legt einige sogenannte Rillensteine aus dem Starnberger See vor und bespricht die augenblicklichen, noch nicht ganz geklärten Anschauungen über deren Entstehung, welche meist der Thätigkeit von Insectenlarven zugeschrieben wird.

Prof. Dr. H. Nitsche berichtet über seine zoologischen Reiseeindrücke aus England.

Der Vortragende hat an dem vierten internationalen Zoologencongresse, der Ende August in Cambridge tagte, theilgenommen, das Rothschildmuseum zu Tring, den Hirschpark des Herzogs von Bedford, den zoologischen Garten und die grossen Sammlungen zu London, sowie das Aquarium in Brighton besucht und schildert in zwangloser Plauderei die so gewonnenen reichen Eindrücke.

Dr. J. Thallwitz berichtet über das Vorkommen des Ziesels, *Spermophilus citillus*, im sächsischen Erzgebirge. (Vergl. Abhandlung VI.)

Prof. Dr. H. Nitsche theilt mit, dass er kürzlich das Vorkommen des Moderlieschens, *Leucaspius delineatus*, und des Bitterlings, *Rhodeus amarus*, in einigen der Moritzburger Teiche, im Jägerteiche und oberen Altenteiche feststellen konnte.

Herr K. Schiller legt mikroskopische Präparate kleiner Crustaceen aus der Elbe vor, besonders aus den Gattungen *Cyclops* und *Daphnia*.

Fünfte Sitzung am 1. December 1898 (in Gemeinschaft mit der Section für Botanik). Vorsitzender: Prof. Dr. H. Nitsche. — Anwesend 32 Mitglieder.

Dr. J. Grosse überreicht durch den Vorsitzenden für die Bibliothek der Gesellschaft einen Abdruck seines in der Gesellschaft für Natur- und

Heilkunde in Dresden gehaltenen und in deren Jahresberichte 1897—98 veröffentlichten Vortrags: Leuckart in seiner Bedeutung für die Natur- und Heilkunde.

Dr. J. Thallwitz spricht über Hydroidpolypen und Medusen des Mittelmeeres und erläutert seinen Vortrag durch zahlreiche mikroskopische Präparate und Wandtafeln. Er giebt ferner auf Anregung von Prof. Dr. O. Drude Auskunft über die bei der Herstellung der Präparate angewandten Methoden.

Anschliessende Bemerkungen machen Prof. Dr. R. Ebert und Prof. Dr. H. Nitsche, welch' Letzterer berichtet, dass es neuerdings Hickson gelungen ist, auch bei Hydroidpolypen mit Kalkskelett, bei der so variabeln Gattung *Millepora*, medusoide und zwar männliche Geschlechtsindividuen nachzuweisen.

Dr. B. Schorler spricht im Anschluss an R. Chodat: Études de biologie lacustre (Genf 1898) über Kalkalgen des Süsswassers und ihre Beziehungen zu den sogenannten „Furchensteinen“.

Zu der noch nicht endgiltig gelösten Frage über die Entstehung der letzteren sprechen Dr. P. Wagner, Prof. Dr. H. Nitsche und Prof. Dr. O. Drude.

II. Section für Botanik.

Vierte Sitzung am 20. October 1898 (in Gemeinschaft mit der Section für Zoologie). Vorsitzender: Prof. Dr. O. Drude. — Anwesend 89 Mitglieder und 2 Gäste.

Prof. Dr. O. Drude hält einen Vortrag über die Resultate botanischer Reisen in Sachsen und Thüringen. (Vergl. Abhandlung V.)

Die Reisen bezweckten das Studium des pflanzengeographischen Charakters des hercynischen Ländergebietes für das vom Vortragenden in Angriff genommene Buch: Grundzüge der Pflanzenverbreitung im hercynischen Berg- und Hügellande, welches einen Theil der in der „Vegetation der Erde“ von Engler-Drude erscheinenden (etwa 12) pflanzengeographischen Monographien des deutschen Ländergebietes bilden wird.

Der Vortragende betont schliesslich das Bedürfniss, zur Erhöhung des Verständnisses für das organische Leben in den uns zunächst umgebenden Ländern auch die Verbreitungsverhältnisse der Thiere mit den getroffenen pflanzengeographischen Eintheilungen in Vergleich zu bringen und zu erproben, in wie weit deren Lebensbedingungen an die Existenz bestimmter Formationen geknüpft sind, welche nur einzelnen Landschaften angehören (z. B. steppenartig bekleidete Geröllhänge, Hochmoore, Gebirgswald u. s. w.).

Dr. B. Schorler berichtet über steinzerstörende Algen, deren Wirkung Vielen bis dahin als Spuren von thierischer Thätigkeit erschienen war.

Vergl. auch die zoologisch-botanische Section vom 1. December d. J.

Fünfte Sitzung am 8. December 1898 (Floristenabend). Vorsitzender: Oberlehrer K. Wobst. — Anwesend 28 Mitglieder.

Prof. Dr. O. Drude legt vor und bespricht eingehend die Schrift von W. Meigen: Die deutschen Pflanzennamen, Berlin 1898, und macht ferner eine kurze Mittheilung über eine vortreffliche süddeutsche Localflora von Dr. R. Gradmann: Pflanzenleben der Schwäbischen Alb, 2 Bände, Tübingen 1898; über dieselbe soll später ausführlicher berichtet werden.

Hierauf hält Lehrer H. Stiefelhagen seinen angekündigten Vortrag: Neue *Carex*-Formen und -Hybriden und erläutert denselben durch viele von ihm selbst gesammelte charakteristische Belegexemplare.

Zum Schlusse berichtet Dr. B. Schorler über Bereicherungen der Flora Saxonica und bringt die im K. Herbarium eingegangenen zahlreichen Pflanzen zur Vorlage. (Vergl. Abhandlung VII.)

III. Section für Mineralogie und Geologie.

Vierte Sitzung am 3. November 1898. Vorsitzender: Prof. Dr. E. Kalkowsky. — Anwesend 42 Mitglieder und Gäste.

Dr. W. Bergt bespricht die Abhandlung von H. Credner: Die sächsischen Erdbeben während der Jahre 1889—97 (K. S. Ges. d. Wissensch. math.-phys. Cl. Bd. 24).

Prof. Dr. E. Kalkowsky macht auf einen neuen Aufschluss im Diluvium beim Schnittpunkte der Reichenbach- und Franklinstrasse in Dresden aufmerksam; derselbe legt einige für das K. Mineralogische Museum neu erworbene Mineralien vor und berichtet über einige Veränderungen im K. Mineralogisch-geologischen Museum.

Fünfte Sitzung am 15. December 1898. Vorsitzender: Privatdocent Dr. W. Bergt. — Anwesend 32 Mitglieder.

Oberlehrer Dr. R. Nessig hält seinen angekündigten Vortrag über Graphit-Vorkommnisse im Lausitzer Granit südlich von Dresden.

IV. Section für prähistorische Forschungen.

Zweite Sitzung am 17. November 1898. Vorsitzender: Dr. J. Deichmüller. — Anwesend 28 Mitglieder und Gäste.

Dr. J. Deichmüller hält einen Vortrag über die Vorgeschichte Sachsens.

Zur Vorlage kommen hierbei merovingische Funde aus Skelettgräbern und die Abbildung eines Hacksilberfundes aus Sachsen.

Lehrer H. Döring spricht über Prähistorisches aus dem Muldenthal zwischen Nossen und Rosswein.

Der Vortragende berichtet über die von ihm auf einer prähistorischen Excursion gewonnenen Beobachtungen, welche sich auf die bereits von Preusker (Blicke in die vaterländische Vorzeit III, S. 230) erwähnten Burgwälle auf dem Hohlig bei Nossen, auf dem Burgberg bei Gleisberg und der Wunderburg bei Rosswein erstrecken.

Bei wiederholten Besuchen der genannten Oertlichkeiten stellte sich der Vortragende die Aufgabe, auch andere hervortretende Höhen der Thalgehänge zu besichtigen und auf das Vorhandensein von Burgwällen hin zu prüfen. Es gelang ihm hierbei, ganz nahe bei Nossen einen in der Litteratur der Alterthumswissenschaft noch unbekannten Wall, der selbst von den nächsten Anwohnern nicht gekannt war, aufzufinden. Die Höhe wird in der Gegend als Texelsberg, Dechantsberg oder Diegensberg bezeichnet und liegt den Ruinen des Klosters Altzella direct gegenüber.

Der Burgwall liegt auf steiler Felshöhe an der Mulde ca. 50 m über dem Wasserspiegel des Flusses. Die Felswände des Muldenthales werden hier von Diabastuffen oder Schalsteinen gebildet und gehören den cambrischen Grünsteinen an. Auf der direct über einem Steinbruch liegenden Höhe wurde ein 100 Schritt langer, unregelmässig geformter Wall vorgefunden, der den Innenraum nach W, N und O schützt, während nach S hin der Steilabsturz natürlichen Schutz bietet. Der Wall hat eine Höhe von 1,5 m und wird an zwei Seiten durch verschlacktes Gestein gebildet, an der Nordseite dagegen ist ein Erdwall zu erkennen. Es konnte leider wegen des dichten Waldbestandes nicht festgestellt werden, ob unter demselben der Schlackenwall verborgen liegt. Das Auftreten der verschlackten Masse beschränkte sich nicht blos auf einzelne, aus verschiedenen Stücken zusammengeschmolzene Klumpen, wie man sie auf Burgwällen fast überall findet und als „Burgwallschlacke" bezeichnet, sondern es ragen hier gemäuerartige Schlackenmassen aus dem Waldboden hervor, sodass man wohl die Anlage einen Schlackenwall nennen darf. Bisher sind innerhalb des Königreichs Sachsen drei derartige Wälle aufgefunden worden und zwar auf dem Stromberge bei Weissenberg, auf dem Rothstein und auf dem Löbauer Berge. Die Annahme, dass verschlackte Wälle innerhalb Sachsens nur in der Lausitz auftreten, ist nach Auffindung des Schlackenwalls auf dem Texelsberge bei Nossen als eine irrige zu bezeichnen. Auf dem Walle wurden keinerlei Artefacte gefunden.

In einer Entfernung von 70 Schritt nach N zeigten sich zwei parallele Wallgräben, welche in der Richtung von NO nach SW sich zur Muldenaue hinabsenken. Die Gesammtlänge der Gräben beträgt 358 Schritt. Die Anlage wird von der Nossen-Lommatzscher Bahnlinie so geschnitten, dass auf den nordöstlichen Theil 220 Schritt und auf den südwestlichen 138 Schritt kommen. Die Tiefe des äusseren Grabens beträgt ca. 2½ m, die des inneren dagegen 1 m. Der zwischen beiden Gräben gelegene Wall ragt nicht über das Niveau des Waldbodens hervor.

Da die hier beobachtete Erscheinung von den auf Burgwällen sonst vorhandenen Wallanlagen wesentlich abweicht, so ist eine sichere Deutung zur Zeit nicht möglich. Wahrscheinlich stammt die Anlage nicht aus der urgeschichtlichen, sondern aus frühgeschichtlicher Zeit und wurde nicht zum Zwecke der Abwehr von Feinden, sondern zur Abgrenzung eines grösseren Besitzgebietes angelegt. Es könnten die parallel verlaufenden Gräben demnach als eine Art Limes oder Grenzgräben betrachtet werden.

Derartige Parallelgräben sind in der Gegend noch häufig anzutreffen, z. B. zwischen Kammergut Altzella und der Chaussee, an der „Alten Zelle" im Zellwald (Semmelflügel), am neuen Wege nach Siebenlehn und an der Grube „Gesegnete Bergmanns Hoffnung" in Obergruna.

Der Zellwald bietet noch manche räthselhafte Erscheinung und stellt sowohl dem Historiker als auch dem Urgeschichtsforscher manche Aufgabe, deren Lösung der Zukunft vorbehalten bleiben wird. Das reiche Urkundenmaterial aus dem Cistercienserkloster Altzella vermag vielleicht noch über die frühgeschichtliche Zeit jener Gegend einiges Licht zu verbreiten, sodass ein Schein desselben auch dem Prähistoriker zugute kommt. In der Nähe der „Alten Zelle" im Zellwald fand der Vortragende noch Scherben von spätslavischem Typus.

Hier mögen am Ufer des Pietzschbaches die slavischen Bewohner bis ins zwölfte Jahrhundert gewohnt haben. Darauf deutet die älteste Klosteranlage hin, welche zwischen 1141 und 1148 sich hier befand. Diesen ersten Versuch, den Wald zu lichten und das Land anzubauen und vor Allem die heidnischen Bewohner zu bekehren, machten die schwarzen Mönche (also Brüder vom Benedictinerorden). Tammo von Strehla, der das Stück Wald vom Bisthum Meissen zu Lehen hatte, gab es unter Einwilligung des Bischofs Meginward an die schwarzen Mönche ab. Das hier erbaute Kloster war der heiligen Walpurgis gewidmet, wurde aber wegen der Rauhigkeit der Gegend von den Mönchen bald wieder verlassen.

Das 1162 gegründete Cistercienserkloster Altzella wurde an anderer Stelle, nämlich an der Mündung des Pietzschbaches in die Mulde errichtet, also da, wo wir heute die Klosterruinen bemerken. Die schwarzen Mönche, also jene ersten Ansiedler hatten sich die Bekehrung der Wenden zur besonderen Aufgabe gemacht. Sie mögen also wohl durch die Anwesenheit der Slaven am Pietschbache zu jener Niederlassung im Zellwald veranlasst worden sein. — Möge es der vergleichenden Forschung gelingen, das Dunkel, welches über der Urgeschichte dieser Gegend liegt, zu durchdringen.

Zum Schluss wird ein schönes Räuchergefäss aus dem Urnenfeld von Stetzsch aus der Sammlung des Lehrers O. Ebert vorgelegt.

V. Section für Physik und Chemie.

Vierte Sitzung am 10. November 1898. Vorsitzender: Prof. Dr. F. Foerster. — Anwesend 50 Mitglieder und Gäste.

Prof. Dr. R. Möhlau hält einen Vortrag über neue Anwendungsformen der Cellulose und erläutert seine Ausführungen durch Versuche und zahlreiche Vorlagen.

Die neuere Richtung der Textilindustrie erhält ihr Gepräge wesentlich dadurch, dass sie die Cellulosefaser chemisch umzuwandeln sucht. Sie fusst damit in erster Linie auf der Entdeckung John Mercer's, welcher zeigte, dass die Cellulosefaser durch Behandeln mit Natronlauge tiefgreifende Veränderungen erfährt. Die Faser wird stärker und kürzer, ihre Wand verdickt sich, während das Lumen auf ein feines Capillarrohr zusammenschrumpft; zugleich ist aber auch ihre Affinität gegenüber Farbstoffen grösser geworden.

Praktische Bedeutung erhielten die Mercer'schen Versuche zunächst durch Depouilly, welcher die Schrumpfung der Baumwollenfaser bei Einwirkung von Natronlauge benutzte, um einen Kreppeffect der Gewebe zu erreichen. Es gelang ihm, diesen Effect auch auf reinem Baumwollengewebe durch streifenweises Bedrucken mit Natronlauge zu erzielen unter Anwendung einer entsprechend aufgetragenen Reserve aus Leinöl und Gummi arabicum.

Thomas und Prevost ferner vermochten der Baumwolle einen seidenartigen Glanz zu ertheilen, indem sie durch Anstrecken während des Mercerisirens die Schrumpfung der Faser verhinderten und darauf in ausgerecktem Zustande auswuschen. Nur gewisse Baumwollsorten erwiesen sich für diesen Zweck geeignet, namentlich die ägyptische Baumwolle. Die nähere Untersuchung zeigt, dass die betreffenden Sorten eine leicht veränderliche Cuticula besitzen, welche bei dem Spannungsprocess jedenfalls sich mechanisch loslöst.

Als ein weiteres Product der chemischen Umwandlung von Cellulose tritt sodann die Viscose auf, ein lösliches Cellulosexanthogenat, welches sich beim Behandeln der Faser mit Natronlauge und Schwefelkohlenstoff ergiebt. Dieses Präparat lässt sich leicht beliebig formen und ermöglicht auch die einfache Herstellung sogenannter Opalinartikel, da sich auf Geweben, welche mit Viscose bedruckt wurden, schon durch die Trockenwärme regenerirte Cellulose unabwaschbar ausscheidet.

Die von de Chardonnet aus Collodium erhaltene sogenannte künstliche Seide besitzt leider wenig Zugfestigkeit, besonders im feuchten Zustande.

Als neuestes Cellulosepräparat erscheint das Pegamoid, ein aus Nitrocellulose gewonnener Lederersatz, sehr widerstandsfähig gegen Wasser und Seifen, infolge seiner glatten Oberfläche nicht schmutzend. Durch dünnes Auftragen des Pegamoids auf Gewebe erhält man Stoffe mit seidenartigem Glanz, durch Auftragen einer dickeren Schicht wachstuchartige Stoffe.

Prof. Dr. R. Heger macht Mittheilungen über zwei optische Beobachtungen in den Alpen.

An dem durch besonders klares Wasser ausgezeichneten Karersee erschien — von einem Boote aus gesehen — in sehr auffälliger Weise das Brechungsbild wagrechter Stellen des Bodens in Gestalt einer unter dem Boote vertieften Schüssel mit breitem, flachem, dem Spiegel rasch sich näherndem Rande. Die beim Durchgang durch eine ebene Grenzfläche zweier Mittel gebrochenen Strahlen eines Punktes A sind bekanntlich nach der Brechung nicht mehr Strahlen eines Punktes, selbst nicht, wenn man sich auf Betrachtung eines sehr dünnen Kegels beschränkt (des in die Pupille gelangenden Lichtes); das dünne Strahlenbüschel, das in einer Ebene enthalten ist, die zur brechenden Ebene senkrecht steht, ergiebt einen wesentlich anderen Bildpunkt, als die Mantellinien des Umdrehungskegels, der den mittleren dieser Strahlen als Mantellinie, A zur Spitze und auf der brechenden Ebene einen Parallelkreis hat. Nach den Beobachtungen scheint das Auge den erstgenannten Bildpunkt zu bevorzugen.

Die andere Beobachtung betrifft das Auftreten schöner Beugungserscheinungen beim Durchgange des Sonnenlichtes durch Nadelbäume, besonders beim Auf- und Untergang der Sonne. Erheblich über der Geraden Sonne-Beobachter stehende Bäume erscheinen in glänzender Gluth, anfangs orangegelb, mit bräunlicher Tönung der dichteren Theile, näher der Sonne weissglühend.

Prof. Dr. F. Pockels macht auf ähnliche, aus der Litteratur bekannte Beobachtungen aufmerksam; auch in unseren Gegenden ist Gelegenheit, diese auffällig schöne Erscheinung wahrzunehmen, nur tritt sie infolge der geringeren Reinheit und Klarheit der Luft viel seltener und wohl kaum je so schön auf wie im Hochgebirge.

Prof. Dr. F. Foerster berichtet über die Einwirkung von Chlor auf Alkalien, insbesondere über den Process der Chloratbildung und über die Deutung der Vorgänge bei der elektrolytischen Gewinnung von Kaliumchlorat.

VI. Section für Mathematik.

Vierte Sitzung am 13. October 1898. Vorsitzender: Prof. Dr. K. Rohn. — Anwesend 13 Mitglieder.

Prof. Dr. K. Rohn spricht über einige Eigenschaften der Curven dritter und vierter Ordnung, abgeleitet aus den Schnittpunktsystemsätzen.

In dem Vortrage werden zunächst in bekannter Weise die Schnittpunktsystemsätze für ebene Curven abgeleitet, um dann an einzelnen Beispielen zu zeigen, wie mannigfach die Anwendung derselben sich gestalten kann. So folgt der Pascal'sche Satz für einen Kegelschnitt oder ein Geradenpaar daraus. Ebenso ergiebt sich der Satz: Schreibt man einem Kegelschnitt ein Achteck ein, so schneiden die ungeraden Seiten die geraden in acht Punkten eines neuen Kegelschnitts; beide Achtecke besitzen also die nämlichen ungeraden und die nämlichen geraden Seiten. Noch verschiedene andere Sätze über Kegelschnitte können aus jenen Sätzen abgeleitet werden.

Für die Curven dritter Ordnung ergeben sich mit ihrer Hilfe folgende Resultate. Alle Kegelschnitte durch vier feste Punkte einer Curve dritter Ordnung schneiden diese in Punktepaaren, deren Verbindungslinien durch den nämlichen Punkt auf ihr, den Restpunkt, gehen. Die drei reellen Wendepunkte einer solchen Curve liegen auf einer Geraden. Aus jedem Punkt der Curve kann man vier Tangenten an dieselbe legen; ihre Berührungspunkte liegen auf einem Kegelschnitt, der die Curve in jenem Punkt berührt. Die Verbindungslinien dieser vier Berührungspunkte schneiden sich paarweise auf der Curve dritter Ordnung. Im Speciellen liegen die Berührungspunkte der drei Tangenten aus einem Wendepunkte auf einer Geraden.

Für die Curven vierter Ordnung führen die Schnittpunktsystemsätze zu den Systemen von viermal berührenden Kegelschnitten und den Doppeltangenten. Jedem System gehören sechs Doppeltangentenpaare an, die Berührungspunkte je zweier Paare liegen auf einem Kegelschnitt u. s. w.

Fünfte Sitzung am 8. December 1898. Vorsitzender: Prof. Dr. K. Rohn. — Anwesend 11 Mitglieder.

Dr. H. Gravelius spricht über einen Grundgedanken der Gyldén-schen Störungstheorie.

In einer kurzen historischen Einleitung werden die älteren Methoden zur Ermittelung der absoluten Störungen der Planeten nach ihren grundlegenden Principien skizzirt. Es wird gezeigt, dafs — ganz abgesehen von der keineswegs immer hinreichend versicherten Convergenz dieser Methoden — der Grund dafür, dass diese Methoden für eine Darstellung der Störungen auf 50 bis 100 Jahre hinaus nicht ausreichen, in dem Festhalten der Kepler'schen Bahn auch für die gestörte Bewegung zu suchen ist. Indem der Vortragende eine Darlegung der Gyldén'schen Integrationsmethoden und Convergenzbeweise für später sich vorbehält, entwickelt er, vom Begriff der periplegmatischen Curve ausgehend, die Gleichung der absoluten Bahn Gyldén's.

Prof. Dr. K. Rohn zeigt mit Hilfe eines Satzes von den perspectiven Figuren eine einfache Methode, den Krümmungskreis an einem der fünf gegebenen Punkte eines Kegelschnitts zu construiren. Die Construction erfordert nur das Zeichnen von Parallelen und Normalen.

VII. Hauptversammlungen.

Achte Sitzung und Excursion am 29. September 1898.

Am Nachmittag dieses Tages besichtigten 20 Mitglieder die Hofkunstmühle und Oelfabrik von T. Bienert in Plauen b. Dr., deren Einrichtungen ihnen in der zuvorkommendsten Weise durch Ingenieur F. Pleissner erläutert wurden.

Hieran schloss sich eine Hauptversammlung im Rathskeller-Restaurant zu Plauen, in welcher unter Vorsitz von Prof. H. Engelhardt geschäftliche Angelegenheiten erledigt werden und

Dr. J. Deichmüller die von ihm auf Veranlassung des K. Ministeriums des Innern entworfene „Belehrung und Anweisung über die den urgeschichtlichen Alterthümern zu widmende Beachtung und Fürsorge“, Dresden 1898, vorlegt.

Neunte Sitzung am 27. October 1898. Vorsitzender: Prof. Dr. G. Helm. — Anwesend 64 Mitglieder und Gäste.

Dr. med. A. Schlossmann hält einen Vortrag über seine Reise nach Spanien und erläutert denselben durch eine grosse Anzahl von Photographien und Projectionsbildern.

Zehnte Sitzung am 24. November 1898. Vorsitzender: Prof. Dr. G. Helm. — Anwesend 51 Mitglieder und Gäste.

Zunächst werden die Beamten der Gesellschaft für das Jahr 1899 gewählt. (Vergl. die Uebersicht auf Seite 28.)

Hierauf wird beschlossen, Geh. Hofrath Prof. Dr. G. Zeuner zu seinem 70. Geburtstage die Glückwünsche der Gesellschaft durch den Vorstand in

Gemeinschaft mit dem ersten Secretär und dem Bibliothekar überbringen zu lassen.

Geh. Hofrath Prof. Dr. M. Krause spricht nun über Universität und Technische Hochschule.

An den Vortrag schliesst sich eine lebhafte Debatte.

Elfte Sitzung am 22. December 1898. Vorsitzender: Prof. Dr. G. Helm. — Anwesend 54 Mitglieder und Gäste.

Der Vorsitzende giebt eine Uebersicht über den gegenwärtigen Mitgliederbestand der Gesellschaft, nach welcher die Zahl der wirklichen Mitglieder gegen das Vorjahr um 10 gewachsen (z. Z. 230), die der Ehrenmitglieder um 6 (28) und die der correspondirenden Mitglieder um 8 (132) zurückgegangen ist.

Geh. Medicinalrath Prof. Dr. Fr. Renk hält einen Vortrag über das hygienische Institut der K. Technischen Hochschule und die K. Centralstelle für öffentliche Gesundheitspflege.

Der Vortragende giebt einen kurzen Ueberblick über Geschichte, Entwickelung und Zweck beider jetzt in einem Raume vereinten und unter einer Direction stehenden Institute und erläutert an einem ausgestellten Plane die Vertheilung der einzelnen Abtheilungen in den beiden Geschossen des Hauses und deren Bestimmung. Ein unter Führung des Vortragenden unternommener Rundgang durch die verschiedenen Räume giebt den Anwesenden Gelegenheit, Einblick in die Thätigkeit beider Institute zu nehmen.

Veränderungen im Mitgliederbestande.

Gestorbene Mitglieder:

Am 7. August 1898 starb James Hall, Professor und Director des New-York State Museum in Albany, einer der bedeutendsten amerikanischen Paläontologen, Ehrenmitglied der Isis seit 1873.

Am 25. September 1898 verstarb in St. Germain-en-Laye im Alter von 77 Jahren Gabriel de Mortillet, Professor und Subdirector der École d'anthropologie de Paris, correspondirendes Mitglied seit 1867.

Am 15. October 1898 verschied in Dresden Dr. Ewald Albert Geissler, Professor an der K. Thierärztlichen Hochschule und Apothekenrevisor, wirkliches Mitglied seit 1877.

Am 14. November 1898 starb in Charlottenburg Oberberghauptmann und Ministerialdirector a. D. Dr. Albert Ludwig Serlo, Ehrenmitglied seit 1870.

Am 8. December 1898 starb Maler Karl Friedrich Seidel in Weinböhla, wirkliches Mitglied seit 1860. Der Verewigte gehörte in den Jahren 1867—68, 1875—76 und 1878—81 dem Vorstande der Section für Botanik als erster oder zweiter Vorsitzender an und hat verschiedene botanische Beobachtungen in unseren Sitzungsberichten veröffentlicht, die letzte noch im Jahre 1888 über *Peucedanum aegopodioides*.

Am 10. December 1898 starb in Tharandt Alfred Bartel, Assistent am chemischen Laboratorium der K. Forstakademie, wirkliches Mitglied seit 1897.

Neu aufgenommene wirkliche Mitglieder:

Baensch, Wilh., Buchdruckerei und Verlagshandlung in Dresden, am 24. November 1898;
Berger, Karl, Dr. med. in Dresden, am 22. December 1898;
Bidlingmaier, Friedr., Assistent am physikalischen Laboratorium der K. Technischen Hochschule in Dresden, am 24. November 1898;
Dickhoff, Alphons, Privatus in Blasewitz, am 27. October 1898;
Lehmann, Georg, K. Hofbuchhändler in Dresden, am 29. September 1898;
Müller, Felix, Prof. Dr., in Oberloschwitz, am 24. November 1898;
Naumann, Ernst, Dr. phil., Assistent am mineral.-geologischen Institut der K. Technischen Hochschule in Dresden, am 29. September 1898;
Osborne, Wilh., Dr. phil., Chemiker in Radebeul, am 24. November 1898;
Range, Ernst Albert, K. Strassen- und Wasserbauinspector in Dresden, } am 27. October 1898.
Richter, Wilh., Dr. med. in Dresden, } am 27. October 1898.
Schmidt, Hermann, Lehrer in Dresden, am 24. November 1898;
Sommer, Karl, Gymnasiallehrer a. D. in Meissen, am 22. December 1898;
Thoss, Friedr. Aug., Seminaroberlehrer in Plauen bei Dr., am 29. September 1898.

In die correspondirenden Mitglieder ist übergetreten:

von Baensch, William, K. Hofverlagsbuchhändler, in Stralsund.

Freiwillige Beiträge zur Gesellschaftskasse

zahlten: Dr. Amthor, Hannover, 3 Mk.; Prof. Dr. Bachmann, Plauen i. V., 3 Mk.; K. Bibliothek, Berlin, 3 Mk.; naturwissensch. Modelleur Blaschka, Hosterwitz, 3 Mk. 5 Pf.; Privatus Eisel, Gera, 3 Mk.; Bergmeister Hartung, Lobenstein, 5 Mk.; Prof. Dr. Hibsch, Liebwerd, 3 Mk. 1 Pf.; Bürgerschullehrer Hofmann, Grossenhain, 3 Mk.; Apotheker Dr. Lange, Werningshausen, 6 Mk. 10 Pf.; Oberlehrer Dr. Lohrmann, Annaberg, 3 Mk.; Stabsarzt Dr. Naumann, Gera, 3 Mk.; Oberlehrer Naumann, Bautzen, 6 Mk.; Betriebsingenieur Prasse, Leipzig, 3 Mk.; Dr. Reiche, Santiago, Chile, 3 Mk.; Director Dr. Reidemeister, Schönebeck, 3 Mk.; Prof. Dr. Schneider, Blasewitz, 10 Mk.; Oberlehrer Seidel I, Zschopau, 3 Mk. 10 Pf.; Rittergutspachter Sieber, Grossgrabe, 3 Mk. 15 Pf.; Fabrikbesitzer Siemens, Dresden, 100 Mk.; Chemiker Dr. Stauss, Hamburg, 3 Mk; Oberlehrer Dr. Sterzel, Chemnitz, 3 Mk.; Privatdocent Dr. Steuer, Jena, 3 Mk.; Prof. Dr. Vater, Tharandt. 3 Mk. 5 Pf.; Baurath Wiechel, Chemnitz, 3 Mk. 15 Pf.; Oberlehrer Wolff, Pirna, 3 Mk.; Prof. Dr. Wünsche, Zwickau, 3 Mk. — In Summa 190 Mk. 61 Pf.

H. Warnatz.

Beamte der Isis im Jahre 1899.

Vorstand.

Erster Vorsitzender: Prof. Dr. E. Kalkowsky.
Zweiter Vorsitzender: Prof. H. Engelhardt.
Kassirer: Hofbuchhändler G. Lehmann.

Directorium.

Erster Vorsitzender: Prof. Dr. E. Kalkowsky.
Zweiter Vorsitzender: Prof. H. Engelhardt.
Als Sectionsvorstände:
Privatdocent Dr. W. Bergt,
Dr. J. Deichmüller,
Prof. Dr. O. Drude,
Prof. Dr. F. Förster,
Prof. Dr. H. Nitsche,
Prof. Dr. K. Rohn.
Erster Secretär: Dr. J. Deichmüller.
Zweiter Secretär: Institutsdirector A. Thümer.

Verwaltungsrath.

Vorsitzender: Prof. H. Engelhardt.
Mitglieder: 1. Fabrikbesitzer L. Guthmann,
2. Privatus W. Putscher,
3. Fabrikant E. Kühnscherf,
4. Dr. Fr. Raspe,
5. Prof. H. Fischer,
6. Fabrikbesitzer Fr. Siemens.
Kassirer: Hofbuchhändler G. Lehmann.
Bibliothekar: Privatus K. Schiller.
Secretär: Institutsdirector A. Thümer.

Sectionsbeamte.

I. Section für Zoologie.

Vorstand: Prof. Dr. H. Nitsche.
Stellvertreter: Oberlehrer Dr. J. Thallwitz.
Protokollant: Institutsdirector A. Thümer.
Stellvertreter: Dr. A. Naumann.

II. Section für Botanik.

Vorstand: Prof. Dr. O. Drude.
Stellvertreter: Oberlehrer K. Wobst.
Protokollant: Garteninspector F. Ledien.
Stellvertreter: Dr. A. Naumann.

III. Section für Mineralogie und Geologie.

Vorstand: Privatdocent Dr. W. Bergt.
Stellvertreter: Oberlehrer Dr. R. Nessig.
Protokollant: Dr. H. Francke.
Stellvertreter: Dr. E. Naumann.

IV. Section für Physik und Chemie.

Vorstand: Prof. Dr. F. Förster.
Stellvertreter: Prof. Dr. F. Pockels.
Protokollant: Oberlehrer Dr. G. Schulze.
Stellvertreter: Dr. R. Engelhardt.

V. Section für prähistorische Forschungen.

Vorstand: Dr. J. Deichmüller.
Stellvertreter: Lehrer H. Döring.
Protokollant: Lehrer O. Ebert.
Stellvertreter: Lehrer A. Jentsch.

VI. Section für Mathematik.

Vorstand: Prof. Dr. K. Rohn.
Stellvertreter: Oberlehrer Dr. A. Witting.
Protokollant: Oberlehrer Dr. J. von Vieth.
Stellvertreter: Privatdocent Dr. E. Nätsch.

Redactions-Comité.

Besteht aus den Mitgliedern des Directoriums mit Ausnahme des zweiten Vorsitzenden und des zweiten Secretärs.

Bericht des Bibliothekars.

Im Jahre 1898 wurde die Bibliothek der „Isis" durch folgende Zeitschriften und Bücher vermehrt:

A. Durch Tausch.

I. Europa.

1. Deutschland.

Altenburg: Naturforschende Gesellschaft des Osterlandes.
Annaberg-Buchholz: Verein für Naturkunde.
Augsburg: Naturwissenschaftlicher Verein für Schwaben und Neuburg.
Bamberg: Naturforschende Gesellschaft.
Bautzen: Naturwissenschaftliche Gesellschaft „Isis". — Sitzungsber. und Abhandl., 1896—97. [Aa 327.]
Berlin: Botanischer Verein der Provinz Brandenburg. — Verhandl., Jahrg. 39. [Ca 6.]
Berlin: Deutsche geologische Gesellschaft. — Zeitschr., Bd. 49, Heft 3 und 4; Bd. 50, Heft 1 und 2. [Da 17.]
Berlin: Gesellschaft für Anthropologie, Ethnologie und Urgeschichte. — Verhandl., October 1897 bis Mai 1898. [G 55.]
Bonn: Naturhistorischer Verein der preussischen Rheinlande, Westfalens und des Reg.-Bez. Osnabrück. — Verhandl., 54. Jahrg., 2. Hälfte. [Aa 93.]
Bonn: Niederrheinische Gesellschaft für Natur- und Heilkunde. — Sitzungsber., 1897, 2. Hälfte. [Aa 322.]
Braunschweig: Verein für Naturwissenschaft.
Bremen: Naturwissenschaftlicher Verein. — Abhandl., Bd. XIV, Heft 3; Bd. XV, Heft 2. [Aa 2.]
Breslau: Schlesische Gesellschaft für vaterländische Cultur. — 75. Jahresber., 1897, mit Ergänzungsheft bibliograph. Inhalts. [Aa 46.]
Chemnitz: Naturwissenschaftliche Gesellschaft.
Chemnitz: K. Sächsisches meteorologisches Institut. — Abhandl., Heft 3. [Ec 57 b.] — Klima des Königreichs Sachsen, Heft 5. [Ec 78.] — Jahrbuch, XIII. Jahrg., 3. Abth.; XIV. Jahrg., 1. u. 2. Abth. [Ec 57.]
Danzig: Naturforschende Gesellschaft.
Darmstadt: Verein für Erdkunde und mittelrheinischer geologischer Verein. — Notizbl., 4. Folge, 18. Heft. [Fa 8.]
Donaueschingen: Verein für Geschichte und Naturgeschichte der Baar und der angrenzenden Landestheile.
Dresden: Gesellschaft für Natur- und Heilkunde. — Jahresber., 1897—98. [Aa 47.]

Dresden: Gesellschaft für Botanik und Gartenbau „Flora". — Sitzungsber. und Abhandl., n. F., Jhrg. 1—2, mit Bücherverzeichniss. [Ca 26.]
Dresden: K. Mineralogisch-geologisches und praehistorisches Museum. — Mittheil., Heft XIV. [Db 51.]
Dresden: K. Zoologisches und Anthrop.-ethnogr. Museum. — Catalog der Handbibliothek. [Jc 117.]
Dresden: K. Oeffentliche Bibliothek.
Dresden: Verein für Erdkunde. — Jahresberichte, Jahr. XXVI. [Fa 6.]
Dresden: K. Sächsischer Altertumsverein. — Neues Archiv für Sächs. Geschichte und Altertumskunde, Bd. XIX. [G 75.] — Die Sammlung des K. Sächs. Altertumsvereins in ihren Hauptwerken. Lief. 1, Bl. I—X. [G 75 b.]
Dresden: Oekonomische Gesellschaft im Königreich Sachsen. — Mittheil. 1892—93, 1897—98. [Ha 9.]
Dresden: K. Thierärztliche Hochschule. — Bericht über das Veterinärwesen in Sachsen, 33., 37., 40. und 42. Jahrg. [Ha 26.]
Dresden: K. Sächsische Technische Hochschule. — Bericht über die K. Sächs. Techn. Hochschule a. d. Jahr 1897—98. [Jc 63.] — Personalverz. Nr. X—XVIII. [Jc 63 b.]
Dürkheim: Naturwissenschaftlicher Verein der Rheinpfalz „Pollichia".
Düsseldorf: Naturwissenschaftlicher Verein.
Elberfeld: Naturwissenschaftlicher Verein.
Emden: Naturforschende Gesellschaft. — 82. Jahresbericht, 1896—97. [Aa 48.]
Emden: Gesellschaft für bildende Kunst und vaterländische Altertümer.
Erfurt: K. Akademie gemeinnütziger Wissenschaften. — Jahrbücher, Heft XXIV. [Aa 263.]
Erlangen: Physikalisch-medicinische Societät. — Sitzungsber., 29. Heft, 1897. [Aa 212.]
Frankfurt a. M.: Senckenbergische naturforschende Gesellschaft. — Bericht für 1898. [Aa 9 a.]
Frankfurt a. M.: Physikalischer Verein. — Jahresber. für 1896—97. [Eb 35.]
Frankfurt a. O.: Naturwissenschaftlicher Verein des Regierungsbezirks Frankfurt. — „Helios", 15. Bd. — Societatum litterae, Jahrg. XI, Nr. 7—12; Jahrg. XII, Nr. 1—4. [Aa 282.]
Freiberg: K. Sächs. Bergakademie. — Programm für das 133. Lehrjahr 1898—99. [Aa 323.]
Freiburg i. B.: Naturforschende Gesellschaft.
Gera: Gesellschaft von Freunden der Naturwissenschaften.
Giessen: Oberhessische Gesellschaft für Natur- und Heilkunde.
Görlitz: Naturforschende Gesellschaft. — Abhandl., 22. Bd. [Aa 3.]
Görlitz: Oberlausitzische Gesellschaft der Wissenschaften. — Neues Lausitzisches Magazin, Bd. 73, 2. Heft; Bd. 74. [Aa 64.]
Görlitz: Gesellschaft für Anthropologie und Urgeschichte der Oberlausitz.
Greifswald: Naturwissenschaftlicher Verein für Neu-Vorpommern und Rügen. — Mittheil., 29. Jahrg., 1897. [Aa 68.]
Greifswald: Geographische Gesellschaft. — Jahresber. Nr. VI, II. Theil, 1896—98. [Fa 20.]
Guben: Niederlausitzer Gesellschaft für Anthropologie und Urgeschichte. — Mittheil., V. Bd., Heft 1—7. [G 102.]

Güstrow: Verein der Freunde der Naturgeschichte in Mecklenburg.
Halle a. S.: Naturforschende Gesellschaft.
Halle a. S.: Kais. Leopoldino-Carolinische deutsche Akademie. — Leopoldina, Heft XXXIII, Nr. 12; Heft XXXIV, Nr. 1—11. [Aa 62.]
Halle a. S.: Verein für Erdkunde. — Mitteil., Jahrg. 1898. [Fa 16.]
Hamburg: Naturhistorisches Museum. — Jahrbücher, Jahrg. XIV, mit Beiheft 1—5. [Aa 276.]
Hamburg: Naturwissenschaftlicher Verein. — Verhandl., IV. Folge, 5. Heft, 1897. [Aa 293b.]
Hamburg: Verein für naturwissenschaftliche Unterhaltung.
Hanau: Wetterauische Gesellschaft für die gesammte Naturkunde.
Hannover: Naturhistorische Gesellschaft. — Jahresber., 44.—47. Bd. [Festschrift.] [Aa 52.]
Hannover: Geographische Gesellschaft.
Heidelberg: Naturhistorisch-medicinischer Verein.
Hof: Nordoberfränkischer Verein für Natur-, Geschichts- und Landeskunde.
Karlsruhe: Naturwissenschaftlicher Verein.
Kassel: Verein für Naturkunde. — Abhandl. und Berichte, Nr. 42 u. 43. [Aa 242.]
Kassel: Verein für hessische Geschichte und Landeskunde. — Zeitschr., 22.—23. Bd. u. 12. Suppl.; Mittheil., Jahrg. 1896—97. [Fa 21.]
Kiel: Naturwissenschaftlicher Verein für Schleswig-Holstein.
Köln: Redaction der Gaea. — Natur und Leben, Jahrg. 34. [Aa 41.]
Königsberg i. Pr.: Physikalisch-ökonomische Gesellschaft. — Schriften. 38. Jahrg., 1897. [Aa 81.]
Königsberg i. Pr.: Altertums-Gesellschaft Prussia. — Sitzungsber. Nr. 46, 1890. [G 114.]
Krefeld: Verein für Naturkunde. — Jahresber. II und III, 1896—98. [Aa 329.]
Landshut: Botanischer Verein. — Bericht 15. [Ca 14.]
Leipzig: Naturforschende Gesellschaft.
Leipzig: K. Sächsische Gesellschaft der Wissenschaften. — Berichte über die Verhandl., mathem.-physikal. Klasse, 1897, V—VI; 1898, I—V. [Aa 296.]
Leipzig: K. Sächsische geologische Landesuntersuchung. — Geologische Specialkarte des Königreichs Sachsen: Sect. Ostritz-Bernstadt, Bl. 73; Sect. Hinterhermsdorf-Daubitz, Bl. 86; Sect. Hirschfelde-Reichenau, Bl. 89; Sect. Zittau-Oybin-Lausche, Bl. 107; Sect. Bobenneukirch-Gattendorf, Bl. 150, mit 5 Heften Erläuterungen. [Dc 146.]
Lübeck: Geographische Gesellschaft und naturhistorisches Museum.
Lüneburg: Naturwissenschaftlicher Verein für das Fürstentum Lüneburg. — Jahresheft XIV, 1896—98. [Aa 210.]
Magdeburg: Naturwissenschaftlicher Verein. — Jahresber. und Abhandl., Jahrg. 1896—98. [Aa 173.]
Mannheim: Verein für Naturkunde.
Marburg: Gesellschaft zur Beförderung der gesammten Naturwissenschaften. — Sitzungsber., Jahrg. 1897. [Aa 266.]
Meissen: Naturwissenschaftliche Gesellschaft „Isis“. — Beobacht. d. Isis-Wetterwarte zu Meissen i. J. 1897. [Ec 40.]

Münster: Westfälischer Provinzialverein für Wissenschaft und Kunst. — 25. Jahresber., Jahrg. 1896—97. [Ca 231.]
Neisse: Wissenschaftliche Gesellschaft „Philomathie". — Bericht, 25.—28., 1888—96. [Aa 28.]
Nürnberg: Naturhistorische Gesellschaft. — Jahresber. für 1897, nebst Abhandl., XI. Bd. [Aa 5.]
Offenbach: Verein für Naturkunde.
Osnabrück: Naturwissenschaftlicher Verein. — 12. Jahresber., 1897. [Aa 177.]
Passau: Naturhistorischer Verein. — 17. Bericht für 1896—97. [Aa 55.]
Posen: Naturwissenschaftlicher Verein. — Zeitschr. der botan. Abtheil., 4. Jahrg., Heft 3; 5. Jahrg., Heft 1—2. [Aa 316.]
Regensburg: Naturwissenschaftlicher Verein. — Berichte, Heft VI, 1896—97. [Aa 295.]
Regensburg: K. Bayerische botanische Gesellschaft.
Reichenbach i. V.: Vogtländischer Verein für Naturkunde. — Mitteil., Jahrg. 29. [Aa 70.]
Reutlingen: Naturwissenschaftlicher Verein.
Schneeberg: Wissenschaftlicher Verein.
Stettin: Ornithologischer Verein. — Zeitschr. für Ornithologie und prakt. Geflügelzucht, Jahrg. XXII. [Bf 57.]
Stuttgart: Verein für vaterländische Naturkunde in Württemberg. — Jahreshefte, Jahrg. 54. [Aa 60.]
Stuttgart: Württembergischer Altertumsverein. — Württemberg. Vierteljahrshefte für Landesgeschichte, n. F., 6.—7. Jahrg. [G 70.]
Tharandt: Redaction der landwirtschaftlichen Versuchsstationen. — Landwirtsch. Versuchsstationen, Bd. XLIX, Heft 4—6; L; LI, Heft 1. (In der Bibliothek der Versuchsstation im botan. Garten.)
Thorn: Coppernicus-Verein für Wissenschaft und Kunst.
Trier: Gesellschaft für nützliche Forschungen.
Ulm: Verein für Mathematik und Naturwissenschaften. — Jahreshefte, 8. Jahrg. [Aa 299.]
Ulm: Verein für Kunst und Altertum in Ulm und Oberschwaben.
Weimar: Thüringischer botanischer Verein. — Mittheil., n. F., 11. Heft. [Ca 23.]
Wernigerode: Naturwissenschaftlicher Verein des Harzes.
Wiesbaden: Nassauischer Verein für Naturkunde. — Jahrbücher, Jahrg. 51. [Aa 43.]
Würzburg: Physikalisch-medicinische Gesellschaft. — Sitzungsber., Jahrg. 1897. [Aa 85.]
Zwickau: Verein für Naturkunde. — Jahresber. 1897. [Aa 179.]

2. Oesterreich-Ungarn.

Aussig: Naturwissenschaftlicher Verein.
Bistritz: Gewerbeschule.
Brünn: Naturforschender Verein.
Budapest: Ungarische geologische Gesellschaft. — Földtani Közlöny, XXVII. köt., 11.—12. füz.; XXVIII. köt., 1.—9. füz. [Da 25.]
Budapest: K. Ungarische naturwissenschaftliche Gesellschaft, und: Ungarische Akademie der Wissenschaften. — Mathemat. und naturwissenschaftl. Berichte, Bd. 13. [Ea 37.]

Graz: Naturwissenschaftlicher Verein für Steiermark. — Mittheil., Jahrg. 1897. [Aa 72.]
Hermannstadt: Siebenbürgischer Verein für Naturwissenschaften. — Verhandl. und Mittheil., XLVII. Jahrg. [Aa 94.]
Iglo: Ungarischer Karpathen-Verein. — Jahrbuch, XXV. Jahrg. [Aa 198.]
Innsbruck: Naturwissenschaftlich-medicinischer Verein.
Klagenfurt: Naturhistorisches Landes-Museum von Kärnthen. — Festschrift z. 50jähr. Bestehen, 1898. [Aa 42.]
Krakau: Akademie der Wissenschaften. — Anzeiger, 1897, Nr. 9—10; 1898, Nr. 1—4 und 6—8. [Aa 302.]
Laibach: Musealverein für Krain.
Linz: Verein für Naturkunde in Oesterreich ob der Enns. — Jahresber. 19, 26 und 27. [Aa 213.]
Linz: Museum Francisco-Carolinum. — 56. Bericht nebst der 50. Lieferung der Beiträge zur Landeskunde von Oesterreich ob der Enns. [Fa 9.]
Prag: Naturwissenschaftlicher Verein „Lotos".
Prag: K. Böhmische Gesellschaft der Wissenschaften. — Sitzungsber., mathem.-naturw. Cl., 1897. [Aa 269.] — Jahresber. für 1897. [Aa 270.]
Prag: Gesellschaft des Museums des Königreichs Böhmen. — Památky archaeologické, dílu XVII, ses. 4—8; XVIII, ses. 1—2. [G 71.]
Prag: Lese- und Redehalle der deutschen Studenten.
Prag: Ceska Akademie Cisaře Františka Josefa. — Rozpravy, Trida II, Ročnik 6. [Aa 313.] — Bulletin international, classe des sciences mathématiques et naturelles, Nr. IV. [Aa 313b.]
Pressburg: Verein für Heil- und Naturkunde. — Verhandl., n. F., Heft 9. [Aa 92.]
Reichenberg: Verein der Naturfreunde. — Mittheil., Jahrg. 29. [Aa 70.]
Salzburg: Gesellschaft für Salzburger Landeskunde. — Mittheilungen, Bd. XXXVII und XXXVIII. [Aa 71.]
Temesvár: Südungarische Gesellschaft für Naturwissenschaften. — Természettudományi Füzetek, XXII. köt., füz. 2—3. [Aa 216.]
Trencsin: Naturwissenschaftlicher Verein des Trencsiner Comitates. — Jahresheft, Jahrg. XIX—XX. [Aa 277.]
Triest: Museo civico di storia naturale.
Triest: Società Adriatica di scienze naturali.
Wien: Kais. Akademie der Wissenschaften. — Anzeiger, Jahrg. 1897, Nr. 27; 1898, Nr. 1—12. [Aa 11.]
Wien: Verein zur Verbreitung naturwissenschaftlicher Kenntnisse. — Schriften, Bd. XXXVIII. [Aa 82.]
Wien: K. K. naturhistorisches Hofmuseum. — Annalen, Bd. XII, Nr. 2—4; Bd. XIII, Nr. 1. [Aa 280.]
Wien: Anthropologische Gesellschaft. — Mittheil., Bd. XXVII, Heft 6; Bd. XXVIII, Heft 1—4. [Bd 1.]
Wien: K. K. geologische Reichsanstalt. — Verhandl., 1897, Nr. 14—18; 1898, Nr. 1—12. [Da 16.] — Abhandl., Bd. XVII, Heft 4. [Da 1.]
Wien: K. K. zoologisch-botanische Gesellschaft. — Verhandl., Bd. XLVII. [Aa 95.]
Wien: Naturwissenschaftlicher Verein an der Universität.
Wien: Central-Anstalt für Meteorologie und Erdmagnetismus. — Jahrbücher, Jahrg. 1894 und 1897. [Ec 82.]

3. Rumänien.

Bukarest: Institut météorologique de Roumanie. — Annales, tome XII, 1896. [Ec 75.]

4. Schweiz.

Aarau: Aargauische naturforschende Gesellschaft. — Mitteil., Heft VIII. [Aa 317.]
Basel: Naturforschende Gesellschaft. — Verhandl., Bd. XII, Heft 1. [Aa 86.]
Bern: Naturforschende Gesellschaft.
Bern: Schweizerische naturforschende Gesellschaft.
Chur: Naturforschende Gesellschaft Graubündens. — Jahresber., n. F., Jahrg. XXXVI, XL und XLI. [Aa 51.]
Frauenfeld: Thurgauische naturforschende Gesellschaft. — Mitteil., Heft 13. [Aa 261.]
Freiburg: Société Fribourgeoise des sciences naturelles. — Compte rendu, 1893—97. [Aa 264.]
St. Gallen: Naturforschende Gesellschaft. — Bericht für 1895 — 96. [Aa 23.]
Lausanne: Société Vaudoise des sciences naturelles. — Bulletin, 4. sér., vol. XXXIII, no. 126; vol. XXXIV, no. 127—129. [Aa 248.]
Neuchatel: Société des sciences naturelles.
Schaffhausen: Schweizerische entomologische Gesellschaft. — Mittheil., Vol. X, Heft 2—4. [Bk 222.]
Sion: La Murithienne, société Valaisanne des sciences naturelles. — Bulletin, fasc. XXVI. [Ca 13.]
Zürich: Naturforschende Gesellschaft. — Vierteljahrsschr., Jahrg. 42, Heft 3—4; Jahrg. 43, Heft 1—3. [Aa 96.] — Neujahrsblatt für 1898. [Aa 96b.]
Zürich: Schweizerische botanische Gesellschaft. — Berichte, Heft 8. [Ca 24.]

5. Frankreich.

Amiens: Société Linnéenne du nord de la France. — Mémoires, tome IX, 1892—98. [Aa 252b.] — Bulletin mensuel, tome XIII, no. 283—292. [Aa 252.]
Bordeaux: Société des sciences physiques et naturelles. — Mémoires, sér. 5, tome I—II; III, cah. 1; procès-verbaux, année 1896—97. [Aa 253.]
Cherbourg: Société nationale des sciences naturelles et mathématiques. — Mémoires, tome XXX. [Aa 137.]
Dijon: Académie des sciences, arts et belles lettres. — Mémoires, sér. 4, tome V. [Aa 138.]
Le Mans: Société d'agriculture, sciences et arts de la Sarthe. — Bulletin, tome XXVIII, fasc. 2—3. [Aa 221.]
Lyon: Société Linnéenne. — Annales, tome 43—44. [Aa 132.]
Lyon: Société d'agriculture, d'histoire naturelle et des arts utiles. — Annales, sér. 7, tome 4. [Aa 133.]
Lyon: Académie nationale des sciences, belles lettres et arts. — Mémoires, sér. 3, tome 4. [Aa 139.]
Paris: Société zoologique de France. — Bulletin, tome XXII. [Ba 24.]
Toulouse: Société Française de botanique. - Bulletin mensuel, tome XIII, Nr. 147—156. [Ca 18.]

6. Belgien.

Brüssel: Société royale malacologique de Belgique. — Annales, tome XXVIII—XXXI, fasc. 1. [Bi 1.] — Procès-verbaux des séances, tome XXV—XXVII, Jan.—Juli. [Bi 4.]
Brüssel: Société entomologique de Belgique. — Annales, tome 41. [Bk 13.] — Mémoires, tome VI. [Bk 13 b.]
Brüssel: Société royale de botanique de Belgique. — Bulletin, tome XXXVI. [Ca 16.]
Gembloux: Station agronomique de l'état. — Bulletin, no. 64—65. [Hb 75.]
Lüttich: Société géologique de Belgique.

7. Holland.

Gent: Kruidkundig Genootschap „Dodonaea".
Groningen: Naturkundig Genootschap. — 97. Verslag, 1897. [Jc 80.]
Harlem: Musée Teyler. — Archives, sér. II, vol. V, p. 4; vol. VI, p. 1—2. [Aa 217.]
Harlem: Société Hollandaise des sciences. — Archives Néerlandaises, sér. II, tome I, livr. 4—5; tome II, livr. 1. [Aa 257.]

8. Luxemburg.

Luxemburg: Société botanique du Grandduché de Luxembourg. — Recueil des mémoires et des travaux. no. XIII. [Ca 11.]
Luxemburg: Institut royal grand-ducal.
Luxemburg: Verein Luxemburger Naturfreunde „Fauna". — Mittheil., 1897. [Ba 26.]

9. Italien.

Brescia: Ateneo. — Commentari per l'anno 1897. [Aa 199.]
Catania: Accademia Gioenia di scienze naturale. — Atti, ser. IV, vol. 10—11. — Bollettino, fasc. L, LII—LIV. [Aa 149.]
Florenz: R. Instituto. — Sect. f. Physik und Naturgesch., Bd. 19—21; Sect. f. Medicin, 7. Publicat. [Aa 229.]
Florenz: Società entomologica Italiana. — Bullettino, anno XIX. [Bk 193.]
Mailand: Società Italiana di scienze naturali. — Atti, vol. XXXVII, fasc. 2—3. [Aa 150.]
Mailand: R. Instituto Lombardo di scienze e lettere. — Rendiconti, ser. 2, vol. XXX. [Aa 161.] — Memorie, vol. XVIII, fasc. 2—5. [Aa 167.]
Modena: Società dei naturalisti.
Padua: Società Veneto Trentina di scienze naturali. — Bullettino, tomo VI, no. 3. [Aa 193 b.]
Parma: Redazione del Bullettino di paletnologia Italiana. — Bullettino, ser. III, anno XXIII, no. 7—12; anno XXIV, no. 1—3. [G 54.]
Pisa: Società Toscana di scienze naturali. — Processi verbali, vol. X (22. XI. 96—4. VII. 97); vol. XI (28. XI. 97—1. V. 98). [Aa 209.]
Rom: Accademia dei Lincei. — Atti, Rendiconti, ser. 5, vol. V—VII, 2. sem., fasc. 1—10. [Aa 226.]
Rom: R. Comitato geologico d'Italia.

Turin: Società meteorologica Italiana. — Bollettino mensuale, ser. II, vol. XVII, no. 9—12; vol. XVIII, no. 1—8. [Ec 2.]
Venedig: R. Instituto Veneto di scienze, lettere e arti.
Verona: Accademia di Verona. — Memoire, ser. III, vol. LXXIII, fasc. 1—2. [IIa 14.]

10. Grossbritannien und Irland.

Dublin: Royal geological society of Irland.
Edinburg: Geological Society. — Transactions, vol. VII, p. 3. [Da 14.]
Edinburg: Scottish meteorological society. — Journal, 3. ser., no. 13—14. [Ec 3.]
Glasgow: Natural history society. — Transactions, vol. V, p. 1. [Aa 244.]
Glasgow: Geological society.
Manchester: Geological society. — Transactions, vol. XXV, p. 12—15, 20—21. [Da 20.]
Newcastle-upon-Tyne: Tyneside naturalists field club, und: Natural history society of Northumberland, Durham and Newcastle-upon-Tyne. — Nat. history transactions, vol. XIII, p. 2. [Aa 126.]

11. Schweden, Norwegen.

Bergen: Museum. — Aarbog for 1897. [Aa 294.]
Christiania: Universität. — Universitets-Programm for 2. sem. 1894. [Aa 251.]
Christiania: Foreningen til Norske fortidsmindesmerkers bevaring. — Aarsberetning for 1896. [G 2.] — Kunst og handverk fra Norges fortid, 2. Reihe, 2. Heft. [G 71.]
Stockholm: Entomologiska Föreningen. - Entomologisk Tidskrift, Arg. 18. [Bk 12.]
Stockholm: K. Vitterhets Historie och Antiqvitets Akademien. — Antiquarisk Tidskrift, Del XVI, 4. [G 135.] — Månadsblad, 1894. [G 135a.]
Tromsoe: Museum. — Aarsberetning 1894. [Aa 243.]
Upsala: The geological institution of the university. — Bulletin, vol. III, p. 2 (no. 6), 1897. [Da 30.]

12. Russland.

Ekatharinenburg: Société Ouralienne d'amateurs des sciences naturelles. — Bulletin, tome XVI, livr. 2; tome XVII; tome XIX, livr. 1. [Aa 259.]
Helsingfors: Societas pro fauna et flora fennica.
Kharkow: Société des naturalistes à l'université impériale. — Travaux, tome XXXI u. XXXII. [Aa 224.]
Kiew: Société des naturalistes. — Mémoires, tome XIV, livr. 2; tome XV, livr. 1—2. [Aa 298.]
Moskau: Société impériale des naturalistes. — Bulletin, année 1897, no. 2—4; année 1898, no. 1. [Aa 134.]
Odessa: Société des naturalistes de la Nouvelle-Russie. — Mémoires, tome XXI, p. 2; tome XXII, p. 1. [Aa 256.]
Petersburg: Kais. botanischer Garten. — Acta horti Petropolitani, tom. XIV, fasc. 2. [Ca 10.]

Petersburg: Comité géologique. — Bulletins, vol. XVI, no. 3—9; vol. XVII, no. 1—6; supplem. au tome XVI. [Da 23.] — Mémoires, vol. XVI, no. 1. [Da 24.]
Petersburg: Physikalisches Centralobservatorium. — Annalen, Jahrg. 1896. [Ec 7.]
Petersburg: Académie impériale des sciences. — Bulletin, nouv. série V, tome VII, no. 2—5; tome VIII, no. 1—4. [Aa 315.]
Petersburg: Kaiserl. Russische mineralogische Gesellschaft. — Verhandl., 2. Ser., Bd. 35. [Da 29.]
Riga: Naturforscher-Verein. — Korrespondenzblatt, XL—XLI. [Aa 84.]

II. Amerika.

1. Nord-Amerika.

(Canada, Vereinigte Staaten, Mexiko.)

Albany: New York state museum of natural history.
Baltimore: John Hopkins university. — University circulars, vol. XVII, no. 134—136. [Aa 278.] — American journal of mathematics, vol. XIX; XX, no. 1—3. [Ea 38.] — American chemical journal, vol. XIX, 5—10; vol. XX, no. 1—7. [Ed 60.] — Studies in histor. and politic. science, ser. XV, no. 6—12; ser. XVI, no. 1—9. [Fb 125.] — American journal of philology, vol. XVIII; XIX, 1. [Ja 64.]
Berkeley: University of California. — Department of geology, Register f. 1896—97. [Da 31.] — Agriculturial experiment station, bull. 116—119; report of 1895—96. [Da 31 b.]
Boston: Society of natural history. — Proceedings, vol. XXVIII, p. 1—12. [Aa 111.]
Boston: American academy of arts and.sciences. — Proceedings, new ser., vol. XXXII—XXIII; XXXIV, 1. — Memoirs, vol. V, no. 3. [Aa 170.]
Buffalo: Society of natural sciences. — Bulletin, vol. V, no. 5; vol. VI, no. 1. [Aa 185.]
Cambridge: Museum of comparative zoology. — Annual report for 1896—1897. — Bulletin, vol. XXVIII, no. 4—5; vol. XXXI, no. 5—7; vol. XXXII, no. 1—8. [Ba 14.]
Chicago: Academy of sciences.
Chicago: Field Columbian Museum. — Publications 12—19, 21—28. [Aa 324.]
Davenport: Academy of natural sciences.
Halifax: Nova Scotian institute of natural science. — Proceedings and transactions, 2. ser., vol. II, p. 3. [Aa 304.]
Lawrence: Kansas University. — Quarterly, series A: science and mathematics. vol. VI, no. 2; vol. VII, no. 3. [Aa 328.]
Madison: Wisconsin Academy of sciences, arts and letters. — Transactions, vol. XI. [Aa 206.]
Mexiko: Sociedad cientifica „Antonio Alzate". — Memorias y Revista, tomo X, cuad. 5—12; tomo XI, cuad. 1—8. [Aa 291.]
Milwaukee: Wisconsin natural history society.
Montreal: Natural history society. — The canadian record of science, vol. VII, no. 6—7. [Aa 109.]

New-Haven: Connecticut academy of arts and sciences.
New-York: Academy of sciences. — Annals, vol. IX, no. 6—12; vol. X; vol. XI, no. 1—2. [Aa 101.] — Transactions, vol. XVI. [Aa 258.]
New-York: American museum of natural history.
New-York: State geologist.
Philadelphia: Academy of natural sciences. — Proceedings, 1897, p. II—III; 1898, p. I. [Aa 117.]
Philadelphia: American philosophical society. — Proceedings, vol. XXXV, no. 153; vol. XXXVI, no. 155—156; vol. XXXVII, no. 157. [Aa 283.]
Philadelphia: Wagner free institute of science. — Transactions, vol. V. [Aa 290.]
Philadelphia: Zoological society. — Annual report 26. [Ba 22.]
Rochester: Academy of science.
Rochester: Geological society of America.
Salem: Essex Institute. — Bulletin, vol. XXVI, no. 7—12; vol. XXVII; vol. XXVIII, no. 1—6; vol. XXIX, no. 1—6. [Aa 103.]
San Francisco: California academy of sciences. — Occasional papers, vol. V. [Aa 112b.]
St. Louis: Academy of science. — Transactions, vol. VII, no. 17—20; vol. VIII, no. 1—7. [Aa 125.]
St. Louis: Missouri botanical garden. — 3. annual report, 1892. [Ca 25.]
Topeka: Kansas academy of science. — Transactions, vol. XV. [Aa 303.]
Toronto: Canadian institute. — Proceedings, 5. ser., vol. I, p. 4—6; Supplem. to vol. V, p. 1. [Aa 222.] — Transactions, vol. V, p. 2. [Aa 222b.]
Tufts College: Studies, no. V. [Aa 314.]
Washington: Smithsonian institution. — Report of the U. St. nat. museum, 1893—95. [Aa 120c.]
Washington: United States geological survey. — XVII. annual report, 1895 bis 1896, p. 1—2. [Dc 120a.] — Bulletin, no. 87, 127, 130, 135—148. [Dc 120b.] — Monographs, vol. XXV—XXVIII mit Atlas. [Dc 120c.]
Washington: Bureau of education.
Washington: Geograph. and geolog. survey of the Rocky mountain region.

2. Süd-Amerika.

(Argentinien, Brasilien, Chile, Costarica.)

Buenos-Aires: Museo nacional. — Communicaciones, tomo I, no. 1. [Aa 147b.]
Buenos-Aires: Sociedad cientifica Argentina. — Anales, tomo XLIV, tomo 5—6; tomo XLV; tomo XLVI, entr. 1—4; Inhaltsverzeichniss d. B. 1—40. [Aa 230.]
Cordoba: Academia nacional de ciencias. — Boletin, tomo XV, entr. 4. [Aa 208b.]
Montevideo: Museo nacional. — Anales, fasc. I—III, VIII—IX. [Aa 326.]
Rio de Janeiro: Museo nacional. — Revista, vol. I (= Archivos, vol. IX). [Aa 211.]
San José: Instituto fisico-geografico y del museo nacional de Costa-Rica. — Informe 1897—98. [Aa 297.]
Sao Paulo: Commissão geographica e geologica de S. Paulo. — Boletim, 1897, no. 10—14. [Aa 305a.]
La Plata: Museum. — Revista, tomo VIII. [Aa 308.]
Santiago de Chile: Deutscher wissenschaftlicher Verein.

III. Asien.

Batavia: K. natuurkundige Vereeniging. — Natuurk. Tijdschrift voor Nederlandsch Indie, Deel 57. — Boekwerken. 1897. [Aa 250.]
Calcutta: Geological survey of India. — Records, vol. XXX, no. 4. [Da 11.] — Memoirs, vol. XXV; XXVI; vol. XXVII, p. 2. [Da 8.] — Palaeontologica Indica. Ser. XV, vol. 1, p. 1, vol. 2, p. 1; Ser. XVI, vol. 1, p. 1—3. [Da 9.]
Tokio: Deutsche Gesellschaft für Natur- und Völkerkunde Ostasiens. — Supplem.: Ehmann, japan. Sprichwörter, Th. II—IV. [Aa 187.]

IV. Australien.

Melbourne: Mining department of Victoria. — Annual report of the secretary for mines, 1897. [Da 21.]

B. Durch **Geschenke**.

Aquila: Zeitschrift für Ornithologie, Jahrg. II—IV. [Bf 68.]
Baden b. Zürich: Ein römischer Militärhospital in Baden bei Zürich. (Gesch. des Herrn Dr. Gründler.) [G 143.]
Boettger, *O.*: Katalog der Reptiliensammlung im Museum der Senckenbergischen naturforschenden Gesellschaft in Frankfurt a. M. II. Teil. (Schlangen). [Bg 28b.]
Brandes, *W.*: Verzeichniss der in der Provinz Hannover vorkommenden Gefässpflanzen. 1897. [Cd 117.]
Calcutta: Pamir boundari commission. — Report on the natural history results. 1898. [Ab 86.]
Central-Commission, *k. k.*, für Erforschung und Erhaltung der Kunst- und historischen Denkmale: Normative und Berichte. Wien 1895, 1897. [G 142.]
Clemen, *P.*: Die Denkmalpflege in der Rheinprovinz. 1896. [G 141.]
Conklin, *E.*: The embryology of Crepidula. 1897. [Bm 57.]
Credner, *H.*: Die sächsischen Erdbeben während der Jahre 1889—97. Sep. 1898. [De 137h.]
Dathe, *E.*: Bemerkungen zum schlesisch-sudetischen Erdbeben vom 11. Juni 1895. Sep. 1898. [De 196i.]
Daubrée, *A.*: Sein Leben und seine Werke. Von Bertrand. 1896. [Jb 77.]
Francé, *R.*: Der Organismus der Craspedomonaden. Sep. 1897. [Bm 58.]
Friedrich, *O.*: Die geologischen Verhältnisse der Umgebung von Zittau. Progr. 1898. [De 109b.]
Gebirgsverein für die Sächsische Schweiz: Ueber Berg und Thal, 237—244. [Fa 19.]
Geinitz, *E.*: Mittheil. a. d. Grossherzogl. Mecklenburgischen geologischen Landesanstalt. Mergellager in Sandgebieten. Sep. 1898. [De 217c.]
Grus, *G.*: Základové theoretické astronomie. 1897. [Ea 45.]
Hannover: Provinzial-Museum. — Verzeichniss der vorhandenen Säugethiere und Vögel. [Bf 71 u. 72.]

Hauser, O.: Das Amphitheater Vindonissa. 1898. [G 139.]
Kohaut, R.: Die Libellen Ungarns. 1896. [Bk 242.]
Kříž, M.: Ueber die Quartärzeit in Mähren. Sep. 1898. [Dc 238.]
Kurländer, J.: Erdmagnetische Messungen in Ungarn in den Jahren 1892 bis 1894. [Ec 88.]
Laube, G.: Die geologischen Verhältnisse des Mineralgebietes von Giesshübel-Sauerbrunn. [Dc 140f.]
Lewicki, E.: Ueber Centrifugalguss. Sep. 1898. [Hb 127.]
Maiden, J.: Botanic gardens and domains in Sydney. [Cd 118.]
Mindesmaerker fra oltiden. — National musset, 1. afd. Koppenhagen, 1891 bis 1896. [G 136.]
Nessig, W. R.: Geologische Excursionen in der Umgegend von Dresden. Progr. II. Teil, 1897. [Dc 236.]
Osirisblatt: Der Lange. 1. Jahrg. 1861, 1—6; 2. Jahrg. 1862, 14; 3. Jahrg. 1863, 16—21, 24—25; 5. Jahrg. 1866, 27—28. (Gesch. des Herrn Geh. Rath Prof. Dr. Geinitz.) [Ja 78.]
Raleigh: Elisha Mitchell scientific society. — Journal, vol. XIV. [Aa 300.]
Salonique: Bulletin annuaire de la station météorologique près du Gymnas pour l'année 1897. [Ec 89.]
Sars, G.: An account of the Crustacea of Norway, vol. II, p. 9—12. [Bl 29b.]
Schneider, O.: Die Tierwelt der Nordsee-Insel Borkum. Sep. 1898. [Bk 63.]
Schube, Th.: Die Verbreitung der Gefässpflanzen in Schlesien. [Cd 116.]
Stossich, M.: Saggio di una Fauna elmintologica di Trieste e Provincie contermini. Sep. 1898. [Bm 54bb.]
Temple, R.: Thierschutzfreundliche Besprechungen. 1897. [Bh 62.]
Töpler, M.: Geschichtete Entladung in freier Luft. Sep. 1897. [Eh 44c.]
Verein zur Erhaltung der Denkmäler der Provinz Sachsen. Jahresber. I bis III, 1894—96. [G 140.]
Voretzsch, M.: Die Stätte des Herzogl. Ernst-Realgymnasiums in Altenburg. Sep. [Aa 69.]
Weber, Fr.: Die Hügelgräber auf dem bayrischen Lechfeld. Sep. 1898. [G 138.]
Weber, Fr.: Zur Frage der keltischen Wohnsitze im jetzigen Deutschland. Sep. 1897. [G 138a.]
Wilisch, E.: Zur Vorgeschichte des Oybin. 1897. [G 137.]

C. Durch Kauf.

Abhandlungen der Senckenbergischen naturforschenden Gesellschaft, Bd. XXI, Heft 1—2; Bd. XXIV, Heft 1—3. [Aa 9.]
Anzeiger für Schweizer Alterthümer, Jahrg. XXX, Nr. 2—4; XXXI, Nr. 1—3. [G 1.]
Anzeiger, zoologischer, Jahrg. XXI, Nr. 549—576. [Ba 21.]
Bronn's Klassen und Ordnungen des Thierreichs, Bd. III (Mollusca), Lief. 30—34; Suppl., Lief. 11—20; Bd. IV (Vermes), Lief. 56—58; Suppl., Lief. 5—13; Bd. V, Abth. 2 (Crustacea), Lief. 47—52; Bd. VI, Abth. 4 (Aves), Lief. 50—52; Abth. 5 (Mammalia), Lief. 51—53. [Bb 54.]
Hedwigia, Bd. 37. [Ca 2.]
Jahrbuch des Schweizer Alpenclub, Jahrg. 33. [Fa 5.]
Monatsschrift, deutsche botanische, Jahrg. 16. [Ca 22.]
Nachrichten, entomologische, Jahrg. 14. [Bk 235.] (Vom Isis-Lesezirkel.)

Natur, Jahrg. 46. [Aa 76.] (Vom Isis-Lesezirkel.)
Palaeontographical society, London, vol. L—LI. [Da 10.]
Prähistorische Blätter, Jahrg. X. [G 112.]
Wochenschrift, naturwissenschaftliche, Bd. XIII. [Aa 311.] (Vom Isis-Lesezirkel.)
Zeitschrift für die gesammten Naturwissenschaften, Bd. 70, Nr. 3—6; Bd. 71, Nr. 1—3. [Ca 98.]
Zeitschrift für Meteorologie, Bd. 16. [Ec 66.]
Zeitschrift für wissenschaftliche Mikroskopie, Bd. XIV, Heft 3—4; Bd. XV, Heft 1—2. [Ee 16.]
Zeitschrift, Oesterreichische botanische, Jahrg. 48. [Ca 6.]
Zeitung, botanische, Jahrg. 56. [Ca 9.]

Abgeschlossen am 31. December 1898.

C. Schiller,
Bibliothekar der „Isis".

Zu besserer Ausnutzung unserer Bibliothek ist für die Mitglieder der „Isis" ein **Lesezirkel** eingerichtet worden. Gegen einen jährlichen Beitrag von 3 Mark können eine grosse Anzahl Schriften bei Selbstbeförderung der Lesemappen zu Hause gelesen werden. Anmeldungen nimmt der Bibliothekar entgegen.

Abhandlungen

der

Naturwissenschaftlichen Gesellschaft

ISIS

in Dresden.

1898.

IV. Ueber ein Doppeltrogrefractometer und Untersuchungen mit demselben an Lösungen von Bromcadmium, Zucker, Di- und Trichloressigsäure sowie deren Kaliumsalzen.

Von Wilhelm Hallwachs.

---

§ 1. Einleitung.

Vor einiger Zeit habe ich eine Differentialmethode mit streifender Incidenz zur Bestimmung der Unterschiede der Lichtbrechungsverhältnisse von Lösungen beschrieben*). Diese Methode eignet sich insbesondere für verdünnte Lösungen und gestattet Brechungsunterschiede bis zu etwa 3×10^{-4} hinab mit grosser Genauigkeit auszuwerthen, also in einem Gebiet zu arbeiten, welches sonst nur mit dem Interferentialrefractor zu erreichen ist. Sie füllt eine Lücke aus, zwischen dem mit letzterem ohne unbequem grosse Streifenzahlen oder zu dünnen Flüssigkeitsschichten zu durchmessenden Gebiet und demjenigen, welches mit den gewöhnlichen Prismen- oder totalrefractometrischen Methoden genügend grosse Ablenkungen ergiebt.

Früher konnte ich die Methode nur durch wenige Versuche stützen. Inzwischen ist dieselbe von Herrn Tornöe in die technische Bieranalyse eingeführt worden**). In letzter Zeit habe ich die Musse gefunden die Methode weiter zu verfolgen und durch Messungen damit völlig sicher zu stellen. Früher war l. c. das Umfüllverfahren angewendet worden, weil gerade nur zwei geeignete Planplatten zur Verfügung standen. Unter Anwendung von drei Planplatten lässt sich das Umfüllen vermeiden, indem statt dessen der Trog von entgegengesetzten Seiten her beobachtet wird.

---

*) W. Hallwachs, Wied. Ann. 50, 1893, p. 577.

**) W. Hallwachs, 68. Naturforschervers. 1896, II, 1, p. 54; H. Tornöe, Spectrometrisch-aräometrische Bieranalyse mit Hilfe des Differentialprisma's von Hallwachs. Zeitschr. für das gesammte Brauwesen (München, Oldenbourg) XX, 1897; E. Prior, Bayerisches Brauerjournal (Nürnberg, Tümmel) VII, 1897, p. 469; s. a. Pharmaceutische Centralhalle (Berlin, Springer) 38, 1897, p. 871. Herr Tornöe hat Tafeln berechnet, welche gestatten, direct aus den mittelst meiner Methode gewonnenen Ablesungen und dem aräometrisch bestimmten specifischen Gewicht der Biere Alkohol- und Extractgehalt zu entnehmen. Diese Tafeln sind im Verein mit einem von Herrn Tornöe zum vorliegenden Zweck möglichst einfach construirten Spectrometer und Doppeltrog von Schmidt & Haensch für 285 M. zu beziehen.

Dieses zweite Verfahren benutzte schon Herr Tornöe, der sich für seine Zwecke mit einem Trog aus Spiegelglas begnügen konnte. Die grösste Schärfe der Beobachtungen ergiebt sich, wenn sowohl umgefüllt als auch bei jeder Füllart von entgegengesetzten Seiten beobachtet wird.

Das Folgende geht einerseits auf die Methode selbst weiter ein, giebt die Theorie des Umdrehverfahrens, Untersuchungen über den Genauigkeitsgrad, den Temperatureinfluss u. s. w., andererseits sucht es durch geeignete Wahl der Messobjecte eine Vervollständigung meiner früheren Untersuchungen über Lichtbrechung und Dichte zu liefern*). Dieser Gegenstand erhielt in letzter Zeit weitere Förderung durch Arbeiten von Dijken**) in derselben und solche von Leblanc und Rohland***) in ähnlicher Richtung.

§ 2. Versuchsanordnung.†)

Die Glasplatten für den Doppeltrog lieferte Steinheil††). Während Stirn- und Rückplatte (B. u. C. Fig. 1), welche aus dickerem Glas bestehen können, so gut waren, dass ihr Keilwinkel unter 0,5″ blieb, dem kleinsten mit meinen Mitteln noch erkennbaren Betrag, hatte die nothwendigerweise dünnere Scheidewand einen solchen von 4″. Durch geeignetes Ausschneiden dieser Platte aus dem Ganzen wurde erstrebt, die brechende Kante möglichst horizontal zu stellen, was soweit gelang, dass in einem Horizontalschnitt der Keilwinkel nur noch 1,3″ betrug (s. p. 61). Das Zusammenkitten des Troges, dessen weitere, aus Spiegelglas bestehende Platten ebenfalls von Steinheil herrührten, besorgte ich selbst und verwendete dabei theilweise Asphalt, da das früher verwendete Wachs und Colophonium bei Temperaturänderungen zuweilen abspringt, was Aenderungen der Trogwinkel veranlasste. Hart gewordener Asphaltlack mit etwas Chloroform dickflüssig in der Wärme angerührt, kittete ausserordentlich constant. Der Winkel γ (Fig. 1) zwischen Stirn- und Rückplatte betrug z. B. Januar 1898 4′ 2″, August 1898 wieder 4′ 2″. Da der Nonius des Spectrometers†††) 20″ angab und 5″ im Allgemeinen zu schätzen gestattete, ist die Uebereinstimmung beider Werthe zum Theil Zufall.

Um die erforderliche Temperaturconstanz zu erhalten, befand sich das Spectrometer in einem fensterlosen Zimmer des Sockelgeschosses, welches, rings von anderen Zimmern umgeben, keine Aussenwand besass. Die Temperatur hielt sich viel constanter wie in den „Räumen für constante Temperatur" im Keller, welche ich früher a. a. O. benutzte. Ueber Nacht traten nur Aenderungen von 0,1° ein. Durch Heizen der einen, Lüften der anderen umliegenden Zimmer und Oeffnen der geeigneten, vom Beobachtungsraum zu diesen führenden Thüren liess sich die Temperatur auch während des Arbeitens halten.

*) W. Hallwachs, Gött. Nachr. 1892, Nr. 9; Wied. Ann. 47, 1892, p. 380; 50, 1893, p. 577; 53, 1894, p. 1; 55, 1895, p. 282.

**) Dijken, De Moleculairrefractie van verdunde Zoutoplossingen. Diss. Groningen (Hoitsema) 1897; s. ferner Borgesius, Wied. Ann. 54, 1895, p. 221.

***) Leblanc und Rohland, Zeitschr. f. phys. Chem. XIX, 2, 1896, p. 261; s. a. Leblanc, l. c. IV, 1889, p. 553.

†) S. a. Wied. Ann. 50, 1893, p. 580 und 581.

††) Tröge aus prima Glas wird derselbe zu ca. 90 M. incl. Kittung (Asphalt) liefern.

†††) Das Spectrometer hatte mir Herr A. Toepler die Freundlichkeit zu leihen, wofür ich ihm auch hier meinen besten Dank ausspreche.

Eine Nische von 120 cm Höhe ging nach einem der Nebenzimmer durch eine 60 cm starke Wand hindurch. Vom Beobachtungsraum schloss dieselbe ein Glasfenster, vom Nebenraum ein Holzladen ab. In der Nische befand sich oben eine Glühlampe, welche den Beobachtungsraum erleuchtete, und in der Höhe des Spectrometers die Natriumflamme für die Versuche. Letztere wurde mit Na Br gespeist, um auch bei sehr geringen Brechungsdifferenzen die genügende Lichtstärke zu erhalten.

Zur Reinigung des mit Klebwachs auf dem Spectrometer befestigten Troges dienten wie früher Schlauchpipetten, zum Umrühren kleine Federchen. Alle zu verwendenden Flüssigkeiten wurden vor der Einfüllung auf die Temperatur des Beobachtungsraumes gebracht, gewöhnlich dadurch, dass sie über Nacht darin standen.

Die Temperaturbestimmung der Flüssigkeiten geschah gewöhnlich mit einem in $^1/_{10}$, zuweilen mit einem in $^1/_{50}$ Grad getheilten Thermometer. Im Allgemeinen lag ein Deckel auf dem Trog. Zwei am Rande des letzteren aufgehängte Blenden schlossen die eine Troghälfte vorn, die andere hinten gegen das Licht ab, z. B. im Fall der Fig. 1, bei Beobachtung von S_1 aus die linke Hälfte von B und die rechte von C. Namentlich bei kleinen Brechungsdifferenzen ist der dadurch erzielte Schutz des Beobachters gegen Blendung unerlässlich. Bei den Noniensablesungen lieferte ein Glühlämpchen das Licht.

§ 3. Theorie des Umdrehungsverfahrens.

Der folgende Paragraph enthält die Herleitung der Beziehung zwischen den mittelst des „Umdrehungsverfahrens" (s. nächster Absatz) beobachteten Winkeln und der Brechungsdifferenz der beiden Flüssigkeiten unter Berücksichtigung der Unvollkommenheit des Parallelismus zwischen Stirn- und Rückplatte, sowie der Keilförmigkeit und der Orientirungsfehler der Scheidewand. Auch der im Allgemeinen zu vernachlässigende Einfluss von Keilförmigkeit der Stirn- und Rückplatte gelangt zur Besprechung. Die an der Grundformel

Fig. 1.

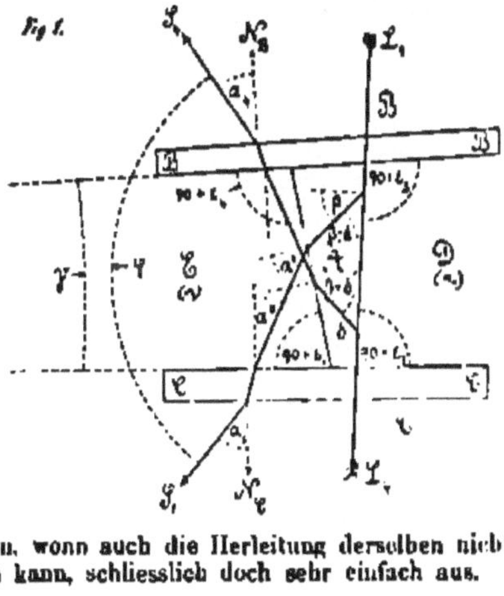

$$n - n_0 = \frac{\sin^2 \alpha}{n + n_0} \text{*)},$$

welche auch hier gilt, anzubringenden Correctionen fallen, wenn auch die Herleitung derselben nicht ganz kurz abgemacht werden kann, schliesslich doch sehr einfach aus.

*) Wied. Ann. 50, 1893, p. 577.

Beim „Umdrehungsverfahren" tritt zuerst das Licht von L_1 aus (Fig. 1) in die mit Wasser (bezw. der Flüssigkeit mit n_0) gefüllte Zelle D und dann in die Scheidewand A ein. Der letztere streifende Strahl ist in der Figur eingezeichnet. Das auf unendlich stehende Fernrohr wird zuerst auf die in der Richtung S_1 auftretende Grenze zwischen hell und dunkel eingestellt und, nachdem sodann die Lichtquelle nach L_4 verbracht ist, auf die in der Richtung S_4 erscheinende Grenze. Statt die Lichtquelle zu verstellen, dreht man einfacher das ganze Spectrometer auf seinem Zapfen so herum, dass die Richtung L_4 von der Lichtquelle bestrichen werden kann. Während dessen muss der Trog mit seinem Theilkreis bezw. seinen Nonien fest verbunden bleiben.

Es ist aufzusuchen die Beziehung des gemessenen $\sphericalangle S_1 S_4$ zu den Winkeln α_1 und α_4, welche diese Richtungen mit den Normalen N_B und N_C der Rück- und Stirnplatte machen, und der Zusammenhang von α_1 und α_4 mit dem Drechungsunterschied $n - n_0$ der in E und D befindlichen Flüssigkeiten.

Es mögen bezeichnen (vergl. Fig. 1):

γ den sehr kleinen Winkel zwischen den möglichst parallel aufzukittenden Platten B und C; er ist positiv gerechnet, wenn seine Spitze nach der Zelle mit dem grösseren Brechungsexponent n hin liegt (wie in der Figur gezeichnet), anderenfalls ist er negativ;

δ den Keilwinkel der Scheidewand A; für denselben berücksichtigt die folgende Rechnung Werthe von 1—5". Feinste Planplatten haben zwar geringere Winkel, aber nur bei genügender Dicke, die für die Scheidewand des Temperaturausgleichs halber nicht anwendbar ist;

$\varepsilon_1, \varepsilon_2, \varepsilon_3, \varepsilon_4$ den Ueberschuss der Winkel, welchen die Scheidewand mit der Stirn- und Rückplatte bildet, über 90°;

N den Brechungsexponent der Scheidewand;

n, n_0 den höheren bezw. den tieferen der Brechungsexponenten der beiden Flüssigkeiten; in unserem Falle bezieht sich n_0 auf Wasser;

α_1 und α_4 die Winkel, welche die Grenzstrahlen S_1 und S_4 mit der Normale N_C bezw. N_B bilden;

N' die Abkürzung für $\sqrt{N^2 - n_0^2}$;

φ den $\sphericalangle S_1 S_4$.

Dann ist, wie früher hergeleitet*)

$$1)\qquad \sin\alpha_1 = \left(1 - \frac{\varepsilon_1^2}{2}\right)\sqrt{n^2 - (n_0 - N'\delta)^2} + \varepsilon_1 (n_0 - N'\delta).$$

Mittelst entsprechender Herleitung würde sich finden:

$$2)\qquad \sin\alpha_4 = \left(1 - \frac{\varepsilon_4^2}{2}\right)\sqrt{n^2 - (n_0 + N'\delta)^2} + \varepsilon_4 (n_0 + N'\delta).$$

Aus der Figur folgt:

$$3)\qquad \varepsilon_1 + \varepsilon_4 + \gamma = 0, \text{ sowie } \varepsilon_2 + \varepsilon_3 - \gamma = 0,$$

letzteres wird später gebraucht.

Indem wir die Summe der Gleichungen 1) und 2) bilden, vernachlässigen wir erstens das unter der Wurzel auftretende Glied von der

*) Formel 7a in Wied. Ann. 50, 1893, p. 582.

Ordnung δ^2, ferner das Glied $N'\delta(\epsilon_2 - \epsilon_1)$, welche bei einem δ von selbst 5″ und Werthen ϵ von selbst 10′ zusammen nur einen Fehler liefern, der höchstens $3{,}8 \times 10^{-6}$ des Ganzen beträgt, nämlich dann, wenn die geringsten zu messenden $n - n_0$ (etwa 0,00027) vorliegen. Ebenso sind $\frac{\epsilon_1^2}{2}$ und $\frac{\epsilon_2^2}{2}$ gegen die 1 zu vernachlässigen, wodurch sich, für den Extremfall, dass die ϵ auf 10′ ansteigen, $n - n_0$ erst um 8 Milliontel seines Werthes ändert. Die Erreichung einer solchen Genauigkeit würde verlangen, dass die Winkel auf 0,1″, die Temperaturdifferenzen der Troghälften auf 0,0015° bekannt wären und zwar für mittlere Werthe von $n - n_0$ z. B. 0,02. Für grössere $n - n_0$ würde proportional damit die Genauigkeit der Winkelmessungen steigen müssen, die der Temperaturbestimmung fallen dürfen.

Mit diesen Vernachlässigungen erhalten wir durch Addition von 1) und 2) unter Berücksichtigung von 3):

$$\sin\alpha_1 + \sin\alpha_2 + n_0\gamma = \sqrt{n^2 - n_0^2 + 2n_0\delta N'} + \sqrt{n^2 - n_0^2 - 2n_0\delta N'}.$$

Nach Einführung der halben Summe und Differenz der Winkel und Quadriren ergiebt sich, wenn noch zur Abkürzung

$$\frac{\alpha_1 + \alpha_2}{2} = \alpha; \quad \frac{\alpha_1 - \alpha_2}{2} = \zeta$$

gesetzt, und das Glied

$$n_0^2(\epsilon_1 + \epsilon_2)^2 = n_0^2\gamma^2$$

vernachlässigt wird:

$$4)\quad 4\sin^2\alpha\cos^2\zeta + 4n_0\gamma\sin\alpha\cos\zeta = 2(n^2 - n_0^2)\left[1 + \sqrt{1 - \frac{4n_0^2\delta^2 N'^2}{(n^2 - n_0^2)^2}}\right].$$

Hierin kann $\cos\zeta$ im zweiten Glied gleich 1 gesetzt werden; ebenso $\cos^2\zeta$ des ersten Gliedes, denn nach Subtraction von 1) und 2) erhält man:

$$5)\quad \zeta = n_0\left(\epsilon_1 + \frac{\gamma}{2}\right) + n_0 N' \frac{\delta}{\sin\alpha}.$$

Danach nimmt ζ^2, der Betrag, um welchen $\cos^2\zeta$ von der Einheit abweicht, z. B. bei einem guten Trog ($\epsilon_1 \gtrless 2'$; $\frac{\gamma}{2} \gtrless 1'$; $\delta \gtrless 1{,}5''$) Werthe zwischen $0{,}08 \times 10^{-5}$ und $0{,}2 \times 10^{-5}$, bei einem schlechten Trog ($\epsilon_1 = 10'$; $\gamma = 5'$; $\delta = 5''$) Werthe von 2,5 bis $3{,}5 \times 10^{-5}$ an. Der durch die Vernachlässigung bewirkte Fehler ist an sich schon sehr klein, wird aber überdies zum Theil noch durch die oben vorgenommene Vernachlässigung der Grössen $\frac{\epsilon^2}{2}$ compensirt.

Auf der rechten Seite der Gleichung 4) entsteht aus der Klammer nach dem Ausziehen der Wurzel der Ausdruck

$$2\left[1 - \frac{n_0^2\delta^2 N'^2}{(n^2 - n_0^2)^2}\right]$$

Bei einer schlechten Scheidewand, $\delta = 5''$, bewirkt die Vernachlässigung des Correctionsgliedes in dieser Klammer absolut genommen im Maximum, nämlich bei den verdünntesten der messbaren Lösungen, nur eine Aenderung um 4—5 Einheiten der siebenten Decimale des Brechungsverhältnisses, bei einer guten Scheidewand, $\delta = 1{,}8''$, eine solche von 2—3 Einheiten der achten Decimale, so dass diese Vernachlässigung ebenfalls vorzunehmen ist.

Nach Einführung der erwähnten Vereinfachungen erhalten wir dann:

6a) $$n - n_0 = \frac{\sin^2\alpha}{n + n_0} + \mu$$

$$\mu = \frac{n_0}{n + n_0}\,\gamma \sin\alpha.$$

Diese Formel setzt voraus, dass sich die Flüssigkeit mit dem grösseren Brechungsexponent n in der Troghälfte befindet, welche nach der Spitze des Winkels γ zu liegt (Fig. 2). Ist umgekehrt derartig eingefüllt, dass n nach der Oeffnung von γ liegt, so tritt eine Ablenkung α' ein (Fig. 3), und μ in der Formel 6a) erhält, da γ sein Zeichen wechselt, ebenfalls entgegengesetztes Zeichen. Es ergiebt sich also:

Fig. 2.

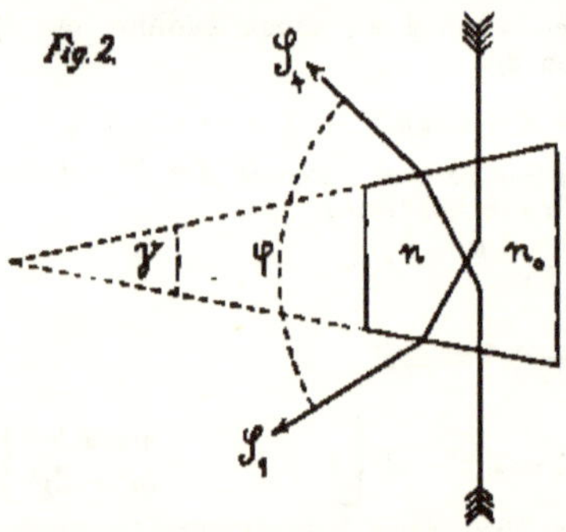

6b) $$n - n_0 = \frac{\sin^2\alpha'}{n + n_0} - \mu.$$

Die Beobachtung liefert nun nicht direct α und α', sondern den von S_1 und S_4 eingeschlossenen $\measuredangle\ \varphi$, bezw. nach Umfüllung einen $\measuredangle\ \varphi'$. Für diese Winkel hat man (Fig. 1, 2 und 3):

Fig. 3.

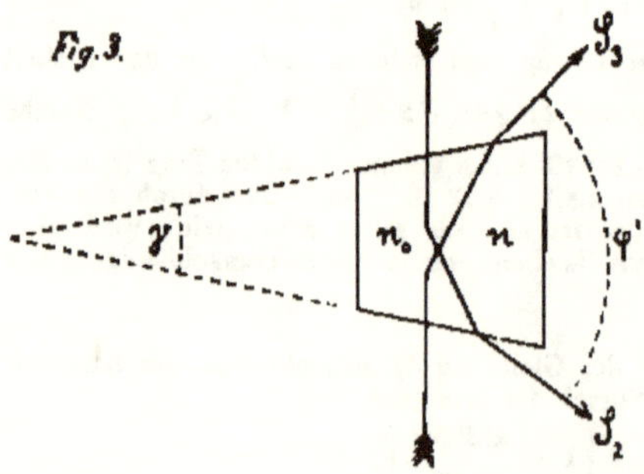

7a) $2\alpha = 180 - \varphi - \gamma$

7b) $2\alpha' = 180 - \varphi' + \gamma.$

Da hiernach die beobachteten Winkel doch eine Correction erfordern, ist es bequemer auch die in 6) vorkommende Correction μ statt am Resultat am abgelesenen Winkel anzubringen. Diese Correction des Winkels heisse $\Delta\alpha$ bezw. $\Delta\alpha'$, dann ist nach 6)

8) $$\Delta(n - n_0) = \frac{2 \sin\alpha \cos\alpha}{n + n_0}\,\Delta\alpha.$$

Es soll nun

$$\Delta(n-n_0) = \pm \mu = \pm \frac{n_0}{n+n_0}\gamma \sin\alpha$$

gemacht werden, wo sich das obere Vorzeichen auf Fall a (Fig. 2), das untere auf b (Fig. 3) bezieht. Dann findet sich:

$$\Delta\alpha = + \frac{n_0 \gamma}{2}\frac{1}{\cos\alpha}; \quad \Delta\alpha' = - \frac{n_0 \gamma}{2}\frac{1}{\cos\alpha'}.$$

Nennen wir den wegen μ corrigirten Winkel α_{corr}, so ist

$$9) \quad \begin{cases} \alpha_{corr} = \alpha + \Delta\alpha = \frac{180-\varphi}{2} + \frac{\gamma}{2}\left(\frac{n_0}{\cos\alpha} - 1\right) \\ \alpha'_{corr} = \alpha' + \Delta\alpha' = \frac{180-\varphi'}{2} - \frac{\gamma}{2}\left(\frac{n_0}{\cos\alpha} - 1\right) \end{cases}$$

Für kleine Werthe von α nimmt die Correction den einfachen Werth $\pm \frac{n_0 - 1}{2}\gamma$, speciell falls n_0 sich auf Wasser bezieht $\pm \frac{\gamma}{6}$ an, so dass in letzterem, häufigsten Fall

$$\alpha_{corr} = \frac{180-\varphi}{2} + \frac{\gamma}{6}; \quad \alpha'_{corr} = \frac{180-\varphi'}{2} - \frac{\gamma}{6}$$

ist. α_{corr} und α'_{corr} würden bei absolut richtiger Beobachtung einander gleich sein, ihr Unterschied liefert daher ein Urtheil über die Genauigkeit der Beobachtungen; γ lässt sich natürlich mit grosser Genauigkeit direct bestimmen.

Unter Einführung von α_{corr} erhalten wir als Schlussformel

$$10) \quad n - n_0 = \frac{\sin^2\alpha_{corr}}{n+n_0}$$

$$\alpha_{corr} = \frac{180-\varphi}{2} \pm \frac{\gamma}{2}\left(\frac{n_0}{\cos\frac{180-\varphi}{2}} - 1\right),$$

wo φ der beobachtete Winkel, γ der Trogwinkel ist (s. pag. 52), und das obere Vorzeichen gilt, falls die Flüssigkeit mit n nach der Spitze, das untere, falls sie nach der Oeffnung des $\measuredangle \gamma$ hin liegt (Fig. 2 und 3).

Genauigkeit der Formel. Die weitere Ueberrechnung der Fehler zeigt, dass sämmtliche eingeführten Vernachlässigungen im Zusammenwirken das Resultat $n - n_0$ nur um 1—2 Milliontel seines Werthes bei sehr guten Trögen ($\varepsilon = 2'$; $\gamma = 2'$; $\delta = 1{,}5''$), um 1 bis 2×10^{-5} bei schlechteren Trögen ($\varepsilon = 10'$; $\gamma = 5'$; $\delta = 5''$) beeinflussen. Zur Erzielung letzterer Genauigkeit müssten indess die Winkel auf einige Zehntelsecunden scharf beobachtet sein, was sich natürlich nicht erreichen lässt. Die einfache Schlussformel 10) berücksichtigt daher alle Correctionen, welche erforderlich sind, um keine den Beobachtungsfehlern gegenüber in Betracht kommenden Fehler in $n - n_0$ zu veranlassen.

Wird für die nämlichen Flüssigkeiten auf beide Weisen, a und b, beobachtet, so liefert 6a) und 6b), da sich μ weghebt:

$$n - n_0 = \frac{\sin^2\alpha + \sin^2\alpha'}{2(n+n_0)}.$$

Berechnen wir abkürzend:

$$2a = \alpha+\alpha' = \frac{(180-\varphi)+(180-\varphi')}{2}$$

$$2\eta = \alpha-\alpha' = \frac{\varphi'-\varphi-2\gamma}{2},$$

so ergiebt sich durch Vereinigen der beiden Sinus, wenn der im Laufe der Rechnung bei $\sin^2 a$ auftretende Factor $1+\eta^2\left(\frac{1}{\mathrm{tg}^2 a}-1\right)$ gleich 1 gesetzt wird:

11) $$n-n_0 = \frac{\sin^2 a}{n+n_0}.$$

Die soeben eingeführte Vernachlässigung ist zulässig, wie nach Ausrechnung von $\sin^2\alpha' - \sin^2\alpha$ aus 6a) und 6b), welches

$$\eta = -\frac{2}{3}\,\frac{\gamma}{\cos a}$$

liefert, leicht erhellt.

Einfluss der Keilförmigkeit von Stirn- und Rückplatte. Dieser Einfluss kann bei nicht zu starker Abweichung vom Planparallelismus immer vernachlässigt werden. Hat nämlich die Platte, durch welche der Strahl austritt, den Keilwinkel δ', so wird die beobachtete Ablenkung α unrichtig um

$$\vartheta = \pm\,\delta'\sqrt{N^2+\mathrm{tg}^2\alpha\,(N^2-1)}.$$

Die Wurzel durchläuft von $\alpha = 0$ bis $\alpha = 45^0$ die Werthe von 1,5 bis 1,9, so dass also die beobachteten Winkel um 1,5 bis 1,9 $\times\,\delta'$ zu gross, bezw. bei umgekehrter Lage des Keils zu klein ausfallen.

α) Bei der Umfüllmethode fällt, falls nur die Flächen der Platten eben sind, der Fehler ganz heraus, weil nach Vertauschung der Flüssigkeiten der entgegengesetzt gleiche Fehler eintritt.

β) Bei dem Umdrehverfahren fällt unter derselben Voraussetzung der Fehler heraus, wenn noch Stirn- und Rückplatte denselben Keilwinkel haben und entgegengesetzt liegen. Sind im letzteren Fall die Keilwinkel verschieden (δ' und δ''), so ist der Fehler 1,5 bis 1,9 ($\delta'-\delta''$) und liegen selbst die Kanten nach derselben Seite, so wird der Fehler immer erst 1,5 bis 1,9 ($\delta'+\delta''$). Da bei meinen Platten die δ weniger als 0,5″ betragen, betrüge der Fehler nur 1,5″ in diesem ungünstigsten Fall.

Bei schlechteren Platten wird man die Ablenkung eines geeigneten Objectes (Spalt) beobachten, welche bei Zwischenschaltung des leeren Troges entsteht, sie giebt den Fehler bei β) für kleine $\measuredangle\,\alpha$ direct an, für grössere wäre sie mit den angegebenen Factoren zu berechnen, z. B. für $\alpha = 45^0$ mit $\frac{1,9}{1,5} = 1,27$; für 30^0 mit 1,09; für 15^0 mit 1,02 zu multipliciren.

§ 4. Genauigkeit der Methode.

Zur Beurtheilung der Genauigkeit der Methode diente eine Reihe von Bestimmungen mit verdünnten wässrigen Lösungen gegen Wasser, bei welchen alle vier Einstellungen S_1, S_2, S_3, S_4 zur Aufnahme gelangten. Indem dann z. B. an $S_1 S_4$ und $S_2 S_3$ die Correctionen des vorigen Paragraphen

(s. Gleichung 9) angebracht wurden, ergab der Grad der Uebereinstimmung der beiden daraus erhaltenen Werthe α_{corr} und α'_{corr} einen Massstab für die Genauigkeit.

Der zur Correction erforderliche Winkel γ findet sich aus directer Messung mittelst gespiegeltem Fadenkreuz mit genügender Genauigkeit. Während beim Umdrehverfahren die Correction die Ordnung $\gamma \sin \alpha$ hat, hat sie beim Umfüllverfahren die Ordnung δ (ohne den Factor $\sin \alpha$). Die directe Bestimmung des nur nach wenig Secunden zählenden Winkels δ reicht deshalb, aussergewöhnlich feine Hilfsmittel ausgenommen, hier nicht aus. Man benutzt deshalb das Verfahren selbst zur Ermittelung von δ, wobei sich unter Anwendung geeigneter, mittlerer Werthe von $n - n_0$ leicht δ in 50facher Vergrösserung einer scharfen Messung darbietet, so dass die Methode zur Bestimmung des Keilwinkels von Planplatten sehr gut ist.

Die in der folgenden Tabelle mitgetheilten Messungen wurden mit verdünnten Tri- und Dichloressigsäurelösungen gegen Wasser ausgeführt, sie finden später weitere Verwendung. Die beiden ersten Spalten enthalten die beobachteten Werthe $\frac{180-\varphi}{2}$ und $\frac{180-\varphi'}{2}$, die dritte Spalte die nach 9) anzubringende Correction. Der darin vorkommende Winkel γ betrug 4′ 2″ (s. § 2); für α in der Correction dient natürlich der uncorrigirte Werth davon. Spalte 4 und 5 enthalten die mittelst Spalte 3 erhaltenen Werthe α_{corr}, die sechste Spalte giebt die Differenzen der jeweils zusammengehörigen α, in der letzten Spalte finden sich die zugehörigen Werthe $n - n_0$. Die Sicherheit der Einstellung auf die Grenze wächst mit Vergrösserung von $n - n_0$.

Tabelle I.

$\frac{180-\varphi}{2}$	$\frac{180-\varphi'}{2}$	$\frac{\gamma}{2}\left(\frac{n_0}{\cos\alpha}-1\right)$	α_{corr}	α'_{corr}	$\varDelta\alpha = \frac{1}{2}(\alpha_{corr}-\alpha'_{corr})$	$n - n_0$
1° 43′ 8,5″	1° 44′ 27″	40,6″	1° 43′ [illegible]	1° 43′ 16,8″	− 1,4″	0,00[illegible]
2° 25′ 21″	2° 26′ 48,5″	40,6″	2° 26′ 1,6″	2° 26′ 8,3″	− 3,4″	6754
3° 25′ 47,5″	3° 26′ 52,9″	40,7″	3° 26′ 28,2″	3° 26′ 11,6″	+ 8,6″	13487
4° 49′ 44,8″	4° 51′ 2,2″	41,0″	4° 50′ 25,8″	4° 50′ 21,2″	+ 2,3″	[illegible]
6° 49′ 38,5″	6° 50′ 53,2″	41,2″	6° 50′ 20,0″	6° 50′ 11,7″	+ 4,2″	[illegible]
9° 37′ 55,0″	9° 39′ 0,6″	42,8″	9° 38′ 37,1″	9° 38′ 18,0″	+ 9,5″	10478
13° 36′ 48,0″	13° 38′ 13,6″	41,5″	13° 37′ 32,5″	13° 37′ 28,5″	+ 2,0″	0,020588
1° 32′ 40,9″	1° 34′ 2,5″	40,6″	1° 33′ 21,1″	1° 33′ 21,5″	− 0,3″	0,00[illegible]
2° 9′ 20,8″	2° 10′ 38,6″	40,4″	2° 10′ 1,2″	2° 9′ 59,3″	+ 1,0″	[illegible]
3° 0′ 52,5″	3° 2′ 11,5″	40,8″	3° 1′ 33,1″	3° 1′ 33,9″	− 0,4″	[illegible]
5° 51′ 38,0″	5° 52′ 49,5″	41,7″	5° 52′ 19,7″	5° 52′ 8,5″	+ 5,6″	0,01[illegible]

Man wird bei Messungen nach dieser Methode gewöhnlich nur eine der beiden Bestimmungen, α oder α', vornehmen. Die Abweichung eines dieser Werthe von ihrem Mittel giebt also ein Mass des für gewöhnlich zu erwartenden Fehlers, sie ist gleich $\frac{\alpha_c - \alpha_c'}{2}$, welcher Werth jetzt unter

$\Delta\alpha$ verstanden wird. Wir haben dann für den $\Delta\alpha$ entsprechenden Fehler in $(n-n_0)$:

12) $$\left|\begin{array}{l} \Delta(n-n_0)=\frac{\sin 2\alpha}{n+n_0}\,\Delta\alpha \text{ und} \\ \frac{\Delta(n-n_0)}{n+n_0}=\frac{2\,\Delta\alpha}{\operatorname{tg}\alpha} \end{array}\right.$$

Damit ergiebt sich aus der obigen Tabelle, dass $\Delta(n-n_0)$ im Durchschnitt $1{,}46\times10^{-6}$ beträgt, dass also der Brechungsexponent relativ zu Wasser bis auf etwa 1×10^{-6} seines Werthes gefunden wird. Diese Genauigkeit reicht nahe an diejenige heran, welche bei den schärfsten Dichtebestimmungen von Lösungen erreicht wurde*), ausserdem überstreicht die Methode ein Intervall der $n-n_0$, welches einerseits in das Gebiet des Interferentialrefractors, andererseits in das der gewöhnlichen Prismen- und totalreflectometrischen Methoden eingreift.

Was andererseits die relative Genauigkeit betrifft, so beträgt dieselbe im Durchschnitt etwa 4×10^{-4}. Zur quantitativen Beurtheilung der Werthe Δa der Tabelle I möge die Bemerkung dienen, dass in jedes Δa sechs Spectrometereinstellungen eingehen: je zwei für φ, φ' und γ. Da die directe Messung $180-\varphi$ und $180-\varphi'$, d. h. 2α und $2\alpha'$ giebt, während $\Delta\alpha=\frac{\alpha'-\alpha}{2}$ ist, würden also, falls sich die einzelnen Einstellungsfehler im Zusammenwirken addiren, Δa ein Viertel von vier Einstellungsfehlern haben, oder der Fehler von Δa würde etwa dem einer Einstellung gleich kommen. Daran fügt sich dann noch der durch γ bewirkte Fehler, der aber sehr klein ist, da γ nur mit etwa seinem sechsten Theil auf das Resultat wirkt.

Nun gab der Nonius des Spectrometers direct 20″, im Allgemeinen waren 5″ zu schätzen, aber ein Ablesefehler von 10″ ist wohl auch öfters unterlaufen, besonders auch weil an manchen Stellen der Theilung die letzte Schätzung von der Beleuchtungsweise der Theilung nicht ganz unabhängig war. Die Winkelwerthe gingen gewöhnlich aus 2—3, bei der zweiten und achten Bestimmung der obigen Tabelle aus 5 Einzeleinstellungen hervor. Nimmt man dies hinzu, so ergiebt sich, dass die Werthe von $\Delta\alpha$ etwa bis zu 5″ hin durch die Ablesefehler des Spectrometers erklärt werden könnten.

Hierzu kommen nun noch die Fehler beim Einstellen auf die Grenze und die Temperaturfehler, über letztere s. § 5. Berücksichtigt man dies, so erklären sich die Werthe $\Delta\alpha$ der Tabelle nicht nur, sondern die Fehler bei kleinen Werthen von Δa erweisen sich als geringer wie wegen der ungenaueren Einstellung auf die Grenze bei verdünnteren Lösungen erwartet werden kann. Bei Δa unterhalb 0,003 würde ein feineres Spectrometer zwecklos sein, bei den concentrirteren Lösungen, bei denen die Grenzeinstellung äusserst scharf ist, würde dadurch an Genauigkeit noch gewonnen werden können. Der verhältnissmässig grosse Werth von $\Delta\alpha$ in der sechsten Reihe der Tabelle beruht wohl auf einer kleinen Unschärfe der Theilstriche; im Beobachtungsjournal ist „Ablesungsschwierigkeit des Nonius" notirt, der verhältnissmässig grosse Werth von α aber erst bei der leider nur sehr viel später möglichen Ausrechnung bemerkt worden.

*) F. Kohlrausch u. W. Hallwachs, Wied. Ann. 53, 1894. p. 14.

als eine Wiederholung der Beobachtung nicht mehr möglich und auch für die anderen Zwecke der Beobachtungen (s. § 8) nicht erforderlich war.

Als Beleg für die Genauigkeit der Einzelbeobachtungen mögen zunächst die Einzelwerthe der Versuchsreihe, welche der ersten Beobachtung der Tabelle ($\Delta n = 3{,}4 \times 10^{-6}$) entspricht, mitgetheilt werden, aus welchen zugleich der Gang der Beobachtungen ersichtlich ist.

Tabelle II.

t_{H_2O}	$t_{Lösung}$	Stellung	Nr. der Ablesung	Nonius I	Nonius II
12,25°	12,25°	S_2	1	85°49'10"	265°48'30"
			2	49' 8"	48'30"
		S_3	1	262°19'55"	82°20'27"
			2	20'10"	20'45"
		S_2	1	85°49'25"	265°48'37"
			2	49'22"	48'35"
12,69°	12,71°				
		Umgefüllt			
12,22°	12,20°	S_1	1	82°24' 5"	262°23'25"
			2	23'45"	23' 5"
		S_4	1	265°49'10"	85°49'38"
			2	49'20"	49'48"
		S_1	1	82°23'45"	262°22'55"
			2	23'52"	23' 5"
12,51°	12,54°				

Daraus würde sich ein mittlerer Einstellungsfehler von etwa 9" ergeben. Ueber die Berücksichtigung der Temperatur siehe § 5.

Als zweites Beispiel diene die letzte Beobachtung von Tabelle I, wo Δn etwa den zehnfachen Werth wie im vorigen Falle hat, und die Einstellungen wegen der grösseren Lichtstärke viel schneller von statten gehen und wohl auch genauer sind. Die zusammengehörigen Paare von Minuten und Secunden anzugeben ist ausreichend. Man erhält:

19'55"	19'10"	33'55"	34'10"	33'40"	33'10"	18'28"	19' 0"	6'5"	6'30"	48'52"	49'5"
48"	5"	30"	5"	40"	10"	25"	18'50"	5"	40"	50"	0"

Je 4 Zahlen entsprechen derselben Trogstellung, der Verticalstrich dazwischen trennt die Werthe der beiden Nonien. Hier bleibt der mittlere Fehler einer Einstellung etwas unter 4". Genauere Abschätzung als auf 5", wie sie in den vorigen Angaben enthalten sind, haben nur untergeordneten Werth, da der Nonius direct 20" liefert.

Es ist erforderlich, für sehr helles Licht, namentlich bei den verdünntesten Lösungen, Sorge zu tragen, auch gelingt es erst nach einiger Uebung, die Einstellungen bis zu der aus den angegebenen Zahlen ersichtlichen Schärfe zu treiben. Bei den Vorversuchen waren die drei ersten Lösungen der Tabelle I zur Einübung schon einmal bestimmt worden. Dabei unterschieden sich die Einzelablesungen erheblich mehr. Es wird indess zum Urtheil darüber, wie weit ein ungeübter Beobachter kommt, dienen, wenn die damals erhaltenen Werthe hier aufgeführt werden.

Vorversuche	Hauptversuche
1° 44′ 0″	1° 43′ 45″
2° 25′ 54″	2° 20′ 5″
3° 26′ 25″	3° 26′ 20″

Man sieht, dass es bereits zu Anfang, um den ungünstigsten Fall zu nehmen, kleine $n - n_0$, z. B. $3{,}4 \times 10^{-4}$ so genau zu messen möglich war, dass die Differenz von dem schliesslich erhaltenen Werth nur $\frac{1}{2}$ % beträgt.

Es möge noch darauf hingewiesen werden, dass es besser ist, mit breitem als mit schmalem Licht zu arbeiten. Eine geeignete Drehung des ganzen Spectrometers bewirkt nämlich, dass sich das Licht auf einen beliebig schmalen Streif zusammenzieht, der auf der einen Seite von der Einstellungsgrenze und dem anschliessenden dunkeln Gebiet, auf der andern Seite von einem durch Abblendung verdunkelten Gebiet begrenzt wird. Das mit der Einstellungsgrenze endigende dunkle Gebiet erscheint dann zwar schwärzer, aber die Grenze ist, da auch der beleuchtete Theil dunkler ist, weniger scharf, wodurch die Einstellung unsichrer wird. Bei möglichst ausgebreitetem und hellem Licht diesseits der Grenze scheint zwar Anfangs infolge von Blendung die Grenze matter, indem ist sie schärfer und gestattet bessere Einstellung.

Die Bestimmung von δ, auf welche zu Anfang dieses Paragraphen verwiesen wurde, möge jetzt erläutert werden. Gleichung 9) der früheren Arbeit*) giebt:

$$n - n_0 = \frac{\sin^2 \alpha}{n + n_0} + r,$$

wo

$$r = -\delta \left[1 - \frac{3}{N}(n - n_0)\right]\left(N' - \frac{1}{2}\sin\alpha\right).$$

α bedeutet hier den halben Winkel, welchen S_1 und S_2 der Fig. 1 dieser hier vorliegenden Arbeit einschliessen. Analog würde man für den halben Winkel zwischen S_3 und S_4, der mit α' bezeichnet werden möge, erhalten

$$n - n_0 = \frac{\sin^2 \alpha'}{n + n_0} - r.$$

Durch Subtraction beider Gleichungen findet sich durch eine einfache Rechnung

$$r = (\alpha - \alpha') \frac{\sin(\alpha + \alpha')}{2(n + n_0)},$$

oder wenn man den vorher angeführten Werth von r einsetzt:

$$13) \qquad \delta = \frac{\alpha' - \alpha}{2} \cdot \frac{\sin(\alpha + \alpha')}{(n + n_0)\left(1 - \frac{3}{N}(n - n_0)\right)\left(N' - \frac{1}{2}\sin\alpha\right)}.$$

Fällt δ positiv aus, so liegt die Spitze des Keilwinkels nach derjenigen Platte zu, aus welcher die den $\measuredangle \alpha'$ bildenden Strahlen S_3 und S_4 aus-

*) Wied. Ann. 50, 1893, p. 583.

treten (in Fig. Platte D), fällt δ negativ aus, so liegt sie nach der andern Platte zu.

Die Formel zeigt, dass $\alpha'-\alpha$ für stärkere Lösungen sehr klein wird, so dass die Ablesefehler erheblichen Einfluss gewinnen, für schwächere Lösungen sind zwar die Werthe $\alpha'-\alpha$ grösser, aber die Einstellungsfehler auf die Grenze ebenfalls. Zur Bestimmung von δ eignen sich daher mittlere Lösungen am besten, etwa solche, welche $\frac{1}{2}$ Minute für $\alpha'-\alpha$ geben. Dem entsprechend findet sich aus der dritten, vierten und zweitletzten Bestimmung von Tabelle I (für die letzte Lösung wurden φ und φ' nicht unmittelbar hintereinander bestimmt, inzwischen war der Trog weggenommen gewesen, so dass α und α' nicht zu ermitteln sind), für δ die Werthe 1,84″, 1,35″ und 1,24″, im Mittel 1,31″, bei der Verwerthung aller Bestimmungen der Tabelle I findet sich 1,4″ für den Mittelwerth.

Benutzt man diese Werthe von δ zur Berechnung der Correction r, so finden sich die Abweichungen der berechneten Werthe $\frac{\alpha'-\alpha}{2}$ von den beobachteten für die Bestimmungen unter Tabelle I (ohne die letzte Lösung) nach der dortigen Reihenfolge zu:

$$-10{,}5''; -11{,}8''; +0{,}5''; +1{,}1''; +1{,}6''; -0{,}8''; +2{,}3''; -0{,}8''; -3{,}5''; +3{,}0''$$

woraus der Genauigkeitsgrad von Neuem entnommen werden kann und eher noch etwas höher wie früher bewerthet würde.

§ 5. Temperatureinflüsse.

Zweierlei Temperaturcorrectionen sind zu erörtern, erstens die durch Unterschiede der Temperatur in den beiden Troghälften, zweitens die durch Aenderung der Gesammttemperatur veranlassten. Die ersteren bleiben meist sehr klein, um sie richtig zu messen, müsste eine thermoelektrische Temperaturmessung eingerichtet werden. Von der Erstrebung der damit zu erreichenden Vergrösserung der Genauigkeit konnte ich in den meisten Fällen bei meinen Versuchen abstehen. Ist β der Temperaturcoefficient des Brechungsexponenten n_0 (z. B. für Wasser bei 12,5°, meine Beobachtungstemperatur, gleich -6×10^{-5}) und $t-t_0$ die Temperaturdifferenz der beiden Troghälften, so würde sich n_0 bei der Verbringung der Flüssigkeit mit n_0 auf die Temperatur t vermehren um $\varDelta n_0$:

$$\varDelta n_0 = \beta\,(t-t_0).$$

Die damit verknüpfte Aenderung von α wäre (siehe auch p. 58 Formel 12):

$$\text{14)}\qquad \varDelta\alpha = -\frac{2\,n_0\beta}{\sin 2\alpha}(t-t_0).$$

Für jedes 0,01°, um welches die Temperatur von Flüssigkeit n_0 tiefer ist, wie die von n, ist daher α um einen Betrag $\varDelta\alpha_{0,01}$ zu vermehren, bezw. bei höherer Temperatur zu vermindern, der sich für unser Temperaturintervall aus folgender Tabelle für verschiedene Werthe von α ergiebt:

$\alpha =$	1,5°	3	6	12	24
$\varDelta\alpha_{0,01} =$	6,3″	3,1	1,6	0,8	0,46.

Bei meinen Beobachtungen heben sich diese Correctionen im Mittelwerth von α fast überall bis auf sehr kleine Beträge heraus. Bei den verdünnteren Lösungen wurden sie indess angebracht, insbesondere für die Bildung der im vorigen Paragraph zur Beurtheilung der Genauigkeit angegebenen Werthe $\frac{\alpha - \alpha'}{2}$. Die Correctionen sind an jeder einzelnen Einstellung S nicht erst an den daraus resultirenden Winkeln ($S_1 S_2$; $180 - S_1 S_4$ u. s. w.) anzubringen, wobei etwas Vorsicht wegen des Vorzeichens nothwendig, zu berücksichtigen ist, dass die α die $\measuredangle$ der S mit den Plattennormalen bedeuten.

Die Abnahme der Brechungsdifferenz mit steigender Gesammttemperatur wurde für die untersuchten Substanzen beobachtet. Aus Gleichung 6a) und 7a) ergiebt sich:

$$15)\qquad -\varkappa = \frac{1}{n - n_0} \cdot \frac{\delta (n - n_0)}{\delta t} = -\frac{1}{\operatorname{tg} \alpha} \frac{\delta \varphi}{\delta t},$$

wo $\varkappa$ die Bezeichnung für den Temperaturcoefficienten ist, und worin statt φ natürlich auch φ' genommen werden kann.

Die Bestimmung ist einfach auszuführen, indem man den mit Deckel versehenen Trog, nach Vornahme einer Messung nach dem Umdrehverfahren in einem Raum von tieferer Temperatur, in ein Zimmer von höherer Temperatur verbringt und, sobald er letztere angenommen, eine neue Bestimmung macht.

Auf diese Weise ergab sich (n_0 bezieht sich immer auf Wasser) für

				$\varkappa$
Trichloressigsäure,	$\nu = 8$,	zwischen 12,4 und	17,6° ($\Delta\varphi = 3' 17''$)	$2{,}18 \cdot 10^{-3}$
„ ,	$\nu = 2$,	„ 12,6 „	17,6° ($\Delta\varphi = 6' \; 3''$)	$2{,}08 \cdot 10^{-3}$
Dichloressigsäure,	$\nu = 0{,}2$,	bei	12,5°	$2{,}69 \cdot 10^{-3}$
„ ,	$\nu = 1{,}6$,	„	12,3°	$3{,}03 \cdot 10^{-3}$
Zucker,	$\nu = 2{,}58$,	„	17,8°	$0{,}95 \cdot 10^{-3}$
Bromcadmium,	$\nu = 0{,}52$,	„	18,6°	$1{,}30 \cdot 10^{-3}$.

Alle Beobachtungen an den verschiedenen Lösungen eines Körpers sind mit diesen Temperaturcoefficienten auf dieselbe Temperatur reducirt worden. Dabei fanden die Correctionen wieder direct an den beobachteten Winkeln statt, welche um

$$\Delta\varphi = \varkappa (t - t_N),$$

wo t die Beobachtungs-, t_N die Normaltemperatur, vergrössert wurden.

Während der Ausführung der verschiedenen Einstellungen an einer Lösung geht die Gesammttemperatur langsam etwas in die Höhe, etwa 0,2—0,3°, wodurch die Einstellungen, wie sich aus den vorstehend gegebenen Temperaturcoefficienten findet, Aenderungen von einigen Secunden, bei den concentrirtesten Lösungen etwas mehr (bis 12″ im Maximum) erleidet. In den meisten Fällen ist durch die Anordnung der Beobachtungen schon für die Elimination dieses Temperatureinflusses gesorgt, indem z. B. erst S_1 dann S_2, dann nochmals S_1 ermittelt wurde. Durch Anbringung der Temperaturcorrection an den einzelnen Beobachtungen ergab sich eine Controle, welche fast immer zeigte, dass die angegebene Anordnung genügte.

Im Uebrigen wurden nicht nur die an einem Flüssigkeitspaar gewonnenen φ und φ', sondern wie erwähnt sämmtliche der nämlichen Substanz zugehörigen Messungen auf eine gemeinsame Mitteltemperatur reducirt.

Vielleicht liesse sich die Genauigkeit durch Anwendung eines Bades noch etwas vergrössern.

§ 6. Ueber die Abhängigkeit des Brechungsvermögens von Lösungen von der Concentration.

In einigen früheren Arbeiten habe ich mich mit der Abhängigkeit der Lichtgeschwindigkeit in verdünnten, wässerigen Lösungen von deren Concentration beschäftigt. Es zeigte sich, dass die molecularen Brechungsdifferenzen $\nu\Delta n$, wo ν die Verdünnung der Lösung, Δn die Brechungsexponentdifferenz bedeutet, auch bis in sehr grosse Verdünnungen hinein noch in vielen Fällen stark ansteigen*).

Da die grössere oder geringere Stärke dieses Anstieges im Allgemeinen mit der Dissociation der Lösungen parallel lief (l. c. p. 394), lag es nahe, diese für die Erklärung heranzuziehen. Indess war auch der Verlauf des Molecularvolumens mit der Verdünnung zu beachten, welcher zunächst für so verdünnte Lösungen noch nicht hatte beobachtet werden können. Nachdem er bekannt geworden war**), ergab sich das Resultat***): „der Gang in den Werthen" von $\nu\Delta n$ ist „durch den Gang des sogenannten Molecularvolumens bedingt; die Dichtigkeit ist es im Wesentlichen, auf die sich constitutive Einflüsse (Dissociation) geltend machen, das Brechungsvermögen wird von ihnen nur sehr wenig berührt." Letzteres behielt nämlich noch einen Rest von Zunahme, der indess sehr klein war, etwa 1% bei Anwendung der R'-Formel. Es fragte sich, ob dieser Rest noch weiter erklärbar sein würde. Es konnte die mit der Verdünnung fortschreitende Dissociation einen Einfluss haben, aber es konnten auch andere Umstände einwirken, denn es ergaben z. B. auch Lösungen von Körpern, die sich nicht dissociiren, wie z. B. von Zucker, einen Anstieg, auch ist das Brechungsvermögen von Mischungen nicht aufeinander reagirender Flüssigkeiten aus dem Brechungsvermögen der Componenten nur annäherungsweise zu berechnen u. A. m. Es hat sich eben bei allen einschlägigen Untersuchungen gezeigt, dass das Brechungsvermögen, nach welcher der dafür aufgestellten Formeln es auch berechnet werden mag, zwar die Aenderungen der chemischen Natur wiederspiegelt, aber doch nur als annäherndes Mass dafür betrachtet werden kann, da es eine nur annäherungsweise nicht vollständig von anderen Einflüssen befreite Grösse ist†). Jene nur auf etwa 1% bei den R', 2% bei den R-Werthen anwachsenden Reste des Anstieges vom Brechungsvermögen liessen nun irgend einen Schluss darauf, ob einer der erwähnten Ursachen in hervorragender Weise der Anstieg zuzuschreiben sei, nicht zu, somit war das Resultat jener Versuche, dass der Anstieg mit der Verdünnung „nahezu durch die Dichteänderungen erklärt" werde, dass die letzteren die oben genannten Constitutionsänderungen", des Dissociationsgrades, „wiederspiegeln, während das Brechungsvermögen von ihnen einen Einfluss von sicher deutbarer Grösse nicht erleidet††)."

Dabei blieben es offene Fragen, ob die Dissociation vielleicht doch einen directen Einfluss hätte, der aber quantitativ zu gering wäre, um in den beobachteten Fällen erkennbar zu sein und wenn dies der Fall war,

*) W. Hallwachs, Gött. Nachr. 1892, Nr. 9; Wied. Ann. 47, 1892, p. 391.

**) F. Kohlrausch und W. Hallwachs, Gött. Nachr. 1893, p. 350; Wied. Ann. 50, 1893, p. 118; 53, 1894, p. 14; F. Kohlrausch, Wied. Ann. 56, 1895, p. 185.

***) Wied. Ann. 50, 1893, p. 587.

†) s. a. p. 79 Anmerkung **).

††) Wied. Ann. 53, 1894, p. 1 und 2.

ob es vielleicht einzelne Jonen gebe, welche beim Uebergang in den neutralen Zustand eine Aenderung des Brechungsvermögens von beträchtlicherer Grösse bewirkten. Ein Einfluss derselben auf den Gang des Brechungsvermögens bei fortschreitender Verdünnung konnte etwa erkennbar werden, wenn sich Lösungen damit bilden liessen, welche in dem Gebiet zwischen den mit den optischen Methoden erreichbaren grössten Verdünnungen und nicht allzu grossen Concentrationen, bei denen andere Complicationen in Aussicht standen, ihren Dissociationsgrad genügend änderten.

§ 7. Versuche von Herrn Dijken.

Eine grössere Anzahl von Beobachtungen der Brechungsdifferenz und des Molecularvolumens von Lösungen bis zu stärkeren Verdünnungen hinab, hat inzwischen Herr Dijken*) veröffentlicht. Dieselben liefern das mit dem meinigen übereinstimmende Resultat, dass das Brechungsvermögen „bij verschillende graad van dissociatie bijna constant blijft".

Die optischen Grössen hat Herr Dijken mittelst des Interferentialrefractors unter Anwendung eines Flüssigkeitscompensators bestimmt. Mit letzterem hatte schon vor einiger Zeit Herr Borgesius gearbeitet**), aber, wie ich früher darlegte***), keine zu weiteren Schlüssen genügend genaue Resultate erhalten. Herr Dijken hat eine sehr beträchtliche Fehlerquelle dabei nachgewiesen, nämlich dass Herr Borgesius das Wasser in dem Flüssigkeitstrog nicht regelmässig erneuerte. Herr Dijken zeigt p. 42 und 43 durch Versuche, dass dann zu kleine Werthe für $n-n_0$ erhalten werden, da natürlich das Wasser Verunreinigungen sowohl vom Trog als von der Umgebung aufnimmt. Da der Gang in den Werthen für die moleculare Brechungsdifferenz bei Dijken ganz normal ist und mit dem früher von mir beobachteten gut übereinstimmt, dürfte der erwähnte Fehler in den meisten Fällen die Abweichung der Resultate des Herrn Borgesius grösstentheils erklären, so dass sich die Einwände gegen diese Methode vermindern und man im Allgemeinen sagen kann, dass Herr Dijken den Flüssigkeitscompensator brauchbar gemacht hat.

Es bleibt bestehen eine Vergrösserung der Fehler im Vergleich mit meinen früheren Beobachtungen, welche aus zu geringer Troglänge hervorgehen. Dijken vertauscht nur 35 mm lange Flüssigkeitsschichten, während ich 210 mm dazu benutzte, so dass er nur den sechsten Theil der Streifen erhält und das zu bearbeitende Gebiet nur bis zum sechsten Theil der Verdünnung hinab erstrecken kann. Es wird demgemäss angegeben (p. 26), dass für NH^4NO^3 Lösung mit einem $v = 128$ ($n - n_0 = 0{,}76 \times 10^{-4}$) nur 4—5 Streifen am Fadenkreuz vorübergehen und die Messungen dadurch weniger genau sind, so dass dann grössere Tiefe der Flüssigkeit vorzuziehen ist. Da nun aber mit anderen Methoden (s. § 1—5 dieser Arbeit)

*) D. Dijken. De Moleculairrefractie van verdunde Zoutoplossingen, Groningen, Hoitsema, 1897; s. a. Ztschr. phys. Chem. 24, 1897, p. 81, wo indess Theile der Arbeit nur im Auszug mitgetheilt sind, weshalb im Folgenden die Seiten der Originalabhandlung citirt werden. Beobachtet sind an je etwa 8 Concentrationen, $v = 1$ bis $v = 128$, NH^4NO^3; NH^4Cl; $(NH^4)^2SO^4$; KCl; $\frac{1}{2}Mg(NO^3)^2$; $\frac{1}{2}MgSO^4$; $\frac{1}{2}MgCl^2$; $\frac{1}{2}Zn(NO^3)^2$; $\frac{1}{2}ZnCl^2$.

**) Borgesius. Wied. Ann. 54, 1895, p. 221.

***) Wied. Ann. 55, 1895, p. 282.

bis zu sehr grossen Verdünnungen (entsprechend etwa $n-n_0 = 8 \times 10^{-4}$), die Brechungsdifferenzen viel einfacher und schneller wie mit dem Interferentialrefractor bestimmbar sind, wäre dieser gerade für die äussersten Verdünnungen auszubilden, also auf grössere Zellenlänge des Flüssigkeitscompensators hin zu arbeiten. Vielleicht möchten aber dann durch die Schwierigkeit, die Temperatur in dem ganzen Apparat constant zu halten, grössere Fehler entstehen. Wenigstens fand sich bei meiner früheren Anordnung eine grössere Rohrlänge als etwa 200 mm zwecklos*). Hinsichtlich Temperaturausgleich und Constanz war diese aber dem Flüssigkeitscompensator überlegen, indem Wasser und Lösung nur durch eine dünne Platinwand, statt durch dicke Glasplatten und eine Flüssigkeitsschicht, getrennt waren und sich die Flüssigkeiten innerhalb einer geschlossenen Röhre mitten in einem grossen Wasserbad von 6 Liter Inhalt befanden, während der Trog des Compensators wohl nur etwa $^1/_2$ Liter fasst. Dass man den Compensator auf 200 mm Länge zu bringen vermag, ist mir der Temperatureinflüsse halber daher zweifelhaft, wenigstens so lange nicht sehr umfangreiche Anordnungen getroffen werden.

Die früher hervorgehobene Schwierigkeit, dass bei sehr geringer Streifenzahl die Streifen breit und verwaschen werden, eliminirt Herr Dijken dadurch, dass er für Brechungsdifferenzen, die kleiner als 6×10^{-4} sind, die Phasendifferenz nicht durch Null hindurchschlägt, sondern durch Drehung der einen Refractorplatte einen anderen Theil des Streifensystems, wo dann die Streifen schärfer, wenn auch schmäler werden, ins Gesichtsfeld des Fernrohrs bringt. Die Einstellung ist dann genauer.

Ein Hauptvortheil des Flüssigkeitscompensators besteht darin, dass die Vertauschung der Flüssigkeiten ohne den Zeitverlust, welchen das Umfüllen mit sich bringt, geschieht, so dass sie öfters wiederholt und dadurch die Genauigkeit gesteigert werden kann.

Die Differenzen der Beobachtungstemperaturen bei den verschiedenen Concentrationen derselben Substanz sind bei Dijken sehr gross. Sie steigen auf nahezu 7 Grad an, während ich früher ihre Beschränkung auf einige Zehntel Grad für nöthig fand; dazu kommt, dass gerade wo die stärksten Temperaturdifferenzen eintreten, die Temperaturcoefficienten von $n-n_0$ nicht bestimmt sind.

Wenn nun auch nicht überall die grösste Genauigkeit erreicht ist, so liefern doch die Beobachtungen des Herrn Dijken [$Mg(NO^3)^2$ vielleicht ausgenommen] ein sehr brauchbares Material.

Was $Mg(NO^3)^2$ betrifft, so findet sich von $v=1$ bis $v=128$ eine Abnahme von R, dem Brechungsvermögen nach der $\frac{n-1}{d}$ Formel, von nicht weniger als $8\,^0/_0$, während alle anderen sowohl von Herrn Dijken als auch von mir ausgeführten Bestimmungen eine Zunahme liefern und zwar von etwa $2\,^0/_0$ im Maximum. Man darf wohl vermuthen, dass dies abnorme Resultat auf Fehlern in den Werthen des Molecularvolumens beruht. Denn bei den Sulfaten, sowohl nach F. Kohlrausch und mir, wie auch bei den Chloriden, nach Dijken, haben Zink und Magnesium einen ganz analogen Verlauf der Curven, welche die Molecularvolumina als Function der Concentration darstellen. Bei den Nitraten findet aber

*) Wied. Ann. 47, 1892, p. 384.

Dijken einen durchaus verschiedenen Verlauf. Zugleich ist die Abnahme des Molecularvolumens im Intervall von $v = 1$ bis $v = 128$ grösser als die irgend eines der bisher in diesem Intervall beobachteten Körper und dazu haben sich die stärksten Aenderungen bisher bei den Säuren ergeben, während die Salze viel kleinere Aenderungen zeigen. Die Resultate mit Mg $(NO^3)^2$ sind also sowohl hinsichtlich der R-Werthe, als auch hinsichtlich der Molecularvolumina ohne Vergleich. Bei der Beachtung, die ein so abweichendes Verhalten erforderte, wäre eine Wiederholung dieser Versuche sehr zu wünschen.

Hinsichtlich der Dichtebestimmungen ist noch auf eine Ungenauigkeit hinzuweisen. Die Einzeltemperaturen weichen von der Mitteltemperatur für die Lösungen einer Substanz um Beträge ab, die $0{,}5-1^{\circ}$, bei einer Substanz sogar mehr als 2° erreichen. F. Kohlrausch und ich haben es bei unseren Versuchen für nöthig gefunden, die Temperatur auf einige $0{,}01^{\circ}$ constant zu halten. Der Einfluss der Temperaturschwankungen könnte durch eine grössere Anzahl von Ausdehnungscoefficientenbestimmungen corrigirt werden. Solche Bestimmungen hat nun Herr Dijken fast durchaus für ein beträchtlich höher liegendes Temperaturintervall, als dasjenige, über welches corrigirt werden muss, gemacht; ebenso werden die Reductionen des Gewichts des Glaskörpers in Wasser alle mit einem Mittelwerth des Ausdehnungscoefficienten ausgeführt, ohne Rücksicht auf die Lage des Correctionsintervalls. Dadurch treten beträchtliche Fehler auf. Zum Beispiel: Bei Mg $(NO^3)^2$ ist das Gewicht in Wasser von $15{,}13^{\circ}$ auf $10{,}00^{\circ}$ zu reduciren. Dafür würde sich mit dem zugehörigen $\alpha_{H_2O} = 1{,}56 \times 10^{-4}$ und einem $\alpha_{Glas} = 0{,}26 \cdot 10^{-4}$ eine Correction von $18{,}5^{mg}$ ergeben, während Dijken mit einem mittleren Temperaturcoefficienten $20{,}1^{mg}$ berechnet, was volle $1{,}6^{mg}$ Unterschied macht. Aehnlich wie bei diesem Beispiel mit Wasser ist es, wie es scheint, bei den Lösungen, deren Ausdehnungscoefficienten noch überdies immer nur an der concentrirtesten ermittelt wurden, was hier der grossen Temperaturintervalle wegen, über die corrigirt werden muss, nicht genügt. Dadurch entstehen beträchtliche Fehler für die Molecularvolumina; so würde z. B., wenn man die richtigen α einsetzt, letzteres für die dritte Mg $(NO^3)^2$ Lösung (p. 64) um eine Einheit anders ausfallen.

§ 8. Untersuchung der Abhängigkeit des Brechungsvermögens von der Concentration bei wässerigen Lösungen von Bromcadmium, Zucker, Di- und Trichloressigsäure und deren Kaliumsalzen.

A. Bromcadmium.

Bei den im ersten Theil erwähnten Untersuchungen wählte ich die Substanzen so, dass gleichzeitig die § 6 letzter Absatz erwähnte Frage nach dem eventuellen quantitativen Hervortreten einzelner Jonen geprüft werden konnte. Diese Wahl konnte nach vorhandenen Untersuchungen über die Aenderung des Brechungsvermögens bei der Neutralisation getroffen werden*). Die Arbeit des Herrn Le Blanc hatte ich schon

*) Ostwald, Journ. prakt. Chem. (NF) 18, 1878, p. 328; Le Blanc, Zeitschr. phys. Chem. 4, 1889, p. 553; Le Blanc und Rohland, Zeitschr. phys. Chem. 19, 1896, p. 261.

früher*) erwähnt und auch seine Beobachtungen an H^2SO^4 zum Vergleich herangezogen. In dieser Arbeit stiess ich bei einer Nachrechnung einiger Angaben wiederholt auf Fehler**), so dass ich mich zunächst darauf beschränken musste, eine Revision des Zahlenmaterials von Herrn Le Blanc als wünschenswerth zu bezeichnen. Dies ist nun in dankenswerther Weise durch die Herren Le Blanc und Rohland l. c. geschehen, die meisten Bestimmungen wurden wiederholt, so dass man sich nur an die neue Arbeit zu halten hat***). In dieser Arbeit werden die Differenzen der Aequivalentrefractionen von Säuren und ihrem Na-Salz, sowie von Salzen und anderen Salzen untersucht, wobei die Substanzen so gewählt sind, dass sie sehr verschiedenen Dissociationsgrad zeigen. Durch Vergleich jener Differenzen für sehr stark und sehr schwach dissociirte Substanzen kann dann ein directer Einfluss von Dissociation wahrscheinlich gemacht werden. Die Unterschiede dieser Differenzen sind im Allgemeinen klein, so dass wegen bestehender Nebeneinflüsse (s. p. 74, 75, 79) auf den Einfluss der Dissociation nicht mit voller Sicherheit geschlossen werden kann.

Nur in einem Falle kommt eine grössere Differenz vor, welche einen völlig einwandfreien Nachweis für die Einwirkung der Dissociation geben würde: einer Differenz der Aequivalentrefractionen **stark** dissociirter Bromide und Jodide von 11,4 steht nämlich gegenüber eine Differenz zwischen dem **schwach** dissociirten Brom- und Jodcadmium von nur

---

*) Wied. Ann. 53, 1894, p. 11.

**) So auch Herr Dijken l. c. p. 60.

***) Le Blanc. Zeitschr. phys. Chem. 19, 1896, p. 262, Anmerkg. „Alle in Betracht kommenden Daten kommen in dieser Arbeit vor, so dass auf die Tabellen meiner früheren Arbeit nicht mehr zurückgegriffen werden darf." In dieser Anmerkung sagt Herr Le Blanc auch, dass er die Gehalte der verschieden concentrirten Lösungen einer und derselben Substanz einzeln durch Titriren erhalten hat. Da die relative Richtigkeit der Concentrationen durch Verdünnen mit Messkolben und Pipette weit schärfer erhalten werden kann, wie durch Titration, werden durch die Einzeltitration vermeidbare Fehler in die Concentrationsverhältnisse eingeführt. Man sollte die relativen Verdünnungen daher für sich bestimmen und das Resultat der Titrationen zu einem Mittel vereinigen. Hätte ich aus der Arbeit des Herrn Le Blanc entnehmen können, dass dies nicht geschehen ist, so würde ich natürlich keine Muthmassungen über den Grund der gefundenen Irrthümer gemacht, insbesondere diese nicht in Fehlern der Dichtigkeitsbestimmungen gesucht haben. — Auf p. 268 l. c. werden meine Beobachtungen an H^2SO^4, HCl und Weinsäure mitgetheilt, aber nur die Att-Werthe angegeben, dazu wird eine Stelle aus einer früheren Arbeit von mir (Wied. Ann. 53, 1894, p. 13) citirt, welche sich auf die R'-Werthe bezieht. Da der im Original vorhandene Buchstabe R' im Citat irrthümlich weggeblieben ist, in den Zahlen hingegen, wie erwähnt, gerade umgekehrt die R'-Werthe weggeblieben sind, so erscheint meine Behauptung ganz ungereimt. Ferner ist innerhalb des citirten Satzes meiner früheren Arbeit eine Verweisung auf eine Anmerkung, welche besagt: „sollten sich diejenigen Substanzen des Herrn Le Blanc, welche ich nicht untersucht habe, anders verhalten, wie die untersuchten, so wären sie hier auszunehmen". Ich hätte gewünscht, dass diese zu dem Satze gehörige Anmerkung mit ihm erwähnt worden wäre, weil aus ihr hervorgeht, dass ich die Eventualität von Substanzen mit anderem Verhalten anerkannte. — Herr Le Blanc macht mir sodann den Vorwurf, dass ich seine Resultate nicht versucht hätte mit den meinigen in Einklang zu bringen. Wie erwähnt, habe ich seine Versuche an H^2SO^4, die sich, bis auf die 22 % ige Lösung, bei welcher ein Fehler vorliegen musste, zu meinem Zwecke, nämlich den Gang der molecularen Brechungsdifferenz bei Concentrationsänderungen auf seine Ursachen zurückzuführen, verwerthen liess, p. 12 l. c., aufgenommen. Sie ergaben dasselbe Resultat wie meine eigenen Beobachtungen. Auf die übrigen Versuche hatte ich auch die Absicht einzugehen, stiess aber, indem ich dies versuchte, sofort und wiederholt auf Irrthümer, so dass ich nicht weiter kam, und nur den Wunsch auf Revision der Beobachtungen aussprechen konnte. Diese ist nunmehr inzwischen erfolgt.

6,9 Einheiten. Die Differenz ist 4,8 bei ihrem Bestehen würden secundäre Einflüsse den Schluss auf Einwirkung der Dissociation nicht mehr stören. Die Herren Le Blanc und Rohland geben an (p. 281): „diese Salze, in sehr verschiedener Verdünnung untersucht, müssen (ebenso wie bei Dichloressigsäure) mit steigender Dissociation ihr Brechungsvermögen ändern". Gelegentlich des ersten Theils dieser Arbeit habe ich das Brechungsvermögen von Bromcadmiumlösungen in Wasser für verschiedene Concentrationen untersucht, konnte aber die Versuche von Herren Le Blanc und Rohland an Br^2Cd nicht bestätigen und gelangte schliesslich dazu zu vermuthen, dass sie auf einem Irrthum beruhen, der wohl darin besteht, dass der Procentgehalt an krystallisirtem statt an wasserfreiem Salz in die Rechnung eingesetzt wurde.

Zunächst theile ich meine eigenen Versuche mit. Das $CdBr^2$ war von Gehe & Co., frisch bezogen und zeigte keine Verwitterung. Unter Rücksicht auf 4 Molecüle Krystallwasser ergab sich aus der Herstellung, durch Abwägen von Substanz und Wasser, der Gehalt meiner Originallösung zu 35,81 %. Das spec. Gewicht derselben fand ich $s_4^{19,4} = 1,4231$, den Ausdehnungscoefficienten $\alpha = 4,6 \cdot 10^{-4}$. Mit Hülfe dieser beiden letzten Daten erhält man aus den Angaben von Grotrian*) einen Procentgehalt von 36,11, der mit dem obigen gut übereinstimmt. Nach den Angaben von Kremers**) über specifisches Gewicht und Procentgehalt würde sich 36,7 finden, was bis auf 1,5 % mit Grotrian übereinstimmt, wobei zu berücksichtigen, dass Kremers nur drei Decimalen giebt.

Bei den folgenden Resultaten habe ich den nach Grotrian erhaltenen Werth 36,1 zu Grunde gelegt, da seinen Angaben eine Analyse zu Grunde liegt, während ich mich darauf beschränkte, durch Abwägen von Substanz und Wasser eine Controle zu erhalten; überdies sind die specifischen Gewichte von Grotrian sehr zuverlässig.

Aus der Originallösung ergaben sich durch Verdünnen mittelst selbst nachgeaichter Pipetten und Messkolben vier verdünntere Lösungen, deren Brechungsdifferenz und deren Dichte beobachtet und zur Berechnung des Brechungsvermögens verwendet wurden.

Die Bestimmung von $n - n_0$ erläutert § 1—5, hinsichtlich der Reduction auf gemeinsame Temperatur siehe speciell § 5, wo auch der Temperaturcoefficient von $n - n_0$ angegeben ist. Die Bestimmung der specifischen Gewichte erfolgte in der früheren Weise***) mit der Abänderung, dass als Aufhängefaden ein matter Platindraht von $1/_{30}$ mm Dicke zur Verwendung kam†). Das Volum des Glaskörpers betrug etwa 60 ccm, sein Gewicht in Wasser 3,2 bis 9,5 g, ersteres ohne, letzteres mit der grösseren von zwei Platinzulagen, welche die Bestimmung der concentrirteren Lösungen möglich machten.

Die Ausdehnungscoefficienten berechnete man aus dem oben angegebenen der Ausgangslösung unter der Annahme, dass $\alpha - \alpha_{H_2O}$ der Concentration proportional sei. Diese Annahme lieferte z. B. für die ver-

*) Grotrian, Wied. Ann. 18. 1883. p. 190.

**) Kremers, Pogg. Ann. 104, 1858, p. 162; Angaben und Citat nach Grotrian, l. c., p. 187.

***) F. Kohlrausch und W. Hallwachs, Wied. Ann. 53, 1894, p. 14.

†) F. Kohlrausch, Wied. Ann. 56, 1895, p. 190.

dünnteste Lösung bei 18,1° eine Gewichtszunahme des Glaskörpers in der Lösung von 13,2 mg pro Grad, während die directe Bestimmung 13,15 mg ergab.

Für die Verdünnung v der Originallösung [Liter auf Grammäquivalent $\frac{1}{2}$ Cd Br^2] folgt aus den p. 68 gegebenen Werthen nach Reduction auf 18,50° $v_{orig} = 0{,}26128$. Aus dieser Zahl und den Inhalten der Kolben und Pipetten finden sich die in Tabelle III angegebenen Verdünnungen.

Die sich entsprechenden optischen und Dichtebestimmungen fanden immer an ein und derselben Lösung statt.

In den folgenden Tabellen bedeuten:

t_0, t die Mitteltemperatur und die Versuchstemperatur.

$\Delta\alpha_\gamma = \frac{\gamma}{2}\left(\frac{n_0}{\cos\alpha} - 1\right)$ siehe Gleichung 9) p. 55, Trogcorrection.

$\Delta\alpha_t = \frac{x}{2}\,\mathrm{tg}\,\alpha\,\Delta t$ siehe Gleichung 16) und 7a), Temperaturcorrection.

α_{corr} den mit beiden Correctionen versehenen in Gleichung 10) einzuführenden Winkel.

v, $n - n_0$ Verdünnung bezw. Brechungsdifferenz gegen Wasser,

φ siehe p. 52.

Tabelle III.

$\frac{1}{2}$ Cd Br^2; $t_0 = 18{,}50°$.

$v_{18,5°}$	t	$\frac{180 - \varphi}{2}$	$\Delta\alpha_\gamma$	$\Delta\alpha_t$	$\alpha_{corr\,18,50°}$	$n - n_0$
1,0590	18,21° 19,08°	11° 58′ 46,0″ 58′ 21,2″	+ 43,9″	− 8,5″	11° 59′ 21″	0,016082
4,2438	18,41°	6° 1′ 0,0″	+ 41,2″	− 1,8″	6° 1′ 40″	0,004128
17,008	18,44°	3° 1′ 6,0″	+ 40,0″	− 0,4″	3° 1′ 46″	0,0010470
84,059	18,48°	2° 8′ 20,8″	+ 40,1″	− 0,2″	2° 0′ 1″	0,0005277

Die nächste Tabelle giebt die specifischen Gewichte: T ist die Beobachtungstemperatur, g das Gewicht in Flüssigkeit, g_{corr} das auf 18,50° corrigirte Gewicht, $s_{18,5}^{18,5}$ das specifische Gewicht bei 18,5° bezogen auf Wasser gleicher Temperatur, φ das Molecularvolumen

$$\varphi = \frac{A}{Q} - 1000\,v\,(s - 1)^*),$$

wo A das Aequivalentgewicht, Q die Dichtigkeit des Wassers bedeutet.

*) Wied. Ann. 53, 1894, p. 3 und 37.

Tabelle IV.

$\frac{1}{2}$ $Br^2 Cd$ = 135,96; $\frac{A}{Q}$ = 136,16; t_0 = 18,50°.

$v_{18,5°}$	T	g	g_{corr} 18,5° (bez. 17,66°)	$s^{18,5}_{18,5} - 1$ *) (bez. 17,66°)	$\frac{1000}{v\,(s-1)}$	$\varphi_{18,5°}$
Glaskörper in H^2O	17,[illegible]°	9,28572	8,29625	—	—	—
Glask. + Pt-Zulage in H^2O	17,656°	9,31594	9,32565	—	—	—
34,059	17,767°	8,[illegible]	8,[illegible]811 (17,856°)	0,[illegible]4219 **) (17,856°) 0,[illegible] (18,50°)	116,51	19,65
—	18,316°	8,01[illegible]2	8,01815	0,[illegible]4219	116,53	
17,[illegible]	18,818°	2,74433	2,74191	0,[illegible]8155	116,42	19,74
4,2438	18,304°	1,06717	1,0[illegible]	0,027283	115,78	20,38
1,0590	18,810°	0,53775	0,54137	0,108078	114,48	21,71
0,26126	19,40°	$s^{19,4}_{19,4}$ = 1,4251		0,4260	112,57	23,59

Aus den Werthen vorstehender beider Tabellen ergiebt sich nun die Aequivalentrefraction AR nach der Gleichung

$$AR = 1000\,v\,(n - n_0) + \frac{1}{3}\,\varphi\ ^{***}),$$

und AR' nach der am gerade citirten Ort p. 4 gegebenen Formel. α bedeutet den Dissociationsgrad. Alle einzelnen Werthe sind auf 18,50° reducirt.

Tabelle V.

v	$\frac{1000}{v\,(n - n_0)}$	$\frac{1}{3}\varphi$	AR	AR'	α
1,0590	17,060	7,237	24,297	13,966	0,16
4,2438	17,520	6,793	24,313	14,003	0,29
17,[illegible]	17,[illegible]	6,580	24,39	14,01	0,46
34,059	17,973	6,543	24,52	14,11	0,54

Die Vergrösserung von AR mit steigender Concentration beträgt 1 %, und ist etwa von derselben Grössenordnung, wie in den früher beobachteten

*) VQ d. h. Volum des Glaskörpers × Wasserdichte bei 18,5° ist bei Versuch 7) 81,[illegible] g; bei Versuch 6) 5) und 4) [illegible] g; bei Versuch 3) für 17,856° [illegible] g.

**) Die obere Zahl gilt für 17,856°, die untere ist daraus durch Reduction auf 18,5° mittelst $\alpha - \alpha_{[illegible]}$ = 1,8 × 10^{-6} entstanden. Für $g_{[illegible]}$ wurde 8,[illegible] − 0,47 = 8,[illegible] benutzt, da allgemein die Gewichtsstücke auf luftleeren Raum reducirt sind.

***) Wied. Ann. 53, 1894, p. 5.

Fällen. Bei Zuckerlösung von gleichem Procentgehalt wächst AR absolut genommen um 0,50, also um mehr als $CdBr^2$, procentisch um 0,4 %, also weniger. Im Allgemeinen müsste man annehmen, dass sich ein Einfluss der Dissociation darin zeigt, dass AR um einen bestimmten numerischen Betrag geändert wird, so dass die absoluten Beträge zu vergleichen wären. Aber auch beim Vergleich der relativen wird man bei der Kleinheit der Unterschiede zwischen Zucker und Bromcadmium einen Schluss auf directen Einfluss der Dissociation auf AR nicht wagen können.

Vergleichen wir nun mit den angegebenen Werthen die von Le Blanc und Rohland l. c. p. 282. Sie finden für AR 28,33 und 28,66, für AR' 10,68 und 10,88, welche Werthe sich um 17 % von den meinigen unterscheiden, ganz abgesehen davon, dass die zwei Angaben, welche für Lösungen von noch nicht 20 % verschiedener Concentration gelten, untereinander um mehr als einen Procent abweichen.

Um die Ursache davon aufzuklären, mögen in folgender Tabelle die von Le Blanc und Rohland für $CdCl^2$, $CdBr^2$ und CdJ^2 Lösungen beobachteten specifischen Gewichte und Procentgehalte zusammengestellt werden mit den aus denselben specifischen Gewichten nach Grotrian und Kremers folgenden Gehalten:

Tabelle VI.

Substanz	s_{20}^{20} (Le Blanc)	Zu s_{20}^{20} gehörige % Gehalt nach *) Le Blanc	Grotrian	Kremers
$CdCl^2$	1,0682	8,81	7,78	8,0
$CdBr^2$	1,1378	18,08	14,67	14,6
"	1,1668	21,39	17,11	17,3
CdJ^2	1,0982	10,97	10,88	11,1
"	1,1582	16,57	16,68	16,8

Die Interpolation dieser Gehalte aus den Angaben von Grotrian geschah so, dass seine s_4^{18} auf s_{18}^{18} und dann mit dem genügend genau bekannten Ausdehnungscoefficienten gegen Wasser ($\alpha - \alpha_{H_2O}$) auf die von Le Blanc angegebenen s_{20}^{20} umgerechnet wurden. Aus diesen ergab sich die wegen ihrer geringen Aenderungen mit der Concentration zum Interpoliren geeignetste Grösse $\lg \frac{s-1}{p\,s}$, welche mittelst der aus Le Blanc's Beobachtungen folgenden Werthe von $\frac{s-1}{s}$ dann p lieferten (p = Procentgehalt). Diese Interpolirform ist sehr scharf, so dass sie bei den Gehalten Fehler von auch nur einer Einheit der dritten Decimale nicht veranlasst.

Aus der Tabelle ergiebt sich: erstens stimmen Grotrian und Kremers miteinander durchgängig überein, auch hinsichtlich meiner Originallösung war dies der Fall und der für diese von mir durch Abwägen von Substanz und Wasser ermittelte Controlwerth stimmte ebenfalls damit; zweitens: die Werthe von Le Blanc und Rohland weichen für die beiden ersten Sub-

---

*) Da Kremers nur drei Decimalen giebt, haben die Gehalte eine Stelle weniger.

stanzen weit ab, um 14 % bei Cd Cl², um 23 % bei Cd Br², sie stimmen indess bei Cd J² vollkommen mit denen der anderen Beobachter überein.

Dies Ergebniss liefert den Fingerzeig zur Erklärung der Abweichungen: J²Cd enthält kein Krystallwasser, Br²Cd und Cl²Cd thun dies. Offenbar ist dies von Herren Le Blanc und Rohland übersehen und in die Rechnung der Gehalt an krystallisirtem Salz eingesetzt worden. Denn multiplicirt man die von ihnen angegebenen Procentgehalte mit

$$\frac{Br^2Cd}{Br^2Cd + 4H^2O} = \frac{272{,}0}{344{,}1} = 0{,}7906,$$

so ergeben sich die Zahlen 14,28 und 16,91, wodurch Uebereinstimmung bis auf 2,3 bezw. 2,6 % mit Grotrian und Kremers erreicht ist. Für Cl²Cd würde sich unter der Annahme von 2 Molecülen Krystallwasser 7,45 Procent ergeben, was ebenfalls mit Grotrian und Kremers viel besser übereinstimmt*).

Da der Grund des Irrthums wohl klar liegt, sind im Folgenden die Werthe an Cd Br² in der Weise umgerechnet, dass man die von Le Blanc und Rohland angegebenen Procentgehalte p′ auf Gehalte an wasserfreiem Salz p durch Multiplication mit 0,7906 umrechnete. Dann ergiebt sich

Bromcadmium.

$(n-n_0)_{20°}$	p′	p	ρ	$\frac{1000}{\rho(s^{20}_{20}-1)}$	φ	$\frac{1000}{\rho(n-n_0)}$	AR
0,0209	18,06	14,28	0,834	115,8	20,6	17,0	23,9
0,0250	21,39	16,91	0,691	115,0	21,2	17,3	24,2

Ein Vergleich mit Tabelle V zeigt, dass die Werthe AR nunmehr mit den von mir gefundenen genügend übereinstimmen, so dass also die Annahme, der Krystallwassergehalt sei übersehen worden, zu allseitiger Uebereinstimmung sowohl hinsichtlich der Dichten mit Grotrian und Kremers als auch hinsichtlich der optischen Beobachtungen mit mir führt.

Auf p. 67, 68 wurde nun erwähnt, dass das quantitativ hervorstechendste Resultat von Herren Le Blanc und Rohland darin besteht, dass sie für die Differenz der AR-Werthe von Jod- und Bromcadmium den Werth 6,8 finden, während sie für stark dissociirte Salze 11,4 erhalten, so dass also ein Unterschied von nicht weniger als 4,6 Einheiten bestünde. Dieser Unterschied fällt nun nach der vorstehend erläuterten Berichtigung der Procentgehalte weg, an die Stelle von 6,8 tritt $35{,}3_1 - 24{,}1_1 = 11{,}2_0$, was mit dem für stark dissociirte Salze gefundenen Werthe so gut übereinstimmt, wie nur irgend gefordert werden kann. Für Cd J² ist hier der Werth von Le Blanc und Rohland direct eingesetzt, da derselbe nach p. 71 und 72 keine stärkeren Fehler vermuthen lässt.

Legt man bei den Cd Cl² Werthen die Dichten von Le Blanc und Rohland zu Grund und berechnet daraus den Procentgehalt, so findet sich daraus AR = 18,7. Die Differenz der AR-Werthe für Cd Cl² und Cd J², welche

*) Die Angaben für den Krystallwassergehalt von CdCl² schwanken in der Litteratur.

jene Verfasser zu 15,58 angeben, würde sich dadurch auf 16,6 erhöhen, dem für stark dissociirte Werthe nach Le Blanc und Rohland 17,4 zu vergleichen ist. Die Differenz dieser beiden Werthe ist zu klein, als dass man unter Rücksicht auf die Genauigkeit der Beobachtungen und die Unsicherheit im Wassergehalt des Ausgangsmaterials etwas daraus schliessen könnte. Hätte sich die oben angegebene Differenz von 4,6 Einheiten für die Bromid-Jodid Differenz der Cadmium- und der sehr stark dissociirten Salze andererseits bewahrheitet, so wäre zwingend zu schliessen gewesen, dass die Cd-Jonen beim Uebergang aus dem neutralen in den dissociirten Zustand ihre Refraction ändern. Mit dem Verschwinden der Differenz fällt auch das Resultat weg.

Die für die übrigen schwach dissociirten Salze gefundenen Differenzen in den Differenzen von AR gegenüber stark dissociirten Salzen l. c. p. 282 sind zu klein, als dass man, besonders wegen der weiter unten*) zu besprechenden Fehlerquellen (Concentrationseinfluss, Differenzen der Differenzen von Differenzen), weitere Schlüsse ziehen könnte.

B. Zuckerlösungen.

Da die in dieser Arbeit verwendeten Lösungen im Allgemeinen eine etwas grössere Concentration besassen, wie die früher untersuchten, fanden zur Orientirung, wie gross etwa der Anstieg von AR bei einem Nichtelektrolyten sein möchte, wieder Beobachtungen an analog concentrirten Zuckerlösungen statt.

Die Concentration der Originallösung wurde aus ihrem specifischen Gewicht nach den früheren Bestimmungen von F. Kohlrausch und mir unter Berücksichtigung der Zahlen von Gerlach ermittelt und das Molecularvolumen der übrigen Lösungen ebenfalls diesen früheren Versuchen entnommen.

Die folgende Tabelle enthält zunächst das Ergebniss der optischen Versuche (über die Bezeichnung s. p. 69), sodann die aus der genannten Quelle stammenden Werthe von φ_s, ferner die moleculare Brechungsdifferenz und die Aequivalentrefraction. Die Δn_γ sind mit dem § 5 gegebenen $\varkappa$ berechnet.

Tabelle VII.

Zucker; $t_0 = 17{,}78°$.

$v_{17,78}$	t	$\frac{180-\varphi}{2}$	Δn_γ	Δn_t	$\alpha_{corr}(17,78°)$	$n - n_0$	φ/s	$\frac{1000}{v(n-n_0)}$	AR
2,5643	17,76°	13° 8' 28,4"	+ 41,5"	− 1,8"	13° 18' 12"	0,019137	70,12	49,67	119,79
10,[illegible]	17,68°	6° 28' 51,7"	+ 41,6"	− 1,6"	6° 29' 31"	0,004[illegible]	69,34	49,83	119,17
41,[illegible]	17,64°	8° 17' 18,4"	+ 40,8"	− 0,8"	8° 17' 21"	0,001971	69,[illegible]	49,56	119,43
81,01[illegible]	17,785°	2° 16' 52,6"	+ 40,4"	±	2° 17' 33"	0,000549	69,47	49,[illegible]	119,69

Meine früheren Beobachtungen über Zuckerlösungen**) ergeben unter Benutzung meiner optischen Werthe und der Ausdehnungscoefficienten

*) S. p. 80.
**) Wied. Ann. 53. 1894, p. 9.

von Marignac, wenn man für die beiden concentrirteren und die beiden verdünnteren Lösungen je das Mittel nimmt, bei $v = 24$ AR = 119,30 und bei $v = 580$ AR = 119,58. Diese Werthe reihen sich in die der Tabelle genügend ein. Die Tabelle zeigt, dass die Aequivalentrefraction beim Uebergang von einer nahezu 13% Lösung zu einer von 0,4% um etwa 0,5 Einheiten steigt. Dies giebt einen Anhaltspunkt für die Grössenordnung des Betrags, um welchen die Aequivalentrefraction einer Lösung aus anderen Gründen als wegen Dissociation ansteigen mag.

Einen directen Einfluss der Dissociation auf die Aequivalentrefraction durch den Anstieg der letzteren zu begründen, liegt also gegenwärtig die Möglichkeit nicht vor, wenn bei wachsender Verdünnung in den angegebenen Grenzen der Anstieg nur von der Grössenordnung von 0,5 Einheiten ist. Die etwa 20 von mir und von Herrn Dijken untersuchten Körper in wässeriger Lösung zeigen keinen grösseren Anstieg, so dass sich also bei diesen ein erkennbarer Einfluss der Dissociation auf das Brechungsvermögen nicht ergiebt*).

Herr Le Blanc hat Versuche gemacht, aus welchen in gleicher Weise folgt, dass die nicht durch Dissociation erklärbaren Einflüsse auf die Aequivalentrefraction noch grössere Beträge erreichen können, diese bis zu zwei Einheiten zu ändern vermögen. So ergab z. B. CdJ^2 in Aceton eine um eine Einheit, KJ in Aceton eine um zwei Einheiten grössere Aequivalentrefraction wie in Wasser. Dabei ist noch besonders bemerkenswerth, dass die dissociirte wässerige Lösung den kleineren Werth liefert, während doch nach den übrigen Versuchen des Herrn Le Blanc der directe Einfluss der Dissociation eine Vergrösserung bewirkt. Unter diesen Umständen wird man zu keinem anderen Schluss gelangen können, als dass sowohl die Anstiege der Aequivalentrefraction bei wachsender Verdünnung als auch die bei der Neutralisation mit verschieden dissociirten Säuren auftretenden Differenzen nur mit grösster Vorsicht zu weiteren Schlüssen über den Einfluss der Dissociation benutzt werden können.

C. Di- und Trichloressigsäure sowie deren Kaliumsalze.

Das einzige Jon, welches, nach den bisherigen Untersuchungen zu schliessen, beim Uebergang aus dem neutralen in den dissociirten Zustand seine Refraction etwas beträchtlicher ändert, scheint der Wasserstoff zu sein. 13 Säuren sind von Herrn Le Blanc und Rohland l. c. untersucht auf die Differenz ihrer Aequivalentrefraction mit derjenigen ihres Natriumsalzes und ergeben einen Anstieg dieser Differenz um etwa zwei Einheiten, wenn man sie in umgekehrter Reihenfolge des für halbnormale Lösungen giltigen Dissociationsgrades der Säure durchläuft.

Es tritt die Frage auf, ob sich in dem bei der Verdünnung eintretenden Anstieg des molecularen Brechungsvermögens, der, wie wir sahen, im Allgemeinen durch den Verlauf des Molecularvolumens erklärt wird, vielleicht wenigstens beim H-Jon ein Einfluss der Dissociation noch erkennen lasse, ob dort etwa nach Berücksichtigung der Aenderung des Molecularvolumens noch eine genügend grosse Aenderung des molecularen

*) S. auch Anmerkung ***) p. 79.

Drehungsvermögens bestehen bliebe, um trotz des Vorhandenseins des erwähnten Nebeneinflusses, den wir kurz Concentrationseinfluss nennen wollen, noch einen einwandfreien Schluss zuzulassen.

Zur Beantwortung dieser Frage können die bereits in den ersten Paragraphen zum Theil verwendeten Versuche an Trichlor- und Dichloressigsäure dienen. Darauf, dass gerade die letztere hier die meiste Aussicht bietet, hat schon Herr Le Blanc hingewiesen.

Zunächst mögen die Versuche an den genannten Körpern mitgetheilt werden. Ich habe dieselben bis zu grossen Concentrationen fortgesetzt, obwohl bei diesen Concentrationseinflüsse auf die Aequivalentrefraction im Allgemeinen stärker wirken werden, so dass es nicht möglich ist, den Einfluss der Dissociation daneben einigermassen sicher zu bestimmen. Diese concentrirteren Lösungen sollten dann beim Vergleich mit den verdünnteren einen Anhaltspunkt für den Concentrationseinfluss liefern.

Die folgenden, die Resultate der Messungen enthaltenden Tabellen sind im Allgemeinen ebenso angeordnet, wie die § 8 für $CdBr^2$ gegebenen. Da bei Di- und Trichloressigsäure alle vier Einstellungen genommen, nicht nur u_1 sondern auch a' (siehe p. 54) beobachtet worden war, ergaben sich die u_{corr} einfach als deren Mittel. Die Reduction auf 12,5° war hier bereits an den Einzelbeobachtungen bewirkt worden.

Tabelle VIII.

Trichloressigsäure, Dichtebeobachtungen.

$t_0 = 12{,}50°$; $CCl^3CO^2H = 163{,}35$; $Q = 0{,}99948$; $A\,Q = 163{,}41$.

$v_{12,5°}$	T	g	g_{corr}	$s_{12,5}^{12,5} - 1$	$\frac{1000}{v(s-1)}$	$\varphi_{12,5°}$
∞	12,636°	3,23810	3,23457	—	—	—
62,9[illegible]	12,792°	3,13108	3,12853	0,001811	82,5	80,9
∞ *)	12,560°	3,23517	3,23422	—	—	—
31,49	12,520°	3,02487	3,02410	0,002593	81,60	81,84
15,725	12,530°	2,81659	2,81572	0,005164	81,21	82,28
7,878	12,529°	2,40110	2,40031	0,010284	80,09	82,46
3,930	12,501°	1,57121	1,57080	0,020524	80,88	82,78
Pt Zulage**) in H^2O	12,50°	1,60108	1,59984	—	—	—
1,9841	12,484°	1,51778	1,51800	0,040767	80,23	83,21
0,9814	12,70°	s = 1,0[illegible]		0,0[illegible]	79,43	84,01
0,19878	12,60°	s = 1,36124		0,36133	71,10	92,84

*) Ein Stückchen Platindraht war verloren. Ausserdem befand sich von hier ab von zwei durch sehr dünnen Pt Draht, der durch die Flüssigkeitsoberfläche ging, verbundenen Platinringen, in deren einen der Glaskörper, in deren anderen der zur Wagschale führende Draht eingehängt war, der andere wie beim ersten Versuch innerhalb der Flüssigkeit. Deshalb neue Wägung in H^2O.

**) Glaskörper erhielt eine Platinbeschwerung, so dass das Gewicht in Wasser von 12,50° um 3,[illegible] + 1,59984 = 4,[illegible] wurde.

Tabelle IX.

Trichloressigsäure, Optische Beobachtungen; 12,50°.

$v_{12,5°}$	$\alpha_{corr\ 12,5°}$	$n - n_0$	$\frac{1000}{v(n-n_0)}$	φ_n	AR	AR′	α
62,98	1° 43′ 50″*)	0,0003419	21,59	26,87	48,50	28,72	0,98
31,49	2° 26′ 0″	0,0006758	$21{,}27_5$	$27{,}28_6$	48,56	28,77	0,93
15,725	3° 26′ 22″	0,0013190	$21{,}21_4$	$27{,}41_6$	48,62	28,81	0,91
7,873	4° 50′ 24″	0,0026847	$20{,}99_7$	$27{,}48_5$	48,08	28,73	0,88
3,930	6° 50′ 16″	0,0053304	$20{,}85_1$	$27{,}59_8$	48,44	28,71	0,81
1,9681	9° 38′ 28″	0,0010478	$20{,}62_9$	$27{,}73_7$	48,84	28,65	0,71
0,9814	13° 35′ 23″	0,0020547	$20{,}16_4$	28,00	48,18	28,52	0,54
0,19678	28° 55′ 59″	0,25059	$16{,}73_8$	30,78	47,52	28,14	0,06

Von den benutzten Lösungen wurde gelegentlich auch das Leitvermögen k für die hier benutzten tiefen Temperaturen bestimmt. Aus den Curven für das moleculare Leitvermögen λ ergab sich unter Mitbenutzung der Curven, welche nach Ostwald's für 25° giltigen Werthen construirt wurden, $\lambda_{\infty;12,5°} = 292$. Damit sind die Dissociationsgrade α berechnet. Die Bestimmungen der Leitvermögen mögen hier Platz finden.

Tabelle X.

Trichloressigsäure, Leitvermögen, 12,50°.

$v_{12,5°}$	n_0 *)	t	$10^7 k$	$10^7 k_{12,5°}$	$\lambda_{12,5°}$	α
62,96	0,2514	12,45°	4,405	4,416	277,4	0,955
31,49	0,3167	12,31	8,62	8,666	272,8	0,933
15,725	0,3991	12,71	16,97	16,92	266,1	0,911
3,930	0,6337	12,79	60,52	60,25	236,9	0,811
1,968	0,7980	12,57	105,4	105,3	207,4	0,711
0,9814	1,003	12,52	161,7	161,6	158,6	0,545
0,1968	1,719	12,55	87,5	87,4	17,21	0,056

Tabelle XI.

Dichloressigsäure, Dichtebeobachtungen.

$t_0 = 12{,}50°$; $A = CCl^2HCO^2H = 128{,}91$; $\frac{A}{Q} = 128{,}98$; $Q = 0{,}99948$.

$v_{12,5°}$	T	g	g_{corr}	$s\frac{12,5}{12,5} - 1$	$\frac{1000}{v(s-1)}$	$\varphi_{12,5°}$
∞ **)	12,500°	3,23817*)	3,23422	—	—	—
64,4	12,515	3,15608	3,15550	0,000271	62,8	60,4
32,18	12,539	3,07913	3,07837	0,001023	61,60	67,09
16,068	12,497	2,92904	2,92962	0,003771	60,50	68,39
4,017	12,500	2,08283	2,05176	0,014583	58,02	70,84
1,0054***)	12,528	0,25549	0,25537	0,053803	$56{,}83_5$	72,34
0,20110	13,42	l = 1,23321		0,23306	52,10	76,06

*) Die Werthe sind der Tabelle auf p. 67 entnommen, in einigen Fällen, wo zwei Versuchsreihen ausgeführt worden waren, siehe p. 60, wurde deren Mittel benützt, wodurch sich die in der 7., bezw. bei der $v = 1$ Lösung in der 6. Decimale eintretenden kleinen Aenderungen erklären.

**) Siehe Tabelle VIII und p. 75 Anmerkung *).

***) Glaskörper mit Pt-Zulage gebraucht, siehe p. 75 Anmerkung **).

Tabelle XII.

Dichloressigsäure, Optische Beobachtungen; $12{,}_{50}°$.

$t_{12,5°}$	$\alpha_{corr\ 12,5°}$	$n - n_0$	$\frac{1000}{c(n-n_0)}$	φ'_s	AR	AR'	α
64,40	1° 33′ 22″ *)	0,0002785	17,74	22,14	39,88	28,62	0,81
32,18	2° 10′ 13″	0,0005377	17,30	22,36	39,67	23,50	0,77
16,088	3° 1′ 34″	0,0010446	16,765	22,797	39,58	23,48	0,69
4,017	5° 52′ 15″	0,003918	15,738	23,458	39,19	23,30	0,43
1,0054	11° 26′ 14″	0,014664	14,743	24,113	38,98	23,12	0,23
0,20110	24° 50′ 7″	0,064589	12,987	25,360	38,85	22,60	0,025

Tabelle XIII.

Dichloressigsäure, Leitvermögen; $12{,}_{50}°$

$c_{12,5°}$	m %	t	$10^7 k$	$10^7 k_{12,5°}$	$\lambda_{12,5°}$	α
1284	0,0020	12,39	0,2160	0,2164	277,3	0,934
64,40	0,2495	12,38	3,773	3,790	243,4	0,818
4,017	0,6290	12,54	31,80	31,78	127,6	0,431
2,011	0,7923	12,71	48,15	48,01	96,5	0,330
1,005	0,8942	12,48	65,91	65,94	66,3	0,229
0,2011	1,707	12,58	37,71	37,67	7,57	0,025

Analog wie oben für CCl^3CO^2H angegeben ist, fand sich $\lambda_{\infty, 12,5°} = 297$.

Tabelle XIV.

Kaliumsalze der beiden Säuren.

	$v_{12,5°}$	T	g_T	$g_{H_2O,T}$	$s\frac{T}{T} - 1$	$\frac{1000}{v(s-1)}$	$\frac{A}{q}$	φ_T
CCl^3CO^2K	7,852	12,640°	2,08444	3,23577	0,014285	111,54	201,59	90,05
CCl^2HCO^2K	7,921	,554	2,28149	3,23512	0,011766	93,22	167,18	73,91

	i	$\frac{180 - \varphi}{2}$	$\Delta\alpha_y$	$\Delta\alpha_q$	α_{corr}	$n - n_0$	$\frac{1000}{v(n-n_0)}$	AR	AR'
CCl^3CO^2K	12,64°	5° 4′ 33″	+41,0″	+3,3″	5° 5′ 17″	0,002946	23,130	58,15	31,49
CCl^2HCO^2K	,55	4° 42′ 25″	+41,0	+1,2″	4° 43′ 7″	0,002535	20,005	44,72	26,48

Der Gehalt der Lösungen beruht auf Titrirung mit 0,1 KOH Lösung. Bei CCl^3CO^2H ergab letztere bei etwa $^1/_{16}$ normalen Säurelösung $v_{12°} = 15{,}724$, bei einer etwa $^1/_4$ normalen Lösung $v_{12°} = 3{,}9353$. Berechnet man aus diesen Werthen den Gehalt der Originallösung, aus welcher alle anderen durch Verdünnen mit Pipette und Messkolben hervorgingen, so findet sich dafür $v_{12°} = 5{,}062$ bezw. $5{,}076$. Die Werthe stimmen bis auf 1,2 ‰ überein; der erstere derselben wurde, da er auf umfangreicheren Beobachtungen beruht, zu Grund gelegt. Aus dem Gewicht der zur Originallösung verwendeten Substanz (Kahlbaum) und dem Lösungsvolumen fand sich $v_{12°} = 5{,}054$, was in guter Uebereinstimmung mit dem obigen ist.

*) Siehe p. 76 Anmerkung *).

Für CCl^2HCO^2H ergab die Titrirung der etwa ½ Lösung für die Originallösung $v_{18,0} = 0,2012$, während aus der Herstellung 0,2005 folgt. Der erstere Werth war in den Tabellen anzuwenden.

Den Gehalt der K-Salzlösungen lieferte deren Herstellung. Eine der Säurelösungen wurde mit KOH scharf neutralisirt, der Haltbarkeit wegen eine Spur Säure zugesetzt und dann auf gemessenes Volum aufgefüllt.

Den Temperaturreductionen der optischen Beobachtungen liegen die a des § 5 zu Grunde. Die für die Dichtereductionen erforderlichen Ausdehnungscoefficienten wurden bestimmt und ergaben:

Tabelle XV.

	r	$10^4 \alpha$	t
CCl^3CO^2H	0,197	7,47	12,6°
"	9,03	1,47	12,6°
"	63,0	1,17	12,6°
CCl^2HCO^2H	0,201	7,1	12,5°
"	4,02	1,46	12,5°
CCl^3CO^2K	7,85	1,51	12,1°
CCl^2HCO^2K	7,92	1,50	12,5°

Was den Vergleich mit meinen früheren Beobachtungen betrifft, so ist zu berücksichtigen, dass jetzt ein viel grösseres Concentrationsintervall benutzt ist. Dadurch wird, wie sich aus dem Folgenden ergiebt, schon wegen des Concentrationseinflusses ein Ansteigen der Aequivalentrefraction bewirkt. Beschränkt man sich auf das früher benutzte Intervall, so ist der Anstieg von R, procentisch genommen, etwa so gross, wie früher bei Schwefelsäure, indess bleibt er jetzt aber auch in den R'-Werthen bestehen. Absolut genommen, ist er etwa so gross, wie früher bei Zucker, bei dem jedoch der Grösse der Molecularrefraction wegen der absolute Betrag der Aenderung nur mit geringer Genauigkeit bestimmt werden kann.

Um etwas darüber schliessen zu können, inwieweit der aus den Tabellen ersichtliche Anstieg der Refraction mit der Verdünnung von der Dissociation abhängt, mögen zunächst die Refractionsunterschiede zwischen Salz und Säure für gleich dissociirte Lösungen von Salzsäure, Di- und Trichloressigsäure zusammengestellt werden. Der erste Absatz der Tabelle enthält die von Herrn Le Blanc und Rohland gegebenen Werthe, die folgenden wesentlich auf meinen Bestimmungen beruhende. Die Bezeichnungen sind die oben gebrauchten.

Tabelle XVI.

	a		ΔR		Differenz	$\Delta R'$		Differenz
	Säure	Na-Salz	Säure	Na-Salz		Säure	Na-Salz	
HCl*)	0,85	0,66	14,5	15,9	1,4	8,48	9,23	0,75
CCl^3CO^2H	0,65	0,71	48,1	50,2	2,1	28,52	29,69	1,17
CCl^2HCO^2H	0,13	0,08	38,8	41,6	2,8	23,11	24,91	1,80

*) Dieser erste Theil der Tabelle nach Le Blanc und Rohland.

	α		AR		Differenz	AR'		Differenz
	Säure	K-Salz	Säure	K-Salz		Säure	K-Salz	
CCl^3CO^2H	0,039	0,81	47,52	53,14	5,62	28,14	31,49	3,35
CCl^2HCO^2H	„	„	38,42	44,78	6,36	22,84	26,46	3,62
HCl*)	0,21	0,81	14,26	19,04	4,78	8,30	11,18	2,88
CCl^3CO^2H	„	„	47,72	53,14	5,42	28,27	31,49	3,22
CCl^2HCO^2H	„	„	38,82	44,78	5,96	23,12	26,46	3,34
HCl	0,65	0,81	14,5	19,04	4,54	8,48	11,18	2,70
CCl^3CO^2H	„	„	48,20	53,14	4,94	28,62	31,49	2,87
CCl^2HCO^2H	„	„	39,5	44,78	5,28	23,49	26,46	2,97
HCl	0,81	0,81	14,44	19,04	4,60	8,43	11,18	2,75
CCl^3CO^2H	„	„	48,44	53,14	4,70	28,71	31,49	2,78
CCl^2HCO^2H	„	„	39,88	44,78	4,90	23,62	26,46	2,84
H^2SO^4**)	0,75	„	11,64	16,39	4,75	3,90	6,74	2,84

Aus der Tabelle sind die für eine Reihe gleicher Dissociationsgrade bestehenden Refractionsdifferenzen der drei Säuren gegen ihr Kaliumsalz zu ersehen. Sie sind bei sehr grosser Dissociation (grosser Verdünnung) für die verschiedenen Säuren einander fast gleich, werden aber mit abnehmender Concentration immer ungleicher. Bei 20% Dissociation unterscheiden sie sich für Salz- und Dichloressigsäure um 1,2 Einheiten. Daraus ergiebt sich wieder eine quantitative Schätzung des Concentrationseinflusses***), derselbe ist, falls bei andern Substanzen ähnliche Aenderungen eintreten, wie bei den obigen drei Säuren, von gleicher Grössenordnung wie ein wahrscheinlich bestehender Einfluss der Dissociation.

Dass der letztere besteht, dass er zur Erklärung eines Theiles des Anstieges der Aequivalentrefraction jedenfalls bei der Dichloressigsäure sehr wahrscheinlich herangezogen werden muss, ist ebenfalls aus der Zusammenstellung ersichtlich. Wenn darüber wegen des verhältnissmässig grossen Concentrationseinflusses noch Zweifel zurückbleiben könnten, so heben sich diese bei einer Vergleichung mit den für Essigsäure früher gefundenen Werthen, bei denen innerhalb der Verdünnungen von 1 bis 100 eine Constanz der 21,45 betragenden Aequivalentrefraction bis auf 0,02 Einheiten nachgewiesen werden konnte. Von solchen Einflüssen, welche

*) Die Werthe für HCl nach Le Blanc, die für KCl nach Dijken.

**) Für H^2SO^4 aus eigenen Werthen für diese Säure, und Werthen von Herrn Dijken für $\frac{1}{2}(NH_4)^2SO_4$, NH_4Cl und KCl berechnet.

***) Den Umstand, dass auf die Werthe AR bezw. AR' noch unbekannte Einflüsse, hier Concentrationseinflüsse genannt, wirken, hielt ich beim Abfassen früherer Arbeiten für allgemein bekannt und beschränkte mich deshalb auf die Untersuchung möglichst verdünnter Lösungen. Ich wies auf denselben (z. B. Wied. Ann. 53, 1894, p. 11) mit den Worten hin: „... andererseits ist ja die Unveränderlichkeit des Brechungsvermögens auch sonst nur annäherungsweise vorhanden und zu erwarten.“ Zu diesen Worten fügt Herr Dijken nicht in seiner Dissertation, aber in dem Auszug derselben in Ztschr. phys. Chem. l. c. die Bemerkung, dass sie ihm nicht klar seien. Aus dem Obigen ist ersichtlich, was ich damit gemeint habe. Uebrigens möchte ich hinzufügen, dass Herr Dijken meine Schlüsse in seiner Dissertation zwar genügend vollständig citirt, dass dieselben in dem erwähnten Auszug aber infolge des Zusammenstreichens meine Anschauung nicht mehr genügend wiedergeben.

mit der Dissociation weder direct noch indirect zusammenhängen, dürfte aber bei der Essigsäure auch noch etwas constatirbar sein müssen, wenn sie bei ihren Chlorsubstitutionsproducten eine grössere Rolle spielen würden.

Wenn sich also die Schlüsse der Herren Le Blanc und Rohland in einem der beiden von ihnen angegebenen Fällen, beim Bromcadmium, als irrthümlich erwiesen haben, so erhalten wir in dem anderen, bei Dichloressigsäure, durch den Verlauf der Aequivalentrefraction bei Veränderung der Concentration eher eine Bestätigung derselben. Der H nimmt sehr wahrscheinlicher Weise eine quantitative Ausnahmestellung in der Richtung ein, dass bei ihm die Dissociation genügend grossen Einfluss auf die Aequivalentrefraction hat, um auch trotz sich überlagernder anderer Einwirkungen wahrgenommen werden zu können.

Hinsichtlich der Frage, von welcher Art der „Concentrationseinfluss" ist, folgt zunächst aus den Beobachtungen mit Zucker, dass er jedenfalls zum Theil mit der Dissociation auch indirect nicht zusammenhängt, zum Theil könnte er aber auch von der Dissociation mit veranlasst sein, indem beispielsweise eine von der Concentration abhängige Wechselwirkung zwischen Jonen und Lösung, welche einen Einfluss auf die Aequivalentrefraction hätte, bestehen könnte.

Was die Quantität des Einflusses der Dissociation auf das Brechungsvermögen des H betrifft, so lässt sich darüber weder aus den hier angegebenen Versuchen noch aus denen der Herren Le Blanc und Rohland etwas schliessen, da über den Concentrationseinfluss genügende, quantitative Annahmen nicht gemacht werden können. Die Messungen an den Essigsäuren würden für den Uebergang vom undissociirten in den vollständig dissociirten Zustand etwa 0.8 Einheiten ergeben (für AR'). Bei Salzsäure kann ein ähnlicher Vergleich, wie der mit Essigsäure, nicht herangezogen werden. Wenn man aber die Werthe für Salzsäure überblickt und mit denen für Essigsäure vergleicht, so sieht man sich zu der im vorigen Absatz angegebenen Folgerung gedrängt, so dass für die Dissociirung des H ein von der Substanz, in welcher er enthalten ist, unabhängiger Werth der Steigerung der Aequivalentrefraction, vielleicht gar nicht zu erhalten ist (d. h. experimentell könnte ein constanter und ein variabeler Theil untrennbar sein), was ja mit der Dissociationstheorie keinen Widerspruch bildet.

Bei weiteren Versuchen etwa die verschiedenen Einflüsse zu trennen, dürfte es angezeigt sein zu berücksichtigen, dass die Schlussweise des Herrn Le Blanc auf Werthen beruht, welche Differenzen von Differenzen von Differenzen sind. Es handelt sich ja um die Unterschiede der Aequivalentrefractionsdifferenzen von Säure und zugehörigem Salz. Die Aequivalentrefractionen bilden aber selbst, wie aus der p. 70 citirten Formel ersichtlich ist, die Summe zweier Differenzen, nämlich der molecularen Brechungsdifferenz und des Molecularvolumens, welch' letzteres die Differenz des Volumens von Lösung und darin befindlichem Wasser darstellt. Daraus folgt, dass für weitere Bestimmungen die schärfsten Methoden, insbesondere auch für die optischen Bestimmungen, Differentialmethoden, anzuwenden sind. Ferner wäre zu berücksichtigen, dass der Schlussweise des Herrn Le Blanc wesentlich durch die systematische Folge der untersuchten Verbindungen Wahrscheinlichkeit verliehen wird, so dass es erwünscht ist, die Zahl der untersuchten Säuren zu vermehren.

Schliesslich möge noch darauf hingewiesen werden, dass die Durchsicht der Tab. XVI zeigt, dass die R'-Werthe den Concentrationseinfluss besser eliminiren wie die R-Werthe*).

Zusammenstellung der Resultate. Es ist die Theorie des Umdrehverfahrens bei der Differentialmethode mit streifender Incidenz des Verfassers gegeben und zwar unter Berücksichtigung der Winkelfehler des Trogs und der Abweichungen der Platte vom Planparallelismus. Die Genauigkeit der Methode ist experimentell nachgewiesen, die Brechungsdifferenzen lassen sich bis auf etwa 1,5 Einheiten der sechsten Decimale bestimmen. Die untere Grenze der erreichbaren $n - n_0$ ist etwa 3×10^{-4}, wobei man noch über $^1/_2$ % Genauigkeit hat. Der Einfluss der Temperatur auf die Beobachtungen und die daraus entspringenden Temperaturcorrectionen sind dargelegt.

Die Frage nach der Abhängigkeit des Brechungsvermögens von der Concentration, insbesondere, ob sich dabei ein Einfluss der Dissociation zeigt, ist dahin zu beantworten, dass ein solcher Einfluss von sicher deutbarer Grösse im Allgemeinen nicht vorhanden ist, dass etwa bestehende Aenderungen zu klein sind, um sicher gedeutet werden zu können. Die Zunahme der Brechungsdifferenz mit wachsender Verdünnung findet im Allgemeinen eine Erklärung durch den Gang der Dichte. Dass der II wahrscheinlicher Weise hiervon eine Ausnahme bildet, worauf Herr Le Blanc geschlossen hat, wurde bestätigt. Ueber die Grösse des Einflusses lässt sich nichts Sicheres aussagen, da der sich überlagernde Concentrationseinfluss von derselben Grössenordnung ist. Der bei Bromcadmium von Herren Le Blanc und Rohland gefundene grosse Einfluss der Dissociation, der einzige Fall, in dem der Concentrationseinfluss gegenüber dem anderen verschwindet, und der somit einen einwandfreien Schluss gestattet hätte, beruht auf einem Irrthum.

---

*) S. auch Wied. Ann. 53, 1894, p. 11.

December 1898.

Technische Hochschule Dresden.

V. Resultate der floristischen Reisen in Sachsen und Thüringen.*)

Von Prof. Dr. O. Drude.

In der Festsitzung unserer Gesellschaft am 14. Mai 1885 hatte ich die Ehre, als wissenschaftliches Vortragsthema „Sachsens pflanzengeographischen Charakter" zu behandeln; eine Anmerkung im Referat über diese Sitzung besagt, dass von einer Drucklegung dieses Vortrages abgesehen werden sollte in Hinsicht auf die geplante Erweiterung des ganzen Gegenstandes zu einer grösseren, durch Karten erläuterten Abhandlung.

Dreizehn Sommer sind inzwischen in das Land gegangen, und jeder fügte wesentliche Bausteine zu der Lösung jener Aufgabe hinzu. Vom Jahre 1889 an stellte das Ministerium des Cultus und öffentlichen Unterrichts einen besonderen Etat für die Vorbereitungen zu einer „Flora Saxonica" dem botanischen Institut zur Verfügung, so dass die vielen nothwendigen Excursionen und weiteren Reisen gleichzeitig mit dessen Assistenten veranstaltet und auch der Sammlungsdiener zur Unterstützung beim Sammeln und Trocknen der Belegexemplare herangezogen werden konnten. Dr. C. Reiche, Dr. A. Naumann und Dr. B. Schorler traten so der Reihe nach in den Dienst der schönen Aufgabe, in unserem Herbarium zunächst einmal eine grosse, das nächstliegende Landesinteresse berücksichtigende Sammlung zusammenzubringen und die speciellen Ausarbeitungen vorzubereiten in einer consequent durchgeführten Etikettirung und Aktenführung; Dr. Schorler, nunmehr als Custos unserer botanischen Sammlungen an der Technischen Hochschule, übernahm dann später auch die zeitraubende Abtheilung der niederen Sporenpflanzen und hat häufig der botanischen Section Proben seiner andauernden Untersuchungen mitgetheilt. 258 Tage habe ich persönlich in meinen Florennotizbüchern verzeichnet als solche, die ich in den ganzen Jahren mit pflanzengeographischem Studium des hercynischen Florenbezirks zwischen Weser und Lausitzer Neisse in freier Natur zugebracht, Tage genussreich und arbeitsvoll zugleich, die das volle Gefühl einer harmonischen Befriedigung zurückgelassen haben, indem sie zeigten, dass auch in unseren gut durchforschten Gauen die Arbeit für den Naturforscher nicht aufhört, dass im Gegentheil jede neue Idee dazu zwingt, die alten Pfade der Vorgänger wieder zu betreten und die Naturvorgänge in neuem Lichte wiederum an der Quelle zu

*) Vortrag, gehalten in der botanisch-zoologischen Section der naturwissenschaftlichen Gesellschaft Isis in Dresden am 20. October 1898.

beobachten. Zugleich enthält eine solche pflanzengeographische Landesdurchforschung die Grundzüge über die Vertheilung der Gunst und Ungunst in der Bodencultur. — Die grössere „pflanzengeographische Abhandlung" über Sachsen und Thüringen ist nunmehr im Werden; sie soll einen Band des grossen, von mir in Gemeinschaft mit A. Engler-Berlin unter dem Titel „Vegetation der Erde" in Einzelbearbeitungen herauszugebenden Werkes bilden. Im Augenblicke, wo der ganze Stoff zur ausführlichen Verarbeitung herangezogen wird, drängt es mich, unserer Section in freierer Weise über die leitenden wissenschaftlichen Principien kurze Mittheilung zu machen.

Wenn heute naturwissenschaftliche Reisen und Ausflüge unternommen werden, so hängen die zu erwartenden Resultate wesentlich von den Ideen ab, die auf den Schienengleisen der Eisenbahn in die Natur hinausgetragen werden, von den wissenschaftlichen Vorbereitungen, die dafür getroffen sind, von den Zwecken, die als Beobachtungsziele vorschweben. In floristischer Beziehung gab es in alten Zeiten nur eine Hauptrichtung, die der Speciessystematik; in neuer Zeit ist die geographisch-biologische Forschung als selbständiges und neues, sich in mannigfache Aufgaben theilendes Gebiet dazugekommen. Wenn ich mit meinen wissenschaftlichen Reisebegleitern hauptsächlich der letzteren Richtung zu dienen mir vorgenommen hatte, so geschah das in Erkenntniss der veränderten Anschauungen über das wandelbare Wesen der *Species*, welche nur auf dem Umwege der zweiten Richtung erfolgreicher Forschung weichen können, während die ältere Herbarium-Richtung der einfachen diagnostischen Definition unter Hinzufügung eines Namens in vielfacher Hinsicht zur Belastung und Verwirrung der höheren Ziele in der Naturbeschreibung beiträgt. Jedenfalls stehen sich die beiden Richtungen nicht fremdartig gegenüber, sondern ergänzen sich zu einer nothwendigen Einheit und durchdringen sich gegenseitig; dass ausserdem die ältere Speciessystematik das Grundgerüst der ganzen Flora liefert, an dessen correctem Ausbau und Verbessern unausgesetzt weitergearbeitet werden muss, ist so selbstverständlich, wie etwa die Anlehnung von Geschichtsforschern an die nackten, in den Geschichtstabellen überlieferten Namen und Jahreszahlen, welche gleichwohl nicht das Wesen der Geschichte ausmachen. Zudem muss betont werden, dass die Weiterentwickelung des schwierigen Speciesbegriffs auf Reisen viel weniger gefördert werden kann, als durch Versuche in botanischen Gärten und durch analytische Vergleiche im Herbarium, wozu allerdings eine formenreiche Sammlung unermüdlich zusammengetragen sein will. Und wie dies unsere Absicht war, davon legt das sächsisch-thüringische Herbarium im botanischen Institut Zeugniss ab, welches sich aus den unbedeutenden Anfängen weniger Fascikel unter Mitwirkung so mancher eifriger Floristen im Lande zu einer ansehnlichen Sammlung vergrössert hat.

Es musste sich also darum handeln, durch eigene Beobachtungen den grösseren floristischen Bezirk zu erkennen, der Sachsen und Thüringen einschliesst, dessen Grenzen festzusetzen und eine naturgemässe Eintheilung seiner einzelnen Glieder vorzunehmen. Dies konnte nur geschehen auf Grundlage der natürlichen Bestände oder Vegetations-Formationen sammt ihren hervorragenden „Leitpflanzen", wie dieselben in der Isis-Festschrift vom Jahre 1885 (S. 81) erklärt sind.

Es ist die grössere floristische Einheit gefunden worden in der Zusammenfassung eines „hercynischen Florenbezirkes", welcher sich vom Lausitzer Gebirge bis zu den westlichen Wasserscheiden der Weser gegen das rheinische Gebiet erstreckt, im Norden den Harz mit seinem ganzen Vorlande Braunschweig—Magdeburg umfasst, als Südgrenze den grossen zusammenhängenden Gebirgswall Lausitzer Bergland—Erzgebirge—Fichtelgebirge—Frankenwald—Thüringer Wald nimmt, dabei aber den am Fichtelgebirge angeknoteten Böhmerwald als südöstlichste Zunge mit einschliesst, und endlich im Südwesten als Grenzmark gegen Franken und den Rhein die basaltische Rhön zum Eckpfeiler wählt, so dass das vom Thüringer Becken nicht abzutrennende Werraland, von Meiningen an bis herüber zur Fulda, mit eingeschlossen wird. Dieser hercynische Bezirk nimmt noch Theil an den gemeinsam um die Alpen herum gruppirten und zum Theil von ihnen ausstrahlenden Pflanzenbeständen der Berg- und Hügelregion; er hat demnach grössere Beziehungen zum Süden als zum Norden und macht gegen die norddeutsche Niederung Front mit seinem Grenzwall von Hügelketten aus den Trias-, Jura- und Kreideschichten von Hannover bis Magdeburg. Besonders deutlich ist die Grenze gegen den deutschen Nordwesten, gegen die sogenannte „nordatlantische Niederung"; von den 1564 im hercynischen Florenbezirk zusammenkommenden Arten an Blüthenpflanzen und Farnen kann man nur ungefähr die Hälfte noch zum wirklichen Besitz dieses nordwestlichen Deutschlands rechnen, wie allerdings auch ebenso unter den 1564 hercynischen Arten nicht wenige sind, welche nur als äusserste Vorposten und gleichsam verschlagene Standorte an einzelnen Stationen mitgezählt sind und als fremdartige Zuzügler erscheinen.

Das hercynische Berg- und Hügelland ist demnach in seinem Florencharakter wesentlich mitteldeutsch und theilt daher viele Eigenschaften mit seinen östlich und westlich angrenzenden Nachbargauen, zwischen welche es sich wie ein Keil hineinschiebt und naturgemäss Verbindungsglieder in den Grenzlandschaften erzeugt. Im Osten hat es den sudetischen Florenbezirk, im Westen den rheinischen zum Nachbarn; die Sudeten haben mit ihrer karpathischen Verwandtschaft zugleich eine viel stärkere Entwickelung von Formationen des oberen Berglandes, als irgend eines der hercynischen Gebirge; sogar schon in den niederen Regionen stecken ganz neue Areale, wie das grünlich blühende *Veratrum album* Jedem zeigt, der vom Jeschken ausgehend das der Lausitz angrenzende Isergebirge betritt. Und am Rhein nehmen Pflanzenarten des Südwestens ihre Grenze (z. B. *Acer monspessulanum* und *Prunus Mahaleb*), welche im hercynischen Hügellande nur noch als Culturpflanzen der geschützten Hügelregion gedeihen.

Der hercynische Bezirk ist am besten in seinen Bergwald- und Hügelformationen ausgeprägt, während z. B. die Wasserpflanzen-Formationen eine unbedeutendere Rolle spielen. Selbstverständlich herrschen ähnliche Verhältnisse in den sudetischen und rheinischen Gauen, doch in vielfach geänderter Zusammensetzung und Ausprägung; besonders aber muss die Erwägung, dass die von dem sächsisch-thüringischen Grenzwall umschlossenen und mit dem Harz im Norden zu neuem Gebirge aufgethürmten Landschaften eine geographische Einheit bilden, in der die Eigenschaften des Beckens von den Gebirgen selbst abhängen, den Grundgedanken zu dieser hercynischen Gruppenbildung liefern, und dann wird die Angliederung des Böhmerwaldes im Süden und die des Werra-Fulda-Weserlandes im Westen zur weiteren Nothwendigkeit, um zu der einfachsten Dreitheilung des mitteldeutschen Berg- und Hügellandes im vorhingenannten Sinne zu gelangen. In diesem hercynischen Bezirke erfreuen sich nun die Bergwälder überall des Besitzes von *Acer Pseudoplatanus*, alle mit Ausschluss des Harzes auch noch der *Abies pectinata*, überall ist *Sambucus racemosa* Charakterstrauch, vielfach auch *Lonicera nigra*; die Massenstaude *Senecio nemorensis*, das wogende Gehälm von *Calamagrostis Halleriana*, die Rudel von *Atropa Belladonna*, im westlichen Theil die ungeheuren Massen von *Digitalis purpurea*: sie alle zeigen den hercynischen, gen Norden scharf abschliessenden Florencharakter an. In den Hügelformationen herrscht neben der allgemeinen *Salvia pratensis* auch *S. verticillata*, selten auch *S. silvestris*; die *Teucrium*-Arten spielen zumal auf Kalkboden eine imposante Rolle; *Ornithogalum umbellatum* blüht in Masse auf den Hügelwiesen und *Meum athamanticum* bildet im Berglande fast überall die Zierde torfiger Wiesen; von den unteren Hainen bis zu den kahlen Berggipfeln hinauf steigen die Rudel von *Luzula nemorosa* (*albida*), und in manchen östlichen Gauen ist *Carex brizoides* wie in Süddeutschland eines der gemeinsten, ganze Hainbestände dicht erfüllenden Riedgräser: auch diese enden alle mit Nordgrenzen gegen die Niederung oder verlieren sich nach dorthin unregelmässig. Es fehlt aber in dieser gedrängten Skizze an Raum, um in die floristischen Einzelheiten tiefer einzudringen.

Die Frage drängt sich dagegen von selbst als eine von hervorragender Bedeutung auf: wie sieht es mit der inneren Gliederung des ganzen Florenbezirkes aus? Sind etwa nur Berg- und Hügellandschaften zu unterscheiden, oder drückt sich ein weiterer Unterschied in deren Lage nach O., W. oder S. aus? Diese Frage, die Abgrenzung natürlicher Landschaften im Ganzen, war selbstverständlich eine der wichtigsten Aufgaben für die pflanzengeographische Durchforschung und hat zu der Aufstellung von 14 „Landschaften" (oder Territorien) geführt, deren Namen nachher folgen werden. Wovon hängt diese innere Gliederung, die Beschaffenheit der einzelnen Theile ab? Drei Hauptfactoren lassen sich dafür angeben:

a) Der Einfluss der verschiedenen Florenelemente, welche zur Besiedelung zur Verfügung standen, und je nach südöstlicher, nordöstlicher, südwestlicher oder nordwestlicher Lage der Landschaft nicht unerheblich verschieden waren; in dieser Lage muss sich zugleich der Einfluss des sudetischen, böhmischen, fränkischen oder rheinischen Nachbarbezirkes ausdrücken. Hierbei handelt es sich also hauptsächlich um den Einfluss der posttertiären und postglacialen Entwickelung, die Ablagerungen von Löss für steppenartige Formationen (und es ist sicher, dass die östlichen Genossenschaften von Meissen bis Magdeburg alle auf Bodensorten mit gewissen gleichmässigen, staubig-trockenen Eindruck hervorrufenden Eigenschaften vorkommen); die Erklärung der Relicte fällt hier hinein.

b) Der Einfluss der Höhenlage und des davon abhängigen Klimas nach den beiden wichtigsten Hebeln der Vegetationsprocesse, Wärme und Nässe. Bei 400—500 m Höhe beginnt an Nordhängen im Allgemeinen die Bergzone, bei 1100—1300 m endet die letztere mit dem Fichtenwalde und es beginnt ein schwacher Anfang von subalpiner Zone, welche zu Ende ist, ehe sie zum ordentlichen Ausdruck gelangen konnte. In diesem Mangel der Entwickelung einer besonderen Hochgebirgsregion liegt ein wesentlicher hercynischer Charakter; ihm ist die im Grossen und Ganzen herrschende Einförmigkeit in den dichten Fichtenbeständen der Bergkämme zuzuschreiben, die sich nur einmal da ändert, wo ein Hochmoor ausgebreitet liegt, oder wo für hochgelegene quellige Schluchten und geröllführende Berghaiden genügender Platz vorhanden ist.

c) Der Einfluss des Bodens, in seiner Zusammenwirkung mit Verwitterung, Insolation und Befeuchtung, welche dem Boden erst die eigentliche Bedeutung verleihen. Die Bodenarten sind im hercynischen Bezirke in allen möglichen Abstufungen von Urgesteinen, paläozoischen Grauwacken, Thon- und Kieselschiefern, in der Abwechselung von Buntsandstein und Muschelkalk in den Triaslandschaften, seltener mit Keupersandsteinen, in Quadersandsteinen, diluvialen Geschieben und endlich in mächtigen Basalterhebungen und Porphyrmassen vertreten; bis zu einem gewissen, mit floristischem Takt einzuhaltenden Grade sind einzelne Landschaftsgrenzen sehr wohl mit bestimmten geognostischen Bodenklassen in Uebereinstimmung zu bringen; oft ist aber eine rein orographische Linie wichtiger als das Auftreten einer anderen geologischen Formation.

Das waren die wesentlichen Gesichtspunkte, welche an der Hand der nöthigen Hilfsmittel auf unseren Botanisirreisen den Leitfaden für die Florenaufnahmen bildeten und welche mit den wirklich vorgefundenen Beständen in Uebereinstimmung zu bringen waren. Und welche Vielheit in diesen Beständen! Gleichen sich schon die Wiesen selten, wie viel weniger noch der Wald in seiner, je nach Baumarten wechselvollen Zusammensetzung. Hierüber kann ich heute um so rascher hinweggehen, als ich schon früher (Isis 1888, S. 68) eine ausführliche Formationsliste von den hercynischen Landschaften als Ergebniss der darauf gerichteten Untersuchungen entworfen habe. Dieselbe ist aber vielleicht noch etwas zu mannigfaltig, was eher zu Schwierigkeiten in der Verwendung führt als das Gegentheil; daher gebe ich hier eine kurze, handlichere Zusammenziehung unter Anführung mancher charakteristischer Pflanzenarten als Beispiele. Diese Zusammenziehung entspricht einer biologischen Gliederung der Standorte nach dem geringsten Maasse.

Die 10 hercynischen Formationsgruppen in charakteristischer Ausprägung. (Höhenangaben im Mittel.)

F.

I. Wälder, trocken, 100—500 m (*Carpinus, Tilia, Betula, Quercus, Fagus*). — (*Acer campestre, L. Xylosteum*).

II. Wälder, bruchig, 80—300 m (*Alnus! Fraxinus, Quercus, Carpinus*). (*Frangula! Angelica silvestris* ?).

III. a) Wälder, montan, 500—1200 m (*Abies, Fagus, Acer Pseudoplat., Picea*). — (*Sambucus racemosa, Lonicera nigra*).

b) Quellflur. (*Chrysosplenium, Chaerophyllum hirsutum. — Mulgedium alpinum* 600—1200 m).

IV. Kiefernhaidewald. (*Pinus silvestris, Betula*). (*Calluna, Sarothamnus, Gnaphal. dioicum*).

V. Hain-, Fels- und Geröllfluren auf dysgeogen-pelit. Boden. (*Rosaceae: Crataegus, Rosa, Prunus spinosa, Cotoneaster, Aronia, Sorbus Aria.*)

150 bis 500 m
a) **Kalk**: *Bupleurum falcatum*, *Scleria*, *Clematis Vitalba*. *Gentiana ciliata*. — Die *Teucrium*-Gruppe.
b) Silicat und indifferent: *Anthericum*, *Lactuca perennis*. *Carex humilis*, *Peuced. Cervaria*. (*Puls. pratensis*, *Potentilla arenaria*).
c) montan-subalpin: *Dianthus caesius*. *Woodsia ilvensis*. *Saxifraga decipiens*. *Aster alpinus*. — *Andreaea!* *Gyrophora* und *Umbilicaria*.

VI. **Wiesen**. a) 100—500 m (*Cirsium oleraceum*, *Geranium pratense*, *Carum* und *Heracleum*, *Crepis biennis*).
b) 500—1200 m (*Meum athamanticum*, *Geranium silvaticum*, *Crepis succisifolia*, *Cirsium heterophyllum*).

VII. **Moore**. a) *Caricetum* ohne *Sphagna* und *Vaccinium Oxycoccus*. *Erioph. polystachyum*; *Carex vulgaris*, *panicea* etc.).
b) *Sphagneta* mit *Erioph. vaginatum*, *Vaccinia!* *Calluna*. — (*Pinus montana*, *Andromeda*, *Empetrum* etc.)

VIII. **Bergbaide und Borstgrasmatte**. (*Calluna* und *Vitis idaea!* *Calamagrostis Halleriana!* *Nardus!* *Luzula sudetica*. *Juncus squarrosus*. *Empetrum*. *Trientalis*. *Cetraria*).

IX. a) **Binnengewässer**-(Ufer- und Wasserpflanzen-)Formationen.
b) *Salicornia*-Salzsümpfe.

X. **Culturformationen**: Unkräuter, Brachpflanzen, Ruderalpflanzen.

Nach dem Auftreten dieser Formationsgruppen in besonderer örtlicher Ausgestaltung („Facies") und mit besonderen oder allgemein durchgehenden Leitpflanzen versehen, bestimmen sich die Charaktere der 14 Landschaften im hercynischen Florenbezirk. Um von ihrer Bestandesabwechselung eine flüchtige Skizze zu zeichnen, versetzen wir uns in die Eindrücke einer Botanisirfahrt durch einen grossen Theil unseres Gebietes und verlassen die uns am genauesten bekannten Gefilde im Dresdner Elbthal zu raschem Aufstieg auf die Höhen des Erzgebirges bei Oberwiesenthal und Gottesgab. Hier, an den Abhängen des Fichtel- und Keilberges, finden wir die Formationen F. IIIa und IIIb, VIb, VIIb und VIII, während fast alles Andere fehlt. Die Quellflur erhält ihre besondere Ausprägung hier durch *Streptopus*, Bergwald und Borstgrasmatte durch *Homogyne*, während *Mulgedium* und *Ranunculus aconitifolius* als gemeinsame hercynische Bestandtheile auftreten; *Scheuchzeria*, *Carex limosa*, *Betula nana*, *Swertia* und die dichten Bestände von *Pinus montana* und *Betula carpathica* machen die Hochmoore besonders interessant.

Im raschen Wechsel der Unterholzflora in den Bergwäldern steigen wir am Südabhang des Gebirges von unseren 1200 m überragenden Höhen herab und treffen hier, in voller Sonnenwirkung, schon bei relativ bedeutenden Höhen (über 600 m) in den zahlreichen die Gebüsche durchsetzenden Trauben goldgelber Blüthen von *Cytisus nigricans* die obersten Merkzeichen von F. Vb, während rasch *Meum athamanticum* nebst *Arnica montana* auf den Bergwiesen abnimmt und schwindet. Nicht lange dauert es und *Salvia pratensis* tritt dafür an deren Stelle, auf kahlen Felsen erblühen die *Sedum*-Arten, Labiaten häufen sich und bei Hauenstein oberhalb der Eger ist *Campanula glomerata* ein gemeiner Bestandtheil der Raine. Das Egerthal tritt hier ein in das böhmische Mittelgebirgsland; wir eilen stromauf nach den Höhen des Kaiserwaldes, wo uns (wie im Elstergebirge) in *Erica carnea* und *Polygala Chamaebuxus* zwei am Fichtelgebirgsknoten allein im Gebiet auftretende nordalpine Arten aufstossen, hier als seltsames Beigemisch zu der unteren Stufe der Bergwälder, im Schutze mächtiger Weisstannen und Fichten. Ueber Eger geht es zum Fichtelgebirge hinauf, über *Pinguicula* und *Meum* führende Bergwiesen, zum alten Moor am Fichtelsee im Bereich hochstämmiger *Pinus montana*. Im Südosten schimmern die Kuppen des tannenreichen Böhmerwaldes herüber, auf denen das gemeine *Meum athamanticum* durch beschränkteres Auftreten von *Ligusticum Mutellina* ersetzt wird. Wir wollen aber unsere botanische Reise nordwärts fortsetzen und wählen als Wegweiser die Thüringer Saale. Ihre Quelle hat sie 728 m hoch unter dem Granitwall des Waldsteins und von hier bis zu ihrer Einmündung in die Elbe durchströmt sie wechselvolle Landschaften in anziehender Abwechselung der Hauptformationen. Die Saale ist von allen hercynischen Flüssen der bedeutungsvollste, weil sie der hercynischen Flora durchaus treu bleibt; die reizvollen Abschnitte des Elbe- und Weser-Stromthales, soweit sie unserem Bezirke angehören, enthalten die Marksteine der östlichen und der westlichen Hügelformationen an ihren beiderseitigen Ufern, aber die Saale bezeichnet in ihrem mit vielen Krümmungen nordwärts gerichteten Laufe selbst eine der wichtigsten Scheiden von östlichen und westlichen Formations-Ausprägungen, wenn auch der eine und andere Florencharakter bald hier, bald da über den Fluss herübergreift und sich seiner ganzen Gehänge bemächtigt. Zuerst greift der östlich-montane Florencharakter nach West herüber: *Prenanthes*, *Aruncus*, in den Gebüschen *Cytisus nigricans*, finden sich zahlreich. In den schluchtenartigen Engpässen von Burgk und Ziegenrück bis Saalfeld ist die F. Vc mit *Dianthus caesius*, *Woodsia ilvensis* und *Aster alpinus* recht hübsch vertreten, und bei Ziegenrück, wo der Saalespiegel nur noch etwa 300 m Höhe besitzt, trifft sich ein merkwürdiges Gemisch von Bergwaldarten (*Digitalis purpurea*, *Lonicera nigra*, *Aruncus*) mit Hügelpflanzen wie *Digitalis ambigua*, *Sedum rupestre* und *Anthemis tinctoria*, welche stromabwärts bald zahlreichere Genossen finden. Einen lehrreichen Formationswechsel kann man sich vor Augen führen, indem man von Ziegenrück aus, da wo die Saale sich westwärts nach Saalfeld wendet, um alsbald in den Triasschichten nordwärts umzubiegen und dann nach Osten zurückzukehren, quer über das zwischenliegende Gefilde nach Ranis-Pössneck zu marschirt, wo schon der hier auftretende Zechsteingürtel ganz neue Vegetationsbilder schafft, und nun von Pössneck weiter nordwärts auf die Saale zustrebt, die man in ca. 170 m Höhe bei Orlamünde wieder erreicht. Und wie findet man sie wieder! Breite Wiesenthäler an einer Seite des Stromes, bedeckt mit F. VIa, an der anderen Seite die Steilmauern rothen Sandsteines, und an diesen im Gebüsch oder in den Felsspalten eine gewöhnliche warme Hügelflora der Gruppe Vb mit *Conyza* als Leitpflanze, darin schon *Isatis tinctoria*. Aber über Orlamünde steigen auf dem breiten Sockel des Buntsandsteines spitzere Kuppen von Muschelkalk auf, die sich schon aus der Ferne durch hellen Schimmer verrathen; ihr Schotterboden ist mit zerstreut stehenden, ganz kurzen Kiefern überdeckt, dazwischen ganz kahle, sonnenheisse Stellen: hier wogt im Winde eine kleine Steppe von *Melica ciliata* und im Geröll ist anstatt des Thymian Alles erfüllt von *Teucrium Chamaedrys*; *Anthericum ramosum* wetteifert an Häufigkeit mit *Bupleurum falcatum* und in den *Ligustrum*- wie *Cornus*-Büschen klettert weithin die *Clematis Vitalba*. Da ist zum ersten Male auf diesem unserem Reisewege die Vollentwickelung der F. Va uns entgegen getreten und sie bezeichnet nebst den humusreichen Buchenwäldern mit vielerlei neuen Arten den Charakter des Thüringer Beckens am schönsten.

Wir folgen der Saale bis zur Unstrutmündung nahe Freyburg; neue Arten beginnen hier sich zu zeigen, seltenere Areale reichen bis hierher. Der fest anstehende Kalk wird spärlicher; Geschiebe treten dazwischen, Porphyrhügel umsäumen das Flussbett bei Halle: hier sind die Uferhöhen bei Wettin und Rothenburg durch eine ganz andere Variante der Hügelformationen bekleidet, südöstliche Arten sind häufig wie im böhmischen Mittelgebirge; *Seseli Hippomarathrum* giebt den Ton an, weniger häufig zu sehen stimmen *Astragalus exscapus* und *Oxytropis pilosa* in dieselbe Melodie.

Wir wählen den letzten Nebenfluss der Saale von Westen her, die Bode, zu einer erneuten Bergwanderung zum Harz. Sie führt uns aus dem Hügelgelände mit Steppencharakter und Abhängen voll fliegender Grannen der *Stipa capillata* heraus in die Engpässe eines steilen Gebirgsthales, wo an 200 m hohen Granitwänden *Saxifraga decipiens*, spärlich auch *Aster alpinus* den Montancharakter verrathen, während die geringe Durchschnittshöhe den Arten von F. Vb (wie *Allium fallax*) die Ansiedelung auch noch gestattete. Aus dem Bodekessel wandern wir zu den schweigsamen Hochwäldern des Oberharzes, bis uns der kleiner werdende Bach stromauf bis zum Brockenfelde geleitet und nordwärts hinauf zum Vater Brocken selbst, durch die letzten mit dem Sturme kämpfenden Fichten auf die kahle Höhe mit ihrer Berghaide. Keine *Homogyne*, kein *Streptopus* ist hier zu sehen, wohl aber dieselben Rosetten von *Athyrium alpestre* wie am Keilberge, und — ein neuer Reiz an dieser Stelle — die Brockenblume mit ihren zu „Hexenbesen" verwandelten Früchten, *Pulsatilla alpina*, und neben richtigem *Hieracium alpinum* auch eine besondere Abart des *H. nigrescens*. Wie hier die F. VIII in anderer Ausprägung durch neue Artgenossenschaft erscheint, so auch die Moore, die Fichtenwälder. *Betula nana* wird hier an ihren seltenen Stellen fast erstickt von den grossen Rasen des *Scirpus* (*Trichophorum*) *caespitosus*, aber kein Sumpfkiefergebüsch unterbricht den graugrünen Ton des Moores mit den weissen Köpfen von *Eriophorum vaginatum*. In den Wäldern kein *Prenanthes*, kein *Thalictrum aquilegifolium* oder *Aruncus*, keine *Euphorbia dulcis*; aber bei Andreasberg tritt uns zuerst auch hier in *Eu. amygdaloides* eine Art des Westens entgegen, *Digitalis purpurea* erfüllt alle Gehänge, in den Quellgründen wächst *Mulgedium* mit *Ranunculus aconitifolius* wie in allen hercynischen Gebirgen.

Durch den Hildesheimischen Gau lenken wir zur Weser; Rudel von *Rosa arvensis* auf Aengern mit *Spiranthes autumnalis* sind wohl der Aufmerksamkeit werth, noch mehr auf den Kalkhöhen bei Holzminden und Höxter die seltene Dolde *Siler trilobum*. Weniger reiche Bergwälder der unteren Stufe geleiten uns die Weser aufwärts bis zu der Stätte, wo Werra und Fulda sich zum Hauptstrom vereinigen, und diese beiden westlichsten Ströme führen uns durch das Casseler und Meininger Land bis zu den Südwestgrenzen unserer Hercynia. Zunächst lockt uns die Werra in dem Bereich zwischen Eisenach und Witzenhausen, wo sie in prächtigen Windungen um den Ringgau herum durch die Schichten der Trias bricht und westwärts ihres Thales den mächtigen Basaltklotz des Meissner zum Wächter hat. Zwischen quellenreichen Buntsandsteinwaldungen wechselt hier die Landschaft mit Steilmauern von Muschelkalk, einer neuen prächtigen Entfaltung von F. Va in ähnlicher, doch anderer Zusammensetzung wie an der Saale. *Amelanchier* krönt mit *Sorbus Aria, Cornus mas* und *Cotoneaster* viele Steilhänge. *Laserpitium* und *Libanotis* sind häufige Charakterdolden, *Aster Amellus* mischt sich mit *Linum tenuiflorum.*

Und so können wir zum Schluss den südwestlichen Eckpfeiler, die Rhön, betreten, ein Gebirge mit schon weit mehr südlichem Anstrich als irgend eines der anderen. Denn hier fehlt auch bei Erhebungen über 900 m der montane hercynische Fichtenwald, nur das untere Glied von F. IIIa mit vorwaltender Buche ist entwickelt, und in deren Schatten wächst hier *Ranunculus aconitifolius* mit *Aconitum Lycoctonum* und *Centaurea montana*, zeigen sich die schönen Blüthensträusse von *Campanula latifolia* und ganze gesellige Unterwuchsbestände von *Lunaria rediviva.* An einzelner Stelle ist *Pleurospermum austriacum* üppig entwickelt, wie in der Tatra oder dem Gesenke; die weiten Rasenflächen sind bis hoch hinauf auf die Höhen mit *Prunella grandiflora* geschmückt. Aber auch hercynische Moore sind eingestreut in 820 m Höhe und nahe den obersten Kuppen der östlichen Gebirgserhebung, monoton und nicht so pflanzenreich wie die ersten auf unserem Reisewege, doch durch *Carex limosa* und *Scheuchzeria* ihnen verwandt; Sumpfkiefer fehlt, nur *Empetrum* mit *Andromeda* sind neben den nie fehlenden Bestandtheilen der F. VIIb eben so häufig, und es fehlt auch nicht an den Krüppelgehölzen der Sumpfbirken.

So können wir vom Gipfel des Kreuzberges aus, der besser als die waldlose Wasserkuppe das Aushalten der Buche im Gemenge mit Fichte und Tanne zeigt, hinüberschauen auf die Thalzüge der fränkischen Saale und wir verstehen bei der Geringfügigkeit der Erhebungen, welche deren Wasserscheide gegen die Werra bilden, wie an der Ostflanke der hohen Rhön die fränkische Flora ihre Sendlinge nordwärts ausbreiten konnte bis zum südlichen Hannover und mit ostwärts gerichteter Abschwenkung auch theilweise in das Thüringer Becken, wo immer die Gesteinsbildung vornehmlich des Muschelkalkes die für wärmere Hügelpflanzen erforderlichen Plätze bot. Das böhmische Mittelgebirge gab seine Sendlinge an die Lausitz und das Dresdner Elbthal ab, das Frankenland an die von Werra und Fulda durchströmten Lande.

Fassen wir nun entsprechende Wahrnehmungen im ganzen hercynischen Bezirke zusammen zu einer Gliederung des Ganzen, so ergeben sich als ziemlich natürlich folgende 14 Landschaften: Das Weserland, Braunschweiger Land, Werra- und Fuldaland mit der Rhön, das Thüringer Becken, das Land der unteren Saale, das Land der Weissen Elster (Gera-Leipzig), das vogtländische Berg- und Hügelland mit dem Frankenwalde, das sächsische Muldenland, das Hügelland der mittleren Elbe (Pirna-Strehla), das Lausitzer Hügel- und Bergland; diesen zehn Landschaften mit vorwiegendem Charakter der Hügel- und niederen Bergzone gesellen sich nunmehr noch die vier hercynischen bedeutenderen Bergländer zu: der Harz, Thüringer Wald, das Erzgebirge und der Böhmer Wald. Sie liefern die kleineren Einheiten für Schilderung der pflanzengeographischen Formationen, für die Untersuchungen der Wanderung und Florenbesiedelung nach Beurtheilung der geologischen Entwickelung und der Arealstudien (siehe Anhang!), oder für die ganz andere ökologische Seite der Forschung, welche die Mittel zu prüfen hat, mit denen die einzelnen Arten sich an ihren oft heiss umstrittenen Standorten zu erhalten vermögen.

Von grosser Bedeutung würde es sein, wenn die zoologischen Fachgenossen in unserer Gesellschaft nach den von der Pflanzengeographie gelieferten Grundzügen die Verbreitungsverhältnisse der heimischen Thierwelt und deren Abhängigkeit entweder direct von bestimmten Vegetationsformationen, oder aber von den gleichen zwingenden Verbreitungsursachen in Hinsicht auf Areal und geologisches Ausbreitungsvermögen, zu entsprechenden Bildern verarbeiten wollten. In manchen Fällen, wie z. B. bei der Verbreitung des Hamsters und ähnlicher, erscheint es schon jetzt nicht schwierig; in anderen Fällen werden wahrscheinlich die Resultate je nach Thierklassen verschiedenartig ausfallen und da wären vielleicht die Schnecken und die Schmetterlinge zunächst mit einander zu vergleichen.

Anhang.

Die Arealstudien, die Zugehörigkeit der charakteristischen Arten bestimmter Formationen zu verschiedenen Verbreitungsgruppen, bilden den streng pflanzengeographischen Theil der im Vorhergehenden kurz angedeuteten Formationsschilderungen. Nach einem weiteren Vortrage in der botanischen Section der Isis am 9. Februar 1899 über diesen Gegenstand sei daher zur Ergänzung des ersten Vortrages noch Folgendes hier kurz angeführt:

Die Areale, welche für die Mehrzahl der Arten in einzelnen Ländern geschlossene Figuren bilden und von deren Rändern aus sich noch als „sporadische Standorte" in weiteren Umkreisen ausdehnen, werden zweckmässiger Weise nach besonderen Typen zusammengefasst. Die für Deutschland giltigen Typen umfassen sowohl geschlossene Areale, wie z. B. das Areal der Buche und Tanne in wichtigen Antheilen, als auch sporadische Standorte jenseits der Grenzen nordischer, östlicher, westlicher und südlicher Hauptareale, wie z. B. derjenigen von *Linnaea borealis*, *Adonis vernalis*, *Erica cinerea* und *Ruta graveolens*. Nach der Form und Lage dieser Areale, welche Deutschland theils mit der geschlossenen Hauptfigur, theils nur mit den sporadischen Standorten erreichen und durchsetzen, unterscheide ich für das ganze in „Deutschlands Pflanzengeographie", Bd. I durchmusterte Gebiet von 3020 Blüthenpflanzenarten 24 Typen, welche ich zur leichteren Kennzeichnung mit einer abgekürzten Signatur versehe; dabei bedeuten die Buchstaben:

- H. Hochgebirge (Alpen, Karpathen, ausstrahlend auf die Mittelgebirge),
- E. Europa, bezw. europäischer Antheil borealer Areale,
- M. Mitteleuropa im Sinne des Florengebietes,
- B. Boreal, d. h. von weiter nördlicher Verbreitung,
- U. Uralisch, d. h. für Europa besonders von Westsibirien und dem nordöstlichen Russland herkommend,
- Po. Pontisch, d. h. mit dem Hauptareal in den südrussischen Steppen vorkommend,
- P. Pontisch im weiteren Sinne, d. h. mit dem Hauptareal auf das untere Donaugebiet fallend,
- Atl. Atlantisch, NAtl. Nordatlantisch,
- W. Westeuropäisch in der Bergregion Pyrenäen — Rhein etc. und
- A. Arktisch, d. h. in Island — Grönland — Spitzbergen vorkommend.

Diese Arealtypen und Abkürzungen sind auf mitteleuropäische Pflanzengeographie zugeschnitten und würden für andere Gebiete zweckmässig anders zu fassen sein; sie schliessen gleichzeitig bestimmte Vegetationslinien in sich, z. B. den bekannten Gegensatz pontischer Areale mit nordwestlichen, und atlantischer Areale mit südöstlichen Vegetationslinien.

Die deutschen Arealtypen mit ihren Signaturen sind in der folgenden Liste zusammengestellt und durch bequem vorliegende Beispiele gekennzeichnet; diejenigen, welche für den hercynischen Florenbezirk von Bedeutung sind, erhalten **Fettdruck**.

ME^1 *Fagus silvatica*: engeres Mitteleuropa.

ME^2 *Alnus glutinosa*: Mitteleuropa, erweitertes Gebiet.

Mm *Abies pectinata*, *Acer Pseudoplatanus*: engeres montanes Areal von dem den Alpen vorgelagerten Theile Mitteleuropas.

S *Castanea*, *Ostrya*: Südeuropäische, Deutschland im SW. und SO. berührende Areale.

Mb^1 *Picea excelsa*: erweiterten mitteleuropäisch-boreales Areal.

MbA *Vaccinium Vitis idaea*: das Fichtenareal Mb^1 bis zum arktischen Gebiet erweiternd.

HU *Cembra*, *Larix*: mitteleuropäische Hochgebirge und uralisches Europa, das Areal disjunct, d. h. durch einen breiten Länderraum getrennt.

H^1 *Wulfenia carinthiaca*: auf die Alpen als Endemismen beschränkte Areale.

H^2 *Saxifraga carpathica*, *perdurans*: auf die Karpathen als Endemismen beschränkte Areale.

H^3 *Rhododendron ferrugineum*, *hirsutum*. — *Pulsatilla alpina*, *Homogyne*: alpin-karpathische, auch sonst weiter in den Hoch- und Mittelgebirgen des Gebietes Mm verbreitete, den Harz nach Norden nicht überschreitende Areale.

H^4 *Swertia perennis*: dem Areal wie unter H^3 gesellen sich noch sporadische Standorte in der atlantisch-baltischen Niederung zu.

H^5 *Ranunculus aconitifolius*: das Areal wie unter H^3 ist auf Skandinavien ausgedehnt, wo die Montanarten in tieferen Regionen wiederkehren.

AH *Dryas octopetala*: ein der Hauptsache nach arktisch-circumpolares Areal ist gleichzeitig auf die in H^3 bezeichneten Gebirge ausgedehnt (nicht auf die Niederung).

AE^1 *Pedicularis sudetica*: ein arktisches Areal hat, durch weite Länderräume getrennt, in den mitteleuropäischen Gebirgen beschränkte Standorte und ist nicht alpin-verbreitet.

AE^2 *Betula nana*: ein arktisches Areal von weiter nordeuropäischer Hauptfigur durchsetzt mit nach S. abnehmenden sporadischen Standorten die baltische und mitteldeutsche Flora bis zu den Alpen.

BU^1 *Chamaedaphne calyculata*: boreale, in Europa uralische Areale schliessen mit einer westlichen Vegetationslinie vor den Arealen ME^1 bezw. Mm ab.

BU^2 *Pleurospermum austriacum*: die gleichen Areale durchsetzen Mitteleuropa weit gen W.

WMm *Digitalis purpurea*, *Meum athamanticum*: westeuropäische Bergareale, welche von den Pyrenäen bezw. Centralfrankreich an über die den Rhein begleitenden Bergländer bis in die hercynischen Berge ausgedehnt sind, die Alpen aber nur berühren oder ausschliessen.

Atl *Ilex Aquifolium*: Areale des ganzen südwestlichen Europas.

NAtl *Erica Tetralix*, *Myrica Gale*: Areale, welche ihre Hauptfigur an der Atlantischen Küste von Frankreich — Holland — England besitzen.

Po¹ *Jurinea cyanoides*: pontische Areale von enger Ausbreitung nach W.

Po² *Stipa pennata*, *capillata*: pontische Areale von weiter Ausbreitung nach W., zugleich auch in der nördlichen Mediterranregion verbreitet.

PM¹ *Daphne Blagayana*: endemische Arten des westpontischen Bezirkes, welche von Serbien — Bosnien aus die Ostalpen berühren.

PM² *Cytisus nigricans*: weite Areale desselben Bezirkes, deren Hauptfigur vom südwestlichen Russland bis zum östlichen Deutschland reicht und die russischen Steppen am Don ausschliesst.

Diese Arealtypen lassen sich nun zur Ermittelung des eigentlichen pflanzengeographischen Charakters der Formationen benutzen, indem man sowohl auf die Arten achtet, welche deren Grundton ausmachen, als besonders auf die charakteristischen, als „Leitpflanzen" bezeichneten Arten. (Siehe Festschrift der Isis 1885, S. 81 u. flg.) Wenn wir z. B. die Areale der in den Abhandlungen unserer Gesellschaft 1895, S. 47 aufgeführten Formationsglieder unserer Elbhügel-Flora daraufhin prüfen, so ergiebt sich eine Hauptmasse von pontischen und westpontischen Arealen der Gruppe Po² und PM², kein einziges atlantisches oder arktisch-boreales. Diese letzteren sind dagegen in den Gebirgsformationen zahlreich vorhanden, von denen ich hier zunächst eine Probe aus den quelligen Matten und Hochmooren des Erzgebirges am Fichtel- und Keilberge mittheile.

Zusammenstellung von Charakterarten aus der Formationsgruppe VIIb und VIII des oberen Erzgebirges nach typischen Arealformen.

AH (*Dryas*-Typus) *Streptopus amplexifolius*.

AE² *Betula nana* und ? *carpathica*, *Empetrum nigrum*, *Andromeda polifolia*, *Vaccinium Oxycoccus* und *uliginosum*, *Gymnadenia albida*.

BU² (*Pleurospermum*-Typus.) *Scheuchzeria palustris*, *Carex limosa* **irrigua*, *C. pauciflora*, *Trientalis europaea*.

H³ *Ranunculus aconitifolius* **platanifolius*, *Peucedanum* (Sect. Imperatoria) *Ostruthium*.

H⁴ *Swertia perennis*.

H⁵ (*Pulsatilla alpina*-Typus) *Homogyne alpina*, *Pinus montana* **uliginosa*.

WMm *Meum athamanticum*.

MbA *Vaccinium Vitis idaea*, *Juncus squarrosus*.

Mb¹ (*Picea*-Typus) *Vaccinium Myrtillus*, *Arnica montana*.

In dem oberen Erzgebirgswald derselben Landschaft am Fichtel- und Keilberge treten bekanntlich auch als Charakterpflanzen *Homogyne alpina* mit *Trientalis* ein; dennoch ist es für die *Homogyne* wohl nicht zweifelhaft, dass sie ursprünglich zu den Mattenformationen der Gebirge gehört, während wir in *Trientalis* vielleicht eine ursprünglich nordische Waldpflanze vor uns haben könnten. Lassen wir aber diese beiden Arten bei Seite und stellen ohne sie eine Reihe von Charakterarten des oberen Erzgebirgswaldes zusammen, so erhalten wir folgende Typen:

H^b *Ranunculus aconitifolius*, *Athyrium alpestre*, *Luzula silvatica*.
Mm (*Abies*-Typus) *Chaerophyllum hirsutum*, *Lonicera nigra*, *Prenanthes purpurea*.
Mb' *Picea excelsa*, *Pirola uniflora*, *Sorbus aucuparia*, *Polygonatum verticillatum*, *Melampyrum silvaticum*. —

Diese kurzgefassten Beispiele mögen genügen, um die pflanzengeographische Charakteristik der Formationen durch die Arealformen der Leitpflanzen zu erläutern. Wie man sieht, kommt es darauf an, bei solcher pflanzengeographischer Analyse sich an die natürlichen Einheiten zu halten and diese sind in den Vegetationsformationen gegeben. Nicht um eine summarische Statistik handelt es sich, wie man sie nach einem Florenkataloge von Sachsen entwerfen könnte, sondern um den Hinweis darauf, dass sich entwickelungsgeschichtlich verschiedenartige Elemente in demselben Lande dadurch zusammengefunden haben, dass dieses Land verschiedenen Formationen geeignete Besiedelungs- und Erhaltungsbedingungen bot.

VI. Ueber das Vorkommen des Ziesels in Sachsen.

Von Dr. J. Thallwitz.

Ueberall, wo man das Ziesel (*Spermophilus citillus* L.) als Bürger der deutschen Fauna aufgeführt findet, knüpft sich daran die einschränkende Bemerkung, dass es nur in Ostdeutschland heimisch sei. Weiter östlich reicht sein Verbreitungsbezirk allerdings bis Sibirien. Als europäische Heimathländer des Ziesels sind insbesondere Schlesien, Polen, Oesterreich, Ungarn und Russland verzeichnet. Neuerdings machte Prof. Wiesbaur in den „Mittheilungen des nordböhmischen Excursionsclubs", 1894, Heft 8 Angaben über die Verbreitung und Benennung des Ziesels im nordwestlichen Böhmen. Er konnte feststellen, dass *Spermophilus citillus* fast in der ganzen Nordhälfte Böhmens verbreitet ist. Obwohl auch dort das Ziesel in der Niederung häufiger ist, fehlt es doch in den Bergen nicht und ist selbst auf dem Erzgebirge heimisch. Es sei wahrscheinlich, meint Wiesbaur, dass das Thier auch jenseits der sächsischen und bayrischen Grenze noch vorkomme, und dass es überhaupt weiter westwärts verbreitet sei, als bisher angenommen wird. In Th. Reibisch's „Verzeichniss der Säugethiere Sachsens" (Isisbericht 1869, S. 86—89) ist die Lausitz als einziger Fundplatz angeführt.

Es interessirte mich, nachzuforschen, ob das Ziesel anderwärts in Sachsen noch anzutreffen sei, und ob sich insbesondere Wiesbaur's Vermuthung bestätige, dass der Verbreitungsbezirk des Thieres die Erzgebirgsgrenze nach Sachsen zu überschreite. Unter freundlicher Beihilfe des Herrn Oberförsters a. D. Lasse aus Lauenstein gelang es festzustellen, dass das Ziesel in der Gegend der Orte Oelsen, Oelsengrund, Breitenau, Liebenau, sowie auch um Lauenstein sich vorfindet und daselbst durchaus nicht selten ist. Um Oelsengrund und auf Breitenauer Flur hat Oberförster Lasse selber in kurzer Zeit 30 Stück mit Hilfe von Klappfallen gefangen, die er in der Nähe der Baue auf Halden und Feldrändern aufstellte, wobei er Schoten als Lockspeise benützte. Der Landbevölkerung der oben genannten Orte ist das Ziesel unter dem Namen „Kritschel" wohlbekannt, einem Namen, den es nach Wiesbaur in einigen Gegenden Nordböhmens*) ebenfalls führt. Auch bei uns wird das Thier als Getreideschädling von der Bevölkerung verfolgt. Gewiss wird sich schliesslich herausstellen, dass das Ziesel in Sachsen noch anderwärts vorkommt,

*) In Böhmen führt es noch die Localnamen Tritschel, Sisilch, Erdhundel, Hätzel, nirgends aber scheint es hier wie dort „Ziesel" genannt zu werden.

doch habe ich trotz wiederholter Bemühung Belege über sein Vorkommen in anderen Gegenden bisher nicht erlangen können.

Nachdem ich dies niedergeschrieben, erhielt ich von Herrn Cantor Böhme in Markersbach bei Pirna noch die briefliche Mittheilung, dass auch auf Hellendorfer Feldern das Ziesel anzutreffen ist und insbesondere im Sommer 1894 sehr häufig dort gefangen worden ist. Cantor Böhme fing selbst innerhalb dreier Tage auf einem Brachfelde fünf dieser Nager in von ihm gelegten Schlingen. In den folgenden Jahren konnte er keine neuen Baue auffinden, doch versichern ihn Personen, welche das Thier genau kennen, einzelne Ziesel letztes Jahr auf dortiger Flur gesehen zu haben. Dass solche um Bienhof und Peterswald jenseits der Landesgrenze vielfach gefangen und getödtet werden, war auch Herrn Lasse bekannt. Vielleicht gelingt es Herrn Böhme in diesem Jahre, mir doch noch ein Exemplar aus der Gegend von Markersbach und Hellendorf zu übermitteln.

VII. Bereicherungen der Flora Saxonica im Jahre 1898.

Von Dr. B. Schorler.

Auch in diesem Jahre sind wieder eine Anzahl bemerkenswerther Pflanzenfunde in unserem engeren Vaterlande gemacht worden, darunter auch einige Arten, die für das Gebiet neu sind. Neben verschiedenen Adventivpflanzen, die in der folgenden Liste durch das übliche † hervorgehoben wurden, sind hier besonders *Helianthemum guttatum* Mill. und *Spergularia echinosperma* Čel. zu nennen. Die erstere, eine südliche, resp. südwestliche Form, ist in Mitteleuropa recht selten, die letztere, von Čelakovsky ursprünglich als Varietät von *Sp. rubra* aufgestellt, ist wohl bisher nur vielfach übersehen worden. Die meisten Funde wurden im Elbhügellande gemacht und Belegexemplare von den Findern, die in der Liste bei jeder Art angegeben sind, in dankenswerther Weise dem Herbarium der Flora Saxonica zur Verfügung gestellt.

Equisetum hiemale L. var. *Schleicheri* Milde. Elbthal: auf Kiesbänken im alten Elbbette unterhalb der Niederwarthaer Brücke, cop. (Stiefelhagen).

Woodsia ilvensis Babington* *rufidula* Aschers. Lausitz: am Tollenstein bei Warnsdorf i. B. (Hofmann).

Phegopteris Robertianum A. Br. Dresden: zwischen Neundorf und Langhennersdorf auf Kalkblöcken. In derselben Schlucht wächst *Carex maxima* (Stiefelhagen).

Anthericum Liliago L. Wurzen: Hohburger Berge (Müller).

Juncus tenuis Willd. Dresden: Kiefernhaine nördlich vom Lössnitzgrunde und Wegrand bei Lindenau. cop. (Drude, Stiefelhagen).

Potamogeton obtusifolius M. et K. Dresden: bei Steinbach in den Tümpeln von Lehmgruben (Stiefelhagen). — Grossenhain: bei Skassa (Müller).

— *trichoides* Cham. et Schldl. Dresden: Volkersdorf im oberen Waldteich. cop. (Stiefelhagen).

Carex paradoxa Willd. Rochlitz: bei Tautenhain (Schorler).

Cyperus fuscus L. Dresden: in diesem Jahre bei Loschwitz, Saloppe, Gehege, Uebigau und Kötzschenbroda auf Elbschlamm nicht selten (Stiefelhagen).

† *Phalaris truncata* Guss. Dresden: auf einem Schuttplatze bei Plauen, spärlich (Dr. Wolf).

† — *paradoxa* L. Dresden: sandiges Elbufer gegenüber Uebigau (Dr. Wolf).

† *Panicum capillare* L. Dresden: bei Kötzschenbroda am sandigen Elbufer unter Weiden (Fritzsche).

† *Potamogeton proliferum* Lam. (Nach der Bestimmung von Hackel.) Dresden: sandiges Elbufer gegenüber Uebigau mit *Eragrostis major* und *E. minor*, *Panicum capillare* etc. (Stiefelhagen).

Melica uniflora Retz. Wurzen: Hobburger Berge (Müller).

† *Eragrostis major* Host. Dresden: sandiges Elbufer gegenüber Uebigau mit *Solanum rostratum*, *Diplotaxis* etc. (Stiefelhagen).

† — *minor* Host. Dresden: 1898 am ganzen Elbufer von Pirna bis Meissen vereinzelt (Stiefelhagen).

Glyceria distans Wahlbg. Meissen: Schuttplatz in Cölln (Stiefelhagen).

Festuca sciuroides Roth. Riesa: bei Zeithain nicht selten (Müller).

Bromus erectus Huds. Meissen: Trockene Hügel zwischen Schieritz und Piskowitz (Stiefelhagen).

† — *unioloides* Humb. Kth. Dresden: Schuttplätze unter der Marienbrücke, spärlich (Dr. Wolf).

† — *squarrosus* L. Dresden: im Gehege (Müller).

† — *commutatus* Schrad. Dresden: im Gehege (Müller).

Polygonum minus Huds. Dresden: bei Brockwitz und Volkersdorf. Hier auch eine sehr üppige Form von *P. minus*, die mit dem Reichenbach'schen *P. multispicatum* übereinstimmt (Stiefelhagen).

† — *orientale* L. Dresden: Elbufer unterhalb Uebigau unter Weiden (Stiefelhagen).

† *Kochia scoparia* L. Dresden: Elbufer gegenüber Uebigau in nur einem üppigen Exemplare. Die Art ist schon 1890 einmal am Neustädter Elbquai gefunden worden (Stiefelhagen).

Chenopodium ficifolium Sm. Dresden: von Pirna bis Meissen am Elbufer unter Weiden nicht selten (Stiefelhagen).

— *album* × *Vulvaria*. Diesen bisher wohl noch nicht beobachteten Bastard fanden Dr. Wolf und Stiefelhagen auf Schuttplätzen an der Marienbrücke unterhalb Dresden unter den Eltern. Die Pflanze war fast meterhoch, sehr üppig, aber die Blütenstände verkümmert und unfruchtbar. Blätter zwischen denen der Eltern, dem *C. opulifolium* sich nähernd. Geruch genau wie *C. Vulvaria*.

† *Amarantus albus* L. Dresden: Elbufer gegenüber Uebigau (Stiefelhagen). Der in den Isis-Abhandlungen 1897, 2. H. erwähnte *Amarantus silvester*, welcher als neuer Bürger der Flora Saxonica angegeben war, stellte sich beim Vergleich mit den Arten des Kg. Herbariums auch als die nordamerikanische Art *A. albus* heraus. An dem ersten Standort Meissen: unterhalb der Knorre, war sie auch in diesem Jahre noch zu finden.

† — *paniculatus* L. Dresden: Elbkies zwischen Kötzschenbroda und Meissen (Stiefelhagen).

Spergularia echinosperma Čelak. Dresden: bei Loschwitz (Dr. Wolf). Ein für Sachsen neuer Fund, der die bisher weit von einander entfernten Standorte in Böhmen und Wittenberg, resp. der Altmark (Billberge und Arneburg) einander etwas näher bringt. Kommt wahrscheinlich auch an anderen Stellen des Elbufers vor, ist aber bis jetzt übersehen worden. (Näheres über diese Art s. b. Ascherson und Gräbner in Ber. d. d. Botan. Ges. 1893, S. 516.)

Cerastium brachypetalum Desp. Im ganzen Meissener Gebiet auf trockenen Hügeln überall zu finden, bei Zadel copiös (Stiefelhagen).

Silene Otites Sm. Riesa: bei Gohlis und Glaubitz, hier in und an den Steinbrüchen mit *Potentilla cinerea, Carex humilis, Phleum Boehmeri* und *Festuca Myurus*. Auch weiter nördlich ausserhalb Sachsens bei Mühlberg. Hier mit *Jurinea, Stachys recta, Biscutella laevigata* und *Alyssum montanum* (Müller).

Nigella arvensis L. Riesa: bei Gohlis auf einem Brachfelde häufig (Müller).

Nasturtium armoracioides Tausch. Meissen: am Elbufer bei Meissen und Zehren (Stiefelhagen).

† *Sisymbrium Columnae* L. Dresden: Plauenscher Grund, auf Schuttplätzen am Hohen Stein. Stiefelhagen beobachtete diese Art nicht nur an dem angegebenen, sondern zahlreichen anderen Standorten, auch bei Meissen. Sie hält sich jedoch überall nirgends lange und gewinnt nicht so an Ausdehnung wie *Sisymbrium Sinapistrum*. Auch ist auffallend, dass die Schoten sehr häufig nicht recht zur Entwickelung gelangen.

† *Erysimum repandum* L. Dresden: Plauenscher Grund auf Schuttplätzen auf dem Hohen Stein schon seit mehreren Jahren (Stiefelhagen).

† — *odoratum* Ehrh. Dresden: Elbufer im Grossen Gehege (Stiefelhagen).

Alyssum montanum L. Riesa: bei Gohlis (Müller). Auch ausserhalb der Grenze bei Mühlberg mit der folgenden Art.

Biscutella laevigata L. Riesa: bei Gohlis. War bisher auch nur aus der Umgebung von Dresden und Meissen bekannt (Müller).

† *Lepidium perfoliatum* L. Dresden: in Coswig auf Schutt (Stiefelhagen), an der Spitzgrundmühle bei Coswig (Müller).

Rapistrum perenne All. Dresden: Plänerkalkhügel an der Leutewitzer Windmühle mit *Lepidium perfoliatum*, doch nur vereinzelt (Stiefelhagen).

† — *rugosum*. All. Dresden: Altstädter Elbquai, selten und stets nur vereinzelt auftretend, auch im Plauenschen Grunde und im Grossen Gehege (Stiefelhagen).

Helianthemum guttatum Mill. Riesa: unweit Gohlis bei Zeithain. In lichtem Kiefernwald auf sandigen begrasten Boden mit *Helianthemum vulgare, Helichrysum arenarium, Centaurea paniculata, Jasione montana* und *Biscutella laevigata*. Neu für Sachsen (Müller). Vielleicht findet sich diese interessante Art zwischen Elsterwerda, dem nächsten aussersächsischen Standorte, und Riesa auch noch anderweitig.

Hypericum pulchrum L. Oschatz: Striesaer Haide (Müller).

Malva rotundifolia L. Dresden: auf Schuttplätzen unter der Marienbrücke, im Plauenschen Grunde und verschiedenen anderen Standorten. Um Dresden gar nicht selten, aber bis jetzt übersehen (Dr. Wolf), zwischen Loschwitz und der Saloppe im Elbkies sehr üppig (Stiefelhagen).

Geranium divaricatum Ehrh. Wünsche giebt als Standorte für diese Art nur Schwarzenberg und Wolkenstein an. Sie kommt jedoch auch noch bei Dohna (1890 Prof. Drude) und Dresden bei Zitzschewig 1893 (Fritzsche) vor.

Potentilla arenaria Borkh. Riesa: unweit Gohlis bei Zeithain (Müller).

Ulex europaeus L. Dresden: bei Königsbrück an der Waldstrasse zwischen Schwepnitz und Cosel (Stiefelhagen). Ob angepflanzt?

Lotus corniculatus L. var. *tenuifolius* Rchb. Dresden: zwischen Dresden und Plauen an mehreren Stellen in einer aufgelassenen Gärtnerei (Dr. Wolf).

Pirola umbellata L. Dresden: bei Königsbrück zwischen Cosel und Guteborn im Kiefernwalde sparsam (Stiefelhagen).

† *Solanum rostratum* Dun. Dresden: Sandflächen am Elbufer gegenüber Uebigau, hier schon 1889 einmal gesammelt (Stiefelhagen). Ist bisher aus Sachsen nur von Bautzen bekannt, wo ihn 1893 und 94 Neumann beobachtete. (Verbreitung etc. s. bei Ascherson in Naturw. Wochenschr. 1894, Nr. 2, u. 1895, S. 177).

Verbascum phoeniceum L. Riesa: unweit Goblis bei Zeithain (Müller). Diese interessante Art wurde in diesem Jahre am 22. September 1898 in wenigen blühenden Exemplaren von Stiefelhagen auf Elbkies oberhalb Kötzschenbroda gesammelt.

Linaria Elatine Mill. Dresden: am Windberg bei Deuben. Hier schon seit 1889 (Stiefelhagen).

Melampyrum cristatum L. Meissen: Waldschlag bei Naundörfel bei Cölln mit *Rosa gallica* und *Potentilla alba*, cop. (Stiefelhagen).

Stachys recta L. Mühlberg: bei Weinberge an der Elbe (Müller).

Teucrium Botrys L. Dresden: an der Elbe bei Kötitz unter *Elaeagnus*-Sträuchern (Stiefelhagen).

† *Ambrosia artemisiifolia* L. Dresden: am Elbufer auf Geröll bei Kötzschenbroda, ca. 20 kräftige Exemplare (Fritzsche).

† — *trifida* L. Dresden: am Elbufer bei Kötzschenbroda unter Weiden in nur einem Exemplar (Fritzsche).

† *Artemisia Tournefortiana* Rchb. Dresden: bei Striesen auf dem Brachland einer aufgelassenen Gärtnerei (Dr. Saupe).

Anthemis austriaca Jacq. Dresden: alljährlich am Elbufer von Pirna bis Meissen vereinzelt auftretend, z. B. bei Pirna, Tolkewitz, Loschwitz, Gebege, Serkowitz und Kötzschenbroda (Dr. Wolf, Stiefelhagen).

— *ruthenica* MB. Tritt auch von Dresden bis Meissen am Elbufer oft mit der vorigen zusammen sporadisch auf. Wurde 1898 von Dr. Wolf und Stiefelhagen beobachtet bei Tolkewitz, Uebigau, Briesnitz, Gohlis, Kötzschenbroda und Kötitz. An dem Standort im Birkenwäldchen scheint sie in den letzten Jahren verschwunden zu sein.

Cirsium lanceolatum Scop. var. *nemorale* Rchb. Leipzig: in der Lauer (Müller).

Cirsium canum × *palustre*. Meissen: nasse Aue, unter den Eltern (Stiefelhagen).

Thrincia hirta Roth. Dresden: am Karauschenbruch an der Grossenhainer Strasse sehr häufig, auch bei Steinbach (Stiefelhagen).

VIII. Sardinische Tertiärpflanzen. II.

Von Prof. H. Engelhardt.

Im Jahre 1897 gab ich in Heft II unserer Abhandlungen ein Verzeichniss von Tertiärpflanzen, welche von Herrn Prof. Lovisato in Cagliari auf Sardinien gesammelt worden waren. Bei dem Interesse, das fossilen Pflanzen, welche aus weniger durchforschten Gebieten stammen, entgegen gebracht wird, halte ich es für meine Pflicht, mich, wenn auch in aller Kürze, über die zu verbreiten, welche mir in zweiter Sendung von derselben Insel zukamen.

Mittleres Eocän.

Aus dem feinkörnigen Sandstein von Bacu-Abis (Gonnesa, Cagliari):

Sabal major Ung. sp. Die untere Seite eines Fächerstücks mit Spindel und Blattstiel. Der stachellose Blattstiel ist bis zur Länge von 15 cm vorhanden, 3 cm breit, fein gestreift; die dreieckige, spiessförmig in den Fächer eindringende Rhachis reichlich 5 cm lang; die Blattstrahlen sind bis zur Länge von 10 cm erhalten, am Grunde schmal (die unteren am meisten, die oberen breiter), nach vorn erweitert, stark gefaltet, die Längsnerven deutlich sichtbar.

Darunter befindet sich in schräger Lage ein ebenfalls flacher Blattstiel, auf dessen einem Theile die Spindel des oben beschriebenen Blattes auflagert. Er ist sogar 4 cm breit. Auf der einen Seite desselben zeigen sich Strahlen aus der mittleren Partie eines Fächers, der derselben Art zugerechnet werden muss, auf der anderen solche, die vielleicht hierher zu ziehen sind.

Ein zweites Stück von geringerer Grösse. Der Blattstiel ist nur bis zur Länge von 5 cm erhalten und 8 cm breit, die Spindel 4 cm lang; die Strahlen zeigen eine Länge bis 5 cm. Alle Theile sind von Kohlensubstanz, die am vorigen Stücke nur stellenweise zu sehen ist, geschwärzt.

Ein Fächerstück von 9 starkgefalteten Strahlen, das man leicht zu *Sabal Lamanonis* Brongn. sp. rechnen könnte, aber der zahlreicheren Nerven wegen wohl hierher zu ziehen ist.

Stücke eines Fächers, dessen Strahlen 1,5—2 cm breit waren und die Nervatur ausgezeichnet sehen liessen.

Ein solches von 13 Strahlen mit ausgezeichnet erhaltener Nervatur.

Eine wenig gut erhaltene Fächerpartie.

Flabellaria latiloba Heer. Es sind nur neben einander liegende Strahlenstücke eines zerfetzten Fächers vorhanden, nicht Spindel, nicht Stiel. Dieselben zeigen eine Breite von 3 cm, in der Mitte einen starken Mittelnerven, dem eine Menge sehr deutlich sichtbarer Längsnerven parallel laufen. Die Faltung ist gering.

Dazu kommt noch ein kleineres Fächerstück, das hierher gehören dürfte.

Ein grösseres Stück Blattstiel, an dessen Grunde sich einige Dornen zeigen, welche auf eine dritte Palmenart (*Chamaerops?*) hinweisen. Neben ihm einige nicht bestimmbare Blattfetzen.

Sonst noch Blattstücke, die Palmen angehören können, aber mit Sicherheit nicht zu diesen gezogen werden dürfen.

Ein Stammstück von 15 cm Dreite, 54 cm Länge und 2 cm Dicke liegt in zusammengepresstem Zustande vor. An der Aussenseite ist es von dicht an einander liegenden, senkrecht verlaufenden Gefässbündeln bedeckt. An einigen Stellen sieht man darunter schräg verlaufende. Das Innere zeigt nur feinen Sandstein, der wohl als Ausfüllungsmasse des ausgefaulten Inneren anzusehen ist. Dasselbe gehört wahrscheinlich einer der Palmenarten an, von denen Blattstücke gefunden worden sind. Bestimmteres lässt sich wegen der ungenügenden Erhaltung des Ganzen, die eine mikroskopische Untersuchung nicht zulässt, nicht sagen.

Ein Stammstück, von dem nicht gesagt werden kann, zu welcher Familie oder Gattung es gehöre. Es zeigt unter dem weicheren Aeusseren einen harten cylindrischen Kern von elliptischem Durchmesser.

Ein Stammstück von geringerem Durchmesser, das an der Oberfläche Gefässbündel zeigt.

Juglans acuminata A. Braun. Neben einem sehr verdrückten Blattfetzen liegt eine wohl erhaltene flach gerunzelte Frucht dieser Art. Länge 2 cm. Breite 1,5 cm. — Ein Blatt, dem die Spitze fehlt und das sich am einen Rande etwas verletzt zeigt. Es gehört der Form *latifolia* an, ist am Grunde spitz und hat in der Mitte 6—7 cm grösste Breite. Wahrscheinlich betrug die Länge 13—14 cm. Nervillen sind gut sichtbar.

Terra Segada (Gonnesa, Cagliari):

Stücke mit Blätterdetritus.

Tongrien oder Aquitanien.

Aus dem Sandstein von Nurri (Prov. Cagliari):

Ein fossiler Rest, von dem mir nur das in Wasserfarben ausgeführte Bild vorlag. Es steckt in einem 50 cm breiten und gegen 30 cm hohen Steinblock und dürfte wohl zu *Bambusa* zu rechnen sein. Es ist reichlich 40 cm lang, 8—9 cm breit und an drei Stellen geknickt oder ganz gebrochen. Das Innere erweist sich da, wo die obere Halmpartie verloren gegangen, so dass die infolge von Quetschung unmittelbar darunter liegende untere sichtbar wird, als hohl, nicht ausgefüllt. Der Halm hat die Dicke eines lebenden Bambus von gleicher Grösse. Zwei Knoten sind sichtbar, am einen auch der Ansatz eines Blattes.

Ein unbestimmbares Ast- oder Stammstück, dem die Spitze fehlt, von 5 cm Länge. Es ist an dem einen Ende 3,4 cm breit, am anderen nach der einen Richtung 1,8 cm, nach der anderen 1,1 cm breit und an der Oberfläche mit 6 mm von einander entfernten, wenig hervortretenden Längsstreifen versehen. Das Innere bildet feiner Sandstein.

Langhlea.

Aus dem Thonmergel von Bingia Fargeni (Fangana, Cagliari):

Ein Rindenstück mit Ausfüllungen von sich dicht an einander reihenden Larvengängen. Dieselben, im Durchmesser von 2—4 mm, machen zuerst eine Biegung, laufen dann gerade aus, um sich darauf wieder umzubiegen.

Sonst waren noch vorhanden Stücke mehrerer Arten von *Cylindrites*, ein Stück versteinertes Holz und aus dem Sandstein von Fesdas de Fogu, der zahlreiche Einschlüsse von Chalcedon zeigt, eine nicht vollständig erhaltene Muschelschale (*Pecten*?).

Abhandlungen

der

Naturwissenschaftlichen Gesellschaft

ISIS

in Dresden.

1898.

I. Geschichtete Dauerentladung in freier Luft (Büschellichtbogen) und Righi'sche Kugelfunken.

Von Dr. Max Toepler.

(Mit Tafel I.)

An anderem Orte*) habe ich angegeben, wie man leicht geschichtete elektrische Entladungen in freier Luft erhalten kann und zugleich nachgewiesen, dass die Gesetze der Schichtenbildung ähnlich sind denen der bekannten Schichtung des sogenannten Anodenlichtes in stark evacuirten Rohren.

Ich stellte mir nun die Aufgabe, erstgenannte geschichtete Entladungsart in ihrer Gestalt und Farbenanordnung der einzelnen Lichtschichten über einen möglichst grossen Druckbereich zu verfolgen. Es zeigte sich hierbei, dass im ganzen Bereiche von Atmosphärendruck bis zu 0,01 cm Quecksilberdruck abwärts eine einheitliche Beschreibung der in Rede stehenden Erscheinung möglich ist, worüber im Nachfolgenden berichtet wird. Es wird sich dabei zeigen, dass eine von Herrn A. Wüllner**) beobachtete Form der Ruhmkorffentladung, sowie eine von Herrn A. Righi***) eingehend untersuchte stark verlangsamte Entladungsart grosser Leydener Batterien (von ihm „Kugelfunken" genannt) mit der von mir behandelten geschichteten Entladung identisch sind, nur beschränken sich die Untersuchungen von Herrn Wüllner und Herrn Righi auf Drucke zwischen 5 und 1 cm. Die nähere Beschreibung der Lichterscheinungen im Uebergangsgebiete zwischen Kugelfunken und der bekannten gewöhnlichen geschichteten Entladung (in Geisslerröhren bei niedrigstem Drucke) wird ergeben, dass in demselben Rohre bei gleichem Drucke je nach der Stromstärke beide schichtenbildenden Entladungsarten auftreten können.

Bei der bedeutenden Veränderlichkeit der Schichtenstellung je nach der Stromstärke ist sowohl die Ruhmkorff- als auch die (durch Widerstände im Schliessungskreise stark verlangsamte) Batterieentladung zur Untersuchung der Schichtung wenig geeignet, da bei beiden die Stromstärke während jeder einzelnen Entladung variirt. Ich habe daher in vorliegender Notiz von diesen Hilfsmitteln abgesehen und einfach den directen Strom

---

*) M. Toepler, Wied. Ann. 63, 1897, p. 109.
**) A. Wüllner, Pogg. Ann. Jubelband 1874, p. 32.
***) A. Righi, Lum. Electr. 42, 1891, p. 501 u. 551; Mem. Accad. Bol. 1895, p. 445.

einer 60plattigen Toepler'schen Maschine benutzt*). Der Maschinenstrom ist bei Einschaltung grosser Flüssigkeitswiderstände als nahe constant zu betrachten; auch ist seine mittlere Intensität, wie bekannt, innerhalb recht weiter Grenzen unabhängig von der Spannungsdifferenz der Maschinenpole, er bot also für meinen Zweck ganz besonders günstige Verhältnisse.

Die Art des entstehenden Entladungsvorganges in einer im Stromkreise befindlichen Funkenstrecke hängt ausser von der mittleren Stromstärke vor Allem ab von der Grösse und Anordnung eingeschalteter Widerstände, der Schlagweite, dem Drucke der Luft im Schlagraume und der Temperatur in letzterem. Die Entladung kann dem zeitlichen Verlaufe nach ausgesprochen discontinuirlich, nahe continuirlich oder, soweit zu erkennen, continuirlich sein**); eine scharfe Grenze zwischen diesen Entladungsarten giebt es freilich nicht. In vorliegender Arbeit wird nun fast ausschliesslich die Schichtenbildung bei nahe continuirlicher Entladung (Dauerentladung) behandelt werden; als nahe continuirlich glaube ich die untersuchte Art von elektrischen Lichtbogen, abgesehen von anderen Gründen, deshalb bezeichnen zu dürfen, weil sie, wie man im rotirenden Spiegel erkennt, zumeist zwar aus einer zeitlich mehr oder minder zusammengedrängten Reihe von Partialentladungen bestand, zwischen denen jedoch der Lichtbogen nie ganz erlosch (vergl. z. B. Phot. 17). Seine Intensität schwankte nur zwischen mehr oder minder einander an Lichtstärke nahe kommenden Leuchtmaximis und Minimis***).

Herr O. Lehmann unterscheidet bekanntlich†) vier Typen der (leuchtenden) Entladung durch Gase, Glimm-, Büschel-, Streifen- und Funkenentladung. Will man eine Zuordnung vornehmen, so hätte man die geschichtete Dauerentladung (nahe continuirliche Entladung) und demnach auch die Righi'schen Kugelfunken als specielle Fälle der Büschelentladung aufzufassen; man würde sie dann zweckmässigerweise als **„Büschellichtbogen“** zu bezeichnen haben. Ich halte es jedoch für möglich, dass bei eingehenderem Studium die nahe continuirliche Entladungsform den Weg zu einer einheitlichen Beschreibung aller Entladungsformen durch Luft zeigen wird.

Um eine klare und richtige Auffassung der Lichterscheinungen zu erleichtern, glaubte ich, soweit es möglich war, besonderes Gewicht auf eine Ergänzung des Textes und seiner Figuren durch photographische Darstellungen legen zu müssen. Ich habe deshalb von meinen mehr als 400 Einzelaufnahmen der Entladungen die am meisten charakteristischen auf der beigegebenen Tafel No. I mitgetheilt. Ein Verzeichniss der Photogramme mit Angaben über zugehörige Einzelheiten findet sich am Schlusse

*) Nur wo die Stromstärke der benutzten Maschine nicht voll ausreicht, habe ich ganz vorübergehend zur langsamen Batterieentladung gegriffen.

**) Ob es im strengsten Sinne continuirliche Entladung selbst durch verdünnte Gase überhaupt giebt, ist bekanntlich noch immer zweifelhaft.

***) Schaltet man in den Schliessungskreis einer grösseren Influenzmaschine hintereinander ein Geisslerrohr und eine Funkenstrecke, so erhält man in ersterem keine Schichtenbildung, solange in der Funkenstrecke der Maschinenstrom in Form einer Reihe zeitlich getrennter Einzelfunken übergeht (vergl. E. Wiedemann, Wied. Ann. 20, 1883, p. 760). Schichtung im Geisslerrohre trat aber in der Regel mit dem Augenblicke ein, in dem in der Funkenstrecke an Stelle der Einzelfunken nahe continuirliche Entladung zur Ausbildung kam; dies rechtfertigt gleichfalls die Bezeichnung „nahe continuirlich“.

†) O. Lehmann, Wied. Ann. 11, 1880, p. 687; 22, 1884, p. 305.

der Abhandlung. Es sei jedoch schon hier vorausbemerkt, dass die Photogramme 1 bis 16, 23 bis 31 und 36 bis 45 Lichterscheinungen wiedergeben, welche bei constantem Drucke und constanter Stromstärke beliebig lange (stundenlang) nahe ungeändert dauernd die gleichen bleiben. Die Photographien 1 bis 11 zeigen derartige Dauererscheinungen in freier Luft, desgleichen 12 bis 16 in Glasröhren bei Atmosphärendruck, 23 bis 31 bei etwa 5 cm Druck, 36 bis 45 schliesslich bei niedrigsten Drucken unter 0,02 cm). Die Photogramme 17 bis 21 geben geschichtete Batterieentladungen in freier Luft wieder.

Die Lichterscheinungen in unmittelbarer Nähe der Kathode sind bei höheren Drucken wegen ihrer geringen räumlichen Ausdehnung nur auf Original-Photogrammen klar zu unterscheiden*). Es sei daher schon hier ein für alle Mal bemerkt, dass bei nahe continuirlicher Entladung (ganz wie bei den bekannten Lichterscheinungen in Geisslerröhren) bei allen Drucken an der Kathode auftreten:

der dunkele (Goldstein's) Kathodenraum,
das helle Kathodenlicht,
der Trennungsraum**) (Faraday's Dunkelraum),

auf letzteren folgten dann die übrigen Lichter, deren Beschreibung Aufgabe der vorliegenden Arbeit sein wird.

I. Nahe continuirliche Entladung (Büschellichtbogen) in freier Luft.

Im Vergleiche zu den Lichterscheinungen in sehr verdünnten Räumen erscheint die geschichtete Entladung in freier Luft als ein räumlich sehr zusammengedrängtes Gebilde. Besonders der interessanteste Theil, das Funkengebiet in der Nähe des negativen Poles, ist so zusammengeschrumpft, dass eine genaue Beobachtung desselben schwer ist. Wir denken uns daher die für die Beobachtung günstigste Versuchsanordnung hergestellt: negativer Maschinenpol, metallische Leitung, negative Polspitze — Funkenstrecke mit Halbleiter (Basaltplatte)***) — positive Polspitze, metallische Leitung, positiver Maschinenpol.

1. Metallspitze Kathode — Halbleiter Anode.

Liegt der Halbleiter an der positiven Metallspitze an, so beobachtet man, solange der Schlagraum zwischen ihm und der negativen Polspitze klein ist, bei wachsender Stromstärke Folgendes:

Bei geringer Stromstärke tritt an der Metall-Kathode zunächst der bekannte negative Büschel auf, bestehend aus hellster weissvioletter Aus-

---

*) Von den Reproductionen auf Taf. I lässt Phot. 21 manche Details recht gut erkennen.

**) Diese Bezeichnungen sind von E. Wiedemann eingeführt; vergl. Wied. Ann. 20, 1883, p. 737.

***) Die Vorzüge speciell des Basaltes bestehen darin, dass in ihm ein gegen Zerstörung widerstandsfähiges, leitendes Material (Magnetit) in kleinsten Theilen gleichmässig vertheilt ist, während in dem sonst auch recht geeigneten Schiefer die Kohletheilchen rasch verbrennen. Auch zwischen Metallkathode und einer Alkoholoberfläche als Anode erhielt ich schön geschichtete Kugelfunken. Selbst vorgeschaltete Geisslerrohre können die Ausbildung geschichteter nahe continuirlicher Entladung in freien Luftstrecken begünstigen.

Fig. 1—6.

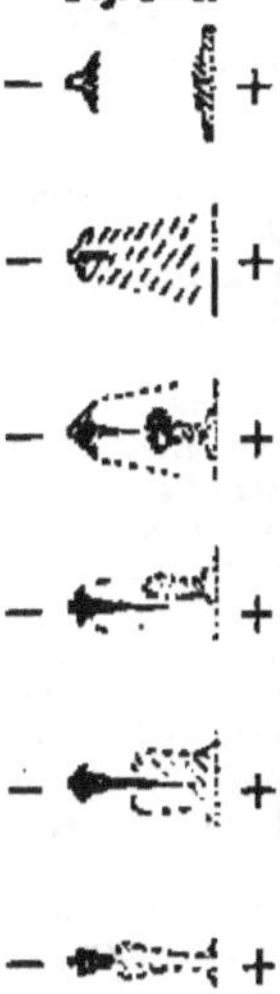

trittsfläche (dem hellen Kathodenlichte) und dem von ihm durch einen verwaschenen dunklen Trennungsraum geschiedenen Büschel (Fig. 1). Aus der Mitte des Letzteren wächst bei gesteigerter Stromintensität eine rosa gefärbte Lichtspitze heraus (Fig. 2), welche bei weiter vermehrter Stromstärke nach dem Halbleiter zu sich verlängert. Die Oberfläche des Halbleiters, d. h. die Anode, zeigt unterdessen folgende Lichtentwickelung. Aus einer violetten Lichthaut (Phot. 1) wächst ein violetter Lichtpilz*) heraus (Fig. 3). Trifft bei grösserer Stromintensität der positive Lichtpilz mit der negativen Lichtspitze zusammen, so weicht er ihr aus (Fig. 4 und Phot. 2). Diese Deformation, sowie die Rotation, welche der deformirte Lichtpilz bei weiter vermehrter Stromstärke um die negative Lichtspitze zuweilen ausführt (Fig. 5 und Phot. 3) dürfte durch den von der negativen Polspitze ausgehenden heissen Luftstrom veranlasst werden. Schliesslich verschmelzen die beiden Theile der Lichterscheinung (Fig. 6 sowie Phot. 4 und 5); hierbei wird, soviel sich erkennen liess**), die Lichtspitze zur ersten Schicht, d. h. zum zweiten Lichte (das helle Kathodenlicht als erstes gezählt), der Lichtpilz zur zweiten Schicht, d. h. zum dritten Lichte. Der Abstand des dritten Lichtes von der Kathode nimmt mit weiter gesteigerter Stromstärke erst rasch, dann langsamer ab (Phot. 6, 7 und 8 zeigt dies bei grösserer Schlagweite***); hierbei ändert sich auch die Färbung der einzelnen Dauerfunkentheile in der Weise, dass die Lichtspitze (resp. erste Schicht) ziegelrothe, der Lichtpilz (resp. zweite Schicht) dagegen karminrothe Färbung annimmt†).

Der geschilderte allmähliche Uebergang aus Büschelentladung in die nahe continuirliche liess sich nur bei der hier angegebenen Versuchsanordnung und nur bei kleinen Schlagweiten (unter 0,5 cm) beobachten. Im Allgemeinen tritt bei successiver Stromvermehrung zunächst ein Funkenstrom an die Stelle der Büschelentladung und erst bei wesentlich höherer Stromintensität geht die zeitlich discontinuirliche Funkenfolge in Dauerentladung über. Letztere erscheint dann sogleich in dem der Poldistanz und Stromstärke entsprechenden Entwickelungsstadium (Phot. 9 zeigt vergrössert dieses Stadium für 2 cm Schlagweite). Die längsten Dauerfunken, die ich erhalten konnte, waren ca. 8 cm lang (Phot. 10 zeigt verkleinert Dauerentladung bei 5 cm Schlagweite, vergl. auch Phot. 11). Die Lichtgestalt langer Funken differirt von der kurzer nur insofern, als zu

*) Der obere Theil des Pilzes kann sich bei constant erhaltenem Strome von dem Stiele ablösen und nach der Kathode zu in Bewegung setzen, wobei er rasch verblasst; das neu entstehende Pilzende kann dies wiederholen u. s. f. (Vergl. hierzu Abschnitt 8 und Fig. 18.)

**) Dieser Uebergang bedarf noch eingehenderer Untersuchung; wahrscheinlich liegen genau genommen die Verhältnisse nicht immer ganz so einfach, wie hier geschildert ist.

***) Ueber die Abhängigkeit des Kathodenabstandes des zweiten Lichtes von der Stromstärke vergl. das Ende des sechsten Abschnittes.

†) Besonders deutlich tritt dieser Unterschied der Färbung bei niedrigeren Gasdrucken hervor. Man kann diese Färbung als typisch für Luft (bei mittleren Stromstärken) ansehen. Vergl. auch O. Lehmann, Zeitschr. f. phys. Chemie, XVIII, p. 104.

der ersten karminrothen Schicht noch weitere hinzutreten, einfache Wiederholungen der ersten. Es erscheint mir daher zweckmässig, die Schichtenzählung nicht mit dem oben als ziegelroth (in Luft) gekennzeichneten Lichte zu beginnen, sondern mit der ersten karminrothen Schicht.

Die vollständige Lichtgestalt der Dauerentladung zerfällt also in: [Metallkathode] helles weissviolettes Kathodenlicht mit Trennungsraum — zweites (ziegelrothes) Licht — drittes, karminrothes Licht, eventuell in eine Anzahl karminrother Schichten zerfallend — Anodendunkelraum — zahlreiche aequivalente*) positive Glimmlichtpunkte [Halbleiter].

Für die Schichtung des karminrothen Lichtes gilt nun:

Die Schichten haften an der Kathode; (genauer in Hinsicht auf Abschnitt 4 und 7: Die Schichten des negativen Antheiles haften an der Kathode; bei Schlagweitenvergrösserung treten mehr und mehr neue Schichten aus der ausgezeichneten Stelle resp. dem dunklen Anodenraume hervor, und umgekehrt verschwinden sie daselbst bei Schlagweitenverkleinerung).

Mit wachsender Stromstärke verringert sich sowohl der Abstand der ersten (karminrothen) Schicht von der Kathode, als auch der gegenseitige Schichtenabstand; bei constanter Schlagweite treten demnach zu den schon vorhandenen neue Schichten aus der Anode (genauer: aus der ausgezeichneten Stelle resp. dem Anodendunkelraume) hervor.

Die Schichten sind wahrscheinlich völlig aequidistant, wenn die Entladungsbahn gleich breit, d. h. die Stromdichte auf derselben die gleiche bleibt**).

Die Schichten wenden in freier Luft der Kathode stets die abgekugelte, der Anode die zugespitzte Seite zu (vergl. Phot. 5 bis 11 sowie 19; Phot. 12 bis 16, Schichten in Glasröhren zeigend, gehören nicht hierher).

Während der Dauerentladung herrscht in der Nähe der Funkenbahn eine starke Luftbewegung von der Kathodenspitze nach dem Halbleiter hin. Mit dem bekannten Schlierenapparate meines Vaters erkennt man, dass sich an die Kathodenspitze ein Kegel heisser Luft ansetzt, dessen Spitze das helle Kathodenlicht ist. In der Nähe der Kegelachse befindet sich der Dauerfunken, d. h. der leuchtende Theil des gesammten Entladungsvorganges. Bei Anwendung momentaner Beleuchtung konnte ich mit dem Schlierenapparate erkennen, dass in den leuchtenden Dauerfunkentheilen (karminrothen Schichten) eine höhere Temperatur herrscht als in den dunklen Zwischenräumen***).

Im langsam rotirenden Spiegel erscheint der Dauerfunken meist als mattes Lichtband, welches von hellen Partialentladungen durchsetzt ist (vergl. die Einleitung). Man bemerkt nun folgende auffallende Thatsache. Die Bilder der Partialentladungen stehen um so schiefer im Lichtbande, je rascher der Spiegel rotirt; der Sinn der Neigung hängt vom Sinne der Spiegel-

---

*) „Aequivalent" in dem Sinne, als sie zusammen eine einzige ausgedehntere Glimmfläche ersetzen.

**) Da bei Gegenüberstellung von Metallspitze und Halbleiter die Strombahn sich nach dem Halbleiter zu öffnet und somit die Stromdichte abnimmt, so drängen sich die Schichten meist nach der Metallspitze zu etwas zusammen. Siehe Phot. 17, 18, 19, 20. (Dies gilt sowohl, wenn letztere Kathode als auch, wenn sie Anode ist).

***) Die Temperatur im Dauerfunken ist nicht unerheblich; Siegellack schmilzt und entzündet sich an ihm wie in einem Kerzenlichte, dünne Glasfäden werden geschmolzen.

drehung ab. Dies scheint darauf hinzuweisen*), dass das Aufleuchten der einzelnen Schichten jeder Partialentladung nicht gleichzeitig, sondern (von der Kathode ausgehend) nach einander erfolgt.

2. Metallspitze Anode — Halbleiter Kathode.

War die Metallspitze Anode, lag also der Halbleiter an der negativen Metallspitze an, so änderte sich der Charakter der Lichterscheinungen nur insofern, als es nicht möglich war, auch bei schwachen Strömen Dauerentladungen zu erhalten. Vielmehr trat bei allmählicher Stromstärkenvermehrung selbst bei kleinen Polabständen der Dauerfunken plötzlich in voller Ausbildung an die Stelle der discontinuirlichen Funkenfolge. Figuren 7, 8 und 9 geben verschiedene Formen der discontinuirlichen Entladung, Figuren 10, 11 und 12 der Dauerentladung. Letztere zeigt auch hier von der Kathode (Halbleiter) ausgehend den Trennungsraum, einen ziegelrothen (paraboloidischen) Lichtstumpf (oder auch mehrere, aequivalente, in einander zusammenfliessende) und das karminrothe Licht.

Fig. 7—9.

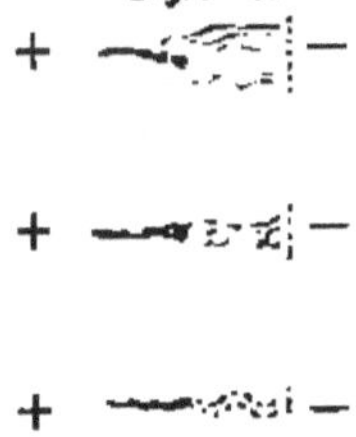

Fig. 10—12.

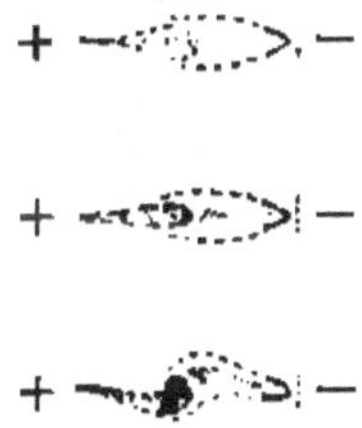

Bemerkenswerth für das Verständniss der Analogien der Lichterscheinungen in freier Luft und in gasverdünnten Räumen ist es, dass, wie Fig. 11 andeutet, manchmal vor dem karminrothen Lichtkolben nach der Kathode zu noch ein ziegelrothes Lichtwölkchen erscheint; zuweilen ist dieses auch mit dem ziegelrothen Lichtparaboloide durch eine lichtschwache Brücke verbunden (Fig. 12). Das ziegelrothe Licht kann also in zwei lichtstärkste Theile, einen am Trennungsraume und einen zweiten am karminrothen Lichte zerfallen.

Bei Verlängerung der Funken gilt hier dasselbe wie oben; es treten auf der Funkenbahn Wiederholungen der ersten karminrothen Schicht auf. Diese Schichten haften bei Schlagweitenvergrösserung an der Anode, oder vielmehr mit Hinweis auf Abschnitt 7 an der ausgezeichneten Stelle, welche sich hier stets nahe am Halbleiter ausbildete.

Die Lichterscheinungen der Dauerentladung unterscheiden sich also nicht wesentlich, wenn der Halbleiter Kathode oder wenn er Anode ist.

Natürlich kann man auch zwischen zwei Halbleitern geschichtete Dauerentladung erhalten.

Für die richtige Auffassung der zeitlich discontinuirlichen Entladung ist noch hervorzuheben, dass sich das karminrothe Licht offenbar schon bei dieser angedeutet findet in dem Stiele des bekannten positiven Lichtpinsels (siehe Figuren 7 bis 9**).

*) Leider wird die Deutung von Beobachtungen im rotirenden Spiegel ausser durch häufige Unregelmässigkeiten auch dadurch erschwert, dass auch bei grösserer Schlagweite die Dauerfunkenbahn oft rotirt, und zwar beschreibt sie hierbei einen Kegelmantel, dessen Spitze in dem hellen Kathodenlichte liegt. Der Einfluss der Luftbewegung infolge der Spiegeldrehung war leicht (durch eine zwischengeschobene Glasplatte) auszuschliessen.

**) Die Färbung des hellen Stieles in Fig. 7—9 ist karminroth bis violettroth, des lichtschwächeren Theiles violettblau bis blau. Eine der Fig. 9 gleichende Entladungsform (gewundene, halb roth und blau gefärbte Lichtfäden) tritt bei niederen Drucken häufig auf; vergl. Abschnitt 9 und Photogr. 23 und 24.

3. Halbleiter mitten im Schlagraume.

Steht ein plattenförmiger Halbleiter frei mitten zwischen zwei gleichbeschaffenen Metallpolen, so dass links und rechts je ein Zwischenraum bleibt, so bilden sich natürlich zwei Funken aus, deren einer Metall als Kathode, Halbleiterplatte als Anode hat, der andere umgekehrt. Nur bei Anwendung sehr starker Ströme erhielt ich hier ausnahmsweise beiderseits Dauerfunken. Diese zeigen dann das Aussehen wie Fig. 6 und 10 combinirt. Die Entladung erfolgt also in diesem Falle vollständigster Ausbildung nach dem Schema: [Metallkathode] helles Kathodenlicht mit Trennungsraum, — zweites (ziegelrothes) Licht, — drittes eventuell geschichtetes (karminrothes) Licht, — Anodendunkelraum, — zahlreiche aequivalente Anodenglimmstellen [Halbleiter] zahlreiche aequivalente helle Kathodenlichter mit zugehörigen Trennungsräumen — zu einem zusammenfliessende aequivalente zweite (ziegelrothe) Lichter, — drittes, karminrothes, eventuell geschichtetes Licht, — Anodenglimmen [Metallanode].

In der Regel erhält man jedoch nach der Seite der Metallkathode bei Weitem leichter Dauerentladung als auf der anderen Seite, auf letzterer tritt meist discontinuirliche Entladung auf; wir haben daher meist etwa Fig. 8 mit Fig. 6 combinirt*). Hieraus erklärt es sich, dass der Anblick des positiven und negativen Antheiles meist sehr verschieden ist. (Vergl. Fig. 1, 2 und 3 meiner Eingangs citirten Arbeit in Wied. Ann.)

4. Haften der Schichten an den Elektroden.

Der Satz, dass alle Schichten an einer Elektrode haften, hat nur als Grenzfall volle Giltigkeit. Bei Dauerfunken zwischen Metallelektroden tritt dagegen in der Regel der Fall ein, dass ein Theil der Schichten an der Kathode, ein andrer jedoch bis zu einem gewissen Grade an der Anode haftet**). Aber auch bei Anwendung eines Halbleiters als Anode kann man derartige Entladungen erhalten. Bei Phot. 11 war z. B. die Versuchsanordnung folgende: positiver Maschinenpol, grosser Wasserwiderstand, Metallspitze, 2 cm starke Basaltplatte, — Funkenstrecke — Messingpolspitze, negativer Maschinenpol. Um die successive Entwickelung der Lichterscheinungen bei geänderter Schlagweite in einem Bilde zu erhalten, wurde die Kathodenspitze während der Aufnahme continuirlich zurückgezogen, und zugleich die photographische Platte langsam senkrecht zur Funkenrichtung verschoben. Das so entstandene merkwürdige Photogramm 11 zeigt, dass hier in der That nicht alle Schichten sich mit der bewegten Kathode verschoben haben.

Da, wie Eingangs erwähnt, die mittlere Stromstärke (bei gleichmässigem Gange der Maschine) unabhängig von der Schlagweite ist, so zeigt Phot. 11, dass für die an der Kathode haftenden Schichten der Satz gilt: Der Abstand der Schichten von der Kathode ist, bei gleichbleibender Stromstärke, unabhängig von der Schlagweite des Dauerfunkens.

Für die Beurtheilung des Wesens der Schichtenbildung ist die That-

---

*) Dieser Unterschied steht im Einklange mit den Versuchsergebnissen von G. Wiedemann und Rühlmann über das verschiedene Ausströmen positiver und negativer Elektricität. Vergl. Wied., Elektr., Bd. IV, S. 462. 1885.

**) Es ist dies wahrscheinlich eine analoge Erscheinung, wie sie bei Entladung in einzelnen Funken in der Regel eintritt, nämlich der Zerfall jedes Funkens in einen positiven und einen negativen Antheil; vergl. hierzu Abschn. 7.

sache von hoher Wichtigkeit, dass (wie Phot. 11 dreimal wiederholt erkennen lässt) **zwei Schichten ohne Weiteres ganz allmählich aus einer entstehen oder umgekehrt verschmelzen können***). Dies deutet darauf hin, dass **die Schichten keineswegs als eine Art stehender Schwingungen aufzufassen sind.** Auf weitere Erscheinungen, die in demselben Sinne sprechen, werden wir bei der Leuchtmassenbildung in gasverdünnten Räumen stossen.

5. Entladung in Glasrohren.

Ganz besonders schön ausgebildet waren die Lichterscheinungen, manchmal bei Dauerentladung in engen (mit der freien Luft communicirenden) Glasrohren. Phot. 12 bis 16 zeigen die hier auftretende Gestalt und Ausbildung der einzelnen Lichter in einem 5 mm weiten Glasrohre bei etwa 5 cm Distanz der Metallpolspitzen, wenn in den Schliessungskreis ein grosser Basalt- oder Alkoholwiderstand eingeschaltet war. Hier nahmen die karminrothen Schichten schon ganz das Aussehen an, welches sie, wie wir sehen werden, auch in Glasrohren bei nur geringem Luftdrucke zeigen (vergl. hierzu z. B. Phot. 29 bis 31).

Die Photogramme 12 bis 16 sind aufgenommen bei je etwas vermehrter Stromstärke; die Erscheinung beginnt (Phot. 12) mit zeitlich getrennt das ganze Rohr erfüllenden Lichterscheinungen, welche beim Anwachsen der Stromstärke in geschichtete Dauerentladung (Phot. 13 bis 16) übergeht. Ein Vergleich der Phot. 13, 14 und 15 lässt **die allmähliche Umwandlung einer Schicht in zwei durch Stromstärkenvermehrung erkennen** (ganz analog wie oben bei Phot. 11 durch Schlagweitenvergrösserung).

Das Glasrohr erwärmte sich beim Stromdurchgange jedesmal in kurzer Zeit so sehr, dass bald die ganze Entladung weiterhin durch das leitend gewordene Glas erfolgte.

Fig. 18 zeigt in schematischer Zeichnung die Lichtentwickelung in

Fig. 18.

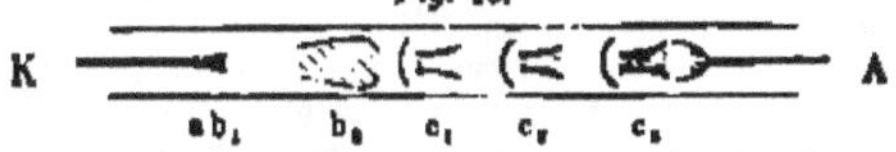

Glasrohren bei Atmosphärendruck; es folgen nach einander:

(nach Goldstein's Dunkelraum zunächst)

a = helles Kathodenlicht,

(dann Trennungsraum, hierauf)

b_1 = erstes Lichtmaximum des zweiten ziegelrothen Lichtes,

(lichtschwaches Gebiet)

b_2 = zweites Maximum des zweiten, ziegelrothen Lichtes,

c_1, c_2 und c_3 drei Schichten des dritten, karminrothen Lichtes.

Fig. 18 kann als typisch betrachtet werden für die nahe continuirliche Entladung in Glasrohren (auch bei niedrigeren Drucken)**).

*) Bemerkenswerth ist auch, dass ein zur Erde abgeleiteter Draht (abgesehen von einer Ablenkung der Funkenbahn) in der Umgebung seines dem Dauerfunken auf etwa 0,25 cm genäherten freien Endes eine dunkle Stelle in der Funkenbahn erzeugt, ohne den Dauerfunken zu zerstören; auf diese Weise lässt sich z. B. eine Schicht des Dauerfunkens während der Drahtannäherung in zwei Hälften zertheilen.

**) Zu berücksichtigen ist freilich, dass diese Lichtgestalt sich etwas ändert, je nach der speciellen Lage der ausgezeichneten Stelle in ihr (vergl. Abschnitt 7 und 12).

6. Verlangsamte Batterieentladung.

Unter den zeitlich discontinuirlichen Entladungen in einzelnen Funken steht der nahe continuirlichen wohl am nächsten die (in der l. c. von mir angegebenen Weise) stark verlangsamte Entladung grosser Leydener Batterien. Jede derartige Entladung besteht (ähnlich dem kurzen Ruhmkorfffunken) aus einem die Entladung einleitenden Initialfunken und dem darauf folgenden nahe continuirlichen langsamen Abfliessen der Elektricität mit rasch abnehmender Stromintensität in der sogenannten Aureole; schliesslich erlischt der langsame Funken und nach einiger Zeit setzt eine neue Entladung mit einem neuen Initialfunken ein. Die Abnahme der Stromintensität während jeder langsamen Entladung erklärt es, dass die zu Beginn derselben dicht gedrängten Schichten während jeder Entladung mehr oder minder auseinander-, von der Kathode abrücken. Phot. 17 zeigt derartige stark verlangsamte Batterieentladungen (Metallkathode, Basaltanode), Phot. 18 eine weniger verlangsamte (zwischen Metallelektroden*).

Ist bei kleineren Schlagweiten die Stromzuführung hinreichend ergiebig, um Dauerentladung zu geben, so kann auch die Batterieentladung nur der Dauerentladung die Strombahn öffnen; für letztere dient die Batterie weiterhin**) nur noch als stromregulirendes Sammelbecken. Phot. 19 zeigt einen solchen Uebergang einer langsamen Batterieentladung in Dauerentladung; zugleich erkennt man hier besonders deutlich die Auflösung der Entladung in geschichtete Partialfunken.

Als eine dritte Form langsamer Batterieentladungen kann man schliesslich diejenigen auffassen, bei denen unter sehr grosser Rückstandsbildung die Reihe der Partialentladungen abbricht, noch ehe die mittlere Stromstärke der Entladung wesentlich abgenommen hat, d. h. ehe sich die Schichtenstellung im Schlagraume geändert hatte. Nur solche nach Kurzem abbrechende Entladungen können natürlich auf photographischen Platten, die während der Aufnahme ruhten, Photogramme mit klarer Schichtung hervorrufen (vergl. Phot. 20).

Trotz der Inconstanz der Stromstärke langsamer Batterieentladungen, wird man letztere für das Studium der geschichteten Entladung zunächst kaum ganz entbehren können, da die in ihnen auftretenden (hohen Spannungen und zugleich) grossen Stromstärken auf anderem Wege nur sehr schwer zu erreichen sind. So konnte ich nur an langsamen Batterieentladungen (vergl. Phot. 21, eine Vergrösserung des betreffenden Theiles einer langsamen Batterieentladung nach Art von Phot. 17) constatiren, dass sich das lichtschwache ziegelrothe Licht mit abnehmender Stromstärke der Kathode resp. dem hellen Kathodenlichte nähert, während (wie im ersten Abschnitte schon angegeben) die karminrothen Schichten sich gleichzeitig von der Kathode entfernen.

---

*) Bei Phot. 17, 18, 19 und 21 war die photographische Platte während der Aufnahme gleichmässig schnell (je circa 1 cm pro Secunde) bewegt worden; bei Phot. 20 ruhte die Platte während der Aufnahme. Auf Phot. 18 und 21 erkennt man deutlich den Initialfunken. Derselbe besteht, soweit meine Photogramme erkennen lassen, aus dem hellen Kathodenlichte, dem (sehr verwaschenen) Trennungsraum und einer in der Regel ungeschichteten Lichtsäule. In Phot. 21 liegt die Kathode unten, sonst links.

**) Natürlich ist stets gleichmässiger Gang der stromgebenden Maschine während der Versuche vorausgesetzt.

7. Metallelektroden ohne Halbleiter; ausgezeichnete Stelle*) der Entladung.

Stehen sich zwei Metallelektroden in grösserer Entfernung als Kathode und Anode gegenüber, so bildet sich bei genügender Potentialdifferenz auf ersterer der bekannte negative Büschel, auf letzterer der in der Regel gestielte positive Lichtpinsel.

In ihnen lassen sich meist nur folgende Lichttheile der Dauerentladung wiedererkennen: [Metallkathode] helles Kathodenlicht mit Trennungsraum — zweites, hier meist violett, nicht ziegelroth gefärbtes Licht — . . . . [Luftschicht ohne Licht] . . . . — drittes (karminrothes) Licht, d. h. Stiel des positiven Pinsels — Anodenglimmen [Metallanode].

Bei dem Nähern der Elektroden bleibt (Widerstände im Schliessungskreise vorausgesetzt) das dunkle Luftstück, welches gewissermassen die Rolle eines Halbleiters (einer gasförmigen Zwischenelektrode) in der Funkenbahn spielt, auch bei nahestehenden Elektroden erhalten. Jeder einzelne verlangsamte Funken resp. der Dauerfunken zerfällt deutlich in zwei Theile, in einen negativen und in einen positiven Antheil (vergleichbar dem negativen und dem positiven Büschel); der erhöhten Stromdichte entsprechend, ist hier jedoch die Ausbildung der Lichter eine vollkommenere. Man erkennt jetzt:

[Metallkathode]

helles Kathodenlicht mit Trennungsraum . . .	
zweites (ziegelrothes) Licht	negativer Funkenantheil,
drittes (karminrothes) Licht resp. seine Schichten	

schmale dunkle Luftschicht (ausgezeichnete Dunkelstelle),

drittes (karminrothes) Licht, meist ungeschichtet	positiver Funkenantheil,
Anodenglimmen	

[Metallanode].

Folgen eine Reihe verlangsamter Einzelentladungen rasch hinter einander, oder geht der Funkenstrom in Dauerentladung über, so kann die sich ausbildende, heftige, von den Elektroden abgewandte Bewegung erhitzter Luft einen wesentlichen Einfluss auf die Gestalt der Funkenbahn, speciell auch auf Lage und Ausbildung der ausgezeichneten Dunkelstelle zwischen positivem und negativem Antheile haben. Dies lässt sich durch folgendes Experiment zeigen. Zwei Metallspitzen seien einander bei a und c (Fig. 14) gegenübergestellt. Die Entfernungen ab, bc, cd, da, seien je ca. 2 cm, dann geht der Funkenstrom (resp. der Dauerfunken) von a über b nach c. Der negative Antheil reicht von c bis b, der positive von a bis b. Bei b liegt die ausgezeichnete Dunkelstelle zwischen dem positiven und negativen Antheile, wohl zu unterscheiden von dem bei c angedeuteten dunklen (Goldstein'schen) Kathodenraum und dem gleichfalls bei c angegebenen Trennungsraum (dem Faraday'schen Dunkelraume zwischen Kathoden- und Anodenlicht

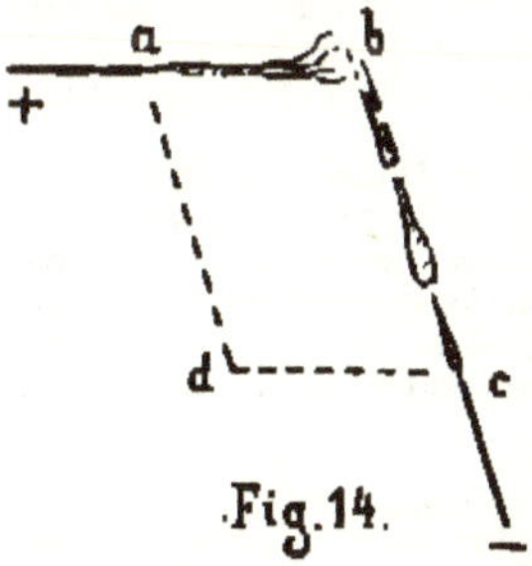

Fig. 14.

*) Vergl. Wiedemann, Elektr. IV, §§ 816, 861, 868 und 1012.

in hochverdünnten Geisslerrohren). Hierbei kann jeder der beiden Antheile für sich mehr oder minder klar geschichtet sein. In der Verlängerung von ab und cb kann man je einen warmen Luftstrom fühlen (welcher z. B. im Stande ist, bis auf ca. 2 cm von b entfernt Wachs zu schmelzen*). Am bezeichnendsten ist aber folgende Erscheinung. Bewegt man die Kathode c parallel sich selbst langsam nach d hin, so verschiebt sich auch mit ihr der negative Antheil cb parallel sich selbst, während der positive Antheil successive kürzer und kürzer wird. Schliesslich verschwindet letzterer ganz, wenn die Kathode die Stelle d erreicht hat; von d nach a findet jetzt geradlinig Entladung nur negativen Charakters statt. Gerade umgekehrt verschwindet der negative Antheil, wenn die Kathode von c nach b hin, oder die Anode von a nach d hin sich selbst parallel verschoben werden. Stehen sich die Elektroden direkt gegenüber, sind also die Gebläse unter 180° gegeneinander gerichtet, so liegt die ausgezeichnete Stelle bald hier bald dort auf der Funkenbahn, meist bekanntlich näher der Kathode als der Anode. Mit dem Schlierenapparate erkennt man, dass auch hier die ausgezeichnete Dunkelstelle stets dort liegt, wo die beiden warmen Luftströmungen aufeinander treffen. Hierdurch erst gewinnen wir volles Verständniss der in den vorigen Abschnitten geschilderten Lichtgestalten bei nahe continuirlicher Entladung unter Anwendung von Halbleiterelektroden.

Eine spitze Metallelektrode begünstigt mechanisch und elektrisch die Ausbildung des zugehörigen Gebläses, eine plattenförmige Halbleiterelektrode erschwert sie.

Dies giebt uns einen Anhalt, wo wir in den behandelten Lichterscheinungen die ausgezeichnete Stelle zu suchen haben.

Fehlt das positive Gebläse ganz, so erkennen wir die ausgezeichnete Stelle wieder in dem in diesem Falle meist zu beobachtenden auffallend ausgedehnten Anodendunkelraume zwischen Anodenglimmen und den karminrothen Schichten des negativen Antheiles. Das Anodenglimmen ist der letzte Rest des unterdrückten positiven Antheiles (vergl. Phot. 17, 19, 20 und 21).

Fehlt das negative Gebläse ganz, so finden wir die ausgezeichnete Stelle meist als einen ausgedehnten Dunkelraum wieder, welche zwischen der letzten karminrothen Schicht des positiven Antheiles und dem ziegelrothen Lichte des negativen liegt; von letzterem bleibt also nur die helle Austrittsfläche und das ziegelrothe Licht erhalten (vergl. Fig. 10). Häufig freilich ist in diesem Falle die ausgezeichnete Stelle nur wenig markirt, wie bei Fig. 11 und 12.

Oft verschmelzen auch die Lichter beider Antheile continuirlich in einander**), wobei jedoch die ausgezeichnete Stelle nur scheinbar verschwindet. Ihr Vorhandensein und ihre Lage ist dann nur indirect z. B. aus dem Verhalten der Lichttheile bei Aenderung der Schlagweite (wie in Phot. 11 Abschn. 4) oder der Stromstärke (wie in Phot. 13 bis 16 Abschn. 5) zu erkennen; auch der Schlierenapparat kann hier gute Dienste leisten.

*) Besonders bequem und deutlich lassen sich die beiden Luftströme (des positiven und des negativen Funkenantheiles) natürlich mit dem Schlierenapparate beobachten.

**) Hierher gehört u. A. Fig. 5 und 6 sowie Phot. 4 bis mit 10; in Fig. 3 und 4 sowie in Phot. 2 und 8 gehörte der Lichtpilz sicher zum positiven Antheile, die wenig markirte ausgezeichnete Stelle liegt hier zwischen ihm und dem ziegelrothen Lichte.

Das letzte Beispiel und vor Allem das Auftreten der ausgezeichneten Stelle auch in luftverdünnten Räumen (wo von heftigen Luftströmungen kaum die Rede sein kann, vergl. Abschn. 12) zeigt, dass zwar in freier Luft die Lage der ausgezeichneten Stelle durch Luftströmungen beeinflusst wird, dass jedoch elektrische Vorgänge ihre Ausbildung veranlassen.

Die ausgezeichnete Stelle zwischen negativem und positivem Antheile ist vielfach untersucht worden. Sie lässt sich bekanntlich sogar bei immer weniger verlangsamten Entladungen beobachten, bis weit in den Bereich nichtoscillirender Funkenentladung hinein. Es liegt demnach nahe, das oben angegebene Schema der Lichterfolge auch hier als das zu Grunde liegende anzusehen, wenn auch die Lichterscheinung, wohl infolge ihrer Helligkeit, keine Unterschiede mehr auf der Funkenbahn zeigt, und solche nur noch an den verschiedenen Wärmewirkungen längs derselben (z. B. mittels des Schlierenapparates)*) nachweisbar sind. Selbstverständlich kann man jedoch bei dem hervorragend mitbestimmenden Einflusse von Zufälligkeiten auf die Funkenbildung bei dieser bis ins Einzelne gehende Regelmässigkeit nicht erwarten.

Ganz besonders deutlich lässt sich bekanntlich die ausgezeichnete Stelle oft in den Russspuren erkennen, welche Funken, längs berusster Glasplatten entlang schlagend, hinterlassen*). Nach Beobachtungen meines Vaters kann man sogar das Auftreten eines augenförmigen Russgebildes an der ausgezeichneten Stelle als Kriterium dafür betrachten, dass die Russspuren gebende Entladung soeben nicht mehr oscillirend, sondern gleichgerichtet (jedoch noch ohne Partialfunkenbildung) erfolgte; Phot. 22 zeigt in natürlicher Grösse das Bild einer derartigen Russspur mit ausgezeichneter Stelle. Die Unzulänglichkeit unserer Kenntniss über das Wesen der ausgezeichneten Stelle und über den Einfluss ihrer Lage in der Funkenbahn auf die Lichterscheinung der elektrischen Entladung ist sicher das Haupthinderniss, welches uns noch immer von einer einheitlichen Auffassungsweise der letzteren (und zwar nicht nur bei höheren Drucken) fernhält.

II. Nahe continuirliche Entladung (Büschellichtbogen) in verdünnter Luft.

Mit abnehmendem Drucke nimmt die Längendimension der Lichter rasch zu, und nur in langen Rohren lassen sich infolge dessen bei niederen Drucken alle Lichter vollkommen ausgebildet erhalten.

Da in dem Druckbereiche von 76 cm bis ca. 5 cm hinunter, soviel ich beobachten konnte, der Charakter der Lichterscheinungen sich in regelmässiger Weise stetig ändert, so genügt es, für die vorliegende qualitative Untersuchung die Ausbildung der Lichter zu schildern, wie wir sie bei Drucken um 5 cm wiederfinden. Erst bei weiter abnehmendem Drucke treten dann wesentliche Complicationen ein.

Um mich möglichst davor zu schützen, auf Nebenerscheinungen Gewicht zu legen, welche nur von dem Einflusse der Rohrwand herrühren, habe ich die Entladung in verschieden weiten Rohren beobachtet. Freilich konnte ich in weiten Rohren manche der erwarteten Erscheinungen bei Dauerentladung selbst mit der benutzten 60plattigen Toepler'schen Maschine nur schwer oder überhaupt nicht erhalten.

---

*) A. Toepler, Wien. Acad. Anz. 1874, Nr. 13, p. 105; Pogg. Ann. 134, p. 194.

8. Rohr A.

In einen 15 cm weiten 60 cm hohen Glascylinder (Fig. 15) führte von oben durch eine 1 cm starke Glasplatte ein Messingstab (umhüllt von einer den Elektricitätsaustritt verhindernden Glasröhre), dessen Ende eine Messingkugel trug. Den Luftabschluss unten bewirkte eine 2 cm starke Schieferplatte. Eine gut functionirende Wasserstrahlpumpe hielt den Innenraum constant auf dem Maximum der von ihr geleisteten Verdünnung (ca. 3 cm).

Die höchst mannigfachen Lichterscheinungen, welche man hier beobachten kann, sind Vergrösserungen der entsprechenden bei Atmosphärendruck. Speciell die bei nahe continuirlichem Stromdurchgange auftretenden Entladungsformen sind denen in freier Luft (z. B. Fig. 3) ganz ähnlich. (Vergl. Fig. 16—19 in $^1/_8$ natürlicher Grösse und Fig. 20 in $^1/_2$ natürlicher Grösse.)

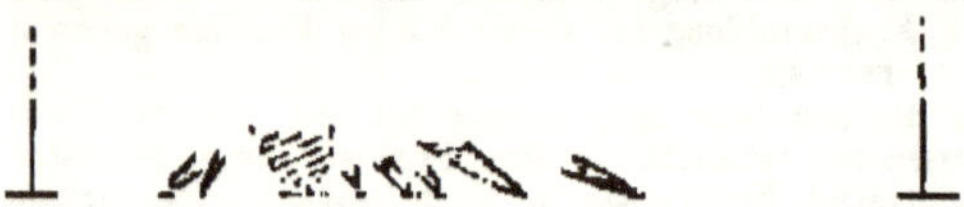

Fig. 20.

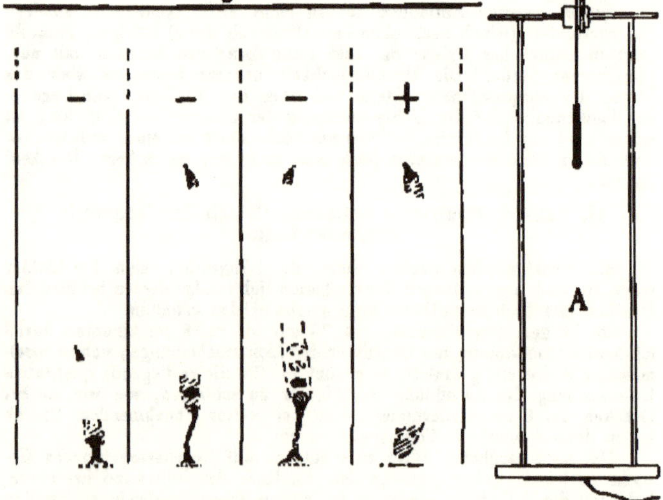

Fig. 16. *17.* *18.* *19.* *15.*

Ist die Schieferplatte Anode und steht ihr die negative Messingpolkugel auf ca. 5 cm nahe, so erscheint eine ca. 1 qcm grosse Fläche der Schieferplatte von hellen violetten Glimmlichtpunkten bedeckt. Ueber diesen schwebt, wenn der mittlere Strom 1/3000 Amp. überschritt, eine sehr lichtschwache ziegelrothe Lichtmasse. Wird die Polkugel auf 15 cm Abstand zurückgezogen (vergl. Fig. 16), so erhebt sich über der Schieferplatte eine ca. 1 cm breite karminrothe Lichtsäule mit karminrothem Endknoten; letzterer ist von einem schwachen, ziegelrothen Lichte umhüllt. Wird der negative Pol bis ca. 40 cm von der Schieferplatte entfernt (Fig. 17 und 18), so erhebt sich die positive karminrothe Lichtsäule etwa 10 cm hoch mit ca. 2 cm dickem Endknoten. Bei starkem Strome bewegt sich letzterer langsam auf und nieder und kann sich auch von der Lichtsäule ganz loslösen (Fig. 17), ja bei weiter vermehrter, constanter mittlerer Stromstärke stösst diese Lichtsäule successive eine Reihe gleicher Lichtkugeln von sich, welche langsam nach oben der Kathode zuschweben*,) hierbei jedoch je immer lichtschwächer werden, bis sie ganz verschwinden, wenn sie etwa die Hälfte des Weges zum negativen Pole zurückgelegt haben (Fig. 18). Diese Erscheinung vollzieht sich innerhalb eines sehr lichtschwachen, ziegelrothen Lichtcylinders.

Die Lichterscheinungen am negativen Pole sind bekannt; sie bestehen aus hellem Kathodenlichte mit Trennungsraume und dem ziegelrothen Lichtparaboloide; diese Lichter waren zusammen etwa 0,5 cm lang.

Ist der Schiefer Kathode (Fig. 19), so erhebt sich über einer grossen Zahl aequivalenter violetter Lichtpunkte (dem hellen Kathodenlichte) eine bis zu 5 cm hohe, 1 cm breite ziegelrothe Lichtsäule von paraboloidischer Begrenzung (Fig. 19). Unter Umständen bildet sich auch über jeder einzelnen hellen Kathodenschicht je das zugehörige ziegelrothe Theilparaboloid aus (Fig. 20); diese Paraboloide convergiren dann nach einem gemeinsamen lichtlosen Mittelpunkte und es gewährt einen eigenartigen Anblick, wie sich alle bei zufälliger Lagenänderung des lichtlosen Centrums gemeinsam hin- und herneigen; diese Erscheinung beweist, dass auch die unsichtbare, lichtlose Entladung zwischen den Lichtern an den Elektroden nur auf verhältnissmässig schmaler Bahn erfolgt.

Aus der (Metall-) Anode wuchs hier das nur ca. 1 cm lange karminrothe Anodenlicht keulenartig heraus (Fig. 19); an das knotige Ende setzte sich auch hier eine sehr lichtschwache ziegelrothe Lichtsäule an.

Der ausgedehnte Dunkelraum zwischen den Lichtern an der Kathode und denen an der Anode entspricht offenbar der ausgezeichneten Stelle des siebenten Abschnittes.

Zu voller Ausbildung der Lichterscheinungen reichte der Maschinenstrom nicht aus; mit grossen Batterien konnte ich, wie zu erwarten, auch hier ganz wie in freier Luft langsame Entladungen mit mehreren (je etwa 5 cm langen und 0,5 cm breiten) karminrothen Schichten erhalten.

9. Rohr B.

Als ich bei Drucken um 2 cm an Stelle des 16 cm weiten Rohres ein solches von 3 cm Weite und 82,8 cm Abstand der beiden Kupferpolspitzen benutzte, erhielt ich den oben beschriebenen ähnliche Lichterscheinungen. Diese bildeten sich meist in der Achse des Rohres aus und füllten den Querschnitt desselben noch an keiner Stelle.

*) Derartige bei constanter Stromstärke wandernde Leuchtkugeln konnte ich bei Atmosphärendruck nur ganz ausnahmsweise (vergl. Anmerkung zu Abschn. 1) beobachten; hier waren sie oft und leicht zu erhalten.

Die Photogramme 23 bis 27, aufgenommen bei immer grösseren aber je constanten mittleren Stromstärken (und je 5 Secunden Belichtung), zeigen die zu besprechenden Lichterscheinungen.

Auf das helle Kathodenlicht mit Dunkelraum folgt auch hier das erste Lichtmaximum des zweiten, ziegelrothen Lichtes, diese Lichter sind jedoch auf den Photogrammen wegen ihrer geringen räumlichen Ausdehnung nicht von einander zu unterscheiden*). Nach dem ausgedehnten lichtschwachen Theile des ziegelrothen Lichtes folgt dann, als lange ziegelrothe Lichtsäule, dessen zweites Lichtmaximum.

Als auffallendster Lichttheil folgte schliesslich das hier **sehr helle** dritte, karminrothe Licht. Charakteristisch war auch hier für dieses Licht sein pilzartiges, der Kathode zugekehrtes Ende. Photogramm 28 zeigt das Grenzgebiet zwischen ziegelrothem und karminrothem Lichte nochmals, jedoch nur mit 1 Sec. Belichtung, um den bedeutenden Helligkeitsunterschied beider Lichttheile deutlich zu machen.

Vorübergehend konnte ich auch schon in diesem Rohre einen Zerfall des karminrothen Lichtes in (drei) ruhende, klare Schichten — Leuchtmassen, Lichtwolken — erhalten.

Die Photogramme 23 bis 28 zeigen aber auch folgende interessante Thatsache; man sieht, dass das karminrothe Licht schon bei ausgesprochen zeitlich discontinuirlichen Entladungen, auf Funkenbahnen, welche sonst von einer Schichtung noch keine Spur zeigen (vergl. Phot. 23 und 24), deutlich zu erkennen ist. In all den Fällen, in denen in gasverdünnten Räumen die discontinuirliche Entladung aus Lichtfäden besteht, die je aus einem blauen Theile nach der Kathode zu und einem röthlichen, violettrothen oder karminrothen nach der Anode hin bestehen, müssen wir in dieser Zweitheilung einen Ansatz zur Ausbildung des zweiten und dritten Lichtes erkennen, mit der angegebenen, den veränderten Verhältnissen entsprechenden Farbentönung. Der rothe Theil der Lichtfäden in (engen) Glasrohren und niederen Drucken entspricht hiernach und nach den Bemerkungen in Abschn. 2 dem Stiele des positiven Büschels in freier Luft**).

10. Rohr C.

Bei constanter Stromstärke absolut ruhende Schichten des dritten karminrothen Lichtes (Righi'sche Leuchtmassen — „masse luminose") erhielt ich im Druckbereiche um 5 cm mit den verfügbaren Stromintensitäten erst in einem noch etwas engeren Rohre als dem im vorigen Abschnitte benutzten.

In dem hier verwendeten 2,3 cm (im Lichten) weiten Rohre standen sich im Abstande von 61,5 cm als Elektroden zwei **Aluminiumscheiben**

---

*) Das erste Lichtmaximum des ziegelrothen Lichtes zeigte hier oft einen eigenthümlichen Zerfall in dichtgedrängte Schichten, Unterabtheilungen. Stromvermehrung begünstigte diese secundäre Schichtung, welche sich am hellsten und deutlichsten nach dem Trennungsraum zu ausbildete. Fig. 21 zeigt (vergrössert) diese Erscheinung. An der Metallkathode K liegt zunächst das helle Kathodenlicht, in etwas grösserer Entfernung folgt das in Rede stehende geschichtete ziegelrothe Licht. Der Abstand der ersten Schicht des letzteren von der Kathode nahm zu mit zunehmender Stromstärke.

Fig. 21.

**) Die karminrothe Lichtsäule zeigt die Tendenz spiraliger Anordnung mit continuirlicher Rotation (auf welche hier nicht eingegangen werden soll), man sieht sie in Phot. 23 bis 27 angedeutet.

gegenüber, den Rohrquerschnitt fast vollständig ausfüllend. Um auch schon bei schwachem Strome und höheren Drucken nahe continuirliche Entladung zu erhalten, war auch hier der Kathode ein (kleiner) Flüssigkeits-Widerstand vorgeschaltet.

Bei Drucken oberhalb 5,8 cm wurde das Rohr, wenn überhaupt, nur von seitlich getrennten (discontinuirlichen) Funkenentladungen durchsetzt. Bei einem Drucke von 5,8 cm und schwachem Strome war die Entladung auch noch discontinuirlich; jeder Funken bestand (ganz wie im vorigen Abschnitte behandelt) aus einer blauen Hälfte nach der Kathode zu und einer rothen Anodenhälfte. Bei Stromvermehrung erschienen dann die analogen Lichterscheinungen wie Phot. 23 bis 27, nur waren sie hier lichtschwächer und unvollkommen ausgebildet*).

Wurde (nach Erreichung des Stadiums, welches Phot. 27 entsprach) die Stromstärke weiter vermehrt, so schnürte sich der der Kathode nächste Theil des karminrothen Lichtes ab und bildete eine bei constantem Strome absolut ruhende Schicht, eine Righi'sche Leuchtmasse. Zugleich zerfiel der übrige Theil des karminrothen Lichtes in eine Reihe von Leuchtmassen; letztere ruhten aber bei constantem Strome keineswegs, vielmehr stiess die Anode beständig Leuchtmassen von sich, welche, nach der Kathode zu eilend, in dem Augenblicke erloschen, wo sie die erste, ruhende Leuchtmasse erreichten.

War der Strom weiter verstärkt worden, so bildete sich zwischen der ersten ruhenden Leuchtmasse und der Anode eine zweite, gleichfalls ruhende Leuchtmasse aus. Die von der Anode aus wandernden Massen erloschen jetzt beim Erreichen der zweiten ruhenden Leuchtmasse.

Dieser Process wiederholte sich bei abermaliger passender Stromvermehrung; eine dritte Leuchtmasse wurde fest, sodass schliesslich das 61,5 cm lange Rohr bei constantem Strome drei (oder mehr) beliebig lange, absolut ruhig stehende Leuchtmassen zeigte (vergl. Phot. 31**).

Ging, nachdem sich die drei ruhenden Schichten gebildet hatten, längere Zeit ein constanter, möglichst starker Strom durch das Rohr, so wurden, offenbar im Zusammenhange mit den Temperaturverhältnissen, die ruhenden Leuchtmassen immer stabilere Gebilde. Wurde jetzt die Stromstärke successive geändert, so erschienen wandernde Schichten nur vorübergehend. Es galten jetzt folgende Sätze:

Die ruhenden Leuchtmassen sind nahe aequidistant.

Die Leuchtintensität der Leuchtmassen ist bei den von der Kathode fernsten am geringsten (vergl. Phot. 30 und 31).

Mit zunehmender Stromstärke nimmt sowohl der Abstand der ersten ruhenden Leuchtmasse von der Kathode, als auch der Abstand je zweier ruhender Leuchtmassen von einander ab. Mit abnehmender Stromstärke verschwand daher eine Leuchtmasse nach der anderen in der Anode; im Schlagraum bilden sich nur so viel ruhende Leuchtmassen aus, als der Stromstärke entsprechend zwischen Anode und Kathode Platz haben.

Es sind das dieselben Sätze, die, wie nachgewiesen wurde, auch für die Schichtenbildung in freier Luft Geltung haben.

---

*) Besonders lichtschwach war hier meist der zweite Theil des ziegelrothen Lichtes.

**) Wurde das Rohr C in geeigneter Weise vorgewärmt, so erfolgte in ihm auch schon bei Drucken von 9 cm und mehr die Bildung ruhender Leuchtmassen.

Phot. 29, 30 und 31 (aufgenommen mit je 5 Secunden Beleuchtungsdauer) zeigen für 5,8 cm Druck geschichtete Entladung (Kugelfunken) mit ruhenden Leuchtmassen bei je constantem Strome und zwar Phot. 29 bei kleinster (ca. 1/2000 Amp.), Phot. 30 bei grösserer und Phot. 31 bei grösster (ca. 1/600 Amp.) Stromstärke.

Das zweite Lichtmaximum des ziegelrothen Lichtes war im benutzten Rohre meist sehr lichtschwach *), das erste dagegen sehr deutlich; dieses entfernt sich (ebenso wie bei Atmosphärendruck, vergl. Abschn. 6) mit wachsender Stromstärke von der Kathode. Auch das helle Kathodenlicht mit Trennungsraum war scharf ausgebildet **).

11. Nahe continuirliche Entladung (Büschellichtbogen) und ı Righi'sche Kugelfunken.

Die Lichterscheinungen der untersuchten Entladungsart zeigen also vom Atmosphärendruck bis zu 5 cm herab genau die gleichen charakteristischen Gestaltseigenthümlichkeiten und die gleiche Anordnung der Lichter, zeigen auch qualitativ die gleiche Abhängigkeit von der Stromstärke.

Ueber die hier von mir behandelte Entladungsart liegen meines Wissens bisher nur zwei eingehendere Untersuchungen vor, nämlich die schon Eingangs erwähnten ***) von A. Wüllner und A. Righi, beide für den Druckbereich um 5 cm. Dass die von mir behandelte „nahe continuirliche" Entladungsart (Dauerfunken, Büschellichtbogen) mit der von genannten Beobachtern untersuchten, von A. Righi als „Kugelfunken" bezeichneten, identisch ist, lehrt ohne Weiteres ein Vergleich meiner Phot. 29, 30 und 31 mit den von Righi mitgetheilten Abbildungen.

Bei der hier untersuchten geschichteten Entladungsart (Righi'schen Kugelfunken) mit Leuchtmassen erfolgt der Elektricitätsfluss zwischen den Elektroden offenbar streckenweise fast lichtlos auf breiter, streckenweise mit Lichtentwickelung auf enger Bahn †). Diese Bahnverengerung kann sehr weit gehen, und man hat wahrscheinlich jede Leuchtmasse aufzufassen als einen Funken zwischen lichtlosen Räumen, Gaselektroden ††). Die Leuchtmassenbildung besteht also in einem Zerfalle des Gesammtfunkens in mehr oder minder ausgedehnte Theilfunken (gewissermassen unter Einfügung gasförmiger Zwischenelektroden †††). Hieraus erklärt sich unge-

*) Daher ist auch auf Phot. 29 bis 31 die ziegelrothe Lichtsäule nicht zu sehen. Es sei gleich hier vorausgreifend bemerkt, dass, wohl aus demselben Grunde, auch auf den Photogrammen von Righi die ziegelrothe Lichtsäule fast ausnahmslos fehlt; dagegen findet sie sich deutlich wiedergegeben auf der Zeichnung von Wüllner, l. c. Taf. I, Fig. 4.

**) Wegen ihrer Kleinheit ist die Lichterfolge an der Kathode auf den Phot. 29 bis 31 nicht klar zu unterscheiden.

***) Vergl. die Litteraturangabe in der Einleitung. Zur nahe continuirlichen Entladungsart gehören auch die Entladungsformen, welche O. Lehmann, Zeitschr. f. phys. Chemie 18, 107, 1895 beschreibt; jedoch war hierbei die Schlagweite zu klein im Verhältniss zu dem geringen Drucke und zu der grossen Rohrweite, als dass sich Leuchtmassen hätten bilden können; dagegen ist bei diesen Formen die ausgezeichnete Stelle gut zu erkennen.

†) Die Glasfluorescenz um die Orte des Leuchtens in der Rohrachse täuscht leicht bei erster Betrachtung.

††) Die elektrische Ladung der Glaswand ist bei engen Rohren ebenfalls zu berücksichtigen.

†††) Vergl. die ähnliche Deutung von Righi, Lum. El. 42, 1891, p. 618.

zwungen die Möglichkeit des leichten Verschmelzens zweier Schichten (vergl. Abschnitt 4), sowie die Mehrzahl der Erscheinungen, welche im folgenden Abschnitte behandelt werden sollen. Um speciell das Wandern der Schichten mit oder gegen den elektrischen Strom zu erklären, braucht man nur anzunehmen, dass durch die Leuchtmassen um ein Geringes weniger resp. mehr Elektricität in der Zeiteinheit fliesst als durch die dunklen Zwischenräume.

12. Gegeneinander wandernde Leuchtmassen.

In den vorangegangenen Abschnitten sind wir fast ausschliesslich Lichterscheinungen begegnet, deren Theile ihre Lage im Schlagraume bei constanter Stromstärke und constantem Drucke constant beibehalten. Ganz anderen Verhältnissen begegnete ich jedoch (bei dem zuletzt benutzten Rohre C) in dem Druckbereiche zwischen 4,8 cm und 0,8 cm. Sank der Druck nämlich unter 4,8 cm, so wurde mehr und mehr der Zustand im Rohrinnern labil in Bezug auf das Entstehen von Leuchtmassen. Zur Ausbildung ruhender Leuchtmassen kam es hier überhaupt nicht mehr, oder nur ganz vorübergehend.

Zunächst, bei Drucken um 4 cm, bildete das zweite Lichtmaximum des ziegelrothen Lichtes wie bei höherem Drucke noch eine zusammenhängende lange Lichtsäule *). Die bei constanter Stromstärke rasch wandernden Schichten des karminrothen Lichtes liessen sich aber nicht mehr durch Stromvermehrung fest machen **); sie erloschen auch hier, sobald sie das Ende der ziegelrothen Lichtsäule erreichten.

Bei möglichst starkem constanten Strome trat nun noch eine weitere höchst bemerkenswerthe Complication der Leuchtmassenbildung ein. Bei constantem Strome beobachtete ich folgende sich beliebig oft in nahe gleichen Zeiten wiederholende Erscheinung. Das der Anode zugekehrte Ende des ziegelrothen Lichtes rückte nach der Anode zu vor, schliesslich löste sich von der ziegelrothen Lichtsäule ein Säulenstück (von nicht immer gleicher Länge ***) ab, welches sich langsam nach der Anode zu in Bewegung setzte, während das neue Ende der ziegelrothen Lichtsäule nach der Kathode zu zurückschnellte. Phot. 32 bis 35 zeigen das der Anode zugekehrte Ende der ziegelrothen Lichtsäule in verschiedenen Stadien des Losreissens langsam der Anode zuwandernder Leuchtmassen.

Man kann den Process der Losreissung von Leuchtmassen beschleunigen oder auch unter Verhältnissen, bei denen er noch nicht spontan erfolgt, hervorrufen, indem man mit der Hand von der Kathode nach der Anode zu an der ziegelrothen Lichtsäule längs des Glasrohres entlang streicht †); die so erzeugte Schicht setzt dann ebenso wie eine selbständig gebildete beim Wegziehen der Hand ihren Weg nach der Anode zu fort,

*) Es kam sogar vor, dass das ziegelrothe Licht sich bis auf etwa 5 cm der Anode näherte, also beinahe 60 cm lang war.

**) Die Wanderungsgeschwindigkeit nahm zu mit wachsender Stromstärke. Bei sehr raschem Wandern modificirte sich die Gestalt der Leuchtmassen etwas: diese wurden mehr und mehr asymmetrisch und ihr vorauseilendes Ende kugelte sich pilzartig ab.

***) Das bei gleichem Drucke und gleicher Stromstärke sich ablösende Säulenstück war 5 bis 20 cm lang; die ganze Lichtsäule des ziegelrothen Lichtes kann man daher auch auffassen als eine ruhende Leuchtmasse von grosser Länge, welche die Fähigkeit besitzt, sich beliebig zu theilen.

†) Die Umspannung mit der Hand wirkt analog einer Rohrverengerung in dem Sinne, als die letztere nach Righi die Ausbildung einer Leuchtschicht erleichtert.

bis sie auf eine der von der Anode ihr entgegenkommenden Leuchtmassen des karminrothen Lichtes trifft*).

Wir haben also zwei Schaaren von Leuchtmassen, die eine zeigt von der Kathode langsam fortwandernde, die andere von der Anode aus der ersteren rasch entgegeneilende Leuchtmassen. Es bildeten sich also ganz wie bei Atmosphärendruck (vergl. Abschnitt 4) zwei von einander unabhängige Systeme von Schichten, nur ruhten dort die Schichten (bei ruhenden Elektroden), hier wandern sie; es kann demnach hier wie dort die Entladung als in einen positiven und negativen Antheil (je mit selbständiger Schichtenbildung) zerfallend angesehen werden**). In dem Zusammentreffpunkte der gegen einander wandernden Leuchtmassen erkennen wir demnach die ausgezeichnete Stelle (vergl. Abschn. 7) wieder.

Besonders auffallend war es hierbei, dass sich beim Aufeinandertreffen zweier Schichten weder mit blossem Auge noch im rotirenden Spiegel irgend welche Eigenthümlichkeit zeigte; zwei aufeinandertreffende Leuchtmassen verschmelzen zunächst; die verschmolzene Lichtsäule verkürzt sich mehr und mehr und verschwindet schliesslich spurlos***).

Die Ausgleichstelle, bis zu welcher die von der Anode aus wandernden Leuchtmassen nach der Kathode zu vordringen, rückt sowohl mit wachsender Stromstärke, als auch mit wachsender Verdünnung immer weiter nach der Kathode zu vor; der negative Antheil der Entladung verkürzt sich dem entsprechend. Mit abnehmendem Drucke verwischen sich die Lichterscheinungen und bei Drucken unter 0,8 waren zwar bei schwachem Strome noch deutlich ruhende Leuchtmassen zu erkennen, diese flossen jedoch bei Stromvermehrung (ohne deutliche Ausbildung wandernder Schichten) in einander und verschmolzen schliesslich zu einer homogenen Lichtsäule.

13. Letzte Spuren der nahe continuirlichen Entladungsart.

Die Grenzverhältnisse zwischen nahe continuirlicher Entladung und dem bekannten Phänomen der zeitlich continuirlichen Entladung in Geisslerrohren hat man sich etwa folgendermassen zu denken. Die Grenzstromstärke, bei der soeben die letztgenannte (continuirliche) Entladungsart auftritt, nimmt

*) Oft genügte ein Bewegen der Hand schon im Abstande von 10 cm vom Rohre, um eine derartig fortschreitende successive Entladung auszulösen; man sieht, in wie hohem Grade die Entwickelung der Lichtphänomene von äusseren Umständen abhängig sein kann.

**) Zu genauerer Untersuchung müssten wohl die Elektroden in den Röhren verschiebllch gemacht werden, auch müsste der Einfluss der Anordnung des Widerstandes im Stromkreise berücksichtigt werden.

***) Auf die vielfachen Eigenthümlichkeiten der wandernden Leuchtmassen einzugehen, würde zu weit führen; es sei nur noch auf einige sicher zu beobachtende Thatsachen hingewiesen. Die Wanderungsgeschwindigkeit der von der Kathode wegwandernden Leuchtmassen war stets geringer als diejenige der entgegenkommenden. Bei höheren Drucken zeigten erstere mehr ziegelrothe, letztere mehr karminrothe Färbung; mit abnehmendem Drucke verschwand bald dieser Farbenunterschied (bei den hier benutzten höheren Drucken spielt der Quecksilberdampf bez. der Schichtenfärbung noch keine wesentliche Rolle). Es kam vor, dass das ganze Rohr bis zur Anode hin, nur Leuchtmassen enthielt, die von der Kathode wegwanderten; erfolgte dies Wandern hinreichend langsam (ca. 1 cm per Secunde), so konnte man deutlich erkennen, dass die Leuchtmassen nicht in der Anode allmählich untertauchten, sondern je ganz successive an der Grenze eines erst hierdurch bemerkbar werdenden (bis zu 2 cm langen) rasch ab mit abnehmendem Drucke*). Das Stromstärkengebiet der nahe continuirlichen Entladungsart wird daher mit abnehmendem Drucke immer schmäler und unterhalb 0,8 cm geht die discontinuirliche Entladung bei successiver Stromverstärkung meist direct in die continuirliche über. Einen bestimmten Druck (oder Druckbereich), welcher etwa die Grenze zwischen Schichtenbildung durch Leuchtmassen und der gewöhnlichen Schichtung des Anodenlichtes niedrigster Drucke bildet, giebt es nicht. Ich konnte vielmehr selbst bei so geringen Drucken, bei denen das Anodenlicht schon längst in der bekannten Weise deutlich geschichtet war, in der Regel noch die nahe continuirliche Entladungsart unzweifelhaft erkennen, wenn ich nur auf die Lichterbildung bei sehr schwachen Strömen mein Augenmerk richtete. Hierbei bin ich auf manche eigenthümliche Erscheinungen gestossen, von denen die bemerkenswertheste im Folgenden geschildert ist.

Fig. 22.

Fig. 23.

Fig. 24.

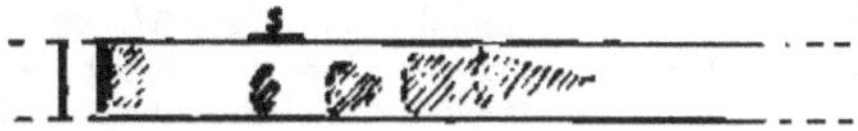

Fig. 25.

Fig. 26.

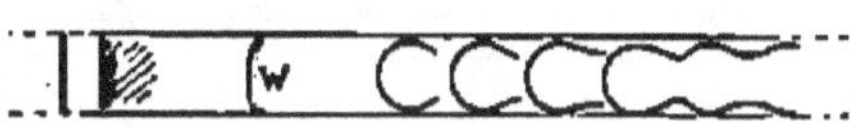

Fig. 27.

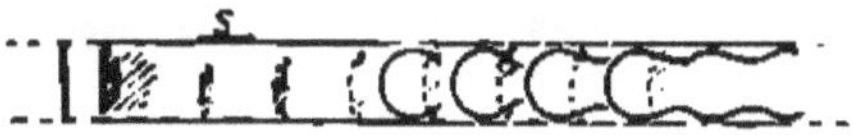

Fig. 28.

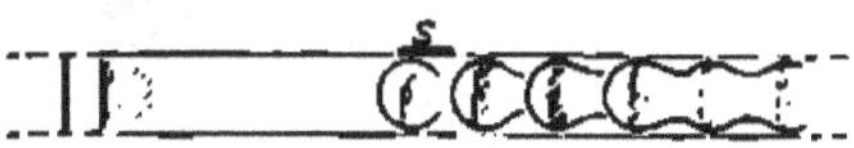

Fig. 29.

Bei einem Drucke von 0,007 cm Hg. erhielt ich im Rohre C folgende Lichtentwickelung.

Bei sehr schwachem mittleren Strome ruhte nahe der Anode in der Rohrachse eine Lichtsäule, deren freies Ende (vergl. den Pfeil der Fig. 22) nach der Kathode hin rhythmisch aufzuckte.

Bei etwas stärkerem Strome war zu erkennen Goldstein's Dunkelraum, helles Kathodenlicht mit ziemlich ausgedehnten Glimmlichtstrahlen

---

Anodendunkelraumes verschwanden. (Die Leuchtmassen, welche nach der Kathode zu wandern, kamen dagegen direct aus der Metallanode heraus.) Die Ausbildung eines ausgedehnten, scharf begrenzten Anodendunkelraumes scheint demnach nur stattzufinden, wenn der negative Entladungsantheil bis nahe zur Anode heranreicht. Dasselbe war auch bei nahe continuirlicher Entladung in freier Luft zu beobachten (vergl. Phot. 17, und 20 mit 11). Der Anodendunkelraum dürfte also hier (vergl. Abschn. 7) der ausgezeichneten Stelle entsprechen. Die Anode selbst zeigt auch hier ganz wie im analogen Falle bei Atmosphärendruck zahlreiche Anodenglimmpunkte. d. h. den letzten Rest des positiven Antheiles.

*) Vergl. die Zahlenangaben von Hittorf, Wied. Ann. 20, 1883, p. 722. Es wird jedoch sicher möglich sein, bei allen Drucken die einzelnen Entladungsarten ganz allmählich in einander überzuführen, wenn man nur die Versuchsbedingungen geeignet wählt.

(a in Figur 23)*) und Trennungsraum, eine äusserst matte ziegelrothe Lichtsäule (b), eine matte rothe ruhende Leuchtmasse (c) und nach der Anode zu eine Lichtsäule (d)**). Es war also die nahe continuirliche Entladungsart bei einem Drucke unter 0,01 cm noch sicher zu beobachten! Näherte ich in diesem Stadium die Hand oder ein Stück abgeleitetes Stanniol (S in Figur 24 und 25) dem Rohre, so bildete sich im Rohre auf der abgewandten Seite eine Leuchtmasse, ganz wie bei höheren Drucken; diese zerfiel aber hier in eine Reihe von Schichten (vergl. Fig. 24 und 25). Diese lichtschwache secundäre Schichtung ähnelte der Schichtenbildung des bekannten Anodenlichtes, ist aber mit dieser keineswegs zu verwechseln.

Bei stärkerem Strome erschien plötzlich die helle, rosa gefärbte Säule des bekannten Anodenlichtes (Figur 26); es zeigte, der Verdünnung entsprechend, schon deutlich seine bekannte Geisslerrohr-Schichtung. Zwischen seiner ersten Schicht und der Kathode blieb aber deutlich ein lichtschwaches ziegelrothes Lichtwölkchen (w) zu erkennen***). Näherte ich jetzt, wie oben, Hand oder Stanniol (S in Figur 27, 28 und 29), so wurde die Säule des bekannten Anodenlichtes nur wenig beeinflusst, um so mehr aber das ziegelrothe Lichtwölkchen. Hierbei zeigte sich, dass diese Lichtwolke nur ein Theil einer die Anodenlichtsäule mindestens 20 cm weit durchdringenden, von dieser aber so gut wie unabhängigen Lichterscheinung war. Durch Nähern des Leiters S liess sich auch jetzt noch (ganz wie in Figur 24 und 25) aus der Rohrmitte an die entgegengesetzte Rohrwand eine geschichtete Lichtsäule drängen (Figur 27 und 28), ganz, als ob die ihrerseits geschichtete Anodenlichtsäule gar nicht vorhanden wäre. Durch Verschieben des Leiters längs des Glasrohres liess sich constatiren, dass das vom Leiter bewegte Schichtensystem stets die erste Schicht gegenüber der Berührungsstelle des Leiters ausbildete; dass an dieser ersten Schicht nach der Anode zu eine ganze Reihe (10 bis 15) weitere aequidistante Schichten hingen, welche bei einer durch Bewegung des Leiters veranlassten Verschiebung der ersten Schicht sämmtlich mitgenommen wurden, dass diese lichtschwache zweite Schichtung auch vorhanden war bei Abwesenheit des Leiters und dass die lichtschwachen Schichten in diesem Falle meist zusammenfielen mit den Schichten des Anodenlichtes (mit Ausnahme der ersten, der schwachen Lichtwolke).

Es hatte demnach ganz den Anschein, als ob zwei von einander unabhängige, gegen äussere Einflüsse verschieden empfindliche Lichterscheinungen, jede mit selbständiger Schichtung, sich durchdringen. Mehrmaliges Lufteinlassen in das Rohr und erneutes Auspumpen, Vorschalten von Widerständen an Anode oder Kathode, Ableitung von Kathode oder Anode zur Erde, alles dies änderte die Erscheinung nicht wesentlich. Durch Stromstärkenvermehrung bis zu 1/600 Ampère konnte freilich die

---

*) Fig. 22 und 23 sind etwa in 1/6 nat. Grösse, Fig. 24 bis 29 etwa in 1/4 nat. Grösse schematisch gezeichnet, jedoch ohne genaue Innehaltung der relativen Grössenverhältnisse der Lichter.

**) Auch lichtschwache, verwaschene, wandernde Leuchtmassen waren in diesem Stadium (im rotirenden Spiegel) ab und zu zu bemerken.

***) Mit der ersten Anodenschicht war das Lichtwölkchen keineswegs zu verwechseln; es war wesentlich lichtschwächer als alle Anodenschichten, auch stand es von der ersten derselben weiter ab als die Anodenschichten unter einander. Auch sonst zeigte die Lichtwolke besondere Eigenthümlichkeiten.

Schichtenzahl des Geissler'schen Anodenlichtes vermehrt, die eigenthümliche lichtschwache zweite Entladungserscheinung aber nicht zum Erlöschen gebracht werden. Beobachtungen im rotirenden Spiegel schienen darauf hinzudeuten, dass beide Entladungsarten zeitlich rasch alternirend im Rohr auftraten.

Bei Verdünnungen unter 0.01 cm nimmt die Ausdehnung und Lichtintensität der Glimmlichtstrahlen rasch zu, ebenso die Glasfluorescenz, (erzeugt durch die alle Schichten allmählich durchdringenden Kathodenstrahlen). Im Glanze dieser Lichterscheinungen verschwindet zuerst das (ziegelrothe) Lichtwölkchen, dann auch das mehr und mehr verblassende geschichtete Anodenlicht, schliesslich erstrahlt das ganze 60 cm lange Glasrohr im blendenden hellgrünen Fluorescenzlichte und sendet seiner ganzen Länge nach die bekannten Röntgenstrahlen aus.

Trotz der in diesem Abschnitte geschilderten und anderer weniger interessanten Complicationen der Erscheinungen ist es kaum zweifelhaft, dass die nahe continuirliche Entladungsart (Kugelfunken, Büschellichtbogen) und die gewöhnliche continuirliche Geisslerrohrentladung sich ohne Unstätigkeit ineinander überführen lassen, dass beide Entladungen derselben Art sind.

Die gewöhnlich auftretende Anodenlichtsäule der continuirlichen Entladung ist wahrscheinlich aufzufassen als eine Leuchtmasse (resp. auch nach den Angaben am Schlusse des 12. Abschnittes als mehrere vollständig ineinander geflossene Leuchtmassen) des positiven Antheiles. Der ausgezeichneten Stelle entspricht dann das Gebiet zwischen der Anodenlichtsäule und dem ziegelrothen Lichtwölkchen, wir haben also dieselbe Entladungsform vor uns, welche Fig. 10 Abschnitt 2 für den Elektricitätsdurchgang durch Funkenstrecken in freier Luft zeigt. Fehlt, wie es wohl in der Regel der Fall ist, das ziegelrothe Licht ganz, so fallen Trennungsraum und ausgezeichnete Stelle zusammen. Bei der Entladung in freier Luft (Fig. 10) bildete sich, wie schon angegeben, die ausgezeichnete Stelle immer in nahe gleichem Abstande von der Halbleiterkathode aus, das positive karminrothe Licht endigte stets in gleicher Entfernung von der Kathode; das Analogon hierzu ist die von Faraday bemerkte Thatsache, dass die Anodenlichtsäule (in gasverdünnten Räumen) bei Verschieben der Elektroden stets in nahe demselben Abstande von der Kathode endigt.

In Abschnitt 7 wurde nun gezeigt, dass die Entladungsform der Fig. 10 nur ein Specialfall einer allgemeineren, vollständigeren ist, deren Schema sich gleichfalls in Abschnitt 7 angegeben findet. Wir haben demnach anzunehmen, dass auch die gewöhnliche Geisslerrohrentladung (ebenso wie ihr Analogon Fig. 10) nur ein (in der Regel auftretender) specieller Fall einer ganzen Anzahl möglicher Entladungsformen ist*), deren Lichterbildung sich auf das Abschnitt 7 angegebene allgemeinere Schema zurückführen lässt. Letzteres würde freilich noch durch einige erst in gasverdünnten Räumen zu beobachtende Einzelheiten zu ergänzen sein.

*) Welche Entladungsform speciell bei den Beobachtungen im Abschnitt 13 mit der gewöhnlichen alternirend auftrat, muss dahingestellt bleiben. Mehrere Schichtensysteme bei denselben Druckbedingungen beobachtete auch V. Fella: vergl. Sitzungsber. des naturwiss. Vereins f. Schleswig-Holstein, Bd. XI, 1896, p. 21.

Der Zerfall der Anodenlichtsäule in die bekannten Anodenschichten (vergl. Phot. 36—45) ist nur ein specieller Fall der oft zu beobachtenden Thatsache, dass ausgedehntere Lichter leicht in Unterabtheilungen zerfallen (wie es z. B. Fig. 21 für das erste Lichtmaximum des ziegelrothen Lichtes zeigt; vergl. vor Allem auch Fig. 24). Diese Schichtung des (Geissler'schen) Anodenlichtes ist nach den verschiedensten Seiten durchforscht. Der Vollständigkeit halber sei durch Phot. 36 bis 45 für das Rohr C die Abhängigkeit der Stellung dieser Schichten von Druck und Stromstärke illustrirt*); zugleich wollte ich durch den Anblick letzterer Photogramme im Vergleiche mit Phot. 29, 30 und 31 den grossen Unterschied zwischen dem Zerfalle der Gesammtentladung in Leuchtmassen und der Schichtung des Anodenlichtes anschaulich hervortreten lassen.

Beiden Schichtenbildungen (Leuchtmassen und Anodenschichten) sind gemeinsam:

Die Abnahme der Ausbildungsschärfe der Schichten mit zunehmender Entfernung von der Kathode.

Die Aequidistanz der Schichten.

Die Abnahme des Abstandes benachbarter Schichten mit wachsender Stromstärke.

Dagegen unterscheiden sich beide Schichtungsarten dadurch, dass bei höheren Drucken die erste der alsdann entstehenden Leuchtmassen (von der Kathode aus gezählt) mit wachsender Stromstärke sich der Kathode nähert, während die erste Anodenschicht der bei niederen Drucken entstehenden Lichterscheinung sich mit wachsender Stromstärke von der Kathode entfernt (vergl. Phot. 29 bis 31 mit 36 bis 40).

In dem Druckbereiche, in welchem beide Schichtungserscheinungen zugleich auftreten, besitzen die „Leuchtmassen" viel grössere (ca. die 10fache) Längenausdehnung als die Anodenschichten.

Januar 1898.

Physikalisches Institut
der K. Technischen Hochschule zu Dresden.

---

*) Es war hierbei

No. des Phot.	36	37	38	39	40	41	42	43	44	45
Druck in cm Hg	0,019	0,019	0,019	0,019	0,019	0,0027	0,0027	0,0027	0,0027	0,0027
Mittl. Stromst. in Tausentel Ampère	0,27	0,50	0,85	1,10	1,48	0,31	0,58	0,90	1,17	1,31

Bei allen Photogrammen (36 bis 45) war die Expositionszeit die gleiche, je ca. 5 Secunden.

Da bei Stromvermehrung der Abstand der ersten Anodenschicht von der Kathode zu-, der Abstand der Schichten unter einander jedoch abnimmt, so rückt zwar die erste Anodenschicht bei Stromvermehrung von der Kathode ab, gleichzeitig kommen jedoch ferner stehende Schichten der Kathode näher (vergl. in Phot. 41 bis 45 die Lagenänderung der ersten etwa mit der zehnten Schicht, beide von der Kathode aus gezählt).

Erklärung zu Tafel I.

No. der Photographie	Vergrösserung (Original = 1)	Druck in cm Quecksilber	Kathode	Anode	Abschn., in dem das Phot. behandelt ist	Phot.-Pl. während der Aufnahme	Art der Entladung
1 bis 5	2	ca. 76	Messingsp.	Basaltpl.	1	ruhend	nahe continuirl.
6 bis 9	2	"	"	"	1	"	
10	0,70	"	"	"	1	"	Entldg. in
11	0,70	"	"	"	4	bewegt	freier Luft
12 bis 16	0,70	ca. 76	Messingsp.	Messingsp.	5	ruhend	i. Glasrohr
17 bis 19	0,45	ca. 76	Messingkugel	Basaltpl.	6	bewegt	Verlängr.
20	0,70	"	"	Schieferpl.	6	ruhend	Batterieentl.
21	1,5	"	"	Basaltpl.	6	bewegt	in freier Luft
22	1	"	—	—	7	—	
23 bis 28	0,188	ca. 4	Kupfersp.	Kupfersp.	9	ruhend	nahe cont.
29 bis 31	0,158	5,8	Alum.-Pl.	Alum.-Pl.	10	"	Entl. bei
32 bis 36	0,25	ca. 4	"	"	12	"	Luftverd.
38 bis 40	0,167	0,018	"	"	13	"	
40 bis 45	0,167	0,0097	"	"	13	"	

Alle Photogramme geben elektrische Entladungen in Luft wieder. Die Kathode liegt in allen Photogrammen links (nur in Phot. 21 unten, in Phot. 22 oben). Die je zusammengehörigen Phot. 1–5, 6–8, 12—16, 23—27, 29—31, 36—40, 41—45 zeigen Lichterscheinungen je unter sonst gleichen Umständen nur bei schrittweise vermehrter Stromstärke.

II. Studien über den Dresdner Haidesand.

Von Oberlehrer Dr. R. Nessig.

Wenn es heute nicht mehr zweifelhaft erscheint, dass die ausgedehnten Ablagerungen sandiger Sedimente, sowohl im Dresdner Elbthalkessel, wie am Abfalle und auf der Lausitzer Hochfläche selbst, den Fluthen der diluvialen Elbe zuzuschreiben sind, so wissen wir doch über die Herkunft des klastischen Materials, über die Antheilnahme von eruptiven und von Schichtgesteinen der näheren und weiteren Umgebung noch recht wenig. Im Allgemeinen begnügt man sich damit, die Beisteuer zur Sandbildung den im heutigen Stromgebiet der Elbe anstehenden Felsarten zuzuschreiben, obwohl viele dieser Gesteine, z. B. die Lausitzer Granite, nach ihrem grusigen Zerfall und nach Abrollung der discreten Gesteinspartikel so wenig charakteristische Bestandtheile liefern, dass man sie aus dem wirren Durcheinander der Sandkörner nicht mehr auf ihr Ursprungsgebiet zurückführen kann. Was vom Granite gilt, lässt sich auch von dem archäischen Grundgebirge sagen, welches bei der jedenfalls ganz erheblichen Erosion der Wasserläufe im Quellgebiet der Elbe angeschnitten und nach der Zerstörung als von granitischen Zerfallproducten nicht unterscheidbares Getrümmer den Schwemmgebilden einverleibt worden ist. Es erscheint demnach geradezu unmöglich, die im Elbsande, Thalsande und Haidesande vorherrschenden, gewöhnlichen Quarze, das relativ widerstandsfähigste Material dieser Bildungen, auf Granit oder Gneiss zurückzuführen. Anders steht es mit den spärlicheren Quarzen von grauer bis graublauer, ja bisweilen Cordierit-ähnlicher Färbung, bei denen es möglicherweise gelingen wird, das Ursprungsgebiet zu ermitteln. Es dürften die grauen bis rauchgrauen Quarze zumeist aus dem Granitit oder einglimmerigen Granit der Lausitz und des Riesengebirgsmassivs, die mehr Cordierit-ähnlichen*) aus dem nur in untergeordneteren Partieen im Granitit vorkommenden, zweiglimmerigen Granit stammen. So beobachtete Jokély**) Cordierit-ähnliche, blaugraue Quarze im Granit von Hohenwald und Wetzwalde im Isergebirge, und mir gelang es, solche ganz charakteristische Quarze zu entdecken in einer Probe von rothliegenden Conglomeraten, die ich aus Schlesien, von dem am Bober gelegenen Frauenberge zwischen Löwenberg und Lähn

---

*) Erläuterungen zu der geologischen Uebersichtskarte von Schlesien, von Dr. Georg Gürich. Breslau 1890, S. 9 und 13.

**) Jahrbuch der geologischen Reichsanstalt 1859, S. 376; vergl. auch Zirkel: Petrographie II, S. 7.

erhielt. Diese Mineralkörner sind mit Sicherheit auf die Hirschberger Graniteinlagerung zurückzuführen. Im Gegensatz hierzu fehlen die blauen Quarze in einer Probe des Rothliegenden vom „Rothen Berge" zwischen Löwenberg und Hagendorf, da Granit in der Umgebung nicht auftritt. Noch günstiger wie für diese grauen und graublauen Quarze scheinen die Verhältnisse für die in den Sanden so auffälligen, gelblichen und rosenrothen Körner dieses Minerals zu liegen. Sie finden sich nicht nur in den recenten Flusssanden des Elbstromes, sondern auch in den diluvialen Thal- und Haidesanden, ja sie bilden einen oft recht häufigen Bestandtheil vieler grobkörnigen Quadersandsteine, besonders des Brongniarti-Horizontes.*) Massenhaft konnte ich dieselben im verwitterten Sandstein des mittleren Gipfels der Kaiserkrone, im Quader oberhalb des Schrammthores und an anderen Orten nachweisen.

Was zunächst die Färbung dieser Körner anbetrifft, so scheint die rosenrothe Farbe bewirkt zu werden durch Titanoxyd-haltiges Eisenoxyd, welches die ganze Mineralmasse gleichmässig durchtränkt, auf feinsten Haarrissen und Mikrospalten infiltrirt erscheint. Daher erklärt es sich auch, dass eine Behandlung mit Säuren keine Entfärbung zur Folge hatte. Um nun zu entscheiden, ob etwa ein Gehalt an Bitumen die Färbung bewirkt, wurden rothe Quarzkörner im Gebläsefeuer geglüht, aber keine Zerstörung der färbenden Substanz erzielt, im Gegentheil, die gelblichen Quarze wurden durch das Glühen zu rosenrothen, eine Erscheinung, die uns erkennen lässt, dass das gelbfärbende Pigment Eisenoxydhydrat ist, welches durch Wasserverlust in Eisenoxyd übergeht.

Woher stammen nun diese charakteristischen Bestandtheile der schüttigen Sande wie der cementirten Sandsteine? Dass diese Körner in die diluvialen Sande zumeist erst aus zerstörten Quadersandsteinen gelangt sind, ist bei der weiten Verbreitung derselben in solchen Felsarten und bei der ausgiebigen und noch heute fortgesetzten Erosion dieses cretacëischen Schichtencomplexes leicht einzusehen, anders steht es mit der Frage, von woher diese farbigen Mineralkörner in die Sandsteine gelangt sind. Nimmt man die geologischen Karten der Sudeten und des Böhmerlandes zur Hand, überhaupt des Elbstromgebietes, so erkennt man, dass die Urgesteine, Gneiss- und Glimmerschiefer zumal, ebenso der Granit grosse zusammenhängende Areale einnehmen, dass aber die Sedimentärformationen in mehr oder minder zerschlitzten und isolirten Lappen und Fetzen erscheinen. Dies gilt namentlich von den Bildungen der oberen Kreide, weniger von denen der Cenomanstufe, besonders aber noch von dem Rothliegenden und dem Silur. Es unterliegt keinem Zweifel, dass alle diese Formationen einst zusammenhängende Gesteinsfelder gebildet haben, dass aber eine gewaltige Erosion und Abtragung sie auf die heute noch vorhandenen Reste reducirt hat. Am greifbarsten ist die Ausnagung der cenomanen Felsgebilde im Gebiet der Heuscheuer, wo die Adersbacher und Weckelsdorfer Felslabyrinthe eine verständliche Sprache reden. Die Formation nun, welche infolge ihrer beträchtlichen Abtragung namentlich in Frage kommt, wenn es sich darum handelt, für unsere rothen Elbquarze die Heimath zu ermitteln, ist das Rothliegende. Es findet sich am Nordabfalle des Riesen- und Eulengebirges im Verein mit dem Zechstein in vielen isolirten Fetzen erhalten, füllt im

*) Sect. Königstein, S. 12; Isisberichte 1895, S. 78, und 1897, S. 27.

Süden den Innenraum der Waldenburger Kohlenmulde*) aus, in dessen Mitte es vom Kreidegebirge überdeckt wird, und greift dann bei Schatzlar über das Carbon in einem inselartigen Reste über, der letzte Zeuge der einst zwischen dem nordböhmischen Rothliegenden und dem der Glatzer Mulde vorhanden gewesenen Verbindung. Hier, wo eine intensive Erosion den Zusammenhang zerstörte, fliesst heute ein Nebenfluss der Elbe, die bei Josephstadt in die Elbe sich ergiessende Aupa, die unterhalb Trautenau noch Zuflüsse aus dem Rothliegenden-Rest von Schatzlar und dem der Waldenburger Carbonmulde empfängt. In Nordböhmen bildet das von der Aupa und Elbe durchflossene Rothliegende eine breite Zone, die zwischen Iser und Aupa auf dem krystallinischen Schiefermantel der Riesengebirgs-Granitellipse aufruht. Hier, meine ich, hat man den Ursprung vieler Bestandtheile des Quaders und der Thal- und Haidesande, vielleicht auch die Heimath unserer farbigen Quarze zu suchen. Die Gesteine, welche daselbst das Rothliegende aufbauen, sind rothe Sandsteine und Conglomerate,**) und von den letzteren wird berichtet, dass sie namentlich aus Quarzen bestehen. Auch das Gebiet des Rothliegenden, welches sich nördlich von Pilsen ausdehnt und von der Beraun durchflossen wird, dürfte mit seinen Zerstörungsproducten zur Sandbildung des Elbstromes beigetragen haben, zugleich mit den silurischen Kieselschiefern, die im Berauner, Rakonitzer und Leitmeritzer Kreis von der Uslawa, Rakonitza und Beraun aufgenommen und in die Elbe eingeschwemmt worden sind, in deren jüngsten Geröllabsätzen sie so häufig erkennbar sind.***) Wir haben bisher das Rothliegende nur für die Mitbildung der Quader- und Diluvialschichten in Anspruch genommen, doch sind auch von einem böhmischen Geologen, Herrn Prof. Hibsch†) Gerölle und Geschiebe aus dem Rothliegenden im Tertiär (Oligocänsande) erkannt und ein Transport aus dem Osten des Böhmerlandes nach dem Elbgebiet angenommen worden.

Selbstverständlich haben auch die vom Ostabhange des Böhmerwaldes und vom mährischen Hügelland herabkommenden Zuflüsse des Elbstromes sich an der Schutt- und Geröllabfuhr betheiligt, doch kommen dieselben aus Gebieten, wo fast ausschliesslich archäische Schichten abgetragen, also keine charakteristischen Gesteinstrümmer geliefert wurden. Bei der ausserordentlichen Mächtigkeit der noch vorhandenen Kreideformation muss auf eine ganz gewaltige Abtragung in den archäischen Gebieten sowohl, wie im Bereich der paläozoischen Formationen geschlossen werden, die in der mesozoischen Zeit fortgesetzt, in der Zeit des Diluviums ihr Maximum erreichte und die z. B. in der heutigen sächsischen Schweiz fast den ganzen Ueberquader abtrug, der sicher einst in grösserer Ausdehnung den Oberquader bedeckte. In der Richtung der Elbthalspalte wurde die Erosion weiter geführt, bis bei Niedergrund die Grundschwelle des Lausitzer Granites erreicht und das cañonartige Elbthal fertiggestellt wurde. Leider ist es mir bisher noch nicht gelungen, geeignete Proben des Rothliegenden vom Südfusse des Sudetenzuges zu erhalten, um die Frage nach der Herkunft der rosenrothen Quarze endgültig zu entscheiden, immerhin aber hat die Prüfung der schon erwähnten Proben des Rothliegenden, wie es in der Umgebung von

*) G. Gürich, a. a. O. S. 90; Credner: Geologie. 8. Aufl., 1897, S. 610.
**) G. Gürich, a. a. O. S. 91.
***) F. Zirkel: Petrographie III, S. 545.
†) J. E. Hibsch: Geologische Karte des böhmischen Mittelgebirges, Blatt I (Tetschen), S. 27; Blatt III (Bensen), S. 9, 10.

Löwenberg entwickelt ist, die Abstammung der fraglichen Mineralkörner aus dieser Formation höchst wahrscheinlich gemacht. Vor einer Täuschung hat man sich bei diesen Untersuchungen zu hüten. Die feinkörnigen Trümmergesteine, wie sie auch in unserem Döhlener Becken vorkommen und im Profil des Windberges und des Backofenfelsens aufgeschlossen sind, enthalten gleichfalls zahlreiche durch eisenschüssigen Detritus pigmentirte Quarze, doch hier durchdringt das färbende Eisenoxyd meist nicht das Mineralkorn, sondern überzieht es nur als abwaschbare oder durch Säure entfernbare Haut.

Die Betheiligung der rothen und gelben Quarze an der Zusammensetzung der diluvialen und recenten Sande des Elbthales ist meist eine solche, dass von einem Einflusse auf die allgemeine Färbung dieser schüttigen Sedimente nicht wohl geredet werden kann. Der Farbenton wird vornehmlich bestimmt durch die überwiegenden grauen und weissen Quarze und die anderen Gesteinspartikel, unter denen die gerundeten Grusbrocken des Lausitzer Granites bisweilen eine hervorragende Rolle spielen. In der Hauptsache wird die Färbung durch einen mehr oder minder starken Gehalt von Eisenoxydhydrat bedingt, der den Sanden eine gelbliche Farbe verleiht. Neben diesem vorherrschenden Farbenton sind es besonders noch zwei Färbungen, die unser Interesse erregen, einmal die intensiv dunkelrothbraune Pigmentirung, wie sie im Bereich des Eisenborngrundes und in der Sandstufe südlich vom Wolfsbügel entwickelt ist, und eine fast schneeweisse, an Oligocänsande erinnernde Beschaffenheit. Die chemische Prüfung der rothbraunen Sande ergab, dass die als Pigmenthaut die Sandkörner überziehende Schicht vorzugsweise aus Eisenoxyd und etwas Manganoxyd besteht. Woher rührt aber der starke Eisengehalt dieser Sedimente? Nun der Name Eisenbornbach verräth uns schon, dass er seinen Ursprung an einem Orte hat, wo eisenhaltiges Wasser dem Boden entquillt, und damit sind wir zugleich in ein Gebiet unseres Haideplateaus verwiesen, in dem mir die Lösung der interessanten Frage nach der Herkunft des Eisenpigmentes in schöner Weise gelungen ist.

Wie bekannt, enthält unsere Haide zwischen dem der Elbe zugewandten Steilrande und dem erst in Lausitzer Richtung eingeschnittenen, dann in die zwischen dem Meissner und Lausitzer Massiv vorhandene Verwerfungskluft einlenkenden Priessnitzbache ein zerlapptes Sumpfgebiet. Das granitische Grundgebirge weist vielfach Senkungen und flach muldenförmige Vertiefungen auf, die meist miteinander communiciren. Vereinzelt heben sich Rücken und Buckel des Grundgebirges aus dem flachen Sumpflande heraus, so dass es dadurch seinen zerlappten Charakter gewinnt. In früheren Zeiten jedenfalls fast abflusslos, wird es jetzt durch eine Anzahl kleiner Rinnsale, welche die granitische Randschwelle durchsägt haben, nach der Elbe zu durch das verlorene Wasser, den Eisenbornbach, den Gutebornbach, den Mordgrund- und den Loschwitzbach entwässert. Auch nordwärts, nach der Priessnitz zu findet eine theilweise Entwässerung statt. Wenn nun durch die muldenförmigen Depressionen des Granites die Gelegenheit zur Bildung von Moorgebieten gegeben war, so wurde sie factisch bewirkt durch die Verwitterung dieses Gesteines, dessen Zersetzungsrückstände bekanntlich Wasser undurchlässige Thone sind. Dieser mechanisch-chemische Umwandlungsprocess liess aber auch Minerallösungen entstehen, die theils durch die natürlichen Abzugskanäle fortgeführt, theils im Sumpfgebiet zurückgehalten wurden und dort Mineralstoffe zur Ausscheidung brachten. Ein solcher Bestandtheil ist das Eisen. Vergleicht man chemische Analysen von Graniten im frischen und im angewitterten, schliesslich im verwitterten Zustande, so erkennt man sofort eine relative Anreicherung der Kieselsäure, der Thonerde und des Eisens, während der Alkaliengehalt schnell abnimmt. Zum Vergleich dienen drei Analysen des Granites vom Hauzenberg bei Passau.*)

	I. Frisch:	II. Verwittert:	III. Gefüge gelockert:
SiO_2	73,13	73,71	73,73
Al_2O_3	10,50	10,78	11,61
Fe_2O_3	3,16	3,18	3,76
MgO	1,12	0,83	0,99
K_2O	9,04	8,51	7,07
Na_2O	1,60	0,92	0,83
H_2O	0,45	0,92	1,76.

Diese Zunahme namentlich des Eisenoxydgehaltes unter gleichzeitiger Abnahme des Gehaltes von Eisenoxydul wurde neuerdings von der geologischen Landesuntersuchung des Grossherzogthums Hessen am Granit von Weinheim**) beobachtet. In unserer Haide, wo in den Depressionen die Verwitterung des Granites grosse Fortschritte gemacht und thonige Lagen im Grunde geschaffen hat, sind nun die Bedingungen für die Abfuhr der durch die Granitverwitterung geschaffenen Rückstände verschieden. Stellenweise wird nach der Vergrusung, d. h. nach dem schüttigen Zerfall der Felsart, das zersetzte Gestein schnell seiner leicht abschlämmbaren Bestandtheile, wie der Glimmerblättchen beraubt, es verliert beim Abrollen der Grusbrocken in den Rinnsalen alsbald die braune, auf hohen Eisengehalt deutende Färbung, und die in kürzester Frist abgerollten Körner erscheinen dann als Bestandtheile des Sandes in den Bächen. Ein Ort, wo man dies auf einer Strecke von wenigen Metern beobachten kann, ist der Wassergraben zur Rechten der Strasse, die von der Haidemühle aufwärts nach der Hofewiese führt. Nicht immer aber gelangen die Verwitterungsproducte gleich in schnellfliessende Gewässer. In den Sumpfregionen schwängern sich die stagnirenden Wasser mehr und mehr mit Mineralsolutionen und es kommt alsbald zum Absatz dieser Producte, namentlich der Eisenverbindungen gewöhnlich direct auf dem in der Zersetzung begriffenen Granitgesteine, dessen Feldspath, mehr noch dessen Glimmer das Eisen geliefert haben. So kommt es zur Bildung von Brauneisen, und wo organische Säuren mitwirken, zur Bildung von Raseneisenstein,***) während das in Lösung bleibende und vom fliessenden Wasser weggeführte Eisen sich entweder in den von den Abflussrinnen durchschnittenen Sandschichten absetzt und dieselben dann roth färbt oder durch die Lebensthätigkeit von Mikroorganismen allmählich ausgeschieden wird.

Es ist mir gelungen, in der Umgebung des Flügel C, zwischen Schneise 16 und 14, wo man in diesem Frühjahr gerodet und neue Culturen angelegt hat, die Verwitterung des Granites, der hier übrigens von einem schönen Schriftgranitgang durchsetzt zu werden scheint, die Eisenab-

*) Zirkel: Petrographie II, S 81.

**) Erläuterungen zur geol. Karte des Grossherzogthums Hessen, IV. Lieferung: Blätter Zwingenberg und Bensheim, S. 42.

***) Vergl. Section Pillnitz, S. 56.

scheidung in Form von Brauneisen und Raseneisen nachzuweisen. Wir sehen hier den übrigens nicht aufgeschlossenen, sondern nur in Form von zahlreichen Fragmenten im Moorboden eingebetteten Granit mit einer eisenschüssigen Verwitterungskruste auftreten, die sich bei fortschreitender Zersetzung verdickt und auf welcher alsbald kleine Inkrustate von Brauneisen sich zeigen, bis endlich bei dem schaligen und schüttigen Zerfall des alterirten Gesteines das Eisenerz die restirenden Granitkerne und den sandigen Schutt verkittet und in mehr oder minder dicken, schwammigen Lagen im Boden zur Ausscheidung gelangt. Was hier von dem Eisengehalt in das Bereich der Abflussrinnen gelangt, erscheint alsbald als schmierig rostbrauner Belag auf dem Boden der leise sickernden und träge rinnenden Wasseradern. Die chemische Untersuchung der Brauneisenerze ergab neben dem Eisenoxyd nur einen schwachen Gehalt von Manganoxyd, ein Umstand, der seine Erklärung darin findet, dass die Granite überhaupt entweder gar kein Mangan oder nur Spuren desselben enthalten. Bekannt ist ein Mangangehalt eigentlich nur von britischen Graniten. Auffällig bleibt nun noch, dass gerade in diesem Sumpfgebiet, wo die färbenden Eisensolutionen Alles durchdringen, ganz schneeweisse Haidesande vorkommen, und zwar entweder auf breiten, höher liegenden Moorrücken oberflächlich oder in den Abflussrinnen schnellfliessender Gewässer. Hier ist es das schnell zu Thal rinnende Wasser, auf höher gelegenen Moorrücken das aufschlagende Regenwasser, welches den Eisenschuss rasch auswäscht und Quarze und Granitkörner ohne Brauneisensteinhaut zurücklässt.

Interessant ist hier ein Vergleich mit der rasch fliessenden Priessnitz. Zum Zwecke der Wasserversorgung der Militäranstalten der Albertstadt hat man vor Kurzem drei Bohrlöcher unten im Grunde zwischen der „Neuen Brücke" und der „Küchenbrücke" geschlagen, aber in den durchteuften Sanden keine oder nur unbedeutende Spuren von Eisenschuss beobachtet. Die Bohrlöcher stehen bei 25,50 m Tiefe im kiesigen Haidesande, der neben zahlreichen rosenrothen und gelben Quarzen in den Kieslagen auffällig viel Geschiebe von böhmischen Basalten aufwies, zum Zeugniss dafür, dass auch hier die diluvialen Gewässer böhmisches Geschiebematerial zum Absatz brachten.

III. Ueber die Bedeutung der Milch als Nahrungsmittel.

Von Dr. med. Arthur Schlossmann.

Unter Milch versteht man ein Secret des thierischen Körpers, das von gewissen Thierarten, nämlich den Säugethieren, und zwar im Allgemeinen nur von den weiblichen Individuen dieser Klasse und auch nur in gewissen Entwickelungsphasen ausgeschieden wird. Das Organ, dem die Secretion der Milch zukommt, sind bekanntlich die Brustdrüsen, die im Anschluss an die der Befruchtung folgenden Vorgänge während der Schwangerschaft resp. Trächtigkeit sich successive entwickeln und so in der Lage sind, nach der Geburt dem jungen Individuum, das bisher direct alles zu seinem Aufbau Nöthige von der Mutter bezogen hatte, wenigstens indirect noch eine gewisse Zeit in ähnlicher Weise als Nahrungsquelle zu dienen. Die Ernährung des eigenen Jungen, das ist also die Aufgabe der Milch eines jeden Individuums und dieser seiner Aufgabe vermag die Milch einer jeden Thierart auch vollständig gerecht zu werden, denn die Milch jeder Thierart enthält alles das, was das betreffende Junge zum Aufbau seines Körpers sowie zum Unterhalt seiner vitalen Functionen wenigstens für eine gewisse Zeit seines Lebens bedarf. Hierüber lässt ja schon die tägliche Erfahrung gar keinen Zweifel aufkommen, die uns immer von Neuem zeigt, wie durch die Milch des mütterlichen Organismus das junge Säugethier und allen voran der junge Mensch in seiner Entwickelung gefördert wird. Da somit die Milch jeder Säugethierart für kürzere oder längere Zeit Individuen derselben Klasse als einzige Nahrung dient und auch genügt, so müssen wir die Milch als ein Nahrungsmittel im allerweitesten Sinne dieses Wortes auffassen. Ja, kein anderes Nahrungsmittel kann sich der Milch in dieser Beziehung an die Seite stellen, da keins im Stande ist, für sich allein genossen dauernd dem Menschen in irgend einer Phase seines Lebens alles das zuzuführen, was er zur Verrichtung der ihm obliegenden Lebensthätigkeiten bedarf. Ist die Milch ein vollständiges Nahrungsmittel, das den Anforderungen des Säuglings als einzige Nahrung ganz genügt, so muss sie auch alles enthalten, was zur Unterhaltung des thierischen Lebens erfahrungsgemäss unbedingt nöthig ist, nämlich Wasser, Eiweiss, Fett, Kohlehydrate und anorganische Salze, denn aus diesen Bestandtheilen setzt sich ja bekanntlich der thierische Körper zusammen, und da fortgesetzt einzelne Theile dieser Substanzen zu Grunde gehen und ausgeschieden werden, so muss eben für ihren Ersatz Sorge getragen werden. Dieser fundamentalen Anforderung wird also die Milch in vollem Maasse gerecht, indem sie alle diese Bestandtheile enthält. Ich füge hier gleich ein, dass das quantitative Verhältniss, in dem die verschiedenen Bestandtheile der Milch zu einander stehen, ein sehr verschiedenes ist, je nachdem von welchem Säugethiere die Milch stammt; ja, auch bei ein und derselben Thierart ist ganz abgesehen von individuellen oder durch die Ernährung bedingten Verschiedenheiten die Zusammensetzung quantitativ keine ganz gleichmässige, sondern je nach der seit der Geburt des Jungen verflossenen Zeit in gewissen Grenzen differirend. Auf die Bedeutung dieser Thatsachen komme ich nochmals zurück.

Die Milch aller Thierarten ist eine weissliche bis weisslich-gelbe Flüssigkeit, die zum grössten Theile aus Wasser besteht und die übrigen Bestandtheile theils gelöst, theils in suspendirtem Zustande enthält. Betrachten wir zunächst den Wassergehalt, so ist derselbe bei den verschiedenen Thierarten ganz besonderen Schwankungen unterworfen und übt natürlich auf Farbe und Consistenz der Milch einen ganz hervorragenden Einfluss aus. So enthält z. B. die Milch des Delphins nur etwa 48 % Wasser, während bei den uns vorwiegend interessirenden Milcharten, nämlich der Kuhmilch und etwa noch der Frauenmilch, auch vielleicht noch der Ziegen- und Eselsmilch der Wassergehalt ein bedeutend höherer ist und zwischen 85 und 90 % schwankt (siehe auch Tabelle auf Seite 38).

In dem das Constituens der Milch bildenden Wasser gelöst finden sich die Kohlehydrate, die anorganischen Salze und ein Theil der stickstoffhaltigen Substanzen. Von Kohlehydraten findet sich in der Milch aller uns interessirenden Thierarten ein und dasselbe und zwar nur dieses eine, nämlich der Milchzucker. Der Milchzucker gehört zu der Klasse der Disaccharide und es ist eine jedenfalls auffällige und bis jetzt noch nicht genügend erklärte Thatsache, warum die Milch gerade ausschliesslich einen Repräsentanten dieser Zuckerart enthält an Stelle der sonst im Thierkörper verbreiteteren Monosaccharide. Diese Thatsache wird um so auffallender, wenn wir berücksichtigen, dass der Milchzucker im Organismus des jungen Individuums erst wieder in Monosaccharide gespalten wird, ehe er zur Verbrennung gelangt. Es zerfällt der Milchzucker dabei in seine beiden Componenten, in Galactose und Dextrose. Somit findet in der Milchdrüse zunächst eine Synthese statt; denn unzweifelhaft wird der Milchzucker daselbst aus den Hexosen des Blutes aufgebaut, und dieses synthetische Product wird im jugendlichen Organismus sofort wieder gespalten. Man könnte nun daran denken, dass die Bindung der beiden Hexosen als ein Vorgang aufzufassen sei, der dazu dient, dem jugendlichen Organismus Spannkräfte zuzuführen derart, dass durch die Spaltung des Milchzuckers mehr Wärmequellen zugeführt würden, als wie wenn einfach die beiden Hexosen direct consumirt würden. Diese von mir ursprünglich gehegte Anschauung ist jedoch eine irrige, denn wie mir Herr Professor Ostwald, an den ich mich als die auf diesem Gebiete hervorragendste Capacität wandte, freundlichst mittheilte, beträgt die Verbrennungswärme der Galactose 6586 Calorien, die der Dextrose 6046 Calorien, in Summa also 13232 Calorien, die des Milchzuckers 13259 Calorien (alles auf ein Gramm Moleculargewicht berechnet). Es wird somit also beim Zerfall des Milchzuckers eine geringe Wärmemenge gebunden, da diese aber nur 2 pro Mille von der gesammten Verbrennungswärme beträgt, so kommt sie praktisch nicht in Betracht. Dahingegen weist mich Professor Ostwald auf ein anderes Moment hin, das in der That sehr beachtenswerth ist und uns den Schlüssel für die besprochene Erscheinung an die Hand geben dürfte. Es liegt ja die Nothwendigkeit vor, dass der mütterliche Organismus den Milchzucker aus dem Blute aufspeichern muss, da ja die Zellen der Brustdrüse und das diese umspülende Serum während der Ruhezeiten, während der Zeiten also, in welchen Anforderungen an die Drüse nicht gestellt werden, dafür besorgt sein müssen, alle die Stoffe, die bei der Milchausscheidung von Nöthen sind, in grösserer Menge in Vorrath bereit zu stellen. Der Organismus des Kindes hat umgekehrt die Aufgabe, den Milchzucker der Verdauung zugänglich zu machen. Da nun aller Wahrscheinlichkeit nach Milchzucker schwerer dissociirt als seine Bestandtheile, so ist seine Bildung in der Milchzelle ein ebenso nützlicher Vorgang als seine Spaltung im Darme des Kindes. Was die Menge an Milchzucker anbetrifft, die in den verschiedenen Milcharten enthalten ist, so steht die Frauenmilch obenan mit einem Gehalt von 6, ja sogar häufig noch höherem bis zu 7 % reichendem Gehalt, während die Kuhmilch nur 3,5—4 % aufzuweisen hat; Ziege und Esel stehen in dieser Beziehung zwischen Kuh und Mensch. An anorganischen Bestandtheilen übertrifft die Kuhmilch ganz bedeutend die der anderen Hausthiere sowie des Menschen; ihr nahe steht die Ziege, es folgen Esel und Mensch. Der Gehalt an Salzen beeinflusst im Speciellen ebenso wie die Gesammtzusammensetzung der Milch überhaupt die Entwickelung des jungen Individuums und so konnte erst vor Kurzem Pröscher*) in Bunge's Laboratorium zeigen, wie der Aschengehalt und die Gewichtszunahme in einem ganz eclatanten Verhältniss zu einander stehen. Dabei ergiebt sich Folgendes: Es verdoppelt sein Gewicht von der Geburt ab

der Mensch	in 180	Tagen,	Asche der menschlichen Milch	2,3
das Pferd	„ 60	„	Aschengehalt der Milch . .	4,1
das Rind	„ 41	„	„ „ „ . .	8,0
der Hund	„ 8	„	„ „ „ . .	13,1 pro Mille.

In ähnlicher Weise habe ich**) bereits vor geraumer Zeit auf den Zusammenhang zwischen der Zusammensetzung der Milch und der Entwickelung der verschiedenen Thierarten hinweisen können.

Gelöst finden sich endlich in der Milch gewisse stickstoffhaltige Bestandtheile der Milch, so in erster Linie die sogenannten Extractivstoffe, die wohl in keiner Milch fehlen und die direct aus dem Blute stammen. Erwähnenswerth, weniger durch die Wichtigkeit, die sie für den Werth der Milch besitzen, als durch die Regelmässigkeit ihres Vorkommens, sind Harnstoff, Kreatin und Kreatinin. Ungleich bedeutungsvoller sind diejenigen stickstoffhaltigen Substanzen, die in der Milch gelöst enthalten sind und sich unbedingt nur zu den Eiweisskörpern rechnen lassen. Es enthält nämlich die Milch aller Thiere, soweit man bisher dieselbe daraufhin untersucht hat, ebenso wie die der Frau ausser dem Hauptmilcheiweisskörper, dem Caseïn, noch andere Eiweisskörper, die sich gerade in Bezug auf die Art und Weise, wie sie in der Milch enthalten sind, von diesem unterscheiden. Das Caseïn nämlich ist nicht eigentlich in der Milch gelöst, es ist vielmehr in derselben in einem Zustande enthalten, den man als den der colloïdalen Quellung bezeichnen kann. Gerade in neuester Zeit haben ja derartige colloïdale Körper das Interesse der

*) Zeitschr. für physiol. Chemie, Bd. XXIV.
**) Zeitschr. für physiol. Chemie, Bd. XXII.

Chemiker in hohem Grade erregt und ich brauche nur an die Mittheilungen der Herren Professor von Meyer und Dr. Lottermoser in dieser Gesellschaft über das von ihnen dargestellte colloïdale Silber und Quecksilber zu erinnern. Nun, ganz ähnlich scheint die Sache sich bei dem Caseïn zu verhalten, auch dieses findet sich in einem colloïdalen Zustande in der Milch. Neben dem Caseïn enthält nun die Milch noch andere Eiweisskörper, die im Gegensatz hierzu wirklich gelöst sind. Es sind dies Globulin und vor Allem ein Albumin, also ein Körper, der dem Serumalbumin des Blutes und dem Ovalbumin des Hühnereies sehr nahe steht und mit diesen die Eigenschaft gemein hat, bei höheren Temperaturen zu coaguliren, andererseits aber sehr leicht resorbirbar zu sein. In Bezug auf das Verhältniss, in dem Caseïn zu dem gelösten Eiweiss steht, finden sich nun ganz eclatante Unterschiede zwischen den verschiedenen Milcharten. Wenn auch so manches in dieser Beziehung noch strittig ist, so lassen sich doch zwei Thatsachen als fest erwiesen annehmen, erstlich einmal, dass die Milch aller Thierarten unmittelbar nach der Geburt des Jungen wesentlich mehr an gelöstem Eiweiss im Verhältniss zum Gesammteiweiss enthält, als in späteren Stillperioden. Das geht so weit, dass die Milch der ersten Tage oder Wochen so viel gelöstes Eiweiss und zwar im Speciellen gerade Lactalbumin enthält, dass dieses seine Eigenschaft, bei Erhitzung zu gerinnen, auf die gesammte Milch überträgt. Wenn Sie also eine solche Milch sieden, so gerinnt dieselbe in feinen Flocken. Man benennt eine solche Milch, die sich auch anderweit in Bezug auf ihre Zusammensetzung noch wesentlich von der der späteren Milchperiode unterscheidet, Colostrum. Dieser colostrale Zustand der Milch hält bei den verschiedenen Thierarten verschieden lange an, im Allgemeinen etwa 10 Tage in maximo. Es nimmt alsdann der Gehalt an Lactalbumin ganz wesentlich ab. Als zweite Thatsache in dieser Beziehung müssen wir aber daran festhalten, dass keine andere Milchart relativ im Verhältniss zum Gesammteiweiss soviel Albumin dauernd enthält als die Frauenmilch. Hierin ist einer der Hauptunterschiede zwischen Frauen- und Kuhmilch begründet, hierin liegt aber auch die Ursache zu der ebenso bedauerlichen als bisher durch nichts aus der Welt zu schaffenden Thatsache, dass Säuglinge die Kuhmilch um so viel schlechter vertragen als die Muttermilch. Der Grund für diese Thatsachen wird uns leicht verständlich, wenn wir uns vergegenwärtigen, welche Schicksale denn die Eiweisskörper der Milch bei ihrer Verdauung im thierischen Organismus erleiden. Wenn die Milch in den Magen kommt, so gelangt dieselbe nämlich zur Gerinnung. Diese Gerinnung beruht darauf, dass das Caseïn ausgefällt wird und zwar kommt diese Ausfällung durch zwei Momente zu Stande, einmal nämlich durch die saure Reaction des Magensaftes, die in erster Linie durch den Gehalt an Salzsäure desselben bedingt ist, und zweitens durch die Gegenwart eines durch die Magendrüsen abgeschiedenen Fermentes, des Labfermentes, dem eben die merkwürdige Eigenschaft zukommt, die Gerinnung des Caseïns herbeizuführen. Wenn Sie den Labmagen eines Kalbes mit Glycerin ausziehen und sich auf diese Weise eine Lablösung beschaffen, oder wenn Sie ein getrocknetes Stück Kalbsmagen in eine beliebig grosse Menge Milch, in 5—10 Liter werfen und die Milch etwa eine halbe Stunde auf Körpertemperatur — 37 Grad Celsius — erwärmen, so gerinnt die gesammte Milch zu einem dicken Kuchen, über dem eine durchsichtige Flüssigkeitsschicht, das Milchserum, steht, das aus dem Wasser, den Kohlehydraten, den Salzen sowie dem gelösten Eiweiss besteht, während das ganze Caseïn ausgefällt ist und eben den vorerwähnten Kuchen bildet. Aehnlich wohl, aber nicht gerade analog, ist das Schicksal der Milch im Magen des lebenden Thieres, nur kommt es hier nicht zur Bildung eines zusammenhängenden Coagulums, vielmehr bewirkt die motorische Kraft des Magens, dass der Inhalt desselben bei der Verdauung fortgesetzt bewegt wird, es bilden sich dabei also statt eines zusammenhängenden Gerinnsels zahlreiche kleine. Die Grösse und die Festigkeit dieser Gerinnsel ist nun einerseits eine recht verschiedene je nach der Milchart, denn offenbar ist das Caseïn der verschiedenen Milcharten nicht ein und derselbe Körper, sondern es sind chemisch verschiedene, wenn auch zu einer grossen Familie gehörige Körper. Die verschiedenen Caseïnarten haben aber die Eigenschaft, verschieden zu gerinnen, und zwar gerinnt am feinflockigsten das Caseïn der Frauenmilch, während das der Kuhmilch im Gegensatz hierzu sehr compacte, zähe Gerinnsel bildet. Aber noch durch andere Umstände wird die Gerinnungsart des Caseïns beeinflusst. So hängt dieselbe wesentlich von dem Fettgehalt der Milch mit ab, indem die Coagula um so feinflockiger, um so zarter werden, je mehr Fett in der Milch enthalten ist. Der weit verbreitete Glaube, dass eine magere Milch leichter zu verdauen ist als eine fette, ist daher in dieser Allgemeinheit gefasst als Irrthum zu bezeichnen. Weiter hängt die Gerinnungsart des Caseïns von der procentualen Menge ab, die dieselbe an Caseïn enthält. Eine Milch, die wenig Caseïn enthält oder bei der der Caseïngehalt durch Verdünnen herabgesetzt worden ist, wird immer feinflockiger ausgeschieden werden als eine mit höherem Caseïngehalt. Endlich spielt in gleicher Richtung auch die Gegenwart von gelöstem Eiweiss eine bedeutende Rolle. Aus allen diesen Punkten ist ersichtlich, dass die Frauenmilch vor der Kuhmilch — ich will mich auf die Gegenüberstellung dieser beiden Milcharten beschränken — in jeder Beziehung den Vortheil der feineren Caseïngerinnung voraushaben muss. Denn einmal enthält die Frauenmilch ein Caseïn, das schon an und für sich ungleich feiner gerinnt, dann enthält die Frauenmilch noch nicht einmal ganz 1 %, Caseïn, während die Kuhmilch gegen 3 % aufzuweisen hat, ferner ist die Frauenmilch relativ viel fettreicher, denn dieselbe schwankt in ihrem Fettgehalt zwischen 3 und 4 %, während unsere Marktmilch selten viel über 3 % enthält, endlich aber finden wir in der Frauenmilch ganz bedeutende Mengen gelösten Eiweisses, während die Kuhmilch hierin sehr arm ist. So sind denn alle Bedingungen gegeben, die dazu führen müssen, dass die Frauenmilch im kindlichen Magen sehr fein und zartflockig gerinnt, während die Kuhmilch in zähen compacten Coagulis durch den Magensaft niedergeschlagen wird. Die Art der Milchgerinnung ist aber von allergrösstem Einfluss, denn die Ausscheidung in Coagulis bedeutet ja nur den ersten Schritt bei der Verdauung, müssen doch nunmehr die Milchgerinnsel ordentlich von den Säften des Magens und des Darmes durchtränkt werden und die Caseïnflocken wieder gelöst und in solche Eiweisskörper übergeführt werden, die sich zur directen Aufsaugung durch die Drüsen des Darmes eignen. Es ist aber ohne Weiteres leicht verständlich, dass eine feine zarte Caseïnflocke leichter von den Verdauungssäften angegriffen und gelöst werden kann, als ein zähes dickes Coagulum. Der Vortheil der Frauenmilch vor der Kuhmilch ist somit ein doppelter, erstlich enthält dieselbe einen namhaften Theil ihres Eiweisses gar nicht als Caseïn, sondern als Albumin, und dieser Eiweisskörper braucht gar nicht erst coagulirt und wieder gelöst zu werden, sondern kann direct im Magen und Darm aufgesaugt werden, andererseits wird das Caseïn der Frauenmilch bei der Verdauung des Kindes feiner ausgeschieden und rascher und vollständiger wieder gelöst. Ungelöste Eiweissmassen, die, um verdaut zu werden, lange im Darme weilen müssen, bilden aber eine grosse Gefahr für das betreffende Individuum, da es alsdann leicht zur Fäulniss und zur Zersetzung der im Darmkanal stagnirenden Eiweissmassen kommen kann, die zu den schwersten Erscheinungen, zu langwierigen Darmkatarrhen und dem erschreckenden Bilde der Kindercholera zu führen vermögen. Der Verdauungsapparat des Menschen und vor Allem der des Kindes, ist eben von dem des Thieres — hier des Kalbes — wesentlich verschieden eingerichtet. Wer je den mächtigen Magen eines neugeborenen Kalbes und dasselbe Organ eines jungen Kindes gesehen hat, dem wird es auch völlig selbstverständlich erscheinen, dass eine Aufgabe, die von dem ersteren spielend gelöst wird, von dem letzteren nicht verlangt werden kann, und dass jeder Versuch zu dauernden Schädigungen führen muss. Von der Darreichung unverdünnter Kuhmilch ist man denn auch wenigstens bei jüngeren Säuglingen völlig abgekommen und versucht auf mancherlei mehr oder weniger zweckmässige Art und Weise die Unterschiede zwischen Kuh- und Frauenmilch auszugleichen, deren Erörterung an dieser Stelle uns freilich zu weit führen würde.

Durchschnittliche Zusammensetzung der Milch in Procent:

	Frau	Kuh	Ziege	Esel
Fett	3,5—4,0	3,0—3,5	3,5—4,0	0,3—1,0
Eiweiss . . .	0,8—1,2	3,0—3,5	2,8—3,8	1,2—1,8
Milchzucker .	6,0—7,0	3,5—4,5	4,0—4,5	4,5—5,5
Salz	0,25	0,70	0,70	0,35
Wasser . . .	88—89	87—88	86—87	88—89

Was das Fett der Milch anbetrifft, so ist es in derselben in feinsten kleinen Tröpfchen suspendirt und keineswegs in gelöstem Zustande. Um das in der Milch suspendirte Fett zu lösen, ist es nöthig, die feine aus Eiweiss bestehende Membran, die jedes dieser nur mikroskopisch wahrnehmbaren Fetttröpfchen umgiebt, zu lösen, was durch eine geringe Menge von Säure oder Lauge mit Leichtigkeit geschehen kann. Alsdann kann man das Milchfett in Aether oder Amylalkohol lösen und seine Menge gewichtsanalytisch, volumetrisch oder aërometrisch feststellen. Wie schon erwähnt, beträgt der Fettgehalt unserer Marktmilch in der Regel 3 %, bei geeigneter Fütterung gelingt es aber, eine Kuhmilch zu erzielen, die ungleich fettreicher, die 4, ja 5 % Fett enthält. Die Frauenmilch enthält in der Regel 3 ½ — 4 % Fett, doch spielt auch hier die Ernährung eine wichtige Rolle. Etwa gleich in Bezug auf den Fettgehalt kommt der Frauenmilch der Fettgehalt der Ziegenmilch, während die Eselsmilch, die eine veraltete Lehranschauung für der Muttermilch sehr ähnlich hielt, von dieser aber sich mehr als irgend eine andere Milchart unterscheidet, kaum 1 %, häufig sogar noch viel weniger Fett enthält und sich somit als völlig ungeeignet zur Ernährung von Säuglingen erweist, für die schon der hohe

Preis hinderlich sein würde. In Bezug auf die Art, in der sich das Fett in der Milch findet, wäre noch zu erwähnen, dass die Fettkügelchen am kleinsten, dass die Vertheilung derselben am feinsten in der Frauenmilch ist, während die Milch aller übrigen Thierarten grössere Fetttröpfchen enthält.

Die Zusammensetzung der Milch lässt es ohne Weiteres als verständlich erscheinen, dass die Ausnutzung, die die Milch im menschlichen Verdauungskanal erfährt, eine ganz vorzügliche ist. Das letzte Wort über diese Frage ist zwar noch nicht gesprochen, doch lässt sich so viel mit Sicherheit sagen, dass in vielen Fällen, vor Allem dann, wenn keine allzu reiche Zufuhr statthat, der Säugling die Muttermilch nahezu ideal ausnutzt, das heisst, dass alle in der Nahrung enthaltene Energie auch seinem Organismus zu Gute kommt und nicht unverbraucht wieder ausgeschieden wird. In ganz besonderem Maassstabe gilt dies für die Kohlehydrate, nicht viel weniger für das Eiweiss, während von Salzen und Fett sich mitunter etwas grössere Mengen in den Stühlen wiederfinden, doch dürfte nur ausnahmsweise der Verlust mehr als 10 % betragen, wenn die Ernährung eine genau beobachtete war. Etwas schlechter, immerhin aber noch ausgezeichnet wird die Kuhmilch vom Kinde wie vom Erwachsenen ausgenutzt. Während aber für das Kind die Milch als einzige Nahrung genügt, ja, während der ersten Monate seines Lebens sogar seine einzige Nahrung bilden muss, wenn anders man seine Lebensaussichten nicht gefährden will, kann man einen Erwachsenen nicht dauernd rationell mit Milch ernähren, wie eine kurze Betrachtung der einschlägigen Verhältnisse uns ohne Weiteres erkennen lässt. Ein erwachsener arbeitender Mann bedarf täglich, um die Ausgaben seines Stoffwechsels zu decken, 105 Gramm Eiweiss, 50 Gramm Fett und 400—500 Gramm Kohlehydrate. Diese benöthigten 105 Gramm Eiweiss würden sich in 3½ Liter Milch finden (pro Liter 3 % Eiweiss gerechnet), mit diesen 3½ Liter Milch würde der Betreffende auch 105 Gramm Fett consumiren, an Kohlehydraten jedoch kaum 140 Gramm aufnehmen. Nun enthalten ja die 3½ Liter Milch statt der benöthigten 50 Gramm Fett deren 105, also 55 Gramm mehr, und diese 55 Gramm Fett entsprechen etwa 125 Gramm Kohlehydrat, da 1 Gramm Fett 9,3 Calorien, 1 Gramm Kohlehydrat 4,1 Calorien ausmacht, und bei der Ernährung des Erwachsenen eine Vertretung der einzelnen Nahrungsmittel in gewissem Grade nach ihrem Calorienwerthe möglich ist. Immerhin würden dem mit 3 Liter Milch genährten Individuum noch 140 bis 240 Gramm Kohlehydrat fehlen. Es müsste somit hierfür eine entsprechende Menge Brot mitgenossen werden. Eine ausschliessliche Milchernährung hat übrigens den Nachtheil für Erwachsene, dass sich gegen den ausschliesslichen Genuss von Milch in Bälde ein Widerwille einstellt. Ist eine ausschliessliche Milchernährung, abgesehen vom frühen Kindesalter, also unrationell und verwerflich, so ist doch die Milch ein ganz vorzügliches und überaus wohlfeiles Hülfsmittel bei der Ernährung und verdiente als solches sogar noch viel mehr Beachtung, als ihr hier bei uns zu Theil wird. Ganz besonders in der Form der milchhaltigen Mehlspeisen, wie man solche in Oesterreich und auch in Süddeutschland geniesst, kann dieselbe für die Tafel von Arm und Reich empfohlen werden. Wie billig man in der Milch Nährstoffe zu kaufen bekommt, zeigt folgende Rechnung: Für eine Mark erhält man circa 6 Liter Milch mit 180 Gramm Eiweiss, 180 Gramm Fett und mit 240 Gramm Kohlehydraten. Für dasselbe Geld erhält man

1 Kilo Ochsenfleisch und dabei sogar blos eine geringe Qualität, und mit diesem Kilo mageren Ochsenfleisches 210 Gramm Eiweiss, 17 Gramm Fett und so gut wie gar keine Kohlehydrate. Hierbei ist pro Pfund Rindfleisch nur 50 Pf. gesetzt, was entschieden doch bei den heutigen Fleischpreisen zu niedrig gegriffen sein dürfte.

Aus dem eben Angeführten geht hervor, welche Bedeutung die Milch als Nahrungsmittel hat, und lässt es erklärlich erscheinen, dass der Milchconsum ein ganz bedeutender ist, und die Milchgewinnung und der Verkehr und Handel mit Milch eine Ausdehnung angenommen hat, die der ferner Stehende in der Regel wohl unterschätzen dürfte. So consumirt Dresden — ich entnehme diese Zahlen einer sehr lesenswerthen Schrift des Herrn Dr. Pfund — täglich etwa 90000 Liter Milch, von denen 5600 in der Stadt selbst producirt werden, 33000 Liter werden per Wagen von den umliegenden Ortschaften eingeführt und 51000, also der bei Weitem grösste Theil, kommt per Bahn, also wie man wohl annehmen kann, aus dem weiteren Umkreise der Stadt. Dabei erweist sich Dresden durchaus nicht als eine stark Milch consumirende Stadt, da ja pro Tag und Kopf noch nicht einmal ein Drittelliter verbraucht wird.

Ein derartiger Consumartikel, als den wir somit die Milch betrachten müssen, wird natürlich, umsomehr als sehr zahlreiche und ökonomisch schwache Hände bei Gewinnung, Transport und Verkauf in Betracht kommen, menschlicher Habsucht als willkommenes Ausnutzungsobject dienen, und in der That giebt es kein Nahrungsmittel, das so oft verfälscht oder minderwerthig in den Handel gebracht wird, deshalb ist die Aufmerksamkeit der Behörden schon seit langer Zeit auf den Wandel und Handel der Milch gerichtet.

Fassen wir zunächst die Verfälschungen, denen die Milch ausgesetzt ist, ins Auge, so ist als die häufigst vorkommende diejenige anzusehen, die durch Wasserzusatz das Volumen der Milch vermehren, und, da ja allgemein nach volumetrischen Maassen gekauft wird, somit die zu erzielende Einnahme erhöhen will. Der Nachweis des erfolgten Wasserzusatzes kann mit grossen Schwierigkeiten verknüpft sein, vorausgesetzt, dass der Milchfälscher vorsichtig zu Werke geht, was ja glücklicherweise nicht der Fall zu sein pflegt. So vermag der Nachweis von Salpetersäure, die sich im Brunnenwasser fast ausnahmslos findet, während sie der reinen Milch stets fehlt, schon zur Erkennung des Wasserzusatzes hinzuführen. An und für sich wird ja ein Wasserzusatz zur Milch sogar häufig nöthig sein, wenn man dieselbe zum Beispiel kleinen Kindern geben will, und natürlich kann man einer Mutter, die ihrem Säugling die Milch entsprechend verdünnt, keine Fälschung vorwerfen. Die Benachtheiligung aber, die der Milchkäufer durch den Wasserzusatz seitens des Milchproducenten oder seitens des Milchhändlers erfährt, liegt einmal darin, dass die werthvollen, der Ernährung dienenden Bestandtheile hierdurch verdünnt werden, der Käufer somit weniger davon erhält, als er in dem Glauben, reine Milch zu erhalten, bezahlt. Andererseits ist das zugesetzte Wasser aber meist von recht fragwürdiger Güte und Reinheit und kann so direct zu Gesundheitsschädigungen führen. Da sich ein bedeutenderer Wasserzusatz, besonders wenn derselbe zu an und für sich schon nicht sehr guter Milch erfolgt, sich leicht durch die durchsichtige bläuliche Farbe der so behandelten Milch verräth, so wird nicht selten durch Zusatz von Stärke, Mehl oder sogar von Gyps die Farbe wieder aufgebessert. Natürlich ist der Nachweis dieser Körper unschwer zu erbringen.

Eine weitere und wohl die allerhäufigste betrügerische Manipulation, der die Milch unterworfen wird, ist die des Abrahmens. Bekanntlich ist die Sahne, das Milchfett das relativ Werthvollste an der ganzen Milch, da diese ja in ihrer Verarbeitung zu Butter sowie in ihrer Verwendung als Sahne und Schlagsahne viel begehrt ist. Es liegt also sehr nahe, dass man die Milch durch Abschöpfen des sich oben abscheidenden Fettes von einem Theil ihrer werthvollsten Nährsubstanzen beraubt. An und für sich ist ein derartiges Vorgehen durchaus nichts Ungerechtes und geschieht in allen Molkereien, ja die moderne Technik hat sogar vortreffliche Apparate ersonnen, mit Hilfe deren es möglich ist, das Fett aus der Milch so gut wie vollständig abzuscheiden. Die so mit Centrifugen entfettete Milch nennt man Magermilch. Unbedingt nöthig und zu verlangen ist es nun aber, dass der Käufer der Milch genau weiss, ob er sämmtliche von vornherein in der Milch befindliche Bestandtheile der Milch auch wirklich erhält oder ob solche derselben entnommen worden sind. Daher fordert mit Recht die Behörde, dass jedes Milchgefäss eine genaue Bezeichnung trägt, ob in derselben Magermilch oder Vollmilch enthalten ist. So kann sich der Käufer genügend orientiren und entweder eine Milch erstehen, die nur einen Theil der naturgemäss in ihr vorkommenden Nährstoffe enthält, oder aber eine, die in dieser Beziehung vollwerthig ist. Der Kauf von Magermilch bedeutet übrigens keinen Nachtheil, sondern vielmehr sogar einen Vortheil für den Käufer und ist daher armen Leuten anzurathen, denn der Marktpreis der Magermilch ist im Verhältniss zu den darin enthaltenen Nährstoffeinheiten ein geringerer, wie die folgende Erwägung zeigt: Ein Liter Vollmilch enthält in 30 Gramm Fett 279 Calorien, in 30 Gramm Eiweiss 123 Calorien und in 45 Gramm Milchzucker 184 Calorien, zusammen 580 Calorien; ein Liter centrifugirte Magermilch enthält etwa 3 Gramm Fett entsprechend 27 Calorien, wieder 30 Gramm Eiweiss mit 123 Calorien und 46 Gramm Milchzucker mit 187 Calorien, zusammen 333 Calorien. Es enthält also die Magermilch etwa 56 % der in der Vollmilch zu findenden Nährstoffe in Calorien, der Preis derselben ist jedoch nur wenig mehr als ein Drittel der Vollmilch, da nach der Regel für einen Liter gute Vollmilch 18, für einen Liter Magermilch nur 7 Pf. gezahlt werden. Die Magermilch ist somit nicht nur absolut, sondern auch relativ billiger als die Vollmilch. Freilich muss das dabei weniger verabreichte Fett auf andere Weise dem Organismus zugeführt werden. Ganz anders ist die Entrahmung natürlich zu beurtheilen, wenn dieselbe ohne Vorwissen des Käufers geschehen ist, wie dies überaus häufig vorkommt. Es sind daher gesetzliche Bestimmungen getroffen, die der Entrahmung der Milch Einhalt gebieten sollen. Doch leiden alle hierauf abzielenden Maassregeln unter der Schwierigkeit, sie exact durchzuführen. Da nämlich der Fettgehalt bei verschiedenen Kühen — und um Kuhmilch handelt es sich ja so gut wie ausschliesslich — nach Rasse und Ernährungsart äusserst verschieden ist, so lässt sich natürlich keine Zahl finden, die wirklich als stricte Grenze aufgefasst werden kann, bis zu der der Fettgehalt in minimo sinken darf. An verschiedenen Orten ist diese Grenze verschieden hoch angenommen, hier bei uns beträgt dieselbe zur Zeit 3 %. Enthält also eine Milch weniger als 3 % Fett, so wird angenommen, dass dieselbe entweder abgerahmt oder mit Wasser verdünnt worden ist. Nach beiden

Seiten hin wird diese Annahme freilich im einzelnen Falle falsch sein können. Einmal steht es nämlich demjenigen Milchproducenten oder Milchhändler, dessen Milch etwa $3\frac{1}{2}$—4 % oder mehr Fett enthält, frei, seine Milch bis auf einen Fettgehalt von 3 % abzurahmen, ohne dass er für diese That Entdeckung oder Strafe zu erwarten hat, andererseits kann es aber auch vorkommen, dass eine Milch wirklich nur 2,9 oder sogar noch weniger Fett enthält, ohne dass irgend ein betrügerischer Eingriff erfolgt ist, und der Betreffende kann somit in den falschen Verdacht der Milchpanscherei kommen. Die Controle der Milch erfolgt hier durch Beamte der Wohlfahrtspolizei, die alle diejenigen Milcharten, die ihnen verdächtig erscheinen, der Behörde zur Vornahme der chemischen Analyse anzuhalten haben. Zur vorläufigen Bestimmung des Fettgehaltes an Ort und Stelle der Entrahmung dienen calorimetrische Methoden, verbunden mit der Bestimmung des specifischen Gewichts. Alle diese Methoden sind vollkommen ungenügend und es steht zu erhoffen, dass seitens der Wohlfahrtspolizei nunmehr eine neue zur Einführung gelangt, die allen Anforderungen, die man an eine marktpolizeiliche stellen darf, genügt, und zwar sowohl in Bezug auf die Einfachheit und Schnelligkeit in der Ausführung, als auch in Bezug auf die Genauigkeit. Es ist dies die Gerber'sche Methode, die vermittelst einer Hugershoff'schen Centrifuge volumetrisch den Fettgehalt der Milch ermittelt. Es werden zu diesem Zwecke in bestimmten graduirten Messgefässen 11 Cubikcentimeter Milch mit 10 Cubikcentimeter concentrirter Schwefelsäure versetzt und hierdurch die Eiweisskörper zunächst ausgefällt und alsdann wieder zur Lösung gebracht; hierauf wird 1 Cubikcentimeter Amylalkohol zugesetzt, der das Fett in durchsichtiger Flüssigkeit löst, und das Gemisch gut centrifugirt. Man vermag in kurzer Zeit den Fettgehalt direct abzulesen. Die ganze Methode gestattet, eine grosse Anzahl von Bestimmungen zu gleicher Zeit vorzunehmen, und ich kann aus vielen Hunderten von Untersuchungen, die ich auf diese Weise mit der Milch verschiedener Thierarten vorgenommen habe, bestätigen, dass die Bestimmung eine überaus genaue ist, die mit den gewichtsanalytisch gefundenen Resultaten sehr gut übereinstimmt.

Die Abrahmung der Milch hat uns schon darauf hinweisen lassen, dass manche Milch nur sehr wenig Fett enthält; und solche Milch, die von vornherein sehr fettarm ist, müssen wir als minderwerthig bezeichnen. Statt im Melkeimer verdünnen nämlich manche Milchproducenten die Milch schon im Euter des Thieres, indem sie demselben eine wasserreiche, an festen Bestandtheilen, vor Allem an Fett arme Nahrung gewähren. Auf diese Weise bringen sie die Kühe dahin, viel, aber fettarme Milch zu geben. Die Grossconsumenten wissen sich nun neuerdings sehr gut gegen derartige Manipulationen zu schützen, indem sie die Milch nicht mehr per Liter, sondern nach dem gelieferten Fett bezahlen. Sie untersuchen jeden Tag auf die vorhin angedeutete Weise die zur Ablieferung gebrachte Milch und bezahlen dieselbe je nach ihrem Fettgehalte mit höherem oder geringerem Preise. Eine immer weitere Verbreitung dieser Maassnahmen lässt erhoffen, dass die Landwirthe mehr und mehr auch in ihrem Interesse darauf sehen werden, eine fetthaltige Milch zu produciren.

Als minderwerthig ist ferner ausnahmslos alle Milch zu bezeichnen, die von kranken Thieren stammt. Dem Laien erscheint dies eigentlich ganz selbstverständlich, doch ist man in Wirklichkeit noch sehr weit davon entfernt, diese Forderung des Hygienikers anzuerkennen. Ja, vor nicht langer Zeit hat ein Oekonom in der vom preussischen Ministerium zur Besprechung dieser Fragen zusammengerufenen Commission erklärt, dass bei Durchführung einer solchen Forderung die Landwirthe es sich wohl überlegen würden, weiter Milchwirthschaft zu betreiben. Diese Behauptung entbehrt jeder Berechtigung, denn diejenigen Oekonomen, die ausschliesslich gesundes Vieh zur Milchgewinnung benutzen, machen hierbei brillante Geschäfte. Betrübend ist allerdings die Thatsache, dass es in ganz Deutschland wohl kaum ein Dutzend Ställe giebt, in denen nur gesundes Vieh steht. Bei den meisten Ställen leiden ein Drittel, die Hälfte oder noch mehr Thiere an der Perlsucht, dieser der Tuberkulose des Menschen entsprechenden Krankheit, welche in gar nicht zu seltenen Fällen auch wirklich auf diese Weise eben durch den Genuss der rohen, von perlsüchtigen Thieren stammenden Milch auf den Menschen übertragen wird. Ebenso können auch die Erreger anderer Seuchen auf den Menschen überschleppt werden.

Ebenfalls als minderwerthig ist alle diejenige Milch zu bezeichnen, die nicht sauber gemolken und nicht zweckentsprechend aufbewahrt wird. Schon was die Reinlichkeitsverhältnisse in den Ställen anbelangt, so bekommt man da manchmal fast Unglaubliches in Bezug auf Unreinlichkeit zu sehen. Ein Herkules würde da an der Möglichkeit einer Säuberung verzagen. Der Volksmund rechnet übrigens hiermit schon als einer feststehenden Thatsache und nennt eben einen besonders schmutzigen Ort einen Stall. Dieses Vorurtheil zu widerlegen ist der erste Schritt auf dem Wege der Besserung.

Es ist nämlich eine durch die Erfahrung immer wieder bestätigte Thatsache, dass durch Unsauberkeit bei der Gewinnung und der Aufbewahrung der Milch die Haltbarkeit derselben nachtheilig beeinflusst wird. Es kommen, wenn man nicht die nöthigen Vorsichtsmaassregeln bewahrt, in die von Haus aus keimfreie Milch zahlreiche Mikroorganismen hinein, die sich in dem für ihre Entwickelung sehr geeigneten Nährboden, zumal wenn die Aussentemperatur hierzu günstig ist, schrankenlos vermehren. Hierbei findet eine Veränderung statt, die der regelmässig im Magen eintretenden bis zu einem gewissen Grade ähnelt; nämlich auch durch die Vermehrung der Mikroorganismen kann es zu einer Gerinnung der Milch kommen, indem der Milchzucker in Milchsäure gespalten wird. Ist auf diese Weise eine bestimmte Menge Milchsäure entstanden, so kommt es durch dieselbe ebenso zur Gerinnung der Milch, wie durch die Salzsäure des Magens. Andere Keime wieder, die durch Unsauberkeit in die Milch gelangen können, sind noch verhängnissvoller gerade dadurch, dass sie keine Säurebildner sind; sie vermehren sich, ohne zur Gerinnung zu führen. Gerade die Gerinnung der Milch ist aber auch dem Laien ein deutlicher Hinweis darauf, dass die betreffende Milch verdorben ist. Im Uebrigen ist es ja bekannt, dass auch eine sauer gewordene Milch sich sehr gut zur Nahrung eignen kann und von manchen Menschen sehr gern genommen wird. Gefährlich ist aber jede angesäuerte Milch für kleine Kinder, die auf den Genuss derselben schwer zu erkranken pflegen. Für diese und ebenso für Erwachsene kann aber eine nicht sauere Milch auch im höchsten Grade schädlich sein, wenn dieselbe die vorhin erwähnten anderen Keime enthält. Von der Zahl der Mikroorganismen, die sich in der Kuhmilch finden, wenn diese nicht sauber gemolken worden ist, kann sich der mit diesen Verhältnissen nicht Vertraute kaum eine Vorstellung machen. So kann es vorkommen, dass in einer Milch, die noch nicht einmal so weit verdorben ist, dass sie durch Gerinnung Jedermann als minderwerthig ins Auge fällt, im Cubikcentimeter 15 Millionen Keime enthalten sind. Ausser den Keimen enthält jedoch eine unsauber gemolkene Milch auch noch eine beträchtliche Menge anderer directer Verunreinigungen. Auf diese Thatsache ist zuerst von einem Mitgliede unserer Gesellschaft, Herrn Professor Renk, mit dem nöthigen Nachdruck hingewiesen und zugleich eine Methode ausgesonnen worden, mit Hülfe derselben es leicht gelingt, die Menge des Milchschmutzes zu bestimmen. Es ist nun die Pflicht des Milchproducenten, uns eine Milch zu liefern, die möglichst wenig Keime und möglichst wenig Milchschmutz enthält. Die ideale Forderung, ganz keimfreie und reinliche Milch zu erhalten, würde sich ja doch vorläufig noch nicht realisiren lassen, den guten Willen hierzu könnte man aber wenigstens verlangen. Die Ställe müssten luftig gebaut sein, und ebenso wie unsere Wohnungspolizei darauf sieht, dass in keinem Raume mehr Menschen zusammengepfercht werden, als hygienisch gedacht darin Platz haben, ebenso müsste jedem Landwirth, der die Milch seiner Kühe zu Markt bringen will, genau vorgezeichnet sein, wie geräumig und wie hoch sein Stall sein muss. Ebenso erwächst der Behörde meines Erachtens die Pflicht, die Entwässerungs- und Entkothungsvorrichtungen zu überwachen. Mindestens einmal am Tage ist der helle geräumige Idealstall sorgfältig zu reinigen. Vor dem Melken sind die Euter der Thiere abzuwaschen, desgleichen die Hände des Melkenden sorgfältigst zu säubern. Das übliche schmutzige Kostüm, das die Schweizer oder Kuhmägde dabei zu tragen pflegen, vermag den Appetit auf die so gemolkene Milch auch nicht zu erhöhen und die Haltbarkeit der Milch nicht günstig zu beeinflussen. Man wird dem melkenden Personal zweckentsprechend weisse Kittel zum Anziehen geben und schliesslich auch noch dafür Sorge tragen, dass die Kuh nicht mit ihrem Schwanze die Milch zu verunreinigen vermag. Die ersten Striche lässt man nicht in den Melkeimer, sondern in ein extra Gefäss, da diese ersten Portionen der Milch noch die in den Milchgängen sitzenden Unreinlichkeiten mit enthalten. Dieselbe kann an die Schweine verfüttert werden oder ist sofort abzukochen, um dann auch noch für menschlichen Gebrauch geniessbar zu sein. Die Gefässe, in welche hinein gemolken wird, müssen peinlichst sauber, wenn möglich durch Auskochen oder Sterilisiren im Dampfe keimfrei gemacht sein. Die gemolkene Milch ist sofort zuzudecken und andauernd zugedeckt zu halten, auch das Umschütten in andere Gefässe möglichst zu vermeiden. Aeusserst wichtig ist ferner, dass die Milch sofort nach dem Melken nach Möglichkeit abgekühlt wird, jedenfalls soll die Temperatur, auf der sie erhalten wird, nicht über 8 Grad Celsius liegen, denn es entwickeln sich bei einer derartig niedrigen Temperatur die eventuell doch in die Milch gelangten Keime gar nicht oder doch nur spärlich und langsam. Auch beim Transport in das Haus des Abnehmers und bis zum Consum soll die Milch andauernd auf gleicher Temperatur erhalten werden. Eine so gewonnene Milch — natürlich unter der Voraussetzung, dass sie ausschliesslich von gesunden Thieren stammt, ist als tadellose Milch zu bezeichnen und könnte innerhalb 24 Stunden nach der erfolgten Gewinnung anstandslos von Gross und Klein sogar in unabgekochtem Zustande genossen werden. Freilich in der Wirklichkeit, da wird es heute wohl kaum irgendwo eine Milch geben, die diesen idealen Anforderungen entspricht. Ich freilich für meine Person zweifle nicht daran, dass wir noch einmal hierzu gelangen werden. Wie viel Zeit bis dahin vergehen wird, wie viele Tausende von Kindern vorher noch zu Grunde gehen werden, bis man durch Schaffung der nöthigen Thierseuchen- und Milchhandelsgesetze die erwünschte Sicherheit hierin schaffen wird, das steht dahin. An unermüdlichen Mahnern wird es nicht fehlen. Natürlich wird es nicht möglich sein, all den aufgestellten Forderungen auf einmal gleich Geltung zu schaffen. Zweierlei thut aber eiligst Noth; einmal nämlich, dass wenigstens diejenige Milch, die unter dem Namen Kindermilch verkauft wird, im Wesentlichen den oben aufgestellten Grundsätzen entsprechend gewonnen werden muss; denn jetzt bedeutet die Bezeichnung Kindermilch vielfach weiter nichts, als dass das betreffende Product theurer ist als andere Milch. Zum anderen aber müssten staatliche oder städtische Musterställe eingerichtet werden, in denen den Landwirthen gezeigt wird, wie man eine ideale Milch gewinnen kann, und aus denen nicht nur für die entsprechenden Krankenanstalten eine einwandfreie Milch gewonnen wird, sondern auch die ärmeren Bevölkerungsschichten mit einem tadellosen und preiswerthen Product besonders zum Zwecke der Säuglingsernährung versorgt werden könnten. Da ja viele Städte Landbesitz haben, ist der Gedanke jedenfalls ausführbar.

Heute sind wir nun noch sehr weit davon entfernt, diese Idealmilch zu einem Idealpreise uns im städtischen Musterstall holen zu können, wir müssen also erwägen, wie wir uns vor den Gefahren schützen können, die uns aus dem Genusse weniger subtil gewonnener Milch drohen. Bis zu einem gewissen Grade giebt uns nun das Abkochen und noch mehr das Sterilisiren eine relative Sicherheit, da ja bei einer höheren, dem Siedepunkt nahe liegenden Temperatur die meisten Mikroorganismen zu Grunde gehen. Freilich verliert die Milch durch das Kochen und Sterilisiren in ganz beträchtlichem Grade an Nährwerth. Ganz neuerdings hat man übrigens auf einem dem Kochen gerade entgegengesetzten Wege eine Verbesserung der einschlägigen Verhältnisse erstrebt, indem man die Milch unmittelbar nach dem Melken zum Gefrieren gebracht hat. Dadurch kann man die Milch auch beliebig lange haltbar machen und milcharme Gegenden durch die Milch aus milchreichen Gegenden entsprechend versorgen. In einer sehr geschickten Weise benutzt die Firma Gebr. Pfund bereits diese Verbesserung der Molkerei-Technik, indem sie in die Milch, die sie auf ihren Wagen zu den Kunden fahren lässt, solche Stücken gefrorene Milch hineinwirft. Hierdurch wird die Temperatur der Milch herabgedrückt und die Wahrscheinlichkeit ihres Verderbens herabgesetzt.

Ich bin am Schlusse meiner Auseinandersetzung; sollte dieselbe den Erfolg haben, dass Sie mit mir die enorme Wichtigkeit der Milch als Nahrungsmittel anerkennen, und dass Sie Jeder von seiner Stelle aus die Besserung besserungsbedürftiger Zustände in Bezug auf Gewinnung und Vertrieb derselben erstreben wollen, so hat dieselbe in vollstem Maasse ihren Zweck erreicht.

Sitzungsberichte und Abhandlungen

der

Naturwissenschaftlichen Gesellschaft

ISIS

in Dresden.

Herausgegeben

von dem Redactions-Comité.

Jahrgang 1899.

Mit Abbildungen im Text.

Dresden.

In Commission der K. Sächs. Hofbuchhandlung H. Burdach.

1900.

Inhalt des Jahrganges 1899.

A. Sitzungsberichte.

B. Abhandlungen.

Die Autoren sind allein verantwortlich für den Inhalt ihrer Abhandlungen.

Die Autoren erhalten von den Abhandlungen 50, von den Sitzungsberichten auf besonderen Wunsch 25 Sonder-Abzüge gratis, eine grössere Anzahl gegen Erstattung der Herstellungskosten.

†

Dr. med. Friedrich Theile.

Am 16. August d. J. ist der letzte der Männer, welche vor nunmehr 66 Jahren unsere naturwissenschaftliche Gesellschaft Isis gegründet haben, Dr. med. Friedrich Theile in Lockwitz in die Ewigkeit abgerufen worden.

Friedrich Theile wurde am 12. Juli 1814 in Chemnitz geboren, wohin die Mutter von Dresden zu den Eltern gezogen war, nachdem der Vater als Feldproviantbeamter der sächsischen Armee den Verbündeten nach Frankreich gefolgt war. Kaum ein Jahr alt verlor der Knabe schon die Mutter, ohne dass diese den Gatten wiedergesehen hatte, der erst im Herbst 1815 aus Frankreich nach Dresden zurückkehrte. Hier zuerst im grosselterlichen Hause erzogen fand das Kind nach der Wiederverehelichung des Vaters in der zweiten Gattin desselben eine treufürsorgende Mutter. Den ersten Unterricht genoss er in einer Privatschule, vom zehnten Jahre an besuchte er die Kreuzschule, welche er 1832 als Abiturient verliess. Die Pedanterie, welche damals das Gymnasium beherrschte und den Schüler wohl in die grammatikalischen Regeln des Latein und Griechisch, nicht aber in den Geist der alten klassischen Schriftsteller einweihte, hatte ihn nicht befriedigt, sein Sinn verlangte nach Naturwissenschaften und bestimmte ihn, das medicinische Studium zu ergreifen.

Zunächst besuchte Friedrich Theile drei Jahre lang die zur Ausbildung von Militärärzten bestimmte chirurgisch-medicinische Akademie in Dresden. In die Zeit dieses Dresdner Studiums fällt die Gründung unserer Gesellschaft; am 13. December 1833 versammelten sich zwölf Herren, unter ihnen auch Friedrich Theile, um über die Statuten einer neuzubegründenden Gesellschaft für Naturkunde zu berathen, aus welcher in der Folge unsere naturwissenschaftliche Gesellschaft Isis hervorging. In einer der ersten vier monatlichen Versammlungen der neubegründeten Gesellschaft hielt Theile einen Vortrag über die physiologischen und physischen Farben.

Zur Fortsetzung seiner Studien bezog er 1835 die Universität Leipzig, wo er sich auch mit der damals verpönten Homöopathie beschäftigte und an seinem eigenen Körper die Wirkungen homöopathischer Arzneimittel erprobte. Mit eisernem Fleisse gab er sich seinen Studien hin, von den Ausschreitungen des Studentenlebens hielt er sich fern. Botanische Studien führten ihn oft in die nähere und weitere Umgebung der Universitätsstadt; das lebhafte Interesse auch an den technischen Errungenschaften der damaligen Zeit veranlasste ihn sogar zu einer Fusswanderung nach

Nürnberg, um die von dort nach Fürth erbaute erste deutsche Eisenbahn zu sehen und zu befahren. Nach drei Jahren schloss er 1838 seine Studien in Leipzig ab und machte mit günstigem Erfolge sein Doctorexamen. Die von ihm verfasste Dissertation behandelt die Wirkungen des Kellerhalses: „De viribus Daphnes Mezerii nonnulla".

Seine Liebe zum Landleben bestimmte ihn, sich als Arzt auf dem Lande niederzulassen, um mit der ärztlichen Praxis auch den Betrieb der Landwirthschaft verbinden zu können. Zur Erlangung der hierzu nöthigen Kenntnisse wählte er sich zunächst das Rittergut Rottwerndorf bei Pirna zum Aufenthalt, wohin ihm auch seine ihm kurz zuvor angetraute Gattin Pauline geb. Dinnebösel aus Leipzig folgte. Zwei Jahre wurden so in Rottwerndorf verlebt, bis sich 1840 Gelegenheit bot, ein seinen Wünschen entsprechendes Landgut in Lungwitz bei Kreischa zu erwerben. Trotzdem die Bewirthschaftung dieses und des später hinzugekauften Nachbargutes seine Thätigkeit stark in Anspruch nahm, fand Theile noch Zeit, auch belehrend auf seine Umgebung einzuwirken. Die von ihm ins Leben gerufenen allmonatlichen Abendunterhaltungen versammelten in seinem Hause die Nachbarn zur Besprechung kirchlicher und politischer, wie naturwissenschaftlicher und landwirthschaftlicher Fragen. Zur Hebung dieses regen geistigen Verkehrs wurde Ostern 1846 von ihm ein anfänglich geschriebenes „Kreischaer Wochenblatt" herausgegeben, welches seit Anfang 1847 als „Kreischaer Dorfzeitung", von 1848 an als „Vaterländische Dorfzeitung" gedruckt erschien. In dieser Zeitung, welche auch dem 1846 von Theile gegründeten Kreischaer Turnverein als Vereinsorgan diente, wurde der in jenen Abendunterhaltungen begonnene gegenseitige Gedankenaustausch in geeigneter Weise fortgesetzt und nach Gewährung der Pressfreiheit auch die Politik zum Gegenstand der Besprechungen gemacht. In der ersten Nummer der „Vaterländischen Dorfzeitung" legte Theile sein politisches Glaubensbekenntniss nieder, aus welchem hervorgeht, dass der später so vielfach mit Unrecht angefeindete Mann mit Ueberzeugung und Entschiedenheit sich gegen die republikanische Staatsverfassung aussprach und für die Erhaltung der constitutionell monarchischen Staatsform eintrat. Das Vertrauen seiner Mitbürger berief ihn zunächst in das Amt des Gemeindevorstandes für Lungwitz und 1848 als Abgeordneter in die erste Kammer des sächsischen Landtages.

Der schwere Conflict, in welchen Dr. Theile durch seine Betheiligung an der Volkserhebung des Jahres 1849 mit der Regierung gerieth, zog ihm eine mehrjährige Freiheitsstrafe zu, die er in Waldheim verbüsste. Hier wurde ihm gestattet, sich schriftstellerisch zu beschäftigen, von hier aus leitete er auch schriftlich die Erziehung seiner beiden Kinder Hedwig und Conrad, wie die Bewirthschaftung seiner mit Beschlag belegten Güter.

In den Jahren nach seiner Rückkehr in den Familienkreis, 1854—1862, widmete sich Dr. Theile in erster Linie der Verwaltung seiner beiden Güter, ergriff aber auch jetzt wieder jede Gelegenheit, durch Wort und Schrift die Volksbildung zu fördern; nebenbei arbeitete er als Lehrer der Naturwissenschaften, der Mathematik und des Turnens in Dippoldiswalde und gab Veranlassung zur Gründung eines Localmuseums für Dippoldiswalde und Umgebung, welches aber später mangels eines geeigneten Leiters wieder einging.

Die vom Staate und der Stadt Dresden erhobenen grossen Schadenansprüche und die Verheirathung seiner Tochter, durch welche ihm eine wesentliche Stütze in der Bewirthschaftung seiner Güter verloren ging, veranlassten ihn, sein Besitzthum in Lungwitz zu veräussern in der Absicht, die ärztliche Praxis wieder aufzunehmen. Zu diesem Zwecke besuchte der nun 48 Jahre alte Mann nochmals drei Semester von 1862 bis 1864 die medicinischen Kliniken und Vorlesungen an der Universität Leipzig, im Sommersemester 1864 die Kliniken von Oppolzer, Skoda, Hebra u. A. in Wien, und siedelte Ende September 1864 als Arzt nach Lockwitz über. Seine Liebe zu anderen Wissenschaften und die Neigung, als Lehrer für die Verbreitung namentlich naturwissenschaftlicher Kenntnisse im Volke zu wirken, veranlassten ihn aber, als Lehrer der Naturwissenschaften am Institut des Fräulein von Schepke in Dresden, als Gemeinderathsmitglied in Lockwitz wie als Vortragender in verschiedenen Vereinen von Lockwitz und Umgegend thätig zu sein, seine ärztliche Wirksamkeit trat mehr und mehr zurück.

Im Jahre 1877 traf ihn und seine Gattin, die ihm in schweren und frohen Stunden immer treu und liebevoll zur Seite stand, ein schwerer Schlag durch den Tod seines einzigen Sohnes Conrad, der als Thierarzt auf einem Rittergute in Preussen lebte.

Seit 1880 bis Anfang 1899 widmete sich Dr. Theile fast ausschliesslich der Redaction des vom Gebirgsverein für die Sächsische Schweiz herausgegebenen Vereinsorgans „Ueber Berg und Thal“, in welcher Zeitschrift er auch mit Vorliebe die Ergebnisse seiner wissenschaftlichen Thätigkeit niederlegte. Diese Aufsätze legen Zeugniss von seinen vielumfassenden Kenntnissen ab; mit Vorliebe arbeitete er für die Ortskunde, daneben beschäftigten ihn geologische Fragen, wie die Eiszeit und die Entstehung der Kantengeschiebe, der sogenannten Dreikantner, deren Ausbildung er durch gegenseitige Abreibung kugeliger und eiförmiger Geschiebe in der Grundmoräne der diluvialen Gletscher zu erklären suchte. Von seinem grossen Interesse für Botanik zeugt der Garten, welcher sein Wohnhaus in Lockwitz umgiebt; hier entwickelten sich unter seiner sorgsamen Pflege zahlreiche fremde und einheimische Pflanzen, und man konnte ihm eine grosse Freude bereiten, wenn man ihn um eine seiner Seltenheiten bat, die er gern und willig abgab.

1885 ernannte ihn unsere Gesellschaft Isis aus Anlass ihres fünfzigjährigen Bestehens zum Ehrenmitgliede. Zu wiederholten Malen ist er dann in unseren Versammlungen erschienen und hat in unserem Kreise sein geologisches Lieblingsthema, die Entstehung der Dreikantner, welchem er bis zu seinem Ende fortgesetzte Aufmerksamkeit zuwendete, in Vorträgen behandelt.

1888 feierte Dr. Theile in möglichster Stille sein fünfzigjähriges Doctorjubiläum, beglückwünscht von Behörden und Vereinen, und 1894 in geistiger und körperlicher Frische im Kreise der Seinen den 80. Geburtstag, bei welcher Gelegenheit ihm auch unsere Gesellschaft ihre Glückwünsche durch eine Abordnung darbringen liess.

Nachdem Dr. Theile Anfang April 1899 trotz seines hohen Alters seine Redactionsgeschäfte noch selbst in Dresden erledigt und sich in verschiedenen Bibliotheken Unterlagen für seine schriftstellerische Thätigkeit geholt hatte, erlitt er am 16. April d. J. in Folge zu grosser körperlicher Anstrengungen bei Arbeiten in seinem Garten einen Schlaganfall, von dem er sich nicht wieder vollständig erholen konnte. Am 16. August 1899 früh

³/₄6 Uhr setzte ein erneuter Schlaganfall seinem arbeitsreichen Leben ein Ziel.

Am 19. August d. J. fand sein Begräbniss auf dem stillen Friedhofe in Lockwitz statt, nachdem zuvor der Ortsgeistliche am Sarge des Verewigten inmitten des sein schlichtes Heim umgebenden Blumengartens in erhebenden Worten die trefflichen Charaktereigenschaften des Dahingeschiedenen geschildert hatte. Die herzliche Theilnahme zahlreicher Freunde aus allen Lebens- und Berufskreisen, von Vereinen und Körperschaften aus Dresden und Lockwitz legte ein beredtes Zeugniss von der Liebe ab, welche der Verewigte unter seinen Freunden und Mitbürgern genossen hatte.

Mit voller Ueberzeugung können wir die Worte wiederholen, die ihm der Gebirgsverein in seinem Vereinsorgan „Ueber Berg und Thal" nachgerufen hat: „Das ganze Leben des Verstorbenen war nur dem Dienste Anderer gewidmet. Nie arbeitete er für sich selbst; selbstlos und bescheiden fand er sein grösstes Glück in der Beglückung Anderer. Darum war er hochgeachtet, geliebt und verehrt in den weitesten Kreisen. Er hatte keinen Feind."

Sein für alles Wahre, Gute und Schöne stets empfänglicher Geist, seine grosse Liebe für die Menschheit sichern ihm ein bleibendes Andenken.

J. Deichmüller.

Verzeichniss der Mitglieder

der

Naturwissenschaftlichen Gesellschaft

ISIS

in Dresden

Im Juni 1899.

Berichtigungen bittet man an den Secretär der Gesellschaft, d. Z. Prof. Dr. J. V. Deichmüller in Dresden, K. Mineral.-geologisches Museum im Zwinger, zu richten.

Inhalt des Jahrganges 1899.

A. Sitzungsberichte.

**

B. Abhandlungen.

Die Autoren sind allein verantwortlich für den Inhalt ihrer Abhandlungen.

Die Autoren erhalten von den Abhandlungen 50, von den Sitzungsberichten auf besonderen Wunsch 25 Sonder-Abzüge gratis, eine grössere Anzahl gegen Erstattung der Herstellungskosten.

I. Wirkliche Mitglieder.

A. In Dresden.

Jahr der Aufnahme.

1. **Alvensleben,** Ludw. Osc. von, Landschaftsmaler, Kaitzerstr. 7 1895
2. **Baensch,** Wilh., Verlagsbuchhandlung und Buchdruckerei, Waisenhausstr. 34 1898
3. **Barth,** Curt, Dr. phil., Chemiker an der städtischen Gasanstalt, Königsbrückerstrasse 97 1899
4. **Baumeyer,** G. Hermann, Privatus, Holbeinstr. 38 1852
5. **Bech,** F. Heinr., Bezirksschullehrer, Mathildenstr. 60 1891
6. **Becker,** Herm., Dr. med., Pragerstr. 46 1897
7. **Beiger,** Gottl. Rud., Bürgerschullehrer, Wittenbergerstr. 67 1883
8. **Berger,** Carl, Dr. med., Strurestr. 9 1898
9. **Besser,** C. Ernst, Professor a. D., Löbtauerstr. 24 1863
10. **Beyer,** Th. Washington, Maschinenfabrikant, Grossenhainerstr. 9 1871
11. **Biedermann,** Paul, Dr. phil., Oberlehrer an der Annenschule, Rabenerstr. 7 1898
12. **Bley,** W. Carl, Apothekenverwalter am Stadtkrankenhause, Friedrichstr. 39 . 1882
13. **Böttger,** Adolf, Realschuloberlehrer, Seidnitzerstr. 14 1897
14. **Bose,** C. Mor. von, Dr. phil., Chemiker, Leipzigerstr. 11 1891
15. **Bothe,** F. Alb., Dr. phil., Professor, Conrector an der Dreikönigschule, Tieckstrasse 9 1859
16. **Calberla,** Gust. Mor., Privatus, Bürgerwiese 8 1846
17. **Calberla,** Heinr., Privatus, Bürgerwiese 8 1897
18. **Crusius,** Georg, Dr. phil., Privatus, Lindengasse 24 1893
19. **Cüppers,** Friedr., Kaufmann, Comeniusstr. 43 1898
20. **Deichmüller,** Joh. Vict., Dr. phil., Professor, Directorial-Assistent am K. Mineral.-geolog. Museum nebst der Prähistor. Sammlung, Fürstenstr. 64 1874
21. **Döring,** Herm., Bürgerschullehrer, Reissigerstr. 19 1895
22. **Doering,** Carl, Bezirksschullehrer, Cottaerstr. 7 1899
23. **Drude,** Osc., Dr. phil., Geh. Hofrath, Professor an der K. Technischen Hochschule und Director des K. Botanischen Gartens, Stübel-Allee 2 1879
24. **Ebert,** Gust. Rob., Dr. phil., Professor am Vitzthum'schen Gymnasium, Gr. Plauenschestr. 15 1893
25. **Ebert,** Otto, Lehrer an der Taubstummen-Anstalt, Löbtauerstr. 9 1885
26. **Ebnert,** Osc. Max, Vermessungs-Ingenieur, Zinzendorfstr. 50 1890
27. **Engelhardt,** Bas. von, Dr. phil., Kais. Russ. Staatsrath, Astronom, Liebigstrasse 1 1884
28. **Engelhardt,** Herm., Professor an der Dreikönigschule, Bautznerstr. 34 . . . 1865
29. **Fickel,** Joh., Dr. phil., Professor am Wettiner Gymnasium, Fürstenstr. 65 . . 1894
30. **Fischer,** Hugo Rob., Professor an der K. Technischen Hochschule, Schnorrstrasse 57 1879
31. **Flachs,** Rich., Dr. med., Pragerstr. 21 1897
32. **Foerster,** J. S. Friedr., Dr. phil., Professor an der K. Technischen Hochschule, Werderstr. 23 1893
33. **Freude,** Aug. Bruno, Bürgerschullehrer, Berlinerstr. 8 1889
34. **Freyer,** Carl, Bürgerschullehrer, Tittmannstr. 25 1896
35. **Friedrich,** Edm., Dr. med., Lindengasse 20 1885
36. **Frölich,** Gust., K. Hofarchitekt und Hofbauinspector, Ludwig Richterstr. 9 . 1898
37. **Galewsky,** Eug. Eman., Dr. med., Waisenhausstr. 21 1889
38. **Gebhardt,** Mart., Dr. phil., Realgymnasiallehrer an der Annenschule, Winckelmannstr. 47 1894

Jahr der Aufnahme.

39. **Geinitz,** C. Leop., Büreau-Assistent an den K. Sächs. Staatsbahnen, Lindenaustrasse 10 1868
40. **Giseke,** Carl, Privatus, Franklinstr. 9 1893
41. **Gravelius,** Harry, Dr. phil., Astronom, Professor an der K. Technischen Hochschule, Reissigerstr. 13 1897
42. **Grosse,** C. Joh., Dr. med., Chemnitzerstr. 53 1895
43. **Grub,** Carl, Stabsapotheker a. D., Hassestr. 6 1890
44. **Gründler,** Joh., Dr. med., Comeniusstr. 31 1897
45. **Gühne,** Herm. Bernh., Dr. phil., Oberlehrer an der Dreikönigschule, Jägerstr. 28 1898
46. **Günther,** Rud. Biederm., Dr. med., Geh. Rath, Präsident des K. Landes-medicinal-Collegiums, Eliasstr. 22 1873
47. **Guthmann,** Louis, Fabrikbesitzer, Pragerstr. 34 1884
48. **Hänel,** Paul, Chemiker, Hertelstr. 29 1899
49. **Hallwachs,** Wilh., Dr. phil., Professor an der K. Technischen Hochschule, Schweizerstr. 14 1893
50. **Hartig,** C. Ernst, Dr. phil., Geh. Regierungsrath, Professor an der K. Technischen Hochschule, Winckelmannstr. 31 1866
51. **Hartmann,** Alb., Ingenieur, Reichenbachstr. 11 1891
52. **Hefelmann,** Rud., Dr. phil., Chemiker, Schreibergasse 6 1884
53. **Heger,** Gust. Rich., Dr. phil., Professor an der K. Technischen Hochschule und am Wettiner Gymnasium, Winckelmannstr. 37 1868
54. **Heinrich,** Carl, Buchdruckereibesitzer, Nieritzstr. 14 1898
55. **Helm,** Georg Ferd., Dr. phil., Professor an der K. Technischen Hochschule, Winckelmannstr. 27 1874
56. **Hempel,** Walth. Matthias, Dr. phil., Geh. Hofrath, Professor an der K. Technischen Hochschule, Zelleschestr. 44 1874
57. **Henke,** C. Rich., Dr. phil., Professor, Conrector an der Annenschule, Lindenaustrasse 9 1898
58. **Hering,** C. Adolph, Berg- und Hütten-Ingenieur, Gutzkowstr. 10 1895
59. **Hertwig,** Theod., Bergdirector a. D., Stephanienstr. 28 1888
60. **Hirt,** F. Rob., Stadtrath a. D., Fabrikbesitzer, Bürgerwiese 1 1890
61. **Hofmann,** Alex. Emil, Dr. phil., Geh. Hofrath, Güthestr. 5 1890
62. **Hofmann,** Herm., Dr. phil., Rittergutsbesitzer, Eliasstr. 31 1885
63. **Hoyer,** C. Ernst, Dr. phil., Oberlehrer an der I. Realschule, Schubertstr. 29 1897
64. **Hübner,** Georg, Dr. phil., Apotheker, Am Markt 3 und 4 1888
65. **Hupfer,** Paul, Dr. phil., Lehrer an der öffentlichen Handelslehranstalt, Lothringerstr. 4 1890
66. **Jaul,** F. Herm., Privatus, Königstr. 17 1871
67. **Jenke,** Andreas, Bezirksschullehrer, Circusstr. 10 1891
68. **Jentsch,** Joh. Aug., Bezirksschullehrer, Elsenbergerstr. 18 1885
69. **Ihle,** Carl Herm., Oberlehrer am K. Gymnasium zu Neustadt, Kamenzerstr. 9 1894
70. **Kämnitz,** Max, Chemiker, Bautznerstr. 79 1894
71. **Käseberg,** Mor. Rich., Dr. phil., Institutslehrer, Kl. Plauenschestr. 29 . . . 1890
72. **Kalkowsky,** Ernst, Dr. phil., Professor an der K. Technischen Hochschule und Director des K. Miner.-geolog. Museums nebst der Prähistor. Sammlung, Franklinstr. 32 1894
73. **Kayser,** Agnes, Sanitätsraths-Wittwe, Terrassenufer 9 1883
74. **Keil,** Rich., Dr. phil., Professor an der Annenschule, Lindenaustrasse 12 . 1873
75. **Kelling,** Em. Georg, Dr. med., Christianstr. 30 1899
76. **Klein,** Herm., Dr. phil., Professor am Vitzthum'schen Gymnasium, Grosse Plauenschestr. 15 1883
77. **Klette,** Alphons, Privatus, Residenzstr. 18 1883
78. **Klette,** Emil, Privatus, Elsasserstr. 2 1885
79. **König,** Clem., Professor am K. Gymnasium zu Neustadt, Katharinenstr. 16 . 1890
80. **Köpcke,** Claus, Geh. Rath, Strehlenerstr. 25 1877
81. **Krause,** Mart., Dr. phil., Geh. Hofrath, Professor an der K. Technischen Hochschule, Koitzerstr. 12 1898
82. **Krone,** Herm., Professor an der K. Technischen Hochschule, Josephinenstr. 2 1852
83. **Kühnscherf,** Emil, Fabrikbesitzer, Gr. Plauenschestr. 20 1888
84. **Kuntze,** F. Alb. Arth., Bankier, Hohestr. 4 1890
85. **Langsdorff,** Carl Alex. von, Geh. Oekonomierath, Professor an der K. Thierärztlichen Hochschule, Franklinstr. 22 1885
86. **Ledebur,** Hans Em. Freiherr von, Friedensrichter, Uhlandstr. 6 1885
87. **Ledien,** Franz, Garten-Inspector am K. Botanischen Garten, Stübel-Allee 2 1889

Jahr der Aufnahme.

88. **Lehmann**, F. Georg, K. Hofbuchhändler, Albrechtstr. 22 1896
89. **Leuner**, F. Osc., Ingenieur, Franklinstr. 34 1885
90. **Lewicki**, J. Leonidas, Geh. Hofrath, Professor an der K. Technischen Hochschule, Zelleschestr. 29 1875
91. **Littrow**, Arth. von, Dr. phil., Secretär des landwirthschaftl. Kreisvereins, Gr. Plauenschestr. 21 1891
92. **Lohmann**, Hans, Dr. phil., Oberlehrer an der Annenschule, Schnorrstr. 83 . 1898
93. **Lottermoser**, C. A. Alfred, Dr. phil., Assistent an der K. Technischen Hochschule, Zelleschestr. 31 1898
94. **Ludwig**, J. Herm., Bezirksschullehrer, Wintergartenstr. 58 1887
95. **Meinert**, Eug., Dr. jur., Moltkeplatz 3 1895
96. **Meissner**, Herm. Linus, Bürgerschullehrer, Löbtauerstr. 24 1872
97. **Menzel**, Paul, Dr. med., Mathildenstr. 46 1894
98. **Meyer**, Ad. Bernh., Dr. med., Geh. Hofrath, Director des K. Zoolog. und Anthrop.-ethnogr. Museums, Wienerstr. 43 1875
99. **Meyer**, Ernst von, Dr. phil., Geh. Hofrath, Professor an der K. Technischen Hochschule, Lessingstr. 6 1894
100. **Moden**, Herm., Ingenieur, Antonstr. 18 1887
101. **Möhlau**, Rich., Dr. phil., Professor an der K. Technischen Hochschule, Semperstr. 4 1895
102. **Mollier**, Rob. Rich., Dr. phil., Professor an der K. Technischen Hochschule, Gutzkowstr. 20 1897
103. **Morgenstern**, Osc. Wold., Oberlehrer an der Annenschule, Chemnitzerstr. 21 1891
104. **Mühlfriedel**, Rich., Bezirksschul-Oberlehrer, Haydnstr. 9 1889
105. **Müller**, C. Alb., Dr. phil., Oberlehrer an der öffentlichen Handelslehranstalt, Mathildenstr. 66 1893
106. **Müller**, Herm. Otto, Forstassessor, Schnorrstr. 12 1896
107. **Müller**, Max Erich, Dr. phil., Chemiker, Wasastr. 15 1898
108. **Naetsch**, Emil, Dr. phil., Privatdocent an der K. Technischen Hochschule, Gluckstr. 6 1896
109. **Naumann**, C. Arno, Dr. phil., Assistent am K. Botanischen Garten und Lehrer an der Gartenbauschule, Zöllnerstr. 7 1899
110. **Naumann**, Ernst, Dr. phil., Assistent am K. Miner.-geolog. Museum, Holbeinstrasse 17 1898
111. **Nessig**, Rob., Dr. phil., Oberlehrer an der Dreikönigschule, Martin Lutherstr. 6 1885
112. **Niedner**, Chr. Franz, Dr. med., Obermedicinalrath, Stadtbezirksarzt, Winckelmannstrasse 33 1873
113. **Nowotny**, Franz, Ober-Finanzrath a. D., Chemnitzerstr. 27 1870
114. **Ostermaier**, Joseph, Kaufmann, Gerokstr. 45 1886
115. **Pattenhausen**, Bernh., Professor an der K. Technischen Hochschule und Director des K. Mathem.-physikal. Salons, Eisenstuckstr. 43 1893
116. **Paulsch**, Theod., Apotheker, Paul Gerhardtstr. 4 1898
117. **Pestel**, Rich. Martin, Mechaniker und Optiker, Hauptstr. 1 und 3 1899
118. **Peuckert**, F. Adolf, Institutslehrer, Sellergasse 2 1873
119. **Pockels**, Friedr., Dr. phil., Professor an der K. Technischen Hochschule, Sedanstr. 8 1896
120. **Pötschke**, Jul., Techniker, Gärtnergasse 5 1892
121. **Pohle**, Rich., Assistent an der K. Technischen Hochschule, Schweizerstr. 12 1897
122. **Poscher**, A., Zahnkünstler, Pragerstr. 18 1897
123. **Prinzhorn**, Joh. Ludw., Director einer Lehr- und Erziehungsanstalt für Knaben, Ferdinandstr. 17 1896
124. **Putscher**, J. Wilh., Privatus, Bergstr. 41 1872
125. **Rabenhorst**, G. Ludw., Privatus, Stolpenerstr. 8 1881
126. **Range**, E. Albert, Strassen- und Wasserbau-Inspector, Bürgerwiese 6 . . 1894
127. **Raspe**, Friedr., Dr. phil., Chemiker, Terrassenufer 3 1890
128. **Rebenstorff**, Herm. Alb., Oberlehrer beim K. Cadettencorps, Priessnitzstr. 2 1886
129. **Reichardt**, Alex. Willibald, Dr. phil., Oberlehrer am Wettiner Gymnasium, Chemnitzerstr. 85 1897
130. **Renk**, Friedr., Dr. med., Geh. Medicinalrath, Professor an der K. Technischen Hochschule und Director der Centralstelle für öffentliche Gesundheitspflege, Residenzstr. 10 1894
131. **Richter**, C. Wilh., Dr. med., Hähnelstr. 1 1898
132. **Risch**, Osc., Privatus, Gutzkowstr. 10 1893
133. **Röhner**, C. Wilh., Bezirksschullehrer, Elisenstr. 16 1898

	Jahr der Aufnahme.
134. **Rohn,** Carl, Dr. phil., Professor an der K. Technischen Hochschule, Liebigstrasse 18	1885
135. **Salbach,** Franz, Ingenieur, Victoriastr. 8	1895
136. **Schaede,** Benno, Amtsgerichtsrath a. D., Uhlandstr. 24	1891
137. **Schanz,** Alfr., Dr. med., Georgplatz 11	1897
138. **Scheele,** Curt, Dr. phil., Oberlehrer am Wettiner Gymnasium, Reichenbachstrasse 18	1893
139. **Schiller,** Carl, Privatus, Bautznerstr. 49	1872
140. **Schlossmann,** Arth. Herm., Dr. med., Privatdocent an der K. Technischen Hochschule, Franklinstr. 7	1896
141. **Schmidt,** Herm., Bezirksschullehrer, Schumannstr. 29	1888
142. **Schneider,** Bernh. Alfr., Dr. phil., Corpsstabsapotheker, Rietschelstr. 14	1886
143. **Schöpf,** Adolf, Betriebsdirector des Zoologischen Gartens, Thiergartenstr. 1	1897
144. **Schorler,** Bernh., Dr. phil., Realschullehrer und Assistent an der K. Technischen Hochschule, Haydnstr. 5	1887
145. **Schulze,** Georg, Dr. phil., Oberlehrer an der Dreikönigschule, Markgrafenstrasse 34	1891
146. **Schulze,** Jul. Ferd., Privatus, Liebigstr. 2	1882
147. **Schuster,** Osc., Generalmajor z. D., Sedanstr. 1	1889
148. **Schweissinger,** Otto, Dr. phil., Apotheker, Dippoldiswaldaerplatz 8	1890
149. **Schwotzer,** Mor., Bürgerschullehrer, Kl. Plauenschestr. 12	1891
150. **Seyde,** F. Ernst, Kaufmann, Strehlenerstr. 29	1891
151. **Siegert,** Theod., Professor, Antonstr. 18	1885
152. **Siemens,** Friedr., Civil-Ingenieur und Fabrikbesitzer, Liebigstr. 4	1872
153. **Siemens,** Auguste, Privata, Schnorrstr. 45	1872
154. **Siemers,** Florentine, Tonkünstlers Wittwe, Schnorrstr. 45	1872
155. **Siemer,** Wilibald Ferd., Privatus, Unterer Kreuzweg 3	1889
156. **Stiefelhagen,** Hans, Bezirksschullehrer, Lüttichaustr. 13	1897
157. **Stopp,** Paul, Bankbeamter, Schössergasse 4	1896
158. **Streit,** Wilh., Verlagsbuch- und Kunsthändler, Uhlandstr. 8	1887
159. **Stresemann,** Rich. Theod., Dr. phil., Apotheker, Residenzstr. 42	1897
160. **Struve,** Alex., Dr. phil., Fabrikbesitzer, Struvestr. 8	1898
161. **Stübel,** Mor. Alphons, Dr. phil., Geolog, Feldgasse 10	1866
162. **Süss,** P., Dr. phil., Assistent an der K. Technischen Hochschule, Behrischstr. 1	1899
163. **Teichmann,** Balduin, Major a. D., Wienerstr. 20	1895
164. **Tempel,** Paul, Oberlehrer am K. Gymnasium zu Neustadt, Markgrafenstr. 37	1891
165. **Thallwitz,** Joh., Dr. phil., Oberlehrer an der II. Realschule, Schnorrstr. 70	1888
166. **Thiele,** Herm., Dr. phil., Chemiker, Winckelmannstr. 27	1895
167. **Thonner,** Franz, Privatus, Uhlandstr. 9	1890
168. **Toepler,** Aug., Dr. phil. et med., Geh. Hofrath, Professor an der K. Technischen Hochschule, Winckelmannstr. 43	1877
169. **Toepler,** Maximilian, Dr. phil., Assistent an der K. Technischen Hochschule, Winckelmannstr. 43	1896
170. **Ulbricht,** F. Rich., Dr. phil., Finanz- und Baurath, Professor an der K. Technischen Hochschule, Strehlenerstr. 43	1885
171. **Umlauf,** Carl, Dr. phil., Oberlehrer an der Dreikönigschule, Schillerstr. 40	1897
172. **Vetters,** Carl W. E., em. Bürgerschul-Oberlehrer, Görlitzerstr. 28	1865
173. **Viehmeyer,** Hugo, Bezirksschullehrer, Reissigerstr. 21	1889
174. **Vieth,** Joh. von, Dr. phil., Oberlehrer am K. Gymnasium zu Neustadt, Arndtstrasse 6	1884
175. **Vogel,** G. Clem., Bezirksschullehrer, Lindenaustr. 25	1891
176. **Vogel,** J. Carl, Fabrikbesitzer, Leubnitzerstr. 14	1881
177. **Vorländer,** Herm., Privatus, Parkstr. 2	1872
178. **Wähmann,** Friedr., Bezirksschullehrer, Fürstenplatz 1	1898
179. **Wagner,** Paul, Dr. phil., Oberlehrer an der I. Realschule, Hähnelstr. 9	1897
180. **Walther,** Reinhold, Dr. phil., Professor an der K. Technischen Hochschule, Schnorrstr. 40	1885
181. **Weber,** Friedr. Aug., Institutslehrer, Circusstr. 34	1865
182. **Weigel,** Johannes, Kaufmann, Marienstr. 12	1894
183. **Weisbach,** Rob., Geh. Hofrath, Professor an der K. Technischen Hochschule, Schnorrstr. 5	1877
184. **Werther,** Johannes, Dr. med., Amalienstr. 23	1896
185. **Wilkens,** Carl, Dr. phil., Director der Steingutfabrik von Villeroy & Boch, Leipzigerstr. 4	1876

Jahr der Aufnahme.

186. **Winthropp**, Neilson, Privatus, Wienerstr. 32 1896
187. **Witting**, Alex., Dr. phil., Oberlehrer an der Kreuzschule, Residenzstr. 32 . 1886
188. **Wobst**, Carl, Oberlehrer an der Annenschule, Ammonstr. 78 1885
189. **Wolff**, Ernst, Dr. phil., Oberlehrer am K. Cadettencorps, Weintraubenstr. 11 1890
190. **Worgitzky**, Eug. Georg, Dr. phil., Oberlehrer an der Kreuzschule, Pestalozzistrasse 10 1894
191. **Zeuner**, Gust., Dr. phil., Geh. Rath, Professor a. D., Winckelmannstr. 25 . 1874
192. **Zielke**, Otto, Apotheker, Altmarkt 10 1889
193. **Zipfel**, E. Aug., Oberlehrer und Dirigent der II. städtischen Fortbildungsschule, Zöllnerstr. 7 1878
194. **Zschau**, E. Fchgtt., Professor a. D., Zwickauerstr. 44 1849
195. **Zschuppe**, F. Aug., Finanz-Vermessungs-Ingenieur, Holbeinstr. 15 . . . 1879

B. Ausserhalb Dresden.

196. **Altenkirch**, Gust. Mor., Dr. phil., Realschullehrer, in Plauen b. Dr., Coschützerstrasse 59 1892
197. **Beck**, Ant. Rich., Forstassessor in Tharandt 1898
198. **Bergt**, Walth., Dr. phil., Privatdocent an der K. Technischen Hochschule und Assistent am K. Mineral.-geolog. Museum, in Plauen b. Dr., Bienertstrasse. 19 1891
199. **Boxberg**, Georg von, Rittergutsbesitzer auf Rehnsdorf bei Kamenz . . . 1883
200. **Büttner**, Gust. Ad., Forstgärtner in Tharandt 1891
201. **Carlowitz**, Carl von, K. Kammerherr, Majoratsherr auf Liebstadt . . . 1885
202. **Contractor**, Noshirvan, Student an der K. Forstakademie in Tharandt . . 1899
203. **Degenkolb**, Herm., Rittergutsbesitzer auf Rottwerndorf bei Pirna 1870
204. **Dickhoff**, Alphons, Privatus in Blasewitz, Forsthausstr. 5 1868
205. **Dressler**, Heinr., Seminar-Oberlehrer in Plauen b. Dr., Reisewitzerstr. 30 . 1883
206. **Drossbach**, G. P., Dr. phil., Chemiker in Deuben 1897
207. **Engelhardt**, Rud., Dr. phil., Chemiker in Radebeul, Leipzigerstr. 2 . . . 1898
208. **Francke**, Hugo, Dr. phil., Mineralog in Plauen b. Dr., Rathhausstr. 5 . . . 1889
209. **Fritzsche**, Felix, Privatus in Kötzschenbroda, Moritzburgerstr. 2 1880
210. **Günther**, Osw., Chemiker in Blasewitz, Weststr. 1 1889
211. **Günther**, Rich., Architekt in Blasewitz, Forsthausstr. 7. 1891
212. **Häbie**, H., Dr. phil., Chemiker in Radebeul, Albertstr. 20 1897
213. **Jacoby**, Julius, K. Hofjuwelier in Blasewitz, Emser Allee 12 1892
214. **Jentzsch**, Albin, Dr. phil., Fabrikbesitzer in Radebeul, Friedrich Auguststrasse 4 1896
215. **Kesselmeyer**, Carl, Privatgelehrter in Altrincham, Cheshire 1893
216. **Kratzsch**, Herm., K. Oberförster in Hohnstein 1894
217. **Lewicki**, Ernst, Ingenieur, Adjunct an der K. Technischen Hochschule, in Plauen b. Dr., Bernhardstr. 20 1899
218. **Müller**, Felix, Dr. phil., Professor a. D. in Loschwitz, Heinrichstr. 12 . . . 1898
219. **Müller**, Rud. Ludw., Dr. med. in Blasewitz, Friedrich Auguststr. 25 1877
220. **Osborne**, Wilh., Privatus in Serkowitz, Wasastr. 1 1878
221. **Osborne**, Wilh., Dr. phil., Chemiker in Serkowitz, Wasastr. 1 1898
222. **Reibisch**, Theod., Privatlehrer in Plauen b. Dr., Bienertstr. 24 1851
223. **Scheidhauer**, Rich., Civil-Ingenieur in Klotzsche-Königswald, Richard Wagnerstr. 16 1894
224. **Schreiter**, Br., Bergdirector a. D. in Berggiesshübel 1883
225. **Schunke**, Th. Huldreich, Dr. phil., Seminaroberlehrer in Blasewitz, Waldparkstrasse 2 1877
226. **Seidel**, T. J. Rudolf, Kunst- und Handelsgärtner in Laubegast, Uferstr. 7 . 1885
227. **Sommer**, Carl, Gymnasiallehrer a. D. in Meissen, Bismarckplatz 1894
228. **Thom**, Fr. Aug., Seminaroberlehrer in Plauen b. Dr., Hohestr. 56 1898
229. **Thümer**, Ant. Jul., Institutsdirector in Blasewitz, Residenzstr. 12 1872
230. **Weber**, Rich., Apotheker in Königstein a. E. 1883
231. **Wolf**, Curt, Dr. med., K. Polizeiarzt in Plauen b. Dr., Reisewitzerstr. 22 . 1894
232. **Wolf**, Theod., Dr. phil., Privatgelehrter in Plauen b. Dr., Hohestr. 15 . . 1891

II. Ehrenmitglieder.

Jahr der Aufnahme.

1. **Agassiz,** Alex., Dr. phil., Curator a. D. des Museum of Comparative Zoology in Cambridge, Mass. 1877
2. **Carus,** Jul. Vict., Dr. phil., Professor an der Universität in Leipzig . . . 1869
3. **Credner,** Herm., Dr. phil., Geh. Bergrath, Professor an der Universität und Director der geologischen Landesuntersuchung des Königreichs Sachsen in Leipzig . . . . (1869) 1895
4. **Flügel,** Felix, Dr. phil., Vertreter der Smithsonian Institution in Leipzig . 1855
5. **Galle,** J. G., Dr. phil., Geh. Regierungsrath, Professor a. D. in Potsdam . . 1866
6. **Geinitz,** Hans Bruno, Dr. phil., Geh. Rath, Professor und Director a. D. des K. Mineral.-geolog. Museums nebst der Prähistor. Sammlung in Dresden, Lindenaustr. 10 . . . . (1838) 1894
7. **Haughton,** Rev. Sam., Professor am Trinity College in Dublin 1862
8. **Jones,** T. Rupert, Professor a. D. in London 1878
9. **Kölliker,** Alb. von, Dr., Geh. Rath, Professor an der Universität in Würzburg 1866
10. **Laube,** Gust., Dr. phil., Professor an der Universität in Prag 1870
11. **Ludwig,** Friedr., Dr. phil., Professor am Gymnasium in Greiz . . . . (1887) 1895
12. **Magnus,** Paul, Dr. phil., Professor an der Universität in Berlin 1895
13. **Merklin,** Carl von, Dr., Geh. Rath, in Petersburg 1858
14. **Möhl,** Heinr., Dr. phil., Professor in Kassel 1875
15. **Nitsche,** Heinr., Dr. phil., Professor an der K. Forstakademie in Tharandt . 1893
16. **Nostitz-Wallwitz,** Herm. von, Dr., Staatsminister a. D. in Dresden, Kaiser Wilhelmsplatz 10 1869
17. **Omboni,** Giov., Professor an der Universität in Padua 1868
18. **Silva,** Mig. Ant. da, Professor an der Ecole centrale in Rio de Janeiro . . 1868
19. **Stache,** Guido, Dr. phil., K. K. Oberbergrath, Director der K. K. Geologischen Reichsanstalt in Wien . . . . (1877) 1894
20. **Theile,** Friedr., Dr. med. in Lockwitz (Mitstifter der Isis) 1885
21. **Tschermak,** Gst., Dr., Hofrath, Professor an der Universität in Wien . . . 1869
22. **Verbeek,** Rogier D. M., Dr. phil., Director der geologischen Landesuntersuchung von Niederländisch-Indien in Buitenzorg 1885
23. **Virchow,** Rud., Dr. med., Geh. Medicinalrath, Professor an der Universität in Berlin 1871
24. **Wolf,** Frz., Dr. phil., Professor, Realschuldirector in Rochlitz 1895
25. **Zeuner,** Gust., Dr. phil., Geh. Rath, Professor a. D. in Dresden, Winckelmannstrasse 25 1874
26. **Zirkel,** Ferd., Dr. phil., Geh. Bergrath, Professor an der Universität in Leipzig 1895

III. Correspondirende Mitglieder.

1. **Alberti,** Osc. von, Bergamtsreferendar in Freiberg 1880
2. **Amthor,** C. E. A., Dr. phil., in Hannover 1877
3. **Ancona,** Cesare de, Dr., Professor am R. Instituto di studi superiori in Florenz 1865
4. **Ardissone,** Frz., Dr. phil., Professor an dem Technischen Institut und der Ackerbauschule in Mailand 1880
5. **Artzt,** Ant., Vermessungs-Ingenieur in Plauen i. V. 1883
6. **Ascherson,** Paul, Dr. phil., Professor an der Universität in Berlin 1870
7. **Bachmann,** Ewald, Dr. phil., Professor an der Realschule in Plauen i. V. . 1883
8. **Baensch,** William von, Privatus in Stralsund 1886
9. **Baessler,** Herm., Director der Strafanstalt in Voigtsberg 1868
10. **Baldauf,** Rich., Bergdirector in Dux 1878
11. **Baltzer,** A., Dr. phil., Professor an der Universität in Bern 1883
12. **Bernhardi,** Joh., Landbauinspector in Altenburg 1861
13. **Bibliothek,** Königliche, in Berlin 1882
14. **Blanford,** Will. T., Esqu., in London 1862
15. **Blaschka,** Rud., naturwissensch. Modelleur in Hosterwitz 1880
16. **Blochmann,** Rud., Dr. phil., Physiker am Marine-Laboratorium in Kiel . . 1880
17. **Bombicci,** Luigi, Professor an der Universität in Bologna 1869
18. **Brusina,** Spiridion, Professor an der Universität in Agram 1870
19. **Bureau,** Ed., Dr., Professor am naturhistor. Museum in Paris 1868
20. **Canestrini,** G., Professor an der Universität in Padua 1860

Jahr der Aufnahme.

21. **Carstens**, C. Dietr., Ingenieur in Varel . . . 1874
22. **Conwentz**, Hugo Wilh., Dr. phil., Professor, Director des Westpreuss. Provincialmuseums in Danzig . . . 1886
23. **Danzig**, Emil, Dr. phil., Oberlehrer an der Realschule in Rochlitz . . . 1893
24. **Dathe**, Ernst, Dr. phil., K. Preuss. Landesgeolog in Berlin . . . 1890
25. **Dittmarsch**, A., Bergschuldirector in Zwickau . . . 1870
26. **Döll**, Ed., Dr., Oberrealschuldirector in Wien . . . 1884
27. **Doss**, Bruno, Dr. phil., Docent am Kais. Polytechnikum in Riga . . . 1898
28. **Dzieduszycki**, Wladimir Graf, in Lemberg . . . 1852
29. **Eisel**, Rob., Curator des städtischen Museums in Gera . . . 1857
30. **Fischer**, Aug., Kaufmann in Pössneck . . . 1868
31. **Flohr**, Conrad, Amtsgerichtsrath, Amtsrichter in Leipzig . . . 1879
32. **French**, C., Esqu., Governement Entomologist in Melbourne . . . 1877
33. **Frenzel**, A., Dr. phil., Lehrer an der Bergschule und K. Hüttenchemiker in Freiberg 1872
34. **Friederich**, A., Dr. med., Sanitätsrath in Wernigerode . . . 1881
35. **Friedrich**, Osc., Dr. phil., Professor, Conrector am Gymnasium in Zittau . . . 1872
36. **Fritsch**, Ant., Dr. med., Professor an der Universität und Custos am böhmischen Landesmuseum in Prag . . . 1867
37. **Gaudry**, Alb., Dr., Membre de l'Institut, Professor am naturhistorischen Museum in Paris . . . 1869
38. **Geheeb**, Adelb., Apotheker in Geisa . . . 1877
39. **Geinitz**, Frz. Eug., Dr. phil., Professor an der Universität in Rostock . . . 1877
40. **Gonnermann**, Max, Dr. phil., Apotheker und Chemiker in Rostock . . . 1865
41. **Groth**, Paul, Dr. phil., Professor an der Universität in München . . . 1866
42. **Hartung**, H., Bergmeister in Lobenstein . . . 1867
43. **Heim**, Alb., Dr phil., Professor an der Universität und am Polytechnikum in Zürich 1872
44. **Heine**, Ferd., K. Domänenpächter und Klostergutsbesitzer auf Hadmersleben 1863
45. **Hennig**, Georg Rich., Dr. phil., Docent am Kais. Polytechnikum in Riga . 1899
46. **Herb**, Salinendirector in Traunstein . . . 1862
47. **Herrmann**, Wilh., Dr. theol. et phil., Professor an der Universität in Marburg 1882
48. **Hibsch**, Emanuel, Dr. phil., Professor an der Höh. Ackerbauschule in Liebwerd bei Tetschen . . . 1885
49. **Hilgard**, W. Eug., Professor an der Universität in Berkeley, Californien . . . 1869
50. **Hilgendorf**, Frz., Dr. phil., Professor, Custos am K. zoolog. Museum in Berlin 1871
51. **Hirzel**, Heinr., Dr. phil., Professor a. D. in Leipzig . . . 1862
52. **Hofmann**, Herm., Bürgerschullehrer in Grossenhain . . . 1894
53. **Hübner**, Ad., Oberhüttenmeister auf der Halsbrückner Hütte bei Freiberg . 1871
54. **Hull**, Ed., Dr., Professor in London . . . 1870
55. **Israël**, A., Schulrath, Seminardirector a. D. in Zschopau . . . 1868
56. **Issel**, Arth., Dr., Professor an der Universität in Genua . . . 1874
57. **Jentzsch**, Alfr., Dr. phil., Professor an der Universität und Director des Ostpreuss. Provincialmuseums in Königsberg . . . 1871
58. **Kesselmeyer**, Wilh., in Manchester . . . 1868
59. **Kirbach**, Fr. Paul, Dr. phil., Oberlehrer an der Realschule in Meissen . . . 1894
60. **Klein**, Herm., Herausgeber der „Gaea" in Köln . . . 1865
61. **Köhler**, Ernst, Dr. phil., Seminaroberlehrer a. D. in Schneeberg . . . 1858
62. **König von Warthausen**, Wilh. Rich. Freiherr von, Kammerherr auf Warthausen bei Biberach . . . 1855
63. **Kornhuber**, Andreas von, Dr., Professor am Polytechnikum in Wien . . . 1857
64. **Kosmahl**, Friedr., K. Oberförster a. D. in Langebrück . . . 1892
65. **Krebs**, Wilh., Privatgelehrter in Altona . . . 1895
66. **Krieger**, W., Lehrer in Königstein . . . 1888
67. **Kühn**, E., Dr. phil., Schulrath, Bezirksschulinspector in Leipzig . . . 1865
68. **Kyber**, Arth., Chemiker in Riga . . . 1870
69. **Lange**, Theod., Dr. phil., Apotheker in Werningshausen . . . 1880
70. **Lanzi**, Matthaeus, Dr. med., in Rom . . . 1880
71. **Lapparent**, Alb. de, Ingénieur des mines, Professor in Paris . . . 1868
72. **Lefèvre**, Theod., Dr., in Brüssel . . . 1870
73. **Le Jolis**, Aug., Dr. phil., Director der Société nation. des sciences natur. et mathém. in Cherbourg . . . 1856
74. **Leonhardt**, Otto Emil, Seminaroberlehrer in Nossen . . . 1890
75. **Lohrmann**, Ernst, Dr. phil., Oberlehrer am Realgymnasium in Annaberg . 1892
76. **Lüthke**, Joh., Fabrikbesitzer in Hamburg . . . 1864
77. **Mayer**, Charles, Dr., Professor an der Universität in Zürich . . . 1869

		Jahr der Aufnahme.
78.	**Mehnert,** Ernst, Dr. phil., Seminaroberlehrer in Pirna	1882
79.	**Menzel,** Carl, Oberbergrath, Bergamtsrath in Freiberg	1869
80.	**Möller,** Valerian von, wirkl. Staatsrath, Oberberghauptmann in Petersburg	1869
81.	**Naschold,** Heinr., Dr. phil., Fabrikbesitzer in Aussig	1866
82.	**Naumann,** Ferd., Dr. med., Marinestabsarzt a. D. in Gera	1869
83.	**Naumann,** Herm., Oberlehrer an der Realschule in Bautzen	1884
84.	**Neubert,** Gust. Ad., Hofrath, Professor a. D. in Klotzsche-Königswald	1857
85.	**Nobbe,** Friedr., Dr. phil., Geh. Hofrath, Prof. an der K. Forstakademie in Tharandt	1864
86.	**Pabst,** Mor., Dr. phil., Professor, Conrector am Realgymnasium in Chemnitz	1868
87.	**Pabst,** Wilh., Dr. phil., Custos der naturhistor. Sammlungen in Gotha	1881
88.	**Papperitz,** Erwin, Dr. phil., Professor an der K. Bergakademie in Freiberg	1886
89.	**Peschel,** Ernst, Lehrer in Nünchritz	1889
90.	**Petermann,** A., Dr., Director der Station agronomique in Gembloux	1868
91.	**Pigorini,** L., Dr., Professor an der Universität und Director des Museums Kircherianum in Rom	1876
92.	**Prasse,** Ernst Alfr., Betriebsingenieur a. D. in Leipzig	1866
93.	**Rehmann,** Antoni, Dr., Professor an der Universität in Lemberg	1869
94.	**Reiche,** Carl, Dr. phil., in Santiago, Chile	1880
95.	**Reidemeister,** C., Dr. phil., Fabrikdirector in Schönebeck	1884
96.	**Richter,** Conr., Realschullehrer in Aue	1886
97.	**Schimpfky,** Paul Rich., Lehrer in Lommatzsch	1884
98.	**Schlieben,** H. L. von, Oberst z. D. in Radebeul	1882
99.	**Schlimpert,** Alfr. Mor., Apotheker in Cölln bei Meissen	1883
100.	**Schneider,** Osc., Dr. phil., Professor a. D. in Blasewitz	1863
101.	**Schnorr,** Veit Hanns, Professor a. D. in Zwickau	1867
102.	**Schreiber,** Paul, Dr. phil., Professor, Director des K. Sächs. Meteorolog. Instituts in Chemnitz	1888
103.	**Scott,** Dr. phil., Director der Meteorological Office in London	1882
104.	**Seidel,** Osc. Mor., Seminaroberlehrer in Zschopau	1883
105.	**Seidel,** Heinr. Bernh., Seminaroberlehrer in Zschopau	1872
106.	**Seidlitz,** Georg von, Dr. phil., in Ludwigsort bei Königsberg i. Pr.	1888
107.	**Sieber,** Georg, Rittergutspachter in Grossgrabe bei Kamenz	1879
108.	**Sonntag,** F., Privatus in Berlin	1869
109.	**Stamm,** Walth., Dr. phil., Chemiker in Hamburg	1885
110.	**Stephani,** Franz, Kaufmann in Leipzig	1883
111.	**Sterzel,** Joh. Traug., Dr. phil., Oberlehrer an der I. höheren Mädchenschule in Chemnitz	1876
112.	**Steuer,** Alex., Dr. phil., Privatdocent an der Universität in Jena	1888
113.	**Stevenson,** John J., Professor an der University of the City in New-York	1884
114.	**Stossich,** Mich., Professor in Triest	1880
115.	**Temple,** Rud., Director des Landesversicherungsamtes in Pesth	1869
116.	**Ulbricht,** R., Dr. phil., Professor a. D. in Dahme	1881
117.	**Ulrich,** George H. F., Dr. phil., Professor an der Universität in Dunedin, Neu-Seeland	1876
118.	**Vater,** Heinr., Dr. phil., Professor an der K. Forstakademie in Tharandt	1882
119.	**Vetters,** K., Dr. phil., Lehrer an den Technischen Staatslehranstalten in Chemnitz	1881
120.	**Voigt,** Bernh., Steuerrath, Bezirkssteuerinspector in Chemnitz	1867
121.	**Voretzsch,** Max, Dr. phil., Oberlehrer am Herzogl. Ernst-Realgymnasium in Altenburg	1883
122.	**Waagen,** Wilh. Heinr., Dr. phil., Oberbergrath, Professor an der Universität in Wien	1877
123.	**Wartmann,** B., Dr. med., Professor in St. Gallen	1861
124.	**Weinland,** Dav. Friedr., Dr., in Hohen Wittlingen bei Urach	1861
125.	**Weise,** Aug., Buchhalter in Ebersbach	1881
126.	**Welemensky,** Jac., Dr. med. in Prag	1882
127.	**Wentzel,** Gg. Alb., K. Hofgärtner a. D. in Pillnitz	1871
128.	**White,** Charles, Dr., Curator am National-Museum in Washington	1880
129.	**Wiechel,** Hugo, Baurath, Betriebsinspector in Chemnitz	1880
130.	**Wiesner,** Jul., Dr., Professor an der Universität in Wien	1868
131.	**Wolff,** F. A., Seminaroberlehrer in Pirna	1883
132.	**Wünsche,** F. Otto, Dr. phil., Professor am Gymnasium in Zwickau	1859
133.	**Zimmermann,** Osc., Dr. phil., Professor am Realgymnasium in Chemnitz	1880

Sitzungsberichte

der

Naturwissenschaftlichen Gesellschaft

ISIS

in Dresden.

1899.

I. Section für Zoologie.

Erste Sitzung am 2. Februar 1899. Vorsitzender: Prof. Dr. H. Nitsche. — Anwesend 27 Mitglieder.

Prof. Dr. H. Nitsche überreicht für die Bibliothek der Gesellschaft ein Exemplar seines jüngst erschienenen Buches: „Studien über Hirsche“, Heft I.

Institutsdirector Th. Reibisch berichtet, dass neuerdings an einer Landschnecke elektrische Erscheinungen beobachtet worden seien.

Dr. J. Thallwitz schildert einen von ihm beobachteten Kampf zwischen zwei Käfern.

„Im Spätsommer 1898 bemerkte ich an einem Waldrändchen bei Pirna einen zwischen dem Gras dahineilenden und auf meinen Standort zukommenden *Carabus auratus*. Kaum zufällig auf ihn aufmerksam geworden, sah ich, wie das Thier von einem *Necrophorus vespillo* angegriffen wurde, der es von der Seite her anfiel. Da sich der Laufkäfer kurze Zeit darauf nicht mehr regte, fasste ich ihn und sah, dass er eine klaffende Wunde unterseits hinter dem ersten Brustring aufwies. Wenn der Laufkäfer die schwere Schädigung auch wahrscheinlich vorher anderswo davongetragen hat, so erschien mir der hastige Angriff des *Necrophorus* auf ein lebendes Insect, noch dazu auf einen *Carabus*, immerhin als eine merkwürdige Sache, zumal mich der umgekehrte Fall viel weniger verwundert hätte.“

Prof. Dr. H. Nitsche bespricht in einem längeren Vortrage die Morphologie der Mundwerkzeuge bei den Insecten mit besonderer Berücksichtigung der saugenden.

Zweite Sitzung am 6. April 1899. Vorsitzender: Dr. J. Thallwitz. — Anwesend 20 Mitglieder.

Dr. J. Thallwitz hält einen Vortrag: Zur Hydrobiologie der Elbe, in dem er den Bau, die Entwickelung und die Lebensart der in der Elbe vorkommenden niederen Krebse, besonders die der Blattfuss-, Muschel- und Spaltfusskrebse, d. h. der Phyllopoden, Ostracoden und Copepoden behandelt. Zur Erläuterung dienen von ihm selbst angefertigte Tafeln und mikroskopische Präparate. Einschlägige Litteratur wird vorgelegt.

Bankier A. A. Kuntze legt eine mit Schildläusen (wahrscheinlich der Gattung *Mytilaspis* angehörig) besetzte Apfelsine vor.

Dritte Sitzung am 1. Juni 1899. Vorsitzender: Prof. Dr. H. Nitsche. — Anwesend 28 Mitglieder.

Herr W. Putscher lässt zunächst den genauen Katalog seiner Mineraliensammlung circuliren und zeigt ein in seinem Garten aus Samen gezogenes Exemplar von *Aquilegia vulgaris* vor, dessen Blüthen merkwürdig missgebildet und vergrünt sind.

Institutsdirector Th. Reibisch erläutert an einem sehr schönen Chamäleon-Skelett die besonderen Eigenthümlichkeiten des Knochenbaues dieser Gruppe.

Prof. Dr. H. Nitsche schliesst hieran einige Bemerkungen über den Bau der Lungen und das Gefangenleben dieses Thieres.

Prof. Dr. H. Nitsche berichtet über die Einschleppung einer japanischen ungeflügelten Laubheuschrecke (*Rhaphidophorus marmoratus*) durch Eier. Die vorgelegten Exemplare stammen aus zwei Glashäusern in Mittweida in Sachsen und Bückeburg.

Derselbe schildert schliesslich in längerem Vortrage den 1897 und 1898 über fast alle sächsischen Staatswaldungen verbreiteten Frass des Fichtennestwicklers, *Grapholitha tedella*.

Besonders hervorzuheben ist, dass in einigen Revieren dieser Frass durch einen insectentödtenden Pilz, durch die gewöhnlich nur auf Kohlweisslingsraupen vorkommende *Entomophthora radicans* sein Ende fand.

II. Section für Botanik.

Erste Sitzung am 9. Februar 1899. Vorsitzender: Geh. Hofrath Prof. Dr. O. Drude. — Anwesend 36 Mitglieder.

Prof. Dr. O. Drude hält einen Vortrag über die Areale der Leitpflanzen in den Pflanzenformationen Sachsens und Thüringens.

Derselbe bildet die Fortsetzung des am 20. October 1898 vor der Gesellschaft gehaltenen Vortrages und ist in seinem wesentlichsten Inhalte in den Abhandlungen der Isis, Jahrgang 1898, S. 91, als „Anhang" zu demselben gedruckt.

Lehrer H. Stiefelhagen legt unter anderen vom Herbste her bis jetzt unausgesetzt weiterblühenden Herbstpflanzen *Arabis albida* als frühen Frühlingsblüher dieses merkwürdig milden Winters vor, mitgebracht von Cossebaude.

Garteninspector F. Ledien lenkt die Aufmerksamkeit auf den sibirischen Frühblüher *Rhododendron chrysanthum* im botanischen Garten.

Institutsdirector A. Thümer berichtet, dass *Galanthus* seit Mitte Januar in Blasewitz blühe.

Zweite Sitzung vom 13. April 1899 (im Hörsaale des K. Botanischen Gartens). Vorsitzender: Geh. Hofrath Prof. Dr. O. Drude. — Anwesend 22 Mitglieder und 15 Gäste. — Der Sitzung ist eine demonstrative „Monatsversammlung" im K. Botanischen Garten um 5 Uhr Nachmittags vorausgegangen.

Prof. Dr. O. Drude bespricht das neu erschienene, höchst anregend geschriebene und glänzend ausgestattete Werk von Prof. Dr. Schimper: „Pflanzengeographie auf physiologischer Grundlage", beleuchtet dessen Stellung und den in ihm gebotenen Fortschritt zu Grisebach's „Vegetation der Erde", sowie zu dem in jüngerer Zeit von Warming herausgegebenen „Lehrbuch der ökologischen Pflanzengeographie", und erklärt unter Demonstration geeigneter Pflanzen der Gewächshäuser die Tendenz des Werkes an einzelnen herausgegriffenen Capiteln, um auf das Studium desselben hinzuwirken.

Eine von Prof. Dr. H. Conwentz, Danzig, als Geschenk eingegangene Broschüre über das Vorkommen der Eibe in Deutschland wird vorgelegt und die Bitte des Verfassers mitgetheilt, dass zu seinen Untersuchungszwecken Proben sächsischer Moorhölzer gesammelt und an ihn gesendet werden möchten.*)

Dritte Sitzung am 15. Juni 1899 (im Kalthause des K. Botanischen Gartens). Vorsitzender: Geh. Hofrath Prof. Dr. O. Drude. — Anwesend 30 Mitglieder und 2 Gäste. — Der Sitzung ist wiederum eine „Monatsversammlung" um 5 Uhr Nachmittags vorangegangen, doch mussten sich die geplanten Besichtigungen wegen anhaltenden Regens auf die Gewächshäuser beschränken.

Prof. Dr. O. Drude hält einen Vortrag über die Petersburger Gartenbau-Ausstellung vom 16.—27. Mai d. J., zu welcher ihn ein Auftrag des K. Ministeriums des Innern als Vertreter des sächsischen Gartenbaues entsendet hat, legt Photographien jener Ausstellung im Taurischen Palais vor, und bespricht die allgemeinen, auf das strengere Klima begründeten Verhältnisse des russischen Gartenbaues.

III. Section für Mineralogie und Geologie.

Erste Sitzung am 16. Februar 1899. Vorsitzender: Privatdocent Dr. W. Bergt. — Anwesend 38 Mitglieder und Gäste.

Der Vorsitzende macht an der Hand einer Probenummer auf die in Spemann's Verlag erscheinende naturwissenschaftliche Zeitschrift „Mutter Erde", im Einzelnen auf einen darin enthaltenen Aufsatz über die geologischen Verhältnisse Norddeutschlands aufmerksam und knüpft daran einige Bemerkungen über die interessanten Muschelkalkbrüche von Rüdersdorf bei Berlin, in denen für den Berliner Geologentag im Herbst 1898 Gletschertöpfe, Gletscherschliffe und ein tiefes Gletscherthal von hervorragender Schönheit freigelegt worden waren.

Prof. Dr. E. Kalkowsky hält den angekündigten Vortrag über Natur und Entstehung des Chilisalpeters mit Vorführung von Gesteinsproben und Lichtbildern.

*) Vielleicht hat die Verbreitung dieser Bitte durch den Druck Erfolg; zur Vermittelung erbietet sich der Vorstand der botanischen Section (Drude, Wobst).

Prof. H. Engelhardt berichtet über eine neuentdeckte Kreidepflanze, *Sassafras Geinitzi* Engelh., aus dem cenomanen Quadersandstein von Eutschütz, über neue tertiäre Pflanzen von Sardinien*) und über die Bestimmung von fossilen Palmenresten im Allgemeinen.

Zweite Sitzung am 20. April 1899. Vorsitzender: Privatdocent Dr. W. Bergt. — Anwesend 26 Mitglieder.

Dr. W. Bergt hält einen Vortrag über vulkanischen Staub und veranschaulicht denselben durch Proben und mikroskopische Präparate.

Oberlehrer Dr. P. Wagner spricht über Erdpyramiden unter Hinweis auf die Schrift von Chr. Kittler: „Ueber die geographische Verbreitung und Natur der Erdpyramiden", Inaug.-Diss. Erlangen 1897.

Dr. W. Bergt spricht unter Vorlage von Moldawiten und ähnlichen Bildungen über Suess: „Ueber den kosmischen Ursprung der Moldawite."

Dritte Sitzung am 22. Juni 1899. Vorsitzender: Privatdocent Dr. W. Bergt. — Anwesend 22 Mitglieder.

Der Vorsitzende legt mit kurzer Besprechung das Werk von O. Herrmann: „Steinbruchindustrie und Steinbruchgeologie" und den Katalog der Mineraliensammlung des Herrn W. Putscher zur Einsicht vor.

Oberlehrer Dr. P. Wagner macht auf das neu erschienene Werk von Gürich: „Das Mineralreich" aufmerksam.

Oberlehrer Dr. R. Nessig giebt einen Bericht über rechtselbische Bohrlöcher (vergl. Abhandlung II) und weist auf einen verbesserten Aufschluss im Syenitconglomerat und Leopardensandstein bei Coschütz hin.

Prof. H. Engelhardt macht einige ergänzende Bemerkungen über Thoneinlagerungen unter dem Haidesand, legt eine Arbeit von R. Zeiller über Steinkohlenpflanzen vor und berichtet über neue tertiäre Pflanzenfunde in der Rhön.

Dr. W. Bergt ergänzt seinen früheren Vortrag über die Moldawite und führt Präparate natürlicher Gläser vor.

IV. Section für prähistorische Forschungen.

Erste Sitzung am 19. Januar 1899. Vorsitzender: Prof. Dr. J. Deichmüller. — Anwesend 20 Mitglieder.

Geh. Hofrath Prof. Dr. F. Nobbe spricht über vorgeschichtliche Funde im K. Forstgarten zu Tharandt. (Vergl. Abhandlung III.)

In der sich an den Vortrag anschliessenden Debatte wird namentlich die Frage erörtert, ob diese Funde als Depotfunde oder, falls sich in der

*) Vergl. Abhandl. Isis 1898, S. 101.

Nähe des Fundortes in urgeschichtlicher Zeit eine Cultusstätte befunden haben sollte, als Opfergaben anzusehen seien.

Herr W. Osborne legt eine Bronzefibel aus dem La Tène-Gräberfelde von Rudnikersee bei Graudenz und ein Feuersteingeräth von der Insel Seeland vor und

referirt über einen von John Evans auf der Jahresversammlung der Gesellschaft zur Beförderung der Wissenschaften zu Toronto gehaltenen Vortrag über das Alter des Menschengeschlechts.

Prof. Dr. J. Deichmüller bringt zur Ansicht einen in der rauhen Fuhrt bei Diesbar aus der Elbe gebaggerten Steinhammer, in dessen fast vollendetem Bohrloch noch der wohlerhaltene Bohrkern steht,

sowie das Bruchstück eines Steinbeils, ein topfartiges Gefäss mit drei warzenförmigen Ansätzen und eine Anzahl Gefässscherben mit Stichbandverzierungen, welche aus einer Niederlassung der jüngeren Steinzeit im Dorfe Röderau stammen.

Zweite Sitzung am 16. März 1899. Vorsitzender: Prof. Dr. J. Deichmüller. — Anwesend 15 Mitglieder.

Prof. Dr. J. Deichmüller spricht über die als „Frau von Auvernier" bekannte Büste, welche von Prof. Dr. J. Kollmann in Basel durch Auftragen der Weichtheile auf den Schädel einer Frau aus dem Pfahlbau Auvernier hergestellt worden ist.

Lehrer H. Döring hält einen Vortrag über den Burgwall von Arkona auf Rügen und legt Photographien und Fundgegenstände von demselben vor.

Derselbe bringt ferner zur Ansicht ein Steinbeil von Stönzsch bei Pegau, ein Flachbeil, einen Spinnwirtel und einen bandverzierten Gefässscherben aus neolithischen Herdstellen in der fiscalischen Kiesgrube von Wiederau bei Pegau, sowie eine Anzahl Gefässreste von dem Burgwall bei Altoschatz.

Unter letzteren befinden sich auch solche von germanischem Typus, welche darauf hindeuten, dass dieser Burgwall vielleicht bereits in vorslavischer Zeit errichtet worden ist.

Prof. Dr. J. Deichmüller berichtet über neue Erwerbungen der K. Prähistorischen Sammlung:

Von Steinbach bei Radeburg erhielt die Sammlung einen Lappencelt aus Bronze, aus dem beim Kasernenbau zu Kamenz aufgedeckten Gräberfelde eine grosse Anzahl z. Th. wohlerhaltener Gefässe, deren Formen den jüngeren Lausitzer Typus zeigen und, wie die spärlichen Eisenbeigaben, beweisen, dass dieses Gräberfeld in den letzten Jahrhunderten vor Chr. angelegt worden ist.

Excursion am 10. Juni 1899 zur Besichtigung einer angeblichen vorgeschichtlichen Opferstätte bei Hermsdorf zwischen Klotzsche und Königsbrück und eines Burgwalls bei Klotzsche. — Zahl der Theilnehmer 9.

Die nur wenige Minuten südlich Hermsdorf dicht am Wege nach Lausa gelegene sogenannte Opferstätte ist eine flache natürliche Bodenerhebung ohne jede Spur künstlicher Erhöhung oder Umwallung, welche von einer regellosen Anhäufung grosser Steinblöcke gekrönt wird. Das zur letzteren verwendete Material sind theils kantige Bruchstücke des den Untergrund bildenden Lausitzer Granits, theils abgerollte Blöcke benachbarter contactmetamorphischer Grauwacken und nordischer Granite oder erzgebirgisch-böhmischer Granitporphyre und Basalte, wie sie im Diluvium der Umgebung nicht selten sind. Dass dieser Steinbau in vorgeschichtlicher Zeit errichtet und der Platz als Opferstätte benutzt worden sei, dürfte sich nach den örtlichen Verhältnissen kaum beweisen lassen.

Der östlich des Bahnhofs Klotzsche über dem Steinbruch auf dem linken Ufer des Priessnitzbaches befindliche Burgwall, welcher schon auf der aus dem 16. Jahrhundert stammenden Oeder'schen Karte als Burgstadl bezeichnet wird (vergl. Sitzungsber. Isis 1897, S. 7), ist ein aus Granitstücken errichteter Wallrest, dessen Alter jedoch mangels jeglicher Fundstücke noch unsicher ist.

V. Section für Physik und Chemie.

Erste Sitzung am 12. Januar 1899. Vorsitzender: Prof. Dr. F. Foerster. — Anwesend 198 Mitglieder und Gäste.

Geh. Hofrath Prof. Dr. W. Hempel hält einen Vortrag über Kryochemie.

Der Vortragende erörtert zunächst die Fortschritte, welche Theorie und experimentelle Hilfsmittel erfahren, bis man zu der heute im technischen Maassstabe möglich gewordenen Verflüssigung der früher für „permanent" gehaltenen Gase, zumal der Bestandtheile der atmosphärischen Luft, gelangen konnte. Die Linde'sche Maschine erlaubt heute, flüssigen Sauerstoff in beliebiger Menge zu erzeugen. Mit Hülfe eines vom Vortragenden selbst nach den bei dieser Maschine befolgten Grundsätzen construirten Apparates wurde flüssiger Sauerstoff in reichlichem Masse hergestellt und durch eine Reihe sehr anschaulicher Versuche dargethan, welche Wirkungen durch eine Erniedrigung der Temperatur auf diejenige des siedenden Sauerstoffs hervorgebracht werden können: es wurde z. B. Ozon als indigoblaue Flüssigkeit aus ozonisirter Luft niedergeschlagen und die grosse Reactionsträgheit bei gewöhnlicher Temperatur explosionsartig auf einander wirkender Stoffe, wie Brom und Kalium, gezeigt. Die Chemie bei niederen Temperaturen, die Kryochemie, ist nun aber auch bei erheblich über dem Siedepunkte des Sauerstoffs liegenden Temperaturen noch so gut wie unerforscht. So bietet z. B. die durch Eintragen fester Kohlensäure in Aether verhältnismässig leicht zu erhaltende Temperatur von — 78° der Forschung noch ein weites Feld. Der Vortragende hat es sich angelegen sein lassen, die Hülfsmittel zu suchen, die man zur Aufrechterhaltung so niedriger Temperaturen zweckmässig verwendet. Er hat gefunden, dass ähnlich guter Kälteschutz wie durch das Vacuum der Dewar'schen Röhren auch durch Einpacken der die kalte Flüssigkeit enthaltenden Gefässe in Eiderdaunen, oder billiger in gut getrocknete Schafwolle zu erreichen ist. Mit solchen Mitteln arbeitend, hat er flüssige Kohlensäure mit Wasser wie mit Alkoholen zu starren Verbindungen vereinigen können. Die Bedeutung dieser sauren Aether und des Hydrates der Kohlensäure für das Verständniss des merkwürdigen Unterschieds zwischen der Festigkeit, mit der einerseits die natürlichen kohlensauren Wasser und der echte Champagner ihre Kohlensäure zurückhalten, und der Leichtigkeit, mit der künstliches Selterwasser oder Schaumwein das eingepresste Kohlensäuregas wieder entlassen, wird am Schluss des mit grossem Beifall aufgenommenen Vortrages erörtert.

Zweite Sitzung am 2. März 1899. Vorsitzender: Prof. Dr. F. Foerster. — Anwesend 50 Mitglieder und Gäste.

Dr. P. Uhlmann spricht über die epochemachendsten Fortschritte der Theerfarben-Industrie seit 1800.

Der Vortragende bespricht zunächst nach einigen historischen Bemerkungen die Bedeutung des Indigos als Farbstoff und schildert dessen Verwendung und künstliche Darstellung unter Vorlegung zahlreicher Präparate und Ausfärbungen nebst Druckmustern. Im zweiten Theile seines Vortrages wendet er sich dann zu der enormen Bedeutung, welche die grosse Gruppe der Azofarbstoffe in Färberei und Zeugdruck erlangt haben, und illustrirt deren Fixirung und Erzeugung auf der Faser durch vielfache Experimente, um dann zu den erst in neuerer Zeit, zuerst von Vidal, entdeckten schwefelhaltigen Farbstoffen überzugehen, wie sie neuerdings auch in den deutschen Fabriken im grossen Maassstabe dargestellt werden, um mit einem kurzen statistischen Ueberblick über Import, Export und Fabrication zu schliessen.

Nächstdem spricht Dr. E. Müller über ein elektrolytisches Verfahren zur Herstellung chlor-, brom- und jodsaurer Salze.

Nach einer Erläuterung und Vorführung der Verfahren und der Apparate, mit deren Hülfe man elektrolytische Vorgänge an unlöslichen Elektroden verfolgen kann, erörtert der Vortragende die Schwierigkeiten, welche die Herstellung chlor-, brom- und jodsaurer Salze durch Elektrolyse der Lösungen von Chloriden, Bromiden und Jodiden entgegenstehen. Diese sind vor allen Dingen darin zu suchen, dass die durch die anodischen Vorgänge in der Lösung erzeugten Halogensauerstoffverbindungen mehr oder weniger leicht an der Kathode wieder zu den Halogeniden reducirt werden. Es ist dem Vortragenden gelungen, im einfachchromsauren Kali einen Stoff zu finden, der, in kleiner Menge dem Elektrolyten zugesetzt, die kathodische Reduction fast ganz ausschliesst. Auf diese Weise gelingt es, Bromate und Jodate elektrolytisch mit einer über 90 %igen Strom- und Materialausbeute herzustellen.

An der sich hieran anschliessenden Debatte betheiligen sich Geh. Hofrath Prof. Dr. W. Hempel, Prof. Dr. F. Foerster und der Vortragende selbst.

Dritte Sitzung am 4. Mai 1899. Vorsitzender: Prof. Dr. F. Foerster. — Anwesend 60 Mitglieder.

Privatdocent Dr. A. Schlossmann spricht über die Entwickelung der Heilkunde unter dem Einfluss von Physik und Chemie.

Der Vortragende schildert einleitend den tiefen Stand der Medicin zu Anfang unseres Jahrhunderts, da die Diagnose eine rein speculative war und die Behandlung der Krankheiten wesentlich in der Verabreichung möglichst zusammengesetzter Arzneien bestand; ferner die Einflüsse des Mesmerismus, des Spiritismus und der Homöopathie. Erst mit der synthetischen Darstellung des Harnstoffes durch Wöhler im Jahre 1828 begann eine neue Epoche, die alte Lehre von der Lebenskraft fiel, und das Gesetz von der Erhaltung der Kraft wurde auch für den Aufbau der modernen Medicin grundlegend, die nun erst zu einer selbständigen Wissenschaft heranwuchs.

Für die Erkennung der Krankheiten wurden namentlich die physikalischen Methoden der Percussion, der Auscultation, der Thermometrie und der Beobachtung des Pulses dienstbar gemacht. Es folgte die Erfindung des Augenspiegels durch Helmholtz und daran anschliessend die Ausbildung von Methoden zur Beleuchtung des Kehlkopfes, des Magens, der Blase u. s. w. Auch die Elektricität konnte in den Dienst der Diagnostik treten, da sich die Reizbarkeit der Muskeln und Nerven gegenüber dem Strome in verschiedenen abnormen Zuständen als verschieden herausstellte. Für manche Fälle wurde die Bestimmung des specifischen Gewichts, z. B. des Urins, unerlässlich. Endlich brachte die Entdeckung der X-Strahlen für einen ganzen Kreis von Erkrankungen ein unentbehrliches Erkennungsmittel. Die Chemie leistete nicht minder wichtige Dienste durch Stoffwechseluntersuchungen, durch Untersuchung des Blutes bei einer ganzen Reihe von Krankheiten, besonders bei Vergiftungserscheinungen.

Beide Wissenschaften wirkten aber auch fördernd auf dem Gebiete der Therapie. Der Physik entsprangen namentlich die Methoden der Elektrotherapie, der mechanischen und der pneumatischen Behandlungsweise, während die Chemie eine Unzahl wirksamer chemischer Verbindungen der Medicin zur Verfügung stellte.

Von grosser Bedeutung endlich waren auch die Vortheile, welche aus der Anwendung der physikalischen Untersuchungsmethoden für die Verhütung der Krankheiten erwuchsen. Als die wichtigste Hülfe aber, welche Physik und Chemie der Medicin geleistet haben, ist die zu betrachten, dass sie ihr methodisch den Weg gewiesen haben, eine exacte Naturwissenschaft zu werden.

Im Anschluss an den Vortrag macht Dr. med. G. Kelling einige Mittheilungen über physikalische Methoden zur Untersuchung des Magens und der Speiseröhre.

Oberlehrer H. A. Rebenstorff spricht über einige neue Versuche und Apparate für den physikalischen Unterricht.

Der Vortragende zeigt, wie man beim Luftleermachen eines Kolbens durch Auskochen das Wasser durch den Dampf selbst aus dem Kolben entfernen kann. Es gelingt dies durch Anfügen einer langen Glasröhre, welche nach schnellem Umkehren des Kolbens den Druck so herabsetzt, dass das Wasser weiterkocht, bis der Kolben leer ist.

Hierauf wird das Modell einer Dampfstrahlpumpe vorgeführt (Zeitschr. für den phys. und chem. Unt. 1899, S. 18). Es ist leicht herstellbar, enthält keine durchbohrten Korke und gestattet, während des Betriebes der Dampfröhre die beste Stellung zu geben. Zu beziehen durch die Glasbläserei von Eichhorn, Dresden, Mittelstrasse.

Nach Vorführung einiger Versuche mit Tauchern (Zeitschr. f. d. phys. und chem. Unt. 1888, S. 218—221) wird der neue Apparat für Wärmeleitung des Holzes gezeigt. Derselbe besteht aus einer Holzpyramide mit in der Achse gelegenem Dampfrohr und äusserem thermoskopischen Farbmantel. Mit dem Farbenthermoskop (zu beziehen von G. Lorenz, Chemnitz, Schillerstrasse) wird auch die Wärmeentwickelung beim Erstarren des überkalteten Schmelzflusses von Natriumacetat nachgewiesen und gezeigt, wie man zu verfahren hat, um mit einem farbenthermoskopischen Papierstreifen eine Temperaturerhöhung sichtbar zu machen, welche den Umwandlungspunkt des Silberquecksilberjodids (45°) noch nicht erreicht.

Zu Mittheilungen über die Vorführung der Funkentelegraphie im Unterricht übergehend, zeigt der Vortragende einen leicht aus Aluminiumfolie herzustellenden Cohärer von bedeutender Empfindlichkeit, berichtet über andere Cohärerarten und erläutert ein neues Verfahren, die bei der Funkentelegraphie so störenden Wellen, welche von dem elektromagnetischen Abklopfer ausgehen, wirkungslos zu machen. Der Cohärer wird hierbei nur am einen Ende und zwar federnd befestigt, während am anderen Ende sich ein leicht lösbarer Platincontact befindet. Mit der Mitte des Cohärers ist der Hammer einer elektrischen Klingel durch einen dünnen Faden verbunden, den man durch Auseinanderrücken der Apparate so anspannt, dass der federnde Cohärer durch das Anschlagen des Hammers mitbewegt und dadurch abgeklopft wird, dass er gegen ein sehr nahe angebrachtes Widerlager schlägt. Beim Zurückspringen wird er zum zweiten Mal erschüttert. Die störenden Wellen treten dann nur in solchen Augenblicken auf, in denen der Cohärerstromkreis geöffnet ist, sodass für die Zuleitung der Wellen durch die zum Relais führenden Drähte der eine ausser Betracht kommt. Auch die Erregung durch die Wellen in dem zum befestigten Cohärerende führenden Draht ist bei offenem Cohärerstromkreis nicht vorhanden, wenn vor dem Cohärer ein langer, dünner Draht (am besten ein Galvanoskop von etwa 100 Ohm) eingeschaltet ist. Man kann auch statt des Cohärer und Relais verbindenden Drahtes zwei Leitungen zur Erde anwenden. Die in zweiter Linie mögliche Erregung des Cohärers durch akustische Einwirkung der Klingel wird infolge des grösseren Abstandes zwischen beiden Apparaten gehindert; es ist indessen rathsam, zwei getrennt stehende Tische zur Aufstellung zu benutzen. Bei dem mitgetheilten Verfahren ist es möglich, mit den empfindlichsten Cohärern zu arbeiten, sodass nach dem Berichte des Vortragenden die schwachen Funken eines Elektrophors innerhalb eines grossen Zimmers, sowie hinter einer 5 m entfernten Thür ausreichten, die Klingel zum jedesmaligen Anschlagen zu bringen.

Der Vortragende macht ferner darauf aufmerksam, dass man in bequemer Weise einen Ebonitelektrophor dadurch sehr stark elektrisiren kann, dass man ihn wie einen Condensator und zwar den Deckel negativ von der Influenzmaschine aus ladet.

Aluminiumstriche auf Glas besitzen ein erhebliches Leitungsvermögen, welches durch starke elektrische Wellen sehr herabgesetzt wird.

VI. Section für Mathematik.

Erste Sitzung am 19. Januar 1899. Vorsitzender: Prof. Dr. K. Rohn. — Anwesend 10 Mitglieder.

Prof. Dr. K. Rohn spricht über die Anwendung der Schnittpunktsystemsätze auf die ebenen Kurven 4. Ordnung.

Es werden die 63 Systeme der einhüllenden Kegelschnitte, die 28 Doppeltangenten und gewisse Gruppirungen derselben, sowie ihrer Berührungspunkte behandelt.

Zweite Sitzung am 20. April 1899. Vorsitzender: Prof. Dr. K. Rohn. — Anwesend 6 Mitglieder.

Dr. A. Witting spricht über die Constructionen von Mascheroni mit dem Zirkel.

Nach einigen historisch-litterarischen Bemerkungen über die in älterer und neuerer Zeit gemachten Versuche, planimetrische Constructionen entweder bloss mit dem Lineal, oder bloss mit dem Zirkel auszuführen, setzt der Vortragende die Constructionen auseinander, durch welche Mascheroni eine Reihe von Grundaufgaben der Planimetrie unter ausschliesslicher Benutzung des Zirkels zu lösen gelehrt hat. Insbesondere werden die Aufgaben behandelt, einen gegebenen Kreisbogen zu halbiren, einen Kreis sowie eine Strecke in eine gegebene Anzahl gleicher Theile zu zerlegen, eine Strecke zu vervielfachen, Strecken zu addiren sowie zu subtrahiren, an einen Kreis in einem gegebenen Peripheriepunkte die Tangente zu legen u. s.

VII. Hauptversammlungen.

Erste Sitzung am 26. Januar 1899. Vorsitzender: Prof. Dr. E. Kalkowsky. — Anwesend 54 Mitglieder und Gäste.

Prof. Dr. G. Helm spricht über statistische Beobachtungen biologischer Erscheinungen.

Der Vortrag geht von den zahlreichen Beobachtungen Ludwig's (Botan. Cbl. 1893 ff.) über die Zahl der Strahlenblüthen bei *Chrysanthemum Leuc.* aus, um zunächst im Allgemeinen das Eigenartige biologischer Massenerscheinungen zu erläutern. Als derartige Massenerscheinungen werden nicht nur in den anthropometrischen Untersuchungen die Eigenschaften des menschlichen Körpers aufgefasst, sondern es fügen sich auch die menschlichen Handlungen dieser Betrachtungsweise, wie schon Süssmilch's „Göttliche Ordnung" 1741 in weitem Umfange darlegte. Die besonders durch Quetelet's zahlreiche Arbeiten hervorgerufenen Bedenken metaphysischer Natur berührt der Vortrag nur, um dann sogleich das Thatsächliche, allen Massenerscheinungen Gemeinsame zu beschreiben.

Vor Allem wird über das Individuum Nichtwissen constatirt, wenn ein Vorgang als Massenerscheinung aufgefasst wird; nicht die Höhe dieses Individuums vor mir oder seine Todesgefahren sind bekannt, sondern die Höhe etwa des Sachsen, die Sterblichkeit der sächsischen weiblichen Bevölkerung bilden den Gegenstand der Untersuchung. Daher stehen die Massenerscheinungen in der innigsten Beziehung zum Wahrscheinlichkeitsbegriff, er ist es, der (etwa wie der Energiebegriff die Veränderungen in der Natur) die ganze Gesammtheit der Massenerscheinungen umspannt, ohne dass deswegen für einzelne Gebiete, wie etwa die Beobachtungsfehler, besondere Begriffsbildungen neben der Wahrscheinlichkeitsauffassung unberechtigt oder ausgeschlossen wären.

Es ist nämlich in allen seinen Anwendungen das Wesentliche des in logischer Hinsicht aus dem disjunctiven Urtheil hervorgegangenen Wahrscheinlichkeitsbegriffes, dass elementare Einzelfälle des Vorganges, auf den er angewendet wird, abgezählt werden können, die zwar individuell verschieden sind, jedoch so, dass ihre Unterschiede uns unbekannt bleiben oder als unbekannt betrachtet werden, sodass diese Einzelfälle als gleichmöglich erscheinen. Wenn die Wahrscheinlichkeit, mit einem Würfel eine bestimmte Nummer zu werfen, als $1/6$ angegeben wird, so wird damit über keinen einzelnen Wurf etwas ausgesagt als das Negative, dass wir über die individuellen Bedingungen dieses einzelnen Wurfs nichts wissen. Dagegen enthält die Angabe $1/6$ eine Eigenschaft des Würfels, und der Würfel ist es gerade, der das bei allen einzelnen Würfen Unveränderliche darstellt. Ihm entspricht in den Massenerscheinungen socialer Natur der sociale Körper, in den biologischen Massenerscheinungen etwa der Speciesbegriff, allgemein der Typus. So kommt es denn bei den Anwendungen des Wahrscheinlichkeitsbegriffs im Grunde genommen nicht auf die grosse Zahl der Einzelfälle an, wie so oft behauptet wird, sondern vielmehr auf die Gleichgültigkeit der Einzelfälle, die allerdings im Allgemeinen um so mehr gewährleistet erscheint, je grösser die Anzahl der Einzelfälle wird.

Wie nun nach der Wahrscheinlichkeitstheorie bei Versuchen über den wiederholten Eintritt eines Ereignisses von unveränderlicher Wahrscheinlichkeit sich die möglichen Häufigkeitszahlen nach dem bekannten mathematischen Gesetze der Fehlerkurve um den wahrscheinlichsten Fall vertheilen, so müssen auch die Versuche über eine Massenerscheinung dieses Gesetz der Vertheilung um den wahrscheinlichsten Fall zeigen, wenn die einzelnen Versuchsreihen unter denselben Bedingungen stehen, also der Typus, auf den sie sich beziehen, unverändert derselbe bleibt. Eine Massenerscheinung soll eine einfache Massenerscheinung oder einfache statistische Erscheinung heissen, wenn sie diese theoretisch ideale Vertheilung der Wahrscheinlichkeitstheorie zeigt. Eine solche einfache Erscheinung ist z. B. die Höhe der Schulkinder gleichen Stammes, Alters und Geschlechts (Geissler und Uhlitzsch, Zeitschr. K. stat. Bur. 1888), während sich offenbar die Höhen einer aus Erwachsenen und Kindern gemischten Personengruppe keineswegs um die mittlere Höhe der Wahrscheinlichkeitskurve gemäss vertheilen würden.

Schon eine einfache statistische Erscheinung erfordert zu ihrer Beschreibung zwei Angaben: neben dem mittleren, durchschnittlichen oder wahrscheinlichsten Werthe muss ein Mass für die Streuung der Versuchsergebnisse um ihn angegeben werden, etwa die wahrscheinliche oder die durchschnittliche oder die mittlere Abweichung, das Präcisionsmass oder die Dispersion. Hierbei wird zur Erläuterung auf Galton's Apparat hingewiesen, bei dem Schrot aus einem Trichter durch Reihen von Drahtstiften hindurchfällt, die wie beim Tivolispiel angeordnet sind; die Schrotkörner häufen sich schliesslich nach einer Wahrscheinlichkeitskurve an, und die Streuung ist um so grösser, je grösser das Kaliber des Schrots im Vergleich zum Abstande der Stifte ist.

Im Allgemeinen aber wird eine Massenerscheinung nur durch möglichst vollständige Angabe der ganzen Vertheilungskurve beschrieben, z. B. durch Angaben nach Galton's percentiler Skala. (Vergl. Geissler, Allg. statist. Archiv 1892.)

Wie weit eine Massenerscheinung vom Charakter einer einfachen Erscheinung abweicht, haben Fechner (Collectivmasslehre, 1897), Lexis (Massenerscheinungen, 1877) und Galton (Inquiries into human faculty, 1883 und Natural inheritance, 1889) untersucht. Jedenfalls ist die Statistik meist unbewusst bestrebt, die Erscheinungen der Natur und des socialen Lebens in einfache statistische Erscheinungen zu zerlegen und ihre Fragestellungen auf diese zu richten. Mehr ins Bewusstsein wird dieses Verfahren der Analyse gehoben, wenn man aus biologischen Massenerscheinungen, die unregelmässige Vertheilung, z. B. zweigipfelige Variationskurven zeigen, geradezu auf Vermischung mehrerer Species oder Typen schliesst, ja sogar diese, wie bei de Vries' Züchtungsversuchen, rein darzustellen vermag, wonach die einfache Massenerscheinung den reinen Typus charakterisirt. (Litteratur von Ludwig, Zeitschr. f. Math. und Phys., Bd. 43 zusammengestellt.)

Solchen Bestrebungen gegenüber ist man zu der Erwartung berechtigt, dass der Wahrscheinlichkeitsbegriff, von dem die französischen Analytiker des 18. Jahrhunderts so grosse, vielfach übertriebene Hoffnungen hegten und der dann in den Händen von Gauss und seinen Nachfolgern zu einem mächtigen Mittel der Kritik auf dem Gebiete der Fehlertheorie geworden ist, auch berufen sein dürfte, zu einer schärferen Theorie sociologischer und biologischer Massenerscheinungen hinzuführen und zu einer wissenschaftlichen Erkenntniss des Wesens der Begriffe Species und Typus vorzudringen.

Im Anschluss an diese Ausführungen bespricht Geh. Hofrath Prof. Dr. G. Treu **Galton's Erfindung, auf dem Wege photographischer Registrirung zu einer Darstellung von Typen des menschlichen Antlitzes zu gelangen** (Inquiries into human faculty, p. 8 ff. und 339 ff.).

Galton stellte seine photographischen Durchschnitts- oder Gattungsbilder in der Weise her, dass er Vorderansichten von Einzelköpfen in gleichem Massstab, gleicher Beleuchtung und in gleichen Bruchtheilen der zur Herstellung eines Gesammtbildes nöthigen Expositionszeit auf dieselbe photographische Platte auf einander projicirte. Da bei einem solchen Verfahren die den einzelnen Bildern gemeinsamen Formen sich durch Deckung verstärken, die abweichenden individuellen Züge zurücktreten und sich verwischen, ohne doch ganz zu verschwinden, so wird es auf diese Weise möglich, Typenbilder zu gewinnen, welche neben den constituirenden Hauptzügen auch Umfang und Stärke der Abweichungen zur Anschauung bringen.

Galton hatte sein Verfahren zur Herstellung von Familien-, Verbrecher- und Krankheitstypen angewandt. Fortgeführt hat seine Versuche namentlich der Professor der Physiologie in Boston, Dr. H. P. Bowditch, und zwar mit der Herstellung von Standes- und Rassentypen amerikanischer Studenten und Studentinnen, sächsischer und wendischer Soldaten und dergl. mehr. Vergl. dessen Aufsatz: „Are composite photographs typical pictures?" in Mc. Clure's Magazine, September 1893, und P. Pumpelly, Science V, p. 378.

Eine hochbedeutsame Eigenschaft aller dieser Typenbilder ist die, dass sie, je mehr Einzelindividuen sie umfassen, nicht nur um so charakteristischer, sondern auch um so schöner erscheinen. Es ist dies ein Umstand, der die Vermuthungen Kant's über die Entstehung der „ästhetischen Normalidee" vom Menschen in schlagendster Weise bestätigt und die hiergegen von Lotze vorgebrachten Bedenken widerlegt (Kant, Kritik der Urtheilskraft, Bd. VII, S. 79 ff. der Ausgabe von Hartenstein; Lotze, Gesch. der Aesthetik, S. 566 f. und 21 f.). Jene photographischen Gattungsbilder geben uns in der That ein Analogon für den physischen und psychischen Hergang bei der Typen- und Idealbildung innerhalb der künstlerischen Phantasie. Sie gewinnen damit einen hohen und bisher noch nicht gewürdigten Werth für die ästhetische Theorie des Schönheitsbegriffes. Vergl. hierüber die Ausführungen von Treu im Jahrbuch des K. Archäologischen Institutes, Bd. V (1890), Anzeiger S. 61 ff.

Zweite Sitzung am 23. Februar 1899. Vorsitzender: Prof. Dr. E. Kalkowsky. — Anwesend 48 Mitglieder und Gäste.

Der Vorsitzende des Verwaltungsrathes, Prof. H. Engelhardt, berichtet über den Rechnungsabschluss vom Jahre 1898 (s. S. 16) und legt den Voranschlag für 1899 vor. Als Rechnungsrevisoren werden Bankier A. Kuntze und Architect R. Günther gewählt. Der Voranschlag wird einstimmig genehmigt.

Prof. H. Engelhardt theilt weiter mit, dass die Uebergabe der Kasse an den neugewählten Kassirer, Hofbuchhändler G. Lehmann, statutengemäss erfolgt sei. Die Gesellschaft beschliesst, dem nach 26jähriger uneigennütziger Thätigkeit aus seinem Amte scheidenden bisherigen Kassirer, Hofbuchhändler H. Warnatz ihren Dank durch ein Schreiben zum Ausdruck zu bringen.

Geh. Hofrath Prof. Dr. O. Drude hält hierauf den angekündigten Vortrag: Pflanzengeographische Betrachtungen über Klima und Flora der Eiszeit in Mitteleuropa.

Dritte Sitzung am 23. März 1899. Vorsitzender Prof. Dr. E. Kalkowsky. — Anwesend 61 Mitglieder und Gäste.

Nach Prüfung des Rechnungsabschlusses für 1898 wird dem Kassirer Decharge ertheilt.

Prof. Dr. E. Kalkowsky hält einen Vortrag: Zur Geologie des Goldes.

An diesen Vortrag knüpft Geh. Hofrath Prof. Dr. W. Hempel Bemerkungen über die Entstehung der Golderzlagerstätten in den jungen Eruptivgesteinen, den Propyliten.

Vierte Sitzung am 27. April 1899. Vorsitzender: Prof. Dr. E. Kalkowsky. — Anwesend 64 Mitglieder und Gäste.

Geh. Hofrath Prof. H. Engels spricht über das neue Flussbau-laboratorium der K. Technischen Hochschule.

Der Vortragende schildert zunächst die Einwirkung des fliessenden Wassers auf das Flussbett, welche die Ausführung von Flussbauten zur Regulirung der Wassertiefen erforderlich macht. Im Laboratorium, welches dazu bestimmt ist, den Studirenden am Experiment diese Wirkungen vorzuführen, zeigt der Vortragende dann an einer im kleinen Massstab ausgeführten Nachbildung eines Theiles des Elblaufes, wie das fliessende Wasser und seine Sinkstoffe das Flussbett bei Hoch- und Niederwasser verändern und welchen Einfluss auf die Regelung der Wassertiefe die in den Strom eingebauten Buhnen haben.

Fünfte Sitzung am 18. Mai 1899. Vorsitzender: Prof. Dr. E. Kalkowsky. — Anwesend 25 Mitglieder.

Prof. Dr. H. Gravelius spricht über die Vertheilung des Regens auf der Erde.

An den Vertrag schliesst sich eine längere Debatte.

Sechste Sitzung am 29. Juni 1899. Vorsitzender: Prof. Dr. E. Kalkowsky. — Anwesend 41 Mitglieder und Gäste.

Prof. B. Pattenhausen hält einen Vortrag über die wissenschaftliche Begründung des metrischen Systems.

Auf Antrag des Vorsitzenden des Verwaltungsrathes, Prof. H. Engelhardt, wird eine zum Neudruck von Statuten bestimmte Nachtragsforderung zum Voranschlag für 1899 einstimmig genehmigt.

Veränderungen im Mitgliederbestande.

Gestorbene Mitglieder:

Am 18. März 1899 verschied in Newhaven, Conn., Dr. Othniel Charles Marsh, Ehrenmitglied der Isis seit 1881.

Othn. Ch. Marsh hat sich grosse Verdienste um die Kenntniss der fossilen Wirbelthiere Nordamerikas erworben, die Ergebnisse seiner Untersuchungen sind in mehreren bedeutenden Werken niedergelegt. Seine mit grossen Geldopfern erworbenen Sammlungen hat er in hochherziger Weise der Yale University in Newhaven hinterlassen, an welcher er seit 1866 als Professor der Paläontologie gewirkt hat.

Am 20. März 1899 starb in Wien im Alter von 77 Jahren Hofrath Franz Ritter von Hauer, ein um die geologische Erforschung der österreichisch-ungarischen Monarchie hochverdienter Gelehrter, vormaliger Director der K. K. Geologischen Reichsanstalt, seit 1885 Intendant des K. K. Naturhistorischen Hofmuseums in Wien. Unserer Gesellschaft gehörte der Verewigte seit 1857 als Ehrenmitglied an.

Am 26. März 1899 starb im 52. Lebensjahre K. Hofbuchhändler Heinrich Warnatz in Dresden.

Einer Dresdner Familie entstammend, widmete sich H. Warnatz nach dem Besuche der Kreuzschule dem Buchhandel und erwarb im December 1872 gemeinsam mit seinem

Freunde G. Lehmann die alte, ihren Ursprung bis auf das Jahr 1679 zurückführende K. S. Hofbuchhandlung H. Burdach in Dresden. Aus dieser Firma trat er im Juni 1898 aus, um die grosse Verlagsbuchhandlung von Otto Hendel in Halle a. S., zu der neben dem Buchverlag auch der Verlag mehrerer grosser Tageszeitungen gehört, zu übernehmen. Im Frühjahr 1899 schwer erkrankt, suchte H. Warnatz Genesung im Süden, wo ihn in Locarno am 26. März d. J. ein plötzlicher Tod ereilte.

Unserer Gesellschaft gehörte der Verewigte seit November 1873 als wirkliches Mitglied an. Nach dem im Herbst jenes Jahres erfolgten Tode des früheren Kassirers H. Burdach wählte ihn die Isis zu dessen Nachfolger, und der Verewigte hat dieses Amt bis Ende des Jahres 1898 mit grosser Hingebung verwaltet. Unsere Gesellschaft wird ihm für seine 25jährige uneigennützige Thätigkeit immer ein dankbares Andenken bewahren.

Am 26. April 1899 starb in Dresden Verlagsbuchhändler Alexander Köhler, wirkliches Mitglied seit 1884.

Am 3. Juni 1899 starb Fabrikbesitzer Ernst Heuer in Cotta b. Dr., wirkliches Mitglied seit 1879.

Als wirkliche Mitglieder sind aufgenommen:

Barth, Carl, Dr. phil., Chemiker in Dresden, am 23. März 1899;
Contractor, Noshirvan, Forststudent in Tharandt, am 29. Juni 1899;
Döring, Carl, Lehrer in Dresden, am 27. April 1899;
Galewsky, Eugen, Dr. med. in Dresden, am 18. Mai 1899;
Günther, Oswald, Chemiker in Blasewitz, } am 26. Januar 1899;
Hänel, Paul, Chemiker in Dresden, }
Kelling, Georg, Dr. med. in Dresden, am 23. Februar 1899;
Pestel, Rich. Martin, Optiker und Mechaniker in Dresden, am 29. Juni 1899;
Seidel, Rudolf, Kunst- und Handelsgärtner in Laubegast, am 18. Mai 1899;
Süss, Paul, Dr. phil., Assistent an der K. Technischen Hochschule, am 23. März 1899;
Zielke, Otto, Apotheker in Dresden, am 23. Februar 1899.

Zum correspondirenden Mitglied ist ernannt:

Peschel, Ernst, Lehrer in Nünchritz, am 26. Januar 1899.

Uebergetreten sind in die correspondirenden Mitglieder:

Kosmahl, Friedr., K. Oberförster a. D. in Langebrück;
Richter, Conrad, Realschullehrer in Aue;

in die wirklichen Mitglieder:

Schuster, Oscar, Generalmajor z. D. in Dresden.

Kassenabschluss der ISIS vom Jahre 1898.

Einnahmen.

Position.	Einnahmen.	Mark	Pf.
1	Kassenbestand der Isis vom Jahre 1897	457	46
2	Ackermannstiftung	5015	—
	Zinsen hiervon	204	—
3	Bodemerstiftung	1000	—
	Zinsen hiervon	30	—
4	Gehestiftung	3336	—
	Zinsen hiervon	115	—
5	v. Pischkestiftung	500	—
	Zinsen hiervon	17	62
6	Purgoldstiftung	600	—
	Zinsen hiervon	21	—
7	Isis-Capital	1636	51
	Zinsen hiervon	59	67
8	Reservefonds	1300	—
	Zinsen hiervon	29	—
9	Div. Sparkassenzinsen	8	49
10	Mitgliederbeiträge	2155	—
11	Eintrittsgelder	145	—
12	Freiwillige Beiträge und Geschenke	190	61
13	Erlös aus Drucksachen und Diversen	41	7
		17061	43
	Vortrag für 1899:		
	Ackermannstiftung	5015	—
	Bodemerstiftung	1000	—
	Gehestiftung	3336	—
	v. Pischkestiftung	500	—
	Purgoldstiftung	600	—
	Isis-Kapital	1636	51
	Reservefonds	1300	—
	Kassenbestand am 1. Januar 1899	565	29
	Hierüber 8 Actien des zoologischen Gartens zu Dresden.		

Ausgaben.

Position.	Ausgaben.	Mark	Pf.
1	Gehalte	644	—
2	Inserate	76	67
3	Localspesen	130	—
4	Buchbinderarbeiten	816	90
5	Bücher und Zeitschriften	397	65
6	Sitzungsberichte und Drucksachen	1162	67
7	Insgemein	158	61
	Ackermannstiftung	5015	—
	Bodemerstiftung	1000	—
	Gehestiftung	3336	—
	v. Pischkestiftung	500	—
	Purgoldstiftung	600	—
	Isis-Capital	1636	51
	Reservefonds	1300	—
	Kassenbestand der Isis am 31. December 1899	565	29
		17061	43

Dresden, am 22. Februar 1899.

H. Warnatz, z. Z. Kassirer der Isis.

Sitzungsberichte

der

Naturwissenschaftlichen Gesellschaft

ISIS

in Dresden.

1899.

I. Section für Zoologie.

Vierte Sitzung am 10. October 1899. Vorsitzender: Oberlehrer Dr. J. Thallwitz. — Anwesend 32 Mitglieder.

Prof. Dr. E. Kalkowsky legt vor und bespricht mit warmer Empfehlung

Häckel, E.: Die Kunstformen in der Natur, und
" " Welträthsel, Studien über monistische Philosophie.

Dr. J. Thallwitz hält einen Vortrag über Befruchtung und Zelltheorie.

Fünfte Sitzung am 7. December 1899 (in Gemeinschaft mit der Section für Botanik). Vorsitzender: Prof. Dr. H. Nitsche. — Anwesend 45 Mitglieder und 1 Gast.

Prof. Dr. H. Nitsche legt vor und bespricht kurz zwei neue zoologische Prachtwerke

Becker, L.: Les Arachnides de Belgique. Fol. 3 Theile mit 70 Tafeln;
v. Graff, L.: Monographie der Turbellarien. II. Landplanarien. Fol. Mit einem Atlas von 58 Tafeln.

Derselbe berichtet hierauf über zoologische Reiseeindrücke aus Ungarn, Bosnien und der Herzegowina, die er gelegentlich des Besuches des ornithologischen Congresses zu Sarajewo im September 1899 sammeln konnte.

Der Vortrag wird durch Vorlage bezüglicher Publicationen, Photographien und einzelner Präparate und ethnographischer Gegenstände erläutert.

II. Section für Botanik.

Vierte Sitzung am 2. November 1899 (in Gemeinschaft mit der Section für Zoologie). Vorsitzender: Geh. Hofrath Prof. Dr. O. Drude. — Anwesend 42 Mitglieder.

Zunächst spricht Dr. B. Schorler über das Plankton der Elbe bei Dresden (mit Demonstrationen unter dem Mikroskop).

Es knüpft sich daran eine rege Discussion über die Assimilation der niederen Algen bei trübem Wetter und Sonnenmangel.

Darauf folgt der Vortrag des Vorsitzenden Prof. Dr. O. Drude: Die Thätigkeit der biogeographischen Section des VII. internationalen Geographen-Tages zu Berlin, September bis October dieses Jahres.

Redner schildert zunächst die schönen äusseren Verhältnisse, unter denen die Versammlungen stattfanden, sowie die innere Einrichtung der internationalen geographischen Congresse. Einer der biographisch wichtigsten allgemeinen Vorträge war der über die Deutsche Tiefsee-Expedition der „Valdivia" von Prof. Chun aus Leipzig.

Einen Hauptgegenstand in den Sitzungen der biogeographischen Section bildeten die modernen Arbeiten in der kartographischen Pflanzengeographie, einen zweiten die Begründung einer internationalen Nomenclatur für die pflanzengeographischen Begriffe (Drude, Warburg). Von allgemeinerem Interesse war auch ein Bericht über Versuche, die südrussischen Steppen wieder aufzuforsten, von Prof. Krassnow-Charkow. Herr M. Ewan sprach über die Anbau- und Absatzländer des Thees u. s. w.

Unter den Excursionen war eine der interessantesten die nach den Rüdersdorfer Kalksteinbrüchen unter Wahnschaffe's Führung. Den Schluss bildete auf die Einladung der Hamburger Gesellschaft für Erdkunde ein Ausflug nach Hamburg zur Besichtigung der dortigen wissenschaftlichen Institute und des Hafenverkehrs. Sehr beachtenswerth ist das neue colonialbotanische Museum unter Prof. Sadebeck's Leitung, dessen Einrichtung Vortragender bespricht. In der Seewarte waren die Tiefsee-Mess- und -Fang-Instrumente der „Valdivia" aufgestellt.

Dr. W. Bergt fügt einige Bemerkungen über die Rüdersdorfer Kalkbrüche hinzu und ladet zu der nächsten Sitzung der geologischen Section der Isis ein, in welcher von einem Geologen über den Geographen-Congress berichtet werden wird.

III. Section für Mineralogie und Geologie.

Vierte Sitzung am 9. November 1899. Vorsitzender: Privatdocent Dr. W. Bergt. — Anwesend 51 Mitglieder.

Der Vorsitzende legt E. Treptow: „Der Bergbau", W. Deecke: „Geologischer Führer durch Pommern und Bornholm", E. Geinitz: „Geologischer Führer durch Mecklenburg" und L. von Ammon: „Geologischer Führer durch die Fränkische Alp" vor.

Dr. L. Siegert hält einen Vortrag über Urströme in Norddeutschland.

Vergl. hierzu u. A. K. Keilhack: „Thal- und Seebildung im Gebiet des Baltischen Höhenrückens" (Verhandl. der Gesellschaft für Erdkunde zu Berlin, Bd. XXVI, 1899, No. 2 und 3, mit 1 Karte).

Im Anschluss daran spricht Prof. Dr. H. Nitsche über die Verbreitung des Fischreihers in Sachsen und ihre Beziehung zu Urstromthälern.

Dr. H. Francke zeigt und bespricht eine Anzahl interessanter Mineralvorkommnisse (Zinnober, Aragonit, Boleit, Sapphir, Pyrit, Rothkupfererz) und neuer Mineralien (Bouglisit).

Prof. Dr. E. Kalkowsky vom K. Mineralogisch-geologischen Museum neuerworbene paläozoische Korallen aus Nordamerika.

Fünfte Sitzung am 14. December 1899. Vorsitzender: Privatdocent Dr. W. Bergt. — Anwesend 30 Mitglieder.

Dr. E. Naumann spricht unter Vorlage von Karten und Versteinerungen über tektonische Störungen der triadischen Schichten in der Umgebung von Kahla.

Vergl. die Veröffentlichungen des Vortragenden im Jahrbuch der K. Preussischen Geologischen Landesanstalt für 1897 98.

Dr. W. Bergt berichtet über ein neues Vorkommniss von Turmalingranit bei Miltitz im Triebischthal, welcher durch Gebirgsdruck stufenweise in Turmalinsericitgneiss-artige Gesteine ausgewalzt ist.

Die Umwandlungserscheinungen werden an Handstücken und Dünnschliffprojectionen vorgeführt und ihre Bedeutung für die Frage der Entstehung der krystallinen Schiefer kurz erörtert.

IV. Section für prähistorische Forschungen.

Dritte Sitzung am 16. November 1899. Vorsitzender: Prof. Dr. J. Deichmüller. — Anwesend 30 Mitglieder.

Prof. Dr. E. Kalkowsky hält einen Vortrag über das Hakenkreuz (Svastika).

Das fast über die ganze Erde verbreitete Hakenkreuz (der Svastika) tritt in vorhistorischer Zeit wohl zuerst in Asien nördlich vom Himalaya auf und verbreitet sich von hier aus, aber ohne nach Erân und zu den semitischen und hamitischen Völkern vorzudringen. Im Sanskrit ist svastika, das Adjectiv zu svasti (su = wohl; asti = es ist), Wohlsein, Segen, zur Zeit des Grammatikers Pânini (um 300 vor Chr.) ein allgemein bekanntes Wort und Symbol; letzteres kann nicht als altindisches Schriftzeichen, aber auch nicht als Bild der Sonne oder als das eines Feuerzeuges gedeutet werden. Im Buddha-Dienst wird der Svastika vielfach verwendet, und in der im 5. Jahrhundert vor Chr. entstandenen Jaina-Religion ist das Hakenkreuz noch heute gemein gebräuchlich als Symbol für die Verbindung von Körper und Seele.

In China ist das Hakenkreuz seit alter Zeit wahrscheinlich bei der Sekte der tao sse, im 7. Jahrhundert nach Chr. eine Zeit lang als Schriftzeichen für „Sonne" und gegenwärtig noch als Ornament mit dem Namen wán, d. h. 10000, alle, und mit der ausgesprochenen Bedeutung „langes Leben, viele Jahre, Glück" im Gebrauch. In Japan, Korea, Tibet findet sich das Hakenkreuz ebenfalls noch jetzt, in letzterem Lande z. B. auf die Hand tatuirt.

Von Innerasien hat sich das Hakenkreuz nach den Kaukasusländern (Koban) und nach Vorderasien schon in prähistorischer Zeit verbreitet. Reichlich findet es sich z. Th. in flüchtigen Formen auf Gebrauchsgegenständen des gemeinen Lebens (Spinnwirteln) in Ilios; auf griechischen Inseln, in Griechenland (z. B. Olympia-Fibel mit quadratischer Fussplatte) finden sich auch die Formen des Mäander- und Spiralhakenkreuzes. Die Inschrift auf einer thrakischen Münze (Mes und Hakenkreuz von derselben Höhe) giebt eine sichere Deutung, hier im Stadtnamen Mesembria als „Tag".

Auch nach Unteritalien, Etrurien, alpinen Pfahlbaugebieten, Südrussland, Polen, Schlesien hat das Hakenkreuz seinen Weg gefunden, und ebenso nach Süd- und Norddeutschland und Skandinavien und mit spärlicherer Verbreitung nach dem alten Gallien und den britischen Inseln. Ein ausgezeichnetes Beispiel für geschichtlich nachweisbare Wanderung von Symbolen ist die Verwendung der sicilischen Triskele im Wappen der Insel Man; doch hat dies Zeichen nichts gemein mit dem Hakenkreuz.

Das Hakenkreuz hat sich spärlich in Afrika gefunden, hier wohl von Aegypten her in jüngerer Zeit durch Metallverkehr verbreitet.

Sehr auffällig ist das Vorkommen von ganz normalen Hakenkreuzen in vorhistorischer Zeit und bis in die Gegenwart bei Indianern verschiedener Stämme in

Nordamerika, z. Th. mit der geradezu angegebenen Bedeutung „Glück! gut Glück!“ Sicher ist auch die Angabe, dass bei den Azteken ein dem normalen Hakenkreuz sehr nahestehendes Zeichen Symbol des Jahreslaufes war.

In Europa ist das Hakenkreuz in vorhistorischer Zeit sicher nicht bloss Ornament, sondern ein bedeutungsvolles Zeichen gewesen; sein Gebrauch ist völlig erloschen; ob das Hakenkreuz, das noch in neuerer Zeit als Steinmetzzeichen gebraucht worden ist, mit dem vorhistorischen Symbol zusammenhängt, oder ob es eine neue Erfindung ist, bleibt ungewiss.

Institutslehrer A. Peuckert weist darauf hin, dass das Hakenkreuz in den Steinmetzzeichen nicht selten vorkommt.

Prof. Dr. J. Deichmüller legt das soeben erschienene Werk von R. Wuttke: „Sächsische Volkskunde“ vor und

berichtet über neue Urnenfunde auf Kleinzschachwitzer Flur, auf dem Gebiete der Haltestelle Klotzsche und in der nordnordöstlich von dort liegenden Kiesgrube. (Vergl. Abhandlung VI.)

Zur Vorlage kommen weiter ein in der Baumschule von O. Poscharsky in Laubegast gefundener Steinhammer, ein zweiter von der Haltestelle Klotzsche, welcher zusammen mit schnurverzierten Gefässen gefunden worden ist, und ein bei Böhlen bei Leisnig ausgeackerter, mit prachtvoller blaugrüner Patina überzogener Flachcelt aus Bronze. Sämmtliche Gegenstände befinden sich in der K. Prähistorischen Sammlung in Dresden.

Excursion am 28. October 1899 zur Untersuchung eines Urnenfeldes auf Kleinzschachwitzer Flur. — Zahl der Theilnehmer 19.

Die Aufdeckung mehrerer Urnengräber gab hier den Theilnehmern Gelegenheit, in der Natur den Bau derselben mit ihren Steinsetzungen und den Inhalt und die Anordnung der Gefässe in den Gräbern nach Entfernung der Steinbedeckungen kennen zu lernen. Gefunden wurden eine grössere Anzahl meist zerdrückter Thongefässe, mehrere Bronzenadeln und Thonperlen und in der Steinsetzung des einen Grabes ein flacher Mahlstein aus Syenit. Das Gräberfeld gehört zur jüngeren Gruppe der Urnenfelder vom Lausitzer Typus.

V. Section für Physik und Chemie.

Vierte Sitzung am 5. October 1899. Vorsitzender: Prof. Dr. F. Foerster. — Anwesend 62 Mitglieder und Gäste.

Dr. G. P. Drossbach spricht über die industrielle Verwerthung der Elemente der Cer- und Zirkongruppe.

Unter Vorzeigung zahlreicher Monazitproben und Präparate führt der Vortragende etwa Folgendes aus:

Die Gewinnung der sogen. seltenen Erden, d. h. der Oxyde der Elemente der Cer- und Zirkongruppe beginnt mit der Entwickelung der Gasglühlicht-Industrie und ist heute noch ausschliesslich von dieser abhängig. Seit Zirkonerde als Leuchtkörper eine wesentliche Rolle nicht mehr spielt, ist die Verarbeitung des in den beiden Staaten Carolina und Virginia massenhaft vorkommenden Zirkons sehr zurückgegangen und hauptsächlich der Monazit an seine Stelle getreten. Die Verwendbarkeit dieses Minerals beruht auf seinem Thorium-Gehalt. Da der Monazit nur 3—6,5 % Thoriumoxyd enthält, resultiren die restlichen 60 % der Cergruppe als zum Theil lästiges Nebenproduct.

Der Monazit findet sich sowohl in Brasilien (Bahia), als in den beiden Carolina als integrirender Bestandtheil des dortigen Augengneisses. Durch Vermahlen und Waschen des Gesteins wird der Monazit nur vereinzelt in Nord-Carolina gewonnen, die Hauptmasse entstammt dem durch Verwitterung des Gneisses entstandenen Laterit, welcher insbesondere in den Bächen durch einen natürlichen Waschprocess (in Brasilien auch an der Küste) soweit in Bezug auf den specifisch schweren Monazit (spec. Gew. = 5,0—5,8) angereichert ist, dass dessen Gewinnung lohnt.

Die Monazite der verschiedenen Fundstätten sind oft sehr verschieden, die Brasilmonazite stellen sämmtlich einen aus glänzenden bernsteingelben, völlig abgeriebenen, hirsekorngrossen Mineralindividuen bestehenden Sand dar, der vielfach durch Quarz, Titanit, Chromit und dergleichen verunreinigt ist. Sein Gehalt an Thoriumoxyd schwankt meist zwischen 2,5—4,5 %, doch kommen in Sao Paulo auch sechsprocentige Monazite vor. Der Monazit von Süd-Carolina bildet grüngelbe, der Monazit Nord-Carolinas gelbe bis dunkelbraune, wohlausgebildete, monokline Krystalle vermengt mit Granat, Chromit, Zirkon, Columbit, Vivianit, selbst Gold und Platin. Der Gehalt dieser Monazite an Thoriumoxyd beträgt 4,5—8 %.

Die Verarbeitung des Monazits selbst erfolgt in der Weise, dass das feinst gemahlene Mineral in geeigneter Weise aufgeschlossen wird. Obwohl sich der Monazit mit Soda sehr leicht aufschliessen lässt, und die zurückbleibenden Oxyde sich sehr gut fractionirt lösen lassen, verwendet man hierzu ausschliesslich die Schwefelsäure. Die Sulfate wurden früher in Oxalate verwandelt (direct durch Fällen mit freier Oxalsäure aus stark saurer Lösung) und diesen durch Soda die Thorerde entzogen. Heute fractionirt man aus der Sulfatlauge die Thorerde direct als Phosphat aus und lässt die Mutterlauge, welche fast sämmtliches Cer, Lanthan, Didym, Erbium, Yttrium und Ytterbium enthält, fortlaufen, insofern nicht ein kleiner Theil zu deren Gewinnung zurückgehalten wird. Der Thorphosphat-Niederschlag kann nach der Bunsen'schen Methode weiter gereinigt und in Nitrat übergeführt werden.

Die Gewinnung des Cers erfolgt analog den älteren aus der Verarbeitung des Cerits bekannten Methoden. Meist dient hierfür sowie für die Gewinnung aller übrigen Elemente der Gruppe der mit dem Thoriumphosphat mitgerissene Gemengtheil.

Die Verwendung des Thoriums in der Gasglühlicht-Industrie erfolgt in der Weise, dass die aus Baumwolle gestrickten Netze mit einer Lösung von Thoriumnitrat unter Zusatz von 1 % Ceriumnitrat getränkt, getrocknet und verascht werden. Killing und Bunte führen das Leuchten der Glühkörper auf die Fähigkeit des Ceriums, zwei Oxyde zu bilden und somit als Sauerstoffüberträger wirken zu können, zurück. Vortragender theilt diese Ansicht nicht, sie steht im Widerspruch mit der Thatsache, dass noch 0,3 % Cer einen intensiv leuchtenden Glühkörper bilden, während bei Erhöhung des Cergehalts die Leuchtkraft rasch herabgeht. Andererseits wirkt das Cerium nur im Gemenge mit Thoriumoxyd, aber mit keinem anderen Oxyde. Da nun andererseits jede Wärmeübertragung als rein physikalischer Vorgang beim Thor-Cer-Gemenge keine andere sein kann als bei anderen Gemengen, die Leuchtkraft aber von der Amplitude der Lichtschwingungen abhängt, so ist es wahrscheinlich, dass das Ceriumoxyd lediglich dazu dient, die Thoriummoleküle bis zur günstigsten Resonanz mit den heissen Flammengasen abzustimmen. Dementsprechend wirken auch andere Oxyde ähnlich, wenn auch (ihrer Flüchtigkeit wegen) nur vorübergehend. So z. B. Uranoxyd, aber auch dieses nur im Gemenge mit Thoriumoxyd.

Cer, Lanthan, Didym finden als Oxyde in der Glastechnik einige Verwendung, sei es zum Färben oder Entfärben des Glases. Die Salze des Didyms und Lanthans sind ausserdem sehr wirksame, absolut ungiftige Desinfectionsmittel.

In der sich anschliessenden Discussion werden namentlich die Ansichten des Vortragenden über die Rolle des Cers in den Glühkörpern erörtert und finden Zustimmung.

Fünfte Sitzung am 23. November 1899. Vorsitzender: Prof. Dr. F. Foerster. — Anwesend 54 Mitglieder und Gäste.

Dr. phil. W. Hentschel hält einen Vortrag über die chemischen Grundlagen des Pflanzenbaues.

Seit Liebig hat sich die Erkenntniss Bahn gebrochen, dass die hauptsächlichste Aufgabe des Pflanzenbaues in dem Ersatz der mineralischen Pflanzennährstoffe, wie sie in den Pflanzenaschen vorliegen, besteht.

Von Natur arme, sandige oder moorige Ackerflächen sind überhaupt erst nach Zufuhr ausreichender Mengen dieser löslichen mineralischen Düngstoffe zu einer den Anforderungen entsprechenden Production zu bringen; hier erscheinen jene als Rohproducte, während die Ackerfläche im Wesentlichen die Rolle eines Werkzeugs spielt.

Reichliche Zufuhr von Kali und Kalk in erster Linie, in zweiter Phosphorsäure-Düngung erschliessen hier durch Vermittelung stickstoffsammelnder Pflanzen den atmosphärischen Stickstoff und ermöglichen so eine gesteigerte billige Pflanzenproduction selbst auf ärmsten Haideböden, die wie ein modernes Wunder erscheint.

Die reicheren Böden enthalten oftmals für Jahrzehnte und Jahrhunderte ausreichende Vorräthe an mineralischen Pflanzennährstoffen. Dieselben können indessen nicht in dem gewünschten Tempo in lösliche Pflanzenkost übergeführt werden. Hier ist die künstliche Düngung die Voraussetzung der gerade auf diesen Böden gebotenen „intensiven Wirthschaft“; zugleich bietet sie Gewähr, dass die von Liebig zuerst erkannte Gefahr der endlichen Erschöpfung der Ackerflächen für die Zukunft nicht mehr in Frage kommt. In diesem Sinne erscheinen besonders die endlosen Schätze an Kalisalzen, die in Deutschland entdeckt worden sind, als eine Gewähr für Deutschlands Zukunft.

Der Vortragende sucht in dem hier nur angedeuteten Rahmen seines Vortrags besonders den Nachweis zu führen, dass der deutsche Pflanzenbau vielfach im Gegensatz zu dem des Auslandes auf der Höhe der Zeit steht, dass es sich in ihm um eine vollwerthige chemische Technik handelt, was besonders auch aus dem Zusammenwirken mit einer durch vervollkommnete Forschungsmethoden gehobenen Theorie zum Ausdruck kommt.

An der Debatte betheiligen sich Prof. Dr. F. Foerster, Dr. A. Schlossmann, Chemiker M. Kämnitz und der Vortragende selbst.

VI. Section für Mathematik.

Dritte Sitzung am 12. October 1899. Vorsitzender: Prof. Dr. K. Rohn. — Anwesend 16 Mitglieder und Gäste.

Prof. Dr. K. Rohn spricht über die Anordnung der Krystallmolekeln.

Die Anordnung der Molekeln eines Krystalls lässt sich als eine regelmässige ansehen, indem man annehmen kann, dass jedes auf die Anordnung der Nachbarmolekeln genau so einwirkt, wie jedes andere. Jede Molekel ersetzt man durch einen Punkt und erhält dann eine regelmässige Punktgruppe im Raum, die man sich in unbegrenzter Ausdehnung vorstellen kann. Jeder Punkt dieser Gruppe ist dann von allen übrigen genau in der gleichen Weise umlagert, wie jeder andere. Es bieten sich hier drei Möglichkeiten dar: 1. Verschiebt man die Gruppe parallel, sodass der Ausgangspunkt in die Lage eines beliebigen anderen gelangt, so kommt die ganze Gruppe mit sich selbst zur Deckung. 2. Nur ein Theil der Punkte hat die Eigenschaft, dass eine Parallelverschiebung des Ausgangspunktes in ihre Lage die ganze Gruppe mit sich zur Deckung bringt. 3. Für keinen Punkt ist diese Eigenschaft vorhanden. Es wird gezeigt, dass dieser letzte Fall nicht eintreten kann bei regelmässigen Punktgruppen, deren Nachbarpunkte keine unendlich kleinen Abstände aufweisen. Im ersten Falle ist die Anordnung der Molekeln die eines Punktgitters. Im zweiten Falle ordnen sich die Molekeln in mehrere Punktgitter an.

Vierte Sitzung am 14. December 1899. Vorsitzender: Prof. Dr. K. Rohn. — Anwesend 11 Mitglieder und Gäste.

Prof. Dr. F. Müller spricht über Winkeltheilungscurven und Kreistheilungsgleichungen.

Der Vortragende geht aus von der elementaren Aufgabe, die Beziehung zwischen den Seiten eines Dreiecks zu suchen, in welchem Winkel $\alpha = 2\beta$ ist. Die rationalen Dreiecke dieser Art hat bereits Schwering untersucht und für seine Aufgabensammlung verwerthet. Es lässt sich nun die Aufgabe dahin verallgemeinern, dass $\alpha = n\beta$ ist; doch wird die allgemeine Relation zwischen den drei Seiten, die mit Hilfe der Moivre'schen Formel abgeleitet werden kann, für die wirkliche Aufstellung der Beziehungen in den speciellen Fällen sehr bald unbrauchbar. Nun giebt es aber eine einfache Substitution $a_n = \frac{a_{n+1}^2 - b_{n+1}^2}{a_{n+1}}$, $b_n = \frac{b_{n+1} \cdot c}{a_{n+1}}$, welche diese Relation für den Fall n in die folgende für den Fall $n + 1$ überführt. Mit ihrer Hülfe lassen sich die Relationen für $n = 2, 3, \ldots 8$ leicht herleiten; sie gewinnen eine noch einfachere Form, wenn man $\frac{a + b}{c} = u$, $\frac{a - b}{c} = v$ setzt. Die obige Aufgabe, als kinematisches Problem: „Die Durchschnittspunkte zweier unendlichen Geraden zu finden, die sich um die Endpunkte einer Strecke c, von dieser ausgehend, mit den Winkelgeschwindigkeiten w und n.w drehen", führt auf die Winkeltheilungscurven, sectrices genannt, weil sie einen gegebenen Winkel in n gleiche Theile theilen. Diese Curven sind schon 1885 von Schoute, dann von de Longchamps, Brocard u. A., und kürzlich von Heymann, der sie ihrer Gestalt wegen Araneiden nennt, untersucht worden. Der Vortragende stellt die allgemeine Gleichung derselben in rechtwinkeligen Coordinaten auf und geht näher auf die Trisectrix und die Maclaurin'sche Transformation ein. Alsdann zeigt er, wie sich aus den zuerst abgeleiteten Relationen durch die Substitution $a = c = 1$, $b = x$ auf sehr einfache Weise die Kreistheilungsgleichungen $\varphi_n(x) = 0$ herleiten lassen, d. h. die Gleichungen n. Grades, denen die Seite des regelmässigen $2(2n + 1)$-Ecks genügt. Mit Hülfe der Moivre'schen Formel kann man die allgemeine Form dieser Gleichungen aufstellen, aus der sich die Gauss'sche Kreistheilungsgleichung $x^n = 1$ ableiten lässt. Aus der allgemeinen Form ergiebt sich, dass unsere Gleichungen Abel'sche Gleichungen sind; ferner ergeben sich merkwürdige Beziehungen zwischen den rationalen Functionen einer einzigen Wurzel, als welche sich die übrigen Wurzeln darstellen lassen. Sie führen wieder zu einer neuen Darstellung der Function $\varphi_n(x)$.

Den Schluss des Vortrags bildet der Nachweis, dass durch geeignete Gruppirung der Wurzeln der Gleichung $\varphi_8(x) = 0$ für die Seite des regelmässigen 34-Ecks eine sehr einfache Construction des regelmässigen 17-Ecks gewonnen wird.

VII. Hauptversammlungen.

Siebente Sitzung am 28. September 1899. Vorsitzender: Prof. Dr. E. Kalkowsky. — Anwesend 28 Mitglieder.

Prof. Dr. J. Deichmüller widmet dem am 16. August d. J. verstorbenen letzten Stifter der Isis, Dr. med. Friedrich Theile in Lockwitz, einen warm empfundenen Nachruf.

Dr. W. Petrascheck spricht über Faciesbildungen im Gebiete der sächsischen Kreideformation. (Vergl. Abhandlung V.)

Achte Sitzung am 26. October 1899. Vorsitzender: Prof. Dr. E. Kalkowsky. — Anwesend 67 Mitglieder und Gäste.

Prof. Dr. E. Kalkowsky legt als Einleitung für den nachfolgenden Vortrag das Werk von Dr. W. Bergt: „Die älteren Massengesteine, krystallinen Schiefer und Sedimente", aus W. Reiss und A. Stübel, Geologische Studien in der Republik Colombia, Bd. II, 2, Berlin 1899 vor.

Hierauf hält Dr. A. Stübel einen durch Vorführung zahlreicher Lichtbilder erläuterten Vortrag über die Vulkanberge von Colombia.

Neunte Sitzung am 30. November 1899. Vorsitzender: Prof. Dr. E. Kalkowsky. — Anwesend 32 Mitglieder.

Nach der Wahl der Beamten der Gesellschaft für das Jahr 1900 (vergl. die Zusammenstellung auf S. 28) spricht

Oberlehrer Dr. P. Wagner über die Schneeverhältnisse des Bayrischen Waldes.

Eingehende Untersuchungen über die Schneedecke des bayrisch-böhmischen Grenzgebirges sind von dem Vortragenden in der „Leopoldina", Heft XXXIII—XXXV, 1897—99 veröffentlicht worden.

Prof. Dr. R. Ebert knüpft an diesen Vortrag Bemerkungen über den Zusammenhang von Wald und Niederschlagsmengen.

Zehnte Sitzung am 21. December 1899. Vorsitzender: Prof. Dr. E. Kalkowsky. — Anwesend 113 Mitglieder und Gäste.

Geh. Hofrath Prof. Dr. W. Hempel hält einen Experimentalvortrag über die Argongruppe und das Vorkommen von Gasen in Gesteinen.

Veränderungen im Mitgliederbestande.

Gestorbene Mitglieder:

Am 5. August 1899 starb Privatus Hermann Jani in Dresden, wirkliches Mitglied seit 1871.

Am 16. August 1899 verschied der letzte der Stifter unserer Gesellschaft, Dr. med. Friedrich Theile in Lockwitz, Ehrenmitglied seit 1885.

Nekrolog s. am Anfang dieses Heftes.

Am 19. November 1899 starb in Meissen Gymnasiallehrer a. D. Carl Sommer, wirkliches Mitglied seit 1898.

Am 27. November 1899 starb Geheimer Commerzienrath Wilhelm von Baensch, K. Hofverlagsbuchhändler, Begründer und Senior-Chef der Firma Wilhelm Baensch, Buchdruckerei und Verlagshandlung in Dresden, wirkliches Mitglied seit 1898.

Am 30. December 1899 starb in Langebrück Friedrich August Kosmahl, K. Sächsischer Oberförster a. D., seit 1882 wirkliches, zuletzt correspondirendes Mitglied.

Neu aufgenommene wirkliche Mitglieder:

Franck, Paul, Realschullehrer in Dresden, am 30. November 1899;

Hentschel, W., Dr. phil., in Neugruna, Jahr, Rich., Photochemiker in Dresden, Klähr, Maximilian, Realschullehrer in Dresden, Richter, Arthur, Chemiker in Blasewitz,	am 26. October 1899;
Seefehlner, Egon, Privatdocent und Assistent an der K. Technischen Hochschule in Dresden, Siegert, Leo, Dr. phil., Assistent an der K. Technischen Hochschule in Dresden,	am 30. November 1899;

Specht, Carl, Privatus in Niederlössnitz, Wislicenus, Adolf, Dr. phil., Professor an der K. Forstakademie in Tharandt,	am 21. December 1899;

In die correspondirenden Mitglieder ist übergetreten:

Hering, Adolf, Berg- und Hütten-Ingenieur in Freiberg.

Freiwillige Beiträge zur Gesellschaftskasse

zahlten: Dr. Amthor, Hannover, 3 Mk.; Prof. Dr. Bachmann, Plauen i. V., 3 Mk.; Stadtarchivar von Baensch, Stralsund, 3 Mk. 10 Pf.; K. Bibliothek, Berlin, 3 Mk.; naturwissensch. Modelleur Blaschka, Hosterwitz, 3 Mk. 10 Pf.; Privatus Eisel, Gera, 3 Mk.; Bergmeister Hartung, Lobenstein, 5 Mk.; Prof. Dr. Hibsch, Liebwerd, 3 Mk. 1 Pf.; Bürgerschullehrer Hofmann, Grossenhain, 3 Mk.; Oberlehrer Dr. Lohrmann, Annaberg, 3 Mk.; Stabsarzt Dr. Naumann, Gera, 3 Mk.; Oberlehrer Naumann, Bautzen, 3 Mk.; Dr. Reiche, Santiago, Chile, 3 Mk.; Director Dr. Reidemeister, Schönebeck, 3 Mk.; Apotheker Schlimpert, Cölln, 6 Mk.; Prof. Dr. Schneider, Blasewitz, 10 Mk.; Oberlehrer Seidel I, Zschopau, 3 Mk. 15 Pf.; Rittergutspachter Sieber, Grossgrabe, 3 Mk. 10 Pf.; Fabrikbesitzer Siemens, Dresden, 100 Mk.; Chemiker Dr. Stauss, Hamburg, 3 Mk.; Oberlehrer Dr. Sterzel, Chemnitz, 3 Mk.; Privatdocent Dr. Steuer, Jena, 3 Mk.; Prof. Dr. Vater, Tharandt, 3 Mk.; Baurath Wiechel, Chemnitz, 3 Mk. 10 Pf.; Oberlehrer Wolff, Pirna, 3 Mk.; Prof. Dr. Wünsche, Zwickau, 3 Mk. — In Summa 187 Mk. 56 Pf.

G. Lehmann,
Kassirer der „Isis".

Beamte der Isis im Jahre 1900.

Vorstand.

Erster Vorsitzender: Prof. Dr. E. Kalkowsky.
Zweiter Vorsitzender: Prof. H. Engelhardt.
Kassirer: Hofbuchhändler G. Lehmann.

Directorium.

Erster Vorsitzender: Prof. Dr. E. Kalkowsky.
Zweiter Vorsitzender: Prof. H. Engelhardt.
Als Sectionsvorstände:
Privatdocent Dr. W. Bergt,
Prof. Dr. J. Deichmüller,
Geh. Hofrath Prof. Dr. O. Drude,
Geh. Hofrath Prof. Dr. M. Krause,
Prof. Dr. H. Nitsche,
Oberlehrer H. A. Rebenstorff.
Erster Secretär: Prof. Dr. J. Deichmüller.
Zweiter Secretär: Institutsdirector A. Thümer.

Verwaltungsrath.

Vorsitzender: Prof. H. Engelhardt.
Mitglieder: 1. Fabrikbesitzer E. Kühnscherf,
2. Dr. Fr. Raspe,
3. Prof. H. Fischer,
4. Civil-Ingenieur und Fabrikbesitzer Fr. Siemens.
5. Fabrikbesitzer L. Guthmann,
6. Privatus W. Putscher.
Kassirer: Hofbuchhändler G. Lehmann.
Bibliothekar: Privatus K. Schiller.
Secretär: Institutsdirector A. Thümer.

Sectionsbeamte.

I. Section für Zoologie.

Vorstand: Prof. Dr. H. Nitsche.
Stellvertreter: Oberlehrer Dr. J. Thallwitz.
Protokollant: Institutsdirector A. Thümer.
Stellvertreter: Dr. A. Naumann.

II. Section für Botanik.

Vorstand: Geh. Hofrath Prof. Dr. O. Drude.
Stellvertreter: Oberlehrer K. Wobst.
Protokollant: Garteninspector F. Ledien.
Stellvertreter: Dr. A. Naumann.

III. Section für Mineralogie und Geologie.

Vorstand: Privatdocent Dr. W. Bergt.
Stellvertreter: Oberlehrer Dr. R. Nessig.
Protokollant: Dr. E. Naumann.
Stellvertreter: Dr. L. Siegert.

IV. Section für prähistorische Forschungen.

Vorstand: Prof. Dr. J. Deichmüller.
Stellvertreter: Lehrer H. Döring.
Protokollant: Lehrer O. Ebert.
Stellvertreter: Lehrer H. Ludwig.

V. Section für Physik und Chemie.

Vorstand: Oberlehrer H. A. Rebenstorff.
Stellvertreter: Prof. Dr. R. Freiherr von Walther.
Protokollant: Oberlehrer Dr. G. Schulze.
Stellvertreter: Dr. R. Engelhardt.

VI. Section für Mathematik.

Vorstand: Geh. Hofrath Prof. Dr. M. Krause.
Stellvertreter: Oberlehrer Dr. A. Witting.
Protokollant: Privatdocent Dr. E. Nätsch.
Stellvertreter: Oberlehrer Dr. J. von Vieth.

Redactions-Comité.

Besteht aus den Mitgliedern des Directoriums mit Ausnahme des zweiten Vorsitzenden und des zweiten Secretärs.

Bericht des Bibliothekars.

Im Jahre 1899 wurde die Bibliothek der „Isis" durch folgende Zeitschriften und Bücher vermehrt:

A. Durch Tausch.

I. Europa.

1. Deutschland.

Altenburg: Naturforschende Gesellschaft des Osterlandes. — Mitteil., neue Folge, 8. Bd. [Aa 69.]
Annaberg-Buchholz: Verein für Naturkunde. — X. Bericht. 1894—98. [Aa 50.]
Augsburg: Naturwissenschaftlicher Verein für Schwaben und Neuburg. — 33. Bericht. [Aa 18.]
Bamberg: Naturforschende Gesellschaft.
Bautzen: Naturwissenschaftliche Gesellschaft „Isis".
Berlin: Botanischer Verein der Provinz Brandenburg. — Verhandl., Jahrg. 40. [Ca 6.]
Berlin: Deutsche geologische Gesellschaft. — Zeitschr., Bd. 50, Heft 3 und 4; Bd. 51, Heft 1 und 2. [Da 17.]
Berlin: Gesellschaft für Anthropologie, Ethnologie und Urgeschichte. — Verhandl., Juni 1898 bis März 1899. [G 55.]
Bonn: Naturhistorischer Verein der preussischen Rheinlande, Westfalens und des Reg.-Bez. Osnabrück. — Verhandl., 55. Jahrg.; 56. Jahrg., 1. Hälfte. [Aa 93.]
Bonn: Niederrheinische Gesellschaft für Natur- und Heilkunde. — Sitzungsber., 1898; 1899, 1. Hälfte. [Aa 322.]
Braunschweig: Verein für Naturwissenschaft. — 11. Jahresber. [Aa 245.]
Bremen: Naturwissenschaftlicher Verein. — Abhandl., Bd. XVI, Heft 1—2. [Aa 2.]
Breslau: Schlesische Gesellschaft für vaterländische Cultur. — 76. Jahresber., 1898. [Aa 46.]
Chemnitz: Naturwissenschaftliche Gesellschaft.
Chemnitz: K. Sächsisches meteorologisches Institut. — Jahrbuch, XIV. Jahrg. 3. Abth.; XV. Jahrg., 1. u. 2. Abth. [Ec 57.]
Danzig: Naturforschende Gesellschaft. — Schriften, Bd. IX, Heft 3—4. [Aa 80.]
Darmstadt: Verein für Erdkunde und Grossherzogl. geologische Landesanstalt. — Notizbl., 4. Folge, 19. Heft. [Fa 8.]
Donaueschingen: Verein für Geschichte und Naturgeschichte der Baar und der angrenzenden Landestheile.
Dresden: Gesellschaft für Natur- und Heilkunde.

Dresden: Gesellschaft für Botanik und Gartenbau „Flora". — Sitzungsber. und Abhandl., n. F., Jahrg. 3. [Ca 26.]
Dresden: K. Mineralogisch-geologisches Museum.
Dresden: K. Zoologisches und Anthrop.-ethnogr. Museum.
Dresden: K. Oeffentliche Bibliothek.
Dresden: Verein für Erdkunde. — Jahresberichte, Jahrg. XXIV. [Fa 6.]
Dresden: K. Sächsischer Altertumsverein. — Neues Archiv für Sächs. Geschichte und Altertumskunde, Bd. XX. [G 75.] — Die Sammlung des K. Sächs. Altertumsvereins in ihren Hauptwerken. Lief. 2 und 3, Bl. XI—XXX. [G 75b.]
Dresden: Oekonomische Gesellschaft im Königreich Sachsen. — Mittheil. 1898—99. [Ha 9.]
Dresden: K. Thierärztliche Hochschule. — Bericht über das Veterinärwesen in Sachsen, 43. Jahrg. [Ha 26.]
Dresden: K. Sächsische Technische Hochschule. — Bericht über die K. Sächs. Techn. Hochschule a. d. Jahr 1898—99. [Jc 63.] — Personalverz. Nr. XIX—XX. [Jc 63b.]
Dürkheim: Naturwissenschaftlicher Verein der Rheinpfalz „Pollichia". — LVI. Jahresber.; Mitteil. Nr. 12. [Aa 56.]
Düsseldorf: Naturwissenschaftlicher Verein.
Elberfeld: Naturwissenschaftlicher Verein. — Jahresberichte, Heft 9. [Aa 235.]
Emden: Naturforschende Gesellschaft. — Kleine Schriften, Nr. XIX. [Aa 48b.]
Emden: Gesellschaft für bildende Kunst und vaterländische Altertümer.
Erfurt: K. Akademie gemeinnütziger Wissenschaften.
Erlangen: Physikalisch-medicinische Societät. — Sitzungsber., 30. Heft, 1898. [Aa 212.]
Frankfurt a. M.: Senckenbergische naturforschende Gesellschaft. — Bericht für 1899. [Aa 9a.]
Frankfurt a. M.: Physikalischer Verein. — Jahresber. für 1897—98. [Eb 35.]
Frankfurt a. O.: Naturwissenschaftlicher Verein des Regierungsbezirks Frankfurt. — „Helios", 16. Bd.; Societatum litterae, Jahrg. XII, Nr. 5—12. [Aa 282.]
Freiberg: K. Sächs. Bergakademie. — Programm für das 134. Studienjahr 1899—1900. [Aa 323.]
Freiburg i. B.: Naturforschende Gesellschaft.
Gera: Gesellschaft von Freunden der Naturwissenschaften.
Giessen: Oberhessische Gesellschaft für Natur- und Heilkunde. — 32. Bericht. [Aa 26.]
Görlitz: Naturforschende Gesellschaft.
Görlitz: Oberlausitzische Gesellschaft der Wissenschaften. — Neues Lausitzisches Magazin, Bd. 75, 1. Heft; Codex diplomaticus Lusatiae superioris, Heft 4. [Aa 64.]
Görlitz: Gesellschaft für Anthropologie und Urgeschichte der Oberlausitz.
Greifswald: Naturwissenschaftlicher Verein für Neu-Vorpommern und Rügen. — Mittheil., 30. Jahrg. 1898. [Aa 68.]
Greifswald: Geographische Gesellschaft.
Guben: Niederlausitzer Gesellschaft für Anthropologie und Urgeschichte. — Mittheil., V. Bd., Heft 8; VI. Bd., Heft 1. [G 102.]

Güstrow: Verein der Freunde der Naturgeschichte in Mecklenburg.
Halle a. S.: Naturforschende Gesellschaft.
Halle a. S.: Kais. Leopoldino-Carolinische deutsche Akademie. — Leopoldina, Heft XXXIV, Nr. 12; Heft XXXV, Nr. 1—11. [Aa 62.]
Halle a. S.: Verein für Erdkunde. — Mitteil., Jahrg. 1899. [Fa 16.]
Hamburg: Naturhistorisches Museum. — Jahrbücher, Jahrg. XV, mit Beiheft 1—2. [Aa 276.]
Hamburg: Naturwissenschaftlicher Verein. — Verhandl., III. Folge, 6. Heft. 1898. [Aa 293 b.]
Hamburg: Verein für naturwissenschaftliche Unterhaltung.
Hanau: Wetterauische Gesellschaft für die gesammte Naturkunde. — Berichte vom 1. Mai 1895 bis 31. März 1899. [Aa 30.]
Hannover: Naturhistorische Gesellschaft.
Hannover: Geographische Gesellschaft.
Heidelberg: Naturhistorisch-medicinischer Verein. — Verhandl., Bd. VI, Heft 1—2. [Aa 90.]
Hof: Nordoberfränkischer Verein für Natur-, Geschichts- und Landeskunde.
Karlsruhe: Naturwissenschaftlicher Verein.
Kassel: Verein für Naturkunde. — Abhandl. und Berichte, Nr. 41 u. 44. [Aa 242.]
Kassel: Verein für hessische Geschichte und Landeskunde. — Zeitschr., Bd. 24, 1. Hälfte; Mittheil., Jahrg. 1898. [Fa 21.]
Kiel: Naturwissenschaftlicher Verein für Schleswig-Holstein. — Schriften, Bd. XI, 2. Heft. [Aa 189.]
Köln: Redaction der Gaea. — Natur und Leben, Jahrg. 35. [Aa 41.]
Königsberg i. Pr.: Physikalisch-ökonomische Gesellschaft. — Schriften. 39. Jahrg., 1898. [Aa 81.]
Königsberg i. Pr.: Altertums-Gesellschaft Prussia.
Krefeld: Verein für Naturkunde.
Landshut: Botanischer Verein.
Leipzig: Naturforschende Gesellschaft. — Sitzungsberichte, 24.—25. Jahrg. [Aa 202.]
Leipzig: K. Sächsische Gesellschaft der Wissenschaften. — Berichte über die Verhandl. mathem.-physikal. Klasse, 1898, L. Bd., naturwissensch. Theil; 1899, LI. Bd., mathemat. Theil, Heft 1—5. [Aa 290.]
Leipzig: K. Sächsische geologische Landesuntersuchung.
Lübeck: Geographische Gesellschaft und naturhistorisches Museum. — Mitteil., 2. Reihe, Heft 12 und 13. [Aa 279 b.]
Lüneburg: Naturwissenschaftlicher Verein für das Fürstentum Lüneburg.
Magdeburg: Naturwissenschaftlicher Verein.
Mannheim: Verein für Naturkunde.
Marburg: Gesellschaft zur Beförderung der gesammten Naturwissenschaften.
Meissen: Naturwissenschaftliche Gesellschaft „Isis". — Beobacht. d. Isis-Wetterwarte zu Meissen i. J. 1898. [Ec 40.] — Mittheilungen aus den Sitzungen des Vereinsjahres 1898—99. [Aa 319.]
Münster: Westfälischer Provinzialverein für Wissenschaft und Kunst. — 26. Jahresber., Jahrg. 1897—98. [Ca 231.]
Neisse: Wissenschaftliche Gesellschaft „Philomathie". — 29. Bericht, 1896—98. [Aa 28.]

Nürnberg: Naturhistorische Gesellschaft. — Jahresber. für 1891 und 1898, nebst Abhandl., IX. und XII. Bd. [Aa 5.]
Offenbach: Verein für Naturkunde.
Osnabrück: Naturwissenschaftlicher Verein. — 13. Jahresber., 1898. [Aa 177.]
Passau: Naturhistorischer Verein.
Posen: Naturwissenschaftlicher Verein. — Zeitschr. der botan. Abtheil., 5. Jahrg., Heft 3; 6. Jahrg., Heft 1—2. [Aa 316.]
Regensburg: Naturwissenschaftlicher Verein.
Regensburg: K. botanische Gesellschaft. — Denkschr., n. F., 1. Bd. [Ch 42.]
Reichenbach i. V.: Vogtländischer Verein für Naturkunde.
Reutlingen: Naturwissenschaftlicher Verein.
Schneeberg: Wissenschaftlicher Verein. — Mitteil., Heft 4. [Aa 236.]
Stettin: Ornithologischer Verein. — Zeitschr. für Ornithologie und prakt. Geflügelzucht, Jahrg. XXIII. [Bf 57.]
Stuttgart: Verein für vaterländische Naturkunde in Württemberg. — Jahreshefte, Jahrg. 55. [Aa 60.]
Stuttgart: Württembergischer Altertumsverein. — Württemberg. Vierteljahrshefte für Landesgeschichte, n. F., 8. Jahrg. [G 70.]
Tharandt: Redaction der landwirtschaftlichen Versuchsstationen. — Landwirtsch. Versuchsstationen, Bd. LI, Heft 2—6; LII, Heft 1—4. (In der Bibliothek der Versuchsstation im botan. Garten.)
Thorn: Coppernicus-Verein für Wissenschaft und Kunst. — Mitteil., XII. Heft. [Aa 145.]
Trier: Gesellschaft für nützliche Forschungen.
Ulm: Verein für Mathematik und Naturwissenschaften.
Ulm: Verein für Kunst und Altertum in Ulm und Oberschwaben.
Weimar: Thüringischer botanischer Verein. — Mittheil., n. F., 12. Heft. [Ca 23.]
Wernigerode: Naturwissenschaftlicher Verein des Harzes.
Wiesbaden: Nassauischer Verein für Naturkunde. — Jahrbücher, Jahrg. 52. [Aa 43.]
Würzburg: Physikalisch-medicinische Gesellschaft. — Sitzungsber., Jahrg. 1898. [Aa 85.]
Zwickau: Verein für Naturkunde. — Jahresber. 1898. [Aa 179.]

2. Oesterreich-Ungarn.

Aussig: Naturwissenschaftlicher Verein.
Bistritz: Gewerbelehrlingsschule. — XXIII. Jahresber. [Jc 105.]
Brünn: Naturforschender Verein. — Verhandl., Bd. XXXVI, u. 16. Bericht der meteorolog. Commission. [Aa 87.]
Budapest: Ungarische geologische Gesellschaft. — Földtani Közlöny, XXVIII. köt., 10.—12. füz.; XXIX. köt., 1, 5—10. füz. [Da 25.]
Budapest: K. Ungarische naturwissenschaftliche Gesellschaft, und: Ungarische Akademie der Wissenschaften.
Graz: Naturwissenschaftlicher Verein für Steiermark. — Mittheil., Jahrg. 1898. [Aa 72.]
Hermannstadt: Siebenbürgischer Verein für Naturwissenschaften. — Verhandl. und Mittheil., XLVIII. Jahrg. [Aa 94.]
Iglo: Ungarischer Karpathen-Verein. — Jahrbuch, XXVI. Jahrg. [Aa 198.]

Innsbruck: Naturwissenschaftlich-medicinischer Verein. – Berichte, XXIV. Jahrg. [Aa 171.]
Klagenfurt: Naturhistorisches Landes-Museum von Kärnthen. — Jahrbuch. 25. Heft. [Aa 42.] — Diagramme der magn. und meteorolog. Beobachtungen zu Klagenfurt von 1898. [Ec 64.]
Krakau: Akademie der Wissenschaften. — Anzeiger, 1898, Nr. 9—10; 1899, Nr. 1—7. [Aa 302.]
Laibach: Musealverein für Krain.
Linz: Verein für Naturkunde in Oesterreich ob der Enns. — 28. Jahresber. [Aa 213.]
Linz: Museum Francisco-Carolinum. — 57. Bericht nebst der 51. Lieferung der Beiträge zur Landeskunde von Oesterreich ob der Enns. [Fa 9.]
Prag: Deutscher naturwissenschaftlich-medicinischer Verein für Böhmen „Lotos". — Sitzungsber., Jahrg. 1896, XVI. Bd.; Jahrg. 1897, XVII. Bd. [Aa 63.]
Prag: K. Böhmische Gesellschaft der Wissenschaften. — Sitzungsber., mathem.-naturwissensch. Cl., 1898. [Aa 269.] — Jahresber. für 1898. [Aa 270.]
Prag: Gesellschaft des Museums des Königreichs Böhmen. — Památky archaeologické, dílu XVIII, ses. 3—5. [G 71.]
Prag: Lese- und Redehalle der deutschen Studenten.
Prag: Ceska Akademie Cisaře Františka Josefa. — Rozpravy, Trida II, Ročnik 7. [Aa 313.] — Bulletin international, classe des sciences mathématiques et naturelles. Nr. V. [Aa 313b.]
Presburg: Verein für Heil- und Naturkunde. — Verhandl., n. F., Heft 10. [Aa 92.]
Reichenberg: Verein der Naturfreunde. — Mittheil., Jahrg. 30. [Aa 70.]
Salzburg: Gesellschaft für Salzburger Landeskunde. — Mittheilungen, Bd. XXXIX. [Aa 71.]
Temesvár: Südungarische Gesellschaft für Naturwissenschaften. — Természettudományi Füzetek, XXII. köt., füz. 1 und 4; XXXIII. köt., füz. 3 und 4. [Aa 216.]
Trencsin: Naturwissenschaftlicher Verein des Trencsiner Comitates. — Jahresheft, Jahrg. XI -XII. [Aa 277.]
Triest: Museo civico di storia naturale.
Triest: Società Adriatica di scienze naturali.
Wien: Kais. Akademie der Wissenschaften.
Wien: Verein zur Verbreitung naturwissenschaftlicher Kenntnisse. — Schriften, Bd. XXXIX. [Aa 82.]
Wien: K. K. naturhistorisches Hofmuseum. — Annalen, Bd. XIII, Nr. 2—4; Bd. XIV, Nr. 1—2. [Aa 280.]
Wien: Anthropologische Gesellschaft. — Mittheil., Bd. XXVIII, Heft 5—6; Bd. XXIX, Heft 1—5. [Bd 1.]
Wien: K. K. geologische Reichsanstalt. — Jahrbuch, Bd. XLVIII; Bd. XLIX, Heft 1—2. [Da 4.] — Verhandl., 1898, Nr. 13—18; 1899, Nr. 1—10. [Da 16.] — Geologische Karte der Oesterreich-Ungarischen Monarchie. Zone 5, Col. XVI; Zone 6, Col. XVII; Zone 8, Col. XV; Zone 9, Col. XVI; Zone 10, Col. XIV; Zone 18, Col. XVI; Zone 20, Col. XI—XIV. [Da 33.]
Wien: K. K. zoologisch-botanische Gesellschaft. — Verhandl., Bd. XLVIII. [Aa 95.]

Wien: Naturwissenschaftlicher Verein an der Universität.
Wien: Central-Anstalt für Meteorologie und Erdmagnetismus. — Jahrbücher, Jahrg. 1895, 1896 und 1898. [Ec 82.]

3. Rumänien.

Bukarest: Institut météorologique de Roumanie. — Annales, tome XIII, 1897. [Ec 75.]

4. Schweiz.

Aarau: Aargauische naturforschende Gesellschaft.
Basel: Naturforschende Gesellschaft.
Bern: Naturforschende Gesellschaft. — Mittheil., 1897, Nr. 1436—1450. [Aa 254.]
Bern: Schweizerische botanische Gesellschaft. — Berichte, Heft 9. [Ca 24.]
Bern: Schweizerische naturforschende Gesellschaft. — Verhandl. der 80. [Engelberg 1897] und 81. [Bern 1898] Jahresversammlung. [Aa 255.]
Chur: Naturforschende Gesellschaft Graubündens. — Jahresber., n. F., Jahrg. XXXIX und XLII. [Aa 51.]
Frauenfeld: Thurgauische naturforschende Gesellschaft.
Freiburg: Société Fribourgeoise des sciences naturelles.
St. Gallen: Naturforschende Gesellschaft. — Bericht für 1896—97. [Aa 23.]
Lausanne: Société Vaudoise des sciences naturelles. — Bulletin, 4. sér., vol. XXXIV, no. 130; vol. XXXV, no. 131—132. [Aa 248.]
Neuchatel: Société des sciences naturelles. — Bulletin, tome XXI—XXV. [Aa 247.]
Schaffhausen: Schweizerische entomologische Gesellschaft. — Mittheil., Vol. X, Heft 5. [Bk 222.]
Sion: La Murithienne, société Valaisanne des sciences naturelles.
Zürich: Naturforschende Gesellschaft. — Vierteljahrsschr., Jahrg. 43, Heft 4; Jahrg. 44, Heft 1—2. [Aa 96.]

5. Frankreich.

Amiens: Société Linnéenne du nord de la France.
Bordeaux: Société des sciences physiques et naturelles. — Mémoires, sér. 5, tome IV et appendice au tome IV; procès-verbaux, année 1897—98. [Aa 253.]
Cherbourg: Société nationale des sciences naturelles et mathématiques.
Dijon: Académie des sciences, arts et belles lettres. — Mémoires, sér. 4, tome VI. [Aa 138.]
Le Mans: Société d'agriculture, sciences et arts de la Sarthe. — Bulletin, tome XXVIII, fasc. 4; tome XXIX, fasc. 1. [Aa 221.]
Lyon: Société Linnéenne. — Annales, tome 45. [Aa 132.]
Lyon: Société d'agriculture, sciences et industrie. — Annales, sér. 7, tome 5. [Aa 133.]
Lyon: Académie des sciences et lettres. — Mémoires, sér. 3, tome 5. [Aa 139.]
Paris: Société zoologique de France. — Bulletin, tome XXIII. [Ba 24.]
Toulouse: Société Française de botanique.

6. Belgien.

Brüssel: Société royale malacologique de Belgique. — Annales, tome XXXII. [Bi 1.] — Procès-verbaux des séances, tome XXVII, August-December 1898; Bulletins des séances, tome XXXIV, pag. 1—50; mémoires, tome XXXIV, pag. 1—16. [Bi 4.]
Brüssel: Société entomologique de Belgique.
Brüssel: Société royale de botanique de Belgique. — Bulletin, tome XXXVII. [Ca 16.]
Gembloux: Station agronomique de l'état. — Bulletin, no. 66. [Hb 75.]
Lüttich: Société géologique de Belgique.

7. Holland.

Gent: Kruidkundig Genootschap „Dodonaea". — Botanisch Jaarboek, 9.—10. Jaarg. [Ca 21.]
Groningen: Naturkundig Genootschap. — 98. Verslag. 1898. [Jc 80.] — Centralbureau voor de Kennis van de Provincie Groningen en omgelegen streken: Bejdragen, deel 1, stuk 1. [Jc 80 b.]
Harlem: Musée Teyler. — Archives, sér. II, vol. VI, p. 3—4. [Aa 217.]
Harlem: Société Hollandaise des sciences. — Archives Néerlandaises des sciences exactes et naturelles, sér. II, tome II, livr. 2—5; tome III, livr. 1—2. [Aa 257.]

8. Luxemburg.

Luxemburg: Société botanique du Grandduché de Luxembourg.
Luxemburg: Institut royal grand-ducal.
Luxemburg: Verein Luxemburger Naturfreunde „Fauna".

9. Italien.

Brescia: Ateneo. — Commentari per l'anno 1898. [Aa 199.]
Catania: Accademia Gioenia di scienze naturale. — Bollettino, fasc. L, LI, LV—LIX. [Aa 149.]
Florenz: R. Instituto.
Florenz: Società entomologica Italiana. — Bullettino, anno XXX. [Bk 193.]
Mailand: Società Italiana di scienze naturali. — Atti, vol. XXXVII, fasc. 4; vol. XXXVIII, fasc. 1—3. [Aa 150.]
Mailand: R. Instituto Lombardo di scienze e lettere. — Rendiconti, ser. 2, vol. XXXI. [Aa 101.] — Memorie, vol. XVIII, fasc. 6. [Aa 167.]
Modena: Società dei naturalisti. — Atti, ser. 3, vol. XV, fasc. 1—2; vol. XVI, fasc. 1—3. [Aa 148.]
Padua: Società Veneto Trentina di scienze naturali. — Bullettino, tomo VI, no. 4. [Aa 193 b.] — Atti, vol. III, fasc. 2. [Aa 193.]
Parma: Redazione del Bullettino di paletnologia Italiana.
Pisa: Società Toscana di scienze naturali. — Processi verbali, vol. XI (3. VII. 98—7. V. 99; Memorie, vol. XVI. [Aa 209.]
Rom: Accademia dei Lincei. — Atti, Rendiconti, ser. 5, vol. VII, fasc. 11—12; vol. VIII, 1. sem.; 2. sem., fasc. 1—10. [Aa 226.]
Rom: R. Comitato geologico d'Italia.

Turin: Società meteorologica Italiana. — Bollettino mensuale, ser. II, vol. XVIII, no. 9—11; vol. XIX, no. 1—7. [Ec 2.] — Annuario storico meteorologico italiano, vol. I, 1898. [Ec 2 b.]
Venedig: R. Instituto Veneto di scienze, lettere e arti.
Verona: Accademia di Verona. — Memoire, ser. III, vol. LXXIV, fasc. 1—2. [Ha 14.]

10. Grossbritannien und Irland.

Dublin: Royal geological society of Irland.
Edinburg: Geological Society. — Transactions, vol. VII, p. 4. [Da 14.]
Edinburg: Scottish meteorological society.
Glasgow: Natural history society. — Transactions, vol. V, p. 2. [Aa 244.]
Glasgow: Geological society.
Manchester: Geological society. — Transactions, vol. XXVI, p. 1—9. [Da 20.]
Newcastle-upon-Tyne: Tyneside naturalists field club, und: Natural history society of Northumberland, Durham and Newcastle-upon-Tyne. — Nat. history transactions, vol. XII, p. 1. [Aa 126.]

11. Schweden, Norwegen.

Bergen: Museum. — Aarbog for 1898 und 1899. [Aa 294.] — Report on Norwegian marine investigations 1895—97. [Ab 87.]
Christiania: Universität. — Universitets-Programm for 1897. [Aa 251.]
Christiania: Foreningen til Norske fortidsmindesmerkers bevaring. — Aarsberetning for 1897. [G 2.] — Kunst og handverk fra Norges fortid, 2. Reihe, 3. Heft. [G 81.]
Stockholm: Entomologiska Föreningen. - Entomologisk Tidskrift, Arg. 19. [Bk 12.]
Stockholm: K. Vitterhets Historie och Antiqvitets Akademien. — Antiquarisk Tidskrift, Del XIV, 1. [G 135.] — Mänadsblad, 1895. [G 135a.]
Tromsoe: Museum. — Aarsberetning 1895—97; Museums Aarshefter. XIX—XX. [Aa 243.]
Upsala: The geological institution of the university. — Bulletin, vol. IV, p. 1 (no. 7), 1898. [Da 30.]

12. Russland.

Ekatharinenburg: Société Ouralienne d'amateurs des sciences naturelles.
Helsingfors: Societas pro fauna et flora fennica. — Meddelanden, Heft 23. [Ba 20.] — Acta, vol. XIII—XIV. [Ba 17.]
Kharkow: Société des naturalistes à l'université impériale.
Kiew: Société des naturalistes.
Moskau: Société impériale des naturalistes. — Bulletin, année 1898, no. 2—4. [Aa 134.]
Odessa: Société des naturalistes de la Nouvelle-Russie. — Mémoires, tome XXII, p. 2. [Aa 256.]
Petersburg: Kais. botanischer Garten.
Petersburg: Comité géologique. — Bulletins. vol. XVII, no. 6—10; vol. XVIII, no. 1—2. [Da 23.] — Mémoires, vol. VIII, no. 4; vol. XII, no. 3. [Da 24.]

Petersburg: Physikalisches Centralobservatorium. — Annalen, Jahrg. 1897. [Ec 7.]
Petersburg: Académie impériale des sciences. — Bulletin, nouv. série V, tome VIII, no. 5; tome IX; tome X, no. 1—4. [Aa 315.]
Petersburg: Kaiserl. Russische mineralogische Gesellschaft. — Verhandl., 2. Ser., Bd. 36. [Da 29.] — Materialien zur Geologie Russlands, XIX. Bd. [Da 29 b.]
Riga: Naturforscher-Verein.

II. Amerika.

1. Nord-Amerika.

Albany: New York state museum of natural history. — Annual report 49; 50, p. 1. [Aa 119.]
Baltimore: John Hopkins university. — University circulars, vol. XIII, no. 108; vol. XIV, no. 115; vol. XV, no. 121; vol. XVIII, no. 137—138, 141. [Aa 278.] — American journal of mathematics, vol. XX, no. 4; XXI, no. 1—2. [Ea 38.] — American chemical journal, vol. XX, no. 6—10; vol. XXI, no. 1—5. [Ed 60.] — Studies in histor. and politic. science, ser. XI, no. 7—8; ser. XV, no. 3—5; ser. XVI, no. 10—12; ser. XVII, no. 1—5. [Fb 125.] — American journal of philology, vol. XIX, no. 2—4. [Ja 64.]
Berkeley: University of California. — Department of geology: Bulletin II, no. 4. [Da 31.] — Agriculturial experiment station: Partial report 1895—96, 1896—97; biennial report 1896—98; annual report 1898. [Da 31 b.]
Boston: Society of natural history. — Memoirs, vol. V, no. 4—5. [Aa 106.]
Boston: American academy of arts and sciences. — Proceedings, new ser., vol. XXXIV, 2—23; XXXV, 1—3. [Aa 170.]
Buffalo: Society of natural sciences.
Cambridge: Museum of comparative zoology. — Annual report for 1897—98, 1898—99; Bulletin, vol. XXXII, no. 9—10; vol. XXXIII; vol. XXXIV; vol. XXXV, no. 1—6. [Ba 14.]
Chicago: Academy of sciences. — Bulletin, vol. II, no. 2; 40. annual report, 1897. [Aa 123 b.]
Chicago: Field Columbian Museum. — Publications 29—30. [Aa 324.]
Davenport: Academy of natural sciences.
Halifax: Nova Scotian institute of natural science. — Proceedings and transactions, 2. ser., vol. II, p. 4. [Aa 304.]
Lawrence: Kansas University. — Quarterly, series A: Science and mathematics, vol. I, no. 1, 3, 4; vol. II—IV; vol. V, no. 1—2; vol. VI—VII; vol. VIII, no. 1—3. [Aa 328.]
Madison: Wisconsin Academy of sciences, arts and letters. — Transactions, vol. XII, p. 1. [Aa 206.]
Mexiko: Sociedad cientifica „Antonio Alzate". — Memorias y Revista, tomo XI, cuad. 9—12; tomo XII, cuad. 1—10. [Aa 291.]
Milwaukee: Public Museum of the City of Milwaukee. — 16. annual report. [Aa 233.]

Montreal: Natural history society. — The canadian record of science, vol. VII, no. 8. [Aa 109.]
New-Haven: Connecticut academy of arts and sciences. — Transactions, vol. X, p. 1. [Aa 124.]
New-York: Academy of sciences. — Annals, vol. XI, no. 3; vol. XII, no. 1. [Aa 101.]
New-York: American museum of natural history.
New-York: State geologist.
Philadelphia: Academy of natural sciences. — Proceedings, 1898, p. II—III; 1899, p. I. [Aa 117.]
Philadelphia: American philosophical society. — Proceedings, vol. XXXVII, no. 158; vol. XXXVIII, no. 159. [Aa 283.]
Philadelphia: Wagner free institute of science.
Philadelphia: Zoological society. — Annual report 27. [Ba 22.]
Rochester: Academy of science.
Rochester: Geological society of America. — Bulletin, vol. IX—X. [Da 28.]
Salem: Essex Institute. — Bulletin, vol. XXVIII, no. 7—12; vol. XXIX, no. 7—12; vol. XXX. [Aa 163.]
San Francisco: California academy of sciences. — Occasional papers, vol. VI. [Aa 112 b.] — Proceedings, 3. ser., vol. I, no. 6—12. [Aa 112.]
St. Louis: Academy of science. — Transactions, vol. VIII, no. 8—12; vol. IX, no. 1—5, 7. [Aa 125.]
St. Louis: Missouri botanical garden. — 1., 2., 4.—10. annual report. [Ca 25.]
Topeka: Kansas academy of science.
Toronto: Canadian institute. — Proceedings, n. ser., no. 7—8, vol. 2, p. 1—2. [Aa 222.]
Tufts College.
Washington: Smithsonian institution. — Report of the U. St. nat. museum, 1896. [Aa 120c.]
Washington: United States geological survey. — XVIII. annual report, 1896—97, p. 1—5; XIX. annual report, 1897—98, p. 1, 4, 6. [Dc 120a.] — Bulletin, no. 88, 89, 149. [Dc 120b.] — Monographs, vol. XXIX bis XXXI, XXXV mit Atlas. [Dc 120c.]
Washington: Bureau of education.

2. Süd-Amerika.

Buenos-Aires: Museo nacional. — Anales, tomo VI; communicaciones, tomo I, no. 2—4. [Aa 147b.]
Buenos-Aires: Sociedad cientifica Argentina. — Anales, tomo XLVI, entr. 5—6; tomo XLVII; tomo XLVIII, entr. 1—5. [Aa 230.]
Cordoba: Academia nacional de ciencias. — Boletin, tomo XVI, entr. 1. [Aa 208b.]
Montevideo: Museo nacional. — Anales, fasc. X—XI. [Aa 326.]
Rio de Janeiro: Museo nacional.
San José: Instituto fisico-geografico y del museo nacional de Costa Rica. — Informe 1898—99. [Aa 207.]

Sao Paulo: Commissao geographica e geologica de S. Paulo. — Dados climatologicos, 1893—97. [Aa 305 b.]
La Plata: Museum.
Santiago de Chile: Deutscher wissenschaftlicher Verein. — Verhandl., Bd. III, Heft 6. [Aa 286.]

III. Asien.

Batavia: K. naturkundige Vereeniging. — Natuurk. Tijdschrift voor Nederlandsch Indie, Deel 58. [Aa 250.]
Calcutta: Geological survey of India. — Palaeontologia Indica, Ser. XV, vol. 1, p. 3. [Da 9.] — General report 1898—99. [Da 18.] — Economic geology, P. I. [Da 11 b.]
Tokio: Deutsche Gesellschaft für Natur- und Völkerkunde Ostasiens. — Mittheil., Bd. VII, Th. 1 und 2; Supplem.: Ehmann, japan. Sprichwörter, Th. V. [Aa 187.]

IV. Australien.

Melbourne: Mining department of Victoria. — Annual report of the secretary for mines, 1898. [Da 21.]

B. Durch Geschenke.

Albert, F.: La propagacion de la langosta. Sep. 1898. [Bl 42.]
Anders, J.: Lichenologisches vom Jeschken. Sep. 1898. [Ce 86.]
Barrande, J.: Système silurien du centre de la Bohême. Vol. VII, p. 2. [Dd 3.]
Bruxelles: Société belge de géologie, de paléontologie et d'hydrologie. — Procès-verbaux, année 1890, tome X. [Da 34.]
Central-Commission, K. K., für Erforschung und Erhaltung der Kunst- und historischen Denkmale: Normative und Berichte. Wien 1898. [G 142.]
Conwentz, H.: Neue Beobachtungen über die Eibe. [Cd 106 d.]
Cory, Ch.: The birds of Eastern North America, p. 1: Waterbirds. [Bf 72.]
Danzig, E.: Die Realschul-Wetterwarte zu Rochlitz, 1881—98. [Ec 92.]
Drews und Hueppe: Die Grundlagen der geistigen und materiellen Cultur der Gegenwart. Sep. 1899. [Ja 79.]
Engelhardt, H.: Tertiärflora von Berand. [Dd 94 q.]
Forest Heald, F. de: Gametophytic regeneration as exhibited by mosses, and conditions for the germination of cryptogam spores. Diss. 97. [Cb 46 i.] (Gesch. v. Prof. Engelhardt.)
Friedrich, O.: Die ehemalige Entwässerung Böhmens durch die Südlausitz. Sep. 1898. [Dc 109 c.]
Fritsch, A.: Fauna der Gaskohle und der Kalksteine der Permformation Böhmens. Bd. IV, Heft 1 und 2. [Dd 19.]

Grüntz, F.: Ueber den Einfluss des Lichtes auf die Entwickelung einiger Pilze. Diss. 1899. [Cb 45 h.] (Gesch. v. Prof. Engelhardt.)
Gravelius, H.: 8 Sep. aus der Zeitschrift für Gewässerkunde, 1898. [Ec 90 a—c.]
Grosse, J.: Leuckart in seiner Bedeutung für Natur- und Heilkunde. Sep. 1898. [Jb 78.]
Jentzsch, A.: Eine Tiefbohrung in Graudenz. Sep. 1898. [Dc 114 bb.]
Jentzsch, A.: Maasse einiger Renthierstangen aus Wiesenkalk. Sep. 1898. [Dc 114 cc.]
Isis-Osiris-Blätter, Nr. 1—8. [Ja 78 b.]
Köhler, E.: Zur Geschichte des ehemaligen Arznei-Laborantenwesens im westlichen Erzgebirge. 1898. [Hb 128.]
König, W.: Goethe's optische Studien. Festrede. 1899. [Eb 46.]
Königsberg: Preussischer botanischer Verein. — Flora von Ost- und Westpreussen. 1. Hälfte. [Cd 119.]
Lefort, F.: Fausseté de l'idée évolucioniste. Sep. 1899. [Dc 240.]
Maiden, J.: Botanic gardens and domains in Sydney. Rep. for 1898. [Cd 118.]
Möhl, H.: Die Witterungsverhältnisse der Jahre 1895—98. Sep. [Ec 91.]
München: 71. Versammlung deutscher Naturforscher und Aerzte, mit 2 Beil. [Ab 89.]
Naumann, E.: Tektonische Störungen der triadischen Schichten in der Umgebung von Kahla. Sep. 1897. [Dc 239.]
Nehring, A.: Ueber Alactaga saliens fossilis Nehr. Sep. 1898. [Dd 147.]
Nitsche, H.: Studien über Hirsche. Heft 1: Untersuchungen über mehrstangige Geweihe und die Morphologie der Hufthierhörner im Allgemeinen. 1898. [De 35.]
Osirisblatt: Der Lange. 2. Jahrg., Nr. 16. [Ja 78.]
Prag: Gedenkbuch zum 50jährigen Regierungsjubiläum Kaiser Franz I. (Czechisch.) [Ab 88.]
Raleigh: Elisha Mitchell scientific society. — Journal, vol. XV—XVI, p. I. [Aa 300.]
Sars, G.: An account of the Crustacea of Norway, vol. II, p. 13—14. [Bl 29 b.]
Schmidt, A.: Nachruf von Dr. Gründler. [Jb 80.]
Schweder, G.: Die Bodentemperaturen bei Riga. Sep. [Ec 98.]
Stossich, M.: Appunti di elmintologia. Sep. 1899. [Bm 54 cc.]
Stossich, M.: Lo smembramento dei Brachycoelium. Sep. 1899. [Bm 54 dd.]
Stossich, M.: La sezione degli Echinostomi. Sep. 1899. [Bm 54 ee.]
Stossich, M.: Strongilidae, lavoro monografico. Sep. 1899. [Bm 54 ff.]
Theile, Fr.: Gedächtnissrede von Pfarrer Zenker-Lockwitz. [Jb 79.]
Thiele, R.: Die Temperaturgrenzen der Schimmelpilze in verschiedenen Nährlösungen. Diss. [Cb 45 k.]
Thonner, Fr.: Analytical key to the natural orders of flowering-plants. [Cd 120.]
Thonner, Fr.: Anleitung zum Bestimmen der Familien der Phanerogamen. [Cd 121.]
Thonner, Fr.: Vergleichende Gegenüberstellung der Pflanzenfamilien, welche in den Handbüchern von Bentham-Hooker und Engler-Prantel unterschieden sind. [Cb 47.]
Thonner, Fr.: Im afrikanischen Urwald. [Fb 132.]

Voretzsch, M.: Festrede zur Feier des 80jährigen Bestehens der naturforschenden Gesellschaft des Osterlandes. Sep. 1898. [Aa 69.]
Washington: National academy of sciences. — Memoirs, vol. VIII. [Aa 320.]

C. Durch Kauf.

Abhandlungen der Senckenbergischen naturforschenden Gesellschaft, Bd. XXI, Heft 3—4; Bd. XXIV, Heft 4. [Aa 9.]
Anzeiger für Schweizer Alterthümer, Jahrg. XXXI, Nr. 4; neue Folge, Bd. I, Heft 1—3, mit Beil. [G 1.]
Anzeiger, zoologischer, Jahrg. XXII, Nr. 577—604. [Ba 21.]
Bronn's Klassen und Ordnungen des Thierreichs, Bd. II, Abth. 3 (Echinodermen), Lief. 22—28; Bd. III (Mollusca), Lief. 35—47; Bd. IV (Vermes), Suppl., Lief. 14—17; Suppl., Bd. V (Crustacea), Abth. 2, Lief. 53—56; Bd. VI, Abth. 5 (Mammalia), Lief. 54—56. [Bb 54.]
Gebirgsverein für die Sächsische Schweiz: Ueber Berg und Thal, Nr. 245 bis 262. [Fa 19.]
Geradflügler Mitteleuropa's von Tümpel, Lief. 1—6. [Bk 248.]
Hedwigia, Bd. 38. [Ca 2.]
Jahrbuch des Schweizer Alpenclub, Jahrg. 34. [Fa 5.]
Monatsschrift, deutsche botanische, Jahrg. 17. [Ca 22.]
Mutter Erde, Jahrg. I—II. [Ha 35.] (Vom Isis-Lesezirkel.)
Nachrichten, entomologische. Jahrg. 15. [Bk 235.] (Vom Isis-Lesezirkel.)
Natur, Jahrg. 47. [Aa 76.] (Vom Isis-Lesezirkel.)
Palaeontographical society, London, vol. LII. [Da 10.]
Prähistorische Blätter, Jahrg. XI. [G 112.]
Wochenschrift, naturwissenschaftliche, Bd. XIV. [Aa 311.] (Vom Isis-Lesezirkel.)
Zeitschrift für die gesammten Naturwissenschaften, Bd. 71, Nr. 4—6; Bd. 72, Nr. 1—2. [Aa 98.]
Zeitschrift für Meteorologie, Bd. 16. [Ec 66.]
Zeitschrift für wissenschaftliche Mikroskopie, Bd. XV, Heft 2—4; Bd. XVI, Heft 1—3. [Ee 10.]
Zeitschrift, Oesterreichische botanische, Jahrg. 49. [Ca 8.]
Zeitung, botanische, Jahrg. 57. [Ca 9.]

Abgeschlossen am 31. December 1899.

C. Schiller,
Bibliothekar der „Isis".

Zu besserer Ausnutzung unserer Bibliothek ist für die Mitglieder der „Isis" ein **Lesezirkel** eingerichtet worden. Gegen einen jährlichen Beitrag von 3 Mark können eine grosse Anzahl Schriften bei Selbstbeförderung der Lesemappen zu Hause gelesen werden. Anmeldungen nimmt der Bibliothekar entgegen.

Abhandlungen

der

Naturwissenschaftlichen Gesellschaft

ISIS

in Dresden.

1899.

I. Rosenformen der Umgebung von Meissen.

Von A. M. Schlimpert.*)

Bei dem Versuche, eine Specialflora der Umgegend von Meissen aufzustellen, fiel mir der Formenreichthum unserer wilden Rosen auf, und während ich in derselben nur die wichtigsten guten Arten aufführte, gebe ich, nach sechsjährigem Studium und nach über 500 zurückgelegten grösseren und kleineren Excursionen, eine Ergänzung jener Lücke.

Wenn Christ die schweizerische Jurakette vom Salève bis zum Schaffhauser Hügelland den „Rosengarten Europas“ nennt, so dürfte das Meissner Terrain ein herrliches Bosquet in demselben bilden, ja nach Aussage einiger bekannter Rhodologen soll dasselbe sogar jenem Rosengarten mindestens sehr nahe kommen.

Wohl mag unser Gebiet nicht so viel Gelegenheit bieten, Beobachtungen über den Einfluss der Höhenlage etc. anstellen zu können, denn die Höhenlage desselben variirt nur von 100 bis höchstens 200 m über dem Meere, aber trotzdem weist es auch seinen eigenartigen Charakter auf.

So ist z. B. der Parallelismus der Caninen bezüglich der Bekleidung und Zahnung schön ausgeprägt:

Zahnung einfach	anderthalbfach	zweifach	mehrfach	Kelchzipfel und Blüthenst. drüsig
		Nudae Déségl.		
Lutetiana Lém.	*Swartzii* Fr.	*dumalis* Bchst.	*biserrata* Mér.	*dolosa* God.
		(Uebergangsform.)		
subcanina Chr.	*subcanina* Chr.	*subcanina* Chr.	*subcanina* Chr.	– –
Beuteri f. *typica* Chr.		*complicata* Chr.	*myriodonta* Chr.	*caballicens* Pug.
		Pubescentes Crep.		
		(Uebergangsform.)		
subcollina Chr.	*subcollina* Chr.	*subcollina* Chr.	*subcollina* Chr.	—
coriifolia Fries.		*complicata* Chr.	*biserrata* Chr.	*scaphusiensis* Chr.
dumetorum Th. und Formen derselben			—	—
		Hispidae Déségl.		
Andegavensis Bast.	*hirtella* Chr.	*Kosinsciana* Besser.	*verticillacantha* Baker.	—
	„ Ripart.			—

*) Eine vollständige Sammlung der Belegexemplare in Originalbenennung ist von dem Verfasser der Flora Saxonica-Abtheilung des K. Herbariums in der Technischen Hochschule als Geschenk einverleibt. (Anm. d. Red.)

Bemerkenswerth ist das Auftreten complicirter Zahnung fast aller Rosen.

Bei der *dumetorum* ist dies nicht ohne Wichtigkeit, denn sie erhält dadurch den Charakter einer *tomentella* und führt zu irrigen Bestimmungen. So habe ich im folgenden Verzeichniss auch nur eine einzige Tomentellaform aufgenommen und diese nur, weil Hasse, Witten, dieselbe Form in Westfalen fand und f. *rotundifolia* H. mod. *Güglingensis* H. benannte.

Diese, der *tomentella* ähnlichen, kritischen Dumetorumformen sandte ich an Herrn Prof. Dr. Christ. Derselbe schreibt: „Ob Formen wie Ihre Nr. × zu *tomentella* oder zu *dumetorum* zu rechnen sind, darüber wird man nie einig werden", und weiter: „Ihr Gebiet zeichnet sich aus durch starke doppelte Zahnung aller Rosen, besonders der *dumetorum*, die dadurch schwer von *tomentella* zu trennen sind". Mons. Direct. Crepin äusserte sich über dieselben Formen: „Neben der typischen *tomentella* giebt es eine ganze Anzahl von Formen, die man mit ihr nicht identificiren kann, und die man erst noch classificiren muss. Dies erklärt Ihnen meine Verlegenheit, die Varietäten dieser Gruppe aus Sachsen genau zu bestimmen. Die *R. tomentella* in ihrem echten Typus ist nur im Südosten Europas verbreitet".

Nachdem ich echte Tomentellen nach Zahnung und Drüsigkeit untersucht, glaube ich kaum *tomentella* im Gebiet zu haben — es sind nur Formen der *dumetorum*.

Von den Tomentosen findet sich im Gebiet nur die f. *dimorpha* Besser = f. *subglobosa* Baker = *R. subglobosa* Sm. — alle anderen sind Formen der *venusta* Scheutz.

Durch Hochfluthen wurden an den Elbufern angeschlemmt: *R. acanthina* Déségl. et Ozan., *R. amblyphylla* Rip., *R. acutiformis* H. Br.

Möge das folgende Verzeichniss beitragen, das Interesse an unseren wilden Rosen anzuregen.

I. Sect. Synstylae.*)

Vacat.

II. Sect. Indicae.

Vide H. Gruner's „praktischer Blumengärtner" v. L. Reissner; Wünsche's Excursionsflora für das Königreich Sachsen.

III. Sect. Luteae.

Rosa lutea Miller, dict. Nr. 11, éd. franç., 1785, VI, p. 326 (= *R. Eglanteria* L. sp. 1764, p. 703 pr. part.).

Rosa punicea Miller, Nr. 13, l. c.

In Obercrpaar u. a. O. häufig in Gärten.

IV. Sect. Pimpinellaefoliae.

Rosa pimpinellifolia L. (= *R. spinosissima* Sm.).

In Gärten, Anlagen und an Hecken nicht selten anzutreffen.

*) Sectionen und Subsectionen nach Crepin in: „Die Rosen von Tirol und Vorarlberg."

V. Sect. Cinnamomeae L.

Rosa cinnamomea L. God., fl., 206, suppl. 68; Grenier, fl., 233; Reuter, cat., 65; Rapin, Guide, 193.

f. *foecundissima* Münchh., hausv. V, 279.

In Gärten und oft verwildert, z. B. am Fürstengraben. In Gröbern in einer Hecke.

Rosa alpina L., spec. ed. II, p. 703.

Von Bienenhof in den Garten der Frau Bucher in Coswig verpflanzt worden.

VI. Sect. Gallicae.

Rosa gallica L. Godet, fl., 207, und suppl. 67; Rapin, guide, 197; Reuter, cat. 73.

(1) f. *typica* Chr. (*R. gallica* f. *pumila* L. fil. *R. austriaca* Crntz. bei Gren., fl., 223).

Kommt in verschiedenen Modificationen vor.

(2) a) Blättchen auf der Unterfläche entweder nur auf den Nerven oder auf der ganzen Blattfläche behaart und am Rande gewimpert;

b) Blättchen mehr oder weniger behaart, mit Subfoliardrüsen;

(3) c) Blättchen klein, oval-elliptisch, 13:23 mm breit und lang, Mittelnerv, theilweise auch die Nervillen behaart und drüsig.

Am Naundörfler Holz, Nasse Aue, Oberau.

(4) f. *elata* Chr.

Kommt wie oben in den Modificationen a und b vor. Naundörfler Holz, Nasse Aue, Wachtnitz.

(5) f. *Armanni* Gmel.

Griffel behaart und säulenartig verwachsen und hochgehoben. Unter den vorhergehenden Formen im Naundörfler Holz.

Die *Rosa gallica* ist sehr geneigt, hybride Formen zu erzeugen. Dieselben kennzeichnen sich 1. durch das Auftreten einzelner borstlicher Stacheln und Stieldrüsen zwischen den normalen der Eltern auf den Zweigen, 2. durch Starrheit und seichte Zahnung der grossen Blättchen, die sitzend und meist an der Basis etwas herzförmig sind, 3. durch die Länge der Blüthenstiele und 4. durch eine auffallend starke Entwickelung und Färbung der Corolle. Dies sind die wesentlichen Merkmale, die der Bastard von der *gallica* ererbt hat. Was die Ermittelung des anderen Parens anlangt, so zeigt sich dieselbe im Allgemeinen durch die Zahnung und die verschiedenartige Bekleidung der Blattstiele und Blättchen. (Siehe Christ, Rosen der Schweiz, p. 200, und Jena's wilde Rosen von Max Schulze, p. 43.) Aufgefunden wurden bis jetzt die wenigen folgenden*):

R. canina L. var. *Lutetiana* et *dumetorum* × *gallica*.

Zwischen Piskowitz und Prositz rechts am Abhange.

R. gallica × *glauca* var. *complicata*.

Am Fusse des Wachtnitzer Abhanges.

*) Es steht wohl sicher zu erwarten, dass noch mehr Hybriden aufgefunden werden!

VII. Sect. Caninae.

1. Subsect. Villosae.

Rosa pomifera Herrmann. Koch, syn. ed. I, 229; Reuter, cat., p. 67; Rapin, guide, 193.

f. *recondita* Chr.

Bei Weinböhla. Bei Zehren. Am Gartenzaun und in der Hecke der Rotunde bei Thürmer auf der Posel.

2. Subsect. Tomentosae.

Rosa tomentosa Sm. Smith, fl. brit., 1800, II, p. 539; Grenier, fl., 233 bis 234; Reuter, cat., p. 67 und 68.

(6) f. *dimorpha* Besser, apud Gren., fl. jurassi., 1864, 69.

An der Strasse von Priestewitz nach Grossenhain; im Gebiet nicht häufig.

(7) f. *cuspidatoides* Crepin var. *umbelliflora* Christ, Flora, 1874, p. 512 (= *R. umbelliflora* Swartz in Sched.).

In reiner, der Diagnose ganz entsprechender Form kommt dieselbe nicht vor. Alle Sträucher, die man obiger Form angehörig ansehen könnte, befinden sich im Uebergang zur *venusta* und lassen sich nach den von Max Schulze in „Jena's wilde Rosen" aufgestellten Schema wohl placiren. Solche Formen kommen vor: auf der Posel, der Karlshöhe, bei Weinböhla an der Köhlerstrasse und bei Löbsal.

(8) Ueber eine blendend weissblühende Form von dem Spaargebirge schreibt Christ in litt. den 11. VIII. 1897: „Eine sehr schöne Tomentosen-Form, meiner *umbelliflora* „ähnlich", während dieselbe von Anderen (Hasse und Dufft) für die echte *cristata* Chr. gehalten wurde. Diese Form deckt sich aber mit der Seite 6 B 1. b. in „Jena's wilde Rosen".

(9) f. *venusta* Scheutz, Studier öfver de Scandin. art. af slägtet Rosa, 1872, p. 36. — *R. pseudocuspidata* Crepin. Christ, Flora, 1874, p. 512; id. Flora, 1876, p. 371.

Rein typische Formen bei Zscheila und der Riesensteinen, Klause-Steinberg und bei Weinböhla; Preuskermühle.

Ein hochinteressanter Strauch, der verschiedene Deutung erfahren — z. B. als *R. alpina* × *tomentosa* var. *venusta*, als ein Bastard etwa der *canina biserrata* × *tomentosa* oder *glauca myriodonta* mit der letzteren, endlich als *pomifera glabrescens*! — harrt noch der Bestimmung und der Beobachtung im blühenden Zustande; nichtsdestoweniger gebe ich vorläufig die Diagnose unter meiner Herbarnummer:

301b. Strauch ca. 2 m hoch. Jüngere Zweige blaubereift. Stacheln an den Schösslingen aus breiter Basis (8 mm lang) zugespitzt, gerade und plattgedrückt bis 12 mm lang, gelbbraun; an den Aesten und Blüthenzweigen zart pfriemenförmig, gerade oder nur leicht gebogen, hie und da dicht und gehäuft stehend. Nebenblätter bis 18 mm lang, aus schmaler Basis sich meist bogig erweiternd, auf beiden Flächen kahl und haarlos, der Rand mit dunkelbraunen Stieldrüsen dicht gewimpert bis fast gezähnelt, Oehrchen divergirend, gespitzt. Blattstiel dicht filzig behaart, mit aus dem Filz hervorragenden braunen Stieldrüsen und ziemlich zahlreichen gelben, gebogenen Stächelchen. Blättchen zu 5, 7 und „neun" etwas gestielt, oberseits grün und kahl, selten mit Spuren von Haaren, unterseits hellblaugrün, auf den Nerven und Nervillen kahl oder mit einigen braunen Drüsen und nur dann auch mit einzelnen Härchen. Endblättchen länglich eirund 15 : 28 mm bis 22 : 40 mm Breite und Länge. Die Zahnung ist eine mehrfache, der Hauptzahn mit brauner Weichspitze, auf dem Rücken mit ein oder zwei Drüsenzähnen, vorn meist nur mit einem. Blumenstiele von verschiedener Länge, 10—25 mm, ein- und zweiblüthig, haarlos mit horizontal abstehenden Drüsenborsten mehr oder weniger dicht bekleidet. Brakteen, obere lanzettlich zugespitzt oder oval gespitzt, unterseits drüsig und filzig, oberseits kahl, am Rande fast drüsig gezähnelt und gewimpert; untere oftmals kräftiger entwickelt und meist blatttragend. Kelchzipfel aufrecht, die reife Frucht krönend. Die drei äusseren bis 20 mm lang, auf dem Rücken dicht drüsig, mit untermischten Drüsenborsten und zwei bis drei Paaren linealen, 6 mm langen, dicht drüsig und haarig gewimperten Fiederchen. Anhängsel gestielt, lanzettlich verbreitert mit 1—2 Zähnchen; die beiden inneren wesentlich kürzer (10 mm), innen filzig, auf dem Rücken drüsig und drüsenborstig. Griffelköpfchen dicht filzig, den Discus meist verdeckend. Frucht eiförmig, seltener rundlich, in einen Hals verjüngt, 12 mm breit und 16 mm lang, theils kahl, theils mehr oder weniger drüsenborstig.

f. *farinosa* Bechstein.

Diese Form soll nach Reichenbach bei Meissen vorkommen, der Diagnose auch wirklich entsprechend fand ich sie noch nicht, weder am rechten noch linken Elbufer.

3. Subsect. Rubiginosae.

Rosa rubiginosa L. Godet, fl., 214, excl. var. *β*, suppl. 77.

f. *comosa* Chr. (*R. comosa* Ripart. Gren., fl., 249, var. *γ*).

Am Wachtnitzer Abhang mit der nächst folgenden Form. In Meissen an Hecken.

(10) f. *comosa* Chr. in transitu var. *umbellata.*

Am Schieritzer und Wachtnitzer Abhange. In Oberau auf dem Tunnel.

(11) f. *umbellata* Chr. (var. *β* und *γ*. Gren., fl., 249, 250; *R. umbellata* Leers; *R. echinocarpa* Ripart.).

In rein typischer Form, d. h. mit vollständiger Heteracanthie versehen, tritt dieselbe im Gebiet häufig auf, z. B. an der inneren Mauer des Stadtkrankenhauses, auf der Karlshöhe an einem Feldraine, Oberau am Bahndamme nach dem Grenzstein 25, hinter der Kötitzer Fabrik und dem unmittelbar angrenzenden Acaziengebüsch, in Weinböhla, im Triebischthale an Felsen.

R. micrantha Sm.

Bisher nur an der Friedensburg von F. Fritzsche nachgewiesen

R. graveolens Gren., fl. jur., 248. *R. pulverulenta* Baker, mon., 223, non M. B.

(12) f. *typica* Chr.

Nach der Poselspitze zu, links am Wege. In Semmelsberg unter dem Hause 15 b an der Strasse. Am Hafendamme. In der Gartenecke der Bezirksanstalt in Bohnitzsch. Am Eingange zum Rottewitzer Heuwege. Auf der Proschwitzer Höhe.

(13) f. *calcarea* Chr.

Klause-Steinberg auf der Höhe, an der alten Weinbergsmauer. Am Wege zur Karlshöhe. Auf den Korbitzer Schanzen. Am Dorfwege in Gruben.

R. sepium Thuillier, fl. Paris, 1790, p. 252.

(14) f. *typica* Gremli. (*R. arvatica* Pug. = f. *arvatica* Chr.)

Auf dem Knorrplateau ein einziger kleiner Strauch.

(15) f. *Gizellae* Borbas.

Bei Zscheila ein einziger Strauch. (Neuerdings daselbst noch zwei Sträucher aufgefunden.)

(16) f. *inodora* Fries.

In Mülbitz bei Grossenhain.

f. *robusta* Chr.

Bei Dobritz.

4. Subsect. Jundzilliae.

Rosa Jundzilliana Besser ex Charin in Sched., 1861.

(17) Auf dem Roitzschberge. Oberspaar an der Förster'schen Weinbergsmauer. Auf der Poselspitze. Am rechten Elbufer.

R. trachyphylla Rasenum, ros. Wirceburg., 124.

(18) f. *typica* Chr.

In der Nähe von Schlechte auf der Posel links am Wege. Vor dem Tunnel bei Oberau. Nasse Aue nach Gröbern zu am Raine. Auf dem Roitzschberge am Weinberge. Am rechten Elbufer vor der Karpfenschänke. Am Wege nach den Korbitzer Schanzen vom Triebischthale aus. Am Tunnel in Oberau in der Nähe der Bahnwärterhäuser. Unmittelbar hinter der Knorre am steilen Felsen. Am Bahndamme zwischen Niederau und Oberau. Am Bahndamme ohnweit des Bahnhofes in Niederau. Auf der Karlshöhe.

(19) f. *nitidula* Christ. Fl., 1875, p. 294.

Am Riesensteine vor dem Bahnübergang. Auf der Proschwitzer Höhe. Am Bretstahle bis zur halben Höhe hinauf.

(20) f. *virgata* Gremli.

Im Walde hinter Neundörfel.

(21) f. *Aliothii* Chr.

Vor dem Winkewitzer Gasthause in der Steinhalde rechts vom Wege. Am Wachtnitzer Abhange. In Oberau auf dem Tunnelplateau.

5. Subsect. Eucaninae.

Rosa ferruginea Vill. 1799 (= *R. rubrifolia* Vill. 1789).

f. *Jurana* Gaudin, fl. helv. III, 347.

Wird in Gärten und Anlagen in Meissen und Cölln sehr häufig angetroffen.

R. montana Chaix.

In Sachsen wohl fehlend.

R. glauca Villars (= *R. Reuteri* Godet).

f. *typica* Chr. (= *R. montivaga* Déségl.)

Im Gebiet noch nicht angetroffen. Sträucher, die man dafür hätte ansehen können, entpuppten sich immer als *R. globosa* Desv.

(22) f. *complicata* Chr.

Bei Weinböhla. Am rechten Elbufer eine Form mit auffällig langen, flaschenförmigen Früchten. In Daubnitz am Abhange. In Diesbar ohnweit des Pavillon. In Oberspaar an der Weinbergsmauer von Fischer. Bei Kötitz. Am Ilottewitzer Heuwege. Am Wege nach Zscheila.

(23) f. *acutiformis* H. Braun.

Am rechten Elbufer.

(24) f. *Sandbergi* Chr.

Auf dem Riesenstein, ohnweit des Bahnübergangs, selten.

(25) f. *Caballicensis* Chr. (= *R. Caballicensis* Puget).

Am Wege von Niederau nach der Buschmühle. Sehr charakteristisch! Die Stieldrüsen sind zuweilen auf den Blüthenstiel erstreckt. Selten.

(26) f. *myriodonta* Chr.

Auf der Poselspitze. In den Proschwitzer Anlagen.

(27) f. *subcanina* Chr.

Am Elbufer bei Oberspaar. Hinter dem Fichtner'schen Gut in Zscheila. Auf der Posel an der kleinen Binge.

R. coriifolia Fries. Reuter, cat., 69.

(28) f. *typica* Chr.

Selten rein typisch! Daubnitz, ohnweit der Schule am Fusse des Abhanges.

(29) f. *frutetorum* Chr.

Bei Bockwen an der Strasse. Am Wege nach der Korbitzer Höhe. Hinter Polenz am Sandwege. Nach der Poselspitze zu, rechts an den Felsen. Auf dem Tunnel bei Oberau an mehreren Stellen.

(30) f. *biserrata* Chr. Separat-Abdruck aus den Mittheilungen des Bot. Ver. für Gesammt-Thüringen, Bd. V, S. 84.

Vom Rösschen in Diesbar aus, nach Löbsal zu, rechts an der Weinbergsmauer. An der Strasse nach Bohnitzsch zu.

(31) f. *Scaphusiensis* Chr. Fl., 1874, p. 196; Jena's wilde Rosen von Max Schulze, S. 39.
Blüthenstiele oder Basis der Früchte hie und da hispid — so an der Dorfstrasse in Lindenau. Selten.

(32) f. *subcollina* Chr.
Am Kalkberge ohnweit des Wasserbassins.

R. canina L. ex parte.

var. *Lutetiana* Lémann.

(33) f. *glaucescens* Desv.
Am Wege zur Karlshöhe von Klause-Steinberg aus und sonst verbreitet.

(34) f. *syntrichostyla* Rip.
Bei Winkewitz am Heuwege. An der Priestewitzer Strasse.

(35) f. *nitens* Desv. (Ist die „*viridis* Hasse".)
An Rainen auf der Posel. An Weinbergsmauern und allen süd- und nordwestlichen Abhängen nicht selten.

(36) f. *globosa* Desv.
Klause-Steinberg. Am Berliner Eisenbahndamme in der Nähe des Ziegenbusches. Auf dem Tunnelplateau. Am Fahrwege in der Nassen Aue. Am Wege nach Questenberg zu.

(37) f. *filiformis* Ozanon.
Am Abhange vor der Knorre und der Karlshöhe. Der Beschreibung Ozanon's vorzüglich entsprechend.

(38) f. *oxyodonta* Kern. in Sched. und Déségl. in litter. ad Kerner.
An dem Elbufer bei Niederfähra. (Wohl aus Böhmen angeschwommen.)

Transitoriae

var. *Schwartzii* Fr.

(39) f. *fissidens* Borbás.

(40) modificat. *acuminata* H. Braun.
Bei Oberau am Tunnel. Am rechten Elbufer nicht selten. Bei der Knorre. In den Proschwitzer Anlagen. An den westlichen Abhängen. In der Brombeergasse. Ueberall verbreitet.

(41) f. *mucronulata* Déségl.
In der Nassen Aue, nach dem Boitzschberge zu. Spaargebirge.

f. *firmula* Godet, suppl. 71 (= *R. dolosa* Godet, suppl. 72).
Am Bocksberge, an mehreren Stellen. Am Fusse des Bretstuhles.

(42) f. *spuria* Pug.
Auf dem Spaargebirge, selten! Nasse Aue an einem Raine.

var. *dumalis* Christ. (= *R. dumalis* Bechst.)

(43) f. *rotundifolia* Bräuker, Deutschlands wilde Rosen, Nr. 113.
Am Elbdamme ohnweit des Fürstengrabens.

(44) f. *eriostyla* Rip.

Bisher ausschliesslich nur längs des rechten Elbufers nicht selten angetroffen und wohl daselbst angeschwemmt.

(45) f. *rubelliflora* Rip.

Im Naundörfler Gehölz.

(46) f. *rubescens* Rip.

Auf dem Knorrplateau und den westlichen Abhängen daselbst. Im Naundörfler Gehölz. Häufig i. G.

(47) f. *glaberrima* Du Mortier.

Kommt nicht, wie die von Sagorski, die Rosen der Flora von Naumburg, Seite 37 beschriebene *ochroleuca* mit gelblich-weisser, sondern mit blass-röthlicher Blumenkrone im Gebiete vor, z. B. bei Winkewitz, in den Carlowitz'schen Anlagen, bei Lindenau.

(48) f. *insignis* Gren.

An dem rechten Elbufer.

(49) f. *oblonga* Déségl.

An den Proschwitzer Stufen. Auf Münch's Elbwiese. Bei Scharfenberg.

(50) f. *sphaeroidea* Rip.

In Weinböhla an der Köhlerstrasse. In Diesbar nach dem Pavillon zu.

(51) f. *Schlimperti* Hofmann (siehe Anhang I).

var. *biserrata* Mérat.

(52) f. *typica* bei Baker, mon. 228.

An der Knorre. Am Bretstuhle. Bei Niederau am Bahndamme Am Fürstengraben bei Niederfähre.

(53) f. *Chaboisaei* Gren.

Bei Proschwitz.

(54) f. *ascita* Déségl. (Stacheln hakig).

An den westlichen Abhängen. In der Nähe des Cöllner Wasserbassins. Bei Proeitz an einem Feldrande. Auf dem Spaargebirge.

(55) f. *squarrosula* Kell. (Stacheln gerade).

Am Riesenstein. Unter der Poselspitze mehrere Sträucher.

(56) f. *labilipoda* Keller.

Auf dem Roitzschberge.

(57) f. *villosiuscula* Rip.

Am Steinbruche ohnweit der Knorre.

var. *Andegavensis* Bast.

(58) f. *Andegavensis* Rapin, Guide, 196.

Münch's Elbwiese. In Weinböhla an der Köhlerstrasse. Am Bocksberg. Am rechten Elbufer. In Züchner's Weinberg.

(59) f. *Kosinsciana* Bess.
Auf dem Knorrplateau. Am Katzensprung. Am Bretstuhle. Bei Zscheila. In Weinböhla.

var. *dumetorum* Thuill.

(60) f. *trichoneura* Chr.
An den Abhängen bei Daubnitz nicht vereinzelt.

(61) f. *sphaerocarpa* Pugol.
In Prositz am Abhange. Im Züchner'schen Weinberge bei Zscheila. Am Karlshöhenweg. Hinter der Knorre. Hinter Zscheila nach dem heiligen Grunde zu.

(62) f. *amblyphylla* Rip.
Am rechten Elbufer zwischen Weiden.

(63) f. *urbica* Chr.
Zwischen Zscheila und Gröbern an der Strasse. In Winkewitz nach der Winzerei zu.

(64) f. *acanthina* Dés. et Ozan.
Am rechten Elbufer in Weidengebüschen und wohl durch Hochwasser angeschwemmt.

(65) f. *decalvata* Crep.
Bei Weinböhla nicht selten. Vor Sörnewitz an der Strassenmauer. In Winkewitz an der Weinbergsmauer von Krumbiegel.

(66) f. *subatrichostyla* Borb.
Oberspaar an der Förster'schen Weinbergsmauer.

(67) f. *subglabra* Borb.
Auf dem Knorrplateau.

(68) f. *interposita* mihi (siehe Anhang II).
Rottewitzer Abhang an verschiedenen Stellen.

var. *tomentella* Lém.

(69) f. *rotundifolia* Hasse mod. *Gilglingensis* Hasse.
An der Lehne zwischen der Knorre und Winkewitz.

var. *scabrata* Crep.

(70) f. *Missniensis* mihi (siehe Anhang III).
Im Triebischthale, nach den Korbitzer Schanzen zu. Bei Garsebach. Am Steinbruche bei der Knorre. Am Bretstuhle. An den westlichen Abhängen. Bei Wachtnitz. Bei Lindenau.

Anhang I.

Rosa canina L. var. *dumalis* Chr. f. *Schlimperli* Hofmann.

Crepin in litt. de 31. I. 1897: „Eine ganz eigenartige Form. Ihr Gesammtaussehen erinnert an gewisse zweifellose Varietäten von *R. sepium* Thuill." Derselbe den 4. III. 1898: „Form aus der Gruppe „*dumalis*".

W. Hasse den 12. III. 1897: — „ist ein wunderliches Gebilde, wahrscheinlich ein Bastard, aber wovon?" Derselbe den 1. V. 1898: „f. *multiflora* Wirtg. Für *falcata* sind die Fruchtstiele viel zu lang und die Griffel zu wenig behaart."

M. Schulze, Jena: *R. glauca* Vill. var. *falcata* Puget (Christ in Flora, 1874, p. 472). „Eine sehr seltene Form, die ich noch niemals selbst antraf."

C. Dufft den 16. X. 1894: „Würde ich auch für eine *R. dumalis* Bechst., die durch schattigen Standort*) entstellt ist, halten, wenn die Kelchzipfel an den Scheinfrüchten zurückgeschlagen wären. Sie sind aber abstehend."

Am 5. Mai d. J. theilt mir Herr Hofmann, Grossenhain, mit: „Die mir seiner Zeit freundlichst übersandte interessante Rosenform habe ich an Herrn Prof. Sagorski geschickt und zwar habe ich mir erlaubt, dieselbe als *R. Schlimpertiana* zu bezeichnen. Herr Prof. Sagorski hält dieselbe für eine der zahlreichen Formen der *dumalis* Bechst."

Strauch ca. $2^1/_2$ m hoch. Stamm stark, Rinde desselben aschgrau. Stacheln des Stammes aus verlängerter Basis hakig, gerundet, dunkelaschgrau. Zweige dünn, bogig oder hin und her gebogen, Rinde grün. Blüthenzweige unbewehrt, ein- und zwei-, seltener dreiblüthig. Nebenblätter beiderseits kahl, drüsig gewimpert. Oehrchen ziemlich lang gespitzt. Blattstiel reichlich mit gelben Stächelchen, einigen Stieldrüsen und nur selten mit einzelnen Härchen versehen. Blättchen etwas gestielt, kahl, vorwiegend zu fünf, seltener zu sieben, meist 18 mm von einander entfernt, oberseits dunkelgrün, etwas fettglänzend, unterseits heller, bläulich grün, hie und da leicht weinroth überlaufen. Endblättchen an ein und demselben Zweige oft verschieden gestaltet. Vorherrschend ist die ovallängliche Form von 30 : 50 mm Breite und Länge. Das untere Blattpaar misst gewöhnlich annähernd die Hälfte, 15 : 30 mm Breite und Länge. Die Basis der Endblättchen ist verschmälert oder abgestumpft. Die andere breitovale Form der Endblättchen mit mehr gerundeter Basis misst 30 : 45 mm Breite und Länge, die ellyptische dagegen meist 18 : 32 mm Breite und Länge. Die Zahnung ist doppelt bis dreifach. Nebenzähnchen drüsentragend, im Alter theilweise vergänglich. Brakteen so lang oder länger als die Fruchtstiele mit aufsitzendem Blatt oder ohne ein solches und dann aus breitovaler Form, langgespitzt, Rand drüsig gewimpert. Blüthenstiele kahl, meist 16 mm lang, mittlerer bei mehrblüthigen sehr kurz, im Allgemeinen vorwiegend einblüthig, seltener in Corymben zu sieben Blüthen. Kelchzipfel die Knospe überragend, die beiden inneren 20 mm lang, unterseits ganz, aussen bis zur Mitte filzig, mit lanzettlichem, drüsig gesägtem Anhängsel; die drei äusseren 26 mm lang, innen filzig, aussen kahl mit drei bis vier Paaren linealen drüsig gezähnten Fiedern und erweitertem drüsig gezahntem Anhängsel, anfangs zurückgeschlagen, mit beginnender Fruchtreife theilweise horizontal abstehend, vor der Reife aber hinfällig. Discus breit, schwach kegelförmig. Griffel wenig zahlreich, in der Jugend leicht heborstet, auf der Frucht etwas verkahlt und säulenartig gehoben. Blumenkrone hellrosa, bis 52 mm im Durchmesser. Frucht rundlich, oben eingeschnürt oder oval bis flaschenförmig.

Anhang II.

Rosa dumetorum Thuill. f. *interposita* Schlimpert.

Crepin in litt. 1894: „Eine interessante Form der Gruppe *dumetorum* Thuill."

— in litt. 1895: „Ich wage nicht, über diese Nummer mich auszusprechen, weil die Exemplare mir nicht alle zur sicheren Bestimmung nöthigen Theile bieten."

— in litt. 1897: „Diese Nummern können wegen ihrer weichhaarigen Blätter mit mehr oder weniger drüsig zusammengesetzter Zahnung zu der Art gezählt werden,

*) Standort sonnig.

welche man gewöhnlich mit dem Namen *tomentella* Lém. bezeichnet, aber keine stellt die typische Art dar. Sollten sie Varietäten der *tomentella* darstellen? Dies ist möglich, aber nicht sicher. Man muss sie provisorisch unter den Namen zur *tomentella* var.? bringen."

Crepin in litt. 1898: „Es giebt unter den zahlreichen Formen der *R. canina* eine Formengruppe mit mehr oder weniger behaarten Blättchen, manchmal mit drüsigen Secundärnerven, mit drüsigen zusammengesetzten Zähnen. Zu dieser Gruppe gehört die *R. tomentella*, welche als eine Subspecies der *R. canina* betrachtet werden kann. Die *R. tomentella* in ihrem echten Typus ist im Südosten Europas verbreitet. Aber neben der typischen *R. tomentella* giebt es eine ganze Anzahl von Formen, die man mit ihr nicht identificiren kann und die man erst noch classificiren muss. Das erklärt Ihnen meine Verlegenheit, die Varietäten dieser Gruppe aus Sachsen genau zu identificiren."

Max Schulze in litt. 1898: „*R. coriifolia* Fr. var. *subcollina* Chr."

— in litt. 1897: „*R. coriifolia* Fr. var. *complicata* Chr."

— in litt. 1898: „*R. tomentella* var. *affinis*."

C. Dufft in litt. 1898: „Halte ich für eine Form der *R. dumetorum* Th. mit vollständig doppelt gesägten Blättchen, sie scheint mir der var. *juncta* Puget (Beck's Flor. v. Nieder-Oesterreich, p. 790) am nächsten zu stehen und von derselben nur durch stärker behaarte Griffel abzuweichen."*)

Christ in litt. den 4. VI. 1897: „Schwache *tomentella* gegen *dumetorum* hin."

— in litt. den 11. VIII. 1897: „— ist für mich *dumetorum* mit starker Hinneigung zur *tomentella* durch Dürftigkeit und doppelte Zahnung. Man sollte dieser Form einen Varietätsnamen geben unter *dumetorum* als Hauptart."

Strauch $1\frac{1}{2}$ bis 2 m hoch, gedrungen und durch sein dunkles Colorit schon von Weitem auffällig. Blüthenzweige rechtwinklig aufstrebend, robust, bis 8 cm lang und meist wehrlos, selten an der Basis der Blätter mit zwei kleinen hakigen Stachelchen. Die starken Zweige dagegen an der Basis der Blätter mit gepaarten grossen, hakigen Stacheln versehen. Stacheln der Aeste aus langovaler Basis rund, aschgrau, hakig. Nebenblätter gerade gestreckt mit gespitzten Oehrchen, oberseits kahl, unterseits dicht behaart, am Rande drüsig und langhaarig gewimpert. Blattstiel dicht filzig mit mehr oder wenigeren gestielten oder auch im Filze sitzenden Drüsen, stachellos. Blättchen fünf bis sieben, lederig, kurz gestielt, sich gegenseitig meist deckend, oberseits dunkelgrün mit eingesenkten Nerven, dicht angedrückt behaart, unterseits heller, graugrün mit stark hervortretendem Adernetz und dichter Behaarung. Endblättchen oval; meist 15 : 25 mm, seltener 18 : 26 mm breit und lang. Die Zahnung könnte wohl eine vorwiegend einfache genannt werden, nicht selten aber hat der mit Weichspitze versehene Hauptzahn noch ein, auch zwei drüsige Nebenzähnchen. Alle Zähne lang wimperhaarig. Blüthenstiele kahl, einblüthige 10 mm lang, bei vier- bis fünfblüthigen die seitenständigen bis 14 mm lang. Brakteen blatttragend, oberseits kahl, unterseits dicht behaart, am Rande drüsig und haarig gewimpert. Kelchzipfel vor der Reife hinfällig; die drei äusseren 15 mm lang, aussen nur im oberen Drittel, innen aber ganz behaart. Fiederchen, die unteren zwei länglich-oval mit zwei bis drei Stieldrüsen, das obere lineal. Die inneren beiden Kelchzipfel beiderseits filzig. Anhängsel lanzettförmig, beiderseits filzig, ganzrandig. Griffel mässig behaart, sich später säulenförmig über den conischen Discus erhebend. Blumenkrone hellrosa. 30—55 mm im Durchmesser. Frucht klein, kugelig, 10 mm lang und breit oder etwas oval, 10 mm breit und 12 mm lang.

---

*) Blättchen und Blüthenzweige weichen ebenfalls ab! Schlimpert.

Anhang III.

Rosa scabrata Crepin f. *Missniensis* mihi.

Crepin in litt.: „Varietät aus der Gruppe scabratae. — Diese Form unterscheidet sich von *R. scabrata* Crp. durch die behaarten Blattstiele und die Behaarung — sie nähert sich der *sclerophylla* Scheutz — aber sie kann nicht mit ihr identificirt werden; in der *sclerophylla* sind die Blättchen drüsiger und von anderer Form.“

Max Schulze in litt.: „Einzelne folioli, auch die Zahnung, erinnern allerdings bereits an die *sclerophylla* Scheutz.“

W. Hasse in litt.: „var. *scabrata* Crep. — die stark behaarte Form müssen Sie *Missniensis* belassen.“

Strauch ca. 2 m hoch. Zweige dünn, reich bestachelt. Blüthenzweige kürzer oder länger, meist unbewehrt. Stacheln des Stammes aus langer Basis hakig, plattgerundet, aschgrau, an den Aestchen weniger gebogen bis gerade. Nebenblätter breit, drüsig gewimpert, Oehrchen an der Spitze mitunter leicht behaart. Blattstiel dicht filzig, stieldrüsig mit kleinen Häkchen. Blättchen dicklich, oben grün, unten bläulichgrün. Endblättchen länglich-oval, meist 18 : 24 mm breit und lang, die verkehrt eiförmigen, in den Stiel verschmälerten 18 : 27 mm breit und lang. Mittelnerv deutlich behaart und drüsig. Nebennerven nur leicht behaart bis kahl. Das Adernetz unterseits deutlich hervortretend und vom Rande herein zerstreut drüsig. Die Zahnung ist zwei- bis dreifach; die grossen Zähne mit hornartiger Spitze, tragen nach vorn meist einen, auf dem Rücken aber bis drei kleine Drüsenzähne. Blumenstiel kahl, 14 mm lang, ein- bis dreiblüthig. Brakteen sehr breit, blattig, dicht drüsig und leicht haarig gewimpert. Kelchzipfel, die beiden inneren auch auf dem Rücken leicht filzig behaart, die drei äusseren gefiedert, Fiedern drüsig gezahnt oder nur stieldrüsig, schwach haarig gewimpert. Griffelköpfchen säulenartig gehoben, deutlich behaart. Discus nur wenig erhaben. Blumenkrone hellrosa, meist nur 23 mm im Durchmesser. Frucht länglich-eiförmig oder oval, meist in einen kurzen Hals verjüngt.

Auf verwittertem Granit.

II. Neue Tiefbohrungen.

Von Oberlehrer Dr. H. Nessig.

Die in der Dresdner Elbthalwanne unter diluvialen und alluvialen Absätzen lagernden, stark erodirten Pläner wurden linkselbisch durch den artesischen Brunnen auf dem Antonsplatze in 15,1 m Tiefe, mit dem Bohrloch in der Antonstrasse in Neustadt in 16 m Tiefe erreicht. Dass die Pläner auch unter den Thal- und Haidesanden bis zum Granitplateau weiterziehen, beweisen die Aufschlüsse an den Hellerbergen, wo die durch die Lausitzer Hauptverwerfung stark zerrütteten Labiatuspläner mit etwa 45° nach SO einfallen.*) Neuerdings ist nun eine Tiefbohrung von Interesse geworden, welche im Priessnitzgrunde, in der Nähe des Wasserhauses rechts der Priessnitz ausgeführt, die thonig verwitterten Pläner sowohl wie das feste Gestein in 30,80 m Tiefe erreichte, während eine andere Bohrung links vom Bach mit 28 m das Plänergebirge noch nicht aufschloss. Bemerkenswerth ist bei dem ersteren Aufschluss der Wechsel in der Färbung der durchteuften Sandschichten, weiter das Auftreten von festen Brauneisensteinschichten und schliesslich das Gröberwerden des Materials mit zunehmender Tiefe, so dass schliesslich über dem Pläner echter Kies mit elbgebirgischen Geröllen und Geschieben von Sandstein, Basalt u. s. w. lagert.

Diese Verhältnisse mag beistehende Bohrliste offenbaren:

Von	0,0 — 1,20	m	Waldboden,
„	1,20 — 1,50	„	lehmiger Sand,
„	1,50 — 3,70	„	weisser Sand,
„	3,70 — 4,0	„	rother Sand mit Eisenschicht,
„	4,0 — 6,40	„	gelber Sand,
„	6,40 — 8,20	„	gelber Sand mit grossen Steinen,
„	8,20 — 16,90	„	feiner, weisser Sand (bei 10,20 m Eisenschicht),
„	16,90 — 19,50	„	grauer Sand,
„	19,50 — 23,0	„	grauer Kies,
„	23,0 — 30,70	„	grober Kies,
„	30,70 — 30,80	„	Thonschicht,
„	30,80 — 33,70	„	Letten und Felsen (Pläner).

*) Sect. Moritzburg, S. 46.

Eine weitere Bohrung hinter dem Waldschlösschen auf dem Exercirplatze des 177. Regiments schloss folgenden Schichtenverband auf:

Von 0,0 — 0,20 m Rasennarbe,
„ 0,20 — 13,80 „ feiner Haidesand,
„ 13,80 — 14,70 „ „ „ mit Steinen,
„ 14,70 — 16,0 „ „ „ „ Granitfragmenten,
„ 16,0 — 18,40 „ gelber Haidesand (Wasserzufluss),
„ 18,40 — 20,80 „ kiesiger Haidesand,
„ 20,80 — 22,20 „ brauner Thon,
„ 22,20 — 24,50 „ grauer, fetter Thon,
„ 24,50 — 25,20 „ Kies,
„ 25,20 — 26,80 „ Sand,
„ 26,80 — 28,70 „ grober Sand,
„ 28,70 — 30,80 „ feiner Schwimmsand (Wasser),
„ 30,80 — 33,30 „ grober Sand,
„ 33,30 — 35,50 „ feiner Sand,
„ 35,50 — 38,80 „ Kies,
„ 38,80 — 40,10 „ grober Kies.

Auffällig in dem gebotenen Profile ist das Auftreten der in 20,80 m Tiefe sich einstellenden, 3,70 m mächtigen Thonschicht, deren Vorhandensein in Wannen, Sätteln und Linsen im Material des Haidesandes, und zwar zumeist in der Höhe des heutigen Elbspiegels, schon von Gutbier*) nachweisen konnte. Einen Einblick in diese Verhältnisse gewährten s. Z. die Ausschachtungen für das rechtselbische Wasserwerk, die Kunstbauten im Albrechtsberg und die Brunnenbauten für das Waldschlösschen und für die Saloppe. Der Thon wird von von Gutbier als mager bezeichnet, offenbarte aber in dem neuen Bohrloche durchaus nicht diese Beschaffenheit. Die obersten Lagen waren bräunlich durch Eisenschuss, bald aber wurde das Material hellgrau, von feinen schwarzen Streifen und Striemen durchzogen, fett und speckig, und ergab nach dem Aufweichen und Abschlämmen als Rückstand nur wenige kaolinisirte Granitkörner, Quarze und kleine Eisenkiesconcretionen. Die Behandlung mit HCl ergab einen starken Kalkgehalt, und nach dem Aufschluss mit conc. H_2SO_4 (nach Seger)**) blieb nur ein minimaler, feinsandiger Rückstand. Eine Probe dieses Thones, welche im Steingutofen bei 1200° gebrannt wurde, stand nicht im Feuer, sondern zerfloss zu einem rothbraun und strohgelb gestreiften und geflammten Kuchen, ein Verhalten, welches auf den reichen Kalkgehalt zurückzuführen ist. So erscheint nun das Material nicht als Thon, sondern als kalkreicher Mergel, und es entsteht die Vermuthung, dass diese Lager als Elbschlicke über dem ältesten, meist von groben Sanden und Kiesen ausgefüllten, alten Elbbett zum Absatz gelangten — eine Ansicht, die dadurch noch eine Stütze enthält, dass über dem Thon echter Haidesand, unter demselben nur schlecht gerollter, meist grober Sand und Kies mit Basalt- und Quadersandsteingeschieben angetroffen wurde. Wir haben hier jedenfalls das Elbbett vor uns, welches nach den Trachenbergen zu gerichtet war. Die Höhenlage der Thonschicht ist wenig höher als der

*) v. Gutbier: Die Sandformen der Dresdner Haide, S. 87. — Vergl. auch Sect. Dresden, S. 71.
**) F. Fischer: Handbuch der chemischen Technologie, Leipzig 1893, S. 778.

heutige Elbspiegel. Während Pegel-Null der Carolabrücke 105,832 m beträgt, liegt die Umgebung des Bohrloches (Höhenbolzen am Einnehmerhäuschen an der Dresden-Loschwitzer Stadtgrenze, Bautzner Landstrasse) in 133,772 m Höhe. Die Differenz von 27,940 entspricht ungefähr der Höhenlage der Sandschichten, in denen das Grundwasser sich einstellte, welches nach Auflassen der Bohrung in 40,10 Tiefe ca 10 m hoch im Bohrloche stand.

III. Ueber die Funde antiker Bronzen im akademischen Forstgarten zu Tharandt.

Von Geh. Hofrath Prof. Dr. F. Nobbe.

Im Herbst 1898 sind auf der höchsten Kuppe des Königlichen Forstgartens zu Tharandt eine Anzahl prähistorischer Gegenstände aus Bronzeguss und Stein — im Ganzen 20 — ausgegraben worden.

Der genannte botanische Garten liegt an den Hängen und auf der Höhe des Kiehnberges, eines Ausläufers des Erzgebirges. Das Plateau fällt nordwestlich zum „Zeisiggrund", südöstlich zum Weisseritzthale steil ab; nach Osten dagegen tragen die letzten zwei Abstufungen die Schlossruine und weiterhin die Kirche von Tharandt.

Die Höhenlage des Forstgartens schwankt zwischen 252 m (am Grenzstein im Zeisiggrund) und 331 m (an den „Königseichen") üb. d. Ostsee.

Der specielle Fundort der antiken Bronzegeräthe ist ein sanft nach Osten geneigter Hang dicht unter der Hochfläche, welche zwei von Sr. Majestät dem König Johann im Jahre 1855 gepflanzte „Königseichen" und eine im Frühjahr 1898 aus Anlass des Regierungsjubiläums Sr. Majestät des Königs gesetzte „König Albert-Fichte" (*Picea pungens* var. *glauca* Hort.) trägt.

Veranlassung zu dem Funde wurde dadurch gegeben, dass der erwähnte Hang, behufs seiner Einbeziehung in die seit 1874 erfolgreich angestrebte systematische Ordnung der Bestände des Gartens, mit ausländischen Tannenarten bepflanzt werden sollte. Zu diesem Zwecke wurde die ganze etwa 12 a grosse Fläche, nach Räumung des bisherigen dichten und ungeregelten Bestandes von Fichten, Wald- und Schwarzkiefern und Birken, gründlich rajolt. Die humose Bodendecke überlagert hier nur $^1/_6$—$^1/_4$ m stark in allmählichem Uebergange zu den Verwitterungstrümmern das Felsgestein (Felsitporphyr). Sämmtliche antike Gegenstände ruhten in geringer Tiefe, und zwar lagerte je ein Theil derselben in drei wenig von einander entfernten Nestern dicht beisammen. Dieses Vorkommen deutet wohl mit Sicherheit darauf hin, dass hier Werthgegenstände vorliegen, welche die Urbewohner der Gegend auf diesen einsamen Höhen vor herannahenden Feinden zu verbergen wünschten. Dass es sich um eine Opferstätte handelte, erscheint aus weiterhin anzuführenden Gründen minder wahrscheinlich.

Eine sehr feste Kruste von Erde und Oxyden überzieht die Bronzekörper, nach deren sorgfältiger Beseitigung ein oft sehr schöner blaugrüner, aus basisch kohlensaurem Kupferoxyd bestehender Edelrost zum Vorschein kommt, welcher die an sich goldglänzende Legirung in dünner Schicht bekleidet.

I. Am 20. October 1898 wurden zunächst folgende sechs Gegenstände ausgegraben. Sie lagen zwischen den Wurzeln einer gefällten Birke, deren Stock gerodet wurde, in einem Neste von etwa 35 cm Durchmesser und 25 cm Tiefe.

No. 1—5. Sogenannte „Sichelmesser" aus Bronzeguss mit 1 cm langem Stielfortsatz zur Befestigung des (nicht mehr vorhandenen) Griffes. Sie repräsentiren zwei Formen, wie sie in den ethnographischen Museen aus Fundstätten ganz Deutschlands übereinstimmend vorhanden sind.

No. 1—3 sind unter sich von gleicher Form, 15 cm lang, 2,5 cm grösste Breite, je etwa 78,1 g (zusammen 234,7 g) schwer, nach der Spitze verjüngt und so stark gekrümmt, dass der Abstand der Schneide von einer die Spitze und Basis verbindend gedachten Linie in der Mitte 4—5 cm beträgt. Die eine Seite der Klinge ist flach, die andere, welche den erwähnten Stielfortsatz trägt, ist vom Rücken her plötzlich verjüngt und besitzt zwei dem Rücken parallel laufende erhabene Linien. An der noch ziemlich scharfen Schneide sind mit der Lupe Spuren des Schärfens deutlich erkennbar und die Schneide ist durch ihre Handhabung stellenweise etwas umgebogen.

No 4 u. 5 sind unter einander wiederum von gleicher Form, aber länger und schwächer gekrümmt als No. 1—3, und an der verjüngten Spitze scalpellartig zurückgebogen. Ihre Länge beträgt 18—19 cm, die grösste Breite 2,1 cm, Gewicht 67,3 bezw. 66,3 g. No. 4 trägt auf der Unterfläche eine erhöhte Linie parallel dem Rücken, No. 5, welchem die Spitze fehlt, dagegen zwei, wie die Sichelmesser 1—3. Der grösste Abstand der Schneide von einer gedachten geraden Verbindungslinie beträgt hier nur 2,1 cm.

No. 6, ein kleiner flacher Bronzering von 16 mm Durchmesser, 1,5 mm Höhe und 3 mm Breite. Gewicht 0,3 g. Das Ringlein ist leider in zwei Theile zerbrochen und nicht mehr festzustellen, ob es geschlossen oder etwas klaffend gewesen.

II. Am 5. November 1898 fand man, 4 m südöstlich von der ersten Fundstätte,

No. 7, ein kreisrundes Bronzeschild von 11 cm Durchmesser. Das Schild ist schwach (etwa 6 mm) gewölbt, im Centrum der concaven Innenfläche mit einer Oese (Griff) versehen. Gewicht 78,1 g. Dieses werthvolle Fundstück ist namentlich an der convexen Oberfläche von schöner glänzender Patina überzogen. Auf den ersten Blick erinnert die Scheibe an einen Topf- oder Urnendeckel, und wurde auch von den Arbeitern als „Stürze" angesprochen. Wahrscheinlicher stellt sie ein Brustschild, jedenfalls ein Schmuckstück dar.

III. Am 3. December 1898 wurde am oberen (Südwest-)Ende des Hanges, etwa 25 m von dem ersten Fundorte entfernt, ein dritter blossgelegt. Auch dieser lagerte in etwa 25 cm Tiefe und hat einen Durchmesser von 30—40 cm. Er enthielt folgende 9 Gegenstände.

No. 8. Eine wohlerhaltene bronzene „Spiralspange". Sie besteht aus 12 engen schraubenförmigen Windungen, ist 10 cm hoch und — abgerollt — 2,30 m lang. Ihr Gewicht beträgt 232,5 g. Die Weite der Spange ist am unteren Ende 6 cm, am oberen 5 cm im Durchmesser, würde mithin, als Armspange gedacht, eine recht schmächtige Extremität voraussetzen. Das Band selbst ist unten 7 mm breit und 1,5 mm dick, verjüngt sich aber nach oben bis auf kaum 4 mm Breite. Die letzten Enden fehlen beiderseits. Die etwas convexe Aussenseite ist in primitiver Weise durch verticale Strichelungen verziert und von schöner Patina ganz überzogen. Sie entspricht genau einer Abbildung in Dr. B. Platz: „Der Mensch etc.", 3. Aufl., S. 421.

No. 9. Eine der No. 8 ähnliche Spiralspange, aber mit nur sieben Windungen und nur 5 cm hoch. Durchmesser 4,5 cm. Gesammtlänge des Bandes 98 cm, sein Gewicht beträgt 41,7 g. Das Band selbst ist auch hier in der Mitte am breitesten (8 mm) und verjüngt sich nach beiden Seiten bis auf 2½ mm. Verzierungen fehlen.

No. 10. Ein unregelmässig aufgewundenes Bronzeband von 206 cm Länge, 10 mm grösster Breite, verjüngt sich nach beiden Seiten, um schliesslich in ein beiderseits 22 cm langes stielrundes Ende auszulaufen. Gewicht 204,7 g. Wahrscheinlich ein vorläufig roh zusammengeschlagenes Band, dessen regelmässige Ausformung zur Spange vorbehalten blieb, vielleicht auch war dasselbe für die Einschmelzung bestimmt.

No. 11. Ein Bronzeband, wie No. 10, jedoch nur 1,81 m lang, 241,3 g schwer.

No. 12, 13. Zwei ganz identische massive Bronzeringe von 5 cm äusserem Durchmesser. Das eine Ende greift 2,5 cm über das andere hinaus, und zwar aussen an der Peripherie, nicht schraubenförmig. Die obere und untere Fläche des liegenden Ringes ist flach, die äussere etwas convex und in regelmässigen Abständen vertical gestrichelt in der Art, dass je 10—12 Striche den Raum von etwa 7 mm Breite einnehmen, worauf ein fast 2 cm breiter Zwischenraum folgt, hierauf wiederum Strichelung etc. Höhe des liegenden Ringes 4 mm, Dicke 3 mm. Ihr Gewicht beträgt 20,9 bezw. 17,5 g.

No. 14. Ein massiver Bronzering, nach Entfernung der Erdkruste malachitartig glänzend. Aeusserer Durchmesser 90—92 mm. Gewicht 164,5 g. Die Ringmasse ist an einer Seite flach; ihre grösste Höhe beträgt 10 mm; sie ist nach beiden — um 5 mm klaffenden — Enden etwas verjüngt und gerundet und hier oberseits fein schräg gestrichelt.

No. 15. Ein etwas klaffender massiver Bronzering von 124,0 g Gewicht. Die Entfernung der beiden abgeplatteten Enden von einander beträgt 4 cm. Dieser Ring ist nicht kreisrund, sondern etwas in die Breite gezogen; der grösste Durchmesser beträgt (aussen) 11 cm, der kleinere 10,1 cm. Die Masse ist fast 1 cm breit, mit einer schraubenförmig gewundenen Furche verziert, welche in etwa 15 mm Entfernung von beiden gestrichelten Enden aufhört, und deren Schraubenwindungen durch eine Abplattung der oberen und unteren Fläche unterbrochen werden. Die Patina ist, wie bei No. 14, sehr schön ausgebildet.

No. 16. Ein 12 cm langes gewundenes Bronzestück (Fragment), der No. 15 ähnlich. Gewicht 58,1 g.

Von No. 16 wurde ein 2 cm langes Stück (5 g) abgeschnitten, um nach Entfernung der Oxydationsschicht der chemischen Analyse unterzogen zu werden. Diese im Laboratorium der Königlichen pflanzenphysiologischen Versuchs-Station zu Tharandt durch Herrn Assistenten Störmer ausgeführte Analyse hat ergeben:

91,50 Procent Kupfer,
8,50 „ Zinn,

nebst unwägbaren Spuren von Blei, Nickel, Kobalt und Wismuth.

Schon in früheren Zeiten — vor 40—50 Jahren und wiederum vor etwa 25 Jahren — sind antike Bronze- und Steingeräthe an verschiedenen von den obigen entfernten Punkten des Forstgartens gefunden worden, ein Umstand, welcher nicht zu Gunsten der Annahme spricht, dass es sich hier um eine Opferstätte handelt. Diese Gegenstände — darunter Lanzenspitzen etc. — sind s. Z. bedauerlich in Privatbesitz übergegangen. Einiges hoffe ich noch wieder beizuziehen. Bisher war es nur möglich, wieder zu erlangen:

No. 17. Ein Steinbeil von 10 cm Länge, 4 cm Höhe und 4,5 cm Rückenbreite. Die sehr harte Gesteinsart scheint Grünstein zu sein, was durch Dünnschliffe zu erörtern sein wird. Das Beil besitzt eine 15 mm weite, sich auf 12 mm verjüngende Durchbohrung für die Einführung des Stieles.

Eine so enge Durchbohrung dürfte ein Beweis dafür sein, dass das Beil für einen metallenen Stiel bestimmt gewesen ist: ein hölzerner würde eine kräftige Handhabung nicht erlaubt haben; woraus dann folgen würde, dass das Steinbeil der Bronzezeit angehört. Beispiele für ein Herüberragen von Instrumenten einer früheren urzeitlichen

Periode in eine spätere sind ja überhaupt nicht selten, wie denn neuerdings eine strenge Folge der Stein-, Bronze- und Eisenzeit entschieden in Abrede gestellt wird.*)

No. 18—20. Drei durch Wasser linsenförmig abgeschliffene Steine, der eine aus Quarz, die anderen beiden aus einem noch nicht näher bestimmten Gestein. Ihre Grösse beträgt:

	Länge	Breite	grösste Höhe
No. 18	70	56	55 mm,
„ 19	60	48	30 „
„ 20	52	50	30 „

Unzweifelhaft sind diese Steine aus dem Flussthal an den Fundort geschafft worden. Vielleicht waren es sogenannte Siedesteine, welche geglüht und in Wasser geworfen wurden, das in nicht feuerbeständigen Gefässen zum Sieden gebracht werden sollte; ein Verfahren, welches noch heute bei manchen wilden Völkern in Gebrauch ist.**) Doch ist auch die Annahme nicht ausgeschlossen, dass sie als Klopfsteine zur Zerkleinerung von Getreidekörnern gedient haben.

Die vorstehend beschriebenen Fundstücke sind mit Genehmigung des Königlichen Finanzministeriums der prähistorischen Sammlung zu Dresden, als Beitrag zur Vaterlandskunde, überwiesen worden. Da mit Wahrscheinlichkeit anzunehmen ist, dass der akademische Forstgarten noch mehr dergleichen ethnographisch werthvolles Material in seinem Schosse birgt, wird keine Gelegenheit versäumt werden, solches zu Tage zu fördern.

---

*) Vergl. Dr. H. Platz: Der Mensch, sein Ursprung, seine Rasse und sein Alter. 3. Aufl. 1898, S. 416.

**) Vergl. W. Boyd Dawkins: Die Höhlen und die Ureinwohner Europas (deutsch von J. W. Spengel). 1876, S. 72.

IV. Neue Urnenfelder aus Sachsen. I.

Von Prof. Dr. J. Deichmüller.

Weissbach bei Königsbrück.

Beim Bau der Eisenbahn Königsbrück-Schwepnitz wurde im Januar 1898 auf Flur Weissbach nordöstlich Königsbrück ein Urnenfeld*) aufgeschlossen, welches dem Beginn der Periode der grossen Urnenfelder, dem älteren Lausitzer Typus, angehört. Die Fundstelle liegt ca. 0,27 km vom südlichen Ausgang des Dorfes in der Richtung nach Königsbrück entfernt, im sogenannten „Grund", einer flachen Einsenkung zwischen dem Lindenberg W Weissbach und dem Wagenberg ONO Königsbrück.

Ueber die Auffindung berichtet das Baubureau Königsbrück an die K. Generaldirection der Sächsischen Staatseisenbahnen unter dem 18. Februar 1899 Folgendes:

„Die Urnen wurden im Scheiteleinschnitt bei Station 28 + 50 südlich des Ortes Weissbach etwa unter 31° 35′ 30″ w. L. und 51° 16′ 45″ n. Br. angetroffen.

Die Oberfläche des Fundortes war mit Jungholz — Birken mit Kiefern vermischt — bestanden gewesen, der aufgeschnittene Einschnitt enthält festgewachsene, sandige Massen. Auf der Fundstelle lagen flache Haufen von Grauwackensteinen, welche, da derartige Steine in unmittelbarer Nähe nicht vorkommen, zusammengetragen sein müssen. Unter diesen Grauwackenhaufen wurden zumeist die Urnenreste vorgefunden.

Es kam zunächst eine 40—50 cm starke Humusschicht, unter welcher eine höchstens 5 cm mächtige Schicht grobkörnigen Kieses angetroffen wurde, die mitunter auf einige Quadratmeter gänzlich fehlte oder auf noch kleineren Flächen trichterförmig gesenkt war. Während der Boden sonst festlagernder gelber Sand über glacialem Schotter war, war er an den Fundstellen locker und rostbraun gefärbt. Unter der erwähnten dünnen Kiesschicht lagen die Urnen, fast alle bereits zertrümmert und zerbrochen, sodass die einzelnen Scherben mit der Hand aus dem Boden gezogen werden konnten. Es war jedoch noch zu erkennen, dass die Urnen meistens — nicht immer — verkehrt und in Gruppen, welche in sehr flachen, schalenartigen Becken lagen, zusammengesetzt waren. Das ganze Urnen-

*) Die in mehreren Tageszeitungen aufgenommene Mittheilung von dem Funde von Skeletten mit Münzen des 8. Jahrhunderts n. Chr. ist später widerrufen und berichtigt worden.

feld dürfte sich wohl noch über die Breite des Einschnittes nach Osten zu erstrecken.

Die Urnen waren mit schwarzem Boden fest ausgestopft, irgend welche Gebrauchs- oder Schmuckgegenstände wurden nicht entdeckt, an einigen Stellen lagen geringe Knochen- und Aschenreste.

In der geringen Tiefenlage der Urnen unter der Oberfläche dürfte wohl der Grund zu suchen sein, warum dieselben fast alle zertrümmert vorgefunden wurden, sie waren offenbar vom Froste zersprengt worden."

Aus diesem Berichte geht hervor, dass die einzelnen Grabstätten ihrem Bau nach Flachgräber mit Steinsetzungen waren, welche in der Tiefe von wenig mehr als 0,5 m unter der Oberfläche in den diluvialen Decksand der Fundstelle eingesetzt waren. Das Material zu den Steinsetzungen dürften die naheliegenden untersilurischen Grauwacken des Linden- oder des Wagenbergs geliefert haben. Leider ist der Direction der prähistorischen Sammlung in Dresden eine Anzeige des Fundes nicht zugegangen, sodass eine Untersuchung einzelner Gräber an der Fundstelle selbst nicht mehr möglich war; auch sind in Folge der Unkenntniss der beim Bau beschäftigten Arbeiter und aufsichtführenden Beamten fast keine unbeschädigten Gefässe, nur eine Anzahl grösserer Bruchstücke und einzelner Scherben in die Dresdner Sammlung gelangt. Aus diesen Resten wurden mehrere Gefässe fast vollständig, andere so weit zusammengesetzt, dass sie den nachstehenden Abbildungen zu Grunde gelegt werden konnten.

Fig. 1—17 in $^1/_8$ der natürlichen Grösse.

Die Fundstelle ist ziemlich reich an verschiedenen Gefässformen, welche sämmtlich zu den in den älteren Urnenfeldern des Lausitzer Typus gewöhnlichen gehören. Doppelconische Näpfe sind in zweierlei Gestalt vorhanden, theils in der häufigen mit hohem Ober- und flachem Untertheil (Fig. 1), theils in der selteneren niedrigen und weiten, bei welcher der fast senkrecht aufsteigende obere Theil und der flache untere nahezu die gleiche Höhe haben (Fig. 2). Auf die an anderen Fundorten häufigen eiförmigen Töpfe mit umgelegtem Rand weisen verschiedene Bruchstücke mit geglätteter oder gerauhter Aussenwandung hin. Die für die älteren Urnenfelder charakteristischen Buckelgefässe sind durch Bruchstücke mit aufgeklebten oder aus der Gefässwandung herausgeformten, elliptisch umrandeten Buckeln, sowie durch ein kleines napfartiges Gefäss vertreten, dessen spitzwarzenförmige Buckel von je fünf flachen, halbkreisförmigen Furchen umgeben werden (Fig. 10). Unter den Gefässen mit bauchigem Untertheil und hohem, steil aufsteigendem Halse (Fig. 4) erscheint auch eine seltenere Form, welche durch die Einschnürung über der Standfläche pokalartig wird (Fig. 3). Mit diesen Gefässen verwandt sind doppelhenkelige, weitbauchige mit niedrigem, senkrechtem Hals und kugeligem oder nach dem Boden conisch verjüngtem Bauch (Fig. 5 und 6). Hierzu kommen Näpfe mit bauchigem Untertheil und niedrigem, ausladendem Rande (Fig. 7), zum Theil mit engem, ösenartigem Henkel (Fig. 8), halbkugelige Näpfe mit centraler Bodenerhebung (Fig. 16), breite, niedrige, tassenartige Formen mit weitoffenem, bandartigem Henkel (Fig. 9) und kegelförmige Tassen, deren breiter Henkel in der Mitte kantig verdickt und deren Rand beiderseits neben dem Henkel höckerartig erhöht ist (Fig. 12). Grosse Schalen oder Schüsseln, welche vielleicht als Deckel zu den Knochenurnen dienten, haben entweder flachkegelige Form mit breiter Standfläche (Fig. 13—15), oder sind zusammengesetzt aus einem niedrigen Untertheil mit mässig grosser Standfläche und einem kurzen, leicht concav geschweiften Hals (Fig. 17).

Die Verzierungen der Gefässe sind einfacher Natur: die Mittelkanten doppelconischer Näpfe oder der Oberrand einer Schüssel sind durch mehr oder weniger scharfe und tiefe Einschnitte oder Eindrücke gekerbt, die Wandungen mancher Gefässe dicht mit radial um den Boden geordneten Strichen oder mit horizontalen, durch verticale getrennten Strichgruppen oder mit Gruppen senkrechter Striche zwischen flachen Horizontalfurchen bedeckt. Als plastische Ornamente erscheinen umrandete Buckel oder höckerartige Erhöhungen auf Gefässrändern.

Der zu den aus freier Hand geformten Gefässen verwendete Thon ist mit Gesteinsgrus gemengt, die Gefässoberflächen sind mit feingeschlämmtem Thon überzogen und zumeist sorgfältig geglättet. Der Brand ist mässig hart, lichte Farben wiegen vor.

Der Inhalt mancher Gefässe bestand nach dem angeführten Bericht aus schwarzer (holzkohlehaltiger) Erde und aus gebrannten Knochenresten; Bronze- und andere Beigaben fehlten. Welche Gefässformen als Knochenbehälter gedient haben, ist unbekannt, weil Gefässe mit Inhalt nicht aufbewahrt worden sind.

Das Urnenfeld von Weissbach gehört zweifellos zur älteren Gruppe sächsischer Urnenfelder vom Lausitzer Typus. Bau der Gräber, Formen und Verzierungsweisen der Gefässe entsprechen denen, welche aus dem zu Beginn der Periode der grossen Urnenfelder angelegten Gräberfelde auf dem Knochenberge bei Niederrödern in Sachsen*) bekannt geworden sind.

Unterhalb Vorwerk Mannewitz bei Pirna.

Von Pirna erstreckt sich nach SO ein Sandsteinplateau, die Pirna-Struppener Ebenheit, an dessen westlichem Rande, etwa 1,2 km südlich von Schloss Sonnenstein, über dem Gottleubathal das Vorwerk Mannewitz liegt. Von der Thalsohle aufwärts steigend überschreitet man hier ein sanft geböschtes Gehänge, den Ausstrich der Grünsandsteine und Mergel der oberen Kreideformation, welche den darüber steil aufsteigenden Brongniarti-Quader mantelartig umgeben. Das zum Theil mit Obstbäumen bepflanzte Gehänge ist in Parzellen getheilt, welche als Acker- oder Wiesenland benutzt werden.

Beim Umgraben eines solchen bisher mit Gras bedeckten Grundstücks wurde im März d. J. ein Urnenfund gemacht, von welchem ich durch

*) Mittheilungen aus dem K. Mineral.-geolog. und Prähistor. Museum in Dresden, Heft 12 Kassel 1897.

Herrn Seminaroberlehrer F. A. Wolff in Pirna sofort Kenntniss erhielt. Die Untersuchung der etwa auf halber Höhe des Abhangs liegenden Fundstelle ergab das Vorhandensein von Urnengräbern, welche aber leider in Folge der wiederholten Umarbeitung des Bodens bis auf wenige Reste zerstört waren. Die Gräber liegen so flach unter der Oberfläche, dass die Scherben der Gefässe schon beim Umwenden der Grasnarbe mit dem Spaten zwischen den Wurzeln der Gräser zum Vorschein kommen. Diese aussergewöhnlich geringe Tiefenlage erklärt sich aus der fortgesetzten Abschwemmung des Erdreichs nach der Thalsohle hin.

Ausser einzelnen, auf dem schon umgegrabenen Theile des Feldes umherliegenden Scherben fanden sich noch zwei Grabstätten. In einer derselben lagen Bruchstücke eines doppelconischen Napfes mit Ueberresten des Knocheninhalts und einer Deckelschale oder -Schüssel. Das Erdreich war in der nächsten Umgebung des mit einem Kranz grösserer Sandsteinstücke umstellten Grabes durch beigemengte feinere und gröbere Holzkohlenbröckchen dunkel gefärbt.

Nur wenige Schritte davon entfernt lag ein zweites, ebenfalls schon stark beschädigtes Grab ohne Steinsetzung. Als Urne diente auch hier ein an der Mittelkante gekerbter, unten gerauhter doppelconischer Napf (Fig. 20), welcher mit calcinirten Knochen zwischen schwärzlich gefärbter Erde gefüllt war. Auf dem Inhalt lagen Boden- und andere Stücke einer Schüssel (Fig. 19), um die Urne herum Randstücke desselben Gefässes, Bronzebeigaben fehlten. Dicht neben der Urne fanden sich Bruchstücke eines umgekehrt gestellten tassenartigen, auf der Oberseite des Gefässbauchs mit flachen, schrägen Furchen verzierten Kruges (Fig. 21). Die Ausfüllung der Grube, in welche das Grab eingesetzt war, bestand auch hier aus holzkohlereicher, schwarzer Erde, die sich von dem gelblichen, lehmigen Sandboden der Umgebung scharf abhob.

Fig. 18–24 in $^4/_{10}$ der natürlichen Grösse.

Im Juni d. J. erhielt die Dresdner prähistorische Sammlung durch Herrn Walter Gebler in Pirna von derselben Fundstelle noch eine grössere Zahl Gefässscherben, die sich aber leider nur zum kleinsten Theil zusammensetzen liessen. Ein durch seine Grösse bemerkenswerther doppelconischer Napf (Fig. 18) ist über der durch aneinander gereihte Eindrücke perlschnurartig gekerbten Mittelkante mit sieben horizontalen Furchen verziert, auf der Unterseite mit Gruppen radial um den Boden gestellter Striche, deren genauer Parallelismus nur mittels eines kammartigen Instruments erzeugt sein kann. Ein zweiter Napf der gleichen Form (Fig. 24) zeigt dieselbe Verzierung der Mittelkante und gerauhte Unterseite. Ein kleinerer (Fig. 22), dessen Obertheil leicht nach aussen gewölbt ist, trägt über der perlschnurartig verzierten Mittelkante vier seicht eingezogene Horizontallinien. Von einem dickwandigen, grossen kesselartigen Gefäss aus grobsandigem Material (Fig. 23) ist nur ein Bruchstück vorhanden, welches aussen roh geraubt und mit einer aufgeklebten, durch Fingereindrücke kettenartig gekerbten Thonleise verziert ist.

Alle hier gefundenen Gefässe sind dunkel gefärbt.

Zu welcher Gruppe der Urnenfelder vom Lausitzer Typus das hier beschriebene gehört, lässt sich bei der geringen Zahl der Gefässe und dem Fehlen charakteristischer Formen nicht mit Sicherheit sagen. Für den älteren Abschnitt der Periode der grossen Urnenfelder spricht die Form der anscheinend häufigeren doppelconischen Näpfe, deren beide in der Höhe so verschiedene Theile in einer scharfen Kante zusammenstossen, während die in den jüngeren Urnenfeldern Sachsens vorkommenden gerundetere Form haben und der obere Theil dieselbe, oft sogar geringere Höhe als der untere hat.

Wie weit sich das Urnenfeld in nördlicher oder südlicher Richtung erstreckt, war nicht festzustellen. Vielleicht bilden die Urnenfunde, welche 1885 am unteren Gehänge des Hausbergs, im Garten des der scharfen Umbiegung der Hausbergstrasse nach Norden gegenüber liegenden Grundstücks gemacht wurden*), nur die nördlichen Ausläufer desselben. Von letzterer Stelle wird ein doppelconischer Napf im Museum des Gebirgsvereins für die Sächsische Schweiz in Pirna aufbewahrt.

Casabra bei Oschatz.

Im October 1898 theilte mir Herr Lehrer O. Gutte in Casabra mit, dass beim Ausheben von Erde zur Bedeckung eines Kartoffelfeims Urnen gefunden und bereits mehrere Gräber von ihm aufgedeckt worden seien. Die vom Eigenthümer des Feldes, Herrn Gutsbesitzer Hennig in Casabra bereitwilligst gestattete Untersuchung der Fundstelle ergab das Vorhandensein eines anscheinend ausgedehnten Urnenfeldes vom älteren Lausitzer Typus.

Dasselbe liegt etwa 250 m vom östlichen Ausgange des Dorfes Casabra links der Strasse nach Strauchitz, nur wenige Schritte davon entfernt. Durch die zur Gewinnung des Erdreichs längs der Kartoffelfeimen ausgehobenen flachen Gräben waren mehrere Urnengrabstätten blossgelegt und angeschnitten worden. In einer derselben, deren photographische Aufnahme ich Herrn Gutte verdanke, hatten in einem Steinkranz zwei grössere, mit Knochen gefüllte und mit Schüsseln bedeckte Urnen und eine Anzahl grösserer und kleinerer Beigefässe gestanden; ein zweites, dicht daneben befindliches Grab enthielt einen doppelconischen Napf mit Knochenresten, bedeckt von den Trümmern eines Deckelgefässes, und einen Topf, über den eine grössere kegelförmige, auf der Aussenseite mit senkrechten Strichen verzierte Tasse gestellt war. In einem dritten Grabe, welches leider fast vollständig zerstört war, fanden sich Bruchstücke eines Buckelgefässes und einer mit schwarzer, durch beigemengte Holzkohlenstückchen gefärbter Erde und mit Resten des Leichenbrandes gefüllten Urne.

Ziemlich vollständig erhalten waren zwei weitere Gräber ohne Steinpackungen, welche in den Wandungen der Gräben zum Vorschein kamen. Das eine derselben enthielt als Urne ein doppelhenkeliges Gefäss mit

*) Sitzungsber. Isis Dresden 1885, S. 40.

vier aus der Wandung herausgeformten flachen Buckeln (Fig. 33), das von einer niedrigen gehenkelten Schüssel (Fig. 32) überdeckt war. Der Boden der Urne lag 30 cm unter der Erdoberfläche. Als Beigefäss stand neben der Urne umgekehrt ein eiförmiger Topf mit niedrigem, wenig ausladendem Rande (Fig. 31); von einem zweiten Topfe derselben Form waren nur noch einzelne Scherben vorhanden. Im anderen Grabe standen ein weitoffener, bauchiger Napf (Fig. 25) mit Leichenbrandresten und drei Beigefässe: ein doppelhenkeliges Gefäss mit seichten, senkrechten Furchen auf dem oberen Gefässbauch (Fig. 26), ein kleineres ähnliches ohne Verzierungen (Fig. 29) und ein kleiner tassenartiger Krug (Fig. 27). Die Bodentiefe aller Gefässe betrug 46 cm. Die Beigefässe waren dicht an die Urne herangerückt, zum Theil unter dieselbe geschoben. Die geringe Tiefenlage der Gräber mag wohl auch die Ursache sein, warum sämmtliche Gefässe mehr oder weniger zertrümmert und zerdrückt sind.

Fig. 25—34 in $^1/_{10}$ der natürlichen Grösse.

Ausser den den letzterwähnten beiden Gräbern entnommenen Gefässen erhielt die Dresdner prähistorische Sammlung von Herrn Lehrer O. Gutte noch einen grösseren terrinenartigen Napf (Fig. 34), einen Krug mit gedrückt kugeligem Untertheil und neben dem Henkel zu niedrigen Höckern ausgezogenem Rande (Fig. 30) und ein kleines birnenförmiges Näpfchen (Fig. 28), dessen Oberfläche im Brande rissig geworden ist; andere Gefässe sind in den Besitz des Herrn Rechtsanwalt Schmorl II in Oschatz übergegangen.

Von Beigaben hat sich bis jetzt nur ein wenige Centimeter langer, angeschmolzener Bronzedraht und das Bruchstück eines flachen Mahlsteines aus röthlichem Quarzporphyr gefunden, doch ist zu erwarten, dass fortgesetzte Ausgrabungen noch weitere Beigaben aus Bronze oder Thon zu Tage fördern werden.

Betreffs der Zeitstellung des Urnenfeldes von Casabra gilt das für das Weissbacher Gräberfeld Gesagte. Formen und Technik der keramischen Erzeugnisse weisen auf den Beginn der Periode der Lausitzer Gräberfelder hin, wenn sich auch in der Herstellungsweise der Gefässe von Casabra geringe, nur als örtliche anzusehende Unterschiede gegenüber denen von Weissbach bemerkbar machen. So ist der zu den Gefässen verwendete Thon nicht so reich an groben Gesteinsbrocken, sondern mehr gleichkörnig grobsandig, und die an den Weissbacher Urnen vorherrschenden gelben Farbentöne sind hier durch weisse, graue bis schwarze, selten röthliche ersetzt.

Abhandlungen

der

Naturwissenschaftlichen Gesellschaft

ISIS

in Dresden.

1899.

V. Studien über Faciesbildungen im Gebiete der sächsischen Kreideformation.

Von Dr. Wilhelm Petrascheck.

Das Gebiet der sächsischen Kreideformation zerfällt in zwei Faciesbezirke, den des Quaders und denjenigen des Pläners. Die gegenseitigen Beziehungen beider zu einander zu verfolgen und zwar namentlich festzustellen, welche Schichten des einen Complexes speciell denen des anderen entsprechen, sowie klar zu legen, in welchem Maasse mit den petrographischen Faciesunterschieden eine faunistische Differenzirung Hand in Hand geht, ist die Aufgabe der folgenden Untersuchungen.

Als Grundlage für die nachstehenden Erörterungen dienten

1. H. B. Geinitz: Charakteristik der Schichten und Petrefacten des sächsisch-böhmischen Kreidegebirges. Dresden und Leipzig 1839—42.

2. H. B. Geinitz: Das Elbthalgebirge in Sachsen. Palaeontographica Bd. 20, 1871—75.

3. Die nachstehenden Blätter und zugehörigen Erläuterungen der geologischen Specialkarte des Königreichs Sachsen, bearbeitet unter der Leitung von Hermann Credner:

Section Meissen und Freiberg von A. Sauer,
„ Kötzschenbroda von Th. Siegert,
„ Tharandt von R. Beck und A. Sauer,
„ Wilsdruff, Dresden, Kreischa-Hänichen, Pirna, Königstein und Berggiesshübel von R. Beck,
„ Glashütte-Dippoldiswalde und Rosenthal-Hoher Schneeberg von F. Schalch,
„ Grosser Winterberg-Tetschen von R. Beck und J. Hibsch.

Die übrige in Betracht kommende Litteratur findet sich an der betreffenden Stelle citirt.

Die von der geologischen Landesuntersuchung Sachsens eingeführte und in deren Publicationen kartographisch und textlich zur Anwendung gebrachte Stufen-Gliederung der sächsischen Kreideformation ist auch unserer Arbeit über die Faciesbildungen der letzteren zu Grunde gelegt worden.

Den erforderlichen palaeontologischen Studien standen die reichen Sammlungen des K. Mineralogisch-geologischen Museums zu Dresden und der K. Sächsischen Technischen Hochschule, sowie die Sammlung der K. Sächsischen Geologischen Landesanstalt in Leipzig zu Gebote. Das auf solche Weise verfügbare geologische und palaeontologische Material wurde durch eigene seit mehreren Jahren angestellte Beobachtungen und sammlerische Ausbeutungen ergänzt und vervollständigt.

Es ist meine Pflicht, auch an dieser Stelle meinen Lehrern, Herrn Geheimen Bergrath Prof. Dr. H. Credner und Herrn Prof. Dr. E. Kalkowsky für die vielfachen Förderungen und Unterstützungen, die sie mir bei der Abfassung vorliegender Arbeit zu Theil werden liessen, meinen wärmsten Dank auszusprechen. Auch den Herren Prof. Dr. R. Beck, Prof. Dr. J. Hibsch und Dr. J. Jahn bin ich für schätzenswerthe Unterweisungen sehr zu Dank verbunden.

Innerhalb des sächsischen Kreidegebietes erscheint die Stufe des *Inoceramus labiatus* zur Prüfung und Beantwortung der einschlägigen Fragen besonders geeignet, weil gerade sie die ausgesprochenste petrographische Faciesdifferenzirung aufweist, von der vorauszusetzen ist, dass sie auch in faunistischen Unterschieden ihren Ausdruck finde.

I. Die Quader- und Plänerfacies der Stufe des *Inoceramus labiatus*.

Das Unter-Turon, also die Labiatus-Stufe, ist in Sachsen in zwei einander schroff gegenüberstehenden petrographischen Facies zur Entwickelung gelangt, nämlich dem Labiatus-Quader und dem Labiatus-Pläner. Der erstere beschränkt sich auf das Verbreitungsgebiet der Sächsisch-Böhmischen Schweiz, der letztere hingegen auf das nordwestlich vorliegende Elbthalareal von Mügeln bis Meissen. Zwischen diesen beiden petrographischen Gegensätzen wird ein Uebergang durch kalkige Quader und sandige Pläner vermittelt. Beck*) hat diesen genau verfolgt und gezeigt, dass der Kalkgehalt zunächst in den liegenden Schichten auftritt und dann nach NW in immer höhere Gesteinsbänke hinaufsteigt. Ganz allmählich und stetig ändern die Quader und Pläner ihre Beschaffenheit. Bei Königswald im Eulauer Thal in Böhmen ist der Labiatus-Quader mittelkörnig, er bleibt es bis in die Gegend von Klein-Cotta in der südöstlichen Ecke von Section Pirna, von hier ab beginnt er feinsandig zu werden und bildet den wegen seines feinen und gleichmässigen Kornes geschätzten Bildhauersandstein von Gross-Cotta, Rottwerndorf und Dohna. Weiter nach NW wird sein Bindemittel kalkig, und kaum merklich geht er in sandigen Pläner über. Solcher steht am Wege von Gross-Sedlitz nach Krebs an und reicht, immer ärmer an Sand werdend, bis in die Gegend nördlich von Dohna. Erst im Gebiete der Section Dresden und zwar zunächst bei Leubnitz ist die Labiatus-Stufe als eigentlicher Pläner entwickelt. Die Strecke, auf der dieser ganz langsame Uebergang stattfindet, entspricht einer Entfernung von fast 20 km.

1. Die Quaderfacies.

Der Labiatus-Quader stellt einen in dicke, 1 bis 3 m mächtige Bänke geschichteten, fein-, mittel- bis grobkörnigen Sandstein dar, der im äussersten Südosten, bei Königswald, sogar einzelne Gerölle in sich auf-

*) Erläuterungen Sect. Pirna, S. 60.

nimmt. Quarz und zwar von weisser, grauer, seltener von röthlicher Farbe ist bei weitem vorwiegend, daneben treten vereinzelte, ganz kleine Glimmerschüppchen, Glaukonit und, jedoch nur als mikroskopische Bestandtheile, Turmalin, Zirkon und Rutil auf.*) Das Bindemittel ist thonig, im NW kalkig, seltener eisenschüssig. Vom Carinaten-Quader unterscheidet sich der Labiatus-Quader durch seine kleineren und spärlichen Muskovitschüppchen, vom Brongniarti-Quader durch das Fehlen kaolinisirter Feldspathe, durch die geringere Zahl rosarother Quarze und durch das Bindemittel, das bei letzterem meist eisenschüssig ist. Diagonalschichtung und Wellenfurchen kennzeichnen den Labiatus-Quader als eine Ablagerung des seichten Wassers**).

Die Verbandsverhältnisse des Labiatus-Quaders sind durch die tief in die Kreideschichten einschneidenden Flussthäler wiederholt klar aufgeschlossen. Sein Liegendes wird von einem plattigen, feinkörnigen Sandstein (Plänersandstein) gebildet, der, wie später gezeigt werden soll, eine selbständige obere Stufe des Cenomans repräsentirt, ein Lagerungsverhältniss, welches durch das von Herrn Geheimen Bergrath Prof. Dr. H. Credner aufgenommene und mir zur Verfügung gestellte Profil 1

Fig. 1.

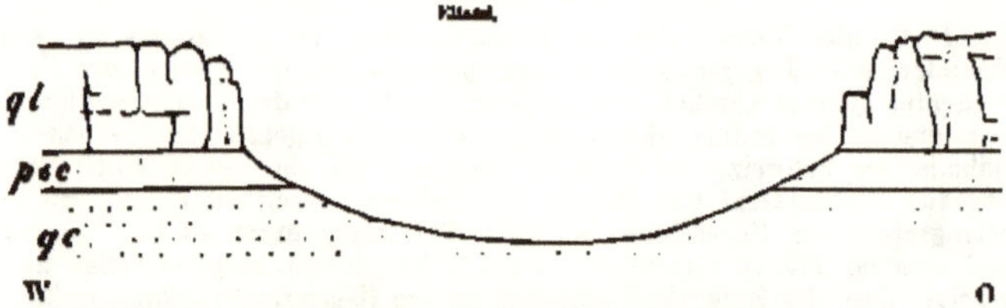

Profil durch das Cenoman und den Labiatus-Quader bei Elland, Section Rosenthal-Hoher Schneeberg***).

Auf den Carinaten-Quader (qc) folgt die obere Stufe des Cenomans, ein Plänersandstein (psc), auf diesen der Labiatus-Quader (ql). Nach H. Credner.

veranschaulicht wird. Im Gottleubathal bei Langenhennersdorf bildet ein blaugrauer Thon, der nach Geinitz *Inoceramus labiatus* Schloth. und *Ammonites peramplus* Mant. führt, das Liegende, erst unter diesem folgt der feinkörnige Sandstein des Cenoman. Das Hangende des Labiatus-Quaders stellt die Stufe des *Inoceramus Brongniarti* dar, die an ihrer Basis insofern eine ziemlich wechselvolle Ausbildung zeigt, als sie im Gottleubathal mit einem sandigen glaukonitischen Mergel beginnt, auf den glaukonitischer Sandstein mit *Rhynchonella bohemica* Schlönb. folgt,

*) Erläuterungen Sect. Rosenthal, S. 18.

**) Erläuterungen Sect. Grosser Winterberg-Tetschen, S. 28, und Beck: Ueber Litoralbildungen in der sächsischen Kreideformation. Ber. natf. Ges. Leipzig 1895/96, S. 5.

***) Anmerkung zu Figur 1: Die von uns zur Erklärung sämmtlicher Textfiguren benutzten Buchstabensymbole für die einzelnen Schichten der sächsischen Kreide entsprechen folgenden, auf der geologischen Specialkarte des Königreichs Sachsen für die gleichen Ablagerungen zur Anwendung gebrachten Symbolen. Cenoman: qc = c1s, pc = c1p, psc = t1s. — Labiatus-Stufe: ql = t1s, pl = t1p. — Brongniarti-Stufe: m = t2m, $q\gamma_1$ = t2g, pb_1 = t2p, $q\gamma_2$ = t2g, pb_2 = t2m = t2p, qb = t3s. — Scaphiten-Stufe: msc = t4 während im Bielathal und am Fusse des Hohen Schneeberges dieser letztere den Labiatus-Quader direct überlagert.

Der Labiatus-Quader hat eine beträchtliche Zahl von Fossilien geliefert, die hauptsächlich in den zahlreichen und grossen Steinbrüchen des Gottleubathales und des Lohmgrundes gesammelt wurden. Geinitz, Beck und Schalch citiren die folgenden Arten:

Callianassa antiqua Otto.	ss.
Ammonites Austeni Sharpe.	s.
— *peramplus* Mant.	s.
Lima canalifera Goldf.	ss.
— *pseudocardium* Rss.	s.
Arca glabra Park.	ss.
Pecten decemcostatus Münst.	s.
Pinna Cottai Gein.	s.
— *decussata* Goldf.	hh.
— *cretacea* Schloth.	h.
Inoceramus labiatus Schloth.	hh.
— *Cripsii* Mant.	s.
Exogyra columba Lam.	h.
Rhynchonella bohemica Schlönb.	s.
Stellaster albensis Gein.	ss.
Holaster suborbicularis Defr.	s.

Der unbedeutenden Specieszahl steht der Reichthum an Individuen einzelner Arten gegenüber. *Inoceramus labiatus* Schloth. kommt in ausserordentlich grosser Menge vor; in den Rottwerndorfer Brüchen bildet er oft Nester, am böhmischen Abhang bei Königswald erscheinen die Schichtflächen zuweilen wie damit gepflastert. Auch *Exogyra columba* Lam. ist nicht nur in zahlreichen einzelnen Exemplaren anzutreffen, sondern tritt ausserdem hie und da bankförmig angereichert auf.

2. Die Plänerfacies.

Das Verbreitungsgebiet der typischen Labiatus-Pläner liegt, wie bereits hervorgehoben, nordwestlich von dem des Quaders und breitet sich in der Elbthalwanne zwischen Mügeln und Meissen aus. Charakteristisch für den Pläner ist seine Schichtung in Bänke, deren Mächtigkeit in der Regel zwischen 0,2 und 0,5 m schwankt und denen zuweilen schwache schieferige Lagen zwischengeschaltet sind. Der Pläner ist sehr feinkörnig bis dicht, von blaugrauer, aschgrauer oder bräunlicher Farbe und weist meist bräunliche oder graue Flecken auf. Gewöhnlich ist er kalkig, ausserdem noch thonig oder feinsandig. Spärlich enthält er kleine Glimmerblättchen oder Glaukonit. Wenn auch der Carinaten-Pläner gewöhnlich zahlreichere Muskovitschüppchen enthält als der Labiatus-Pläner, so ist es doch nicht möglich, beide lediglich auf Grund des Gesteinshabitus sicher zu unterscheiden. Ebensowenig finden sich durchgreifende petrographische Verschiedenheiten zwischen dem Labiatus-Pläner und dem Brongniarti-Pläner.

Das Liegende der Labiatus-Stufe der Dresdner Elbthalwanne besteht aus dem Carinaten-Pläner, welcher durch eine 0,5 bis 1 m mächtige Schicht von gelblichem Mergel, die in den Steinbrüchen von Cotta und Leutewitz die Conglomerate entwickelt, die hier aus abgerollten Porphyr- und Granititgeschieben bestehen. Beides, das Fehlen des Quaders und das Auftreten von groben Conglomeraten ist eine Folge davon, dass sich der Untergrund hier zu einer Klippe erhebt.

Südöstlich von Dohna befindet sich im Babrethal ein von Beck*) erwähnter Aufschluss, welcher den auf Granit liegenden Carinaten-Quader, hierauf ein lockeres Conglomerat und Thon (zusammen 2 m mächtig), sodann Plänersandstein zeigt. Diesen letzteren beschreibt Beck als feinkörnig, von thonigem Bindemittel, porös, daher auffallend leicht und von nur noch geringem, durch Auslaugung reducirtem Kalkgehalt. In ihm fand Beck *Cidaris Sorigneti* Des. und betrachtet ihn deshalb mit Recht als ein Aequivalent des Carinaten-Pläners. Darüber erst lagert der Labiatus-Quader, gerade so wie unterhalb Dohna über dem Carinaten-Pläner der Labiatus-Pläner folgt. Am besten ist diese Ueberlagerung an der Haltestelle Langenhennersdorf**) aufgeschlossen. Hier liegt über der Crednerien-Stufe der Carinaten-Quader, darauf folgen lose Sande und feinkörnige Sandsteine, die dem Plänersandstein entsprechen, und hierüber eine Schicht Thon, die nach Geinitz***) *Inoceramus labiatus* Schloth. und *Ammonites peramplus* Mant. führt, endlich der Labiatus-Quader. Ebenso bildet, wie das Profil I S. 33 darstellt, bei Eiland ein Plänersandstein das Hangende des Carinaten-Quaders und auf diesen folgt erst der Labiatus-Quader.

In übersichtlicher Zusammenfassung der obigen Darlegungen ergiebt sich also bei Dohna und südöstlich davon folgende Reihenfolge der Schichten:

4. Labiatus-Pläner oder -Quader,
   Zwischenmittel: Thon.
3. Carinaten-Pläner nach SO übergehend in Plänersandstein,
   Zwischenmittel: Conglomerat und Muschelbreccie in der Nähe der Kahlebuschklippe, sonst Mergel oder Thon.
2. Carinaten-Quader, local, besonders am Fusse der Klippe fehlend.
1. Crednerien-Stufe, local fehlend.

Ganz analoge Lagerungsverhältnisse sind südlich und westlich von Dresden und zwar am vollständigsten bei Merbitz und Leutewitz zu beobachten†). Ueber der Crednerien-Stufe liegt hier der Carinaten-Quader mit *Pecten asper* Lam., darauf folgt, wie Beck in Erfahrung gebracht hat, durch eine Thonschicht getrennt der Carinaten-Pläner, darüber, wiederum unter Zwischenschaltung einer Mergelschicht, der Labiatus-Pläner.

An den Hängen des Plauenschen Grundes liegt der Carinaten-Pläner dem Syenit direct auf. Er darf aber trotzdem nicht als ältestes Glied der Kreide aufgefasst werden, denn der Syenit bildet hier, wie später ausführlicher gezeigt werden wird, eine dem Kahlebusch und dem Gamighübel entsprechende, die untersten Schichten der Kreide durchragende Klippe. Der Carinaten-Quader umlagert den Syenit mantelförmig, ja selbst vom Carinaten-Pläner greifen nur die hangendsten Schichten über den Syenit hinweg, während ihn die älteren ebenfalls in mantelförmiger

*) Erläuterungen Sect. Pirna, S. 50.
**) Erläuterungen Sect. Berggiesshübel, S. 66 und Fig. 3.
***) Elbthalgebirge II, S. VII.
†) Erläuterungen Sect. Wilsdruff, S. 61.

Umlagerung umgeben, wie aus dem steilen Einfallen des Syenits unter den Pläner an verschiedenen Stellen hervorgeht. Bei Coschütz und ebenso bei Döltzschen liegt, wie Profil 2 darstellt, der Carinaten-Pläner über dem Carinaten-Quader und wird von ihm durch mächtige Conglomerate getrennt. Der Quader, der den Syenit überlagert und sich nach W an dessen Böschung auskeilt, wird durch ganz schwache Conglomeratschichten in drei Bänke gesondert, deren oberste eine rasch wechselnde Mächtigkeit besitzt. Dieselbe zeigt zugleich stellenweise discordante Parallelstructur

Fig. 2.

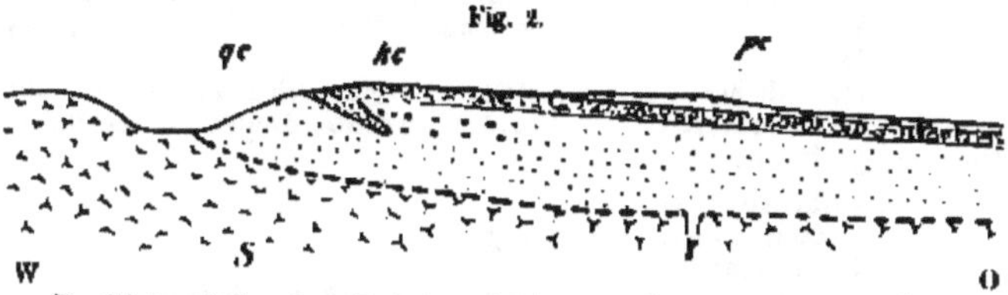

Profil durch das dem Syenit aufgelagerte Cenoman von Coschütz am Plauenschen Grunde bei Dresden.

S = Syenit, qc = Carinaten-Quader, bei γ einen Descensionsgang, den sogenannten Muschelfels von Coschütz bildend, kc = Conglomerat, pc = Carinaten-Pläner.

und führt häufig Petrefacten, von denen Rudisten am interessantesten und gar nicht selten sind. Von solchen fanden sich *Radiolites Saxoniae* Röm. und *Radiolites Germari* Gein., ausserdem *Patella radiolitarum* Gein. und *Alectryonia carinata* Lam. Exemplare von *Inoceramus striatus* Mant. kommen in grosser Menge nesterweise vor. Das über dem Quader liegende grobe Conglomerat nimmt nach oben hin kalkiges Bindemittel auf, worin sich *Ostrea hippopodium* Nilss. fand. Noch höher geht es in eine kalkige, überaus harte Muschelbreccie über, was sich auch am gegenüberliegenden Thalrande, an der Strasse nach Döltzschen, beobachten lässt. Die Schalen der Muscheln sind vollständig zertrümmert, nur hie und da kann man zwischen den unbestimmbaren Fragmenten den Querbruch eines *Cidaris*-Stachels (*C. vesiculosa*), zuweilen auch einen *Pecten* cf. *elongatus* entdecken. Der nun folgende Pläner ist in dicke Bänke geschichtet, die theils sandig, theils so kalkreich sind, dass sie früher behufs Kalkgewinnung gebrochen und gebrannt wurden. Er ist arm an organischen Resten und lieferte nur *Alectryonia carinata* Lam., *Vola notabilis* Münst. mit ausgezeichnet erhaltener Oberflächenskulptur und unbestimmbare *Inoceramus*- und *Spondylus*-Reste. Das K. Mineralogisch-geologische Museum zu Dresden bewahrt aus dem „unteren Pläner von Coschütz" einen *Inoceramus striatus* Mant. und einen *Pecten membranaceus* Nilss., die dem Gesteinshabitus nach zu schliessen aus den kalkreichen Bänken dieses Pläners stammen. Vermuthlich und nach Analogie mit benachbarten Vorkommnissen griff dieser Carinaten-Pläner früher von hier aus über die jetzt zu Tage ausstreichenden Conglomerate und Sandsteine weg und lagerte dann direct auf dem Syenit der westlich anstossenden Kuppe auf. Die unregelmässige Lagerung, insbesondere auch das abnorme nach OSO gerichtete Einfallen der Schichten erklärt sich durch mantelförmige Auflagerung auf den Syenit, der dort, wie man wiederholt beobachten kann, eine verschiedentlich auf- und absteigende

Oberfläche besitzt, auf deren tiefer liegenden Stellen der Quader zur Ablagerung gelangte, während auf den Emporragungen nur der Pläner liegt. Naturgemäss wurden locale Klüfte und kesselartige Vertiefungen des Syenituntergrundes im Bereiche des Quaders von letzterem ausgefüllt, so dass gangartige Descensionen entstanden, wie der Coschützer Muschelfels vielleicht eine solche vorstellt.

Nur in der Nähe von Coschütz und Döltzschen wird der Carinaten-Pläner von Syenitconglomeraten unterlagert, weiter nach Westen treten Mergel an ihre Stelle. Auf den Carinaten-Pläner folgt bei Döltzschen und Plauen, und zwar durch eine zweite Mergelschicht getrennt, der Labiatus-Pläner.

In übersichtlicher Zusammenstellung ergiebt sich hieraus für die Gegend südlich und westlich von Dresden folgendes, demjenigen von Dohna ganz analoge Profil:

4. Labiatus-Pläner,
   Zwischenmittel: Mergel.
3. Carinaten-Pläner,
   Zwischenmittel: Conglomerat und Muschelbreccie, sonst Thon.
2. Carinaten-Quader, local auf dem Syenitrücken fehlend.
1. Crednerien-Stufe, local fehlend.

Das Vorstehende lehrt, dass in der ganzen bisher betrachteten Gegend, in der das Cenoman am vollständigsten entwickelt ist, zwei verschiedene thonige Zwischenmittel auftreten, das eine liegt im Cenoman und trennt den Carinaten-Quader vom Carinaten-Pläner, das zweite bildet die Grenze zwischen Cenoman und Turon, gehört aber bereits dem Turon an. Bei Vergleichung von an verschiedenen Orten diesen beiden thonig-mergeligen Schichten entnommenen Proben, wobei besonders deren Gehalt an Sand, Kalk, Glimmer und Glaukonit berücksichtigt wurde, konnten keine durchgreifenden Unterschiede zwischen beiden Schichten gefunden werden. Jedenfalls aber ergiebt sich, dass man aus der Trennung des Carinaten-Quaders und Plänersandsteins auf der Goldenen Höhe durch eine Thonschicht allein noch nicht schliessen darf, dass letzterer zum Turon gehört.

Ferner wurde gezeigt, dass nirgends in der besprochenen Gegend das Turon, sei es als Quader oder als Pläner entwickelt, direct auf dem Carinaten-Quader liegt. Vielmehr besteht die Reihenfolge der Schichten

im Plänerareal (Dohna, Plauen, Leutewitz):
  Labiatus-Pläner,
  Carinaten-Pläner,
  Carinaten-Quader;

im Plänersandsteinareal (Zwirtschkau, Langenhennersdorf, Eiland):
  Labiatus-Quader,
  Carinaten-Plänersandstein,
  Carinaten-Quader.

Da nun auf der Goldenen Höhe der Plänersandstein direct über Carinaten-Quader liegt, so ergiebt sich mit zwingender Nothwendigkeit, dass auch dieser Plänersandstein 1. dem Cenoman angehört,

2. eine Faciesbildung des Carinaten-Pläners ist. Sein Gesteinshabitus und seine Fossilien stehen damit völlig im Einklang.

Der Plänersandstein, der auf der Prinzenhöhe und Goldenen Höhe, ferner von hier bis nach Sobrigau und Lockwitz den Carinaten-Quader überlagert, ist in dicke Bänke geschichtet. Auf der Prinzenhöhe zählt man deren vier von je ca. 1,5 m Mächtigkeit, bei Cunnersdorf sechs von geringerer Stärke. Der Sandstein ist sehr feinkörnig, reich an thonigem Bindemittel, mürbe, porös und daher auffallend leicht. Er ist entweder schwach bräunlich gefärbt oder weiss, und dann gewöhnlich von vielen kurzen Streifen oder kleinen Flecken von brauner Farbe durchsetzt; ausserdem führt er zahlreiche weisse Glimmerschüppchen. Auf der Goldenen Höhe und auf der Prinzenhöhe bemerkt man in seinem unteren Niveau reihenweise angeordnete, von lockerem Sande erfüllte Höhlungen, die bekannten Serpelhöhlen. Kalk ist kaum noch nachweisbar. Dieser Umstand, sowie die Porosität des Gesteins und das Vorhandensein der Höhlungen, deutet darauf hin, dass der Kalkstein durch Auslaugung seines kalkigen Bindemittels verlustig gegangen ist. Die kohlensäurehaltigen Wässer, die auf den Kalk lösend wirkten, griffen auch den Quarzsand an, doch schied sich die Kieselsäure wenigstens zum Theil bald wieder aus, indem sie die Serpeln verkieselte, sich zuweilen an die Stelle der eingeschlossenen Kalkschalen der Brachiopoden und Zweischaler setzte oder in kleinen Krystallaggregaten auskrystallisirte. Denn die wasserhellen, scharfkantig ausgebildeten Quarzkryställchen, die man nicht selten im Serpelsande findet, können nichts anderes als derartige Neubildungen sein. Der Gesteinshabitus entspricht also durchaus demjenigen des S. 39 beschriebenen Plänersandsteins von Zuschendorf und Lindenthal südöstlich von Dohna, welcher letztere auch von Beck als sandige Facies des Carinaten-Pläners betrachtet wird. Zwar sind den Serpelhöhlen ähnliche Gebilde dort noch nicht beobachtet worden, aber auch im Gebiet südlich von Dresden sind sie nicht überall vorhanden und fehlen z. B. im Steinbruch bei Cunnersdorf völlig. Da der Carinaten-Pläner nicht selten ein rein klastisches, fast kalkfreies Gestein ist, sind ihm die Plänersandsteine von der Goldenen Höhe auch habituell etwas ähnlich.

Die Zahl der früher aus diesem Plänersandstein bekannten Fossilien ist sehr gering. Beck*) führt nur *Serpula gordialis* Schloth. an und nennt den Sandstein sonst fast versteinerungsleer. Er erwähnt jedoch, dass Gümbel hier *Protocardium hillanum* Sow. und eine *Avicula* cf. *anomala* Sow. gesammelt habe. Nachdem es uns vor einigen Jahren gelungen war, im Steinbruch auf der Prinzenhöhe einige Fossilien in dieser Schicht aufzufinden, besuchten wir seit Sommer 1897 die Steinbrüche dieser Gegend behufs Aufsammlung organischer Reste regelmässig, von denen uns bis jetzt folgende bekannt geworden sind:

Micrabacia coronula Goldf. sp. 2 Exemplare. Steinbruch bei Cunnersdorf.
Serpula gordialis Schloth. hh. Kommt nicht nur, ebenso wie die folgende Art, in den Serpelhöhlen, sondern auch einzeln im Sandstein zerstreut vor. Cunnersdorf, Prinzenhöhe, Horkenberg, Welschhufe, Boderitz.
— *septemsulcata* Reich. hh. Aus denselben Orten.
Plocoscyphia pertusa Gein. s. In den Serpelhöhlen der Prinzenhöhe.

*) Erläuterungen Sect. Kreischa. S. 76.

Cibrospongia heteromorpha Gein. ss. Ebendaher.
Holaster suborbicularis Defr. s. Nesterweise zusammengeschaart, von der Prinzenhöhe.
Terebratula phaseolina Lam. hh. Cunnersdorf und Prinzenhöhe.
Rhynchonella compressa Lam. ss. Prinzenhöhe.
Exogyra columba Lam. s. Horkenberg.
— *haliotoidea* Sow. h. Cunnersdorf und Prinzenhöhe.
— *lateralis* Nilss. ss. Prinzenhöhe.
Pecten membranaceus Nilss. hh. Cunnersdorf und Prinzenhöhe.
Vola notabilis Münst. h. Cunnersdorf und Prinzenhöhe.
Lima pseudocardium Rss. s. Prinzenhöhe, Cunnersdorf.
Lima cenomanense d'Orb. h. Cunnersdorf, Boderitz, Prinzenhöhe, Horkenberg.
Pinna cretacea Schloth. ss. Prinzenhöhe.
— *decussata* Goldf. s. Cunnersdorf, Prinzenhöhe.
Avicula anomala Sow. Cunnersdorf.
Inoceramus striatus Mant. hh. Bei Cunnersdorf, auf der Prinzenhöhe und am Horkenberge fanden sich eine grössere Zahl von Exemplaren, die sicher zu dieser Species gehören. Nessig*) will im Plänersandstein von Cunnersdorf ein Exemplar von *Inoceramus labiatus* Schloth. gefunden haben. Wir hingegen sind geneigt, dasselbe zu *I. striatus* zu stellen. Ueberhaupt gelang es uns nicht, *I. labiatus* in diesem Plänersandstein nachzuweisen; allerdings besitzen wir ein Exemplar, das wir seiner Unvollständigkeit halber nicht zu bestimmen wagen, das aber allenfalls *I. labiatus* sein könnte.
Arca glabra Park. s. Prinzenhöhe.
Eriphyla lenticularis Sow. ss. Cunnersdorf.

Hierzu käme nach Gümbel**) noch *Protocardium hillanum* Sow. sp.

Die Fauna besitzt einen ausgesprochenen cenomanen Charakter, wenn auch einzelne Arten derselben in höhere Stufen hinaufsteigen. Das einzige Fossil, das auf Turon hindeutet, ist *Pinna cretacea* Schloth., doch ist diese bereits anderwärts***) im Cenoman gefunden worden, und auch bei Hetzdorf in Sachsen ist ihr Vorkommen im Carinaten-Quader wahrscheinlich. Sollte es noch gelingen, *Inoceramus labiatus* Schloth. in diesem Plänersandstein nachzuweisen, so würde auch dieser Fund nicht im Stande sein, die Bestimmung dieses Horizontes als Cenoman zu ändern, denn Söhle†) hat auch diese Art bereits im Cenoman beobachtet.

Zum Vergleiche und zur Erhärtung des cenomanen Alters des Plänersandsteins der Prinzenhöhe mag die Fauna eines Aufschlusses herangezogen werden, dessen cenomanes Alter auf Grund seiner Verbandsverhältnisse und Versteinerungsführung nicht zu bezweifeln ist. In der nordöstlich von Alt-Coschütz gelegenen Seitenschlucht des Plauenschen Grundes war eine Zeit lang ein sehr mürber, feinkörniger und glaukonitischer Sandstein entblöst, der voraussichtlich dem Carinaten-Pläner

*) Geologische Excursionen in der Umgebung von Dresden. Dresden 1898, S. 151.
**) l. c. S. 53.
***) Söhle: Geognostische Aufnahme des Labergebirges. Geognostische Jahreshefte Bd. IX, S. 37. — Nötling: Fauna der baltischen Cenomangeschiebe. Dames u. Kayser. Pal. Abh. II, 1885. S. 218.
†) l. c. S. 38, Taf. 4, Fig. 4.

eingeschaltet ist. Er führt eine der oben aufgezählten Fauna des Plänersandsteins von der Goldenen Höhe etc. in hohem Grade gleichende Thierwelt, nämlich:

	Chenendopora undulata Mich.	ss.
	Micrabacia coronula Goldf.	s.
	Pygaster truncatus Ag.	ss.
	Cidaris vesiculosa Goldf.	ss.
	Serpula gordialis Schloth.	hh.
	— *septemsulcata* Reich.	hh.
	Rhynchonella compressa Lam.	s.
	Exogyra haliotoidea Sow.	h.
	— *sigmoidea* Rss.	h.
	— *columba* Lam.	s.
	Pecten membranaceus Nilss.	h.
	— *elongatus* Lam.	s.
	— *curvatus* Gein.	s.
	Vola notabilis Münst.	h.
	Lima Reichenbachi Gein.	ss.
	— *pseudocardium* Rss.	h.
	— *cenomanensis* d'Orb.	h.
	Inoceramus striatus Mant.	h.
	Pinna decussata Goldf.	ss.
	Avicula anomala Sow.	h.
	— *Roxellana* d'Orb.	ss.
	Modiola Cottae Röm.	ss.
	Ammonites Mantelli Sow.	ss.
und Zapfen von	*Sequoia Reichenbachi* Gein.	ss.

Die grosse Aehnlichkeit dieser Fauna, die sich auch in der relativen Häufigkeit einzelner Arten zeigt, mit derjenigen des Plänersandsteins von der Goldenen Höhe, Prinzenhöhe und Cunnersdorf, beweist die Zugehörigkeit des letzteren zum Cenoman.

Ist aber das cenomane Alter des Plänersandsteins auf der Goldenen Höhe, Prinzenhöhe und Cunnersdorf erwiesen, so kann auch kein Zweifel darüber bestehen, dass er ebenso wie der Plänersandstein von Zuschendorf ein Aequivalent des Carinaten-Pläners ist, wenn auch *Alectryonia carinata* Lam. bis jetzt noch nicht in demselben nachgewiesen worden ist. Der Plänersandstein allein ist es, der nach Norden zu allmählich in Pläner übergeht, er allein hat zwei verschiedene Facies, der Quader dagegen erstreckt sich als solcher unter ihm weiter, ohne diesem Facieswechsel unterworfen zu sein. Der allmähliche Uebergang des Plänersandsteins in Pläner lässt sich auch thatsächlich verfolgen, insbesondere wenn man im Auge behält, dass der eigentliche Plänerkalk immer nur in Form einzelner Bänke oder Knollen zwischen mehr sandige Schichten eingelagert vorkommt, welche letztere man gewöhnlich ebenfalls Pläner nennt, wenn es auch richtiger wäre, sie als Plänersandstein zu bezeichnen, da weder chemisch noch mikroskopisch Calcit in ihnen nachweisbar ist.

Allerdings beobachtet man von der Prinzenhöhe über Cunnersdorf in der Richtung auf Coschütz wandernd, dass sich auch der Carinaten-Quader in seinem Habitus dem Pläner nähert, indem er immer feinkörniger wird. Er geht bei Cunnersdorf in ein Gestein über, das zwar dem Plänersandstein sehr nahe steht, dem aber die für diesen charakteristische dünnbankige Schichtung und das Vorkommen von Kalkknollen fehlt. In diesem Uebergang mag mit ein Grund zu der Annahme Beck's gelegen haben, dass der Carinaten-Quader dem Facieswechsel unterworfen sei. An der Heidenschanze bei Coschütz und im Untergrunde Dresdens hingegen ist der Carinaten-Quader wieder grobkörnig. Es beweist dies, dass bei Cunnersdorf nur eine locale Modification, wie sie gerade der Carinaten-Quader öfters zeigt, vorliegt. Man vergleiche, um sich von der Häufigkeit dieser Abänderungen des Carinaten-Quaders zu überzeugen, nur die in ihrem Habitus grundverschiedenen Gesteine von Malter, Mobschatz, Oberau, Reinhardtsgrimma, Tyssa und anderen Orten. Da von Beck keine Fossilien aus der dem Plänersandstein ähnlichen Modification des Carinaten-Quaders angeführt werden und auch Nessig*) daraus nur *Hemiaster sublacunosus* Gein. citirt, mögen unsere Funde kurz erwähnt werden. Rudolf's Steinbruch bei Cunnersdorf lieferte: *Sequoia Reichenbachi* Gein. sp., *Cribrospongia heteromorpha* Reuss, *Rhynchonella compressa* Lam., *Alectryonia carinata* Lam., *Mytilus Neptuni* Goldf. und *Ammonites Mantelli* Sow. Aus Maul's Steinbruch bei Cunnersdorf besitzen wir *Inoceramus* sp., *Mytilus Neptuni* Goldf. und ebenfalls *Hemiaster sublacunosus* Gein., von Boderitz endlich *Pinna decussata* Goldf.

Für die Lagerungsverhältnisse der Kreideformation südlich von Dresden ergeben die bisherigen Untersuchungen folgendes schematische Profil 3.

Fig. 3.

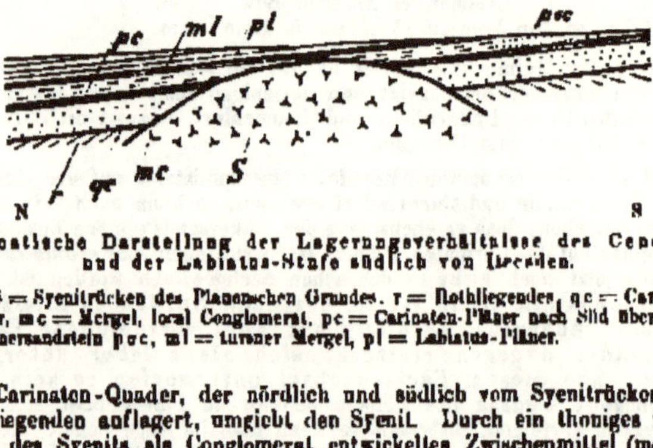

Schematische Darstellung der Lagerungsverhältnisse des Cenomans und der Labiatus-Stufe südlich von Dresden.

S = Syenitrücken des Plauenschen Grundes. r = Rothliegendes, qc = Carinaten-Quader, mc = Mergel, local Conglomerat. pc = Carinaten-Pläner nach Süd übergehend in Plänersandstein pσc, ml = turoner Mergel, pl = Labiatus-Pläner.

Der Carinaten-Quader, der nördlich und südlich vom Syenitrücken dem Rothliegenden auflagert, umgiebt den Syenit. Durch ein thoniges in der Nähe des Syenits als Conglomerat entwickeltes Zwischenmittel (mc) getrennt, folgt auf dem Quader das jüngere Glied des Cenomans, der Carinaten-Pläner, der nach S in Plänersandstein übergeht. Dem Gipfel des Syenitrückens liegt der Carinaten-Pläner allein auf. Ueber letzterem breitet sich, durch eine mergelige Schicht getrennt, der Labiatus-Pläner aus.

*) l. c. S. 152.

2. Die Gliederung des Cenomans.

Aus dem Vorstehenden ergiebt sich für die Gegend von Dresden eine Gliederung des über der nur local entwickelten Crednerien-Stufe folgenden Cenomans in zwei Zonen, eine ältere, den Carinaten-Quader, und eine jüngere, den Carinaten-Pläner und Plänersandstein, eine Theilung, die von Geinitz schon längst im Princip erkannt war und die auch auf der geologischen Specialkarte des Königreichs Sachsen insofern zum Ausdruck gebracht ist, als beide Schichten mit verschiedener Farbe eingetragen sind. Es fragt sich nun weiter, ob und wie weit diese Zweitheilung auch in den übrigen Cenomanarealen Sachsens durchführbar ist.

Da im Gebiete des Tharandter Waldes im Cenoman bereits zwei Schichtengruppen unterschieden werden, indem vom Carinaten-Quader ein jüngerer aus glaukonitischem Plänersandstein bestehender Complex abgeschieden wurde, ist zunächst zu erörtern, in welchem Verhältniss dieser letztere zum Carinaten-Pläner und Plänersandstein der näheren Umgebung Dresdens steht. Der Umstand, dass dieser glaukonitische Plänersandstein dem Carinaten-Quader aufgelagert ist und von ihm durch lockeren Sand oder Sandstein, hie und da auch durch grobkörnige, conglomeratartige oder endlich durch thonige Zwischenmittel getrennt ist*), macht es wahrscheinlich, dass hier ebenfalls die sandige Facies des Carinaten-Pläners vorliegt. An Fossilien hat dieser Plänersandstein bisher nur *Cidaris Sorigneti* Des. und *Exogyra columba* Lam. geliefert**), denen wir noch *Exogyra lateralis* Nilss. und *Cribrospongia isopleura* Reuss, beide aus dem Steinbruch südlich von Gross-Opitz, und *Chenendopora undulata* Mich. von Grüllenburg hinzufügen können. Die Serpelhöhlen liegen hier unter dem glaukonitischen Plänersandstein und nicht in demselben wie auf der Goldenen Höhe. Den wichtigsten Aufschluss hierüber bot Knöbel's, leider jetzt ganz verschütteter und ausgeglichener Steinbruch in Hetzdorf, der von Sauer***) sorgfältig auch in Bezug auf seine Fossilien untersucht worden ist. Nach der Häufigkeit einzelner, auch in dem Plänersandstein der Goldenen Höhe etc. sehr gewöhnlicher Fossilien (Serpeln und *Terebratula phaseolina* Lam.), sowie nach dem Vorkommen von *Micrabacia coronula* Goldf. zu schliessen, hat man wohl in Sauer's Profil dieses Steinbruches die lockeren Sand- und Sandsteinschichten bis zu den Serpelhöhlen hinab zur oberen, also Plänersandstein-Stufe des Cenomans zu ziehen.

Die glaukonitischen Plänersandsteine, die im Tharandter Walde weite Verbreitung gewinnen, erstrecken sich bis in die Nähe des Zschoner Grundes, wo sie bei Pennrich aufgeschlossen sind. Ueber dem lehmigen Sande der von Beck†) erwähnten Ziegelei liegt eine Sandsteinbank, die ihrem Habitus nach völlig mit dem Grünsandstein des Tharandter Waldes übereinstimmt. Der Sandstein ist wie dort stark thonig, daher sehr zähe, feinkörnig und von gelblich-grauer Farbe, enthält in grosser Zahl Glaukonitkörner eingesprengt und bricht in dicken, unebenen Platten. Da er reich an organischen Resten ist, liessen sich bei wiederholtem Besuch folgende Fossilien aufsammeln:

*) Erläuterungen Sect. Freiberg, S. 48, 49.
**) Erläuterungen Sect. Freiberg, S. 47, und Erläuterungen Sect. Tharandt, S. 75.
***) Erläuterungen Sect. Freiberg, S. 44.
†) Erläuterungen Sect. Wilsdruff, S. 50.

Serpula gordialis Schloth.		h.
— *septemsulcata* Reich.		b.
Ostrea hippopodium Sow.		ss.
Exogyra haliotoidea Sow.		s.
— *lateralis* Nilss.		bh.
Vola notabilis Münst.		b.
Pecten membranaceus Nilss.		hb.
— nov. spec.		s.
Lima pseudocardium Reuss.		s.
— *cenomanensis* d'Orb.		b.
Avicula Roxellana d'Orb.		s.
— *anomala* Sow.		s.
Pinna decussata Goldf.		ss.

Die Fauna zeigt namentlich durch das Vorkommen vieler Serpeln, der *Vola notabilis* Münst., des *Pecten membranaceus* Nilss. und vor Allem der *Lima cenomanensis* d'Orb. grosse Uebereinstimmung mit der, die oben aus dem Plänersandstein der Goldenen Höhe etc. mitgetheilt wurde, weshalb die Zugehörigkeit des glaukonitischen Plänersandsteins zu der durch den Plänersandstein der Goldenen Höhe und den Carinaten-Pläner gebildeten jüngeren Zone des Cenomans nicht zu bezweifeln ist.

Sauer*) hält den Plänersandstein des Tharandter Waldes für eine Faciesbildung des Carinaten-Quaders, da der erstere am Landberge bei Tharandt in grosser Mächtigkeit auftritt, während der letztere, also der Carinaten-Quader, stark reducirt erscheint. Es lässt sich dies aber auch dadurch erklären, dass sich der Plänersandstein unter dem Schutze der darüber liegenden Basaltdecke des Landberges in grösserer Mächtigkeit erhalten konnte, als in der Umgebung, wo er dieses Schutzes entbehrte. Berücksichtigt man, dass der Carinaten-Pläner bei Döltzschen einen fast 25 m mächtigen Schichtencomplex bildet, so wird man die Mächtigkeit von 30 m für den Plänersandstein als nicht zu gross finden, um so weniger, als es begreiflich ist, dass sandige Aequivalente kalkiger oder thoniger Ablagerungen mächtiger als diese letzteren sein können, was auch in anderen Gegenden beobachtet wurde**). Dass aber die Mächtigkeit des Carinaten-Quaders gleichzeitig sehr reducirt erscheint, was, wie oben erwähnt, z. B. auch im Untergrunde Dresdens der Fall ist, kann nicht auffallen, fehlt er doch bei dem nahen Gross-Opitz gänzlich. Es ist dies lediglich durch die Configuration des Bodens zu erklären, auf den sich das älteste Glied der Kreide, der Carinaten-Quader auflagerte, wodurch die Unebenheiten des Untergrundes planirt und ausgeglichen werden.

Auf die Verbandsverhältnisse, nämlich Unterlagerung durch den Carinaten-Quader und Trennung von ihm durch ein thonig-sandiges oder conglomeratartiges Zwischenmittel, sowie auf die Fossilien gestützt, halten wir den glaukonitischen Plänersandstein des Tharandter Waldes ebenso wie den Plänersandstein der Goldenen Höhe etc. für eine sandige Facies des Carinaten-Pläners.

*) Erläuterungen Sect. Tharandt. S. 76, und Erläuterungen Sect. Freiberg, S. 47.

**) Vergl. Zahalka: Ueber die stratigraphische Bedeutung der Bischitzer Uebergangsschichten. Jahrb. d. K. K. Geol. Reichsanst. 1895, S. 80.

In den übrigen Verbreitungsgebieten der sächsischen Kreide ist das Cenoman nicht in der Vollständigkeit aufgeschlossen, wie in dem bisher behandelten Gelände. Immerhin sind aber genügend Anzeichen dafür vorhanden, dass die Zweitheilung durchführbar ist. Im Tunnel von Oberau füllt ein der Carinaten-Stufe angehöriger Grünsandstein die Klüfte und Aussackungen des Gneisses aus. Er wird von Pläner überlagert, in dem Geinitz unter anderem *Inoceramus striatus* Mant. und *Actinocamax plenus* Blainv. fand, welche beide im K. Mineralogisch-geologischen Museum zu Dresden aufbewahrt werden. Diese Funde beweisen, dass die untersten Plänerschichten des Tunnels noch zur Carinaten-Stufe gehören und nur die oberen Complexe, in denen Siegert*) *Inoceramus labiatus* Schloth. nachwies, zur Labiatus-Stufe zu stellen sind. Es ist somit auch hier das Cenoman in zwei Horizonten entwickelt, einem unteren, der aus dem Grünsandstein gebildet wird, und einem oberen, der aus dem Carinaten-Pläner besteht.

Im Gebiete der Sächsischen Schweiz ist die Zweitheilung des Cenomans bei Eiland und Tyssa nachweisbar. Das Profil I S. 33 zeigt, dass zwischen dem Carinaten-Quader and dem Labiatus-Quader bei Eiland ein Plänersandstein vorhanden ist. Auch bei Reitza und Tyssa wies Schalch**) an mehreren Stellen im Hangenden des Carinaten-Quaders und im Liegenden des Labiatus-Quaders diesen feinkörnigen, mürben, stellenweise glaukonitischen, stellenweise porösen und glaukonitfreien Sandstein nach und fand in ihm *Micrabacia coronula* Goldf. und *Terebratula phaseolina* Lam. Aber auch die für diesen Horizont höchst charakteristische *Lima cenomanensis* d'Orb. ist, wie an einem von Schalch geschlagenen und in Leipzig aufbewahrten Handstück dieses Plänersandsteins zu erkennen ist, vorhanden.

Ist somit die weite und allgemeine Verbreitung der beiden Abtheilungen der Carinaten-Stufe, als der unteren des Carinaten-Quaders und der oberen des Carinaten-Pläners beziehentlich seines aequivalenten Faciesgebildes, des Plänersandsteins, nachgewiesen, so erübrigt es noch hervorzuheben, auf welche Weise sich beide Horizonte faunistisch unterscheiden. Zwischen der Fauna des Quaders und der des Pläners besteht allerdings eine bedeutende Verschiedenheit, doch ist einleuchtend, dass diese zum grossen Theil auf der veränderten petrographischen Facies des letzteren beruht. Zwischen dem Quader und dem Plänersandstein ist dieser Unterschied naturgemäss weit geringer. Immerhin sind beide Schichten durch etliche Fossilien gekennzeichnet, von denen einige sicherlich keine Beziehung zur Facies haben und darum als Unterscheidungsmittel werthvoll sind. Zu diesen letzteren gehört vor Allem *Actinocamax plenus* Blainv., der als dem Nekton angehörig, auch in einer Quaderfacies vorkommen könnte und, wie Funde von Belemniten in anderen Gegenden und anderen Formationen beweisen, auch vorkommt. Trotzdem fehlt er im Carinaten-Quader, also in der älteren Abtheilung der Carinaten-Stufe durchaus, während er in der jüngeren Abtheilung derselben wiederholt, und zwar nicht nur im Pläner von Plauen, Ockerwitz***), Oberau und Dohna, sondern auch im Pläner-

*) Erläuterungen Sect. Kötzschenbroda, S. 37.
**) Erläuterungen Sect. Rosenthal, S. 13 und 15.
***) Nessig, l. c. S. 169.

sandstein von Goppeln*) gefunden wurde. Ebenso ist *Cidaris Sorigneti* nur aus der oberen Pläner- und Plänersandstein-Zone des Cenomans bekannt und hierin weit verbreitet. Dasselbe gilt für *Lima cenomanensis* d'Orb. und *Micrabacia coronula* Goldf., die beide noch nicht mit Sicherheit im Carinaten-Quader nachgewiesen wurden. Ferner begegnet man *Pecten membranaceus* Nilss. und *Vola notabilis* Münst. gerade in der jüngeren Zone des Cenomans sehr häufig, im Carinaten-Quader dagegen recht selten. Dieser letztere führt jedoch im Gegensatz zur Stufe des Carinaten-Pläners und Plänersandsteins *Pterocera incerta* d'Orb., *Vola aequicostata* Sow., *Pecten asper* Lam. und *Pygurus Lampas* de la Bèche.

Wir bezeichnen demnach den älteren Complex der Carinaten-Stufe, also den Carinaten-Quader, als Zone mit *Pecten asper* und *Vola aequicostata*, den jüngeren dagegen, also den Carinaten-Pläner und Plänersandstein, als Zone mit *Actinocamax plenus* und *Cidaris Sorigneti*. Eine genaue Vergleichung und Parallelisirung des sächsischen Cenomans mit den drei cenomanen Zonen, die Schlüter in Norddeutschland unterscheidet, ist ebensowenig wie in anderen Gebieten der „hercynischen Kreidebucht" (Gümbel) möglich, da die für diese drei Zonen charakteristischen Fossilien, nämlich *Ammonites Rhotomagensis* Brng., *Avicula gryphaeoides* Sow., *Hemiaster Griepenkerli* Stromb., *Holaster subglobosus* Leske und andere der Kreide Sachsens vollständig fremd sind. *Calopygus carinatus* Goldf. dagegen wurde bisher nur bei Tyssa und zwar im Carinaten-Quader und *Ammonites varians* Sow. erst einmal bei Meissen gefunden**), ohne dass es sicher bekannt wäre, welchem speciellen Horizont des Cenomans er entstammt. Dahingegen ist das Vorkommen von *Actinocamax plenus* Blainv. ausschliesslich in der jüngeren cenomanen Zone Sachsens für die Gliederung des Cenomans von grösster Bedeutung, denn dieses Leitfossil wurde noch nirgends tiefer als in den jüngsten cenomanen Complexen gefunden. Wird doch die nach ihm benannte Zone von manchen Geologen (Hébert***) und Schlüter†) bereits als unterstes Turon aufgefasst. In der That beobachtet man in dieser Zone überall, wo sie abtrennbar ist, eine eigenthümliche Mischung cenomaner und turoner Arten. So enthält sie in Frankreich *Inoceramus labiatus* Schloth. und *Terebratula semiglobosa* Sow., in Nieder-Schlesien ††) *Rhynchonella Mantelliana* Sow. und *plicatilis* Sow. Auch in Sachsen zeigt der *Actinocamax plenus* Blainv. führende Horizont gewisse Anklänge an das Turon, indem in ihm einige turone Arten auftreten, was namentlich von *Pinna cretacea* Schloth., *Mutiella Ringmerensis* Mant., *Lima cenomanensis* d'Orb. und *Natica Gentii* Sow. gilt. In Frankreich wurde die Zone des *Actinocamax plenus* durch Hébert†††) als solche erkannt und durch Barrois†*) in den Departements Marne, Ardennes und Aisne nachgewiesen. Später wurde dieselbe auch in Aube, Normandie, Cham-

---

*) Geinitz: Charakteristik. S. 42 und 68.

**) Geinitz: Sitzungsberichte der Isis 1867, S. 17.

***) Bull. de la Soc. Géolog. de France, 3. Ser., Bd. 16, S. 485.

†) Zeit. d. d. geolog. Ges. 1879, Bd. 28, S. 469.

††) Williger: Die Löwenberger Kreidemulde. Jahrb. der Preuss. geolog. Landesanstalt 1881, S. 69.

†††) Comptes rendus hebd., 25. Juni 1866.

†*) La zone à *Belemnites plenus*. Ann. soc. géol. du Nord. Lille 1875, p. 146.

pagne, Hainout und Boulonais erkannt*), bis sie Coquand**) als étage carentonien noch weiter verfolgte und ihre Aequivalente auch im Süden Frankreichs constatirte. Von den 64 Arten, die Barrois aus seiner Plenus-Zone namhaft macht, kommen folgende 22 auch im obersten, von uns als Zone mit *Actinocamax plenus* und *Cidaris Sorigneti* angesprochenen Cenoman Sachsens vor:

Ptychodus mammillaris Ag.
Actinocamax plenus Blainv.
Inoceramus striatus Mant.
Vola quinquecostata Sow.
Pecten curvatus Gein.
— *membranaceus* Nilss.
— *laminosus* Mant.
— *Galliennei* d'Orb.
— *elongatus* Lam.
Spondylus striatus Goldf.
Exogyra haliotoidea Sow.
— *sigmoidea* Reuss.
— *lateralis* Nilss.
Serpula annulata Sow.
— *amphisbaena* Goldf.
Magas Geinitzi Schlönb.
Terebratulina striata Schloth.
Rhynchonella Mantelliana Sow.
— *grasiana* d'Orb.
Cidaris vesiculosa Goldf.
Epiaster distinctus Ag.
Micrabacia coronula Goldf.

Nach Barrois***) sind sechs Arten für die Zone des *Actinocamax plenus* höchst charakteristisch, von ihnen führt der entsprechende Horizont Sachsens *Actinocamax plenus* Blainv. und *Magas Geinitzi* Schlönb., die übrigen vier (*Ostrea Naumanni* Reuss, *Plicatula nodosa* Duj., *Terebratulina rigida* Sow. und *Vermicularia umbonata* Sow.) stellen sich, soweit sie in Sachsen überhaupt bekannt sind, erst in weit jüngeren Schichten ein. Coquand†) nennt ausser den von Barrois angeführten noch 19 weitere Arten aus der Plenus-Zone; von ihnen sind im cenomanen Pläner und Plänersandstein, also dem wahrscheinlichen Aequivalent der genannten Zone, folgende sieben vorhanden:

Ammonites Mantelli Sow.
Cyprina quadrata d'Orb.
Exogyra columba Lam.
Alectryonia carinata Lam.
Rhynchonella compressa Lam.
Cidaris Sorigneti Des.
Discoidea subuculus Lam.

*) De Lapparent: Traité de géologie, p. 1156, 1159, 1162 und 1163.
**) Existence de l'étage carentonien. Bull. soc. géol. de France III, 8, 1879/80, p. 311.
***) l. c. p. 187.
†) l. c. p. 815.

Die Uebereinstimmung beider Faunen ist demnach beträchtlich, und es kann daher kaum zu bezweifeln sein, dass der Pläner und Plänersandstein der Stufe der *Alectryonia carinata* in Sachsen mit der Zone des *Actinocamax plenus* Frankreichs zu parallelisiren und somit aus dem Gesammtcomplexe der Carinatenstufe als Zone mit *Actinocamax plenus* und *Cidaris Sorigneti* abzuscheiden ist. Dass diese letztere aber noch dem Cenoman, nicht aber dem Turon zugehört, geht daraus hervor, dass sie die charakteristischen Leitfossilien des sächsischen Cenomans, nämlich *Ammonites Mantelli* Sow., *Nautilus elegans* Sow., *Pecten acuminatus* Gein., *Vola phaseola* Lam., *Inoceramus striatus* Mant., *Alectryonia carinata* Lam. und andere mit dem darunter lagernden Quader gemeinsam führt. Auch Barrois und Coquand rechnen die Zone à *Belemnites plenus* noch dem Cenoman zu.

Nach Obigem erhalten wir folgende

Tabellarische Uebersicht über die Stufe der Ostrea carinata Sachsens.

		Sandsteinfacies. Typus Sächsische Schweiz.	**Plänerfacies.** Typus Dohna.	**Klippenfacies.** Typus Kahlebusch. cf. S 63 u. f.
Stufe der Ostrea (Alectryonia) carinata.	Zone mit Actinocamax plenus und Cidaris Sorigneti.	Plänersandstein von Tyssa, Eiland, Zwirtschkau, Goldene Höhe, Cunnersdorf und Tharandt, mit *Actinocamax plenus*, *Lima cenomanensis*, *Pecten membranaceus*, *Vola notabilis*, *Inoceramus striatus*, *Cidaris Sorigneti*, *Micrabacia coronula*.	Pläner von Dohna, Plauen, Leutewitz, mit *Actinocamax plenus*, *Pecten membranaceus*, *Vola notabilis*, *Ostrea carinata*, *Inoceramus striatus*, *Cidaris Sorigneti*.	Mergel, Kalke, Muschelbreccien vom Kahlebusch, Gamighübel, Hoher Stein, Plauen, mit *Actinocamax plenus*, *Gastropoden*, *Pecten*, *Modiola*, zahlreichen *Austern* und *Brachiopoden*, *Cidaris Sorigneti* und *vesiculosa*, *Stockkorallen* und *Spongien*.
	Zone mit Pecten asper und Vola aequicostata.	Quadersandstein von Dauuewitz, Coschütz, im Untergrunde Dresdens, Weissig, Dohna, Malter, Tyssa, mit *Alectryonia carinata*, *Vola aequicostata* und *phaseola*, *Pecten asper*, *Nautilus elegans*.		Sandstein der Klippenfacies von Lockwitz u. Oberau, mit *Austern*, einigen *Gastropoden* und *Cidaris vesiculosa*.

3. Vergleich der Fauna des Carinaten-Pläners mit derjenigen des Plänersandsteins.

Wir hatten Eingangs am Quader und Pläner der Labiatus-Stufe Beobachtungen darüber angestellt, ob die petrographische Facies mit gewissen Unterschieden der von ihr beherbergten Fauna Hand in Hand gehe. Während die Labiatus-Stufe zur Prüfung dieser Frage sehr geeignet war, weil in ihr die beiden schroffen Gegensätze, Quadersandstein und Pläner, repräsentirt sind, gilt dies nicht in gleichem Maasse von der Plenus-Zone. Der Carinaten-Pläner weist zwar einen Wechsel in der Facies auf, indem er in Plänersandstein übergeht, doch stehen sich beide nicht so direct gegenüber, wie Pläner und Quader. Der Plänersandstein ist, was schon der Name ausdrückt, dem Pläner viel verwandter, als der Quader dem Pläner, er stand ihm früher noch näher, als es uns heute erscheint, denn er war kalkig und hat seinen Kalkgehalt erst nachträglich verloren. Es ist einleuchtend, dass in Folge dessen kein bedeutender Unterschied in den Faunen beider Sedimente zu erwarten ist.

Zwar kennt man aus dem Carinaten-Pläner eine beträchtliche Zahl von Fossilien, doch wurden diese meist in einer ganz eigenthümlichen, sofort zu behandelnden Facies, der Klippenfacies, gefunden, und dürfen deshalb nicht zum Vergleiche herangezogen werden. In der eigentlichen, in continuirlicher und schwebender Lage zur Ablagerung gelangten Plänerfacies sind bis jetzt wenig organische Reste gefunden worden, von denen nach Beck, Deichmüller, Geinitz und Nessig nur folgende anzuführen sind.

Actinocamax plenus Blainv.	s.
Ammonites Mantelli Sow.	s.
— *Neptuni* Gein.	ss.
Rostellaria Parkinsoni Mant.	ss.
Turritella sp.	ss.
Arca Galliennei d'Orb.	ss.
Inoceramus striatus Mant.	h.
Avicula glabra Rss.	ss.
Lima pseudocardium Rss.	ss.
Vola notabilis Münst.	s.
Pecten membranaceus Nilss.	s.
— *curvatus* Gein.	ss.
— *elongatus* Lam.	s.
Spondylus truncatus Lam.	ss.
Exogyra lateralis Nilss.	s.
Alectryonia carinata Lam.	s.
Terebratula phaseolina Lam.	h.
— *capillata* d'Arch.	ss.
Terebratulina striatula Wahlbg.	s.
Rhynchonella compressa Lam.	s.
Cidaris vesiculosa Goldf.	ss.
— *Sorigneti* Desr.	s.
Scyphia isopleura Rss.	ss.
Serpula septemsulcata Reich.	s.

Vergleicht man mit dieser Fauna diejenige, die S. 42, 44 und 47 aus dem, dem Carinaten-Pläner aequivalenten Plänersandstein angeführt wurde, so fällt wieder die verhältnissmässig grössere Zahl von Lamellibranchiaten in den sandigen Schichten auf. Vor Allem ist *Inoceramus striatus* Mant. im Plänersandstein viel häufiger anzutreffen als im Pläner. Auch wurde *Pinna* wiederholt im Plänersandstein, aber noch nicht im Pläner gefunden. Nur aus letzterem sind, wenn auch als Seltenheit, Gastropoden bekannt. Von den Terebratela lieferte zwar der Pläner mehrere Arten, doch ist auffälligerweise *Terebratula phaseolina* Lam. im Sandstein häufiger, wobei aber in Betracht zu ziehen ist, dass hier ein nachträglich entkalkter Plänersandstein, aber kein eigentlicher Quadersandstein vorliegt.

Wir kommen demnach zu dem Resultat, dass sich zwar zwischen dem Pläner und dem Plänersandstein der Plänerstufe gewisse, der verschiedenen petrographischen Facies entsprechende faunistische Unterschiede geltend machen, die denjenigen, die zwischen Labiatus-Pläner und -Quader bestehen, analog sind, dass sie aber noch unbedeutender sind, als diejenigen zwischen diesen letzteren beiden petrographisch viel schrofferen Gegensätzen.

III. Die Klippenfacies des Cenomans.

1. Wesen und Charakteristik der Klippenfacies.

Ueber die Verfolgung der Südwestküste des sich von Böhmen aus nach N und NW erstreckenden obercretaceischen Meeres genaue Angaben zu machen, ist namentlich aus zwei Gründen sehr erschwert. Erstens vollzog sich nach Ablagerung der oberen Kreide und zwar voraussichtlich in der Mitte der Tertiärperiode die gewaltige Dislocation, aus der der böhmische Steilabsturz des Erzgebirges hervorgegangen ist, durch welche grossartige Verwerfung der Zusammenhang der nordböhmischen Kreideablagerungen mit denjenigen der Hochfläche des heutigen Erzgebirges und seines Nordabhanges aufgehoben worden ist. Zweitens vernichteten seit der Ablagerung und Trockenlegung der am weitesten auf das Erzgebirge vorgeschobenen cenomanen Crednerien-Stufe und Carinaten-Quaders bis in die Diluvialzeit hinein intensive Denudationen weite Flächen dieses Complexes und liessen nur local minimale Lappen als Residua derselben zurück. Ein solches Beispiel ist der auf dem Rücken des Erzgebirges gelegene Schönwalder Spitzberg, auf dem sich unter dem Schutze einer Basaltkuppe der Carinaten-Quader erhalten hat, und der mit einem zweiten jenseits der Kammhöhe bei Jungferndorf gelegenen Vorkommniss desselben Quaders die einzigen Lappen auf einer Fläche von über 100 qkm vorstellt. Ein anderes weit vorgeschobenes Kreiderelict sind die Kiese von Langenhennersdorf bei Freiberg, die 10 km von dem nächsten Kreidecomplex, dem des Tharandter Waldes, entfernt liegen. Auch dieser letztere zeichnet sich durch grosse Zerrissenheit aus und ist noch ziemlich isolirt, da seine Entfernung vom zusammenhängenden Kreidegebiet im Minimum 4 km beträgt. Gleichfalls ganz vereinzelte Lappen von cenomanem Quader befinden sich mindestens 5 km von der Grenze des geschlossenen Kreideareals entfernt zwischen Ilabenau und Reinhardtsgrimma.

Wenn auch in Folge dieser vollständigen Zerstückelung und theilweisen Vernichtung jener Sedimente ohne weiteres keine südwestliche Uferlinie des cenomanen Meeres zu ziehen ist, so ergiebt sich doch aus den folgenden Beobachtungen, dass alle diese Ablagerungen sich ganz in der Nähe des Strandes vollzogen haben müssen, wonach dieselben wenigstens eine ungefähre Reconstruction der alten Küste gestatten.

Gerade am Südrande der heutigen Kreideresidua ist die litorale Crednerien-Stufe nicht nur am häufigsten, sondern auch am besten entwickelt, so bei Niederschöna, Grüllenburg, Paulsdorf, im Wilischbachthal, im Bahrethal, bei Langenhennersdorf und bei Tyssa. Innerhalb des geschlossenen Kreidegebietes dagegen ist dieselbe nur bei Leuteritz und Dohna vorhanden. Der Reichthum dieses Complexes an wohlerhaltenen Resten der Blätter und Früchte von Laubhölzern weist demselben auf das Bestimmteste die Uferzone als Ablagerungsgebiet zu. Ferner nehmen an diesem, der voraussichtlichen Küste des cenomanen Meeres entsprechenden Südrande der Kreiderelicte Conglomerate ausserordentlich weite Verbreitung an, sie bilden nicht allein die Basis der cenomanen Schichten, sondern finden sich auch in diese eingeschaltet. Ihre Geschiebe erreichen Faustgrösse und bestehen meist aus Quarzit, oft auch aus silurischem Kieselschiefer, Schlottwitzer Amethyst, Quarzporphyr und Gneissen, welche sämmtlich der erzgebirgischen Hochfläche entstammen und im Beginn der Cenomanzeit von dort aus der nahen Küste zugeführt wurden. Das häufige Auftreten von discordanter Parallelstructur in den Sandsteinen des Südrandes, besonders schön am Götzenbüschgen*) unweit Rabenau und bei Niederschöna**), sowie das Vorkommen von wohlerhaltenen in die marinen Sandsteine der Carinaten-Stufe eingeschwemmten Pflanzenresten, z. B. bei Malter und Welschhufe veranschaulichen ebenfalls die Nähe der Küste.

So lässt sich denn mit ziemlicher Wahrscheinlichkeit annehmen, dass die südwestliche Grenzlinie der cenomanen Ablagerungen auf der Hochfläche des jetzigen Erzgebirges von etwa der Nollendorfer Gegend in nordwestlicher Richtung südlich von Dippoldiswalde vorüber, und von hier aus in mehr westlicher Richtung auf Freiberg zu verlaufen sei. Von dieser freilich nur ganz im Allgemeinen reconstruirbaren Küstenlinie aus erstreckte sich das flache cenomane Meer nach Nord und Nordost. In der Nachbarschaft jener Küste kam zunächst, voraussichtlich als Deltabildung, der Complex der Crednerien-Stufe zur Ablagerung. Ueber diesem folgt, wie gezeigt wurde, in weiter und allgemeiner Verbreitung der cenomane Quader. Durch beide Complexe erfolgte eine Planirung des Meeresbodens, soweit dessen Erhebungen keine beträchtlichen Masse erreichten. Höher vom Boden aufragende Rücken und Kuppen des felsigen Meeresgrundes blieben von diesem ältesten Cenoman-Ablagerungen unbedeckt, da auf ihren Gipfeln die lockeren Sande meist keinen Halt fanden. In Folge dessen durchragen erstere den altcenomanen Complex meist vollständig, in zwei Fällen, bei Lockwitz und bei Oberau jedoch nur zum grössten Theil, so dass sich dessen hangendste Schichten über diese Emporragung hinweg erstrecken.

Anders gestalteten sich die Verhältnisse in der nun folgenden oberen Stufe des Cenoman, nämlich im Carinaten-Pläner und Plänersandstein. Nicht nur auf den erst kürzlich zur Ablagerung gelangten Quaderflächen, sondern auch auf den noch von Sedimenten freien Emporragungen breiteten sich die kalkig-thonigen Massen des Pläners aus. In Folge der durch

*) Beck, Erläuterungen Sect. Tharandt, S. 38.
**) Erläuterungen Sect. Freiberg, S. 55.

diese felsigen Erhebungen bedingten örtlichen Verhältnisse kommt innerhalb der jüngeren cenomanen Stufe eine Localfacies zur Ausbildung, welche an die Gehänge und Gipfel dieser submarinen Erhebungen gebunden ist. Sie ist es, welche wir mit Deck*) als „Klippenfacies" bezeichnen. Ihre Eigenart giebt sich in folgenden Merkmalen kund:

1. In ihren Niveauverhältnissen, indem die hierher gehörigen Sedimente in einem höheren Niveau zur Ablagerung gelangt sind, als die rings um diese Klippen verbreiteten, aequivalenten jungcenomanen Schichten.

2. In der Lagerungsform und den Verbandsverhältnissen, indem die Sedimente der Klippenfacies verschiedentlich gestaltete, zum Theil tief eingreifende Unebenheiten der Auflagerungsfläche, als Kessel, sack- oder spaltenartige Vertiefungen und Taschen ausfüllen. Wie charakteristisch gerade diese durch die Unregelmässigkeit des Untergrundes bedingte Lagerungsform für die Klippenfacies ist, erhellt durch die Thatsache, dass in der übrigen allgemeinen Verbreitung der cenomanen Schichten eine höchst gleichmässige und continuirliche, durchaus schwebende Lagerung herrscht. Eine solche ist zu beobachten z. B. an der Auflagerungsfläche des Carinaten-Quaders auf das Rothliegende bei Cunnersdorf unweit Dresden, ferner an derjenigen auf Granit von z. B. Dohna, Zwirtschkau bei Pirna und Niedergrund, endlich auf den im Contact mit Granit in Hornfelse umgewandelten Grauwacken bei Kauscha unweit Dresden.

3. In ihrer petrographischen Ausbildung, indem die Klippensedimente kleinere oder grössere Gerölle des Untergrundes in beträchtlicher Zahl in sich aufnehmen. Diese erreichen zuweilen einen Durchmesser von 1 m und stellen dann gewaltige Rollblöcke vor, die fast stets wohl gerundet sind und augenscheinlich ihre Losreissung und Abrundung dem Wogenschwall der einstigen Untiefe verdanken. Ausserdem beobachtet man, dass der Pläner, der den Klippen auflagert, meist Glaukonit in Gestalt grösserer Flecken und Flatschen führt und dass glaukonitische Substanz auch einen Theil der Petrefacten, sogar gewisse Gerölle überzieht.

4. In der Fauna, indem die Ablagerungen der Klippenfacies durch das Ueberwiegen von mit Haftapparaten ausgestatteten und dem Untergrunde aufwachsenden Thierformen, insbesondere massenhaften Austern und Spongien, sowie zahlreichen stockbildenden Korallen charakterisirt sind.

Ganz analog gestalten sich die Verhältnisse im Carinaten-Quader, dort, wo derselbe wie an den beiden bereits genannten Stellen, nämlich bei Lockwitz und bei Oberau, ebenfalls auf die Oberfläche der dortigen submarinen Erhebungen übergreift.

Derartige cenomane Sedimente vom Charakter der geschilderten Klippenfacies sind auf folgenden Emporragungen des Litorals bekannt:

auf dem Syenitrücken, welcher sich der cenomanen Küstenlinie in nordöstlicher Richtung vorlagert und jetzt von dem tiefen Erosionsthal der Weisseritz durchquert wird und zwar bei Plauen,

auf den Emporragungen des sich weiter südöstlich anschliessenden Granitmassivs am Gamighübel, bei Kauscha und bei Lockwitz,

auf der Porphyrkuppe des Kahlebusches bei Dohna,

auf dem Granit von Zscheila bei Meissen,

auf dem Gneiss bei Oberau.

---

*) Erläuterungen Sect. Pirna, S. 55.

Die Verhältnisse, wie sie sich der Beobachtung auf diesen Vorkommnissen der Klippenfacies bieten, sollen im Folgenden ausführlich dargelegt werden.

2. Beschreibung der Klippenfacies.

a) Die Klippenfacies auf dem Syenitrücken bei Plauen.

Das Meissener Syenitmassiv erstreckt sich von Meissen in südöstlicher, also Lausitzer Richtung, südwestlich von Dresden vorüber, und bildet hier einen Rücken, der sich zwischen der Elbthalwanne und dem rothliegenden Döhlener Becken erhebt und der von der Weisseritz in einem tiefen Thal, dem Plauenschen Grund, durchschnitten wird. Nördlich und südlich vom Syenit verbreiten sich, wie es das S. 45 mitgetheilte schematische Profil Fig. 3 veranschaulicht, die Schichten des Rothliegenden. Diese werden vom Carinaten-Quader überlagert, welcher bis an den Syenit herantritt und auch noch eine Strecke weit auf dessen Böschung übergreift. Ueber diesen Quader und die von letzterem unbedeckt gebliebene Gipfelzone von Syenit lagert sich der Carinaten-Pläner, wobei er, als Klippenfacies ausgebildet, die Unregelmässigkeiten der Syenitoberfläche ausfüllt, und mannigfach in Taschen und Klüfte desselben eingreift, Verhältnisse, die an den Gehängen des Weisseritzthales wiederholt aufgeschlossen und zu beobachten sind.

Eine deutliche Vorstellung von diesen Lagerungsverhältnissen ergeben die Aufschlüsse an der Nordostböschung des Syenitrückens. Bei Rossthal wird der Carinaten-Pläner von einer kleinen Syenitkuppe durchragt, während der Aufschluss bei Döltzschen in nur 600 m südöstlicher Entfernung zeigt, dass hier der Syenit ca. 25 m tiefer liegt und zunächst vom Carinaten-Quader, dann von Conglomerat und endlich vom Carinaten-Pläner überlagert wird, die sich demnach sämmtlich bis auf den letzteren in der Richtung nach der Rossthaler Kuppe zu an den Böschungen des Syenits auskeilen. Die gleichen Verhältnisse wiederholen sich von Döltzschen aus

Fig. 4.

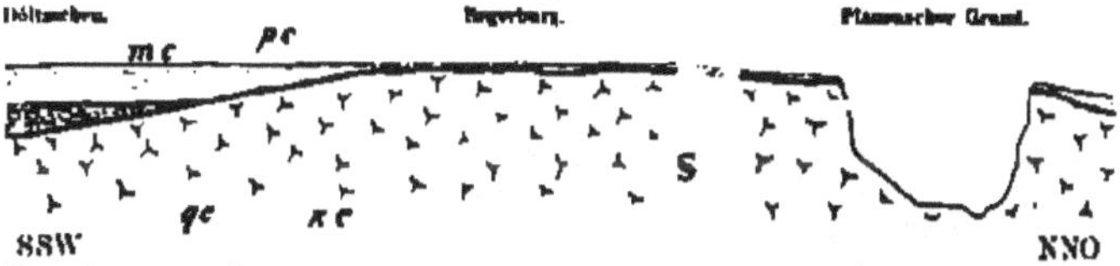

Durchragung der unteren cenomanen Schichten durch den Syenitrücken des Plauenschen Grundes. Nur die hangendsten Schichten des Carinaten-Pläners greifen als Klippenfacies entwickelt über den Syenit weg.

S = Syenit. qc = Carinaten-Quader, kc = Conglomerat, mc = Mergel. pc = Carinaten-Pläner.

in nordöstlicher Richtung an den Gehängen des sich hier sanft erhebenden Syenits des Plauenschen Grundes. Während, wie oben gezeigt, das Cenoman bei Döltzschen noch vollständig entwickelt ist, greift nur sein oberster Complex auf den Syenitrücken hinauf, und bedeckt ihn, als Klippenfacies ausgebildet, continuirlich, sodass an den beiderseitigen Steilrändern des Plauenschen Grundes unterhalb der Brauerei zum Felsenkeller nur die verhältnissmässig schwache Hülle des obersten Cenoman angeschnitten ist, die in der Gegend des Hohen Steins in voller Mannigfaltigkeit ihrer charakteristischen Merkmale an verschiedenen Punkten aufgeschlossen ist, Lagerungsverhältnisse, die das Profil 4 veranschaulichen soll. Noch weiter nach Dresden zu beginnt die Syenitoberfläche sich wieder zu senken, in Folge dessen nimmt das oberste Cenoman, also der Carinaten-Pläner, in gleichem Schritte an Mächtigkeit zu, nahe an der Bienertstrasse in Plauen wurde er, den Syenit noch direct überlagernd, erbohrt, und erst beim Plauenschen Lagerkeller stellen sich zwischen diesem letzteren und dem Carinaten-Pläner Vertreter des Carinaten-Quaders ein.

Aus diesem von uns hiermit verfolgten Profile leuchtet die Thatsache klar ein, dass auf die Erhebung des syenitischen Untergrundes nur der oberste cenomane Complex, rings um diesen Syenitrücken aber und an seinem Abfalle das gesammte Cenoman in seiner normalen Entwickelung ausgebildet ist. Dass aber diese schwache Cenomanbedeckung des Syenitrückens den Habitus einer typischen Klippenfacies besitzt, ergiebt sich aus den folgenden an den dortigen Aufschlüssen gemachten Beobachtungen.

Den schönsten Einblick in die der Klippenfacies des Syenitrückens eigenthümlichen Gebilde bot ein Steinbruch, der am Eingang in den Plauenschen Grund dicht hinter der Gasanstalt gelegen ist und dessen prächtige Profile jetzt leider verschüttet werden. Die Figur 5 veranschau-

Fig. 5.

Auflagerung des Carinaten-Pläners der Klippenfacies auf den Syenit im Steinbruch hinter der Plauenschen Gasanstalt.

S = Syenit, pc = Carinaten-Pläner.

licht einen Theil der felsig zerrissenen und zerspaltenen Oberfläche des Syenits. Man gewahrt in diesem verschiedene tiefe und enge Spalten, von denen eine bei einer Breite von 10—15 cm nicht weniger als 3 m tief in den harten, kaum zersetzten Syenitfels hineinreicht. Ausserdem weist die Oberfläche noch etliche sackartige oder ganz unregelmässig gestaltete Vertiefungen auf, die mit grobem Geröll erfüllt sind. Zahlreiche ganz feine Spältchen, die nicht immer auf der Skizze dargestellt werden konnten, durchsetzen den Syenit am Boden dieser Ausbuchtungen. Daneben erheben sich steilwandige, durch die Wogen abgerundete Buckel und Kämme bis zu mehreren Metern Höhe. Alle diese Erscheinungen vereinigen sich zum Bilde eines rauhen und wilden Klippenuntergrundes

des cenomanen Meeres. Vervollständigt wird dasselbe durch die Anhäufung zum Theil gewaltiger, dann über 1 m grosser Rollblöcke des Syenits, welche sich namentlich in den Vertiefungen zwischen den Einzelklippen concentriren und jetzt ein ausserordentlich grobes, local Riesen-Conglomerat repräsentiren. Ausser diesen Syenitgeröllen fanden sich ganz vereinzelt kleine, ebenfalls gut gerundete Geschiebe von anderen Gesteinen, die zum Theil einen weiteren Transport durchgemacht haben, z. B. hornsteinartige aus dem Rothliegenden stammende Gerölle, Kieselschiefer und glaukonitischer Pläner von derselben Beschaffenheit, wie er hie und da in diesem Bruche ansteht. Alle diese letzteren waren im Gegensatz zu den Syenitgeschieben von einer glaukonitischen Hülle umgeben. Der diesen Klippen auflagernde Pläner weist grosse 1—2 cm messende Flatschen von Glaukonit auf und enthält ausserdem stellenweise zahlreiche kleine Glaukonitkörner, sowie einzelne Schwefelkiespartikelchen eingesprengt. Unter dem Mikroskop erweist er sich vorwiegend aus Calcit und Quarz, ausserdem spärlich aus Biotit, Pyrit und Glaukonit zusammengesetzt, neben dem man noch einzelne Foraminiferen gewahrt.

Der Pläner ist, soweit er die Unregelmässigkeiten des Syenits erfüllt, und soweit er als Conglomerat entwickelt ist, ungeschichtet, nach oben zu sondert er sich in einzelne Bänke, die sich ungefähr der Configuration des Syenitbodens anschmiegen, deren welliger Verlauf sich aber nach oben beständig verflacht und ausgleicht.

Namentlich als Ausfüllung der Klüfte und Kessel des Syenits enthält der Pläner viele organische Ueberreste und so hat dieser Ort eine reichhaltige und für die Klippenfacies höchst charakteristische Fauna geliefert, die um so besser bekannt ist, als hier ein weit grösseres Stück des alten Meeresbodens abgedeckt und durchforscht worden ist, als es bei allen anderen Fundorten innerhalb der Klippenfacies der Fall war. Unter Benutzung der sehr umfangreichen, uns in dankenswerther Weise zur Bestimmung überlassenen Sammlung des Herrn Ingenieur Pohle, Dresden, können wir folgendes Verzeichniss der hier vorgekommenen Fossilien geben:

Dimorphastraea parallela Reuss sp.	hh.
Latimaeandra Fromenteli Bölsche.	h.
Thamnastraea conferta M. Edw.	s.
Cidaris vesiculosa Goldf.	ss.
Rhynchonella compressa Lam.	hh.
Terebratula biplicata Sow.	h.
— *phaseolina* Lam.	h.
Ostrea hippopodium Nilss.	hh.
Alectryonia carinata Lam.	ss.
— *diluviana* L.	s.
Exogyra lateralis Nilss.	hh.
— *sigmoidea* Reuss.	h.
— *haliotoidea* Sow.	hh.
Spondylus striatus Sow. sp.	hh.
Pecten Rhotomagensis d'Orb.	s.
— *elongatus* Lam.	h.
— *acuminatus* Gein.	ss.
Vola digitalis Röm.	ss.
Modiola Cottae Röm.	hh.

Modiola carditoides Gein.	s.
— *arcacea* Gein.	s.
— *irregularis* Gein.	ss.
Eriphyla striata Sow. sp.	ss.
cf. *Protocardium hillanum* Sow. sp.	ss.
Arca Galliennei d'Orb.	s.
— *glabra* Park. sp.	s.
Mutiella Ringmerensis Mant.	ss.
Cyprina quadrata d'Orb.	ss.
— *trapezoides* Röm.	ss.
Cardium cenomanense d'Orb.	s.
— *alternans* Reuss.	s.
Psammobia Zitteliana Gein.	h.
cf. *Turritella granulata* Gein.	ss.
Pleurotomaria plauensis Gein.	s.
— *Geinitzi* d'Orb.	ss.
— sp.	ss.
Natica pungens Sow. sp.	ss.
Neritopsis costulata A. Röm.	ss.
— *nodosa* Gein.	ss.
Stolzneria cepacea Gein.	ss.
Trochus Buneli d'Arch.	ss.
Turbo Geslini d'Arch.	s.
Euchrysalis Laubeana Gein.	ss.
Chemnitzia Reussiana Gein.	ss.
Actinocamax plenus Blainv.	s.
Oxyrhina angustidens Reuss.	ss.

Ausser den drei erstgenannten Stockkorallen kommt hier nach Nessig*) noch eine weitere, nämlich *Psammohelia granulata* Bölsche vor.

Auf die Eigenthümlichkeiten dieser Klippenfauna wird später eingegangen werden, hier soll nur auf die Häufigkeit der Austern, Brachiopoden und der Korallen, sowie darauf hingewiesen werden, dass fast alle Arten mit Haftapparaten ausgestattet oder dem Untergrunde aufgewachsen sind.

Während sich bei den meisten Petrefacten die kalkigen Bestandtheile aufgelöst und durch Glaukonit ersetzt haben, ist dies nie bei den Brachiopoden und selten bei den Austern, sowie bei manchen *Pecten*- und *Modiola*-Arten der Fall, was ganz mit analogen von Süss**) mitgetheilten Beobachtungen übereinstimmt.

Andere sehr schöne Aufschlüsse der Klippenfacies auf dem Syenit des Plauenschen Grundes bietet der in der Nähe dieses Ortes gelegene Rathssteinbruch, in dem auf einer ca. 120 m langen Strecke die Auflagerung des cenomanen Pläners auf den Syenit ersichtlich ist. Wir geben eine Gesammtansicht derselben Fig. 6 und zwei Detailprofile Fig. 7 und Fig. 8 (s. nächste Seite) wieder, die ebenfalls die auffallend unregelmässige Gestaltung der Syenitoberfläche veranschaulichen. Der sich hier nach N senkende Syenit weist auf dieser Linie vier buckelartige Erhebungen auf,

*) l. c. S. 122.
**) Der Boden der Stadt Wien. 1862. S. 112.

Fig. 6.

Fig. 7.

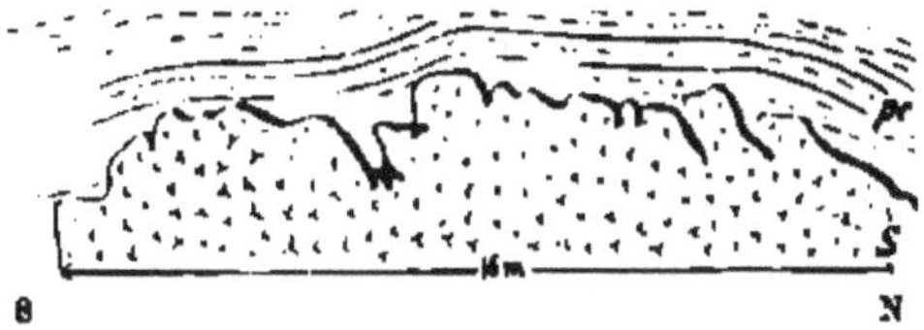

Fig. 8.

Auflagerung des Carinaten-Pläners der Klippenfacies auf den Syenit im Rathssteinbruch bei Plauen.

Fig. 6 Gesammtprofil der Auflagerungsfläche. Fig. 7 und Fig. 8 Specialprofile der in Fig. 6 mit * bezeichneten Stellen. S = Syenit, p c = Carinaten-Pläner.

deren Oberflächen verschiedene Vertiefungen und Spalten zeigen. Zwischen diesen Buckeln sind local Geröllansammlungen aufgeschlossen. Die Syenitgeschiebe erreichen nicht die gewaltige Grösse wie im vorigen Steinbruche, stellenweise sinken sie zu solcher Kleinheit und Beschaffenheit herab, dass sie einen Syenitgrus darstellen, der in grosser Menge von Pläner eingeschlossen und völlig zersetzt ist. Der Pläner gleicht demjenigen, der im Steinbruch bei der Gasanstalt ansteht, völlig. Auch er ist in Bänke gesondert, die sich den grösseren Unebenheiten des Bodens anschmiegen und sich nach oben ausgleichen. Zum Sammeln von Petrefacten sind hier die Verhältnisse nicht günstig, immerhin wurden doch einige Gastropoden, Pecten und Brachiopoden gefunden.

Gegenüber vom Rathssteinbruch liegt das Forsthaus, neben dem auch noch heute die Spaltenausfüllungen sichtbar sind, die Geinitz im „Elbthalgebirge“ Bd. I, S. 13 abbildet und die ihm in früherer Zeit eine Unmasse verschiedenster, vor Allem auch winzig kleiner Fossilien geliefert haben, so dass Geinitz von einer Liliputfauna spricht. Ein grauer oder bräunlicher Pläner mit Glaukonitflecken erfüllt diese Spalten. Die in denselben und zwischen den Conglomeraten eingeschlossene Fauna war sehr reich an Gastropoden und zwar waren sowohl grosse dickschalige, als auch eine Menge kleiner Formen vorhanden. Ferner fanden sich zahlreiche Austern, Brachiopoden, Seeigel und Seesterne, Bryozoen und einzelne Stockkorallen.

Eine ebenfalls sehr reichliche Ausbeute an Fossilien im Gebiet der Klippenfacies wurde früher am nahen **Hohen Stein** gemacht. Hier befindet sich auf dem Gipfel eines Syenitbuckels, auf dem der „**Frohberg's Burg**" genannte Thurm steht, eine etwa 3 m tiefe, grosse Einsackung, in die ein gelblicher, sehr kalkreicher, zahllose Fossilien einschliessender Mergel eingelagert ist. Es ist das diejenige Stelle, welche Geinitz im „Elbthalgebirge" Bd. I, S. 11 abbildet, und von der wir die Profildarstellung Fig. 9 geben. Vor Allem sind Austern und zwar *Exogyra haliotoidea* Sow., *sigmoidea* Reuss, *lateralis* Nilss., ferner und zwar nur an dieser Stelle in solch grosser Zahl *Alectryonia carinata* Lam. und *diluviana* L. häufig. Auch Stacheln und Tafeln von Seeigeln und Seesternen, Zähne von Haifischen und verschiedene Gastropoden, namentlich grosse Cerithien und Pleurotomarien waren hier sehr gewöhnlich. Ungefähr 50 m südlich von dieser Stelle erhebt sich jenseits des Teiches eine niedrige Syenitwand, an deren oberem Rande die Auflagerungsfläche des Pläners deutlich aufgeschlossen ist. Auch hier ist eine ganz ähnliche Einsackung wie an „Frohberg's Burg" vorhanden. Das diese erfüllende Material hat eine mehr sandige Beschaffenheit und ist stellenweise hornsteinartig silificirt. Petrefacten, namentlich Austern und *Cidaris*-Stachel sind auch hier in grosser Anzahl vorhanden.

Fig. 9.

Klippenfacies des Carinaten-Pläners als Ausfüllung eines tiefen Kessels im Syenit an „Frohbergs Burg" östlich vom Plauenschen Grunde.

S = Syenit, pc = Carinaten-Pläner.

Am Wege neben der **Begerburg** lässt sich gleichfalls das Eingreifen des Carinaten-Pläners in mehrere enge Spalten des Syenits wahrnehmen. Dieselben werden theils von grauem, kalkreichem Pläner mit grossen Glaukonitflecken, theils von gelblichem Hornstein erfüllt, welche beide an organischen Resten reich sind und *Cidaris vesiculosa* Goldf., *Ostrea hippopodium* Nilss., *Exogyra haliotoidea* Sow. und *Pecten elongatus* Lam. lieferten. — Noch an einigen benachbarten Stellen des Syenitrückens sind diese der Klippenfacies eigenthümlichen Gebilde aufgeschlossen, doch meist nicht so schön, wie an den beschriebenen Orten, oft auch, wie am oberen Rande der tiefen Syenitbrüche, nicht zugänglich.

b) Die Klippenfacies auf dem Granitit des Gamighübels, bei Kauscha und bei Lockwitz.

Zwischen Kauscha und Leubnitz, südöstlich von Dresden, erhebt sich der sich unter der Kreide ausbreitende Granitit zu einer kleinen Kuppe, dem **Gamighübel***), die zwar orographisch wenig auffällt, die aber doch

*) Erläuterungen Sect. Dresden, S. 49.

eine beträchtliche Emporragung des altcenomanen Meeresbodens darstellt, denn sie durchragt nicht nur den gesammten Carinaten-Quader und Carinaten-Pläner, sondern auch noch einen Theil des turonen Labiatus-Pläners, von welchem sie rings umgeben wird. Das Profil Fig. 10, das unter Benutzung der Aufschlüsse der Nachbarschaft zusammengestellt ist, veranschaulicht diese Lagerungsverhältnisse. Auf dem Granitit und zwar in Vertiefungen seiner Oberfläche liegt cenomaner Pläner und ist demnach hier in einem höheren Niveau zur Ablagerung gekommen, als sogar die turone Labiatus-Stufe. In der etwa 1200 m westlich vom Gamighübel am Wege nach Gostritz gelegenen Grube ist die Auflagerungsfläche des Carinaten-Pläners auf dem Carinaten-Quader blossgelegt, und zwar liegt dieselbe in einem 20 m tieferen Niveau als diejenige der entsprechenden Schichten auf dem Gamighübel, ein Umstand, der letzteren als Klippe

Fig. 10.

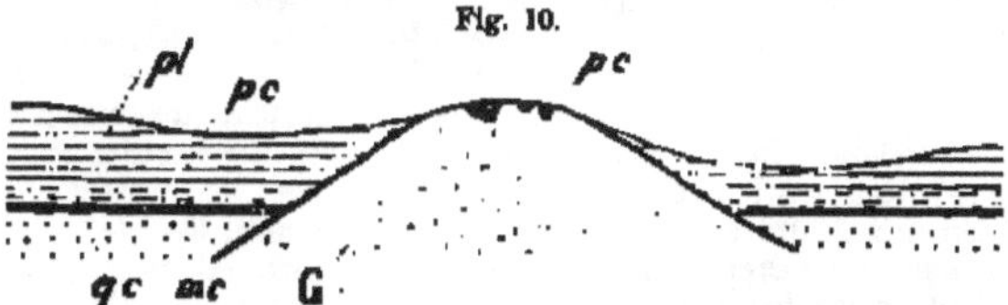

Durchragung des gesammten Cenomans und des Labiatus-Pläners durch die Granitit-Klippe des Gamighübels südöstlich von Dresden.

G = Granitit, qc = Carinaten-Quader, mc = Mergel, pc = Carinaten-Pläner auf dem Gipfel der Granititkuppe in Klippenfacies entwickelt, pl = Labiatus-Pläner.

kennzeichnet. Der im Granitit dieser Kuppe angesetzte Steinbruch zeigt drei unregelmässig wannenförmige Vertiefungen in der granitischen Oberfläche, welche durch Ablagerungen der Plänerfacies ausgefüllt sind. Zwei dieser Kessel enthalten, in einem gelblichen Mergel eingebettet, vereinzelte Granititgeschiebe, die theils abgerollt, theils aber noch kantig sind und jedenfalls dem granitischen Grundgebirge entstammen. Von organischen Resten werden in diesen Mergeln zahlreiche Spongien und Austern (siehe unten) angetroffen. Die dritte, 2—3 m tiefe, an der Nordwand des Steinbruches sichtbare, von **Beck** in Fig. 3 seiner Erläuterungen zu Section Dresden abgebildete Einsackung hat einen ausserordentlich unregelmässigen Boden, der sich theils zu kleinen Buckeln erhebt, theils sich rasch auskeilende Spalten in den Granituntergrund entsendet. Sie wird ebenfalls von weichem gelblichen Mergel erfüllt, dem zwei schwache Bänke von hartem Plänerkalk eingelagert sind, die entsprechend der Configuration ihrer Basis flach beckenförmige Lagerung besitzen. Dieselben sind voll von winzigen Fischkoprolithen und enthalten ausserdem eine Menge Austern, Haifischzähne und Steinkerne unbestimmbarer Cerithien. Die unter diesen Bänken liegenden Mergel sind am reichsten an Petrefacten. Neben Unmassen von *Exogyra haliotoidea* Sow. und *sigmoidea* Reuss, sowie *Terebratulina striatula* Mant. stellt sich häufig *Alectryonia diluviana* L. ein; *Alectryonia carinata* Lam. dagegen ist seltener. In Menge sind Stacheln von *Cidaris vesiculosa* Goldf. und *Sorigneti* Des. vorhanden, ebenso Spongien wie *Siphonia piriformis* Goldf., *Stellispongia planensis* Gein., *Cupulospongia infundibuliformis* Goldf. und *Epitheles robusta* Gein. Nicht selten beobachtet man Steinkerne von Cerithien und *Pleurotomaria Geinitzi* d'Orb., sowie eine Stockkoralle *Synhelia gibbosa* Münst. Auch Haifischzähne sind sehr häufig, Nessig*) nennt vier Species derselben. Namentlich sind es die massenhaften Austern und Spongien, die dieser Fauna ihren eigenthümlichen Charakter verleihen.

Die nächste Stelle, an welcher der Granitit in südöstlicher Richtung vom Gamighübel zu Tage tritt, befindet sich bei Kauscha in 1 km Entfernung von dem eben beschriebenen Aufschlusse. Der Granitit markirt sich hier topographisch in keinerlei Weise, sondern ist durch das Erosionsthal des Probliser Baches angeschnitten, also an dessen Gehängen blossgelegt worden. Trotzdem sind auch an dieser Stelle, und zwar am Nordgehänge des genannten Baches, Reste einer einstmaligen Klippenfacies nicht zu verkennen. In dem Steinbruche östlich von Kauscha sieht man von der denudirten, verwaschenen und von Löss bedeckten Oberfläche des Granitits aus eine cenomane Spaltenausfüllung 2 m tief hinabsteigen, die den von den Höhen am Plauenschen Grunde S. 57 beschriebenen analogen Gebilden in jeder Richtung gleicht. Dieselbe besteht aus einem bräunlichen, staubfeinen Sande, der durch ein thoniges Bindemittel locker zusammengehalten wird und neben unbestimmbaren Resten von Austern einen scharfen Abdruck von *Cidaris vesiculosa* Goldf. lieferte.

Je weiter wir von hier aus den Granitit nach SO verfolgen, desto tiefer sinkt seine Oberfläche. Bei dem nur 1,5 km von Kauscha entfernten Lockwitz fallen deshalb die dortigen Klippenbildungen bereits in die untere Abtheilung des Cenomans, in den Carinaten-Quader, bei dem 4,5 km weiter südöstlich gelegenen Dohna lag sie so tief, dass der Quader und sein Hangendes, der Pläner, sich ihr continuirlich und zwar schwebend anflagerten, während erst die dem granitischen Meeresboden aufgesetzte Porphyrkuppe des Kahlebusches von Neuem zur Klippenbildung Veranlassung gab.

Die Klippenfacies des Carinaten-Quaders bei Lockwitz ist dicht oberhalb des Ortes durch den Granitbruch bei Adam's Mühle am oberen linken Thalrande aufgeschlossen. Wie das Profil Fig. 11 darstellt, erfüllt der Carinaten-Quader grössere unregelmässige Vertiefungen und die spaltenförmigen Ausläufer derselben, während zugleich steilbucklige Köpfe und Kämme des Granitits in ihn hineinragen. Der Quader dieser Ausfüllungen ist sehr feinkörnig, dem Plänersandstein ähnlich. An den tiefsten Stellen hat er graue, sonst graulichweisse Farbe und weist grössere grünliche, glaukonitische Flecken auf. Eine reiche Fauna stellt sich auch hier wie an allen übrigen Klippen ein, während in der Nähe dieses Ortes, ausserhalb der Klippenfacies derselbe Quader überaus arm an Fossilien ist. Wir sammelten in diesen Quadertaschen:

Fig. 11.

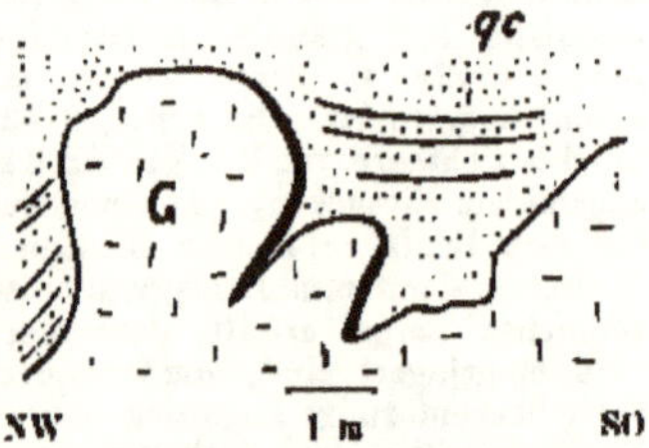

Klippenfacies des Carinaten-Quaders auf dem Granitit von Lockwitz (Section Kreischa-Hänichen).

G = Granitit, qc = Carinaten-Quader.

*) l. c. S. 994.

	Micrabacia coronula Goldf.	ss.
	Serpula gordialis Schloth.	h.
	Rhynchonella compressa Lam.	s.
	Pecten elongatus Lam.	s.
	Vola notabilis Münst.	ss.
	Spondylus striatus Sow.	s.
	Lima cenomanensis d'Orb.,	ss.
vor Allem aber in grösster Häufigkeit		
	Exogyra lateralis Nilss.	hh.
	— *haliotoidea* Sow.	hh.
	— *conica* Sow.	h.
sowie	*Cidaris vesiculosa* Goldf.	hh.

Hieraus ist ersichtlich, dass die Fauna dieses Ortes derjenigen der oben beschriebenen Aufschlüsse ganz analog ist. Austern treten auch hier in bei Weitem überwiegender Zahl auf, ein, wie bereits betont, charakteristisches Merkmal der Klippenfacies.

c) Die Klippenfacies auf der Porphyrkuppe des Kahlebusches*).

Bei Dohna und nördlich von dieser Stadt breitet sich die denudirte Oberfläche des Granitits durchaus eben und zwar in 160—170 m Meereshöhe aus. Ihr conform, also in fast schwebender, nur flach nach N geneigter Schichtenlage ist das Cenoman, und zwar wesentlich als Plänersandstein zur Ablagerung gelangt. Ueber diese Ebenheit erhebt sich bis zu 208,8 m Meereshöhe, also ca. 40 m über das Niveau des Pläners eine dem Granitit aufgesetzte glockenförmige Porphyrkuppe, der Kahlebusch. Durch den Pläner bis in den unterlagernden Granitit ist das Thal der Müglitz eingeschnitten, dessen Gehänge somit aus letzteren Gesteinen besteht, während die die Stadt Dohna tragende Hochfläche von der Plänerdecke gebildet wird. Am besten lassen sich diese topographisch-geologischen Verhältnisse von einem hoch liegenden Punkte direct südlich von Dohna überblicken und sind in dem durch die geologische Darstellung auf Section Pirna sich zum plastischen Bilde ergänzenden Textprofil Fig. 12 wiedergegeben worden. Die, wie erwähnt, die Hochfläche bedeckenden Pläner-

Fig. 12.

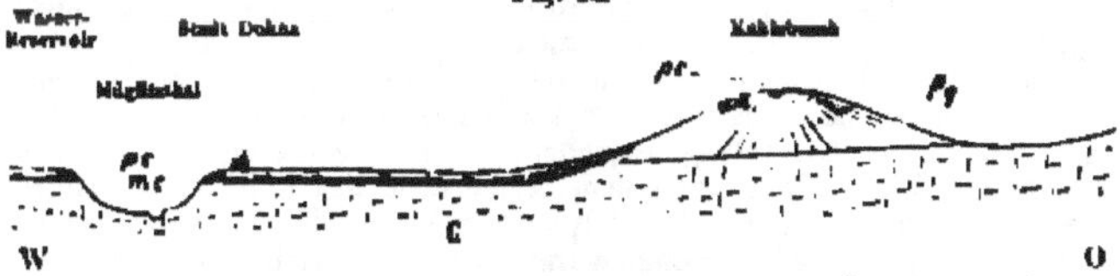

Profil vom Wasserreservoir westlich von Dohna bis jenseits der Porphyrklippe des Kahlebusches.

G = Granitit, Pq = Quarzporphyr, mc = cenomaner Mergel, pc = Carinaten-Pläner, auf dem Gipfel des Kahlebusches in der Klippenfacies als Ausfüllung von Vertiefungen des Porphyrs. Nach H. Credner.

*) Deichmüller, l. c. S. 109; Lange, l. c. S. 10; Beck, Erläuterungen Sect. Pirna, S. 65 und Fig. 5.

schichten ziehen sich eine Strecke weit die Böschung des Kahlebusches hinauf, um sich dann auszukeilen. Erst auf dem äussersten Gipfel und dessen Umrahmung, also in einem Niveau von beinahe 40 m über der Stadt Dohna, stellen sich von Neuem ausschliesslich als Ausfüllung von Vertiefungen auf der Porphyrklippe cenomane Gebilde ein. Dieselben charakterisiren sich durch ihre beträchtliche Höhenlage über dem normal ausgebildeten Cenoman, durch ihre Lagerungsform zwischen den Unebenheiten der Porphyrklippe, durch ihren petrographischen Habitus und durch ihre Fauna als ausgezeichnete Vorkommnisse der Klippenfacies, für welche diese letztere Bezeichnung von **Beck** zur Einführung gelangte.

Während früher eine grössere Anzahl solcher kessel- oder wannenförmigen Vertiefungen auf der Höhe des Kahlebusches beobachtet wurden, sind augenblicklich nur drei solche aufgeschlossen. Zwei derselben, von denen die eine 2, die andere 5 m tief ist, enthalten ein grobes Porphyrconglomerat, dessen völlig abgerundete und zersetzte, offenbar dem Untergrund entstammende Rollstücke 10 bis 25 cm Durchmesser haben. Dieselben werden durch ein kalkiges Bindemittel verkittet, in dem man nicht selten Fragmente von Austern findet. Die dritte, 3 m breite und 1,5 m tiefe wannenförmige Einbuchtung der Porphyroberfläche liegt direct auf dem Gipfel der Kuppe und enthält einen gelblichen, schwach glaukonitischen Mergel. In ihm sind Fossilien in grösster Menge enthalten. Die von **Deichmüller***) aufgezählte Fauna ähnelt durchaus derjenigen der Klippen vom Gamighübel und von „Frohberg's Burg".

Vorwaltend sind auch hier die folgenden Austern: *Exogyra haliotoidea* Sow., *sigmoidea* Reuss, *lateralis* Nilss., *Ostrea hippopodium* Nilss., *Alectryonia diluviana* L. und *carinata* Lam., ferner Spongien und zwar namentlich *Siphonia piriformis* Goldf. Sehr häufig sind auch Bryozoën und die Stacheln von *Cidaris vesiculosa* Goldf. und *Sorigneti* Des. Von Brachiopoden ist *Terebratulina striatula* Mant. am gewöhnlichsten. Gastropoden dagegen sind selten. Von Bedeutung ist ausserdem das reichliche Vorkommen von Stockkorallen, so von *Synhelia gibbosa* Münst., *Isis tenuistriata* Reuss, *Stichobothrion foveolatum* Reuss sp. und *Thamnastrea conferta* M. Edw., sowie dasjenige von Rudisten, von *Stellaster plauensis* Gein., *Oreaster thoracifer* Gein. und endlich von *Pentacrinus lanceolatus* Röm. und *Actinocamax plenus* Blainv. Wiederum spielen, das zeigen schon diese kurzen Angaben, sessile Arten die hauptsächlichste Rolle in dieser Klippenfauna.

Wie auf dem Gipfel und an den obersten Abhängen der Porphyrkuppe des Kahlebusches, so haben die Schichten mit *Actinocamax plenus* auch am Fusse derselben, nämlich auf der Böschung seines Sockels eine von der normalen abweichende, in vielen Beziehungen an die echte Klippenfacies erinnernde Ausbildung angenommen. So sieht man an dem Einschnitte des Weges, der nach dem Steinbruche des Kahlebusches führt, direct auf dem, die Basis der Porphyrquellkuppe bildenden Granitit ein 0,6 m mächtiges, grusiges Conglomerat anstehen, welches wesentlich aus bis kopfgrossen Geröllen des benachbarten Granitits und Porphyrs besteht, auf welches ein 0,9 m mächtiger Plänermergel folgt. In ihm findet sich eine Fauna, in der Austern und Schwämme (*Cribrospongia subreticulata* Münst. und *Syphonia piriformis* Goldf.) verhältnissmässig reichlich vertreten sind.

*) l. c. S. 100.

d) Die Klippenfacies auf dem Granitit von Meissen.

Wie im SO, so sind auch im äussersten NW der das sächsische Elbthalgebirge durchziehenden Küstenlinie des Kreidemeeres cenomane Gebilde vom Charakter der Klippenfacies zur Ablagerung gelangt. Ein derartiges Beispiel lieferte die directe Umgebung von Meissen und zwar von Zscheila. Dieselben wurden von Gumprecht im Beginne der 30er Jahre sorgfältig untersucht und in seinen „Beiträgen zur geognostischen Kenntniss einiger Theile von Sachsen und Böhmen“, Berlin 1835, S. 10 u. f. beschrieben und auf Tafel 1 abgebildet. Es galt damals nachzuweisen, dass die scheinbaren Einschlüsse vom Pläner im dortigen Granit thatsächlich keine Einschlüsse seien, sondern mit der dem Granit aufgelagerten Plänerdecke in directem Zusammenhang gestanden haben, also als Descensionen zu betrachten seien. Wie bei Plauen, so füllte auch hier ein grauer Kalkstein mit Glaukonitflecken die spaltenartigen Unebenheiten des Granits aus. Glaukonit überzog ebenfalls die recht häufigen Fossilien, von denen hauptsächlich Brachiopoden, sowie einige Gastropoden citirt werden*). Aehnliche Gebilde beobachtete derselbe Autor auf dem Syenit der Rathsweinberge. Trotzdem ihn die Fauna an diejenige der Felsenriffe der heutigen Meere erinnerte, spricht er diese Erscheinungen nicht als Klippen an, sondern erklärt, dass ihre Entstehung eine „wahrscheinlich nie zu enträthselnde Ursache“ habe. Heute sind diese Spaltenausfüllungen nicht mehr zu sehen; bereits 1840, so berichtet Geinitz**), hatte der Eifer älterer Geologen nichts mehr davon übrig gelassen. Später (1877) fand Dittmarsch über dem Granit von Zscheila rothe, eisenschüssige, etwas sandige Mergel, die zahlreiche von Geinitz***) bestimmte Fossilien lieferten, darunter eine Stockkoralle, ferner die von den Klippen bekannten Brachiopoden und Austern, *Spondylus striatus* Sow., *Pecten elongatus* Lam., *Opis bicornis* Gein., *Modiola*- und *Mytilus*-Arten, sowie einige Gastropoden, eine Fauna, welche für die Klippenfacies dieser Localablagerung spricht.

e) Die Klippenfacies auf dem Gneiss des Oberauer Tunnels.

Fig. 13.

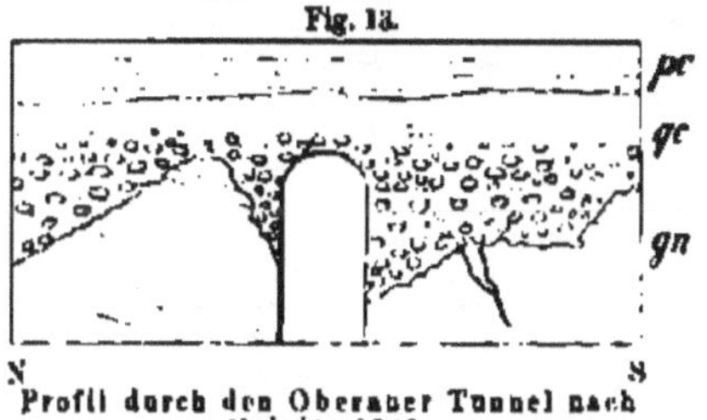

Profil durch den Oberauer Tunnel nach Geinitz 1840.

gn = Gneiss, eine Scholle im Granit des Meissener Massivs bildend, seine Oberfläche durch klippenartige Vorsprünge und spaltenartige Klüfte unregelmässig zerrissen, qc = Carinaten-Quader, diese Unebenheiten ausfüllend, als Klippenfacies entwickelt, pc = Carinaten-Pläner.

Zur Klippenfacies gehören endlich diejenigen cenomanen Ablagerungen, welche nebst ihrem aus Gneiss gebildeten Untergrunde mit dem Oberauer Tunnel durchfahren wurden und von denen Geinitz in seiner „Charakteristik“ Tafel A eine anschauliche Abbildung giebt, der wir das Profil Fig. 13 entnehmen. Der Gneiss stellt hier eine vielfach von Granitgängen durchschwärmte Scholle

*) Vergl. Leonhardt im Neuen Jahrbuch 1834, S. 140.
**) Charakteristik, S. 6.
***) Sitzungsberichte der Isis 1877, S. 17 und 74.

im Meissener Syenit-Granitmassiv dar. Die Emporragung, die dieses Grundgebirge auf dem altcenomanen Meeresboden bildete, war offenbar nicht sehr bedeutend, sodass sie bereits vom Carinaten-Quader überlagert wurde, welcher hier als ein an Glaukonit überaus reicher Grünsandstein entwickelt ist. Ausfüllungen von Spalten, die sich zum Theil ähnlich wie diejenigen von Zscheila in der Tiefe sackförmig erweitern, ferner von kleineren und grösseren, unregelmässig kesselförmigen Vertiefungen, klippenförmige Hervorragungen, endlich grosse, wohlgerundete Gerölle, zuweilen auch scharfeckige Bruchstücke des den Untergrund bildenden Gneiss und Granits kennzeichnen diese Ablagerung als höchst charakteristisches Gebilde der Klippenfacies. Auch die Fauna zeigte Analogien zu derjenigen anderer Klippenbildungen; *Terebratula biplicata* Sow., *Rhynchonella compressa* Lam., die folgenden Austern: *Exogyra haliotoidea* Sow., *Ostrea hippopodium* Nilss., *Alectryonia diluviana* L. und *carinata* Lam., ferner *Trochus Geinitzi* Reuss, *Turritella granulata* Gein. und *Pleurotomaria* sp., auch kleine Hippuriten wurden meist recht häufig gefunden.

3. Rückblick auf die Fauna der Klippenfacies.

Allen diesen Klippenbildungen ist, wie schon ein Blick auf die gegebenen Aufzählungen der in ihnen enthaltenen Fossilien zeigt, eine höchst charakteristische Fauna eigenthümlich, deren Eigenart besonders durch das Ueberwiegen solcher Formen zum Ausdruck kommt, die mit Haftapparaten ausgestattet oder dem Untergrund direct aufgewachsen waren. Analogien zu den Faunen der heutigen felsigen Meeresküsten sind in der fossilen Thierwelt der cenomanen Klippenfacies Sachsens auf das deutlichste ausgesprochen. So spiegelt sich in diesen Ablagerungen die Vorliebe der stockbildenden Korallen, sich an felsigen Klippen in geringer Meerestiefe anzusiedeln*), unverkennbar wieder. Die ein festes Substrat erfordernden Crinoiden kommen gleichfalls, wenn auch als Seltenheit, in der Klippenfacies vor. Die Brachiopoden leben nach Walther**) in ihrer grossen Mehrzahl auf felsigen Klippen und härteren Bänken, die am Meeresboden aus sandigen und schlammigen Gründen hervorragen. Ihre reichliche Verbreitung in verschiedenen Arten der Gattungen *Terebratula*, *Terebratulina* und *Rhynchonella* steht damit vollständig im Einklang. Von den mit einer Schale aufgewachsenen Lamellibranchiaten sind die Ostreiden ganz besonders zahlreich vertreten und können wahre Haufwerke und bankartige Vergesellschaftungen bilden. Einzelne Arten (*Exogyra haliotoidea* und *sigmoidea*, auch *lateralis* und *Ostrea hippopodium*) sind allerorts in der Klippenfacies in solcher Zahl vorhanden, dass sie schon für sich allein dieser Facies ein eigenthümliches Gepräge verleihen. Zu diesen Zweischalern gehören ferner auch jetzt noch dem Untergrunde direct aufsitzende Individuen von *Spondylus striatus* Sow. sp., sowie die selteneren Rudisten und Chamen, welche sich jedoch nicht selten auch im Quader der Carinaten-Stufe vorfinden, der ja dort ebenfalls eine Ablagerung des seichten Meeres oder der Litoralzone repräsentirt. Von den Gattungen *Mytilus*, *Modiola* und *Pecten*, die sich mit ihrem Byssus befestigen,

*) Vergl. Walther: Die Korallenriffe der Sinaihalbinsel. Abh. der sächs. Ges. der Wiss. Bd. 14, S. 473.

**) Einleitung etc. S. 348.

kommen verschiedene Species in der Klippenfacies in grosser Häufigkeit vor, was ganz besonders für *Modiola Cottae* Röm. gilt. Die in den Felsen bohrenden *Lithodomus* und *Pholas* sind durch mehrere Arten vertreten und ebenfalls gerade in dieser Facies häufig. Stellenweise sind auch Gastropoden sehr gewöhnlich und sind viele derselben nur aus dieser Facies bekannt geworden. Als charakteristisch sind die dickschaligen Vertreter der Gattungen *Turbo*, *Litorina*, *Cerithium*, *Chemnitzia* und *Nerinea*, sowie die an Felsflächen aufsitzenden Patellen zu nennen. Cephalopoden dagegen sind durchweg selten.

Sehr merkwürdig ist es, dass in der Klippenfacies auf dem Syenit des Plauenschen Grundes, welche auf ihre Fauna am besten durchforscht ist, verschiedene Fundorte gewisse, auffallende Unterschiede in der Zusammensetzung ihrer Thierwelt aufweisen. Besonders deutlich kommen diese localen Eigenthümlichkeiten an der von Geinitz aus den Spaltenausfüllungen unterhalb des Forsthauses im Plauenschen Grunde mitgetheilten Fauna und derjenigen des S. 67 genannten, in einem etwas tieferen Niveau gelegenen Steinbruches bei der Plauenschen Gasanstalt zum Ausdruck. Der erste Fundort, also der am Forsthause, ist besonders durch seinen Reichthum an Gastropoden ausgezeichnet. Die Spalten waren „überfüllt" von den kleinen Schalen derselben, fast alle die im Band I des „Elbthalgebirges" abgebildeten Arten stammen von dieser Stelle. Während viele derselben recht selten waren, traten andere in um so grösserer Zahl auf. Von *Litorina gracilis* Sow. sammelte Geinitz*) gegen 60 Exemplare, von *Turbo Reichi* Gein. mindestens 60, auch *Natica*- und *Chemnitzia*-Arten waren häufig. Ausserdem fanden sich noch ziemlich zahlreiche Brachiopoden, verschiedene Echinoiden und Lamellibranchiaten, wie *Pecten* und *Mytilus*. Die Korallen waren hier selten. In dem Aufschlusse bei der Gasanstalt hingegen spielen die Gastropoden eine untergeordnete Rolle, hier dominiren die Brachiopoden und Lamellibranchiaten, auch die Korallen sind häufig. Die Echinoiden scheinen dagegen fast ganz zu fehlen, gelang es uns doch nur einen einzigen *Cidaris*-Stachel aufzufinden. Es ist nicht zu verkennen, dass sich hier gewisse Anklänge an die Tiefenzonen, wie man sie an verschiedenen Küsten unterschieden hat**), offenbaren. Der erste Fundort, beim Forsthause, ähnelt den Regionen der Patellen und Korallinen, während der zweite die tieferen Regionen repräsentiren könnte. Da jedoch nicht vorauszusetzen ist, dass alle Organismen an den Stellen der Klippen gelebt haben, wo wir sie heute finden, und da die Fauna des im höchsten Niveau gelegenen Fundortes, „Frohberg's Burg" durchaus nicht mit den durch die beiden anderen Localfaunen angedeuteten Regionen der Litoralzone übereinstimmt, lässt sich über den Grund dieser Eigenthümlichkeiten nichts Sicheres aussagen und ist abzuwarten, ob auch an anderen Klippen, vielleicht am Kahlebusch, ähnliche Beobachtungen gemacht wurden.

Von der Fauna der sich in der Nachbarschaft der Klippen ausbreitenden Quader- und Plänerfacies ist diejenige der Klippenfacies ausserordentlich verschieden. Wir gaben S. 42, 44, 47 und 52 die Verzeichnisse der im Carinaten-Pläner und Plänersandstein aufgefundenen Fossilien; es waren deren verhältnissmässig wenige, und nur einige derselben sind häufig.

---

*) Elbthalgebirge, S. 219 und 253.
**) Walther, Einleitung, S. 112 u. f.

Genau dasselbe gilt für den Carinaten-Quader. Nicht gross ist die Zahl seiner Arten, etliche aber, besonders *Exogyra columba* Lam., *Inoceramus striatus* Mant. und *Vola phaseola* Lam. sind sehr gewöhnlich und kommen innerhalb gewisser Bänke und Nester sogar massenhaft angehäuft vor. An den bereits besprochenen Faunen des Labiatus-Quaders und -Pläners machten wir wiederum dieselbe Beobachtung. Es ist dies offenbar ein charakteristischer Zug der am flachen Meeresboden erfolgten Ablagerungen. Ganz anders verhält sich die Fauna der Klippenfacies. Sie zeichnet sich durch die Fülle der in ihr vertretenen Gattungen und Arten aus, die ebenfalls zum Theil in grosser Zahl der Individuen vergesellschaftet sind. In dieser Reichhaltigkeit und Mannigfaltigkeit besteht die vollste Analogie zu den Verhältnissen, die heute am Boden wenig tiefer Meerestheile zu bemerken sind.*) Auch hier findet sich an steil aufsteigenden Felsen eine artenreiche, am flachen mit Sand oder Schlick bedeckten Boden hingegen eine artenarme, aber individuenreiche Thierwelt. Dass auch die Fauna submariner felsiger Erhebungen von derjenigen des diese umgebenden Meeresbodens verschieden ist, hat Walther**) nachgewiesen. Der Umstand, dass in der Klippenfacies hauptsächlich sich am Boden anheftende Thiere lebten, unterscheidet die Fauna derselben ebenfalls scharf von derjenigen des Quaders und Pläners, die nur verschwindend wenige solcher Arten führen. Die Spongien, Korallen, Crinoiden, Brachiopoden, Bryozoën, Cirrhipedien und Rudisten, die fast ausschliesslich sessil leben, haben im Cenoman Sachsens ihre Vertreter hauptsächlich in der Klippenfacies. Zu ihnen gesellen sich viele Gattungen der Lamellibranchiaten und einige der Gastropoden***) (*Patella* und *Litorina*) von festsitzender Lebensweise. Stockbildende Korallen, die in den geschilderten Ablagerungen durch die Gattungen *Synhelia*, *Thamnastraea*, *Dimorphastraea*, *Astrocoenia*, *Placoseris*, *Isis* und *Stichobothrion* vertreten sind, gehören ausschliesslich der Klippenfacies an. Auch gewisse Asteroiden (*Stellaster plauensis* Gein. und *Oreaster* sp.) sind im Cenoman Sachsens bisher nur in dieser Facies nachgewiesen worden und hier nicht selten. Von den Echinoiden sind die *Cidaris*-Arten besonders häufig, *Pseudodiadema variolare* Brongn., *Orthopsis granulosus* Ag. und *Cyphosoma cenomanense* Cott. sind bisher allein, wenn auch als Seltenheit, an den beschriebenen Klippen beobachtet worden. Anderentheils aber zeigt es sich, dass einige im Pläner und Quader sehr häufige Arten gerade in der Klippenfacies nur selten vorkommen, ein Verhältniss, das bei *Inoceramus striatus* Mant. und *Exogyra columba* am auffälligsten ist.

Blicken wir auf die oben geschilderten Eigenthümlichkeiten der Fauna der Klippenfacies des sächsischen Cenomans zurück, so lassen sich diese in kurzen Worten wie folgt zusammenfassen. Sie bestehen 1. in der Reichhaltigkeit dieser Fauna, verglichen mit der formenarmen Thierwelt des normalen Quaders und Pläners, 2. in dem Vorwalten von festgewachsenen oder mit Haftapparaten ausgestatteten Arten, darunter eine zum Theil grosse Zahl von Spongien, Brachiopoden, Austern, Rudisten und Modiola-Arten, 3. im Vorhanden-

*) Vergl. Moebius: Das Thierleben am Boden der Ost- und Nordsee.
**) Einleitung, S. 30.
***) Walther, Einleitung, S. 439.

sein vieler und zwar besonders grosser und dickschaliger Gastropoden (*Nerinea*, *Chemnitzia*, *Cerithium* und *Natica*), 4. in dem auf diese Facies beschränkten Vertretensein von Stockkorallen.

IV. Die Faciesgebilde der Stufe des Inoceramus Brongniarti.

1. Die bisherigen Ansichten bezüglich der Aequivalenzgebilde der Brongniarti-Stufe.

Der Brongniarti-Quader, der in der Sächsischen Schweiz die allgemeinste Verbreitung besitzt, lässt sich in unveränderter Facies weit nach Böhmen hinein verfolgen, wo er einen Theil des Complexes bildet, der von böhmischen Geologen als „Iser-Schichten" bezeichnet wird. Ebenso ist das Aequivalent des Brongniarti-Pläners von Strehlen und Weinböhla längst und mit grösster Sicherheit in den Plänerkalken von Hundorf bei Teplitz erkannt und ist der Typus der Zone, welche man als „Teplitzer Schichten" bezeichnet hat, die ebenfalls in Böhmen eine grosse Ausdehnung gewinnen. Da sich beide Complexe, Iser-Schichten und Teplitzer Schichten, in ihrer räumlichen Verbreitung ausschliessen, erwog man schon längst, ob beide aequivalente Faciesbildungen seien. Diese Frage wurde dadurch complicirt, dass in Böhmen stellenweise die Teplitzer Schichten die Iser-Schichten überlagern*) und demnach jünger als diese sein sollten, während in Sachsen das Umgekehrte der Fall sein sollte**), da hier der Brongniarti-Quader (Iser-Schichten) über derjenigen Bank von Brongniarti-Pläner (Teplitzer Schichten) lagert, welche unter dem Namen des Krietzschwitzer Pläners, des oberen Pläners oder des Spinosus-Pläners der Sächsischen Schweiz bekannt ist. J. J. Jahn's Untersuchungen***) zeigten jedoch, dass die erstere Annahme unrichtig sei, da die in Böhmen für Teplitzer Schichten gehaltenen, die Iser-Schichten überlagernden Sedimente, nicht diesen ersteren, sondern einer jüngeren Stufe angehören. Jahn machte es hierdurch aufs Neue wahrscheinlich, dass in den Iser-Schichten und Teplitzer Schichten **aequivalente Faciesgebilde** vorliegen. Aber auch darüber, dass in Sachsen die Teplitzer Schichten (Brongniarti-Pläner) die Iser-Schichten (Brongniarti-Quader) unterlagern sollen, herrscht insofern keine völlige Uebereinstimmung, als die oben erwähnte, unter dem Brongniarti-Quader der Sächsischen Schweiz liegende Bank von Brongniarti-Pläner von den einen†) zu den Teplitzer Schichten, von den anderen††) zu den älteren Malnitzer Schichten gestellt wird.

In tabellarischer Zusammenstellung würden sich diese bisherigen Anschauungen über die Gliederung und Aequivalenz der Brongniarti-Stufe wie folgt ausdrücken lassen.

*) A. Fritsch: Studien in der böhmischen Kreideform. IV: Die Teplitzer Schichten. Archiv für die naturwiss. Landesdurchforschung von Böhmen, Bd. 7, S. 51.

**) Erläuterungen Sect. Rosenthal, S. 10.

***) Beitr. zur Kenntn. der böhmischen Kreideform. Jahrb. der K. K. geol. Reichsanstalt 1895, S. 215.

†) Geinitz: Elbthalgeb. II, S. 236; Beck: Erläuterungen Sect. Grosser Winterberg, S. 23; Schalch: Erläuterungen Sect. Rosenthal, S. 10.

††) Weissenberg. Schichten, S. 48.

Sachsen. (Geologische Landesuntersuchung)	Sachsen. (A. Fritsch)	Böhmen. (A. Fritsch)	Böhmen. (Jahn)
Brongniarti-Quader = Iser-Schichten.	Brongniarti-Quader = Iser-Schichten.	Teplitzer Schichten.	Teplitzer Schichten
Brongniarti-Pläner von Krietzschwitz-Hoher Schneeberg = Teplitzer Schichten.	Brongniarti-Pläner der Sächsischen Schweiz = Malnitzer Schichten.	Iser-Schichten.	= Iser-Schichten.

Die uns vorschwebende Aufgabe beschränkt sich auf die Klarlegung der Ausbildung der Brongniarti-Stufe innerhalb Sachsens. Hier und zwar in der Sächsischen Schweiz gliedert sich diese von unten nach oben 1. in glaukonitischen Sandstein mit *Rhynchonella bohemica* Schlönb., 20—40 m mächtig*), 2. in glaukonitischen Pläner oder Mergel (Krietzschwitzer Pläner oder Brongniarti-Pläner der Sächsischen Schweiz), 20—30 m**), die beide vielfach wechsellagern und als ein einheitlicher Complex aufgefasst werden, 3. in Quader, den Brongniarti-Quader (bis 250 m mächtig), der von der Elbe durchfurcht wird und wesentlich die als Sächsische Schweiz bekannte pittoreske Landschaft liefert. Er wird von den wenig mächtigen, schon nicht mehr zur Brongniarti-Stufe gehörigen Scaphiten-Mergeln überlagert. Weiter westwärts, in der Dresdner Elbthalwanne, fehlen die für die Sächsische Schweiz so charakteristischen Quadersandsteine, an ihre Stelle tritt die Brongniarti-Stufe in kalkig-thoniger Entwickelung, hauptsächlich als Plänermergel. Durch Bohrungen war erwiesen, dass diese eine ganz bedeutende Mächtigkeit (über 150 m) besitzen, doch war es nicht möglich, diese Plänermergel zu gliedern, da es an geeigneten Aufschlüssen fehlte. Ein solcher war früher bei Strehlen vorhanden, ist aber längst verschüttet. Den hier gebrochenen Plänerkalk betrachtet Beck***) als zur Brongniarti- und Scaphiten-Stufe gehörig.

Bezüglich der Aequivalenz der Quader- und Plänerfacies der sächsischen Brongniarti-Stufe ging die Ansicht dahin, dass der Strehlener Pläner die Gesammtheit der Brongniarti-Schichten der Sächischen Schweiz vertrete, wie es folgende, in Credner's Elementen der Geologie, 8. Aufl., S. 643 gegebene tabellarische Uebersicht veranschaulicht.

Stufe der Scaphiten.	Strehlener Pläner.
Stufe des Inoceramus Brongniarti: Brongniarti-Quader, Brongniarti-Pläner von Krietzschwitz, Glaukonitsandsteine mit Rhynchonella bohemica.	

Ueber die Stellung der einzelnen Complexe der Brongniarti-Stufe, wie sie in der Sächsischen Schweiz entwickelt sind, zu dem Gesammtcomplexe

*) Erläuterungen Sect. Rosenthal, S. 29.
**) Erläuterungen Sect. Rosenthal, S. 30.
***) Erläuterungen Sect. Dresden, S. 80.

der Strehleuer Plänermergel war man jedoch keinesfalls zu einer klaren Auffassung gelangt. Um eine solche zu erzielen, handelt es sich zunächst um die Feststellung des genauen Horizontes der den Brongniarti-Quader in der Sächsischen Schweiz unterteufenden Bank von Brongniarti-Pläner und deren Recognoscirung in der Plänerfacies der Gegend von Dresden.

2. Der Brongniarti-Pläner der Sächsischen Schweiz als selbständige untere Zone der Brongniarti-Stufe.

Dem Brongniarti-Pläner der Sächsischen Schweiz begegnet man, von Dresden kommend, zunächst bei Pirna (vergl. Fig. 14, S. 77). Er liegt hier zwischen zwei Schichten von Grünsandstein, von denen die untere in ihrem Liegenden, die obere in ihrem Hangenden eine schwache Mergelschicht führt. Diese letzteren beiden Mergel und auch der über dem Pläner liegende Grünsandstein, keilen sich nach SO bald aus, sodass nur der Brongiarti-Pläner und der Grünsandstein allein sich weiter in das Gebiet der Sächsischen Schweiz hinein erstrecken. Hier aber nehmen beide grosse Verbreitung an und sind bis zum Hohen Schneeberg, den sie unterlagern und dessen Fuss ihr Ausgehendes kranzförmig umzieht, zu verfolgen. Dieser Krietzschwitz-Schneeberger Pläuer nimmt oft mergelige Beschaffenheit an, ist dünnbankig geschichtet, sandig und führt Glaukonit*). Der ihn begleitende Grünsandstein ist mittel- bis feinkörnig, besitzt ein kalkiges oder kalkig-thoniges Bindemittel und ist ebenfalls in Bänke geschichtet**). Beide, Pläner- und Grünsandstein, schliessen sich eng an einander an, wechsellagern wiederholt mit einander und sind als ein Complex zu betrachten, der zum Liegenden den Labiatus-Quader, zum Hangenden den Brongniarti-Quader hat. Diese Verbandsverhältnisse weisen deutlich auf die Malnitzer Schichten in Böhmen hin, wie sie bei Lippenz und Malnitz unweit Postelberg aufgeschlossen sind und von wo sie vielen deutschen Geologen bekannt sind. Hier liegt auf der kalkigsandigen Labiatus-Stufe ein zur Brongniarti-Stufe gehörender Grünsandstein, der im Hangenden einen gelblichen, sandigen Mergel führt, auf welchen erst die jüngere Abtheilung der Brongniarti-Stufe folgt, die hier nicht wie in der Sächsischen Schweiz in sandiger, sondern in kalkiger Facies als sogenannte Teplitzer Schichten***) entwickelt ist.

Der die Basis der Brongniarti-Stufe innerhalb der Sächsischen Schweiz bildende Grünsandstein lieferte nach Schalch†) unter anderem *Inoceramus Brongniarti* Sow. und *Rhynchonella bohemica* Schlönb. Letztere ist darin ausserordentlich häufig und wurde von Schlönbach††) aus dem Exogyrensandstein und Grünsandstein der Malnitzer Schichten Böhmens beschrieben, für welchen Horizont sie charakteristisch ist. Schalch's und Beck's†††) Bemühungen gelang es ferner auch, in den mit diesem Grünsandstein vergesellschafteten Bänken von Brongniarti-Pläner innerhalb der Sächsischen Schweiz 23 verschiedene Arten zu sammeln, die bis

---

*) Erläuterungen Sect. Pirna, S. 64, und Erläuterungen Sect. Rosenthal, S. 28.

**) Erläuterungen Sect. Rosenthal, S. 24.

***) G. Bruder: Die Gegend um Saaz II, S. 9.

†) Erläuterungen Sect. Rosenthal, S. 26.

††) Kleine palaeontologische Mittheilungen. Jahrb. d. k. k. geol. Reichsanstalt 1868, Bd. 18, S. 157.

†††) Erläuterungen Sect. Rosenthal, S. 29.

auf *Patella inconstans* Gein. sämmtlich in den Malnitzer Schichten Böhmens, insbesondere in der erwähnten mergelig-sandigen, unserem Pläner entsprechenden Schicht bei Malnitz und Laun gefunden wurden. Von den nach A. Fritsch*) für die Malnitzer Schichten ganz besonders charakteristischen Arten sind *Ammonites Woolgari* Mant., *Arca subglabra* d'Orb. und *Rapa cancellata* Sow. sp. auch aus dem Brongniarti-Pläner der Sächsischen Schweiz bekannt. Es mag hauptsächlich das Vorkommen des *Inoceramus Brongniarti* Sow. und des freilich ausserordentlich seltenen *Spondylus spinosus* Sow. gewesen sein, welches schon Geinitz und Gümbel und später Beck und Schalch bestimmten, den Brongniarti-Pläner der Sächsischen Schweiz mit den „Strehlener" = „Teplitzer Schichten" zu identificiren. Allerdings sind diese beiden organischen Reste in den letztgenannten Schichtcomplexen sehr häufig, jedoch nicht ausschliesslich auf sie beschränkt. So erscheint *Inoceramus Brongniarti* Sow. in Böhmen, Nieder-Schlesien und am Nordrande des Harzes bereits in der Labiatus-Stufe, ebenso ist *Spondylus spinosus* Sow. von A. Fritsch in Böhmen in den unserer Labiatus-Stufe entsprechenden Weissenberger Plänern wiederholt angetroffen worden. Es kann demnach das seltene Vorkommen des letzteren ebensowenig wie dasjenige von *Inoceramus Brongniarti* Sow. als Beweis für die Aequivalenz der Krietzschwitz-Schneeberger Plänerbank gerade mit den „Strehlener Plänern" gelten. Andererseits ist aber auch kein einziges der speciell für die Strehlener, also Teplitzer Schichten charakteristischen Fossilien in dem Brongniarti-Pläner der Sächsischen Schweiz vorhanden, selbst nicht die in ersterem Horizonte so gewöhnliche *Terebratula semiglobosa* Sow. Es kann daher kaum einem Zweifel unterliegen, dass der Brongniarti-Pläner von Krietzschwitz und dem Hohen Schneeberg einen von dem Strehlener Pläner verschiedenen Horizont repräsentirt. In diesem Falle weist seine Lage an der Basis der gesammten Brongniarti-Stufe der Sächsischen Schweiz von vornherein darauf hin, dass sein Aequivalent im Liegenden der Strehlener Pläner zu suchen sein wird. Diese unterste Zone der Brongniarti-Stufe entspricht somit nicht den Teplitzer Schichten (= Strehlener Pläner), sondern vielmehr, wie auch A. Fritsch annimmt, den Malnitzer Schichten von Postelberg und Laun, die in genannter Gegend direct unter den Teplitzer Schichten liegen.

3. Nachweis der unteren Abtheilung der Brongniarti-Stufe bei Dresden.

Aufschlüsse, aus denen unmittelbar hervorginge, dass eine solche unterste Brongniarti-Zone die Strehlener Schichten thatsächlich unterteuft, sind nicht vorhanden. Dahingegen ist es im höchsten Grade wahrscheinlich, dass die kalkreichen, schwach glaukonitischen Plänermergel, welche in den Ziegeleien von Bossecker und Behr zwischen Plauen und Räcknitz anstehen, der Repräsentant dieser untersten Brongniarti-Zone sind. Beck**) hat diese Plänermergel auf Grund eines im K. mineralogisch-geologischen Museum aufbewahrten Exemplars von *Inoceramus labiatus* Schloth., das nach seiner Etiquette aus einer dieser Gruben stammen soll, als zur

*) Weissenberger und Malnitzer Schichten, S. 21.

**) Erläuterungen Sect. Dresden, S. 56.

Labiatus-Stufe gehörig betrachtet. Jedoch ist dieser Fund ein sehr fraglicher und wird nach dem Gesteinshabitus des Handstückes zu schliessen noch zweifelhafter, sodass seine Verwerthung zur Horizontbestimmung der Räcknitzer Plänermergel unthunlich ist. Dahingegen steht fest, dass die genannten, mithin in ihrer Stellung noch fraglichen Räcknitzer Plänermergel von echten Labiatus-Plänern unterteuft werden und unter die Strehlener Plänerkalke einfallen. Sie würden also älter sein als der letztere und genau dieselbe geologische Stellung einnehmen, wie die Malnitzer Schichten in Böhmen und die Krietzschwitzer Plänerbank in der Sächsischen Schweiz, falls, wie gezeigt werden soll, der dortige Brongniarti-Quader dem Strehlener Pläner entsprechen sollte.

Dieser Räcknitzer Plänermergel lieferte folgende organische Reste:

Macropoma Mantelli Ag. ss. ein Koprolith. Von ferneren Fischresten fanden sich ein schlecht erhaltener Zahn, vielleicht von *Corax heterodon* Reuss und Flossenstacheln ähnliche Gebilde.
Ammonites Woollgari Mant. h. oft in jungen Exemplaren, wie sie Geinitz im Elbthalgebirge II, Taf. 33, Fig. 4 und 5 abbildet.
Crioceras cf. *ellipticum* Mant. sp. ss.
Baculites baculoides Mant. h. Schlecht erhaltene Exemplare sind sehr häufig, doch fand sich auch eins mit deutlicher Sutur.
Aporrhais calcarata Sow. s.
— *Reussi* var. *megaloptera* Reuss. s.
Cerithium sp. ss. als Steinkern. Auf 12 mm Länge kommen 8 kantige Umgänge. Es entspricht dem von Fritsch, Weissenberger Schichten, S. 111, Fig. 60 aus den Launer Kalkknollen abgebildeten Exemplar.
Natica Gentii Sow. h.
Turritella multistriata Reuss. s.
Dentalium medium Sow. h.
— *strehlense* Gein. h.
Eriphyla lenticularis Goldf. s.
Venus faba Sow. s.
Nucula pectinata Sow. hh.
Avicula glabra Reuss. ss.
Pinna cf. *decussata* Goldf. ss.
Gervillia solenoides Defr. ss.
Inoceramus sp., verdrückte und schlecht erhaltene Exemplare, wahrscheinlich *I. Brongniarti* Sow.
Pecten curvatus Gein. h.
— *orbicularis* Sow. hh.
Lima elongata Sow. sp. hh.
Spondylus hystrix Goldf. ss.
Anomia subtruncata d'Orb. ss.
Exogyra lateralis Nilss. ss.
Micraster cor testudinarium Goldf. ss.
Holaster planus Mant. sp. s.
Cidaris subvesiculosa d'Orb. ss. Stachel.

Diese Fauna zeigt, dass man diesen Mergel nicht zur Labiatus-Stufe stellen darf, namentlich weist das Vorkommen verschiedener Gastropoden, der Dentalien, von *Micraster* und *Holaster* sowie *Cidaris subvesiculosa* d'Orb. mit Bestimmtheit auf die Brongniarti-Stufe hin.

Die geologische Verbreitung der Arten innerhalb der in Frage kommenden Schichten soll folgende tabellarische Uebersicht veranschaulichen:

	Labiatus-Stufe.	Krietzschw. Pläner.	Malnitzer Schichten.	Strehlener Pläner.
Macropoma Mantelli . . .	—	—	—	×
Ammonites Woollgari . .	×	×	×	×
Crioceras cf. *ellipticum* . .	—	—	—	×
Baculites baculoides . . .	×	—	×	×
Aporrhais calcarata . . .	—	—	—	×
— *Reussi*	×	×	×	×
Cerithium sp.	—	—	×	—
Natica Gentii	×	×	×	×
Turritella multistriata . .	×	×	×	×
Dentalium medium . . .	×	×	×	×
— *strehlense*	—	—	—	×
Eriphyla lenticularis . . .	×	×	×	×
Venus faba	—	—	—	×
Nucula pectinata	×	×	×	×
Pinna cf. *decussata* . . .	×	—	×	—
Gervillia solenoides . . .	×	—	×	×
Avicula glabra	—	—	×	×
Pecten curvatus	×	×	×	×
— *orbicularis*	×	—	×	×
Lima elongata	×	×	×	×
Spondylus hystrix	×	—	×	—
Anomia subtruncata . . .	×	×	×	×
Exogyra lateralis	×	—	×	×
Micraster cor testudinarium	—	×	?	×
Holaster planus	—	—	—	×
Cidaris subvesiculosa . . .	—	—	—	×

Aus dieser tabellarischen Zusammenstellung ergiebt sich, dass die Fauna des Räcknitzer Plänermergels die grösste Aehnlichkeit mit derjenigen besitzt, die als solche der „Strehlener Schichten" aufgeführt zu werden pflegt. Jedoch fallen bei dieser anscheinenden Uebereinstimmung folgende Erwägungen ins Gewicht: 1. fehlen in den Räcknitzer Mergeln gerade diejenigen Formen, welche für die echten Strehlener Schichten charakteristisch sind, so z. B. *Hypsodon Lewesiensis* Ag., *Trochus armatus* Gein., *Cardita tenuicosta* Sow., *Lima Hoperi* Mant., *Scaphites Geinitzi* d'Orb. u. a., vor Allem aber auch die dort so häufige *Terebratula semiglobosa* Sow. 2. ist es nicht unwahrscheinlich, dass in den früheren, jetzt längst verschütteten Strehlener Steinbrüchen nicht nur der echte Strehlener Pläner, sondern auch an deren Basis die hangendsten Schichten gerade jener Stufe aufgeschlossen waren, die als unterste Brongniarti-Zone aufgefasst werden muss und in der wir gesammelt haben. Da damals die palaeontologische Ausbeute nicht nach ihrer Herkunft Schicht für Schicht getrennt gehalten wurde, mag eine Vermischung der Fossilien beider Horizonte stattgefunden haben. Diese Vermuthung wird durch die Bemerkung Schlönbach's*) bestärkt, dass in den tiefsten Schichten, die in

*) Jahrb. der k. k. geolog. Reichsanstalt 1868, Bd. 18, S. 140.

früherer Zeit in den Strehlener Kalkbrüchen zugänglich waren, *Ammonites Woolgari* Mant. in solchen Exemplaren häufig war, die ebenso wie diejenigen der Malnitzer Schichten früher für *Ammonites Rhotomagensis* Brongn. gehalten wurden. Ebendieselben Formen liegen uns, und zwar in grösserer Zahl aus den Ziegelgruben von Räcknitz vor. Da dieser Ammonit nirgends in den Teplitzer Schichten Böhmens und auch bei Weinböhla nicht gefunden wurde, ist es wahrscheinlich, dass er nur in diesen liegendsten Schichten Strehlens vorkam. Die Uebereinstimmung der Fauna des Räcknitzer Plänermergels mit derjenigen des Krietzschwitz-Schneeberger Brongniarti-Pläners ist zwar eine sehr geringe, immerhin ist aber bedeutungsvoll, dass alle bei Räcknitz häufigeren Arten auch im Krietzschwitzer Pläner nachgewiesen sind, und dass in letzterem wie bei Räcknitz *Ammonites Woolgari* Mant. mit *Inoceramus Brongniarti* Sow. und *Micraster cor testudinarium* Goldf. vergesellschaftet ist. Mit den Malnitzer Schichten Böhmens zeigt dagegen die Fauna von Räcknitz grosse Verwandtschaft.

Durch obige Beobachtungen und Erörterungen dürfte nachgewiesen sein, dass sowohl in der Sächsischen Schweiz, wie bei Dresden im Hangenden der Labiatus-Stufe ein bisher nicht abgeschiedener, zur Brongniarti-Stufe gehörender Complex vorhanden ist, welcher einen untersten Horizont der letzteren repräsentirt, also älter ist als der Strehlener Pläner.

Es ist zu erwarten, dass sich diese Beziehungen später, wenn in verschiedenen anderen Ziegeleien, z. B. bei Leubnitz etc., dieselben Plänermergel besser aufgeschlossen sein werden, weiter begründen und erhärten lassen. So wird bei Klein-Luga unweit Niedersedlitz ein Mergel gegraben, aus dem Beck*) *Micraster cor testudinarium* Goldf. sowie *Lima elongata* Sow. nennt, denen wir noch *Turritella multistriata* Reuss und *Natica Gentii* Sow. zufügen können. Wegen seiner Lagerung im Hangenden der Labiatus-Stufe, sowie der Häufigkeit der auch bei Räcknitz reichlich vertretenen *Lima elongata* Sow. und der oben genannten *Natica*, dürften die Mergel von Luga dem nämlichen Horizonte angehören wie die von Räcknitz. Dahingegen repräsentiren die bei Zschertnitz aufgeschlossenen Mergel ein jüngeres Niveau. Wenn sie auch an dieser Stelle nur sehr wenige und zur Horizontbestimmung nicht geeignete Fossilien lieferten, so enthielten doch die direct in ihrem Liegenden durch einen Brunnen erreichten Mergel Vertreter der typischen Strehlener Fauna und zwar, wie Geinitz**) berichtet, u. a. *Lima Hoperi* Mant., *Inoceramus Brongniarti* Sow., *Terebratula semiglobosa* Sow. und *Terebratulina gracilis* Schloth., weshalb diese und die ihr unmittelbares Hangende bildenden erst erwähnten Mergel von Zschertnitz zu den Strehlener Schichten zu stellen sind.

4. Der Brongniarti-Quader und der Strehlener Pläner als aequivalente Faciesgebilde.

Haben wir somit erkannt, dass über demselben, den untersten Horizont der Brongniarti-Stufe bildenden Complex von Pläuern und Plänermergeln im Gebiet der Sächsischen Schweiz der Brongniarti-Quader, bei

*) Erläuterungen Sect. Kreischa, S. 74.
**) Sitzungsberichte der Isis 1865, S. 85.

Dresden dagegen der Brongniarti-Pläner folgt, so kann kein Zweifel obwalten, dass beide letzteren gleiches Alter besitzen und demnach aequivalente Faciesgebilde repräsentiren.

Der Brongniarti-Quader der Sächsischen Schweiz und der Brongniarti-Pläner von Strehlen schliessen sich räumlich aus und gelangen nur in einer in nord-südlicher Richtung über Pirna verlaufenden schmalen Zone zur Vergesellschaftung. Aus Beck's genauer Aufnahme und Kartirung dieses Striches lässt sich schliessen, dass hier nicht, wie es bei den bisher behandelten Stufen des *Inoceramus labiatus* und des *Actinocamax plenus* der Fall war, ein allmählicher Uebergang, sondern vielmehr eine auskeilende Wechsellagerung zwischen beiden Facies besteht.

Eine solche auskeilende Wechsellagerung findet aber nicht nur zwischen den eben genannten beiden Faciesgebilden der oberen Brongniarti-Stufe, also zwischen dem Quader und dem Strehlener Pläner, sondern auch innerhalb der im vorigen Abschnitt betrachteten untersten Abtheilung der Brongniarti-Stufe statt, indem sich die in der Sächsischen Schweiz im engsten Verbande mit dem Krietzschwitzer Brongniarti-Pläner auftretenden Grünsandsteine nach NW auskeilen, so dass in der Dresdner Gegend, wie oben dargethan, die gesammte Zone aus Plänermergel besteht. Zur Erläuterung der angedeuteten Verbandsverhältnisse der einzelnen Glieder der Brongniarti-Stufe diene das beistehende schematische Profil Fig. 14.

Fig. 14.

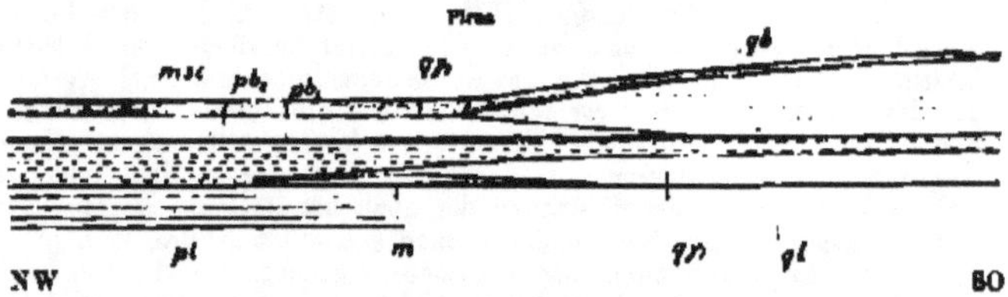

Schematisches Profil der Brongniarti-Stufe in der Pirnaer Gegend zur Erläuterung der Verknüpfung der Quader- und Plänerfacies dieser Stufe durch auskeilende Wechsellagerung*).

Labiatus-Stufe: ql = Labiatus-Quader, pl = Labiatus-Pläner, in einander übergehend. — Untere Brongniarti-Stufe: pb_1 = unterer Brongniarti-Plänermergel und -Pläner, m = Mergel im Liegenden von $q\gamma_1$, $q\gamma_1$ = unterer Grünsandstein, $q\gamma_2$ = oberer Grünsandstein. — Obere Brongniarti-Stufe: pb_2 = oberer Brongniarti-Plänermergel, qb = Brongniarti-Quader. — Scaphiten-Stufe: msc = Scaphiten-Mergel.

Man sieht auf demselben zu unterst die Labiatus-Stufe, die von SO nach NW aus dem Quader (ql) in den Pläner (pl) übergeht, ferner als Hangendes des gesammten zur Darstellung gebrachten Schichten-Complexes die Scaphiten-Mergel (msc), zwischen beiden die verschiedenartigen Vertreter der Brongniarti-Stufe, zunächst deren untere Abtheilung, und zwar rechts in der Entwickelung der Sächsischen Schweiz die Grünsandsteine ($q\gamma_1$) und ($q\gamma_2$), den Brongniarti-Pläner (pb_1) und den untersten Mergel (m), sämmtlich in Wechsellagerung. Nach NW zu, also im linken Theile des

*) Siehe die Anmerkung auf S. 83 über die Buchstabensymbole.

Profils, findet eine allmähliche Auskeilung der Grünsandsteine statt, so dass die Pläner und Mergel allein zur Herrschaft gelangen. Das gleiche Verhältniss herrscht innerhalb der oberen Abtheilung der Brongniarti-Stufe, dem Brongniarti-Quader der Sächsischen Schweiz (qb) und dem oberen Brongniarti-Pläner, also dem Strehlener Pläner (pb_2).

Innerhalb der unteren Brongniarti-Stufe ist der obere Grünsandstein ($q\gamma_2$) nur von localer Bedeutung, er steht bei Rottwerndorf und Krietzschwitz als Zwischenmittel zwischen dem unteren (qb_1) und dem oberen (pb_2) Plänermergel an, keilt sich aber nach jeder Richtung, nach der er sich verfolgen lässt, bald aus. Der untere Grünsandstein ($q\gamma_1$) dagegen bleibt im Gebiet der Sächsischen Schweiz allerwärts im Liegenden des dortigen Brongniarti-Pläners (pb_1), also des Krietzschwitz-Schneeberger Pläners entwickelt und greift auch am weitesten von allen turonen Sandsteinen nach NW über. Während er am Cottaer Spitzberg und von hier bis in die Gegend von Pirna noch mehrfach mit Plänermergeln (m) wechsellagert, die sich dort zwischen ihn und die Labiatus-Stufe einschieben*), findet bei Hinterjessen das gleiche Verbandverhältniss zwischen ihm, dem Grünsandstein und dem sein directes Hangendes bildenden Krietzschwitzer Plänermergel statt**). Hierin kommt die auskeilende Wechsellagerung zum Ausdruck, in Folge deren der Grünsandstein von der Gegend von Pirna aus gänzlich durch den Pläner und Plänermergel ersetzt wird. In dem nordwestlich sich anschliessenden Plänergebiet selbst ist derselbe nirgends aufgeschlossen oder erbohrt worden.

Aehnliche Verhältnisse wie in der unteren Abtheilung der Brongniarti-Stufe herrschen in deren oberen Abtheilung, also zwischen dem Brongniarti-Quader (qb) der Sächsischen Schweiz und dem bei Dresden als Strehlener Pläner entwickelten oberen Brongniarti-Pläner und Plänermergel (pb_2). Letzterer schiebt sich bereits in der Gegend von Neundorf und Krietzschwitz zwischen die hier local entwickelte obere Grünsandsteinbank der unteren Stufe und den normalen Brongniarti-Quader ein, lässt sich von hier aus am rechten Thalgehänge der Gottleuba bis jenseits Pirna verfolgen, ist bei Copitz und Hinterjessen unmittelbar im Liegenden des Brongniarti-Quaders aufgeschlossen und in der Elbniederung bei Birkwitz durch eine ausgedehnte Grube blossgelegt. Von hier aus bis in die Dresdner Gegend fehlen Aufschlüsse dieses oberen kalkigen Complexes der Brongniarti-Stufe, erst bei Strehlen war derselbe in früheren Jahrzehnten durch die dortigen Steinbrüche blossgelegt und hat eine so reiche palaeontologische Ausbeute geliefert, dass die ganze Zone nach diesem, ihrem günstigsten Aufschlussorte die Bezeichnung „Strehlener Pläner" erhalten hat. Dass die Plänermergel, welche sich von Birkwitz und Hinterjessen aus unter den sich hier bereits auskeilenden Brongniarti-Quader***) einschieben und sich ebenfalls bald auskeilen, in der That dem Horizonte der Strehlener Pläner entsprechen, geht daraus hervor, dass diese Mergel, trotzdem es dort an günstigen Aufschlüssen fehlt, ausser Foraminiferen die folgenden typischen Vertreter der Strehlener Fauna geliefert haben†):

*) Erläuterungen Sect. Pirna, S. 62.
**) Erläuterungen Sect. Pirna, S. 66.
***) Erläuterungen Sect. Pirna, S. 71.
†) Nach Geinitz: Charakteristik, S. 106; Beck: Erläuterungen Sect. Pirna, S. 67. und eigenen Funden.

Hypsodon Lewesiensis Ag.
Oxyrhina Mantelli Ag.
Corax heterodon Reuss.
Enoploclytia Leachi Mant.
Scaphites Geinitzi d'Orb.
Nautilus sublaevigatus d'Orb.
Trochus armatus d'Orb.
Cardita tenuicosta Sow.
Venus Goldfussi Gein.
Inoceramus latus Mant.
Pecten Nilssoni Goldf.
Exogyra lateralis Nilss.
Micraster cor testudinarium Goldf. sp.
Cidaris subvesiculosa d'Orb.

Aus der Thatsache, dass diese dem Strehlener Horizonte entsprechenden Plänermergel von der Gegend südlich und östlich von Pirna aus durch den sie hier überlagernden Brongniarti-Quader allmählich bis zu ihrem Verschwinden verdrängt werden, dass sie andererseits nach NW, also nach Dresden zu, an Mächtigkeit zunehmen und zugleich der Quader vollständig verschwunden ist, — aus diesen Thatsachen lässt sich bereits schliessen, dass der Brongniarti-Quader der Sächsischen Schweiz und die oberen d. h. Strehlener Plänermergel und Pläner der Dresdener Elbthalwanne aequivalente Faciesbildungen der oberen Abtheilung der Brongniarti-Stufe sind. Es fragt sich nun, ob diese Schlussfolgerung durch den Vergleich der beiderseitigen Faunen, also derjenigen des Brongniarti-Quaders mit derjenigen des Brongniarti-Pläners von Strehlen, eine Unterstützung findet. Ob, mit anderen Worten, beide trotz der herrschenden Faciesverschiedenheit eine genügende Aehnlichkeit aufweisen.

Aus dem Brongniarti-Quader der Sächsischen Schweiz sind bis jetzt folgende Fossilien bekannt geworden*):

Beryx ornatus Ag.	(St.)
Ammonites peramplus Sow.	(St.)
Pholadomya nodulifera Münst.	(St.)
Glycimeris Geinitzi Holzapfel.	(St.)
cf. *Venus faba* Sow.	(St.)
Eriphyla lenticularis Goldf.	(St.)
Pinna cretacea Schloth.	(St.)
— *decussata* Goldf.	(St.)
cf. *Modiola Cottae* Röm.	(St.)
Inoceramus Brongniarti Sow.	(St.)
— *Lamarcki* Park.	(St.)
Lima pseudocardium Reuss.	(St.)
— *semisulcata* Nilss.	(St.)
— *Hoperi* Mant.	(St.)
— *canalifera* Goldf.	(St.)
Pecten laevis Nilss.	(St.)
— *cretosus* Defr.	(St.)

*) Geinitz in Sitzungsberichte der Isis 1878, S. 141, u. 1882, S. 70. Die Originale befinden sich theils im K. Museum, theils in der Technischen Hochschule.

Vola quadricostata Sow. (St.)
Exogyra columba Lam. (St.)
Rhynchonella plicatilis Sow. (St.)
Cidaris subvesiculosa d'Orb. (St.)
Cyphosoma radiatum Sorgn. (St.)
Cardiaster ananchytis Leske.
Catopygus albensis Gein.
Stellaster Schulzii Reich.
- - *albensis* Gein.

Die überwiegende Mehrzahl derselben, nämlich die durch (St.) gekennzeichneten Formen, kommt auch im Strehlener Pläner vor. Das Fehlen einiger dieser Quaderfossilien im Pläner, so von *Pinna*, *Cardiaster*, *Catopygus*, *Stellaster* sp., wohl auch der im Quader freilich überaus seltenen *Pholadomya*, dürfte dadurch zu erklären sein, dass diese Formen die sandige Facies bevorzugen. Auch die sonstigen Verschiedenheiten, die sich in den Faunen des Quaders und des Strehlener Pläners und zwar in erster Linie in der grösseren Reichhaltigkeit des letzteren kundgeben, sind wesentlich Folgen der Faciesverschiedenheit beider Gebilde. So ist der Strehlener Pläner ausgezeichnet durch zahlreiche Fischreste, wie sie im Quader fast nie erhalten sind, wo nur Wirbel als grosse Seltenheit gefunden werden, so solche von *Beryx ornatus* Ag., einer der charakteristischen Arten des Strehlener Pläners. Der häufigste der Strehlener Cephalopoden, *Ammonites peramplus* Sow. ist im Quader vorhanden. Dass in letzterem Gastropoden, von denen namentlich *Rostellaria* in Strehlen häufig war, fehlen, kann nicht befremden, da solche, wie S. 36 und 53 erörtert, kalkig-thonige Sedimente bevorzugen. Auch die Verbreitung mancher Lamellibranchiaten ist von der Art der Facies abhängig. So ist z. B. der in Strehlen sehr häufige *Spondylus spinosus* Sow. noch nirgends im Quadersandstein gefunden worden, ist er doch durch seine langen Stacheln als eine Form gekennzeichnet, die milden schlammigen Boden liebt. Unter den sonstigen Zweischalern Strehlens befinden sich viele mit dünner Schale, die entweder überhaupt nicht im Quader auftreten, oder in ihm nicht erhalten blieben. Als höchst charakteristisch für den Strehlener Plänerkalk gelten ferner *Terebratula semiglobosa* Sow. und *Terebratulina gracilis* Schloth., welche, wie S. 30 gezeigt, ebenfalls nicht in dem meist grobkörnigen Quadersandstein erwartet werden können. Ferner dürfte das Fehlen von *Micraster* und *Holaster* im Quader mit grosser Wahrscheinlichkeit auf den Einfluss der Facies zurückzuführen sein, da beide sowohl in den Plänermergeln, die älter als der Brongniarti-Quader, als auch in denen, die jünger als dieser letztere sind, vorkommen. Endlich waren die Foraminiferen, wie sie im Strehlener Pläner zahlreich vorhanden sind, zur Erhaltung im Quader nicht geeignet und voraussichtlich in seinem Ablagerungsgebiet überhaupt nicht vertreten. Mit Berücksichtigung dieser faunistischen Faciesunterschiede zeigt es sich, dass die Fauna des Brongniarti-Quaders derjenigen des Strehlener Pläners analog ist und dass beide eine Anzahl charakteristischer Leitfossilien, so *Ammonites peramplus* Sow., *Inoceramus Brongniarti* Sow. und *Lamarcki* Park., *Lima Hoperi* Mant. und *Cyphosoma radiatum* Sorgn. gemeinsam haben. Auch aus palaeontologischen Gründen kann es somit nicht zweifelhaft sein, dass beide Sedimente, der Brongniarti-Quader der

Sächsischen Schweiz und der Strehlener Plänerkalk als gleichalterige Faciesgebilde zu betrachten sind.

Das Ergebniss der vorstehenden Untersuchungen lässt sich dahin zusammenfassen, dass in der Brongniarti-Stufe Sachsens eine Gliederung in zwei Zonen durchführbar ist. Die ältere, direct auf die Labiatus-Stufe folgende Zone umfasst einerseits den als Krietzschwitzer Pläner bekannten Brongniarti-Pläner und den früher als Copitzer Grünsandstein bezeichneten Glaukonitsandstein der Sächsischen Schweiz, andererntheils als dessen reine Kalkfacies einen bisher als zur Labiatus-Stufe gehörig betrachteten Plänermergel, der augenblicklich bei Räcknitz und Klein-Luga aufgeschlossen ist. Charakterisirt ist diese Zone ausser durch *Inoceramus Brongniarti* Sow. durch *Ammonites Woollgari* Mant., *Lima elongata* Sow., *Arca subglabra* d'Orb. und *Rapa cancellata* Sow. sp. Sie ist sowohl in der Sächsischen Schweiz, wie bei Dresden als Pläner und Plänermergel entwickelt, mit denen sich im erstgenannten Gebiete noch Grünsandsteine vergesellschaften. Die jüngere Zone der Brongniarti-Stufe besteht aus jenen Plänern und Plänermergeln, denen der Brongniarti-Plänerkalk von Weinböhla und Strehlen, der Plänermergel von Birkwitz und Hinterjessen im Wesenitz-Grunde zugehören, andererseits aus dem sie in der Sächsischen Schweiz vertretenden Brongniarti-Quader. Als für diese Zone charakteristische Fossilien sind u. a. *Inoceramus Brongniarti* Sow., *Ammonites peramplus* Sow., *Lima Hoperi* Mant., *Terebratula semiglobosa* Sow. und *Cyphosoma radiatum* Sorgn. zu nennen. Dieser Complex zeigt die ausgesprochenste Faciesdifferenzirung, indem er in dem einen Gebiet als Quader, in dem anderen als Pläner und Plänermergel auftritt. Beide Facies sind durch auskeilende Wechsellagerung verbunden.

Nicht im Einklang mit dieser Zweitheilung scheint auf den ersten Blick der Umstand zu stehen, dass bei Tetschen ein Brongniarti-Quader dem Labiatus-Quader direct auflagert, ohne dass, wie bei Pirna und am Hohen Schneeberg der aus Grünsandstein und Pläner bestehende untere Complex der Brongniarti-Stufe beiden zwischengeschaltet ist. Offenbar findet hier eine Vertretung auch dieser unteren Abtheilung der Brongniarti-Stufe durch den Quader statt. Bereits auf Section Rosenthal hat der Krietzschwitz-Schneeberger Pläner, wie Schalch*) berichtet, die Tendenz, sich in nördlicher Richtung auszukeilen: ebenso verliert der Grünsandstein mehr und mehr seinen Glaukonitgehalt, bis er endlich in der Nähe der Elbthalrinne glaukonitfreie Ausbildung erlangt hat**). Dort wo diese Grünsandsteine und Pläner fehlen, also in der Gegend von Tetschen und Elbleiten, weist der Brongniarti-Quader zwei, je nach ihrem Niveau verschiedene Ausbildungen auf***). Der untere Complex ist feinkörnig, weich, plattig oder bankig geschichtet und giebt einen bindigen Verwitterungsboden, der obere hingegen ist grob- bis mittelkörnig, dickbankig geschichtet und verwittert zu Sand. Da der erstere auch in seiner Mächtigkeit, nämlich 30—60 m, völlig dem Complex des Krietzschwitz-Schneeberger Pläners und Grünsandsteins entspricht, der zweite, darüber

*) Erläuterungen Sect. Rosenthal, S. 34.

**) Erläuterungen Sect. Rosenthal, S. 27, u. Erläuterungen Sect. Grosser Winterberg-Tetschen, S. 31.

***) Erläuterungen Sect. Grosser Winterberg-Tetschen, S. 34.

folgende aber viel grössere Mächtigkeit besitzt, ist es sehr wahrscheinlich, dass dieser untere, feinkörnige Brongniarti-Quader eine rein sandige Facies des Krietzschwitz-Schneeberger Brongniarti-Pläners und Grünsandsteins, also der unteren Abtheilung der Brongniarti-Stufe vorstellt, und dass nur der obere, grobkörnige Brongniarti-Quader die Fortsetzung des zwischen Pirna und dem Hohen Schneeberg über dem Krietzschwitzer Pläner liegenden Brongniarti-Quaders ist und somit allein die obere Abtheilung der Brongniarti-Stufe repräsentirt. Zahalka*) constatirte bei Raudnitz in Böhmen ganz ähnliche Verhältnisse, indem er zeigte, dass die unteren Quader der Iser-Schichten einem gewissen Horizont der Malnitzer Schichten entsprechen.

In der Gegend von Dresden und derjenigen von Tetschen-Elbleiten würden also die Extreme der Faciesunterschiede innerhalb der genannten Brongniarti-Stufe zu suchen sein, in ersterem Gebiet die rein mergelig-kalkige, in letzterem die rein sandige Facies.

---

*) l. c. S. 65.

Nach Obigem erhalten wir folgende

Tabellarische Uebersicht über die Gliederung der Brongniarti-Stufe Sachsens.

		Rein sandige Facies. Typus Tetschen.	Sandig-kalkige Facies. Typus Hoher Schneeberg.	Rein kalkige Facies. Typus Dresden.	Aequivalente in Böhmen.
Stufe des Inoceramus Brongniarti.	Obere Abtheilung.	Grobkörniger Quadersandstein von Tetschen und Elbleiten, mit *Inoceramus Brongniarti* und *Lima canalifera*.	Quadersandstein der Sächs. Schweiz von Pirna bis zum Hohen Schneeberg, mit *Inoceramus Brongniarti*, *Lima canalifera* und *Hoperi*, *Cyphosoma radiatum* und *Ammonites peramplus*.	Plänerkalk und -Mergel von Weinböhla, Strehlen und Birkwitz mit *Inoceramus Brongniarti*, *Lima Hoperi*, *Spondylus spinosus*, *Terebratula semiglobosa*, *Cyphosoma radiatum*, *Micraster cor testudinarium*, *Ammonites peramplus* und *Neptuni*, *Heteroceras Reussianum*, *Scaphites Geinitzi* und *Actinocamax strehlense*.	Teplitzer Schichten und Iser-Schichten z. Th.
	Untere Abtheilung.	Feinkörniger Quadersandstein von Tetschen und Elbleiten mit *Inoceramus Brongniarti*.	Plänersandst.-Mergel von Krietzschwitz, Langenhennersdorf und Schneeberg, mit *Inoceramus Brongniarti*, *Lima elongata*, *Arca subglabra*, *Rapa cancellata*, *Ammonites Woolgari*, u. Grünsandstein mit *Inoceramus Brongniarti*, *Arca subglabra*, *Rhynchonella bohemica*.	Plänermergel von Räcknitz, Klein-Luga und im Untergrunde von Dresden mit *Micraster cor testudinarium*, *Holaster planus*, *Lima elongata*, *Ammonites Woolgari*.	Iser-Schichten z. Th. und Malnitzer Schichten.

Inhalts-Verzeichniss.

VI. Neue Urnenfelder aus Sachsen. II.

Von Prof. Dr. J. Deichmüller.

Haltestelle Klotzsche.

Im Frühjahr 1884 wurde beim Bau der Secundäreisenbahn Klotzsche-Königsbrück an der Stelle, wo dieselbe von der Dresden-Görlitzer Hauptbahn abzweigt, in unmittelbarer Nähe der Haltestelle Klotzsche eine Anzahl Urnengräber aufgefunden, über deren Aufdeckung und Inhalt H. Wiechel in der „Festschrift der naturwissenschaftlichen Gesellschaft Isis" 1885, S. 125 u. flg. einen kurzen Bericht veröffentlichte. Aus diesem geht hervor, dass an dem Fundort ein Gräberfeld der älteren Gruppe der Urnenfelder vom Lausitzer Typus angeschnitten worden ist, dessen Zeitstellung durch das mehrfache Vorkommen von Buckelurnen bestimmt wird. Eine vom Verfasser jenes Berichtes in Aussicht gestellte, ausführlichere Veröffentlichung über die Ausgrabung mit beigegebenen Abbildungen ist nicht erfolgt, die Funde selbst gelangten auch nur zum Theil und zumeist zerbrochen in den Besitz der prähistorischen Sammlung in Dresden. Die wenigen besser erhaltenen Gefässe sind in den nebenstehenden Figuren 1—7, die Bronzebeigaben in Fig. 16, 17, 19 und 20 nach Skizzen dargestellt, welche sich bei einem von H. Wiechel an das Königliche Finanzministerium erstatteten Berichte über die Funde von Klotzsche befinden. Unter den Gefässen, deren Formen zu den in den ältesten Urnenfeldern Sachsens sehr häufigen gehören, fallen durch ihre Verzierungen zwei Bruchstücke*) auf, deren eines (Fig. 4) mit eingefurchten parallelen Linien und dazwischen gestellten Reihen scharf eingestochener Punkte verziert ist, während das andere (Fig. 5) am Gefässhals eine horizontal vorstehende breite Thonleiste mit Henkelansatz trägt — Ornamente, welche vorher aus sächsischen Urnenfeldern nicht bekannt waren.

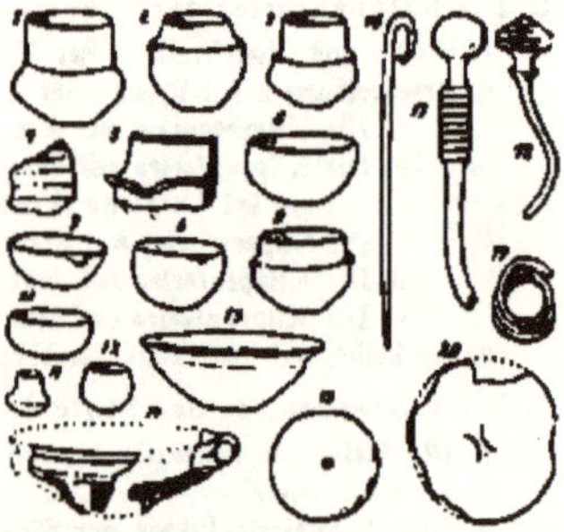

Fig. 1—14 in 1/10, Fig. 15—20 in 1/1 der natürlichen Grösse.

*) Aus Grab I bei H. Wiechel. a. a. O. S. 128.

H. Wiechel sprach a. a. O. S. 126 die Vermuthung aus, dass sich das Gräberfeld wohl auch über den Theil des Bahnhofsareals erstrecken dürfte, auf welchem die Geleise der Dresden-Görlitzer Eisenbahn und die Anschlussgeleise der Secundärbahn Klotzsche-Königsbrück gelegt sind — eine Vermuthung, die in neuester Zeit durch weitere Urnenfunde auf der östlichen Seite des Bahnhofsgebietes bestätigt worden ist. Wenig mehr als 100 m von der älteren Fundstelle in südlicher Richtung entfernt wurden im Herbst 1899 bei den Vorarbeiten für eine ausgedehnte Centralweichenanlage in dem lockeren Sandboden wiederum verschiedene Urnengräber aufgedeckt, die Gefässe aber in Folge der Unkenntniss der Arbeiter bis auf wenige, jetzt in der Dresdner prähistorischen Sammlung aufbewahrte Reste vernichtet. Von grösseren Gefässen waren nur einzelne Bruchstücke erhalten, u. a. auch solche von Buckelurnen. Als Deckel zu Urnen mögen wohl die beiden Schüsseln (Fig. 13 und 14) gedient haben, deren eine gehenkelt, am mittleren Umfange mit perlschnurartig an einander gereihten flachen, elliptischen Tupfen geziert und auf der Unterseite durch Gruppen radial gestellter Striche in einzelne, mit horizontalen Strichen ausgefüllte Felder getheilt ist. Weiter vorhanden sind ein kleines doppelhenkeliges Gefäss (Fig. 9) und mehrere halbkugelige oder flachgewölbte Näpfchen (Fig. 8, 10 und 12). Das eine in Fig. 8 abgebildete ist am Rande mit einem griffartigen Ansatz versehen und war mit feinem, durch reichlich beigemengte Holzkohlentheilchen dunkelgefärbtem Sand gefüllt. Zu den selteneren Formen gehört ein durch seine geringe Grösse auffallendes enghalsiges Gefäss (Fig. 11). Von Beigaben wurden gefunden eine scheibenförmige Thonperle (Fig. 15) und eine Bronzenadel mit quergeripptem, scheibenförmigem, nach oben flachkegelig erhöhtem Kopf (Fig. 18).

Ueber die Grabanlagen selbst konnte nur wenig in Erfahrung gebracht werden; alle Gräber waren in geringer Tiefe unter der Oberfläche gefunden worden, einzelne mit flachen Bruchstücken des in der Nachbarschaft überall auftretenden Lausitzer Granits umstellt gewesen, in mehreren Gefässen hatten sich gebrannte Knochen befunden.

Zweifellos gehören die neuesten Funde derselben Zeit an wie diejenigen aus dem Jahre 1884; nach den örtlichen Verhältnissen kann als sicher angenommen werden, dass dieselben nur die südlichen Ausläufer desselben Gräberfeldes sind, dessen nördlicher Rand an der Secundäreisenbahn nach Königsbrück angeschnitten wurde, wenn auch über das Vorkommen von Urnengräbern in dem zwischenliegenden Gebiete nur unsichere Angaben vorhanden sind*).

Bahn-Kiesgrube NNO Haltestelle Klotzsche.

In Abtheilung 63 des Langebrücker Staatsforstreviers, etwa 1,5 km **nordnordwestlich der Haltestelle Klotzsche**, zwischen der Dresden-Görlitzer Eisenbahn und der Strasse von Klotzsche nach Langebrück ist vor längerer Zeit zur Gewinnung von Schüttungsmassen für Eisenbahnbauten eine Kiesgrube angelegt worden. In dieser wurde im September 1899 beim Abräumen der oberflächlichen, humusreichen Erdschicht durch Aufdeckung zweier Urnengräber ein neues Urnenfeld aufgeschlossen, welches

*) H. Wiechel, a. a. O. S. 126.

sich nach Lage der Grabstellen in östlicher Richtung nach der Klotzsche-Langebrücker Strasse hin zu erstrecken scheint. Die Urnen standen in ca. 60 cm Tiefe unter der Bodenoberfläche und waren nach Angabe des den Betrieb der Kiesgrube überwachenden Schachtmeisters mit grösseren Steinen umstellt. Das eine Grab enthielt nur eine grössere, mit Knochen gefüllte, doppelhenkelige Urne (Fig. 21) mit hohem, nach der Mündung nur mässig verengtem Hals und in der Mitte stumpfkantig gebrochenem Gefässbauch; in dem anderen standen um die leider gänzlich zerstörte Urne im Kreise vier Beigefässe herum, unter denen sich ein henkelloser, eiförmiger Topf mit verhältnissmässig hohem, eingeschnürtem Hals und nach aussen umgelegtem Rand (Fig. 22), ein hoher Krug mit weitem, bandförmigem Henkel (Fig. 23) und zwei kleinere krugartige Tassen (Fig. 24 und 25) befinden. Als Beigabe lag in einem der beiden Gräber eine zusammengebogene Bronzenadel aus rundem Draht, deren oberes Ende flach gehämmert und spiralig eingerollt ist (Fig. 26). Die Fundgegenstände werden in der prähistorischen Sammlung in Dresden aufbewahrt.

Fig. 21—25 in $^1/_{10}$, Fig. 26 in $^1/_1$ der natürlichen Grösse.

Wenn auch in diesem Funde von den für die älteren Gräberfelder vom Lausitzer Typus am meisten charakteristischen Gefässformen, den Buckelgefässen, doppelconischen Näpfen und henkellosen eiförmigen Töpfen nur die letztere vertreten ist, so weisen doch die übrigen Formen, welche bisher in Sachsen nur in den ältesten Urnenfeldern gefunden worden sind, darauf hin, dass die Urnengräber in der Bahnkiesgrube auch zu Beginn der Periode der grossen Urnenfelder angelegt und gleichalterig mit den an der Haltestelle Klotzsche aufgedeckten sind. Wegen der weiten, mehr als 1 km betragenden Entfernung von letzterer Fundstelle können beide Fundstätten kaum mit einander in Verbindung gebracht werden. Es ist sicher zu erwarten, dass beim Fortschreiten des Abbaues der Kiesgrube in östlicher Richtung weitere Urnengräber aufgefunden werden.

VII. Das erste Anhydritvorkommniss in Sachsen (und Böhmen).

Von Dr. W. Bergt.

Im Phonolithbruch von Schlössel bei Hammer-Unterwiesenthal*) fand Herr Lehrer H. Döring zu Dresden im Jahre 1898 ein Mineral, welches nach mehreren Seiten grösseres Interesse beansprucht. Der basaltähnliche, augitreiche Phonolithstock des genannten Ortes ist durch einen tiefen Einschnitt der Bahn und durch einen in lebhaftem Gange befindlichen Steinbruch sehr gut aufgeschlossen. Er zeichnet sich durch prächtig entwickelte, säulenförmige Absonderung, radialstrahlige Stellung der Säulen und senkrecht zu diesen durch ebenplattige Auflösung bei der Verwitterung aus. In den im Bruch aufgehäuften Phonolithblöcken und -stücken findet man stets zum Theil recht hübsch ausgebildete Zeolithdrusen. Die Erläuterung zu Blatt Kupferberg führt Natrolith, Analcim, ?Skolezit, ?Thomsonit und Kalkspath an.

Das von Herrn Döring hier gefundene Mineral ist blauer Anhydrit. Er scheint eine kugelige oder ellipsoidische, mandelähnliche Masse von beträchtlicher Grösse im Phonolith gebildet zu haben. Denn mehrere Proben zeigen den Anhydrit in festem Zusammenhang mit dem Gestein; an einem 90 × 70 mm grossen Handstück stellt die scharfe Grenze zwischen Mineral und Gestein eine leicht gekrümmte Fläche mit grossem Krümmungsradius dar, vielleicht den Ausschnitt aus der breiten flachsten Stelle eines Ellipsoides.

Das Mineral ist, wie eine qualitative und quantitative Analyse ergab, Anhydrit von lebhaft und schön smalteblauer Farbe. In seinem groben Korn und seiner meist stengelig-strahligen Structur gleicht es z. B. der in den Sammlungen verbreiteten gelblichen und röthlichen grobkörnigen Ausbildung von Hallein. Nach den Grenzen zum Phonolith hin nimmt unser Anhydrit meist eine weisse Farbe an, weisse Partien schiessen unregelmässig strahlenförmig in die blaue Anhydritmasse hinein. Während diese die dem Mineral eigenen rechtwinkeligen Spaltbarkeiten nach $\infty\bar{P}\infty$, $\infty\breve{P}\infty$ und nach $0P$ deutlich zeigen, bemerkt man beim Uebergang in die erwähnten weissen Stellen eine allmähliche Verwischung der Anhydritspaltbarkeit, ebenso eine Umwandlung der grobkörnigen in eine feinkörnige Structur und eine Abnahme der Härte des Anhydrites von 3 — 3,5 bis zur

*) Geologische Specialkarte des Königreichs Sachsen. Blatt Kupferberg No. 148 von A. Sauer. 1882. S. 65.

Härte 2. Eine chemische Untersuchung bestätigte, dass diese Erscheinungen die bekannte Umwandlung des Anhydrites in Gyps darstellen. Während der blaue Anhydrit einen Glühverlust (Wasser) von 0,37 %, zeigte, ergaben zwei Bestimmungen der veränderten Substanz 2,54 % und 19,67 % Wasser. Dieser letzte Wassergehalt kommt dem des Gypses mit 20,95 % fast gleich. Zwei über wallnussgrosse Proben weissen grob- bis feinblätterig körnigen Gypses aus dem gleichen Steinbruch dürften zu diesem Vorkommniss gehören und ebenfalls aus Anhydrit entstanden sein.

Anhydrit bez. Gyps stossen aber nicht unmittelbar an den Phonolith, vielmehr schiebt sich zwischen sie eine die Wände des Hohlraumes auskleidende schmale Schicht dichten weissen Kalkes, der unter dem Mikroskop ein ziemlich gleichmässiges gröberes Korn zeigt.

Anhydrit scheint in dem Phonolith von Schlössel nur äusserst selten aufzutreten; ja das von Herrn Döring aufgefundene Vorkommen dürfte bisher das einzige bekannte sein. Das mineralogische Lexikon für das Königreich Sachsen von A. Frenzel (1874) und die Erläuterung zu Blatt Kupferberg berichten davon nichts, auch sonst sind dem Verfasser keine Nachrichten darüber bekannt. Als der Verfasser im Jahre 1893 den Bruch besuchte, waren nur Zeolithe zu finden. Auch ein von Herrn Döring veranlasstes Nachforschen nach weiteren Anhydritproben in den Jahren 1897 und 1898 blieb erfolglos.

Das Vorkommen von Anhydrit im Phonolith von Schlössel beansprucht aus zwei Gründen noch besondere Beachtung, 1. weil es das erste Anhydritvorkommniss für Sachsen bez. Böhmen überhaupt zu sein scheint, 2. wegen der Frage nach seiner Entstehung.

1. Der Phonolithbruch von Schlössel liegt unmittelbar an der sächsischen Grenze auf böhmischem Gebiet. Politisch gehört also unser Anhydrit unbestritten zu Böhmen. Da aus diesem Lande weder im mineralogischen Lexikon für Österreich von V. v. Zepharovich (3 Bde. 1859, 1873, 1893) noch in der Geologie von Böhmen von F. Katzer (1892) Anhydrit aufgeführt wird, so scheinen wir das erste Anhydritvorkommen in Böhmen vor uns zu haben.

Wissenschaftlich aber kann man den Anhydrit von Schlössel, von der unmittelbaren Nachbarschaft abgesehen, deshalb auch für Sachsen in Anspruch nehmen, weil das genannte Gebiet zugleich im Bereiche der sächsischen geologischen Karte liegt. Für Sachsen sind nun die den Anhydrit betreffenden Verhältnisse recht merkwürdig. In dem mineralogischen Lexikon von A. Frenzel (1874) fehlt Anhydrit ganz, und in den Erläuterungen zur sächsischen geologischen Specialkarte wird das Mineral, soweit dem Verfasser bekannt, nicht aufgeführt. Dagegen sind schon lange zahlreiche, auf Erzgängen vorkommende Pseudomorphosen nach Anhydrit bekannt. J. Roth*) giebt folgende Zusammenstellung mit Litteraturangaben: Pseudomorphosen nach Anhydrit von Tautoklin (Braunspath) von Kurprinz Friedrich August bei Freiberg nach Breithaupt, von Spatheisen von Kurprinz bei Freiberg nach Dana (Sideroplesit nach Frenzel), von Quarz in Geyer, Grube Kurprinz bei Freiberg, Frisch Glück bei Blauenthal und Spitzleite im Eibenstöcker Revier nach Blum, Gemenge von Quarz und Rotheisen von der Spitzleite nach Breithaupt, von Rotheisen auf der Grube

---

*) Chemische Geologie I, 1879, S. 182 3; s. auch A. Frenzel: Mineralogisches Lexikon, S. 83, 151, 281, 290.

Frisch Glück bei Eibenstock nach Zepharovich. Gemenge von Eisenkies und Kalkspath von der Grube Neue Hoffnung Gottes bei Bräunsdorf nach Breithaupt. Dagegen ist dem Verfasser keine Nachricht über stofflich erhaltenen Anhydrit bekannt, ein Umstand, welcher Zweifel darüber aufkommen lässt, ob alle Deutungen der genannten Pseudomorphosen nach Anhydrit richtig sind*).

Wir hätten demnach auch für den Bereich der sächsischen geologischen Karte stofflich das erste Auftreten des Minerales.

2. Anhydrit und mit ihm Gyps, welche aus einander hervorgehen, sind als Mineralien und Gesteine an drei verschiedene Lagerstätten gebunden. Die allermeisten Vorkommnisse mit den grössten Massen finden sich in den Sedimentformationen verschiedenen Alters als Begleiter des Steinsalzes. Man hielt sie hier bis etwa zur Mitte dieses Jahrhunderts auf der einen Seite für plutonisch, auf der anderen für umgewandelte Kalke (durch Schwefelverbindungen, besonders schwefelige und Schwefelsäure), während heute allgemein eine nicht metamorphe Bildung, ein ursprünglicher Absatz aus dem Meereswasser für sie angenommen wird. Diesem lager- oder flötzförmigen Auftreten gegenüber bergen die beiden anderen Arten auf Erzlagerstätten und in vulkanischen Gebieten nur verschwindende Mengen dieser Mineralien. An Vulkanen entstehen sie durch Einwirkung von Schwefelverbindungen auf sublimirte Chloride. Wie oben erwähnt, giebt es in Sachsen verhältnissmässig zahlreiche Vorkommnisse von Anhydrit auf Erzgängen, freilich nur noch der Form nach, nicht stofflich. Und aus vulkanischen Gebieten wird Gyps häufig, Anhydrit dagegen sehr selten und ausdrücklich als sehr selten auftretend erwähnt. Einige der wenigen dieser Anhydritvorkommnisse sind: Einschlüsse in der Lava von Aphroessa bei Santorin, in Auswürflingen des Vesuvs, an den Soffionen in Toskana, in Kalinka in Ungarn (nach Haidinger hier durch Einwirkung von Schwefelwasserstoff auf Augitandesit entstanden)**).

Für die Entstehung des Anhydrites im Phonolith von Schlössel kommen zwei Möglichkeiten in Betracht. Entweder ist das Mineral

A. eine Neubildung im Gestein wie die Zeolithe, oder
B. ein fremder Einschluss.

A. „Als secundäres neptunisches Mineral in den Leucitgesteinen" erwähnt J. Roth***) Gyps, „dessen Schwefelsäure aus dem Hauyn herrührt"; und „unter den Verwitterungsproducten der schwefelsäurehaltigen Hauyne findet sich Gyps"†). In gleicher Weise würde die Schwefelsäure unseres Anhydrites auf den Hauyn zurückzuführen sein. Dabei muss aber die merkwürdige Thatsache berücksichtigt werden, dass Hauyn in den Gesteinen, Phonolithen wie Basalten, des Gebietes (vergl. Blatt Kupferberg 148 und Blatt Wiesenthal 147) zwar ganz allgemein und zum Theil sehr reichlich verbreitet ist, dass aber gerade der Phonolith von Schlössel ebenso wie die drei Phonolithlappen von Hammer-Unter-

*) Die Herren Oberbergrath Prof. Dr. A. Weisbach und Dr. A. Frenzel in Freiberg hatten die Freundlichkeit, dem Verfasser auf seine Anfrage mitzutheilen, dass ihnen auch kein Anhydritvorkommniss in Sachsen bekannt sei. Herr Dr. Frenzel bezweifelt ebenfalls die Pseudomorphosen Breithaupt's.

**) Vergl. auch J. Roth: Chemische Geologie III, 1890, S. 103, 282, 297 8, 301.

***) Chemische Geologie II, S. 268.

†) Ebenda, S. 251, 260

wiesenthal nach den Ausführungen in der Erläuterung zu Blatt Kupferberg frei von Hauyn sind. Dieser Umstand bildet aber keinen endgültigen Beweis gegen die Annahme nachträglicher Entstehung des Anhydrites. Ist es doch zur Genüge bekannt, wie wechselnd selbst in kleinen Eruptivmassen und -gebieten die petrographische Zusammensetzung häufig ist. So wird der nicht weit nordwestlich von unserem Phonolith im Kalk aufsetzende Phonolithgang als hauynhaltig angegeben. Unter den Bruchstücken an dem Gehänge dem Kalkberge gegenüber (Bl. 148) finden sich hauynarme und hauynreiche Phonolithe, darunter solche, in denen erbsengrosse zahlreiche Hauyne allein den porphyrischen Gemengtheil ausmachen.

Man könnte vermuthen, dass sich bei wässeriger Bildung nicht das wasserfreie Sulfat Anhydrit, sondern das wasserhaltige Gyps ausscheiden würde. Diesem Einwand gegenüber ist zu berücksichtigen, dass man den Anhydrit in den Sedimentformationen ebenfalls für eine ursprüngliche neptunische Bildung hält und zwar gestützt auf Erscheinungen in der Chemie und auf Experimente, welche zeigen, dass unter gewissen, allerdings noch nicht ganz geklärten Verhältnissen (bedingt durch Druck, Temperatur und Gegenwart von Chlornatrium) nicht Gyps, sondern Anhydrit entsteht*).

B. Scheint so die Möglichkeit der nachträglichen wässerigen Bildung unseres Anhydrites zu bestehen, so sprechen zwei Umstände für die zweite Annahme, für die Einschlussnatur. Die beiden Umstände sind: 1. Der einschliessende Phonolith zeigt auch in der Nachbarschaft keine Zersetzungs- und Auslaugungserscheinungen, er ist bis an den Einschluss heran frisch, und 2. an der unter dem Mikroskop buchtig erscheinenden Grenze von Gestein und Mineral, auch frei im Mineraleinschluss schwimmend findet man zahlreiche kleine runde, etwa stecknadelkopfgrosse Phonolithbröckchen, welche ebenfalls unverändert, höchstens durch die nachträgliche Wasserzufuhr beeinträchtigt sind. Als endogene Contactwirkung müssen aufgefasst werden die feinblasige (mikroskopisch) Beschaffenheit und die abweichende Structur einer etwa 1—2 mm breiten Grenzzone des Phonolithes. In dieser findet eine Verdichtung des Gesteins statt, ausserdem nehmen die Grundmassenfeldspäthe eine schärfere und zwar nadelförmige Gestalt und eine ausgeprägt radialstrahlige Anordnung an. Die gleiche Erscheinung bemerkt man an den erwähnten Bröckchen der Grenzschicht.

Bei der zweiten Annahme bieten sich wiederum zwei Möglichkeiten: entweder ist der Anhydrit ein ursprünglicher unveränderter Fremdeinschluss oder ein metamorphes Gebilde.

Dass Anhydrit in Sachsen und Böhmen bisher unbekannt ist, wurde schon oben erwähnt. Wir befinden uns hier in einem rein archäischen Gebiet, in der Glimmerschieferformation, in der bisher unbekannt gebliebene Anhydriteinlagerungen, denen unser Einschluss entnommen sein könnte, so gut wie ausgeschlossen erscheinen. Ebensowenig ist hier in dem nur aus Basaltconglomerat und -tuff bestehenden Tertiär Anhydrit bekannt.

*) Vergl. F. Zirkel: Petrographie III. 1894. S. 523 f. — J. Roth: Chemische Geologie I, 1879, S. 552.

Eine Möglichkeit wäre, dass sich in kalkigthonigen Tertiärschichten, ähnlich wie bei den oben erwähnten Soffionen von Toscana, Anhydrit gebildet hätte, der dann vom Phonolith aufgenommen wurde.

Eine nicht von der Hand zu weisende Annahme ist endlich, dass der Anhydrit umgewandelter Kalk ist.

Bereits oben wurde die bis zur Mitte dieses Jahrhunderts vertretene Ansicht erwähnt, der Flötzanhydrit und -gyps wäre durch Schwefelverbindungen umgewandelter Kalk. Wenn auch diese Ansicht der neueren hat weichen müssen, so sind doch eine ganze Anzahl von kleineren Gyps- und Anhydritvorkommnissen nachweisbar durch vulkanische Gase, durch Schwefelwasserstoff und Schwefelquellen umgewandelte Kalke und Dolomite (Gyps bei Selvena in Toscana nach Coquand 1849, Gyps von Aix in Savoyen nach Murchison, die Anhydrite von Modane in Savoyen nach Des Cloizeaux 1865, Gypse von Tarascon in den Pyrenäen nach Zirkel und Pouech 1867 und 1882 u. s. w.)*). Für eine derartige Entstehung des Anhydrites von Schlössel bieten sich folgende Anhaltspunkte. Die Glimmerschieferformation unseres Gebietes ist sehr reich an Kalkeinlagerungen. Der Kalkberg südlich von Schlössel dürfte den zahlreichen Kalkvorkommnissen seinen Namen verdanken. Wenig über 1 km nordwestlich von dem Phonolith von Schlössel streichen bei den Berghäusern sechs kleinere und grössere Kalklager zu Tage aus. Das südöstliche Hauptlager setzt, wie man durch einen Stolln weiss, noch wenigstens 100 m unter dem Basalttuff fort**), also auf den Phonolith von Schlössel zu. Es liegt so durchaus in dem Bereich der Wahrscheinlichkeit, dass der Phonolithstock von Schlössel eine solche Kalkeinlagerung berührt und Gestein davon losgerissen hat, welches dann durch die im Phonolithmagma enthaltene Schwefelsäure in Anhydrit verwandelt wurde.

Merkwürdigerweise bietet die nächste Umgebung hierfür das allerbeste Beispiel. Die eine von den sechs Kalkeinlagerungen bei den Berghäusern wird von einem 2 m mächtigen Phonolithgang durchsetzt. Dieser Phonolith enthält nun Bruchstücke des Nebengesteines, des krystallinischen Kalkes, die stellenweise so häufig werden, dass eine durch Phonolithcement verbundene Breccie entsteht***).

Bemerkenswerth und für die obige Annahme scheinbar ungünstig ist hier nun das in der Erläuterung zu Blatt Kupferberg (148. S. 69) erwähnte Ausbleiben von Contacterscheinungen: „Die Kalkeinschlüsse scheinen keine Veränderungen erlitten zu haben.“ Aber auch dafür giebt es in der grossen Litteratur der Contactmetamorphose zahlreiche Beispiele.

Aus den Erörterungen geht zur Genüge hervor, welche Bedeutung dem an sich geringfügigen Anhydrit im Phonolith von Schlössel zukommt. Vielleicht sind weitere Funde und Untersuchungen (z. B. der zuletzt erwähnten Kalksteinschlüsse) in dem Gebiet geeignet, die hier gepflogenen, mehr hypothetischen und theoretischen Erörterungen auf sicherere Füsse zu stellen.

*) F. Zirkel: Petrographie III. 1894, S. 324 5.
**) Bl 148, S. 46.
***) Bl. 148, S. 68 9.

Sitzungsberichte und Abhandlungen

der

Naturwissenschaftlichen Gesellschaft

ISIS

in Dresden.

Herausgegeben

von dem Redactions-Comité.

Jahrgang 1900.

Mit 6 Tafeln und 12 Abbildungen im Text.

Dresden.

In Commission der K. Sächs. Hofbuchhandlung H. Burdach.

1901.

Inhalt des Jahrganges 1900.

A. Sitzungsberichte.

B. Abhandlungen.

Die Autoren sind allein verantwortlich für den Inhalt ihrer Abhandlungen.

--

Die Autoren erhalten von den Abhandlungen 50, von den Sitzungsberichten auf besonderen Wunsch 25 Sonder-Abzüge gratis, eine grössere Anzahl gegen Erstattung der Herstellungskosten.

†

Hanns Bruno Geinitz.

Die Arbeit seines Lebens.

Rede in der öffentlichen Sitzung der Isis am 22. Februar 1900

von

Prof. Dr. Ernst Kalkowsky.

—

In Hanns Bruno Geinitz hat die naturwissenschaftliche Gesellschaft Isis vor wenigen Wochen, am 28. Januar, ihren Ehrenvorsitzenden verloren. Er ist der Einzige gewesen, dem die Isis dieses in ihren Satzungen nicht vorgesehene Ehrenamt übertragen hat in der Erkenntniss, dass diese Ehre einem um die Gesellschaft hochverdienten Mitgliede und einem weltbekannten Gelehrten erwiesen wurde. Obwohl Geinitz als stiller deutscher Gelehrter niemals vor die breite Oeffentlichkeit getreten ist, obwohl er niemals anderswo als in Dresden gewirkt hat, ist sein Name doch überall auf der Erde, wo Naturwissenschaft getrieben wird, bekannt und geehrt; durch seine eigene Arbeit hat er sich unvergänglichen Ruhm erworben.

Erst in hohem Alter, im 86. Lebensjahre, ist er am Ende seiner Laufbahn angelangt; vor 63 Jahren begann er seine wissenschaftliche Thätigkeit, ununterbrochen folgte ein Werk dem anderen, er erreichte den Gipfel seines Wirkens und hatte dann noch Jahre lang ordnend und ergänzend auf das Werk seines Lebens zurückblicken können, geehrt von Allen, die mit ihm in Berührung kamen. Jetzt gehört seine Thätigkeit der Geschichte an, und als eine Huldigung mag es betrachtet werden, wenn wir im Schoosse unserer Gesellschaft seine Arbeiten und seine Leistungen an uns vorüberziehen lassen.

In diesem Hörsaale, von dieser Stelle aus hat H. B. Geinitz vor nunmehr sechs Jahren zuletzt zu seinen Studenten gesprochen, ihnen von seinen reichen Kenntnissen und Erfahrungen mittheilend und selbst immer wieder Kraft ziehend aus dem Verkehr mit der Jugend. Wer nicht selbst sein Schüler gewesen ist, kann über seine Lehrerfolge und seinen Einfluss auf die Studirenden nicht urtheilen, aber alle seine Schüler haben einmüthig ihre Anhänglichkeit und ihre Dankbarkeit zum Ausdruck gebracht, als er hochbetagt aus dem Lehramte schied, um bei Gelegenheit der Errichtung eines vergrösserten mineralogisch-geologischen Institutes in einem neuen Gebäude selbstlos der Zukunft freie Bahn zu lassen. Auf Tausende unserer Studenten hat er als Lehrer gewirkt, sie ausgestattet im Hörsaal mit mannigfaltigen Kenntnissen für den Bedarf in ihrer Stellung im praktischen Leben, sie eingeführt auf Ausflügen in die Erkennung des Schaffens der Natur in unendlichen Zeiträumen. Und mit Freude durfte er darauf hinweisen, dass es ihm auch gelungen war, trotz der dem nicht günstigen Aufgaben der Technischen Hochschule, einige seiner Schüler für seine Wissenschaften so zu begeistern, dass sie ihre Thätigkeit dem rein wissenschaftlichen Betriebe der Mineralogie, Geologie und Prähistorie gewidmet haben.

Diesen Wissenschaften widmete er ja selbst sein Leben ausschliesslich, als die Zeit dafür gekommen war. Zuerst aber hatte er sich mit allen Naturwissenschaften in umfangreichem Maasse bekannt gemacht, wie dies in den dreissiger Jahren für jeden Naturforscher selbstverständlich und damals eben auch noch leichter möglich war, ohne eine besonders lange Lehrzeit durchmachen zu müssen. Wir wollen aber auch nicht vergessen, dass er überhaupt damals einer der Wenigen war, die sich ganz und gar den Naturwissenschaften zu widmen wagten zu einer Zeit, als die Gegenstände derselben als blosse „Curiositäten" bezeichnet wurden. Seine allseitige naturwissenschaftliche Bildung hat er dann auch in seinem Specialfache in reichlichem Maasse verwenden können.

Nicht etwa in allen Disciplinen, die er amtlich zu vertreten hatte, ist Geinitz gleichmässig als Forscher thätig gewesen. Ueber einzelne Mineralien hat er sich nur gelegentlich geäussert, und doch war er auch Mineralog. Davon zeugen die prachtvollen Stufen, die er für das K. Mineralogische Museum ausgewählt hat; sie beweisen, wie allgemein anerkannt worden ist, dass er einen vorzüglichen Blick hatte für lehrreiche und werthvolle Stücke. Und besonders hervorgehoben muss es werden, dass er auch schon vor langen Jahren die Mineralien nach seinem eigenen Systeme angeordnet hatte, das durchaus als Vorläufer des jetzt allgemein und allein gültigen Systems der Aufeinanderfolge nach rein chemischen Grundsätzen gelten muss.

Auch in der Lehre von den Gesteinen hat H. B. Geinitz nur wenig selbständig gearbeitet; immerhin verdanken wir ihm auch einige wichtige Beobachtungen über Kohlen und andere Sedimentgesteine. Die „Uebersicht der im Königreiche Sachsen zur Chaussee-Unterhaltung verwendeten Steinarten", die er mit C. Th. Sorge „zusammenstellte", wie es im Titel heisst, verfolgte mehr praktisch-technische Zwecke; sie hat keinen rein wissenschaftlichen Werth, wohl aber die Bedeutung, dass hier den Ergebnissen der Wissenschaft Beachtung in der Praxis erobert wurde.

Ueberall in H. B. Geinitzens Werken finden wir die Spuren, dass er den Problemen der allgemeinen und der dynamischen Geologie rege Theilnahme entgegenbrachte, und dass er mit dem bekannt war, was Andere erforscht hatten; aber diese Gegenstände, mit denen vor 40 und 50 Jahren leider oft genug wenig wissenschaftlich und wenig ergebnissvoll gespielt wurde, waren vielleicht eben deshalb nicht gerade nach seinem Geschmack. Es berühren uns dennoch jetzt manche seiner Darstellungen recht absonderlich, z. B. die über Erhaltung von Versteinerungen, die auffällige Fehler in der palaeontologischen Behandlung zur Folge hatten, die Angaben über die Erhebung der Gesteinsschichten und Thalbildung durch Basalte und Anderes. Manche solcher bis in die letzte Zeit festgehaltener Anschauungen galten längst als veraltet, jedoch um ihretwillen nimmt man auch nicht seine Werke in die Hand. Immerhin bleibt es höchst charakteristisch, wie H. B. Geinitz sich in solchen Fragen nicht selten sehr vorsichtig ausdrückt und sich den Rückzug deckt für den Fall, dass eine andere Ansicht als die seine sich doch als die richtige erweisen sollte.

Dass H. B. Geinitz trotz seiner so umfangreichen geologischen Arbeit für allgemeine Geologie kaum etwas geleistet hat, hängt mit seiner Sinnesart und vor Allem mit seinem eigensten Forschungsgebiete zusammen. Wer ihn aber jetzt gerecht beurtheilen will, muss sich bemühen, nicht von der Gegenwart aus zu urtheilen; er muss sich bemühen, die Anschauungen von vor 40 Jahren zur Richtschnur zu nehmen und dabei noch im Auge behalten, dass H. B. Geinitz stets innerlich ebenso fest und unveränderlich blieb, wie er äusserlich als eine höchst charakteristische Persönlichkeit allen jüngeren Geologen stets unverändert vor Augen stand.

Eine Aufgabe hatte er sich bei dem Beginn seiner Thätigkeit in Dresden gestellt, und daran hat er sein ganzes Leben lang mit aller Kraft und ohne alle Abschweifungen festgehalten, die Aufgabe, um seine eigenen Worte in seiner letzten Veröffentlichung vom December vorigen Jahres zu gebrauchen, „die Urgeschichte Sachsens in allen ihren einzelnen Epochen zu erforschen und in dem wohlgeordneten Museum zu verewigen". Dieses Ziel hat er hartnäckig verfolgt, nicht nur mit aller seiner Arbeit, sondern auch mit Hülfe seiner ausgebreiteten Bekanntschaft, mit Hülfe seiner Kenntnisse, seiner Besuche in in- und ausländischen Museen und seiner wissenschaftlichen Reisen in Deutschland und in fremden Ländern. Und dieses Ziel hat er auch verfolgt selbstbewusst und sich wohl bewusst, dass er das als einzelner Mann geleistet hatte, was in anderen Gebieten auch viele Andere nicht zu Stande gebracht. Als ein in sich abgeschlossener Charakter verhielt er sich Neuerungen gegenüber stets sehr zurückhaltend; er war daher auch nicht geneigt, sich von Anderen belehren zu lassen, bis er seinen Sinn durch eigenes Studium geändert hatte. Wenn er dieses nicht durchführen konnte, blieb er standhaft bei seiner Ansicht oder doch bei seinen Zweifeln; aber oft hat er sich auch selbst verbessert. Seiner Zähigkeit entspricht es auch, dass er mehrfach denselben Gegenstand nicht in einer neuen Auflage seines Werkes, sondern in einem ganz neuen behandelt hat, sobald durch anhaltenden Sammeleifer und erneute Untersuchungen für sein Thema ein neues Gewand gerechtfertigt war, wie dies besonders für die Werke über Kreideformation in Sachsen gilt. Wer in günstigen Verhältnissen lebt, ist eher geneigt, sein Thema aufzugeben, anderen nachzugeben, als wer durch unablässige harte Arbeit mit mancherlei äusseren Schwierigkeiten kämpfend allmählich vorwärts dringt. Und hart gearbeitet und brav gekämpft hat H. B. Geinitz in der That wie wenig Andere. Wenn man ihm nicht lange persönlich nahe gestanden hat, kann man überhaupt gar nicht ausmachen, wie viel er in Wirklichkeit gearbeitet hat: aber was der Fremde übersehen kann, wenn er das ganze Lebenswerk an sich vorüberziehen lässt, zeigt doch unzweifelhaft — unwillkürlich drängt sich hier eine Uebertreibung auf — er hat die Arbeit geleistet von zwei Menschen. Menschlich ist es da nur, wenn er auch öfters geirrt hat, wenn er manches Mal anderen Forschern nicht gerecht geworden ist. Hunderte von Geologen haben mit seinen Leistungen sowie mit seinen Irrthümern zu thun gehabt, und viele werden sich auch noch weiter mit dem Werke seines Lebens zu beschäftigen haben.

Eine eines hervorragenden Mannes würdige Beurtheilung darf seine Irrthümer nicht verschweigen; auch nach Abzug dieser enthalten seine Leistungen immer noch so sehr viel, dass er mit Fug und Recht als einer der verdienstvollsten Gelehrten unseres Vaterlandes für alle Zeiten gelten muss. Die Gelehrtenwelt hat ja auch stets sein Wirken voll anerkannt und ihm ihre Würden und Ehren zu Theil werden lassen in Deutschland wie im Auslande. Die letzte Ehrung hat ihm in feiner und stiller Weise die Société géologique de France in Paris erwiesen. Vor zwei Jahren glaubte er seine langjährige Mitgliedschaft bei derselben aufgeben zu müssen: man antwortete ihm, dass die Société géologique leider keine Ehrenmitglieder ernenne; sie wolle es sich aber zur Ehre anrechnen, ihn als Mitglied in ihren Listen weiter zu führen, auch wenn er ihr nicht mehr die jährlichen Leistungen zukommen liesse.

Es unterliegt keinem Zweifel, dass die Aufgabe, die sich H. B. Geinitz für seine Lebensarbeit gestellt hatte, nicht ganz so umfangreich war, als wie er sie mit seinen vorhin angeführten Worten bezeichnete. Er wollte die in Sachsen vorkommenden geologischen Formationen vom palaeontologischen Standpunkte aus durchforschen und die in den verschiedenen Epochen auftretenden Formen des thierischen und pflanzlichen Lebens schildern. Die palaeontologische Geologie in Sachsen, das war sein unbeschränktes Reich. Obwohl in Sachsen, dem in vieler Beziehung klassischen Lande der Geologie in Deutschland, im ganzen 19. Jahrhundert viele Mineralogen und Geologen gewirkt haben, die auf den verschiedensten Gebieten Hervorragendes leisteten, so hat doch Niemand das palaeontologische Material dieses Landes auch nur annähernd so eingehend behandelt, wie H. B. Geinitz: man darf selbst sagen, dass auf diesem Gebiete seinen Leistungen gegenüber alles Andere verschwindet. Ihm stand ein überwältigendes Material zur Verfügung, das er selbst gesammelt und das ihm in noch viel reicherem Maasse von allen Seiten zur Verfügung gestellt wurde. Er konnte dann aus dem Vollen schöpfen: er bestimmte es, beschrieb es, bildete es ab, inventarisirte es. Einmal in dieser Weise bei der Arbeit, hielt er auch alles Material fest, um es selbst zu verarbeiten.

H. B. Geinitz erstrebte die Beschreibung und Abbildung aller in Sachsen vorkommenden Petrefacten; viele derselben stellten sich als bisher unbekannte Species heraus, und die seinen Autornamen tragenden Species zählen nach Hunderten. Der Vergleichung wegen ging er aber auch oft über Sachsen hinaus in andere Gebiete Europas und auch Nordamerikas nach persönlichen Studien an Ort und Stelle und nach dem Material, das ihm als dem dafür Geeignetsten von anderer Seite zur Bearbeitung überwiesen wurde. Hierbei beschränkte er sich durchaus auf die Petrefacten führenden geologischen Formationen, die im Gebiete Sachsens zur Ablagerung gelangt sind; er hat niemals die archäische Gruppe, die Jura-Formation, die untere Kreide, das Tertiär und das Diluvium in den Bereich seiner eingehenderen Studien gezogen.

Vor der Besprechung seiner Werke muss noch eines Verhältnisses gedacht werden, das jene erst voll verstehen lehrt. Es ist schwer, sich hierüber knapp auszudrücken, ohne ein Missverständniss befürchten zu müssen. Es mag paradox klingen: H. B. Geinitz war weder Geolog noch Palaeontolog; er war eben beides zugleich, palaeontologischer Geologe oder geologischer Palaeontologe, wenn man so sagen darf. Nie hat er kartirt oder auch nur Skizzen veröffentlicht, die die Ergebnisse seiner Studien und seiner Wanderungen leichter verständlich gemacht hätten und dazu beigetragen hätten, seine Arbeiten selbst zu klären. Die einzelnen geologischen Horizonte im Gelände streng und Schritt für Schritt zu verfolgen, war ihm nicht genehm; doch muss man auch hierbei wieder eingedenk bleiben der Art und Weise, wie diese Verhältnisse vielfach von seinen älteren Zeitgenossen aufgefasst wurden. Was heute nicht mehr erlaubt ist, galt damals für selbstverständlich und natürlich. Ferner: obwohl H. B. Geinitz es wesentlich immer nur mit organischen Formen zu thun hatte, hat er unsere Kenntniss der einzelnen Gruppen ausgestorbener Lebewesen doch fast niemals durch rein palaeontologische Forschungen anders gefördert, als durch eingehendere Schilderung einzelner Formen; dabei hat er selten die Kunst der Präparation zu Hilfe genommen. Wesentlich bezog er immer nur die organischen Reste auf die geologischen Formationen. Auch hierin war er ein Sohn seiner Zeit; die Lehre von der allmählichen Umwandlung der Arten hat sich ja zunächst den Palaeontologen aufgedrängt, aber die zielbewusste Verfolgung ihrer Grundsätze hat doch erst in den siebziger Jahren begonnen, als H. B. Geinitz die Hauptarbeit bereits hinter sich hatte. In seinem „Grundriss der Versteinerungskunde" von 1840 wollte er den Zeitgenossen die bisherigen Ergebnisse der palaeontologischen Forschung leichter zugänglich machen; in dieser ergebnissreichen Zeit der Beschreibung immer wieder neuer Formen erschienen noch mehrere gleiche Zwecke verfolgende Werke, über die die Geschichte das hart scheinende Urtheil fällen musste, dass sie kurz nach ihrem Erscheinen veraltet waren. So hat auch H. B. Geinitz' umfangreicher „Grundriss" keine weitere Auflage erlebt, zumal die Zahl seiner Schüler, die dafür Interesse hatten und die Zahl derjenigen, die sich mit diesen Dingen tiefer beschäftigten, doch nur verhältnissmässig gering war.

Wollen wir die lange und äusserst umfangreiche Reihe der Abhandlungen und Werke, die H. B. Geinitz' Namen tragen, hier nur im Allgemeinen überblicken, so müssen wir einmal alle kleineren Veröffentlichungen übergehen, und uns andererseits an die Reihenfolge der Formationen halten, um die auf diese bezüglichen Werke zu würdigen.

Die ältesten versteinerungsführenden Formationen finden sich in Sachsen namentlich im Vogtlande und in dem sich ostwärts anschliessenden Gebiete Ost-Thüringens sowie im Fichtelgebirge. Dort treten die Schichten der Cambriums, Silurs, Devons und Untercarbons auf in stark gestörter Lagerung und nur an vereinzelten Punkten petrefactenhaltig. Auch trotz neuerer sorgfältiger Kartirungsarbeiten ist es, wie es scheint, noch nicht gelungen, völlige Klarheit in die Verhältnisse des ganzen grossen Gebietes zu bringen; so ist es auch nicht wunderbar, dass H. B. Geinitz die hier vorhandenen Aufgaben durch die Veröffentlichung seines Werkes „Die Versteinerungen der Grauwackenformation in Sachsen und den angrenzenden Länderabtheilungen" in den Jahren 1852—53 nicht lösen konnte. Wir finden hier die Petrefacten, die schon aus anderen Ländern beschrieben waren, bestimmt und auf 26 Steindrucktafeln abgebildet. Das Fossilien-Material ist wenig gut erhalten, und seit H. B. Geinitz ist unsere Kenntniss nur durch wenige Einzeldarstellungen vermehrt worden. In diesem Werke hat H. B. Geinitz besonders auch die Graptolithen behandelt, damit aber wenig Glück gehabt; bei seinem scharfen Auge für

Thierformen erscheint es uns ganz befremdend, dass er die sogenannten Nereiten und ähnliche schwer deutbare und ziemlich undeutliche Gebilde zu der doch sonst scharf und klar definirten Gruppe der Graptolithen rechnete. Er hat es wohl selbst gefühlt, dass die in Sachsen auch nicht sonderlich gut erhaltenen echten Graptolithen einer erneuten Untersuchung bedurften, die er 1890 in einer Abhandlung über „Die Graptolithen im K. Mineralogischen Museum in Dresden" gab. Aber auch hiermit dürften die Acten über die sächsischen Graptolithen noch nicht geschlossen sein.

Ein grösserer Formenreichthum von organischen Resten und zwar von Pflanzen tritt uns in der productiven Steinkohlenformation in Sachsen entgegen. Das reichliche Material aus Sachsen und umfangreiches Vergleichsmaterial aus anderen deutschen und ausländischen Gebieten ging H. B. Geinitz in grosser Fülle zu, und er hat die Pflanzenformen fast aller einzelnen Gebiete untersucht und bestimmt in der Art und Weise, wie das seiner Zeit alle Geologen machten. Die Phytopalaeontologie aber ist gerade eines der dem geologisch geschulten Forscher am schwersten zugänglichen Gebiete, das auch in seinen Bereich hineinragt; erst in neuerer Zeit ist man zu der Ueberzeugung gekommen, dass die fossilen Pflanzen von botanisch geschulten Specialisten untersucht werden müssen, nicht nur um ihre Stellung im natürlichen System der Pflanzen zu bestimmen, ihre Verwandtschaftsverhältnisse aufzuklären, sondern auch um ihren Werth für die geologische Stratigraphie festzustellen. Dem Scharfblick H. B. Geinitzens gelang es aber doch, bei seinen eingehenden Prüfungen der aus den verschiedenen Teufen herstammenden Pflanzenreste schon 1856 in seiner „Geognostischen Darstellung der Steinkohlenformation in Sachsen" mit 48 Steindrucktafeln in Folio zu erkennen, dass im Zwickau-Chemnitzer Becken verschiedenartige Floren auf einander folgen, die er von unten nach oben als Sigillarien-, Calamiten-, Annularien- und Farnenzone bezeichnete. Allerdings wissen wir heute, dass eine solche Gliederung nur localen Werth besitzt, und dass es nöthig ist, für eine allgemeine Gliederung der productiven Steinkohlenformation ein anderes Schema aufzustellen. H. B. Geinitz war auch selbst überzeugt, dass mit seinen Untersuchungen über die Pflanzen der sächsischen Steinkohlenfelder dieses Thema noch nicht erschöpft war, und in den letzten Jahren seines arbeitsamen Lebens fing der nie rastende Gelehrte von Neuem an, hierüber zu arbeiten, um von Neuem zu prüfen, was ihm vor langen Jahren bei der Fülle des zu bewältigenden Materiales vielleicht zu flüchtig durch die Hände gegangen war.

Die steigende Bedeutung der Steinkohlen für unser ganzes wirthschaftliches Leben bewog H. B. Geinitz 1865 mit Fleck und Hartig, das gross angelegte Werk „Die Steinkohlen Deutschlands und anderer Länder Europas" in Angriff zu nehmen, von dem er den ersten Band, die „Geologie", mit einem Atlas von 28 Karten herausgab unter der Mitwirkung von mehreren Dutzend Gelehrten und Bergleuten. Es ist seitdem kein ähnliches umfassendes Werk mehr erschienen, und man muss staunen, mit welch bedeutender Kenntniss, mit welcher Mühe und Sorgfalt nach äusserst beschwerlicher und weitschichtiger Correspondenz H. B. Geinitz hier ein Bild der rein wissenschaftlichen wie auch der technisch-bergbaulichen Verhältnisse zu Stande zu bringen bemüht gewesen ist. Wir sehen ihn hier in ganz hervorragender Weise auf dem Gebiete der gleichzeitigen Behandlung von Wissenschaft und Praxis sein reiches Wissen und Können verwerthen, und wem nicht genaue Kenntniss seines Verkehrs und seiner persönlichen Beziehungen und auch seiner Correspondenz zur Verfügung steht, der kann nur ahnen, welchen Einfluss er auch auf die Entwickelung des Kohlenbergbaues in Sachsen gehabt hat. Zur Genüge aber ist es Allen bekannt, wie er auf Grund seiner geologischen Kenntnisse vor vergeblichen Bohrungen auf Kohle gewarnt hat, leider ohne dass auf seine Stimme gehört wurde.

Da die Pflanzenreste führenden Schichten des Carbons zum Theil ganz allmählich in die des Rothliegenden übergehen, so erstreckten sich die Arbeiten von H. B. Geinitz auch auf die Floren dieses Systems, und von den geringen Ueberbleibseln des folgenden Zechsteins in Sachsen aus gelangte er zum Studium des Thüringer, des deutschen Zechsteins, des Zechsteins in anderen Ländern. Das Perm oder die Dyas, welch' letztere von Marcou eingeführte Bezeichnung H. B. Geinitz aufnahm, erhielt durch ihn, den „besten Kenner dieser Formation", die umfassendste Darstellung. Nach vielen Einzeluntersuchungen und kleineren Abhandlungen gab er 1861—62 das grosse Werk in zwei Abtheilungen „Dyas oder die Zechsteinformation und das Rothliegende" heraus, das für lange Zeit noch das Grundwerk bleiben wird für die faunistischen Studien über diese Formationen. Die erste Abtheilung mit 23 Steindrucktafeln behandelt die animalischen Ueberreste, die zweite Abtheilung mit 42 Steindrucktafeln die Pflanzen der Dyas und Geologisches. Eine grosse Anzahl von Versteinerungen ist hier beschrieben und abgebildet worden, viele davon als neue Formen zum ersten Male. In dem geologischen Theil finden wir ausführliche Schilderungen der einzelnen Verbreitungsgebiete der Dyas in Deutschland und in England, wo H. B. Geinitz selbst Beobachtungen angestellt und gesammelt hatte. Die Beiträge von anderer Seite in diesem grossen Werke sind unbedeutend gegenüber der persönlichen Leistung von H. B. Geinitz.

Nach seinen eigenen Untersuchungen hatte er sich über die Gliederung der Dyas eine feste Vorstellung gebildet, an der er festhielt, auch als durch neuere Forschungen namentlich auch in entfernteren Gebieten unzweifelhaft dargethan war, dass schon allein der Name „Dyas" nicht mehr das Richtige traf. Der Streit um „Dyas" und „Perm" und um die specielle Gliederung dieser Schichtengruppe hat ihm bitteren Aerger und Kummer bereitet.

Ueber die triassische Schichtenreihe hat H. B. Geinitz wenig veröffentlicht; hierher gehört aber seine Jenaer Inaugural-Dissertation vom Jahre 1837 „Beitrag zur Kenntniss des Thüringer Muschelkalkgebirges". Diese erste Arbeit mag besonders genannt werden, um die Anhänglichkeit und Vorliebe zu erwähnen, die H. B. Geinitz stets für Jena bewiesen hat. Eine grosse Freude war ihm die Erneuerung des Doctor-Diploms nach 50 Jahren, und rührend und zugleich für ihn höchst bezeichnend war es zu sehen, wie er 1890 auf einer Excursion mit Studirenden der Hochschule nach Jena kam und seine dort auch noch lebende Wirthin aus der Studienzeit in seiner alten Wohnung besuchte, als wäre das etwas Alltägliches.

In Dresden und im Elbthale fand H. B. Geinitz sich auf dem Boden der Kreideformation mit ihrem in mehreren damaligen Aufschlüssen erstaunlichen Fossilien-Reichthum. Hier sammelte er selbst und hier gingen ihm von vielen anderen Sammlern grosse Mengen von Petrefacten zu: sind doch aus den verhältnissmässig kleinen Kalkbrüchen bei Strehlen gegen 200 verschiedene Thiere gekommen von der jetzt völlig bebauten Stelle, die nichts mehr ergiebt. Dieses Kreidegebiet wurde nun von H. B. Geinitz in allen Beziehungen durchforscht und in mehreren zusammenfassenden Werken wiederholt beschrieben. Die complicirten Verhältnisse der Kreideformation in Deutschland wurden nur schrittweise klargelegt; H. B. Geinitz nahm daran auf Grund seiner Untersuchungen an Ort und Stelle regen Antheil, kam aber auch bald mit anderen deutschen Geologen in Widerspruch, bis er sich dann auf die Durchforschung der Kreideformation in Sachsen beschränkte, immer aber noch den Namen Quadersandsteinformation als allgemeine Bezeichnung vertheidigend, ohne sich überzeugen zu lassen, dass diese Bezeichnung genau so wenig zutreffend ist, wie der gemeinübliche Name der Kreide. Die Petrefacten aber hat er immer wieder von Neuem und mit neuen litterarischen und Sammlungshilfsmitteln durchgearbeitet und bestimmt, sich selbst in zahlreichen Fällen verbessernd, bis er seine Arbeit zu einem gewissen Abschlusse brachte in dem umfangreichen zweibändigen Werke 1871—75 „Das Elbthalgebirge in Sachsen" mit zusammen 113 Tafeln Abbildungen von Fossilien. Das ist ein weiteres hervorragendes Werk H. B. Geinitzens, das noch durch manches Geologen Hände gehen und noch manche weiteren Untersuchungen veranlassen, manche Bestätigungen und manche Verbesserungen erfahren wird.

Das „Elbthalgebirge" war sein letztes grosses Werk, aber seine Forscherarbeit ging noch rastlos weiter; lange nicht Alles, was er bearbeitet hat, konnte erwähnt werden — und noch nicht genug, noch andere Seiten seiner wissenschaftlichen Thätigkeit müssen erwähnt werden.

Im Jahre 1863 trat H. B. Geinitz nach dem Tode Bronn's in die Redaction des Neuen Jahrbuches für Mineralogie, Geologie und Palaeontologie ein; 16 Jahre lang hat er sich dieser Thätigkeit gewidmet bis zum Tode seines treuen Mitarbeiters Leonhard. Als 1879 die Redaction dieser Zeitschrift in andere Hände überging, mussten alsbald zahlreiche Mitarbeiter für dieselbe herbeigezogen werden. Was H. B. Geinitz allein zu bewältigen versucht hatte, fiel nun auf die Schultern einer grossen Anzahl von Gelehrten. Die Referate über Geologie und Palaeontologie in den 16 Jahren sind nicht unterzeichnet; es lässt sich nicht erkennen, wie viele gerade in der Abtheilung für Geologie von H. B. Geinitz herrühren, aber eine einfache Durchsicht der 16 Bände ergiebt doch, dass ungefähr 3—4000 Referate aus seiner Feder stammen. Welche ungeheure, mühsame und oft undankbare Arbeit steckt in diesen Artikeln und in der Correspondenz, die die Redaction mit sich brachte. Es erscheint geradezu unbegreiflich, wie er auch noch diese Arbeit neben all seiner sonstigen Thätigkeit leisten konnte. Dafür musste es aber auch mit Dank anerkannt werden, dass H. B. Geinitz in Dresden seiner Zeit geradezu ein persönlicher Centralpunkt für alle geologische Arbeit in Deutschland war.

Und noch nicht genug! Hand in Hand mit dieser Thätigkeit als Forscher und als Lehrer ging noch seine Verwaltung des Königl. Mineralogisch-geologischen Museums, das er ja in den 51 Jahren seiner Leitung nicht bloss verwaltet, sondern zum grössten Theile erst geschaffen hat. Alles was er selbst gesammelt hatte, was ihm von so vielen Freunden und Fachgenossen mitgetheilt wurde, ist schliesslich in dieses Museum gekommen, dessen Schätze die Bewunderung und Anerkennung aller

Kenner finden. Und nicht bloss Material, das ihm leicht zufloss, hat er hier in dem Museum aufgehäuft, unter beschränkten Verhältnissen hat er auch durch zahlreiche Tauschgeschäfte, ja selbst durch Handel die Sammlungen vermehrt, stets alles ordnend, bestimmend, mühsam katalogisirend. In den mittleren Jahrzehnten des 19. Jahrhunderts, als Petrefacten und Mineralien in Deutschland oft genug noch als gemeine Waare angesehen werden konnten, gelangte so viel Material in das Museum, dass es uns nicht Wunder nehmen kann, wenn H. B. Geinitz nun auch bemüht war, in den immerhin beschränkten Räumen möglichst viel, möglichst vielerlei dem Publikum zugänglich aufzustellen, jedem Laien ein solches Fassungsvermögen zumuthend, wie er es selbst besass. Und nicht bloss Mineralogie und Geologie brachte er in dem Museum zur Anschauung, er bereitete dort seit Mitte der siebziger Jahre auch noch der jüngsten in die Culturgeschichte verlaufenden Periode der Erdgeschichte, der Periode des vorhistorischen Menschen eine würdige Stätte, auch auf diesem Gebiete selbst litterarisch thätig.

Und noch nicht genug! Nicht nur im engeren Kreise der Fachwissenschaft hat H. B. Geinitz gewirkt, sondern auch noch als Mitglied gemeinnütziger Gesellschaften in Dresden, im Gewerbe-Verein, in der Gesellschaft für Natur- und Heilkunde, in dem Sächs. Ingenieur- und Architekten-Verein und vor allem in unserer Isis, Jahrzehnte lang deren rührigstes Mitglied. Fast zwei Jahrzehnte lang war er zweiter Vorsitzender und dann viermal 1868, 1874—75, 1881—82, 1885—86 erster Vorsitzender und inzwischen fast stets Vorstand der Section für Mineralogie und Geologie oder der von ihm ins Leben gerufenen prähistorischen Section. Unzählige Vorträge hat er in den Sitzungen der Isis gehalten und sehr oft auch Excursionen veranstaltet; mehrere seiner kürzeren Abhandlungen gereichen den Veröffentlichungen der Gesellschaft zur Zierde. Ueberdies verdankt es ihm die Isis auch, dass ihr zur Förderung ihrer Aufgaben mehrere Stiftungen zugingen. Wir haben reichlichen Anlass, ihm ein dankbares Angedenken zu bewahren.

In Hanns Bruno Geinitz war mit einem äusserst widerstandsfähigen Körper ein reicher Geist verbunden; seine unerschöpfliche Arbeitskraft hatte er unaufhörlich und allein dem Dienste der Wissenschaft und des Vaterlandes geweiht.

Ehre seinem Angedenken!

Sitzungsberichte

der

Naturwissenschaftlichen Gesellschaft

ISIS

in Dresden.

1900.

I. Section für Zoologie.

Erste Sitzung am 1. Februar 1900. Vorsitzender: Prof. Dr. H. Nitsche. — Anwesend 42 Mitglieder und 4 Gäste.

Prof. Dr. H. Nitsche betont in tiefer Wehmuth, dass dies die erste Gesellschaftssitzung nach dem Heimgange des am gestrigen Tage zur ewigen Ruhe bestatteten Ehrenvorsitzenden, Geh. Rathes Prof. Dr. H. B. Geinitz sei. Ohne einem späteren Nekrologe von berufenerer Seite aus vorgreifen zu wollen, gedenkt er der hervorragenden Verdienste des Verstorbenen um die Isis.

Die Anwesenden erheben sich von den Sitzen.

Bibliothekar K. Schiller legt ein neues populäres Werk über die Vögel des östlichen Nordamerikas vor und betont dessen knappe Fassung und reiche Illustrirung. Es ist dies

Cory, Ch. B.: The Birds of eastern North America. Part I: Water Birds. Chicago 1899. 4°.

Prof. Dr. H. Nitsche demonstrirt fahnenlose Schwungfedern des Casuars, die der Tharandter Sammlung von Herrn Walter Rothschild zugewendet wurden.

Prof. Dr. R. Ebert bespricht in längerem Vortrage, ausgehend von den Ergebnissen der Chun'schen Tiefsee-Expedition, die Fauna der Tiefsee im Allgemeinen.

Zweite Sitzung am 22. März 1900. Vorsitzender: Prof. Dr. H. Nitsche. — Anwesend 16 Mitglieder und 1 Gast.

Bibliothekar K. Schiller legt als neue Erwerbungen vor

Abhandlungen der Senckenbergischen naturforschenden Gesellschaft, Bd. XXVI, Heft 1 (Entwickelung des Krokodileies);

Den Norske Nordhavs expedition 1876—1878. Zoologi. Bd. XXV und XXVI.

Herr W. Bär als Gast referirt über zwei für die Ornis Deutschlands neue Vogelarten.

C. Gessner beschrieb 1555 den „Waldrapp" *Corvus sylvaticus* sehr genau als schweizer und bayerischen Zug- und Brutvogel. Später wurde derselbe von Linné als *Upupa eremita* aufgeführt. Da er aber mit keinem Mitgliede der jetzigen europäischen Fauna sicher indentificirt werden konnte, wurde diese Beschreibung später entweder auf die schlecht geschilderte Alpenkrähe, *Pyrrhocorax graculus* bezogen oder als apogryph angesehen. Neuerdings haben nun W. Rothschild und O. Kleinschmidt nachgewiesen, dass alle Angaben Gessner's genau auf die bisher meist als *Ibis* oder *Geronticus* oder *Comatibis comatus* bezeichnete abbessynische, durch ihre Lebensweise als Gebirgs- und Felsenvogel von den übrigen Arten völlig verschiedene Ibisform passen. Es stellt also dieser jetzt richtig als *Geronticus eremita* L. bezeichnete Vogel ein früheres, jetzt nach Afrika verdrängtes Mitglied der Vogelfauna Deutschlands dar.

Der Vortragende referirt ferner über die neueren, die Sumpfmeise betreffenden Arbeiten O. Kleinschmidt's, der die alte Species *Parus palustris* in zwei Arten zerlegt: *Parus subpalustris* und *Parus salicarius*, die beide wieder in eine Reihe analoger Localformen zerfallen.

Prof. Dr. R. Ebert berichtet über einen in der wissenschaftlichen Beilage der Leipziger Zeitung erschienenen Aufsatz von G. Kretzschmar: „Ueber Zunahme einheimischer Vögel", in welchem besonders die neuerliche Vermehrung des Gartenspötters, des grauen Fliegenschnäppers, der Amsel, der Laubvögel, der Gartengrasmücke, des Baumpiepers und des rothrückigen Würgers betont wird.

Prof. Dr. H. Nitsche spricht schliesslich über die verschiedenartige Ausbildung der oberen Eckzähne bei den verschiedenen Formen der recenten Hirsche.

Dritte Sitzung am 17. Mai 1900 (in Gemeinschaft mit der Section für Botanik). Vorsitzender: Prof. Dr. H. Nitsche. — Anwesend 43 Mitglieder und Gäste.

Bibliothekar K. Schiller legt als neue Erwerbung vor

Cory, Ch. B.: The Birds of eastern North America. Part II: Land Birds. Chicago 1899. 4°.

Geh. Hofrath Prof. Dr. O. Drude lässt circuliren

Radde, G.: Die Sammlungen des kaukasischen Museums. Bd. I: Säugethiere. Tiflis 1899. 4°.

Derselbe weist dann zunächst von Dr. K. Reiche-Santiago eingesendete Photographien von eigenthümlichen chilenischen, Rasenpolster bildenden Umbelliferen vor und hält einen ausführlichen Vortrag über F. Unger: „Die Pflanze im Moment der Thierwerdung" und dessen Correspondenz hierüber mit Endlicher, anschliessend an eine neue Publication von

Haberland, G.: Briefwechsel zwischen Franz Unger und Stephan Endlicher. Berlin 1899. 8°.

Prof. Dr. H. Nitsche fügt als weitere Beispiele irriger Ansichten, den Uebergang vom Planzen- zum Thierreiche betreffend, einige Bemerkungen bei über Buffon's Anschauungen über die vegetabilische Natur des Hirschgeweihes und die zuerst von einem spanischen Mönche Torrubia beschriebene „zoophytische Fliege", d. h. der Verbindung eines todten Insectes mit dem Fruchtträger eines Pilzes aus der zu den Pyromyceten gehörenden Gattung *Cordyceps*.

Oberlehrer Dr. J. Thallwitz hält einen ausführlichen Vortrag über Höhlenthiere, anschliessend an die neueren Publicationen über dieses Thema.

Prof. Dr. H. Nitsche weist nach, dass in Sachsen auch die nordische schwarzbäuchige Abart des Wasserschmätzers, *Cinclus cinclus* L. als Brutvogel vorkommt, z. B. an der Bobritzsch. (Vergl. Abhandlung VI.)

II. Section für Botanik.

Erste Sitzung am 8. Februar 1900 (Floristenabend). Vorsitzender: Oberlehrer K. Wobst. — Anwesend 28 Mitglieder.

Geh. Hofrath Prof. Dr. O. Drude bespricht und legt vor

Pospichal: Flora der österreichischen Küstenländer;
Raunkiaer, C.: Morphologisch-biologische Bearbeitung der Monokotyledonen Dänemarks*), ein vortreffliches Werk!

Im Anschluss daran berichtet Dr. B. Schorler über

Höck, F.: Grundzüge der Pflanzengeographie;
Kronfeld, M.: Bilderatlas zur Pflanzengeographie;
Radde, G.: Grundzüge der Pflanzenverbreitung in den Kaukasusländern;
Knuth, P.: Handbuch der Blütenbiologie;
Ludwig, F.: Lehrbuch der niedern Kryptogamen.

Oberlehrer K. Wobst erläutert und bringt zur Vorlage folgende Pflanzenformen: *Rosa Gremlii* Chr., gesammelt bei Bad Salzungen in Thüringen; *Rosa alba* L. und *Rosa tomentosa* Sm. var. *cinerascens* Dum. aus der Umgebung von Hosterwitz, erstere in mächtigen Stöcken daselbst verwildert.

Bibliothekar K. Schiller setzt hierauf in Umlauf

Thonner, Fr.: Im afrikanischen Urwald. und
Report, annual, of the Missouri Botanical Garden, St. Louis.

Verlagsbuchhändler J. Ostermaier legt zahlreiche Postkarten mit Blüthenabbildungen, welche der Alpenflora entnommen sind, sowie grössere Tafeln, Alpenpflanzen darstellend, vor.

Zum Schluss hält Geh. Hofrath Prof. Dr. O. Drude einen Vortrag über Einrichtung von Herbarien für pflanzengeographische Demonstrationen und erläutert denselben durch reichhaltige Vorlagen, welche verschiedene Pflanzenformationen Sachsens illustriren.

Zweite (ausserordentliche) Sitzung am 8. März 1900. (Floristenabend). Vorsitzender: Oberlehrer K. Wobst. — Anwesend 26 Mitglieder.

Geh. Hofrath Prof. Dr. O. Drude hält folgenden Vortrag: Vorläufige Bemerkungen über die floristische Kartographie von Sachsen. (Vergl. Abhandlung V.)

Dieser Vortrag verfolgt die Absicht, der Gesellschaft Mittheilung über den geplanten Fortgang weiterer floristischer Arbeiten aus unserem Herbarium zu machen und womöglich Mitarbeiterschaft in ihren Kreisen zu gewinnen. Denn kartographische Aufnahmen setzen eine Vertrautheit mit den Einzelheiten voraus, wie sie ein Einzelner sich schwer zu erwerben im Stande ist.

Dr. B. Schorler referirt über Gradmann's „Pflanzenleben der Schwäbischen Alb", das als ein nachahmenswerthes Muster einer modernen Localflora hingestellt wird.

---

*) Dänischer Titel: De Danske Blomsterplanters Naturhistorie: förste Bind: Enkimbladede. Med 1089 Figurer i 283 Grupper, for störste delen tegnede af Ingeborg Raunkiaer og C. Raunkiaer. Kjöbenhavn 1895—1899. 724 S. in gr. 8°.

Verfasser begnügt sich nicht mit einer blossen Aufzählung der Arten und Standorte seines Gebietes, sondern charakterisirt dieses auch in vortrefflichster Weise pflanzengeographisch. Wir erfahren, dass die Schwäbische Alb mit der Fränkischen zusammen einen pflanzengeographischen Bezirk bildet, der sich von den benachbarten Bezirken, dem Schwarzwald, dem Alpenvorland, dem Schwäbisch-Fränkischen Hügellande und dem Schweizer Jura, deutlich heraushebt. Charakteristisch für die Schwäbische Alb sind die als Glacialrelicte gedeuteten alpinen und präalpinen Arten, die im Südwesten am häufigsten auftreten, im mittleren Theile seltener werden und im Nordosten vollständig fehlen. So hat beispielsweise die südwestliche Alb an alpinen Arten: *Androsace lactea*, *Anemone narcissiflora*, *Athamanta cretensis*, *Carex sempervirens*, *Cystopteris montana*, an präalpinen (montanen) Arten *Dentaria digitata*, *Rosa alpina*, *Adenostylis*, *Hieracium amplexicaule*, *Lonicera alpigena* etc.; die mittlere Alb dagegen als Wahrzeichen *Saxifraga Aizoon*, der bis 600 m herabsteigt, *Draba aizoides*, *Cochlearia saxatilis*, *Campanula pusilla* und als verbreitetstes Felsen-*Hieracium* das *H. Jacquini*, während als präalpine Arten hier aufgezählt werden *Hieracium bupleuroides*, *Bellidiastrum*, *Valeriana tripteris*, *Gentiana lutea*, *Rosa rubrifolia*, *Anthriscus nitida* und andere. In der nordöstlichen Alb werden die alpinen und präalpinen Arten durch pontische ersetzt, wie *Erysimum odoratum*, *Linum flavum*, die beide hier ihre Westgrenze erreichen, *Arabis pauciflora*, *Ruta graveolens*, *Potentilla rupestris*, *Stipa capillata*, *Pleurospermum austriacum* u. s. w. Bei der Masse von alpinen Arten, die übrigens durch bunte Tafeln vortrefflich dargestellt sind, ist das Fehlen aller subalpinen Arten, die im Schwarzwalde, dem Schweizer Jura und auch dem Alpenvorlande reichlich auftreten, recht auffällig. Ein weiterer bemerkenswerther Unterschied gegen die Nachbargebiete besteht in dem Mangel aller atlantischen Arten. Während z. B. *Ilex*, *Buxus* und *Tamus* im Schwarzwald, Jura und Alpenvorland gar nicht selten vorkommen, fehlen diese in der Alb vollständig. Verfasser erklärt diese auffällige Vertheilung durch die klimatischen Verhältnisse, die Alb hat continentales, die benachbarten Bezirke oceanisches Klima: die Januar-Null-Isotherme verläuft längs der Donau bis zu deren Quellgebiet, biegt dann, östlich vom Rhein und Schwarzwald, nach Norden um und verläuft zur Westküste von Schweden und Norwegen. Durch die weitere eingehende Schilderung der Flora der Nachbarbezirke, durch die Hervorhebung von deren Charakterpflanzen, welche in der Alb fehlen, wird die pflanzengeographische Stellung der Schwäbischen Alb noch näher präcisirt.

Ein grosser Raum ist ferner der Schilderung der Formationen und ihrer Ausbreitung gewidmet. Es werden Haupt- und Nebentypen unterschieden, die Formationsglieder listenmässig aufgezählt und, was besonders beachtenswerth ist, auch die Ausrüstung derselben, ihre biologischen und ökologischen Verhältnisse geschildert und zwar in so eingehender und ansprechender Weise, dass das Studium dieser Capitel als Vorbereitung zu Excursionen auch in unserem hercynischen Bezirk mancherlei Anregungen bietet.

Den Schluss bilden Bemerkungen des Verlagsbuchhändlers J. Ostermaier über den Schutz der Alpenpflanzen und Beobachtungen über den Eintritt der Frühlingsflora von Oberammergau.

Dritte Sitzung am 5. April 1900 (im Hörsaale des K. Botanischen Gartens). Vorsitzender: Geh. Hofrath Prof. Dr. O. Drude. — Anwesend 20 Mitglieder und 5 Gäste.

Der Vorsitzende legt eine von Dr. L. Meyer, meteorologische Centralstation in Stuttgart, entworfene Aufblühkarte der Kirsche in Württemberg im Jahre 1899 vor und knüpft an dieselbe phänologische Bemerkungen über die Retardation dieses Frühlings unter Vorlage der meteorologischen Aufzeichnungen an der Station des K. Botanischen Gartens.

Die Frühlingshauptphase ist im Mittel der Jahre 1891 bis 1899 nach den Beobachtungen im Grossen Garten und neuen Botanischen Garten auf

Tag 120 = 30. April

gefallen. Den frühesten und längsten Vorfrühling hatte das vergangene Jahr, einen der spätesten Vorfrühlinge dieses; trotzdem kann die Hauptphase noch ziemlich rechtzeitig fallen, wenn jetzt warme Witterung eintritt*).

Darauf bespricht der Vorsitzende im Anschluss an Versuche, welche im K. Botanischen Garten angestellt worden sind, die Ueberwinterung immergrüner Gewächse im borealen Klima und hebt die Gefahren der Austrocknung hervor, welche bislang nicht genügend gewürdigt sind.

Es werden Verdunstungsversuche an *Thuja occidentalis* während der Wintermonate December bis März besprochen. Im Anschluss daran wird die Aufnahmefähigkeit der Blätter für Wasser kurz beleuchtet und Präparate der von Schimper genauer untersuchten Bromeliaceen-Blätter vorgelegt.

Schliesslich lenkt der Vortragende die Aufmerksamkeit auf den bisher wenig gewürdigten Charakter der Aufblühgeschwindigkeit der Blüthen einer und derselben Inflorescenz, für deren langsamen Ablauf soeben Möbius ein Beispiel aus den Bromeliaceen in der Gartenflora mittheilt.

Auch in der deutschen Floristik giebt es hier noch vielerlei zu sammeln und zu beobachten, was zum Verständniss der Blüthenerscheinungen in unseren Formationen dienen kann, obwohl im Allgemeinen bei uns Alles zu einem rascheren Abschluss der Blüthenentfaltung drängt.

Vierte Sitzung am 14. Juni 1900 (im K. Botanischen Garten). Vorsitzender: Geh. Hofrath Prof. Dr. O. Drude. — Anwesend 28 Mitglieder und Gäste.

Der Vorsitzende hält einen Vortrag über die Anordnung der Vegetation im Karwendelgebirge, anknüpfend an Beobachtungen auf einer soeben beendigten zweiten Reise nach Oberbayern zur Frühlingszeit.

Die Situation des Gebirges wird durch Schilderung des Aufstieges vom Kochel- und Walchensee her erläutert. Mittenwald, so hoch als Oberwiesenthal gelegen, zeigte in seiner phänologischen Entwickelung in diesem Jahre (2. bis 10. Juni) um fast einen Monat spätere Phasen als Dresden, während die Lärche und Birke in 1500 m Höhe ca. 40 bis 45 Tage Verspätung ihrer Ergrünung zeigten. So standen in Mittenwald am 10. Juni *Aesculus Hippocastanum* und *Sorbus aucuparia* in Vollblüthe, während sie in Dresden am 10. Mai, bez. 18. Mai ihren Blüthenbeginn gehabt hatten. Aber der Frühlingseinzug hatte sich in diesem Jahre im Gebirge besonders verspätet und bei 1700 m traf man noch auf ausgedehnte Schneefelder, welche an Nordhängen die Grat-pfade völlig überdeckt hielten, während der oberste Lärchenwald sich jetzt erst mit zartem Grün bekleidete.

Der Vortragende skizzirt die zu unterscheidenden Formationen und vergleicht dieselben ihrem Vorkommen nach mit entsprechenden Beständen in den hercynisch-mitteldeutschen Gebirgen. Für die Florenentwickelungsgeschichte Deutschlands ist besonders die von G. v. Beck aufgestellte und sehr gut begründete Formation des Voralpenwaldes von grosser Bedeutung. Versetzen wir uns in den Anfang der postglacialen Entwickelung zurück, so wird damals ein weiter Raum der jetzigen Triasgebirge in Südhannover, Hessen und Thüringen mit einem ähnlichen Voralpenwalde bedeckt gewesen sein, welcher gerade auf dem Kalke seine beste und kräftigste Entwickelung erreicht. Der Schwäbische Jura zeigt noch heute in zahlreichen Relicten (vergl. das Referat Schorler's über Gradmann's ausgezeichnete Flora) die Verbreitungslinien präalpiner und alpiner Kalkpflanzen auf Höhen von 600 bis 1000 m, wie wir sie heute mindestens 400 m höher in den Bayrischen Alpen zahlreich finden, und auch die Relicte auf den Gypsbergen am südlichen Harz gehören höchst wahrscheinlich in diese Kategorie.

*) Spätere Anmerkung: Dieselbe ist mit viertägiger Verspätung gegen das letzte Mittel auf den 4. Mai gefallen.

Während Sachsen (im Vogtlande) nur wenige Relicte solcher Voralpenwald-Pflanzen besitzt, *Erica carnea* und *Polygala Chamaebuxus*, ist Thüringen bis zur Rhön und zum Harz, besonders auch noch das Werragebirge bei Allendorf, reichlich damit versehen, und viele dort jetzt als Seltenheiten oder verbreitet vorkommende Arten, die diesseits der Saale auf den Urgesteinen Sachsens völlig fehlen, scheinen ihr Vorkommen von der weiten Ausbreitung einer üppigen präalpinen Wald- und Geröllformation herzuleiten. Dahin zählt Vortragender besonders folgende Arten:

Amelanchier vulgaris!	*Helianthemum oelandicum.*
Berberis vulgaris.	*Polygala amara.*
Viburnum Lantana!	*Hippocrepis comosa!*
Sorbus Aria!	*Coronilla vaginalis.*
Pleurospermum austriacum.	*Sesleria coerulea!*
Laserpitium latifolium.	*Ophrys muscifera,*

lauter Pflanzen, welche dem warmen Hügellande Sachsens fehlen und deren Zusammenschluss zu kennzeichnenden Mitgliedern der westhercynischen Hügelformationen auf bedeutungsvolle Ursachen in vorvergangenen Perioden hinzuweisen scheint. Vortragender betrachtet dieselben also als versprengte oder mit der gemeinen trockenen Hügellandsflora sowie mit Steppenpflanzen vermischte Ueberbleibsel aus der Zeit, wo ein dem jetzigen Voralpenwalde der Kalkalpen von 800 bis 1000 m Höhe ähnlicher Bestand auf den Triaskalken an der Werra und südlich des Harzes die Oberhand hatte.

III. Section für Mineralogie und Geologie.

Erste Sitzung am 15. Februar 1900. Vorsitzender: Prof. Dr. W. Bergt. — Anwesend 31 Mitglieder.

Der Vorsitzende legt ein von Lehrer H. Döring gefundenes neues sächsisches (und böhmisches) Mineral, Anhydrit aus dem Phonolith von Schlössel bei Hammer-Unterwiesenthal, vor (siehe Abhandlungen der Isis 1899, S. 88—92) und

erläutert in einem Vortrag über Mikromineralogie an Mineral- und Gesteinsdünnschliffen die Bedeutung der in der zweiten Hälfte des 19. Jahrhunderts für die mineralogischen Wissenschaften fruchtbar gemachten mikroskopischen Untersuchungsmethode.

Zweite Sitzung am 19. April 1900. Vorsitzender: Prof. Dr. W. Bergt. — Anwesend 38 Mitglieder.

Prof. H. Engelhardt legt mit erläuternden Bemerkungen G. Laube: „Neue Schildkröten und Fische aus der böhmischen Braunkohlenformation", 1900, und „Schildkrötenreste aus der böhmischen Braunkohlenformation", 1896, sowie P. Grosser: „Die Ergebnisse von Dr. A. Stübel's Vulkanforschungen", 1900, vor.

Dr. P. Menzel spricht eingehend über die Entstehung der Alpen und die Bildung des Mittelmeeres.

Prof. Dr. W. Bergt macht an der Hand von A. Rothpletz: „Das geotektonische Problem der Glarner Alpen", 1898, auf Wandlungen in der Auffassung der Alpentektonik aufmerksam.

Excursion am 21. Juni 1900 nach den Rathssteinbrüchen am Ausgange des Plauenschen Grundes. — Zahl der Theilnehmer 35.

Hier wurde zunächst die maschinenmässige Herstellung des Steinschlags verschiedener Grösse besichtigt. Im unteren Theile des Bruches, im Syenit, war ein $2^1/_2$ m mächtiger, sehr frischer, am oberen Ende verworfener Kersantitgang ausgezeichnet aufgeschlossen. Der obere Theil des Bruches bot Gelegenheit, die unebene, taschen- und klippenreiche Oberfläche des Syenits (vergl. Isis-Abhandlungen 1894, S. 60, Fig. 6—8), ferner den auflagernden Carinaten-Pläner mit seiner Grundschicht, dem versteinerungsreichen Syenitconglomerat, und den Plänerbänken zu studiren. Zum ersten Male wohl kam hier in dem obersten Anschnitt die, Carinaten- und Labiaten-Pläner trennende Mergelschicht zum Vorschein. Sie wird bisher in den Rathssteinbrüchen nicht erwähnt, ist aber durch den starken Abbau in den letzten Jahren blossgelegt worden. Als ein deutlich sichtbares $0{,}30 - 0{,}70$ m breites Band verläuft diese Mergelschicht vom Süd- bis zum Nordende des Bruches, am Nordende von der geneigten Oberfläche abgeschnitten. Der überlagernde Labiatus-Pläner von wechselnder Mächtigkeit bis zu 2 m ist meistens in kleine Platten und Scherben aufgelöst.

IV. Section für prähistorische Forschungen.

Erste Sitzung am 18. Januar 1900. Vorsitzender: Prof. Dr. J. Deichmüller. — Anwesend 23 Mitglieder.

Lehrer H. Döring spricht über Feuersteinwerkstätten auf Rügen.

Der Vortragende weist einleitend darauf hin, dass die vergleichende Forschungsmethode, welche allein sichere Ergebnisse verspricht, uns dazu nöthigt, öfter über die Grenzen der Heimath hinaus zu blicken und die Resultate der Urgeschichtsforschung in anderen Ländern fortdauernd im Auge zu behalten.

Der Berichterstatter benutzte einen mehrmaligen Kuraufenthalt auf der Insel Rügen, um einige der daselbst zahlreich vorhandenen Feuersteinwerkstätten zu besichtigen und auf das Vorhandensein prähistorischer Geräthe wiederholt abzusuchen. Aus der vorhandenen Litteratur führt er 16 Rügen'sche Werkstätten an, berichtet über die beiden umfänglichsten Fundstätten von Lietzow und über die kleinere von Drewoldtke unter Benutzung der Veröffentlichungen von Dr. Haas-Stettin, wie auf Grund der durch Besichtigung gewonnenen Anschauung. Unter Vorlegung einer reichen Sammlung von nahezu 400 prähistorischen Fundstücken spricht der Vortragende sodann über das verarbeitete Material, über die angewandte Technik, die verschiedenen Formen der Waffen und Werkzeuge, sowie über die vermuthliche Verwendung derselben im Leben der prähistorischen Bevölkerung.

Ein Besuch des Nationalmuseums nordischer Alterthümer in Kopenhagen giebt dem Referenten Veranlassung, über die dortige Abtheilung der Steinzeitreste zu berichten.

Im Anschlusse hieran spricht derselbe Redner weiterhin über Feuersteingeräthe aus sächsischen Fundorten. (Vergl. Abhandlung II.)

Prof. Dr. J. Deichmüller legt vor und bespricht eine Anzahl bemalter Geschiebe aus der Höhle von Mas d'Azil in den Pyrenäen, welche von Herrn Ed. Piette-Rumigny der K. Prähistorischen Sammlung in Dresden geschenkt worden sind.

Ed. Piette hat diesen mit merkwürdigen Zeichen bemalten Flussgeröllen in der Zeitschrift „L'Anthropologie" VII, p. 385 eine eingehende Beschreibung und Deutung gewidmet. Die Lagerstätte derselben ist eine Schicht, welche zwischen der jüngsten Abtheilung der älteren Steinzeit, der Renthierepoche, und der ältesten der jüngeren Steinzeit eingeschaltet ist und als Uebergangsformation zwischen beiden betrachtet wird. Die aus grauem, quarzigem Gestein oder Schiefer bestehenden Geschiebe entstammen dem nahen Flussbett der Arize und sind mit in rothem Eisenocker kunstlos ausgeführten an einander gereihten parallelen Strichen oder rundlichen Flecken, kreuzförmigen Strichen in Verbindung mit Kreisen, leiterartigen Zeichnungen, Schlangenlinien und schriftähnlichen Zeichen bemalt, die von Ed. Piette als Sonnenbilder, Darstellungen von Bäumen, uralte Zahlen- und Schriftsysteme gedeutet werden.

Zweite Sitzung am 10. Mai 1900. Vorsitzender: Prof. Dr. J. Deichmüller. — Anwesend 22 Mitglieder.

Der Vorsitzende macht auf eine in den Protokollen der Generalversammlung des Gesammtvereins der deutschen Geschichts- und Alterthumsvereine zu Strassburg i. E. 1899 enthaltene Arbeit von Dr. Köhl: „Ueber die neolithische Keramik Südwestdeutschlands", Berlin 1900, aufmerksam.

Lehrer H. Döring berichtet über die Ergebnisse einiger von ihm unternommenen Excursionen nach prähistorischen Siedelungen.

Von dem doppelschichtigen Burgwall Altoschatz, der in der Urzeit von Germanen und darnach von Slaven benutzt wurde, gelangen eine Anzahl auf Tafeln geordneter germanischer Scherben, Knochenpfriemen und Knochennadeln, bearbeitete Geweihstangen und Röhrenknochen, eine thönerne Kinderklapper in Form einer kleinen Buckelurne, ein Webstuhlgewicht, zwei halbe slavische Töpfe und eine Anzahl Scherben mit den bekannten slavischen Ornamenten zur Vorlage.

Auf dem Burgberge bei Niederwartha fand der Berichterstatter wiederum eine grössere Zahl slavischer Scherben, unter denen Bodenstücke mit eingeprägter Töpfermarke, sowie Randstücke mit abnormem Profil und verschiedene auffällige Combinationen von Verzierungsformen bemerkenswerth sind. Von derselben Fundstelle werden noch vorgelegt das Bruchstück eines durch Punkte verzierten Spinnwirtels aus Thon, sowie sechs Werkzeuge aus Stein, die zum Schleifen und Poliren der Knochen- und Metallwerkzeuge gedient haben mögen.

Unter den vom Burgwall Lockwitz stammenden urgeschichtlichen Funden zeigen sich ebenfalls zwei Steinwerkzeuge zum Schleifen und Poliren. Als besonders interessanter Burgwallfund wird das Bruchstück eines mit slavischen Ornamenten versehenen Graphitgefässes hervorgehoben.

Der Berichterstatter legt weitere slavische Reste von den Burgwällen Altoschatz und Lockwitz a. E. vor und macht dabei auf einen Knochenpfriemen von Lockwitz und auf mehrere abweichende slavische Verzierungsformen an Scherben aufmerksam.

Bei einem Besuche der Burgkuppe zu Löbsal oberhalb Diesbar, die bereits von Preusker (Blicke in die vaterländische Vorzeit, Band III, S. 124) ausführlich beschrieben ist, fand Redner an der Böschung des hochaufragenden berasten Hügels, sowie auf dem anliegenden Felde Scherben, von denen sich die grössere Zahl als Bruchstücke germanischen Topfgeräthes erwies, während andere die Characterzeichen der slavischen Herkunft trugen. Die Burgkuppe ist demnach ein kleiner doppelschichtiger Wall, der von den Germanen angelegt und später von den Slaven in Benutzung genommen wurde. Unter den slavischen Gefässscherben wurde als auffällige Neuheit ein Ornament bezeichnet, das aus fünf kettenartig in einander greifenden Ringeindrücken besteht. Dieselben sind sehr scharf begrenzt und mögen wohl durch Aufdrücken einer Metallröhre von reichlich 1 cm Durchmesser hervorgebracht worden sein.

Von den neolithischen Herdstellen in Lockwitz, die seit 1884 durch Dr. Theile bekannt geworden sind und namentlich in den letzten Jahren zahlreiche Fundstücke ergaben, legt der Berichterstatter Messer, Schaber und Bohrer aus Feuerstein, sowie eine grosse Reibschale aus Porphyr vor. Die Scherben zeigen sogenannte Bandverzierung.

Derselbe Redner berichtet sodann über einen neuen Steinzeitfund aus Lockwitz.

Bei den Abräumungsarbeiten im zweiten Steinbruch am rechten Lockwitzgehänge fanden die Arbeiter ein flaches Steinbeil und das Bruchstück einer durchbohrten Steinaxt. Die Fundstelle ist an der steilen Böschung oberhalb des Bruches gelegen und zeigt weder schwarze Erde noch Scherben, sondern nur Gesteinsschutt.

Das flache Steinbeil besteht aus lichtem Grünstein, ist 16,5 cm lang, oben 8 cm und unten 8,5 cm breit und 2,5 cm dick. Die Schneide zeigt bedeutende Scharten und lässt eine ausgiebige Benutzung vermuthen. Das Fundstück weicht in Form und Grösse von den in neolithischen Herdstellen gefundenen Flachbeilen ab.

Das Bruchstück der durchbohrten Steinaxt besteht aus schiefrigem Gestein und hat eine Länge von 15 cm und eine Breite von 4,5 cm. Das Geräth mag in unverletztem Zustande in der Länge 16 cm und an dem breiten oberen Ende 7 cm gemessen haben. Es ist jedenfalls bei der Arbeit und zwar ganz der Natur des schiefrigen Materials entsprechend längs gespalten.

Die beiden Fundstücke dürfen als Einzelfunde aus neolithischer Zeit gelten. Sie sind jedenfalls nicht mit den auf der anderen Seite des Thales befindlichen neolithischen Herdstellen von Lockwitz in Verbindung zu bringen.

Lehrer O. Ebert bespricht die zur Ansicht aushängenden

Vorgeschichtliche Wandtafeln für Westpreussen, entworfen im Westpreussischen Provinzial-Museum. 6 Blatt mit colorirten Abbildungen und Erläuterungen, Berlin 1890;

Vor- und frühgeschichtliche Gegenstände aus der Provinz Sachsen, herausgegeben von der Historischen Commission für die Provinz Sachsen. 1 Blatt colorirter Abbildungen mit erläuterndem Text, Halle a. S. 1898.

Lehrer H. Ludwig legt das Bruchstück eines bei Kauscha gefundenen Mahlsteins aus Quarzporphyr vor.

Prof. Dr. J. Deichmüller berichtet über neuere Funde schnurverzierter neolithischer Gefässe auf der Haltestelle Klotzsche und bei Nünchritz (vergl. Abhandlung III), neolithischer Kugelflaschen bei Cossebaude und über ein spätslavisches Skelettgräberfeld bei Niedersedlitz (vergl. Abhandlung IV).

Derselbe legt zum Schluss vier Flachbeile und eine durchbohrte Hacke aus Amphibolschiefer vor, welche in den Lehmgruben der sächsischen Dachsteinwerke am „Weinberg“ NW. Forberge bei Riesa gefunden worden sind.

V. Section für Physik und Chemie.

Erste Sitzung am 11. Januar 1900. Vorsitzender: Oberlehrer H. Rebenstorff. — Anwesend 72 Mitglieder und Gäste.

Geh. Hofrath Prof. Dr. E. von Meyer hält einen Vortrag: Rückblick auf die wichtigsten Entwickelungsphasen der Chemie im 19. Jahrhundert.

Zweite Sitzung am 15. März 1900. Vorsitzender: Oberlehrer H. Rebenstorff. — Anwesend 61 Mitglieder und Gäste.

Privatdocent Dr. C. Wolf spricht über die Zerstörung der salpetersauren Salze durch Bakterien.

Der Vortragende führt eine grössere Anzahl von Culturen derjenigen Bakterien vor, welche die Processe der Denitrification oder Salpetergährung hervorrufen, und begründet ausführlich seine Ansicht, dass die Reduction des Nitrates zu Nitrit und endlich zu Stickstoff durch die Stoffwechselproducte der betreffenden Bakterien bewirkt werde.

Oberlehrer H. Rebenstorff zeigt eine Form des Cartesianischen Tauchers, welche nach blossem Einsenken sofort die richtige Füllung hat. (Vergl. Abhandlung I.)

Früher mitgetheilte sowie neue Versuche lassen sich daher mit diesem Taucher besonders bequem ausführen. Zur Vorführung gelangt der Nachweis der Löslichkeit der Kohlensäure in Wasser. Die Taucher sind von A. Eichhorn-Dresden, Mittelstrasse, sowie von G. Lorenz-Chemnitz zu beziehen. Nähere Mittheilungen erfolgen in der Zeitschrift für den physikalischen und chemischen Unterricht.

Der Vortragende zeigt sodann eine Probe der sogenannten grauen Modification des Zinns und berichtet über die erst vor Kurzem den Niederländern Cohen und van Eyk gelungene Herstellung der grauen Zinnform in beliebigen Mengen.

Derselbe theilt hierauf mit, dass man die von den Schienen der elektrischen Strassenbahn sich abzweigenden vagabondirenden Ströme sehr leicht beobachten kann, wenn man die Gas- und Wasserleitung des Experimentirtisches mit einem Spiegelgalvanometer von geringem Widerstande verbindet.

Bei der auch in grösserem Abstande von der Bahnlinie (450 m am Beobachtungsorte des Vortragenden) verhältnissmässig bedeutenden Stromstärke (1—8 Milliamper) ist für empfindliche Apparate die Benutzung von Nebenschlüssen nothwendig. Der Lichtzeiger schwankt beständig mit der Annäherung und Entfernung der Motorwagen. Zur subjectiven Beobachtung der Ströme und ihrer mannigfaltigen schnellen Intensitätsänderungen in Folge des Arbeitens der Motoren genügt die Verwendung eines Telephons nebst Inductor. Näheres in der Zeitschrift für den physikalischen und chemischen Unterricht 1900, Heft 5.

Dritte Sitzung am 3. Mai 1900. Vorsitzender: Oberlehrer H. Rebenstorff. — Anwesend 82 Mitglieder und Gäste.

Prof. Dr. W. Hallwachs spricht über die elektrolytische Leitung in festen Körpern und deren Anwendung bei der Nernstlampe.

Der Vortragende führt von ihm selbst nach vielfachem Probiren aus erdigen Oxyden hergestellte Glühkörper vor und erläutert das dabei benutzte Verfahren eingehend. Versuche erläutern dann die Abhängigkeit des Leitungsvermögens von der Temperatur. Bei gewöhnlicher Temperatur liessen sie auch nicht den schwächsten Strom durch (10^{-8} Amp. wäre nachweisbar gewesen), bei höchster Weissgluth nahmen sie Ströme von derselben Grössenordnung wie die gewöhnlichen Glühlampen auf. Die elektrolytische Natur des Leitungsvorganges wird besprochen. Im weiteren Verlauf der Demonstrationen kommen auch einige von A. E. G. entliehene Nernstlampen in Betrieb. Sowohl Wechsel- als auch Gleichstrom ist anwendbar.

Als Vorzüge der Nernstlampe hebt der Vortragende die ausserordentliche Weisse, welche er durch einen Versuch demonstrirt, sowie die verhältnissmässige Billigkeit (etwa 0,6 der gewöhnlichen Glühlampen) des Betriebs hervor, als Nachtheile den Mangel der Selbstentzündung, welcher erst durch besondere Zündvorrichtungen, deren Einrichtung dargelegt wird, zu beseitigen ist, sowie die doppelt so stark wie in den gewöhnlichen Glühlampen auftretende Variation der Lichtstärke mit der Spannung.

Die weitere, unter Wahrung der durch das wenig zahlreiche Versuchsmaterial gebotenen Einschränkung, auch quantitativ ausgeführte Beurtheilung, welche nicht nur die Lampen selbst, sondern auch ihren eventuellen Einfluss auf die Centralen u. a. ins Auge fasste, führt zu dem Schluss, dass die Nernstlampe in ihrer jetzigen Gestalt die elektrische Beleuchtung in das Stadium einer allgemeinen Gebrauchsbeleuchtung überführen werde, sei nicht wahrscheinlich. Vor der Hand stehe für dieselbe nur eine Anzahl Specialgebiete offen. Ausgeschlossen sei natürlich nicht und bei der kurzen Lebensgeschichte der Lampe sogar wahrscheinlich, dass noch beträchtliche, die umfassendere Einführung begünstigende Verbesserungen aufgefunden würden.

Auf eine bezügliche Anfrage des Photochemikers R. Jahr fügt der Vortragende hinzu, dass die Lampen bis 100 Kerzen fabricirt würden, dass aber für eine Lampe bestimmter Kerzenzahl noch weitere Verkleinerung des Glühkörpers bei dem jetzigen Material nicht möglich sei.

VI. Section für Mathematik.

Erste Sitzung am 18. Januar 1900. Vorsitzender: Geh. Hofrath Prof. Dr. M. Krause. — Anwesend 13 Mitglieder und Gäste.

Oberlehrer Dr. J. von Vieth spricht über Centralbewegung.

Der Vortragende behandelt mit Hülfe der Grassmann'schen Ausdehnungslehre die Bewegung eines von einem festen Centrum angezogenen Massenpunktes, insbesondere die Bewegung eines Planeten um die Sonne.

Zweite Sitzung am 8. März 1900. Vorsitzender: Geh. Hofrath Prof. Dr. M. Krause. — Anwesend 16 Mitglieder und Gäste.

Geh. Hofrath Prof. Dr. M. Krause spricht über graphischen Calcül.

Vortragender erinnert zunächst an die in älterer und neuerer Zeit, zum Theil aus rein theoretischem Interesse, zum Theil aus praktisch-pädagogischen Gründen unternommenen Versuche, mehr oder minder ausgedehnte Partien der Analysis einer geometrischen und selbst graphisch-constructiven Behandlung zugänglich zu machen, und wendet sich dann zu einer eingehenderen Besprechung der vor Allem in der neuesten englischen Litteratur zu Tage getretenen Bestrebungen, die analytischen Methoden sogar aus der Differential- und Integralrechnung möglichst ganz durch graphische Methoden zu verdrängen.

Redner legt ausführlich dar, in welcher Weise diese Bestrebungen in einem neuerdings erschienenen Lehrbuch (Barker: „Graphical Calculus", mit einer Vorrede von Goodman) an den Grundbegriffen des genannten Wissenschaftszweiges durchgeführt sind und macht hierbei auf wesentliche Schwächen aufmerksam, welche diese — übrigens theilweise unverhältnissmässig langen — Betrachtungen sowohl in logischer als auch in pädagogischer Hinsicht aufweisen.

An den Vortrag schliesst sich eine kurze Discussion.

Prof. Dr. F. Müller legt eine von ihm construirte Tabelle vor, welche es in einfacher Weise ermöglicht, für jedes Jahr des 19. und 20. Jahrhunderts den Kalender aufzustellen.

Dritte Sitzung am 10. Mai 1900. Vorsitzender: Geh. Hofrath Prof. Dr. M. Krause. — Anwesend 10 Mitglieder und Gäste.

Prof. Dr. R. Heger spricht über Berührungsaufgaben und Kreisverwandtschaft.

Vortragender erläutert zunächst kurz die theoretischen Grundlagen der Lehre von der Kreisverwandtschaft, insbesondere die auf die Abbildung von geraden Linien und Kreisen bezüglichen Sätze, und giebt zugleich ein bequemes Mittel zur graphischen Herstellung kreisverwandter Figuren an; auch wird die Möglichkeit erörtert, zwei gegebene Kreise mittels Kreisverwandtschaft so abzubilden, dass ihre Bilder congruent werden. Hierauf setzt Redner aus einander, wie die Kreisverwandtschaft benutzt werden kann, um die complicirten Aufgaben des sogenannten Tactions-Problems auf die einfacheren zurückzuführen: so lässt sich die Aufgabe, einen Kreis zu ermitteln, der drei gegebene Kreise berührt, falls zwei von diesen Kreisen einander schneiden, sofort reduciren auf die Aufgabe, einen Kreis zu construiren, welcher zwei gegebene gerade Linien und einen gegebenen Kreis berührt; diese Aufgabe aber löst Vortragender durch ein auf Aehnlichkeitsbeziehungen beruhendes Verfahren.

An der auf den Vortrag folgenden Discussion betheiligen sich Dr. J. von Vieth, Prof. Dr. G. Helm und Dr. A. Witting.

Oberlehrer Dr. A. Witting legt ein von ihm für die Sammlung der K. Technischen Hochschule construirtes Fadenmodell der abwickelbaren Schraubenfläche vor und erläutert die Herstellung desselben.

VII. Hauptversammlungen.

Erste Sitzung am 25. Januar 1900. Vorsitzender: Prof. Dr. E. Kalkowsky. — Anwesend 41 Mitglieder und Gäste.

Prof. Dr. E. Kalkowsky schildert unter Vorführung zahlreicher Projectionsbilder Land und Leute von Nordwales, welche er auf einer Studienreise durch Grossbritannien und Irland im Sommer 1899 kennen zu lernen Gelegenheit hatte.

Zweite Sitzung am 22. Februar 1900. Vorsitzender: Prof. Dr. E. Kalkowsky. — Anwesend 47 Mitglieder und 2 Gäste.

Prof. H. Engelhardt, Vorsitzender des Verwaltungsrathes, erstattet den Rechenschaftsbericht für 1899 (siehe S. 18) und legt den Voranschlag für 1900 vor, welcher genehmigt wird. Als Rechnungsprüfer werden Architect R. Günther und Bankier A. Kuntze gewählt.

Derselbe theilt ferner mit, dass der Gesellschaft von ihrem Mitgliede Fabrikbesitzer L. Guthmann in Dresden 500 Mark zum Geschenk gemacht worden seien. Für diese hochherzige Schenkung wird ihm der Dank der Gesellschaft ausgesprochen.

Privatdocent Dr. A. Schlossmann hält einen Vortrag: Beitrag zur praktischen Ernährungslehre.

Die sich an diese Hauptversammlung anschliessende, von 68 Mitgliedern und Gästen besuchte

Oeffentliche Sitzung

ist dem Andenken des am 28. Januar 1900 verschiedenen Ehrenvorsitzenden der Isis, des Geheimen Rathes Prof. Dr. Hanns Bruno Geinitz gewidmet.

Von derselben Stelle, an welcher der Verewigte bis vor wenigen Jahren als anregender Lehrer gewirkt und Tausende dankbarer Schüler herangebildet hat, schildert sein Amtsnachfolger Prof. Dr. E. Kalkowsky in längerer Rede das Lebenswerk des bedeutenden Gelehrten und Forschers und die grossen Verdienste, welche er sich während seiner mehr als sechzigjährigen Mitgliedschaft um die Entwickelung der Isis erworben hat. (Diese Rede siehe S. V.)

Die Anwesenden ehren das Andenken ihres geschiedenen Mitgliedes durch Erheben von den Plätzen.

Dritte Sitzung am 29. März 1900. Vorsitzender: Prof. H. Engelhardt. — Anwesend 54 Mitglieder und Gäste.

Nachdem der Rechnungsabschluss für 1899 von den Rechnungsprüfern für richtig befunden worden ist, wird der Kassirer entlastet.

Herr R. Pohle hält einen Vortrag: Reiseschilderungen aus Nordrussland. Eine grosse Zahl von Photographien der vom Vortragenden besuchten Gegenden wird in Umlauf gesetzt.

Vierte Sitzung am 26. April 1900. Vorsitzender: Prof. H. Engelhardt. — Anwesend 40 Mitglieder und Gäste.

Regierungsrath E. Michael spricht über die Formen und den Ursprung der Dorfanlagen und der Flurauftheilung in Sachsen. Zur Erläuterung ist eine reiche Sammlung von Flurkarten ausgestellt.

Fünfte Sitzung und Excursion am 24. Mai 1900.

Von Dittmannsdorf wanderten die 12 Theilnehmer bis Krummenhennersdorf, führten von hier aus die romantische Grabentour bis Obereinsberg aus und wandten sich dann dem Zollhause von Bieberstein zu. Nach einer Wanderung durch das Muldenthal bis Nossen und nach der Besichtigung des Parkes von Altzella mit seiner Klosterruine wurde in „Stadt Dresden" in Nossen zur Erledigung geschäftlicher Angelegenheiten eine kurze Hauptversammlung unter Vorsitz von Prof. H. Engelhardt abgehalten. Die Rückkehr erfolgte über Meissen.

Sechste Sitzung am 28. Juni 1900. Vorsitzender: Prof. Dr. E. Kalkowsky. — Anwesend 70 Mitglieder und Gäste.

Privatdocent Dr. M. Toepler hält einen Vortrag: Kathoden- und Becquerel-Strahlen.

Veränderungen im Mitgliederbestande.

Gestorbene Mitglieder:

Am 28. Januar 1900 verschied im 86. Lebensjahre Geheimer Rath Dr. Hanns Bruno Geinitz, früher Professor der Mineralogie und Geologie an der K. Technischen Hochschule und Director des K. Mineralogisch-geologischen und Prähistorischen Museums in Dresden, von 1838—1894 wirkliches, dann Ehrenmitglied und seit 1896 Ehrenpräsident unserer Gesellschaft.

Eine Schilderung der reichen Lebensarbeit des Verewigten ist diesem Hefte vorangestellt.

Am 14. Februar 1900 starb Giovanni Canestrini, Professor der Zoologie und vergleichenden Anatomie an der Universität in Padua, Präsident der Società Veneto-Trentina di Scienze Naturali, correspondirendes Mitglied der Isis seit 1860.

Am 4. März 1900 starb Privatus Carl Specht in Niederlössnitz, wirkliches Mitglied seit 1899.

In Wien starb am 23. März 1900 der Professor der Paläontologie an der dortigen Universität Dr. Wilhelm Heinrich Waagen, K. K. Oberbergrath, correspondirendes Mitglied seit 1877.

Am 27. März 1900 starb der um die Erforschung der Flora der Umgebung von Meissen verdiente Apotheker Alfred Moritz Schlimpert in Cölln bei Meissen, correspondirendes Mitglied seit 1893.

In Klotzsche-Königswald starb am 30. März 1900 nach vollendetem 71. Lebensjahre Hofrath Professor Gustav Adolf Neubert.

Er war in Hartenstein im Erzgebirge geboren und besuchte, um sich zum Volksschullehrer auszubilden, das Seminar in Dresden-Friedrichstadt. Nach wohlbestandener Lehrerprüfung übernahm er die Stelle eines Hauslehrers in Ostpreussen in der Familie des Grafen zu Dohna-Schlowitten, eines Nachkommens der alten Grafen von Dohna. Mit welchem Segen er dort gewirkt, geht aus den Worten hervor, die ihm wenige Wochen vor seinem Tode sein Schüler noch zurief: „Je älter ich werde, um so mehr lerne ich schätzen, was ich Ihnen zu danken habe". Nach Sachsen zurückgekehrt wurde er Lehrer am Böttcher'schen Institut in Dresden, darnach Oberlehrer für Naturgeschichte und Chemie an der Neustädter Realschule, welche Stelle er später mit der Professur für dieselben Fächer an dem hiesigen Cadettenhause vertauschte.

Unserer Isis gehörte er von 1857 bis zur Uebersiedelung nach Klotzsche-Königswald im Herbst 1897 als wirkliches Mitglied an, von da an als correspondirendes Mitglied. Wie sehr man seine Kraft zu schätzen wusste, geht daraus hervor, dass man ihn in den Jahren 1872 und 1874 zum ersten Vorsitzenden der Section für Physik und Chemie, in den Jahren 1873, 1881, 1885, 1886, 1888, 1889, 1895 und 1898 zum zweiten Vorsitzenden dieser Section wählte.

Verschiedene Abhandlungen von bleibendem Werthe zieren unsere Zeitschrift, aus ihnen seien nur hervorgehoben: „Resultate aus den meteorologischen Beobachtungen zu Dresden 1876—1885" und „Ergebnisse aus den Beobachtungen der meteorologischen Station zu Dresden 1848—1888".

Am 23. April 1900 verschied ganz unerwartet Geheimer Regierungsrath Professor Dr. Karl Ernst Hartig, wirkliches Mitglied seit 1866.

Geboren am 20. Januar 1836 zu Stein bei Rochlitz, bildete er sich auf den technischen Lehranstalten in Chemnitz und Dresden, sowie in der Fabrik von Richard Hartmann für das Maschinenwesen aus, besuchte darauf die Universität Leipzig und widmete sich dann dem technologischen Lehrfache. Zuerst war er Assistent des Directors des Dresdner Polytechnikums Prof. Hülsse; darauf wurde er an derselben Anstalt 1863 selbständiger Lehrer. Seit 1865 bekleidete er die Professur der mechanischen Technologie an der K. Technischen Hochschule, auch war er Vorstand der mechanisch-technologischen und bautechnologischen Sammlung wie der dynamometrischen Station. Sein Leben ist Arbeit und wieder Arbeit gewesen.

Seit 1877 war er auch Mitglied des Kaiserlich Deutschen Patentamtes, als welches er das Werk: „Studien in der Praxis des Kaiserlichen Patentamtes", Leipzig 1890, veröffentlichte. Ausser diesem veröffentlichte er noch: „Untersuchungen über die Heizkraft der Steinkohlen Sachsens", Leipzig 1860, welche einen starken Band des von H. B. Geinitz herausgegebenen grossen Werkes über die Steinkohlengebiete der ganzen Erde füllen, und in verschiedenen Zeitungen, auch in unseren Abhandlungen, Aufsätze über technische Versuche an Arbeitsmaschinen u. a. 1875 übernahm er noch die Redaction des „Civil-Ingenieur".

Dabei fand er für unsere Isis noch immer Zeit. In den Jahren 1880, 1889 und 1890 bekleidete er in derselben das Amt eines ersten Vorsitzenden, in den Jahren 1870—1872 und 1876—1879 das eines zweiten, von 1867—1869 das des ersten beziehentlich des zweiten Vorsitzenden in der Section für Physik und Chemie und 1898 das des ersten Vorsitzenden der Section für Mathematik.

Gegen 50 längere Vorträge über technologische Gegenstände, die sein tiefes und ausgebreitetes Wissen bekundeten, weisen unsere Sitzungsberichte auf. Seine elementare, Allen fassliche und Alle packende Vortragsweise fesselte uns von Anfang bis zu Ende eines jeden an sein Wort.

Neu aufgenommene wirkliche Mitglieder:

Beckel, E., emer. Lehrer in Dresden, } am 26. April 1900;
Bernkopf, Georg, Bildhauer in Dresden, } am 26. April 1900;
Beythien, Adolf, Dr. phil., Director des chemischen Untersuchungsamtes in Dresden, am 25. Januar 1900;
Bock, Maximilian, Dr. phil., Fabrikbesitzer in Dresden, am 22. Februar 1900;
Jühling, Franz, Instrumentenfabrikant in Dresden, am 26. April 1900;
Keller, Wilhelm, Ingenieur in Grosszschachwitz, am 25. Januar 1900;
Meier, Gustav, Gymnasiallehrer in Dresden, am 26. April 1900.

In die correspondirenden Mitglieder ist übergetreten:

Altenkirch, Gustav, Dr. phil., Realschullehrer in Oschatz.

Kassenabschluss der Gesellschaft ISIS vom Jahre 1899.

Position.	Einnahme.	Mark	Pf.	Mark	Pf.
1	Kassenbestand am 1. Januar 1899			565	22
2	Mitgliederbeiträge			2310	—
3	Eintrittsgelder			100	—
4	Freiwillige Beiträge und Geschenke			187	56
5	Erlös aus Drucksachen etc.			39	43
6	Gewinn auf 2 ausgeloste Papiere			30	65
7	Zinsen:				
	Ackermannstiftung	201	—		
	Bodemerstiftung	30	—		
	Gehestiftung	115	—		
	Fischkestiftung	17	62		
	Pursoldstiftung	21	—		
	Isis-Capital	59	06		
	Sparkassenbuch	8	49		
	Reservefonds	85	65	488	42
				3721	58

Position.	Ausgabe.	Mark	Pf.
1	Gehalte	609	60
2	Inserate	82	05
3	Localspesen	130	—
4	Buchbinder	301	45
5	Bücher und Zeitschriften	301	56
6	Herstellung der Sitzungsberichte etc.	1131	60
7	Anschaffung eines Schrankes	45	—
8	Insgemein	201	16
9	Reservefonds	100	—
10	Kassenbestand am 31. December 1899	819	26
		3721	58

Vermögensbestand am 1. Januar 1900:

		Mark	Pf.
Kassenbestand und Bankguthaben		819	26
Ackermannstiftung	Nach dem Kurs vom 30. XII. 99	5778	—
Bodemerstiftung		1048	50
Gehestiftung		3144	94
v. Fischkestiftung		617	01
Pursoldstiftung		578	90
Isis-Kapital		1813	26
Reservefonds		1400	—
		15097	87

Dresden, am 21. Februar 1900.

G. Lehmann, z. Z. Kassirer der Isis.

Sitzungsberichte

der

Naturwissenschaftlichen Gesellschaft

ISIS

in Dresden.

1900.

I. Section für Zoologie.

Vierte Sitzung am 1. November 1900. Vorsitzender: Prof. Dr. H. Nitsche. — Anwesend 37 Mitglieder.

Dr. K. Heller bespricht die neueren französischen Untersuchungen über die Biologie der Coprophagen, besonders der südlichen *Ateuchus*-Arten unter Vorlage von

Fabre, J. H.: Souvenirs entomologiques V. Paris 1897, und
Carus Sterne: Der heilige Käfer und seine Verwandten. Prometheus 1899, Nr. 631 und 632.

Derselbe theilt ferner, um etwaigen späteren Irrungen bei faunistischen Zusammenstellungen vorzubeugen, mit, dass die im Dresdner Anzeiger vom 6. October 1900 enthaltene Nachricht über den Fang einer 2 Pfund schweren Schildkröte in der Skala bei Gröditz, Amtshauptmannschaft Bautzen, sich nicht etwa auf die für das sächsische Faunengebiet noch nicht nachgewiesene Sumpfschildkröte, *Emys lutaria*, sondern auf ein aus der Gefangenschaft ausgekommenes Exemplar der griechischen Landschildkröte, *Testudo graeca* beziehe. Dies wurde auf Bitte des Vortragenden durch Prof. H. Naumann in Bautzen festgestellt. Das Stück stammte aus dem Parke des Rittergutsbesitzers Strave.

Prof. Dr. H. Nitsche theilt anschliessend, um ähnlichen Irrthümern zuvorzukommen, mit, dass er im Sommer 1900 bei Tharandt verschiedene der sächsischen Fauna nicht angehörige Amphibien habe aussetzen lassen, nämlich in je 10 Exemplaren den schwarzen Alpensalamander, *Salamander atra* und den Schweizermolch, *Triton helveticus (T. palmatus, T. paradoxus)*, sowie zwei Exemplare der Geburtshelferkröte, *Alytes obstetricans* und 10 Stück der gelbbäuchigen Bergunke, *Bombinator pachypus*. Ein Exemplar des ersteren ist inzwischen bereits wieder gesehen worden.

Derselbe bespricht ferner kritisch und legt vor

Zehnder, L.: Die Entstehung des Lebens aus mechanischen Grundlagen entwickelt, Th. I und II. Tübingen 1899 und 1900.

Bibliothekar K. Schiller legt als Neuerwerbung vor die Schlusslieferungen von

Tümpel, R.: Die Geradflügler Mitteleuropas. Eisenach 1900.

Prof. Dr. H. Nitsche demonstrirt den Schädel einer vierhörnigen Gabelantilope, *Antilocapra americana*, den die Tharandter Sammlung kürzlich erworben hat, als erste bekannt gewordene solche Monstrosität bei einem nicht domesticirten Boviden, da die bisher beschriebenen Fälle von Vierhörnigkeit bei Gemsen sich stets als Fälschungen gewinnsüchtiger Händler erwiesen haben.

Derselbe berichtet ferner über einige im Herbst 1900 im Engadin, besonders bei Tarasp und Pontresina gemachte ornithologische Beobachtungen.

Dieselben beziehen sich auf *Passer domesticus* var. *italiae*, *Hirundo rupestris*, *Cypselus melba*, *Cinclus cinclus* var. *meridionalis*, *Sterna nigra*, *Pyrrhocorax alpinus* und *Nucifraga caryocatactes*. Von letzterem und vom Eichhörnchen beschädigte Arvenzapfen werden vorgelegt.

Fünfte Sitzung am 6. December 1900 (in Gemeinschaft mit der Section für Botanik). Vorsitzender: Oberlehrer Dr. J. Thallwitz. — Anwesend 32 Mitglieder.

Der Vorsitzende lässt ein Rundschreiben des ornithologischen Vereins zu Dresden circuliren über Missbrauch beim Verkauf von Krammetsvögeln. Zugleich legt er zwei Tafeln Abbildungen von Drosseln vor aus

Fürst, H.: Deutschlands nützliche und schädliche Vögel. Berlin 1898.

Director A. Schöpf demonstrirt eine grössere Anzahl sibirischer Rehgeweihe, eigenartig in Grösse, Stärke und Gestaltung, und knüpft daran Bemerkungen über das sibirische Rehwild und Aussetzungsversuche mit diesem.

Derselbe führt zwei zoologische Phantasiegebilde chinesischer Herkunft aus Baumwurzeln vor, über deren Herkunft Geh. Hofrath Prof. Dr. O. Drude noch einige Worte spricht.

Prof. Dr. R. Ebert hält einen Vortrag über Chun's Tiefsee-Expedition. Es circulirt

Chun, C.: Aus den Tiefen des Weltmeeres. Jena 1900.

Geh. Hofrath Prof. Dr. O. Drude demonstrirt und bespricht das neueste Mikroskop der Firma Seibert in Wetzlar und legt vor

Hager, H., und Metz, C.: Das Mikroskop und seine Anwendung. Berlin 1899;
Schimper, A. F. W.: Anleitung zur mikroskopischen Untersuchung der vegetabilischen Nahrungs- und Genussmittel. Jena 1900.

Dr. B. Schorler berichtet über einige neuere Publicationen und giebt herum

Eyferth, B.: Einfachste Lebensformen des Thier- und Pflanzenreichs. 3. Auflage. Braunschweig 1900;

Engler, A., und Prantl, K.: Die natürlichen Pflanzenfamilien, Bd. I, Abth. I und II. Leipzig 1898—1900;

Weigelt, C.: Unsere natürlichen Fischgewässer, wie sie sein sollten und wie sie geworden sind. Berlin 1900;

Blücher, H.: Das Wasser, seine Zusammensetzung u. s. w. Leipzig 1900.

II. Section für Botanik.

Fünfte Sitzung am 8. November 1900. Vorsitzender: Geh. Hofrath Prof. Dr. O. Drude. — Anwesend 38 Mitglieder und Gäste.

Der Vorsitzende legt zunächst neu erschienene botanische Werke systematisch-floristischen Inhalts vor, nämlich

Engler, A.: Das Pflanzenreich, 1. Heft: Musaceae. Leipzig 1900;
Dalla Torre, C. G. de, und Harms, H.: Genera Siphonogamarum. Leipzig 1900;
Wiesner, J.: Rohstoffe des Pflanzenreiches. 2. Auflage, 1. Bd. Leipzig 1900;
Fritsch, K.: Schulflora für die österreichischen Sudeten- und Alpenländer. Wien 1900;
Schinz, H., und Keller, R.: Flora der Schweiz. Zürich 1900;
Winkler, W.: Sudetenflora, mit polychromischen Abbildungen von Nenke und Ostermaier. Dresden 1900;
Buhse, F. († Riga): Flora des Alburs und der kaspischen Südküste. Riga 1899.

Bibliothekar K. Schiller legt einen Katalog der Handelsgärtnerei von E. Böhmer & Co. in Yokohama vor, welcher durch seine Abbildungen und Herstellungsweise bemerkenswerth erscheint; daran schliesst sich die Vorlage eines botanischen Heftes von dem Bulletin of the College of agriculture, Tokyo, mit Darstellung japanischer Nutzhölzer und Beiträgen zur Kenntniss der Gattung *Tilia*.

Den wissenschaftlichen Vortrag für diese Sitzung hat der Vorsitzende zusammen mit Dr. B. Schorler vorbereitet, indem beide über ihre floristischen Arbeiten und Excursionen im verflossenen Sommer sprechen und dabei eine Auswahl bemerkenswerther Arten aus ihren Sammlungen zur Vorlage bringen.

Zunächst spricht Dr. B. Schorler über das Fichtelgebirge und das obere Egerthal von Weissenstadt bis gegen Eger hin, bemerkenswerth durch *Dianthus Seguieri*, *Polygala Chamaebuxus* (ein ganzer Hügel voll davon bei Sinnatengrün nahe Wunsiedel!) und *Erica carnea*, sowie über das fränkische Gebiet südlich von Bamberg.

Geh. Hofrath Prof. Dr. O. Drude fügt noch Beobachtungen über die Felsflora zwischen Berneck am Weissen Main und der Saalequelle am Grossen Waldstein hinzu, und bespricht alsdann das sehr interessante Thüringer Trias-Gelände der Drei Gleichen und Seeberge zwischen Arnstadt und Gotha. Dasselbe ist dadurch bemerkenswerth, dass hier die südwestlichste Ecke des an seltenen Arten reichen Thüringer Steppengebietes mit *Oxytropis pilosa*, *Nepeta nuda*, *Peucedanum alsaticum* u. s. w. liegt, in welchem vor einigen Jahren Gartenmeister Zabel aus Hann. Münden (jetzt in Gotha) *Orobanche Cervariae* auf einer Grastrift mit *Peucedanum Cervaria* in Masse entdeckt hat. Es war dem Vortragenden vergönnt, diesen auserlesenen Standort, an dem auch *Pleurospermum austriacum* wächst, unter Zabel's trefflicher Führung am 11. August d. J. zu besuchen.

III. Section für Mineralogie und Geologie.

Dritte Sitzung am 15. November 1900. Vorsitzender: Prof. Dr. W. Bergt. — Anwesend 40 Mitglieder und Gäste.

Der Vorsitzende legt, theilweise mit Besprechung, vor

Toula, F.: Lehrbuch der Geologie, mit Atlas. Wien 1900;
Berichte über den internationalen Geologencongress in Paris, enthalten in der Zeitschrift für praktische Geologie 1900, 11. Heft, und im Centralblatt für Mineralogie 1900, 7. Heft;

Nekrolog auf K. F. Rammelsberg. Centralblatt für Mineralogie 1900, 7. Heft;

Dalmer, K.: Die westerzgebirgische Granitmassivzone. Zeitschrift für praktische Geologie 1900, 10. Heft;

Frech, F.: Ueber die Ergiebigkeit und voraussichtliche Erschöpfung der Steinkohlenlager, aus Lethäa palaeozoica. Stuttgart 1900.

Prof. Dr. E. Kalkowsky spricht über kieselige Sandsteine aus den „Salzpfannen" Südafrikas mit Vorführung von Proben und Dünnschliffen.

Dr. E. Naumann legt vor und bespricht ein neues interessantes Kalkspathvorkommniss vom Zwieseler Erbstolln bei Berggiesshübel in Sachsen.

IV. Section für prähistorische Forschungen.

Dritte Sitzung am 18. October 1900. Vorsitzender: Prof. Dr. J. Deichmüller. — Anwesend 28 Mitglieder und Gäste.

Der Vorsitzende legt das soeben erschienene Werk von

Woermann, K.: Geschichte der Kunst aller Zeiten und Völker. 1. Band: Die Kunst der vor- und ausserchristlichen Völker. Leipzig und Wien 1900

vor und berichtet eingehend über den von ihm besuchten 12. internationalen Congress für Anthropologie und prähistorische Archäologie in Paris vom 20.—26. August 1900 und über die prähistorischen Sammlungen in Paris.

Im Anschluss hieran bringt Oberlehrer Dr. P. Wagner zur Vorlage

Giraud, P.: Les invasions paléolithiques dans l'Europe occidentale. Les origines de l'art en France. Paris 1900.

Oberlehrer H. Döring legt eine in Thon geformte Axt und zwei Kinderklappern, die eine in Vogelform, die andere in Form eines Topfes, aus einem Urnengrabe von Löbsal bei Diesbar vor und giebt eine Uebersicht über die bisher in Sachsen gefundenen Kinderklappern.

Lehrer H. Ludwig berichtet über eine Niederlassung aus der Zeit der Gräberfelder vom älteren Lausitzer Typus auf dem Gartengrundstück des Lehrers M. Weidner zwischen Oberpoyritz und Kleingraupe östlich von Pillnitz.

Ausser Holzkohlen und Stücken von Wandbewurf fanden sich in den aufgedeckten Herdstellen und in deren Umgebung zahlreiche Gefässreste, darunter dickwandige mit aufgeklebten, kettenartig gekerbten Thonleisten, das Bruchstück eines doppelconischen Napfes mit einer Scheidewand, eine flache, einerseits schalenartig vertiefte Thonperle und eine tonnenförmige Kinderklapper. Ein Theil der Funde wird vorgelegt.

Oberlehrer H. Döring bringt zum Schlusse einen schuhleistenförmigen Steinkeil und ein Flachbeil aus Stein von Möritzsch westlich von Leipzig zur Ansicht.

Vierte Sitzung am 13. December 1900. Vorsitzender: Prof. Dr. J. Deichmüller. — Anwesend 26 Mitglieder.

Prof. Dr. J. Deichmüller bespricht eingehend das Werk von

Montelius, O.: Die Chronologie der ältesten Bronzezeit in Norddeutschland und Skandinavien. Braunschweig 1900.

Prof. H. Engelhardt bringt ein im Rittergutsbezirk Grosseitschen bei Bautzen gefundenes, wohl erhaltenes Steinbeil aus grobkörnigem Diabas zur Vorlage.

Prof. Dr. E. Kalkowsky hält einen Vortrag: Prähistorisches aus Ungarn mit besonderer Berücksichtigung der ungarischen Kupferzeit. Unter den ausgelegten Werken befinden sich

Pulszky, Fr.: Magyarorszky archaeologiája, Bd. 1 und 2. Budapest 1897;
Kalans, A.: Magyar nemzeti museum. Budapest 1899;
Much, M.: Die Kupferzeit Europas und ihr Verhältniss zur Cultur der Germanen, 2. Auflage. Jena 1893;
Cesnola, L. Palma di: Cypern. Seine alten Städte, Gräber und Tempel, deutsch von L. Stern. Jena 1879.

Prof. Dr. J. Deichmüller bespricht eine grössere Anzahl ausgestellter schnurverzierter Gefässe aus Sachsen, welche den öffentlichen Sammlungen in Leipzig, Pegau und Bautzen, sowie verschiedenen Privatsammlungen entnommen sind.

V. Section für Physik und Chemie.

Vierte Sitzung am 4. October 1900. Vorsitzender: Oberlehrer H. Rebenstorff. — Anwesend 48 Mitglieder und Gäste.

Der Vorsitzende führt eine Anzahl physikalischer und chemischer Versuche vor.

In vereinfachter Anordnung zeigt er die bekannte gegenseitige Einwirkung zweier gleichlanger Fadenpendel, die Füllung eines Reagensglases mit dem mittels Natrium aus Wasser entwickelten Wasserstoff ohne pneumatische Wanne, das Abfangen des nach der Verbrennung von Natrium auf Wasser zurückbleibenden Kügelchens von Natriumhydroxyd mittelst eines am Ende glühend gemachten Glasstabes. Sodann wird ein für die Verbrennung von Magnesium in Wasserdampf, sowie in Kohlensäure geeigneter Verbrennungsraum vorgeführt; um das Zerspringen des Halses des gewöhnlich zu diesen Zwecken benutzten Kolbens zu vermeiden, nimmt man ein Becherglas, welches einen Deckel aus Schablonenblech erhält, den man mit einer centralen Oeffnung versieht. Der so hergestellte Verbrennungsraum kann sehr bequem gereinigt werden. Verbrennt man das Magnesium nicht in trockener, sondern in mit viel Wasserdampf vermischter Kohlensäure, so ist die Verbrennung ruhiger, Magnesium wird weniger stark fortgespritzt und der aus der Kohlensäure abgeschiedene Kohlenstoff ist in Stücken, welche die Form des Magnesiumbandes nachahmen, gut zu erkennen (Zeitschr. für den physik. und chem. Unterricht XIII, S. 91, 163 und 218).

Der Vorsitzende zeigt die Benutzung der neuen Form des Cartesianischen Tauchers nebst einer der Taucherglocke ähnlichen Vorrichtung (dieselbe Zeitschrift XIII, S. 249),

macht im Anschlusse hieran einige Mittheilungen über die Erfindung der Taucherglocke und

giebt einen Abriss der Geschichte der Erfindung des Thermometers unter Benutzung des zur Vorlage gelangenden Werkes von Gerland und Traumüller: „Geschichte der physikalischen Experimentirkunst", Leipzig 1899.

Prof. Dr. R. Heger spricht über Energetik im Unterricht.

Die herrschende Stellung, die der Satz der Erhaltung der Arbeit in der Physik einnimmt, verpflichtet den mechanischen Unterricht, im Sinne der Energetik zu verfahren. Nachdem bereits die der Mechanik vorhergehenden Abschnitte Arbeitsbetrachtungen in den Vordergrund gestellt haben, hat die Mechanik die energetischen Grundbegriffe nicht erst neu zu schaffen. Dabei darf dem Schulunterricht nicht abverlangt werden, rein energetisch zu verfahren; der Kraftbegriff kann nicht aus dem Unterricht ganz entfernt werden, so lange er in der Wissenschaft noch lebt. Der mechanische Unterricht beginnt (1. Abschnitt) mit der Arbeit gegen die Schwere. Aufnahme, Uebertragung, Verwandlung der Arbeit in Wärme und Wucht (hier noch ohne Formel). An dieser Stelle, nicht in einer voran geschickten, in der Luft hängenden Phoronomie, tritt der Begriff der Geschwindigkeit auf. 2. Abschnitt. Arbeitsübertragung bei verbundenen Gewichten. Wenn die Gewichte G_1, G_2 .... ideal und so mit einander verbunden sind, dass die senkrechte Bewegung von G_1 bestimmte verhältnissgleiche senkrechte Bewegungen von G_1, G_2 .... bedingt, und wenn dabei die algebraische Summe der Hubänderungen Null ist, so sind G_1, G_2 ...... im Gleichgewichte, d. h. es verharrt Ruhe, sowie gleichförmige Bewegung. Einfache Maschinen, Gewichte an einer starren drehbaren Ebene, Hebel. 3. Abschnitt. Freier Fall, getreu nach Galilei, unter Hervorhebung von $v = gt$ als Hypothese, sowie der Wurf, unter der Hervorhebung der Hypothese von der Zusammensetzung endlicher Bewegungen der Beharrung und der Schwere. Gültigkeit des Arbeitssatzes als beste Stütze dieser Hypothesen. Wuchtformel. 4. Abschnitt. Bewegung verbundener Gewichte; Wagen auf wagerechter Bahn, durch sinkendes Gewicht gezogen. Gewichte an einfachen idealen Maschinen. Die Arbeitsgleichung führt überall zu $v^2 = 2g_1h$, und hierin wird gleichförmig beschleunigte Bewegung mit der Beschleunigung g_1 erkannt. 5. Abschnitt. Hub eines schweren Körpers; der Schwerpunkt als der Punkt, in dem man bei Hubänderungen das Gewicht des Körpers vereinigen kann. 6. Abschnitt. Wucht bei Achsendrehung, Trägheitsmoment. Schwungrad, durch sinkendes Gewicht bewegt u. s. w. 7. Abschnitt. Der Stoss weicher und elastischer Kugeln. Hierbei können die Beziehungen $P = mp$ u. s. w. nicht wohl umgangen werden. Wirkung und Gegenwirkung. Die Unterscheidung weicher und elastischer Körper erfolgt energetisch, so dass für den elastischen Stoss die Gleichheit der Gesammtwucht vor und nach dem Stosse sofort ausgesprochen wird. 8. Abschnitt. Arbeit elastischer Kräfte, als Trapezfläche berechnet; hieraus die Formeln der elastischen Schwingung abgeleitet. Das Pendel. 9. Abschnitt. Gleichförmige Bewegung im Kreise. Ihre Abbildung auf einen Durchmesser ergiebt elastische Schwingung, woraus centripetale Beschleunigung c^2/r geschlossen wird. 10. Abschnitt. Arbeitsübertragung durch eine ideale gewichtslose Flüssigkeit; Boden- und Seitendruck schwerer Flüssigkeit, selbstredend rein energetisch abgeleitet, desgleichen Niedertrieb und Auftrieb, sowie die Ausflussformel. Zum Schluss das Wasser als Arbeitsquelle: Stossräder, ober- und mittelschlächtige Mühlräder, Turbinen unter einfachsten Voraussetzungen. 11. Abschnitt. Bei den Gasen nehmen das Mariotte-Gay-Lussac'sche Gesetz und die Abnahme des Drucks mit der Höhe den breiteren Raum ein und geben zunächst keinen Anlass zu Arbeitsbetrachtungen. Wohl aber kommen diese wieder zu ihrem Rechte bei der Arbeitsübertragung durch Gase und bei einem Schlussabschnitte über die specifischen Wärmen der Luft (raumgleich, druckgleich, gleiches Verhältniss von Raum und Druck, wärmedicht). Hieran kann sich als weitere mechanische Ergänzung der Wärmelehre die Heissluftmaschine und die Heissdampfmaschine schliessen*).

Fünfte Sitzung am 22. November 1900. Vorsitzender: Oberlehrer H. Rebenstorff. — Anwesend 51 Mitglieder und Gäste.

Dr. J. Pinnow hält einen Vortrag über Unterscheidung von Talg und Schmalz.

Talg und Schmalz werden steuertechnisch an ihrem verschiedenen Oleingehalte erkannt. Dieser setzt den Erstarrungspunkt der abgeschiedenen Fettsäuren herab

*) Weitere Ausführungen in R. Heger: Die Erhaltung der Arbeit. Hannover 1896.

(Finkener) und erhöht die Jodzahl (Hübl). Beide Methoden leiden an technischen Fehlern und beruhen auf mangelhafter wissenschaftlicher Grundlage. Der Erstarrungspunkt ist auch abhängig vom Verhältniss zwischen Palmitin und Stearin. 30 % Stearinsäure setzen den Erstarrungspunkt der Palmitinsäure um 8° herab (de Visser). Der Oleingehalt schwankt innerhalb weiterer Grenzen, als man gemeinhin annimmt, und wird zumal durch Mästung erhöht (Müntz). Deshalb wurde des Oefteren für reine amerikanische oder australische Talgsendungen, weil schmalzverdächtig, der höhere Steuersatz gefordert. Eine brauchbare Unterscheidung könnte dagegen aufgebaut werden auf die Beobachtung von Hanmers, dass Schmalz ein Linolsäureglycerid enthält, welches sich durch eine höhere innere Jodzahl verräth, nämlich die Jodzahl der ungesättigten Säuren, deren Bleisalze in Aether löslich sind. Das Auffinden eines Nachweises der Linolsäure auf Grund von Löslichkeitsverhältnissen ist nicht sehr wahrscheinlich. Eher empfiehlt sich ein vorhergehendes systematisches Studium mehrfach ungesättigter Säuren der Fettreihe von bekannter Constitution und Anwendung der hierbei gemachten Erfahrungen auf die Erkenntniss der Linolsäure.

Dr. A. Beythien, Director des städtischen chemischen Untersuchungsamtes, spricht über Geheimmittel und Nährpräparate.

Nach einem Hinweis auf den noch immer weite Kreise der Bevölkerung beherrschenden Aberglauben als die Quelle des Geheimmittelunwesens bespricht Vortragender zunächst die zur Heilung menschlicher Krankheiten, darauf die für verschiedene Zwecke der Technik und des Haushalts und schliesslich die zur Verschönerung des menschlichen Körpers (Kosmetica) angepriesenen Geheimmittel, das Wesen der einzelnen Gruppen an der Hand einer Reihe typischer Beispiele vor Augen führend. Durch jedesmalige Gegenüberstellung der Herstellungskosten und des Verkaufspreises, sowie durch Hervorhebung der meist völligen Wirkungslosigkeit der Präparate wird gezeigt, welche grosse Schädigung der socialen Wohlfahrt durch den Vertrieb dieser Mittel erwächst, und wie nothwendig die unausgesetzte Bekämpfung dieses Unwesens besonders von Seiten des urtheilsfähigen Publikums ist.

Im zweiten Theile seiner Ausführungen wendet sich Vortragender zu den diätetischen Nährpräparaten, welche, zur Ernährung Kranker bestimmt, ihre Nährstoffe in leicht löslicher Form enthalten, und hebt besonders hervor, dass das Tropon, im Gegensatz zu der vielfach herrschenden Annahme, nicht zu ihnen zu rechnen ist, da es völlig unlösliches Eiweiss darstellt, und sich von dem in Fleisch und Hühnereiern befindlichen Eiweiss nicht unterscheidet. Das von Professor Finkler zu dem Zwecke geschaffene Tropon, den notorischen Eiweissmangel in der Nahrung des armen Mannes zu ersetzen, kann nur als Nahrungsmittel beurtheilt werden. In dieser Hinsicht ist es aber zu theuer, da der gleiche Zweck durch einige Fleischsorten, besonders aber durch das in der Milch und dem Magerkäse enthaltene Eiweiss auf billige Weise erreicht wird. Vortragender schliesst mit dem Hinweise, dass das Problem der billigen Eiweissnahrung mit dem Tropon nicht gelöst sei, und mit dem Wunsche, dass gleiche dahin zielende Bestrebungen von Erfolg gekrönt sein möchten.

VI. Section für Mathematik.

Vierte Sitzung am 11. October 1900. Vorsitzender: Geh. Hofrath Prof. Dr. M. Krause. — Anwesend 15 Mitglieder und Gäste.

Privatdocent Dr. E. Naetsch spricht über Translationsflächen.

Ausgehend von einigen historischen Bemerkungen bespricht Vortragender zunächst die wichtigsten allgemeinen Eigenschaften der Translationsflächen, wobei insbesondere derjenigen Flächen gedacht wird, welche sich auf mehr als eine Art als Translationsflächen darstellen lassen. Hieran schliessen sich Mittheilungen über solche Translationsflächen, welche zugleich als Rotationsflächen angesehen werden können, sowie kurze Andeutungen über die Mittel, alle derartigen Flächen zu bestimmen.

Prof. Dr. R. Heger spricht über Kugelberührungsaufgaben und Kugelverwandtschaft.

Im Anschluss an seine in der vorhergehenden Sitzung (am 10. Mai 1900) gegebene Mittheilung über die Lösung der Kreisberührungsaufgaben durch Kreisverwandtschaft entwickelt der Vortragende die Auflösung der Kugelberührungsaufgaben durch die Kugelverwandtschaft, das räumliche Seitenstück der Kreisverwandtschaft. Die 15 Aufgaben werden auf 2 Stufen vertheilt: der Unterstufe, die hier ausser Betracht blieb, werden die 5 Aufgaben zugewiesen, bei denen nur Punkte und Ebenen gegeben sind, sowie noch die Aufgabe „3 Ebenen und 1 Kugel“, da sie durch einen die 3 Ebenen berührenden Umdrehungskegel auf die ebene Aufgabe „2 Gerade und 1 Kreis“ zurückgeführt wird. Die Aufgaben, bei denen neben Ebenen und Kugeln noch mindestens 1 Punkt gegeben ist, werden gelöst, indem man eine Kugelverwandtschaft benutzt, deren Verwandtschaftsmitte der gegebene Punkt (bez. einer der gegebenen Punkte) ist, denn die gesuchte Kugel wird alsdann als Ebene abgebildet. Hiernach sind noch die Aufgaben zu erledigen, bei denen 2 Ebenen und 2 Kugeln, oder 1 Ebene und 3 Kugeln, oder 4 Kugeln gegeben sind. Aus dem Gesammtgebiete dieser Aufgaben kann man zwei Gebietstheile ausscheiden, die zum Ganzen ein endliches Verhältniss haben. Wenn nämlich 3 von den gegebenen Flächen x_1, x_2, x_3 einen gemeinsamen (realen) Punkt O haben, so werden sie von O als Verwandtschaftsmitte aus als Ebenen x_1', x_2', x_3' abgebildet, und hierdurch wird die Aufgabe auf „3 Ebenen und 1 Kugel“ zurückgeführt. Wenn ferner unter den 4 gegebenen Flächen 2, x_1 und x_2, sind, die sich nicht schneiden, so kann man sie in 2 mittengleiche Kugeln verwandeln, indem man einen der beiden Nullpunkte des Büschels x_1 x_2 als Verwandtschaftsmitte benutzt; man hat dann die Kugel x' zu zeichnen, welche 2 mittengleiche Kugeln x_1' und x_2' und noch 2 andere Kugeln x_3' und x_4' berührt. — Für das Restgebiet führen folgende Betrachtungen zum Ziele. Eine Kugel, die den Ebenen α_1 α_2 eingeschrieben ist, wird von einer der beiden Mittelebenen von α_1 α_2 rechtwinklig geschnitten: durch Kugelverwandtschaft folgt hieraus sofort, dass eine Kugel x, welche die Kugeln x_1 x_2 berührt, von einer der beiden Kugeln x_{12} und x_{12}' rechtwinklig geschnitten wird, die dem Büschel x_1 x_2 angehören und die Kugeln x_1 x_2 unter gleichen Winkeln schneiden. Haben die Kugeln die Normalgleichungen $x_1 = 0$, $x_2 = 0$ und die Halbmesser r_1 und r_2, so ist

$$x_{12} \quad \frac{1}{r_1}\cdot x_1 - \frac{1}{r_2}\cdot x_2 = 0, \qquad x_{12}' \quad \frac{1}{r_1}\cdot x_1 + \frac{1}{r_2}\cdot x_2 = 0.$$

Zu den 4 Kugeln x_1, x_2, x_3, x_4 gehören 6 Paare winkelhalbirende Kugeln

$$x_{ab} \quad \frac{1}{r_a}\cdot x_a - \frac{1}{r_b}\cdot x_b = 0, \qquad x_{ab}' \quad \frac{1}{r_a}\cdot x_a + \frac{1}{r_b}\cdot x_b = 0$$

und diese bilden 8 Bündel zu je 6 Kugeln, nämlich

1)	12,	23,	13,	14,	24,	34	5)	23,	34,	24,	12',	13',	14'
2)	12,	23,	13,	14',	24',	34'	6)	12,	34,	13',	24',	23',	14'
3)	12,	24,	14,	13',	23',	34'	7)	13,	24,	12',	34',	23',	14'
4)	13,	34,	14,	12',	23',	24'	8)	14,	23,	12',	24',	34',	13'

Man hat nun die 8 Kugeln zu zeichnen, welche je eins dieser 8 Bündel rechtwinklig schneiden und eine der 4 gegebenen Kugeln berühren; von jedem der 8 Bündel hat man dabei natürlich 3 Kugeln λ, μ, ν zu verwenden, welche nicht ein Büschel bilden. Haben λ, μ, ν einen realen Punkt gemein, so nimmt man diesen als Verwandtschaftsmitte: x' hat dann den Schnittpunkt der Ebenen λ', μ', ν' zum Mittelpunkte. Wenn unter den 3 Kugeln λ, μ, ν zwei sind, die sich nicht schneiden, z. B. λ und μ, so bilde man sie als mittengleiche Kugeln λ' μ' ab: x' ist dann eine Ebene, welche die gemeinsame Mitte von λ' und μ', sowie die Mitte von ν' enthält. Wenn keine dieser Voraussetzungen zutrifft, so beachte man, dass die Kugeln, welche λ, μ, ν rechtwinklig schneiden, ein Bündel bilden, dessen (realer) Grundkreis die auf der Mittelebene von λ, μ, ν enthaltenen Hauptkreise dieser Kugeln rechtwinklig schneidet. Nimmt man einen Punkt dieses Grundkreises als Verwandtschaftsmitte, so bildet sich x als Ebene x' ab, die eine gegebene Gerade enthält.

An jeden der beiden Vorträge schliesst sich eine kurze Discussion.

Herr R. M. Pestel legt ein Sphärometer für dioptrische Zwecke vor.

Fünfte Sitzung am 13. December 1900. Vorsitzender: Geh. Hofrath Prof. Dr. M. Krause. — Anwesend 18 Mitglieder und Gäste.

Prof. Dr. G. Helm spricht über Mathematik und Chemie.

Vortragender erinnert einleitend an die Thatsache, dass chemische Processe beinahe ebenso früh zu mathematischen Betrachtungen Anlass gegeben haben, wie astronomische und physikalische Vorgänge; denn der einfachste wie der complicirteste chemische Process kann niemals völlig erklärt oder auch nur beschrieben werden ohne Berücksichtigung von quantitativen Verhältnissen, also von Grössenbeziehungen. — Zunächst zeigt sich der Vortheil streng mathematischer Betrachtungsweise beim Studium stöchiometrischer Beziehungen: den Sinn und die Bedeutung einer chemischen Gleichung kann man in erschöpfender Weise wiedergeben, indem man dieselbe durch ein gewisses System homogener linearer Relationen ersetzt, wie vom Vortragenden ausführlich gezeigt wird. — Tiefer greift die mathematische Behandlung ein auf dem Gebiete der Energetik. Führt das Princip der Energie noch auf lineare, wenn auch nicht mehr auf homogene Gleichungen, so erfordert der Begriff der Entropie sogar die Zuhilfenahme von Differentialgleichungen. — Im weiteren Verlaufe seines Vortrags bespricht Redner eingehend die neuerdings von Gordan und Alexejeff entwickelte Theorie, welche die chemischen Formeln mit der mathematischen Invariantentheorie in Verbindung bringt.*) Die Untersuchungen von Gordan und Alexejeff, welche übrigens zum Theil an frühere Arbeiten von Sylvester und Clifford (American Journal of Mathematics, I) anknüpfen, legen dar, dass die auf der Werthigkeitstheorie beruhenden sogenannten Structurformeln ersetzt werden können durch symbolische Ausdrücke, welche nach den Principien der Invariantentheorie aufgebaut sind. Vortragender zeigt an einfachen Beispielen, wie hierbei zwei der Invariantentheorie geläufige Operationen, der Evectanten- und der Faltungs- (Ueberschiebungs-) Process zur Verwendung kommen. Redner erinnert dann noch kurz an die Möglichkeit, unsere Vorstellungen über chemische Vorgänge in der Weise mathematisch einzukleiden, dass jedes Atom als ein Strahlbüschel mit gewissen ausgezeichneten Strahlen gedeutet wird, wobei dann der eindeutigen (projectiven) Verknüpfung mehrerer derartiger Strahlbüschel die chemische Verbindung der betreffenden Atome entspricht.

VII. Hauptversammlungen.

Siebente Sitzung am 27. September 1900. Vorsitzender: Prof. H. Engelhardt. — Anwesend 33 Mitglieder und 1 Gast.

Prof. Dr. O. Schneider hält einen Vortrag über die pillenwälzenden Käfer und ihre Bedeutung für die ägyptische Mythologie.

Zur Vorlage kommen hierbei zahlreiche präparirte Coprophagen, Pillen, geschnittene Scarabaeen und andere religiöse Sculpturen, sowie verschiedene, auf den Gegenstand des Vortrags bezugnehmende Schriften.

Ergänzende Bemerkungen zu dem Vortrage macht Dr. K. Heller.

Prof. H. Engelhardt legt vor

Zeiller, R.: Éléments de paléobotanique. Paris 1900.

Achte Sitzung am 25. October 1900. Vorsitzender: Prof. Dr. E. Kalkowsky. — Anwesend 53 Mitglieder und Gäste.

*) P. Gordan und W. Alexejeff: Uebereinstimmung der Formeln der Chemie und der Invariantentheorie (Sitzungsberichte der physikalisch-medicinischen Societät zu Erlangen).

Dr. A. Stübel giebt einen Rückblick auf den vulkanischen Ausbruch des Jahres 1866 im Golfe zu Santorin unter Vorführung zahlreicher Projectionsbilder von Karten und Ansichten dieses Vulkanausbruches.

Neunte Sitzung am 29. November 1900. Vorsitzender: Prof. Dr. E. Kalkowsky. — Anwesend 43 Mitglieder und Gäste.

Nach der statutengemäss vorgenommenen Wahl der Beamten der Gesellschaft für das Jahr 1901 (vergl. die Zusammenstellung auf S. 32) hält

Geh. Hofrath Prof. Dr O. Drude einen Vortrag über die Entwickelungsgeschichte der mitteldeutschen Hügelflora. (Vergl. Abhandlung IX.)

Eine reichhaltige Auswahl von Vertretern dieser Flora ist in Herbariums-Exemplaren ausgelegt.

Herr J. Ostermaier bringt eine Anzahl Postkarten mit Blumendarstellungen zur Ansicht und Vertheilung unter die Anwesenden.

Zehnte Sitzung am 20. December 1900. Vorsitzender: Prof. Dr. E. Kalkowsky. — Anwesend 59 Mitglieder und 4 Gäste.

Auf Anregung von Prof. Dr. E. Kalkowsky und Geh. Hofrath Prof. Dr. O. Drude wird beschlossen, die Sitzungen der Gesellschaft während der Monate Januar, Februar und März 1901 probeweise erst um 8 Uhr beginnen zu lassen.

Prof. Dr. J. Deichmüller hält einen Vortrag über megalithische Denkmäler.

Der Vortragende giebt eine eingehende Schilderung der der jüngeren Steinzeit angehörenden Dolmen, megalithischen Ganggräber, Menhirs, Cromlechs und Steinreihen, bespricht deren Verbreitung von Indien über die Küstenländer des Mittelmeeres bis nach Skandinavien und führt in 55 Projectionsbildern eine grössere Reihe derartiger Bauten aus dem gesammten Verbreitungsgebiete, namentlich aus der Bretagne vor.

Veränderungen im Mitgliederbestande.

Neu aufgenommene wirkliche Mitglieder:

Grübler, Mart., Kaiserlich Russischer Staatsrath, Professor an der K. Technischen Hochschule in Dresden,
Heller, Karl, Dr. phil., Custos des K. Zoologischen und Anthropologisch-ethnographischen Museums in Dresden, } am 25. October 1900;

Mann, Max Gg., Dr. med. in Dresden,
Naumann, Bruno, Geh. Commerzienrath in Loschwitz,
Petrascheck, Wilh., Dr. phil., Assistent an der K. Technischen Hochschule in Dresden, } am 29. November 1900;

Stutz, Ludw., Docent an der K. Technischen Hochschule in Dresden, am 20. December 1900;

Thiele, Karl, Apotheker in Dresden, am 25. October 1900;

Weinmeister, J. Philipp, Dr. phil., Professor an der K. Forstakademie in Tharandt, am 29. November 1900.

In die wirklichen Mitglieder ist übergetreten:

Wiechel, Hugo, Finanz- und Baurath in Dresden.

Freiwillige Beiträge zur Gesellschaftskasse

zahlten: Dr. Amthor, Hannover, 3 Mk.; Prof. Dr. Bachmann, Plauen i. V., 3 Mk.; K. Bibliothek, Berlin, 3 Mk.; naturwissensch. Modelleur Blaschka, Hosterwitz, 3 Mk. 10 Pf.; Privatus Eisel, Gera, 3 Mk.; Bergingenieur Hering, Freiberg, 3 Mk. 15 Pf.; Prof. Dr. Hibsch, Liebwerd, 3 Mk.; Bürgerschullehrer Hofmann, Grossenhain, 3 Mk.; Oberlehrer Dr. Lohrmann, Annaberg, 3 Mk.; Stabsarzt Dr. Naumann, Gera, 3 Mk. 5 Pf.; Prof. Naumann, Bautzen, 3 Mk.; Fabrikbesitzer Dr. Naschold, Aussig, 10 Mk.; Betriebsingenieur a. D. Prasse, Leipzig, 3 Mk.; Dr. Reiche, Santiago-Chile, 3 Mk.; Director Dr. Reidemeister, Schönebeck, 3 Mk.; Oberlehrer Richter, Aue, 3 Mk. 15 Pf.; Apotheker Schlimpert, Cölln, 3 Mk.; Oberlehrer Seidel I, Zschopau, 3 Mk. 10 Pf.; Rittergutspachter Sieber, Grossgrabe, 3 Mk. 15 Pf.; Fabrikbesitzer Dr. Siemens, Dresden, 100 Mk.; Chemiker Dr. Stauss, Hamburg, 3 Mk.; Oberlehrer Dr. Sterzel, Chemnitz, 3 Mk.; Landesgeolog Dr. Steuer, Darmstadt, 3 Mk.; Prof. Dr. Vater, Tharandt, 3 Mk.; Oberlehrer Wolff, Pirna, 3 Mk. 5 Pf. — In Summa 179 Mk. 75 Pf.

G. Lehmann,
Kassirer der „Isis“.

Beamte der Isis im Jahre 1901.

Vorstand.

Erster Vorsitzender: Prof. Dr. Fr. Förster.
Zweiter Vorsitzender: Prof. H. Engelhardt.
Kassirer: Hofbuchhändler G. Lehmann.

Directorium.

Erster Vorsitzender: Prof. Dr. Fr. Förster.
Zweiter Vorsitzender: Prof. H. Engelhardt.
Als Sectionsvorstände:
Prof. Dr. H. Nitsche,
Geh. Hofrath Prof. Dr. O. Drude,
Prof. Dr. E. Kalkowsky,
Prof. Dr. J. Deichmüller,
Prof. Dr. R. Freiherr von Walther,
Geh. Hofrath Prof. Dr. M. Krause.
Erster Secretär: Prof. Dr. J. Deichmüller.
Zweiter Secretär: Institutsdirector A. Thümer.

Verwaltungsrath.

Vorsitzender: Prof. H. Engelhardt.
Mitglieder: 1. Prof. H. Fischer,
2. Civil-Ingenieur und Fabrikbesitzer Dr. Fr. Siemens,
3. Fabrikbesitzer L. Guthmann,
4. Privatus W. Putscher,
5. Fabrikbesitzer E. Kühnscherf,
6. Dr. Fr. Raspe.
Kassirer: Hofbuchhändler G. Lehmann.
Bibliothekar: Privatus K. Schiller.
Secretär: Institutsdirector A. Thümer.

Sectionsbeamte.

I. Section für Zoologie.

Vorstand: Prof. Dr. H. Nitsche.
Stellvertreter: Oberlehrer Dr. J. Thallwitz.
Protocollant: Institutsdirector A. Thümer.
Stellvertreter: Dr. A. Naumann.

II. Section für Botanik.

Vorstand: Geh. Hofrath Prof. Dr. O. Drude.
Stellvertreter: Prof. K. Wobst.
Protocollant: Garteninspector F. Ledien.
Stellvertreter: Dr. A. Naumann.

III. Section für Mineralogie und Geologie.

Vorstand: Prof. Dr. E. Kalkowsky.
Stellvertreter: Prof. Dr. W. Bergt.
Protocollant: Oberlehrer Dr. R. Nessig.
Stellvertreter: Oberlehrer Dr. P. Wagner.

IV. Section für prähistorische Forschungen.

Vorstand: Prof. Dr. J. Deichmüller.
Stellvertreter: Oberlehrer H. Döring.
Protocollant: Lehrer O. Ebert.
Stellvertreter: Lehrer H. Ludwig.

V. Section für Physik und Chemie.

Vorstand: Prof. Dr. R. Freiherr von Walther.
Stellvertreter: Oberlehrer H. A. Rebenstorff.
Protocollant: Oberlehrer Dr. G. Schulze.
Stellvertreter: Dr. R. Engelhardt.

VI. Section für Mathematik.

Vorstand: Geh. Hofrath Prof. Dr. M. Krause.
Stellvertreter: Oberlehrer Dr. A. Witting.
Protocollant: Privatdocent Dr. E. Nätsch.
Stellvertreter: Oberlehrer Dr. J. von Vieth.

Redactions-Comité.

Besteht aus den Mitgliedern des Directoriums mit Ausnahme des zweiten Vorsitzenden und des zweiten Secretärs.

Bericht des Bibliothekars.

Im Jahre 1900 wurde die Bibliothek der „Isis" durch folgende Zeitschriften und Bücher vermehrt:

A. Durch Tausch.

I. Europa.

1. Deutschland.

Altenburg: Naturforschende Gesellschaft des Osterlandes.
Annaberg-Buchholz: Verein für Naturkunde.
Augsburg: Naturwissenschaftlicher Verein für Schwaben und Neuburg. — 34. Bericht. [Aa 18.]
Bamberg: Naturforschende Gesellschaft. — XVII. Bericht. [Aa 19.]
Bautzen: Naturwissenschaftliche Gesellschaft „Isis".
Berlin: Botanischer Verein der Provinz Brandenburg. — Verhandl., Jahrg. 41 [Ca 6.]
Berlin: Deutsche geologische Gesellschaft. — Zeitschr., Bd. 51, Heft 3 und 4; Bd. 52, Heft 1 und 2. [Da 17.]
Berlin: Gesellschaft für Anthropologie, Ethnologie und Urgeschichte. — Verhandl., April 1899 bis Mai 1900. [G 55.]
Bonn: Naturhistorischer Verein der preussischen Rheinlande, Westfalens und des Reg.-Bez. Osnabrück. — Verhandl., 56. Jahrg., 2. Hälfte. [Aa 93.]
Bonn: Niederrheinische Gesellschaft für Natur- und Heilkunde. — Sitzungsber., 1899, 2. Hälfte. [Aa 322.]
Braunschweig: Verein für Naturwissenschaft. — 8. Jahresber. [Aa 245.]
Bremen: Naturwissenschaftlicher Verein. — Abhandl., Bd. XVI, Heft 3. [Aa 2.]
Breslau: Schlesische Gesellschaft für vaterländische Cultur. — 77. Jahresber., 1899. [Aa 46.]
Chemnitz: Naturwissenschaftliche Gesellschaft. — XIV. Bericht. [Aa 20.]
Chemnitz: K. Sächsisches meteorologisches Institut. — Jahrbuch, XV. Jahrg., 3. Abth. [Ec 57.] — Abhandl., Heft 4. [Ec 57b.] — Dekaden Monatsberichte 1898 und 99. [Ec 57c.]
Danzig: Naturforschende Gesellschaft. — Schriften, Bd. X, Heft 1. [Aa 80.]
Darmstadt: Verein für Erdkunde und Grossherzogl. geologische Landesanstalt. — Notizbl., 4. Folge, 20. Heft. [Fa 8.]
Donaueschingen: Verein für Geschichte und Naturgeschichte der Baar und der angrenzenden Landesteile. — Schriften, X. Heft. [Aa 174.]
Dresden: Gesellschaft für Natur- und Heilkunde. — Jahresber., 1898—99. [Aa 47.]

Dresden: Gesellschaft für Botanik und Gartenbau „Flora".
Dresden: K. Mineralogisch-geologisches Museum.
Dresden: K. Zoologisches und Anthrop.-ethnogr. Museum.
Dresden: K. Oeffentliche Bibliothek.
Dresden: Verein für Erdkunde.
Dresden: K. Sächsischer Altertumsverein. — Neues Archiv für Sächs. Geschichte und Altertumskunde, Bd. XXI. [G 75.] — Die Sammlung des K. Sächs. Altertumsvereins in ihren Hauptwerken. Bl. XXXI—C. [G 75b.]
Dresden: Oekonomische Gesellschaft im Königreich Sachsen. — Mittheil. 1899—1900. [IIa 9.]
Dresden: K. Thierärztliche Hochschule. — Bericht über das Veterinärwesen in Sachsen, 44. Jahrg. [IIa 26.]
Dresden: K. Sächsische Technische Hochschule. — Bericht über die K. Sächs. Techn. Hochschule a. d. Jahr 1899—1900; Verzeichniss der Vorlesungen und Uebungen sammt Stunden- und Studienplänen, S.-S. 1900, W.-S. 1900—1901. [Jc 63.] — Personalverz. Nr. XXI. [Jc 63b.]
Dürkheim: Naturwissenschaftlicher Verein der Rheinpfalz „Pollichia". — Festschrift zur 60jährigen Stiftungsfeier (1900). [Aa 56.]
Düsseldorf: Naturwissenschaftlicher Verein. — Mitteil., Heft 4 (Festschrift). [Aa 310.]
Elberfeld: Naturwissenschaftlicher Verein.
Emden: Naturforschende Gesellschaft. — 83. und 84. Jahresber. [Aa 48b.]
Emden: Gesellschaft für bildende Kunst und vaterländische Altertümer.
Erfurt: K. Akademie gemeinnütziger Wissenschaften.
Erlangen: Physikalisch-medicinische Societät. — Sitzungsber., 31. Heft, 1899. [Aa 212.]
Frankfurt a. M.: Senckenbergische naturforschende Gesellschaft. — Bericht für 1900. [Aa 9a.]
Frankfurt a. M.: Physikalischer Verein. — Jahresber. für 1898—99. [Eb 35.]
Frankfurt a. O.: Naturwissenschaftlicher Verein des Regierungsbezirks Frankfurt. — „Helios", 17. Bd.; Societatum litterae, Jahrg. XIII, [Aa 282.]
Freiberg: K. Sächs. Bergakademie. — Programm für das 135. Studienjahr 1900—1901. [Aa 323.]
Freiburg i. B.: Naturforschende Gesellschaft.
Gera: Gesellschaft von Freunden der Naturwissenschaften. — Bericht und Festbericht über die 25jährige Jubelfeier der Abteilung für Tier- und Pflanzenschutz. [Aa 49.]
Giessen: Oberhessische Gesellschaft für Natur- und Heilkunde.
Görlitz: Naturforschende Gesellschaft.
Görlitz: Oberlausitzische Gesellschaft der Wissenschaften. — Neues Lausitzisches Magazin, Bd. 75, 2. Heft. [Aa 64.]
Görlitz: Gesellschaft für Anthropologie und Urgeschichte der Oberlausitz. — Tafel vorgeschichtlicher Altertümer der Oberlausitz. 1900. [G 112.]
Greifswald: Naturwissenschaftlicher Verein für Neu-Vorpommern und Rügen. — Mittheil., 31. Jahrg., 1899. [Aa 68.]
Greifswald: Geographische Gesellschaft. — VII. Jahresber., 1898—1900. [Fa 20.]
Guben: Niederlausitzer Gesellschaft für Anthropologie und Urgeschichte. — Mittheil., VI. Bd., Heft 2—5. [G 102.]

Güstrow: Verein der Freunde der Naturgeschichte in Mecklenburg.
Halle a. S.: Naturforschende Gesellschaft.
Halle a. S.: Kais. Leopoldino-Carolinische deutsche Akademie. — Leopoldina, Heft XXXV, Nr. 12; Heft XXXVI, Nr. 1—11. [Aa 62.]
Halle a. S.: Verein für Erdkunde. — Mitteil., Jahrg. 1900. [Fa 16.]
Hamburg: Naturhistorisches Museum. — Jahrbücher, Jahrg. XVI, mit Beiheft 1—4. [Aa 276.]
Hamburg: Naturwissenschaftlicher Verein. — Abhandl., Bd. XVI, 1. Hälfte. [Aa 293.] — Verhandl., III. Folge, 7. Heft. 1899. [Aa 293b.]
Hamburg: Verein für naturwissenschaftliche Unterhaltung. — Verhandl., Bd. X, 1896—98. [Aa 204.]
Hanau: Wetterauische Gesellschaft für die gesammte Naturkunde.
Hannover: Naturhistorische Gesellschaft.
Hannover: Geographische Gesellschaft.
Heidelberg: Naturhistorisch-medicinischer Verein. — Verhandl., Bd. VI, Heft 3. [Aa 90.]
Hof: Nordoberfränkischer Verein für Natur-, Geschichts- und Landeskunde. — Bericht II. [Aa 325.]
Karlsruhe: Naturwissenschaftlicher Verein. — Verhandl., Bd. XII—XIII. [Aa 88.]
Kassel: Verein für Naturkunde. — Abhandl. und Bericht, Nr. 45. [Aa 242.]
Kassel: Verein für hessische Geschichte und Landeskunde.
Kiel: Naturwissenschaftlicher Verein für Schleswig-Holstein.
Köln: Redaction der Gaea. — Natur und Leben, Jahrg. 36. [Aa 41.]
Königsberg i. Pr.: Physikalisch-ökonomische Gesellschaft. — Schriften, 40. Jahrg., 1899. [Aa 81.]
Königsberg i. Pr.: Altertums-Gesellschaft Prussia. — Sitzungsber., Heft 21. [G 114.]
Krefeld: Verein für Naturkunde.
Landshut: Botanischer Verein.
Leipzig: Naturforschende Gesellschaft.
Leipzig: K. Sächsische Gesellschaft der Wissenschaften. — Berichte über die Verhandl., mathem.-phys. Classe, 1899, LI. Bd., mathemat. Theil, Heft 6 mit einem naturw. und einem allgem. Theile. [Aa 296.]
Leipzig: K. Sächsische geologische Landesuntersuchung. — Erläuterungen zu Sect. Waldheim-Böhrigen (Bl. 62), 2. Aufl. [Dc 146.]
Lübeck: Geographische Gesellschaft und naturhistorisches Museum.
Lüneburg: Naturwissenschaftlicher Verein für das Fürstentum Lüneburg.
Magdeburg: Naturwissenschaftlicher Verein. — Jahresber. und Abhandl., Jahrg. 1898—1900. [Aa 173.]
Mannheim: Verein für Naturkunde.
Marburg: Gesellschaft zur Beförderung der gesammten Naturwissenschaften. — Sitzungsber., Jahrg. 1898. [Aa 266.]
Meissen: Naturwissenschaftliche Gesellschaft „Isis". — Beobacht. d. Isis-Wetterwarte zu Meissen i. J. 1899. [Ec 40.] — Mittheilungen aus den Sitzungen des Vereinsjahres 1899—1900. [Aa 319.]
Münster: Westfälischer Provinzialverein für Wissenschaft und Kunst. — 27. Jahresber., Jahrg. 1898—99. [Ca 231.]
Neisse: Wissenschaftliche Gesellschaft „Philomathie".
Nürnberg: Naturhistorische Gesellschaft. — Jahresber. für 1899, nebst Abhandl., XIII. Bd. [Aa 5.]

Offenbach: Verein für Naturkunde.
Osnabrück: Naturwissenschaftlicher Verein.
Passau: Naturhistorischer Verein.
Posen: Naturwissenschaftlicher Verein. — Zeitschr. der botan. Abtheil., 6. Jahrg., Heft 3; 7. Jahrg., Heft 1—2. [Aa 316.]
Regensburg: Naturwissenschaftlicher Verein. — VII. Bericht. [Aa 295.]
Regensburg: K. botanische Gesellschaft.
Reichenbach i. V.: Vogtländischer Verein für Naturkunde.
Reutlingen: Naturwissenschaftlicher Verein.
Schneeberg: Wissenschaftlicher Verein.
Stettin: Ornithologischer Verein. — Zeitschr. für Ornithologie und prakt. Geflügelzucht, Jahrg. XXIV. [Bf 57.]
Stuttgart: Verein für vaterländische Naturkunde in Württemberg. — Jahreshefte, Jahrg. 56. [Aa 60.]
Stuttgart: Württembergischer Altertumsverein. — Württemberg. Vierteljahrshefte für Landesgeschichte, n. F., 9. Jahrg. [G 70.]
Tharandt: Redaction der landwirtschaftlichen Versuchsstationen. — Landwirtsch. Versuchsstationen, Bd. LII, Heft 5—6; Bd. LIII—LIV. (In der Bibliothek der Versuchsstation im botan. Garten.)
Thorn: Coppernicus-Verein für Wissenschaft und Kunst.
Trier: Gesellschaft für nützliche Forschungen. — Jahresber., 1894—99. [Aa 262.]
Ulm: Verein für Mathematik und Naturwissenschaften.
Ulm: Verein für Kunst und Altertum in Ulm und Oberschwaben.
Weimar: Thüringischer botanischer Verein. — Mittheil., n. F., 13.—14. Heft [Ca 23.]
Wernigerode: Naturwissenschaftlicher Verein des Harzes.
Wiesbaden: Nassauischer Verein für Naturkunde. — Jahrbücher, Jahrg. 53. [Aa 43.]
Würzburg: Physikalisch-medicinische Gesellschaft. — Sitzungsber., Jahrg. 1899. [Aa 85.]
Zerbst: Naturwissenschaftlicher Verein. — 1. Bericht (1892—98). [Aa 332.]
Zwickau: Verein für Naturkunde.

2. Oesterreich-Ungarn.

Aussig: Naturwissenschaftlicher Verein.
Bistritz: Gewerbelehrlingsschule. — XXIV. Jahresber. [Jc 105.]
Brünn: Naturforschender Verein. — Verhandl., Bd. XXXVII, u. 17. Bericht der meteorolog. Commission. [Aa 87.]
Brünn: Lehrerverein, Club für Naturkunde. — Bericht I (1896—98), II (1899). [Aa 330.]
Budapest: Ungarische geologische Gesellschaft. — Földtani Közlöny, XXIX. köt., 11.—12. füz.; XXX. köt., 1—9. füz. [Da 25.]
Budapest: K. Ungarische naturwissenschaftliche Gesellschaft, und: Ungarische Akademie der Wissenschaften.
Graz: Naturwissenschaftlicher Verein für Steiermark. — Mittheil., Jahrg. 1899. [Aa 72.]
Hermannstadt: Siebenbürgischer Verein für Naturwissenschaften. — Verhandl. und Mittheil., XLIX. Jahrg. [Aa 94.]
Iglo: Ungarischer Karpathen-Verein. — Jahrbuch, XXVII. Jahrg. [Aa 198.]

Innsbruck: Naturwissenschaftlich-medicinischer Verein. — Berichte, XXIII. und XXV. Jahrg. [Aa 171.]
Klagenfurt: Naturhistorisches Landes-Museum von Kärnthen.
Krakau: Akademie der Wissenschaften. — Anzeiger, 1899, Nr. 8—10; 1900, Nr. 1—8. [Aa 302.]
Laibach: Musealverein für Krain.
Linz: Verein für Naturkunde in Oesterreich ob der Enns. — 29. Jahresber. [Aa 213.]
Linz: Museum Francisco-Carolinum. — 58. Bericht nebst der 52. Lieferung der Beiträge zur Landeskunde von Oesterreich ob der Enns. [Fa 9.]
Prag: Deutscher naturwissenschaftlich-medicinischer Verein für Böhmen „Lotos". — Sitzungsber., Bd. XIX. [Aa 63.]
Prag: K. Böhmische Gesellschaft der Wissenschaften. — Sitzungsber., mathem.-naturwissensch. Cl., 1899. [Aa 269.] — Jahresber. für 1899. [Aa 270.]
Prag: Gesellschaft des Museums des Königreichs Böhmen. — Starožitnosti země české, díl. 1. [G 71.]
Prag: Lese- und Redehalle der deutschen Studenten. — Jahresber. für 1899. [Ja 70.]
Prag: Česka Akademie Císaře Františka Josefa. — Rozpravy, Trida II, Ročník 8. [Aa 313.]
Presburg: Verein für Heil- und Naturkunde. — Verhandl., n. F., Heft 11. [Aa 92.]
Reichenberg: Verein der Naturfreunde. — Mittheil., Jahrg. 31. [Aa 70.]
Salzburg: Gesellschaft für Salzburger Landeskunde.
Temesvár: Südungarische Gesellschaft für Naturwissenschaften. — Természettudományi Füzetek, XXIV. köt., füz. 1—3. [Aa 216.]
Trencsin: Naturwissenschaftlicher Verein des Trencsiner Comitates. — Jahresheft, Jahrg. XXI—XXII. [Aa 277.]
Triest: Museo civico di storia naturale.
Triest: Società Adriatica di scienze naturali.
Wien: Kais. Akademie der Wissenschaften.
Wien: Verein zur Verbreitung naturwissenschaftlicher Kenntnisse. — Schriften, Bd. XL. [Aa 82.]
Wien: K. K. naturhistorisches Hofmuseum. — Annalen, Bd. XIV, Nr. 3—4; Bd. XV, Nr. 1—2. [Aa 280.]
Wien: Anthropologische Gesellschaft. — Mittheil., Bd. XXIX, Heft 6; Bd. XXX, Heft 1—5. [Bd 1.]
Wien: K. K. geologische Reichsanstalt. — Jahrbuch, Bd. XLIX, Heft 3—4; Bd. L, Heft 1. [Da 4.] — Jubiläums-Festbericht 1900. [Da 4b]; zur Erinnerung an die Jubelfeier. [Da 4c.] — Verhandl., 1899, Nr. 11—18; 1900, Nr. 1—12. [Da 16.]
Wien: K. K. zoologisch-botanische Gesellschaft. — Verhandl., Bd. XLIX. [Aa 95.]
Wien: Naturwissenschaftlicher Verein an der Universität.
Wien: Central-Anstalt für Meteorologie und Erdmagnetismus. — Jahrbücher, Jahrg. 1897. [Ec 82.]

8. Rumänien.

Bukarest: Institut météorologique de Roumanie. — Annales, tome XIV, 1898. [Fc 75.]

4. Schweiz.

Aarau: Aargauische naturforschende Gesellschaft.
Basel: Naturforschende Gesellschaft. — Verhandl., Bd. XII, Heft 3. [Aa 86.]
Bern: Naturforschende Gesellschaft.
Bern: Schweizerische botanische Gesellschaft. — Berichte, Heft 10. [Ca 24.]
Bern: Schweizerische naturforschende Gesellschaft.
Chur: Naturforschende Gesellschaft Graubündens. — Jahresber., n. F., Jahrg. XLIII. [Aa 51.]
Frauenfeld: Thurgauische naturforschende Gesellschaft.
Freiburg: Société Fribourgeoise des sciences naturelles. — Bulletin, vol. VII, no. 3—4. [Aa 264.]
St. Gallen: Naturforschende Gesellschaft. — Bericht für 1897—98. [Aa 23.]
Lausanne: Société Vaudoise des sciences naturelles. — Bulletin, 4. sér., vol. XXXV, no. 133—134; vol. XXXVI, no. 135—137. [Aa 248.]
Neuchatel: Société des sciences naturelles. — Bulletin, tome XXVI. [Aa 247.]
Schaffhausen: Schweizerische entomologische Gesellschaft. — Mittheil., Vol. X, Heft 6—7. [Bk 222.]
Sion: La Murithienne, société Valaisanne des sciences naturelles. — Bulletin, fasc. XXVII—XXVIII. [Ca 13.]
Winterthur: Naturwissenschaftliche Gesellschaft. — Mitth., Heft 1—2. [Aa 331.]
Zürich: Naturforschende Gesellschaft. — Vierteljahrsschr., Jahrg. 44, Heft 3—4; Jahrg. 45, Heft 1—2. [Aa 96.]

5. Frankreich.

Amiens: Société Linnéenne du nord de la France. — Bulletin mensuel, tome XIII, no. 293—302; tome XIV, no. 303—322. [Aa 252.]
Bordeaux: Société des sciences physiques et naturelles. — Mémoires, sér. 5, tome III, cah. 2; tome V et appendice au tome V; procès-verbaux, année 1898—99. [Aa 253.]
Cherbourg: Société nationale des sciences naturelles et mathématiques.
Dijon: Académie des sciences, arts et belles lettres.
Le Mans: Société d'agriculture, sciences et arts de la Sarthe. — Bulletin, tome XXIX, fasc. 2—3. [Aa 221.]
Lyon: Société Linnéenne. — Annales, tome 46. [Aa 132.]
Lyon: Société d'agriculture, sciences et industrie. — Annales, sér. 7, tome 6. [Aa 133.]
Lyon: Académie des sciences et lettres.
Paris: Société zoologique de France. — Bulletin, tome XXIV. [Ba 24.]
Toulouse: Société Française de botanique.

6. Belgien.

Brüssel: Société royale malacologique de Belgique. — Annales, tome XXXI, fasc. 2; tome XXXIII. [Bi 1.] — Bulletins des séances, tome XXXIV, pag. 97—128. [Bi 4.]
Brüssel: Société entomologique de Belgique. — Annales, tome XLIII. [Bk 13.] — Mémoires, tome VII. [Bk 13b.]
Brüssel: Société royale de botanique de Belgique. — Bulletin, tome XXXVIII. [Ca 16.]
Gembloux: Station agronomique de l'état. — Bulletin, no. 67—68. [Hb 75.]
Lüttich: Société géologique de Belgique.

7. Holland.

Gent: Kruidkundig Genootschap „Dodonaea".
Groningen: Naturkundig Genootschap. — 99. Verslag, 1899. [Jc 80.] — Centralbureau voor de Kennis van de Provincie Groningen en omgebgen streken: Bejdragen, deel I, stuk 2. [Jc 80 b.]
Harlem: Musée Teyler. — Archives, sér. II, vol. VI, p. 5; vol. VII, p. 1—2. [Aa 217.]
Harlem: Société Hollandaise des sciences. — Archives Néerlandaises des sciences exactes et naturelles, sér. II, tome III, livr. 3—5; tome IV, livr. 1. [Aa 257.]

8. Luxemburg.

Luxemburg: Société botanique du Grandduché de Luxembourg.
Luxemburg: Institut royal grand-ducal.
Luxemburg: Verein Luxemburger Naturfreunde „Fauna". — Mittheil., 8. bis 9. Jahrg. (1898—99). [Ba 26.]

9. Italien.

Brescia: Ateneo. — Commentari per l'anno 1899. [Aa 199.]
Catania: Accademia Gioenia di scienze naturale. — Atti, ser. 4, vol. XII. [Aa 149.] — Bollettino, fasc. LX—LXIII. [Aa 149 b.]
Florenz: R. Instituto.
Florenz: Società entomologica Italiana. — Bullettino, anno XXXI—XXXII. [Bk 193.]
Mailand: Società Italiana di scienze naturali. — Atti, vol. XXXVIII, fasc. 4; vol. XXXIX, fasc. 1—2. [Aa 150.]
Mailand: R. Instituto Lombardo di scienze e lettere. — Rendiconti, ser. 2, vol. XXXII. [Aa 161.] — Memorie, vol. XVIII, fasc. 7—10. [Aa 167.]
Modena: Società dei naturalisti. — Atti, ser. 4, vol. I. [Aa 148.]
Padua: Società Veneto Trentina di scienze naturali. — Atti, ser. 1, vol. V, fasc. 2; vol. VI; vol. XII, fasc. 1; ser. 2, vol. IV, fasc. 1. [Aa 193.]
Parma: Redazione del Bullettino di paletnologia Italiana.
Pisa: Società Toscana di scienze naturali. — Processi verbali, vol. XI (2. VII. 99); vol. XII (19. XI—1. VII. 99); Memorie, vol. XVII. [Aa 209.]
Rom: Accademia dei Lincei. — Atti, Rendiconti, ser. 5, vol. VIII, fasc. 11—12; vol. IX, 1. sem.; 2. sem., fasc. 1—10. [Aa 226.]
Rom: R. Comitato geologico d'Italia.
Turin: Società meteorologica Italiana. — Bollettino mensuale, ser. II, vol. XIX, no. 8—10; vol. XX, no. 1—6. [Ec 2.]
Venedig: R. Instituto Veneto di scienze, lettere e arti.
Verona: Accademia di Verona. — Memoire, ser. III, vol. LXXV, fasc. 1—3. [Ha 14.]

10. Grossbritannien und Irland.

Dublin: Royal geological society of Irland.
Edinburg: Geological Society.
Edinburg: Scottish meteorological society. — Journal, 3. ser., no. XV—XVI. [Ec 3.]

Glasgow: Natural history society.
Glasgow: Geological society.
Manchester: Geological society. — Transactions, vol. XXVI, p. 10—19. [Da 20.]
Newcastle-upon-Tyne: Tyneside naturalists field club, und: Natural history society of Northumberland, Durham and Newcastle-upon-Tyne. — Nat. history transactions, vol. XIII, p. 3. [Aa 120.]

11. Schweden, Norwegen.

Bergen: Museum. — Aarsberetning 1899; Aarbog 1899, 2. Heft und 1900, 1. Heft. [Aa 294.]
Christiania: Universität. — Den Norske Nordhavs-Expedition 1876—78, Bd. XXXV—XXXVII. [Aa 251.]
Christiania: Foreningen til Norske fortidsmindesmerkers bevaring.
Stockholm: Entomologiska Föreningen. — Entomologisk Tidskrift, Arg. 20. [Bk 12.]
Stockholm: K. Vitterhets Historie och Antiqvitets Akademien.
Tromsoe: Museum.
Upsala: Geological institution of the university. — Bulletin, vol. IV, p. 2. [Da 30.]

12. Russland.

Ekatharinenburg: Société Ouralienne d'amateurs des sciences naturelles. — Bulletin, tome XX, livr. 1; tome XXI. [Aa 259.]
Helsingfors: Societas pro fauna et flora fennica. — Acta, vol. XV und XVII. [Ba 17.]
Kharkow: Société des naturalistes à l'université impériale. — Travaux, tome XXXIII—XXXIV. [Aa 224.]
Kiew: Société des naturalistes. — Mémoires, tome XVI, livr. 1. [Aa 298.]
Moskau: Société impériale des naturalistes. — Bulletin, année 1899, no. 1—4. [Aa 134.]
Odessa: Société des naturalistes de la Nouvelle-Russie.
Petersburg: Kais. botanischer Garten. — Acta horti Petropolitani, tome XV, fasc. 2; tome XVII, und kurzer Abriss der Geschichte des K. botanischen Gartens. [Ca 10.]
Petersburg: Comité géologique. — Bulletins, vol. XVIII, no. 3—10. [Da 23.] — Mémoires. vol. VII, no. 3—4; vol. IX, no. 5; vol. XV, no. 8. [Da 24.]
Petersburg: Physikalisches Centralobservatorium. — Annalen, Jahrg. 1898. [Ec 7.] — Histoire de l'observatoire, p. 1. [Ec 7b.]
Petersburg: Académie impériale des sciences. — Bulletin, nouv. série V, tome X, no. 5; tome XI; tome XII, no. 1. [Aa 315.]
Petersburg: Kaiserl. mineralogische Gesellschaft. — Verhandl., 2. Ser., Bd. 37; Bd. 38, Lief. 1. [Da 29.] — Materialien zur Geologie Russlands, XX. Bd. [Da 29b.] — Travaux de la section géologique du cabinet de Sa majesté, vol. III, livr. 1. [Da 29c.]
Riga: Naturforscher-Verein. — Arbeiten, n. F., 8.—9. Heft. [Aa 12.] — Korrespondenzblatt, XLII—XLIII. [Aa 34.]

II. Amerika.

1. Nord-Amerika.

Albany: New York state museum of natural history.
Baltimore: John Hopkins university. — University circulars, vol. XIX, no. 142—143. [Aa 278.] — American journal of mathematics, vol. XXI, no. 3—4; XXII, no. 1. [Ea 38.] — American chemical journal, vol. XXI, no. 6; vol. XXII; vol. XXIII, no. 1—4. [Ed 60.] — Studies in histor. and politic. science, ser. XVII, no. 6—12; ser. XVIII, no. 1—4. [Fh 125.] — American journal of philology, vol. XX, no. 1—4. [Ja 64.] — Maryland geological survey, vol. III. [Da 35.] — Maryland weather service, vol. I. [Ec 95.] — Annual report, no. 24. [Aa 278 b.]
Berkeley: University of California. — Departement of geology: Bulletin II, no. 5—6; register 1898—99, vol. I, no. 1—2. [Da 31.] — University chronicle, vol. I, no. 6; vol. II, no. 3—4. [Da 31b.]
Boston: Society of natural history. — Proceedings, vol. XXIX, no. 1—8. [Aa 111.]
Boston: American academy of arts and sciences. — Proceedings, new ser., vol. XXXV, 4—27; vol. XXXVI, 1—8. [Aa 170.]
Buffalo: Society of natural sciences. — Bulletin, vol. VI, no. 2—4. [Aa 185.]
Cambridge: Museum of comparative zoology. — Bulletin, vol. XXXV, no. 7—8; vol. XXXVI, no. 1—4; vol. XXXVII, no. 1—2. [Ba 14.]
Chicago: Academy of sciences. — Bulletin, vol. III. [Aa 123b.]
Chicago: Field Columbian Museum. — Publications 40—44, 46—50. [Aa 324.]
Davenport: Academy of natural sciences.
Halifax: Nova Scotian institute of natural science. — Proceedings and transactions, 2. ser., vol. III, p. 1. [Aa 304.]
Lawrence: Kansas University. — Quarterly, series A: Science and mathematics, vol. VIII, no. 4; vol. IX, no. 1—2. [Aa 328.]
Madison: Wisconsin Academy of sciences, arts and letters.
Mexiko: Sociedad cientifica „Antonio Alzate“. — Memorias y Revista, tomo XII, cuad. 11—12; tomo XIV. cuad. 1—10. [Aa 291.]
Milwaukee: Public Museum of the City of Milwaukee. — 17. annual report. [Aa 233b.]
Milwaukee: Wisconsin natural history society. — Bulletin, new ser., vol. I, no. 1—2. [Aa 233.]
Montreal: Natural history society. — The canadian record of science, vol. VIII, no. 2—3. [Aa 109.]
New-Haven: Connecticut academy of arts and sciences.
New-York: Academy of sciences. — Annals, vol. XII, no. 2—3. [Aa 101.] — Memoirs, vol. II, p. 1. [Aa 258b.]
New-York: American museum of natural history.
New-York: State geologist.
Philadelphia: Academy of natural sciences. — Proceedings. 1899. p. II—III; 1900, p. I. [Aa 117.]
Philadelphia: American philosophical society. — Proceedings, vol. XXXVIII, no. 160; vol. XXXIX. no. 161—162. [Aa 283.] — Memorial vol. I (1900). [Aa 283b.]
Philadelphia: Wagner free institute of science.

Philadelphia: Zoological society. — Annual report 28. [Ba 22.]
Rochester: Academy of science. — Proceedings, vol. III, broch. 2. [Aa 312.]
Rochester: Geological society of America. — Bulletin, vol. X. [Da 28.]
Salem: Essex Institute.
San Francisco: California academy of sciences.
St. Louis: Academy of science.
St. Louis: Missouri botanical garden. — 11. annual report. [Ca 25.]
Topeka: Kansas academy of science. — Transact., vol. XVI. [Aa 303.]
Toronto: Canadian institute. — Proceedings, n. ser., no. 9, vol. II, p. 3; [Aa 222.] — Transactions vol. VI; semi-centennial memorial vol. 1849—99. [Aa 222b.]
Tufts College. — Studies, no. 6. [Aa 314.]
Washington: Smithsonian institution. — Report of the U. St. nat. museum, 1897. [Aa 120c.]
Washington: United States geological survey. — XIX. annual report, 1897—98, p. 2, 3, 5; XX. annual report, 1898—99, p. 1. [Dc 120a.] — Bulletin, no. 150—162. [Dc 120b.] — Monographs, vol. XXXII, p. 2; vol. XXXIII; XXXIV; XXXVI—XXXVIII. [Dc 120c.]
Washington: Bureau of education.

2. Süd-Amerika.

Buenos-Aires: Museo nacional. — Anales, tomo VI; communicaciones, tomo I, no. 5—7. [Aa 147b.]
Buenos-Aires: Sociedad cientifica Argentina. — Anales, tomo XLVIII, entr. 6; tomo XLIX; tomo L, entr. 1—3. [Aa 230.]
Cordoba: Academia nacional de ciencias.
Montevideo: Museo nacional. — Anales, fasc. XII—XVI. [Aa 326.]
Rio de Janeiro: Museo nacional.
San José: Instituto fisico-geografico y del museo nacional de Costa Rica. — Informe 1898—99, 2. sem.; 1900. [Aa 297.]
São Paulo: Commissão geographica e geologica de S. Paulo.
La Plata: Museum. — Revista, tomo IX. [Aa 308.]
Santiago de Chile: Deutscher wissenschaftlicher Verein.

III. Asien.

Batavia: K. naturkundige Vereeniging. — Natuurk. Tijdschrift voor Nederlandsch Indie, Deel 59. [Aa 250.]
Calcutta: Geological survey of India. — Memoirs, vol. XXVIII, p. 1; vol. XXIX; vol. XXX, p. 1. [Da 8.] — Palaeontologia Indica, ser. XV, vol. I, p. 2; vol. II; vol. III, p. 1; new series, vol. I. [Da 9.] — General report 1899—1900. [Da 18.]
Tokio: Deutsche Gesellschaft für Natur- und Völkerkunde Ostasiens. — Mittheil., Bd. VII, Th. 3. [Aa 187.]

IV. Australien.

Melbourne: Mining department of Victoria. — Annual report of the secretary for mines, 1899. [Da 21.]

B. Durch Geschenke.

Beythien, A.: Ueber die Gesundheitsschädlichkeit bleihaltiger Gebrauchsgegenstände, insbesondere der Trillerpfeifen. Sep. 1900. [IIb 129a.]

Beythien, A.: Ueber die Genauigkeit des Jörgensen'schen Verfahrens zum Bestimmen der Borsäure der Fleischkonserven und über die Trennung von Borsäure und Borax. Sep. 1899. [IIb 129c.]

Beythien, A.: Beiträge zur chemischen Untersuchung des Thees. Sep. 1900. [IIb 129b.]

Beythien, A.: Bericht über die Thätigkeit des chemischen Untersuchungsamtes der Stadt Dresden im Jahre 1899. [IIb 129d.]

Bruxelles: Société belge de géologie, de paléontologie et d'hydrologie. — Procès-verbaux, 1900, tome XIV, fasc. 1—3. [Da 34.]

Buchanan, J.: The meteorology of Ben Nevis in clear and in foggy weather. Sep. 1890. [Ec 94.]

Central-Commission, K. K., für Erforschung und Erhaltung der Kunst- und historischen Denkmale. Normative und Berichte. Wien 1899. [G 142.]

Cory, Ch.: The birds of Eastern North America, p. 2: Landbirds. [Bf 72.]

Credner, H.: Die seismischen Erscheinungen im Königreich Sachsen 1898 und 1899 bis zum Mai 1900. Sep. 1900. [Dc 187h.]

Deichmüller, J.: Sachsens vorgeschichtliche Zeit. Sep. 1899. [G 119b.]

Dieck, G.: Moor- und Alpenpflanzen und ihre Cultur im Nationalarboretum und Alpengarten Zoeschen bei Merseburg. 2. Aufl. [Cd 122.]

Föyn, N.: Wolkenbeobachtungen in Norwegen. 1896—97. [Ec 96.]

Geinitz, E.: Hans Bruno Geinitz, ein Lebensbild aus dem 19. Jahrhundert. [Jb 82.]

Geinitz, E.: Mittheilungen aus der Grossherzoglich Mecklenburgischen Landesanstalt. X—XI. [Dc 217f, g.]

Hauer, J.: Drei Nekrologe. [Jb 83, 84, 85.]

Janet, Ch.: Separata über Ameisen. [Bk 240q—y.]

Jentzsch, A.: Ueber die im Ostpreussischen Provinzialmuseum aufbewahrten Gewichte der jüngsten heidnischen Zeit Preussens. [Dc 114dd.]

Jentzsch, A.: Der tiefere Untergrund Königsbergs mit Beziehung auf die Wasserversorgung der Stadt. [Dc 114ee.]

Kesselmeyer, A.: 3 Separata über Maasse. [Ea 46a—c.]

Koch, A.: Die Tertiärbildungen des Beckens der Siebenbürgischen Landestheile. II. neogene Abtheil. [Dc 241.]

Krone, H.: Dichtungen, Bd. 1 und 2. [Ja 80.]

Laube, G.: H. B. Geinitz. Sep. 1900. [Jb 81.]

Montelius, O.: Der Orient und Europa. 1. Heft. [G 144.]

Nicolis, E.: Marmi pietre e terre coloranti della provincia di Verona. [IIb 129a.]

Perez, B.: La provincia di Verona ed i suoi vini. Sep. 1900. [IIb 129c.]

Sars, G.: An account of the Crustacea of Norway, vol. III, p. 3—8. [Bl 29b.]

Stossich, M.: Contributo allo studio degli Elminti. Sep. 1900. [Bm 54gg.]

Verbeek, R.: Voorloopig verslag over eene Geologische reis door het oostelijk gedeelte van den indischen Archipel in 1899. [Dc 234b.]

Zahálka, C.: Ueber die Schichtenfolge der westböhmischen Kreideformation. Sep. 1900. [Dc 227b.]

C. Durch Kauf.

Abhandlungen der Senckenbergischen naturforschenden Gesellschaft, Bd. XX, Heft 2; Bd. XXV, Heft 1; Bd. XXVI, Heft 1—2. [Aa 9.]
Anzeiger für Schweizer Alterthümer, neue Folge, Bd. II, Heft 1—2, mit Beil. [G 1.]
Anzeiger, zoologischer, Jahrg. XXIII, Nr. 605—631. [Ba 21.]
Bronn's Klassen und Ordnungen des Thierreichs, Bd. II, Abth. 3 (Echinodermen), Lief. 29—30; Bd. III (Mollusca), Lief. 48—53; Suppl., Lief. 21—25; Bd. IV (Vermes), Lief. 59—62; Bd. V (Crustacea), Abth. 2, Lief. 57—59; Bd. VI, Abth. 5 (Mammalia), Lief. 57—60. [Bb 54.]
Gebirgsverein für die Sächsische Schweiz: Ueber Berg und Thal, Jahrg. 1900. [Fa 19.]
Geradflügler Mitteleuropa's von Tümpel, Lief. 7. [Bk 243.]
Hedwigia, Bd. 39. [Ca 2.]
Käferfauna der Schweiz von Stierlin. I. Theil. [Bk 244.]
Jahrbuch des Schweizer Alpenclub, Jahrg. 35. [Fa 5.]
Monatsschrift, deutsche botanische, Jahrg. 18. [Ca 22.]
Nachrichten, entomologische, Jahrg. 16. [Bk 235.] (Vom Isis-Lesezirkel.)
Natur, Jahrg. 48. [Aa 76.] (Vom Isis-Lesezirkel.)
Palaeontographical society.
Prähistorische Blätter, Jahrg. XII. [G 112.]
Wochenschrift, naturwissenschaftliche, Bd. XV. [Aa 311.] (Vom Isis-Lesezirkel.)
Zeitschrift für die gesammten Naturwissenschaften, Bd. 72, Nr. 3—4; Bd. 73, Nr. 1—2. [Aa 98.]
Zeitschrift für Meteorologie, Bd. 17. [Ec 66.]
Zeitschrift für wissenschaftliche Mikroskopie, Bd. XVI, Heft 4; Bd. XVII, Heft 1—2. [Ee 16.]
Zeitschrift, Oesterreichische botanische, Jahrg. 50. [Ca 8.]
Zeitung, botanische, Jahrg. 58. [Ca 9.]

Abgeschlossen am 31. December 1900.

C. Schiller,
Bibliothekar der „Isis".

Zu besserer Ausnutzung unserer Bibliothek ist für die Mitglieder der „Isis" ein **Lesezirkel** eingerichtet worden. Gegen einen jährlichen Beitrag von 3 Mark können eine grosse Anzahl Schriften bei Selbstbeförderung der Lesemappen zu Hause gelesen werden. Anmeldungen nimmt der Bibliothekar entgegen.

Abhandlungen

der

Naturwissenschaftlichen Gesellschaft

ISIS

in Dresden.

1900.

I. Schulversuche mit dem Cartesianischen Taucher.

Von H. Rebenstorff.

Fast sämmtliche Apparate, mit deren Hilfe die naturwissenschaftliche Bildung unserer Jugend begründet wird, haben an der Hand der Fortschritte von Wissenschaft und Technik besonders in den letzten Jahrzehnten Constructionsänderungen erfahren, um sie für ihren Zweck noch geeigneter zu machen. Nur an wenigen, besonders einfachen Apparaten gab es so gut wie nichts zu verbessern, sondern es war höchstens die Zahl der Anwendungen zu vermehren. Hierhin gehört jene Vorrichtung, „zwar nicht von grossem Belang, aber auch nicht ohne Interesse“, wie Poggendorff in seiner „Geschichte der Physik“ sagt, an welcher sich Descartes' Name verewigt hat. Mit seltener Lebenskraft haben sich die Cartesianischen Taucher oder Teufelchen in derselben Form erhalten, welche ihnen von dem Entdecker der zu Grunde liegenden Erscheinungen gegeben war. Auch wenn man von der Benutzung von menschlichen Figuren als Taucher absieht, erscheint das hübsche Sinken und Steigen der Glaskörper fast als Spielerei, aber gerade mit der gefallenden Lebhaftigkeit ihrer Bewegungen hängt nun einmal der Werth der Taucher für den elementaren Physikunterricht zusammen.

Zweck der Taucherversuche. Wer sich im experimentellen Unterricht mit dem Nachweis der grundlegenden Gesetze begnügt, wird mit anderen Apparaten auskommen. Nun ist aber in der neueren Zeit die Erkenntniss immer allgemeiner geworden, dass es von besonderem Nutzen für die gründliche Einführung in die Naturwissenschaft ist, das Experiment wirklich das sein zu lassen, was es sein soll, ein Theil der Sprache des Lehrers; dies gilt nicht nur für die Ableitungen der Grundgesetze, sondern der Lehrer hat, wenn er durch Wiederholungen und allerlei Aufgaben ein gesichertes Wissen und vor Allem ein freies Verfügen und „Können“ auf seinem Gebiete hervorrufen will, auch hierbei vom Experimente Gebrauch zu machen. Eine reiche Auswahl von Versuchsreihen stellen Experimentirbücher und die bekannte Zeitschrift für den physikalischen und chemischen Unterricht von Poske zur Verfügung, um auch den Wiederholungen nicht das anschauliche Element fehlen zu lassen und den zu stellenden Aufgaben wenigstens theilweise Gegenstände zu verschaffen, die auf dem Tische Gebrauch finden und eine Nachprüfung der Aufgabenlösung zulassen. Ueberaus erleichternd wirkt es ebenso bei der kurzen Denkfrage, wie bei der eine längere Rechnung erfordernden Aufgabe, wenn deren Gegenstand aus dem Gebiete der Phantasie herausgerückt werden kann, die vielleicht nur deswegen in manchen Fällen nicht recht mitarbeitet, weil sie sich wegen mangelnder Gelegenheit an der concreten Wirklichkeit noch nicht hinreichend ausbilden konnte.

Bisherige Verwendung des Tauchers. Einen kleinen Beitrag zur praktischen Durchführung der angedeuteten unterrichtlichen Maassnahmen kann der Cartesianische Taucher liefern, der vielfach schon früher in dem geschilderten Sinne Anwendung fand. Schon der fundamentale Taucherversuch des Sinkens und Steigens in Folge von Druckänderungen giebt Anlass zur Wiederholung der Gesetze über die Volumänderung der Gase durch Druckwechsel, des Archimedischen Princips, sowie der Fortpflanzung und Grösse des Druckes in Flüssigkeiten. Von besonderem Werthe ist hierbei die bequeme und anschauliche Vorführung des eigenartigen labilen Gleichgewichtes. Nicht sonderlich gebt die Möglichkeit, diesen Begriff mit Hilfe des Tauchers zu erklären, aus der in Hand- und Lehrbüchern mehrfach anzutreffenden Bemerkung hervor, „es ist nun leicht, den Druck auf die Membran so zu bemessen, dass der Taucher in jeder Lage schwebt“. Lässt man den auf die Membran oder besser mittels einer Wassersäule ausgeübten Druck (Fig. 1) von einem Augenblicke an ungeändert bestehen, in welchem der Taucher *t* mitten in der Flüssigkeit anscheinend zur Ruhe gekommen ist, so sieht man nach wenigen Augenblicken, dass der Taucher nicht wirklich schwebte, sondern nur sehr langsam stieg oder sank und sich in beschleunigter Bewegung von der Stelle entfernt, wo er zu schweben schien. Heben oder Senken des Druckrohres*) verlegt in kürzester Frist den Punkt des labilen Gleichgewichtes weiter nach oben oder unten, wodurch der Versuch wiederholt wird. Deutlich erkennt man, dass der Zustand wahren labilen Gleichgewichtes in einer nur angenähert, aber nicht vollkommen erreichbaren Grenzlage des Tauchers besteht. Das charakteristische Kennzeichen dieses Gleichgewichtes, dass der Körper bei der allerkleinsten Ueberschreitung der Grenzlage aus der Ruhe in beschleunigte Bewegung übergeht, ist mit dem Taucher klar demonstrirbar. Bezüglich der praktischen Ausführung der Versuche ist zu bemerken, dass man natürlich bei richtiger Füllung einen Taucher jeder Form verwenden kann, dass aber der weiter unten beschriebene Apparat die Mühe der Vorbereitung auf ein sehr geringes Maass beschränkt und daher auch für die längst bekannten Versuche empfohlen werden kann. Die bisher gebrauchten Taucherformen erfordern eine bisweilen recht zeitraubende, weil leicht misslingende Füllung, was nicht bei einmaligen, wohl aber bei schnell auf einander folgenden Anwendungen des Tauchers in Betracht kommt. Methoden zur Füllung findet man in den ausgezeichneten Vorschriften der bekannten Werke über physikalische Demonstrationen von Weinhold, Frick-Lehmann u. A.**). Es sei nur noch die Bemerkung

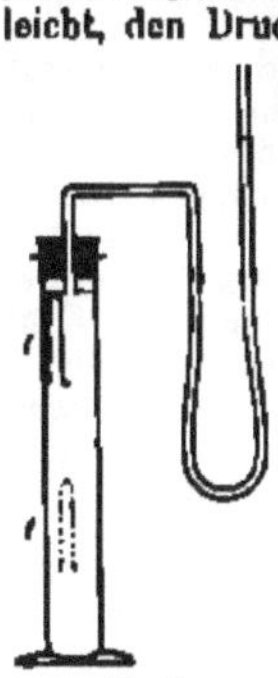

Fig. 1.

*) Die Versuchsanordnung der Figur ist die gleiche wie in der Mittheilung „Versuche mit Tauchern“, Poske's Zeitschr. für den physik. u. chem. Unterricht XI, S. 213, Versuch 1.

**) Weinhold: Vorschule der Experimentalphysik. 4. Aufl., S. 179. — Frick-Lehmann. Physikal. Technik. 6. Aufl. I, S. 353. — Weinhold: Physik. Demonstrationen. 3. Aufl., S. 170. — Rosenberg: Experimentirbuch für den Elementarunterricht in der Naturlehre II, S. 42. — K. L. Bauer, Pogg. Ann. Ergänzungsband 6, S. 332.

gestattet, dass man gut thut, dem Wasser, in dem man etwa einen Taucher dauernd verweilen lässt, etwas Salicylsäure hinzuzufügen, den Taucher für diesen Zweck in der bekannten Weise aus einem Reagensglase, einem Kork mit Glasröhrchen und Quecksilber als Beschwerungsmittel herstellt, da das Luftvolumen in Folge Diffusion sich bei anderen Formen schneller verkleinert. Zum Abschluss des Cylinders dient besser ein Gummipfropf (Weinhold), als eine Membran; ein Stück Blase sollte man vor dem Aufbewahren wenigstens etwas loser binden, weil sonst in Folge der Verdunstung von Wasser langsam Luftverdünnung eintritt, die saugend auf die Luft im Taucher wirkt, so dass er später wieder neu zu füllen ist. Ist das Röhrchen des erwähnten Tauchers entsprechend gebogen, so zeigt man die beim Steigen auftretenden Drehungen in Folge des Rückwirkungsdruckes. Einige für besondere Zwecke geschaffene Taucherformen sind in den erwähnten Werken beschrieben, ebenso findet man daselbst verschiedene Verfahren, den Druck zu ändern*).

Von anderweitigen Verwendungsarten des Tauchers sind seit geraumer Zeit bekannt die Methode von Schwalbe**), den Taucher als Druckindicator zu benutzen bei Versuchen über Fortpflanzung des Druckes in Gasen, ferner die Anwendung zur Erläuterung der Fallbewegung und zu einigen anderen Zwecken nach Heyden***). Liebreich†) benutzte den Taucher zu Demonstrationen über den interessanten „todten Raum" bei Reactionen. Sodann hat der Verfasser vor zwei Jahren eine kleine Zahl von Versuchen mitgetheilt, welche der Anwendung des Tauchers theils im Unterricht bei Gelegenheit von Wiederholungen, theils bei den sogenannten Schülerversuchen dienen sollten††).

Einfacher Reagensglas-Taucher. Um die Anstellung der Versuche recht bequem und auch mit den geringsten Mitteln ausführbar zu machen, wurde a. a. O. vom Verfasser ein Taucher einfachster Art, nur aus einem Reagensglase bestehend, empfohlen. Die Füllung mit der erforderlichen Luftmenge geschieht folgendermassen. Man giesst zunächst soviel Wasser in das Gläschen, dass es aufrecht auf dem Wasser schwimmt, und tröpfelt alsdann vorsichtig weitere Mengen Wasser hinein, bis es nur noch wenig aus der Wasseroberfläche hervorragt. Hierauf zieht man das Gläschen heraus, verschliesst es mit dem Finger und taucht es verkehrt in einen zum Ueberlaufen vollen Cylinder mit Wasser hinein. Bei einiger Uebung gelingt es auf diese Weise leicht, die Taucher fast regelmässig richtig zu füllen, so dass nur etwa die Hälfte des Bodens aus dem Wasser hervorragt. Zu empfehlen ist, ein leichtes Drahthäkchen mit Siegellack auf der äusseren Seite des Bodens zu befestigen, um einen zu wenig Luft enthaltenden Taucher mit einem unten kurz umgebogenen Draht schnell wieder empor ziehen zu können. Auch hat man daran zu denken, dass durch unnöthiges Umfassen des Gläschens mit der Hand vor dem Verschliessen mit dem Finger ein Theil der Luft durch Erwärmen entfernt würde. Uebrigens gehört ein ein- oder zweimaliges Misslingen der

*) Ferner bei Antolik, Poske's Zeitschr. IV. S. 124.

**) Schwalbe, Zeitschr. zur Förderung des phys. Unt. III, 1886.

***) Heyden, ebenda.

†) Liebreich, Vortrag in der physik. Gesellschaft in Berlin, ref. in Poske's Zeitschr. IV, S. 211, den Hinweis auf den labilen Gleichgewichtszustand des Tauchers enthaltend.

††) Rebenstorff, a. a. O., S. 213—221.

beschriebenen Taucherfüllung wohl zu denjenigen Momenten des Unterrichtes, die bei manchen Schülern erst recht zur Gewinnung des Verständnisses beitragen.

In letzter Zeit hat der Verfasser den einfachen Reagensglas-Taucher mit einer seitlichen Oeffnung dicht unter derjenigen Stelle versehen, bis zu welcher das innen befindliche Wasser bei richtiger Füllung reicht. Man erzielt dadurch die Wirkung, dass man den Taucher nur ruhig in das im Cylinder befindliche Wasser einzusenken braucht, um ihn sofort in brauchbarem Zustande zur Verfügung zu haben. Hierbei ist es von Vortheil, das Luftvolumen im Taucher vergrössern zu können; deswegen wird der Taucher entweder unten mit Blei beschwert oder er wird aus starkwandigem Glasrohr hergestellt. Die erstere Art der Ausführung eignet sich auch zur Anfertigung durch Schüler und man kann diesen vorher die Aufgabe stellen, aus dem Gewicht des Gläschens und seinem Inhalt das Gewicht der Bleimenge zu berechnen, welche bewirkt, dass der Taucher noch eben schwimmt, wenn die Oeffnung am Ende des ersten Drittels — von der Mündung des Gläschens an gerechnet — sich befinden würde. Die Herstellung des beschwerten Tauchers geschieht in folgender Weise. Von einer 2 bis 3 mm dicken Bleiplatte schneidet man mit der Scheere einen schmalen Streifen ab, welcher annähernd das berechnete Gewicht hat. Man windet ihn spiralig um das Reagensgläschen, so dass er zunächst am geschlossenen Ende desselben durch Reibung festsitzt. Hierauf bringt man das Gläschen auf das in einem weiten Gefäss befindliche Wasser und tröpfelt so viel Wasser hinein, bis der Rand nur noch wenig herausragt. Man verschliesst dann das etwas angehobene Gläschen, ohne viel mit der Hand zu erwärmen, mit dem Finger und taucht es verkehrt unter Wasser. Bevor man loslässt, schiebt man die Bleispirale hinab, so dass diese nun an der Mündung des Gläschens liegt. Man überzeugt sich hierauf davon, ob das Gläschen, etwa mit der Hälfte seines Bodens aus dem Wasser ragend, an der Oberfläche schwimmt. Andernfalls wird die Manipulation des Füllens wiederholt. Man kann übrigens auch mit einem U-förmig gebogenen Glasfaden mit recht feiner Oeffnung, der noch an dem Glasrohre sitzt, welches man zu seiner Herstellung auszog, Luft in kleinen Mengen in den Taucher treiben oder daraus entfernen. Mit einem auf das Glasrohr geschobenen kurzen Stück Gummischlauch, den man in geeigneter Weise zudrückt, gelingt es noch leichter als durch Blasen und Saugen mit dem Munde, kleine Luftmengen in Bewegung zu setzen. Ist die Luftmenge im Taucher die richtige, so hebt man ihn, unten zugreifend, etwas empor und markirt den Stand des Wassers in ihm mit dem Schreibdiamanten oder auch nur durch Anlegen des Daumennagels der linken Hand, hebt den Taucher vollends aus dem Wasser und macht etwa 1 mm unterhalb der markirten Stelle einen Feilstrich, den man vorsichtig bis zur Durchbohrung des Glases vertieft oder an dessen Stelle man mit der Stichflamme und durch Abziehen des Glases eine kleine Oeffnung herstellt.

Als käufliches Lehrmittel empfohlene Taucherform. Für die Anfertigung durch den geübteren Glasbläser eignet sich mehr die im Wesentlichen übereinstimmende Herstellung des Tauchers aus starkwandigem Glasrohr. Die von A. Eichhorn in Dresden verfertigten Taucher sind etwa 12 cm lang und die seitliche Oeffnung befindet sich etwa 4 cm vom offenen Ende. Durch bloses Einsenken erhalten sie die für die Versuche geeignete Luftfüllung und schwimmen und tauchen in fast genau senkrechter, durchaus stabiler Haltung. Nur durch heftige Erschütterung werden Luftbläschen zu der seitlichen Oeffnung hinausgetrieben. Man kann sich dies zu nutze machen, wenn man beabsichtigt, die Luftmenge etwas zu verkleinern. Hat man den Taucher in das Wasser gleiten oder auch aus einiger Höhe senkrecht hineinfallen lassen, so kann man bei einiger Uebung an der Grösse des aus der Oberfläche hervorragenden Bodenstückes sofort erkennen, ob ein geringerer oder grösserer Wasserdruck nöthig ist, die Luftmenge so weit zu verdichten, dass der Taucher die Grenzlage des labilen Gleichgewichts überschreitet und in die Tiefe sinkt. Es ist jedoch empfehlenswerth, durch eine Marke, Diamantstrich, eingeätzten Ring oder dergleichen sich die Stelle über der seitlichen Oeffnung zu bezeichnen, bis zu welcher die Luftfüllung reicht, wenn jene Grenzlage erreicht wird. Um die Marke anbringen zu können, legt man provisorisch einen Zwirnsfaden oder sehr schmalen Schlauchabschnitt um den Taucher, einige Millimeter über der seitlichen Oeffnung. Man erhöht alsdann nach Abschluss des Cylinders den Druck in irgend einer Weise und merkt sich die Lage des Wasserniveaus in dem Augenblicke, in dem der Taucher zu sinken beginnt. Die Anbringung der Marke durch den Fabrikanten kann den überaus geringen Preis der Taucher nur wenig erhöhen.

Taucherglockenartige Vorrichtung als Zubehör zu den Tauchern. Ein Taucher, dessen Luftfüllung nicht bis zu der erwähnten Marke reicht, sinkt zu Boden. Um ihn durch Zuführung von Luft zum Ansteigen zu bringen, kann man über den aufrecht am Boden stehenden Taucher ein oben geschlossenes, weites Glasrohr stülpen. Aus diesem füllt sich der Taucher fast völlig mit Luft, so dass er beim Anheben der weiten Röhre mit heraufkommt. Da die oben und unten gleichweite Röhre das Wasser im Cylinder leicht zum Ueberlaufen bringt, so benutzt man bequemer ein weites Rohr *g* (Fig. 2), welches nur einige Centimeter länger als der Taucher ist und sich in eine etwa 4 mm weite, etwas starkwandige Röhre *r* fortsetzt. Der ganze Apparat wird 5 bis 6 dm, für besonders hohe Cylinder entsprechend länger angefertigt. Die lange Röhre der „Taucherglocke", wie der Apparat wohl der Kürze halber genannt werden darf, wird natürlich beim Zuführen von Luft oben mit dem Finger verschlossen. Zur Erleichterung des Anfassens befindet sich am Ende der Röhre ein Kork *k*, der zugleich die Röhre vor dem Zerbrechen schützt, wenn man sie — die Erweiterung nach oben — zum Umrühren des Wassers im Cylinder gebrauchen will; ferner kann man die verkehrt eingesenkte „Taucherglocke" zum Hinabdrücken eines Tauchers verwenden, weswegen die Endfläche des Korkes concav ausgeschnitten wird.

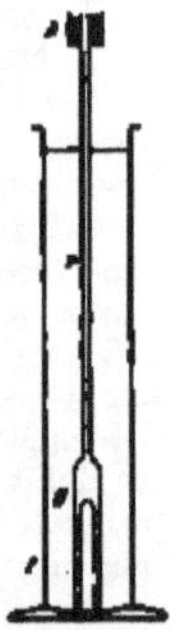

Fig. 2.

Handhabung der Taucher, ihr Verhalten im Wasser. Lässt man die Taucher aus der einige Centimeter über der Wasseroberfläche gehaltenen Hand senkrecht in das Wasser gleiten, so sind dieselben so weit gefüllt, dass die Grenzfläche der Luft annähernd mit dem oberen Rande der seitlichen Oeffnung abschneidet. Beim Einfallenlassen aus grösseren Höhen, wobei der bis auf den Boden hinabgehende Taucher grössere Mengen Luft mit fortreisst, fällt die Füllung weniger gleichmässig aus.

Ist die Zimmerluft erheblich wärmer als das Wasser, oder hatte man den Taucher lange in der Hand gehabt, so kommen natürlich ebenfalls Unregelmässigkeiten der Taucherfüllung vor; einfaches Anheben und Einsenken des eine kurze Zeit im Wasser befindlichen Tauchers gleicht jede Unregelmässigkeit wieder aus. Bei den von A. Eichhorn gefertigten Exemplaren war ein Druck von 5 bis 7 dm Wassersäule erforderlich, den ohne Hast eingesenkten Taucher zum Untersinken zu bringen.

Soll die Luftfüllung geringer sein, so ergreift man den an der Oberfläche schwimmenden Taucher mit den Fingern, hebt ihn einige Centimeter empor, und stösst ihn, ohne loszulassen ein oder mehrere Male in das Wasser. Dadurch wird meistens eine kleine Luftmenge zur seitlichen Oeffnung hinausgetrieben. Man überzeugt sich durch Loslassen, ob man seinen Zweck erreicht hat, indem man entweder, wie schon oben erwähnt, auf die Grösse des herausragenden Bodentheils oder auf die Lage des Wasserniveaus zu der die Grenze desselben beim labilen Gleichgewicht angehenden Marke achtet.

Ein anderes, vielleicht noch besseres Mittel, die Luftfüllung zu verkleinern, besteht in dem Einsenken des kurz zuvor aus dem Wasser gezogenen Tauchers in schräger Stellung, wobei die seitliche Oeffnung *o* nach oben zu halten ist (Fig. 3). Nöthigenfalls neigt man auch den Cylinder hierbei etwas auf die Seite. Merkt man sich mit dem Augenmaass den Winkel, unter dem man den Taucher langsam einsenkt, so kann man in dieser höchst einfachen Weise leicht die Luftfüllung mit einiger Sicherheit beliebig bemessen, so dass der Taucher je nach Wunsch sofort untersinkt oder seine labile Gleichgewichtslage nur ein kleines Stück unterhalb der Wasseroberfläche erreicht. In Folge der Dicke des Glases erwärmt sich die Luft im Taucher durch die Finger während der kurzen Handhabung nicht merklich.

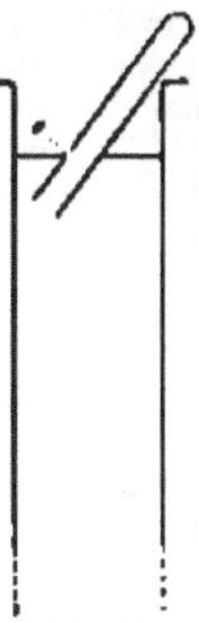

Fig. 3.

Der beschriebene Taucher ersetzt also auch jene grossen Formen der Cartesianischen Vorrichtung, die von Weinhold u. A.*) angegeben, an der Oberfläche schwimmen, nach dem Hinabdrücken bis zu einer gewissen Tiefe sich nicht wieder erheben können.

Gleicht man nach dem mitgetheilten Verfahren das Luftvolumen so ab, dass die labile Lage 1 bis 2 dm über dem Boden des Cylinders ist, so wird der Taucher dadurch sehr hübsch wieder in die Höhe gebracht, dass man den Cylinder um einige Centimeter vom Tische erhebt und ihn mit etwas Nachdruck wieder hinstellt. Nur bei gar zu heftigem Stoss treten Luftmengen zu den seitlichen Oeffnungen hervor; ist dies, wie gewöhnlich, nicht der Fall, so hüpfen die Taucher — man lässt, um den Eindruck des Versuches noch zierlicher zu gestalten, am besten mehrere farblose und bunte bis auf den Boden sinken — genügend weit empor, um die labile Gleichgewichtsstelle zu überschreiten. Die Taucher müssen hierzu aber den Boden wirklich berührt haben, sonst können dessen Schwingungen beim Hinsetzen sie nicht treffen.

Ebenfalls recht gefällig sieht das Emportreiben der etwas zu schweren Taucher durch einen Wirbel aus, den man durch Umrühren des Wassers

*) Weinhold, Frick-Lehmann, a. a. O.

im oberen Theil des Cylinders hervorruft. Sobald die rotirende Bewegung auch die unteren Flüssigkeitsschichten erfasst, erheben sich die Taucher, um, wenn ihre Luftfüllung es zulässt, oben schwimmen zu bleiben. Das Emporwirbeln eines Körpers in einer Flüssigkeit, worin er nur noch ein sehr geringes Gewicht hat, ist eine ebenso alltägliche, wie wohl wenig in den Kreis der Betrachtungen gezogene Erscheinung. Es erinnert zwar an die im Innern von Luftwirbeln u. s. w. auftretende Luftverdünnung, die aufsteigende Bewegung in der Mitte des Flüssigkeitscylinders, welche die Taucher mit emporreisst, ist hier aber nicht wie dort eine der Ursachen, sondern Wirkung der Rotation. Der centrale, nach oben gerichtete Strom ist der Gegenstrom einer an den Wänden des Cylinders in Spiralen abwärts gehenden Strömung, welche aus der Centrifugalkraft der Flüssigkeit und dem Umstande resultirt, dass die Flüssigkeit am Boden eine geringere Geschwindigkeit hat. Man kann sich in leicht ersichtlicher Weise von dem Vorhandensein der beiden Strömungen durch Versuche mit kleinen, im Wasser nahezu schwebenden Körpern überzeugen.

Hatte man einen Taucher mit so wenig Luft versehen, dass er nicht mehr in der erwähnten Weise zum Schwimmen an der Oberfläche zu bringen ist, so stülpt man die oben mit dem Finger zugehaltene Taucherglocke über ihn und zieht ihn in bequemster Weise wieder empor. Lässt man hierbei die lange Röhre geschlossen, so wird der Taucher bis über die Wasseroberfläche angehoben. Nähert man die lufterfüllte Taucherglocke einem am Boden liegenden Taucher, bis sein oberer Theil dicht unter der Taucheröffnung liegt, und lässt jetzt durch Oeffnen der langen Röhre plötzlich die Luft oben heraustreten, so schnellt der Taucher in die Glocke hinein. Die lebhafte Bewegung erinnert in besonderem Maasse an die Saugwirkungen des Luftdruckes und eine vergleichende Behandlung dieser Wirkungen im Anschluss an den Versuch ist wohl im Stande, das Verständniss der oft nicht recht klar werdenden Vorstellungen in Betreff des Luftdruckes zu verbessern. Man wähle bei dem letzten Versuch den Cylinder recht hoch, so dass der Wasserdruck den Taucher möglichst energisch in die Glocke emporschleudert.

Wenn man die Taucherglocke einige Zeit in Gebrauch hat, wird man finden, dass die einfache Vorrichtung auch anderweitig verwendet werden kann. Ausser zur Demonstration des durch die Bezeichnung angedeuteten Apparates dient die Vorrichtung in recht wirksamer Weise zum Nachweis des Wasserstosses und zu manchen anderen Zwecken. Ein halbes Dutzend Taucher nebst „Glocke" liefert Eichhorn, Dresden, Mittelstr. für 2 Mark. Die Taucher werden theils aus weissem, theils aus hellfarbigem Glasrohr hergestellt.

Versuche mit Tauchern. Die 1898 vom Verfasser a. a. O. beschriebenen Versuche werden durch Benutzung der neuen Taucherform bequemer ausführbar, soweit sie nicht derart sind, dass sie ein Reagensglas erfordern, an dem eine seitliche Oeffnung nicht vorhanden sein darf. Letzteres gilt insbesondere von den Versuchen zur Messung des Dampfdruckes leicht siedender Flüssigkeiten und des Gasdruckes von höchst concentrirtem Ammoniak. Auch die Versuche über das Auf- und Niedersteigen eines Tauchers durch den wechselnden Dampfdruck von Aether, sowie von Wasser in einer unten erwärmten Flüssigkeitssäule erfordern ein gewöhnliches Reagensglas.

Bei allen Versuchen über das fast völlige Schweben eines Tauchers in einem gänzlich mit Wasser gefüllten und überall abgeschlossenen Cylinder ist die Benutzung des Tauchers der neuen Form bequemer. Man kann dann auch die Verwendung des mit aufgeschliffener, durchbohrter Glasplatte versehenen Cylinders umgehen (a. a. O. S. 215). Dadurch gestaltet sich der Versuch sehr einfach: Eine recht hohe Flasche mit einer Oeffnung, die nur etwas weiter ist, als der Durchmesser des Tauchers beträgt, wird mit Wasser ganz gefüllt und dafür gesorgt, dass nicht an den Wandungen ein Luftbläschen zurück bleibt. Alsdann senkt man den Taucher, am besten schräg — unter seitlichem Neigen der Flasche — in das Wasser und setzt auf die Mündung einen Kork mit gebogenem Glasrohre, an welchem ein Schlauchstück von einigen Centimetern Länge sitzt. Nach dem Einfügen des Korkes darf weder unter diesem, noch in der Rohrverbindung ein Luftrestchen bleiben; es ist ratheam, die Röhren vor dem Aufsetzen des Korkes mit Wasser vollzusaugen, das Ende des Schlauchstückchens zuzudrücken und dies erst während des Eindrehens des Korkes zu öffnen. Hinterher schliesst man es durch ein zugeschmolzenes Stückchen Glasrohr ab. Der Kork muss natürlich sehr dicht sein; da er keinen grossen Durchmesser zu haben braucht, wird man leicht einen genügend reinen finden, so dass man nicht nöthig haben wird, ihn mit einem der bekannten Hilfsmittel abzudichten.

Nach dieser Vorbereitung wird auf das Schlauchstückchen ein Schraubenquetschhahn gesetzt und dessen Schraube etwas angezogen; meistens wird dies den Taucher noch nicht zum Sinken bringen. Man schiebt dann unter Drehungen das im Kork sitzende Knierohr langsam so weit in die Flasche, dass der Taucher seine gleichförmige Bewegung nach unten beginnt. Durch leise Aenderungen des Druckes, welche man am Quetschhahn vornimmt, bringt man den Taucher dahin, dass seine Bewegungen äusserst langsam werden und er auf geringe Aenderungen der Temperatur reagirt. Weiteres in Betreff des Verhaltens des Tauchers unter den Umständen des Versuches bietet die citirte Mittheilung. Es sei noch hervorgehoben, dass der Versuch die charakteristische Eigenschaft der Flüssigkeiten, die überaus leichte Verschiebbarkeit der Theilchen, besonders deutlich hervortreten lässt. Man sorge bei der Vorbereitung für möglichst klares Wasser.

Um den Taucher zum sogenannten wirklichen Schweben zu bringen, kann man ihn in einen Cylinder fallen lassen, welcher zur Hälfte mit Wasser, zur andern Hälfte mit verdünntem Spiritus gefüllt ist. Dieser Taucher reagirt durch mehr oder weniger tiefes Einsinken auf Aenderungen von Temperatur und Barometerstand und kann als Gegenstand von Aufgaben Verwendung finden.

Dasselbe gilt von einem Taucher, den man mittels einer dünnen Glasröhre, die von unten her in den Luftraum des Tauchers hineinragt, zum Schweben bringt. Anleitung zur Bildung von Aufgaben ergeben sich aus dem a. a. O. S. 216—218 Gesagten.

Der für fast völliges Schweben vorhin beschriebene Apparat kann auch nach Anfügen einer längeren Gummiröhre nebst geradem Glasrohr anstatt des kurzen Schlauchstückes zu dem Versuche (a. a. O. No. 1) benutzt werden, die Druckhöhen des Wassers im Rohre *s* zu vergleichen, die hinreichen, um den Taucher einmal oben, einmal unten ins labile Gleichgewicht zu bringen (Fig. 4). Es ergiebt sich $OU = ou$. Die Volumänderung der eingeschlossenen Luft während des Emporsteigens oder Sinkens macht sich durch Verschiebung der Wassersäule in der Röhre *s* bemerkbar.

Eine annähernde Messung dieser Volumänderung ist auch am Taucher selbst deswegen leicht ausführbar, weil er überall gleiche Weite hat. Eine Erhöhung des Druckes um 10 cm Wassersäule verkleinert zwar das Luftvolumen im Taucher nur im Verhältniss der Zahlen 1043 : 1033, d. h. um ca. 1 Procent, also ein 8 cm langes Luftvolumen wird um etwa 0,8 mm verkürzt. Macht man die mit dem Knierohr verbundenen Röhren etwa 1 m lang, so kann man durch senkrechtes Anheben derselben nach oben, bez. Senken nach unten schon den Druck um mehr als das 20-fache variiren (es kommt noch die Steighöhe des Tauchers in der Flasche hinzu). Das lange Glasrohr nehme man bei diesem Versuch etwas eng, damit das Wasser beim Verkleinern des Druckes nicht herausrinnt. Klebt man einen sehr schmalen Streifen Millimeterpapier, den man mit Lack bedeckt, an den Taucher in der Gegend der seitlichen Oeffnung, so kann man einen Schüler die mehr als 20 Procent betragende Gesammtänderung des Luftvolumens ablesen lassen und die gefundene Grösse mit der Länge der Luftsäule im Taucher und dem Unterschied der Druckhöhen zu einer einfachen Rechnung auf Grund des Mariotte'schen Gesetzes verbinden. Bei diesem Versuche kann das Wasserniveau im Taucher nicht unerheblich unter die seitliche Oeffnung sinken; die Luft wird am Heraustreten durch das Oberflächenhäutchen gehindert.

Fig. 4.

Hat man einen Taucher in eine enghalsige Flasche gebracht, in welcher er durch irgend welche Ursachen einen zu grossen Theil seiner Luftmenge eingebüsst hat, so kann man den Taucher auch dadurch wieder zum Aufsteigen bringen, dass man die Flasche — etwa mit einem Heber entleert und dann neu füllt.

Die Expansion der Luft zeigt man sehr anschaulich durch den Luftpumpenversuch, bei dem ein halb mit Luft gefülltes Reagensglas in ein Gefäss mit Wasser verkehrt eingestellt und unter den Recipienten gebracht wird. Es empfiehlt sich, auch hier den Taucher mit seitlicher Oeffnung zu verwenden. Man senkt denselben derart schräg in das in einem Cylinder befindliche Wasser, dass der Taucher auf den Boden sinkt, und stellt den Cylinder entweder unter einen hohen Recipienten oder man versieht ihn mit einem guten Kork, in dessen Durchbohrung ein rechtwinklig gebogenes Glasrohr sitzt, das man durch weitere Stücke Glasrohr und festanbindende Gummiröhren an die Kolben- oder Wasserluftpumpe anschliesst. Gleich nach dem Beginn des Evacuirens erhebt sich der Taucher und eine Luftblase nach der anderen entweicht aus der seitlichen Oeffnung. Wenn man nun nicht gleich möglichst grosse Luftverdünnung hervorruft, sondern von Zeit zu Zeit das Arbeiten der Pumpe unterbricht, so kann man mit dem Taucher annähernd den Grad der bereits erreichten Luftverdünnung feststellen. Man lässt hierzu vorsichtig etwas Luft zurücktreten (bei Benutzung der Kolbenluftpumpe lässt man einfach den Kolben zurückgehen), bis der Taucher gerade zu sinken beginnt. Dieser fällt jetzt viel schneller auf den Boden, als wenn über dem Taucher der gewöhnliche Luftdruck besteht, weil das Luftvolumen im Taucher in Folge des unten grösseren Wasserdruckes jetzt viel stärker verkleinert wird. Aus der Grösse dieser Volumabnahme und der Höhe der Flüssigkeitssäulen kann man in einer einfachen Aufgabe eine ungefähre Feststellung des über der Wasseroberfläche vorhandenen Druckes gewinnen. Beim weiteren Evacuiren macht sich der Einfluss des Dampfdruckes immer mehr bemerkbar. Benutzt man die Kolbenluftpumpe, so kann man mit diesem Versuch den Nachweis des Siedens von Wasser in der Kälte unter geringem Druck gleichzeitig erledigen.

Lässt man einen Taucher längere Zeit hindurch in nicht desinficirtem Wasser, so beobachtet man eine langsame Abnahme der Luftmenge, die in erster Linie von dem Verbrauch des im Wasser gelösten Sauerstoffes durch Mikroorganismen herrührt. Auch abgesehen hiervon treten ausser durch Wechsel von Temperatur und Barometerstand Aenderungen des im Taucher befindlichen Luftvolumens ein. Will man zu Versuchen, die am Schluss angedeutet sind, das Luftvolumen recht lange ungeändert durch Lösungsvorgänge bewahren, so wählt man zur Aufnahme des Tauchers eine andere, leicht bewegliche Flüssigkeit, Petroleum oder dergleichen. Versuche hierüber hat der Verfasser erst begonnen. Man hat in dem Aufsuchen des Punktes, in welchem der Taucher sich im labilen Gleichgewicht befindet, ein ziemlich genaues Mittel, ganz kleine Aenderungen des Volumens unter Berücksichtigung von Temperatur und Barometerstand zu messen.

An einer etwa $1/2$ m langen Glasröhre *sk* (Fig. 5), die innen eine Millimetertheilung auf Papier enthält und an beiden Enden zugeschmolzen ist, befinden sich unten zwei verschiebbare, aber durch Reibung ziemlich festsitzende Spiralen aus Draht oder kurze Blechcylinder *b*. Dieselben haben zwei kurze, von der Röhre senkrecht fortragende Ansätze, welche den Taucher zwischen sich festhalten, jedoch derart, dass derselbe sich um 1 bis 2 mm aufwärts, bez. abwärts bewegen kann. Der untere Träger des Tauchers ist ein einfacher, wie die Figur zeigt, gebogener Draht *d*; der obere ist ein am Ende zu einem Ringe *r* gebogener Draht. Der Ringdurchmesser ist kleiner als derjenige des Tauchers. Man befestigt das Skalenrohr des kleinen Apparates, nachdem man diesen mit eingesetztem Taucher, in schiefer Stellung in die in einem Cylinder befindliche Flüssigkeit eingesenkt hat, so in einer Stativklemme, dass es leicht in senkrechter Richtung verschoben werden kann, und sucht nun diejenige Höhenlage für den Taucher auf, in welcher er nach einer leichten Erschütterung durch Klopfen an das Stativ mit dem Finger sich etwa ebenso geneigt zeigt, sich an den oberen, als den unteren Theil der seine Bewegung begrenzenden Stützen anzulegen. Man kann auch die Skalenröhre, nachdem der Ort des labilen Gleichgewichts annähernd ge-

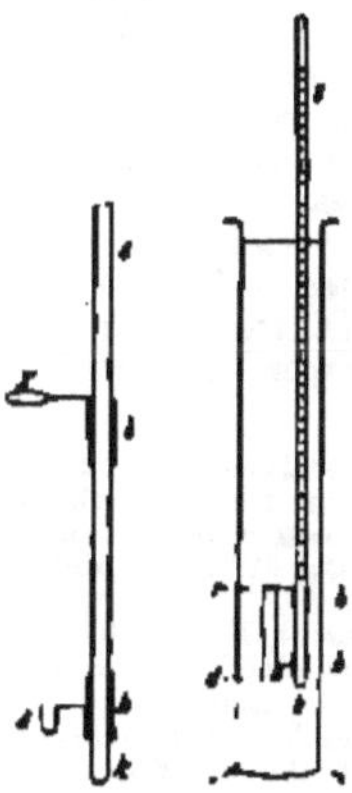

Fig. 5.

funden ist, in der Klemme fester spannen und mit einem als Pipette benutzten Röhrchen das Flüssigkeitsniveau im Cylinder ändern. Schliesslich liest man das Skalenrohr wie ein Aräometer ab und notirt Temperatur der Flüssigkeit und Barometerstand.

Diese Beobachtung wird nach einigen Tagen, während welcher der Apparat ruhig stehen bleibt, wiederholt und die Ursache der inzwischen eingetretenen Aenderungen besprochen. Auch bei Schülerversuchen dürfte eine Genauigkeit der Beobachtung bis auf 2 mm leicht erreichbar sein, ein Werth, der einer Aenderung des Barometerstandes um etwa $^1/_5$ mm entspricht. Die Methode gestattet möglicherweise auch Anwendungen auf der Schule fernerstehenden Gebieten*).

Für solche Gase, die wie Kohlensäure und Acetylen in Wasser leichter löslich sind als Luft, kann diese Eigenschaft mit dem Taucher viel einfacher constatirt werden. Man füllt diesen entweder wie in der pneumatischen Wanne oder durch bloses Einleiten mit dem Gase, wobei man den Taucher mit Daumen und Mittelfinger, die seitliche Oeffnung abschliessend, festhält; nach dem Füllen legt man den Zeigefinger auf die Endöffnung des Tauchers und lässt diesen nunmehr in das in einem Cylinder befindliche Wasser gleiten. Der mit Kohlensäure gefüllte Taucher sinkt in reinem Wasser in 10 bis 15 Minuten, in sehr verdünntem Ammoniak in etwa 2 Minuten zu Boden. Ein mit Acetylen gefüllter Taucher braucht in reinem Wasser erheblich mehr Zeit. Die hierbei mitwirkenden Umstände sollen noch näher untersucht werden.

Wie schon Eingangs erwähnt, wurde zuerst von **Schwalbe** der Cartesianische Taucher als Druckindicator bei Schulversuchen benutzt**). Durch sein Sinken, bez. sein Steigen macht der Taucher das vielleicht nur äusserst kleine Ueberschreiten zweier Druckgrenzen in einer die Aufmerksamkeit stark erregenden Weise bemerkbar***). Man kann nun auch den Taucher dazu verwenden, die innerhalb zweier Grenzwerthe vorhandenen Drucke in einer zwar nicht für genaue Messungen geeigneten, aber dafür besonders deutlich sichtbaren Weise anzuzeigen. Bringt man nämlich mit den oben angedeuteten Mitteln einen Taucher zum sogenannten Schweben†), so wird durch Druckänderungen im Cylinder, den man auf der Aussenseite mit einer lapidarisch gemalten Skale versehen kann, ein breit herstellbarer Index verschoben. Auf diese Weise sind die a. a. O. beschriebenen Apparate, ein Thermoskop, sowie ein Differential-Thermoskop construirt††). In justirtem Zustande nicht transportirbar, weil die

---

*) Die angegebene Genauigkeit entspricht einer solchen der Beobachtung kleiner Volumänderungen um etwa [illegible]. Mit Hilfe von auf gleichem Princip beruhenden Apparaten können auch grosse Volumänderungen genau gemessen werden — soweit dies bei Benutzung von Wasser als Sperrflüssigkeit möglich ist. Weiteres hierüber möchte ich einer späteren Arbeit vorbehalten.

) Vergl. auch den Versuch von **Geschöser, Poske's Zeitschr. XII, S. 350.

***) Beide Grenzwerthe des Druckes liegen soweit auf einer Wasserdruckskale von einander, wie die Höhe der vom Taucher durchfallenen Flüssigkeitssäule beträgt.

†) Nimmt man es genau, so könnte man auch bei jenen Versuchsanordnungen (s. a. O. S. 211 unten und S. 215—216) nur von einer besonderen Art des Schwimmens reden und wohl behaupten, dass nur die Flüssigkeitsmolekeln und die in die gleichen Zustände übergeführten Molekeln und Jonen gelöster Körper zu „schweben" vermögen.

††) Das Farbenthermoskop hat als ein Indicator für die Ueberschreitung zweier Temperaturen seinen Anwendungsbereich für sich.

Luft des Tauchers beim Kippen heraustritt, haben dieselben vorläufig noch den Nachtheil, dass die Luftmengen auch bei ruhigem Stehen der Apparate sich langsam verkleinern. Dieser Umstand wird wohl durch Aenderungen der Construction, insbesondere durch Fortschaffen der ohnehin durch Schlechtwerden die Brauchbarkeit der Apparate beeinträchtigenden Gummischläuche und Ausprobiren der besser als Wasser geeigneten Flüssigkeit zu beseitigen sein.

II. Ueber Feuersteingeräthe aus sächsischen Fundorten.

Von H. Döring.

Ein Vergleich zwischen nordischen und sächsischen Feuersteingeräthen muss ohne Zweifel zu Ungunsten der heimathlichen Funde ausfallen. Im Norden, wo der Feuerstein der Kreide eingebettet ist, lag das Rohmaterial zur Fabrikation von Waffen und Werkzeugen massenhaft und in bester Qualität zur Auswahl bereit. Bei uns findet sich Feuerstein dagegen nur an secundärer Lagerstätte; er ist in den Grundmoränen der diluvialen Gletscher, also im Geschiebelehm eingelagert oder wurde bei der Aufarbeitung der Formation durch diluviale Wässer über die Ebene verstreut. Die unseren neolithischen Vorbewohnern zur Verfügung stehenden Feuersteinknollen waren also nach Zahl, Umfang und Güte wesentlich geringer. Aber gleichwohl wurde das durch Gletschereis importirte Rohmaterial wegen seiner Härte und Spaltbarkeit von den heimathlichen Urbewohnern gern zu Geräthen verarbeitet.

Bisher sind von folgenden Fundstellen Sachsens Feuersteingeräthe bekannt geworden:

1. Im Domholz von Grossdölzig westlich von Leipzig: 2 geschliffene und polirte Flachbeilchen.
2. In einer Herdstelle von Grossmiltitz westlich von Leipzig: Messerchen und Schaber.
3. An der Pulvermühle nördlich von Zwenkau: gemuschelte Lanzenspitze.
4. In Herdstellen bei Zauschwitz nördlich von Pegau: Messerchen.
5. Auf Flur Hohnstädt nördlich von Grimma: geschliffenes Flachbeil (18,8 cm lang, grösstes Exemplar aus Sachsen).
6. Auf dem Gaumnitzhügel bei Casabra bei Oschatz: 1 geschliffenes Flachbeilchen, 1 gemuschelte Pfeilspitze, Bohrer, Schaber, Messer, Nuclei, Splitter, Kugler.
7. Auf dem Festenberg bei Baderitz südwestlich von Mügeln: gemuschelte Pfeilspitze.
8. Bei Kiebitz südlich von Mügeln: Messerchen.
9. In einer Herdstelle bei Hof bei Stauchitz: Messerchen.
10. Auf Feldern von Nünchritz und Leckwitz an der Elbe bei Riesa: mehrere geschliffene Flachbeilchen, 4 gemuschelte Pfeilspitzen, Hunderte von Messern und Schabern, sowie zahlreiche Splitter.
11. Bei Radewitz bei Riesa: Nucleus und Messerchen.

12. Bei Cossebaude bei Dresden: 3 geschliffene Flachbeile, 1 Meisel.
13. Bei Cotta bei Dresden, in Herdstellen: zahlreiche Messerchen, Schaber, Pfeilspitzen, Abfallsplitter, Schlagsteine oder Kugler.
14. In Löbtau bei Dresden, in Herdstellen: zahlreiche Messerchen und Schaber, 1 Bohrer und Splitter in grosser Anzahl.
15. In der Haide nördlich Weisser Hirsch bei Dresden: Messer und Abfallsplitter.
16. Auf Feldern von Sporbitz südöstlich von Dresden: geschliffenes Flachbeil.
17. Bei Lockwitz südöstlich von Dresden, in Trichtergruben: Messer, Schaber, Nuclei, Klopfsteine, Schleudersteine, Bohrer, Pfeil- und Lanzenspitzen, sowie Abfallsplitter in grosser Zahl.
18. Bei Kamenz: 1 Flachbeilchen.
19. Am Abgott bei Oehna nördlich von Bautzen: zahlreiche Schaber und Splitter, 1 Nucleus.

Vorstehende Zusammenstellung will auf Vollständigkeit nicht Anspruch machen, es geht jedoch mit Sicherheit daraus hervor, dass in unserem Heimathlande das Kleingeräth überwiegt. Geschliffene und fein gemuschelte Artefacte sind selten. Es besteht darum Neigung, dieselben als prähistorische Importwaare aus nordischen Ländern anzusehen.

Von dem rohbehauenen Geräth wird man gewiss als sicher annehmen dürfen, dass dasselbe im Lande hergestellt wurde, da man nicht nur geeignetes Rohmaterial, sondern auch zahlreiche Klopfsteine, Nuclei und Abfallsplitter auf neolithischen Plätzen vorfindet. Solcher Feuersteinwerkstätten haben wir demnach im eigenen Vaterlande eine ganze Reihe. Die ausgeprägteste derselben ist jedenfalls Lockwitz bei Dresden, aber auch Lockwitz und Nünchritz bei Riesa, Casabra bei Oschatz und Oehna scheinen ergiebig zu sein.

Einzelne der kleinen Geräthe, wie Schaber und Bohrer, sind am Rande gemuschelt oder gedengelt, um an der abgenutzten Schneide neue Schärfe zu erzeugen. Wenn wir nun dem neolithischen Erzeuger des Geräthes die Geschicklichkeit zutrauen, sein Handgeräth zu schärfen und Grünsteinbeile zu schleifen und zu glätten, so mag er wohl auch fähig gewesen sein, kleine Pfeilspitzen zu muscheln und Flachbeilchen zu schlagen und zu schleifen. Es ist doch auffällig, dass wir in unserem Lande nur kleine Formen von Feuersteingeräth finden, während der Norden durchgehends Funde von bedeutenderen Dimensionen aufweist. Dieser auffällige Unterschied findet leicht und einfach seine Erklärung, wenn man annimmt, dass unsere neolithischen Vorbewohner wegen der quantitativ und qualitativ geringeren Auswahl an Rohmaterial eben nur kleinere Formen erzeugten, während der neolithische Rugianer bei seinem Reichthum an Rohstoff die Dimensionen anders bemessen konnte. Sicher würde doch auch bei einem Importiren der geschliffenen Feuersteinbeile vom Norden herein die grössere Handelswaare, wie sie eben der Norden führt, eine höhere Bewerthung erfahren haben als kleineres Geräth. Es dürfte darum die Annahme, dass gemuschelte Pfeilspitzen und geschliffene Flachbeilchen aus Feuerstein heimische Producte seien, nicht als unberechtigt erscheinen. Da allerdings der Feuerstein bei uns in Sachsen nicht überall gleich häufig vorhanden ist, so ist immerhin möglich, dass vollkommen ausgestaltete Feuersteingeräthe ein Object des Binnenhandels gewesen sind.

Eine gewisse Uebereinstimmung zwischen nordischen und sächsischen Fabrikaten besteht nicht blos hinsichtlich der Hauptformen des Geräthes, sondern auch in Bezug auf die Technik der Herstellung (Klopfsteine, Nuclei, Spähne und Splitter). Es erklärt sich diese Harmonie zum Theil durch die Gleichartigkeit des Stoffes; vielleicht haben auch die eingewanderten Neolithen unseres Landes die Fertigkeit der Feuersteinbearbeitung mitgebracht.

Drei der erwähnten sächsischen Werkstätten (Leckwitz, Nünchritz und Casahra) haben übrigens in ihrer örtlichen Lage noch ein Moment gemeinsam, worin sie ebenfalls den Rügen'schen Plätzen gleichen: sie liegen sämmtlich auf einer flachen Bodenwelle; der Untergrund wird von Kies oder Sand gebildet, doch das Wasser ist nicht allzuweit entfernt.

III. Zwei neue Funde neolithischer schnurverzierter Gefässe aus Sachsen.

Von Prof. Dr. J. Deichmüller.

Klotzsche bei Dresden.

Das Gebiet der Haltestelle Klotzsche der Dresden-Görlitzer Eisenbahn wird nach NO. hin von einem tiefen Graben begrenzt, dessen Böschung im Herbst 1899 heftige Regengüsse zerrissen und zerfurcht hatten. In einem der Wasserrisse waren Gefässscherben blossgelegt worden, welche die mit der Ausbesserung der entstandenen Schäden beschäftigten Arbeiter zu weiterem Nachgraben veranlassten, wodurch ein ziemlich vollständiges Gefäss, das Untertheil eines zweiten und neben letzterem eine wohlerhaltene Steinaxt zu Tage gefördert wurden. Die Fundstücke gelangten in den Besitz der K. Prähistorischen Sammlung in Dresden, leider in stark verletztem Zustande; eine nochmalige Nachgrabung an der Fundstelle verlief fast ergebnisslos, da seit der Auffindung mehrere Wochen vergangen waren und die örtlichen Verhältnisse eine ausgedehntere Untersuchung nicht zuliessen.

Die Fundstelle liegt ganz in der Nähe des in den Abhandlungen der naturwissenschaftlichen Gesellschaft Isis 1890, S. 85 beschriebenen Urnenfeldes vom älteren Lausitzer Typus. Der Fund besteht insgesammt aus drei Gefässen und einer Steinaxt, welche nach Angabe der Arbeiter dicht bei einander in geringer Tiefe unter der Erdoberfläche ohne Steinpackung in dem lockeren Haidesandboden standen; Skelettreste sind nicht beobachtet worden.

Das am besten erhaltene Gefäss (Fig. 1), ein deutlich in Hals und Bauch gegliederter Becher mit breiter Bodenfläche, soll nach Aussage der Finder gehenkelt gewesen sein, doch ist ein Henkel nicht mehr vorhanden, auch die Ansatzstelle eines solchen weder am Gefässbauch noch an dem erhaltenen Theile des Halses zu bemerken. Letzterer steigt senkrecht auf und ist oben wie unten mit einer vierfachen horizontalen Schnurlinie, dazwischen mit unregelmässig schräg schraffirten Dreiecken aus Schnureindrücken verziert. Acht an einander gereihte ähnliche Dreiecke umsäumen den Hals oben auf dem Gefässbauch*). Alle Schnurein-

*) Die Schnurverzierungen sind an allen hier beschriebenen Gefässen mit nach rechts gedrehten Schnüren hergestellt.

drücke sind paarweise angeordnet und scharf ausgeprägt. Die Aussenfläche des sauber ausgeführten, ziemlich hart gebrannten Gefässes ist gelb- bis schmutzigbraun, die Innenfläche dunkelgrau, der Querbruch der 4 mm starken Wandung schwarz gefärbt. Weisse Quarzkörnchen und dunkle Glimmerblättchen durchsetzen in reichlicher Menge den zur Herstellung des Gefässes verwendeten Thon.

Von einem zweiten Gefäss (Fig. 2), einem gehenkelten Krug ist nur ein grösseres Bruchstück mit dem Henkel und der Boden erhalten geblieben. Hals und Bauch gehen in seicht S-förmig geschwungener Linie ohne scharfe Trennung in einander über. 13 unregelmässige, horizontale Schnurlinien bedecken, z. Th. durch den Henkel unterbrochen, die ganze Halsfläche mit Ausnahme eines ca. 9 mm breiten Streifens unter dem Rande, an einander gereihte, schräg schraffirte, mit der Spitze nach unten gestellte Dreiecke aus Schnurlinien den oberen Theil des Gefässbauches. Auch der Henkel trägt Schnurverzierung in dreifacher, im Zickzack gebrochener Linie. Die Verzierungen sind scharf eingedrückt. Die äussere Oberfläche hat schmutzigbraune, die innere schwarzgraue, der Querbruch der ca. 8,3 mm starken Wandung schwarze Färbung. Der reichliche Zusatz von z. Th. gröberen Quarzkörnern zu dem verwendeten Thon macht das Gefäss rissig und bröcklig.

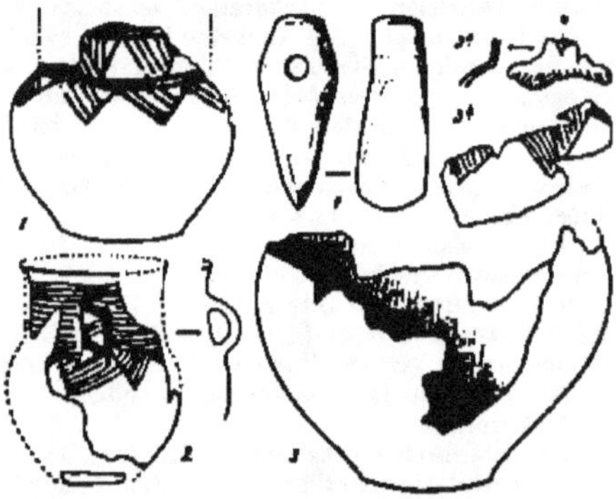

¼ der natürlichen Grösse.

Von dem dritten Gefäss sind leider nur so wenige Bruchstücke vorhanden, dass sich dessen Form nicht genau feststellen lässt. Der untere Theil (Fig. 3) ist weitbauchig, der Hals (Fig. 3a) anscheinend senkrecht. Das Gefäss unterscheidet sich von den beiden anderen desselben Fundes durch das Fehlen von Schnurverzierungen, an deren Stelle Schnittverzierungen angebracht sind. Auch hier wird die Basis des Halses von an einander gereihten, schräg schraffirten, mit der Spitze nach unten gerichteten Dreiecken in roher Ausführung umsäumt (Fig. 3b). Wie das Bruchstück des Halses erkennen lässt, war auch dieser mit solchen Dreiecken verziert (Fig. 3a*). Die Striche sind scharf und tief eingeschnitten. Bemerkenswerth ist die im Verhältniss zur Grösse des Gefässes geringe Wandstärke von ca. 4 mm. Querbruch wie Innen- und Aussenfläche sind erbsgelb bis fleckig gelbbraun gefärbt, dunkle Glimmerblättchen in reichlicher Menge und sparsamer weisse Quarzkörner in der ganzen Masse vertheilt.

Die bei letzterem Gefäss gefundene Steinaxt (Fig. 4) ist am Stielloch beiderseits verstärkt, der Grundriss fast fünfseitig, der Querschnitt am Bahnende gerundet. Bahn und Oberseite sind in der Längs- und Querrichtung flach gewölbt, die stärker gewölbte Unterseite zeigt Spuren von Facettenschliff. In der Seitenansicht verbreitert sich das Geräth nach der scharf gekrümmten Schneide zu axtartig. Die Achse des nahezu cylindrischen, oben 16, unten 14,5 mm weiten Stiellochs verläuft fast genau in der Richtung der Schneide, der Rand der Bohrung ist oben scharfkantig, unten verbrochen. Die Steinaxt ist aus feinkörnigem Diabas hergestellt, allseitig sorgfältig abgeschliffen und nur wenig verwittert.

Dieses Vorkommen neolithischer schnurverzierter Gefässe bei Klotzsche ist nicht das erste in dortiger Gegend, bereits 1848 wurde beim Grundgraben für die Villa des Hofstuckateurs C. B. Hauer in Klotzsche-Königswald unter den Wurzeln eines Baumes vereinzelt eine schnurverzierte Amphore gefunden, welche sich jetzt in der Sammlung des Fabrikbesitzers Emil Kühnscherf in Dresden befindet. Die Fundstelle liegt ca. 550 m in südwestlicher Richtung von der ersteren entfernt.

Das wohl erhaltene Gefäss (Fig. 6) hat eine Höhe von 12,4 cm. Der niedrige, weite, nach innen geschweifte Hals sitzt auf einem fast kugeligen Bauch, der über der Bodenfläche eingeschnürt ist; wenig über dem grössten Durchmesser in halber Höhe des Gefässes sind zwei rohe, ca. 17,5 mm breite, horizontal durchbohrte Henkel angebracht. Um den Hals läuft spiralig gewickelt eine neunfache horizontale Schnurlinie, welche nach unten umsäumt wird von neun an einander gereihten, nach unten gerichteten Dreiecken aus drei- bis fünffach in einander gestellten Winkeln von Schnurlinien, welche durch je fünf kurze senkrechte Schnurlinien über den Henkeln in zwei Gruppen zu vier und fünf Dreiecken getrennt werden. Das Gefäss, dessen Wandungsstärke am Rande des Halses 4 bis 5 mm beträgt, ist ziemlich roh gearbeitet, die Oberfläche uneben und durch den reichlichen Zusatz von Quarzkörnern zu der Thonmasse rauh und körnig. Die Verzierungen sind flüchtig und wenig scharf ausgeführt, namentlich in dem Saum von Dreiecken, deren Schnurlinien bald regelmässig parallel in breiten Abständen angeordnet sind, bald dicht beisammen liegen, z. Th. in einander fliessen. Das Gefäss ist ziemlich hart gebrannt und innen wie aussen gelblichroth, mit erbsgelben Flecken gefärbt.

$^1/_3$ der natürlichen Grösse.

Die Funde von Klotzsche sind bis jetzt die südlichsten im Gebiet der neolithischen schnurverzierten Keramik innerhalb des Königreichs Sachsen, welche sich von hier aus über eine schmale Zone längs des Elblaufs bis in die Gegend von Riesa verbreitet, einerseits nach Westen hin durch ähnliche Funde bei Lommatzsch, Oschatz, Wurzen, Leipzig, Zwenkau und Pegau mit dem grossen thüringischen Steinzeitgebiet zusammenhängt, andererseits mit ihren östlichen Ausläufern bis in die Gegend von Bautzen reicht. Im unteren sächsischen Elbthal ist als neuer Fund der eines schnurverzierten eimerartigen Bechers bei

Nünchritz

hinzugekommen. Das Gefäss wurde im Februar 1900 beim Abräumen der Erddecke im Hangenden eines der zwischen Nünchritz und Sageritz in dem dort anstehenden Biotitgneiss betriebenen Steinbrüche gefunden und der Dresdner Prähistorischen Sammlung von Lehrer E. Peschel in Nünchritz zum Geschenk gemacht.

Der Becher (Fig. 6) ist fast cylindrisch mit nur leicht geschweifter Wandung und war dicht über der mittleren Höhe mit einem kleinen, 12 mm breiten, horizontal durchbohrten Henkel versehen, der aber vom Finder abgestossen worden und verloren gegangen ist. Das sauber ausgeführte Gefäss hat eine Höhe von 8,5 cm und eine Wandungsstärke von 4 mm. Ein 6 mm breiter Streifen längs des Oberrandes und wenig mehr als das untere Drittel der Aussenfläche sind unverziert, das obere Drittel wird von zehn horizontalen Schnurlinien bedeckt, welche z. Th. durch den Henkel unterbrochen und nicht schraubenförmig, sondern in einzelnen Ringen, deren Anfang und Ende an mehreren Stellen deutlich sichtbar werden, um das Gefäss gelegt sind. Den Abschluss nach unten bildet ein Saum von neun Dreiecken, deren Spitzen nach unten stehen und die aus je vier regelmässig in einander gelegten Winkeln von Schnurlinien zusammengesetzt sind. Die Henkelansätze lassen erkennen, dass auch auf dem Henkel fünf senkrechte Schnurlinien angebracht waren. Die Schnurverzierungen sind regelmässig gelegt und scharf abgedrückt. Das Gefäss ist aus reichlich mit Quarzkörnchen, spärlich mit feinen Glimmerblättchen gemengtem Thon hergestellt und fest gebrannt. Durch die röthlichgelbe, sehr dünne Oberflächenschicht scheint die schwarze Färbung des Inneren vielfach hindurch.

6

1/3 der natürl. Grösse.

Die Funde von Klotzsche und Nünchritz haben die aus dem Königreich Sachsen bekannte neolithische schnurverzierte Keramik durch neue Formen oder Ornamente nicht wesentlich bereichert. Becher wie Fig. 1 mit deutlicher Gliederung in Hals und Bauch, z. Th. gehenkelt, waren bereits früher bei Cröbern südlich Leipzig, bei Stauda bei Priestewitz, bei Nadelwitz, Lubachau und Quatitz in der Umgegend von Bautzen gefunden worden, Amphoren wie Fig. 5 bei Auritz östlich Bautzen und in mehreren Exemplaren bei Cröbern. Fundorte für cylindrische Becher wie Fig. 6, ein- oder zweihenkelig, sind Cröbern, Burgstädt (?), Bornitz bei Oschatz und Niedercaina bei Bautzen. Nur die in Fig. 2 abgebildete Krugform, ungegliedert mit S-förmig geschweiftem Profil, scheint bisher aus Sachsen noch nicht bekannt zu sein; einige Aehnlichkeit mit dieser Form zeigt der durch H. Jentsch*) beschriebene Krug von Strega in der Niederlausitz. Unter den Verzierungsmustern, welche in mannigfaltiger Abwechselung zu den häufigsten der neolithischen schnurverzierten Keramik gehören, ist die an dem Becher Fig. 1 streng durchgeführte paarige Anordnung der Schnurlinien bemerkenswerth.

Die hier besprochenen Gefässformen haben von Neuem gezeigt, dass sich die neolithische Schnurkeramik im Königreich Sachsen in Form wie Ornamentirung an die Thüringens, speciell des Saalegebietes**) eng anschliesst, deren Einfluss sich bis in die sächsische Lausitz geltend macht.

---

*) Niederlausitzer Mittheilungen Bd. VI, Hft. 2, 1900, S. 53, Fig. 1.

**) A. Götze: Die Gefässformen und Ornamente der neolithischen schnurverzierten Keramik im Flussgebiete der Saale. Jena 1891.

IV. Spätslavisches Skelettgräberfeld bei Niedersedlitz.

Von Prof. Dr. J. Deichmüller.

Im April 1900 theilte mir Herr Cand. jur. Alexander Teetzmann mit, dass an der Windmühlenstrasse in Niedersedlitz beim Abgraben von Kiesmassen ein slavisches Skelettgräberfeld aufgedeckt worden sei. Leider kam diese Nachricht zu spät, um der Vernichtung der Funde vorbeugen zu können, denn als ich anderen Tages die Fundstelle besichtigte, waren die letzten Gräber bereits beseitigt und zerstört. Neue Funde haben sich seitdem nicht wieder gezeigt, obgleich die jetzt beendeten Ausschachtungsarbeiten um mehrere Meter weiter vorgeschritten und auch nach Süden ausgedehnt worden sind.

Die Fundstätte liegt am östlichen Rande der den Ausgang des Thales zwischen Lockwitz und Niedersedlitz auf dem linken Ufer des Lockwitzbaches begleitenden, flach nach N. geneigten diluvialen Schotterterrasse, die nach dem Bache zu durch eine mehrere Meter hohe Steilböschung abgeschnitten wird. Die von Niedersedlitz nach der Lockwitz-Dresdner Landstrasse an der ehemaligen holländischen Windmühle vorüberführende Windmühlenstrasse durchschneidet diese Böschung etwa 350 m östlich der Mühle. Südlich dieses Punktes sind im März und April d. J. die Schottermassen längs des Terrassenrandes in ca. 1,8 bis 2,0 m Mächtigkeit von O. nach W. abgegraben worden, um zur Anschüttung neuer Strassenkörper in Niedersedlitz Verwendung zu finden. Hierbei stiessen die Arbeiter auf Reihen von Skeletten, die aber bis auf wenige unbedeutende Reste zerstört wurden. Herr Teetzmann hatte noch Gelegenheit, den Rest eines Kindesgrabes zu untersuchen und hierbei eine Silbermünze zu finden.

Ueber die Anordnung und den Inhalt der Gräber konnte mir der die Erdarbeiten leitende Schachtmeister einige Mittheilungen geben. Hiernach wurden etwa 20 bis 22 Gräber gefunden, die in drei in nordsüdlicher Richtung verlaufenden Reihen angeordnet waren. Die Gräber begannen ca. 60 m südlich der Windmühlenstrasse; die erste Reihe lag ungefähr 8 m vom Rande der Terrasse entfernt und bestand aus vier oder fünf Gräbern, darunter ein Kindergrab. Durch einen ca. 1 m breiten Streifen davon getrennt folgte eine zweite Reihe aus sieben oder acht und weiter im gleichen Abstande eine dritte aus neun Gräbern, unter diesen mehrere Kindergräber. Die Grabstellen je einer Reihe waren ca. 0,9 bis 1,0 m von einander entfernt, wenn auch nicht immer in gleichen Zwischenräumen; die Skelette sollen nicht senkrecht, sondern schief zur Längsachse der Reihen in der Richtung WNW.—OSO. gelegen haben.

Aufgefallen ist dem Schachtmeister die wechselnde Lage der Skelette in den drei Reihen: in der ersten waren dieselben mit dem Kopf nach W., mit den Füssen nach O. orientirt, in der zweiten umgekehrt, während in der dritten Reihe die Anordnung der ersten sich wiederholte. Die Gräber zweier benachbarter Reihen alternirten mit einander.

Die Skelette lagen gestreckt auf dem Rücken in 90 bis 95 cm Tiefe unter der Oberfläche ohne Unterlage auf dem Kiesgrund. In der Bestattungsform hat sich zwischen Erwachsenen und Kindern ein Unterschied bemerkbar gemacht: während die Leichen Erwachsener ohne jede Umhüllung in der Erde ruhten, waren die Kinderleichen kistenartig mit Plänersandsteinplatten umbaut, die derart auf die Schmalseite gestellt waren, dass die Ränder der einzelnen Platten die der beiden benachbarten überdeckten, auch sollen solche Platten zuweilen den Kopf der Kinderleichen bedeckt haben (Fig. 1). In einigen Gräbern erwachsener Individuen ist weiter beobachtet worden, dass auf der Leiche einzelne grössere, flache Gerölle und darauf Holzkohlen lagen. Die Gräber selbst hoben sich durch dunklere Färbung von dem lichteren Kiesgrund der Umgebung ab.

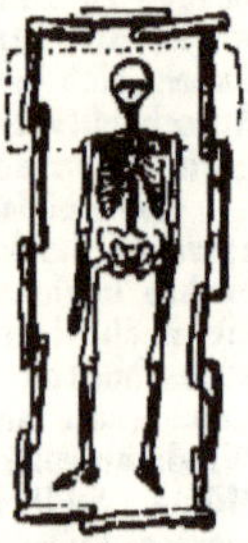

Fig. 1.

Von dem Inhalt der Gräber ist leider nur sehr wenig gerettet worden, obgleich die Skelette der Erwachsenen gut erhalten, die der Kinder aber meist zerdrückt gewesen sein sollen. Von Skelettresten sind erhalten der unvollständige Schädel eines älteren Individuums und zwei Bruchstücke von Unterkiefern kindlicher Leichen, von Beigaben das Bruchstück eines Thongefässes und eine Silbermünze. Sämmtliche Funde sind der K. Prähistorischen Sammlung in Dresden übergeben worden.

Die nachstehenden Mittheilungen über die Skelettreste verdanke ich Herrn Dr. **Jablonowski**, Assistenten am K. Zoologischen und Anthropologisch-Ethnographischen Museum in Dresden, welcher auf meine Bitte die Untersuchung derselben bereitwilligst vorgenommen hat.

„1. Fragment eines ziemlich geräumigen **Schädels**, aus verschiedenen Stücken zusammengeleimt. Das Schädeldach ist ziemlich vollständig erhalten, doch fehlen u. a. die vorderen Partieen der Squama frontalis; sonst sind nur noch geringe Reste der Seitenwände und der Basis vorhanden, darunter die Squama occipitalis fast vollständig und von den Schläfenbeinen die Pyramiden und die Umgebung des Porus acusticus externus.

Farbe im Ganzen schmutzig braun-gelb, stellenweise heller oder dunkler. Oberfläche vielfach angegriffen, Knochensubstanz sehr zerreiblich.

Sutura coronalis, sagittalis und lambdoidea verstrichen oder stark im Verstreichen, an der inneren Oberfläche im Allgemeinen in höherem Grade als an der äusseren, übrigens regelmässig gebildet.

Norma verticalis eiförmig. Norma occipitalis fünfeckig, die drei oberen Winkel abgerundet, der Spitzenwinkel ziemlich flach. In der Norma temporalis erscheint der Umriss des Schädeldaches aus drei ziemlich geradlinigen Abschnitten zusammengesetzt: der erste reicht bis etwa zur Grenze zwischen zweitem und drittem Fünftel der Sutura sagittalis, der zweite bis zur Mitte des Planum occipitale der Squama occipitalis, der dritte bis zum hinteren Rande des Foramen magnum. Der höchste Punkt der Scheitelcurve fällt anscheinend in das zweite Fünftel der Sutura sagittalis.

Squama frontalis wenig gewölbt, Tuber frontale kaum hervortretend. Foramina parietalia vorhanden, linkes grösser; Tuber parietale wenig ausgeprägt. Protuberantia occipitalis externa sehr schwach markirt. Es lassen sich beiderseits ca. 3 bis 4 cm weit deutliche Reste der Sutura occipitalis transversa wahrnehmen. Im lateralen Theile der Sutura lambdoidea beiderseits Nahtknochen, darunter rechts zwei grössere. Planum nuchale squamae occipitalis schwach skulpirt, nur Leiste für den Musculus obliquus capitis superior sehr kräftig. Incisura mastoidea ziemlich tief. Fossa mandibularis tief, mit kräftigem Tuberculum articulare posticum, besonders rechts. Linea temporalis frontal schwach ausgeprägt, weiterhin undeutlich, ihre supramastoidale Partie wulstig. Porus acusticus externus oval, vorgeneigt; Spina und Fossula supra meatum ausgeprägt. Processus mastoideus mässig gross. — An der Innenfläche am Os parietale deutliche Sulci meningei, am Os occipitale die Eminentia cruciata stark ausgeprägt.

Folgende Maasse lassen sich annähernd bestimmen: grösste Breite ca. 144 mm, Intertuberal-Länge ca. 183 mm (?) (vorderer Messpunkt am Schädel nicht erhalten), Ohrhöhe ca. 113 mm. Danach würde sich ein Längen-Breiten-Index = 78,7 (?), ein Längen-Ohrhöhen-Index = 61,7 (?) ergeben, der Schädel also als meso-orthocephal zu bezeichnen sein.

2. Ein Stück Alveolarfortsatz, entsprechend den linken Incisivi und kleinen angrenzenden Partieen, vom Unterkiefer eines etwa achtjährigen Kindes. Es zeigt mehrfach, besonders am Limbus alveolaris incis. sin., grüne Färbung*).

Die Alveolen der beiden linken Incisivi des Milchgebisses sind vollständig vorhanden, aber leer. Incis. I sin. des Dauergebisses nahe am Durchbrechen, 2 war ungefähr ebenso weit entwickelt, ist aber verloren.

3. Ein Stück des linken Alveolarfortsatzes, entsprechend dem Caninus bis Molaris 2, vom Unterkiefer eines etwa zwölfjährigen Kindes. Unten ist an dem Bruchstück das Foramen mentale gerade noch erhalten. — Von Zähnen sind vorhanden: vom Milchgebiss der 1. und 2. Molar, vom bleibenden Gebiss I. Molar, Caninus (mit der Krone bis zur halben Höhe vorgerückt), Praemolaris I (im Begriff hervorzubrechen und den 1. Milchmolaren zu ersetzen) und, noch im Kiefer verborgen, Praemolaris 2. — Die drei functionirenden Zähne ersten bis leicht zweiten Grades abgeschliffen; der Dauermolar ausserdem mit beginnender Caries."

Fig. 2. 1/2 der natürlichen Grösse.

Beigaben sind nach Aussage des Schachtmeisters nur in zwei Gräbern gefunden worden und zwar ein Thongefäss bei dem Skelett eines Erwachsenen und eine Silbermünze am Unterkiefer einer Kinderleiche, letztere von Herrn Teetzmann gefunden. Von dem ursprünglich unverletzten, von den Arbeitern aber zerschlagenen Gefäss ist nur noch ein Bruchstück (Fig. 2) vorhanden, aus welchem sich die ungefähre Form des Gefässes ersehen lässt. Es ist der in slavischen Burgwällen, Siedelungen und Gräbern wiederholt aufgefundene henkellose Topf oder Napf mit ab-

*) An diesem Unterkiefer ist die später erwähnte Silbermünze gefunden worden.

gestumpft kegeligem Untertheil, auf welchem ein niedriger, eingeschnürter, nach aussen geschweifter Hals mit scharf abgestrichenem Rand aufgesetzt ist. Die Kante zwischen Hals und Bauch ist mit einer Reihe schräger ovaler Eindrücke verziert. Der obere Durchmesser des Gefässes beträgt 13 cm, die Wandungsstärke 3,5 bis 7,0 mm. Das Material ist reichlich mit Quarzkörnchen durchsetzt; dichtgedrängte feine Horizontalstreifen auf der Innenwandung und auf der Aussenseite des Halses weisen auf die Herstellung mittels der Drehscheibe hin; der Brand ist hart, die Farbe schmutzig- bis röthlichgelb, mit einzelnen schwarzen Flecken.

Die an der einen Seite beschädigte Silbermünze (Fig. 3) hat durch Oxydation so stark gelitten, dass das Gepräge nur undeutlich sichtbar wird. Der Rand ist beiderseits erhaben. Auf der besser erhaltenen Seite sieht man innerhalb eines anscheinend geperlten Kreises ein Kreuz, zwischen dessen breitdreieckigen Armen sich je eine Perle bez. eine Winkelverzierung mit Perle gegenüberstehen. Die Rückseite zeigt in einem Kreis ein Kreuz mit schmalen Armen, an deren Enden je zwei (oder drei?) Perlen stehen. Die Umschriften zwischen Rand und Perlenkreis sind beiderseits unleserlich. Der Durchmesser der Münze beträgt 11 mm. Nach Bestimmung durch Herrn Geh. Hofrath Dr. Erbstein, Director der K. Münzsammlung in Dresden, ist die Münze ein Wendenpfennig, sogenannter Hälbling der späteren Gruppe aus dem 11. Jahrhundert nach Chr.

Fig. 3.
Natürliche Grösse.

Das Niedersedlitzer Gräberfeld gehört demnach den ersten Jahrhunderten des zweiten christlichen Jahrtausends an.

Die weitere Umgebung der Fundstätte ist ziemlich reich an Ueberresten aus slavischer Zeit. Manche der in der Nähe gelegenen Dörfer lassen die alte slavische Dorfform des Rundlings noch jetzt deutlich erkennen, sehr klar z. B. Grossborthen, wie auch Niedersedlitz und Sobrigau in ihren ältesten Theilen. Der jetzt zum grössten Theil eingeebnete Burgwall auf der Höhe über dem Steinbruch an Adam's Mühle bei Lockwitz ist eine reiche Fundgrube für Gefässscherben vom Burgwall-Typus*), ebenso wie die Herdstellen in den alten Siedelungen im Hof des Rittergutes in Lockwitz und südlich von Neuostra an der Strasse nach Gostritz. Derartige Herdstellen mit Gefässresten und ringförmigen Webstuhlgewichten sind neuerdings in der Lehmgrube der Ziegelei von Pablisch & Voigt in Prohlis**) aufgeschlossen worden. Auch die bei Sobrigau entdeckten Skelettgräber***) aus frühchristlicher Zeit sind von einer slavischen Bevölkerung angelegt und dürften zeitlich von den Skelettgräbern bei Niedersedlitz kaum verschieden sein.

*) Sitzungsberichte der Isis in Dresden 1878, S. 24; 1891, S. 11; 1898, S. 7.
**) Ueber Berg und Thal, 1900, No. 3 (265), S. 238.
***) Ebenda, 1891, No. 3 (157), S. 125.

V. Vorläufige Bemerkungen über die floristische Kartographie von Sachsen.*)

Von Prof. Dr. O. Drude.

Von grösster Bedeutung und allseitig begründetem Ansehen ist der Antheil, welchen die Landesgeologie durch ihre genauen kartographischen Aufnahmen an der Geographie Mitteleuropas genommen hat und weiterhin vertieft ausarbeitet.

Dass die planmässigen Landesdurchforschungen auch hinsichtlich der Flora schliesslich zu kartographischen Zusammenfassungen führen müssen, ist selbstverständlich. Schon oft sind Uebersichtskarten den Floren beigefügt; es ist zu wünschen, dass dieselben stets mehr in die hohen Leistungen eintreten, welche den geologischen Landesaufnahmen seit lange innewohnen. Es handelt sich hierbei — in Anbetracht Sachsens und Thüringens — um die Aufnahme „kleiner Länder in grossem Maassstabe", wie ich das Verfahren in Kürze auf dem internationalen Geographentage zu Berlin 1899 charakterisirte und an die Formations-Kartographie anschloss. (In dem darüber von der Hettner'schen „Geographischen Zeitschrift", Jahrgang V, 1899, Heft 12, S. 697 enthaltenen Bericht ist irrthümlich als der Maassstab, unter welchen die topographisch-botanischen Karten nicht wesentlich sinken sollen, 1 : 500 000 anstatt 1 : 200 000 angegeben, was hier ausdrücklich hervorgehoben werden mag. Eine passende Grundlage für die Flora um Dresden würden z. B. die beiden Blätter 31° 51° und 32° 51° Dresden und Bautzen, in 1 : 200 000 herausgegeben vom K. K. Militär-geographischen Institut in Wien, liefern. Dieselben stellen das ganze Gelände zwischen Scheibenberg im Erzgebirge und dem Muskauer Forst nördlich von Görlitz in brauner Gebirgsschummerung, blauen Wasserläufen und grünen Waldflächen plastisch dar und erlauben die Eintragung floristisch hervorragender Punkte.)

Als allgemeinen Grundsatz für solche floristische Kartographien betrachte ich, dass man mit allen Hilfsmitteln dahin strebt, die Beziehungen der Bodenbedeckung zu den massgebenden äusseren Factoren in der Orographie und Hydrographie und dem dadurch modificirten örtlichen Klima aufzudecken, und ferner bei der Angabe der herrschenden Formationsgruppen — Wald, Wiese, Moor, Haide,

---

*) Vortrag, gehalten in der botanischen Section der naturwissenschaftlichen Gesellschaft Isis in Dresden am 8. März 1900.

Felsgehänge, Teiche etc. — deren allgemeine Bezeichnung durch Angabe der hauptsächlichsten Charakterpflanzen mit der speciellen Landesflora zu verbinden. Es sollen also die floristischen Karten in ihrer Farbengebung ebenso ein deutliches topographisches Bild des Landes, als auch die nothwendigen botanischen Einzelheiten darbieten.

Botanische Institute können ihre systematischen Herbarsammlungen durch genaue topographische Karten im Anschluss an besondere Formationsherbarien ergänzen, wie das jetzt die botanische Sammlung der Technischen Hochschule ausführt. Als Vorlage eines einzelnen Kartenblattes mag hier die Section No. 67 der topographischen Karte von Sachsen 1 : 25 000 dienen, Blatt Pillnitz, welche in Farbstift-Colorirung die Formationen der Hügelwälder, Haidewälder, Bergschluchtenwälder mit Tanne und Bergahorn, der sonnigen Geröllhänge mit trockenen Grastriften und Weinbergen, der Flussniederungs- und der Moorwiesen am Rande von Teichen neben einander hinstellt und durch eingetragene Ziffern die besondere Formationsausprägung nach dem jetzt von mir dafür entworfenen Eintheilungsschema, sowie die Standorte hervorragend wichtiger Species kenntlich macht. Solche topographische Karten in 1 : 25 000 sind zur Vervielfältigung im Druck zu umfangreich; nur gleichsam als Probeblätter können einzelne von besonderer Wichtigkeit herausgegeben werden. Sie eignen sich aber vorzüglich als Unterlage für die im Druck herauszugebende, zusammenfassende Karte, besonders dann, wenn sie die Verbreitung solcher wichtiger Arten genau darstellt, welche zur Kennzeichnung einzelner Formationen besonders geeignet sind oder welche sogar die Abgrenzung kleinerer Landesterritorien begründen.

Auf diese Auswahl hervorragender Arten in der weiteren Umgebung von Dresden möchte ich zunächst eingehen und deren Einzelstandorte, beziehentlich Nord- oder Südgrenzen der Verbreitung zur genaueren Bekanntgabe durch vielfältige Mitarbeiterschaft empfehlen. Sie zerfallen naturgemäss in die drei Gruppen der Bergpflanzen, Arten des warmen Hügellandes und diejenigen der Lausitzer Teichniederung.

I. Montane Arten, deren Nordgrenzen genau festzustellen sind (bei den mit * bezeichneten selteneren Arten die Einzelstandorte in Vollständigkeit).

Abies pectinata
Acer Pseudoplatanus
Sambucus racemosa
Senecio nemorensis
Actaea spicata
Prenanthes purpurea
Aruncus silvester
Euphorbia dulcis
Thalictrum aquilegifolium
Calamagrostis Halleriana
Luzula silvatica
Thlaspi alpestre
Meum athamanticum
Cirsium heterophyllum
Orchis mascula
* — *sambucina*
* — *globosa*
**Astrantia major*
**Dianthus Seguieri*
**Dentaria enneaphylla*
**Viola biflora.*

II. Arten des Hügellandes, deren Anschluss an das Elbhügelland durch Süd- und Nordgrenzen genauer festzustellen ist, beziehentlich * östliche Arten mit Westgrenzen in Sachsen.

a) Leitpflanzen der Elbhügel-Formationen.*)

Cytisus nigricans
Andropogon Ischaemum
Scabiosa ochroleuca
Peucedanum Oreoselinum
Pulsatilla pratensis
Centaurea maculosa (= paniculata)

b) Einzelstandorte.

Anthericum Liliago
Carex humilis
* *Omphalodes scorpioides*
* *Gladiolus imbricatus*
* *Rosa trachyphylla* subsp. *Jundzilli*
* *Symphytum tuberosum.*

c) Gemeine Charakterarten des Hügellandes.

Verbascum Lychnitis
Chrysanthemum corymbosum
Inula Conyza
Salvia pratensis
Cynanchum Vincetoxicum
Trifolium alpestre
— *montanum*
Dianthus Carthusianorum.

d) Nord- und Südgrenzen von Wiesenpflanzen.

Ornithogalum umbellatum
* *Iris sibirica.*

III. Atlantisch-baltische Niederungsarten, deren Südgrenzen genau festzustellen sind (bei den mit * bezeichneten selteneren Arten die Einzelstandorte in Vollständigkeit).

Teesdalia nudicaulis
Corynephorus canescens
Helichrysum arenarium

Drosera intermedia
Peucedanum (Thysselinum) palustre
Hydrocotyle vulgaris
Hydrocharis Morsus ranae
* *Lysimachia thyrsiflora*
* *Carex filiformis*
* *Rhynchospora alba*

* *Rhynchospora fusca*
* *Lycopodium inundatum*
* *Gentiana Pneumonanthe*
* *Erica Tetralix*

* *Alisma natans*
* *Stratiotes aloides*

* *Ledum palustre* (im Elbsandsteingebirge als niedere Bergpflanze).

Der besseren Uebersicht wegen stelle ich dieselben Arten nochmals in alphabetischer Reihenfolge mit abgekürzten Signaturen zusammen, welche auf den topographischen Karten in 1 : 25 000 direct Verwendung finden können:

Abies pectinata Ab. p.
Acer Pseudoplatanus A. Ps.
Actaea spicata Act.
Alisma natans Al. n.
Andropogon Ischaemum And.
Anthericum Liliago A. L.
Aruncus silvester Ars.
Astrantia major Ast.
Calamagrostis Halleriana C. H.
Carex filiformis Cr. f.
— *humilis* Cr. h.
Centaurea maculosa Ct. m.
Chrysanthemum corymbosum Ch. c.
Cirsium heterophyllum Cs. h.
Corynephorus canescens Cor.
Cynanchum Vincetoxicum Cyn.
Cytisus nigricans C. ng.
Dentaria enneaphylla Dt. e.
Dianthus Carthusianorum D. C.
— *Seguieri* D. S.
Drosera intermedia Dr. i.
Erica Tetralix E. T.

*) Siehe Festschrift der Isis 1885, S. 84, und Isis-Abhandlungen 1895, S. 39.

Euphorbia dulcis Eu. d.
Gentiana Pneumonanthe G. P.
Gladiolus imbricatus Gl. i.
Helichrysum arenarium Hel.
Hydrocotyle vulgaris Hyd.
Hydrocharis Morsus ranae H. M.
Inula Conyza I. C.
Iris sibirica Ir. s.
Ledum palustre Ld.
Luzula silvatica Lz. s.
Lycopodium inundatum Ly. i.
Lysimachia thyrsiflora Ls. t.
Meum athamanticum Mm.
Omphalodes scorpioides Omp.
Orchis globosa Or. g.
— *mascula* Or. m.
— *sambucina* Or. s.
Ornithogalum umbellatum Ot. u.
Peucedanum Oreoselinum P. O.
Peucedanum palustre P. pl.
Prenanthes purpurea Prn.
Pulsatilla pratensis Ps. p.
Rhynchospora alba Rh. a.
— *fusca* Rh. f.
Rosa Jundzilli R. J.
Salvia pratensis Sl. p.
Sambucus racemosa Sb. r.
Scabiosa ochroleuca Sc. o.
Senecio nemorensis Sn. n.
Stratiotes aloides Str.
Symphytum tuberosum Sy. t.
Teesdalia nudicaulis Td.
Thalictrum aquilegifolium Th. a.
Thlaspi alpestre Thl.
Trifolium alpestre Tr. a.
— *montanum* Tr. m.
Verbascum Lychnitis V. L.
Viola biflora Vi. b.

Die Beobachtung der hier aufgeführten 60 Arten ist natürlich nur an den Standorten wichtig, wo ihr Auftreten kein allgemeines ist. Dadurch aber, dass aus ihren das Land durchschneidenden Vegetationslinien sich auf breite Grundlage gestellte Abgrenzungen der Territorien oder „Landschaften" ergeben, sind sie berufen, eine wichtige Rolle zu spielen. Noch viele andere Arten hätten aufgeführt werden können, deren Auftreten sehr bezeichnend ist, z. B. im Hügellande *Allium *montanum (fallax)* und *Peucedanum Cervaria*; da aber diese hier nicht genannten Arten doch im Umkreise der übrigen Leitpflanzen auftreten, so besagen sie für die Territorial-Abgrenzung nichts wesentlich Neues. Aber sie gehören selbstverständlich ebenso wie die zur Beobachtung in erster Linie empfohlenen Arten zu den kennzeichnenden Species der betreffenden Formationen, auf die es ja bei der Kartographie hauptsächlich ankommt.

Wie soll nun später die erstrebte Karte im Maassstabe von 1 : 200 000 aussehen? Wir besitzen aus dem südlichen Frankreich von Flahault eine vortreffliche Vorlage in der floristisch kartographirten Section Perpignan, an welcher man Vergleiche ziehen kann. Auch Flahault erstrebt eine genaue, plastische Territorial-Eintheilung und gewinnt dieselbe aus den Arealen von charakteristische Waldungen mit Begleitpflanzen bildenden Waldbäumen, neben denen noch Küstenlandschaften, alpine Wiesen und andere baumlose Landschaften selbständig dastehen. Es ist leicht zu zeigen, dass in Mitteldeutschland eine Kartographie nach den herrschenden Waldbäumen unmöglich wäre oder nur statistische Forstkarten liefern würde. Wie ich schon früher in „Deutschlands Pflanzengeographie" auseinandergesetzt habe, ist auch die Unterscheidung unserer herrschenden Waldformationen durchaus nicht nur in einzelnen Bäumen zu suchen, sondern in dem Baumgemisch und dem Hinzukommen besonders kennzeichnender Stauden und Gesträuche. Die Territorial-Abgrenzung hat sich demnach auf die Gesammtheit der eine bestimmte Landschaft auszeichnenden Merkmale zu stützen, und dazu ist für jede sie darstellende Karte eine besondere, sehr gut durchdachte

Erklärung nöthig, ohne welche eine Florenkarte gar nicht denkbar wäre.

Im weiteren Umkreise um Dresden, dessen Flora sich wegen ihrer Mannigfaltigkeit ganz besonders zu einer kartographischen Aufnahme empfiehlt, kommen folgende Territorien zusammen:

1. Das Hügelland der mittleren Elbe mit sonnigen Felshöhen und den Arten der oben genannten Gruppe II; dieses Territorium wird östlich von Stolpen zum Lausitzer Hügellande;
2. das Erzgebirge im Süden mit der Hauptmasse der unter Gruppe I genannten Montan-Arten;
3. das Lausitzer Bergland mit dem Elbsandsteingebirge, in welchem einige neue Montan-Arten auftreten, andere fehlen;
4. das Muldenland im Westen (bei Nossen), gegen welches fast alle Arten der östlichen Hügelgenossenschaft aus der Gruppe *Andropogon Ischaemum* ostwärts scharf abschneiden;
5. die Lausitzer Teichniederung im Norden mit der Hauptmasse der unter Gruppe III genannten Niederungsarten.

Dies würden die wichtigsten bei uns zu unterscheidenden Theile sein und die Generalkarte in 1 : 200000 würde deren Umgrenzung in rothen Linien zu zeigen haben, ebenso wie der Text die Begründung der Begrenzungslinien zu geben hätte. Flahault hat nicht farbige Grenzlinien, sondern mit je einer Farbe voll angelegte Flächen auf seiner Karte für die verschiedenen Waldareale gegeben. Ich würde es aber vorziehen, die verschiedenen Farben, in stets wiederkehrender Weise und gleichmässig in den genannten Territorien angewendet, für die Stellen mit charakteristischen Ausprägungen der herrschenden Formation zu gebrauchen. Indem ich mich in dieser kurzen Uebersicht nur an die in den Abhandlungen der Isis 1898, S. 86 gegebene Formationsgliederung halte, nenne ich für dieselbe folgende Farbenwahl:

I—III. Wälder: grün; Unterscheidung durch eingeschriebene Ziffer der genauer charakterisirten Formation; Bruchwälder mit blauer Schraffirung vom Wasser her, ebenso montane Quellfluren.
IV. Kiefernhaide, Sandfluren etc.: gelbe Flächen.
V. Hain-, Fels- und Geröllfluren: gelbe Abhangs- und Felszeichnung in gebrochenen Linien; bei V^c (montan-subalpine Felsen) tritt braune Farbe dafür ein.
VI. Wiesen: grüne Schraffirung.
VII. Moore: blaue Schraffirung.
VIII. Berghaide und Borstgrasmatte: rothbraune Flächen, bei vorhandenen Geröllabhängen in gebrochenen Linien.
IX. Binnengewässer: blaue Flächen, beziehentlich Flussläufe in blauen Linien.
X. Culturformationen: weisse Flächen.

Somit wären einschliesslich des Roth für die Territorialgrenzen nur fünf Farben in Anwendung, deren Zahl unter Zuhilfenahme von Ziffern für die Einzelformationen genügen müsste, ein plastisches Bild von dem Lande in Gelände und Flora zu geben. Da ich Gewicht darauf lege, dass diese Farben auf das richtige orographische Kartenbild aufgelegt erscheinen, nicht aber (wie bei geologischen Karten üblich) auf weisse

Fläche mit allein eingetragenen Städtenamen und Flüssen, so wird kaum an eine Verwendung von mehr Farben gedacht werden können, wenn die Deutlichkeit erhalten bleiben soll. Das kann man an den schon jetzt in Braun, Blau und Grün gehaltenen Karten des K. K. Militär-topographischen Instituts deutlich sehen. Auch ist zu bedenken, dass in vielen Territorien die eine oder andere Farbe ganz fehlen würde, z. B. die gelbe Farbe im Erzgebirge, die rothbraunen Flächen in allen Territorien mit warmen Hügelformationen, so dass diese beiden Farben sich nahezu ausschliessen.

In dieser Weise halte ich die Kartographie des interessanten Florengebietes von Sachsen für ausführbar, ebenso auch die anderer durch gleich interessantes Florengemisch ausgezeichneter Gegenden Deutschlands, während grosse Territorien mit gleichmässiger Flora, z. B. weite Strecken Norddeutschlands, überhaupt auf Uebersichtskarten in viel kleinerem Maassstabe genügend dargestellt werden können. Es wird darauf ankommen, den für das Interesse der betreffenden Gegend nothwendigen kleinsten Maassstab der Kartenunterlage herauszufinden, um die Herausgabe solcher Karten zu einem möglichst geringe Kosten beanspruchenden Unternehmen zu machen.

VI. Bemerkungen über das Vorkommen des schwarzbäuchigen Wasserschmätzers und einiger anderer seltenerer Vögel im Königreiche Sachsen.*)

Von Prof. Dr. H. Nitsche-Tharandt.

Der bekannte Charaktervogel unserer Forellenbäche, den man als Wasserschmätzer, Wasseramsel, Wasserstaar, wohl auch als Wasserschwätzer — letzterer Name nach meiner Ansicht ursprünglich eine jetzt allerdings durch den langen Gebrauch völlig sanctionirte Verdrehung des richtigeren Wasserschmätzer — bezeichnet, wurde von Linné in der für die wissenschaftliche Nomenclatur massgebenden X. Auflage seines „Systema Naturae" als *Sturnus Cinclus* bezeichnet. Im Jahre 1802 entfernte Bechstein passender Weise den Vogel aus der Gattung *Sturnus*, gründete, den Linné'schen Speciesnamen als Gattungsnamen benützend, für ihn das Genus *Cinclus*, und veränderte in der bei solchen Anlässen früher beliebten Weise den ursprünglichen Speciesnamen in „*aquaticus*", da man Bezeichnungen mit gleichem Art- und Gattungsnamen damals verschmähte und die absolute Unveränderbarkeit des mit nicht misszudeutender Kennzeichnung gegebenen ersten Artnamens noch nicht zum Gesetz erhoben war. Lange Zeit wurde daher der Wasserschmätzer allgemein als *Cinclus aquaticus* Bchst. bezeichnet.

Genauere Untersuchung vieler Stücke zeigte nun aber bald, dass der Wasserschmätzer auch erwachsen in verschiedenen Kleidern vorkommt. Dies wurde wohl zur ersten Veranlassung, die Art zu spalten. Am weitesten ging hierin Christian Ludwig Brehm, der 1823 in seinem „Lehrbuche der Naturgeschichte aller europäischen Vögel" drei verschiedene Arten anführt:

den braunbäuchigen Wasserschmätzer, *C. aquaticus* Bchst.,
den nordischen Wasserschmätzer, *C. septentrionalis* Brehm,
den schwarzbäuchigen Wasserschmätzer, *C. melanogaster* Brehm.

1831 fügt er in dem „Handbuch der Naturgeschichte aller Vögel Deutschlands"

den mittleren Wasserschmätzer, *C. medius* Brehm,

zu, und schliesslich 1836 in seinem „Vogelfang" noch

den südlichen Wasserschmätzer, *C. meridionalis* Brehm.

*) Der den Wasserschmätzer behandelnde Theil dieses Aufsatzes ist die Niederschrift eines am 17. Mai 1880 in der zoologischen Section der naturwissenschaftlichen Gesellschaft Isis in Dresden gehaltenen Vortrages.

Bei der Trennung dieser Arten berücksichtigte er aber nicht nur die Färbung, sondern auch angeblich constante Unterschiede in den plastischen Merkmalen und den Körpermaassen, sowie die gleichfalls angeblich constant verschiedene Anzahl der Schwanzfedern.

Die Unhaltbarkeit einer solchen Zersplitterung, von der sich J. F. Naumann völlig frei hielt, weist J. H. Blasius in der Fortsetzung der Nachträge zu Naumann's Naturgeschichte der Vögel Deutschlands 1860 schlagend nach. Er schliesst seine Auseinandersetzung mit den Worten: „Ueberblicke ich die ganze Reihe von 48 vor mir liegenden Exemplaren verschiedenen Geschlechts und Gefieders aus Nordrussland, Skandinavien, von der Ostsee, vom Harz, aus verschiedenen Gegenden der Alpen und aus Spanien, so muss ich eine jede Speciesunterscheidung der europäischen Wasserschmätzer für unnatürlich und unmöglich erklären."

Nach dieser Auffassung steht also die gesammte Menge aller europäischen Wasserschmätzer, die darin übereinstimmen, dass sich bei ihnen die weisse Brust gegen den übrigen dunkleren Theil der Unterseite scharf absetzt, als eine grosse Art scharf gegenüber dem asiatischen braunen oder einfarbigen Wasserstaar, der als Irrgast auch zu den europäischen Vögeln gerechnet werden kann, da Gätke berichtet, derselbe sei zweimal auf Helgoland zwar nicht erlegt, aber doch beobachtet worden. Es werden diese Beobachtungen gegenwärtig auf die in Ostsibirien, China und Japan heimische Form *Cinclus Pallasi* Temm. bezogen. In wie weit die jetzt in der Litteratur beschriebenen weiteren beiden einfarbigen Arten, *C. asiaticus* Sw. aus dem Himalaya und Afghanistan und *C. sordidus* J. Gd. aus Nordkaschmir und Tibet wirklich von *C. Pallasi* unterschieden sind, ist noch nicht sicher zu übersehen. Mir ist es wahrscheinlich, dass auch die drei letzteren Arten nur Farbenvarietäten einer grossen asiatischen Art sind.

Ist dies richtig, so wären die altweltlichen *Cinclus*-Formen in zwei Arten zu trennen, in den weisskehligen europäischen Wasserschmätzer und den einfarbigen asiatischen Wasserschmätzer. Diese Arten müssten dann, da nach den von der „Deutschen Zoologischen Gesellschaft" festgestellten „Regeln für die wissenschaftliche Benennung der Thiere" bezeichnet werden als *Cinclus cinclus* L. und *Cinclus pallasi* Temm. Es sind nach diesen Regeln nämlich jetzt auch Artbezeichnungen mit gleichem Art- und Gattungsnamen zulässig, und es wird empfohlen, die Artnamen nach dem Vorgange der englischen und amerikanischen Zoologen stets, also auch, wenn sie den Genitiv eines menschlichen, sonst gewöhnlich mit grossem Anfangsbuchstaben geschriebenen Namens darstellen, mit kleinem Anfangsbuchstaben zu schreiben.

Solche grosse Zusammenfassungen können natürlich in keiner Weise die unzweifelhaft feststehende Thatsache verschleiern, dass es deutliche Färbungsunterschiede unter den verschiedenen Exemplaren des weisskehligen europäischen Wasserschmätzers giebt, welche, wie ich aus Naumann, Naturgeschichte der Vögel Mitteleuropa's, herausgegeben von C. Hennicke, der neuen Auflage der Vögel Deutschlands von J. F. Naumann entnehme, neuerdings einschliesslich der weisskehligen, inzwischen auch aus Nordasien bekannt gewordenen Formen nach Dresser in nicht weniger als 10 Unterarten vertheilen lassen. Dass nach den neueren Anschauungen die besondere Bezeichnung solcher auf sehr geringfügige Unterschiede hin, ja sogar blos nach Grössenverhältnissen zulässig ist, muss zugestanden werden; ob die Dresser'sche Abgrenzung derselben glücklich ist, wage ich nicht zu entscheiden.

Auf jeden Fall steht aber fest, dass man die weisskehligen Europäer nach der Färbung wieder in zwei verschiedene Gruppen zerlegen kann. Bei der einen, in unseren Breiten häufigsten und daher meist als Normalform angesehenen, folgt auf den weissen, scharf abgesetzten Vorderhals eine mehr oder weniger breite rostbraune Binde auf der Vorderbrust, die allmählich in die dunkel schwarzbraune Unterseite verläuft. Bei der anderen, bisher mehr aus den nördlichen und östlichen Gegenden bekannt gewordenen fehlt dagegen diese rostbraune Färbung und es folgt auf den weissen Vorderhals direct die dunkel schwarzbraune Färbung. Dass, wie J. H. Blasius behauptet, auch bei dieser dunkleren Farbenvarietät stets wenigstens eine schmale röthlichbraune Querbinde hinter dem Weiss der Unterseite vorkommt, kann ich nicht bestätigen, da in der Tharandter Sammlung letztere einem 1881 von Schlüter in Halle gekauften schwedischen Weibchen völlig fehlt.

Es ist ferner klar, dass es diese dunkle Form ist, die Linné beschrieben hat. Lautet doch seine Diagnose einfach *„S(turnus) niger, pectore albo"*. Hiernach ist also diese dunkle Form als Typus der Gattung anzusehen und im Einklang mit der von der Deutschen Zoologischen Gesellschaft im „Thierreich" angewendeten Nomenclatur als *Cinclus cinclus typicus* zu bezeichnen. Die Brehm'schen Namen *C. septentrionalis* und *C. melanogaster* können nur als Synonyme angeführt werden. Die Anerkennung, dass die dunkle Form die typische ist, sollte daher auch in den speciell die deutsche Fauna behandelnden Werken klar zum Ausdrucke kommen, so gross auch die Versuchung sein mag, hier die häufigere, rostbäuchige voranzustellen.

Eine weitere Frage ist, ob man mit Rudolf Blasius, dem Bearbeiter des die Gattung *Cinclus* betreffenden Abschnittes in der neuen Ausgabe von Naumann die schwarzbäuchige Farbenvarietät als Localform ansehen darf. Dazu scheint mir doch ihre Verbreitung eine zu sporadische zu sein. Denn mag auch der nordische Wasserschmätzer vorzugsweise in Skandinavien und Nordrussland brüten, so kommt er, wie R. Blasius selbst hervorhebt, doch auch in Pommern und nach Prazak auch in den grösseren Höhen der Tatra und in den Karpathen als Brutvogel vor. Er reicht aber auch viel südlicher. So berichtet neuerdings O. Reiser in seinen „Materialien zu einer Ornis Balcanica, IV. Montenegro": „Von der aus einem Dutzend Exemplaren bestehenden Suite Montenegrinischer Wasserschmätzer, welche Führer im October und November 1893 in den Gewässern in der näheren und weiteren Umgebung von Podgorica zusammenbrachte, gehört etwa ein Drittel entschieden zur südlichen Form *meridionalis* Chr. L. Br. (= *albicollis* Vieill.), ein Drittel ist so dunkel, dass man die Vögel füglich zur var. *melanogaster* rechnen könnte, und das letzte Drittel besteht aus Zwischenstufen in der Färbung. Alle Exemplare haben 12 Steuerfedern. Diese Wasserschmätzer stammen offenbar aus den Gebirgen des Landes und brachten den Spätherbst und Winter an den Flussläufen der Niederung zu, wo sie im Sommer nur selten zu sehen sind."

Ich selbst habe ferner neuerdings Beweise von dem Vorkommen der schwarzbäuchigen Form in Sachsen und zwar als Brutvogel erhalten. An dem durch Tharandt fliessenden Schloitzbache, wenig oberhalb der Stadt wurden am 8. Januar 1900 durch einen jugendlichen Schützen zwei sich zusammen haltende Wasserschmätzer erlegt und mir übergeben. Da ich seither an diesem Wässerchen die sonst jahraus jahrein dort hausenden Wasserschmätzer vermisse, bin ich geneigt anzunehmen, dass es das hier seit langer Zeit eingewöhnte Paar war, das im Januar erlegt wurde. Das Geschlecht konnte ich an den Stücken nicht mehr bestimmen, sie waren zu zerschossen. Das eine Stück zeigte nun die gewöhnliche Färbung, nur war die röthliche Binde sehr schmal; das andere war dagegen typisch schwarzbäuchig, ohne Spur von rostroth, so dass man es, mit dem alten Brehm zu reden, als *C. melanogaster* ansprechen muss. Hiervon überzeugte sich auch Rud. Blasius, dem ich die Exemplare schickte (vergl. Beilage zur Morgenausgabe der Braunschweigschen Landeszeitung vom 21. April 1900). Immerhin fehlt in diesem Falle der absolut sichere Beweis, dass es sich hier um Tharandter Brutvögel handelte.

Anders liegt ein zweiter Fall. Am 8. Mai erhielt ich aus Niederbobritzsch d. h. aus einem 6 km östlich von Freiberg i. S. in einer mittleren Meereshöhe von 400 m an der Bobritzsch, einem im Erzgebirge entspringenden Zuflusse der Freiberger Mulde, gelegenen Dorfe, durch einen Herrn, der irrthümlicher Weise glaubte, der Sächsische Fischerei-Verein prämiire auch die Erlegung dieser unschuldigen Vögelchen, wiederum ein Paar frisch erlegter Wasserschmätzer. Hier konnte ich durch anatomische Untersuchung die Geschlechtsverhältnisse feststellen. Das eine Stück war ein völlig reifes Männchen, das andere ein Weibchen, dessen Eierstock deutlich erkennen liess, dass es bereits heuer Eier gelegt hatte. Das Männchen war ein typisch schwarzbäuchiger Vogel, das Weibchen dagegen hatte zwar eine schmale braune, aber durchaus nicht röthlich braune Binde und stand einem echten Schwarzbauche sehr nahe.

Der zuletzt geschilderte Fall beweist einmal deutlich, dass die schwarzbäuchige Form des Wasserschmätzers auch als Brutvogel Heimathsrecht in Sachsen hat, andererseits aber ebenso klar, dass sie nur eine individuelle Varietät darstellt, mag sie auch im Norden häufiger sein, als im Süden. Auch werden beide Extreme durch alle möglichen Uebergänge mit einander verbunden.

Zum Schlusse füge ich das Verzeichniss einiger im Laufe der Jahre im Königreiche Sachsen erlegter und in die Sammlung unserer Forstakademie gelangter, seltenerer Vögel bei.

Loxia bifasciata Brehm, Weissbinden-Kreuzschnabel. Jüngeres ♂, Schneeberg im Erzgebirge, 1856.

Tichodroma muraria (L.), Alpenmauerläufer. Auf Postelwitzer Revier bei Schandau a. d. Elbe 1859 gefangen; gestopft von C. F. Hohlfeld in Ottendorf, erworben von B. W. Hohlfeld 1879. Noch jetzt kommen nach Aussage der Königl. Revierverwaltung gelegentlich Mauerläufer in den dortigen Steinbrüchen vor.

Strix (Nyctea) scandiaca L., Schneeeule. Aelteres Exemplar mit geringer dunkeler Zeichnung. Zu Plagwitz bei Wurzen Anfang November 1888 erlegt und frisch hierher gesendet.

Circaëtus gallicus (Gm.), Schlangenadler. ♀, auf Kreyerer Revier bei Moritzburg am 14. August 1888 erlegt und frisch hierher gesendet.

Syrrhaptes paradoxus (Pall.), Steppenhuhn. ♀, auf Reinhardtsdorfer Revier in der Sächsischen Schweiz am 5. Mai 1888 erlegt und frisch hierher gesendet. Nach diesem Exemplar wurden die in der „Deutschen Jägerzeitung" Bd. XI, S. 246 befindlichen Abbildungen von mir gefertigt. Die dort gegebene Zeichnung der Sohle des Fusses ist als in den meisten übrigen Darstellungen des Thieres fehlend besonders hervorzuheben.

Himantopus himantopus (L.), Stelzenläufer. Drei junge Exemplare wurden im August 1899 an einem Teiche bei Scheibenberg im Erzgebirge in einer Seehöhe von ungefähr 650 m erlegt und als „junge Reiher" zur Prämiirung hierher eingesendet.

Ardea purpurea L., Purpurreiher. Nur der Kopf vorhanden, der behufs Erlangung der Schussprämie eingesendet wurde und von einem in Königswartha am 9. September 1892 erlegten jungen Vogel stammt.

Anser minutus Naum., Zwerggans. Junges ♀, auf Reinhardtsdorfer Revier in der Sächsischen Schweiz am 17. November 1888 verendet gefunden und im Fleisch hierher gesendet.

Anser (Branta) bernicla (L.), Ringelgans. Junger Vogel, bei Grossenhain erlegt und bereits gestopft der Sammlung geschenkt.

Fuligula hyemalis (L.), Eisente. Erwachsenes ♂, auf dem Tharandter Schlossteiche (wahrscheinlich in den vierziger Jahren) erlegt.

Fuligula marila (L.), Bergente. ♂, auf der Wesenitz bei Pillnitz am 1. Januar 1900 erlegt.

Oedemia fusca (L.), Sammetente. Junges ♂, auf dem Tharandter Schlossteiche am 7. November 1888 durch Rittmeister von Jäckel erlegt.

Podiceps auritus (L.), arktischer Steissfuss. Todt auf einem Bache bei Grumbach in der Nähe von Tharandt eingefroren gefunden am 14. Januar 1888.

Tharandt, den 14. Juli 1900.

VII. Der Plänerkalkbruch bei Weinböhla.

Von Prof. Dr. W. Bergt.

(Mit Tafel I.)

In der kleinen Abhandlung „Die Melaphyrgänge am ehemaligen Eisenbahntunnel im Plauenschen Grunde bei Dresden“, Abhandl. Isis Dresden 1895, S. 20 ist der Verfasser scheinbar schlecht unterrichtet gewesen. Denn die darin vollständiger Vernichtung preisgegebenen Gänge sind durch Strassenbau zwar bedeutend gekürzt, dem „mente et malleo“ der Geologen jetzt sogar näher gerückt und zugänglicher gemacht als vordem. Darauf wies bereits Dr. H. Francke am 1. October 1896 hin*). Der Verfasser ist für diese falsche Nachricht insofern unverantwortlich, als er in dem Aufsatze lediglich den Auftrag des damaligen Vorsitzenden der mineralogischen Isisabtheilung ausführte, in gedrängter Zeit „den Lebenslauf und die Schicksale“ der Melaphyrgänge zu einem Sterbelied zusammenzustellen, während das Todesurtheil von der anderen Seite gefällt war**).

Heute freilich kann der Verfasser aus eigener Anschauung und mit persönlicher Verantwortlichkeit von dem Verfall einer anderen geologischen Sehenswürdigkeit in Dresdens Umgebung berichten. Seit drei Jahren ist in den Kalkbrüchen von Weinböhla der Betrieb eingestellt, und damit dürften die geologischen Erscheinungen, welche zu den interessantesten und wichtigsten Sachsens gehören, bis zu einer etwaigen Neuaufnahme des Kalkabbruches allmählicher Verwischung und schnell fortschreitender Vernichtung anheim gegeben sein.

Während nach unseren jetzigen Anschauungen und Erfahrungen den erwähnten Melaphyrgängen im Laufe eines Jahrhunderts zu grosse geologische Bedeutung beigemessen***) und zu viel Ehre angethan worden ist, lassen die folgenden Erörterungen erkennen, welche unendlich grössere Wichtigkeit den Verhältnissen im Kalkbruch zu Weinböhla im Verein mit einigen anderen Punkten Sachsens und Böhmens nicht nur für die Geologie Sachsens, sondern auch für die Entwickelung der geologischen Anschauungen überhaupt innewohnt.

Bekanntlich verläuft auf der rechten Elbseite von Oberau bei Meissen über Weinböhla, Hohnstein und Saupsdorf in Sachsen, Sternberg und

*) Sitzungsberichte Isis Dresden 1896, S. 34.
**) Vergl. auch Sitzungsberichte Isis 1895, S. 10.
***) Vergl. z. B. H. B. Geinitz in Abhandl. Isis Dresden 1895, S. 30—32.

Khaa in Böhmen bis zum Jeschkengebirge die sogenannte Lausitzer Hauptverwerfung. Das ist ein Bruch, an dem sich die getrennten Gebirgstheile gegen einander bewegt haben. Dabei ist zunächst, relativ betrachtet, der nordöstliche Theil vertical nach oben, zum Theil auch seitlich nach SW. über den anderen Theil hinübergeschoben worden, so dass die hier in Betracht kommenden jüngeren Kreideschichten (Quadersandstein, Pläner und Kalk) tiefer, an den Bruchrändern geradezu unter den älteren Bildungen der nordöstlichen Hälfte liegen. Die Geologie ist wohl nie in der glücklichen Lage, derartige Bruchlinien ununterbrochen zu beobachten. Auch hier bei dieser Verwerfung gewährten nur einzelne, oft weit aus einander liegende Punkte durch günstige Aufschlüsse unmittelbaren Einblick. Und das war für die Lausitzer Hauptverwerfung seit fast einem Jahrhundert in den Kalkbrüchen von Weinböhla der Fall. Hier konnte man ausserdem bis zuletzt und in der ausgezeichnetsten und klarsten Weise eine häufige Begleiterscheinung von Verwerfungen beobachten, nämlich die Aufrichtung geschichteter Gesteine an solchen Verwerfungsklüften aus der ursprünglichen horizontalen in eine mehr oder weniger steile Lage.

Der Abbau des Weinböhlaer Plänerkalkes, welcher der turonen Stufe des *Inoceramus Brongniarti* angehört, hat 1823 in den nordwestlichen Theilen der Kalkscholle begonnen und ist immer mehr nach Südosten gerückt. In jenen war der hinter und über dem Kalk liegende Syenit sichtbar, wie die bunte Carus'sche Zeichnung bei Weiss (Litt. No. 3, Taf. VII) vortrefflich vorführt. In letzter Zeit wurde nur noch im südöstlichsten Theile gebrochen. Hier ist man an der nordöstlichen Wand nicht bis an den Syenit gekommen. Tafel I giebt die Verhältnisse Mitte der neunziger Jahre wieder. Fig. 1 zeigt den Bruch von dem Wege aus, der an der südwestlichen Seite entlang von NW. nach SO. läuft. Auf der rechten Seite, etwa rechtwinkelig zur Bildfläche befindet sich die Wand der Fig. 2 und in der Mitte von Fig. 1 deutet ein weisses Kreuz die von Kalkowsky beschriebenen Sandsteingänge an (Litt. No. 34), welche in Fig. 3 etwas grösser dargestellt sind. Sie verlaufen etwa rechtwinkelig zur Bildfläche, rechtwinkelig zur Verwerfung und parallel zur Wand. Fig. 2 lässt deutlich die Umbiegung der Kalkbänke aus der horizontalen Lage in die senkrechte erkennen. Die Grenze zwischen dem Pläner und Haidesand tritt deutlich hervor.

Hätte der Verfasser von dem Aufhören des Abbaues und dem schnellen Verfalle Kenntniss gehabt, dann würde er die nur gelegentlichen und mangelhaften Aufnahmen durch bessere ersetzt haben. Unter den gegenwärtigen Verhältnissen glaubte er aber auch hiermit der Oeffentlichkeit einen kleinen Dienst zu erweisen und die Bilder nicht untergehen lassen zu sollen, zumal da bisher nur schematische Profile von dem südöstlichen Bruche bei Weinböhla vorhanden sind.

Geschichtlicher Rückblick.

Die Geschichte und Entwickelung der Lausitzer Verwerfungsfrage ist zwar auch in den letzten Jahrzehnten wiederholt dargestellt worden (Lenz, Litt. No. 26; Bruder, No. 29; Siegert und Beck, No. 32; Rothpletz, No. 33), aber mehr mit Bezug auf Hohnstein und das Allgemeine. Das folgende

Litteraturverzeichniss stellt Weinböhla in den Vordergrund und der Rückblick soll in erster Linie zeigen, welche Rolle die dem Verfalle entgegengehenden Brüche von Weinböhla gespielt haben.

Litteratur.

1. Weiss, Chr. Sam.: Ueber einige geognostische Punkte bei Meissen und Hohnstein. Karsten's Archiv für Bergbau und Hüttenwesen XVI, 1827, S. 3—16. (Vollständig abgedruckt in Leonhard's Zeitschrift für Mineralogie 1827, II, S. 516—528.
2. Keferstein, Ch.: Teutschland, geognostisch-geologisch dargestellt. V, 5. Stück, 1828, S. 67—71. (Ausführlicher Auszug aus Weiss mit einer Nachschrift von Keferstein.
3. Weiss, Chr. Sam.: Zur Erläuterung der beiden Abbildungen des Steinbruchs von Weinböhla bei Meissen. Karsten's Archiv für Mineralogie I, 1829, S. 155—160, Taf. VI, VII.
4. Beaumont, Elie de: Annales d. sc. nat. f. 1829 (nach Kühn S. 745).
5. Klipstein, A.: Mittheilung an Bronn. Leonhard's Zeitschrift für Mineralogie 1829, S. 495—513 (wesentlich nur Hohnstein S. 507; 510 theoretische Erörterungen).
6. Naumann, C. F.: Ueber die Granitformation im östlichen Theil des Königreichs Sachsen. Poggendorff's Annalen der Physik und Chemie 19, 1830, S. 437—440.
7. Kühn, K. A.: Handbuch der Geognosie. 1833, S. 737—754, 1013, 1014.
8. Münster, G. Graf zu: Mittheilung. Neues Jahrbuch f. Min. 1833, S. 68; auch in Keferstein VII, II, 1, S. 2.
9. Leonhard, C. von: Einige geologische Erscheinungen in der Gegend um Meissen. Neues Jahrbuch f. Min. 1834, S. 127—150, Taf. III, IV. ff. 144—150.
10. Buch, L. von: Mittheilung an Bronn. Neues Jahrbuch f. Min. 1834, S. 532—534.
11. Bericht, kurzer, über die in der mineralogisch-geognostischen Section der Versammlung deutscher Naturforscher im September 1834 in Stuttgart abgehandelten Gegenstände. Neues Jahrbuch f. Min. 1835, S. 48.
12. Gumprecht, T. E.: Beiträge zur geognostischen Kenntniss einiger Theile Sachsens und Böhmens. 1835, S. 108—183.
13. Naumann, K. Fr.: Einige Bemerkungen zu Herrn T. E. Gumprechts Schrift: Beiträge u. s. w. Neues Jahrbuch f. Min. 1836, S. 1—18. Anmerkung von C. von Leonhard.
14. Cotta, B.: Geognostische Wanderungen I. 1836.
15. — Aufforderung an das geognostische Publikum, die Erforschung der Altersbeziehungen zwischen Granit und Kreide in Sachsen betreffend. Neues Jahrbuch f. Min. 1836, S. 14—29.
16. — Berichte über die Arbeiten bei Hohnstein. Neues Jahrbuch f. Min. 1836, S. 571/2, 577.
17. — Ueber die bisherigen Resultate der geognostischen Untersuchungen bei Hohenstein. Ein am 25. September 1836 bei der Versammlung in Jena gehaltener Vortrag. Ebenda 1837, S. 1—9, 314.

••

18. Cotta, B.: Geognostische Wanderungen II: Die Lagerungsverhältnisse an der Grenze zwischen Granit und Quadersandstein bei Meissen, Hohnstein, Zittau und Liebenau. 1838. Taf. III, Fig 8.
19. — Bericht über das vorige. Neues Jahrbuch f. Min. 1838, S. 307—310.
20. Naumann, C. F., und Cotta, B.: Geognostische Beschreibung des Königreiches Sachsen. 5. Heft. 1845, S. 127, 380, 418, 450.
21. Geinitz, H. B.: Das Quadersandsteingebirge oder Kreidegebirge in Deutschland. 1849, S. 53 4; S. 46 Analyse des Plänerkalkes.
22. — Charakteristik der Schichten und Petrefacten des sächsisch-böhmischen Kreidegebirges. 1850 S. 4 Analyse des Plänerkalkes von Weinböhla).
23. Gutbier, A. von: Geognostische Skizzen der sächsischen Schweiz. 1858, S. 47—54, Fig. 56 auf S. 48.
24. Wunder, Herbrig und Eulitz: Der Kalkwerkbetrieb Sachsens. 1867, S. 10, 17, 22, 56, 63 (S. 17 3 Analysen des Kalkes von Weinböhla).
25. Körnich, A.: Geologie der Umgegend von Meissen. 1870, S. 28 4.
26. Lenz, O.: Ueber das Auftreten der jurassischen Gebilde in Böhmen. Zeitschr. f. d. ges. Naturw. 1870, Mai.
27. Geinitz, H. B.: Das Elbthalgebirge in Sachsen. 2 Bde. 1871—1875.
28. Dechen, H. von: Ueber grosse Dislocationen. Sitzungsber. niederrhein. Ges. Natur- und Heilkunde 1881, S. 16—25.
29. Bruder, G.: Die Fauna der Jura-Ablagerung von Hohnstein in Sachsen. Denkschriften kais. Ak. Wiss.; mathem. naturw. Klasse, Wien 1885, S. 4 (siehe dort das ausführliche Litteraturverzeichniss).
30. Hettner, A.: Der Gebirgsbau der sächsischen Schweiz. 1887, S. 21—28.
31. Suess, G.: Das Antlitz der Erde I. 1883—1888, S. 181, 275—276.
32. Siegert, Th.: Blatt Kötzschenbroda (No. 49) der geologischen Specialkarte des Königreichs Sachsen. 1892. Erläuterung: S. 3, 35, 46, schematische Profile S. 45. Karte: Randprofil 2 und 3. Vergleiche auch die Blätter Pillnitz No. 67, S. 41; Hohnstein-Königstein No. 84, S. 23; Sebnitz-Kirnitzschthal No. 85, S. 29; Hinterhermsdorf-Daubitz No. 86, S. 27.
33. Rothpletz, A.: Geotektonische Probleme. 1894, S. 101—106.
34. Kalkowsky, E.: Ueber einen oligocänen Sandsteingang an der Lausitzer Ueberschiebung bei Weinböhla in Sachsen. Abhandl. Isis Dresden 1897, S. 80—89, Taf. III.
35. Beck, R.: Geologischer Wegweiser durch das Dresdner Elbthalgebiet zwischen Meissen und Tetschen. 1897, S. 56 7.
36. Nessig, R.: Geologische Excursionen in der Umgegend von Dresden. 1898, S. 81 - 83.
37. Herrmann, O.: Steinbruchindustrie und Steinbruchgeologie. 1899, S. 187, 288, 313 (S. 288 Analysen nach Geinitz und Wunder).

—

Zwar ist zuerst im Jahre 1827 eine gedruckte Mittheilung über Weinböhla an die Oeffentlichkeit gelangt. Nach einer Anmerkung bei Leonhard (Litt. No. 9, S. 145) aber liegt die erste Beobachtung der merkwürdigen Lagerungsverhältnisse noch um 10 Jahre zurück.

„Herr Professor Reich zu Freiberg sah — so erzählte man uns in Sachsen — bereits 1818 die Auflagerung des Syenits auf Pläner bei Weinböhla."

Ob die folgende von Keferstein (Litt. No. 2, S. 71) angeführte Stelle aus Charpentier*) auf unsere Erscheinungen bezogen werden kann, ist der Orte wegen ganz unwahrscheinlich.

„Der Plänerkalk der Gegend von Dresden verliert sich mit unter einem thon- oder porphyrartigen Gesteine, das besonders in der Gegend von Possendorf, Naundorf, Burg, Kohlsdorf und Kesselsdorf häufig zu finden und unter verschiedenen Namen bekannt ist". Keferstein fügt hinzu: „Hiernach scheint es, dass schon Charpentier Beobachtungen gemacht hat, die dafür sprechen, dass der Granit und Porphyr bei Meissen über dem Plänerkalk, wenigstens zum Theil gelagert wäre".

Die erste wissenschaftliche Darstellung erfolgte durch Weiss mündlich in der Sitzung der physikalischen Klasse der Akademie der Wissenschaften zu Berlin am 5. Februar 1827 und gedruckt in demselben Jahre (siehe Litt. No. 1). Indem Weiss die Erscheinungen bei Weinböhla und Hohnstein den von L. von Buch geschilderten „berühmten Phänomenen von Predazzo" an die Seite stellt, beschreibt er ausführlich die einzelnen Orte.

„Der erste, bei weitem schönste Punkt sind die Steinbrüche von Weinböhla .... hier sind die Entblössungen jetzt so schön, dass das Unglaubliche selbst mit ganzer Evidenz da liegt, im eigentlichsten Sinn mit Händen zu greifen ...., Man sieht den Syenit-Granit ... ganz einfach ohne Widerrede auf dem Plänerkalkstein aufliegend". (S. 5.)

Weiss' Darstellung ist ausserordentlich klar und erschöpfend. Mit scharfem Auge erkennt er die gegen ein flüssiges Hindurchdringen des Granites sprechenden Punkte.

„Er (der Granit) kann nur in erstarrtem, festem Zustande durch diese neue Gebirgsrinde durchgedrängt worden sein .... keine Verwachsungen mit dem durchbrochenen Gesteine; keine Ramificationen des Granites von der Hauptlagerstätte aus in kleinen Gängen, Continuum mit der grossen Masse bildend, ins Nebengestein setzend ... Ebenso wenig Verglasungen, Sinterungen oder andere begleitende Phänomene ..." (S. 7/8.)

Weiss regt sofort als Erster auch planmässige bergmännische Arbeiten zur Aufklärung der räthselhaften Verhältnisse in Weinböhla und Hohnstein an. Er spricht sich entschieden gegen die nach ihm verfochtene Anlagerung der Kreideschichten an den Granit aus (S. 13) und erkennt, dass bei Hohnstein untere Flötzgebirgsschichten (des Gryphitenkalkes) heraufgebracht worden sind (S. 12), Verhältnisse, welche von den späteren Darstellern vielfach wieder verdunkelt worden sind.

Die Beobachtungen Weiss' erregten die ganze geologische Welt und liessen sie lange Zeit nicht zur Ruhe kommen. C. von Leonhard druckte den Aufsatz fast ungekürzt in seiner Zeitschrift und Keferstein (Litt. No. 12) zum grossen Theil in seinem „Teutschland" ab. In der Nachschrift zieht Keferstein u. a. folgenden Schluss:

„Die Ansicht gewinnt grosse Wahrscheinlichkeit: dass die Granite, Syenite, Porphyre u. s. w. in Sachsen ihre jetzigen Lagerungsverhältnisse wohl zum Theil erst in einer Periode erhalten haben, wo die Kreide gebildet wurde oder gebildet war." (S. 70.)

Weiss' Mittheilung verursacht zugleich eine Wanderung der Geologen nach Weinböhla und Hohnstein. Im Frühjahr 1828 bestätigt Professor Hoffmann zuerst aus eigener Anschauung die Beobachtungen von Weiss. (Litt. No. 2, S. 71.)

*) W. Charpentier: Mineralogische Geographie der chursächsischen Lande. 1778, S. 49.

1829 berichtet A. Klipstein (Litt. No. 5) über seine Reise, die aber nur Hohnstein, nicht Weinböhla berührt zu haben scheint. Er kann keine der Weiss'schen Ansichten zu der seinigen machen, zweifelt das höhere Alter, das Heraufschleppen und die Zertrümmerung des Hohnsteiner Kalkes an und ist geneigt anzunehmen:

„Der Granit müsste gegen das Becken des Quadersandsteines an verschiedenen Stellen beträchtlich überhängende Massen gebildet haben, unter welche sich die Bänke des letzteren hereinschoben." (S. 511.)

In dem gleichen Jahre veröffentlicht Weiss (Litt. No. 3) zwei vom K. Leibarzt Hofrath Carus in Dresden angefertigte vortreffliche Zeichnungen von „dem geognostisch merkwürdigsten wohl aller bekannter Steinbrüche in Sachsen" (Weinböhla) und sieht bei seinem Besuch am 1. October 1828 mit Carus seine anfängliche Annahme, dass die Pläner und Syenit trennende Thon- und Mergelschicht ein Zerreibsel von Syenit und Kalk mit „Bohnen von Syenit" ist, bestätigt.

Wie Klipstein, so wendet sich zunächst auch Naumann (Litt. No. 6) gegen Weiss. Er hält den Hohnsteiner Kalk für Pläner und glaubt,

„dass der Granit des Elbthales nach der Bildung des Grünsandes und der Kreide emporgestiegen, und sich noch während seines Emporsteigens in einem zähflüssigen Zustande befand, weil sich ohne eine solche Nachgiebigkeit seiner Masse weder die Ueberlagerung des Kalkes und Sandsteines bei Weinböhla, Oberau und Hohenstein, noch die Verflechtungen der Granitsubstanz mit Adern und Partien von Kalkstein erklären lassen." (S. 439.)

Vorher hatte schon E. de Beaumont (Litt. No. 4), ohne allerdings eigene Anschauung von den Oertlichkeiten zu haben, den Granit und Syenit des Elbthales für feurigflüssige Empordringungen, den Syenitgranit des linken Elbufers für älter, den des rechten für neuer als Quadersandstein und Pläner angesprochen.

Die Zweifel über das Alter des Hohnsteiner Kalkes werden 1833 durch eine kurze Mittheilung des Grafen zu Münster beseitigt (Litt. No. 8), indem er die untersuchten Versteinerungen von Hohnstein für jurassisch, die von Weinböhla sämmtlich für cretaceisch erklärt.

Ein gemeinsamer Besuch von Weinböhla durch Naumann, Breithaupt, von Weissenbach und Kühn zeigte (Litt. No. 7), dass die Granitramificationen Naumann's nur isolirte Gesteinsplatten im Thon waren. In gleicher Weise hatten Versuchsschürfe, Stollen und Fallörter, welche auf Kühn's Vorschlag 1828 bei Hohnstein unter Leitung des K. Bergamtes zu Altenberg angelegt worden waren, das Fehlen jeglicher Ausläufer des Granites in den Quadersandstein ergeben (Litt. No. 7, S. 739). Im Uebrigen wendet sich Kühn mit apodiktischer Gewissheit, welche angesichts seiner schliesslich verfehlten Behauptungen einen etwas unangenehmen Eindruck machen, in allen Punkten gegen Weiss. Er sucht die Klipstein'sche Annahme von den überhängenden Granitmassen noch weiter zu stützen (S. 472) und hält, wahrscheinlich mit der Münster'schen Erklärung noch nicht bekannt, an dem cretaceischen Alter des Hohnsteiner Kalkes fest.

Im Herbst des Jahres 1838 sieht die Umgegend von Meissen und Weinböhla eine aus C. von Leonhard, B. Cotta als Führer, Professor Kapp und Dr. R. Blum bestehende Geologengesellschaft. Leonhard fasst die Ergebnisse der gemeinsamen Untersuchungen in folgende Sätze zusammen (Litt. No. 9, S. 149):

„I. In der Gegend um Dresden und Meissen sind die Glieder der Kreidegruppe ... jüngerer Entstehung als der Syenit ...

II. Jener Granit hingegen, welcher bei Zscheila Plänerkalkfragmente umschliesst, der bei Nieder-Fehre und bei Weinböhla Gänge im Syenit bildet, endlich der Granit, von dem der Jurakalk bei Hohenstein über den Quadersandstein gehoben worden, ist jünger, nicht nur in Vergleich zum Syenit, sondern auch was den Quader- oder Grünsandstein und den Plänerkalk betrifft.

Es erscheint mithin als sehr glaubhaft,

III. dass dieser jüngere Granit bei Weinböhla den Syenit ebenso über den Plänerkalk geschoben habe, wie der Jurakalk bei Hohenstein von ihm über den Quadersandstein getragen worden seyn dürfte. Die geringe Mächtigkeit der Granitgänge im Syenit bei Weinböhla ..., widerstreitet dieser Ansicht keineswegs; jene Gänge sind nur Verzweigungen sehr mächtiger Granitmassen, welche in grösserer Tiefe ihren Sitz haben."

Eine Verschiedenalterigkeit der rechts- und linkselbischen Granite und Syenite befürwortet auch Gumprecht (Litt. No. 12). Dagegen wendet er sich in den meisten Punkten gegen Weiss, Naumann und Leonhard. In der trennenden Thon- und Mergelschicht sieht er nicht ein Zerreibungsprodukt, sondern eine normale sedimentäre Bildung. Die weitgehende Zersetzung und Zertrümmerung des Granites und Syenites von Weinböhla sucht er durch die Schwefelsäure des reichlich vorhandenen zersetzten Eisenkieses zu erklären. Den wenig mächtigen Granitgängen, für deren Zusammenhang mit grösseren Granitmassen gar kein Anhalt vorliege, spricht er schon jede Fähigkeit, so gewaltige Gebirgsmassen zu heben, vollständig ab. Er ist also darin gegen die berühmtesten Geologen der damaligen Zeit ein Vorläufer und Verfechter der jetzt herrschenden Anschauung. Endlich bekämpft er trotz Münster das jurassische Alter des Hohnsteiner Kalkes und erklärt ihn für Pläner.

Die Gumprecht'sche Kritik gerade der Hauptbeweisgründe der vorigen machte böses Blut. In ziemlich gereiztem Tone antworten Naumann und Leonhard (Litt. No. 13 und Anmerkung daselbst S. 4). Leonhard schliesst seine Abweisung mit folgenden anzüglichen Worten:

„Nach mir waren die Herren von Buch und von Humboldt in Zscheila. Von solchen Koryphäen würde ich gerne Belehrung angenommen haben. — Es giebt mancherlei Mittel, zu einem Namen zu gelangen; aber nicht alle Wege führen nach Jerusalem!"

Bezeichnend für das Aufsehen, welches die geologischen Verhältnisse bei Meissen und Hohnstein in der wissenschaftlichen Welt erregten, sind die folgenden Sätze aus einem Brief L. von Buch's an Bronn im Jahre 1834 (Litt. No. 10):

„... Ich war mit Herrn Bernhard Cotta am 20. Mai (1834) in Hohnstein, und Sie können glauben, wie sehr ich aufgeregt war, diese wichtigen Orte zu sehen. Die Erscheinung ist eine der grössten in Europa: von der Gegend von Zittau bis Meissen ist dieses Aufliegen des Granites ununterbrochen, auf so lange Ausdehnung hin!"

Weinböhla hatte L. von Buch damals noch nicht gesehen, seine Bemerkungen beziehen sich wesentlich nur auf die Versteinerungen von Hohnstein.

1834 berichtet Weiss zur Versammlung deutscher Naturforscher zu Stuttgart an der Hand von Zeichnungen über die räthselhaften Verhältnisse in Sachsen (Litt. No. 11), und auf dem folgenden Naturforschertage in Bonn 1835 wird den zahlreichen anwesenden Geognosten ein von Humboldt, Weiss, Leonhard, Naumann, G. Rose und J. Nöggerath unterzeichneter Plan B. Cotta's unterbreitet: „Aufforderung an alle Geognosten

Deutschlands, sowie an alle Freunde der Geologie, durch gemeinschaftliche Beiträge eine mässige Geldsumme zusammenzubringen, mittelst welcher die Grenzverhältnisse des Granites zur Kreideformation in Sachsen bis zur Evidenz aufgeschlossen werden können." (Litt. No. 15, S. 26.) Es werden Actien zu einem Reichsthaler vorgeschlagen, für welchen ausser dem Verdienst, ein wichtiges Phänomen offen zu Tage gelegt zu haben . . ., ein Exemplar der zu druckenden Ergebnisse in Aussicht gestellt werden. Der Kostenanschlag beträgt 240—400 Reichsthaler. Zur Bonner Versammlung melden sich 32 Subscribenten mit 153 Actien. (Litt. No. 15, S. 28 9.) Die Zahl steigt auf 109 mit 356 Actien, darunter König Friedrich August und Prinz Johann von Sachsen mit je 15 Actien. (Litt. No. 18, S. 54—58.) Am Ende ergab sich eine Einnahme von 356 Reichsthalern gegenüber 859 Thalern Kosten.

Dem Aufruf von Cotta war eine klare und ausführliche Darstellung des Standes der Frage im Jahre 1835 beigegeben. Darin spricht Cotta zuerst deutlicher von einer Umkehrung der ursprünglichen Lagerungsverhältnisse bei Hohnstein; weiter führt er acht Punkte gegen das jüngere Alter auch des Granites an.

Mit diesem Aufruf von 1835 bemächtigt sich der junge, damals sechsundzwanzigjährige Bernhard Cotta der ganzen Angelegenheit und er führt sie mit rastlosem Eifer zur Entscheidung. Die berühmtesten Geologen der damaligen Zeit und des 19. Jahrhunderts liessen sich von Cotta an die Hauptpunkte des Problemes führen.

„So hatte ich allein in den letzten fünf Jahren (1833—1838) die Freude, die Herren Alexander von Humboldt, Leopold von Buch, von Leonhard, Nöggerath, Elie de Beaumont und Gustav Rose in diesen Gegenden zu begrüssen und auf ihren Wanderungen nach Hohnstein und Meissen zu begleiten." (Litt. No. 18, S. 1.)

Er leitet die vorgeschlagenen Entblössungsarbeiten und vollendet sie in den Jahren 1836 und 1837. In seinen „Geognostischen Wanderungen II, 1838" (Litt. No. 18) giebt er den versprochenen Bericht, den Actionären unentgeltlich. Zwar ist Weinböhla bei den Aufschlussarbeiten nicht berührt worden; diese entschieden aber ebenso über Hohnstein, wie über Weinböhla und alle anderen Orte mit gleichen oder ähnlichen Lagerungsverhältnissen auf der Linie Oberau-Jeschkengebirge. Aus den Zusammenstellungen und Folgerungen (Litt. No. 18, S. 47—53), welche die Ansichten in der ersten Darstellung überhaupt von Weiss (1827) vollständig bestätigen, obwohl Weiss nach einer Aeusserung Cotta's in Jena 1837 (Litt. No. 17) seine Ansicht wieder aufgegeben zu haben scheint, mögen nur einige kurze Stellen wörtlich angeführt werden.

„Der wirkliche Ueberhang (des Granites über den Sandstein bei Hohnstein) . . . ist jedenfalls sehr beträchtlich. Denkt man sich den Sandstein als nicht vorhanden, so bleibt . . . ein mindestens 200 Fuss vorspringender Granitüberhang, unter dessen Bedachung man die ganze Stadt Hohnstein bauen könnte, ohne den vorhandenen Raum damit zu erfüllen . . . Es scheint mir ebenso bedenklich einen so grossen frei hervorragenden Ueberhang als einst vorhanden anzunehmen, als es gefährlich sein würde, darunter zu wohnen. — Wenn man aber schon aus diesem einzigen Punkte mit ziemlicher Sicherheit hervorgeht, dass der Granit hier nicht vor dem Quadersandstein seine jetzige Stellung eingenommen haben kann, d. h. dass der Sandstein untergelagert, sondern der Granit erst später darüber gekommen ist, um wie viel mehr muss dann nicht die Annahme gewaltsamer Hebung des letzteren bestärkt werden, wenn man die lange Kette von ungewöhnlichen Lagerungsverhältnissen an seiner Südgrenze beachtet (S. 49) . . . Dass der Granit in unserem Falle nach der Ablagerung des Quadersandsteines eine Ortsveränderung in der Richtung von unten nach oben erlitten hat, kann wohl keinem

Zweifel mehr unterliegen; es fragt sich jetzt nur noch: in welchem Zustande dürfte er emporgetreten sein? — Die Prüfung der Grenzerscheinungen in dieser Rücksicht wird dem Leser wie dem Beobachter zeigen, dass dies ein trockener (fester) Zustand gewesen sein müsse (es folgen die bereits von Weiss vorgebrachten Beweise) . . . Es muss daher irgend ein uns unbekanntes Agens den Granit und Syenit . . . in der langen Ausdehnung der merkwürdigen Grenzlinie emporgeschoben, und hie und da — bei Hohnstein zugleich mit Juraschichten — über den Sandstein und Pläner hinweggeschoben haben, während Alles, was südlich von dieser Erhebungslinie liegt, ruhig in der alten Lage beharrte." (S. 53.)

Damit waren die Lagerungs- und Altersverhältnisse geklärt, und es ist daran bis zum heutigen Tage nichts geändert worden. Dagegen beanspruchte die Beantwortung der Frage nach der treibenden Kraft noch mehrere Jahrzehnte.

Noch 1849 sah H. B. Geinitz im Widerspruch mit den letzten Ergebnissen den Granit als treibende und bewegende Masse, indem er schreibt (Litt. No. 21, S. 53,54):

„Bei Weinböhla und in dem Eckertschen Kalkbruche sieht man eine ungefähr 800 Ellen lange Plänerwand, welche 14—16 Ellen durchschnittlich mächtig ist, durch oft 24 Ellen hohe Syenitmassen überdeckt, welcher durch den hinter ihm emporgedrungenen Granit über den Pläner gestürzt worden ist."

Einen bedeutenden Fortschritt in der Auffassung der Gebirgsbildung stellt Gutbier's Ansicht dar. In seinen „Geognostischen Skizzen" (Litt. No. 23) bringt er die Lausitzer Verwerfung und Ueberschiebung mit den Lagerungsveränderungen des Erzgebirges in Zusammenhang, setzt sie aber, wie H. B. Geinitz noch in seinen späteren Schriften (Litt. No. 27, S. 7; auch Isis Abh. 1895, S. 30—32), auf Rechnung basaltischer Emportreibungen.

Unterdessen war der Glaube an die gebirgsbildende Kraft der Eruptivgesteine besonders durch Suess in den siebziger Jahren beseitigt und die Lagerungsveränderungen in der Erdrinde durch die Schwerkraft und die daraus entspringenden tangentialen Druck- und Schubkräfte erklärt worden. Diese neue Auffassung fand auch schnell auf die Lausitzer Ueberschiebung Anwendung.

1875 und 1877 brachte H. Credner*) die sächsischen Erdbeben mit fortdauernden, wenn auch schwachen Lagerungsstörungen an der Lausitzer Verwerfung in Zusammenhang. Dechen (Litt. No. 28) fasst gegen Cotta die Bewegung nicht als einseitig auf, indem er den Granit als das gehobene und die Kreide als das gesunkene Gebirgsstück bezeichnet.

Suess (Litt. No. 31) sieht die ungewöhnlichen Lagerungsverhältnisse als Rückfaltungen an, hervorgebracht durch eine Bewegung des Riesen- und Isergebirges in nordöstlicher Richtung. Nicht die Hebung des Granites, sondern das Absinken des südlich von der Bruchlinie gelegenen inneren Gebirgsflügels hat die Aufrichtung der Kreide, sowie Einklemmung und Ueberstürzung der Juraschichten zur Folge gehabt. (Litt. No. 29, S. 5.)

Es bleibt nur noch eine interessante Erscheinung zu erwähnen übrig, welche Mitte der neunziger Jahre im südöstlichsten Bruch bei Weinböhla blossgelegt und von E. Kalkowsky (Litt. No. 34) beschrieben wurde. Den Pläner durchsetzte wie eine Mauer senkrecht zur Verwerfung ein Sand-

---

*) H. Credner: Bericht über das vogtländisch-erzgebirgische Erdbeben vom 23. November 1875. Zeitschr. f. ges. Naturw. 48, 1875, S. 246—268. — Derselbe: Das Dippoldiswaldaer Erdbeben vom 5. October 1877. Ebenda Bd. 50, S. 275. (Vergl. auch Litt. No. 28.)

steingang. Dieser stellte eine mit oligocänem verfestigtem Sand ausgefüllte Spalte dar, die durch Bewegungen, Erdbeben, gleichsam als Vorläufer der Lausitzer Verwerfung, im Pläner entstanden war.

Die Versteinerungen von Weinböhla sind von H. B. Geinitz (Litt. No. 21, 22, 27) beschrieben und abgebildet worden. Sie finden sich aufgezählt bei Siegert, Beck und Nessig. (Litt. No. 32, 35, 36.)

Bereits im Jahre 1899, mehr noch im Frühjahr 1900 nach dem langen strengen Winter, konnte man mit Bedauern die starken Verwüstungen, welche die Atmosphärilien im Bruch bei Weinböhla angerichtet haben, wahrnehmen. Bruchstückhaufen des ausserordentlich leicht verwitternden Plänerkalkes waren durch den Frost in sanft gewölbte Hügel kleiner Splitter und Scherbchen zusammengesunken. An manchen Orten fand man sauber ausgewaschene Versteinerungen. Nur kurze Zeit wird die in Fig. 2 abgebildete Wand, welche so prachtvoll die Umbiegung und Aufrichtung zeigte, der Verwitterung standhalten, ausserdem ist sie schon stark von dem darüberliegenden Sand überrollt. Im Frühjahr 1900 war das in Fig. 2 abgebildete tiefe Loch des Steinbruches hoch mit kalkreichem Wasser gefüllt, welches mit seiner milchigen blaugrauen Farbe an die Wässer der Kalkalpen zur Schneeschmelze erinnerte. Obwohl nach Herrmann (Litt. No. 37, S. 313) die Erschöpfung der Flötze, sowie die Erfolglosigkeit der Bemühungen, durch Bohrungen seitlich von den abgebauten Linsen neue Lagerstätten nachzuweisen, die Gründe für das Erlöschen des Abbaues waren, mag trotzdem die Hoffnung nicht aufgegeben werden, dass der jetzige Zustand und Verfall des Bruches von Weinböhla nur eine Ruhepause sei.

Cotta braucht in seinen geognostischen Wanderungen II, S. 1 folgendes hübsche Wortspiel: „Wie das alte Felsenschloss (Hohnstein) in früherer Zeit den feindlichen Angriffen der wohlgewaffneten Ritter „Hohn“ sprach, und daher seinen Namen ableitet, so scheint er diesen Namen auch in neuerer Zeit rechtfertigen zu wollen, indem die Felsen und Steine dieser Gegend den schulgerechten Geognosten verhöhnen.“ Auch Weinböhla hat an diesem „Verhöhnen“ theilgenommen. Aber nachdem das Räthsel gelöst war, verwandelten sich die Kopfschmerzen, die Rathlosigkeit der Geologen in eine erhebende Freude bei Betrachtung eines Profiles, wie Fig. 2 es darstellt. Vielleicht wird späteren Geschlechtern diese Freude, dieses geologische Vergnügen im schönsten Sinne wieder erschlossen.

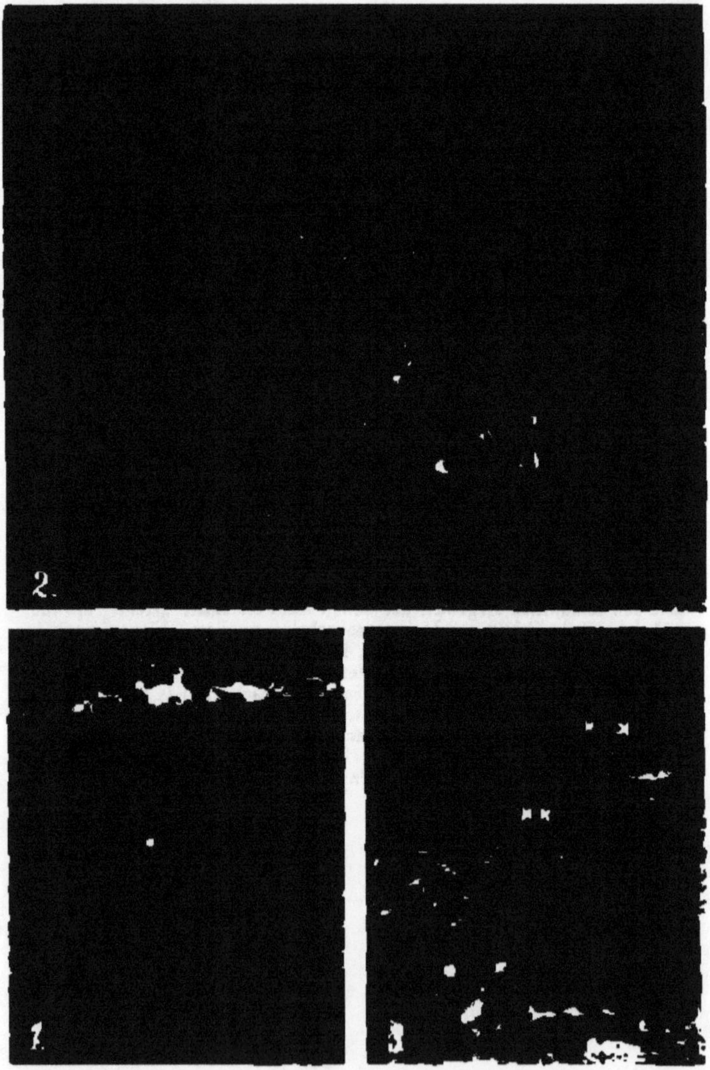
2.
1.
3

Abhandlungen

der

Naturwissenschaftlichen Gesellschaft

ISIS

in Dresden.

1900.

VIII. Die Gymnospermen der nordböhmischen Braunkohlenformation.

Von Dr. Paul Menzel.

Theil I.

Mit 8 Tafeln.

Seit Ettingshausen in seiner fossilen Flora des Tertiärbeckens von Bilin zum ersten Male eine grössere Darstellung der böhmischen Tertiärflora bot, hat sich die Zahl der aus den Schichten der Braunkohlenformation Böhmens bekannt gewordenen Pflanzen sehr erheblich vergrössert; nicht nur von den altbekannten Fundorten der Biliner Umgegend liegen zahlreiche Neuentdeckungen vor, vor Allem haben eine Reihe neuer Fundorte, zumal im Mittelgebirge und im Egerthale, eine überraschende Fülle von pflanzlichen Resten dargeboten, deren Bearbeitung in einer langen Reihe von Abhandlungen vorzugsweise Prof. H. Engelhardt zu danken ist.

Das reiche, bisher in verschiedenen einzelnen Localfloren beschriebene Material, zu dem noch eine Menge in mehreren Sammlungen aufbewahrter, noch nicht publicirter Funde hinzukommt, lässt mir eine vergleichende Zusammenstellung aus allen Fundorten der nordböhmischen Braunkohlenformation als eine dankbare Aufgabe erscheinen, und es soll im Nachstehenden versucht werden, die Gymnospermen des nordböhmischen Tertiärs zusammenhängend darzustellen.

Die Untersuchung gründet sich auf die bisher in der Litteratur beschriebenen Reste und auf das in verschiedenen Sammlungen aufbewahrte Material.

Die geologischen Institute der Deutschen Universität und der Deutschen Technischen Hochschule in Prag, das Böhmische Landesmuseum in Prag, das Museum in Teplitz, die Landwirthschaftliche Schule zu Liebwerd bei Tetschen, das Königl. Mineralogisch-Geologische Museum in Dresden und Herr Prof. Dr. Deichmüller in Dresden stellten mir in dankenswerthester Weise ihre tertiären Pflanzenreste zur Verfügung; weiteres Material bot mir meine eigene Sammlung.

A. Coniferae.

1. Abietineae.

Zu den Abietineae gehörige fossile Reste werden im Allgemeinen unter der Gesammtgattung *Pinus* zusammengefasst. Ihrer bieten die böhmischen Tertiärschichten eine reiche Menge; es sind Zapfen, einzelne Zapfenschuppen, Samen, Zweige, Kurztriebe und einzelne Nadeln sowie Blüthenkätzchen, die von verschiedenen Fundorten vorliegen. Fast immer sind diese Theile isolirt gefunden worden, nur einzelne nadelbüscheltragende Zweige und Samen im Zusammenhange mit Zapfen oder einzelnen Schuppen sind zu meiner Kenntniss gelangt, während Zapfen im natürlichen Zusammenhange mit Zweigen und Blättern bisher nicht vorgekommen sind. Es scheint mir daher nicht gerechtfertigt, Zapfen und Blattorgane zu bestimmten Arten zusammenzubringen, selbst wenn wiederholte Vergesellschaftung den Schluss auf deren Zusammengehörigkeit nahelegt, zumal auch von keiner der beobachteten Arten an anderen Orten Zapfen und Nadeln in natürlicher Verbindung bekannt sind. Ich ziehe deshalb vor, die einzelnen Organe getrennt zu behandeln, und unterlasse es auch, die vorliegenden Reste bestimmten Sectionen der Gattung *Pinus* zuzuweisen.

Zapfen.

Pinus oviformis Endl. sp. Taf. II, Fig. 1—4.

Pinites oviformis Endlicher: Syn. Conif., p. 287.
— — Goeppert in Bronn: Gesch. d. Nat. III, 2, p. 41.
— — — Monogr. d. foss. Conif., p. 224.
Conites stroboides Rossmässler: Altsattel, p. 40, t. 12, fig. 52.
Pitys stroboides Unger: Syn. pl. foss., p. 197.
— — — Gen. et sp. pl. foss., p. 364.
Pinus oviformis Engelhardt: Sitzungsber. Isis Dresden 1878, p. 8.
— — — Braunkohlenflora von Dux, p. 5 Anm.
— — — Foss. Pfl. v. Tschernowitz, p. 15, t. 1, fig. 1—8.
— — — Foss. Pfl. v. Grasseth, p. 17.
— — Sieber: Zur Kenntn. d. Nordb. Braunkohlenflora. Sitzungsber. Ak. d. Wiss. Wien 1880, p. 74, t. 1, fig. 1.
— — Schimper: Traité de pal. végét. II, p. 291.
Pinus rigios (d. Zapfen) Ettingshausen: Bilin I, p. 41, t. XIII, fig. 15.
? *Pinites striatus* Presl. in Sternberg: Vers. II, p. 202, t. 52, fig. 1—9.
— — Endlicher: Syn. Conif., p. 289.
— — Unger: Gen. et sp. pl. foss., p. 377.
— — Goeppert: Monogr. d. foss. Conif., p. 227.
Pitys striata Unger: Syn. pl. foss., p. 197.

Pinus strobilis ovatis, 8—12 cm longis, 5,5—8 cm latis; squamarum apophysi integra, compresso-tetragona, carina transversa arguta, umbone conico subrecurvo; seminibus ovatis.

Vorkommen: Zapfen dieser Art liegen vor aus dem Sandsteine von Tschernowitz, dem Basalttuffe von Waltsch, dem plastischen Thone von Preschen, aus dem Hangendletten der Braunkohle vom Concordiaschachte bei Weschen bei Teplitz, aus der Braunkohle von Thürmitz, aus Sphaerosideritknollen vom Lipneibusche bei Teplitz, aus dem Letten des Beustschachtes bei Brüx, aus einem glimmerreichen Thone von Komotau und aus dem Braunkohlenthone von Strahn bei Saaz.

Die Grösse der Zapfen schwankt zwischen 8 und 12 cm Länge bei 5,5 his 8 cm Breite; ihre Gestalt ist eiförmig bis länglich eiförmig. Die Schuppen, in 10—15 Spiralreihen angeordnet, sind nach dem Grunde zu ziemlich rasch verjüngt (Fig. 3b), sind in der Mitte der Aussenseite mit einer niedrigen Längsleiste versehen und tragen am freien Ende zusammengedrückt-rhombische Schilder, die in der Mitte des Zapfens am grössten sind und zwischen 12—20 mm Breite und 7—12 mm Höhe messen.

Die Apophysen sind stark verdickt und ragen stumpf kegelförmig vor, sie sind mit einem querverlaufenden, scharfen, meist etwas gebogenen Kiele versehen, in dessen Mitte sich aus länglich-rundem oder stumpfrhombischem Nabel ein kurzer, kräftiger, stumpfvierkantiger, etwas gekrümmter Dorn erhebt. Die Wölbung der Schuppenschilder ist bald oberhalb und unterhalb des Kieles die gleiche, bald ist die obere Hälfte stärker gewölbt; die Schilder tragen häufig eine oder zwei vom Nabel abwärts gehende, mässig hervortretende Längskanten; seltener finden sich vom Nabel aufwärts laufende Kanten.

Samen sind an längsgebrochenen Zapfen im Tschernowitzer Sandsteine zu beobachten; sie sind oval, 6—7 mm lang, 4 mm breit; Flügel derselben sind noch nicht aufgefunden.

Die Zapfen von *P. oviformis* Endl. sp. sind hauptsächlich in Abdrücken vorhanden; selten sind sie in Kohle erhalten; ein solcher ist Fig. 1 dargestellt; ein anderes in Kohle verwandeltes Exemplar von Thürmitz habe ich im Böhmischen Landesmuseum zu Prag gesehen; in Sandstein umgebildet bietet sie der Purberg von Tschernowitz.

Dass *P. oviformis* Ludwig, Palaeontogr. VIII, p. 76, t. XIV, fig. 3 von *P. oviformis* Endl. sp. verschieden ist, hat bereits Schimper, Traité de pal. végét. II, p. 266 hervorgehoben.

Ettingshausen giebt in der Flora von Bilin I, t. XIII, fig. 15 die Abbildung eines aufgebrochenen Zapfens von Preschen und bezeichnet ihn als *P. rigios* Ung. sp., ihn willkürlich mit den im plastischen Thone von Priesen entdeckten Nadeln der *P. rigios* combinirend. Das Exemplar ist mangelhaft erhalten, dementsprechend beschreibt es Ettingshausen auch nur kurz mit den Worten: „Strobilis ovato-oblongis, squamis apice incrassatis." Ich habe eine grössere Anzahl von Zapfen der *P. oviformis* aus derselben Fundstelle in den Händen gehabt, die genau dieselben Conturen der zerrissenen Schuppen aufweisen — auch unsere Fig. 3 zeigt solche — wie Ettingshausen's Zapfen, die aber durch wohlerhaltene Apophysen ihre Zugehörigkeit zu *P. oviformis* unzweifelhaft machen; ich halte daher auch den Zapfen der Biliner Flora für nicht verschieden von unserer Art.

Unter der Bezeichnung *Pinites striatus* Presl. sind in Sternberg's Vers. II, p. 202, t. 52, fig. 1—9 einige ziemlich mangelhafte Abdrücke von Zapfenfragmenten dargestellt; diese erwecken mir, zumal fig. 1, 2, 3 und 7, durchaus denselben Eindruck wie die Abdrücke abgerollter Zapfenbruchstücke von *P. oviformis*, deren Apophysen nicht mehr eine deutliche Sculptur erkennen lassen, — im Tschernowitzer Sandsteine sind solche häufig aufzufinden — oder wie die Längsbrüche von Zapfenabdrücken, deren der Prescbener Thon ähnliche bietet. Im Sternbergeum des Böhmischen Landesmuseums in Prag habe ich die Originale nicht aufgefunden, ich kann daher meine auf die erwähnten Abbildungen gegründete Ansicht ihrer Identität mit *P. oviformis* nur vermuthungsweise aussprechen.

Endlicher hält allerdings (Syn. Conif., p. 289) *Pinites striatus* Presl. für proprii generis.

Die Zapfen von *P. oviformis* Endl. sp. kommen denen der recenten *P. pinaster* Sol. aus Südeuropa nahe; unter den fossilen ist von unserer Art kaum zu unterscheiden *P. pinastroides* Unger, Iconogr., p. 29, t. XV, fig. 1 aus der Wetterau, eine Art, von der die gleichbenannten Zapfen von Fohnsdorf in Unger's Sylloge I, p. 10, t. III, fig. 1—8 abgetrennt werden müssen, wie bereits von Stur, Beitrag zur Kenntniss der Flora der Süsswasserquarze der Congerien- und Cerithienschichten, p. 72 hervorgehoben worden ist.

Pinus hordacea Rossm. sp. Taf. II, Fig. 5; Taf. III, Fig. 23—27.

Conites hordaceus Rossmässler: Altsattel, p. 40, t. 12, fig. 50, 51.
Pitys hordacea Unger: Syn. pl. foss., p. 197.
Pinites hordaceus Endlicher: Syn. Conif., p. 284.
Abietites hordaceus Goeppert in Bronn: Gesch. d. Natur III, 2, p. 41.
— — — Monogr. d. foss. Conif., p. 207, t. 29, fig. 9, 10.
Abies hordacea Schimper: Traité de pal. végét. II, p. 308.
Pinus hordacea [p. p.] Engelhardt: Sitzungsber. Isis Dresden 1876, p. 8.
— — — Foss. Pfl. v. Tschernowitz, p. 16, t. 1, fig. 5—9.

Pinus strobilis ovato-oblongis; squamis basi angustata sursum dilatatis, apice incrassatis, longitudinaliter striatis vel sulcatis; apophysi dimidiata, 3—5 angulari; umbone terminali.

Vorkommen: Im Sandsteine von Tschernowitz und Altsattel, im plastischen Thone von Preschen.

Diese Art war den älteren Autoren nur in den durch Rossmässler von Altsattel mitgetheilten Zapfenbruchstücken bekannt, deren höchst mangelhafter Zustand nur eine sehr ungenügende Diagnose gestattete, bis Engelhardt's Bearbeitung des Tschernowitzer Süsswassersandsteines aus diesem neue Belegstücke von Zapfenresten und einzelnen Schuppen zu Tage förderte. Die sehr wenig bestimmte Beschreibung Rossmässler's (Conites ovatus, squamis longis latisque) musste die Deutung der neuaufgefundenen Reste und ihre Identificirung mit Rossmässler's Art ausserordentlich erschweren, und daraus erklärt es sich, dass von Engelhardt verschiedenartige Reste unter der Bezeichnung *P. hordacea* zusammengefasst worden sind. Ich komme zu dieser Ueberzeugung, nachdem ich eine grössere Anzahl von Resten dieser Art von Tschernowitz und aus dem Preschener Thone untersucht habe.

Meine Ansicht gründet sich darauf, dass die Schuppen an dem von Engelhardt l. c., t. 1, fig. 4 abgebildeten Zapfenfragmente eine andere Beschaffenheit aufweisen als die von Engelhardt erwähnten isolirten Schuppen, deren verschiedene von diesem Autor selbst gesammelte und als *P. hordacea* bestimmte Exemplare sich in meinem Besitze befinden. Während der abgebildete Zapfen nämlich Schilder von durchaus dem Typus der apophyses integrae besitzt, Schilder, deren Placentarhöcker ein deutliches Dickenwachsthum mit abwärts gedrängter Spitze und einem quer verlaufenden Kiele darbieten, gehören die nicht selten vorkommenden isolirten Schuppen dem Typus derer mit apophyses dimidiatae an, deren Placentalhöcker vorwiegend durch Flächenwachsthum vergrössert ist, und die daher am oberen Theile nur mässig verdickt sind und die Spitze endständig in der Mitte des oberen Schuppenrandes tragen.

Diese wesentlichen Abweichungen veranlassen mich, Engelhardt's Fig. 4 von *P. hordacea* zu trennen und mit einem anderen später mitzutheilenden Reste zu einer neuen Art zusammenzustellen, dagegen die mit Rossmässler's Abbildungen correspondirenden Zapfenfragmente Engelhardt's und die von beiden Autoren angeführten vereinzelten Schuppen zu *P. hordacea* zusammenzufassen und die Diagnose dieser Art auf Grund der neuen Funde zu ergänzen.

Ein vollständiger Zapfen liegt leider nicht vor; die Zapfengrösse ist daher nicht festzustellen, sie scheint aber nicht unbeträchtlich gewesen zu sein; Fragmente und Längsbrüche, die in Tschernowitz nicht selten sind, — Engelhardt bildet l. c. einige ab — lassen eine länglich eiförmige Gestalt vermuthen.

Ich gebe Abbildungen eines Zapfenfragmentes von Preschen, das eine Anzahl Schuppen von ihrer Innenseite zeigt (Taf. II, Fig. 6), und mehrerer einzelner Schuppen (Taf. III, Fig. 23—27) von der Aussen- und Innenseite, zum Theil mit Samen; ich identificire diese Reste, da ihre Beschaffenheit den von Rossmässler und Engelhardt gegebenen Beschreibungen — abgesehen von des Letzteren Darstellung der Schuppenschilder — entspricht.

Die Schuppen besitzen eine beträchtliche Grösse, bis zu 6 cm Länge und bis 26 mm Breite; eine wahrscheinlich vom Zapfengrunde herrührende Schuppe ist Taf. III, Fig. 27 dargestellt, die nur 23 mm Länge bei 20 mm Breite misst. Aus schmalem Grunde verbreitern sie sich nach der Spitze zu allmählich und erreichen ihre grösste Breite kurz vor dem Ende, um dann eine abgerundete oder stumpf dreieckige Spitze zu bilden, deren Mitte einen kleinen, knopfförmigen, dreieckigen Nabel trägt. Die Aussenseite der Schuppen besitzt eine flache, drei- bis fünfeckige Apophyse, die in der Mitte eine vom endständigen Nabel nach der unteren Schildecke verlaufende, stärkere und seitlich von dieser mehrere ganz flache, vom Nabel radiär ausgehende Kanten aufweist. Der untere Schuppentheil ist aussen durch eine in der Mittellinie verlaufende Längskante ausgezeichnet, der an der Innenseite eine vertiefte Furche entspricht. Ausserdem sind Aussen- und Innenseite von feineren Längskanten und Furchen durchzogen. Die nur wenig dicken Schuppen besitzen ein sehr lockeres Gewebe, wie es auf Querbrüchen von Engelhardt l. c., Fig. 6, 7 dargestellt ist; die dort beschriebenen, auf den Bruchflächen sichtbaren Poren und die eben erwähnten Längskanten bez. Riefen dürften auf die in den Schuppen verlaufenden Leitbündel zurückzuführen sein; weiteren anatomischen Details nachzuforschen, erlaubt die Gesteinsbeschaffenheit nicht.

Die eben geschilderten Eigenthümlichkeiten der Schuppen und deren Gestaltung verrathen eine überaus grosse Aehnlichkeit mit den Schuppen von *Pinus*-Arten der Section *Strobus*; insbesondere auf die Gruppe *Eustrobus* (*P. Strobus* L., *P. excelsa* Wall.) weisen auch die Samen hin, während sie von denen der *Cembra*-Gruppe abweichen. Die Samen von *P. hordacea* sind eiförmig, 7—10 mm lang, 4–5 mm breit, sie besitzen schlanke, bis 3½ cm lange, in der Mitte 6 mm breite Flügel mit fast gradlinigem Innenrande, gleichmässig nach Spitze und Grund gekrümmtem Aussenrande und abgestumpfter Spitze (Taf. III, Fig. 23, 25; Engelhardt l. c., fig. 5), sie weichen von den genannten lebenden Arten dadurch ab, dass bei diesen die Samenflügel länger zu sein pflegen.

Der Umstand, dass häufig isolirte Schuppen gefunden werden, veranlasste Rossmässler und nach ihm Goeppert und Schimper zu der Vermuthung, dass unsere Art zu *Abies* gehören möchte; dem ist bereits Engelhardt entgegengetreten; der gesammte Bau der Schuppen und Samen stimmt keineswegs zu dem der entsprechenden Theile von *Abies*-Arten, zudem hat sich nie auch nur eine Andeutung verschieden gestalteter Frucht- und Deckschuppen, wie sie *Abies* zukommt, gezeigt, vielmehr deuten, wie oben ausgeführt, die vorliegenden Verhältnisse auf eine Verwandtschaft mit den Arten der Section *Strobus*.

Engelhardt glaubte, die l. c., t. 1, fig. 10 und 11 wiedergegebenen Nadeln und das Zweigstück l. c., t. 2, fig. 1 zu dieser Art stellen zu sollen; ich kann mich nicht dazu entschliessen, einzig auf Grund gemeinsamen Vorkommens Frucht- und Laubtheile zusammenzubringen, kann vielmehr die Tschernowitzer Nadeln und das Zweigstück, wie später auszuführen ist, nicht von dem als *P. rigios* Ung. sp. zu bezeichnenden Organen trennen.

Pinus ornata Sternbg. sp. Taf. II, Fig. 6—9.

Conites ornatus Sternberg: Vers. I, 4, p. 39. t. 55, fig. 1, 2.
Pitys ornata Unger: Syn. pl. foss., p. 197.
Pinites ornatus Unger: Gen. et sp. pl. foss., p. 364.
— — Goeppert in Bronn: Geschichte der Natur III, 2, p. 41.
— — — Monogr. der foss. Conif., p. 224.
— — Endlicher: Syn. Conif., p. 287.
Pinus ornata Brongniart: Prodr., p. 107.
— — Engelhardt: Isis, Sitzungsber. 1876, p. 9; 1878, p. 8.
— — — Tert. Pfl. d. Leitm. Mittelgeb., p. 61, t. 10, fig. 4.
— — — Foss. Pfl. v. Tschernowitz, p. 15, t. 2, fig. 4.
— — — Tert. Pfl. v. Waltsch, Verh. k. k. geol. R. A. 1880, p. 118.
— — Schimper: Traité de pal. végét. II, p. 291.

Pinus strobilis conicis vel oblongis, 3,5—9 cm longis, 2—5 cm crassis; squamarum apophysi integra, tetragona, planiuscula, radiatim striata, carina transversa prominentiore; umbone transversim-rhombeo, plano.

Vorkommen: Im Süsswassersandsteine von Tschernowitz und von Schüttenitz, im Basalttuffe von Waltsch, im plastischen Thone von Preschen. Die Zapfen sind hauptsächlich in Abdrücken vorhanden, einige wenige haben mir in wirklich versteinertem Zustande vorgelegen, wie der Zapfen Taf. II, Fig. 6 aus dem Böhmischen Landesmuseum in Prag.

Die Grösse der Zapfen schwankt bei Exemplaren verschiedenen Alters innerhalb weiter Grenzen; der grösste, den ich sah, mass 9 cm Länge bei 5 cm Breite, der kleinste 3½ cm Länge bei 2 cm Breite.

Die Zapfen sind von schlanker, kegelförmiger Gestalt und haben die grösste Breite kurz oberhalb der Basis; zuweilen ist die Form mehr länglich eiförmig; sie sind meist symmetrisch, seltener steht der Stiel, wie ich an Exemplaren von Tschernowitz beobachtet habe, excentrisch am Zapfengrunde; die Zapfen standen daher wenigstens theilweise am Zweige zurückgebogen.

Wie die Zapfen variiren auch die Schuppen in der Grösse; die Apophysen weisen Breitenmaasse zwischen 7 und 16 mm, Höhen zwischen 6 und 11 mm auf. Die Apophysen sind fast ganz flach, von rhombischem, selten durch gegenseitigen Druck unregelmässig fünfseitigem Umriss; der obere Rand ist abgerundet oder stumpfwinkelig, selten, wie im oberen Theile des Taf. II, Fig. 8 abgebildeten Zapfens, spitzwinkelig; quer über die Schilder verläuft ein schmaler, aber deutlich hervortretender Kiel, dessen Mitte einen verhältnissmässig grossen, querrautenförmigen, nur wenig vortretenden, stumpfen, in der Mitte zuweilen etwas vertieften Höcker trägt.

Obere und untere Hälfte der Apophyse sind radiär gestreift, und beide tragen meist je in der Mitte eine schärfer hervortretende Längsleiste, die an einzelnen Exemplaren in der oberen Schildhälfte besonders deutlich ausgeprägt ist; vor Allem ist dies dann der Fall, wenn der obere Schildrand spitzwinkelig ausgezogen ist (Fig. 8). Hin und wieder ist die obere Apophysenhälfte etwas stärker gewölbt als die untere.

Engelhardt erwähnt von Schüttenitz ein Zapfenbruchstück mit eiförmigen Samen; mir sind nur an einigen Zapfenfragmenten Samengruben als eiförmige Vertiefungen am Schuppengrunde zu Gesicht gekommen.

Schon von Sternberg ist die Aehnlichkeit der Zapfen von *P. ornata* mit denen von *P. halepensis* Mill. hervorgehoben worden; ich kann die grosse Uebereinstimmung beider nach der Vergleichung des mir zu Gebote stehenden Materials an fossilen und lebenden Zapfen durchaus bestätigen. Die gegenwärtige Verbreitung der lebenden Art im Mittelmeergebiete lässt einen genetischen Zusammenhang beider nicht unwahrscheinlich erscheinen.

Engelhardt vereinigt mit *P. ornata* Bruchstücke von zweinadeligen Kurztrieben (Mittelgebirge, p. 62, t. 10, fig. 5—7); dieselben sind nicht vollständig erhalten, stimmen aber zu Nadeln, die ich zum Theil noch an Zweigen befestigt von Waltsch kennen gelernt habe und die von der Belaubung der *P. halepensis* nicht abweichen. Ich komme später auf diese zurück.

Pinus Laricio Poir. Taf. II, Fig. 10—14; Taf. III, Fig. 7—10, 22.

Pinus Laricio Heer: Balt. Flora, p. 22, t. I, fig. 1—18.
— — Ettingshausen: Beitr. z. Erforsch. d. Phylogenie der Pflanzenarten. Denkschr. kais. Akad. d. Wiss., math. nat. Cl., XXXVIII. Bd., p. 73, 75, 76, t. VI, fig. 1, 2, 4; t. VII, fig. 1, 3—11; t. VIII, fig. 4a, 5a, 6; t. IX, fig. 11, 12; t. X, fig. 2a, 3—5.
— — — Fossile Flora von Leoben I, p. 16, t. II, fig. 6, 7.
— — Menzel: Beitr. z. Tert. Fl. v. Kundratitz. Abhandl. Isis Dresden 1896, p. 5, t. I, fig. 1.
— — Schimper: Traité de pal. végét. II, p. 267.
Pinites Thomasianus Goeppert: Der Bernstein und die in ihm enthaltenen Pflanzenreste, p. 92, t. III, fig. 12—21.
— — — Monogr. d. foss. Conif., p. 226, t. 36, fig. 5—9.
— — Endlicher: Syn. Conif., p. 289.
— — Unger: Gen. et. spec. pl. foss., p. 366.
— — Weber: Tert. Flora d. niederrhein. Braunkohlenformat. Palaeontogr. II, p. 50.
Pinus Induni Massalongo. (Nach Angabe von Heer, l. c. p. 24).*)

Pinus strobilis subsessilibus, ovoideo-conicis vel oblongis, 5—8 cm longis, 2,5—5 cm crassis; squamarum apophysi integra, rhomboidali, convexa, carina transversa elevata, latere superiore plerumque convexiore, umbone rhombeo, mutico vel subspinato; seminum ala nucula bis triplove longiore, apice augustata.

*) Wo *Pinus Induni* von Massalongo publicirt worden ist, habe ich nicht in Erfahrung bringen können; in der Flora tertiaria italica von Meschinelli und Squinabol ist sie nicht verzeichnet.

Eine eingehende Untersuchung fossiler Reste dieser Art und den darauf gegründeten Nachweis, dass diese nicht von den Organen der lebenden *P. Laricio* zu trennen sind, hat Heer in seiner baltischen Flora geliefert; er kannte die Art aus dem Samlande, aus den rheinischen Braunkohlen und aus der Lombardei; es ist von Interesse, sie nunmehr auch aus den böhmischen Tertiärschichten nachweisen zu können.

Sie ist in Böhmen gefunden worden im Sandsteine von Tschernowitz und Davidsthal, im Basalttuffe von Waltsch, im plastischen Thone von Preschen, im Brandschiefer des Jesuitengrabens und in den Cyprisschiefern von Grasseth und Krottensee, und zwar liegen von ihr vor Zapfen, einzelne Schuppen und Samen.

Die Zapfen sind von sehr verschiedener Grösse — ebenso wie bei der recenten Art und ihren Varietäten. Die kleinsten mir vorliegenden messen 6 cm Länge bei 2.7 cm Breite, der grösste (Taf. 2, Fig. 10) — mit *P. Laricio* var. *Pallasiana* vergleichbar und dem von Goeppert, d. Bernstein, t. III, fig. 19 abgebildeten ähnlich — 8 cm Länge und 5 cm Breite. Heer hat nach der Gestalt und Grösse der Zapfen mehrere Formen unterschieden, auch mir kamen kleine und grössere, kurz-ovale Zapfen neben solchen von eiförmiger und kegelförmiger Gestalt zu Gesicht. Ihr Erhaltungszustand ist ein verschiedener; meistens liegen nur Abdrücke vor, seltener sind die Zapfen selbst erhalten. Auf Taf. II sind mehrere Zapfen und Bruchstücke von solchen wiedergegeben: Fig. 11 stellt einen aufgesprungenen reifen Zapfen dar; bei dem grossen Zapfen Fig. 10 sind die Schuppenschilder grossentheils abgerieben, und nur einzelne lassen noch die charakteristische Sculptur erkennen, die die Bestimmung ermöglichte.

Die Schuppen haben eine Länge von 15—30 mm; die Apophysen sind stark gewölbt, rhombisch, selten mehreckig, breiter als lang; sie messen 7—15 mm Breite bei 6—9 mm Höhe, ganz am Grunde und an der Spitze der Zapfen stehen noch kleinere, nicht völlig ausgebildete Schuppenschilder. Eine erhabene Querleiste theilt die Schilder in zwei Hälften, diese sind bald gleich stark gewölbt, bald ist die Wölbung der oberen Hälfte stärker; die Schilder erscheinen danach entweder pyramidenförmig oder mehr hakenförmig. Die Mitte des Kieles trägt einen querrhombischen, scharf begrenzten, erhöhten Nabel, der entweder stumpf ist oder ein kleines Würzchen — keinen spitzen Stachel — besitzt. Ueber die Mitte der unteren Apophysenhälfte verläuft nicht selten eine schwach ausgeprägte Längskante, die sich zuweilen auch auf den bedeckten Theil der Zapfenschuppe fortsetzt.

Samen sind von Heer beschrieben und abgebildet worden, die denen der lebenden Art entsprechen, und Ettingshausen hat (Beiträge zur Phyllogenie l. c.) eine ganze Musterkarte von Samen lebender und fossiler *P. Laricio* mitgetheilt. Sie bestehen aus einem ovalen Nüsschen von 4—8 mm Länge und 2—5 mm Breite und einem bis 20 mm langen und bis 6 mm breiten Flügel, der sich aus breitem Grunde allmählich nach vorn verschmälert, eine stumpfabgerundete Spitze besitzt, und dessen Innenrand wenig, dessen Aussenrand dagegen stark gebogen verläuft.

Die Beschaffenheit der Samen, Grösse und Gestalt der Samenflügel sind bei den recenten Arten recht variabel; die verkümmerten Samen und Schuppen an Basis und Spitze der Zapfen weichen oft wesentlich von den ausgebildeten Samen aus der Zapfenmitte ab; man kann sich davon durch die Untersuchung jedes beliebigen Zapfen überzeugen. Je mehr Samen von lebenden *Pinus*-Arten ich untersucht habe, desto mehr bin ich zu der Ueberzeugung gekommen, dass diesen für die einzelnen Arten ganz sichere Unterscheidungsmerkmale nicht zukommen; und eine Art, die wie *P. Laricio* in mehreren Varietäten schon verschieden gebildete Zapfen aufweist (vergl. die typische Form und die var. *Pallasiana*), bietet nicht weniger Verschiedenheiten in der Bildung der Samen und Samenflügel; die beiden citirten Werke von Heer und Ettingshausen geben eine grössere Anzahl ziemlich verschieden gestalteter Samen als zu *P. Laricio* gehörig wieder.

Es scheint mir überaus misslich, isolirt gefundene Samen bestimmten Arten zuzuweisen, und es erscheint mir auch mindestens gewagt, wenn Ettingshausen in seiner scharfsinnigen Abhandlung über die Phyllogenie der deutschen *Pinus*-Arten so variable Gebilde wie die Coniferensamen mit dazu benützt, Uebergangsformen aufzustellen und einen Stammbaum der gegenwärtigen deutschen Kiefernarten zu errichten.

Nur mit Vorbehalt stelle ich infolgedessen eine Reihe einzelner in den böhmischen Tertiärschichten aufgefundener Samen zu *P. Laricio:*

Taf. III, Fig. 7 und 8 entsprechen Samenformen, die bei *P. Laricio* häufig zu beobachten sind;

Taf. III, Fig. 22 stellt eine Schuppe von der Innenseite mit zwei wohlerhaltenen Samen dar, deren Flügel eine feine Querrunzelung erkennen lassen; Flügelsamen derselben Beschaffenheit haben sowohl Heer wie Ettingshausen zu *P. Laricio* gestellt (vergl. u. a. Heer l. c., t. I, fig. 9; Ettingshausen l. c., t. VII, fig. 2), auffällig erscheint hier aber die im Verhältniss zur Schuppe geringe Grösse der Flügel; die Flügel der wohl als reif anzusprechenden Samen reichen hier nur bis wenig über die Mitte der Schuppe, während ich bei recenten Zapfen von *P. Laricio* als Regel beobachtete, dass die Samenflügel mindestens $^2/_3$ der inneren Schuppenfläche bedecken.

Zwei weitere Exemplare können möglicherweise noch in den gestaltenreichen Formenkreis der *P. Laricio*-Samen gestellt werden:

Taf. III, Fig. 10 ist eine Copie des von Engelhardt, Cyprisschiefer, t. VII, fig. 9 abgebildeten, als *P. furcata* Ung. sp. bezeichneten und mit *Pinites furcatus* Unger, Iconographie, p. 27, t. XIV, fig. 7, 8 verglichenen Samens, und Taf. III, Fig. 9 stellt eine Copie dar von Engelhardt, Cyprisschiefer, t. VII, fig. 8, die dieser Autor als vielleicht zu *P. rigios* Ung. sp. gehörig bezeichnet. Ich fasse, wie noch auseinanderzusetzen sein wird, *P. rigios* nur als Bezeichnung für bestimmte *Pinus*-Laubblätter auf und habe den als *P. rigios* bezeichneten Zapfen Ettingshausen's (siehe oben S. 51) von diesen Nadeln abgetrennt; diese beiden Samen (Taf. III, Fig. 9 und 10) können vielleicht zu *P. Laricio* gezogen werden; ähnliche Samen sind wenigstens von Ettingshausen l. c., t. VII, fig. 4 und D zu dieser Art gestellt worden.

Pinus Engelhardti nov. spec. Taf. III, Fig. 28.

Syn. *Pinus hordacea* (p. p.) Engelhardt: Foss. Pfl. v. Tschernowitz, p. 16, t. I, fig. 4.

Pinus strobilis magnis; squamis latis; squamarum apophysi integra, rhomboidea, crassa, elongata, compresso-pyramidata, linguaeformi, recte patente vel subrecurva, obtusa; umbone brevi, obtuso.

Das Dresdener Königl. Mineralogisch-Geologische Museum bewahrt ein Stück einer Sphaerosideritknolle vom Franz Joseph-Schacht bei Thürmitz mit dem Abdrucke des Bruchstückes eines grossen *Pinus*-Zapfens, der mir durch die auffällig tiefen Eindrücke der Schuppenschilder bemerkenswerth erschien. Durch einen Wachsabguss des vorliegenden Stückes gelang es, ein anschauliches Bild des Zapfen-Fragmentes zu gewinnen, und nach diesem wurde die Reconstruction des Zapfens (Taf. III, Fig. 28) versucht. Die ausgeführte mittlere Partbie der Abbildung stellt das im Abdruck einzig Erhaltene dar.

Das Bruchstück lässt auf einen Zapfen von erheblicher Grösse schliessen; im Abdrucke sind zehn Schilder vollständig, die benachbarten neun theilweise erhalten; das Knollenstück lässt die scharfen Grenzen der Apophysen als breite, rhombische oder fünfeckige, oben meist flach gerundete Gestalten von 22—28 mm Breite bei 10—13 mm Höhe erkennen. Die Gestalt der Apophysen verdeutlicht der Wachsabguss. Dieselben sind stark verdickt und erheben sich auf der breiten, unregelmässig rautenförmigen Grundfläche zu flach zusammengedrückten, fast zungenförmigen Pyramiden von 13—15 mm Höhe, die vorn stumpf abgerundet sind, auf der Spitze einen kleinen, länglichen stumpfen Nabel tragen, an beiden Seiten von einem scharfen Kiele begrenzt werden und gerade oder schwach zurückgebogen vom Zapfen abstehen. Obere und untere Hälfte der Apophysen sind von je einer feinen, aber scharfen mittleren und zwei schwächeren seitlichen Längskanten bedeckt.

Der leider nur in einem unbedeutenden, aber scharf ausgeprägten Bruchstücke erhaltene Zapfen schliesst sich in der Bildung der Apophysen an die Zapfen der beiden lebenden zur Gruppe *Taeda* gehörigen Arten *P. longifolia* Roxb. aus Nepal und *P. Gerardiana* Wall. vom Himalaya am nächsten an.

Bei der Besprechung von *P. hordacea* Rossm. sp. habe ich oben, S. 52, angeführt, dass ich den Zapfen, den Engelhardt in „Die foss. Pfl. des Süsswassersandsteines von Tschernowitz", t. 1, fig. 4 abgebildet, von dieser Art zu trennen veranlasst bin. Engelhardt giebt an: „Der freie Theil der Schuppen ist gross, stark aufgequollen, gebogen, mit länglichem kleinen Nabel und wellig gebogenem Kiele versehen" und „in der Mitte der Schuppen befindet sich eine hervortretende Längskante". Diese Beschreibung stimmt in allen Theilen zu den Merkmalen unserer Art; auch die Engelhardt'sche Abbildung lässt sich mit dem vorliegenden Abdrucke in Einklang bringen, wenn man bei beiden verschiedene Entwickelungszustände annimmt; während es sich beim letzteren um einen geschlossenen Zapfen handelt, scheint das Tschernowitzer Bruchstück einem aufgesprungenen Zapfen angehört zu haben. Es ist mir leider nicht möglich gewesen, das Originalexemplar Engelhardt's zu vergleichen, da mir dessen gegenwärtiger Aufbewahrungsort unbekannt ist.

Pinus horrida nov. spec. Taf. IV, Fig. 1.

Pinus strobilis conicis; squamarum apophysi elevato-pyramidata, patente vel recurva; umbone acuto, elongato.

Aus dem plastischen Thone von Preschen besitze ich einen längsgespaltenen Zapfen, der Taf. IV, Fig. 1 photolithographisch wiedergegeben ist.

Der mangelhafte Erhaltungszustand erlaubt leider nicht, eine genaue Beschreibung des Zapfens zu geben, der von allen bisher aus tertiären Schichten bekannt gewordenen abweicht. Es handelt sich um einen kegelförmigen Zapfen von 7 cm Länge und 3,5 cm grösster Breite, der sich aus breiter Basis gleichmässig nach der Spitze zu verjüngt und schwach gekrümmt ist. Einzelne messbare Schuppen am Zapfengrunde weisen eine Länge von 2 cm auf. Deutliche Apophysen sind nicht zu erkennen; der Rand des Abdruckes zeigt nur die Aufbrüche erhöhter, abstehender oder zurückgekrümmter Schuppenschilder, die anscheinend von einem langen, dornigen Nabel gekrönt sind.

Die Beschaffenheit des Stückes verhindert, Beziehungen zu lebenden Zapfen aufzusuchen; erwähnt sei nur, dass seine Conturen Aehnlichkeit mit denen der Zapfen von *P. inops* Sol. aus Nordamerika darbieten. Es muss weiteren Funden überlassen werden, besseren Aufschluss über diesen Zapfen zu bringen.

Als *Pinites ovatus* Presl. wird in Sternb. Vers. II, p. 202, t. 52, fig. 10 ein Coniferenrest von Altsattel bekannt gegeben mit der Diagnose:

P. strobilo ovato-subgloboso; squamis imbricatis, adpressis, lineari-oblongis; seminibus ovato-subrotundis, ala angusta cinctis; rhachi crassa.

Derselbe ist ferner citirt bei:

Goeppert: Monogr. der foss. Conif., p. 227.
Unger: Gen. et. sp. pl. foss., p. 376.
— Synops. pl. foss., p. 197.
Endlicher: Synops. Conif., p. 289.

Ich erwähne dieses Fossil, dessen Original mir im Sternbergeum zu Prag nicht zu Gesicht gekommen ist, nur, um die Liste der aus böhmischen Tertiärablagerungen mitgetheilten *Pinus*-Zapfen vollständig zu geben. Die Zuweisung derselben zu einer bestimmten Art oder gar die Begründung einer besonderen Art auf dasselbe scheint mir aber durchaus nicht gerechtfertigt. Das Bruchstück bietet nichts Charakteristisches; es ist nichts weiter, als das Stück einer Zapfenspindel mit einigen Samen und Schuppenansätzen, das irgend einer der bekannten Arten angehören kann.

Samen.

Samen, die der Gattung *Pinus* zuzuweisen sind, gehören im böhmischen Tertiär nicht zu den Seltenheiten. Sie finden sich theils isolirt, theils im Zusammenhang mit den Zapfen oder einzelnen Zapfenschuppen, so bei *P. oviformis* und *P. ornata*, deren Samen ohne die Flügel, und bei *P. hordacea* und *P. Laricio*, deren vollständige Samen bekannt und im Vorstehenden beschrieben worden sind; zu *P. Laricio* wurden ausserdem — wenn auch mit Vorbehalt — einige isolirte Samen gestellt, die theilweise bereits unter anderer Benennung in der Litteratur verzeichnet waren.

Neben diesen sind mir noch einige weitere vereinzelte Flügelsamen bekannt geworden; ich führe sie an, ohne aber aus den oben angegebenen Gründen ihnen bestimmte Artnamen beizulegen.

Taf. III, Fig. 5a, vergrössert 5b, ist ein Same aus dem Cyprisschiefer von Krottensee.

Der Same ist 6 mm lang, 2 mm breit, unten abgerundet, nach oben schief zugespitzt, schräg gestreift; der Flügel ist 14 mm lang mit fast geradem Innenrande, stark gebogenem Aussenrande und stumpfgerundeter Spitze; oberhalb der Mitte erreicht er mit 4 mm seine grösste Breite; der Same selbst ist flach; vielleicht handelt es sich um einen tauben Samen.

Ich vermag nicht, ein Analogon unter den recenten *Pinus*-Samen für den vorliegenden anzuführen, wenn schon ich Samen von ähnlicher Bildung, aber von viel bedeutenderer Grösse von *P. canariensis* Smith gesehen habe. Fast übereinstimmende fossile Samen sind von Ettingshausen, Foss. Flora von Schoenegg bei Wies I, p. 15, t. I, fig. 83—85 als *P. stenosperma* beschrieben worden.

Taf. III, Fig. 6 stammt ebenfalls aus den Cyprisschiefern von Krottensee; der schräg gestellte ovale Same misst 5 mm Länge und 3 mm Breite; sein Flügel ist verkehrt eiförmig, an beiden Rändern, und zwar stärker am Aussenrande gebogen, vorn breitabgerundet, nach dem Grunde zu verschmälert und erreicht eine Länge von 12 mm und etwas oberhalb der Mitte eine Breite von 6 mm.

Dieser Same erinnert an die Bildung der Samen verschiedener *Picea*-Arten, z. B. unserer *P. excelsa* Link, der *P. Khutrow* Royle (Himalaya) und der *P. orientalis* L. (Kl. Asien), in der Flügelform auch an *Pinus lanceolata* Ung. sp. (Unger, Iconogr., p. 22, t. XII, fig. 6; Syll. pl. foss. III, t. XX, fig. 4).

Taf. III, Fig. 11 ist eine Copie des von Engelhardt, Cyprisschiefer, p. 136, t. VII, fig. 10 als *Pinus pseudonigra* mitgetheilten Samens. Er ist klein (1 mm breit, 2 mm lang), elliptisch; der Flügel ist 10 mm lang, 3 mm breit, am Grunde verschmälert, an der Spitze etwas gestutzt (falls er an dieser Stelle nicht etwa zerstört ist), mit geradem Innenrande und gebogenem Aussenrande. Engelhardt vergleicht ihn mit den Samen von *P. nigra* Link aus Nordamerika.

Taf. III, Fig. 12 endlich ist eine Copie des Samens, den Engelhardt, Flora der Tertiärschichten von Dux, p. 24, t. 2, fig. 39 aus dem Letten von Ladowitz anführt.

Der Same ist sehr klein, kaum 1 mm breit und 2 mm lang, der Flügel 13 mm lang, in der Mitte 5 mm breit; nach Spitze und Basis verschmälert, vorn zugespitzt, mit schwach gebogenem Innenrande und stark gebogenem, etwas geschweiftem Aussenrande. Er kommt den Samen von *Picea rubra* Link (Nordamerika) nahe.

Männliche Blüthen.

Abdrücke, die als männliche Blüthen der Gattung *Pinus* zugeschrieben werden, sind in der Litteratur nicht selten verzeichnet. Zumeist lassen solche Abdrücke nicht eben viel Genaues erkennen: es sind längliche Kätzchen, die gewöhnlich im Längsbruche vorliegen und Längsschnitte der gestielten schuppenförmigen Staubblätter darbieten. Derartige Fossilien liegen auch aus Böhmen vor.

Taf. III, Fig. 13 stellt ein Blüthenkätzchen aus dem Sandsteine des Steinberges bei Davidsthal, nahe Falkenau, dar, ein schlankes, 23 mm langes, 5 mm dickes Kätzchen, das mit zahlreichen Staubblattbruchstücken besetzt ist. Sehr ähnliche Blüthenkätzchen sind u. a. von Ettingshausen, Beiträge zur Phyllogenie der Pflanzenarten, t. X, fig. 3, 4 zu *P. Laricio* Poir. gezogen worden; da aber nicht mehr als nur eben der Kätzchencharakter der Blüthe und ihre Grösse festzustellen sind, von der Form der Staubblattschuppe aber nichts zu erkennen ist, muss füglich eine nähere Bestimmung unterbleiben.

Taf. III, Fig. 14 giebt ein kleines, rundliches Kätzchen aus dem Cyprisschiefer von Krottensee wieder, welches noch weniger als das vorige Einzelheiten erkennen lässt; es ist 10 mm lang, 5 mm breit und besitzt noch am Grunde eine kleine pfriemliche Hüllschuppe.

Taf. III, Fig. 15a ist ein Fund aus dem Preschener Thone wiedergegeben, der weit besser als die eben genannten eine Untersuchung gestattet. Es liegt die Spitze eines Zweiges mit noch fast geschlossener Gipfelknospe vor; unterhalb von dieser stehen gedrängt eine Anzahl männlicher Blüthenkätzchen, die bei 6 mm Dicke eine Länge bis zu 27 mm erreichen. Der Abdruck ist dadurch ausgezeichnet, dass sich an den Kätzchen einzelne der zahlreich vorhandenen Staubblätter getreu in ihrer Form erhalten haben. Fig. 15b und 15c geben vergrösserte Ansichten der Staubblätter von der Seite und von vorn; deutlich ist die am unteren Rande excentrisch gestielte Schuppe zu erkennen, deren flacher Endtheil von stumpffünfeckigem Umriss einen Durchmesser von 1,5 mm besitzt, radiär zart gestreift ist und etwas unterhalb des Centrums eine punktförmige Vertiefung trägt, von der aus nach beiden Seiten Furchen verlaufen. Die Antheren von *P. Laricio* Poir. und von *P. halepensis* Mill. bieten ähnliche Gestaltungsverhältnisse dar.

Laubblätter und Zweige.

Coniferenblätter gehören im böhmischen Tertiär durchaus nicht zu den Seltenheiten; es finden sich zwei- oder dreinadelige Kurztriebe, isolirt oder in Zusammenhang mit Zweigen, die ohne Zweifel zu *Pinus*-Arten gestellt werden müssen; selten sind benadelte Langtriebe erhalten, die vielleicht Formen von *Abies* oder *Tsuga* entsprechen.

Pinus rigios Ung. sp. Taf. III, Fig. 1, 2, 3; Taf. IV, Fig. 2.

Pinites rigios Unger: Gen. et spec. pl. foss., p. 362.
— — — Iconogr., p. 25, t. XIII, fig. 5.
Pinus rigios Ettingshausen: Bilin I, p. 41, t. XIII, fig. 11, 12.
— — — Beitr. z. Erf. d. Phyllog. d. Pflanzenarten, t. IV, fig. 6.
— — Engelhardt: Cyprisschiefer, p. 136, t. VII, fig 6—7; t. IX, fig. 1.
— — — Foss. Pfl. Nordböhmens, Lotos 1895, p. 2 und 8.
— — — Foss. Pflanzenreste v. Natternstein, Lotos 1896, p. 3.
— — Wentzel: Verh. d. k. k. geol. Reichsanstalt 1881, p. 90.
— — Schimper: Traité de pal. végét. II, p. 276.
Pinus hordacea (p. p.) Engelhardt: Foss. Pfl. v. Tschernowitz, p. 16, t. 1, fig. 10, 11; t. 2, fig. 1.

Pinus foliis ternis, 18—24 cm longis, 2—2,5 mm latis, rigidis; vaginis 2 cm longis.

Nadeln dieser Art sind sehr häufige Funde, vereinzelt kommen Zweige vor. Sie sind bekannt aus den Thonen von Preschen und

Priesen, aus den Polierschiefern vom Natternstein bei Zautig und von Warnsdorf, aus Basalttuffen von Liebwerd, aus den Cyprisschiefern von Krottensee, Falkenau und Grasseth, aus Erdbrandgesteinen des Duppauer Gebirges und aus dem Süsswassersandsteine des Purberges bei Tschernowitz.

Ich beziehe die Bezeichnung *P. rigios* lediglich auf Blatt- und Stengelorgane.

Unger hat die Art auf das Vorkommen von Nadelbüscheln im Thone der Biliner Gegend begründet; von Ettingshausen sind damit Zapfen und Samen zusammengebracht worden, die ich von den Nadeln abzutrennen genöthigt bin (siehe oben S. 61).

Die Nadeln stehen zu dreinadeligen Kurztrieben vereinigt, sind am Grunde von einer bis 2 cm langen Scheide umgeben und erreichen eine Länge von 18—24 cm bei einer Breite von 2—2,5 mm; sie weisen eine zarte Längsstreifung auf; soweit sie mit der Bauchseite vorliegen, sind sie von einer scharfen Längskante durchzogen; Spuren von Spaltöffnungen konnte ich an keiner der vielen mir vorliegenden Nadeln erkennen. Nach dem vorderen Ende zu sind die Nadeln allmählich zugespitzt; vereinzelt beobachtete ich Nadeln, die an der Spitze gespalten sind, eine Erscheinung, die sicher nur auf Druck zurückzuführen ist.

In seiner Arbeit über die fossile Flora des Süsswassersandsteines von Tschernowitz hat Engelhardt t. 1, fig. 10, 11 dreinadelige Kurztriebe abgebildet und zu *P. hordacea* Rosm. sp. bringen zu sollen geglaubt, die sich nach den Abbildungen nicht von denen der *P. rigios* unterscheiden, und die ich deshalb hierher ziehe.

Taf. III, Fig. 1—8 sind mehrere wohlerhaltene Kurztriebe von Preschen und Falkenau wiedergegeben.

Taf. IV, Fig. 2 bringt die photolithographische Wiedergabe eines grossen Zweigstückes mit zahlreichen Nadelbüscheln von Preschen. Eine Platte von demselben Fundorte, die ich im böhmischen Landesmuseum in Prag sah, ist von einem 9 cm langen Zweigende mit vielen wohlausgeprägten Nadelbündeln dieser Art bedeckt; dieses Stück ist insofern interessant, als es deutlich die Sculptur der am unteren Theile des Zweiges von Nadeln entblössten Rinde wiedergiebt; es entspricht durchaus dem von Engelhardt, Foss. Pfl. von Tschernowitz, t. 2, fig. 1, abgebildeten, aber stärkeren Zweige, dessen genaue Beschreibung dieser Autor l. c. p. 17 giebt; es lässt spiralig angeordnete Blattpolster von zweierlei Art erkennen, und zwar mehrmals abwechselnd einige Reihen schmal-rhombischer und zahlreiche Reihen grösserer, hervortretender, rundlicher Blattkissen. Die Uebereinstimmung des Tschernowitzer Zweiges mit dem von Nadeln der *P. rigios* besetzten Zweige des Prager Museums lässt vermuthen, dass der erstere ebenfalls einer *P. rigios* angehörte.

Unger hat seine *P. rigios* nach den ihm vorliegenden nur theilweise erhaltenen Nadeln mit *P. rigida* Mill., *P. taeda* L. und *P. Gerardiana* Wall. verglichen; nachdem vollständige Nadeln bekannt geworden sind, muss *P. Gerardiana* aus der Reihe der Vergleichsobjecte ausscheiden, da diese Art wesentlich kürzere Nadeln besitzt; die langen Nadeln der *P. taeda* kommen den fossilen am nächsten.

Pinus Saturni Ung. sp. Taf. III, Fig. 17—21.

Pitys Saturni Unger: Syn. plant. foss., p. 198.
Pinites Saturni Unger: Chloris protog., p. 16, t. 4, t. 5.
— — — Syll. pl. foss. III, p. 65, t. XX, fig. 5—7.
— — — Gen. et spec. pl. foss., p. 362.
— — Goeppert in Bronn: Gesch. d. Natur III, 2, p. 41.
— — — Monogr. d. foss. Conif., p. 223, t. 25, fig. 8, 9.
— — Endlicher: Synops. conif., p. 286.
Pinus Saturni Engelhardt: Sitzungsber. der Isis Dresden 1882, Abh. p. 14.
— — — Tert. Flora d. Jesuitengrabens, p. 18, t. 1, fig. 41.
— — — Tert. Pfl. v. Waltsch, Leopoldina 1884, p. 129.
— — Schimper: Traité de pal. végét. II, p. 277.
Pinites taedaeformis Unger: Iconogr., p. 25, t. XIII, fig. 4.
Pinus taedaeformis Ettingshausen: Bilin I, p. 41, t. XIII, fig. 13, 14.
— — — Beitr. z. Phyllog. d. Pfl., t. III, fig. 1; t. V, fig. 1—13; t. VI, fig. 6.
— — Engelhardt: Sitzungsber. Isis Dresden 1883, Abh. p. 48.
— — — Tert. Fl. von Dux, p. 24, t. 8, fig. 1.
— — Schimper: Traité de pal. végét. II, p. 277.

Pinus foliis ternis, 12—18 cm longis, 0,7—1 mm latis; vagina 15 bis 20 mm longa.

Vorkommen: Im Menilitopal von Schichow, im Letten vom Kreuz-Erhöhungs-Schacht bei Dux, im Thone von Komotau, im Brandschiefer des Jesuitengrabens bei Kundratitz, im Basalttuffe von Waltsch.

Die Nadeln stehen zu drei in Kurztrieben vereinigt, erreichen bei 0,7—1 mm Dicke eine Länge von 12—18 cm; sie haben, wie die Nadeln dreigliedriger Kurztriebe überhaupt, an der Innenseite eine hervorstehende Kante und sind am Grunde von einer 15—20 mm langen Scheide umgeben.

Büschel mit drei langen Nadeln und noch öfter Bruchstücke von solchen sind in der Litteratur wiederholt von verschiedenen Fundorten unter den Bezeichnungen *P. Saturni* Ung. sp. oder *P. taedaeformis* Ung. sp. beschrieben worden. Als Unterscheidungsmerkmal beider wurde einzig die bei *P. Saturni* beträchtlichere Länge der Nadeln angegeben; im Uebrigen wurde (z. B. Heer, Fl. tert. Helv. III. p. 160; Schimper l. c. p. 277) die grosse Aehnlichkeit beider Formen hervorgehoben. Bei den nicht selten unvollständig gefundenen Exemplaren muss daher beim Fehlen anderer Unterscheidungszeichen die Zutheilung zur einen oder anderen Art als rein willkürlich erscheinen.

Ettingshausen hat (Beitr. z. Erf. d. Phyllog. d. Pflanzenarten, p. 77, und Foss. Fl. v. Sagor I, p. 11) zahlreiche Nadeln vom Typus der *P. taedaeformis* aus den Schichten von Schoenegg, Parschlug, Podsused und Sagor einer eingehenden Untersuchung unterzogen; auf Grund dieser grenzte er von der Form *taedaeformis* mehrere neue Formen ab: *P. praetaedaeformis*, *P. posttaedaeformis*, *P. prae-Cebra* und *P. Palaeo-Taeda* und benützte diese (mit Ausnahme der letztgenannten Form von Sagor) dazu, eine Abstammungsreihe der lebenden *P. Cembra* L. von der tertiären *P. Palaeo-Strobus* Ett. abzuleiten. So interessant dieser phyllogenetische Versuch einerseits für die Würdigung der in den verschiedenen aufeinanderfolgenden Horizonten des steirischen Tertiärs erhaltenen dreinadeligen *Pinus*-Kurztriebe ist, ebenso sehr erschwert die Aufstellung neuer, sehr ähnlicher Formen die Deutung der anderwärts gefundenen Nadelbüschel von entsprechender Beschaffenheit, bei denen, wie z. B. für die ziemlich spärlichen Funde aus der böhmischen Braunkohlenformation, eine Gliederung nach verschiedenalterigen Horizonten unmöglich ist.

Für die Unterscheidung der *P. taedaeformis* von *P. Saturni* hat mich die mehrfach angezogene Arbeit Ettingshausen's aber davon überzeugt, dass der ursprünglich als Trennungsmerkmal angeführte Längenunterschied zwischen den Nadeln beider nicht aufrecht zu erhalten ist, bildet Ettingshausen doch Nadeln von *P. taedaeformis* ab, die denen von *P. Saturni* an Länge gleichkommen, sie sogar übertreffen (z. B. l. c., t. V, fig. 1a). Nachdem so von Ettingshausen das Princip der Scheidung von *P. Saturni* und *P. taedaeformis* auf Grund der verschiedenen Nadellänge durchbrochen ist, ein anderes Unterscheidungsmerkmal aber nicht angegeben worden ist, trage ich kein Bedenken, beide zu vereinigen, und zwar unter der älteren Bezeichnung *Pinus Saturni* Ung. sp., die sich auf die ausgezeichneten Exemplare gründet, die Unger in der Chloris protogaea wiedergiebt. Die Benennung *P. taedaeformis* erscheint mir zudem insofern nicht ganz glücklich gewählt, als die hierher gehörigen Reste mit *P. Taeda* L. nur die Dreizahl in den Kurztrieben gemein haben, in der Breite der Nadeln aber von dieser Art erheblich abweichen.

Die von Ettingshausen aufgestellten, oben angeführten Formen lasse ich in voller Würdigung von dessen verdienstvollen Untersuchungen bestehen, kann ihnen aber eine praktische Bedeutung nur für die besonderen Verhältnisse ihres Vorkommens im steirischen Tertiär beimessen.

Dass zur vorliegenden Art noch manche andere, besonders benannte Kurztriebe mit drei langen dünnen Nadeln gehören mögen, will ich hier nur vermuthungsweise anführen, z. B. *P. trichophylla* Sap. und *P. divaricata* Sap. (Fl. sur la végétation du sud-est de la France à l'époque tertiaire II, p. 71, pl. IV, fig. 9; p. 73, pl. IV, fig. 2); die letztere Art Saporta's hat schon Ettingshausen (Foss. Flora v. Sagor I, p. 12) mit *P. taedaeformis* vereinigt.

Aus den böhmischen Tertiärschichten liegen nur wenige und unvollkommene Reste von *P. Saturni* vor, deren einige Taf. III, Fig. 17—21 dargestellt sind. Fig. 17 ist eine Copie nach Engelhardt, Tert. Flora des Jesuitengrabens, t. 1, fig. 41, dort als *P. Saturni* bezeichnet; Fig. 18 nach Engelhardt, Fl. d. Tertiärschichten von Dux, t. 3, fig. 1; Fig. 19 und 20 Copien nach Ettingshausen, Foss. Flora von Bilin, t. XIII, fig. 13, 14 (Fig. 18—20 sind l. c. als *P. taedaeformis* beschrieben); Fig. 21 endlich giebt ein Exemplar des Dresdener Museums aus dem Thone von Komotau wieder; ein anderes hier nicht abgebildetes Exemplar desselben Museums, ebenfalls aus dem Thone von Komotau stammend, ist insofern bemerkenswerth, als es deutlich die Spuren reihenförmig angeordneter, dichtstehender Spaltöffnungen erkennen lässt.

Unger stellt seine *P. Saturni* der mexicanischen *P. patula* Schiede und Deppe nahe; zum Vergleich mit den Nadeln können noch manche andere dreinadelige Arten herangezogen werden, z. B. *P. serotina* Mchx. und *P. sabiniana* Dougl. aus Nordamerika und *P. canariensis* Smith.

Pinus hepios Ung. sp. Taf. III, Fig. 4.

Pinites hepios Unger: Iconogr., p. 25, t. XIII, fig. 6—9.
— — — Gen. et sp. pl. foss., p. 362.
— — Goeppert: Monogr. d. foss. Conif., p. 228.
Pinus hepios Heer: Flor. tert. Helv. I, p. 57, t. XXI, fig. 7.
— — Ettingshausen: Foss. Fl. v. Sagor I, p. 13, t. I, fig. 29.
— — — Foss. Fl. v. Leoben I, p. 16.

Pinus hepios Ettingshausen: Foss. Fl. v. Schoenegg I, p. 14.
— — — Beitr. z. Erf. d. Phyllog. d. Pfl., t. VIII, fig. 1c, d; t. IX, fig. 9.
— — Schimper: Traité de pal. végét. II, p. 265.
Pinus leptophylla Saporta: Ét. sur l'état de la vég. du sud-est de la France à l'époque tertiaire II, p. 77, pl. IV, fig. 11.
Pinus ornata (pp.) Engelhardt: Tert. Pfl. a. d. Leitm. Mittelgeb., p. 62, t. 10, fig. 5—7.
— — — Foss. Flora v. Tschernowitz, p. 17.

Pinus foliis geminis, 9—15 cm longis, 0,6—0,8 mm latis, rigidis vel flexuosis, basi vagina 10—15 mm longa inclusis.

Vorkommen: Im Basalttuffe von Waltsch, im Sandsteine von Schüttenitz und Tschernowitz.

Unter dem Namen *Pinus hepios* Ung. sind seit Unger's erster Publication Nadelreste von verschiedenen Fundorten mitgetheilt worden, die sich theils an die Unger'schen Originalabbildungen anschlossen, theils Abweichungen von diesen, besonders in der Stärke darboten, wie die Nadeln bei Heer, Baltische Flora, p. 58, t. XIV, fig. 2—4; Engelhardt, Tertiärflora von Berand, p. 12, t. I, fig. 19.

Ettingshausen hat früher (Fl. v. Bilin I, p. 41), die Vermuthung ausgesprochen, dass die Nadelbüschel der *P. hepios* Ung. als unvollständige Büschel von *P. taedaeformis* Ung. aufzufassen seien, später ist er aber ohne Zweifel von dieser Ansicht zurückgekommen, denn er hat in späteren Publicationen *P. hepios* wiederholt aufgeführt, er hat in seinen phyllogenetischen Untersuchungen (Beitr. z. Erf. d. Phyllog., p. 73) *P. hepios* als Glied in die Abstammungsreihe der *P. Laricio* aufgenommen, und er hat in der eben citirten Abbandlung und in seiner Fossilen Flora von Sagor (I, p. 18) den Artbegriff der *P. hepios* Ung. praecisirt, indem er ihn auf Kurztriebe mit zwei dünnen Nadeln beschränkte, die aus zwei dicken Nadeln bestehenden Büschel aber davon abtrennte und mit *P. Laricio* Poir. vereinte.

Mich führt die Untersuchung der zweinadeligen Kiefernreste der böhmischen Braunkohlenformation zu gleichem Resultate; mir lagen insbesondere von Waltsch eine Anzahl benadelter Zweige und isolirte Kurztriebe vor; ein solcher Zweig ist Taf. III, Fig. 4 abgebildet; er trägt an der Spitze einen Schopf nicht eben dichtgestellter Nadelbüschel, die von je zwei langen und dünnen, am Grunde von einer 1—1,5 cm langen und bis zu 1,5 mm dicken Scheide umgebenen Nadeln gebildet werden; am unteren Theile des Zweiges sind nur vereinzelte Nadelpaare stehen geblieben. Die Nadeln am abgebildeten und an verschiedenen anderen Exemplaren weisen eine Länge von 9—15 cm auf bei einer Breite, die zwischen 0,6—0,8 mm schwankt; sie waren zuweilen leicht gebogen (wie bei Taf. III, Fig. 4). Die Rinde der Zweige lässt, wie auch auf der Abbildung angedeutet ist, und wie es an anderen untersuchten Exemplaren noch besser zu erkennen war, deutlich in entfernten Spiralen (Intervalle durchschnittlich 1 cm) angeordnete, quergestellte, ovale Blattkissen mit herablaufenden Blattspuren wahrnehmen.

Beim Vergleiche mit lebenden Kieferzweigen bot sich mir als Analogon *P. halepensis* Mill. dar, die in allen Eigenschaften, in der Beschaffenheit der Kurztriebe, in deren Anordnung, im schlanken Habitus der Zweige und in der Rindenbildung der letzteren mit den fossilen Resten eine überraschende Uebereinstimmung aufweist.

Unter den fossilen Kiefern ist *P. hepios* im engeren Sinne mit unseren Resten identisch, ebenso stimmen mit ihnen die Nadeln von *P. leptophylla* Sap. (Études II, p. 77. pl. IV, fig. 11) überein, die Ettingshausen bereits mit *P. hepios* vereinigt hat, und die Saporta ebenfalls mit den Nadeln von *P. halepensis* Mill. vergleicht.

Unger hat seine *P. hepios* mit der nordamerikanischen *P. mitis* Mchx. verglichen.

Mit der vorliegenden Art glaube ich die von Engelhardt, Tert. Pfl. d. Leitm. Mittelgeb., p. 62, t. 10, fig. 5—7, und Foss. Pfl. von Tschernowitz, p. 17 angegebenen und von ihm zu *P. ornata* Sternbg. sp. gestellten Nadelfragmente vereinigen zu können; sie übertreffen an Stärke die typischen Nadeln der *P. hepios* um ein Geringes, da sie etwa 1 mm Breite erreichen, sie kommen damit den von Heer in der Tertiärflora der Schweiz, t. XXI, fig. 7 abgebildeten Nadelpaaren nahe.

Die Beziehung dieser Nadeln zu *P. ornata* scheint nicht ganz der Berechtigung zu entbehren. Nadeln und Zweige von *P. hepios* Ung. habe ich mit denen von *P. halepensis* Mill. verglichen; oben (siehe S. 55) ist die grosse Aehnlichkeit der Zapfen von *P. ornata* mit denen von *P. halepensis* hervorgehoben; beiderlei Reste, die zu *P. ornata* bez. *P. hepios* zu ziehen sind, kommen an drei böhmischen Fundorten gemeinsam vor, es liegt daher die Wahrscheinlichkeit sehr nahe, dass dieselben combinirt werden können, zumal die gegenwärtige Verbreitung der *P. halepensis* sehr wohl die Annahme zulässt, dass diese im mitteleuropäischen Tertiär bereits vertreten war oder doch in *P. ornata-hepios* einen sehr nahestehenden Vorläufer besass. Immerhin aber nehme ich Anstand, die Zapfen *P. ornata* mit den Nadeln *P. hepios* bestimmt zu vereinigen, so lange dieselben nicht in natürlichem Zusammenhange aufgefunden worden sind.

Engelhardt erwähnt (Tert. Pfl. d. Leitm. Mittelgeb., p. 62) Zweigstücke, die übereinstimmend mit dem von Rossmässler (Altsattel, p. 41, t. 12, fig. 55) abgebildeten nadellosen Zweige mit spiralig angeordneten Blattpolstern bedeckt sind, und die man vielleicht hierher ziehen kann, wenn man überhaupt solche Reste benennen will.

Pinus laricioides nov. spec. Taf. III, Fig. 16.

Pinus hepios Heer: Balt. Flora, p. 58, t. XIV, fig. 2—4.
— — Engelhardt: Tertiärflora v. Berand, p. 12, t. I, fig. 18.
Pinus Laricio (p. p.) Ettingshausen: Beitr. z. Erf. d. Phylogenie d. Pfl., t. VI, fig. 1, 2, 1; t. VIII, fig. 4a, 5a, 6; t. IX, fig. 11, 12.

Pinus foliis geminis, 8—15 cm longis, 1,5—2,5 mm latis; vaginis 1—1,5 cm longis.

Vorkommen: Im Schieferthone von Sulloditz-Berand.

Dem Beispiele Ettingshausen's folgend trenne ich von *P. hepios* Ung. sp. die Kurztriebe mit zwei dicken Nadeln, die bisher zumeist mit dieser Art vereinigt wurden, so vor Allem die von Heer fragweise hierher gestellten Nadelpaare von Rixhöft und unter den böhmischen Funden das von Engelhardt l. c. angeführte Stück von Berand.

Heer hat bereits auf das Abweichende seiner Rixhöfter Nadeln von der Unger'schen *P. hepios* hingewiesen und hat sie in Beziehung zu

P. Laricio Poir. und *P. pinaster* Sol. gebracht; Ettingshausen hat sie dann direct mit *P. Laricio* vereinigt (Foss. Flora von Sagor 1, p. 13; Beitr. z. Phyllogenie l. c. p. 73).

In der That stimmen diese Kurztriebe mit zwei 8—15 cm langen und 1,5—2,5 mm breiten Nadeln, die am Grunde von einer 1—2,5 cm langen Scheide umgeben sind, mit denen von *P. Laricio* sehr wohl überein, besonders mit denen der var. *Pallasiana*; ich möchte diese isolirten Nadelpaare aber nicht unter diesem Namen aufführen, nachdem bereits fossile Zapfen als mit der lebenden Art identisch publicirt worden sind, getreu dem Princip, nichts zusammenzubringen, was nicht wirklich im Zusammenhange gefunden worden ist, ohne jedoch damit die grosse Wahrscheinlichkeit der Zusammengehörigkeit der tertiären *P. Laricio*-Zapfen mit den *P. laricioides*-Nadeln in Frage zu stellen.

Taf. III, Fig. 10 stellt das bereits von Engelhardt mitgetheilte Bruchstück von Berand dar; es ist auffällig durch die verschiedene Ausbildung der beiden Nadeln; die eine zeigt die normale für unsere Art angenommene Breite, die andere ist wesentlich schmäler; wahrscheinlich handelt es sich um eine Entwickelungshemmung dieser einen Nadel, wie sie zuweilen, wenn auch selten in so hohem Grade, an den Kurztrieben der Kiefern zu beobachten ist; eine zufällig entstandene Zerstörung ist ausgeschlossen, davon überzeugt mich der in beiden Platten in meiner Sammlung befindliche Abdruck, und wie ich an mehreren Querbrüchen sehen kann, ist es auch nicht stichhaltig, die verschiedene Stärke der Nadeln dadurch zu erklären, dass diese mit verschiedenen Seiten, die eine mit der breiten Fläche, die andere mit der schmalen Kante vorliegen.

Pinus lanceolata Ung. sp.

Elate lanceolata Unger: Syn. pl. foss., p. 200.
Pinites lanceolatus Unger: Iconogr. pl. foss., p. 22. t. XII, fig. 5, 6.
— — — Gen. et sp. pl. foss., p. 357.
— — — Sylloge pl. foss. III, p. 65, t. XX, fig. 3, 4.
— — Endlicher: Synops. conif., p. 284.
— — Goeppert: Monogr. d. foss. Conif., p. 207.
Abies lanceolata Schimper: Traité de pal. végét. II, p. 302.
Pinus lanceolata Engelhardt: Sitzungsber. Isis Dresden 1882, Abh. p. 14.
— — — Tertiärflora d. Jesuitengrabens, p. 18, t. 1, fig. 31.

Pinus foliis subdistichis, planis, lanceolato-linearibus, acutiusculis.

Von dieser Art sind aus Böhmen nur unbedeutende Reste bekannt geworden; ausser dem von Engelhardt l. c. mitgetheilten Zweigstückchen ist ein Zweigfragment mit einigen Nadeln aus dem Preschener Thone hierher zu stellen, das sich in meiner Sammlung befindet.

Die Art ist charakterisirt durch gescheitelt beblätterte Langtriebe mit flachen, länglich-lancettlichen, zugespitzten Blättern von 1—1,5 cm Länge und 1—2 mm Breite, die von einem kräftigen mittleren Längsnerven durchzogen sind.

Unger verglich diese seine Art mit *Tsuga (Pinus) canadensis* Carr. und vereinigte mit ihr Samen, die denen von *Tsuga-*, *Abies-* und *Picea-*Arten ähneln; Schimper stellte sie zu den Abietes verae; andererseits wurde die Existenzberechtigung von *P. lanceolata* angefochten, z. B. führt sie Staub in D. Aquitan. Flora des Zsilthales, p. 30 als Synonym von *Sequoia*

Langsdorfii Brgt. sp. auf. Jedenfalls ist sie eine auf nur mangelhaft erhaltenes Material begründete, noch zweifelhafte Art, zu deren Sicherstellung die böhmischen Tertiärschichten geeignete Reste bisher nicht geboten haben.

Verzeichniss der Abbildungen.

[In Klammern ist die Sammlung beigefügt, die die Originale bewahrt.]

Tafel II.

Fig. 1. *Pinus oviformis* Endl. sp. Zapfen in Braunkohle vom Concordiaschachte bei Weschen bei Teplitz [Königl. Mineral.-Geol. Museum, Dresden].

Fig. 2. *Pinus oviformis* Endl. sp. Zapfen vom Lipneibusche bei Teplitz, nach einem Abgusse [Museum zu Teplitz].

Fig. 3a. *Pinus oviformis* Endl. sp. Zapfenabdruck aus dem Thone von Preschen [Sammlung Menzel].

Fig. 3b. *Pinus oviformis* Endl. sp. Einzelne Zapfenschuppe aus dem Sandsteine von Tschernowitz [Sammlung Menzel].

Fig. 4a. *Pinus oviformis* Endl. sp. Zapfenabdruck von Preschen [Sammlung Menzel].

Fig. 4b. *Pinus oviformis* Endl. sp. Einzelne Apophyse desselben Zapfens.

Fig. 5. *Pinus hordacea* Rossm. sp. Zapfenbruchstück, Abdruck von Preschen [Sammlung Menzel].

Fig. 6a. *Pinus ornata* Sternbg. Versteinerter Zapfen von Waltsch [Böhmisches Landesmuseum, Prag].

Fig. 6b. *Pinus ornata* Sternbg. Einzelne Apophyse desselben Zapfens.

Fig. 7. *Pinus ornata* Sternbg. Längsbruch eines Zapfens von Waltsch [Böhmisches Landesmuseum, Prag].

Fig. 8. *Pinus ornata* Sternbg. Zapfenabdruck von Preschen [Sammlung Menzel].

Fig. 9. *Pinus ornata* Sternbg. Apophysenabdrücke von Waltsch [Böhmisches Landesmuseum, Prag].

Fig. 10. *Pinus Laricio* Poir. Abgerollter und theilweise zerbrochener Zapfen von Tschernowitz [Sammlung der landwirthschaftlichen Schule zu Liebwerd].

Fig. 11. *Pinus Laricio* Poir. Zapfenabdruck von Tschernowitz [Museum zu Teplitz].

Fig. 12. *Pinus Laricio* Poir. Zapfenabdruck von Davidsthal, nach einem Abgusse [Sammlung Menzel].

Fig. 13. *Pinus Laricio* Poir. Zapfenabdruck von Waltsch, nach einem Abgusse [Böhmisches Landesmuseum, Prag].

Fig. 14. *Pinus Laricio* Poir. Zapfenabdruck von Tschernowitz, nach einem Abgusse [Museum zu Teplitz].

Tafel III.

Fig. 1, 2. *Pinus rigios* Ung. sp. Kurztriebe von Preschen [Sammlung Menzel].

Fig. 3. *Pinus rigios* Ung. sp. Kurztrieb aus dem Cyprisschiefer von Falkenau [Sammlung Menzel].

Fig. 4. *Pinus hepios* Ung. sp. Zweig von Waltsch [Böhmisches Landesmuseum, Prag].
Fig. 5ª. *Pinus* sp. Same von Krottensee, vergrössert Fig. 5ᵇ. [Böhmisches Landesmuseum, Prag].
Fig. 6. *Pinus* sp. Same von Krottensee [Böhmisches Landesmuseum, Prag].
Fig. 7. *Pinus Laricio* Poir. Same von Preschen [Sammlung Menzel].
Fig. 8. *Pinus Laricio* Poir. Same vom Jesuitengraben [Sammlung Menzel].
Fig. 9. *Pinus Laricio* Poir. Same aus dem Cyprisschiefer von Grasseth (Copie nach Engelhardt).
Fig. 10. *Pinus Laricio* Poir. Same von Krottensee (Copie nach Engelhardt).
Fig. 11. *Pinus pseudonigra* Engelh. Same von Krottensee (Copie nach Engelhardt).
Fig. 12. *Pinus* sp. Same von Ladowitz (Copie nach Engelhardt).
Fig. 13. *Pinus* sp. ♂ Blüthenkätzchen von Davidsthal [Sammlung Menzel].
Fig. 14. *Pinus* sp. ♂ Blüthenkätzchen von Krottensee [Böhmisches Landesmuseum, Prag].
Fig. 15ª. *Pinus* sp. ♂ Blüthenkätzchen von Preschen [Sammlung Menzel]. Fig. 15ᵇ, ᶜ. einzelne Antheren desselben von der Seite und von vorn.
Fig. 16. *Pinus laricioides* nov. sp. Kurztrieb von Beraud [Sammlung Menzel].
Fig. 17. *Pinus Saturni* Ung. sp. Kurztrieb vom Jesuitengraben (Copie nach Engelhardt).
Fig. 18. *Pinus Saturni* Ung. sp. Kurztrieb von Dux (Copie nach Engelhardt).
Fig. 19, 20. *Pinus Saturni* Ung. sp. Kurztriebe von Schichow (Copien nach Ettingshausen).
Fig. 21. *Pinus Saturni* Ung. sp. Kurztrieb von Komotau [Königl. Mineral-Geol. Museum, Dresden].
Fig. 22. *Pinus Laricio* Poir. Zapfenschuppe von Krottensee [Böhmisches Landesmuseum, Prag].
Fig. 23, 24, 26, 27. *Pinus hordacea* Rossm. sp. Zapfenschuppen von Preschen [Sammlung Menzel].
Fig. 25. *Pinus hordacea* Rossm. sp. Zapfenschuppe von Preschen [Böhmisches Landesmuseum, Prag].
Fig. 28. *Pinus Engelhardti* nov. sp. Zapfen, nach einem Abgusse ergänzt, von Thürnitz [Königl. Mineral.-Geol. Museum, Dresden].

Tafel IV.

Fig. 1. *Pinus horrida* nov. sp. Zapfenabdruck von Preschen [Sammlung Menzel].
Fig. 2. *Pinus rigios* Ung. sp. Zweig von Preschen [Sammlung Menzel].

IX. Die postglaciale Entwickelungsgeschichte der hercynischen Hügelformationen und der montanen Felsflora.*)

Von Prof. Dr. Oscar Drude.

Die Vorstellungen, welche wir uns von dem Entwickelungsgange der Flora unserer hercynischen, noch im Norden während der Eiszeiten von den Wirkungen des grossen Inlandeises direct berührten Gaue machen können, werden stark beeinflusst durch die Gesammtvorstellung über diese Eiszeiten und das durch sie in Deutschland geschaffene Bild, an dessen Enträthselung so viele tüchtige Kräfte unausgesetzt arbeiten. Vieles Zweifelhafte ist dabei noch übrig geblieben; noch haben die Geologen hinsichtlich der Zahl, Dauer und Ablösung der einzelnen Eiszeit-Perioden längst nicht einen endgültigen Abschluss erreicht; Pflanzengeographen wie A. Schulz-Halle nehmen an deren Arbeit über diese Fragen positiven Antheil und entwickeln selbständige Meinungen. Es ist hier nicht der Ort, auf die vielen Controversen einzugehen, welche zumal die Frage betreffen, ob zur letzten grossen Eiszeit Deutschland ein verödetes, Grönland in seiner Flora vergleichbares Land gewesen sei oder ob der Wald (Fichte, Moorbirke) in Mitteldeutschland bis gegen die Grenze des Inlandeises hin sich habe halten können. Ich selbst halte mich an diese letztere Meinung, wie ich sie wesentlich in einem früheren Aufsatze über die hypothetischen Einöden zur Eiszeit**) ausgesprochen hatte, wenngleich sich vielleicht das dort über Skandinaviens Flora Gesagte nach den von Nathorst gemachten sachlichen Erwiderungen***) nicht aufrecht erhalten lässt. Hier genügt es, zunächst darauf hinzuweisen, dass fast alle fachmännischen Urtheile darin übereinstimmen, dass mehrere Vergletscherungsperioden in Deutschland abgewechselt haben und besonders die zwei grossen Hauptperioden durch eine Interglacialzeit getrennt sind, welche an vielen Stellen die unzweideutigsten Spuren einer reichen, von wärmerem Klima als die Jetztzeit zeugenden Flora zurückgelassen hat. Diese wärmere Flora wurde durch eine zweitmalige Hauptvergletscherung zurückgedrängt, welche weniger weit ihre Wirkungen erstreckte als die vorher-

*) Zusammenfassung der Vorträge in den Hauptversammlungen vom 23. Februar 1899 und 29. November 1900.

**) Peterm. Geograph. Mittheilungen 1889, S. 282. — Siehe auch Geogr. Jahrb. XV. 1891, S. 350.

***) Engler's Botan. Jahrb. f. Syst. etc. XIII, Beiblatt zum 3./4. Hft., März 1891.

gegangene; an diese zweite Hauptvergletscherung und deren Ablösung durch Steppen, Wiesen- und Wald-Vordringlinge hat demnach unsere pflanzengeographische Betrachtung anzuknüpfen, und wenn die Zahl der Hauptvergletscherungs-Zeiten nach geologischen Forschungen als grösser angenommen werden muss, jedenfalls an deren letzte. Dabei ist es zunächst ziemlich gleichgültig, ob es sich dann um eine zweite oder vielleicht vierte Eiszeit handelt, obgleich Nebenumstände verwickelter Art auch darnach eine verschiedene Beurtheilung erfahren würden. In der Hauptmasse einzelner Fragen und Anschauungen stehe ich auf dem gemässigten Standpunkte, den Nehring in seinem bekannten, vortrefflichen Buche über Tundren und Steppen im Jahre 1890 eingenommen und seitdem vertheidigt hat.

Es ist klar, dass die Ausdehnung des skandinavischen Landeises südwärts bis nach Schlesien und Sachsen zwar einen Begriff von den Entstehungsbedingungen im Centrum, weniger aber von den klimatischen Bedingungen am Südrande giebt. Für das letztere müssen wir an andere bewiesene Darlegungen anknüpfen, welche, zunächst dem osthercynischen Gau, sich aus Partsch's Studien über die Gletscher des Riesengebirges*) ergeben. Nach diesem Forscher erzeugte die erste, grössere Eisbedeckung eine klimatische Firnlinie zwischen 1100—1200 m Höhe und liess aus einer 84 qkm grossen Gletscherfläche im Weisswasser- und Aupathal bis 800 m Tiefe Gletscherzungen herabreichen; die Grenze des nordischen Landeises aber lag $6^1/_2$ km vom Riesengebirgs-Gletscher bei Hermsdorf in 350—380 m Höhe entfernt. Die Firnlinie zur zweiten Haupteiszeit aber glaubt Partsch nur bei 1350 m Höhe annehmen zu sollen, ca. 200 m höher als erstmalig. Hiernach lassen sich auch die physikalischen Verhältnisse in den hercynischen Bergländern vom Jeschken westwärts einigermassen beurtheilen; denn so unzweideutige geologische Relicte wie in den Sudeten liegen hier nicht vor. (Vergl. übrigens auch Bayberger's Geogr.-geolog. Studien aus dem Böhmerwald.)**)

Die Schneelinie liegt bekanntlich da, wo die Wärme der sommerlichen Jahreszeit eben noch die Schneemassen des Winters zu schmelzen vermag; sie liegt also in sehr schneereichen Gebieten bei gleichen Sommertemperaturen tiefer als in schneearmen, muss daher in den Perioden mitteldeutscher Eisbedeckung (im Riesengebirge) sehr tief gelegen haben. Ihre Lage in den Central-Alpen zur Jetztzeit trifft etwa auf eine Höhe (2750—2860 m), in der die Jahrestemperatur zwischen — 3° und — 4° C. zu liegen pflegt, in der Schweiz bei — 2,8° C.,***) die Schneelinie kann aber in feuchten Klimaten, wie wir sie auf der südlichen Hemisphäre antreffen, so tief herabgehen unter dem Einfluss der so viel stärkeren Schneefälle und der an Sonnenstrahlung armen Sommer, dass diese tiefe Lage auf eine mittlere Jahrestemperatur von + 3° C. trifft. Im Erzgebirge herrscht jetzt bei 1200 m Höhe eine mittlere Jahrestemperatur von + 2,5° C., welche Ziffer man bei Eiszeit-Hypothesen nicht überschätzen soll. Aber bekanntlich wird Mitteleuropa jetzt von einer Temperatur-Isanomale des Jahres von 4° C. geschnitten; um so viel ist es bei uns jetzt zu warm, und zweifelsohne war die Temperatur-Isanomale der Eiszeit bei uns zu

*) Forschungen z. deutsch. Landes- und Volksk., VIII, Hft. 2, Karte Taf. 6.
**) Geogr. Mittheilungen, Ergänzungsheft No. 81, Gotha 1886.
***) Vergl. Heim: Gletscherkunde, Tabelle S. 18—19.

Gunsten anderer Länder negativ. Nehmen wir die jetzigen (continentalen) Klimaverhältnisse der Alpen zum Muster und beurtheilen die Temperatur an der schlesischen Firnlinie bei 1200 m darnach als etwa um — 3° C. liegend, so würde das einer Temperaturdepression im Erzgebirge von etwa 5—6° C. gegen das heutige Jahresmittel entsprechen. Unter Vergleichung der thatsächlichen Verhältnisse in feuchten Klimaten kann man demnach die obere Fichtenwaldgrenze der Haupteiszeiten in dem zwischen Erzgebirge und Sudeten liegenden Landstriche auf 300—500 m Höhe als möglich ansetzen, welche den hier vorkommenden Relicten von *Streptopus* und *Viola biflora* (Lausitzer Bergland und Elbsandstein) entspricht. Allein schon bei der Fortnahme des jetzigen Temperaturüberschusses von + 4° C. würde das Klima im jetzigen sächsischen Elbthale den Charakter vom heutigen Erzgebirge in 800 m Höhe, also um Altenberg und Reitzenhain erhalten.

Soweit Zungen des nordischen Inlandeises sich local südwärts vorgeschoben haben oder kleine Gebirgsvergletscherungen in Thälern vorgedrungen sind, sind damit selbstverständlich besondere Temperaturdepressionen verbunden gewesen. Aber das allgemeine Temperaturbild braucht dadurch nur modificirt worden zu sein, und in der Hercynia voraussichtlich zur Zeit der zweiten Haupteisbedeckung im Bereich der jetzigen Hügel- und unteren Bergregion nur wenig. In wie weit aber zur Zeit der grössesten Eisbedeckung arktisch-alpine Glacialflora in den niederen Vorbergen des Erzgebirges, und zwar nachgewiesen am Ausgange des Weisseritzthales gegen das Elbthal bei Dresden, formationsbildend auftreten konnte, zeigt die Abhandlung von Nathorst voll höchsten Interesses über die fossile Glacialflora von Deuben (1894) mit *Salix herbacea* und *myrtilloides*, *Saxifraga Hirculus* und *oppositifolia*, *Eriophorum Scheuchzeri* etc., Arten, welche gemäss der von mir jener Abhandlung beigefügten Karte ihre jetzigen nächsten Standorte ziemlich weitab und viele Arten überhaupt nur über der Baumgrenze gelegen haben.

Ohne auf Einzelheiten einzugehen, welche um so breiter und weitschweifiger begründet werden müssen, je mehr es an positivem Wissen fehlt, will ich nur als meine Ansichten über den Schluss der letzten Haupteiszeit kurz angeben, dass damals *Betula odorata* und *Picea excelsa* als Repräsentanten der Waldbäume gemischt mit den Arten unserer heutigen Hochmoore und des obersten Bergwaldes und vielen jetzt fortgewanderten Glacialpflanzen das hercynische Hügelland besonders in den östlichen Gauen besetzt hielten, während im Südwesten ein reicherer Bestand von Wald- und Wiesenarten herrschte und hier vielleicht Tanne und Buche ihre damaligen Ostgrenzen hatten. Die gesammte „südöstliche Genossenschaft" aber wird sich damals viel weiter südwärts, vielleicht von Kroatien-Bosnien und den dinarischen Alpen an zerstreut bis Niederösterreich, Mähren und Böhmen als äussersten Vorposten, zurückgehalten haben.

Deren Zeit und Einwanderung folgte dann später, und es genügt hier auf Nehring's Schilderungen hinzuweisen, um den Gang und die Entwickelungsmöglichkeit zu verstehen. Wenn auch die Altersbestimmungen für viele der Reste von Steppenthieren auf die Interglacialzeit fallen oder nicht scharf auf einen bestimmten jüngeren Zeitabschnitt deuten, so lässt doch die ganze Idee von alternirenden Eiszeit- und Wärmeperioden die Deutung zu, dass ein von Steppenpflanzen einmal genommener Weg auch ein zweites Mal ähnlich entstehen konnte, und deshalb ist die für das Land der unteren Saale und Braunschweig gewonnene genaue Bekanntschaft mit den Steppenthier-Resten in Westeregeln und Thiede (Nehring!) von grosser und weitergehender Bedeutung. Dass hier die Thierreste für die Pflanzen, mit denen sie den Aufenthalt theilen, mit eintreten müssen, ist aus den Schwierigkeiten, die der fossilen Erhaltung von Steppenpflanzen entgegentreten, leicht verständlich. Nach G. Andersson's Uebersicht über die schwedische Quartärflora, beurtheilt nach Fossilresten in den Mooren, sind darunter Bäume, Sträucher und Zwerggesträuche überwiegend, aber auf trockenem Boden vorkommende Arten sind überhaupt nur durch ganz wenige zufällige Funde vertreten. Daher ist es durchaus nothwendig, der Zoologie mit ihren gut erhaltenen Resten von Steppenthieren in der Beurtheilung dieser Periode den Vortritt zu lassen, und Nehring entwickelt darüber folgendes Bild der Wechsel:

Lemming-Periode = Ausbreitung arktischer Tundra;
Pferdespringer-P. = Ausbreitung nördlicher Steppenflora;
Eichhörnchen-P. = Zurückdrängung der letzteren durch Waldflora.

Erscheint ein solcher Wechsel interglacial annehmbar, so ist ebenso wahrscheinlich, dass im Bereich der hercynischen Gaue eine postglaciale Steppenzeit die letzte grössere Eisbedeckung ablöste, immer aber in der von Nehring selbst betonten massvollen Weise. Die Steppen können weite Strecken im sonnigen Hügellande eingenommen haben, auf den Gebirgen und in den feuchten Thälern braucht um deswillen der Wald- und Wiesenbestand nicht erheblich eingeschränkt gewesen zu sein.

Nur bei Annahme solcher massvollen Anschauungen, welche nicht damit rechnen, dass insgesammt Glacialtundren nur von Steppen, und diese dann von Wiesen- und Waldflora abgelöst wurden, kann man begreifen, dass noch heute Relicte dieser verschiedenen Perioden friedlich neben einander wachsen und sich an einigen Stellen zu Bildern von merkwürdig gemischten Genossenschaften vereinigt haben.

So bedarf es denn, um das hypothetische Bild der Vergangenheit für die heutige Kenntniss von unserer Pflanzendecke praktisch zu gestalten, besonders des Aufspürens der Glacialrelicte und der Steppenrelicte in denjenigen Formationen, die sie erhalten konnten. Zu dem Zweck ist eine genauere Betrachtung der Hügelformationen, der Hochmoore und der subalpinen Bergheide nothwendig; erstere enthalten Steppen- und Glacialrelicte zusammen, die Moore und Bergheiden nur Glacialrelicte. Dabei wird unter Relictenflora das Vorhandensein am sporadischen Standorte fernab vom jetzigen Hauptareal jener Art verstanden und dieser sporadische Standort mit der früheren grösseren Allgemeinverbreitung zu einer der genannten Quartärperioden in hypothetischen Zusammenhang gebracht.

Die **Hügelformationen** enthalten neben den Arten sonniger Gebüsche, lichter Haine und trockener Grasfluren von noch heute den Steppen vergleichbarem Niederwuchs besonders Fels- und Geröllpflanzen, und die felsigen Standorte besiedeln sowohl Glacial- als auch Steppenpflanzen. Insofern wird hier eine Möglichkeit für ein engeres Beisammensein beider Kategorien geboten, sofern die Länge der Vegetationsperiode und die Temperaturausschläge nicht einer von ihnen hinderlich sind. Bedenkt man, wie im nördlichen Russland Steppenarten wie *Anemone silvestris* weit nach Norden fast bis zur Berührung mit dem Tundrengebiet auf sonnigem Kalkboden vordringen (R. Pohle 1899!) und andrerseits die nordische *Saxifraga decipiens* in der warmen Hügelregion des Böhmischen Mittelgebirges an sonnigen Felsen unbestrittene Standorte besitzt, so haben wir in diesen beiden Pflanzen einen Maaßstab für die Leistungsfähigkeit mancher Arten, sich an neue Formationen anzuschliessen. Selbstverständlich wird unter den gegenwärtigen Verhältnissen die grössere Anpassungsfähigkeit von den boreal-alpinen Arten erwartet, da die Steppenpflanzen auf trockenen Sanden und Kiesen, Kalk- und Granitschotter, in Felsspalten, auf harten Lehm- und Lettenböden oft mit etwas Salzgehalt eine Menge Relictenstandorte vom Elbhügellande bis zum Werragebiete finden konnten. Die boreal-alpinen Arten vertheilen sich demnach in der Hauptsache auf zerstreute Stationen der niederen Bergzone von ca. 500 bis 800 m, die Steppenpflanzen bleiben in der Hauptsache unterhalb 500 m.

Die Kategorie der präalpinen Arten, die im Vorlande der Alpen den niederen und mittleren Stufen der Bergregion (ca. 600—1600 m) angehören, ist aber im Verein mit den Steppenpflanzen der unteren, warmen Stufe der hercynischen Gaue eingefügt und besiedelt zum grössten Theile den Muschelkalk.

Die hier bezeichneten Kategorien lassen sich nach den Arealformen bezeichnen, welche ich in einem früheren Vortrage der Isis über die „Resultate der floristischen Reisen in Sachsen und Thüringen"*) unterschieden habe, und zwar kommen hier folgende in Betracht:

a) II[3] für Arten wie *Polygala Chamaebuxus* (Eger- und Elster-Bergland),
Aster alpinus (Oberlausitz und Rosstrappe, Thüringen),
Carduus defloratus (Werra- und Thüringer Land),
Gypsophila repens (Südharz),

II[5] für Arten wie *Cotoneaster vulgaris* (zerstreut),
Echinospermum deflexum (Harz bei Rübeland, Vogtland (?), Böhmisches Mittelgebirge),

Mm für Arten wie *Centaurea montana* (Werra—Thüringen),
Dianthus Seguieri (Erzgebirge—Vogtland).

Die vorstehend bezeichneten Areale gehören den präalpinen Arten weiten Sinnes an.

b) AE[1] allein für *Saxifraga decipiens* (Harz—Böhmen),

All für die Arten *Allium Schoenoprasum* **sibiricum* (Bodethal, südliche Oberlausitz, Sudeten),
Rosa cinnamomea (Südharz, Milleschauer),
Arabis alpina } nur am Südharze bei Ellrich etc.
— *petraea* } auf Gyps der Zechsteinformation.
Salix hastata ebendort am Alten Stollberg.

Diese unter b) verzeichneten Areale bilden also den arktisch-borealen, bez. arktisch-alpinen Bestand seltener Relicte im Bereich der Hügelformationen.

---

*) Isis-Abhandlungen 1898, S. 82—94.

c) Po[1] Po[2] PM[1] — für die Gesammtheit der eigentlichen Steppenpflanzen, besonders ausser den in Isis (l. c. S. 93) genannten Arten die seltenen *Artemisia*-Arten des Gebietes, *Oxytropis pilosa, Pulsatilla pratensis, Andropogon Ischaemum* und sehr viele andere Stauden, von Sträuchern *Prunus Chamaecerasus.*

Ausführliche Verbreitungslisten und Aufzählungen werden in dem jetzt in Veröffentlichung begriffenen Buche: „Grundzüge der Pflanzenverbreitung im hercynischen Berg- und Hügellande",*) zu finden sein. Hier soll es sich nur um die Zusammenfassung der Hauptpunkte handeln.

A. Die lichten Haine, Grastriften, Schotter- und Felsfluren von der Weser bis zur Elbe und Görlitzer Neisse in 100—500 m Höhe.

An allen unseren grossen Strömen im Bereich der Hercynia sind auf steilen Berggehängen die Hügelformationen am reichsten entwickelt und besiedeln oft landschaftlich anziehende, scharf gegen den Strom vorspringende Punkte (Bosel a. d. Elbe bei Meissen, Camburg a. d. Saale, Badenstein a. d. Werra bei Witzenhausen, Ziegenberg a. d. Weser bei Höxter). Der Reiz der Flora spricht sich darin aus, dass rund 500 Arten Blüthenpflanzen diese Formationsgruppe zusammensetzen, das ist also ⅓ der Gesammtzahl von ca. 1600 Arten! Diese Formationsgruppe ist die artenreichste der ganzen Hercynia.

Ihr Aussehen ist in den zwei früheren Abhandlungen unserer Gesellschaft über die östlichen Genossenschaften in dem Elbhügellande von Pirna bis Meissen**) genügend geschildert, soweit es die sächsische Flora anbetrifft. Eine weit grössere Bedeutung erhält die Formationsgruppe in Thüringen. Hier sind nicht nur die Gehänge an Flüssen und kleine Buschgehölze von ihr besetzt, sondern weite, wellige Flächen wie an den beiden Mansfelder Seen, und im Bereich der Triasformation alle Steilgehänge und Schotterfelder mit Muschelkalk, sowie bedeutende Antheile des Buntsandsteins mit seinen blauen Letten und rothen, kalkreichen Lehmen von bedeutender Trockenheit und Bindigkeit. Im Wesergebiet schränkt sich die Formationsgruppe gegenüber dem Auftreten des Waldes mehr ein; in der Oberlausitz besitzt sie von der Neisse an westwärts über zerstreute Basaltberge und granitische Höhenzüge hin noch ein nicht unbedeutendes Areal bis Stolpen, in dessen Mittelpunkt der Rothstein bei Sohland liegt.

Hinsichtlich der Mitwirkung des Substrates ist demnach zwischen krystallinischen Gesteinen, Basalt und kalkreichen Sedimenten der Triasformation, am Harze wie in Thüringen von Gera an westwärts auch zwischen Zechsteingyps zu unterscheiden, und die Wirkung des Kalkes auf die Zusammensetzung der ganzen Formation ist so bedeutend, dass man von der Elbe zur Thüringer Saale oder Unstruth kommend die grössesten Verschiedenheiten in gemeinen, besonders aber in den die Genossenschaft charakterisirenden Arten bemerkt. Sehr viele Arten fehlen unzweifelhaft aus dem Grunde östlich der Weissen Elster, weil hier auch die Triasformation fehlt. Die Plänerkalke südlich der Elbe und die

---

*) Abtheilung der bei W. Engelmann erscheinenden „Vegetation der Erde", herausgegeben von Engler und Drude.

**) Isis-Abhandlungen 1885, S. 75 (Festschrift) und 1895, S. 35, besonders S. 43—46.

wenigen Stellen, an denen Urkalke im Vogtlande und im Elbgebiete zu Tage treten, haben dafür so gut wie keinen Ersatz zu bieten vermocht. Da die Muschelkalkberge kaum 500 m übersteigen, so gehört die ganze hercynische Trias zu dieser unteren Stufe.

In derselben zähle ich 467 Arten, welche neben einzelnen überall an sonnigen Plätzen vorkommenden ihre eigentlichen Standorte hier besitzen, und zwar

47 Sträucher und Zwerggesträuche, besonders Rosaceen!,
37 Gräser und verwandte Rasenbildner,
373 perennirende, 2- und 1-jährige Kräuter.

Diese 457 Arten sind nur zur kleineren Hälfte überall zu finden (Beispiel: *Thymus Serpyllum, Helianthemum vulgare, Rosa rubiginosa, Prunus spinosa*); die grössere Mehrzahl tritt sehr zerstreut, viele Arten nur an wenigen Standorten auf. Rechne ich diejenigen Arten, welche wenigstens irgendwo 1) im Weser- und Werralande, 2) in Thüringen und an der unteren Saale—Elbe bis Magdeburg, 3) im sächsischen Elbgebiete oder im Lausitzer Hügellande jetzt gleichzeitig verbreitet vorkommen, als solche von gemeinsamer Verbreitung, so zähle ich davon 277 Arten. Die übrigen 180 Arten sind beschränkt auf je 1 oder 2 der ebengenannten Landgruppen, und unter diesen haben wir die wichtigeren Relictstandorte zu suchen.

Von diesen 180 Arten sind:

93 Species (oder rund $^1/_2$ der Gesammtzahl) pontisch (Areal PM oder Po), nämlich von Sträuchern und Rasenbildnern:

Prunus Chamaecerasus
Rosa Jundzilliana
Cytisus nigricans

Andropogon Ischaemum
Stipa capillata
— *pennata*
Melica ciliata
Agropyrum glaucum
Poa badensis
Carex humilis
— *Schreberi*
— *supina*
— *obtusata*

und 80 Stauden oder ⊙ Kräuter.

Ferner befinden sich unter diesen 180 Arten:

36 Species (oder rund $^1/_{11}$ der Gesammtzahl) präalpin (Areal H^a—Mm), nämlich von Sträuchern und Rasenbildnern:

Sorbus Aria
Amelanchier vulgaris
Rosa repens
Rubus bifrons
— *tomentosus*
Viburnum Lantana

Sesleria coerulea
Carex ornithopoda
Calamagrostis varia

und 28 Stauden, so gut wie sämmtlich bei uns kalkstet oder kalkhold.

Von den erstgenannten 93 Arten, welche durch die Signatur PM oder Po ihre pontische Zugehörigkeit anzeigen, besitzt

Sachsen östlich des Weissen Elster-Gebiets (also mit Ausschluss der Floren von Gera bis Leipzig) . . . . . 48 Arten,
von den letztgenannten 36 Arten mit präalpinem Areal dagegen nur . . . . 7 Arten;

von der ersteren Gruppe also die grössere Hälfte, von der letzteren kaum $^1/_3$.

Sachsen ist demnach relativ viel reicher an pontischen, als an präalpinen Arten!

Diese Thatsache ist zu berücksichtigen bei der Discussion über die Wanderungswege beider Artengruppen. In der Vertheilung der pontischen Arealspecies nämlich ist die Landschaft der unteren Saale (Halle-Wettin, Mansfelder Seen bis Ostharz) allen über, theilt aber ihren Reichthum mit den Trias-Landschaften des Thüringer Beckens bis in die Gegend von Arnstadt und Gotha, wo auf den Drei Gleichen und den Seebergen noch einmal prächtige Artgenossenschaften pontischen Charakters, *Peucedanum alsaticum, Nepeta nuda* mit *Adonis vernalis, Glaucium* etc. auftreten. (S. Sitzungsberichte dieses Jahrgangs, botan. Section vom 8. November.) Hier ist die hercynische Arealausdehnung von *Lavatera thuringiaca, Althaea hirsuta*, der pontischen Astragaleen *A. exscapus, danicus* (= *Hypoglottis*) und *Oxytropis pilosa*, von *Seseli Hippomarathrum* mit einem der interessantesten, ziemlich beschränkten PM¹-Areale!, hier finden sich *Artemisia rupestris, pontica* und *laciniata*, während *A. scoparia* ihren einzigen das Gebiet im Osten berührenden Standort auf der Landskrone bei Görlitz hat.

Nicht alle auf den Osten weisenden Arten sind hier und in Sachsen versammelt, einige recht merkwürdige Fundorte besitzt das Werragebiet. Hier zeichnet sich der Bielstein bei Allendorf im Höllenthal durch den Besitz von *Allium strictum* (nächster Fundort ostwärts der Rollberg im Böhmischen Mittelgebirge!) aus, sowie durch *Salvia Aethiopis*, von welcher wohl mit Unrecht Verwilderung vermuthet wird. Aber eine Hauptmasse pontischer Arten steckt doch nur im Bereich Halle — Magdeburg — Kyffhäuser — Gotha, und ein grosser Theil davon steckt auch in Sachsen östlich der Weissen Elster. Es ist nun mit Recht die Frage aufgeworfen*), wie das zu verstehen sei, dass der hercynische Osten und besonders das sächsische Elbhügelland so viel ärmer an Arten pontischer Herkunft sei, als das westlicher gelegene Saaleland, da doch der hypothetische Zuzug dieser Arten nach Schluss der letzten Haupteiszeit durch Sachsen hindurch anzunehmen sei. Denn im Böhmischen Mittelgebirge ist wiederum der grösste Theil der um Halle a. d. Saale vorhandenen, bei Dresden — Meissen a. d. Elbe aber fehlenden Arten in reicher Standortsvertretung zu finden. Schulz glaubte damals annehmen zu sollen, dass alle diese Arten im sächsischen Elbthal früher vorhanden gewesen und dann später ausgestorben, an der Saale aber erhalten geblieben seien.

Wenn dies auch zum Theil richtig sein mag — denn jede Relictenflora giebt schon in ihrem Namen die Möglichkeit des Aussterbens mancher Arten derselben Genossenschaft und des Verlorengehens vieler Standorte noch vorhandener Arten zu — so erscheint die Sache doch in einem wesentlich anderen Lichte. Zunächst ist nochmals darauf hinzuweisen, dass von den 93 P-Arten mit beschränkt-hercynischem Vorkommen Sachsen die grössere Hälfte mitbesitzt, das Werra- und Weserland nur sehr wenige (die wichtigsten sind vom Bielstein genannt). Diese Gesammt-

*) A. Schulz: Vegetationsverh. d. Umgeb. von Halle. Mitth. Verein f. Erdkunde zu Halle 1887, S. 80—124.

zahl erscheint nun für Sachsen gar nicht gering, wenn man die schwache Ausdehnung der Standorte bedenkt, die dafür in Betracht kommen. Ein Blick auf die der zweiten Abhandlung über die östlichen Genossenschaften in Sachsen beigefügte Karte der Gegend von Dresden bis Hirschstein nördlich von Meissen (Isis 1895, Taf. II) zeigt den verhältnissmässig schmalen Hügelsaum an der Elbe und die westlich von Meissen stattfindende Ausbuchtung am Lommatzscher Wasser, wo die Mehrzahl der oben gezählten 48 besonderen pontischen Species der Hügelformationen vorkommt. Dieser Hügelsaum setzt sich stromabwärts nur noch eine kurze Strecke mit einigermassen reicher Standortsvertretung bis Riesa fort und verarmt dann (aus topographischen Gründen: Mangel an felsigen Höhen!) ausserordentlich; stromaufwärts dagegen hält sich sein nördliches Ufer gut besetzt bis Pirna und hat auf dieser Strecke einige Sachsen besonders auszeichnende Arten (*Lactuca viminea* bei Pillnitz, *Silene italica* *nemoralis* W. K. bei Loschwitz—Wachwitz—Zehista und Cotta), aber der Hauptreichthum der interessanteren Arten steckt doch in der unterhalb Dresdens gelegenen Landschaft um Meissen und Lommatzsch und endet südlich von Dresden mit dem jetzt durch menschliche Eingriffe stark entstellten Plauenschen Grunde am Durchbruch des Weisseritz-Thales. Auf diesen wichtigen Umstand haben wir schon in der Isis-Abhandlung des Jahres 1895 (siehe besonders l. c. Seite 39) aufmerksam gemacht und ich komme hier sogleich noch einmal darauf zurück, wenn für den grösseren Reichthum des unteren Saale-Landes ein analoger Erklärungsversuch zu machen sein wird.

Vergleicht man mit dieser eng umgrenzten Landschaft an den Elbhöhen die weiten Gefilde der sonnigen Hügelformationen im Thüringer und unteren Saale-Lande und nimmt die dort herrschende Mannigfaltigkeit der Schotter bildenden Gesteine in Vergleich mit der Einförmigkeit der nur durch Plänerzüge unterbrochenen Bildung krystallinischer Gesteine an der Elbe in Sachsen, so kann es keinem Zweifel unterliegen, dass die Thüringer Lande weit mehr befähigt sind, eine grosse Zahl von empfindlicheren Steppenpflanzen zu erhalten. Auch darauf ist hinzuweisen, dass dies letztere Gebiet östlich vom Harze zugleich die regenärmsten Landschaften der ganzen hercynischen Gaue enthalten, in denen nämlich nach Assmann die jährliche Regenhöhe nur 450—600 mm beträgt.

Nun aber kommt noch die Hauptsache. Es braucht gar nicht daran gedacht zu werden, dass der Wanderungsweg für die vielen bemerkenswerthen pontischen Arten an der Thüringer Saale und westlich von ihr bis zum Kyffhäuser und den Gleichen bei Arnstadt nur die Elbstrasse von Böhmen durch Sachsen hindurch gewesen wäre. Dieser Wanderungsweg mag für viele Arten die Einzugslinie gewesen sein, theils im Flussthal selbst nach Ueberwindung der waldbedeckten Elbsandstein-Gehänge, theils auf dem Wege Sattelberg (Spitzberg) bei Ölsen — Cottaer Spitzberg — Gottleubathal — Elbe entlang der zur Heerstrasse benutzten Einsattelung zwischen dem östlichen Erzgebirge und westlichen Elbsandstein-Gehänge bei Hellendorf; aber er ist nicht der einzige.

Die geologischen Forschungen haben uns mit den Veränderungen bekannt gemacht, welche die ostdeutschen Ströme vor und nach dem Abschmelzen des südbaltischen Inlandeises durchgemacht haben. Keilhack hat nach vielen vorhergegangenen Einzelstudien eine zusammenfassende Abhandlung darüber bei Gelegenheit des VII. Internationalen

Geographen-Congresses zu Berlin 1899 veröffentlicht,*) der eine zur Beurtheilung der so oft den Flussthälern folgenden Wanderungswege äusserst wichtige Karte beigefügt ist. Sie enthält die Stillstandslinien des Inlandeises zur letzten Eiszeit, deren südlichste (unsicher) südlich von der Oder bei Glogau nach Magdeburg verläuft, während die dritte (gesicherte) von der Warthe nördlich von Posen über Frankfurt a. O. und dann nordwestwärts durch Mecklenburg auf Schwerin zu zieht. Zur Zeit dieser dritten Stillstandslinie ergossen sich die Wasser des Bug, der Weichsel, Warthe, Oder und Spree durch das Rhinthal in das heutige Elbbett; aber auch die Flussthal-Linien des ersten (südlichsten) und zweiten (mittleren, von Glogau nach dem Elbthal nördlich Magdeburg seine Wasser sammelnden) Stillstandes werden für die Besiedelung noch in Thätigkeit gewesen sein.

Dies lässt voraussetzen, dass ein nördlicher Zug von pontischen Steppenpflanzen von der Weichsel her westwärts bis an die Elbe bei Magdeburg gelangen konnte, und thatsächlich hat Loew schon seit langer Zeit die Relictenflora dieses Charakters im südlichen Balticum mit den interessanten Standorten zwischen Frankfurt a. O. und Oderberg bekannt gemacht. Unter Annahme dieser Wanderlinie wird es verständlich, dass an der Elbe bei Magdeburg und von da sich strahlig ausbreitend eine Ansammlung pontischer Arten stattfinden konnte, die nun stromauf zur Saalemündung und an der Mündung der Mulde vorbei in das Elbthal nach Meissen gelangen konnte. Hierdurch würde es ferner verständlich, dass an der Elbe um Meissen herum eine grössere Zahl pontischer Relicte sich findet als weiter stromauf, da der durch Bergländer erschwerte Verbindungsweg aus dem Böhmischen Mittelgebirge nach Dresden vielleicht weniger wirksam war als der eben bezeichnete stromauf gerichtete. Einzelheiten anzuführen würde ein grosses topographisches Detail erfordern und interessirt nur solche, welche die Standorte Sachsens aus eigener Anschauung kennen; ich beschränke mich daher darauf, zu sagen, dass die Erwägung der Standortsvertheilung daselbst zu einer Annahme führt, wie ich sie eben auseinandersetzte, und dass dem Kenner der Landesflora eine gewisse Wahrscheinlichkeit sich aufdrängt, viele Arten auf den Weg von Böhmen (z. B. *Lactuca viminea*), viele andere (z. B. *Anemone silvestris*) auf den Weg stromaufwärts zurückzuführen. Das kleine Gebiet von bemerkenswerthen Pflanzen östlicher Arealform in der Oberlausitz zwischen Neissethal und Bautzen — Stolpen nimmt naturgemäss Antheil an der Verbindung mit Böhmen in südlicher Angrenzung und an der südlichsten Wanderlinie von der Oder bei Glogau westwärts.

Auf ganz anderen Wegen wird der Einzug der präalpinen Arten erfolgt sein, wie wir ihn auch in eine andere Zeit zu versetzen haben, und zwar voraussichtlich in die der letzten Steppeneinwanderung vorausgehende Vergletscherungszeit der Alpen. Es ist in einem Vortrage über die Anordnung der Vegetation im Karwendelgebirge (siehe Sitzungsberichte 14. Juni 1900, bot. Section, S. 7) von mir darauf hingewiesen worden, dass für die Floren-Entwickelungsgeschichte Mitteldeutschlands auch die genauere Kenntniss der von Beck aufgestellten Formation des Voralpenwaldes bedeutungsvoll sei. Man kann sagen, dass, wie wir in unserem sonnigen Hügellande lichte Haine, trockene Grastriften auf steinigem

*) Thal- und Seebildung im Gebiet des Baltischen Höhenrückens, veröffentlicht von der Ges. für Erdkunde zu Berlin.

Boden und die Charakterformation der Schotterböden mit anstehenden Felsen, die in ihren Spalten besondere Arten gedeihen lassen, neben einander und in einander verwirkt finden, dass so eine ganze Gebirgsstufe höher im Anstieg unserer nördlichen Kalkalpen, in den Höhen von ca. 700 oder 800 m bis in die volle Krummholzformation bei 16—1700 m hinein, neben dem eigentlichen Alpenwalde von Buche, Tanne, Fichte und Lärche ein Gemisch sonniger, Schotter- und Felsböden besiedelnder Arten zusammen mit Gras- und Gebüschbedeckung zu unterscheiden sei. Das nenne ich die „präalpinen Formationen", die Vertreter der „sonnigen Hügelformationen" im Gebirge, in denen durchaus die Beimischungen pontischen Charakters fehlen. Zur Zeit der letzten Hauptvergletscherung der Alpen waren diese präalpinen Formationen (deren durch ihre Beziehungen zu der mitteldeutschen Flora wichtige Arten in jenem Vortrage S. 8 genannt sind) nordwärts der Gletscherlinie in so viel niederen Bergstufen zu suchen, und nach den von Gradmann so anschaulich zusammengestellten Relicten im Schwäbischen Jura darf man dieses Gebirge und seine gegen den Main hin gerichtete Fortsetzung als ein solches Rückzugsgebiet ansehen, dessen Verlängerung nordwärts des Main zwischen dem Südwesthange des Thüringer Waldes und der Rhön auf welligem Triaslande diese Formationen entlang der Werra in die westliche Hercynia führen konnte. Hier giebt es kein trennendes höheres Gebirge; die Wasserscheide zwischen Werra und der fränkischen Saale wird von einer niederen Schwelle gebildet, neben welcher im Westen die Basaltberge der hohen Rhön mit ihren Vorlagerungen von bunten Mergeln und Muschelkalk noch heute eine Menge präalpiner Bürger halten, und besonders weiter nördlich die Berge des Ringgaues und der Goburg bei Allendorf a. d. Werra angelehnt an den Bergstock des Meissner. Von diesem letzteren Berge ist früher *Dryas octopetala* angegeben. Dieser Fund hat sich nicht mehr wiederholt und steht daher ungewiss da; aber aus theoretischen Gründen könnte man gerade hier in diesem Bergzuge bei ca. 700 m *Dryas*, die so tief in die präalpinen Felsschotter herabsteigt, als Relict für möglich halten.

Von hier aus konnten sich die präalpinen Formationen nach N. bis in das Leinethal gegen Hannover und nach O. bis an die Grenze der Zechsteingypse sowohl am Südrande des Harzes als an der Weissen Elster bei Gera ausbreiten und haben die verschiedenartigsten Relicte hinterlassen, die aber mit dem Aufhören des Muschelkalkes gegen O. in der Hauptsache abschliessen. Den Mangel Sachsens östlich der Saale- und Weissen Elster-Linie an präalpinen Arten leite ich hauptsächlich von dem Fehlen der geeigneten Böden ab, wie sie die Triasformation den präalpinen Bürgern geboten hat. Daher enden Pflanzen wie *Sesleria coerulea*, *Hippocrepis comosa* und *Ophrys muscifera* im Westen des osthercynischen Gaues. Auch in den Alpen und Karpathen finden wir reiche, tief herabsteigende Gemische präalpiner Bürger hauptsächlich auf Kalkboden; die Silicatböden bieten dafür der Massenansiedelung von Vaccinien, *Calluna*, torfigen Riedgräsern und geselligen gemeinen Sträuchern wie *Rhamnus Frangula* und *Salix aurita* zu günstige Existenzbedingungen. In unserem Falle aber handelt es sich um die gegenwärtigen Zeugen aus längst verschwundener Epoche, und diese hatten nach dem Rückzuge der alpinen Gletscher und während der Invasion der Steppenpflanzen den Kampf um den Boden mit eigener Anpassung zu führen, die ihnen durch die oft gerühmten Eigenschaften des dysgeogenen Kalkbodens allein ermöglicht worden zu sein scheint. So finden sich diese Zeugen nur auf solchen Kalken, z. B. auf den höchsten Spitzen vereinzelter westlicher Kalkzinnen *Amelanchier*, der in den Voralpen so häufig ist, und dort wie auf den Basalten *Sorbus Aria*; auch *Cotoneaster* (der Sachsens Graniten und dem Ostharze nicht fehlt) hat doch seine Hauptverbreitung auf vorragenden Kalkhöhen, von den Dolomiten des Süntels im Weserlande bis zu den Muschelkalken an der Saale bei Camburg.

Während die Zechsteinhügel des Südharzes bei Ellrich, Walkenried und Nordhausen neben mehr verbreiteten Arten wie *Biscutella laevigata* besonders den so merkwürdigen Relict von 2 *Arabis*, *Gypsophila repens*, *Rosa cinnamomea*, *Salix hastata* und die endemische *Pinguicula* "*gypsophila* als höchste Leistung des Ueberdauerns auf niederen Bergstufen führen, ist vom fränkischen Jura her gegen die Umgebung des Fichtelgebirges von solchen präalpinen Bürgern merkwürdiger Verbreitung nur *Polygala Chamaebuxus* und *Erica carnea* vorgedrungen, beide in eigenthümlicher Umformung ihrer Bedürfnisse. Trotz der Anpassung der genannten *Polygala* an den Boden krystallinischer Gesteine und cambrischer Sedimente zeigt doch ihr Vorkommen auf dem Dolomit bei Sinnatengrün unweit Wunsiedel, wo sie allein einen an einer Seite zu Kalkbrüchen abgesprengten Hügel mit dichtem Massenwuchs in lichtem Kiefernhain überzieht, auch bei ihr die Bevorzugung kalkigen Substrates. Und so ist die Meinung wohl begründet, dass, wenn der Böhmer Wald aus Jurakalk anstatt aus krystallinischen Gesteinen aufgebaut wäre, er ein nicht hercynisches Gebirge, voll von präalpinen Arten wie die Rauhe Alb, vorstellen würde, und dass der Harz in seinen oberen Höhen viel mehr Arten vom Charakter der Gruppe bei Ellrich und Walkenried bergen würde, wenn er nicht aus denselben krystallinischen Gesteinen aufgebaut wäre. Die Einwanderung von *Pulsatilla alpina* und *Hieracium alpinum*, jetzt nur auf der Höhe des Brockens, mag aus derselben geologischen Hauptperiode oder aus einer anderen stammen, jedenfalls gehörten diese Arten mit *Linnaea* zu einer anderen Formationsgruppe als die 2 *Arabis* und *Gypsophila*, so wie sie auch jetzt in den Hochalpen und nicht im Bereich der präalpinen Genossenschaft ihre Massenstandorte besitzen.

Mit den Erklärungsversuchen der Einzugsrichtungen und -zeiten für die pontischen und präalpinen Genossenschaften ist zwar die Hauptsache für unsere Hügelformationen gesagt, doch nicht Alles. Es giebt westliche Arten wie *Lactura virosa*, südliche wie *Ruta graveolens*, Arten der südwestlichen Voralpen wie *Helleborus foetidus*, die alle hier Berücksichtigung verdienen, aber ihre Beurtheilung ist schwieriger, ihre Zahl geringer. Arten wie *Clematis Vitalba* sind weder präalpin noch Steppenpflanzen, machen aber trotzdem auf dem Zechsteinkalk an der Weissen Elster bei Gera gegen Osten (Sachsen) ein Halt und fehlen auch sogar im Böhmischen Mittelgebirge, wo die präalpinen Arten reichlich vertreten sind. Für viele solcher Arten lässt sich wohl eine besonders wahrscheinliche Erklärung ihrer heutigen hercynischen Vertheilung gar nicht geben und ich breche daher für die heutigen Zwecke kurz ab.

Es soll aber nicht unerwähnt bleiben, dass in einer fast zu sehr eingehenden Weise A. Schulz in seinen jüngeren Arbeiten über die Entwickelungsgeschichte der mitteleuropäischen Flora alle möglichen Erwägungen auf Grund der heutigen Vertheilung der Arten angestellt hat, die unser sächsisch-thüringisches Gebiet tief berühren, und dass in den jüngst von ihm geäusserten Anschauungen über Wanderungswege und Besiedelung viel Gemeinsames mit den hier vorgetragenen Grundanschauungen enthalten ist oder doch die Möglichkeit einer gleichen Theorie zulässt.

B. Die Felspflanzen auf den zerstreuten Basalt- und krystallinischen Felshöhen von (300) 500—800 m: **„Montane Felsformation“.**

Die unter A betrachtete Formationsgruppe der sonnigen Hügel hält die Thalzüge unserer grossen Ströme und deren Hauptzuflüsse besetzt, ebenso bedeckt sie in zusammenhängender Fläche das warme Triasland in Thüringen und dem Westen. Hier giebt es überall Felspflanzen, welche wie *Sedum rupestre* und *Asplenium Ruta muraria* der trockenen Sommerhitze gewachsen sind und sich in die trockenen Grasrasen mittel- und osteuropäischer Arten mischen, die zwischen den Spalten sich eingenistet haben (*Carex humilis*, *Melica ciliata* etc.). Eine höhere Stufe montaner Felsen ist nun noch zu betrachten, welche die Spitzen niederer Vorberge bilden, die Basalte der Rhön und Oberlausitz, Granitfelsen und Diabase in der Umgebung höherer Gebirge, wie die Rosstrappe im Harz oder die Felsen über dem Ölschnitz- und Weissen Main-Thal bei Berneck. Sagt schon die Lage dieser Berge, dass hier von der warmen Hügelformation ebenso wenig die Rede sein kann, wie die zu geringe Höhe (bis 800 m) das Auftreten subalpiner Formationen mit *Calamagrostis Halleriana* und *Empetrum* verhindert, so zeigt auch die Prüfung der Flora hier eine eigene Formation, welche für die Besiedelungsgeschichte unseres Landes nicht ohne Bedeutung erscheint. Manche dieser Arten sind schon unter A genannt, da sie auch im sonnigen Felsgebiet aushalten; die merkwürdige Gruppe von 2 *Arabis* und *Gypsophila* mit *Salix hastata* und *Rosa cinnamomea* gehört ihrer ganzen Beschaffenheit nach gleichfalls zu der montanen Felsgruppe und verdankt wohl nur ihrer Lage am Harze den Umstand, in so geringer Meereshöhe aushalten zu können, die für die montanen Arten sich ausnahmsweise von 500 m auf 300 m oder noch etwas tiefer als untere Grenze erniedrigt.

Ich theile hier eine Liste der übrigen montanen Gefässpflanzen mit:

Cotoneaster vulgaris (integerrima)	*Hieracium Schmidtii*
Polygala Chamaebuxus	— *bifidum, caesium*
Sedum purpureum, rupestre	*Echinospermum deflexum*
Sempervivum tectorum, soboliferum	[*Centaurea montana* (Kalk)
Saxifraga decipiens	*Carduus defloratus* (Kalk)
Silene Armeria	*Thesium alpinum*, alle 3 Arten im Anschluss an Gruppe A.]
Dianthus caesius und *Seguieri*	*Allium* **sibiricum*.
Alsine verna (Harz)	
Aster alpinus	

Farne:

Asplenium septentrionale	*Cystopteris fragilis*
— *Trichomanes*	*Nephrodium Robertianum*
— *Adiantum nigrum*	*Aspidium Lonchitis*
— *adulterinum*	*Ceterach officinarum*
— *viride*	*Woodsia ilvensis*.

Diese ganze Liste bezeugt für den Kenner unserer Hügelflora eine andere Zusammensetzung und zeigt als erstes und wesentlichstes Merkmal, dass sämmtliche pontische Arten fehlen! Eine einzige Art ist mit dem Areal PM[2] zu belegen, nämlich *Sempervivum soboliferum*, die auch thatsächlich in Kiefernhainen des Balticums ausserhalb des mitteldeutschen Hügellandes noch angetroffen wird; diese Art ist wahrscheinlich aus den Bergländern an der unteren Donau (Serbien etc.) mit anderen präalpinen Arten eingewandert. Im Uebrigen gehören die Arten zu den Arealen, welche auf den Ursprung aus den Alpenländern hinweisen (Signaturen Mm oder H[0]—H[4]), ausgenommen die drei durch Sperrdruck ausgezeichneten. *Allium sibiricum*, bei uns auf dem Kleis und Rosstrappe zu finden, hat die Signatur All wie *Salix hastata* u. a. A.; *Saxifraga decipiens* aber und *Woodsia ilvensis* erreichen die Alpenkette nicht und entstammen dem Norden. Zwischen montan-alpinen Arten sind demnach hier arktisch-boreale eingestreut. Von manchen der ersteren ist es schwierig, zwischen alpinem und hochnordischem Ursprunge zu entscheiden, zumal viele nordische Bürger wahrscheinlich in den mittelasiatischen Bergländern ihren Ursprung gehabt haben werden. Die grossen Eiszeiten bewirkten eben eine Vermischung von vielerlei Gebirgspflanzen und hochnordischen Arten, deren Heimathsberechtigung sich jetzt nur mühsam und unsicher nach der Verwandtschaft beurtheilen lässt.

Der Besitz einiger, wenn auch weniger, nordischer Arten zeichnet also besonders die montane Felspflanzen-Formation aus, und es muss auch nochmals bestätigt werden, dass die pontischen Arten nicht in die montanen Felshöhen hinaufsteigen. Soweit meine Beobachtungen reichen, habe ich nur an einer Stelle des Gebiets, auf den Grünsteinfelsen bei Berneck-Stein des westlichen Fichtelgebirges *Melica ciliata* mit *Sempervivum soboliferum*, das bei uns streng montan ist, in etwa 600 m Höhe vereinigt gefunden; nie würde man im hercynischen Bezirk erwarten, auf diesen Bergen pontische Arten wie *Centaurea maculosa* oder *Pulsatilla pratensis* mit *Andropogon Ischaemum* zu finden; nur *Cytisus nigricans* stellt sich noch neben das *Sempervivum* in seinem Vermögen, so hoch als möglich die montanen Felsen zu ersteigen und sich mit *Calluna* und *Arnica* zu mischen. *Viscaria* aber und *Digitalis ambigua* haben in den Höhen von 400—800 m ihre, wie es scheint, eigentlichste hercynische Standortsverbreitung.

Wenn nun also die Arten, welche die Besiedelung der montanen Felsen übernommen haben, in erster Linie mitteleuropäisch-montan oder präalpin und in zweiter Linie arktisch-boreal sind, so lässt sich darnach auch ihre Besiedelungsperiode beurtheilen. Die präalpinen Arten wie *Aster alpinus* und *Hieracium Schmidtii* gehören wohl derselben Periode an, welche auch *Sesleria* und *Sorbus Aria* auf ihre zahlreichen Stationen im jetzigen Muschelkalk-Gebiete brachte, nur dass sie vielleicht erst etwas später die höheren Stationen erreichten und sich dort erhielten. Ob *Woodsia ilvensis*, *Allium *sibiricum* und die von dem Bodethal im Harz durch Thüringen, das Fichtelgebirgsland und das Elsterthal (Vogtland) bis zum Milleschauer im böhmischen Mittelgebirge an seltenen Standorten zerstreute *Saxifraga decipiens* sich gleichzeitig vom nordischen Eisgürtel her in der Hercynia festsetzten, als auch die präalpine Genossenschaft von den alpinen Gletschern in die mitteldeutschen Hügel verdrängt war, lässt sich muthmassen, aber nicht entscheiden. Es hat dann später, bei der allmählichen Umkehr der klimatischen Verhältnisse durch die Wirkungen der trockenen Steppenperiode, eine Neuordnung der Verhältnisse stattgefunden, nach der die genannten nordischen Arten und viele präalpinmontane Arten zerstreute Bergstandorte besetzten, während eine grosse Menge anderer präalpiner Arten zusammen mit den jünger eingewanderten Steppenpflanzen sich zu den Hügelformationen besonders auf kalkreichem Boden verschmolzen haben.

Neigt man einer Annahme von einer grösseren Zahl oscillirender kühler (Eiszeit-) und wärmerer Perioden zu, so hätte auch eine der letzten postglacialen Hauptsteppenzeit folgende kühlere Periode vom Charakter einer schwächeren Eiszeit die präalpinen Bürger in die Relictenstandorte der Steppenbürger hineinbringen können. Die Mischung der Formationen bleibt dieselbe; hinsichtlich der Wanderungsperiode enthält man sich wohl am besten so lange eines allzu bestimmten Urtheils, als die Geologie noch nicht mit allen ihren Unterlagen fertig ist, welche die Pflanzengeographie zu der Ausarbeitung ihres eigenen Bildes dieser Entwickelungsgeschichte nöthig hat.

Aber gerade der Umstand, dass sich mancherlei verschiedene Florenelemente in der Formationsgruppe zusammengefunden und gemischt, zu einheitlich beisammen wachsenden Genossen vereinigt haben, die nach ihrer Arealform beurtheilt ein recht verschiedenes Herkommen besassen, macht die Hügelformationen der Hercynia in ihren Niveaus von 100—800 m besonders werthvoll und liess den Versuch machen, das im Anfang dieser Skizze entworfene Bild floristischer Umgestaltung unserer Gaue an dem reichen Gemisch dieser ca. 500 xerophilen, mit dem Gesteinsschotter eng verbundenen Arten näher auszuführen. Es mag wenigstens daraus entnommen werden, zu welchen Betrachtungen das auf botanischen Excursionen zusammengebrachte Material benutzt werden kann und dass gegenüber dem Ausgehen auf blosse Sammlungsinteressen dieser Theil der pflanzengeographischen Methode einen hohen Werth besitzt, der dazu beiträgt, den Naturforscher-Spruch zu erfüllen: „Rerum cognoscere causas". Ein ganz anderer, nicht minder wichtiger Gesichtspunkt ist dann der der ökologischen Einrichtungen, welche den Pflanzen gestatten, ihren Kampf um den Standort erfolgreich durchzuführen.

Wie das hier an den Hügelformationen gezeigt oder angedeutet ist, so lassen sich ähnliche interessante Betrachtungen hinsichtlich der glacialalpinen Arten an der Formation der Hochmoore und der subalpinen Bergheide anstellen, welche auf eine spätere Abhandlung verspart bleiben sollen. Das Wesentliche bleibt dabei die Zurückführung des allgemeinen Problems unserer Floren-Entwickelungsgeschichte auf die besondere Behandlung ihrer einzelnen, natürlich abgegrenzten Vegetationsformationen.

X. Die Gymnospermen der nordböhmischen Braunkohlenformation.

Von Dr. Paul Menzel.

Theil II.

Mit 1 Tafel und 1 Abbildung im Text.

2. Taxodieae.

Taxodium distichum miocenicum Heer.

Phyllites dubius Sternberg: Vers. I, p. 37, t. XXXVI, fig. 3, 4.
Taxodites dubius Sternberg: Vers. II, p 204.
— — Unger: Iconogr., p. 20, t. X, fig. 1—7.
Taxodium dubium Sternberg sp., Ettingshausen: Foss. Fl. v. Bilin I, p. 34, t. X, fig. 13; t. XII, fig. 1—16.
— — Stur: Neog. Fl. v. Brüx, Verh. d. k. k. geol. R. A. 1873, p. 201.
— — Sieber: Nordb. Braunkohlenfl. Sitzungsber. Akad. d. Wiss. Wien 1880, p. 93.
— — Wentzel: Foss. Pfl. v. Warnsdorf. Verh. d. k. k. geol. R. A. 1881, p. 90.
— — Velenovsky: Fl. v. Vršovic b. Laun, p. 14, t. I, fig. 27.
Taxodium distichum miocenicum Heer, Engelhardt: Sitzungsber. Isis Dresden 1876, p. 2; 1877, p. 20; 1882, p. 14; 1883, Abh. p. 48.
— — Tert. Pfl. d. Leitm. Mittelgeb., p. 15.
— — Braunkohlenfl. v. Dux, p. 5 Anm.; p. 23, t. 2, fig. 23—31; t. 8, fig. 9, 10.
— — Tertiärfl. d. Jesuitengr., p. 17, t. I, fig. 20.
Uebr. Litt. s. Staub: Aquit. Fl. d. Zsilthales, p. 17.

Taxodium ramulis perennibus foliis linearibus, demum cicatriculis tectis; ramulis annuis caducis filiformibus, foliis distantibus, alternis, distichis, hinc inde duobus valde approximatis, basi apiceque angustatis, lineari-lanceolatis vel aequaliter linearibus, breviter petiolatis, planis, uninerviis; amentis masculinis subglobosis, plurimis, in spicam terminalem dispositis; strobilis oviformibus vel subglobosis; squamis excentrice peltatis, primum marginibus conniventibus, demum biantibus, e basi tenui sursum incrassatis, dilatatis, disco convexo, costa transversali et umbone medio ornatis, margine superiore verrucosis.

Vorkommen: In den Thonen und Letten von Ladowitz, Dux, Hawran, Brüx, Tschausch, Prohn, Preschen, Priesen, den Tuffen von Warnsdorf, Salesl, den Brandgesteinen von Schellenken, Straka, Vršovic, Pohlerad-Lischnitz, in den Schiefern des Jesuitengrabens, in der Kohle des Tagbaues Peter und Paul bei Dux.

Taxodium distichum miocenium Heer, eine der weitestverbreiteten und in allen Theilen bestgekannten fossilen Coniferen, besitzt dauernde Triebe und aus den Achseln solcher entspringende Seitentriebe, die alljährlich abgeworfen werden. Die Blätter sind linear, kurz gestielt, spitz, einnervig und stehen an den perennirenden Zweigen spiralig angeordnet, aufgerichtet und ziemlich entfernt von einander, an den sammt den Blättern abfallenden Jahrestrieben bilateral gerichtet. Aeltere Zweige sind mit den Narben von Blättern und abgefallenen Jahrestrieben bedeckt. Bei den hauptsächlich vorliegenden Jahrestrieben sind die Blätter 8—15 mm lang, 1—1½ mm breit, seltener, bei der früher als *Taxod. angustifolium* Heer bezeichneten Form, bis 20 mm lang; die Blätter sind in der Mitte der Zweige am längsten und nehmen nach Basis und Ende der Zweige an Grösse ab; sie sind mehr oder weniger parallelseitig, nach Grund und Spitze verschmälert, kurz gestielt, von zarter Beschaffenheit, mit deutlichen Mittelnerven; sie laufen am Stengel nicht herab; selten gehen von der Insertionsstelle zarte Streifen aus, die in gerader Richtung am Zweige verlaufen, niemals aber nach den gegenüberstehenden Blättern sich wenden oder Kanten bilden wie bei *Sequoia Langsdorfii*. Zuweilen stehen einige Blätter unregelmässig einander genähert. Die fertilen Zweige sind mit aufrechten, kurzen, spiralig gestellten Blättern bedeckt.

Die männlichen Blüthen stehen zahlreich in Rispen oder Aehren, in Form kleiner, 2—3 mm langer, ovaler Kätzchen, die je in der Achsel eines kurzen, vorn zugespitzten Blattes stehen und aus einer Anzahl dachig angeordneter, eiförmiger, vorn zugespitzter Deckschuppen gebildet werden, welche 6—8 Staubblätter umgeben.

Die weiblichen Blüthen stehen einzeln oder zu wenigen am Grunde der männlichen Blüthenstände oder an kurzen Seitenästen älterer Zweige; es sind rundliche, 6—8 mm Durchmesser haltende Zäpfchen, aus rundlichen Schuppen gebildet, meist zerdrückt, so dass Einzelheiten des Baues schwer zu erkennen sind.

Die Zapfen sind kurz gestielt, von eiförmiger bis rundlicher Gestalt, messen ausgewachsen 24—30 mm Länge und 20—26 mm Breite; sie werden von 20—25 Schuppen gebildet, deren mittelste im freien Theile verhältnissmässig gross (13—15 mm hoch, 13—17 mm breit) sind, während sie nach Basis und Spitze rasch an Grösse abnehmen; die kleinen Schuppen an der Spitze und um den Stiel herum sind steril.

Die Schuppen verjüngen sich zu einem schief nach unten gehenden Schuppenstiel, der an der Zapfenachse befestigt ist; der obere freie Schild der Schuppen besteht aus zwei Theilen, die durch einen vortretenden, bogenförmigen Wulst von einander getrennt sind; der untere, glatte Theil stellt das verholzte eigentliche Fruchtblatt dar, dessen Spitze als Höcker erhalten ist; dieser Höcker ist verschieden stark entwickelt, oft tritt er an den unteren Zapfenschuppen stärker hervor. Der obere Theil der Schuppe wird gebildet von der ebenfalls verholzten, auf der Innenseite des Fruchtblattes entstandenen und dieses überragenden Wucherung, der Samenschuppe, und stellt einen vorn stumpfwinkeligen oder halbkreisförmigen, mehrere Millimeter breiten Rand dar, der von 3—8 runzlichen Höckern bedeckt ist; diese Höcker sind zuweilen an den Schuppen der Zapfenspitze stärker entwickelt und bilden kleine spitze Zacken; nicht selten sind sie verwischt, und die Schuppenränder erscheinen dann fast ganz glatt.

An den Innenseiten der Schuppen sind die Samen zu je zwei angeheftet; diese sind unregelmässig dreikantig, oft zackig, messen 8—12 mm Länge und 5—7 mm Breite.

Von *Taxodium distichum miocenicum* Heer finden sich an den oben angeführten Orten sehr zahlreiche Reste, am häufigsten abfällige beblätterte Zweige, deren Abbildungen in der citirten Litteratur reichlich vorliegen, ferner ältere Zweige; von mehreren Orten männliche Blüthenähren (cf. Ettingshausen, Bilin, t. XII, fig. 6—10; Engelhardt, Dux, t. 2, fig. 23, 24, 33); isolirte Zapfenschuppen theilt Engelhardt aus den Braunkohlenschichten von Dux mit (l. c. t. 2, fig. 27, 29—31), ebensolche liegen mir aus den Thonen von Priesen und dem Brandgesteine von Schellenken vor; ganze Zapfen scheinen selten zu sein, ich besitze einen einzigen von Schellenken. Samen bildet Engelhardt von Dux ab (l. c. t. 2, fig. 32, 34).

Ettingshausen hat mehrere Fossilien als Reste von *Taxodium* abgebildet, die ohne Zweifel nicht dazu gehören; die Samen (Flora von Bilin, t. X, fig. 8, 9) und die Zapfen (ebenda fig. 20—22) hat bereits Heer zu *Sequoia Couttsiae* verwiesen; auch von den Laubzweigen (t. XII der Biliner Flora) scheinen wenigstens nach den Abbildungen einige nicht zu *Taxodium*, sondern wie fig. 5, 11, 15 zu *Glyptostrobus* zu gehören, während Ettingshausen's *Taxodium laxum* von Priesen (fig. 4 derselben Tafel) sehr an sterile Zweige von *Widdringtonia* erinnert.

Dass *Taxodium distichum miocenicum*, das zur Tertiärzeit sich über Nordamerika, die Polarländer, Nordasien und ganz Europa verbreitete, von dem heute auf die Südstaaten von Nordamerika beschränkten *Taxodium distichum* Rich. nicht zu unterscheiden ist, ist von Heer nachgewiesen worden.

Glyptostrobus europaeus Brongn. sp. Taf. V, Fig. 1—3.

Taxodites europaeus Brongniart: Ann. des sciences nat., 1. sér., vol. XXX, p. 168.
Glyptostrobus europaeus Ettingshausen: Foss. Fl. v. Bilin I, p. 37, t. X, fig. 10—12; t. XII, fig. 3—7, 11, 12.
— *bilinicus* Ettingshausen: Foss. Fl. v. Bilin I, p. 39, t. XI, fig. 1, 2, 10.
— *europaeus* Engelhardt: Sitzungsber. Isis Dresden 1876, p. 5; 1878, p. 5; 1880, p. 79, t. I, fig. 2; 1883, p. 48.
— — — Tert. Pfl. d. Leitm. Mittelgeb., p. 29, t. 4, fig. 8.
— — — Braunkohlenflora von Dux, p. 24, t. 2, fig. 35—38; t. 8, fig. 8; t. 14, fig. 24; t. 15, fig. 22, 25.
— — — Foss. Pfl. Nordböhmens, Lotos 1895, p. 3.
— — Stur: Verh. d. k. k. geol. R. A. 1874, p. 204.
— — Wentzel: Verh. d. k. k. geol. R. A. 1881, p. 90.
— — Sieber: Zur Kenntn. d. Nordb. Braunkohlenflora. Sitzungsber. Ak. d. Wiss. Wien 1880, p. 93, t. V, fig. 47 c.
— — Velenovsky: Fl. v. Vršovic b. Laun, p. 15, t. I, fig. 21—26.
Uebr. Litt. s. Staub: Aquitan. Fl. d. Zsilthales, p. 21.

Glyptostrobus ramulis strictis; foliis spiraliter insertis, in ramis perennibus squamaeformibus, adpressis, oviformibus, apicem versus latioribus, breviter acuminatis, dorso 2—3-striatis, basi decurrentibus, in senioribus ramis saepius apice patentibus; in ramulis annuis deciduis foliis subdistichis, erectis, linearibus, apice acuminatis, basin versus numquam angustatis, late decurrentibus, nervo medio valido; amentis masculinis apicalibus, rotundatis, multifloris, basi foliis brevibus, ovatis, acutis circumdatis; amentis femineis terminalibus ad ramulos breves laterales foliis squamaeformibus instructos, ovalibus; strobilis obovatis vel subglobosis; squamis lignescentibus, imbricatis, maturis hiantibus, e basi cuneata in discum ovalem, sulcatum incrassatis, disco sub apice mucronato, margine anteriore toro semicirculari 6–9-crenato et longitudinaliter sulcato circumdatis; seminibus sub quavis squama duobus, ovatis, arcuatis, erectis, marginibus alis angustis, basi ala producta instructis.

Vorkommen: In den Sandsteinen von Altsattel und Schüttenitz, in den Thonen und Letten von Prohn, Preschen, Priesen, Dux, Ladowitz, Brüx, Komotau, Littmitz bei Falkenau, in den Sphärosideriten der Duxer Umgebung, den Brandgesteinen von Duppau, Oberhostomitz bei Bilin, Schellenken, Vršovic, Pohlerad-Lischnitz, in den Tuffen von Warnsdorf, in den Holaikluksehiefern und in den Saazer Schichten von Liebotitz; nicht selten bilden Zapfen und Zweige von *Glyptostrobus* ganze verkohlte Schichten, wie in dem Tagbau Peter und Paul bei Dux und in den Thonen der Priesener Rachel bei Bilin.

Glyptostrobus besitzt perennirende und abfällige Zweige; die Blätter stehen spiralig und sind von zweierlei Form. An den ausdauernden Zweigen sind sie schuppenförmig, eiförmig, vorn aus breiter Fläche kurz zugespitzt, an älteren Zweigen oft etwas abstehend, niemals aber sichelförmig gekrümmt — dadurch sind solche Zweige von den oft recht ähnlichen der *Sequoia Couttsiae* zu unterscheiden —, an der Basis herablaufend, am Rücken mit zwei oder drei Streifen versehen. Die Blätter der abfälligen Zweige (Taf. V, Fig. 1) sind lineal verlängert, 5—15 mm lang, ca. 1 mm breit, vorn zugespitzt, an der Basis nie verschmälert, sondern breit am Zweige herablaufend; sie sind von kräftigem Mittelnerv durchzogen; sie stehen bilateral, mehr oder weniger nach vorn gerichtet; am Grunde der abfälligen Zweige befindet sich eine Anzahl kleiner schuppenförmiger Blätter, die mit denen der Dauerzweige übereinstimmen und, allmählich länger werdend, in die linealen Blätter übergehen.

Die männlichen Blüthenkätzchen stehen einzeln, endständig an den Zweigen und sind an der Basis von kurzen eiförmigen, zugespitzten Blättern umgeben.

Die weiblichen Blüthen stehen an kurzen seitenständigen Aesten, die von schuppenförmigen Blättern dicht bedeckt sind; bei der Reife bilden sie einen holzigen, verkehrt eiförmigen oder fast kugeligen Zapfen; dieser besteht aus dachziegelig sich deckenden, bei der Reife etwas klaffenden Schuppen, die gegen die Basis keilförmig verschmälert, nach vorn zu einem ovalen, an der Aussenfläche seicht gefurchten und vor der Spitze mit einem spitzen Höcker versehenen Schilde (der Deckschuppe) verbreitert sind und am abgerundeten vorderen Rande von einer halbkreisförmigen, am Rande mit 6—9 Kerben versehenen und tief gefurchten Wucherung des Fruchtblattes (der Samenschuppe) umgeben sind. Die Zapfen haben einen Durchmesser von 1—2 cm; die Länge der Schuppen schwankt zwischen 6 und 10 mm bei etwas geringerer Breite. Deckschuppe und Samenschuppe haben etwa den gleichen Längsdurchmesser. Jede Schuppe birgt zwei aufrechte Samen von eiförmiger, mehr oder weniger gebogener Gestalt, die am Rande von einem schmalen, an der Basis aber verlängerten Flügelsaume umgeben sind.

Von *Glyptostrobus europaeus* sind alle wesentlichen Theile an verschiedenen Fundorten Böhmens aufgefunden worden, nur Samen sind mir bisher nicht bekannt geworden. Letztere sind zuerst von Ettingshausen in fossilem Zustande (Foss. Fl. v. Schoenegg, p. 10, t. I, fig. 40—68) mitgetheilt worden; derselbe giebt an, dass die früher als *Pterospermites vagans* und *lunulatus* Heer bezeichneten Samen zu *Glyptostrobus* gehören.

Ich vereinige *Glyptostrobus Ungeri* Heer und *Glyptostrobus bilinicus* Ett. mit *Glyptostrobus europaeus* Brongn. sp., die früher als einzelne Arten aufgestellt und dann von verschiedenen Autoren für nicht specifisch verschieden erklärt worden sind; wegen des Nachweises ihrer Zusammengehörigkeit verweise ich auf Staub, Aquitan. Flora des Zsilthales, p. 26 fg. Die böhmischen Tertiärschichten bieten buntgemischt Reste von *Glyptostrobus*, die in Zapfenbildung und Belaubung die Merkmale sowohl des *Gl. europaeus* wie die der beiden anderen angeführten Formen darbieten. Taf. V, Fig. 2 und 3 gebe ich einige Zapfen aus dem plastischen Thon von Preschen in Abbildung, in Fig. 2 zwei geöffnete Zapfen mit unbewehrten Schuppenschildern, in Fig. 3 einen geschlossenen Zapfen mit hakenförmigen Fortsätzen der Schilder, wie sie Ettingshausen für seinen *Gl. bilinicus* in Anspruch nimmt.

Der lebende Nachkomme des im Tertiär der ganzen nördlichen Hemisphäre weit verbreiteten *Glyptostrobus europaeus* ist der jetzt auf die Nordprovinzen Chinas beschränkte *Gl. heterophyllus* Endl.

Sequoia Langsdorfii Brongn. sp. Taf. V, Fig. 26—28.

Taxites Langsdorfii Brongniart: Prodr., p. 108, 208.
Sequoia Langsdorfii (p. p.) Ettingshausen: Foss. Fl. v. Bilin I, p. 39, t. XIII, fig. 10.
— — Engelhardt: Sitzungsber. Isis Dresden 1876, p. 2; 1877, p. 20.
— — — Tert. Pfl. d. Leitm. Mittelgeb., p. 16, t. 1, fig. 3.
— — — Pflanzenreste v. Liebotitz u. Putschirn. Sitzungsber. Isis Dresden 1880, p. 78, t. I, fig. 5.
— — Velenovsky: Flora v. Vršovic, p. 16, t. I, fig. 28—35.
— — Sieber: Z. Kenntn. d. Nordböhm. Braunkohlenflora. Sitzungsber. Ak. d. Wiss. Wien 1880, p. 93, t. V, fig. 47 b.
Uebr. Litt. und Syn. s. Staub: Aquitan. Fl. d. Zsilthales, p. 29, und Friedrich: Beitr. z. Kenntn. d. Tertiärflora d. Provinz Sachsen, p. 89.

Sequoia foliis rigidis, coriaceis, linearibus, apice obtusiusculis vel breviter acuminatis, planis, basi angustatis, adnato-decurrentibus, patentibus, distichis, confertis; nervo medio valido; strobilis breviter ovalibus vel subglobosis, squamis compluribus, peltatis, mucronulatis.

Vorkommen: In den Thonen von Priesen, Preschen, Prohn, den Brandgesteinen von Schellenken, Straka, Vršovic, den Tuffen von Waltsch und Salesl, dem Süsswasserkalk von Kostenblatt, den Menilitopalen von Luschitz, den Schichten von Liebotitz.

Die Zweige tragen eine zweizeilig gescheitelte Belaubung; am Grunde der im Frühjahre aus den Knospen hervorgehenden Zweige steht eine Anzahl kurzer, schuppenförmiger, angedrückter Blätter, auf welche die längeren zweizeiligen Blätter folgen; den Sommersprossen fehlen die schuppenförmigen Blätter am Grunde.

Die zweireihigen Blätter sind lineal, steif lederig, mit mehr oder weniger parallelen Rändern, vorn zugespitzt oder stumpflich und dann am Ende des auslaufenden, kräftigen Mittelnerven mit einem kleinen Spitzchen versehen, am Grunde verschmälert und am Zweige herablaufend. In Folge des herablaufenden Blattgrundes erscheint der Zweig gestreift;

die Streifen verlaufen zumeist von der Blattinsertion aus schief nach der anderen Seite. Die Blätter sind mehr oder weniger dicht gestellt und stehen vom Zweige unter rechtem Winkel oder mehr nach vorwärts gerichtet ab.

Wahrscheinlich trugen die Sommersprosse (wie bei *S. sempervirens* Endl.) kleinere Blätter als die älteren Zweige. Nach der Beschaffenheit der Belaubung hat Heer (Beitr. z. foss. Flora Spitzbergens, p. 59 fg.) eine Anzahl von Formen unterschieden; bei der typischen Form sind die Blätter 8—14 mm lang, in der Mitte etwa 2 mm breit, erreichen aber bei den anderen Formen Längen zwischen 10 und 30 mm bei $1\frac{1}{2}$—3 mm Breite.

Dass eine Angabe fossiler *Sequoia*-Arten (*S. disticha* H., *brevifolia* H., *Nordenskiöldii* H., *Tournalii* Sap., *Heerii* Lesqu. etc.), die auf Grund abweichender Blattbildung von *Sequ. Langsdorfii* getrennt worden sind, besser nur für Formen von dieser letzteren zu halten sind, hat Friedrich (Tertiärflora der Provinz Sachsen, p. 88) wahrscheinlich gemacht; nur bezüglich der von Friedrich mit angeführten *S. longifolia* Lesqu. und *S acuminata* Lesqu. bin ich anderer Ansicht (vergl. weiter unten bei *Torreya*).

Die kleinen männlichen Blüthen sind oval und stehen endständig auf Stengeln mit schuppenförmigen, angedrückten Blättern; die weiblichen Blüthen bilden ovale, aus kleinen, aussen verdickten Schuppen bestehende Zäpfchen.

Die reifen Zapfen sind kurz oval oder fast kugelig, am Grunde stumpfer als vorn, 18—25 mm lang, 12—20 mm breit; sie stehen auf kurzen Stielen mit angedrückten Schuppenblättern und werden aus etwa 50 Schuppen gebildet. Die Zapfenschuppen sind nach dem Grunde zu allmählich verschmälert und tragen rhombische Schilder; diese messen 6—9 mm Breite bei 4—6 mm Höhe und besitzen in der Mitte eine rhombische Vertiefung mit einem centralen Wärzchen; der Rand der Schilder ist wulstartig aufgeworfen und von zahlreichen Runzeln durchzogen.

Die Samen sind länglich oval, etwas gekrümmt, 6—7 mm lang, 4—6 mm breit und von einem ziemlich breiten Flügelrande umgeben.

Aus den böhmischen Tertiärschichten liegen von dieser Art verschiedene Theile in fossilem Zustande vor. Am häufigsten sind Zweige aufgefunden worden. Abbildungen solcher bietet die angeführte Litteratur. Der Zweig bei Ettingshausen, Bilin, t. XIII, fig. 9 ist allerdings von unserer Art zu trennen und zu *Torreya* zu stellen. Weibliche Blüthen hat Velenovsky von Vršovic mitgetheilt und abgebildet, ebendaher kennen wir Samen und reife Zapfen. Die letzteren sind mir ausserdem von Preschen und Waltsch bekannt geworden (s. Taf. V, Fig. 26—28).

Sequoia Langsdorfii kommt in der Bildung der Zweige, Blätter, Zapfenschuppen und Samen der lebenden *Sequoia sempervirens* Endl. ausserordentlich nahe, so dass Heer (Flora foss. arct. I, p. 93) geneigt ist, beide zu vereinigen; die fossile, weit verbreitete (Nordamerika, Nordasien, arktisches Gebiet, Europa) Art unterscheidet sich von der lebenden, auf Californien beschränkten nur durch die kleinere vom verlängerten Mittelnerv gebildete Blattspitze und durch die grösseren und von zahlreicheren Schuppen gebildeten Zapfen (*S. sempervirens* hat nur ca. 20 Zapfenschuppen).

***Sequoia Couttsiae* Heer.** Taf. V, Fig. 17—25.

Sequoia Couttsiae Heer: Bovey Tracey. Phil. Trans. vol. 152, pt. II, p. 1051, t. 59; t. 60, fig. 1—46; t. 61.
— — — Foss. Flora of North Greenland, p. 464, pl. XLI, fig. 1—9; pl. XLII, fig. 1; pl. XLVIII, fig. 4 d, e.
— — — Flor. foss. arct. I, p. 94, t. III, fig. 1; t. VIII, fig. 14; t. XLV, fig. 19.
— — — Mioc. balt. Flora, p. 58, t. XIII, fig. 17—23; t. XIV, fig. 17—19.
— — — Nachtr. z. mioc. Fl. Grönlands, p. 6.
— — Saporta: Études II, 3, p. 49, pl. II, fig. 2.
— — Schenk: Botan. Zeitung, Jahrg. 27, p. 376.
— — Schimper: Traité de pal. vég. II, p. 318, t. LXXVII, fig. 1—12.
— — Ettingshausen: Foss. Fl. v. Sagor I, p. 10, t. II, fig. 1—8.
— — — Foss. Fl. v. Leoben I, p. 14.
— — — Foss. Fl. v. Schoenegg I, p. 12, t. 1, fig. 69, 70.
— — Pilar: Flora fossilis Susedana, p. 28, t. III, fig. 10.
— — Beck: Beitr. z. Kenntn. d. sächs. Oligocaens. Zeitschr. d. D. geol. Ges. 1886, p. 351.
— — Friedrich: Tertiärfl. d. Provinz Sachsen, p. 14, 47, 68, t. III, fig. 9, 10; t. XI, fig. 1—6.
— — Gardner: British Eocene Flora II, p. 36, pl. VI.
— — Schmalhausen: Beitr. z. Tertiärflora Südwest-Russlands, p. 19, 80, t. V, fig. 3—4; t. IX, fig. 4—13.
Sequoia Tournalii (quoad strobilos) Saporta: Études II, 3, p. 61, pl. II, fig. 1 C, D.
— — Schimper: Traité de pal. vég. II, p. 320, t. LXXVII, fig. 20, 21.
— — Squinabol: Contrib. alla flora foss. della Liguria III, Gimnosperme, p. 28, t. XVI, fig. 5.
— — Ettingshausen: Foss. Fl. v. Sagor I, p. 10.
— — — Foss. Fl. v. Leoben I, p. 14.
Sequoia imbricata Heer: Bornstedt, p. 9, t. I, fig. 4.
Sequoia affinis Lesquereux: Ann. Report 1874, p. 310.
— — — Tert. Flora, p. 45, t. VII, fig. 3—5; t. LXV, fig. 1—8.
— — *Sternbergii* Heer: Sächs.-Thüring. Braunkohlenflora, p. 4, t. V, fig. 10.
Taxodium dubium (pp.) Ettingshausen: Fl. v. Bilin I, t. X, fig. 8, 9, 20—22.

Sequoia ramis curvato-ascendentibus, alternis, ramulis junioribus elongatis, gracilibus; foliis ramorum innovationumque squamaeformibus, basi adnata decurrentibus, rigidis, imbricatis, semipatentibus, subfalcatis, acuminatis, dorso leviter carinatis; foliis ramulorum productioribus, laxe imbricatis, falcato-sublinearibus; amentis masculinis axillaribus, rotundis, e bracteis conferte imbricatis; strobilis globosis vel subglobosis, ad ramulorum apices plerumque solitarie appensis; squamis paucis, peltatis, rhomboideis, medio brevissime mucronulatis, rugosis; seminibus curvatis, compressis, alatis.

Vorkommen: Im plastischen Thone von Preschen und Priesen, im Sandsteine von Altsattel, im Tuffe von Waltsch, im Brandgesteine von Schellenken.

Bei *Sequoia Couttsiae* weist die Belaubung an älteren und jüngeren, an sterilen und fertilen Zweigen verschiedenartige Gestaltung auf. Die Blätter sind spiralig gestellt und allseitswendig; von den sterilen Zweigen sind die jüngeren schlank, ihre Blätter mehr oder weniger dicht gestellt, dreieckig pfriemlich bis kurz nadelförmig, meist sichelförmig aufwärts gekrümmt, steif, mit der Basis herablaufend, am Rücken schwach gekielt; am Grunde jüngerer Zweige stehen dichter gestellte, kurze Blätter, die früheren Knospendecken, die allmählich in die eigentliche Blattform übergehen. Aeltere Zweige sind dicker und dicht mit breiteren schuppenförmigen Blättern bedeckt. An mehrjährigen Zweigen bemerkt man die

Narben abgefallener Blätter und Triebe. Die Fruchtzweige sind mit dachig anliegenden, kürzeren und breiteren Schuppenblättern besetzt.

Die männlichen Blüthen stehen endständig an kurzen axillären, mit kleinen aufrechten Blättern besetzten Aestchen.

Die Zapfen, ebenfalls endständig, befinden sich einzeln oder zuweilen zu mehreren an kurzen, von schuppenförmigen Blättern bedeckten Zweigen. Die Zapfen sind kugelig oder kurzoval, 15—24 mm lang, 15—17 mm breit und bestehen aus 6—12 Schuppen. Diese sind schildförmig, central gestielt; die Schuppenschilder sind rhombisch oder polygonal, messen 8 mm Breite bei 7 mm Länge, tragen in der Mitte einen kurzen Fortsatz und sind mit radiären Runzeln bedeckt. Jede Schuppe trägt 5—7 Samen; diese sind flach, etwas gekrümmt, ca. 5 mm lang und 3 mm breit, an der Insertionsstelle etwas ausgerandet, nach vorn zugespitzt und rings von einem flachen, schmalen Flügel umgeben.

Sequoia Couttsiae ist von Heer zuerst von Bovey Tracey beschrieben worden; später hat derselbe Autor diese Art aus der arktischen und aus der baltischen Tertiärflora angegeben; Saporta wies eine etwas abweichende Form als *S. Couttsiae polymorpha* von Armissan nach.

Gardner (Brit. Eocene Flora II, p. 38 fg.) kommt nach seinen Untersuchungen zu dem Resultate, dass diese unter dem nämlichen Namen publicirten Funde nicht zusammengehören, sondern dass *Sequoia Couttsiae* Heer's und Saporta's mehrere Arten repräsentiren.

Den Namen *S. Couttsiae* behält er für die zuerst so genannten Reste von Bovey Tracey bei und stellt hierher die von Ettingshausen in der Flora von Bilin als *Taxodium dubium* abgebildeten Samen und Zapfen.

Als *Sequoia Whymperi* bezeichnet Gardner die Reste von Grönland, Spitzbergen, Mackenzie und aus den baltischen Tertiärschichten; diese unterscheiden sich nach ihm von der zierlicheren *S. Couttsiae* durch die etwa doppelt so grossen Dimensionen der Blätter, Zapfen und Samen und durch dimorphe Belaubung (schuppenförmige und verlängerte bis nadelförmige Blätter); Gardner ist der Meinung, dass zu *S. Whymperi* auch verschiedene in der Litteratur anders benannte Zweige zu ziehen sind, z. B. der als *Glyptostrobus Ungeri* bezeichnete Zweig in der Flora foss. arct. Bd. IV (Beitr. z. foss. Fl. Spitzbergens), t. XI, fig. 2—8, — die Blüthen insbesondere, l. c. fig. 8 seien nicht von den *Sequoia*-Blüthen zu unterscheiden, wie sie Heer, Fl. v. Bovey Tracey, pl. LX, fig. 43 abbilde — ferner die zu *S. Langsdorfii* gestellten Zweige in Fl. foss. arct. Bd. 1, t. XLVII, fig. 36 und Foss. Fl. of North Greenland, pl. XLIV, fig. 2, auch *S. Sternbergii* von Oeningen (Fl. tert. Helvetiae I, t. XXI, fig. 5).

Sequoia Couttsiae var. *polymorpha* Saporta's (Études II, 3, p. 49, pl. II, fig. 2) hält Gardner für eine eigene Art mit dimorpher Belaubung, deren eingehende Beschreibung Saporta l. c. gegeben hat.

Den Formen, die Gardner unterscheidet, lässt sich noch *Sequoia Couttsiae* var. *robusta* Schmalhausen (Beitr. zur Tertiärflora Südwest-Russlands, p. 19 und 30, t. V, fig. 3, 4 und t. IX, fig. 4—13) anschliessen, die sich von der typischen Form durch kräftigere Triebe, dickere Aeste und durchschnittlich längere Blätter unterscheidet.

Ich stimme Gardner vollständig darin bei, dass verschiedene als *Glyptostrobus* oder *Sequoia Langsdorfii* bez. *Sternbergii* beschriebene Reste besonders der arktischen Flora nicht von *Sequoia Couttsiae* zu trennen sind, dagegen kann ich ihm in der Aufstellung seiner verschiedenen Arten, die er von der typischen *S. Couttsiae* von Bovey Tracey abtrennt, nicht beipflichten. Gardner weist selbst auf die Schwierigkeit hin, nach relativ geringen Abweichungen in der Belaubung allein fossile Arten zu trennen; solche Abweichungen gehören, bedingt durch Temperaturverschiedenheiten und andere physikalische Umstände, bei den Individuen derselben lebenden Coniferenart zu häufigen Erscheinungen. Die Formen Gardner's, Saporta's und Schmalhausen's sind räumlich auf gewisse Gebiete beschränkt (England — arktisches Gebiet — Südfrankreich — Südwestrussland), und diese boten ohne Zweifel zur Tertiärzeit mancherlei durch Klima und locale Verhältnisse bedingte Verschiedenheiten der Lebensbedingungen dar, die in den einzelnen Gebieten bei den Pflanzen-Individuen derselben Art mässige Abweichungen in der Ueppigkeit der Triebe und der Grösse und Gestalt einzelner Organe, insbesondere des Laubes, hervorrufen konnten. Ausserdem ist das Alter der Schichten an den verschiedenen Fundorten, die Reste von *S. Couttsiae* bergen, durchaus nicht das nämliche, so dass in den Formabweichungen auch Entwickelungsfortschritte der Art erblickt werden dürfen.

Nun ist aber *S. Couttsiae* mit ihren Formen keineswegs auf die bisher genannten Gebiete beschränkt, vielmehr sind von verschiedenen anderen Orten Reste als *S. Couttsiae* oder unter deren Synonymen mitgetheilt worden.

Dass *S. Tournalii* Sap. keine selbständige Art darstellt, sondern auf einer Combination von Zapfen der *S. Couttsiae* mit Zweigen der *S. Langsdorfii* beruht, ist schon von Heer (Fl. foss. arct. I, p. 94) hervorgehoben worden. Saporta giebt *S. Tournalii* an von Armissan und Bois d'Asson; sie wird ferner erwähnt von Leoben und Sagor, von Kumi und aus Ligurien.

Sequoia Couttsiae ist durch Schenk und Beck aus dem Oligocän der Leipziger Umgegend, von Heer und Friedrich aus dem Tertiär der Provinz Sachsen nachgewiesen; *Sequoia imbricata* Heer von Bornstedt stellt nichts anderes als einen Rest unserer Art dar. Ettingshausen fand sie in den Schichten von Sagor, Leoben und Schoenegg; Pilar giebt sie aus der Flora von Sused bekannt; Lesquereux theilt aus der nordamerikanischen Tertiärflora zapfentragende Zweige mit als *S. affinis*, die kaum erhebliche Abweichungen von der typischen *S. Couttsiae* darbieten.

Schliesslich liegen mir zahlreiche Reste von unserer Art von mehreren Tertiärfundorten Böhmens vor, deren einige auf Taf. V wiedergegeben sind. Dass die von Ettingshausen unter der Bezeichnung *Taxodium dubium* in der Flora von Bilin, t. X, fig. 8 und 9 abgebildeten Samen von Sobrussan und die Zapfen von Priesen, ebenda fig. 20—22, nicht zu *Taxodium*, sondern zu *Sequoia Couttsiae* gehören, ist schon von Heer bemerkt worden; ich habe eine grosse Anzahl von Zapfen in dem plastischen Thone von Preschen aufgefunden, deren einige in verschiedenen Alters- und Erhaltungsstadien Taf. V, Fig. 19—23 abgebildet sind; ausserdem sind mir Zweigstücke von Preschen, Altsattel und Waltsch bekannt, deren einige Taf. V, Fig. 18, 24, 25 wiedergegeben sind, und die theilweise in der Beschaffenheit der Belaubung einige besondere Eigenthümlichkeiten darbieten.

Das schlanke Zweiglein Fig. 25 entspricht den zarten Zweigen von Bovey (bes. Fl. v. Bovey Tracey, t. LX, fig. 45), wie sie Gardner für seine *S. Couttsiae* im engeren Sinne in Anspruch nimmt; der Zweig von Waltsch Fig. 24 stimmt dagegen mit den Zweigen der *S. Whymperi* Gardner's von

Grönland überein (s. Fl. of North Greenland, t. XLI); die Belaubung unserer zapfentragenden Zweige findet Analoga sowohl unter den arktischen Resten der *S. Couttsiae* Heer's wie unter denen von Bovey Tracey.

Besonders bemerkenswerth ist das grosse Zweigstück Fig. 18; es zeigt eine verschiedenartige Belaubung; es besitzt Zweige mit kurzen, spitzen, gesichelten und herablaufenden Blättern, neben solchen, die an der Spitze kurze, stumpfe, schwach sichelförmig gebogene und herablaufende Blätter (vergl. vergr. Fig. 18a), im Uebrigen aber stark verlängerte Blätter tragen; dies sind Verhältnisse, wie sie Saporta's Form *polymorpha* aufweist, wie sie aber auch Heer wiederholt, z. B. von Bovey (l. c. pl. LX, fig. 12), von Spitzbergen (Beitr. z. foss. Fl. Spitzbergens, t. XI, fig. 2, 5 — hier zu *Glyptostrobus* gestellt), von Nordgrönland (Fl. of North Greenland, pl. XLI) u. a. abbildet; einige Zweige von Schmalhausen's var. *robusta* (Tert. Fl. v. Südwestrussland, t. IX, fig. 12) sind ebenfalls zum Vergleich heranzuziehen. Heer's *S. concinna* aus den Patootschichten Grönlands (obere Kreide) bietet ähnliche Belaubungsverhältnisse dar (cf. Fl. foss. arct. Bd. VII, p. 13, t. XLIX, fig. 8b, c; t. L, fig. 1b; t. LI, fig. 2—10; t. LII, fig. 1—8; t. LIII, fig. 1b); Heer bezeichnet *S. Couttsiae* als die nächstverwandte Art der *S. concinna*. Erwähnt sei schliesslich noch, dass Gardner (Brit. Eoc. Fl., Gymnosp., pl. VIII) als *Podocarpus elegans* de la Harpe sp. eine Anzahl anscheinend nicht zusammengehöriger Zweige abbildet, deren einige unserem Zweige Fig. 18 nahe kommen, während andere zu *S. Langsdorfii* gehören dürften.

Die Mehrgestaltigkeit der *S. Couttsiae*-Reste der böhmischen Tertiärschichten, die im Wesentlichen einem Fundorte, dem plastischen Thone von Preschen entstammen, und die die Eigenthümlichkeiten der verschiedenen von Gardner als Arten unterschiedenen Formen von *S. Couttsiae* darbieten, lässt es mir durchaus unwahrscheinlich erscheinen, dass es sich in der That um mehrere verschiedene Arten von *Sequoia* handele. Vielmehr meine ich, dass *S. Couttsiae* eine weit verbreitete Art der Tertiärflora darstellt, deren Gebiet — ähnlich wie bei *S. Langsdorfii* und *Taxodium distichum* — sich über die arktische Zone, Nordamerika und ganz Europa bis nach Südrussland erstreckte, und die in der Anpassung an klimatische und locale Verhältnisse eine erhebliche Variabilität in der Ausbildung einzelner ihrer Organe sich erwarb.

S. Couttsiae steht zwischen den beiden lebenden *S. sempervirens* Endl. und *S. gigantea* Torr. aus Californien. Die Belaubung ähnelt der von *S. gigantea*, von der sich *S. Couttsiae* durch geringe Grösse und kugelige Gestalt der Zapfen unterscheidet; *S. sempervirens* besitzt ähnliche Zapfen, aber mit einer grösseren Zahl der Zapfenschuppen, und andere Belaubung. Nach Schenk (Botan. Zeitung 1869, Jahrg. 27, p. 376) erinnert bei *S. Couttsiae* die Structur der Blattepidermis an *S. gigantea*, die Epidermisstructur der geflügelten Samen und die Anordnung der Zapfentheile an *S. sempervirens*.

Sequoia Sternbergii Ett. Taf. V, Fig. 35.

Sequoia Sternbergii Ettingshausen: Foss. Flora v. Bilin I, p. 40, t. XIII, fig. 3—8.

Sequoia ramis alternis, elongatis, crassiusculis; foliis spiraliter dispositis, imbricatis, ovato-lanceolatis, subfalcatis, rigidis, apice obtuso-acuminatis, basi decurrentibus.

Vorkommen: Im Polirschiefer von Kutschlin.

Unter der Bezeichnung *Sequoia (Araucarites) Sternbergii* Goepp. sp. sind von mehreren Autoren (Goeppert, Heer, Unger, Ettingshausen, Massalongo, Sismonda u. A.) von verschiedenen Fundorten der Polarzone und des mittel- und südeuropäischen Tertiärgebietes belaubte Coniferenzweige beschrieben worden, die augenscheinlich nicht zu einer und derselben Pflanzenart gehören. Die meisten der so genannten Reste entsprechen dem Typus der von Häring und Sotzka beschriebenen Zweige (Ettingshausen, Foss. Fl. v. Häring, p. 36, t. VII, fig. 1—10; t. VIII, fig. 1—12; Unger, Foss. Fl. v. Sotzka, p. 27, t. III, fig. 1—14; t. IV, fig. 1—7); daneben finden sich unter dem gleichen Namen verzeichnet Zweige mit bedeutend längeren und breiteren Blättern (z. B. bei Sismonda, Matériaux p. serv. à la Pal. du terr. tert. du Piémont, pl. IV, fig. 6; bei Heer, Flor. foss. arct. I, t. XXIV, fig. 7—10) und schliesslich Zweige mit viel kürzeren und relativ breiten und wenig zugespitzten Blättern, wie die Zweige Ettingshausen's von Bilin (Fl. v. Bilin, t. XIII, fig. 3—8) und Heer's von Netluarsuk (Nachtr. z. mioc. Fl. Grönland's, p. 10, t. II, fig. 1—4).

Wenn auch Heer ausdrücklich von *S. Sternbergii* Formen mit kürzeren und mit längeren Blättern unterschied, blieb doch — bei aller Variabilität der Coniferenlaubblätter — die Annahme ausserordentlich gezwungen, dass z. B. die Biliner Zweige Ettingshausen's und Sismonda's Zweig von Turin einer und derselben Pflanze angehört haben sollten. Lange Zeit waren Zapfen, die in zweifellosem Zusammenhang mit den fraglichen Zweigen sich befanden und die genauere Deutung der Reste ermöglicht hätten, unbekannt; umsomehr ist es zu begrüssen, dass neuerdings Funde von zapfentragenden Zweigen die Trennung der verschiedenartigen, unter dem Sammelnamen *Sequoia Sternbergii* begriffenen Fossilien gestatten.

Zuerst gelang es Marion (Comptes rendues de l'Acad. des sciences 1884, p. 821, und Annales sc. géol. XX, no. 3, 1889 — dazu: Renault, Cours de Botanique fossile IV; Gardner, Brit. Eoc. Flora, Gymnosp., p. 93; Zeiller, Éléments de Paléobotanique, p. 265) nachzuweisen, dass ein Theil der *S. Sternbergii*-Formen einem neuen Genus angehört, welches der Zapfenbildung nach der Gattung *Dammara* nahe steht: *Doliostrobus Sternbergii*, mit spiralig stehenden, mehr oder weniger anliegenden, pfriemlichen, schwach sichelförmigen, starren Blättern, die am Rücken gekielt erscheinen.

Auf Grund zapfentragender Zweige stellte ferner Gardner (Brit. Eoc. Flora, Gymnosp., p. 85, pl. X, fig. 2, 3, 10—13; pl. XX; pl. XXI) fest, dass sich unter *S. Sternbergii* Reste von *Cryptomeria* verbargen (*Cr. Sternbergii*); die augenfällige Aehnlichkeit der *Araucarites*-Zweige von Häring, Sotzka, Monte Promina mit solchen von *Cryptomeria* war früher schon von Ettingshausen hervorgehoben worden (Fl. v. Häring, p. 36); *Cr. Sternbergii* besitzt Zweige mit lancettlichen bis verlängert nadelförmigen, spitzen, gekrümmten, am Grunde herablaufenden Blättern; hierher scheint die Mehrzahl der *S. Sternbergii*-Reste zu gehören.

Für die lang- und breitblättrigen Zweige Sismonda's von Turin und Heer's von Island besteht nach meiner Kenntniss eine sichere Deutung noch nicht.

Aus dem böhmischen Tertiär hat Ettingshausen belaubte Zweige von Kutschlin als *S. Sternbergii* beschrieben; eine Anzahl mit diesen übereinstimmender Zweige von demselben Fundorte liegen auch mir vor; einer derselben ist Taf. V, Fig. 35 abgebildet.

Diese Zweige sind ziemlich lang und verhältnissmässig dick, fast cylindrisch, auch nach den Enden zu kaum verjüngt; die Verzweigung ist meist alternirend; die Zweige sind sehr dicht von dachig anliegenden Blättern bedeckt; die Blätter stehen spiralig, sind steif, dick lederartig, von eiförmig-lancettlicher Gestalt, an der Basis herablaufend, nach vorn verschmälert und stumpflich zugespitzt. Der Durchschnitt der Blätter war ohne Zweifel dreieckig, die flache Seite dem Zweige zugewendet; die dieser flachen Seite gegenüber liegende Kante der Blätter erscheint in den Abdrücken als Mittelnerv, die Seitenkanten der Blätter treten im Abdruck an den zu beiden Seiten des Zweiges stehenden Blättern deutlich hervor (vergl. die vergr. Figur 35a der Taf. V). Die Blätter sind meist schwach sichelförmig gekrümmt. Ein grosses reich verästeltes Zweigstück der Prof. Deichmüller'schen Sammlung, das abzubilden der verfügbare Raum leider nicht gestattete, lässt einige an der Spitze seitenständiger, etwas verschmächtigter Zweiglein mit gleicher Belaubung stehende, ovale Köpfchen erkennen, die aus einer Anzahl dichtstehender lancettlicher Blättchen gebildet werden; diese stellen vermuthlich Blüthenanlagen dar.

Die Zweige dieses Typus führe ich vorläufig noch unter der Bezeichnung *Sequoia Sternbergii*; sie ähneln manchen Sequoien der Kreideformation, z. B. *S. fastigiata* Stbg. sp. (von Heer!) — vergl. Velenovsky, Gymnospermen der böhmischen Kreideformation, p. 21 — und scheinen den ältesten Typus der Sequoien im Tertiär darzustellen; als *S. Couttsiae* var. *robusta* führt Schmalhausen (Beitr. z. Tert. Fl. Südwestrusslands, p. 19, t. V, fig. 3, 4) einige Zweigstücke an, die unseren nahe kommen; unter den fossilen Resten, die als *S. Sternbergii* bezeichnet sind, sind es die von Heer, Nachtr. z. mioc. Fl. Grönlands, p. 7, t. II, fig. 1—4 dargestellten, die den Kutschliner Zweigen zunächst kommen.

Die Laubzweige des *Doliostrobus Sternbergii* Marion's zeigen eine ähnliche Anordnung der Blätter; diese scheinen aber nach den mir bekannten Abbildungen schärfer zugespitzt zu sein als bei den böhmischen Resten, ich trage daher Bedenken, diese mit ersteren zu vereinigen, zumal in Böhmen noch keinerlei Zapfenreste von der Beschaffenheit des *Doliostrobus* bisher aufgefunden worden sind.

Die Gestaltung der Zweige und die Belaubung der Kutschliner Reste besitzen unverkennbar Anklänge an die Verhältnisse bei der lebenden Gattung *Athrotaxis*; möglich ist, dass sie und vielleicht auch andere fossile Sequoien mit *Athrotaxis*-artiger Belaubung wirklich zu *Athrotaxis* zu stellen sind — darauf hat Solms aufmerksam gemacht (Einleitung in die Palaeophytologie, p. 59) — möglich auch, dass unsere Zweige zu den nachstehend zu beschreibenden Zapfen in Beziehung stehen, die in ihrer Bildung an *Athrotaxis*-Zapfen erinnern; die fertilen Zweige der letzteren zeigen allerdings Abweichungen von unseren *S. Sternbergii*-Zweigen, und so lange Laub- und Fruchtzweige nicht in natürlichem Zusammenhange vorliegen, lässt sich mehr als eine Vermuthung nicht aussprechen.

Athrotaxidium bilinicum nov. sp. Taf. V, Fig. 13—16.

Athrotaxidium foliis imbricatis, erecto-incurvatis, lanceolatis, acutis, dorso costatis, decurrentibus; strobilis ovatis; squamis imbricatis, incrassatis, rugulosis, apice triangulari-ovato, acuto, producto.

Vorkommen: Im plastischen Thone von Preschen.

Von genanntem Fundorte liegen mir eine Anzahl Zweige mit Zapfen vor, die augenscheinlich verschiedenen Altersstadien angehören. Diese Zapfen weichen von allen bisher aus tertiären Schichten beschriebenen Coniferenzapfen ab; sie sind von eiförmiger Gestalt, messen 7—16 mm Länge bei 6—11 mm Breite und werden von einer mässigen Anzahl spiralig angeordneter, sich dachziegelig deckender Schuppen zusammengesetzt. Der Erhaltungszustand meiner Exemplare ist leider kein besonders guter, doch lassen sie erkennen, dass der freie Theil der Schuppen stark verdickt ist, ohne aber ein deutlich umgrenztes Schildchen zu bilden; die Schuppenoberfläche ist fein runzelig; die Spitzen der Schuppen treten als starke, dreieckig-eiförmige, zugespitzte, mehr oder weniger gekrümmte Höcker nach aussen vor; an dem jüngsten Zäpfchen (Fig. 15) erscheinen diese vorstehenden Schuppenhöcker als verhältnissmässig schlanke Dornen, während sie an den älteren Zapfen (Fig. 13, 14, 16) eine plumpere Gestalt besitzen.

Die Zapfen stehen am Ende kürzerer Seitenzweige, wie es scheint, gewöhnlich zu mehreren an längeren Zweigen. Die zapfentragenden Zweige, oft unter dem Zapfen verdickt, sind dicht von schuppenförmigen, kleinen, ovalen, spitzen Blättern bedeckt; die übrigen Zweige tragen schuppenförmige, zugespitzte, lang herablaufende Blätter von lancettlicher Gestalt, die spiralig angeordnet, etwas entfernt stehen und theilweise mit der Spitze etwas gekrümmt sind; die Blätter besitzen einen Mittelnerven.

Diese auffälligen Zapfen weisen nach dem leider allein bekannten äusseren Anblicke die meiste Aehnlichkeit mit den Zapfen der lebenden *Athrotaxis*-Arten auf, welche ebenfalls stark verdickte, mit der Spitze nach aussen vorstehende Zapfenschuppen besitzen; allerdings haben diese kleinere Zapfen, und ihre Zapfenstiele sind anders beschaffen; immerhin besteht eine Aehnlichkeit, welche durch die gewählte Benennung ausgedrückt werden soll. Ob bei unseren Zapfen die *Athrotaxis* zukommende wulstförmige Anschwellung an der Innenseite der Schuppen vorhanden ist, erlaubt unser Material nicht zu entscheiden; auch von Samen unserer Art ist nichts bekannt. Die Stellung unserer Zapfen zu *Athrotaxis* kann deshalb nur mit Vorbehalt geschehen; die Belaubung besonders der unteren Zweigabschnitte lässt sich mit der von *A. laxifolia* Hook. vergleichen.

Von fossilen Coniferengeschlechtern besitzt eine entfernte Aehnlichkeit mit unserer Art, die sich aber nur im Umrisse des Zapfens ausspricht, der *Echinostrobus Sternbergii* Schimp. des lithographischen Schiefers; das kleine Zäpfchen (Fig. 15), das ich schon seit längerer Zeit besitze, erinnerte mich zunächst an die Zapfen der Gattung *Ceratostrobus*, die Velenovsky aus der böhmischen Kreide (Gymn. d. böhm. Kreideform., p. 24 und 25) in zwei Arten beschrieben hat. Genauere Untersuchung besonders des übrigen, mir später zugegangenen Materiales hat mich aber davon überzeugt, dass die Prescheuer Zapfen aus Schuppen von ganz anderem Typus zusammengesetzt sind als die von *Ceratostrobus*; während die letzteren ein rhombisches Schildchen mit einem verlängerten, starken

Schnabel besitzen, ist bei unseren Zapfen eine Schildchenbildung an den Schuppen nicht nachzuweisen, die dornigen Höcker der Zapfen erscheinen vielmehr als die abstehenden Spitzen der verdickten Zapfenschuppen.

Von der Belaubung unserer Art ist nicht viel bekannt; die der zapfentragenden Zweige ist in Vorstehendem angegeben worden; ob hierher ein Theil der häufig aufzufindenden sterilen Zweige mit schuppenförmiger Belaubung, die als *Sequoia* angesprochen werden, gehört, muss vorläufig dahingestellt bleiben; vielleicht sind die sterilen Zweige der *Sequoia Sternbergii* mit *Athrotaxis*-artiger Belaubung mit unseren Zapfen in Verbindung zu bringen, allerdings erinnert der untere Theil der längsten unserer zapfentragenden Exemplare (Fig. 13) nicht eben sehr an die Zweige von *S. Sternbergii*. Die Entscheidung dieser Frage muss jedenfalls vollständigeren Funden vorbehalten werden.

---

3. Cupressineae.

Callitris Brongniartii Endl. sp. Taf. V, Fig. 29—34.

Thuytes callitrina Unger: Chloris protog., p. 22, t. VI, fig. 1—8; t. VII, fig. 1—10.
Callitrites Brongniartii Endlicher: Syn. Conif., p. 274.
Callitris Brongniartii Engelhardt: Sitzungsber. Isis Dresden 1876, p. 5; 1882 Abh. p. 14.
— — — Tert. Fl. d. Leitm. Mittelgeb., p. 30, t. 4, fig. 10, 11.
— — — Tert. Fl. d. Jesuitengrabens, p. 18, t. 1, fig. 32.
— — — Tert. Flora v. Berand, p. 13.
Uebr. Litt. s. Meschinelli et Squinabol: Flora tertiaria italica, p. 118.

Callitris ramulis saepius sympodialiter divisis, compressis, articulatis; foliis decussatim 2-verticillatis; verticillis in ramulis junioribus approximatis, in senioribus distantibus; foliis lateralibus linearibus, adpressis, apice obtuse acuminatis vel breviter acuto liberis, basi decurrentibus; facialibus obtusatis; amentis masculinis ternatim aggregatis; strobilis squamis quattuor inaequalibus, extus leviter rugoso-sulcatis, infra apicem appendiculatis, maturis hiantibus; duabus exterioribus late obovato-triangularibus, duabus interioribus a latere compressis, apicem versus attenuatis; seminibus ad squamam 2—3 ovatis, compressis, utroque latere ala magna semilunari superne producta instructis.

Vorkommen: In den Schiefern des Jesuitengrabens, des Holaikluk und von Sullolitz-Berand.

Die Zweige sind sparrig, meist sympodial getheilt, plattgedrückt, gegliedert; die kleinen Blätter stehen angedrückt in zweizähligen decussirten Wirteln, die an den jüngeren Zweigen einander genähert, an den älteren durch intercalares Wachsthum der Internodien mehr und mehr auseinander gerückt sind; die Seitenblätter sind kurz, mehr oder weniger zugespitzt, oft mit etwas abstehender Spitze, mit herablaufender Basis; die facialen Blätter sind stumpf zugespitzt und angedrückt. Fig. 34 stellt ein älteres Zweigstück dar.

Die männlichen Blüthen stehen endständig, kurzgestielt an Seitenzweigen, gewöhnlich zu dreien.

Die Zapfen (Fig. 32, 33), im reifen Zustande klaffend, stehen an kurzen Seitenästen, sind rundlich eiförmig, messen 10—12 mm Durchmesser und werden von vier in zwei zweizähligen alternirenden Wirteln stehenden Schuppen gebildet; die Schuppen des äusseren Paares sind breit dreieckig-eiförmig, die des inneren schmäler und mehr zugespitzt. Die Schuppen sind am Rücken runzelig und tragen unterhalb der Spitze einen oft verwischten kleinen Höcker. Die Schuppen — bei der lebenden *C. quadrivalvis* Vent. sind nur die äusseren fertil — bergen je zwei bis drei Samen; diese sind länglich-eiförmig, zusammengedrückt, 3—5 mm lang und tragen einen breiten halbmondförmigen, nach vorn jederseits stumpf abgerundet vorstehenden Flügelrand (Fig. 29—31).

Von dieser Art sind aus böhmischen Schichten bekannt: Zweigstücke vom Holaikluk und von Berand, Samen von diesen beiden Orten und vom Jesnitengraben, Zapfen von Berand.

Die entsprechende lebende Art ist *Callitris quadrivalvis* Vent., welche in der Gestalt der Zapfenschuppen Abweichungen aufweist.

Widdringtonia helvetica Heer. Taf. V, Fig. 6—8.

Widdringtonia helvetica Heer: Fl. tert. Helv. I, p. 48, t. XVI, fig. 2—17.
— — Schimper: Traité de pal. vég. II, p. 327.
— — Ettingshausen: Fl. v. Bilin I, p. 34.
— — Engelhardt: Sitzungsber. Isis Dresden 1876, p. 3.
— — — Foss. Pfl. v. Tschernowitz, p. 14, t. 2, fig. 2, 3.
— — — Foss. Pfl. v. Grasseth, p. 17, t. 2, fig. 5, 6.
— — — Pflanzenreste v. Liebotitz und Putschirn. Sitzungsber. Isis Dresden 1880. p. 78, t. 1, fig. 34.
Widdringtonia bohemica Ettingshausen: Fl. v. Bilin I, p. 34, t. X, fig. 15—19.
Taxodium laxum Ettingshausen: Fl. v. Bilin I, p. 37, t. XII, fig. 4. (5?).
Widdringtonites Ungeri Endlicher: Syn. Conif., p. 271.
Juniperites baccifera Unger: Chloris protog., p. 80, t. 21, fig. 1—3.
Thuytes gramineus Sternberg: Vers. I. 3, p. 81; I, 4, p. 38, t. 35, fig. 4,
Muscites Stoltzii Sternberg: Vers. II. p. 38, t. 17, fig. 2, 3.
Thuja graminea Brongniart: Prodr., p. 108.

Widdringtonia ramis erectis, fastigiatis, ramulis filiformibus, confertis; foliis in ramulis junioribus alternis, in senioribus spiraliter dispositis; in ramulis fertilibus squamaeformibus, ovato-ellipticis, acuminatis, adpressis, summis erecto-patentibus, in ramulis sterilibus elongatis, apice patentibus, basi decurrentibus; strobilis ovalibus, squamis 4 lignosis, verticillatim dispositis, apice mucronatis, maturis hiantibus; seminibus ad squamam quamcunque 1—3 ovatis, anguste alatis.

Vorkommen: Im plastischen Thone von Preschen und Priesen, im Polirschiefer von Kutschlin, im Sandsteine von Tschernowitz und Altsattel, in den Schichten von Liebotitz.

Die Zweige sind schlank und zart, alternirend, dicht verästelt, in spitzen Winkeln auseinander tretend. Die Belaubung weist wie bei vielen Coniferen an Zweigen verschiedenen Alters Abweichungen auf. An jüngeren Zweigen stehen die Blätter in zweizähligen decussirten Wirteln; die Wirtel sind zuweilen dicht zusammengerückt. An den älteren, besonders sterilen Zweigen stehen die Blätter in Folge intercalaren Wachsthums zerstreut, spiralig angeordnet. Die Blätter der fertilen Zweige sind schuppenförmig, eiförmig bis elliptisch, nach vorn zugespitzt, ohne deutliche Längsrippe, mit zwei oft verwischten Längsstreifen versehen; sie sind angedrückt, mit der Spitze etwas abstehend. Bei den sterilen Zweigen sind die Blätter am Grunde elliptisch, schuppenförmig und angedrückt, nach der Zweigspitze zu etwas verlängert und in spitzem Winkel abstehend. Alle Blätter laufen am Grunde herab. Bei den Blättern der lebenden Widdringtonien befindet sich an der Rückenfläche unterhalb der Spitze eine Harzdrüse; Andeutungen dieser habe ich bei fossilen Blättern nur vereinzelt beobachtet.

Die Belaubung ist durch Fig. 6 und 7 unserer Taf. V wiedergegeben. Männliche und weibliche Blüthen sind klein und stehen endständig an Seitenzweigen; Heer bringt (l. c. t. XVI, fig. 15—17) einige vermuthliche Blüthen zur Darstellung, und ich glaube, dass die von Unger (Chlor. protog., t. XXI, fig. 1) als Früchte der *Juniperites baccifera* beschriebenen, nicht recht deutlichen Gebilde nichts anderes als Blüthen sind.

Der Zweig Taf. V, Fig. 6, von Preschen stammend, trägt neben mehreren kleinen rundlichen Blüthen, die den Unger'schen gleichen, einen jungen Zapfen in noch nicht ausgewachsenem Zustande, dieses Exemplar beweist, dass Unger's vermeintliche kleinen reifen Früchte nicht als solche, sondern eben nur als Blüthen angesprochen werden dürfen. Ich nehme daher nicht Anstand, *Widdringtonia Ungeri* Endl. (= *Juniperites baccifera* Ung.) zu der vollkommener durch Heer beschriebenen *Widdr. helvetica* zu ziehen; in der Belaubung sind trennende Merkmale beider nicht vorhanden.

Die Zapfen (Taf. V, Fig. 6, 8) sind länglich oval, ca. 15 mm lang, geschlossen 6—9 mm dick; sie bestehen aus vier, im reifen Zustande klaffenden, holzigen Schuppen, die in zwei zweizähligen decussirten Wirteln stehen. Die Schuppen sind an der Aussenseite gewölbt und glatt, eine am Rücken herabgeschobene Spitze, wie den lebenden Arten von *Callitris* Section *Widdringtonia* zukommt, ist an den fossilen Zapfenschuppen noch nicht beobachtet worden. Heer giebt an, dass die Spitzen der Schuppen zu einem kleinen Schnabel verlängert und einwärts gerichtet sind; dieses Verhalten, das von der Zapfenbeschaffenheit der lebenden Widdringtonien auffällig abweicht, kommt aber nur bei einigen von ihm abgebildeten Exemplaren (l. c. fig. 6, 8, 9) zur Darstellung, während bei anderen (l. c. fig. 4, 7, 11, 12) dieser Schnabel fehlt. Das Fehlen der schnabelförmigen Verlängerung der Zapfenschuppen bot Ettingshausen Anlass, *Widdr. bohemica* von *Widdr. helvetica* abzutrennen; da aber Heer selbst zu *Widdr. helvetica* Zapfen mit geschnabelten und mit ungeschnabelten Schuppen bringt, folge ich dem Beispiele Engelhardt's (Foss. Pfl. d. Süsswassersandsteines von Tschernowitz, p. 14) und vereinige *Widdr. helvetica* und *bohemica*.

Jede Schuppe birgt 1—3 ovale, schmalgeflügelte Samen; die Zugehörigkeit des von Ettingshausen in der Fl. v. Bilin, t. X, fig. 15 abgebildeten grossen und breitgeflügelten Samens zu *Widdringtonia* scheint mir zweifelhaft, er dürfte eher zu *Sequoia* gehören. Heer giebt übrigens an, dass die Samen ungeflügelt seien; diese Annahme ist vielleicht auf ungenügenden Erhaltungszustand der Schweizer Exemplare zurückzuführen.

Von dieser Art sind aus den böhmischen Tertiärschichten Zweige und Zapfen bekannt. Die Zweige sind zum Theil, zumal wenn nur kleine Stücke vorliegen, schwierig von denen des *Glyptostrobus europaeus* zu unterscheiden; Heer giebt als Unterschied an, dass bei *Widdringtonia* die Blätter mehr zugespitzt und am Rücken ohne Längsrippe seien. Diese Trennungsmerkmale sind recht unscheinbare, zumal die Wahrnehmbarkeit von Rippen sehr vom Erhaltungszustande der Fossilien und vom

Gesteinsmateriale abhängig ist. Einwandfrei erscheint mir die Zuweisung fossiler Zweige zu *Widdringtonia* nur dann, wenn sie ihre Blätter in zweizähligen decussirten Wirteln tragen. Solche Zweige liegen mir vor von Priesen, Preschen und Altsattel; Fruchtzapfen sind bekannt von Kutschlin, Liebotitz und Tschernowitz.

Als verwandte lebende Art ist *Widdringtonia cupressoides* Endl. aus dem Caplande anzugeben.

Libocedrus salicornioides Ung. sp.

Thuytes salicornioides Unger: Chloris protog., p. 11, t. II, fig. 1—4; t. XX, fig. 8.
Libocedrus salicornioides Ettingshausen: Fl. v. Bilin 1, p. 37, t. X, fig. 1—6, 14.
— — Engelhardt: Sitzungsber. Isis Dresden 1876, p. 6; 1882, Abhandl., p. 14.
— — — Leopoldina 1884, p. 129.
— — — Tert. Fl. a. d. Leitm. Mittelgeb., p. 28, t. 4, fig. 4—8.
— — — Tert. Fl. d. Jesuitengrabens, p. 18, t. 1, fig. 27—30.
— — — Lotos 1890 (Natternstein), p. 2, (Sulloditz), p. 8.
— — — Tert. Fl. v. Berand, p. 13.
— — Menzel: Flora d. tert. Poliersch. v. Sulloditz. Sitzungsber. u. Abhandl. d. nat. Ges. Isis Bautzen 1896/97, p. 8.
Uebr. Litt. s. Meschinelli et Squinabol: Flora tertiaria italica, p. 117.

Libocedrus ramis ramulisque plerumque oppositis, compressis, articulatis, articulis elongatis vel obovato-cuneatis, in summitatibus ramulorum moniliformibus; foliis squamaeformibus, quadrifariam imbricatis; lateralibus complicato-carinatis (navicularibus), adnato-decurrentibus, adpressis, recurvatis, longitudinaliter sulcatis; facialibus apice angulatis vel obtusato-rotundatis, carinatis, infra apicem glanduliferis.

Vorkommen: In den Polirschiefern von Sulloditz, Berand, Leinischendorf, Natternstein, Kutschlin, den Schiefern des Holaikluk und des Jesuitengrabens, den Menilitopalen von Schichow, den Cyprisschiefern von Krottensee und dem Süsswasserkalke von Waltsch.

Die Verzweigung ist monopodial; die Zweige sind flach zusammengedrückt, gegliedert, gegenständig gestellt; die Stengelglieder sind verlängert keilförmig, nach den Spitzen der Zweige zu verkleinert, die jüngsten sind rundlich und bilden fast rosenkranzförmige Reihen.

Die Blätter stehen vierzeilig in zweizeiligen decussirten Wirteln; je zwei Paare sind zu scheinbar vierzähligen Wirteln zusammengeschoben; an älteren Zweigen erscheinen die Blattpaare durch intercalares Wachsthum aus einander gerückt. Die Blätter sind ungleich gestaltet: die beiden seitlichen sind kahnförmig, gekielt, mit herablaufender Basis, anliegend, längs gefurcht; sie sind an der Spitze schwach nach aufwärts gekrümmt, wenn sie in der Achsel einen Seitenzweig tragen. Die facialen Blätter sind rhombisch, flach anliegend, vorn stumpfwinkelig oder bogenförmig begrenzt, nicht selten am vorderen Rande schwach eingekerbt oder kurz stumpf-zugespitzt, am Rücken flach gekielt oder von mehreren Längsstreifen bedeckt, unter der Spitze eine Harzdrüse tragend.

Diese Art war im Tertiär weit verbreitet; doch sind von ihr mit Sicherheit nur Zweigstücke und einzelne Stengelglieder bekannt, die sich auch an den angeführten böhmischen Tertiärfundorten nicht selten, theilweise sogar, wie in Sulloditz und im Jesuitengraben recht häufig vorfinden.

Was als Blüthen bezüglich als Zapfen und Samen von *Liboc. salicornioides* in der Litteratur bisher angegeben ist, scheint mir sehr zweifelhaft; die als männliche und weibliche Blüthen von Unger (Chlor. protog., p. 12, t. II, fig. 4) angesprochenen Gebilde, die dieser Autor mit den entsprechenden Organen von *Thuja occidentalis* L. vergleicht, haben wenig Aehnlichkeit mit den an den Enden kurzer Seitenzweige stehenden Blüthen von *Libocedrus*.

Das nach der Beschreibung einen kurzgestielten, vierklappigen Fruchtzapfen darstellende Gebilde, das Ettingshausen in der Flora von Bilin, t. X, fig. 6 mittheilt und zu *Lib. salicornioides* stellt, kann ich überhaupt nach der Abbildung kaum für einen Coniferenzapfen halten; jedenfalls weist es mit Zapfen von *Libocedrus* nicht die mindeste Uebereinstimmung auf.

Schliesslich giebt Ettingshausen von Schoenegg (Foss. Flora von Schoenegg I, p. 10, t. I, fig. 21) einen Samen als zu *Liboc. salicornioides* gehörig bekannt, der zwar ungleiche Flügel trägt, aber die Form des Samens, die Differenz der zwei Flügelhälften ist nicht wie bei *Libocedrus*; mir liegt die Vermuthung nahe, dass der Schoenegger Same nur ein kleiner, unregelmässig entwickelter Same von *Callitris* ist.

Libocedrus salicornioides steht in der Art der Verzweigung der lebenden *Libocedrus chilensis* Endl., in der Belaubung der *L. decurrens* Torr. nahe.

4. Taxeae.

Cephalotaxites Olriki Heer sp. Taf. V, Fig. 11, 12.

Taxites Olriki Heer: Flor. foss. arct. I, p. 95, t. I, fig. 21—24c; t. XLV, fig. 1a, b, c.
— — — Flor. foss. arct. II, Mioc. Fl. u. Fauna Spitzbergens, p. 44, t. VI, fig. 1, 2.
— — — ibid. Flor. foss. alaskana, p. 23, t. I, fig. 8; t. II, fig. 5b.
— — — ibid. Foss. Fl. of North Greenland, p. 465, t. LV, fig. 7 a, b.
— — — Flor. foss. arct. III, Nachtr. z. miöc. Fl. Grönlands, p. 15, 16, t. I, fig. 9, 10.
— — — Flor. foss. arct. IV, Beitr. z. foss. Flora Spitzbergens, p. 64, t. XVI, fig. 6b.
— — — Flor. foss. arct. VII, p. 56.
— — Schimper: Traité de pal. vég. II, p. 351.
— — Lesquereux: Contrib. to the fossil flora of the western territories III, p. 210, pl. I., fig. 6.

Cephalotaxites ramulis gracilibus, foliis distichis, firmis, coriaceis, linearibus, lateribus parallelis, apice brevi acuminatis, basi angustatis, non decurrentibus, sessilibus, subtus fasciis duabus stomatum multiseriatis percursis.

Vorkommen: Im Menilitopal von Schichow.

Es sind bisher nur einige isolirte Blätter gefunden worden; diese messen 2,5—4 cm Länge bei 3—4 mm Breite; die Abdrücke verrathen eine derbe, lederige Beschaffenheit der Blätter; diese sind linear gestaltet, mit parallelen Rändern, vorn kurz zugespitzt, am Grunde verschmälert, nicht herablaufend; sie besitzen einen breiten Mittelnerven und auf der Unterseite beiderseits vom Mittelnerven einen deutlich sich abhebenden breiten Längsstreifen; im Uebrigen ist die Blattfläche fein längsgestreift.

In den angeführten Eigenschaften stimmen die Blätter vollständig mit den von Heer aus den Tertiärschichten Spitzbergens, Nordgrönlands und Alaskas beschriebenen Blättern von *Taxites Olriki* überein. Die mir vorliegenden drei Exemplare gestatten eine genaue Untersuchung; sie liegen alle drei auf Platte und Gegenplatte mit der Ober- und Unterseite vor.

Die Oberseiten der Blätter zeigen einen ca. $^{3}/_{4}$ mm breiten, kräftigen, etwas hervortretenden Mittelnerven, der eine zarte Längsstreifung besitzt; die seitlichen Theile der Blattoberfläche sind von zahlreichen feinen Längsstreifen durchzogen.

Die Unterseiten bieten den Mittelnerven in derselben Breite, aber glatt und nicht vortretend und jederseits von diesem, durch eine schmale Zwischenschicht getrennt, je einen ca. $^{1}/_{2}$ mm breiten Längsstreifen, der von der begrenzenden Randparthie des Blattes sich abhebt; letztere Randzone und die erwähnte Zwischenschicht neben dem Mittelnerven erscheinen glatt und glänzend, während die beiden den Mittelnerven begleitenden seitlichen Längsstreifen matt und etwas rauh erscheinen; an einem Exemplare, das in einem graubraunen Menilitopal abgedrückt ist, erscheinen die glänzenden Randparthien dunkler und braun, Mittelnerv und die Längsstreifen dagegen heller und grau, die einzelnen Zonen dadurch sehr deutlich differenzirt.

Günstiger Weise erlaubt das feine Gesteinsmaterial eine mikroskopische Untersuchung der Reste:

Die Oberseite zeigt sich bei stärkerer Vergrösserung von zahlreichen feinen Längsstreifen durchzogen und fein gerunzelt.

Auf der Unterseite bieten die schon makroskopisch unterscheidbaren Theile ein verschiedenes Bild dar; die Randparthien und die Zwischenschichten zwischen Mittelnerv und seitlichen Längsstreifen erscheinen sehr zart längsgestreift; der Mittelnerv ist fast glatt, lässt nur hin und wieder eine ganz feine Streifung erkennen; die beiden seitlichen Längsstreifen aber sind besetzt mit zahlreichen vertieften, grösseren Punkten, die in mehreren Längsstreifen — ich konnte deren an einzelnen Stellen 7—12 zählen — angeordnet sind, und die ohne Zweifel Spaltöffnungen darstellen.

Heer erwähnt in seinen Beschreibungen von *Taxites Olriki* das Vorhandensein von Spaltöffnungen nicht; einige seiner Abbildungen (z. B. Flor. foss. arct. I, t. I, fig. 23, 24 c) zeigen aber, dass auch er auf einzelnen Blättern die Gegenwart in Längsstreifen angeordneter Punktreihen beobachtet hat. Die von Heer zuweilen gefundene Querrunzelung der Blätter habe ich an den Schichower Blättern nicht bemerkt.

Der günstige Erhaltungszustand unserer Fossilien gestattet eine genaue Vergleichung mit den Blättern lebender Coniferen; nach der Beschaffenheit des Laubes, insbesondere der Unterseite desselben sind zum Vergleiche heranzuziehen, vor Allem *Cephalotaxus, Cunninghamia sinensis* R. Br. und *Saxegothea conspicua* Lindl.

Eine Beziehung zu *Saxegothea* dürfe mit Rücksicht auf die Beschränkung dieser Gattung auf das Gebiet der Anden von Patagonien auszuschliessen sein, während *Cephalotaxus* und *Cunninghamia*, gegenwärtig Bewohner von Japan und China, recht wohl Verwandte im europäischen Tertiär gehabt haben können. Von *Cunninghamia* weichen unsere Blätter durch die Form und die ganzrandige Beschaffenheit ab; mit *Cephalotaxus* dagegen bieten sie eine auffallende Uebereinstimmung dar, auf welche schon Heer (Flor. foss. arct. I, p. 95) hingewiesen hat. Die Feststellung der

Structurverhältnisse, die unsere mit Heer's *Taxites Olriki* übereinstimmenden Exemplare ermöglicht haben, bestätigt die Annahme ihrer Zugehörigkeit zu *Cephalotaxus*. *Ceph. Fortunei* Hock. besitzt dieselbe Beschaffenheit der Epidermis: Oberseite mit kräftigem, etwas vortretenden Mittelnerven und feiner Längsstreifung, Unterseite ebenfalls fein längsgestreift, mit flachem Mittelnerv und zwei neben diesem verlaufenden Bahnen, die von den in Längsreihen angeordneten Spaltöffnungen gebildet werden und durch den Wachsüberzug der Spaltöffnungen als weisse Streifen vortreten.

In der Blattform kommen unsere Reste der *Cephalotaxus pedunculata* Sieb. et Zucc. am nächsten.

Früchte unserer Art sind bisher noch nicht nachgewiesen; ich trage aber kein Bedenken, auf Grund der übereinstimmenden Blattbildung *Taxites Olriki* zu *Cephalotaxus* zu stellen, und die Benennung soll dies andeuten.

Der Verbreitungsbezirk der *Ceph. Olriki* erfährt mit dem Nachweise ihres Vorkommens im böhmischen Tertiär eine bemerkenswerthe Erweiterung: sie lebte in Spitzbergen, Nordgrönland, Alaska, in Californien und in Mitteleuropa.

Torreya bilinica Sap. et Mar. Taf. V, Fig. 4, 5.

> *Torreya bilinica* Saporta et Marion: Recherches sur les végétaux fossiles de Meximieux, p. 221.
> *Sequoia Langsdorfii* (p. p.) Ettingshausen: Fl. v. Bilin I, t. XIII, fig. 9.

Torreya foliis distichis, rigidis, breviter petiolatis, decurrentibus, e basi rotundata linearibus, apice acuminatis, mucronatis, partim subfalcatis.

Vorkommen: Im plastischen Thone von Preschen, im Menilitopal von Schichow.

Ettingshausen hat l. c. unter dem Namen *Sequoia Langsdorfii* einen beblätterten Zweig von Schichow abgebildet, der in Form und Grösse der Blätter von den im böhmischen Tertiär häufig anzutreffenden Zweigen der *Sequ. Langsdorfii* abweicht; Saporta und Marion haben diesen Zweig von *Sequoia* getrennt und als *Torreya bilinica* bezeichnet.

Ich habe neuerdings im Thone von Preschen einen beblätterten Zweig (Taf. V, Fig. 4) aufgefunden, der besser als das Exemplar Ettingshausen's, das mir allerdings nur in der Abbildung bekannt ist, Eigenschaften erkennen lässt, die von denen der *Sequoia* abweichen; dieser Zweig sowohl wie der Ettingshausen'sche bieten zwar einige Aehnlichkeit mit grossblättrigen Formen von *Sequ. Langsdorfii*, wie sie Heer in den Beiträgen zur fossilen Flora Spitzbergens t. XII, XIII und XIV*) abbildet, aber diese Aehnlichkeit besteht nur im Habitus; während im Einzelnen, besonders in der Bildung der Blattbasis und Spitze Abweichungen von *Sequ. Langsdorfii* vorhanden sind.

Die Blätter stehen zweizeilig, sind von derber Beschaffenheit und von linealer Form; sie messen $1\frac{1}{2}$—3 cm Länge bei 2—$3\frac{1}{2}$ mm Breite; die Blätter sind an der Basis zugerundet, haben parallele Ränder, verjüngen sich schwach nach vorn und laufen in eine kurze Spitze aus, über

---

*) Möglicher Weise sind auch einige dieser Formen von *Sequoia Langsdorfii* zu trennen.

die der kräftige aber flache Mittelnerv deutlich als scharfe Stachelspitze heraustritt. Die Blätter sind sehr kurz gestielt und laufen mit den Stielen am Zweige herab; der Zweig erscheint dadurch gestreift, und diese Streifen laufen parallel am Zweige herab, während sie bei *Sequoia Langsdorfii* von der Blattinsertion aus schief nach der anderen Seite herüber zu laufen pflegen.

Einige Blätter des vorliegenden Zweiges sind schwach sichelförmig gebogen; die Blätter desselben Zweiges haben etwa gleiche Länge, sie nehmen, insbesondere nach der Zweigspitze zu, an Länge nicht wesentlich ab. (Vergl. Taf. V, Fig. 4, vergr. 4 a.)

In den eben geschilderten Eigenschaften bieten Ettingshausen's und mein Zweig eine unverkennbare Uebereinstimmung mit den Zweigen von *Torreya taxifolia* Arn. aus Florida dar. Leider geben beide keinen Aufschluss über die Bildung der Epidermis; Ettingshausen's Abbildung lässt nur den Mittelnerven erkennen, und mein Exemplar, mit der Blattoberseite vorliegend, zeigt ebenfalls nur den kräftigen, in die Stachelspitze auslaufenden Mittelnerven; es ist dies zu bedauern, da die Kenntniss der Blattunterseite durch die charakteristische Anordnung der Spaltöffnungen eventuell für die Zugehörigkeit zu *Torreya* noch beweiskräftiger sein würde.

Immerhin halte ich es für sicher, dass die vorliegenden Fossilien nicht zu *Sequoia Langsdorfii* gehören, und für sehr wahrscheinlich, dass sie zu *Torreya* zu stellen sind.

Von demselben Fundorte, dem mein Zweig entstammt, liegt mir ein Same vor, der zu *Torreya* gehören könnte (Taf. V, Fig. 5). Er ist eiförmig, 18 mm lang bei 9 mm grösster Breite, am Grunde stumpf abgerundet, nach vorn zugespitzt; die Oberfläche ist fast glatt, nur von einigen feinen Längsfurchen durchzogen. Der Same ist im Abdruck flach zusammengedrückt. Er erinnert sehr an die Samen von *Torreya*, auch von *Cephalotaxus*, könnte daher möglicher Weise zu *Torreya bilinica* gehören; es ist das nicht mehr als eine Vermuthung, da das vereinzelte Vorkommen eines Zweiges und eines Samens am selben Orte natürlich nicht ohne Weiteres eine Combination erlaubt, zudem könnte dieser Samen nach seiner äusseren Form, die einzig und allein bekannt ist, auch noch verschiedenen anderen Pflanzenfamilien angehören.

Fossile Reste von *Torreya* sind wiederholt beschrieben worden: aus der Kreide Grönlands *Torreya parvifolia* Heer: Fl. foss. arct. III, p. 71, t. XVII, fig. 1. 2; VI, 2, p. 15, t. II, fig. 11; *T. Dicksoniana* Heer: Fl. foss. arct. III, p. 70, t. XVIII, fig. 1—4; VI, 2, p. 15; aus dem grönländischen Tertiär *T. borealis* Heer: Fl. foss. arct. VII, p. 56, t. LXX, fig. 7 a.

Saporta und Marion geben aus dem Pliocän von Meximieux (l. c. p. 217) *T. nucifera* var. *brevifolia* an und ziehen *Taxites validus* Heer (Balt. Flora, p. 26, t. III, fig. 12; Flor. foss. arct. III, Nachtr. z. mioc. Fl. Grönlands, p. 13, t. I, fig. 11; Flor. foss. arct. VII, p. 56) zu *Torreya*.

Nach Schenk (Handbuch der Palaeophytologie, p. 298) dürften *Sequoia acuminata* Lesquereux (Contrib. to the fossil fl. of the Western terr. II, the tertiary flora, p. 80, pl. VII, fig. 15, 16), von Lesquereux selbst schon mit *Torreya californica* Torr. verglichen, und *Sequoia longifolia* Lesqu. (l. c. p. 79, pl. VII, fig. 14; pl. LXI, fig. 28, 29) zu *Torreya* gehören und schliesslich stellt Schenk (Handbuch, p. 331) auch *Cunninghamites borealis* Heer aus den Ataneschichten Grönlands (Flor. foss. arct. VI. 2, p. 55, t. XXIX, fig. 12) zu *Torreya*.

Es ergiebt sich daraus, dass der heute in je zwei Arten in Nordamerika und in China-Japan vertretenen Gattung *Torreya* in der Kreide- bez. Tertiärzeit ein Verbreitungsgebiet zukam, das sich über Nordamerika, Grönland, Frankreich, Böhmen und das Samland erstreckte.

Vielleicht ist *Torreya* auch im Tertiär Japans bereits aufgetreten. Nathorst bildet (Contrib. à la flore fossile du Japon, p. 35, pl. I, fig. 8) als *Taxites* sp. einen Coniferenzweig ab, den er mit *Sequoia Langsdorfii* sowohl als mit *Taxus* vergleicht, der aber auch zu *Torreya* gehören könnte; er ist freilich zu mangelhaft, als dass ein bestimmtes Urtheil über seine Gattungszugehörigkeit abgegeben werden könnte.

5. Podocarpeae.

Podocarpus eocenica Ung. Taf. V, Fig. 9, 10.

Podocarpus eocenica Unger: Fl. v. Sotzka, p. 24, t. II, fig. 11—16.
— — — Syll. pl. foss. I, p. 10, t. III, fig. 4—8.
— — — Gen. et sp. pl. foss., p. 392.
— — Heer: Flor. tert. Helv. I, p. 53, t. XX, fig. 9.
— — Ettingshausen: Tert. Flor. v. Häring, p. 37, t. IX, fig. 4—15.
— — — Foss. Fl. v. Leoben, p. 277.
— — — Foss. Fl. v. Schoenegg I, p. 16, t. I, fig. 94.
— — — Fl. v. Bilin I, p. 42, t. XIII, fig. 1. 2.
— — Schimper: Traité de pal. vég. II, p. 858.
— Engelhardt: Sitzungsber. Isis Dresden 1882, p. 14.
— — — Tertiärfl. d. Jesuitengr., p. 19, t. I, fig. 37, 38.
— — — Flora von Berand, p. 17.
Podocarpus haeringiana Ettingshausen: Tert. Fl. v. Häring, p. 38, t. IX, fig. 1.
— *Taxites* Unger: Fl. v. Sotzka, p. 29, t. II, fig. 17.
— — Ettingshausen: Fl. v. Häring, p. 37, t. IX, fig. 2.
— *mucronulata* Ettingshausen: Fl. v. Häring, p. 37, t. IX, fig. 3.

Podocarpus foliis coriaceis linearibus vel lanceolato-linearibus, subfalcatis, versus basim et apicem angustatis, in petiolum brevem contortum attenuatis, integerrimis; nervo medio valido.

Vorkommen: In den Tuffen von Warnsdorf, den Schiefern von Salloditz-Berand und vom Jesuitengraben, den Polirschiefern von Kutschlin, den Menilitopalen von Schichow und dem Süsswassersandstein von Schüttenitz.

Zu *Podocarpus* werden isolirte Blätter gestellt, die an zahlreichen Tertiärfundorten entdeckt worden sind; eine Anzahl ursprünglich aufgestellter Arten, die sich im Wesentlichen durch die Grösse der Blätter unterschieden, sind von Heer — entsprechend der Veränderlichkeit der Blattgrösse bei den lebenden Arten — zu einer Art, *Pod. eocenica* Ung., vereinigt worden.

Es sind dicke, lederige Blätter, öfters mit runzeliger Oberfläche, von linealer bis lineallancettlicher Form, die zwischen 2 und 11 cm Länge schwanken bei 3—9 mm Breite; zuweilen sind die Blätter von der Mittelrippe nach den Rändern zu gewölbt. Sie sind nach Grund und Spitze mehr oder weniger zugespitzt und gehen an der Basis in einen kurzen, gedrehten Stiel über. Von Nerven ist nur ein kräftig entwickelter Mittelnerv sichtbar.

Aus dem böhmischen Tertiär sind durch Ettingshausen und Engelhardt Blätter von *Podocarpus* von Kutschlin, Schichow, Berand und vom Jesuitengraben beschrieben worden; mir liegen solche von den beiden letztgenannten Fundorten, sowie von Schüttenitz und Warnsdorf vor. Die Blätter von Kutschlin und Schichow sind grössere Exemplare, welche *Pod. haeringiana* Ett. entsprechen; von den übrigen Fundorten stammen kleinere Blätter, die mit den Formen von *Pod. eocenica* Ung. übereinkommen, wie sie Ettingshausen in der Flora von Häring mittheilt.

Die Oberflächenstructur zu untersuchen, wozu Unger (Syll. pl. foss. I, p. 10) Gelegenheit gehabt hat, gestatteten die mir vorliegenden Fossilien nicht.

Die grossblättrigen Formen entsprechen unter den lebenden *Podocarpus*-Arten am meisten *Pod. macrophylla* Don. und *Pod. chinensis* Wall., die kleineren *Pod. elongata* Hérit. und *Pod. spinulosa* R. Br.

B. Cycadeae.

Podozamites miocenica Vel.

Podozamites miocenica Velenovsky: Flora von Vršovic bei Laun, p. 18, t. I, fig. 18—20.

Podozamites foliis obovatis, in petiolum crassum attenuatis, firmis, coriaceis, multinervosis; nervis parallelis, percurrentibus, flexuosis, nervulis tenuissimis interpositis.

Aus dem Brandgestein von Vršovic bei Laun hat Velenovsky zwei Blattfragmente mitgetheilt und als Cycadeenreste gedeutet; er weist sie der Gattung *Podozamites* zu, deren Arten freilich jurassischen Alters sind, weil bei dieser ähnlich gebaute Blätter vorkommen; doch deutet dieser Autor auch auf die grosse Aehnlichkeit seiner Reste mit Blättern der lebenden *Dammara orientalis* Lamb. hin; er sieht von einem definitiven Urtheil ab und betrachtet die gewählte Bestimmung als eine provisorische.

Schenk (Handbuch, p. 279) hält die Zugehörigkeit der Vršovicer Blätter zu *Dammara* für möglich, deutet aber zugleich an, dass sie auch einer *Podocarpus* aus der Section *Nageia* angehören könnten.

Mir sind ausser den Blättern Velenovsky's, deren Originale ich im böhmischen Landesmuseum in Prag zu sehen Gelegenheit hatte, Exemplare dieser Art nicht bekannt geworden; ich muss mich eines bestimmten Urtheils über die Zugehörigkeit derselben enthalten, verschweige aber nicht, dass für mich ihre Deutung als *Dammara*-Blätter die meiste Wahrscheinlichkeit besitzt.

Als *Cycadites salicifolius* und *Cycadites angustifolius* hatte Sternberg (Vers. II, p. 195, t. 40, fig. 1 und ibid. p. 195, t. 44) Blattreste beschrieben, deren Palmennatur alsbald von Unger (Gen. et. spec. pl. foss., p. 333) festgestellt wurde.

Eine zusammenfassende Darstellung der tertiären Gymnospermen Nordböhmens kann nicht abgeschlossen werden, ohne dass der Presl'schen Gattung *Steinhauera* Erwähnung geschieht, die von mehreren Autoren zu den Coniferen bez. Cycadeen gestellt worden ist.

In Sternberg's Versuch einer geologisch-botanischen Darstellung der Flora der Vorwelt hat Presl drei Arten dieser Gattung aufgestellt.

Steinhauera subglobosa, l. c. II, p. 202, t. 46, fig. 4; t. 57, fig. 1—4;
Steinhauera oblonga, l. c. II, p. 202, t. 57, fig. 5;
Steinhauera minuta, l. c. II, p. 202, t. 57, fig. 7—15.

Presl hat dieselben nach den ihm vorliegenden Zapfen von Altsattel, Waltsch und Perus mit *Pinus* verglichen.

Endlicher (Synops. Conif., p. 302), Unger (Gen. et spec. plant. foss. p. 383) und Goeppert (Monogr. d. foss. Coniferen, p. 237, t. 45, fig. 3, 4, 5) stellen *Steinhauera* zwischen *Araucarites* und *Dammarites*. Heer dagegen (Flor. tert. Helv. III, p. 317, Anm.) deutet sie als *Sequoia*-Zapfen, und stellt *St. subglobosa* zu *Sequoia Sternbergii*, *St. minuta* zu *Sequoia Langsdorfii*; Schimper (Traité de pal. végét. II, p. 317, 320) folgt dem Beispiele Heer's.

Später sind wiederholt Reste der *St. subglobosa* von Engelhardt aus böhmischen Tertiärfundorten beschrieben worden: von Schüttenitz (Sitzb. Isis Dresden 1876, p. 9; Tert. Pfl. d. Leitm. Mittelgeb., p. 59, t. 9, fig. 7—9; t. 10, fig. 1—8), von Tschernowitz (Sitzb. Isis Dresden 1878, p. 3; Foss. Pfl. v. Tschernowitz, p. 12, t. 2, fig. 5), von Grasseth (Foss. Pfl. v. Grasseth, p. 15, t. 1, fig. 8, 9) und von Putschirn (Pflanzenreste von Liebotitz und Putschirn, Sitzb. Isis Dresden 1880, p. 84, t. II, fig. 6, 7). Dieser Autor reiht *Steinhauera* den Cycadeen ein, indem er (Tert. Pfl. d. Leitm. Mittelgeb., p. 60) auf die Aehnlichkeit ihrer Früchte mit denen neuholländischer Zamien und Macrozamien hinweist.

Von anderen Autoren sind einzelne der als *Steinhauera* beschriebenen Reste als Fruchtstände dicotyler Angiospermen gedeutet worden. So stellt Schimper (Traité de pal. végét. II, p. 711) *St. oblonga* Weber (Tertiärflora der niederrheinischen Braunkohlenformation, Palaeontographica II. p. 166, t. XVIII, fig. 11) zu *Liquidambar europaeum* A. Br., ebenso erklärt Schlechtendal (Beitr. z. näh. Kenntniss d. Braunkohlenflora Deutschlands, Abh. d. Naturforsch. Ges. zu Halle, Bd. XXI, 1897, p. 105), dass Goeppert's *St. subglobosa* von Schossnitz (Goeppert, Tertiäre Flora von Schossnitz, p. 6) nichts anderes als ein Fruchtstand von *Liquidambar* sei.

Brongniart (Tableau des genres des végétaux fossiles, p. 71) wies darauf hin, dass *St. subglobosa* die Sammelfrucht einer dicotylen Pflanze sei, und verglich sie mit Rubiaceenfrüchten; ihm folgte Crié, welcher den böhmischen Resten analoge Früchte (Crié: Recherches sur la végétation de l'ouest de la France à l'époque tertiaire, p. 43, pl. 13, fig. 88—96) als *Morinda Brongniarti* beschrieb.

Schliesslich hat Schmalhausen (Beiträge zur Tertiärflora Südwest-Russlands, p. 30, t. XI, fig. 16—20) aus dem tertiären Sandsteine von Mogilno in Wolhynien Fruchtstände von grosser Aehnlichkeit mit *Steinhauera* bekannt gegeben, die er unter der Bezeichnung *Syncarpites ovalis* zu den Myrtaceen stellt.

Von den böhmischen *Steinhauera*-Resten habe ich die Originale Presl's von Altsattel und Engelhardt's von Putschirn, Tschernowitz und Grasseth in den Händen gehabt, weitere Reste sind mir von Davidsthal, Altsattel und aus der Kohle von „Anton Einsiedler" bei Dux bekannt geworden. Ich bin nach deren Untersuchung zu der Ueberzeugung gelangt, dass sie weder als Coniferen- noch als Cycadeenreste anzusprechen sind, und ich sehe deshalb hier, in einer Abhandlung über die böhmischen tertiären Gymnospermen, von einer eingehenden Besprechung derselben ab, indem ich mir vorbehalte, bei anderer Gelegenheit ausführlich über sie zu berichten.

Nachtrag.

Nachdem der erste Theil der vorstehenden Arbeit bereits gedruckt vorlag, bekam ich durch Vermittelung der Herren Prof. Hibsch und Prof. Bruder eine Anzahl Coniferenreste aus den Sammlungen der landwirthschaftlichen Schule zu Liebwerd bei Tetschen und des Communal-Obergymnasiums in Aussig zur Durchsicht; unter diesem Material befanden sich einige *Pinus*-Zapfen, die mir von besonderem Interesse waren.

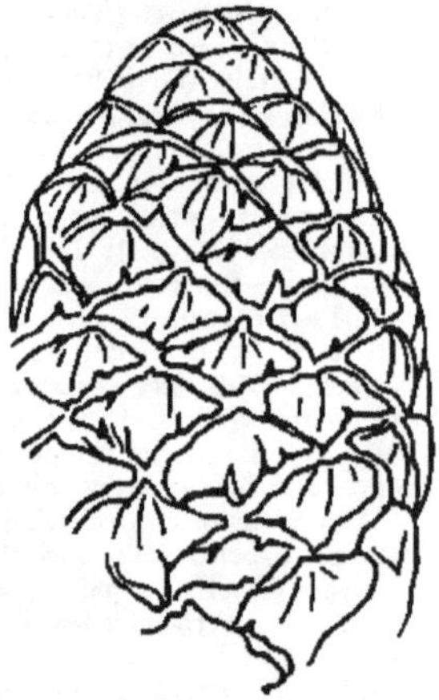

Die Sammlung von Liebwerd bewahrt den Abdruck eines Zapfens von *Pinus hordacea* Rossm. sp. aus dem Tschernowitzer Sandsteine, der hier wiedergegeben ist. Von Zapfen dieser Art waren mir bisher nur Quer- und Längsbrüche und einzelne Schuppen bekannt, von denen Engelhardt's Foss. Pfl. v. Tschernowitz, t. I, sowie Taf. II und III der vorliegenden Arbeit einige Abbildungen geben; der neue mir vorliegende Abdruck stellt nun die Oberfläche eines geschlossenen Zapfens dar; er ist am unteren Theile nicht vollständig erhalten, lässt aber die verlängert eiförmige Gestalt und die ungefähre Grösse erkennen; die Apophysen sind abgerieben, zeigen aber deutlich, dass es sich um apophyses dimidiatae handelt.

In der Sammlung des Aussiger Gymnasiums wird das Original zu Engelhardt's Abbildung Taf. 2, Fig. 4 der „Fossilen Pflanzen von Tschernowitz" aufbewahrt, welches l. c. als *Pinus ornata* Sthg. sp. bezeichnet ist. Nach der Untersuchung dieses Abdruckes kann ich mich der Deutung desselben als *P. ornata* nicht anschliessen. *P. ornata* besitzt — so wie ich die Art (vergl. oben S. 64) nach einem umfänglichen Materiale umschrieben habe — fast ganz flache Apophysen; das vorliegende Engelhardt'sche Exemplar zeigt nun, dass die Schuppenschilder desselben in der Hauptsache allerdings als flache Abdrücke erscheinen; dies hat aber seinen Grund darin, dass die Mehrzahl der Schilder abgerieben und verdrückt ist, dieselben tragen auch keinerlei deutliche Sculptur mehr zur Schau; an der linken Seite des Abdruckes aber befinden sich einige noch wohlerhaltene Apophysen — sie sind auch an Engelhardt's Abbildung durch genauere Darstellung der Oberflächenbildung hervorgehoben —, und diese wohlerhaltenen Schuppenschilder erscheinen am Abdrucke als vertiefte, stumpfkegelförmige Eindrücke, deren Gestaltung ganz und gar mit der Apophysenbildung bei *Pinus oviformis* Endl. sp. übereinstimmt. Der Rest ist daher von der letztgenannten Art nicht zu trennen.

Verzeichniss der Abbildungen.

[In Klammern ist die Sammlung beigefügt, die die Originale bewahrt.]

Tafel V.

XI. Lausitzer Diabas mit Kantengeröllen.

Mittheilung aus dem K. Mineralogisch-geologischen Museum zu Dresden

von Prof. Dr. W. Bergt.

Mit 1 Tafel.

In der geologischen Sammlung des mineralogisch-geologischen Museums fand sich unter alten Beständen das auf Taf. VI abgebildete Geröll, das in mehrfacher Beziehung Beachtung verdient. Leider ist es ohne Fundortangabe. Wahrscheinlich gehört es zu den von Dr. L. Rabenhorst geschenkten Diluvialgeschieben der Lausitz*), eine Annahme, die durch weiter unten zu erwähnende Punkte unterstützt wird.

Das Stück stellt im Ganzen ein mehr flaches Gerölle dar. In seinem jetzigen, auf Taf. VI in natürlicher Grösse abgebildeten Zustande sind nur drei Begrenzungsflächen unversehrt, die breiten Seiten (Ober- und Unterseite, Fig. 1 und 2) und eine kurze Seitenfläche zum Theil, die in Fig. 1 und 2 oben liegt und durch Fig. 3 wiedergegeben wird. Die in den Figuren 1 und 2 unten abschliessende gerade Linie (Fläche) ist durch einen Schnitt erzeugt, der Schleifmaterial liefern musste, und die übrige Begrenzung bilden unregelmässige frische Bruchflächen. Die grösste Länge und Breite beträgt etwa 85—90 cm. Wie die Abbildung zeigt, sitzen in einem festen Gestein zahlreiche Gerölle und Kantengerölle. In Fig. 1 sind deren 14, in Fig. 2 deren 13 sichtbar, im Ganzen kann man an dem Stück 35 zählen.

Das Wirthsgestein. Die Bruchflächen des ganzen Stückes zeigen als Wirthsgestein der Gerölle ein dunkelgrünes, feinkörniges, massiges Gestein, das, wie die mikroskopische Untersuchung ergiebt, Uralitdiabas ist. Seine Gemengtheile sind Plagioklas, uralitische, aus Augit hervorgegangene Hornblende ohne Augitrest, Quarz, Magnet- und Titaneisen, aus diesem hervorgegangener grauwolkiger Titanit und primärer Titanit. Die typische ophitische Structur lässt keinen Zweifel an der Diabasnatur des Gesteines aufkommen. Schon mit blossem Auge kann man um jedes Geröll einen schwarzen, etwa ½ mm breiten Rand bemerken. Er besteht aus dicht

---

*) H. B. Geinitz: Das K. Min. Mus. in Dresden 1858, S. 23.

gedrängten schlanken Augitsäulchen, die meist senkrecht zu den Grenzen der Gerölle gestellt, durchgehends in Uralit umgewandelt oder in Chlorit und faserigen Serpentin zersetzt und massenhaft mit schwarzen Erzkörnern (Magneteisen) überdeckt sind. In diesem Augitkranz hat man eine endogene Contactwirkung zu sehen. Feine, zuweilen ganz hindurchgehende, von Diabas ausgefüllte Sprünge in den Geröllen entsprechen ihrer Zusammensetzung nach dem Contactring, indem sie sehr augit(uralit-)reich sind, aber mit wirrer Lagerung der Säulchen.

Die Gerölle. Die vom Diabas eingeschlossenen Gerölle gehören einem feinkörnigen bis dichten, harten, quarzitähnlichen Gesteine an. Auf frischem Bruche besitzen sie weissgraue bis graue Farbe. Bei genauerer Betrachtung und durch den mikroskopischen Befund aufmerksam gemacht, bemerkt man mit der Lupe, besonders deutlich nach Anfeuchtung der Gerölle, dass die grössere Zahl derselben aus zweierlei Mineralien ziemlich gleichmässig gemengt ist, aus rauchgrauem Quarz und einem trüben röthlichen bis fleischrothen Mineral. Dieses scheint vielfach Zwischenräume von rundlicher oder gekrümmter wurmähnlicher Gestalt auszufüllen.

Die mikroskopische Untersuchung ergiebt nun höchst merkwürdige Verhältnisse. In der That besteht der „Quarzit" hauptsächlich aus klarem Quarz und regelmässig mit ihm gemengten, körnerähnlichen, trüben Partieen. Der Quarz ist verhältnissmässig rein. Durch Flüssigkeitseinschlüsse und „Thonschiefernädelchen" giebt er sich als ursprünglicher Gemengtheil alter krystalliner Gesteine zu erkennen. Die Korngrösse wechselt in den verschiedenen Geröllen. An einem derselben sieht man mit unbewaffnetem Auge die 2 mm grossen Quarze. Bei groberem Korn und bei Reichthum an dem rothen Mineral trägt das Gestein durch die abgerollte Form der Quarzkörner und die Verbindungsweise mehr einen Sandsteincharakter, bei feinerem Korn und bei Armuth oder Mangel an dem rothen Mineral dagegen Quarzitcharakter.

Merkwürdiger ist der andere Gemengtheil. Derselbe hat unter dem Mikroskop ein körnigtrübes Aussehen, röthliche bis rothbraune Farbe und grosse Aehnlichkeit mit stark getrübtem, ferritisch geröthetem Orthoklas. Zuweilen bemerkt man schon im gewöhnlichen Lichte bei stärkerer Vergrösserung eine zarte radialfaserige Structur und zwischen + Nic. im parallelen polarisirten Lichte mehr oder weniger regelmässig das Interferenzkreuz oder Theile desselben. Es liegen also echte Sphärolithe vor. Sehr häufig enthält diese rothe Substanz Erzkörner, schlanke Säulen der gleichen uralitischen Hornblende und diese ebenso wie besonders im Contactring mit Erzkörnern besetzt, endlich winzige Nädelchen von unbestimmbarer Natur und massenhaft aus winzigen Körnchen zusammengesetzte Striche (Margarite), die zottenartig, fächerförmig so dicht geschaart sind, dass die betreffenden Stellen schwarz erscheinen. Man ist vielleicht zuerst geneigt, diese sphärolithische Substanz für Chalcedon zu halten. Sie wird indessen ziemlich schnell von Flusssäure angegriffen, während der Quarz noch vollständig unversehrt geblieben ist. Dagegen wirkt heisse Salzsäure nicht auf sie ein, auch die rothe Farbe erfährt dadurch kaum eine Aenderung. Der Verfasser glaubte darnach in ihnen eine dem Mikrofelsit entsprechende Substanz von feldspathähnlicher (Orthoklas) Zusammensetzung annehmen zu müssen. Als Stütze kann angesehen werden, dass manche dieser rothen Partieen keine faserige Structur, sondern eine an

Feldspath erinnernde Aggregatpolarisation zeigten, und ganz selten erkennt man an den dem Quarz zugewendeten Krystallenden und eingeschalteten Zwillingslamellen die Feldspathnatur.

In den verschiedenen Geröllen betheiligt sich diese rothe sphärolithische Substanz in wechselnder Menge an der Zusammensetzung. Nur wenige scheinen ganz frei davon oder arm daran zu sein. Man unterscheidet sie schon mit blossem Auge, es sind sehr feinkörnige, fast dichte Gesteine. In anderen Geröllen befinden sich Quarz und „Mikrofelsit" im Gleichgewicht und ein Ueberwiegen des letzteren findet in einem untersuchten gröberen Gestein statt, an dem die Korngrösse etwa $1\frac{1}{2}$—2 mm erreicht. Eine bemerkenswerthe Beobachtung macht man häufig an dem Augitkranz, welcher die Gerölle umgiebt. Da, wo dieser an den Quarz grenzt, ist er am breitesten und ungestörtesten, die Augitsäulchen (Uralit) sind am dichtesten und regelmässigsten radial zum Geröll gestellt. An den Grenzen gegen den Mikrofelsit dagegen tritt eine Lockerung des Augitkranzes ein, ja ein vollständiges Aussetzen, eine Lücke im Contactsaum, und man hat den Eindruck, als ob die rothe Substanz durch das offene Thor in den Diabas hinüberströme, während umgekehrt zuweilen der schmal gewordene Uralitsaum in den „Mikrofelsit" des Gerölles umgebogen erscheint. In einem Präparat, in welchem zwei Gerölle nur durch eine wenige Millimeter breite Diabasmasse getrennt sind, ist diese mit „Mikrofelsit" gemengt.

Wie sind diese merkwürdigen Verhältnisse, für die dem Verfasser nichts Aehnliches in der Litteratur bekannt geworden ist, zu deuten?

Die im Folgenden versuchte Erklärung kann, da das vom Diabas eingeschlossene Gestein in seinem ursprünglichen Zustand nicht bekannt ist, nur hypothetischer Natur sein.

Zunächst ist es unzweifelhaft, dass die Gerölle auf Grund ihrer Structur Sedimentgesteine sind, und es liegt nahe, sie für mehr oder weniger thonhaltige Sandsteine und zwar, wie unten noch zu erwähnen sein wird, der nordsächsischen Grauwackenformation zu halten, Sandsteine, die durch den Diabas contactmetamorph verändert wurden. Es ist denkbar, dass das feine thonig schlammige Bindemittel der Quarzkörner zu mikrolithenhaltigem Glas geschmolzen wurde, dass also ähnliche Veränderungen eintraten, wie sie Hibsch*) an den oligocänen Sandsteinen z. B. der Kolmer Scheibe im Contact mit Basalt beschreibt. Der Verfasser konnte sich überzeugen, dass die oben erwähnten margaritenreichen Stellen grosse Aehnlichkeit mit dem „trüben glasartigen Kitt" der böhmischen Sandsteine haben; auch hier treten nach Hibsch häufig farblose, schief auslöschende Nadeln von unbestimmbarer Natur auf. Das Glas würde sich dann in unserem Falle in Mikrofelsit umgesetzt haben, wie man es ja theilweise für die Pechsteine und Porphyre annimmt, und stellenweise in Feldspath. Oder wenn man nicht erst ein Glasstadium voraussetzen will, dann bestand die Contactwirkung in einer Umwandlung des thonigen Bindemittels in Mikrofelsit-Sphärolithen und Feldspath. Zugleich deutet der verhältnissmässige Augit(Uralit-)reichthum der Gerölle auf eine stoffliche Beeinflussung des Sandsteines durch den Diabas.

---

*) J. E. Hibsch: Erläuterungen zur geol. Karte des böhmischen Mittelgebirges. Blatt I (Tetschen). S. 71. Tscherm. min. u. petr. Mitth. XV, 1896. S. 271.

Herkunft des Diabasgerölles. Giebt nun der geschilderte Befund einen Anhalt für die Beurtheilung der Herkunft unseres Stückes? Oder, da bereits am Eingang die Lausitz als Heimath vermuthet wurde: sind unter den zahlreichen Diabasvorkommnissen der Lausitz solche mit ähnlichen Einschlüssen bekannt?

Während der Diabas im Allgemeinen auch hier in der Lausitz sehr selten Einschlüsse fremder Gesteine enthält, geben die Erläuterungen zur geologischen Specialkarte von Sachsen auf drei Blättern des lausitzer Gebietes einschlussreiche Diabase an. Blatt Bischofswerda No. 53, S. 24: „Der an der Windmühle bei Niederneukirch aufgeschlossene, 6 m mächtige Gang von Olivindiabas ist von Fragmenten so reichlich angefüllt, dass deren in einem etwas über kopfgrossen Blocke etwa 50 gezählt werden konnten. Diese Einschlüsse bestehen zum weitaus grössten Theile aus Quarzbrocken, welche nur ausnahmsweise die Grösse eines Hühnereies erlangen."

Blatt Neustadt-Hohwald No. 69, S. 20: „In dem Gange vom Steinberge an der Hohwaldstrasse fallen schon von Weitem zahllose rundliche oder unregelmässig geformte, bis über faustgrosse Körner und Brocken rissigen, fettglänzenden Quarzes auf, welche ganz den Habitus der im Granit so häufigen Quarzbrocken oder des Gangquarzes besitzen . . . . Der Gang des Niederneukircher Bahneinschnittes (zwischen Niederneukirch und Putzkau zwischen Schneisse 26 und 27) ist sehr reich an kleineren Quarzkörnern."

Blatt Hinterhermsdorf-Daubitz No. 86, S. 16: „Nur an einem Punkte der Klippe im N. von Wölmsdorf strotzt der Diabas so von fremden Einschlüssen, dass er geradezu weiss gefleckt erscheint . . . . . Die Quarzeinschlüsse erreichen fast Faustgrösse. Die kleineren Fragmente sind theils eckig, theils rundlich und meist glattrandig, während die grösseren Bruchstücke oftmals an ihrer Peripherie zerklüftet sind, so dass Diabasmaterial mehr oder weniger tief in dieselben eingedrungen ist."

Von den genannten Oertlichkeiten konnte der Verfasser im Spätherbst 1900 nur eine aufsuchen, den zuerst genannten Diabasgang an der Windmühle bei Niederneukirch. Obwohl die Windmühle nicht mehr vorhanden ist, kann der im Verschütten und Verwachsen begriffene Bruch leicht gefunden werden. Die in der Erläuterung zu Blatt 53 geschilderten Verhältnisse sind noch gut zu beobachten und die massenhaften Quarzeinschlüsse zeigt am besten eine glatte Wand im hintersten Theile des Bruches. In ein Handstück des Diabases bekommt man freilich nur wenige Quarze, dagegen würde das in der Erläuterung angeführte kopfgrosse Stück mit 50 Einschlüssen etwa unserem Geröll in Bezug auf Reichthum an jenen entsprechen.

Eine Vergleichung der erwähnten lausitzer Vorkommnisse mit unserem Stück führt nun zu folgendem Ergebniss: Zunächst ist es bei der grossen Verschiedenheit der lausitzer Diabase in petrographischer Beziehung und bei dem häufigen Wechsel auf kleinem Raume ohne jede Bedeutung, ob unser Diabas mit den angeführten einschlussreichen Vorkommnissen übereinstimmt oder nicht. Der Diabas unseres Stückes stimmt z. B. mit dem Olivindiabas von Niederneukirch nicht überein. Wichtiger ist wohl das Auftreten der Einschlüsse überhaupt. Wie aus Obigem hervorgeht, gleicht unser Stück in der Art und Weise der Einschlüsse den bekannten lausitzer Vorkommnissen. In Bezug auf Häufigkeit, Grösse und Form der

Einschlüsse besteht kein wesentlicher Unterschied. Auch die oben geschilderten endogenen Contacterscheinungen werden in der Erläuterung zu Blatt Bischofswerda ganz entsprechend beschrieben: „Die Quarzbrocken sind mit einem bis 0,3 mm breiten Saum umgeben, der sich aus Augit nebst wenig Biotit und noch spärlicherem Eisenerz und Plagioklas zusammensetzt. In einzelne Quarze dringt dieses Gemenge auf feinen Rissen ein."

Durchgehends verschieden scheint nur das Material der Einschlüsse in beiden Fällen zu sein. Während unsere Gerölle jenen eigenthümlichen contactmetamorphen Grauwackensandstein darstellen, haben wir dort neben Granitbrocken und seinen Gemengtheilen nur homogenen wasserklaren oder milchig trüben fettglänzenden Quarz gleich dem, der auch so häufig als Einschluss im lausitzer Granit auftritt. Aber auch dieser Umstand kann keineswegs gegen die Lausitz als Ursprungsort unseres Stückes sprechen. Es ist vielmehr anzunehmen, dass es von einem lausitzer Diabasgange stammt, der gegenwärtig nicht beobachtbar, dessen Ausgehendes vielleicht zerstört und von jungen Deckschichten verhüllt ist.

Die Kantengerölle.

Unser Diabasgeröll ist aber noch in einer anderen Beziehung interessant, dadurch, dass die vom Diabas eingeschlossenen Gerölle an der Oberfläche zu „Dreikantern" umgewandelt sind. Die Dreikanterfrage hat für Dresden dauernde Wichtigkeit und Bedeutung, weil seine Umgebung bekanntlich reich an diesen merkwürdig geformten Geschieben ist. Deshalb und weil man hier noch immer Ansichten über ihre Entstehung begegnet, die dem gegenwärtigen Stand unseres Wissens keineswegs entsprechen, glaubte der Verfasser nicht auf eine Darstellung der Entwickelung der Dreikanterfrage verzichten zu sollen, obwohl eine solche schon oft, auch im letzten Jahrzehnt, zuletzt wohl 1899 von Papp gegeben worden ist.

Geschichtlicher Rückblick.*) Nach der bekannten Litteratur hat zuerst A. von Gutbier 1858 Kantengerölle erwähnt und abgebildet. Er brachte sie sofort mit der Eiszeit und zwar mit der damaligen Drifttheorie in engste Verbindung. Die Diluvialgeschiebe haben nach Gutbier einer zweifachen Abnutzung unterlegen: „Einer ersten oder Abrollung im Wasser an der Küste; einer zweiten oder Abreibung, wo ein Theil derselben im Eise eingefroren, gleichsam gefasst war, mit den Schollen der Schaukelbewegung des Wellenschlages folgte, und jedenfalls während langer Zeit gegen andere am Grunde festliegende Blöcke oder angefrorene Geschiebe gerieben wurde (S. 70) . . . . Manche Steine unterlagen einem mehrseitigen Schliffe, einer Facettirung mit mehr oder minder scharfen Kanten. Dies konnte nur geschehen, wenn sie im Eise sich wendeten und wieder festfroren" (S. 71).

Diese unmittelbare Verknüpfung der Kantengerölle mit der Eiszeit hat etwa 30 Jahre bestanden. Hier und da sind auch ähnliche Gebilde für menschliche Erzeugnisse gehalten worden. 1871 treten z. B. Virchow und Braun einer solchen Auffassung entgegen und schliessen sich im

*) Eine Zusammenstellung der dem Verfasser bekannten Litteratur befindet sich am Ende dieser Abhandlung.

Allgemeinen der Gutbier'schen Erklärung an. Braun lässt sie „durch gegenseitige Reibung nebeneinander liegender Gesteinsstücke, welche durch das Wasser hin- und herbewegt, jedoch nicht von der Stelle gerückt werden", entstehen. Seit dem Jahre 1876, in dem Berendt eine grössere Anzahl Kantengerölle aus dem Diluvium von Berlin in der deutschen geologischen Gesellschaft vorgelegt hatte, kommt die Dreikanterfrage mehr in Fluss. In den verschiedensten Gegenden werden sie aufgefunden. Aber erst das neunte Jahrzehnt des vorigen Jahrhunderts brachte zusammenfassende Bearbeitungen der sich immer mehr häufenden Beobachtungen und Untersuchungen. Besonders erwies sich die Arbeit von Berendt 1885 auf Jahre hinaus von entscheidendem Einfluss. Nach Berendt waren die „Dreikanter" durch gegenseitiges Abschleifen lose aufeinander liegender Geschiebe entstanden, welche durch stark bewegtes Wasser, und zwar, da man weder vom Meeresboden noch aus dem Bereiche der Brandung derartige Geröllformen kannte, durch stürzende und strömende Gletscherschmelzbäche in rüttelnde Bewegung versetzt wurden. Diese Ansicht Berendt's betrachtete man vielerorts als die „zweifellose" Lösung des Dreikanterräthsels. Ja man sah, in einem Kreisschluss sich bewegend, die „Dreikanter" als eine Stütze für die Gletschertheorie an.

Ausser dieser eben erwähnten Erklärung war aber noch eine zweite aufgestellt worden, die bis jetzt freilich weniger Anklang gefunden hatte. Sie führte die Kantengerölle auf die Wirkung des Flugsandes zurück. Die Notiz von Travers aus dem Jahre 1869, in der dies zuerst ausgesprochen wurde, scheint in Europa nicht bekannt geworden zu sein, denn sie wird erst 1886 von Nathorst wieder ans Licht gezogen. Unterdessen waren die Erscheinungen der Wind- und Sanderosion der Sandwüsten und Steppen immer bekannter in Europa geworden und hatten der kommenden Erklärung der „Dreikanter" den Boden bereitet. Nachdem Enys 1878 eine ganz ähnliche Darstellung wie Travers gegeben hatte, sprach sich 1883 Gottsche für die äolische Entstehung der Facetten an den Kantengeröllen aus. 1885 traten Schmidt und Mickwitz entschieden der Berendt'schen Theorie entgegen, indem sie auf Grund von Beobachtungen an den Fundstellen von Pyramidalgeschieben zugleich ausser auf die herrschenden Hauptwindrichtungen auch auf die Wichtigkeit der örtlichen Verhältnisse, welche im Kleinen den Wind und den Flugsand ablenken, hinwiesen. Obwohl noch einige eingehende Darstellungen der „Dreikanter" in den nächsten Jahren (E. Geinitz, Theile) den Berendt'schen Ausführungen zustimmen, gewinnt die neue Erklärung immer mehr Anhänger und selbst solche, die sich eben noch für Berendt ausgesprochen hatten, wenden sich ihr zu. Ganz besonders hat u. a. J. Walther durch seine Beobachtungen in den ägyptischen Wüsten und seine anschaulichen Beschreibungen der Wind- und Sanderosion (Deflation) zur Befestigung und zum Siege der neuen Ansicht beigetragen. Zwar haben sich noch im letzten Jahrzehnt vereinzelte Stimmen (z. B. Stapff und Stone) in ablehnendem Sinne erhoben, gegenwärtig aber ist die Entstehung der Kantengerölle durch Flugsand ganz allgemein angenommen. Von der Thatsache abgesehen, dass man Kantengerölle in den Sandwüsten gewissermassen hat entstehen sehen und jederzeit in Bildung begriffen wahrnehmen kann, abgesehen auch von einer ganzen Reihe anderer Punkte, mögen nur folgende schwerwiegende Einwendungen gegen die Berendt'sche Theorie angeführt werden.

A. Heim sagt 1887: „Im schweizer Diluvium ist bisher nirgends etwas Aehnliches gefunden worden — was doch der Fall sein müsste, wenn Gletscherwasser bei ihrer Bildung irgend welche Rolle spielen würde; hingegen liegen die Kantengerölle im Flugsande auf Hochflächen, der bei uns fehlt."

Sauer führt 1889 aus: „Wenn ferner die Berendt'sche Erklärung zuträfe, so wäre die grösste Häufigkeit der Kantengeschiebe in jenen rückenartigen Geschiebeanhäufungen zu erwarten, die man als Rückzugs- oder Endmoränenbildungen zu deuten mit gutem Grunde Veranlassung hat . . . . . Und doch trifft man im Innern dieser Geröllanhäufungen nicht ein einziges Kantengerölle, vielmehr, gleichwie in der Deckschicht des Geschiebelehms, nur auf die obersten äussersten Theile dieser Rücken beschränkt."

Während man die Kantengerölle also früher als Beweise für die Gletschertheorie betrachtete, spielen sie jetzt im Verein mit den Resten von Steppenthieren dieselbe Rolle für das ehemalige Vorhandensein von Steppen in Mitteleuropa.

Um den Vorgang der Dreikanterbildung weiter aufzuklären, hat man auch das Experiment zu Hilfe genommen. Preussner's Versuche 1887 waren ergebnisslos, dagegen hat de Geer 1886 erfolgreiche, besonders aber Thoulet weitgehende und die verschiedensten Punkte berücksichtigende Versuche angestellt, deren Ergebnisse aber noch genauerer Vergleichung mit den in der Natur gegebenen Verhältnissen barren.

Im Einzelnen freilich ist die Entstehung der Kantengerölle noch längst nicht genügend aufgeklärt. So gehen die Meinungen in Bezug auf die Frage auseinander: wie weit ist die Gestalt, sind die Flächen und scharfen Kanten besonders der regelmässigen „typischen" Kanter auf die Rechnung des Sandschliffes zu setzen. Während man auf der einen Seite die Herausarbeitung solcher Formen aus einem runden Geröll allein durch den Sandschliff für möglich hält, will man auf der anderen Seite eine so starke formende Kraft und Thätigkeit nicht zugestehen. So hat Keilhack 1883 als erste Veranlassung angesehen, dass bei der Zertrümmerung dieser (harten) Gesteine Bruchstücke mit mehreren annähernd ebenen Flächen entstehen. Nach Heim 1887 hängt die Zahl und Anordnung der Kanten und damit die Form der geschliffenen Pyramiden ab von der ursprünglichen und wenig veränderten Umrissform des Gesteinsstückes. Dieser Ansicht schliesst sich van Calker 1890 an.

Auch betreffs der Abhängigkeit der Flächen und Kanten in Zahl und Richtung von den herrschenden Winden kommen die verschiedenen Darstellungen zu abweichenden Ergebnissen. Im Allgemeinen hat sich seit den ersten Zeiten der Sandschlifftheorie bis jetzt eine Wandlung in dieser Frage vollzogen. Lange suchte man eine den Hauptwindrichtungen der betreffenden Gegend entsprechende Zahl und Lagerung der Flächen und Kanten herauszufinden und zu construiren. Mit der wachsenden Erkenntniss aber, dass die Sandströme oft von den kleinsten örtlichen Verhältnissen bestimmt werden, sah man von dem oft vergeblichen oder zu erzwungenen Ergebnissen führenden Bemühen ab. Diese Frage dürfte am besten durch einige Citate beleuchtet werden. Heim 1887: „Die Gestalt der Kanter ist nur unwesentlich von den Windrichtungen, weit massgebender hingegen von der Umrissform der Steinsstücke abhängig." Dames 1887: „Ferner kann man beobachten, wenn auch nicht durchweg, so doch in vielen Fällen, dass die nach Süden gewendete Seite der Geschiebe intact geblieben: und es erklärt sich das leicht daraus, dass diese Seite durch den steilen Nordabfall des Regensteines (bei Blankenburg am Harz) vor der Einwirkung heftig wehender Winde mehr geschützt ist." Verworn 1896: „Unzweifelhaft erscheint noch, dass ein Rollstein nur von einer Richtung angeblasen, zwei oder drei Schliffflächen bekommen kann, indem nämlich der Wind den unterliegenden Sand allmählich wegbläst und das Gerölle zum Stürzen bringt."

Walther 1887: „Von Bedeutung schien es zu sein, dass die Gerölle nahe aneinander liegen, indem dadurch Hindernisse und Interferenzstreifen geschaffen wurden für die Bewegung des wirbelnden Sandes."

Die klarste Vorstellung von der Entstehung der Kantengerölle dürfte wohl folgende, eigene Anschauung wiedergebende Schilderung J. Walther's (1891) vermitteln: „Einen Zusammenhang zwischen der Richtung der Kanten und der Windrichtung konnte ich nicht finden und solches scheint mir auch leicht begreiflich, da die Richtung des Windes in der Wüste oft jede Stunde wechselt . . . .

Der Sand fliesst in kleinen Strömen über den Boden hin und die auf dem Boden liegenden Kiesel bilden ebenso viele Hindernisse und Widerstände für die kleinen Sandgerinne. Vor einem grösseren Kiesel theilt sich der Sandstrom, um sich oft hinter dem Hinderniss wieder zu vereinigen, oft laufen die getheilten Stromäste eine Strecke isolirt weiter, um dann wieder mit anderen benachbarten zusammen zu laufen. In dieser Gabelung und Wiedervereinigung kleiner Sandströme, hervorgerufen durch die am Boden liegenden Steine, werden solche Steine, auf welche convergirend zwei Sandströme stossen, mit zwei Facetten versehen, deren jede durch einen Sandstrom gebildet wurde. Indem sich diese Facetten immer mehr vergrössern, kommen sie endlich zum gegenseitigen Schneiden und bilden dadurch eine Kante. Gerölle, welche constant durch ähnliche Sandströme bespült werden, erhalten scharfe Kanten; wechselt aber die Richtung der Sandströme, so werden die Kanten und Flächen undeutlich und wieder verwischt" (S. 447). Und derselbe 1900: „Der anfänglich gemachte Versuch, die Kanten der Dreikanter mit den Windrichtnugen parallel zu orientiren, ging von falschen Voraussetzungen aus. Denn die Fläche der Facettengeschiebe ist das Wesentliche und nur durch zwei sich schneidende Schliffflächen entsteht die Kante. Die auf dem sandigen Boden regellos vertheilten Gerölle werden durch die sich gabelnden und wieder convergent zusammentreffenden Sandströme angeschliffen und die entstandenen Schliffflächen verbreitern sich mehr und mehr. Ihre Mittellinie ist nicht nothwendig parallel der Windrichtung in der Atmosphäre, sondern nur der durch viele Hindernisse abgelenkten Luftströmung am Boden und kann mithin rasch wechseln" (S. 51).

Was lehrt nun nach den vorausgegangenen Betrachtungen unser Geröll auf Tafel VI?

Dem Verfasser erscheint es zunächst nicht zweifelhaft, dass die Herausarbeitung der Gerölle aus dem Diabas und die weitere Gestaltung ihrer blossgelegten Seiten durch den Sandschliff erfolgt ist. Die rauhe körnige Oberfläche des zwischen den Geschieben befindlichen Diabases, die geschweiften, oft tief unter die harten Gerölle eingeschnittenen, durch Entfernung des Diabases erzeugten Rinnen (in Fig. 1 oben links leider nicht gut erkennbar, besser in Fig. 3 zwischen den beiden zusammenlaufenden Geröllen), die mannigfache Gestalt der herausragenden Geröllenden mit ebenen oder concav und convex gekrümmten Begrenzungsflächen, mit scharfen geraden und ganz unbestimmten, gebogenen Kanten kann unmöglich nach der Berendt'schen Theorie durch Reibung mit so und so vielen losen Geröllen erklärt werden. Ebenso augenscheinlich ist der Mangel einer einheitlichen, gesetzmässigen Lage der Flächen und Kanten etwa nach bestimmten Windrichtungen. Wir sehen vielmehr den von Walther beschriebenen, oben angeführten Vorgang, bei welchem der Sandstrom zwischen den naheliegenden Geröllen schlängelnd seinen Weg suchen muss, hier abgelenkt, dort sich theilend, anderswo mit den Abzweigungen sich wieder vereinigend, an unserem Stück in natürlichem Zustand festgelegt. Wie deutlich springt z. B. in Fig. 2 die Bahn des von oben (im Bilde) kommenden Sandstromes in die Augen, der das links oben befindliche harte Gerölle unterhöhlt, auf die Breitseite des vorliegenden langen Geschiebes auftrifft und senkrecht zu seiner Richtung die lange Kante erzeugt. Unmittelbar links davon hat sich im Schutze (Windschatten) des obersten Gerölles der Diabas noch bis an den äussersten Rand erhalten können, dagegen ist die linke Seite des langen Geschiebes schon stärker betroffen und mit voller Kraft wirft sich der Sand auf die beiden entgegenstehenden hellen Flächen.

Die Oberflächen unserer Gerölle sind glatt, aber nicht glänzend, eine grubige Beschaffenheit ist kaum bemerkbar jedenfalls wegen des feinen Kornes und wegen der geringen Härteunterschiede der Gemengtheile, höchstens machen sich diese durch mattere und weniger matte Stellen bemerkbar. Auf Bruch- und Anschnittsflächen unseres Diabasgerölles wollte es scheinen, als ob die im Diabas steckenden Seiten einiger Geschiebe ähnliche scharfe Kanten zeigten wie die freien, als ob mit anderen Worten der Diabas bereits fertige Kantengerölle eingeschlossen hätte, deren Entstehung dann in die paläozoische Zeit hätte versetzt werden müssen. Indessen erwies sich dies als trügerisch, und es bildet so unser Geröll kein Seitenstück zu den von Nathorst beschriebenen cambrischen Kantengeschieben oder zu denen des Buntsandsteins, die Chelius entdeckt hat.

Es wurde oben erwähnt, dass unser Diabasgeröll in seinem jetzigen Zustand theilweise von frischen Bruchflächen begrenzt wird. Nichts spricht gegen die Annahme, dass es vor seiner Verletzung rings herum die gleiche Beschaffenheit zeigte wie an den abgebildeten Seiten, dass also auch an den abgebrochenen Stücken die Einschlüsse aus dem Diabas herausgearbeitet waren. Dies war natürlich nur möglich durch eine mehrfache Wendung des Stückes, die, wie oben in einem Citat angedeutet ist, jedesmal nach dem Wegblasen des unterlagernden Sandes erfolgte.

Litteratur über die Kantengerölle.

1858. Gutbier, A. von: Geognostische Skizzen aus der sächsischen Schweiz, S. 70 u. 71, mit Abb.

1865. — Kantengerölle von Klotzsche. Sitzungsber. Isis Dresden, S. 47.

1869. Travers, W. T. L.: On the sand-worn stones of Evans' Bay. Trans. and Proc. New Zealand Institute 2. S. 247, Taf. 17.

1871. Virchow, R.: Geschliffene Steine von Glogau. Verhandl. Berlin. Ges. f. Anthrop. III, S. 103.

Braun: Rheingerölle. Ebenda, S. 103.

1872. Meyn, L.: Pyramidale Geschiebe aus Holstein. Zeitschr. deutsch. geol. Ges. 24, S. 414.

1873. Johnstrup, F.: Forhandlingar ved de Skandinaviske Naturforskers, S. 271. Kjöbenhavn.

1876. Berendt, G.: Pyramidalgeschiebe aus dem Diluvium bei Berlin. Zeitschr. deutsch. geol. Ges. 28, S. 415.

Weiss, E.: Pyramidalgeschiebe aus der Saargegend. Ebenda, S. 418.

1877. Kayser, E.: Pyramidalgeschiebe von Cönnern. Ebenda 29. S. 208.

1878. Enys, J. D.: On sand-worn stones from New Zealand. Quart. Journ. London 34, S. 86—88, mit Abb.

1881. Geinitz, F. E.: Beobachtungen im sächsischen Diluvium. Zeitschr. deutsch. geol. Ges. 33, S. 567.

1882. — Die geologische Beschaffenheit der Umgebung von Stolpen in Sachsen. Sitzungsber. u. Abhandl. Isis Dresden, Abhandl. S. 121.

1883. Gottsche, C.: Sedimentärgeschiebe der Provinz Schleswig-Holstein, S. 6, Anm. 2. — Ber. Neues Jahrb. f. Min. 1884, II, S. 82.

1884. Keilhack, K.: Vergleichende Beobachtungen an isländischen Gletscher- und norddeutschen Diluvialablagerungen. Jahrb. preuss. geol. Landesanst. f. 1883, S. 172, 173.

Calker, F. J. P. van: Beiträge zur Kenntniss des Groninger Diluviums. Zeitschr. deutsch. geol. Ges. 36, S. 731.

Commenda, H.: Riesentöpfe bei Steyregg in Oberösterreich. Verhandl. k. k. geol. Reichsanst. Wien, S. 308—311.

Wahnschaffe, F.: Dreikantner aus dem Geschiebemergel. Zeitschr. deutsch. geol. Ges. 36, S. 411.

1885. Nathorst, A. G.: Om kambriska pyramidalstenar. Öfversigt of Kgl. Vetensk.-Ak. Förhandl. No. 10, Stockholm, S. 5—17. — Ber. Neues Jahrb. f. Min. 1888, II, S. 301.

Berendt, G.: Geschiebe-Dreikanter oder Pyramidalgeschiebe. Jahrb. preuss. geol. Landesanst. f. 1884, S. 201—210, Taf. X.

Schmidt, F., und A. Mickwitz: Ueber Dreikanter im Diluvium bei Reval. Neues Jahrb. f. Min. 1885, II, S. 177—179.

Theile, F.: Geschliffene Geschiebe (Dreikantner), ihre Normaltypen und ihre Entstehung. Ueber Berg und Thal, Organ des Gebirgsver. f. d. sächs.-böhm. Schweiz, 8. Jahrg., S. 374—377, 384—386, mit Abb. — Vergl. auch Sitzungsber. Isis Dresden 1885, S. 35 u. 86.

1885—1886. Fontannes, F.: Sur les causes de la production de facettes sur les quartzites des alluvions pliocènes de la vallée du Rhône. Bull. soc. géol. de France III, 14, S. 246—255. — Ber. Neues Jahrb. f. Min. 1887, II, S. 493.

1886. Geinitz, E.: Die Bildung der Kantengerölle. Archiv d. Ver. d. Freunde der Naturgesch. in Mecklenburg, 40. Jahrg., S. 33, Taf. 3 u. 4.

Mickwitz, A.: Die Dreikanter, ein Product des Flugsandschliffes; eine Entgegnung auf Berendt. Mém. soc. imp. min. St. Pétersbourg XXIII, mit 2 Taf. — Ber. Neues Jahrb. f. Min. 1888, II, S. 301.

Geinitz, H. B.: Ueber die Winkel an Dreikantnern. Sitzungsber. u. Abhandl. Isis Dresden, Sitzungsber. S. 16.

Theile, F.: Einige nachträgliche Bemerkungen über die Dreikantner. Ueber Berg und Thal, Organ des Gebirgsver. f. d. sächs.-böhm. Schweiz, 9. Jahrg., S. 19—22, mit Abb.

Nathorst, A. G.: Ueber Pyramidalgeschiebe. Neues Jahrb. f. Min. 1886, I, S. 179 u. 180.

Geer, G. de: Om vindnötta stenar. Geol. För. Förhandl. No. 106, B. VIII, Häft 7, S. 501—513, Stockholm. — Ber. Neues Jahrb. f. Min. 1888, II, S. 302 u. 303.

Fegraeus, T.: Sandslipade stenar från Gotska Sandön. Ebenda S. 514—518. — Ber. Neues Jahrb. f. Min. 1889, I, S. 481.

1887. Wahnschaffe, F.: Ueber Pyramidalgeschiebe. Zeitschr. deutsch. geol. Ges. 39, S. 226 u. 227.

Dames, W.: Ueber Kantengeschiebe. Ebenda S. 229.

Jäkel, O.: Ueber diluviale Bildungen im nördlichen Schlesien. Ebenda S. 276 bis 289, mit Abb.

Preussner: Versuche mit Sandstrahlgebläsen. Ebenda S. 502.

Geinitz, E.: Ueber Kantengerölle. Neues Jahrb. f. Min. 1887, II, S. 78—79.

Thoulet, J.: Expériences synthétiques sur l'abrasion des roches. Compt. rend. 104, S. 381—383, Paris. — Ber. Neues Jahrb. f. Min. 1888, II, S. 240.

1887. Walther, J.: Die Entstehung von Kantengeröllen in der Galalawüste. Ber. Verh. Ges. d. W. Leipzig. Math.-phys. Kl. 39, S. 133—136.
Heim, A.: Ueber Kantengeschiebe aus dem norddeutschen Diluvium. Vierteljahrsschrift d. naturf. Ges. Zürich, S. 843—885. — Ber. Neues Jahrb. f. Min. 1888, II, S. 304.
1888. Koch, F. E.: Zur Frage über die Bildung der sog. Dreikanter. Archiv d. Ver. d. Freunde d. Naturgesch. Mecklenb. 41 (1887), 1888, S. 223—226.
Geinitz, H. B.: Ueber Kantengerölle. Sitzungsber. u. Abhandl. Isis Dresden, Sitzungsber. S. 8 u. 9.
Mehnert, E.: Ueber einen Dreikanter. Ebenda S. 32.
— Ueber Glacialerscheinungen im Elbsandsteingebiet, S. 22—24. Pirna.
1889. Sauer, A.: Ueber die äolische Entstehung des Löss am Rande der norddeutschen Tiefebene. Zeitschr. f. Naturw. Halle. Bd. 62, S. 326—351. mit Abb. — Ber. Neues Jahrb. f. Min. 1891, I, S. 180.
Stone, G. H.: On the scratched and facetted stones of the Salt Range. Geol. Mag. 1889, S. 415—425. (Enthält hier nicht angeführte ausländ. Litteratur.) — Ber. Neues Jahrb. f. Min. 1891, I, S. 91.
1890. Sauer, A., und C. Chelius: Die ersten Kantengeschiebe im Gebiete der Rheinebene. Neues Jahrb. f. Min. 1890, II, S. 89—91.
Calker, F. J. P. van: Ueber ein Vorkommen von Kantengeschieben u. s. w. in Holland. Zeitschr. deutsch. geol. Ges. 42, S. 577—583.
1891. Walther, J.: Die Denudation in der Wüste und ihre geologische Bedeutung. Abhandl. math.-phys. Kl. Ges. d. Wiss. Leipzig, XVI.
1892. Wahnschaffe, F.: Beitrag zur Lössfrage. Jahrb. preuss. geol. Landesanst. f. 1889, S. 328—346.
1893. Stapff, F. M.: Eine zerbrochene Fensterscheibe. Glückauf, S. 865—870. — Ber. Neues Jahrb. f. Min. 1894. II, S. 279.
1894. Woodworth, J. B.: Postglacial eolian action in southern New England. Americ. Journ. of Sc. 47, S. 63—71. (Enthält ein Verzeichniss der amerik. Arbeiten über unseren Gegenstand.) — Ber. Neues Jahrb. f. Min. 1895, II, S. 474.
1895. Obrutschew, W.: Ueber die Processe der Verwitterung und Deflation in Centralasien. Verh. russ. min. Ges. St. Petersburg (2) 33, S. 229. — Ber. Neues Jahrb. f. Min. 1897, II, S. 469.
1896. Verworn, M.: Sandschliffe vom Djebel Nakûs. Neues Jahrb. f. Min. 1896, I, S. 200—210, Taf. VI.
Woldřich, J. N.: Ueber einige geologisch-aërodynamische Erscheinungen in der Umgebung Prags. (In tschechischer Sprache mit deutschem Auszug.) Sitzungsber. böhm. Ges. d. Wiss. Math.-naturw. Klasse (1895) 1896, Abhandl. XXXI, 20 S., 2 Taf. — Ber. Neues Jahrb. f. Min. 1896, II, S. 276.
1897. — Fossile Steppenfauna aus der Bulovka nächst Kosiř bei Prag u. s. w. Neues Jahrb. f. Min. 1897, II, S. 208.
1899. Papp, K.: Dreikanter auf den einstigen Steppen Ungarns. Földtani Közlöny, Suppl. XXIX, S. 193—208, 1 Taf.
? Wittich, E.: Ueber Dreikanter aus der Umgegend von Frankfurt a. M. (Ohne nähere Angabe bei Papp citirt.)
? Bather, F. A.: Wind-worn pebbles in the British Isles. Geologists' Ass. Proc. XVI, S. 398—420. — Ber. Geol. Centralblatt I, S. 104, No. 331.

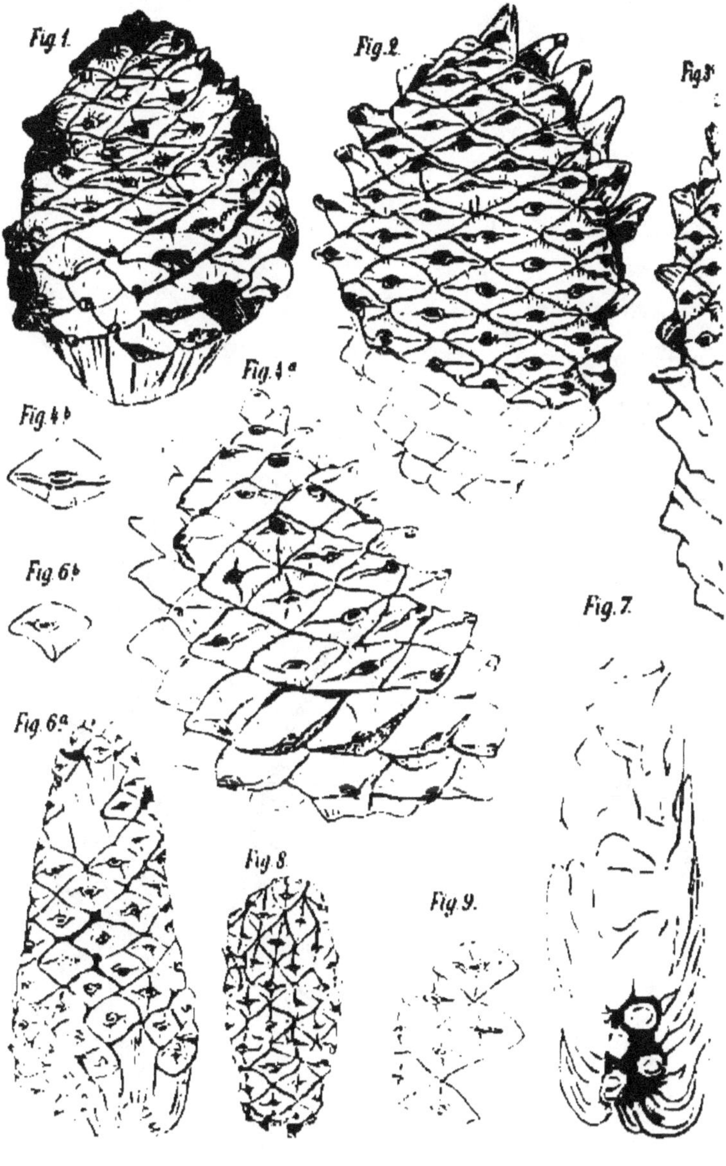
Fig. 1.
Fig. 2.
Fig. 3.
Fig. 4a
Fig. 4b
Fig. 6b
Fig. 7.
Fig. 6a
Fig. 8.
Fig. 9.

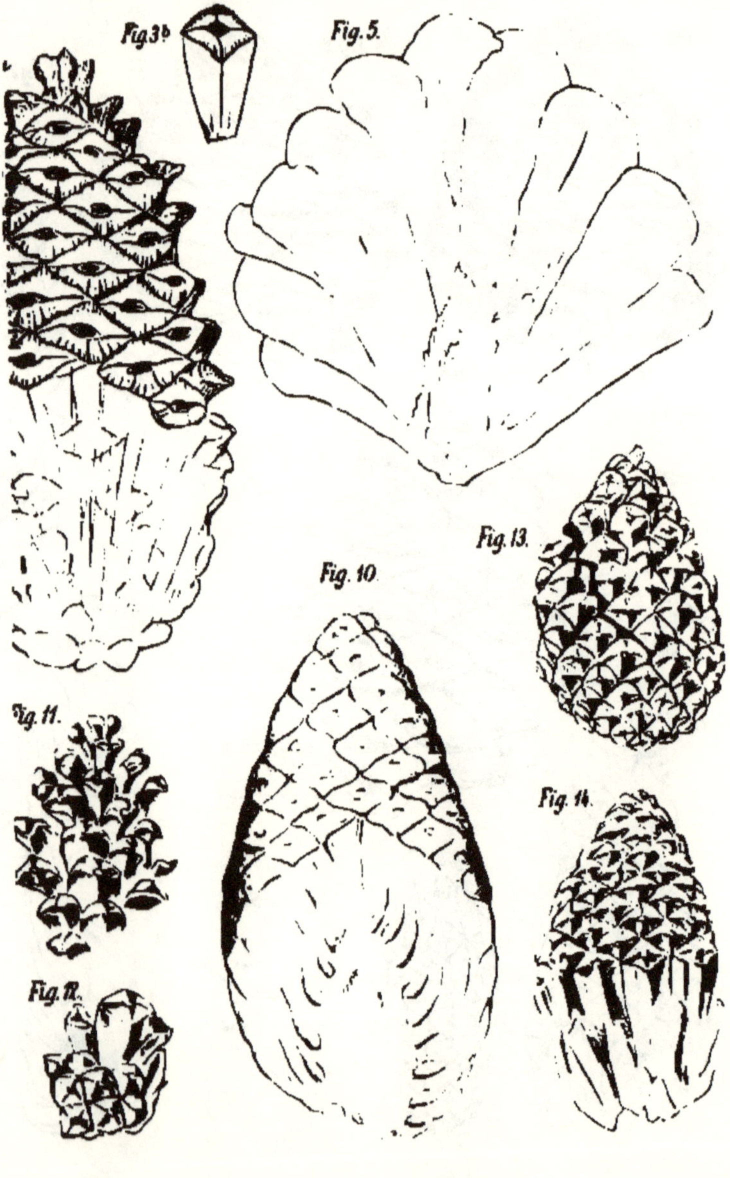
Fig. 3b
Fig. 5.
Fig. 13.
Fig. 10.
Fig. 11.
Fig. 14.
Fig. 12.

Fig. 1.
Fig. 2.
Fig. 3.
Fig. 5
a.
b.
Fig. 15
a.
b.
c.
Fig. 12
Fig. 16.
17.
18.
19.
20.
21.

Taf. III.

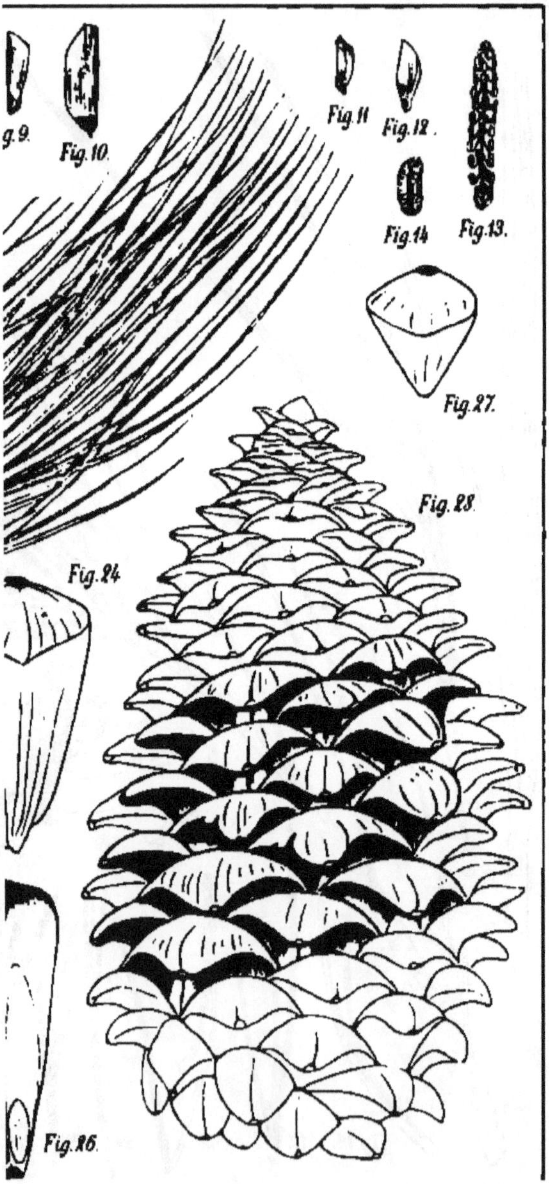

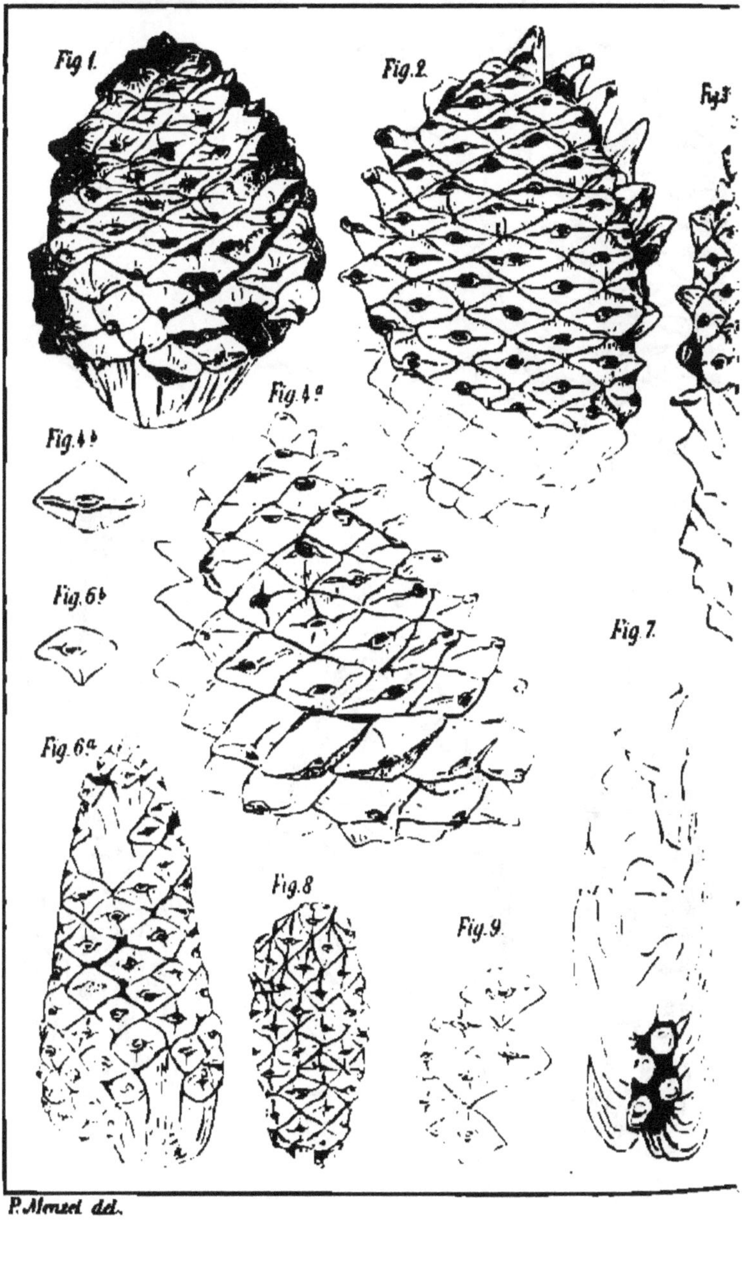

P. Menzel del.

Fig. 3b

Fig. 5.

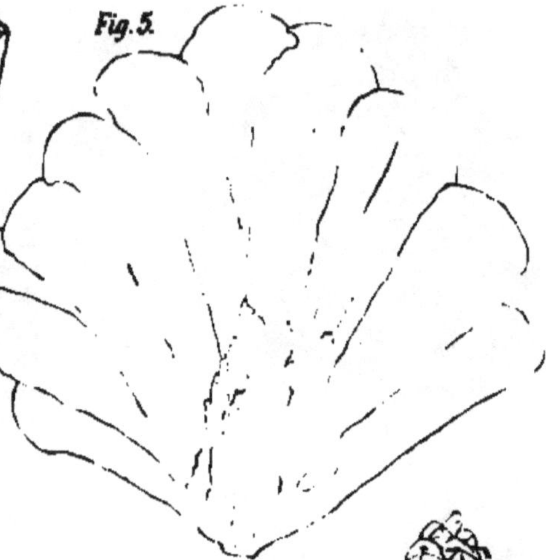

Fig. 13.

Fig. 10.

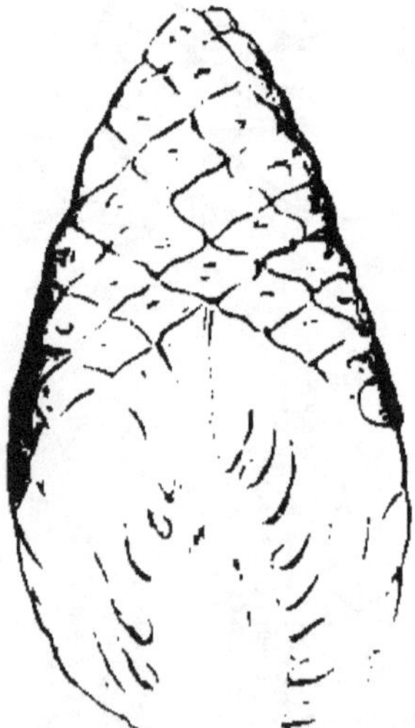

ig. 11.

Fig. 14.

Fig. 12.

Fig. 2.
Fig. 3.
Fig. 5.
a.
b.
Fig. 15
a.
b.
c.
Fig. 16.
17.
18.
19.
20.
21.
Fig. 22.

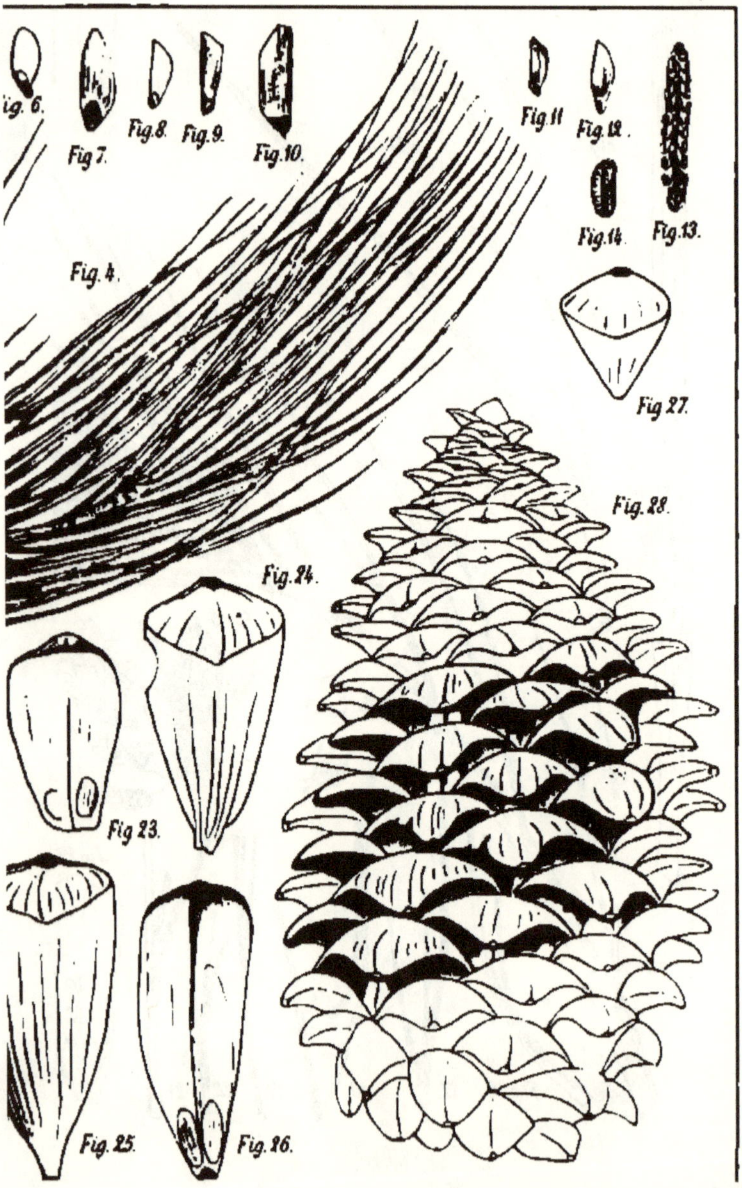
Fig. 6.
Fig 7.
Fig.8.
Fig.9.
Fig.10.
Fig.11
Fig.12.
Fig.13.
Fig.14.
Fig. 4.
Fig 27.
Fig. 28.
Fig. 24.
Fig 23.
Fig. 25.
Fig. 26.

Fig. 1

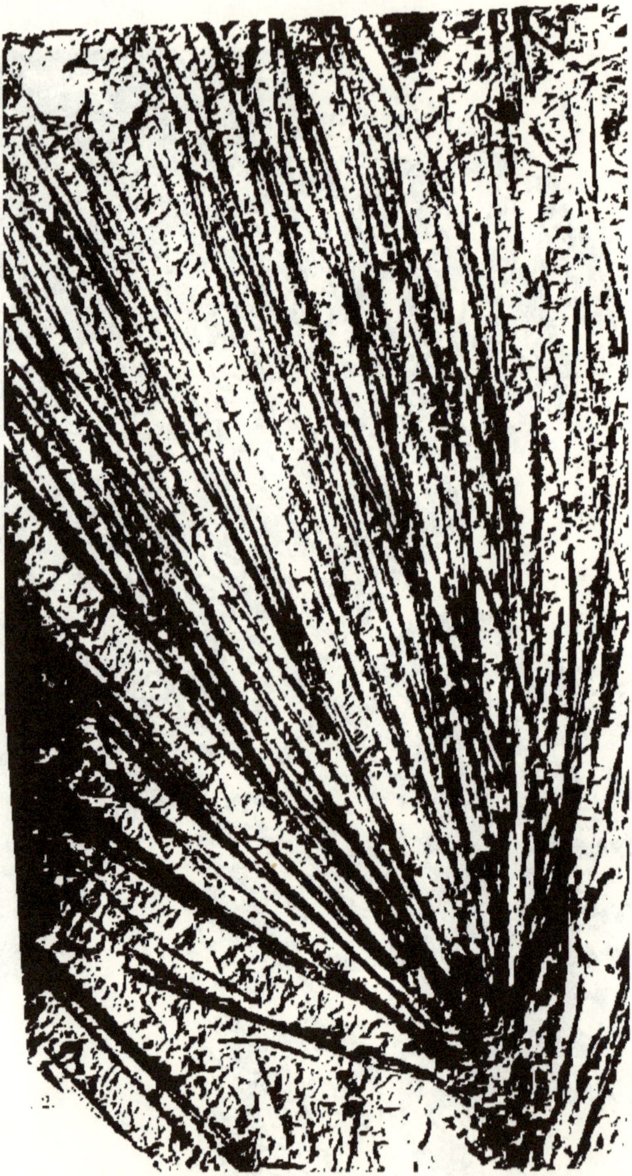

2.

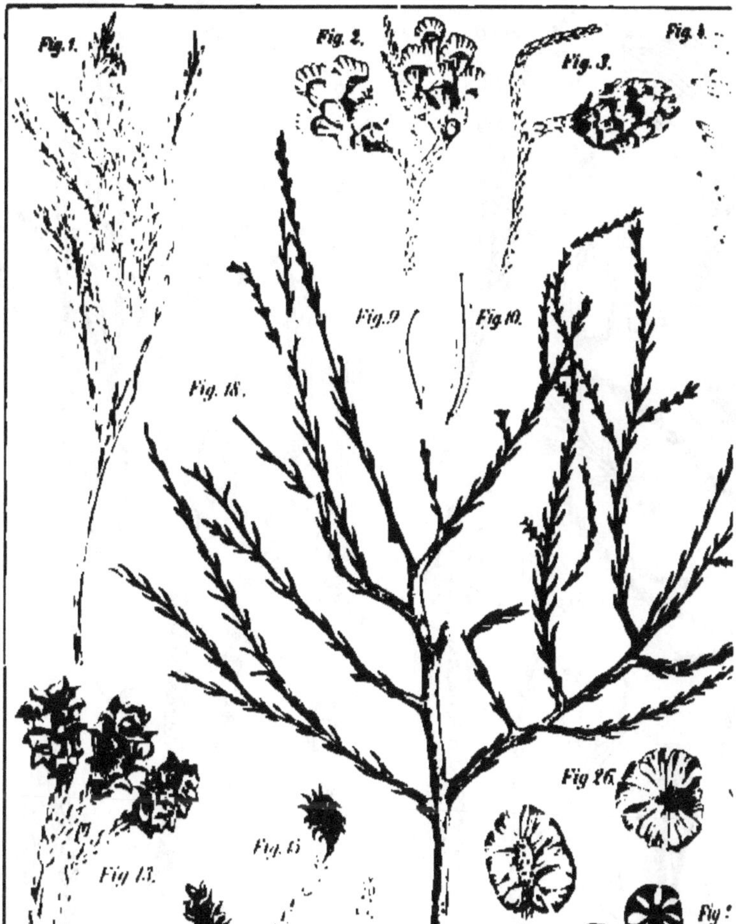
Fig. 1.
Fig. 2.
Fig. 3.
Fig. 9
Fig. 10.
Fig. 18.
Fig 26.
Fig 13.
Fig. 27.
Fig 28.
Fig 20.
Fig 21.

P. Menzel del.

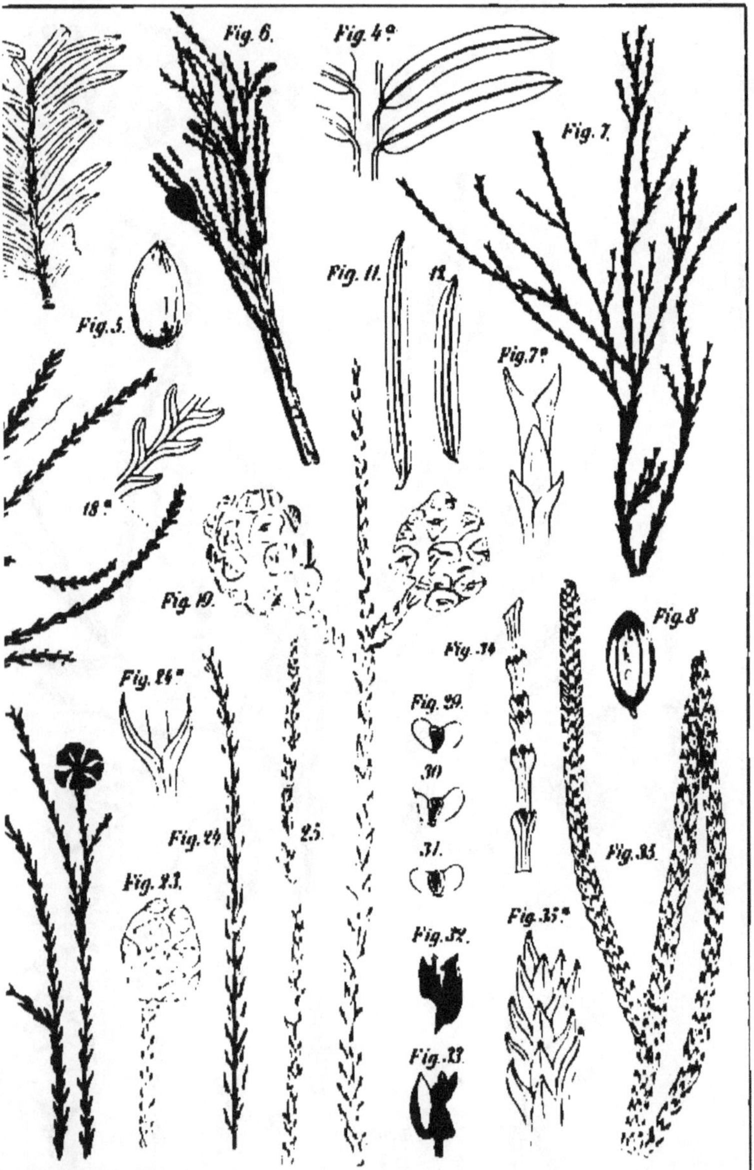
Fig. 6.
Fig. 4a
Fig. 7.
Fig. 11.
12.
Fig. 5.
Fig. 7a
18a
Fig. 10.
Fig. 8
Fig. 34
Fig. 29.
30
31.
Fig. 24a
Fig. 24
25.
Fig. 23.
Fig. 35.
Fig. 35a
Fig. 32.
Fig. 33.

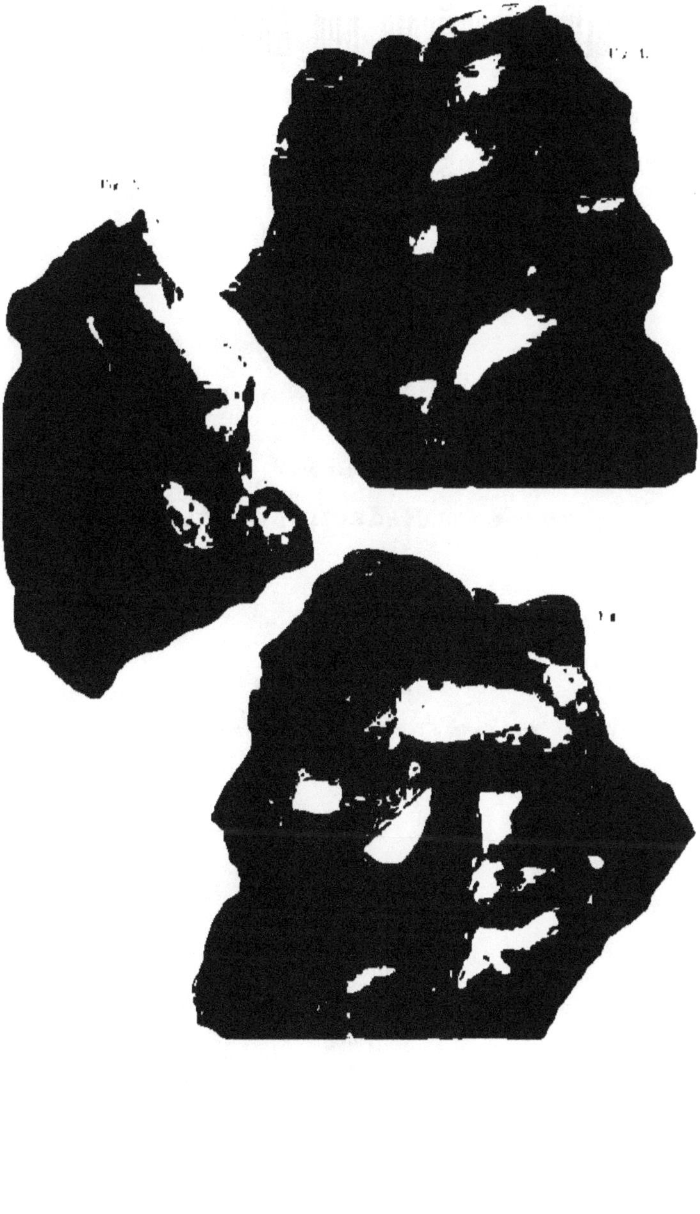

Sitzungsberichte und Abhandlungen

der

Naturwissenschaftlichen Gesellschaft

ISIS

in Dresden.

Herausgegeben

von dem Redactions-Comité.

Jahrgang 1901.

Mit 1 Karte, 3 Tafeln und 8 Abbildungen im Text.

Dresden.

In Commission der K. Sächs. Hofbuchhandlung **H. Burdach.**

1902.

Inhalt des Jahrganges 1901.

A. Sitzungsberichte.

B. Abhandlungen.

Die Autoren sind allein verantwortlich für den Inhalt ihrer Abhandlungen.

Die Autoren erhalten von den Abhandlungen 50, von den Sitzungsberichten auf besonderen Wunsch 25 Sonder-Abzüge gratis, eine grössere Anzahl gegen Erstattung der Herstellungskosten.

†

Dr. Friedrich Raspe.

Am 7. April 1901 verschied in Dresden der Chemiker Dr. Friedrich Raspe, wirkliches Mitglied unserer Gesellschaft seit 1880.

Friedrich Raspe wurde am 16. März 1836 in Rostock geboren, wo sein Vater als Professor der Rechte an der Universität wirkte. Nach dem Besuch des Gymnasiums seiner Vaterstadt und nach dem Abschluss seiner Lehrzeit als Apotheker in Hamburg war er mehrere Jahre als Apothekergehülfe in Chemnitz und Gotha thätig und studirte dann in Rostock, wo er 1862 den Doctorgrad erlangte. 1863 associirte er sich mit dem Apotheker Minder in Moskau, um eine von diesem geplante, mit der Apotheke verbundene Mineralwasserfabrik einzurichten. Durch unermüdliche Thätigkeit und peinlichste Sorgfalt bei der Herstellung der künstlichen Mineralwässer der verschiedensten Art brachte er diese Fabrik schnell zu grosser Blüthe. 1866 verheirathete er sich mit Marie Feuereisen und lebte mit ihr bis zu seinem Tode in glücklichster, durch sieben Kinder gesegneter Ehe. Die anstrengende Thätigkeit und das für ihn ungünstige Klima von Moskau erschütterten seine Gesundheit leider derart, dass er sich genöthigt sah, 1877 seinen Wirkungskreis aufzugeben; seitdem lebte er mit seiner Familie in Dresden in leidlich wiederhergestellter Gesundheit.

Die unfreiwillige Muse, zu der der energische und an rastloses Schaffen gewöhnte Mann schon mit 41 Jahren gezwungen war, füllte er mit praktischen Arbeiten, z. B. mit der Herstellung von Obstweinen, vor allem aber mit chemischen Untersuchungen und litterarischen Arbeiten aus dem Gebiete seiner früheren Thätigkeit aus. 1885 erschien bei Wilhelm Baensch in Dresden sein hervorragendes Werk „Heilquellen-Analysen für normale Verhältnisse und zur Mineralwasserfabrikation berechnet auf 10000 Theile“, in welchem alte und neue Analysen der Heilquellen fast aller Badeorte der Erde kritisch gesichtet und zum Zwecke der bequemeren Handhabung für den Fabrikanten nach einheitlichen Gesichtspunkten umgerechnet sind. Die hier mit ganz ungewöhnlicher Sorgfalt und ausserordentlicher Gewissenhaftigkeit aufgestellten Tabellen bilden eine wesentliche Besonderheit der kurz vor Raspe's Hinscheiden erschienenen vierten Auflage von L. von Bertenson's „Heilwässer, See- und Schlammbäder in Russland und im Auslande“. In der Vorrede zu diesem Werke gedenkt der Verfasser mit besonderer Dankbarkeit der mühevollen und selbstlosen Hülfe, die ihm Raspe's bis in die neueste Zeit fortgesetzten Untersuchungen gewährt haben. Das Material für den grössten Theil einer neuen vermehrten und umgearbeiteten Auflage seines umfangreichen Werkes über die Heilquellen-Analysen hat Fr. Raspe hinterlassen. Zahlreiche kleinere Abhandlungen aus seiner Feder finden sich in verschiedenen Fachzeitschriften, im Archiv für Hygiene eine Arbeit über „Frauenmilch und künstliche Ernährung der Säuglinge“, auf Grund eigener Untersuchungen der Milch verschiedener Frauen von der ersten Woche bis zum vollendeten ersten Lebensjahre des Säuglings; in den achtziger Jahren in der Zeitschrift für Mineralwasserfabrikation eine Reihe von Aufsätzen, in denen er das Verfahren der Fabrikation wesentlich aufklärte und sich energisch gegen die Kunstbrunnenwässer à la Appollinaris aussprach; in der Zeitschrift für die gesammte Kohlensäure-Industrie noch 1898 eine Abhandlung über „Die Angabe der Mineralwasser-Analysen in Form von Ionen“.

Im Jahre 1880 trat der Verewigte als wirkliches Mitglied in unsere Gesellschaft ein und nahm mit regem Interesse bis kurz vor seinem Tode an den Sitzungen derselben Theil, selbst durch zahlreiche kleinere Mittheilungen, Vorlagen und einzelne grössere Vorträge, u. a. über den Einfluss der Wasserleitung und der Canalisation auf die Infection und die Desinfection des Bodens, über Untersuchungen der Frauenmilch, über einen alten Begräbnissplatz bei Moskau, zur Belebung der wissenschaftlichen Verhandlungen nicht unwesentlich beitragend. In den Jahren 1883—1885 gehörte er dem Vorstande der Sectionen für Zoologie und für vorgeschichtliche Forschungen an, Anfang 1888 berief ihn das Vertrauen unserer Mitglieder in den Verwaltungsrath der Gesellschaft, dem er bis zu seinem Tode angehörte und als dessen Vorsitzender er in den Jahren 1891—1897 die vermögensrechtlichen Angelegenheiten der Isis mit grosser Hingebung leitete.

Asthmatische Leiden, zu denen er den Grund schon früher gelegt hatte, quälten ihn seit einigen Jahren derart, dass er trotz energischen Kampfes seiner Willenskraft gegen die Leiden seines Körpers allmählich jede ernstliche Arbeit einstellen und auch den Sitzungen unserer Gesellschaft oftmals fernbleiben musste. Am 7. April 1901 verschied er nach kurzer Krankheit an Herzlähmung, betrauert von Allen, die ihm im Leben nahe gestanden und seinen scharfen Verstand, seine Willenskraft und die unbedingte Rechtlichkeit seines Charakters kennen gelernt hatten. Unsere Gesellschaft wird dem Verewigten in dankbarer Anerkennung seiner Verdienste ein dauerndes Andenken bewahren.

Verzeichniss der Mitglieder

der

Naturwissenschaftlichen Gesellschaft

ISIS

in Dresden

im Juni 1901.

Berichtigungen bittet man an den Secretär der Gesellschaft,
z. Z. Prof. Dr. J. V. Deichmüller in Dresden, K. Mineral.-geologisches Museum im Zwinger, zu richten.

I. Wirkliche Mitglieder.

A. In Dresden.

Jahr der Aufnahme.

1. **Alvensleben**, Ludw. Osc. von, Landschaftsmaler, Kaitzerstr. 7 1895
2. **Baensch**, Wilh., Verlagsbuchhandlung und Buchdruckerei, Waisenhausstr. 34 1898
3. **Barth**, Curt, Dr. phil., Chemiker an der städtischen Gasanstalt, Königsbrückerstrasse 97 1899
4. **Baumeyer**, G. Hermann, Privatus, Holbeinstr. 88 1852
5. **Beck**, F. Heinr., Bezirksschullehrer, Lortzingstr. 15 1896
6. **Beckel**, Eduard, em. Lehrer, Schandauerstr. 53 1900
7. **Becker**, Herm., Dr. med., Pragerstr. 46 1897
8. **Belger**, Gottl. Rud., Bürgerschullehrer, Wittenbergerstr. 67 1893
9. **Berger**, Carl, Dr. med., Struvestr. 14 1898
10. **Bernkopf**, Georg, Bildhauer, Wittenbergerstr. 43 1900
11. **Besser**, C. Ernst, Professor a. D., Löbtauerstr. 24 1883
12. **Beyer**, Th. Washington, Maschinenfabrikant, Grossenhainerstr. 19 1871
13. **Beythien**, Adolf, Dr. phil., Director des chem. Untersuchungsamtes der Stadt Dresden, Lothringerstr. 2 1900
14. **Biedermann**, Paul, Dr. phil., Professor an der K. Thierärztlichen Hochschule und Oberlehrer an der Annenschule, Rabenerstr. 7 1884
15. **Bley**, W. Carl, Apothekenverwalter am Stadtkrankenhause, Friedrichstr. 39 . 1862
16. **Bock**, G. Max, Dr. phil., Fabrikbesitzer, Beethovenstr. 3 1900
17. **Böttger**, Adolf, Realschuloberlehrer, Zöllnerstr. 19 1897
18. **Bose**, C. Mor. von, Dr. phil., Chemiker, Leipzigerstr. 11 1868
19. **Bothe**, F. Alb., Dr. phil., Professor, Conrector an der Dreikönigschule, Tieckstrasse 9 1859
20. **Calberla**, Gust. Mor., Privatus, Bürgerwiese 8 1846
21. **Calberla**, Heinr., Privatus, Bürgerwiese 8 1887
22. **Crusius**, Georg, Dr. phil., Privatus, Lindengasse 24 1888
23. **Cüppers**, Friedr., Kaufmann, Comeniusstr. 43 1896
24. **Deichmüller**, Joh. Vict., Dr. phil., Professor, Custos des K. Mineral.-geolog. Museums nebst der Prähistor. Sammlung, Fürstenstr. 64 1874
25. **Denso**, Paul, Dr., Ingenieur, Reichenbachstr. 13 1901
26. **Döring**, Herm., Bezirksschuloberlehrer, Reissigerstr. 19 1885
27. **Doering**, Carl, Bezirksschullehrer, an der Ziegelscheune 22 1889
28. **Drude**, Osc., Dr. phil., Geh. Hofrath, Professor an der K. Technischen Hochschule und Director des K. Botanischen Gartens, Stübel-Allee 2 1879
29. **Ebert**, Gust. Rob., Dr. phil., Professor a. D., Gr. Plauenschestr. 15 1863
30. **Ebert**, Otto, Lehrer an der Taubstummenanstalt, Löbtauerstr. 9 1885
31. **Ebnert**, Osc. Max, Vermessungsingenieur, Zinzendorfstr. 50 1893
32. **Engelhardt**, Bas. von, Dr. phil., Kais. Russ. Staatsrath, Astronom, Liebigstrasse 1 1884
33. **Engelhardt**, Herm., Professor an der Dreikönigschule, Bautznerstr. 34 . . . 1865
34. **Fischer**, Hugo Rob., Professor an der K. Technischen Hochschule, Schnorrstrasse 57 1879
35. **Flachs**, Rich., Dr. med., Pragerstr. 21 1897
36. **Foerster**, J. S. Friedr., Dr. phil., Professor an der K. Technischen Hochschule, Werderstr. 23 1895
37. **Freude**, Aug. Bruno, Bürgerschullehrer, Peterstr. 40 1889
38. **Freyer**, Carl, Bürgerschullehrer, Tittmannstr. 25 1898

Jahr der Aufnahme.

39. **Friedrich**, Edm., Dr. med., Sanitätsrath, Lindengasse 20 1865
40. **Frölich**, Gust., K. Hofarchitect und Hofbauinspector, Ludwig Richterstr. 9 . 1888
41. **Galewsky**, Eug. Eman., Dr. med., Waisenhausstr. 8 1899
42. **Gebhardt**, Mart., Dr. phil., Oberlehrer am Vitzthum'schen Gymnasium, Winckelmannstr. 47 1894
43. **Geinitz**, C. Leop., Büreau-Assistent an den K. Sächs. Staatsbahnen, Lindenaustrasse 10 1896
44. **Giseke**, Carl, Privatus, Franklinstr. 9 1893
45. **Gravelius**, Harry, Dr. phil., Astronom, Professor an der K. Technischen Hochschule, Reissigerstr. 13 1897
46. **Grosse**, C. Joh., Dr. med., Kyffhäuserstr. 20 1885
47. **Grub**, Carl, Stabsapotheker a. D., Hassestr. 6 1890
48. **Grübler**, Mart., Kais. Russ. Staatsrath, Professor an der K. Technischen Hochschule, Sedanstr. 18 1900
49. **Gründler**, Joh., Dr. med., Comeniusstr. 81 1897
50. **Göhne**, Herm. Bernh., Dr. phil., Oberlehrer an der Dreikönigschule, Jägerstr. 28 1896
51. **Günther**, Rud. Biederm., Dr. med., Geh. Rath, Präsident des K. Landesmedicinal-Collegiums, Ellasstr. 22 1873
52. **Guthmann**, Louis, Fabrikbesitzer, Pragerstr. 34 1884
53. **Hänel**, F. Paul, Chemiker, Herteistr. 29 1899
54. **Hallwachs**, Wilh., Dr. phil., Professor an der K. Technischen Hochschule, Münchnerstr. 2 1893
55. **Hartmann**, Alb., Ingenieur, Reichenbachstr. 11 1896
56. **Hefelmann**, Rud., Dr. phil., Chemiker, Schreibergasse 6 1884
57. **Heger**, Gust. Rich., Dr. phil., Professor an der K. Technischen Hochschule und am Wettiner Gymnasium, Winckelmannstr. 37 1888
58. **Heinrich**, Carl, Buchdruckereibesitzer, Nieritzstr. 14 1898
59. **Heller**, Carl, Dr. phil., Custos des K. Zoolog. und Anthrop.-ethnogr. Museums, Franklinstr. 22 1900
60. **Helm**, Georg Ferd., Dr. phil., Professor an der K. Technischen Hochschule, Lindenaustr. 1a 1874
61. **Hempel**, Walth. Matthias, Dr. phil., Geh. Hofrath, Professor an der K. Technischen Hochschule, Zellescherstr. 41 1874
62. **Henke**, C. Rich., Dr. phil., Professor, Conrector an der Annenschule, Lindenaustrasse 9 1898
63. **Hertwig**, Theod., Bergdirector a. D., Holbeinstr. 26 1888
64. **Hirt**, F. Rob., Stadtrath a. D., Fabrikbesitzer, Bürgerwiese 1 1898
65. **Hofmann**, Alex. Emil, Dr. phil., Geh. Hofrath, Goethestr. 5 1886
66. **Hoyer**, C. Ernst, Dr. phil., Oberlehrer an der I. Realschule, Schubertstr. 29 1897
67. **Hübner**, Georg, Dr. phil., Apotheker, Am Markt 3 und 4 1888
68. **Jahr**, J. Rich., Photochemiker, Schubertstr. 16 1899
69. **Jenke**, Andreas, Bezirksschullehrer, Circusstr. 10 1891
70. **Jentsch**, Joh. Aug., Bezirksschullehrer, Eisenbergerstr. 18 1885
71. **Jähling**, Frz., Streichinstrum.- und Saitenfabrikant, Stephanienstr. 48 . . . 1900
72. **Ihle**, Carl Herm., Professor am K. Gymnasium zu Neustadt, Kamenzerstr. 9 1884
73. **Kämnitz**, Max, Chemiker, Bautznerstr. 79 1894
74. **Käseberg**, Mor. Rich., Dr. phil., Institutslehrer, Kl. Plauenschestr. 29 1886
75. **Kalkowsky**, Ernst, Dr. phil., Professor an der K. Technischen Hochschule und Director des K. Miner.-geolog. Museums nebst der Prähistor. Sammlung, Franklinstr. 32 1894
76. **Kayser**, Agnes, Sanitätsraths-Wittwe, Terrassenufer 8 1883
77. **Kelling**, Em. Georg, Dr. med., Christianstr. 30 1899
78. **Kisshr**, Max., Realschullehrer, Bergmannstr. 18 1889
79. **Klein**, Herm., Dr. phil., Professor a. D., Grosse Plauenschestr. 15 1882
80. **Klette**, Alphons, Privatus, Residenzstr. 18 1883
81. **König**, Clem., Professor am K. Gymnasium zu Neustadt, Katharinenstr. 16 . 1890
82. **Köpcke**, Claus, Geh. Rath, Struvestr. 25 1877
83. **Krause**, Mart., Dr. phil., Geh. Hofrath, Professor an der K. Technischen Hochschule, Kaitzerstr. 12 1888
84. **Krone**, Herm., Professor an der K. Technischen Hochschule, Josephinenstr. 2 1882
85. **Kühnscherf**, Emil, Fabrikbesitzer, Gr. Plauenschestr. 20 1886
86. **Kuntze**, F. Alb. Arth., Bankier, an der Kreuzkirche 1 1880
87. **Ledebur**, Hans Em. Freiherr von, Friedensrichter, Uhlandstr. 6 1885
88. **Ledien**, Franz, Garten-Inspector am K. Botanischen Garten, Stübel-Allee 2 1889

		Jahr der Aufnahme.
89.	**Lehmann**, F. Georg, K. Hofbuchhändler, Albrechtstr. 22	1896
90.	**Lenner**, F. Osc., Ingenieur, Lannerstr. 8	1885
91.	**Lewicki**, J. Leonidas, Geh. Hofrath, Professor an der K. Technischen Hochschule, Zelleschestr. 29	1875
92.	**Lohmann**, Hans, Dr. phil., Oberlehrer an der Annenschule, Falkenstr. 7	1896
93.	**Lohrmann**, Ernst, Dr. phil., Oberlehrer an der II. Realschule, Struvestr. 34	1892
94.	**Lottermoser**, C. A. Alfred, Dr. phil., Assistent an der K. Technischen Hochschule, Zelleschestr. 31	1898
95.	**Ludwig**, J. Herm., Bezirksschullehrer, Wintergartenstr. 68	1897
96.	**Mann**, Max Georg, Dr. med., Ostra-Allee 7	1890
97.	**Meier**, E. F. Gust., Gymnasiallehrer, Gr. Plauenschestr. 17/19	1900
98.	**Meinert**, Eug., Dr. jur., Moltkeplatz 3	1895
99.	**Meissner**, Herm. Linus, Bürgerschullehrer, Löbtauerstr. 24	1872
100.	**Menzel**, Paul, Dr. med., Mathildenstr. 46	1894
101.	**Meyer**, Ad. Bernh., Dr. med., Geh. Hofrath, Director des K. Zoolog. und Anthrop.-ethnogr. Museums, Wienerstr. 43	1875
102.	**Meyer**, Ernst von, Dr. phil., Geh. Hofrath, Professor an der K. Technischen Hochschule, Lessingstr. 6	1894
103.	**Modes**, Herm., Ingenieur, Antonstr. 18	1887
104.	**Möhlau**, Rich., Dr. phil., Professor an der K. Technischen Hochschule, Semperstr. 4	1885
105.	**Mollier**, Rob. Rich., Dr. phil., Professor an der K. Technischen Hochschule, Uhlandstr. 40	1897
106.	**Morgenstern**, Osc. Wold., Oberlehrer an der Annenschule, Chemnitzerstr. 21	1891
107.	**Mühlfriedel**, Rich., Bezirksschuloberlehrer, Ludwigstr. 1	1898
108.	**Müller**, O. Alb., Dr. phil., Oberlehrer an der öffentlichen Handelslehranstalt, Albrechtstr. 35	1888
109.	**Müller**, Herm. Otto, Forstassessor, Circusstr. 6	1896
110.	**Müller**, Max Erich, Dr. phil., Chemiker, Wasastr. 15	1898
111.	**Naumann**, C. Arno, Dr. phil., Assistent am K. Botanischen Garten und Lehrer an der Gartenbauschule, Nicolaistr. 19	1899
112.	**Nessig**, Rob., Dr. phil., Oberlehrer an der Dreikönigschule, Lutherplatz 9	1893
113.	**Niedner**, Chr. Franz, Dr. med., Obermedicinalrath, Stadtbezirksarzt, Winckelmannstrasse 33	1873
114.	**Nowotny**, Franz, Oberfinanzrath a. D., Chemnitzerstr. 27	1870
115.	**Pattenhausen**, Bernh., Professor an der K. Technischen Hochschule und Director des K. Mathem.-physikal. Salons, Eisenstuckstr. 43	1893
116.	**Paulack**, Theod., Apotheker, Paul Gerhardtstr. 4	1899
117.	**Pestel**, Rich. Martin, Mechaniker und Optiker, Hauptstr. 1 und 3	1899
118.	**Peuchert**, F. Adolf, Institutslehrer, Seilergasse 2	1873
119.	**Pfitzner**, Paul, Dr. phil., Gymnasiallehrer, Fürstenstr. 8	1901
120.	**Pötschke**, Jul., Techniker, Gärtnergasse 5	1882
121.	**Pohle**, Rich., Ingenieur, Schweizerstr. 12	1897
122.	**Polscher**, A., Zahnkünstler, Pragerstr. 18	1897
123.	**Prinzhorn**, Joh. Ludw., Pastor und Director a. D., Zinzendorfstr. 13	1896
124.	**Putscher**, J. Wilh., Privatus, Bergstr. 44	1872
125.	**Rabenhorst**, G. Ludw., Privatus, Stolpenerstr. 8	1881
126.	**Range**, E. Alb., Finanz- und Baurath, Moltkeplatz 9	1898
127.	**Rebenstorff**, Herm. Alb., Oberlehrer beim K. Cadettencorps, Priessnitzstr. 2	1895
128.	**Reichardt**, Alex. Wilibald, Dr. phil., Oberlehrer am Wettiner Gymnasium, Chemnitzerstr. 65	1897
129.	**Renk**, Friedr., Dr. med., Geh. Medicinalrath, Professor an der K. Technischen Hochschule und Director der Centralstelle für öffentliche Gesundheitspflege, Residenzstr. 16	1894
130.	**Richter**, C. Wilh., Dr. med., Hähnelstr. 1	1898
131.	**Richter**, Conr., Oberlehrer an der Annenschule, Leipzigerstr. 9	1895
132.	**Risch**, Osc., Privatus, Gutzkowstr. 10	1893
133.	**Röhner**, C. Wilh., Bezirksschullehrer, Elisenstr. 16	1898
134.	**Rohn**, Carl, Dr. phil., Geh. Hofrath, Professor an der K. Technischen Hochschule, Liebigstr. 18	1885
135.	**Salbach**, Franz, Ingenieur, Victoriastr. 8	1895
136.	**Schanz**, Alfr., Dr. med., Räcknitzstr. 13	1897
137.	**Scheele**, Curt, Dr. phil., Oberlehrer am Wettiner Gymnasium, Blasewitzerstrasse 13	1893

Jahr der Aufnahme.

138. Schiller, Carl, Privatus, Bautznerstr. 47 1872
139. Schlossmann, Arth. Herm., Dr. med., Privatdocent an der K. Technischen Hochschule, Franklinstr. 7 1896
140. Schmidt, Herm. G., Bezirksschullehrer, Niederwaldstr. 15 1898
141. Schneider, Bernh. Alfr., Dr. phil., Corpsstabsapotheker, Rietschelstr. 14 . . 1895
142. Schnuse, Wilh., Privatus, Werderstr. 22 1901
143. Schöpf, Adolf, Betriebsdirector des Zoologischen Gartens, Thiergartenstr. 1 1897
144. Schorler, Bernh., Dr. phil., Realschullehrer und Assistent an der K. Technischen Hochschule, Haydnstr. 5 1887
145. Schulze, Georg, Dr. phil., Oberlehrer an der Dreikönigschule, Markgrafenstrasse 34 1891
146. Schulze, Jul. Ferd., Privatus, Liebigstr. 2 1882
147. Schuster, Osc., Generalmajor z. D., Sedanstr. 1 1889
148. Schwede, Rud., Chemiker, Gutzkowstr. 28 1901
149. Schweissinger, Otto, Dr. phil., Apotheker, Medicinalassessor, Dippoldiswaldaerplatz 3 1890
150. Schwotzer, Mor., Bürgerschullehrer, Kl. Plauenschestr. 12 1891
151. Seyde, F. Ernst, Kaufmann, Strehlenerstr. 29 1891
152. Siegert, Theod., Professor, Antonstr. 18 1885
153. Siemens, Friedr., Dr. ing., Civilingenieur und Fabrikbesitzer, Liebigstr. 4 1872
154. Siemens, Auguste, Privata, Schnorrstr. 45 1872
155. Siemens, Florentine, Tonkünstlers Wittwe, Schnorrstr. 45 1872
156. Stiefelhagen, Hans, Bezirksschullehrer, Lüttichaustr. 13 1897
157. Streit, Wilh., Verlagsbuch- und Kunsthändler, Uhlandstr. 6 1897
158. Stresemann, Rich. Theod., Dr. phil., Apotheker, Residenzstr. 42 1897
159. Struve, Alex., Dr. phil., Fabrikbesitzer, Strużestr. 6 1898
160. Stübel, Mor. Alphons, Dr. phil., Geolog, Feldgasse 10 1856
161. Stutz, Ludw., Docent an der K. Technischen Hochschule, Schnorrstr. 88 . 1900
162. Teichmann, Balduin, Major a. D., Comeniusstr. 16 1895
163. Tempel, Paul, Oberlehrer am K. Gymnasium zu Neustadt, Markgrafenstrasse 37 1891
164. Thallwitz, Joh., Dr. phil., Oberlehrer an der Annenschule, Schnorrstr. 70 . 1888
165. Thiele, Carl, Apotheker, Leipzigerstr. 80 1900
166. Thiele, Herm., Dr. phil., Chemiker, Winckelmannstr. 27 1895
167. Thonner, Franz, Privatus, Uhlandstr. 9 1896
168. Toepler, Aug., Dr. phil. et med., Geh. Hofrath, Professor a. D., Winckelmannstr. 43 1877
169. Toepler, Max., Dr. phil., Privatdocent und Adjunct an der K. Techn. Hochschule, Winckelmannstr. 43 1896
170. Ulbricht, F. Rich., Dr. phil., Oberbaurath, Professor an der K. Technischen Hochschule, Strehlenerstr. 43 1885
171. Umlauf, Carl, Dr. phil., Oberlehrer an der Dreikönigschule, Schillerstr. 40 . 1897
172. Vetters, Carl W. E., em. Bürgerschuloberlehrer, Görlitzerstr. 28 1883
173. Viehmeyer, Hugo, Bezirksschullehrer, Reissigerstr. 21 1898
174. Vieth, Joh. von, Dr. phil., Oberlehrer am K. Gymnasium zu Neustadt, Arndtstrasse 6 1884
175. Vogel, G. Clem., Bezirksschullehrer, Lindenaustr. 25 1894
176. Vogel, J. Carl, Fabrikbesitzer, Leubnitzerstr. 14 1881
177. Vorländer, Herm., Privatus, Parkstr. 2 1872
178. Wähmann, Friedr., Bezirksschullehrer, Hüblerstr. 10 1898
179. Wagner, Paul, Dr. phil., Oberlehrer an der I. Realschule, Hüblerstr. 9 . . 1897
180. Walther, Reinhold Freiherr von, Dr. phil., Professor an der K. Technischen Hochschule, Schnorrstr. 40 1895
181. Weber, Friedr. Aug., Institutslehrer, Circusstr. 34 1865
182. Weigel, Johannes, Kaufmann, Marienstr. 12 1894
183. Weisbach, Rob., Geh. Hofrath, Professor an der K. Technischen Hochschule, Schnorrstr. 5 1877
184. Werther, Johannes, Dr. med., Pragerstr. 15 1896
185. Wiechel, Hugo, Finanz- und Baurath, Bismarckplatz 14 1880
186. Wilkens, Carl, Dr. phil., Director der Steingutfabrik von Villeroy & Boch, Leipzigerstr. 4 1876
187. Witting, Alex., Dr. phil., Oberlehrer an der Kreuzschule, Waterloostr. 13 . 1886
188. Wobst, Carl, Professor an der Annenschule, Ammonstr. 78 1868
189. Worgitzky, Eug. Georg, Dr. phil., Oberlehrer an der Kreuzschule, Elisenstr. 28 1894

Jahr der Aufnahme

190. **Zeuner,** Gust., Dr. phil., Geh. Rath, Professor a. D., Lindenaustr. 1a 1874
191. **Zielke,** Otto, Apotheker, Altmarkt 10 1889
192. **Zipfel,** E. Aug., Oberlehrer und Dirigent der II. städtischen Fortbildungsschule, Zöllnerstr. 7 1876
193. **Zschuppe,** F. Aug., Finanz-Vermessungsingenieur, Holbeinstr. 15 1879

B. Ausserhalb Dresden.

194. **Beck,** Ant. Rich., Forstassessor in Tharandt 1896
195. **Bergt,** Walth., Dr. phil., Professor an der K. Technischen Hochschule und Assistent am K. Mineral.-geolog. Museum, in Plauen b. Dr., Bienertstr. 19 1891
196. **Boxberg,** Georg von, Rittergutsbesitzer auf Rehnsdorf bei Kamenz . . . 1883
197. **Carlowitz,** Carl von, K. Kammerherr, Majoratsherr auf Liebstadt 1885
198. **Contractor,** Noshirvan, Student an der K. Forstakademie in Tharandt . . 1899
199. **Degenkolb,** Herm., Rittergutsbesitzer auf Rottwerndorf bei Pirna 1870
200. **Dressler,** Heinr., Seminar-Oberlehrer in Plauen b. Dr., Reisewitzerstr. 30 . 1893
201. **Drossbach,** G. P., Dr. phil., Fabrikbesitzer in Freiberg 1897
202. **Engelhardt,** Rud., Dr. phil., Chemiker in Radebeul, Goethestr. 7 1896
203. **Fickel,** Joh., Dr. phil., Professor am Wettiner Gymnasium, in Alt-Gruna, Pirnaischestr. 57 1894
204. **Francke,** Hugo, Dr. phil., Mineralog in Plauen b. Dr., Rathhausstr. 5 . . . 1889
205. **Fritzsche,** Felix, Privatus in Niederlössnitz, Wilhelmstr. 2 1890
206. **Günther,** Osw., Chemiker in Pirna, Gartenstr. 1899
207. **Günther,** Rich., Architect in Blasewitz, Forsthausstr. 7 1891
208. **Hähle,** Herm., Dr. phil., Chemiker in Radebeul, Albertstr. 5 1897
209. **Jacoby,** Julius, K. Hofjuwelier in Blasewitz, Emser Allee 12 1892
210. **Jentzsch,** Albin, Dr. phil., Fabrikbesitzer in Radebeul, Goethestr. 161 . . 1896
211. **Kell,** Rich., Dr. phil., Professor a. D., Fabrikbesitzer in Radebeul, Gartenstrasse 16 1873
212. **Kesselmeyer,** Charles, Esqu., in Bowdon, Cheshire 1868
213. **Klette,** Emil, Privatus, in Trachenberge b. Dr., Kändlerstr. 8 1885
214. **Kruntzsch,** Herm., K. Oberförster in Hohnstein 1894
215. **Lewicki,** Ernst, Ingenieur, Adjunct an der K. Technischen Hochschule, in Plauen b. Dr., Bernhardstr. 20 1898
216. **Müller,** Rud. Ludw., Dr. med. in Blasewitz, Friedrich Auguststr. 25 1877
217. **Naetsch,** Emil, Dr. phil., Privatdocent an der K. Technischen Hochschule, in Blasewitz, Striesenerstr. 5 1898
218. **Naumann,** Bruno, Geh. Commerzienrath in Loschwitz, Bautznerstr. 20 . . 1900
219. **Osborne,** Wilh., Privatus in Serkowitz, Wasastr. 1 1876
220. **Osborne,** Wilh., Dr. phil., Chemiker, in Serkowitz, Wasastr. 1 1898
221. **Ostermaier,** Joseph, Kaufmann in Blasewitz, Striesenerstr. 27 1898
222. **Petrascheck,** Wilh., Dr. phil., Assistent am mineralog. Institut der K. Technischen Hochschule, in Plauen b. Dr., Hohestr. 17 1900
223. **Reibisch,** Theod., Privatlehrer in Plauen b. Dr., Bienertstr. 24 1851
224. **Richter,** F. Arth., Privatus in Blasewitz, Marschall-Allee 18 1899
225. **Scheidhauer,** Rich., Civilingenieur in Blasewitz, Thielaustr. 4 1898
226. **Schreiter,** Br., Bergdirector a. D. in Berggiesshübel 1883
227. **Schunke,** Th. Huldreich, Dr. phil., Seminaroberlehrer, in Blasewitz, Waldparkstrasse 2 1877
228. **Seidel,** T. J. Rudolf, Kunst- und Handelsgärtner in Laubegast, Uferstr 7 . 1889
229. **Siss,** P., Dr. phil., Assistent an der K. Technischen Hochschule, in Blasewitz, Dohnaerstr. 4 1890
230. **Thoss,** Fr. Aug., Seminaroberlehrer in Plauen b. Dr., Hohestr. 56 1898
231. **Thümer,** Ant. Jul., Institutsdirector in Blasewitz, Residenzstr. 12 1872
232. **Weber,** Rich., Apotheker in Königstein a. E. 1893
233. **Weinmeister,** Joh. Philipp, Dr. phil., Professor an der K. Forstakademie in Tharandt 1900
234. **Wislicenus,** Adolf, Dr. phil., Professor an der K. Forstakademie in Tharandt 1899
235. **Wolf,** Curt, Dr. med., K. Polizeiarzt in Plauen b. Dr., Reisewitzerstr. 22 . 1894
236. **Wolf,** Theod., Dr. phil., Privatgelehrter in Plauen b. Dr., Hohestr. 15 . . . 1891
237. **Zschau,** E. Fchgtt., Professor a. D. in Plauen b. Dr., Poststr. 6 1849

II. Ehrenmitglieder.

Jahr der Aufnahme

1. **Agassiz**, Alex., Dr. phil., Curator a. D. des Museums of Comparative Zoology in Cambridge, Mass. . . . 1877
2. **Carus**, Jul. Vict., Dr. phil., Professor an der Universität in Leipzig . . . 1869
3. **Credner**, Herm., Dr. phil., Geh. Bergrath, Professor an der Universität und Director der geologischen Landesuntersuchung des Königreichs Sachsen in Leipzig . . . (1869) 1895
4. **Flügel**, Felix, Dr. phil., Vertreter der Smithsonian Institution in Leipzig . 1855
5. **Galle**, J. G., Dr. phil., Geh. Regierungsrath, Professor a. D. in Potsdam . . 1868
6. **Haughton**, Rev. Sam., Professor am Trinity College in Dublin . . . 1862
7. **Jones**, T. Rupert, Professor a. D. in London . . . 1878
8. **Kölliker**, Alb. von, Dr., Geh. Rath, Professor an der Universität in Würzburg 1868
9. **Laube**, Gust., Dr. phil., Professor an der Universität in Prag . . . 1870
10. **Ludwig**, Friedr., Dr. phil., Professor am Gymnasium in Greiz . . . (1887) 1895
11. **Magnus**, Paul, Dr. phil., Professor an der Universität in Berlin . . . 1885
12. **Mercklin**, Carl von, Dr., Geh. Rath, in Petersburg . . . 1868
13. **Möhl**, Heinr., Dr. phil., Professor in Kassel . . . 1875
14. **Nitsche**, Hinr., Dr. phil., Geh. Hofrath, Professor an der K. Forstakademie in Tharandt . . . 1893
15. **Nostitz-Wallwitz**, Herm. von, Dr., Staatsminister a. D. in Dresden, Kaiser Wilhelmsplatz 10 . . . 1869
16. **Omboni**, Giov., Professor an der Universität in Padua . . . 1868
17. **Silva**, Mig. Ant. da, Professor an der Ecole centrale in Rio de Janeiro . . 1868
18. **Stache**, Guido, Dr. phil., K. K. Oberbergrath, Director der K. K. Geologischen Reichsanstalt in Wien . . . (1877) 1894
19. **Tschermak**, Gst., Dr., Hofrath, Professor an der Universität in Wien . . . 1869
20. **Verbeek**, Rogier D. M., Dr. phil., Director der geologischen Landesuntersuchung von Niederländisch-Indien in Buitenzorg . . . 1885
21. **Virchow**, Rud., Dr. med., Geh. Medicinalrath, Professor an der Universität in Berlin 1871
22. **Wolf**, Frz., Dr. phil., Professor, Realschuldirector in Rochlitz . . . 1885
23. **Zeuner**, Gust., Dr. phil., Geh. Rath, Professor a. D. in Dresden, Lindenaustr. 1a 1874
24. **Zirkel**, Ferd., Dr. phil., Geh. Rath, Professor an der Universität in Leipzig . . 1895

III. Correspondirende Mitglieder.

1. **Alberti**, Osc. von, Bergamtsreferendar in Freiberg . . . 1890
2. **Altenkirch**, Gust. Mor., Dr. phil., Realschullehrer in Oschatz . . . 1892
3. **Amthor**, C. E. A., Dr. phil., in Hannover . . . 1877
4. **Ancona**, Cesare de, Dr., Professor am R. Instituto di studi superiori in Florenz 1863
5. **Ardissone**, Frz., Dr. phil., Professor an dem Technischen Institut und der Ackerbauschule in Mailand . . . 1880
6. **Arzt**, Ant., Vermessungsingenieur in Plauen i. V. . . . 1883
7. **Ascherson**, Paul, Dr. phil., Professor an der Universität in Berlin . . . 1870
8. **Bachmann**, Ewald, Dr. phil., Professor an der Realschule in Plauen i. V. . 1883
9. **Baessler**, Herm., Director der Strafanstalt in Voigtsberg . . . 1868
10. **Baldauf**, Rich., Bergdirector in Dux . . . 1878
11. **Baltzer**, Armin, Dr. phil., Professor an der Universität in Bern . . . 1868
12. **Bernhardi**, Joh., Landbauinspector in Altenburg . . . 1891
13. **Bibliothek**, Königliche, in Berlin . . . 1882
14. **Blanford**, Will. T., Esqu., in London . . . 1862
15. **Blaschka**, Rud., naturwissensch. Modelleur in Hosterwitz . . . 1880
16. **Blochmann**, Rud., Dr. phil., Physiker am Marine-Laboratorium in Kiel . . 1890
17. **Bombicci**, Luigi, Professor an der Universität in Bologna . . . 1868
18. **Brusina**, Spiridion, Professor an der Universität in Agram . . . 1870
19. **Bureau**, Ed., Dr., Professor am naturhistor. Museum in Paris . . . 1868
20. **Carstens**, C. Dietr., Ingenieur in Varel . . . 1874
21. **Conwentz**, Hugo Wilh., Dr. phil., Professor, Director des Westpreuss. Provinzialmuseums in Danzig . . . 1886
22. **Danzig**, Emil, Dr. phil., Oberlehrer an der Realschule in Rochlitz . . . 1883
23. **Dathe**, Ernst, Dr. phil., K. Preuss. Landesgeolog in Berlin . . . 1880

	Jahr der Aufnahme.
24. **Dittmarsch**, A., Bergschuldirector in Zwickau	1870
25. **Döll**, Ed., Dr., Oberrealschuldirector in Wien	1864
26. **Doss**, Bruno, Dr. phil., Docent am Kais. Polytechnikum in Riga	1888
27. **Dzieduszycki**, Wladimir Graf, in Lemberg	1852
28. **Eisel**, Rob., Privatus in Gera	1857
29. **Flohr**, Conrad, Amtsgerichtsrath, Amtsrichter in Leipzig	1878
30. **French**, C., Esqu., Governement Entomologist in Melbourne	1877
31. **Frenzel**, A., Dr. phil., Lehrer an der Bergschule und K. Hüttenchemiker in Freiberg	1872
32. **Friederich**, A., Dr. med., Sanitätsrath in Wernigerode	1881
33. **Friedrich**, Osc., Dr. phil., Professor, Conrector am Gymnasium in Zittau	1872
34. **Fritsch**, Ant., Dr. med., Professor an der Universität und Custos am böhmischen Landesmuseum in Prag	1867
35. **Gaudry**, Alb., Dr., Membre de l'Institut, Professor am naturhistorischen Museum in Paris	1868
36. **Geheeb**, Adelb., Apotheker in Freiburg i. Br.	1877
37. **Geinitz**, Frz. Eug., Dr. phil., Professor an der Universität in Rostock	1877
38. **Gonnermann**, Max, Dr. phil., Apotheker und Chemiker in Rostock	1868
39. **Groth**, Paul, Dr. phil., Professor an der Universität in München	1865
40. **Hartung**, H., Bergmeister in Lobenstein	1867
41. **Heim**, Alb., Dr. phil., Professor an der Universität und am Polytechnikum in Zürich	1872
42. **Heine**, Ferd., K. Domänenpächter und Klostergutsbesitzer auf Hadmersleben	1861
43. **Hennig**, Georg Rich., Dr. phil., Docent am Kais. Polytechnikum in Riga	1888
44. **Herb**, Salinendirector in Traunstein	1862
45. **Hering**, C. Adolf, Berg- und Hütteningenieur in Freiberg	1883
46. **Herrmann**, Wilh., Dr. theol. et phil., Professor an der Universität in Marburg	1882
47. **Hibsch**, Emanuel, Dr. phil., Professor an der Höh. Ackerbauschule in Liebwerd bei Tetschen	1883
48. **Hilgard**, W. Eug., Professor an der Universität in Berkeley, Californien	1859
49. **Hilgendorf**, Frz., Dr. phil., Professor, Custos am K. zoolog. Museum in Berlin	1871
50. **Hirzel**, Heinr., Dr. phil., Professor a. D. in Leipzig	1882
51. **Hofmann**, Herm., Bürgerschullehrer in Grossenhain	1894
52. **Hübner**, Ad., Oberhüttenmeister auf der Halsbrückner Hütte bei Freiberg	1871
53. **Hull**, Ed., Dr., Professor in London	1870
54. **Israël**, A., Oberschulrath, Seminardirector a. D. in Blasewitz	1868
55. **Issel**, Arth., Dr., Professor an der Universität in Genua	1874
56. **Jentzsch**, Alfr., Dr. phil., Professor, K. Preuss. Landesgeolog in Berlin	1871
57. **Kesselmeyer**, Wilh., in Manchester	1863
58. **Kirbach**, Fr. Paul, Dr. phil., Oberlehrer an der Realschule in Meissen	1894
59. **Klein**, Herm., Herausgeber der „Gaea" in Köln	1885
60. **Köhler**, Ernst, Dr. phil., Seminaroberlehrer a. D. in Schneeberg	1858
61. **König von Warthausen**, Wilh. Rich. Freiherr von, Kammerherr auf Warthausen bei Biberach	1855
62. **Kornhuber**, Andreas von, Dr., Professor am Polytechnikum in Wien	1867
63. **Krebs**, Wilh., Privatgelehrter in Altona	1885
64. **Krieger**, W., Lehrer in Königstein	1888
65. **Kühn**, Em., Dr. phil., Schulrath, Bezirksschulinspector in Leipzig	1885
66. **Kyber**, Arth., Chemiker in Riga	1870
67. **Lange**, Theod., Dr. phil., Apotheker in Werninghausen	1880
68. **Lanzi**, Matthaeus, Dr. med., in Rom	1890
69. **Lapparent**, Alb. de, Ingénieur des mines, Professor in Paris	1868
70. **Lefèvre**, Theod., Dr., in Brüssel	1876
71. **Le Jolis**, Aug., Dr. phil., Präsident der Société nation. des sciences natur. et mathém. in Cherbourg	1866
72. **Leonhardt**, Otto Emil, Seminaroberlehrer in Nossen	1890
73. **Lüttke**, Joh., Dr. phil., Fabrikbesitzer in Hamburg	1881
74. **Mayer**, Charles, Dr., Professor an der Universität in Zürich	1859
75. **Mehnert**, Ernst, Dr. phil., Seminaroberlehrer in Pirna	1892
76. **Menzel**, Carl, Oberbergrath, Bergamtsrath in Freiberg	1860
77. **Möller**, Valerian von, Kais. Russ. Staatsrath, Oberberghauptmann in Petersburg	1869
78. **Naschold**, Heinr., Dr. phil., Fabrikbesitzer in Aussig	1868
79. **Naumann**, Ernst, Dr. phil., Geolog in Berlin	1868
80. **Naumann**, Ferd., Dr. med., Marinestabsarzt a. D. in Gera	1869
81. **Naumann**, Herm., Professor an der Realschule in Bautzen	1891

Jahr der Aufnahme.

82. **Nobbe**, Friedr., Dr. phil., Geh. Hofrath, Prof. an der K. Forstakademie in Tharandt . . . 1864
83. **Pabst**, Mor., Dr. phil., Professor, Conrector am Realgymnasium in Chemnitz . . . 1866
84. **Pabst**, Wilh., Dr. phil., Custos der naturhistor. Sammlungen in Gotha . . . 1881
85. **Papperitz**, Erwin, Dr. phil., Oberbergrath, Professor an der K. Bergakademie in Freiberg . . . 1886
86. **Peschel**, Ernst, Lehrer in Nünchritz . . . 1889
87. **Petermann**, A., Dr., Director der Station agronomique in Gembloux . . . 1868
88. **Pigorini**, L., Dr., Professor an der Universität und Director des Museums Kircherianum in Rom . . . 1876
89. **Prasse**, Ernst Alfr., Betriebsingenieur a. D. in Leipzig . . . 1858
90. **Rehmann**, Antoni, Dr., Professor an der Universität in Lemberg . . . 1869
91. **Reiche**, Carl, Dr. phil., in Santiago, Chile . . . 1886
92. **Heidemeister**, C., Dr. phil., Fabrikdirector in Schönebeck . . . 1884
93. **Schimpfky**, Paul Rich., Lehrer in Lommatzsch . . . 1884
94. **Schlieben**, H. L. von, Oberst z. D. in Radebeul . . . 1862
95. **Schneider**, Osc., Dr. phil., Professor a. D. in Blasewitz . . . 1868
96. **Schnorr**, Veit Hanns, Professor a. D. in Zwickau . . . 1867
97. **Schreiber**, Paul, Dr. phil., Professor, Director des K. Sächs. Meteorolog. Instituts in Chemnitz . . . 1888
98. **Scott**, Dr. phil., Director der Meteorological Office in London . . . 1862
99. **Seidel**, Osc. Mor., Seminaroberlehrer in Zschopau . . . 1883
100. **Seidel**, Heinr. Bernh., Seminaroberlehrer in Zschopau . . . 1872
101. **Seidlitz**, Georg von, Dr. phil., in Ludwigsort bei Königsberg i. Pr. . . . 1868
102. **Sieber**, Georg, Rittergutspächter in Grossgrabe bei Kamenz . . . 1879
103. **Sonntag**, F., Privatus in Berlin . . . 1859
104. **Stamm**, Walth., Dr. phil., Chemiker in Hamburg . . . 1885
105. **Stephani**, Franz, Kaufmann in Leipzig . . . 1893
106. **Sterzel**, Joh. Traug., Dr. phil., Professor an der I. höheren Mädchenschule in Chemnitz . . . 1876
107. **Steuer**, Alex., Dr. phil., Grossherzogl. Hess. Landesgeolog in Darmstadt . . . 1898
108. **Stevenson**, John J., Professor an der University of the City in New-York . . . 1898
109. **Stossich**, Mich., Professor in Triest . . . 1880
110. **Temple**, Rud., Director des Landesversicherungsamts in Pesth . . . 1869
111. **Ulbricht**, R., Dr. phil., Professor a. D. in Dahme . . . 1884
112. **Ulrich**, George H. F., Dr. phil., Professor an der Universität in Dunedin, Neu-Seeland . . . 1876
113. **Vater**, Heinr., Dr. phil., Professor an der K. Forstakademie in Tharandt . . . 1882
114. **Vetters**, K., Dr. phil., Professor an den Technischen Staatslehranstalten in Chemnitz . . . 1884
115. **Voigt**, Bernh., Steuerrath, Bezirkssteuerinspector in Chemnitz . . . 1867
116. **Voretzsch**, Max, Dr. phil., Professor am Herzogl. Ernst-Realgymnasium in Altenburg . . . 1893
117. **Wartmann**, B., Dr. med., Professor in St. Gallen . . . 1861
118. **Weinland**, Dav. Friedr., Dr., in Hohen Wittlingen bei Urach . . . 1861
119. **Weise**, Aug., Buchhalter in Ebersbach . . . 1881
120. **Welemensky**, Jac., Dr. med. in Prag . . . 1892
121. **White**, Charles, Dr., Curator am National-Museum in Washington . . . 1883
122. **Wiesner**, Jul., Dr., Professor an der Universität in Wien . . . 1868
123. **Wolff**, F. A., Seminaroberlehrer in Pirna . . . 1883
124. **Wünsche**, F. Otto, Dr. phil., Professor am Gymnasium in Zwickau . . . 1869
125. **Zimmermann**, Osc., Dr. phil., Professor am Realgymnasium in Chemnitz . . . 1880

Sitzungsberichte

der

Naturwissenschaftlichen Gesellschaft

ISIS

in Dresden.

1901.

I. Section für Zoologie.

Erste Sitzung am 21. Februar 1901. Vorsitzender: Prof. Dr. H. Nitsche. — Anwesend 30 Mitglieder und Gäste.

Herr K. Ribbe als Gast berichtet über die von ihm angestellten Versuche, durch Einwirkung hoher und niederer Temperaturen auf die Jugendstadien Schmetterlingsvarietäten künstlich zu erzeugen.

Verwendet wurden hierzu *Vanessa Jo*, *V. Atalanta*, *V. Polychloros*, *V. Urticae* und *V. Antiopa*. Die Ergebnisse dieser Zuchtversuche werden vorgelegt.

Der Vorsitzende lässt folgende mit dem Inhalt des Vortrags in Beziehung stehende Werke herumgeben:

Weismann, A.: Studien zur Descendenztheorie. I. Ueber den Saisondimorphismus der Schmetterlinge. Leipzig 1875;
Derselbe: Neue Versuche zum Saisondimorphismus der Schmetterlinge. Jena 1895;
Fischer, E.: Transmutation der Schmetterlinge infolge Temperaturänderungen. Berlin 1895;
Derselbe: Experimentelle Untersuchungen und Betrachtungen über das Wesen und die Ursachen der Aberrationen in der Faltergruppe Vanessa. Berlin 1896.

Privatus K. Schiller legt eine der Mediterranfauna angehörige Heuschrecke *Acridium tartaricum* (= *A. aegyptium* L.) in einem frischen, nach Dresden mit italienischem Gemüse eingeschleppten Exemplare vor und erläutert deren Unterschiede von der eigentlichen Wanderheuschrecke.

Prof. Dr. H. Nitsche spricht über den Stimmapparat der Cicaden unter Vorlegung von Präparaten.

Zweite Sitzung am 11. April 1901. Vorsitzender: Prof. Dr. H. Nitsche. — Anwesend 35 Mitglieder und 1 Gast.

Bibliothekar K. Schiller legt als neue Erwerbung vor:

Abhandlungen der Senckenbergischen naturforschenden Gesellschaft, Band XXV, Heft 1 und 2.

Bezirksschullehrer H. Viehmeyer hält einen Vortrag über die Frage: Wie finden die Ameisen den Weg zu ihrem Neste zurück? Als einschlägige Litteratur legt der Vortragende vor:

Lubbock, J.: Ameisen, Bienen und Wespen. Beobachtung u. s. w. Leipzig 1883;
Derselbe: Die Sinne und das geistige Leben der Thiere, insbesondere der Insecten. Leipzig 1889;
Weismann, A.: Wie sehen die Insecten? Deutsche Rundschau 1895, Heft 9;

Wasmann, E.: Die psychischen Fähigkeiten der Ameisen. Mit 3 Taf. Stuttgart 1899.
Bethe, A.: Dürfen wir den Ameisen und Bienen psychische Qualitäten zuschreiben? Bonn 1898.

Anschliessend hieran referirt der Vorsitzende über einige von C. Chun während der Reise der „Valdivia" gemachte Beobachtungen über tropische Ameisen.

Prof. Dr. H. Nitsche legt den frischen Kopf eines vor wenigen Tagen in Grünberg bei Hermsdorf, 12 km nördlich von Dresden erlegten Kranichs vor und bespricht Kopfgefieder und Schnabelbau.

Custos Dr. K. Heller hält unter Vorlegung von Skelett- und Eierabbildungen einen Vortrag über die ausgestorbenen madagassischen Riesenstrausse.

Dritte Sitzung am 20. Juni 1901. Vorsitzender: Geh. Hofrath. Prof. Dr. H. Nitsche. — Anwesend 27 Mitglieder.

Privatus K. Schiller bespricht die Gattungskennzeichen der in Sachsen vorkommenden Hydrachniden unter Vorlegung einiger lebender Thiere, mikroskopischer Präparate und besonders vieler selbstgefertigter Abbildungen.

Auf Anregung des Vorsitzenden wird der Vortragende gebeten, die instructive, an der schwarzen Tafel vorgeführte Bestimmungstabelle der Gattungen mit erläuternden Abbildungen für die Abhandlungen der Gesellschaft auszuarbeiten.

Es circulirt ein von Chemiker A. Richter mitgebrachter Querschnitt eines Elephantenstosszahnes mit eingewachsener Bleikugel.

Geh. Hofrath Prof. Dr. H. Nitsche spricht über die von ihm auf einem Frühjahrsausfluge gewonnenen zoologischen Reiseeindrücke in Südungarn unter Vorlegung verschiedener Objecte.

Erläutert wird der Vortrag durch Projectionsbilder, unter denen Originalaufnahmen von Seeadlerhorsten und ein Seeadlerflugbild hervorzuheben sind.

II. Section für Botanik.

Erste Sitzung am 10. Januar 1901 (in Gemeinschaft mit der Section für Zoologie). Vorsitzender: Geh. Hofrath Prof. Dr. O. Drude. — Anwesend 68 Mitglieder und Gäste.

Der Vorsitzende begrüsst die Versammlung im begonnenen neuen Jahrhundert und hebt hervor, dass das für den heutigen Abend zum Doppelvortrag von botanischer und zoologischer Seite gewählte Thema dazu bestimmt sei, einen Rückblick auf eine der gewaltigsten Leistungen in der letzten Hälfte des verflossenen Jahrhunderts zu veranstalten und Umschau zu halten, welchen Einfluss diese Leistungen auf die weitere Forschung unserer Zeit zu nehmen haben.

Vor Beginn der Vorträge wird ein lebender Zweig von *Pinus Pinaster* = *P. maritima* mit Zapfen aus Südfrankreich vorgelegt;

ferner demonstrirt Institutsdirector A. Thümer sein grosses Mikroskop von Leitz in Wetzlar, dessen Vergleich mit dem ähnlichen von Seibert in Wetzlar gewünscht worden war.

Der Doppelvortrag über neuere Anschauungen auf dem Gebiete der Descendenztheorie wird dann von Geh. Hofrath Prof. Dr. O. Drude und Prof. Dr. H. Nitsche in gegenseitiger Ergänzung gehalten, woran sich ein lebhafter Meinungsaustausch im Anschluss an einige neuerdings erschienene Bücher anknüpft.

Im botanischen Theil bespricht vom botanischen Standpunkte O. Drude die von Sachs aufgestellten „Architypen" mit den von von Wettstein daran angeknüpften Modificationen und sucht dieselben mit den von Koken („Die Vorwelt und ihre Entwickelungsgeschichte", 1893) ausgesprochenen Ideen über die sehr frühzeitige Trennung der wesentlichsten Thiertypen in Einklang zu setzen.

Vom zoologischen Standpunkte unterzieht H. Nitsche Fleischmann's Buch: „Die Descendenztheorie" einer eingehenden Kritik.

Zweite Sitzung am 7. März 1901. Vorsitzender: Geh. Hofrath Prof. Dr. O. Drude. — Anwesend 82 Mitglieder.

Der Vorsitzende legt an neuerer Litteratur vor:

Plowright, Ch.: A monograph of the British Uredineae and Ustilagineae. London 1899;
Dalla Torre und L. Graf von Sarnthein: Die Litteratur der Flora von Tirol, Vorarlberg und Liechtenstein. Innsbruck 1900;
Müller, K.: Genera muscorum frondosorum. Leipzig 1901;
Mac Millan, C.: Minnesota plant life. St. Paul, Minnesota 1899;
Wissenschaftliche Beiträge zum Gedächtniss der 100jährigen Wiederkehr des Antritts von A. von Humboldt's Reise nach Amerika am 5. Juni 1799. Ges. für Erdkunde zu Berlin 1899.

Forstassessor R. Beck hält einen Vortrag über einige Parasiten von forstlicher Bedeutung unter Vorlage natürlichen Demonstrationsmaterials und entsprechender Abbildungen.

Vortragender bespricht unter Berücksichtigung der Lebensweise und der wirksamen Gegenmittel von den Wurzelparasiten: *Agaricus melleus* und *Trametes radiciperda*, von Stammparasiten: *Trametes pini*, von Rindenparasiten: die krebserzeugenden Nectrien und vor allem *Peziza Willkommii*, den Lärchenkrebs, schliesslich von Nadelparasiten: *Hysterium Pinastri*, welches die Pilzschütte erzeugt.

Zu einer Aussprache regt eine Bemerkung des Prof. Dr. H. Nitsche an, welcher eine eigene Erfahrung über das Leuchten der Hallimasch-Mycelien mittheilt.

Geh. Hofrath Prof. Dr. O. Drude berichtet über eine den Holzzuwachs beim Lärchenkrebs betreffende Beobachtung Sorauer's.

Prof. Dr. H. Nitsche macht auf die Schwierigkeit der Bekämpfung des Schüttepilzes durch Bespritzung mit Bordelaiser Brühe aufmerksam, welche bei grösseren Beständen in der Beschaffung des nöthigen Wassers liegt.

Forstassessor R. Beck theilt die Beobachtungen Tubeuf's mit, dass das Bespritzen bei Sämlingen und einjährigen Pflanzen unwirksam ist.

Der Vorsitzende macht noch einige Mittheilungen über die K. K. Zoologisch-botanische Gesellschaft in Wien und ihre Wirksamkeit.

Dritte Sitzung am 2. Mai 1901 (im K. Botanischen Garten). Vorsitzender: Geh. Hofrath Prof. Dr. O. Drude. — Anwesend 27 Mitglieder.

Der Sitzung ist eine Monatsversammlung im botanischen Garten mit Besichtigungen vorausgegangen.

Der Vorsitzende berichtet über seine Reise nach Wien zum Jubiläum der K. K. Zoologisch-botanischen Gesellschaft, erzählt von der liebenswürdigen Aufnahme, die er sowohl für seine Person wie als Vertreter der „Isis“ daselbst gefunden und hofft, die botanische Section selbst einmal dorthin zu floristischen Studien führen zu können (zu Pfingsten 1902).

Derselbe legt einen Aufruf zur Gründung einer internationalen Botaniker-Vereinigung („Association internationale des botanistes“) vor, wozu die Anregung von Genf ausgeht, und bespricht die darin hervortretenden Tendenzen.

Gleichfalls bespricht er in herber Kritik als schlechtes Zeichen der Zeit Dr. O. Kuntze's Eingabe an den preussischen Landtag zur Verhinderung eines Staatszuschusses zu Engler's „Pflanzenreich“, — eine Frucht der durch die Nomenclatur-Streitigkeiten hervorgerufenen Zersetzung unter den Botanikern.

Im Anschluss an die im Garten vorangegangenen Demonstrationen hält Geh. Hofrath Prof. Dr. O. Drude einen Vortrag über die systematische Morphologie der Gattungen *Abies, Picea, Larix* und *Pinus* unter vergleichender Heranziehung der verwandten Gattungen *Cedrus, Pseudotsuga* und *Tsuga*.

Die Gesammtsumme der Arten dieser Gattungen betrug in Endlicher's Synopsis Coniferarum 112, jetzt etwa 125—130, von denen auf Europa 4 Tannen, 3 Fichten, 2 Lärchen, 11 Kiefern entfallen. (Ein Eingehen auf die Sectionen, endemischen Arten, geographischen Areale als Fortsetzung des Vortrags ist für eine ähnliche Sitzung im botanischen Garten für das Jahr 1902 beabsichtigt.)

—

III. Section für Mineralogie und Geologie.

Erste Sitzung am 17. Januar 1901. Vorsitzender: Prof. Dr. E. Kalkowsky. — Anwesend 84 Mitglieder und Gäste.

Oberlehrer Dr. R. Nessig macht Mittheilung über eine neue Bohrung in der Dresdner Haide, welche Thonlager im Haidesand und das alte Elbbett auf Plänerunterlage aufschloss. (Vergl. Abhandlung II.)

Prof. H. Engelhardt berichtet über die geologische Beschaffenheit und Erforschung Bosniens.

Oberlehrer Dr. P. Wagner hält einen Vortrag über das Central-Plateau in Frankreich unter Vorlage von Karten und zahlreichen Photographien.

Zweite Sitzung am 14. März 1901. Vorsitzender: Prof. Dr. E. Kalkowsky. — Anwesend 40 Mitglieder.

Der Vorsitzende legt einige neu erworbene Mineralien und neue Litteratur vor.

Dr. W. Petrascheck hält einen Vortrag über die Ammoniten der sächsischen Kreide unter Vorlage der neu bestimmten Arten.

Prof. Dr. W. Bergt legt Lausitzer Diabas mit Kantengeröllen vor (vergl. Abhandl. der Isis 1900, Heft 2, S. 111) und

spricht dann über die Erzlagerstätten bei Freiberg in Sachsen.

Prof. Dr. E. Kalkowsky legt vor und bespricht R. Beck: Die Lehre von den Erzlagerstätten. Berlin 1901.

Dritte Sitzung am 9. Mai 1901. Vorsitzender: Prof. Dr. W. Bergt. — Anwesend 29 Mitglieder.

Der Vorsitzende legt neue Litteratur vor und hält einen Vortrag über die Erzgänge von Freiberg.

Oberlehrer H. Döring macht Mittheilung über Strudellöcher im Elbbett und über geschrammte Geschiebe im Geschiebelehm von Zschertnitz.

IV. Section für prähistorische Forschungen.

Erste Sitzung am 7. Februar 1901. Vorsitzender: Prof. Dr. J. Deichmüller. — Anwesend 20 Mitglieder.

Prof. H. Engelhardt bringt Nachbildungen mehrerer Runensteine von der Insel Bornholm zur Ansicht und erläutert deren Inschriften.

Oberlehrer H. Döring berichtet über einen Besuch des Burgwalls von Schlieben und des zwischen Cosilenzien, Cröbeln und Oschätzchen gelegenen Rundwalls.

Lehrer H. Ludwig legt einen zwischen Nickern und Sobrigau gefundenen Mahlstein aus Quarzporphyr, mehrere Gefässe aus den Urnenfeldern bei Kauscha und Kleinzschachwitz und ein in der Elbe bei Laubegast aufgefundenes Flachbeilchen aus Hornblendeschiefer vor.

Prof. Dr. J. Deichmüller spricht über die von ihm mit Pastor Rinhardt in Bucha im Herbst 1900 untersuchten Hügelgräber im Lampertswalder Rittergutsforst nördlich von Bucha in Sachsen.

Die in den Grabhügeln aufgefundenen Thongefässe, darunter nicht selten Buckelgefässe verschiedener Form, beweisen, dass diese Hügelgräber derselben Zeit angehören wie die Urnenfelder vom älteren Lausitzer Typus. Zur Vorlage kommen auch photographische Aufnahmen der Hügelgräber-Gruppe und einzelner besser erhaltener Grabhügel.

Zum Schluss macht Derselbe noch aufmerksam auf einige ausgestellte Fundstücke: den Abguss einer eisernen Axt mit Silbertauschirung von Guben in der Niederlausitz, einen Bronzedolch aus der Luppeaue bei Grossdölzig westlich von Leipzig und einen prachtvollen, 32 cm langen Bronzedolch aus dem Lehmlager der Nötzold'schen Dampfziegelei in Briessnitz bei Dresden, welcher von Herrn M. Nötzold nebst einem daselbst bereits vor mehreren Jahren gefundenen Flachcelt aus Bronze der K. Prähistorischen Sammlung in Dresden als Geschenk überwiesen worden ist.

Zweite Sitzung am 18. April 1901. Vorsitzender: Prof. Dr. J. Deichmüller. — Anwesend 35 Mitglieder und 3 Gäste.

Der Vorsitzende bespricht folgende neuerschienene Schriften:

Beltz, R.: Neue steinzeitliche Funde in Mecklenburg. Jahrbüch. des Vereins für mecklenburg. Geschichte LXVI, S. 115 u. f.;
Götze, A.: Beiträge zur Kenntniss der neolithischen Keramik. Zeitschrift für Ethnologie und Verhandl. d. Berliner Ges. für Anthropologie 1900;
Reinecke, P.: Zur jüngeren Steinzeit in West- und Süddeutschland. Westdeutsche Zeitschrift für Geschichte und Kunst XIX, Heft III.

Derselbe berichtet weiter über neue Funde auf dem Urnenfelde vom älteren Lausitzer Typus in Blasewitz, Emser-Allee No. 9, und

legt vor ein im Lehm der Nötzold'schen Dampfziegelei in Briessnitz gefundenes Steinbeil, einen Steinhammer aus dem Garten des Stadtguts in Lommatzsch und zwei Steinbeile aus dem Anlehm der J. A. Rose'schen Ziegelei nordwestlich von Borna.

Finanz- und Baurath H. Wiechel hält einen Vortrag über die ältesten Wege in Sachsen und ihre Beziehung zur ältesten Geschichte und zu prähistorischen Fundstätten. (Vergl. Abhandlung IV.)

Excursion. Am 15. Juni 1901 besuchten 12 Mitglieder die auf dem linken Elbufer unterhalb Meissen, Diesbar gegenüber gelegene Göhrischschanze.

Die hohe Umwallung ist auf der Nord- und Nordwestseite des Göhrischfelsens noch wohlerhalten; zahlreiche in dem vom Wall umschlossenen Kessel gesammelte Gefässscherben und eine bereits in früherer Zeit daselbst gefundene Lanzenspitze aus Bronze weisen darauf hin, dass die Anlage der Umwallung bereits in vorslavischer Zeit erfolgt ist.

V. Section für Physik und Chemie.

Erste Sitzung am 24. Januar 1901. Vorsitzender: Prof. Dr. R. Freiherr von Walther. — Anwesend 50 Mitglieder und Gäste.

Privatdocent Dr. A. Schlossmann hält einen Vortrag über die Bedeutung des Phosphors in der belebten Natur und erläutert seine Ausführungen durch Versuche.

Zweite Sitzung am 21. März 1901. Vorsitzender: Prof. Dr. R. Freiherr von Walther. — Anwesend 38 Mitglieder und Gäste.

Prof. Dr. R. von Walther spricht über Reductionen mit Hülfe von Metallen und über die Aluminothermie und erläutert seine Ausführungen durch zahlreiche Versuche.

Vortragender bespricht zunächst die Reductionsweisen und Reductionsmittel für Metalle und geht dann ausführlicher ein auf Versuche, die schon aus den Zeiten Berzelius' und Wöhler's stammen, aber erst durch Clemens Winkler eine rationelle Untersuchung gefunden haben, nämlich aus Metalloxydverbindungen und einem zweiten Metall das erste zu verdrängen und zu isoliren. Dieser Vorgang ist wesentlich begründet in der Differenz der Wärmetönungen der betreffenden Metalle. So ist es beispielsweise möglich, Natrium, Kalium, Calcium, Rubidium, Chrom, Cer (ebenso wie die Metalloide Kohlenstoff, Silicium) etc. aus ihren Oxyden durch Erhitzen mit Magnesium zu gewinnen. Noch energischer wie Magnesium wirkt Aluminium, welches den Vortheil grösserer Billigkeit hat. Letzteres wird nach dem Vorschlage von Dr. Goldschmidt-Essen gegenwärtig zu den sogenannten aluminothermischen Processen benutzt.

Vortragender bespricht des Weiteren die Anwendungsformen des „Thermit" (einer Mischung von Eisenoxyd und Aluminiumpulver) und das mit dieser Mischung durchgeführte neue Goldschmidt'sche Schweiss- und Giessverfahren.

Excursion. An Stelle der dritten Sitzung fand am 6. Juni 1901 eine Excursion unter Führung von Prof. Dr. R. von Walther nach der neuen Nährmittelfabrik von Dr. V. Klopfer in Leubnitz-Neuostra statt, deren moderne Einrichtung den zahlreich erschienenen Theilnehmern von dem Besitzer selbst in der zuvorkommendsten Weise erläutert wurde.

VI. Section für Mathematik.

Erste Sitzung am 14. Februar 1901. — Vorsitzender: Geh. Hofrath Prof. Dr. M. Krause. — Anwesend 8 Mitglieder.

Prof. Dr. R. Heger spricht über Parabel und Ellipse.

Der Vortragende entwickelt Methoden, um ohne analytisch-geometrische Hülfsmittel die Krümmung von Kegelschnitten, speciell die Krümmung der Parabel und der Ellipse zu untersuchen. Dabei wird jedesmal zuerst der besondere Fall der Krümmung im Scheitel, resp. in den Scheiteln, erledigt und nachher die Krümmung in einem beliebigen Punkte der betreffenden Curve besprochen. Ausserdem werden einige Anwendungen der gefundenen Resultate gegeben, u. a. eine auf Benutzung mehrerer Krümmungskreise beruhende Näherungsconstruction der Ellipse.

An den Vortrag schliesst sich eine kurze Discussion.

Zweite Sitzung am 18. April 1901. — Vorsitzender: Geh. Hofrath Prof. Dr. M. Krause. — Anwesend 14 Mitglieder.

Geh. Hofrath Prof. Dr. M. Krause spricht über Charles Hermite. (Vergl. Abhandlung I.)

Prof. Dr. Ph. Weinmeister spricht über die Schmiegungsparabeln der Ellipse.

Als Schmiegungsparabel einer gegebenen Ellipse ist eine Parabel zu bezeichnen, sobald die vier gemeinschaftlichen Punkte der beiden Kegelschnitte zusammenfallen. Redner zeigt, wie eine Reihe von Aufgaben, zu denen die Schmiegungsparabeln einer Ellipse Anlass geben, in einfachster Weise gelöst werden können; und zwar dient als Ausgangspunkt der Betrachtungen die Thatsache, dass die gegebene Ellipse und eine beliebige Schmiegungsparabel derselben durch eine geeignete Parallelprojection stets übergeführt werden können in einen Kreis und eine Parabel, welche von dem letzteren in ihrem Scheitel osculirt wird.

Dritte Sitzung am 13. Juni 1901 — Vorsitzender: Geh. Hofrath Prof. Dr. M. Krause. — Anwesend 11 Mitglieder und Gäste.

Dr. E. Naetsch spricht über ein in der Vector-Analysis auftretendes System partieller Differentialgleichungen I. Ordnung.

Nach einigen kurzen Bemerkungen über Entstehung und Grundlagen der Vector-Analysis, insbesondere über die Begriffe Vector, Divergenz und Curl, bespricht Vortragender die Aufgabe, einen Vector 𝔅 zu ermitteln, dessen Curl ein gegebener Vector 𝔈 sein soll; dieselbe ist identisch mit dem Problem, drei Functionen X, Y, Z der drei Veränderlichen x, y, z zu finden, welche mit drei gegebenen Functionen P, Q, R dieser drei Veränderlichen durch die Gleichungen

$$Z_y - Y_z = P, \quad X_z - Z_x = Q, \quad Y_x - X_y = R$$

zusammenhängen. Es wird auseinandergesetzt, dass man dieses Problem vollständig erledigen kann, ohne von der Theorie der partiellen Differentialgleichungen II. Ordnung Gebrauch zu machen; nur der Lehre vom Jacobi'schen Multiplicator und der Theorie des Pfaff'schen Problems hat man je einen Satz zu entlehnen.

Hierauf bespricht Prof. Dr. Ph. Weinmeister die Ankreis-Mittelpunkte der Dreiecke, die denselben Umkreis und Inkreis haben.

Jene Punkte gehören einem dritten Kreise an, dessen Durchmesser noch einmal so gross als der des Umkreises ist und der ausserdem mit dem Umkreis den Inkreis-Mittelpunkt zum äusseren Aehnlichkeitspunkt hat.

VII. Hauptversammlungen.

Erste Sitzung am 31. Januar 1901. Vorsitzender: Prof. Dr. Fr. Foerster. — Anwesend 88 Mitglieder und Gäste.

Prof. H. Engelhardt legt eine Sammlung getrockneter wildwachsender Pflanzen und eine grössere, aus einer *Sequoia* geschnittene Platte aus Californien vor.

Prof. Dr. Fr. Foerster spricht über elektrische Oefen.

Der Vortragende schildert die wesentlichen Ergebnisse, welche Moissan mit Hülfe der hohen Temperaturen des elektrischen Ofens erzielt hat. Er verweilt dabei besonders bei den Versuchen über die künstliche Darstellung des Diamanten und bei den von Moissan besonders eingehend bearbeiteten neuen und eigenartigen Kohlenstoffverbindungen der Elemente. Von diesen werden besonders die technisch wichtigen, das Calciumcarbid und das Siliciumcarbid (Carborundum) ausführlicher behandelt und dabei das technische Arbeiten mit dem elektrischen Ofen näher beschrieben und an kleinen Modellen vorgeführt. Zum Schluss wird die Frage nach der billigsten Gewinnung elektrischer Energie erörtert und der grosse Einfluss dargelegt, den das Vorhandensein grosser geeigneter Wasserkräfte auf die Centralisation und die Ausbildung gewisser Theile der elektrochemischen Technik in den Alpen ausgeübt hat.

Zweite Sitzung am 28. Februar 1901. Vorsitzender: Prof. Dr. Fr. Foerster. — Anwesend 42 Mitglieder und Gäste.

Prof. H. Engelhardt erstattet Bericht über den Kassenabschluss der Gesellschaft vom Jahre 1900 (vergl. S. 13) und legt den Voranschlag für 1901 vor, welcher genehmigt wird.

Als Rechnungsrevisoren werden Bankier A. Kuntze und Architect R. Günther gewählt.

Hieran schliessen sich die von Prof. Dr. Fr. Foerster angekündigten Demonstrationen.

Es werden zunächst Exemplare der auf der Pariser Ausstellung von Chenal, Douillet & Co. ausgestellten, sehr sorgfältig gereinigten Salze des Neodyms und Praseodyms, sowie des Gadoliniums und Samariums vorgelegt. Die Salze der beiden ersteren Metalle zeigen ähnliche complementäre Färbungen wie die von Kobalt und Nickel.

In zweiter Linie gelangen Aluminiumstücke zur Vorlage, welche die Verwendung dieses Metalles zu elektrischen Leitungen illustriren, sowie eine Sammlung, welche die mannigfache Verwendbarkeit des Magnaliums darthut.

An dritter Stelle wird eine grössere Sammlung von mit Glanzgold, Glanzplatin und ähnlichen Edelmetallen überzogenen Porzellan- und Glasgegenständen besprochen, und dabei insbesondere die durch Glanzmetalle beim Auftragen in verschieden dicker Schicht hervorgerufene Aenderung der Färbungen hervorgehoben. Die Sammlung zeigt stetige Uebergänge von den Färbungen der reinen Metalle zu denen, mit welchen die Metalle Glasflüsse färben, und deren Uebereinstimmung mit den Farben der colloidalen Metalllösungen durch Versuche nachgewiesen wird.

Dritte Sitzung am 28. März 1901. Vorsitzender: Prof. Dr. Fr. Foerster. — Anwesend 79 Mitglieder und Gäste.

Prof. H. Engelhardt theilt mit, dass die Rechnungsrevisoren den Kassenabschluss für 1900 geprüft und richtig befunden haben. Der Kassirer wird hierauf entlastet.

Sodann wird beschlossen, die Sectionssitzungen wie die Hauptversammlungen in Zukunft pünktlich um 8 Uhr beginnen zu lassen.

Geh. Hofrath Prof. Dr. W. Hempel hält dann einen Vortrag über das Vorkommen des Schwefels in der Natur.

Vierte Sitzung am 25. April 1901. Vorsitzender: Prof. H. Engelhardt. — Anwesend 80 Mitglieder.

Der Vorsitzende widmet dem am 7. April 1901 verstorbenen langjährigen zweiten Vorsitzenden der Gesellschaft Dr. Fr. Raspe einen ehrenden Nachruf.

Privatdocent Dr. C. Wolf spricht über Infectionskrankheiten und über die Art der Uebertragung derselben auf den menschlichen Körper.

An verschiedenen Karten wird gezeigt, wie sich Infectionskrankheiten über die Erde und in einzelnen Städten verbreiten, an tabellarischen Zusammenstellungen die Sterblichkeit an Lungenschwindsucht in Städten von mehr als 50000 Einwohnern, nach Altersklassen und Geschlechtern geordnet, die Abnahme der Sterblichkeit an Tuberkulose in verschiedenen deutschen Staaten im Vergleich zu Oesterreich-Ungarn und die Zunahme der Tuberkulose an Rindern und Schweinen.

Privatus C. Schiller zeigt lebende Exemplare von *Apus productus* L. aus Wiesengräben in der Nähe des Grossen Gartens in Dresden.

An Stelle des verstorbenen Dr. Fr. Raspe wird als Mitglied des Verwaltungsrathes Prof. Dr. F. G. Helm gewählt.

Excursionen. Am 16. Mai 1901 vereinigten sich 14 Mitglieder zu einem Ausfluge nach Waldheim, um die Granulite mit den sie durchsetzenden Granitgängen und die Serpentine der dortigen Gegend zu besichtigen. Der Weg wurde von Waldheim durch das Zschopauthal bis Kriebstein-Ehrenberg und zurück über die goldene Höhe nach Waldheim genommen. —

Am 27. Juni 1901 besichtigten 46 Mitglieder und Gäste das K. Fernheiz- und Elektricitätswerk in Dresden.

Geh. Baurath J. E. Temper erläuterte an der Hand von Plänen in längerem Vortrage die Grundgedanken, welche zur Errichtung des Fernheizwerkes geführt hatten und bei seiner Erbauung verfolgt wurden. Alsdann fand ein Rundgang durch die Kessel- und Maschinenräume des Fernheizwerkes und der damit verbundenen elektrischen Lichtstation statt, an welchen sich eine ausgedehnte Wanderung durch den die Ferndampfleitung und die elektrischen Lichtleitungen einschliessenden unterirdischen Kanal anschloss.

Veränderungen im Mitgliederbestande.

Gestorbene Mitglieder:

Am 21. Januar 1901 starb Bankbeamter Paul Stopp in Dresden, wirkliches Mitglied seit 1895.

Am 7. April 1901 verschied in Dresden Chemiker Dr. Friedrich Raspe, wirkliches Mitglied seit 1880.

Nekrolog s. am Anfange dieses Heftes.

Neu aufgenommene wirkliche Mitglieder:

Denso, Paul, Dr., Ingenieur in Dresden, } am 27. Juni 1901;
Pfitzner, Paul, Dr. phil., Gymnasiallehrer in Dresden, }
Schnuse, Wilh., Privatus in Dresden, am 28. Februar 1901;
Schwede, Rud., Chemiker in Dresden, am 31. Januar 1901.

In die wirklichen Mitglieder sind übergetreten:

Lohrmann, Ernst, Dr. phil., Realschullehrer in Dresden;
Richter, Conrad, Realgymnasialoberlehrer in Dresden.

Kassenabschluss der Gesellschaft ISIS vom Jahre 1900.

Einnahme.

Position		Mark	Pf.	Mark	Pf.
1	Kassenbestand am 1. Januar 1900			819	26
2	Mitgliederbeiträge			2360	—
3	Eintrittsgelder			70	—
4	Freiwillige Beiträge und Geschenke			179	75
5	Erlös aus Drucksachen etc.			23	92
6	Zinsen:				
	Ackermannstiftung	201	—		
	Bodemerstiftung	30	—		
	Gehestiftung	115	—		
	Guthmannstiftung	18	—		
	v. Pischkestiftung	17	63		
	Purgoldstiftung	21	—		
	Sparkassenbuch zu 6 Stiftungen	8	49		
	Isis-Capital	70	14		
	Reservefonds	67	90	549	16
				4002	09

Vermögensbestand am 1. Januar 1901:

		Mark	Pf.
Kassenbestand und Bankguthaben		814	28
Ackermannstiftung	Nach dem Kurs vom 31. XII. 1900	5723	70
Bodemerstiftung		1031	50
Gehestiftung		3081	60
Guthmannstiftung		511	40
v. Pischkestiftung		511	20
Purgoldstiftung		560	40
Isis-Capital		1840	21
Reservefonds		1572	85
		15646	54

Ausgabe.

Position		Mark	Pf.
1	Gehalte	669	50
2	Inserate	98	83
3	Heizung und Beleuchtung	130	—
4	Herstellung der Vereinsschriften	1290	95
5	Druck- und Buchbinderarbeiten	254	90
6	Bücher und Zeitschriften	318	51
7	Porti und Spesen	134	67
8	Feuerversicherungsprämie bis zum Jahre 1905	60	—
9	Dem Sparkassenbuch überwiesener Kursgewinn aus dem Jahre 1899	30	95
10	Reservefonds	200	—
11	Kassenbestand am 31. December 1900	814	28
		4002	09

Dresden, am 27. Februar 1901.

Hofbuchhändler G. Lehmann, z. Z. Kassirer der Isis.

Sitzungsberichte

der

Naturwissenschaftlichen Gesellschaft

ISIS

in Dresden.

1901.

I. Section für Zoologie.

Vierte Sitzung am 5. December 1901. Vorsitzender: Geh. Hofrath Prof. Dr. H. Nitsche. — Anwesend 49 Mitglieder und Gäste.

Director Th. Reibisch demonstrirt mit kurzen Erläuterungen zwei Missbildungen, das Gehörn einer vierhörnigen Ziege und das Rumpf- und Extremitätenskelett eines dreibeinigen Huhnes.

In der sich anschliessenden Besprechung, an welcher sich Geh. Hofrath Prof. Dr. O. Drude und Geh. Hofrath Prof. Dr. W. Hempel betheiligen, weist der Vorsitzende darauf hin, dass bei dem Huhne offenbar ein Fall von unvollkommener Doppelmissbildung vorliege, und erläutert die Entstehung solcher Doppelbildungen an einigen anderen Beispielen.

Geh. Hofrath Prof. Dr. H. Nitsche bespricht alsdann in längerem, durch Tafeln und Präparate erläutertem Vortrage die zoologischen Seiten der Malaria-Frage unter Hinweis auf eine Reihe ähnlicher Krankheiten, welche gleichfalls auf durch Arthropodenstiche verursachter Infection mit krankheitserregenden Protozoen beruhen.

Es werden von letzteren besonders besprochen die Tsetsefliegen-Seuche der südafrikanischen und das Texasfieber der amerikanischen Rinder. Der Vortragende knüpft seine Darlegungen an das neuerschienene Werk von F. Doflein: Die Protozoen als Parasiten und Krankheitserreger. Jena 1901.

Ausserdem gelangt zur Vorlage A. Labbé: Sporozoa. 5. Lief. von: Das Thierreich. Eine Zusammenstellung und Kennzeichnung der recenten Thierformen, herausgegeben von der deutschen zoologischen Gesellschaft. Berlin 1899.

An der folgenden Discussion betheiligen sich Geh. Hofrath Prof. Dr. O. Drude, Geh. Hofrath Prof. Dr. W. Hempel, Medicinalrath Dr. W. Hesse, Dr. A. Schlossmann und Dr. A. Stübel.

II. Section für Botanik.

Vierte Sitzung am 3. October 1901 (im K. Botanischen Garten). Vorsitzender: Geh. Hofrath Prof. Dr. O. Drude. — Anwesend 18 Mitglieder.

Geh. Hofrath Prof. Dr. O. Drude bespricht einige physiologische Culturversuche mit Vorführung der betreffenden Pflanzen.

1. Maispflanzen auf Wasser cultivirt und mittelst Nährstofflösung bis zur Erzeugung von Kolben gebracht.

2. Kürbispflanzen in gewöhnlicher aber sehr nährstoffarmer Erde, welcher ein dem normalen Nährstoffbedürfnisse entsprechendes Nährsalzgemenge, aber z. Th. ohne das nothwendige Stickstoffsalz, angesetzt wurde, zur Demonstration der Wichtigkeit dieses Nährstoffes. Pflanzen ohne jede Nährsalzzusätze werden nicht schlechter als die letzteren. Früchte lagen ebenfalls vor.

3. Erbsen, in derselben Weise behandelt wie die Kürbispflanzen, zeigten ein anderes Verhalten als diese; das Fehlen einer Stickstoffgabe beeinträchtigt ihre Entwickelung nicht, da sie sich durch Symbiose mit Wurzelbakterien den Stickstoff der Luft nutzbar machen.

Derselbe berichtet ferner über Aussaat-Ergebnisse von Samen einer gelben Reineclaudensorte, welche blaufrüchtige Bäume ergab, und

legt zur Warnung vor einem gegen Hasenfrass empfohlenen Anstrichmittel „Antilepin" gespaltene Stammstücke eines Pflaumenbaumes vor, dessen in diesem Jahre zu bildender Jahresring an den bestrichenen Stellen zerstört bez. nicht zur Entwickelung gekommen war, was den Tod des Baumes im Sommer herbeiführte. Apfel- und Birnbäume hatten nicht in demselben Masse gelitten.

Dr. B. Schorler spricht über bryogeographische Forschungen von A. Geheeb (früher in Geisa, jetzt in Freiburg i. B.), welche die Bedeutung der Moosflora der Rhön in pflanzengeographischer Hinsicht besonders aus dem reizend geschriebenen Aufsatz über „die Milseburg" in das rechte Licht setzen.

Der Vorsitzende erläutert die Topographie der Rhön an einer von ihm im Sommer aufgenommenen Skizze für die Vertheilung der Vegetationsformationen in der Rhön.

Zur Vorlage gelangen noch:

Dennert, E.: Die Wahrheit über Ernst Häckel und seine Welträthsel. Halle 1901;
Nippold, Fr.: Kollegiales Sendschreiben an Ernst Häckel. Berlin 1901.

Die Nothwendigkeit, sich mit dem Inhalt der „Welträthsel" Häckel's selbst bekannt zu machen, wird betont.

Fünfte Sitzung am 10. October 1901 (Floristenabend). Vorsitzender: Prof. K. Wobst. — Anwesend 27 Mitglieder und Gäste.

Geh. Hofrath Prof. Dr. O. Drude legt vor und bespricht *Euphrasia minima* Jacqu.

Diese alpine Form wurde von Dr. F. Naumann-Gera in diesem Jahre bei genannter Stadt gesammelt und dem Herb. Flor. Saxonica übermittelt. Im Anschluss daran erläutert Vortragender eingehend die Arten genannter Gattung, ganz besonders den *Euphrasia officinalis*-Typus.

Derselbe spricht weiter über die interessante Hügelflora der Basalte des Lausitzer Hügellandes und legt zahlreiche Formen aus genanntem Gebiete im Bereich des „Bernstädter Hügellandes" zwischen Löbau und Zittau vor.

Privatus F. Fritzsche bringt zur Vorlage eine Anzahl neuer Funde des Elbhügellandes zwischen Dresden und Meissen.

Prof. K. Wobst berichtet über zwei neue Funde ausserhalb Sachsens.

1. *Medicago arabica* All. (*M. maculata* Willd.) mit Wollstaub, welcher als Dünger verwandt wurde, bei Heinersdorf, Kreis Lebus, 1901 eingeschleppt;

2. *Cirsium oleraceum* × *arvense*. Ein einziges Exemplar zwischen zahlreichen Stammformen genannten Bastards Juli 1900 bei Bad Salzungen in Thüringen gesammelt.

Assistent Dr. A. Naumann hält einen Vortrag über die botanischen Ergebnisse seiner Reise nach Siebenbürgen, mit Zugrundelegung zahlreicher von ihm gesammelter Pflanzen, welche nach Formationen auf grossen Papptafeln zusammengestellt waren.

Im Anschluss daran schildert Lehrer R. Missbach seine Beobachtungen über die Bestände von *Rhododendron myrtifolium* im genannten Gebiete.

Dr. A. Naumann giebt noch Auskunft über das Vorkommen von Tanne, Zirbelkiefer und Lärche in Siebenbürgen.

Sechste Sitzung am 21. November 1901 (in Gemeinschaft mit der Section für Zoologie). Vorsitzender: Geh. Hofrath Prof. Dr. O. Drude. — Anwesend 40 Mitglieder und Gäste.

Prof. Dr. O. Schneider zeigt mehrere lebende Exemplare von *Euscorpius italicus* und eine reiche Sammlung z. Th. in Spiritus, z. Th. trocken conservirter Skorpione aus allen Welttheilen.

Er bespricht deren Lebensweise in Freiheit und Gefangenschaft. Selbstmord des Skorpions in der Gefangenschaft ist von zuverlässigen Beobachtern noch niemals berichtet worden.

Dr. G. Worgitzky legt sein Buch über „Blüthengeheimnisse" (erschienen bei Teubner in Leipzig) vor und macht in seinem Vortrage über die Entwickelung dieser Kenntnisse besonders auf die neueren Knuth'schen Arbeiten aufmerksam.

Der Vorsitzende betont die hohe Bedeutung des vom Vortragenden erwählten Themas für die heutige Biologie, sowohl nach der Seite der floristischen Landesforschung als nach der des naturkundlichen Unterrichts, und hebt das Bedürfniss hervor, dass ein ausgezeichneter und kritischer Bearbeiter der zahlreich sich findenden Einzelheiten auch für die Zwecke unserer Arbeitstheilung in der Isis erstehe, welche Lücke der Vortragende ausfüllen möge.

Dr. A. Naumann zeigt Wandtafeln, welche er für den botanischen Unterricht in der hiesigen Gartenbauschule angefertigt hat, die wie das vorerwähnte Buch die Blüthenformen und ihre Anpassung für eine durch Insecten herbeizuführende Fremdbestäubung demonstriren.

Institutsdirector A. Thümer schildert von einer Reise durch England die Flora gewisser als „Commons" (Gemeingut) bezeichneter Landstriche, welche, da sie nicht irgendwie in Benutzung genommen werden dürfen, die ursprüngliche Pflanzendecke bewahren.

Ein Hauptrepräsentant der dortigen Flora, *Ulex nanus*, lag im Herbarexemplar vor.

III. Section für Mineralogie und Geologie.

Vierte Sitzung am 17. October 1901. Vorsitzender: Prof. Dr. E. Kalkowsky. — Anwesend 45 Mitglieder und Gäste.

Der Vorsitzende legt neue Litteratur vor.

Prof. Dr. W. Bergt referirt über die Arbeit von J. T. Sterzel: Gruppe verkieselter Araucariten-Stämme. Chemnitz 1900, und über die Untersuchungen von F. E. Suess über den Moldavit.

Derselbe spricht ferner über Kugelgranite unter Vorlage von Stufen aus Dr. A. Stübel's Sammlung.

Prof. Dr. E. Kalkowsky hält einen Vortrag über den Schlammvulkan von Modena, den Flysch in Ligurien und den angeblich eruptiven Gneiss des Erzgebirges.

Fünfte Sitzung am 12. December 1901. Vorsitzender: Prof. Dr. E. Kalkowsky. — Anwesend 35 Mitglieder.

Der Vorsitzende führt eine Reaction aus, durch die es möglich ist, künstlich mit Schwefelsäure gebleichte Werkstücke von Granit als solche zu erkennen, ohne sie zerschlagen zu müssen.

Dr. L. Kruft hält einen Vortrag über die Phosphoritknollen im vogtländischen Silur und ihre organischen Einschlüsse.

IV. Section für prähistorische Forschungen.

Dritte Sitzung am 14. November 1901. Vorsitzender Prof. Dr. J. Deichmüller. — Anwesend 24 Mitglieder.

Prof. Dr. J. Deichmüller spricht über die von ihm im Sommer d. J. im Auftrage des K. Sächs. Ministeriums des Innern begonnene Inventarisirung der vorgeschichtlichen Alterthümer des Königreichs Sachsen und über deren bisherige Ergebnisse.

Oberlehrer H. Döring legt bearbeitete Feuersteine und Gefässscherben mit Bandverzierung aus einer Sandgrube bei Merschwitz vor und bespricht Gefässreste und Thierknochen, u. a. drei linke Unterkieferhälften vom Biber, aus einer slavischen Siedelung östlich vom Burgwall bei Leckwitz, germanische und slavische Scherben vom Burgberg bei Zehren und ein ziemlich vollständig erhaltenes Gefäss von der Heidenschanze bei Koschütz, welches keine Spur der Anwendung der Drehscheibe erkennen lässt und doch einen sogenannten Bodenstempel, eine Töpfermarke zeigt.

Lehrer J. A. Jentsch macht auf den Fund eines slavischen Gefässes mit Leichenbrand von Lössnig bei Strehla a. E. aufmerksam, welches in den Verhandl. d. Berl. Ges. f. Anthropologie 1901, S. 39, beschrieben ist.

Lehrer H. Ludwig legt Gefässscherben vor, die aus einer Herdstelle in der Nähe der Windmühle von Niedersedlitz stammen und die solchen aus Gräherfeldern vom Lausitzer Typus ähnlich sind, ferner aus Herdstellen in der Nähe des Gräherfeldes der La Tène-Zeit bei Kauscha ein Flachbeil aus Gneiss, ein sogenanntes Webstuhlgewicht und Gefässscherben, aus dem Gräberfelde von Kauscha selbst die Bruchstücke einer Thonschale und einen Eisenring, einen zwischen Niedersedlitz und Lockwitz gefundenen Klopfstein, ein in der Elbe bei Riesa gefundenes Steinbeil aus Amphibolit, Reste grösserer, dickwandiger Gefässe vom Kuhbübel bei Sörnewitz und eine geschnittene, an einer Seite doppelt durchlochte Knochenplatte von der Heidenschanze bei Koschütz.

Prof. Dr. J. Deichmüller bringt aus den neueren Erwerbungen der K. Prähistorischen Sammlung in Dresden mehrere Beile aus Amphibolit zur Vorlage, welche in der Umgebung von Nünchritz, auf der Rittergutsflur Riesa und beim Kirchenbau in Zeithain aufgefunden worden sind, weiter eine sauber gearbeitete Pfeilspitze aus weissem Feuerstein von Roda bei Grossenhain, ein beim Abteufen eines Brunnens in der Brauerei Chrieschwitz bei Plauen i. V. gefundenes Amphibolitbeil, einen aus neun Gegenständen bestehenden jüngeren Bronzedepotfund von Lausa bei Dresden und verschiedene Beigaben aus Skelettgräbern der Völkerwanderungszeit bei Werningshausen im Herzogthum Sachsen-Coburg-Gotha.

Derselbe macht zum Schluss noch aufmerksam auf einen roh bearbeiteten Hammer aus Gneiss mit angefangener Bohrung von Lockwitz und auf einen Hammer aus Diabas von Naundorf bei Ortrand, dessen Form auf nordische Herkunft schliessen lässt.

V. Section für Physik und Chemie.

Dritte Sitzung am 7. November 1901. Vorsitzender: Prof. Dr. R. Freiherr von Walther. — Anwesend 101 Mitglieder und Gäste.

Prof. W. Kübler hält einen Experimentalvortrag über die gebräuchlichen Methoden der drahtlosen Telegraphie.

VI. Section für Mathematik.

Vierte Sitzung am 10. October 1901. Vorsitzender: Geh. Hofrath Prof. Dr. M. Krause. — Anwesend 9 Mitglieder und Gäste.

Prof. Dr. Ph. Weinmeister spricht über die Strophoide (Quetelet'sche Fokale) in synthetischer Behandlung.

Vortragender hebt einleitend hervor, dass bei einer Reihe von ebenen Curven, die in der Regel nach den Methoden der analytischen Geometrie behandelt werden, zahlreiche Eigenschaften auch in leichter und eleganter Weise auf elementarem, synthetischem

Wege gefunden werden können, sobald ein genügend einfaches Entstehungsgesetz der betreffenden Curve vorliegt. Ein ausgezeichnetes Beispiel hierfür bietet die Strophoide, über deren Geschichte und Litteratur der Redner eine Reihe von Mittheilungen macht.

Als Ausgangspunkt für die synthetische Behandlung der Strophoide dient ein Entstehungsgesetz, bei welchem ein fester Punkt F — „Brennpunkt" —, eine feste Gerade — „Leitlinie" — und ein auf der letzteren gelegener zweiter fester Punkt O vorausgesetzt werden; wenn dann ein beliebiger Punkt Q der Leitlinie mit F durch eine Gerade verbunden und auf letzterer ein Punkt P so bestimmt wird, dass PQ = OQ ist, so gehört P der Strophoide an. Aus dieser Entstehungsart wird ohne Schwierigkeit eine zweite hergeleitet, bei welcher die Strophoide als geometrischer Ort für den Scheitel eines veränderlichen Winkels erscheint, dessen Halbirungslinie und dessen einer Schenkel durch je einen festen Punkt gehen, während der andere Schenkel einer festen Richtung parallel ist. Auch wenn drei feste Punkte A, B, C gegeben sind, und nunmehr Winkel construirt werden, deren beide Schenkel bez. durch A und durch B gehen, während die Halbirungslinien durch C verlaufen, erhält man als geometrischen Ort für die Scheitel eine Strophoide. Aus den Entstehungsgesetzen leitet Redner eine Reihe von Eigenschaften der Strophoide ab, welche sich auf den Doppelpunkt und die zugehörigen Tangenten, die Asymptote, den Wendepunkt u. a. beziehen; auch der besondere Fall der sogenannten geraden Strophoide, bei welcher OF senkrecht zur Leitlinie ist, wird in Betracht gezogen. Eingehende Behandlung finden sodann die zahlreichen und interessanten Beziehungen zu den Kegelschnitten, mit denen die Strophoide auf mannigfache Weise in Zusammenhang gebracht werden kann. Eine besondere Beleuchtung erfährt die Rolle, welche die Strophoide als Quetelet'sche Fokale spielt: Wenn E irgend eine die Achse eines gegebenen Rotationskegels enthaltende Ebene, t eine zu E senkrechte Tangente dieses Kegels ist, und nunmehr durch t beliebige Ebenen gelegt werden, so ist der Ort der Brennpunkte der entstehenden Kegelschnitte eine in E gelegene Strophoide, welche als Quetelet'sche Fokale bezeichnet wird; ihr Brennpunkt ist der Spurpunkt der Geraden t auf der Ebene E.

Fünfte Sitzung am 21. November 1901. Vorsitzender: Geh. Hofrath Prof. Dr. M. Krause. — Anwesend 13 Mitglieder.

Geh. Hofrath Prof. Dr. K. Rohn spricht über die acht Schnittpunkte dreier Flächen II. Grades*).

Da sich leicht beweisen lässt, dass die sämmtlichen ∞^2 Flächen II. Grades, welche man durch sieben willkürlich angenommene Punkte legen kann, stets noch durch einen gewissen achten Punkt hindurchgehen, so ist sicher, dass die acht Schnittpunkte dreier beliebiger Flächen II. Grades nicht voneinander unabhängig sein können, dass vielmehr jeder einzelne von ihnen durch die sieben übrigen bestimmt sein muss. Es entsteht daher das Problem, zu sieben gegebenen Punkten eines solchen Punktsystems den achten Punkt zu finden, ein Problem, welches sowohl geometrisch-constructiv, als auch analytisch behandelt werden kann. Redner giebt — nach einigen Notizen historischen und litterarischen Inhalts — im ersten Theile seines Vortrages eine analytische Lösung des Problems: dieselbe besteht darin, dass ein Weg gezeigt wird, auf dem man zu linearen Gleichungen gelangen kann, denen die Coordinaten des gesuchten Punktes Genüge leisten müssen.

Vortragender bezeichnet durch 1, 2, 3 ..., 8 die acht Punkte des in Frage kommenden Punktsystems, durch 0 einen weiteren, laufenden Punkt und durch (i, k, l, m) die aus den 16 homogenen Coordinaten der vier Punkte i, k, l, m gebildete vierreihige Determinante. Dann kann zunächst leicht nachgewiesen werden, dass die Gleichung

$$(8524)(6724) + (8624)(7524) + (8724)(5624) = 0$$

eine Identität ist. Ferner lässt sich sofort übersehen, dass die in Bezug auf die Coordinaten des laufenden Punktes 0 quadratische Gleichung

$$\rho\,(8520)(6730) + \sigma\,(8620)(7530) + \tau\,(8720)(5630) = 0$$

eine Fläche II. Grades darstellt, welche, wie auch die Coefficienten ρ, σ, τ gewählt werden mögen, stets durch die sechs Punkte 2, 3, 5, 6, 7, 8 hindurchgeht; und wenn insbesondere

*) Ueber den gleichen Gegenstand hatte Vortragender bereits in der vorangehenden (vierten) Sectionssitzung eine Mittheilung gemacht.

$$\rho = (6724):(6734), \quad \sigma = (7524):(7534), \quad \tau = (5624):(5634)$$

gesetzt wird, so enthält die betreffende Fläche auch noch den Punkt 4, wie man mit Hilfe der obigen Identität sofort verificiren kann. Da mithin diese Fläche durch sieben Punkte des betrachteten Punktsystems geht, muss auf ihr auch noch der achte Punkt desselben, d. h. der Punkt 1, gelegen sein, es muss also zwischen den Coordinaten der acht Punkte des Systems die Relation

$$\frac{(6724)(8521)(6731)}{(6734)} + \frac{(7524)(8621)(7531)}{(7534)} + \frac{(5624)(8721)(5631)}{(5634)} = 0$$

stattfinden. Diese ist aber offenbar eine in Bezug auf die Coordinaten des Punktes 8 lineare Gleichung.

Im zweiten Theile des Vortrages werden die Resultate der analytischen Betrachtungen geometrisch gedeutet.

Sechste Sitzung am 12. December 1901. Vorsitzender: Geh. Hofrath Prof. Dr. M. Krause. — Anwesend 14 Mitglieder.

Conrector Prof. Dr. R. Henke spricht über die Beziehungen des Dreiecks zum Kreise im geometrischen Unterricht.

Den Gegenstand des Vortrages bilden eine Reihe von Thatsachen aus der Geometrie des ebenen Dreiecks, welche, obwohl im geometrischen Unterricht nur selten berücksichtigt, demselben dennoch sehr wohl auf seinen verschiedenen Stufen zugänglich sind und auch reichhaltigen Stoff zu Aufgaben constructiver und rechnerischer Art bieten.

Im ersten Theile des Vortrages handelt es sich in der Hauptsache um gewisse Beziehungen, zu denen man gelangen kann, wenn ein beliebiges Dreieck, sein Umkreis und die Halbirungslinie eines Dreieckswinkels in Betracht gezogen wird. Dabei werden die Seiten und Winkel des Dreiecks sowie die Radien des Umkreises und Inkreises in der üblichen Weise bezeichnet, ausserdem wird $\frac{1}{2}(a - b) = d$, $\frac{1}{2}(\alpha - \beta) = \delta$ gesetzt, und unter q der Abstand der Seite c vom Schnittpunkte des Umkreises mit der Halbirungslinie des Winkels γ verstanden. Auf Grund der gedachten Beziehungen lässt sich alsdann das Dreieck construiren, bez. berechnen, wenn r, q, δ oder h, ρ, δ oder r, h, d gegeben sind, wobei in den beiden ersten Fällen das Dreieck eindeutig, im dritten Falle hingegen zweideutig bestimmt ist.

Im zweiten Theil seines Vortrages zieht Redner den Feuerbach'schen Kreis in Betracht und giebt einen Beweis des Feuerbach'schen Satzes, nach welchem dieser Kreis sowohl den Inkreis, als auch die drei Ankreise des Dreiecks berührt. Dabei wird der Aufgabe gedacht, ein Dreieck aus r, ρ, d zu construiren, welche im Allgemeinen zwei Lösungen zulässt. Ein bemerkenswerther Umstand zeigt sich, wenn man von irgend einem Punkte U des Umkreises Lothe auf die drei Seiten des Dreiecks fällt und die gerade Linie (Simson'sche Gerade) construirt, auf welcher die Fusspunkte dieser drei Lothe gelegen sind: wird nämlich U mit dem Höhenpunkte H des Dreiecks verbunden, so liegt der Halbirungspunkt V von UH stets auf der genannten geraden Linie; und wenn U den ganzen Umkreis durchläuft, so beschreibt gleichzeitig V den Feuerbach'schen Kreis. Zu interessanten Betrachtungen giebt auch der Begriff der Gegentransversale*) Anlass. Verbindet man irgend einen Punkt P der Ebene mit den drei Ecken eines gegebenen Dreiecks und construirt zu diesen drei Verbindungslinien die Gegentransversalen, so gehen die letzteren durch einen Punkt P_1, den sogenannten Gegenpunkt von P in Bezug auf das betreffende Dreieck. Ist insbesondere P ein Punkt des Umkreises, so liegt P_1 unendlich fern, indem alsdann die drei Gegentransversalen zu einander parallel sind.

An der auf den Vortrag folgenden Discussion betheiligen sich Prof. Dr. Ph. Weinmeister, Prof. Dr. R. Heger und Dr. J. von Vieth.

*) Zwei von einer Ecke des Dreiecks ausgehende Transversalen desselben werden Gegentransversalen genannt, wenn sie symmetrisch liegen zur Halbirungslinie des betreffenden Dreieckswinkels.

Hierauf spricht Prof. Dr. R. Heger über einen Satz der Determinanten-Theorie.

Die Ausführungen des Vortragenden beziehen sich auf den Nachweis, dass die Gleichung

$$(14\,\alpha).(23\,\alpha)+(24\,\alpha).(31\,\alpha)+(34\,\alpha).(12\,\alpha)=0,$$

in welcher α zur Abkürzung steht für $567\ldots n$, eine Identität ist.

VII. Hauptversammlungen.

Fünfte Sitzung am 24. October 1901. Vorsitzender: Prof. Dr. Fr. Foerster. — Anwesend 47 Mitglieder und Gäste.

Geh. Hofrath Prof. Dr. O. Drude spricht über die Entwickelung der „Technischen Botanik" bis 1900.

Die „Technische Botanik" begreift in sich diejenigen Beziehungen der Wissenschaft zu der anwendenden Praxis, welche zum Lehrgebiet der technischen Hochschulen gehören. Sie ist demgemäss an sich kein eigenes abgeschlossenes Wissensgebiet, sondern vielmehr eine sich in stetiger Weiterentwickelung befindende Kette vielseitiger Beziehungen, welche ebenso sehr vom Fortschritte der reinen Wissenschaft als von den Forderungen technologischer Praxis abhängen. Die Fortschritte in der Erkenntniss der Gährungsphysiologie einerseits und das Bedürfniss, die zu Papier benutzten pflanzlichen Rohstoffe bei ihrer steten Vermehrung sicher mikroskopisch unterscheiden zu können, andererseits mögen als zwei treffliche Beispiele für diese Beziehungen und ihre Abhängigkeit dienen.

Den Haupttheil der Technischen Botanik bildet die seit 1798 von Beckmann und Böhmer wissenschaftlich begründete und begrenzte technologische Rohstofflehre oder „Waarenkunde", welche zuerst mit äusserlichen Beschreibungen und der Aufzählung der besonderen Eigenschaften der diese Rohstoffe liefernden Nutzpflanzen und der geographischen Verbreitung derselben begann. Heute erkennen wir in der festen Verbindung dieser älteren „Waarenkunde" mit der bestimmenden Anatomie und der Zellphysiologie das wissenschaftliche Gefüge und den dauernd befestigten Untergrund, auf dem allein die Beziehungen zwischen den Bedürfnissen der Technologie und der wissenschaftlichen Botanik zur selbständigen Blüthe gelangen können, und dies liefert zugleich den Maasstab für unsere Beurtheilung in der Geschichte der Rohstofflehre und ihrer eigenen Handbücher. Wenn wir die jetzt an der Jahrhundertwende erscheinende neue Rohstofflehre von J. Wiesner in ihrer chemisch-physiologisch und anatomisch-systematisch durchgeführten Vertiefung mit den vor mehr als 100 Jahren erschienenen, damals hochgelehrten und dem entstehenden Bedürfniss der Praxis vollkommen gerecht werdenden Büchern von Beckmann und Böhmer vergleichen, so überblicken wir sofort den ganzen Entwickelungsgang und wissenschaftlichen Fortschritt der technischen Botanik und sehen, dass wie auf anderen Gebieten so auch hier aus einer einfachen Empirie sich ein complicirtes Lehrsystem entwickelte. Die „Waarenkunde" bezeichnete einen Lehrgegenstand für technische Gewerbeschulen, die Rohstofflehre von heute einen solchen für die technischen Hochschulen der Gegenwart.

Die ersten Jahrzehnte des nunmehr abgeschlossenen Jahrhunderts, in dem neben so vielen blühenden Gebieten angewendeter Naturforschung auch die technische Botanik heranwuchs als ein in seiner Bedeutung kaum schon genügend gewürdigter Zweig, zeigten nach den Eingangs genannten Werken keinerlei grössere Fortschritte. Die mikroskopische Technik musste sich erst selbst zu grösserem Umfange ausbilden, und nachdem Schleiden's vernichtende Kritik gegen den lahmen Geist in der Botanik der vierziger Jahre und gegen die Ablehnung alles dessen, was die Praxis mit wissenschaftlicher Anregung zu befruchten im Stande sei, auch die noch mangelhaft genug gebliebenen Beziehungen auf technischem Gebiete herb hervorgehoben hatte, blieb es einigen Arbeiten von Schacht und Reissek zunächst vorbehalten, die neue Zellphysiologie auf dem Gebiete der Technologie der Gespinnstfasern praktisch zu verwerthen und eine Brücke von der Waarenkunde zur angewandten Anatomie herüber zu schlagen. Aber eine grosse Entscheidung wurde dadurch noch nicht herbeigeführt. Dieselbe konnte erst durch moderne Umarbeitung des Gesammtstoffes erfolgen, durch zielbewusstes Vorgehen und Belehren der Jünger dieser Richtung, und hier war der Mann der That Julius Wiesner in Wien, der zuerst an der dortigen Technischen Hochschule die Fundamente der ganzen uns heute beschäftigenden Richtung neu begründete. Seine Einleitung in die „Technische Mikroskopie" vom Jahre 1867 und seine erste Ausgabe der „Rohstoffe des Pflanzenreiches" im Jahre 1873 sind die Marksteine der eigenartigen und kräftigen Entwickelung eines neuen Lehrzweiges angewandter Botanik. Auch nach seinem Uebertritt von der Technischen Hochschule zur pflanzenphysiologischen Lehrkanzel an der Universität in Wien hat Wiesner dieses Kind seiner ersten wissenschaftlichen Anstrengungen weiter gepflegt und konnte es unter der Obhut von Schülern kräftig heranwachsen sehen. So ist die zweite Ausgabe seiner „Rohstoffe", von der jetzt erst noch der 1. Band vollendet vorliegt*), ein ebenso bedeutungsvoller Markstein für das Ende unseres Jahrhunderts. Nicht weniger als elf Autoren haben neben Wiesner an demselben mitgewirkt, ausser Mikosch in Brünn und Molisch in Prag lauter Wiener Naturforscher; ihr stattlicher Kreis zeigt ebenso deutlich den Umfang und die Mannigfaltigkeit verschiedenartiger Beziehungen in der Rohstofflehre, als die Blüthe, zu der dieser Zweig der Wissenschaft gerade in Wien gelangt ist. „Die technische Waarenkunde auf wissenschaftliche Grundlage gestellt zu haben bleibt ein Verdienst Wiesner's", so lautet in knappen, sehr viel Wahrheit in sich schliessenden Worten ein Ausspruch in der Geschichte der Botanik in Wien im Jubelbande der dortigen zoologisch-botanischen Gesellschaft 1901.

Die einer wissenschaftlich begründeten Lehre von den technisch verwendeten Rohstoffen des Pflanzenreichs zufallenden Aufgaben erstrecken sich auf folgende Hauptpunkte:

1. Genaue Unterscheidung.
2. Ermittelung der die Verwendung beeinflussenden Eigenschaften, vom botanischen Standpunkte.
3. Ermittelung der Herkunft und Gewinnungsweise.
   a) nach anatomischer Organographie,
   b) nach systematischer Charakterisirung,
   c) nach Heimath, bez. Culturgebiet und geographischen Rassen.

Zumeist werden sich die praktischen Technologen mit Punkt 1—2 begnügen und sich durch diese zu mikroskopischen Untersuchungsmethoden führen lassen.

Immer mehr stellt sich eine nützliche Arbeitstheilung zwischen Mitteleuropa und den reichen tropischen Productionsländern heraus der Art, dass die Entfaltung der technologischen Industrie zur Verarbeitung von Rohstoffen in den Ländern der nördlich gemässigten Zone stattfindet, während die Tropen zur Entfaltung des Plantagenbaues und der rationellen Ausbeutung natürlicher Vegetationsbestände zur Gewinnung solcher Rohstoffe schreiten. In der Vielseitigkeit wissenschaftlicher und praktischer Rücksichten entwickelt sich dabei die Rohstofflehre der Pflanzen zu einer besonderen Disciplin, und der Lage der Sache nach zu der botanischen Besonderheit technischer Hochschulen.

So können wir heute mit besonderem Stolz auf das schauen, was auf diesem Gebiete von 1870—1900 geleistet worden ist; war die erste Periode der Geschichte der „Technischen Botanik" von 1783—1867 im Wesentlichen „Waarenkunde", so gestaltete sich die zweite Periode seit Wiesner's „Technischer Mikroskopie" zu einer strebsamen Vertiefung auf dem Gebiete der anatomisch-physiologischen Mikroskopie, welche lebhaften Antheil an dem Gesammtfortschritte der Wissenschaft nahm und in einer grossen Zahl technisch wichtiger Pflanzenkörper das wissenschaftliche Lehrgebäude selbständig förderte. Allseitig ist das Interesse an den Nutzpflanzen und ihren Producten erwacht; die botanischen Museen eröffnen diesen ihre Säle und bemühen sich, gemeinnütziges Wissen dadurch zu fördern; Monographien aus den Tropen werden in ihnen zu dem Zwecke bearbeitet, wie z. B. der grosse Band über die „Nutzpflanzen Ostafrikas" aus dem Berliner Museum. Gleichzeitig arbeitet die Chemie mächtig an der Synthese so vieler Dinge, die sie aus dem Pflanzenreiche kennen lernte, und sucht die Natur der Rohstoffe von ihrem Standpunkte aus ebenfalls zu charakterisiren und aufzuhellen.

So lässt sich erwarten, dass die technischen Hochschulen diesen Zweig der Botanik weiterhin kräftig ausbilden helfen werden, den sie als ihr eigenstes Gebiet im Kreise der organischen Naturwissenschaften überkommen haben. Die jetzt noch geringe Schülerzahl wird sich in dem Umfange heben, wie die Verwendung der analytischen Mikros-

*) Die Rohstoffe des Pflanzenreichs: Versuch einer technischen Rohstofflehre des Pflanzenreiches. Von Dr. Julius Wiesner. Leipzig. Verlag von W. Engelmann. Bd. I. 1900. 795 S. 8°.

kopie auch in den Untersuchungsämtern für Nahrungsmittel und für landwirthschaftliche Gewerbe steigt. Die einmal geknüpfte Verbindung der Botanik mit den technischen Hochschulen wird sich von selbst kräftigen und vertiefen, sowohl wegen ihrer jetzt die weitesten Kreise beschäftigenden physiologischen Lehrmethode, als auch wegen der den Sinn auf grosse Verbindungen richtenden Weltlage.

Privatus K. Schiller lässt zum Schluss einen *Polyporus giganteus* circuliren.

Sechste Sitzung am 28. November 1901. Vorsitzender: Prof. Dr. Fr. Foerster. — Anwesend 51 Mitglieder und 4 Gäste.

Nach der Wahl der Beamten der Gesellschaft für das Jahr 1902 (s. S. 29) spricht

Dr. A. Schlossmann unter Vorführung zahlreicher Projectionsbilder über die biologischen Anschauungen des 19. Jahrhunderts.

An den Vortrag schliesst sich eine längere Discussion, an welcher sich Geh. Hofrath Prof. Dr. O. Drude, Prof. Dr. Fr. Foerster, Geh. Hofrath Prof. Dr. E. von Meyer und der Vortragende betheiligen.

Siebente Sitzung am 19. December 1901. Vorsitzender: Prof. Dr. Fr. Foerster. — Anwesend 61 Mitglieder und Gäste.

Geh. Hofrath Prof. Dr. H. Nitsche spricht in längerem, durch Wandtafeln, Projectionsbilder, Geweihe und Modelle erläutertem Vortrage über das Renthier als Jagd- und Hausthier der Polarvölker.

Hervorzuheben ist aus der Darstellung, dass der Vortragende, gestützt auf eigene eingehende Studien, nachweist, dass das Renthier von den verschiedenen altweltlichen Polarvölkern als Hausthier in vier ganz verschiedenen Weisen genützt wird.

Bei den Lappen ist das Ren im Sommer Melkthier und Tragthier, während es im Winter einspännig den einem halben Boote ähnlichen Schlitten zieht. Als Reitthier verwenden es die Lappen niemals.

Bei allen weiter östlich wohnenden Renthierzüchtern wird das Ren dagegen nicht gemolken, sondern nur als Transportthier verwendet.

Bei den Samojeden zieht dasselbe sowohl im Sommer wie im Winter den mehrspännigen Kufenschlitten, dessen Sitz ziemlich hoch über den Kufen steht.

Von den Tungusen (und Jakuten) wird das Ren nicht vor den Schlitten gespannt, sondern als Reit- und Tragthier benutzt. Reit- und Lastsattel sind nach dem Muster des gewöhnlichen Bocksattels für Pferde gebaut, so dass dieser Lastsattel sich typisch unterscheidet von dem nach ganz anderen Principien gebauten Lastsattel der Lappländer.

Die Behringsvölker des östlichsten Asiens, besonders die Tschuktschen und Korjaken benutzen dagegen das Ren wieder ausschliesslich als Zugthier an mehrspännigen Kufenschlitten, dessen Sitz aber, wie der der Hundeschlitten, sehr niedrig steht.

Aus letzteren Thatsachen ergiebt sich mit grosser Wahrscheinlichkeit, dass bei den Tungusen die Renthiernutzung nicht ursprünglich üblich war, sondern bei ihnen das Ren an die Stelle des Pferdes trat, als dieser mongolische Volksstamm aus seiner ursprünglichen südlichen Heimath in die polaren Gebiete hinaufgedrängt wurde.

Ebenso scheinen die Behringsvölker aus ihrer eigentlichen Heimath, dem nördlichsten Amerika nur den Hund als Zugthier mitgebracht und erst in Asien das Ren als theilweisen Ersatz für ihn angenommen zu haben.

Excursion. An Stelle der Hauptversammlung vom 26. September 1901 fand am Nachmittag des 28. September d. J. unter Führung von Prof. H. Engelhardt eine Besichtigung des Albertparkes in Dresden-Neustadt statt, an welcher sich 12 Mitglieder und Gäste betheiligten.

Veränderungen im Mitgliederbestande.

Gestorbene Mitglieder:

Am 14. September 1901 starb in Blasewitz Architect Richard Günther, wirkliches Mitglied seit 1891.

Am 1. December 1901 starb der consultirende Bergingenieur Adolf Hering, von 1895—1899 wirkliches Mitglied unserer Gesellschaft, seitdem correspondirendes Mitglied in Freiberg.

Neu aufgenommene wirkliche Mitglieder:

Barthel, Theod., Kais. Obertelegraphenassistent in Dresden, am 19. December 1901;
Diesseldorff, Arth., Dr. phil., Assistent am mineralog. Institut der K. Technischen Hochschule in Dresden, } am 24. October 1901;
Fehrmann, Max, Bürgerschullehrer in Dresden, } am 24. October 1901;
Gerlach, G. Th., Dr. phil., Privatus in Dresden, am 28. November 1901;
Hesse, Walth., Dr. med., Medicinalrath in Dresden, } am 19. December 1901;
Ilie, Wilb., Dr. med., Oberarzt am städtischen Krankenhaus in Dresden, } am 19. December 1901;
Hoffmann, Rich., Dr. med. in Dresden, } am 19. December 1901;
Kunz-Krause, Herm., Dr. phil., Professor an der K. Thierärztlichen Hochschule in Dresden, am 28. November 1901;
Meigen, Frdr., Dr. phil., Realschuloberlehrer in Dresden, am 19. December 1901;
Meiser, Emil, Mechaniker in Dresden, am 28. November 1901;
Müller, Otto, Dr. med. in Dresden, am 19. December 1901;
Richter, M. Em., Dr. jur., Rechtsanwalt in Dresden, am 28. November 1901;
Rössner, Paul, Bezirksschullehrer in Löbtau, } am 19. December 1901.
Schanz, Fritz, Dr. med. in Dresden, } am 19. December 1901.

In die wirklichen Mitglieder sind übergetreten:

Stauss, Walth., Dr. phil., Chemiker in Dresden;
Vater, Heinr., Dr. phil., Professor an der K. Forstakademie in Tharandt.

Neu ernanntes Ehrenmitglied:

Radde, Gust., Dr. phil., Kais. Russ. Staatsrath, Director des Kaukasischen Museums in Tiflis, am 28. November 1901.

In die correspondirenden Mitglieder ist übergetreten:

Petrascheck, Wilh., Dr. phil., Sectionsgeolog in Wien.

Freiwillige Beiträge zur Gesellschaftskasse

zahlten: Dr. Amthor, Hannover, 3 Mk.; Prof. Dr. Bachmann, Plauen i. V., 3 Mk.; K. Bibliothek, Berlin, 3 Mk.; naturwissensch. Modelleur Blaschka, Hosterwitz, 3 Mk.; Privatus Eisel, Gera, 3 Mk.; Bergmeister Hartung, Lobenstein, 4 Mk.; Bergingenieur Hering, Freiberg, 3 Mk. 15 Pf.; Prof. Dr. Hibsch, Liebwerd, 3 Mk.; Bürgerschullehrer Hofmann, Grossenhain, 3 Mk.; Apotheker Dr. Lange, Werningshausen, 6 Mk.; Fabrikbesitzer Dr. Naschold, Aussig, 15 Mk. 10 Pf.; Prof. Naumann, Bautzen, 3 Mk.; Stabsarzt Dr. Naumann, Gera, 3 Mk.; Betriebsingenieur a. D. Prasse, Leipzig, 6 Mk.; Dr. Reiche, Santiago-Chile, 3 Mk.; Director Dr. Reidemeister, Schönebeck, 3 Mk.; Prof. Dr. Schneider, Blasewitz, 9 Mk.; Oberlehrer Seidel I, Zschopau, 3 Mk. 20 Pf.; Rittergutspachter Sieber, Grossgrabe, 3 Mk. 15 Pf.; Fabrikbesitzer Dr. Siemens, Dresden, 100 Mk.; Dr. Stauss, Hamburg, 3 Mk.; Prof. Dr. Sterzel, Chemnitz, 3 Mk.; Landesgeolog Dr. Steuer, Darmstadt, 3 Mk. 10 Pf.; Prof. Dr. Vater, Tharandt, 3 Mk.; Oberlehrer Wolff, Pirna, 3 Mk. — In Summa 197 Mk. 70 Pf.

G. Lehmann,
Kassirer der „Isis".

Beamte der Isis im Jahre 1902.

Vorstand.

Erster Vorsitzender: Prof. Dr. Fr. Foerster.
Zweiter Vorsitzender: Prof. H. Engelhardt.
Kassirer: Hofbuchhändler G. Lehmann.

Directorium.

Erster Vorsitzender: Prof. Dr. Fr. Foerster.
Zweiter Vorsitzender: Prof. H. Engelhardt.
Als Sectionsvorstände:
Geh. Hofrath Prof. Dr. H. Nitsche,
Geh. Hofrath Prof. Dr. O. Drude,
Prof. Dr. E. Kalkowsky,
Prof. Dr. J. Deichmüller,
Privatdocent Dr. A. Schlossmann,
Prof. Dr. Ph. Weinmeister.
Erster Secretär: Prof. Dr. J. Deichmüller.
Zweiter Secretär: Institutsdirector A. Thümer.

Verwaltungsrath.

Vorsitzender: Prof. H. Engelhardt.
Mitglieder: 1. Fabrikbesitzer L. Guthmann,
2. Privatus W. Putscher,
3. Fabrikbesitzer E. Kühnscherf,
4. Prof. Dr. G. Helm,
5. Prof. H. Fischer,
6. Fabrikbesitzer Dr. Fr. Siemens.
Kassirer: Hofbuchhändler G. Lehmann.
Bibliothekar: Privatus K. Schiller.
Secretär: Institutsdirector A. Thümer.

Sectionsbeamte.

I. Section für Zoologie.

Vorstand: Geh. Hofrath Prof. Dr. H. Nitsche.
Stellvertreter: Oberlehrer Dr. J. Thallwitz.
Protocollant: Institutsdirector A. Thümer.
Stellvertreter: Dr. A. Naumann.

II. Section für Botanik.

Vorstand: Geh. Hofrath Prof. Dr. O. Drude.
Stellvertreter: Prof. K. Wobst.
Protocollant: Garteninspector F. Ledien.
Stellvertreter: Dr. A. Naumann.

III. Section für Mineralogie und Geologie.

Vorstand: Prof. Dr. E. Kalkowsky.
Stellvertreter: Prof. Dr. W. Bergt.
Protocollant: Oberlehrer Dr. R. Nessig.
Stellvertreter: Oberlehrer Dr. P. Wagner.

IV. Section für prähistorische Forschungen.

Vorstand: Prof. Dr. J. Deichmüller.
Stellvertreter: Oberlehrer H. Döring.
Protocollant: Taubstummenlehrer O. Ebert.
Stellvertreter: Lehrer H. Ludwig.

V. Section für Physik und Chemie.

Vorstand: Privatdocent Dr. A. Schlossmann.
Stellvertreter: Dr. A. Beythien.
Protocollant: Dr. H. Thiele.
Stellvertreter: Dr. R. Engelhardt.

VI. Section für Mathematik.

Vorstand: Prof. Dr. Ph. Weinmeister.
Stellvertreter: Oberlehrer Dr. A. Witting.
Protocollant: Privatdocent Dr. E. Naetsch.
Stellvertreter: Oberlehrer Dr. J. von Vieth.

Redactions-Comité.

Besteht aus den Mitgliedern des Directoriums mit Ausnahme des zweiten Vorsitzenden und des zweiten Secretärs.

Bericht des Bibliothekars.

Im Jahre 1901 wurde die Bibliothek der „Isis“ durch folgende Zeitschriften und Bücher vermehrt:

A. Durch Tausch.

I. Europa.

1. Deutschland.

Altenburg: Naturforschende Gesellschaft des Osterlandes. — Mitteil., neue Folge, 9. Bd. [Aa 69.]

Annaberg-Buchholz: Verein für Naturkunde.

Augsburg: Naturwissenschaftlicher Verein für Schwaben und Neuburg.

Bamberg: Naturforschende Gesellschaft. — XVIII. Bericht. [Aa 19.]

Bautzen: Naturwissenschaftliche Gesellschaft „Isis“.

Berlin: Botanischer Verein der Provinz Brandenburg. — Verhandl., Jahrg. 42. [Ca 6.]

Berlin: Deutsche geologische Gesellschaft. — Zeitschr., Bd. 52, Heft 3 und 4; Bd. 53, Heft 1—3. [Da 17.]

Berlin: Gesellschaft für Anthropologie, Ethnologie und Urgeschichte. — Verhandl., Juni 1900 bis April 1901. [G 55.]

Bonn: Naturhistorischer Verein der preussischen Rheinlande, Westfalens und des Reg.-Bez. Osnabrück. — Verhandl., 57. Jahrg. [Aa 93.]

Bonn: Niederrheinische Gesellschaft für Natur- und Heilkunde. — Sitzungsber., 1900. [Aa 322.]

Braunschweig: Verein für Naturwissenschaft.

Bremen: Naturwissenschaftlicher Verein. — Abhandl., Bd. XV, Heft 3; Bd. XVII, Heft 1. [Aa 2.]

Breslau: Schlesische Gesellschaft für vaterländische Cultur. — 78. Jahresber. [Aa 46.]

Chemnitz: Naturwissenschaftliche Gesellschaft.

Chemnitz: K. Sächsisches meteorologisches Institut. — Jahrbuch, XVI. Jahrg., 1.—2. Abth. [Ec 57.] — Abhandl., Heft 5—6. [Ec 57b.] — Dekaden Monatsberichte 1900. [Ec 57c.] — Das Klima des Königreichs Sachsen, Heft 6. [Ec 57.]

Danzig: Naturforschende Gesellschaft. — Schriften, Bd. X, Heft 2—3. [Aa 80.]

Darmstadt: Verein für Erdkunde und Grossherzogl. geologische Landesanstalt. — Notizbl., 4. Folge, 21. Heft. [Fa 8.]

Donaueschingen: Verein für Geschichte und Naturgeschichte der Baar und der angrenzenden Landesteile.

Dresden: Gesellschaft für Natur- und Heilkunde. — Jahresber., 1899—1900. [Aa 47.]
Dresden: Gesellschaft für Botanik und Gartenbau „Flora". — Sitzungsber. u. Abhandl., 4. u. 5. Jahrg. [Ca 26.]
Dresden: K. Mineralogisch-geologisches Museum.
Dresden: K. Zoologisches und Anthrop.-ethnogr. Museum.
Dresden: K. Oeffentliche Bibliothek.
Dresden: Verein für Erdkunde.
Dresden: K. Sächsischer Altertumsverein. — Neues Archiv für Sächs. Geschichte und Altertumskunde, Bd. XXII. [G 75.]
Dresden: Oekonomische Gesellschaft im Königreich Sachsen. — Mittheil. 1900—1901. [Ha 9.]
Dresden: K. Thierärztliche Hochschule. — Bericht über das Veterinärwesen in Sachsen, 45. Jahrg. [Ha 26.]
Dresden: K. Sächsische Technische Hochschule. — Bericht über die K. Sächs. Techn. Hochschule a. d. Jahr 1900—1901; Verzeichniss der Vorlesungen und Uebungen sammt Stunden- und Studienplänen, S.-S. 1901, W.-S. 1901—1902. [Jc 63.] — Personalverz. Nr. XXIII. [Jc 63b.]
Dürkheim: Naturwissenschaftlicher Verein der Rheinpfalz „Pollichia". — LVII. u. LVIII. Jahresber.; Mitteil. Nr. 13—15. [Aa 56.]
Düsseldorf: Naturwissenschaftlicher Verein.
Elberfeld: Naturwissenschaftlicher Verein.
Emden: Naturforschende Gesellschaft. — 85. Jahresber. [Aa 48b.]
Emden: Gesellschaft für bildende Kunst und vaterländische Altertümer.
Erfurt: K. Akademie gemeinnütziger Wissenschaften. — Jahrb., Heft XXV bis XXVII. [Aa 263.]
Erlangen: Physikalisch-medicinische Societät.
Frankfurt a. M.: Senckenbergische naturforschende Gesellschaft. — Bericht für 1901. [Aa 9a.]
Frankfurt a. M.: Physikalischer Verein. — Jahresber. für 1899—1900. [Eb 35.]
Frankfurt a. O.: Naturwissenschaftlicher Verein des Regierungsbezirks Frankfurt. — „Helios", 18. Bd.; Societatum litterae, Jahrg. XIV. [Aa 282.]
Freiberg: K. Sächs. Bergakademie. — Programm für das 136. Studienjahr. [Aa 323.]
Freiburg i. B.: Naturforschende Gesellschaft.
Gera: Gesellschaft von Freunden der Naturwissenschaften.
Giessen: Oberhessische Gesellschaft für Natur- und Heilkunde.
Görlitz: Naturforschende Gesellschaft. — Abhandl., Bd. 23. [Aa 3.]
Görlitz: Oberlausitzische Gesellschaft der Wissenschaften. — Neues Lausitzisches Magazin, Bd. 76; Codex diplomat. Lusatiae superioris II, Bd. II, Heft 1. [Aa 64.]
Görlitz: Gesellschaft für Anthropologie und Urgeschichte der Oberlausitz.
Greifswald: Naturwissenschaftlicher Verein für Neu-Vorpommern und Rügen. — Mittheil., 32. Jahrg. [Aa 68.]
Greifswald: Geographische Gesellschaft.
Guben: Niederlausitzer Gesellschaft für Anthropologie und Urgeschichte. — Mittheil., VI. Bd., Heft 6—8. [G 102.]
Güstrow: Verein der Freunde der Naturgeschichte in Mecklenburg.
Halle a. S.: Naturforschende Gesellschaft.

Halle a. S.: Kais. Leopoldino-Carolinische deutsche Akademie. — Leopoldina, Heft XXXVI, Nr. 12; Heft XXXVII. [Aa 62.]
Halle a. S.: Verein für Erdkunde. — Mitteil., Jahrg. 1901. [Fa 16.]
Hamburg: Naturhistorisches Museum. — Jahrbücher, Jahrg. XVII, mit Beiheft 1—4. [Aa 276.]
Hamburg: Naturwissenschaftlicher Verein. — Abhandl., Bd. XVI, 2. Hälfte. [Aa 293.] — Verhandl., III. Folge, 8. Heft. [Aa 293 b.]
Hamburg: Verein für naturwissenschaftliche Unterhaltung. — Verhandl., Bd. XI. [Aa 204.]
Hanau: Wetterauische Gesellschaft für die gesammte Naturkunde.
Hannover: Naturhistorische Gesellschaft. — Jahresber. 48 u. 49. [Aa 52.]
Hannover: Geographische Gesellschaft.
Heidelberg: Naturhistorisch-medicinischer Verein. — Verhandl., Bd. VI, Heft 4—5. [Aa 90.]
Hof: Nordoberfränkischer Verein für Natur-, Geschichts- und Landeskunde.
Karlsruhe: Naturwissenschaftlicher Verein. — Verhandl., Bd. XIV. [Aa 88.]
Karlsruhe: Badischer zoologischer Verein. — Mitteil., Nr. 1—10. [Ba 27.]
Kassel: Verein für Naturkunde. — Abhandl. und Bericht, Nr. 46. [Aa 242.]
Kassel: Verein für hessische Geschichte und Landeskunde. — Zeitschr., Bd. XXIV, 2. Heft; Bd. XXV; Mittheil., Jahrg. 1899 u. 1900. [Fa 21.]
Kiel: Naturwissenschaftlicher Verein für Schleswig-Holstein. — Schriften, Bd. XII, 1. Heft. [Aa 189.]
Köln: Redaction der Gaea. — Natur und Leben, Jahrg. 37. [Aa 41.]
Königsberg i. Pr.: Physikalisch-ökonomische Gesellschaft. — Schriften, 41. Jahrg. [Aa 81.] — Bericht über die Verwaltung des Ostpreussischen Provinzialmuseums von 1893—95. [Aa 81 b.]
Königsberg i. Pr.: Altertums-Gesellschaft Prussia.
Krefeld: Verein für Naturkunde.
Landshut: Botanischer Verein. — Bericht 16. [Ca 14.]
Leipzig: Naturforschende Gesellschaft. — Sitzungsber., Jahrg. 26 u. 27. [Aa 202.]
Leipzig: K. Sächsische Gesellschaft der Wissenschaften. — Berichte über die Verhandl., mathem.-phys. Classe, LII. Bd., Heft 6 u. 7; LIII. Bd., Heft 1—3. [Aa 290.]
Leipzig: K. Sächsische geologische Landesuntersuchung. — Erläuterungen zu Sect. Glauchau-Waldenburg (Bl. 94), 2. Aufl. [Dc 146.]
Lübeck: Geographische Gesellschaft und naturhistorisches Museum. — Mitteil., 2. Reihe, Heft 14 u. 15. [Aa 279 b.]
Lüneburg: Naturwissenschaftlicher Verein für das Fürstentum Lüneburg. — Jahresb. XV, mit Erinnerungsschrift. [Aa 210.]
Magdeburg: Naturwissenschaftlicher Verein.
Mainz: Römisch-germanisches Centralmuseum. — Bericht 1895—1900. [G 145.]
Mannheim: Verein für Naturkunde.
Marburg: Gesellschaft zur Beförderung der gesammten Naturwissenschaften. — Sitzungsber., Jahrg. 1899 u. 1900. [Aa 266.]
Meissen: Naturwissenschaftliche Gesellschaft „Isis". — Beobacht. d. Isis-Wetterwarte zu Meissen i. J. 1900. [Ec 40.] — Mittheilungen aus den Sitzungen des Vereinsjahres 1900—1901. [Aa 319.]
Münster: Westfälischer Provinzialverein für Wissenschaft und Kunst.
Neisse: Wissenschaftliche Gesellschaft „Philomathie". — 30. Bericht. [Aa 28.]

Nürnberg: Naturhistorische Gesellschaft. — Festschrift zur Säcularfeier 1901. [Aa 5.]
Offenbach: Verein für Naturkunde. — 37.—42. Bericht. [Aa 27.]
Osnabrück: Naturwissenschaftlicher Verein. — XIV. Jahresber. [Aa 177.]
Passau: Naturhistorischer Verein. — 18. Jahresber. [Aa 55.]
Posen: Naturwissenschaftlicher Verein. — Zeitschr. der botan. Abtheil., 7. Jahrg., Heft 3; 8. Jahrg., Heft 1—2. [Aa 316.]
Regensburg: Naturwissenschaftlicher Verein.
Regensburg: K. botanische Gesellschaft.
Reichenbach i. V.: Vogtländischer Verein für Naturkunde.
Reutlingen: Naturwissenschaftlicher Verein.
Schneeberg: Wissenschaftlicher Verein.
Stettin: Ornithologischer Verein. — Zeitschr. für Ornithologie und prakt. Geflügelzucht, Jahrg. XXV. [Bf 57.]
Stuttgart: Verein für vaterländische Naturkunde in Württemberg. — Jahreshefte, Jahrg. 57. [Aa 60.]
Stuttgart: Württembergischer Altertumsverein. — Württemberg. Vierteljahrshefte für Landesgeschichte, n. F., 10. Jahrg. [G 70.]
Tharandt: Redaction der landwirtschaftlichen Versuchsstationen. — Landwirtsch. Versuchsstationen, Bd. LV; LVI, Heft 1. (In der Bibliothek der Versuchsstation im botan. Garten.)
Thorn: Coppernicus-Verein für Wissenschaft und Kunst.
Trier: Gesellschaft für nützliche Forschungen. — Die Saecularfeier mit Festschr., 1901. [Aa 262.]
Ulm: Verein für Mathematik und Naturwissenschaften.
Ulm: Verein für Kunst und Altertum in Ulm und Oberschwaben.
Weimar: Thüringischer botanischer Verein. — Mittheil., n. F., 15. Heft. [Ca 23.]
Wernigerode: Naturwissenschaftlicher Verein des Harzes.
Wiesbaden: Nassauischer Verein für Naturkunde.
Würzburg: Physikalisch-medicinische Gesellschaft. — Sitzungsber., Jahrg. 1900. [Aa 85.]
Zerbst: Naturwissenschaftlicher Verein.
Zwickau: Verein für Naturkunde.

2. Oesterreich-Ungarn.

Aussig: Naturwissenschaftlicher Verein.
Bistritz: Gewerbelehrlingsschule. — XXV. Jahresber. [Jc 105.]
Brünn: Naturforschender Verein. — Verhandl., Bd. XXXVIII, u. 18. Bericht der meteorolog. Commission. [Aa 87.]
Brünn: Lehrerverein, Club für Naturkunde. — Bericht III. [Aa 330.]
Budapest: Ungarische geologische Gesellschaft. — Földtani Közlöny, XXX. köt., 10—12. füz.; XXXI. köt., 1—9. füz. [Da 25.]
Budapest: K. Ungarische naturwissenschaftliche Gesellschaft, und: Ungarische Akademie der Wissenschaften. — Mathemat. u. naturwissensch. Berichte, 14.—16. Bd. [Ea 37.]
Graz: Naturwissenschaftlicher Verein für Steiermark. — Mittheil., Jahrg. 1900. [Aa 72.]
Hermannstadt: Siebenbürgischer Verein für Naturwissenschaften. — Verhandl. und Mittheil., L. Jahrg. [Aa 94.]
Iglo: Ungarischer Karpathen-Verein.

Innsbruck: Naturwissenschaftlich-medicinischer Verein. — Berichte, XXVI. Jahrg. [Aa 171.]
Klagenfurt: Naturhistorisches Landes-Museum von Kärnthen. — Jahrbuch, 26. Heft. [Aa 42.] — Diagramme der magnet. u. meteorolog. Beobacht. zu Klagenfurt, 1900. [Ec 64.]
Krakau: Akademie der Wissenschaften. — Anzeiger, 1900, Nr. 10; 1901, Nr. 4—7. [Aa 302.]
Laibach: Musealverein für Krain.
Linz: Verein für Naturkunde in Oesterreich ob der Enns. — 30. Jahresber. [Aa 213.]
Linz: Museum Francisco-Carolinum. — 59. Bericht nebst der 53. Lieferung der Beiträge zur Landeskunde von Oesterreich ob der Enns. [Fa 9.]
Prag: Deutscher naturwissenschaftlich-medicinischer Verein für Böhmen „Lotos". — Sitzungsber., Bd. XX. [Aa 63.]
Prag: K. Böhmische Gesellschaft der Wissenschaften. — Sitzungsber., mathem.-naturwissensch. Cl., 1900. [Aa 269.] — Jahresber. für 1900. [Aa 270.]
Prag: Gesellschaft des Museums des Königreichs Böhmen. — Geschäftsber. 1900. [Aa 272.] — Památky archaeologické, dil. XVIII, seš. 6—8; dil. XIX, seš. 1—5. [G 71.] — Starožitnosti země české, dil. 1, svazek 2. [G 71.]
Prag: Lese- und Redehalle der deutschen Studenten. — Jahresber. für 1900. [Ja 70.]
Prag: Ceska Akademie Cisaře Františka Josefa. — Rozpravy, trida II, ročnik 9. [Aa 313.]
Presburg: Verein für Heil- und Naturkunde. — Verhandl., n. F., Heft 12. [Aa 92.]
Reichenberg: Verein der Naturfreunde. — Mittheil., Jahrg. 32. [Aa 70.]
Salzburg: Gesellschaft für Salzburger Landeskunde. — Mittheil., Bd. XL. [Aa 71.]
Temesvár: Südungarische Gesellschaft für Naturwissenschaften. — Természettudományi Füzetek, XXIV. köt., füz. 4; XXV. köt. [Aa 216.]
Trencsin: Naturwissenschaftlicher Verein des Trencsiner Comitates.
Triest: Museo civico di storia naturale.
Triest: Società Adriatica di scienze naturali.
Wien: Kais. Akademie der Wissenschaften. — Mittheil. der praehistor. Commission, Bd. 5. [G 111.] — Anzeiger, 1898, Nr. 13—27; 1899; 1900; 1901, Nr. 1—20. [Aa 11.]
Wien: Verein zur Verbreitung naturwissenschaftlicher Kenntnisse. — Schriften, Bd. XLI. [Aa 82.]
Wien: K. K. naturhistorisches Hofmuseum. — Annalen, Bd. XV, Nr. 3—4. [Aa 280.]
Wien: Anthropologische Gesellschaft. — Mittheil., Bd. XXX, Heft 6; Bd. XXXI, Heft 1—5; Generalregister zu Bd. XXI—XXX. [Bd 1.]
Wien: K. K. geologische Reichsanstalt. — Abhandl., Bd. XVI, Heft 1. [Da 1.] — Jahrbuch, Bd. L, Heft 2. [Da 4.] — Verhandl., 1900, Nr. 13—18; 1901, Nr. 1—14. [Da 16.] — Geologische Karte der Oesterreich-Ungarischen Monarchie, S.-W.-Gruppe, Nr. 71 u. Nr. 121, mit Erläut. [Da 83.]
Wien: K. K. zoologisch-botanische Gesellschaft. — Verhandl., Bd. L, u. Festschrift. [Aa 95.]
Wien: Naturwissenschaftlicher Verein an der Universität.
Wien: Central-Anstalt für Meteorologie und Erdmagnetismus. — Jahrbücher, Jahrg. 1898; 1899, 1. Theil. [Ec 82.]

3. Rumänien.

Bukarest: Institut météorologique de Roumanie.

4. Schweiz.

Aarau: Aargauische naturforschende Gesellschaft. — Mittheil., Heft 9. [Aa 317.]
Basel: Naturforschende Gesellschaft. — Verhandl., Bd. XIII, Heft 1—2; Register für Bd. XI—XII; Bd. XIV. [Aa 86.]
Bern: Naturforschende Gesellschaft. — Mittheil., Nr. 1451—1490. [Aa 254.]
Bern: Schweizerische botanische Gesellschaft. — Berichte, Heft 11. [Ca 24.]
Bern: Schweizerische naturforschende Gesellschaft. — Verhandl. der 82. u. 83. Jahresversammlung. [Aa 255.]
Chur: Naturforschende Gesellschaft Graubündens.
Frauenfeld: Thurgauische naturforschende Gesellschaft. — Mitteil., Heft 14. [Aa 261.]
Freiburg: Société Fribourgeoise des sciences naturelles. — Bulletin, vol. VIII. [Aa 264.] — Mémoires: Chemie, Bd. I, no. 1—2; Botanik, Bd. I, no. 1; Geologie und Geographie, Bd. I. [Aa 264 b.]
St. Gallen: Naturforschende Gesellschaft. — Bericht für 1898—99. [Aa 23.]
Lausanne: Société Vaudoise des sciences naturelles. — Bulletin, 4. sér., vol. XXXVI, no. 138; vol. XXXVII, no. 139—141. [Aa 248.]
Neuchatel: Société des sciences naturelles.
Schaffhausen: Schweizerische entomologische Gesellschaft. — Mittheil., Vol. X, Heft 8. [Bk 222.]
Sion: La Murithienne, société Valaisanne des sciences naturelles.
Winterthur: Naturwissenschaftliche Gesellschaft.
Zürich: Naturforschende Gesellschaft. — Vierteljahrsschr., Jahrg. 45, Heft 3—4; Jahrg. 46, Heft 1—2. [Aa 96.] — Neujahrsbl. 1901. [Aa 96 b.]

5. Frankreich.

Amiens: Société Linnéenne du nord de la France.
Bordeaux: Société des sciences physiques et naturelles. — Mémoires, sér. 5, tome V, cah. 2; appendice au tome V; procès verbaux, année 1899—1900. [Aa 253.]
Cherbourg: Société nationale des sciences naturelles et mathématiques. — Mémoires, tome XXXI. [Aa 137.]
Dijon: Académie des sciences, arts et belles lettres. — Mémoires, tome VII. [Aa 138.]
Le Mans: Société d'agriculture, sciences et arts de la Sarthe. — Bulletin, tome XXIX, fasc. 4; tome XXX, fasc. 1. [Aa 221.]
Lyon: Société Linnéenne.
Lyon: Société d'agriculture, sciences et industrie.
Lyon: Académie des sciences et lettres.
Paris: Société zoologique de France. — Bulletin, tome XXV. [Ba 24.]
Toulouse: Société Française de botanique.

6. Belgien.

Brüssel: Société royale malacologique de Belgique. — Annales, tome XXXIV bis XXXV. [Bi 1.]
Brüssel: Société entomologique de Belgique. — Annales, tome XLIV. [Bk 13.] — Mémoires, tome VIII. [Bk 13 b.]

Brüssel: Société royale de botanique de Belgique. — Bulletin, tome XXXIX. [Ca 16.]
Gembloux: Station agronomique de l'état. — Bulletin, no. 69—70. [IIb 75.]
Lüttich: Société géologique de Belgique.

7. Holland.

Gent: Kruidkundig Genootschap „Dodonaea".
Groningen: Natuurkundig Genootschap. — Centralbureau voor de Kennis van de Provincie Groningen en omgelegen streken: Bijdragen, deel I, stuk 3—4. [Jc 80 b.]
Harlem: Musée Teyler. — Archives, sér. II, vol. VII, p. 3. [Aa 217.]
Harlem: Société Hollandaise des sciences. — Archives Néerlandaises des sciences exactes et naturelles, sér. II, tome IV, livr. 2—3; tome V u. VI. [Aa 257.]

8. Luxemburg.

Luxemburg: Société botanique du Grandduché de Luxembourg. — Mémoires et travaux, Nr. XIV. [Ca 11.]
Luxemburg: Institut grand-ducal. — Publications. tome XXVI. [Aa 144.]
Luxemburg: Verein Luxemburger Naturfreunde „Fauna". — Mittheil., 10. Jahrg. [Ba 26.]

9. Italien.

Brescia: Ateneo. — Commentari per l'anno 1900. [Aa 199.]
Catania: Accademia Gioenia di scienze naturale. — Atti, ser. 4, vol. XIII. [Aa 149.] — Bollettino, fasc. LXIV—LXX. [Aa 149 b.]
Florenz: R. Instituto. — Section für Physik und Naturgesch., Publicat., Nr. 28—29; Section für Medicin und Chirurgie, Publicat., Nr. 16, 18—20. [Aa 229.]
Florenz: Società entomologica Italiana. — Bullettino, anno XXXII, tr. 4; anno XXXIII, tr. 1—2. [Bk 193.]
Mailand: Società Italiana di scienze naturali. — Atti, vol. XXXIX, fasc. 3—4; vol. XL, fasc. 1—3. [Aa 150.] — Memorie, vol. VI, fasc. 3. [Aa 150 b.]
Mailand: R. Instituto Lombardo di scienze e lettere. — Rendiconti, ser. 2, vol. XXXIII. [Aa 161.] — Memorie, vol. XVIII, fasc. 11; vol. XIX, fasc. 1—4. [Aa 167.]
Modena: Società dei naturalisti.
Padua: Società Veneto Trentina di scienze naturali.
Palermo: Società di scienze naturali ed economiche. — Giornale, vol. XXII. [Aa 334.]
Parma: Redazione del Bullettino di paletnologia Italiana.
Pisa: Società Toscana di scienze naturali. — Processi verbali, vol. XII (25. XI. 1900 — 5. V. 1901.) [Aa 209.]
Rom: Accademia dei Lincei. — Atti, Rendiconti, ser. 5, vol. IX, 2. sem., fasc. 11—12; vol. X, 1. sem.; 2. sem., fasc. 1—11. [Aa 226.]
Rom: R. Comitato geologico d'Italia.
Turin: Società meteorologica Italiana. — Bollettino mensuale, ser. II, vol. XX, no. 7—12; vol. XXI. no. 1—8. [Ec 2.]
Venedig: R. Instituto Veneto di scienze, lettere e arti.
Verona: Accademia di Verona. — Atti e Memoire, ser. IV, vol. I., fasc. 1. [Ha 14.]

10. Grossbritannien und Irland.

Dublin: Royal geological society of Irland.
Edinburg: Geological Society. — Transactions, vol. VIII, p. 1. [Da 14.]
Edinburg: Scottish meteorological society. — Journal, new. ser., no. 70—79. [Ec 3.]
Glasgow: Natural history society.
Glasgow: Geological society.
Manchester: Geological society. — Transactions, vol. XXVII, p. 1—7. [Da 20.]
Newcastle-upon-Tyne: Tyneside naturalists field club, und: Natural history society of Northumberland, Durham and Newcastle-upon-Tyne.

11. Schweden, Norwegen.

Bergen: Museum. — Aarsberetning 1900; Aarbog 1900, 2. Heft und 1901, 1. Heft. [Aa 294.] — Meeresfauna von Bergen, Heft 1. [Aa 294b.]
Christiania: Universität.
Christiania: Foreningen til Norske fortidsmindesmerkaers bevaring. — Aarsberetning for 1898—1900. [G 2.] — Kunst og handverk fra Norges fortid, 2. Reihe, Heft 4. [G 81.]
Stockholm: Entomologiska Föreningen. — Entomologisk Tidskrift, Arg. 21. [Bk 12.]
Stockholm: K. Vitterhets Historie och Antiqvitets Akademien. — Månadsblad, 1896 u. 1900. [G 135 a.]
Tromsoe: Museum. — Aarsberetning 1898—1900; Aarshefter XXIII. [Aa 243.]
Upsala: Geological institution of the university. — Bulletin, vol. V, p. 1. [Da 30.]

12. Russland.

Ekatharinenburg: Société Ouralienne d'amateurs des sciences naturelles. — Bulletin, tome XXII. [Aa 259.]
Helsingfors: Societas pro fauna et flora fennica.
Kharkow: Société des naturalistes à l'université impériale.
Kiew: Société des naturalistes. — Mémoires, tome XVI, livr. 2. [Aa 298.]
Moskau: Société impériale des naturalistes. — Bulletin, 1900; 1901, no. 1—2. [Aa 134.]
Odessa: Société des naturalistes de la Nouvelle-Russie. — Mémoires, tome XXIII, p. 1—2. [Aa 256.]
Petersburg: Kais. botanischer Garten. — Acta horti Petropolitani, tome XVI; tome XVIII, fasc. 1—3. [Ca 10.]
Petersburg: Comité géologique. — Bulletins, vol. XIX; XX, no. 1—6. [Da 23.] — Mémoires, vol. XIII, no. 3; vol. XVIII, no. 1—2. — Bibliothèque géologique de la Russie, 1897. [Da 24.]
Petersburg: Physikalisches Centralobservatorium. — Annalen, Jahrg. 1899. [Ec 7.]
Petersburg: Académie impériale des sciences. — Bulletin, nouv. série V, tome XII, no. 2—5; tome XIII, no. 1—3. [Aa 315.]
Petersburg: Kaiserl. mineralogische Gesellschaft. — Verhandl., 2. Ser., Bd. 38, Lief. 2; Bd. 39, Lief. 1. [Da 29.] — Travaux de la section géologique du cabinet de sa majesté, vol. III, livr. 2; vol. IV. [Da 29 c.]
Riga: Naturforscher-Verein. — Arbeiten, n. F., 10. Heft. [Aa 12.] — Korrespondenzblatt, XLIV. [Aa 34.]

II. Amerika.

1. Nord-Amerika.

Albany: New York state museum of natural history. Annual report 49, p. 3; 50, p. 2; 51. [Aa 119.]

Baltimore: John Hopkins university. — University circulars, vol. XIX, no. 144—147; vol. XX, no. 148—153; vol. XXI, no. 154. [Aa 278.] — American journal of mathematics, vol. XXII, no. 2—4; vol. XXIII. [Ea 38.] — American chemical journal, vol. XXIII, no. 5—6; vol. XXIV; vol. XXV; vol. XXVI, no. 1—3. [Ed 60.] — Studies in histor. and politic. science, ser. XVIII, no. 5—12; ser. XIX, no. 1—9. [Fb 125.] — American journal of philology, vol. XXI, no. 1—4; vol. XXII, no. 1—2. [Ja 64.] — Maryland geological survey, Allegany county, w. Atlas; Maryland and its natural recources; eocene report. [Da 35.]

Berkeley: University of California. — Departement of geology: Bulletin II, no. 7; register 1899—1900, vol. II, no. 1; presidents report, vol. II, no. 3; library bulletin, no. 13. [Da 31.]

Boston: Society of natural history. — Proceedings, vol. XXIX, no. 9—14. [Aa 111.] — Memoirs, vol. V, no. 6—7. [Aa 106.]

Boston: American academy of arts and sciences. — Proceedings, new ser., vol. XXXVI, 9—29; vol. XXXVII, 1—3. [Aa 170.] — Occasional papers, vol. 1, p. 3. [Aa 111 b.]

Buffalo: Society of natural sciences. — Bulletin, vol. VII, no. 1. [Aa 185.]

Cambridge: Museum of comparative zoology. — Bulletin, vol. XXXVI, no. 5—8; vol. XXXVII, no. 3; vol. XXXVIII, no. 1—4; vol. XXXIX, no. 1. — Annual report 1898—1901. [Ba 14.]

Chicago: Academy of sciences.

Chicago: Field Columbian Museum. — Publications 45, 51—59. [Aa 324.]

Davenport: Academy of natural sciences.

Halifax: Nova Scotian institute of natural science. — Proceedings and transactions, 2. ser., vol. III, p. 2. [Aa 304.]

Laurence: Kansas University. — Quarterly, series A: Science and mathematics, vol. IX, no. 3—4; vol. X, no. 1—2. [Aa 328.]

Madison: Wisconsin Academy of sciences, arts and letters. — Transactions, vol. XII, p. 2; vol. XIII, p. 1. [Aa 206.]

Mexiko: Sociedad cientifica „Antonio Alzate". — Memorias y Revista, tomo XIII, cuad. 1—2; tomo XIV, cuad. 11—12; tomo XV, cuad. 1—10. [Aa 291.]

Mexiko: Instituto geologico de Mexico: Bosquejo geologico, boletin 10—13. [Da 32.].

Milwaukee: Public Museum of the City of Milwaukee.

Milwaukee: Wisconsin natural history society. — Bulletin, new ser., vol. I, no. 3—4. [Aa 233.]

Montreal: Natural history society. — The canadian record of science, vol. VIII, no. 6. [Aa 109.]

New-Haven: Connecticut academy of arts and sciences. — Transactions, vol. X, p. 2. [Aa 124.]

New-York: Academy of sciences. — Annals, vol. XIII, no. 1—3. [Aa 101.] — Memoirs, vol. II, p. 2—3. [Aa 258 b.]

New-York: American museum of natural history.

Philadelphia: Academy of natural sciences. — Proceedings, 1900, p. II—III; 1901, p. I. [Aa 117.]

Philadelphia: American philosophical society. — Proceedings, vol. XXXIX; vol. XL. [Aa 283.]
Philadelphia: Wagner free institute of science.
Philadelphia: Zoological society. — Annual report 29. [Ha 22.]
Rochester: Academy of science. — Proceedings, vol. IV, pag. 1—64. [Aa 312.]
Rochester: Geological society of America. — Bulletin, vol. XI; Index to vol. I—X. [Da 28.]
Salem: Essex Institute.
San Francisco: California academy of sciences. — Proceedings, 3. ser., vol. II, no. 1—6. [Aa 112.] — Occasinal papers, vol. VII. [Aa 112b.]
St. Louis: Academy of science. — Transactions, vol. IX, no. 6—9; vol. X, no. 1—8. [Aa 125.]
St. Louis: Missouri botanical garden. — 12. annual report. [Ca 25.]
Topeka: Kansas academy of science.
Toronto: Canadian institute. — Proceedings, vol. II, p. 4. [Aa 222.] — Transactions, vol. VII, p. 1. [Aa 222b.]
Tufts College.
Washington: Smithsonian institution. — Annual report 1898 und 1899. — Report of the U. St. nat. museum, 1897, p. 2; 1898; 1899. [Aa 120c.]
Washington: United States geological survey. — XX. annual report, p. 2—7; XXI. annual report, p. 1, 6. [Dc 120a.] — Bulletin, no. 168 bis 176. [Dc 120b.] — Monographs, vol. XXXIX u. XL. [Dc 120c.] — Preliminary report on the Cape Nome gold region Alaska. [Dc 120d.]
Washington: Bureau of education.

2. Süd-Amerika.

Buenos-Aires: Museo nacional. — Communicaciones, tomo I, no. 8—9. [Aa 147b.]
Buenos-Aires: Sociedad cientifica Argentina. — Anales, tomo L, entr. 4—6; tomo LI; tomo LII, entr. 1—3. [Aa 230.]
Cordoba: Academia nacional de ciencias. — Boletin, tomo XVI, entr. 2—4. [Aa 208a.]
Montevideo: Museo nacional. — Anales, fasc. XVII—XXI. [Aa 326.]
Rio de Janeiro: Museo nacional.
San José: Instituto fisico-geografico y del museo nacional de Costa Rica. — Insectos, Moluscos de Costa Rica. [Aa 207.]
Sao Paulo: Commissao geographica e geologica de S. Paulo.
La Plata: Museum.
Santiago de Chile: Deutscher wissenschaftlicher Verein.

III. Asien.

Batavia: K. naturkundige Vereeniging. — Natuurk. Tijdschrift voor Nederlandsch Indie, Deel 60. [Aa 250.]
Calcutta: Geological survey of India. — Memoirs, vol. XXVIII, p. 2; vol. XXX, p. 2; vol. XXXI, p. 1; vol. XXXIII, p. 1. [Da 8.] — Palaeontologia Indica, ser. XV, vol. III, p. 2; ser. IX, vol. II, p. 2; vol. III, p. 1; new. ser., vol. I, p. 3. [Da 9.] — General report 1900—1901. [Da 18.]
Tokio: Deutsche Gesellschaft für Natur- und Völkerkunde Ostasiens. — Mittheil., Bd. VIII, Th. 2 u. Supplem. [Aa 167.]

IV. Australien.

Melbourne: Mining department of Victoria. — Annual report of the secretary for mines, 1900. [Da 21.]

B. Durch Geschenke.

Aquila, Zeitschrift für Ornithologie. Jahrg. V—VI. [Bf 68.]
Beythien, A.: 11 Separata über Untersuchungen der Nahrungs- und Genussmittel. 1900. [Hb 129k—q.]
Blanford, W. T.: The distribution of vertebrate animals in India, Ceylon and Burma. Sep. 1901. [Bb 59b.]
Conwentz, H.: Subfossile Reste der Wassernuss. Sep. 1900. [Cd 109b].
Credner, H.: Die vogtländischen Erdbebenschwärme während des Juli und des August. Sep. 1900. [Dc 137i.]
Credner, H.: Das sächsische Schüttergebiet des Sudetischen Erdbebens am 10. Januar 1901. Sep. [Dc 137k.]
Credner, H.: Armorika. Sep. 1901. [Dc 137l.]
Dathe, E.: 6 Separata über geologische Verhältnisse in Schlesien. [Dc 106k—p.]
Deichmüller, J.: Die steinzeitlichen Funde im Königreich Sachsen. Sep. 1900. [G 119c.]
Engelhardt, H.: Ueber Tertiärpflanzen vom Himmelsberge bei Fulda. Sep. 1901. [Dd 94r.]
Frenzel, A.: Ueber den Plusinglanz. Sep. 1901. [Db 93h.]
Fritsch, A.: Fauna der Gaskohle und der Kalksteine der Permformation Böhmens. Bd. IV, Heft 3. [Dd 19.]
Geinitz, E.: Mittheilungen aus der Grossherzogl. Mecklenburgischen Landesanstalt. Nr. XII u. XIII. [Dc 217b—i.]
Goppelsroeder, F.: Capillaranalyse und das Emporsteigen der Farbstoffe in den Pflanzen. Sep. 1901. [Cc 66.]
Hartmann, G.: Die kreisende Energie als Grundgesetz der Natur. [Eh 47.]
Haug, H.: Vergleichende Erdkunde und alttestamentlich-geographische Weltgeschichte. Mit Atlas. 1894. [Fb 133.]
Maiden, J.: Botanic gardens and domains in Sydney. Report for 1899. [Cd 118.]
Möhl, H.: Die Witterungsverhältnisse des Jahres 1900. [Ec 91.]
Neupert, C.: Mechanik des Himmels und der Moleküle. 1901. [Ea 47.]
Niedenzu, F.: Arbeiten aus dem botanischen Institut in Braunsberg, Ostpreussen. I. [Cd 124.]
Passalsky, P.: Anomalies magnétiques dans la région des mines de Krivoi-Rog. 1901. [Ec 98.]
Raleigh: Elisha Mitchell scientific society.—Journal, vol. XVII, p. 1—2. [Aa 300.]
Rütimeyer, L.: Gesammelte kleine Schriften. [Ab 90.]
Salonique: Bulletin annuaire de la station météorologique, 1899. [Ec 89.]
Sars, G.: An account of the Crustacea of Norway, vol. IV, p. 1—2. [Bl 29b.]
Schmidt, E. v.: Eine neue physiolog. Thatsache psycholog. gedeutet. [Ic 47.]
Staudinger, O.: Biogr., gegeben von Prof. O. Schneider. Sep. 1900. [Jh 86.]
Sterzel, J. T.: 6 Separata. [Dd 93i—o.]
Stevensen, J.: 7 Separata. [Dc 222g—n.]
Stossich, M.: Osservazioni elmintologiche. Sep. 1901. [Bm 64hh.]
Stübel, A.: Ein Wort über den Sitz der vulkanischen Kräfte in der Gegenwart. [Dc 237h.]
Theile, F.: Selbstbiographie. [Jb 79b.]

Thonner, F.: Excursionsflora von Europa. 1901. [Cd 125.]
Voretzsch, M.: Die Beziehungen des Kurfürsten Ernst und des Herzogs Albrecht von Sachsen zur Stadt Altenburg. Sep. [G 146.]
Wien: K. K. Central-Commission für Erforschung und Erhaltung der Kunst- und historischen Denkmale. Bericht für 1900. [G 142.]
Wislicenus, H.: Zur Beurtheilung und Abwehr von Rauchschäden. Sep. 1901. [Ed 70.]
Wolf, F.: Unser Rochlitz. 1901. [Ja 61.]
Wolf, Th.: Potentillenstudien, I. 1901. [Cd 128.]
Worgitzky, G.: Blütengeheimnisse. 1901. [Cc 68.]
Ziegler, J. und *König, W.*: Das Klima von Frankfurt a. M. [Ec 85.]

C. Durch Kauf.

Abhandlungen der Senckenbergischen naturforschenden Gesellschaft. Bd. XXV, Heft 2; Bd. XXVI, Heft 3; Bd. XXVIII. [Aa 9.]
Anzeiger für Schweizer Alterthümer, neue Folge, Bd. III, Heft 1, mit Beil. [G 1.]
Anzeiger, zoologischer, Jahrg. XXIV. [Ba 21.]
Bronn's Klassen und Ordnungen des Thierreichs, Bd. II, Abth. 3 (Echinodermen), Lief. 37—43; Bd. III (Mollusca), Lief. 54—61; Suppl., Lief. 26—30; Bd. V (Crustacea), Abth. 2, Lief. 60—62; Bd. VI, Abth. 1 (Pisces), Lief. 1. [Bb 54.]
Gebirgsverein für die Sächsische Schweiz: Ueber Berg und Thal, Jahrg. 1901. [Fa 19.]
Hedwigia, Bd. 40. [Ca 2.]
Jahrbuch des Schweizer Alpenclub, Jahrg. 36. [Fa 5.]
Monatsschrift, deutsche botanische, Jahrg. 19. [Ca 22.]
Nachrichten, entomologische, Jahrg. 17. [Bk 235.] (Vom Isis-Lesezirkel.)
Natur, Jahrg. 49. [Aa 76.] (Vom Isis-Lesezirkel.)
Prähistorische Blätter, Jahrg. XIII. [G 112.]
Suess, E.: Das Antlitz der Erde. Bd. III, 1. [Dc 161.]
Wochenschrift, naturwissenschaftliche, Bd. XVI. [Aa 311.] (Vom Isis-Lesezirkel.)
Zeitschrift, allgemeine, für Entomologie, Bd. VI. [Bk 245.]
Zeitschrift für die gesammten Naturwissenschaften, Bd. 73, Nr. 3—6; Bd. 74, Nr. 1—2. [Aa 98.]
Zeitschrift für Meteorologie, Bd. 18. [Ec 66.]
Zeitschrift für wissenschaftliche Mikroskopie, Bd. XVII, Heft 2—4; Bd. XVIII, Heft 1—2. [Ee 16.]
Zeitschrift, Oesterreichische botanische, Jahrg. 51. [Ca 8.]
Zeitung, botanische, Jahrg. 59. [Ca 9.]

Abgeschlossen am 31. December 1901.

C. Schiller,
Bibliothekar der „Isis".

Zu besserer Ausnutzung unserer Bibliothek ist für die Mitglieder der „Isis" ein **Lesezirkel** eingerichtet worden. Gegen einen jährlichen Beitrag von 3 Mark können eine grosse Anzahl Schriften bei Selbstbeförderung der Lesemappen zu Hause gelesen werden. Anmeldungen nimmt der Bibliothekar entgegen.

Abhandlungen

der

Naturwissenschaftlichen Gesellschaft

ISIS

in Dresden.

1901.

I. Charles Hermite *).

Von Martin Krause.

Am 14. Januar d. J. starb in Paris der Altmeister der französischen Mathematiker, Charles Hermite. Ein Leben, ausgefüllt von der reinsten und tiefsten Pflege unserer schönen Wissenschaft, reich an Erfolgen und Ehren, nahm damit sein schmerzliches Ende. Wie weit verbreitet und hochangesehen der Name Hermite war, wie einschneidend und mächtig seine Arbeiten auf den verschiedenen Gebieten unserer Wissenschaft gewirkt hatten, das zeigte sich vor allem an seinem 70. Geburtstage, den er am 24. December 1892 in voller geistiger und körperlicher Frische verleben durfte. Die gesammten Mathematiker Frankreichs vereinigten sich mit vielen Hunderten von Mathematikern aus der ganzen civilisirten Welt, darunter die besten Namen, um ihm ihre Huldigung und den Ausdruck ihrer Dankbarkeit darzubringen.

Wir Deutschen haben besonderen Grund, seiner mit Pietät zu gedenken. Als junger Student sandte er seine Erstlingsarbeiten an Jacobi, aus dessen Schriften sie hervorgegangen waren, und nahm von ihm die ersten Lorbeeren in seinem an Erfolgen so reichen Leben entgegen. Jacobi's Einfluss hat ihn sein Leben lang begleitet — die Fundamenta nova lagen stets auf seinem Arbeitstische — daneben aber verbanden ihn unausgesetzt enge wissenschaftliche und persönliche Beziehungen mit den besten unserer deutschen Mathematiker, mit Borchardt, Kronecker, Heine und vielen der jetzt noch Lebenden. In einer etwas dürren Zeit war es ihm beschieden, das Studium der Werke von Gauss und von Jacobi in Frankreich heimisch zu machen, und während seines ganzen wissenschaftlichen Lebens war er ein Vermittler der deutschen und der französischen Mathematik. Als Rosenhain, als Kronecker, Kummer und Weierstrass uns durch den unerbittlichen Tod entrissen wurden, da war er es, der ihren Verlust in der französischen Academie verkündigte und dem Schmerze um denselben beredten Ausdruck gab. Als die Universität Heidelberg im Jahre 1886 ihr fünfhundertjähriges Jubiläum feierte, da nahm er als Ehrengast und Vertreter der französischen Academie daran Theil, kurz, bei allen Gelegenheiten, wo er konnte, zeigte er sein Interesse und seine Sympathie für unsere deutsche Wissenschaft.

---

*) Vortrag, gehalten in der mathematischen Section der naturwissenschaftlichen Gesellschaft Isis in Dresden am 18. April 1901.

Umgekehrt aber ist sein Einfluss auf die Entwickelung der mathematischen Studien in Deutschland in den letzten Jahrzehnten ein grosser und mächtiger gewesen. In erster Linie waren es naturgemäss seine Schriften, die sich hierbei wirksam zeigten, zumal ein wichtiger Theil derselben in deutschen Journalen veröffentlicht ist, daneben aber war es auch der Einfluss seiner ebenso liebenswürdigen, wie mächtigen Persönlichkeit, die sich in seinen Briefen an alle diejenigen aussprach, die sich ihm wissenschaftlich nahten. In seiner Begrüssungsrede am 24. December 1892 sagte Herr Darboux mit vollem Recht: „Accueillant avec bienveillance toutes les communications, M. Hermite n'a pas tardé à entrer en relations avec les étudiants et les géomètres du monde entier. Répondant à tous, au plus humble comme au plus illustre, sans mesurer son temps ni sa peine, que de fois il a su répandre d'une main libérale, et sans rien réclamer pour lui même, ces indications géniales, qui communiquées à un esprit bien doué, peuvent l'éclairir subitement, lui faire franchir le pas difficile et lui inspirer une longue suite d'excellents travaux."

Unter diesem Briefwechsel nimmt der mit deutschen Mathematikern einen hervorragenden Platz ein. Selbstverständlich ist es nicht möglich, das von hier aus statistisch festzustellen, sicher aber hat Hermite durch seine stets anerkennende, aufmunternde und liebenswürdige Art auf viele unserer deutschen Fachgenossen in glücklichster Weise gewirkt.

Da ist es denn eine Pflicht der Pietät, wenn seiner auch bei uns in dankbarer und eingehender Weise gedacht wird.

Ueber die äusseren Lebensschicksale Hermite's ist mir nur wenig bekannt geworden. Zu Dieuze in Lothringen im Jahre 1822 geboren, besuchte er nach einander das Lyceum von Nancy und die Lyceen „Henry IV" und „Louis le Grand" in Paris. Schon auf der Schule fesselte ihn die Lectüre mathematischer Werke, insbesondere der Algebra von Lagrange und der Zahlentheorie von Gauss. Er pflegte später öfters zu bemerken, dass es vor allem diese Werke gewesen seien, aus denen er Algebra gelernt habe. Ende 1842 bezog er die polytechnische Schule in Paris in der Absicht, Ingenieur zu werden. Hier fesselte ihn aber das Studium der reinen Mathematik in dem Grade, dass er die praktische Laufbahn aufgab und sich ganz der reinen Mathematik zuwandte. 1848 begann Hermite als Repetent für analytische Mathematik am Polytechnicum seine Lehrthätigkeit. Im Jahre 1856 wurde er zum Mitgliede der Pariser Academie der Wissenschaften gewählt, im Jahre 1862 schaffte man für ihn einen Lehrstuhl an der École Normale, nur wenig später wurde er zu gleicher Zeit Professor an der École Polytechnique und an der Sorbonne. Hier entfaltete er eine äusserlich und innerlich reich gesegnete und bedeutungsvolle Thätigkeit, unter anderem war es ihm vergönnt, jene hervorragenden jungen Männer zu seinen begeisterten Schülern zu zählen, die jetzt den ersten Platz unter den Mathematikern Frankreichs einnehmen.

Bewunderungswürdig war die geistige Frische, die er sich bis an sein Ende bewahrte. Bis in die letzten Lebensjahre hinein noch schöpferisch thätig, beobachtete er die mathematische Entwickelung der neuesten Zeit mit Liebe und mit Interesse. Fand auch nicht jede Phase derselben seine Zustimmung, so schied er doch mit der Ueberzeugung und der Gewissheit aus dem Leben, dass der Mathematik im 20. Jahrhundert eine glückliche und grosse Zukunft gewiss sei.

Die Zahl der in vielen Zeitschriften der verschiedensten Länder zerstreuten Arbeiten von Hermite ist eine sehr bedeutende, die Arbeiten selbst erstrecken sich im wesentlichen auf drei Gebiete, die Analysis, die Algebra und die Zahlentheorie.

Es kann mir nicht beikommen, im Laufe einer kurzen Stunde eine eingehende und abgeschlossene Würdigung aller dieser vielen Arbeiten geben und damit den wissenschaftlichen Inhalt eines so überaus reichen und gesegneten Lebens erschöpfend darstellen zu wollen. Schon die Art seiner Arbeiten würde das unmöglich machen. Mit dem sicheren Blicke des Genies hat Hermite es verstanden, Probleme herauszufinden und zu bearbeiten, die den Keim einer grossen Entwickelung in sich trugen, und hat dieser Entwickelung die Wege gezeigt und geebnet. Unter solchen Umständen schliesst eine eingehende Darstellung seiner Arbeiten zu gleicher Zeit die Geschichte grösserer mathematischer Disciplinen in den letzten fünfzig Jahren in sich und würde mehr Zeit beanspruchen als mir zur Verfügung steht. Ich will mich daher damit begnügen, gewisse Arbeiten analytischen Charakters zusammen mit ihren Anwendungen auf Algebra und Zahlentheorie in etwas ausführlicherer Weise zu besprechen, die übrigen Arbeiten Hermite's dagegen nur kurz zu charakterisiren.

Eine überaus grosse Anzahl analytischer Arbeiten, die ihn vor allem in den späteren Jahren seines Lebens in Anspruch nahmen, fällt in das Gebiet der Differential- und Integralrechnung sammt deren mannigfachen Anwendungen und Beziehungen zu anderen Theorien, wie der Theorie der Fourier'schen Reihen, der elementaren, der Kugel, der Bernoulli'schen und der Gammafunctionen. Es sind vielfach kleinere Aufgaben, die hier behandelt werden. Hermite liebte es, einzelne specielle Probleme, auch solche, die schon von anderen Analytikern behandelt waren, herauszugreifen und in eigenartiger Weise zu Ende zu führen. Hierhin gehören Aufgaben aus der Theorie der höheren Differentialquotienten, der Mac-Laurin'schen Reihe, der Interpolationstheorie, der Partialbruch-Entwickelung gebrochener Functionen, der Auswerthung bestimmter und unbestimmter Integrale, Beziehungen zwischen der Integralrechnung und den Kettenbrüchen, Entwickelung wichtiger Eigenschaften der Gammafunctionen und ähnliche Probleme. Es sind nicht immer die höchsten Aufgaben, die sich hier darbieten, gleichbleibend ist aber das analytische Geschick und die Originalität in der Behandlung derselben. Es zeigt sich eine Meisterschaft und eine Feinheit in der Behandlung des Calcüls, wie sie vor ihm etwa Cauchy besessen hat und wie sie heute immer mehr und mehr im Verschwinden begriffen ist.

Unter allen jenen vielen Arbeiten dürften nun wohl den ersten Platz diejenigen über die Kettenbrüche einnehmen, die ihn lange beschäftigten, ihn im Jahre 1873 zu der folgenschweren Untersuchung über die Zahl e führten und damit die Brücke zur Lösung des Quadraturproblemes des Kreises abgaben. Jahrhunderte lang hatten sich Berufene und Unberufene damit beschäftigt, die Quadratur des Kreises mit Hülfe von Zirkel und Lineal durchzuführen, ohne weder dieses Problem lösen, noch die Unmöglichkeit seiner Lösung nachweisen zu können. Es ist das grosse Verdienst von Hermite, hier die Wege geebnet zu haben. Im Jahre 1873 erschien die schon angedeutete Arbeit über die Zahl e. In ihr wies er nach, dass e nicht Wurzel einer algebraischen Gleichung irgend welchen Grades mit rationalen Coefficienten sein kann und zwar geschah der Nachweis mit Hülfe gewisser Relationen zwischen bestimmten Integralen, die auf's engste mit der Theorie der Kettenbrüche zusammenhängen. Hermite konnte damals einen Zusammenhang zwischen seinen Theorien und dem Quadraturproblem nicht entdecken oder doch nicht durchführen — wenigstens schreibt er in demselben Jahre 1873 an Borchardt: „Je ne me hasarderai point à la recherche d'une démonstration de la transcendance du nombre π. Que d'autres tentent l'entreprise, nul ne sera plus heureux que moi de leur succès, mais croyez-m'en, mon cher ami, il ne laissera pas de leur coûter quelques efforts".

Und doch bildeten seine Untersuchungen die wesentliche Grundlage für die Lösung des Problems, die im Jahre 1882 von Herrn Lindemann gegeben wurde und allen bisherigen Versuchen einen glänzenden Abschluss gab. Muss hiernach Herrn Lindemann schlechterdings die endgültige Lösung des berühmten Problems als grosses Verdienst zugeschrieben werden, so darf doch auch das Verdienst von Hermite hierbei nicht ausser Acht gelassen werden. Mit Recht bemerkt hierzu Herr Camille Jordan: „On se ferait une idée bien incomplète du rôle des grands esprits en les mesurant exclusivement sur les vérités nouvelles qu'ils ont énoncées explicitement. Les méthodes qu'ils ont léguées à leurs successeurs, en leur laissant le soin de les appliquer à de nouveaux problèmes qu'eux-mêmes ne prévoyaient peut-être pas, constituent une autre part de leur gloire et parfois la principale, comme le montre l'exemple de Leibnitz".

Wir kommen nunmehr zu einer zweiten grossen Kategorie von Arbeiten, die sich auf die Theorie der elliptischen und hyperelliptischen Transcendenten und deren mannigfache Anwendungen beziehen. Wie ein rother Faden ziehen sich diese Arbeiten durch das Leben von Hermite — sie beginnen mit dem Jahre 1843, werden zeitweise durch andere Arbeiten durchbrochen, kehren aber bis in sein spätes Alter immer wieder. In einer seiner ersten Arbeiten aus diesem Gebiete, die sich in einem Briefe an Jacobi aus dem Jahre 1844 befindet, wird schon jenes wichtige Princip entwickelt, welches unter dem Namen des Hermite'schen Transformationsprincipes bekannt geworden ist und eine überaus einfache Darstellung der überwiegenden Mehrzahl der Thetarelationen zulässt. Kurz skizzirt besteht der Inhalt jenes Theorems darin, dass alle ganzen transcendenten Functionen, die gewissen Functionalgleichungen Genüge leisten, sich aus einer bestimmten Anzahl bekannter Functionen linear zusammensetzen lassen.

Hermite giebt in der citirten Arbeit die ersten Anwendungen auf die Transformationstheorie — in späteren Jahren verwendet er sein Theorem in ausführlicher Weise für die Entwickelung der gesammten Theorie der elliptischen Functionen und zwar in dem Anhang zur sechsten Ausgabe von Lacroix's Traité élémentaire de calcul différentiel et intégral. Andere Autoren haben sich diesem Verfahren angeschlossen, insbesondere möge hier auf das bekannte Werk von Weber verwiesen werden. Die Vorzüge der hier vertretenen Auffassungsweise beruhen in der ungemeinen Durchsichtigkeit, Klarheit und Allgemeinheit der Methoden, Vorzüge, vor denen die Nachtheile, die in der heuristischen Art des Vorgehens beruhen, zurücktreten müssen.

Auch sonst hat Hermite sich mit der Transformationstheorie vielfach beschäftigt. In das Jahr 1858 fällt die vollständige Bestimmung der Constanten für die lineare Transformation der Thetafunctionen mit Hülfe der Gaussischen Summen und etwa in dieselbe Zeit gehört die Aufstellung der Transformationstabellen für die schon von Jacobi eingeführten achten Wurzeln der Moduln der elliptischen Functionen sowie einiger anderer Ausdrücke. Beide Untersuchungen haben auf das Wesentlichste zur Förderung der Transformationstheorie Anlass gegeben und eine weitere Anzahl wichtiger Arbeiten aus demselben Gebiete hervorgerufen, von denen hier nur an die Arbeiten der H. H. Weber und Koenigsberger erinnert werden möge.

In eingehender Weise hat sich sodann Hermite mit den allgemeinen doppelt periodischen Functionen beschäftigt, die er in drei Arten eintheilt. Für die Functionen erster und zweiter Art giebt er eine Zerfällung in gewisse Elementarfunctionen und auch bei den Functionen dritter Art, die er vielfach in den Kreis seiner Betrachtungen zieht, ist ihm die Elementarfunction bekannt, auf welche Herr Appell in seinen grundlegenden Arbeiten über diese Functionen geführt wird. Diese Elementarfunctionen sowie andere einfache doppelt periodische Functionen der verschiedenen Arten sucht Hermite auf mannigfachem Wege durch unendliche Reihen, seien es Potenz oder Fourier'sche Reihen, darzustellen. Er kommt hierbei in glücklichster Weise zu neuen Resultaten, die befruchtend und anregend auf die spätere Entwickelung der genannten Disciplinen gewirkt haben und zu dem eisernen Bestand der heutigen Theorie der elliptischen Functionen gehören.

Mit den angedeuteten Arbeiten ist der Kreis der Hermite'schen Untersuchungen aus der Theorie der elliptischen Transcendenten aber noch keineswegs abgeschlossen. Es finden sich noch Arbeiten über die verschiedensten Theile derselben, über das Additionstheorem, über die Reihenentwickelungen für den Modul der elliptischen Functionen, über die Integraltheorie, weitere specielle Fragen der Transformationstheorie u. s. f., so dass man füglich sagen kann, dass es nur wenige Theile dieser weitverzweigten Wissenschaft geben dürfte, die von ihm nicht wesentlich gefördert sind. Die Arbeiten reichen bis in sein Alter — es finden sich in ihnen eine Fülle von Keimen, die noch der Entwickelung harren.

Neben der Pflege der eigentlichen Theorie hat Hermite es sich angelegen sein lassen, Beziehungen zu andern Disciplinen herzustellen und zwar zu der Algebra, der Zahlentheorie und der Theorie der Differentialgleichungen.

Nachdem Abel im Jahre 1824 die Unmöglichkeit nachgewiesen hatte, allgemeine algebraische Gleichungen vom 5. Grade mit Hülfe von Irrationalitäten zu lösen, handelte es sich darum, Kategorien von Gleichungen herauszugreifen, die algebraisch lösbar sind. Es war Galois beschieden, auf diesem Gebiete bahnbrechend vorzugehen. Seine erste Arbeit über die algebraische Auflösung der Gleichungen stammt aus dem Jahre 1830, seine letzten Betrachtungen finden sich in einem Schreiben, das er einen Tag vor seinem im Jahre 1832 im Duell erfolgten Tode an seinen Lehrer Chevalier gerichtet hat. Galois stellt den so folgenschwer gewordenen Begriff der Gruppe einer algebraischen Gleichung auf und wendet denselben auf die Modulargleichungen an, die vor allem von Jacobi in die Theorie der elliptischen Functionen eingeführt worden sind. Es gelingt ihm die Gruppe derselben zu bestimmen, er giebt ferner an, dass die zu den Transformationsgraden 5, 7, 11 gehörenden Modulargleichungen erniedrigt werden können. An diese letzten Resultate von Galois knüpft Hermite an. In einer berühmt gewordenen Arbeit vom April 1858 führt er die Reduction für den 5. Transformationsgrad wirklich durch. Die Modulargleichung ist vom 6. Grade, nennt man ihre Wurzeln in bestimmter Reihenfolge $v_0, v_1, v_2, v_3, v_4, v_\infty$ und setzt $y = (v_0 - v_\infty)(v_1 - v_4)(v_2 - v_3)$, so leistet y einer Gleichung 5. Grades Genüge, die unmittelbar auf die bekannte Jerrard-Bring'sche Form zu reduciren ist. Damit war das lange vergeblich untersuchte Problem gelöst, die Auflösung der allgemeinen Gleichung 5. Grades in glänzender Weise zu Ende geführt. Die Hermite'sche Entdeckung traf sich mit einer von Kronecker. Schon im Juni desselben Jahres theilte letzterer Hermite mit, dass er sich vor zwei Jahren mit ähnlichen Untersuchungen beschäftigt habe und gab eine zweite Lösung desselben Problems. Mit diesen beiden Arbeiten, denen sich sehr bald solche von Brioschi anschlossen, war der Weg für die mächtige Entwickelung geebnet, welche die Theorie der Gleichungen 5. Grades seither gefunden hat.

Auch nach anderer Richtung hin zeigte sich die Beschäftigung mit den Modulargleichungen für die Algebra von grosser Bedeutung. Es gelang Hermite im Jahre 1859 die Discriminantengleichungen derselben wirklich aufzulösen und damit eine neue Kategorie von Gleichungen höheren Grades der Rechnung zugänglich zu machen. Der Grundgedanke dieser Auflösung beruht darin, dass zu gleichen Moduln der elliptischen Functionen Werthe der Thetaparameter gehören, die in einer linearen Beziehung zu einander stehen. Hermite hat diesen Satz seiner Arbeit aus dem Jahre 1859 stillschweigend und ohne Beweis zu Grunde gelegt, im Jahre 1877 kommt er in einem Briefe an Herrn Fuchs auf denselben zurück und zwar mit folgenden Worten: „N'y aurait il point lieu d'observer qu'en faisant $k^2 = f(H)$, il résulte de votre analyse que toutes les solutions de l'équation $f(H) = f(H_0)$ sont données par la formule $H = \frac{\nu i + \varrho_1 H_0}{\lambda + \mu i H_0}$ en insistant sur l'extrême importance de ce résultat, pour la détermination des modules singuliers de M. Kronecker, et en remarquant que les belles découvertes de l'illustre géomètre, sur les applications de la théorie des fonctions elliptiques à l'arithmétique paraissent reposer essentiellement sur cette proposition, dont la démonstration n'avait pas encore été donnée?"

Wir stehen hier bei einem der folgenschwersten Punkte in der Entwickelung der heutigen Functionentheorie. Noch in demselben Jahre 1877 erklärte Herr Dedekind in seiner fundamentalen Arbeit über die Modulfunctionen jenen Satz als die Grundlage seiner Theorie. Sie alle wissen, welchen grossartigen Aufschwung diese und ähnliche Theorien in den Händen der ersten Mathematiker unserer Zeit sowie ihrer Schüler genommen haben und da dürfte es von Interesse sein hervorzuheben, dass Hermite den fundamentalen Lehrsatz unabhängig von Kronecker schon im Jahre 1859 benutzt und im Jahre 1877 zuerst auf seine Bedeutung öffentlich aufmerksam gemacht hat.

Weitere Anwendungen der elliptischen Functionen beziehen sich auf die Zahlentheorie. Auf derartige Anwendungen hatte schon Jacobi in den Fundamenten und später in einer Arbeit im 37. Bande des Crelle'schen Journals aus dem Jahre 1848 hingewiesen.

Im Jahre 1859 eröffnete Kronecker ein neues Gebiet unerwarteter Beziehungen und erweiterte dasselbe in den Jahren 1862 und 1875. Er zeigte nämlich, dass mit Hülfe der complexen Multiplication der elliptischen

Functionen eine Reihe merkwürdiger Beziehungen zwischen den Classenzahlen gewisser quadratischer Formen hergestellt werden können und gab eine eigenartige Darstellung von drei Producten von je drei Thetafunctionen mit Hülfe der unendlichen Reihen. An diese Arbeiten von Kronecker knüpfen eine Anzahl von Arbeiten von Hermite an, und zwar stammen die ersten aus den Jahren 1861 und 1862, während die letzten in das Jahr 1884 und später fallen. Die Grundlage von Hermite ist eine wesentlich andere als bei Kronecker. Er legt die Theorie der doppelt periodischen Functionen dritter Art zu Grunde und zwar insbesondere die Entwickelung in Fourier'sche Reihen. Indem er eine und dieselbe Function auf mehrfachem Wege darstellt und die Integraltheorie hinzunimmt, erhält er durch einige wenige geschickte Operationen die vorhin genannten Kronecker-schen Resultate. Hermite geht aber noch über dieselben hinaus. Er zieht auch weitere Producte von Thetafunctionen in Betracht und zwar von drei und fünf Factoren und bestimmt mit ihrer Hülfe, wie oft eine ganze Zahl als Summe von drei und von fünf Quadraten dargestellt werden kann. Auch sonst enthalten die diesbezüglichen Arbeiten noch viele neue Resultate zahlentheoretischer Natur. Bei allen diesen Arbeiten sind vor allem die schönen und durchsichtigen Methoden zu bewundern, welche die neuen arithmetischen Sätze von vorneherein in ein eigenartiges und helles Licht setzen.

Die dritte Anwendung der elliptischen Functionen bezieht sich auf die Theorie der Differentialgleichungen. Aufgaben aus der Wärmelehre führten Lamé zu einer Differentialgleichung zweiter Ordnung, die neben einer ganzen positiven Zahl n noch einen willkürlichen Parameter h enthielt. Es gelang Lamé ein Integral dieser Gleichung zu finden, wenn h in bestimmter Weise gewählt wird, Liouville und unabhängig von ihm Heine haben für dieselben Werthe von h das zweite Integral bestimmt.

An diese Arbeiten knüpft Hermite an und findet im Jahre 1872 für einen beliebigen Werth von h die beiden Integrale der vorgelegten Gleichung und zwar mit Hülfe der von ihm eingeführten doppeltperiodischen Functionen zweiter Art. Hermite hat seine Resultate im Jahre 1872 zunächst nur einem kleineren Kreise zugänglich gemacht, erst im Jahre 1877 wurden sie durch Veröffentlichung in den Comptes Rendus weiteren Kreisen bekannt. Auch hier begegnet er sich mit den Arbeiten eines deutschen Mathematikers und zwar von Herrn Fuchs. Letzterer legte in demselben Jahre 1877 seinen diesbezüglichen Untersuchungen die Theorie gewisser allgemeiner Differentialgleichungen zweiter Ordnung zu Grunde, mit denen er sich schon früher beschäftigt hatte und gelangte durch Umkehrung der Integrale zur Integration der Lamé'schen Differentialgleichung im Hermite'schen Sinne. Mittlerweile hatten auch andere Mathematiker diesem interessanten Gegenstand ihre Aufmerksamkeit zugewandt, vor allem war es wieder Brioschi, neben ihm die Herren Mittag-Leffler und Picard. In enger Fühlung mit ihnen gelang es Hermite noch weitere Differentialgleichungen mit doppeltperiodischen Coefficienten der Integration zugänglich zu machen.

Alle die soeben skizzirten Hermite'schen Untersuchungen, die im Jahre 1886 in einem eigenen Werke zusammengefasst wurden, sind verwoben mit der Lösung einiger mechanischer Probleme und zwar des Jacobi'schen Rotationsproblemes, des Problemes der Gleichgewichtsfigur einer elastischen Feder und des sphärischen Pendels, die alle drei mit Hülfe der doppeltperiodischen Functionen zweiter Art zu Ende geführt werden. Das genannte Werk gehört zu den schönsten Erzeugnissen unserer mathematischen Litteratur. Es zeichnet sich ebenso durch Gedankenreichthum wie durch Eleganz der Darstellung aus und hat Anregung zu einer grossen Reihe weiterer Arbeiten über dasselbe Gebiet gegeben, von denen nur nochmals auf die geistvollen Arbeiten von Herrn Picard hingewiesen werden möge. — Mit der Theorie der elliptischen Functionen ist die der hyperelliptischen enge verbunden. In ihr Gebiet fällt eine der ersten Arbeiten von Hermite. In einem Briefe an Jacobi vom Januar 1843 giebt der zwanzigjährige Student die Lösung des Divisionsproblemes der hyperelliptischen Functionen erster Ordnung und zwar sowohl für beliebige Werthe des Argumentes, wie für die Nullwerthe derselben. Jacobi erkannte sofort die hohe Bedeutung der Arbeit, die ihren Verfasser mit einem Schlage den Mathematikern ersten Ranges gleichstellte. Er antwortete ihm mit den Worten: „Je vous remercie bien sincèrement de la belle et importante communication que vous venez de me faire, touchant la division des fonctions abéliennes. Vous vous êtes ouvert par la découverte de cette division un vaste champ de recherches et de découvertes nouvelles qui annoncent un grand essor à l'art analytique. Je vous prie de faire mes compliments à mon illustre ami M. Liouville. Je lui sais bon gré d'avoir bien voulu me procurer le grand plaisir que j'ai ressenti en lisant le Mémoire d'un jeune géomètre, dont le talent s'annonce avec tant d'éclat dans ce que la science a de plus abstrait." Lamé und Liouville erstatteten der französischen Academie über die Arbeit Bericht und veranlassten ihre Aufnahme in den Recueil des Savants étrangers.

In das Jahr 1855 fällt die classische Arbeit über die Transformation der Abel'schen Functionen. Wer immer sich auf diesem schwierigen Gebiet bethätigen will, wird zu derselben als dem Quell und dem Ausgangspunkt aller weiteren Untersuchungen zurückgehen müssen. Was Göpel und Rosenhain für die allgemeine Theorie der hyperelliptischen Functionen geleistet haben, das hat Hermite für die Transformationstheorie geleistet — er hat das Fundament gegeben, auf welchem mit Sicherheit weiter gebaut werden kann.

Neben all' diesen vielen speciellen Functionen blieb Hermite auch der Theorie der analytischen Functionen nicht ferne. In einem Alter, in dem es im Allgemeinen schon schwer wird, sich in neue fremdartige Ideenkreise hereinzudenken, widmete er sich dem Studium der Weierstrass'schen und Mittag-Leffler'schen Arbeiten und kam hierbei zu neuen selbstständigen Methoden, sowie zahlreichen Anwendungen, die er in mehreren Arbeiten aus dem Jahre 1880 und später niederlegte. Daneben liess er sich angelegen sein, das Studium der Weierstrass'schen Arbeiten in Frankreich einzubürgern, mit welchem Erfolge, das lehren die schönen Arbeiten der jungen französischen Mathematiker auf diesem Gebiet.

Mit dem soeben Bemerkten dürfte der Kreis der Arbeiten einigermassen umgrenzt sein, die entweder rein analytischen Charakters sind oder mit der Analysis in tieferer Beziehung stehen. Zu ihnen kommt eine grössere Anzahl von Arbeiten arithmetischen und algebraischen Inhalts, wobei freilich eine scharfe Umgrenzung nicht möglich ist, da auch in ihnen sich Untersuchungen rein analytischer Natur vorfinden. Alle diese Arbeiten fallen in sein kräftigstes Mannesalter. Die Erfindungsgabe zeigt sich in ihnen in bewunderungswürdiger Weise. Die neuen Ideen, die neuen Resultate und Sätze drängen einander, sie bringen den Namen Hermite in immer weitere und weitere Kreise und eröffnen dem Vierunddreissigjährigen die Hallen der französischen Academie.

Die Arbeiten arithmetischen Charakters setzen ungefähr im Jahre 1850 ein. Ihr Zweck war es, zunächst die Annäherungsmethode schärfer zu untersuchen, die Jacobi in seiner bekannten Arbeit über die Unmöglichkeit von Functionen einer veränderlichen Grösse mit mehr als zwei Perioden aufgestellt hatte. Hermite überzeugte sich bald, dass diese Fragen, sowie eine grosse Anzahl ähnlicher von der Reduction der quadratischen Formen abhängig zu machen ist. „Mais une fois arrivé à ce point de vue", so schreibt er im Jahre 1850 an Jacobi, „les problèmes si vastes que j'avais cru me proposer, m'ont semblé peu de chose à côté des grandes questions de la théorie des formes, considérées d'une manière générale." Auf diesem Wege gelangt er zu der arithmetischen Theorie der Formen und traf sich hierbei mit den Arbeiten von Gauss, Eisenstein, Jacobi und Anderen.

Hermite untersuchte zunächst die quadratischen Formen mit beliebig vielen Veränderlichen. Er führte sie auf gewisse reducirte Formen zurück und wies nach, dass die Classenanzahl bei vorgelegter Determinante und ganzzahligen Coefficienten eine endliche ist. Für den Fall der indefiniten Formen war hierbei eine grosse Anzahl von Schwierigkeiten zu überwinden, die er in geistvollster Weise löste. Er führte dazu unter anderem den Begriff der continuirlichen Veränderungen in die Formentheorie ein und gab damit eine Reduction von Fragen über ganze Zahlen auf Fragen rein analytischen Charakters. Auch das Problem, die Transformationen einer Form in sich selbst zu finden, musste in Angriff genommen werden.

In ähnlicher Weise wird die Theorie der Formen von beliebigem Grade untersucht, welche in lineare Factoren zerfällt werden können. Hier findet Hermite jenen schönen Satz über die vertauschbaren ganzzahligen Transformationen einer Form in sich, welche die Theorie derselben auf die Potenzen von Transformationen zurückführt.

Auch die Hinzunahme complexer Grössen zeigt sich von schwerwiegender Bedeutung. Hermite führte zuerst die nach ihm benannten bilinearen Formen mit conjugirt complexen Veränderlichen ein und gab damit die Grundlage für weitgehende neuere Untersuchungen, unter denen vor allem diejenigen von Herrn Picard zu erwähnen sind. Daneben gelang es ihm, die schönen Sätze von Jacobi über die Zerlegung ganzer Zahlen in die Summe von vier Quadraten von neuem zu beweisen. Auch die Theorie der in Linearfactoren zerlegbaren Formen beliebigen Grades mit ganzen complexen Coefficienten wurde in den Bereich der Betrachtungen gezogen und gab Anlass zu dem berühmten Satze, dass die Wurzeln der algebraischen Gleichungen mit ganzen complexen Coefficienten und gleicher Discriminante sich durch eine begrenzte Anzahl von einander verschiedener Irrationalitäten ausdrücken lassen.

Glänzend waren die Anwendungen auf die Algebra. Es gelang ihm, das Sturm'sche Problem über die Anzahl der reellen Wurzeln einer algebraischen Gleichung zwischen vorgelegten Grenzen auf Grund des Trägheitsgesetzes der quadratischen Formen in einer eleganten Form zu lösen. Herr Weber hat diese Lösung in seiner Algebra dem deutschen Publicum allgemein zugänglich gemacht. Auch algebraische Gleichungen mit complexen Coefficienten werden betrachtet. Hermite associirt denselben gewisse quadratische Formen und kommt damit zu Resultaten, welche die Cauchy'schen Theoreme über die Anzahl complexer Lösungen in einem vorgeschriebenen Bereiche als unmittelbare Folgerung ergeben. Mittlerweile war eine neue Richtung in der Formentheorie hervorgetreten. Durch die Bemühungen von Boole und Cayley hatten sich in den vierziger Jahren des vorigen Jahrhunderts die ersten Keime der Invariantentheorie entwickelt. Auch hier war es Hermite beschieden, schöpferisch in die Entwickelung einzugreifen und neue Wege vorzuschreiben, die später von Anderen weiter verfolgt werden. Seine Arbeiten beginnen im wesentlichen im Jahre 1854 und berühren sich vielfach mit den Arbeiten von Cayley und Sylvester, so dass es, wie Herr Jordan sagt, schwer, ja kaum wünschenswerth ist, den Antheil eines Jeden an dem gemeinsamen Werke zu präcisiren. „Wir, Cayley, Hermite und ich", so sagt Sylvester, „bildeten damals eine invariante Trinität". Jedenfalls ist Hermite das berühmte Reciprocitätsgesetz zuzuschreiben, welches die invarianten Bildungen im binären Gebiete in einer merkwürdigen Art zu Paaren ordnet und eine überaus grosse Anzahl wichtiger Anwendungen zulässt. Indem Hermite ferner, wie H. F. Meyer bemerkt, im Falle einer binären Form ungerader Ordnung zwei lineare Covarianten als neue Veränderliche einführt, vermag er die erstere in eine „typische" Gestalt zu bringen, in welcher die Coefficienten selbst Invarianten sind. Im unmittelbaren Zusammenhange damit stehen die Systeme „associirter Formen", von denen jede weitere zur ursprünglichen Form gehörige Bildung in rationaler Weise abhängt. Eine überaus interessante Anwendung dieser Theoreme bezieht sich auf die Formen 5. Grades. Hier findet Hermite neben den drei von Sylvester entdeckten Invarianten eine vierte von der Eigenschaft, dass sich alle anderen Invarianten als ganze Functionen dieser vier fundamentalen Grössen darstellen lassen. Dieselbe bietet das erste Beispiel einer schiefen Invariante dar, d. h. einer solchen, die in sich selbst multiplicirt mit einer ungeraden Potenz der Substitutionsdeterminante übergeht. Die Coefficienten der typischen Form vom 5. Grade drücken sich rational durch diese Invarianten aus. Hieraus folgert Hermite, dass jede Gleichung 5. Grades so umgeformt werden kann, dass sie nur von zwei Parametern abhängt, die absolute Invarianten sind, und giebt Invariantenkriterien für die Realität ihrer Wurzeln.

„La lecture de ces beaux Mémoires", so sagt Herr Picard, „laisse une impression de simplicité et de force; aucun mathématicien du XIXe siècle n'eut, plus qu'Hermite, le secret de ces transformations algébriques profondes et cachées qui, une fois trouvées, paraissent d'ailleurs si simples. C'est à un tel art du calcul algébrique que pensait sans doute Lagrange, quand il disait à Lavoisier que la Chimie deviendrait un jour facile comme l'Algèbre".

Ich bin am Schlusse meiner Betrachtungen angelangt. Vieles habe ich nur andeuten und flüchtig berühren können, vielleicht aber dürften Sie doch aus dem Bemerkten entnommen haben, wie mächtig und umfassend der Geist war, der mit Hermite dahingegangen ist.

Ungezählte Jünger unserer Wissenschaft haben aus seinen Werken Weisheit und Belehrung gezogen. Wie aus einem tiefen unerschöpflichen Born, so strömen aus ihnen krystallhell eine Fülle neuer Gedanken und zwingen den Leser zur Mit- und Fortarbeit. Viele seiner Ideen und Resultate sind zum Gemeingut unserer Wissenschaft geworden, aber auch sie wird man in Zukunft gerne an der Quelle studiren wollen, viele andere dagegen harren noch der Entwickelung. So hat sich denn Hermite in seinen Werken ein Monument gesetzt, welches die Zeiten überdauern wird und seinen Namen mit dem Zauber der Unsterblichkeit umgiebt. Wir aber, die wir ihm persönlich nahen durften, werden des grossen und gütigen Mannes nimmermehr vergessen!

Litteraturangaben.

Ausser den Werken von Hermite habe ich benutzt:

1. Die Fortschritte der Mathematik.
2. Enneper: Elliptische Functionen. Theorie und Geschichte. Halle 1890.
3. Krause: Theorie der doppeltperiodischen Functionen einer veränderlichen Grösse. Leipzig. Litteraturnachweise.
4. F. Klein: Vorlesungen über das Ikosaëder. Leipzig 1894.
5. Franz Meyer: Bericht über den gegenwärtigen Stand der Invariantentheorie. Jahresbericht der deutschen math. Vereinigung 1892.
6. Vahlen: Arithmetische Theorie der Formen. Encyklopädie der math. Wissenschaften.
7. Jubilé de Hermite. Paris 1893.
8. Notice sur M. Ch. Hermite; par M. C. Jordan. Comptes Rendus 21. Janvier 1901.

Nach Fertigstellung des Manuscriptes wurde mir die Arbeit von Herrn Picard über Hermite aus dem letzten Hefte der Annales de l'École Normale bekannt. Ich konnte diese geistvolle und eingehende Untersuchung unter solchen Umständen nicht mehr in eingehender Weise berücksichtigen — immerhin sind einige Bemerkungen derselben in den Vortrag aufgenommen worden.

II. Tiefbohrung in der Dresdner Haide.

Von Dr. Robert Nessig.

Eine im Jahre 1899 in der Dresdner Haide hinter dem Waldschlösschen vorgenommene Bohrung*) schloss in einer Tiefe von 20,80 m ein 8,70 m mächtiges Thonlager auf und führte weiter in die diluvialen Thalkiese und Thalsande des Elbstromes bis zur Teufe von 40,10 m hinab. Als weiterer Beitrag zur Kenntniss der Untergrundverhältnisse des rechten Elbufers dient folgende Bohrliste, die sich aus einer in unmittelbarer Nähe des erwähnten Aufschlusses im Frühjahr 1900 vorgenommenen Tiefbohrung ergab:

Haidesand	0,00 — 0,30 m	aufgefüllter Boden,
Haidesand	0,30 — 10,20 „	grauer Sand,
Haidesand	10,20 — 13,40 „	grauer Sand mit Steinen (Granitfragmente),
Haidesand	13,40 — 18,10 „	gelber Sand mit Steinen,
Haidesand	18,10 — 18,60 „	grauer, feiner Sand,
Haidesand	18,60 — 20,20 „	feiner Kies,
Haidesand	20,20 — 20,60 „	grober Kies,
	20,60 — 21,30 „	brauner Thon,
	21,30 — 23,80 „	blauer Thon,
	23,80 — 24,40 „	Thon mit Eisensandschichten,
	24,40 — 26,15 „	thoniges Gerölle,
	26,15 — 26,50 „	grober Kies,
	26,50 — 27,10 „	grauer Sand,
	27,10 — 32,20 „	Erbskies,
	32,20 — 33,70 „	grober Kies,
	33,70 — 34,80 „	feiner Sand,
	34,80 — 36,30 „	grober Kies,
	36,30 — 38,40 „	feiner Sand,
	38,40 — 40,30 „	feiner Kies,
	40,30 — 41,60 „	grober Kies,
	41,60 — 42,40 „	feiner Kies,
	42,40 — 44,80 „	grober Kies (einschliessl. schlammige Schicht 5—10 cm mächtig),
	44,80 — 45,30 „	grober, thoniger Kies,
	45,30 — 45,70 „	grober Kies,

*) Abhandl. d. naturwiss. Ges. Isis in Dresden 1899, S. 16.

45,70—47,20 m feiner Kies,
47,20—47,35 „ gelber Thon,
47,35—47,90 „ blauer Thon,
47,90—50,00 „ Pläner (Labiatus-Pläner).

Aus dem gebotenen Profile geht abermals die Anwesenheit des Thonlagers in einer Mächtigkeit von 3,80 m hervor. Ueber demselben sammeln sich die „verlorenen Wasser" der Haidesandterrasse an (auch in den Brunnen der Simmig'schen Villen nachgewiesen). Der Thon offenbarte als speckiges Material die bekannte Beschaffenheit, d. h. er zerfloss beim Brennen im Steingutofen bei 1250° in Folge des starken Eisen- und Kalkgehaltes zu einem rothbraunen Kuchen, ein Verhalten, welches z. B. dem Brongniarti-Mergel nicht eigen ist. Die über dem Thone lagernden Sande erwiesen sich als echte Haidesande, die nur direct im Hangenden des Thones in Kies übergingen, so dass wir hier, wie anderwärts im Gebiet, die kiesigen Basisschichten des Haidesandes vor uns haben. Dies Verhältniss kommt auch zum Ausdruck durch die Vergleichung der trigonometrischen Festpunkte, die hier in Frage kommen. Der im Niveau der jüngsten Thalstufe der Elbe befindliche Elbbolzen Nr. 736 an der Südwestecke des Wasserwerkes zeigt 109,094 m, das Terrain in der Umgebung des Bohrloches 133,772 m, so dass das Niveau des Thonlagers bei einer Tiefenlage von 20,60—24,40 m ziemlich genau der Höhenlage der unteren Elbaue entspricht. Damit ist die Entstehung des Thones als Elbschlick über dem alten zugeschütteten Elbbett wahrscheinlich gemacht, auch besonders deshalb, weil unter dem Thon der Bohrer deutliche Elbschotter mit zahlreichen, charakteristischen Geschieben, als Basalt, Phonolith, Quadersandstein, metamorphosirte Andalusitgneisse und selbst Porzellanjaspis von den Kohlenbrandherden aus Böhmen durchteufte.

Wie aus der Bohrliste ersichtlich, findet eine deutliche Wechsellagerung von Sand und Kies statt, und schliesslich folgen bei 47,35 m blaue Thone, die nach dem Befunde als verwitterte und aufgearbeitete Pläner anzusehen sind und die im Gegensatze zu dem oben erwähnten Thone beim Brennen wenig deformirte, gelbgraue Scherben lieferten. Unter dieser, nur wenig mächtigen Lage erscheint der feste Labiatus-Pläner, das Grundgebirge der Elbthalwanne, welches, durch die Lausitzer Verwerfung am Lausitzer Granit abgesunken, sich sicher bis zum Bruchrande der Granitplatte unter der Haidesandterrasse hinzieht, wie die Aufschlüsse an den Hellerbergen verrathen. Ausser im artesischen Brunnen*) auf der Antonstrasse, im Brunnen der Werft zu Uebigau*) und im Bohrloch im Priessnitzgrunde**) sind die Pläner auf dem rechten Elbufer sonst nirgends in der Tiefe aufgeschlossen worden, und dürfte die jüngste Bohrung als weiterer Beitrag zur Lösung der Frage nach der Entstehung des Elbthales, der Lage und Ausdehnung des diluvialen Elbbettes dienen.

*) Sect. Dresden, S. 84.
**) Abhandl. d. naturwiss. Ges. Isis in Dresden 1889, S. 16.

III. Ein verziertes Steinbeil aus Sachsen.

Von J. Deichmüller.

Im Herbst vorigen Jahres kam die Königliche Prähistorische Sammlung in Dresden in den Besitz von drei Steingeräthen, welche auf der Flur Zeicha bei Mügeln, Regierungsbezirk Leipzig, von dem dortigen Gutsbesitzer Herrn Gruhle bei der Bestellung seiner Felder einzeln gefunden und Herrn Oberlehrer Fl. Schubert in Mügeln als Geschenk für das Dresdner Museum übergeben worden waren. Das eine derselben ist ein wohlerhaltenes, 19 cm langes, facettirtes Steinbeil aus Amphibolit von der in Sachsen schon mehrfach gefundenen Form mit Verstärkungsrippen zu beiden Seiten des Schaftlochs, das zweite das 11 cm lange Schneidenende eines am Schaftloch abgebrochenen Steinbeils von viereckigem Querschnitt aus ähnlichem Gestein; das dritte, auch nur ein Schneidenende, zeichnet sich durch die auf demselben angebrachten vertieften Ornamente aus.

Das wenig mehr als 8 cm lange Bruchstück hat schlank dreieckigen, nach der stumpfen Schneide zugerundeten Grundriss (siehe nebenstehende Abbildung), fast rechteckigen, an der Bruchfläche 4 cm breiten und 3 cm hohen Querschnitt und an der Schneide eine Höhe von 2,3 cm. Ober- und Unterfläche sind eben, die Seitenflächen gleichmässig flach gewölbt. Mit Ausnahme der unteren Fläche sind alle übrigen mit vertieften, eingeritzten Ornamenten bedeckt. Auf den Seitenflächen verlaufen je vier ungleich starke, bis 1 mm tiefe und breite Längslinien in ziemlich regelmässigen Abständen von 7 mm, die auf der in der Abbildung sichtbaren Seitenfläche 4 cm, auf der gegenüberliegenden 4,5 cm vor der Schneide enden. Die obere Fläche wird längs der Mitte durch eine 3—3,5 mm breite, gegen 1 mm tiefe, nach der Schneide verflachte, gerundete Furche getheilt, von welcher beiderseits schief nach den Rändern unregelmässige, eingeritzte schwächere Linien abzweigen, wodurch ein tannenzweigartiges Ornament entsteht.

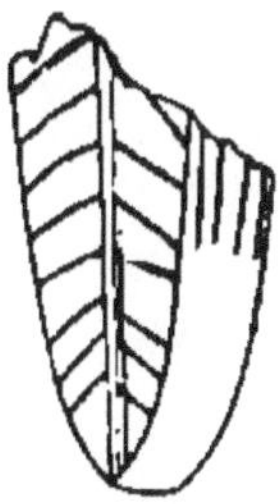

1/1 der natürl. Grösse.

Das zu dem Geräth verwendete Gestein ist nach der im Königlichen Mineralogisch-geologischen Museum in Dresden durch Prof. Dr. W. Bergt ausgeführten mikroskopischen Untersuchung ein massiger „Grünstein“, wahrscheinlich ein durch Gebirgsdruck besonders in der Zusammensetzung veränderter, in der Struktur aber noch erkennbarer, feinkörniger Diabas.

Derartige verzierte Steingeräthe gehören allgemein zu den Seltenheiten; unter den aus dem Königreich Sachsen bisher bekannten, nicht aus Feuerstein hergestellten Steinwerkzeugen, deren Zahl bereits mehr als 300 beträgt, ist das Zeicha'er Bruchstück das einzige, welches mit vertieften Linien geziert ist. Ein dem hier beschriebenen ähnliches tannenzweigartiges Ornament hat F. Friedel auf dem Bahnende eines Steinhammers von Jüterbogk gefunden und in den Verhandlungen der Berliner Gesellschaft für Anthropologie 1875, S. 183 abgebildet.

IV. Die ältesten Wege in Sachsen*).

Von Finanz- und Baurath H. Wiechel.

Mit 1 Karte.

Die Eckpunkte des zu untersuchenden Gebietes bilden im Nordwesten die Saaleübergänge Halle, Merseburg, Weissenfels, Naumburg, im Südwesten die Uebergangspunkte am Nordrande des Fichtelgebirges Hof, Asch, Eger; im Süden bildet die Eger und Prag, im Osten die Iser-Neisselinie die Interessengrenze, während im Norden die altalluviale Niederung Eilenburg-Torgau-Elsterwerda-Senftenberg-Triebus einen natürlichen Abschluss darbietet.

Dieses Gebiet wurde noch 1100 n. Chr. quer durchzogen von einem 20 bis 60 km breiten Waldgebirge, dessen etwa 1250 n. Chr. vollendete Rodung und Besiedelung dem Lande die äussere Erscheinung gegeben hat, welche es fast unverändert noch heute besitzt. Eine ähnliche durchgreifende Veränderung des ganzen Landesbildes könnte man sich für die Zeit des Ueberganges von Weidewirthschaft zum Ackerbau vorstellen; indessen fehlen, um hierauf einzugehen, heute noch ausreichende Anhaltspunkte. Bestehen doch noch Zweifel über die Agrarzustände in der Broncezeit, deren Spuren fast in allen Ortschaften, die die deutsche Eroberung seit etwa 800 n. Chr. von Slaven besiedelt antraf, zu Tage treten. Das Bedürfniss nach einem sicheren Heim für den langen Winter, nach Ansammlung von Essvorrath für die unwirthlichen Monate kann schon in der jüngeren Steinzeit, deren Fundgebiet sich in unerwarteter Weise fortwährend erweitert, zu einer gewissen Sesshaftigkeit, Bodenvertheilung und Bodenbearbeitung geführt haben, wozu übrigens auch der milde fruchtbare Lössboden auf der Linie Pegau-Lommatzsch-Bautzen einladen musste. Jedenfalls hat sich, wie alle prähistorischen Funde beweisen, das Leben der Bewohner seit den ältesten Zeiten auf demselben Gebiete abgespielt, auf dem wir die Siedelungen der Wenden bei der deutschen Besitzergreifung vorfinden, auf einem Gebiet, das sich in seinem Aeusseren nur wenig verändert erhalten haben dürfte.

Untersuchungen über die ältesten Wege im Zeitabschnitte der deutschen Besitznahme, also etwa 800 bis 1200 werden daher nicht nur grundlegende Bedeutung für die Weiterverfolgung der Entwickelung des Wegenetzes bis

---

*) Unter Benutzung seines am 18. April 1901 in der Section für prähistorische Forschungen der naturwissenschaftlichen Gesellschaft Isis in Dresden gehaltenen Vortrags.

zur Neuzeit, sondern auch für die Rückblicke in die vorhistorische Zeit besitzen.

Die historischen Nachrichten, die wiederholt bearbeitet worden sind*), beschränken sich für die älteste Zeit auf Nennung einiger weniger Orts- und Localnamen in Berichten über Heereszüge und vereinzelte Reisen oder über Zollstätten. So werthvoll diese Anhaltspunkte sind, so reichen sie doch nicht aus, ein Wegenetz für jene alte Zeit aus ihnen zu construiren, so wenig wie man aus den Triangulationspunkten einer Landesvermessung eine Landkarte zu entwerfen vermag.

Für die Erkenntniss der Einzelheiten der ältesten Wegeanlagen fliesst aber eine überraschend reiche Quelle, aus der noch wenig geschöpft worden ist — das ist die Spur der Vorzeit auf dem heutigen Antlitz des Landes. So mancher älteste Weg ist noch vorhanden, sei es in der vornehmen Gestalt einer grossen Strasse oder eines bescheidenen Verbindungsweges, oder gar nur als vom Verkehr verlassener, grasüberwucherter Feldweg, als seitab liegen gebliebener Hohlweg von Strauch- und Baumwuchs erfüllt. Ja bis zum Feldrain, bis zur Grenzlinie schreitet die Rückbildung vor, wenn nicht gar durch Zusammenlegungen von Feldfluren jedwede Spur des alten Weges in den Ackerfurchen untergeht.

Aber nicht nur die sichtbar wie auf einem Palimpseste auf der Landesoberfläche von den aufeinanderfolgenden Jahrhunderten eingegrabenen Wegzeichnungen selbst sind uns zur Entwirrung aufbewahrt, sondern auch unsichtbare, aber gleich fest an die Scholle gebundene Ueberlieferungen erzählen von den ältesten Wegen: die Localnamen, zunächst die Wegnamen selbst. Bei der Treue der Erhaltung vieler Localnamen lässt sich sogar zuweilen noch deren althochdeutscher oder mittelhochdeutscher Charakter und damit deren Zeitstellung erkennen.

Alle diese topographischen Einzelheiten und Flurnamen liefert in unübertrefflicher Klarheit die Landesaufnahme des kursächsischen Ingenieurcorps aus der Zeit um 1780, die in Kupfer gestochen als Oberreit'scher Atlas**) bekannt ist.

Es ist nun versucht worden, an der Hand der historischen Angaben unter Voraussetzung eines Siedelungszustandes vor der deutschen Colonisation, also vor 1200 die ältesten Wegzüge in allen Einzelheiten aus dem vielgefalteten Antlitz des Landes selbst abzulesen. Ehe auf die einzelnen Wegzüge eingegangen wird, sind die Grundsätze in der Führung der Strassen und die mit dem Wege im Zusammenhang stehenden Anlagen, wie sie jener Culturepoche in unserem Gebiete entsprechen, zu erörtern.

---

*) H. Schurtz: Die Pässe des Erzgebirges. Leipzig 1891. — A. Simon: Die Verkehrsstrassen in Sachsen u. s. w. Stuttgart 1892.

Zu nennen sind noch:

O. Posse: Die Markgrafen von Meissen. Leipzig 1881. Umfasst die Zeit von 1089 bis 1156. — E. O. Schulze: Die Colonisirung und Germanisirung der Gebiete zwischen Saale und Elbe. Leipzig 1896.

**) Es ist zu bedauern, dass diese Karte für wissenschaftliche Zwecke nicht mehr abgedruckt und in den Handel gebracht wird. Auf kostspielige Nachträge könnte wohl verzichtet werden, da neuere Kartenwerke das moderne Bedürfniss befriedigen. Die Vervielfältigung der älteren Platten, sei es auch nur durch Umdruck, ist aber für die culturgeschichtliche Forschung so werthvoll, weil sie eine Fülle von Einzelheiten und Namen enthalten, die man auf den neuen Kartenwerken vermisst.

Die Trassirung der Wege.

Wenn auch Wege sowohl in der Urzeit wie heute jede Einzelsiedelung mit der benachbarten verbanden, also in der Gesammtheit ein unentwirrbar dichtes Netz bildeten,

„Seitab liegt der Sitz des Feindes
Wenn er am Wege auch wohnt;
Zum Freunde aber führt ein Richtsteig,
Zog er auch fernhin fort.“ (Edda.)

so hoben sich doch immer die „länderverbindenden“ Hauptwege ab, um die es sich hier nur handelt. Diese Wege mieden nun in alter Zeit mit Aengstlichkeit das Alluvium, die Thalaue sowohl in der Längserstreckung der Thäler als auch bei Durchquerungen, so dass immer der bestgangbare Pass durch das Inundationsgebiet sorgfältig ausgesucht wurde. Auch die Lage unmittelbar parallel dem Alluvialrande auf erhöhtem Boden war unbeliebt wegen der Nothwendigkeit, zahllose Querbäche zu kreuzen und das gerade an den Stellen, wo diese Seitenzuflüsse das meiste Wasser führen. Die ältesten Wege ziehen sich daher stets in der Nähe der Wasserscheiden auf den Landrücken hin, ohne gerade peinlich diese Lage zu suchen, weil die Kreuzung kurzer Wasserläufe in der Nähe des Ursprunges, mithin ohne grösseres Sammelgebiet, nie schwierig ist. Oft findet man gerade an diesen Uebergängen Damm- und Teichanlagen zur Anstauung der nicht übermässigen Wasserläufe und fast regelmässig findet sich dann der Localname „Strassenteich“ oder „alte Teich“.

Besondere Schwierigkeiten bereitete stets die Querung wasserreicher Thalauen. Hier mussten Siedelungen, Schutzbauten von Uranfang an entstehen, war doch das Heer, der Reisende bei hohem Wasserstand, wie ihn nicht nur das Schneeschmelzen, sondern auch Gewitterregen erzeugen konnten, geradezu gezwungen, wie wiederholt historisch überliefert, wochenlang auf günstige Verhältnisse zu warten. Dass aus diesen Siedelungen an den Furthen die meisten grösseren Orte, Handelsstädte erwachsen sind, ist bekannt.

Auf einen wichtigen Umstand ist hier noch hinzuweisen. Konnten die ältesten Wegzüge nicht an der Grenze zwischen Alluvium und Diluvium gesucht werden, so ist doch diese Scheidelinie von ausschlaggebender Bedeutung für die Siedelungen. Alle alten Orte finden sich wie Perlenschnuren zu beiden Seiten der Alluvialränder aufgereiht. In die Thalaue selbst baute man nur die Zufluchtsorte, Wasserburgen. In diesem Zusammenhang sind auch die Pfahlbauten zu erwähnen. Mit Zunahme der Cultur rutschen die alten Strassen so zu sagen zu Thal. Schon die wasserbaukundigen Colonisten aus Friesland, Holland, Vlamland werden in den Jahren 1100 bis 1250 das ihrige zu diesem Processe beigetragen haben. So läuft der erkennbar älteste Südweg von Leipzig, der „Dösener Marktweg“ bei Wachau, unter dem höchst bezeichnenden Namen „Heerweg“ etwa 13 km landeinwärts vom Pleissenauenrand, dem entlang die „alte Poststrasse“ über Rötha nach Borna hinzieht, während von Crostewitz ab die „alte Strasse“ die Verbindung mit dem Heerweg in Magdeborn herstellt. Offenbar ist die Bezeichnung „alt“ nur eine relative, sie liefert für die absolute Zeitstellung noch kein entscheidendes Merkmal. Aehnlich liegt es bei der alten Hauptstrasse Chemnitz-Lichtenstein-Zwickau, die in der Kappelbachaue und weiter im Lungwitzthale hinzieht und wohl erst nach 1100, Lichtenstein wird um 1200 erstmalig genannt, aufkommt. In der „Pflockenstrasse“ von Chemnitz über den Zschockenberg und der anschliessenden „Freitagsstrasse“ nach Zwickau, die sich immer auf den Höhenrücken halten, sodann in der mehr nördlich von Chemnitz durch den Rabensteiner Wald ziehenden „Hartstrasse“ über den Rödenberg dicht nördlich Hohenstein nach Glauchau haben wir wahrscheinlich die ältesten West-Ost-Wege dieser Gegend vor uns. Ein drittes Beispiel einer alten Thalstrasse bietet der später zur Hohen- und Stapelstrasse ausgewachsene Weg Altenburg-Gössnitz-Werdau, der die Pleissenaue nicht verlässt und mit der Entwickelung Altenburgs aufgekommen sein dürfte, während die ohne Zweifel ältere Nordsüdstrasse etwa 12 km westlich von Luckau auf dem Rücken über Meuselwitz, Kayna, Hohenkirchen, Ronneburg nach Reichenbach u. s. w. hinzieht.

Es soll nur angedeutet werden, dass fernere Untersuchungen auch die verschiedene Lage von Sommerwegen und Winterwegen erkennen lassen mögen, da das winterlich hartgefrorene Alluvium manche wünschenswerthe Durchquerungen zulässt, die im Sommer besser umgangen werden.

Die Scheu vor dem tieferen Wasser bringt es auch mit sich, dass die ältesten Wege gern einzelne Flussarme oder Nebenflüsse vor der Vereinigung durchqueren, weil jeder einzelne Wasserlauf leichter zu bewältigen ist, als nach der Vereinigung. Bekanntlich verführt die neuere Wegebaukunst genau entgegengesetzt, so dass derartige alte Trassirungen seltsam anmuthen.

Die Unabhängigkeit der ältesten Wege von den Einzelheiten der Flusswindungen ermöglicht auf dem hindernisslosen Rückengebiet eine schlanke Linienführung ohne Knicke oder scharfe Abbiegungen. Da die Baukunst hier nicht wie bei den alten Römerstrassen in Spiel kommt, sind genau eingefluchtete, geradlinige Richtungen bei alten Wegen absolut ausgeschlossen, solche schnurgerade Linien sind sogar ein untrügliches Kennzeichen moderner Entstehung. Trotzdem lassen sich in unserem Gebiete zahlreiche alte 100 bis 200 km lange Wegrichtungen erkennen, die gleichsam als Naturproducte entstanden sind, die zwar keine schnurgerade Linie bilden, aber von ihr kaum mehr als einige wenige Kilometer abweichen, so der 210 km lange Wegzug Halle-Strehla-Bautzen-Görlitz mit nirgends mehr als 4 km Seitenabweichung.

Localnamen an Wegen.

Von der Heranziehung der vorgeschichtlichen Funde selbst soll hier abgesehen werden, da sie noch nicht in grösserem Umfange für unser Gebiet veröffentlicht sind und da sie ausserdem für die Ermittelung von Durchgangsstrassen nur dann bestimmend sein können, wenn es sich um sogenannte Depotfunde, die wandernden Händlern zuzuschreiben sein dürften, handelt. Geräthe, Waffen, Schmuck, Begräbnissbeigaben vertheilen sich dagegen offenbar über sämmtliche Siedelungen und sind keineswegs an Heerstrassen, Handelswege gebunden.

Entscheidende Bedeutung haben aber die Localnamen, welche für unser Gebiet die Oberreit'sche Specialkarte in reichster Fülle darbietet und zwar zunächst die Wegenamen selbst. Wir lassen eine Sammlung aus Sachsen folgen.

Heerweg, Heerstrasse, Kriegerstrasse, Reiterweg, Rennweg, Rennsteig (d. i. Rennerweg, Courierpfad, Läuferweg), Kaiserstrasse, Kaiserweg, alte Königsweg, Königstrasse, Grafenweg, Staatssteig(?), hohe Strasse, hohe

Weg, Hochsteig sprechen für sich; ebenso kleine Strasse, Schleifweg, Diebsteig, Diebstrasse, Räuberstrasse, Pascherweg, Bettelsteig, Zigeunerberg, Ziegersteig, Mörderweg, Galgenweg, Amtsweg, Gerichtssteig. Andere ungünstige Eigenschaften bezeichnen die Namen Höllenweg, Höllsteig, schlimme Weg, Elendsweg, Hundemarterweg, Lottersteig, Pestweg, Pestilenzweg (Umgehung verpesteter Orte), rauhe Weg. Der Strassenverkehr führt zu den Namen Rollweg, Spurweg, Kutschweg, Katzschweg, Karrnweg, Kärrnerweg, Reitersteig, Wanderweg, Ranzenweg, Geleitsstrasse, alte Poststrasse, Poststeig, Botenweg, Briefsteig, Briefträgerweg; ferner nach dem transportirten Gegenstand: Alte Salzstrasse, Eisenweg, Zinnstrasse, Silbersteig, (Katzensilberweg), Eisensteinweg, Kalkweg, Thonstrasse, Topfgasse, Töppelstrasse, alte Kohlstrasse (Holzkohlen), Pechweg, Fischweg, Garnstrasse, Schachtelweg, Klötzerweg, Ziegelweg, Methsteig, Malzweg, alte Bierweg, Bierstrasse, Zwiebelberg, Brodsteig, Butterstrasse, Buttermilchsteig, Molkensteig, Milchsteig, Holzweg, Holzstrasse, Beersteig, Viehweg, Schaafweg, Triftweg, Sauweg, Ochsenweg, Bocksweg, Mistweg. Hierzu treten die Bezeichnungen, die von den benutzenden Personen und gewissen persönlichen Beziehungen entlehnt sind: Hofweg, Zehendweg, Zehndenweg, Fröhnerweg, Frohnweg, Bauersteig, Feldweg, Scheibenweg, Folgenweg, Hufenweg, Landsteig, Graslersteig, Grassteig, grüne Weg, Kleesteig, Heuweg, Rasenweg, Häuersteig, Hauerweg, Hüttensteig, Zechensteig, Hammerweg, Köhlerweg, Ascheweg, Töpferstrasse, Glaserweg, Leineweberweg, Drechslerweg, Zimmersteig, Pfeiferweg, Döttchersteig, Bäckerstrasse, Gärtnerweg, Fischersteig, Tuchmachersteig, Marktsteig, Messweg. An den Wald erinnern: Waldstrasse, Forstweg, Buschweg, Harthweg, Hartstrasse, Leithenweg, Wurzelweg, Heideweg, Hahneweg, Hainweg, Haickweg, Heckenweg, Hegweg, Erlweg, Ebschweg, Espigweg, Eichweg, Lindenweg, Rothweg, Brandweg, Dorngasse, während Steinweg, Bohlweg, Reissigweg, Strauchweg sich auf die Oberflächenbefestigung des Weges beziehen werden. Nach der Lage sind die Namen gegeben: Bergweg, Bergstrasse, Kammweg, Fürstenweg (d. i. Firstweg), lange, schiefe, krumme Weg, tiefe, breite, schmale Weg, Hohlweg, Winkelweg, Mittelweg, Querweg, Kreuzweg, keilige Weg, Zwieselweg (Gabelung), die Dehne. Die kirchlichen Einrichtungen spiegeln sich wieder in: Kirchweg, Brautweg, Heiligenweg, Pfaffenweg, Pfaffengasse, Nonnenweg, Mönchweg, Mönchsweg, Bischofsweg, Pfarrsteig, Pfarrweg, Todtenweg, Leichenweg, Spitalweg, Spittelweg, Schülersteig. Auf Grenzen beziehen sich: Grenzweg, Markweg, Scheidung, Rainweg, Limselweg (von limes?). Zum Schlusse noch einige seltenere Namen: Hessweg, Klüftensteig, Kliebenstrasse, Stelzenweg, Kesselweg, Hordweg, Feilweg, Zoppelsteig, Lageweg, Pflockenstrasse (Pflocken = Wollkämmereiabfall), Liebstrasse, Krutschenweg, Drauschenweg, Warmweg, Raitzenweg (Raitz = Heerfahrt), Hipweg, Engelweg, Rosenweg, Wisselsweg, der Schlung, Lachtweg, Klingenweg, Nieschweg, Kalaunenweg.

Die Namensübersicht ist in weiterem Umfange dargeboten worden, um ein Bild der Mannigfaltigkeit der Benennungen zu geben; allerdings wird nur ein kleiner Theil der Namen aus ältester Zeit stammen.

Entlang der Wege müssen in gewissen Abständen Unterkunftsbauten, Schutzanlagen vorhanden gewesen sein in jenen Zeiten geringerer Sicherheit gegenüber Mensch und Thier. Die Haupttheilung folgt der täglichen Marschleistung, die je nach der Wegsamkeit 20 bis 40 km betragen haben dürfte. Diesen Abstand halten die Stationen an der sibirischen Heerstrasse inne, 30 km betrug der römische Soldatentagemarsch. Die erobernden Deutschen erbauten mit slavischen Arbeitskräften etwa zwischen 080 und 1200 Strassenburgen als Standquartiere der Milites oder Geleitsmänner nebst Bauernwachen. In Verbindung mit diesen Lagerwachen werden Wirthshäuser bestanden haben; in Abhängigkeit sind die Einzelwachtposten gewesen, die an geeigneten Punkten auch seitwärts der Wege eingerichtet werden mussten, um akustische oder optische Signale dem Standquartier zukommen lassen zu können. So entstanden die folgenden Localnamen, welche die alten Strassen begleiten: Schlössl, Burg, Wall, Trotzling, Grötsch, Hradschin, Schanze, Wahlberg, Wachberg, Wachtelberg (doch nicht vom Vogel?), Wachstange, Wachholderschänke, Wachholderberg, Wachholderbaum (= Wachhalterbaum, Posten im Gezweige eines Baumes wie die Kosakenposten), Laurich, Lauerberg, Lerchenberg (wohl von lauern, nicht vom Vogel, oder dem Baum?), Lagerholz, Lagerweg, Hutberg (Viehhut?), Kiebitz (von kupic = künstlicher spitzer Hügel?), Spiegelberg (specula = Warte), Kübauch (cubare = lagern), Kühberg (vom Thier?), Krähenberg (chrana = Schutz oder vom Vogel?), Strassberg, Strohwalde, Strohschütz (straž = Wache), Stubenberg (stupa = Wachthurm), Beuthe, Beuthenberg (mittelhochd. beiten = warten), Kriegberg, Kriegbusch, Mordgrund, Zugmantel, Zickmantel (Ort, wo der Mantelsack zur Verzollung vom Ross gezogen wurde, oder Stelle, wo Räuber den Mantelsack rauben?), Raitholz, Riedenholz, die Reiten, Reitzenhain (reite = kriegerischer Angriff, gireiti = Heergeräthwagen, Risswagen).

Von den akustischen Wachpostensignalen stammen die Localnamen: Trommelsberg, Schallberg, Schaller Baum, Schellberg, Schellenberg (von schulen = verborgen sein?), Klingelstein, Glockenpöhl, Klingenberge, die Klinge (von klinec = Keil, klinice = Schossbalken, also Strassensperre?), Bombenberg.

Auf optische Signale, Feuerzeichen weisen: Brennhausen, Sprühbirke, Meisensprüh (oder Meisensprenkel?), Zietsch, Zietschholz (žici = glühen), Gnandstein (von gnaneist = Funke?), Funkenburg, Finkenburg, Schillerberg, Gockelsberg, Jockisch, Gukelsberg, Jäckelsberg, Guksen, Kukuksberg, Kux, (gokeln = Feuerzeichen geben?). Gehören etwa auch die Schwedenschanzen (althochdeutsch sweda = Rauchdampf) hierher?

Den Durchgang, Durchhau durch Waldsperren deuten an: Friebus (přivoz = Durchgang, z. B. Prebischthor), Possek, Ossek, Preseka (sek = hauen), Satzung und Natschung (sateska, nateska von tes = Hieb mit der Axt).

Von einer alterthümlichen Wegbezeichnung, wie sie noch als gezeichnete Bäume, Steinhaufen, Steinmandl der Alpen vorkommt, stammen vielleicht: Taschenberg, Tatzberg (tacen = zeichen?), der eine oder andere Ziegenberg (mhd. Zeichen oder vom Thier?), Steinhügel, Steinhübel, Steinberg (nicht immer von natürlicher Felsenbildung!), Markstein, Marstein, Rinnelstein, Rinnenstein, Weisestein (oft an den ältesten Wegen, vielleicht um eine Grenze oder Wegrichtung zu „weisen"?) u. s. w.

Den Richtpunkt des Zusammenlaufens von Wegen bedeutet vielleicht Geiersberg (althochdeutsch kerau = richten, wenden, gehre = Keilstück, Gierfähre, der Vogel Geier = der Gierige).

Zu erwähnen sind noch Zolldorf, Tollenstein, Birkwitz (berka = Steuereinnehmer, berna = Steueramt); endlich deutet Zigeunerbrunn (auch abgekürzt Ziegenbrunn), Zigeunerlager auf alte durchlaufende Pfade, welche diese allerdings erst seit 1488 urkundlich erwähnten Leute mit Vorliebe benutzen; dahin gehören auch die Diebsteige.

Nach diesen Vorbemerkungen, die nöthig waren, um die Art der Forschungshülfsmittel andeutungsweise zu bezeichnen, die neben dem spärlichen historischen Quellenmaterial bei der Aufsuchung der ältesten Wege herangezogen wurden, sind nun die Wege im Einzelnen kurz zu verfolgen.

Die östlichen Salzwege von Halle.

Aus der Nordwestecke unseres Gebietes drang nicht nur die deutsche Cultur herein, schon seit den ältesten Zeiten wird von hier aus das älteste Frachtgut, das Salz, verbreitet worden sein. In fast rein östlicher, fast ganz gerader Richtung zieht sich eine Gruppe von Wegen, noch heute den Namen „alte Salzstrasse" tragend, die Mulde, Elbe, Neisse kreuzend durch unser Gebiet. Die Verfolgung dieser Salzwege von Halle und ihrer Hauptseitenzweige wird den Faden bei der Entwirrung des Wegenetzes liefern.

1. Von Halle laufen zunächst zwei Wege nach dem Muldenübergang Eilenburg, die beide den Namen „alte Salzstrasse" tragen. Der südlichere, dem Wasserscheidenrücken mehr angepasste Zweig zieht über Canena, Osmünde, Beulitz über das Breitenfelder Schlachtfeld am „Schatzhaufen" vorbei über Liemehna; der nördlichere, geradere Zweig berührt Crondorf, Burg bei Heideburg, Zwochau, Cletzen. In Eilenburg zweigt nordöstlich ein Weg nach Torgau ab; die östliche Fortsetzung der Strasse gabelt sich in den „Kärnerweg" über Schilda und die „Salzstrasse" über Staupitz, Beckwitz, die sich am Elbübergange Belgern vereinen, um sich über Liebenwerda, Senftenberg, Spremberg nach dem Neisseübergang Muskau (Priebus) östlich fortzusetzen.

2. Berührte die Richtung 1 das Gebiet Sachsens nur, so läuft die zweite Oststrasse ab Halle kurz vor Schladitz von dem besprochenen Wege abzweigend als „Karnweg" und „Töpferweg" über Grebehna, Hohenhaida, Lübschütz als „alte Salzstrasse" nach der Muldenfurth Wurzen und von hier immer ungefähr parallel der sächsischen Nordgrenze als „hohe Strasse" über Dornreichenbach, Knathewitz, als „kleine Strasse" nach Dahlen, über Lampertswalde, Lübschütz nach der Elbfurth Strehla. Zu erwähnen ist die Verbindung vom Weg 1 ab Liemehna nach Püchau mit Namen „Salzstrasse", die weiter über Lübschütz nach Wurzen führt, aber auch auf einen alten Muldenübergang bei Püchau hinweisen kann, denn es liegt gegenüber an der Mulde die „Renne Wiese", von wo der „Rasenweg" den Anschluss nach Dornreichenbach herstellt. Auch die alte Verbindung vom Eilenburger Uebergang, über Mölbitz entlang der Grenze südlich Kobershain auf der Wasserscheide nördlich Ochsensaal nach Olganitz bis zum Uebergang Strehla hinlaufend, ist bemerkenswerth. Vom Hauptübergang Strehla verzweigen sich nun folgende alte Wege in östlicher und südöstlicher Richtung ab.

2a. Die „alte Salzstrasse" läuft von Strehla über Streumen, Görzig, Zabeltitz, Uebigau nach Weissig, wo sich ein Hauptzweig abtrennt, der über Linz, Röhrsdorf, Laussnitz, Pulsnitz, Bischofswerda nach dem wichtigen Spreeübergang Kirschau führt. Von Weissig setzt sich die Ostrichtung fort über Ortrand als „alte Strasse" nach Cosel, nun sich spaltend erstens nach Hoyerswerda, dann zweitens über Ossling, Wittichenau, Ratzen, Uhyst nach der Neissefurth Rothenburg und endlich drittens über Strassgräbchen, Milstrich, Zorna nach Bautzen. Kurz vor Cosel zweigt bei Zeisholz ein anderer Hauptast ab, der über Schwepnitz, Jesau (oder Kamenz) nach Bautzen gerichtet ist.

2b. Der zweite Hauptweg von Strehla läuft als „Rollweg“ über Zeithain, Glaubitz, Wildenhain nach Grossenhain; dazu der in Glaubitz mündende Seitenzweig der „hohe Weg“ nördlich um Zeithain. In Grossenhain schliesst sich auch der relativ alte (aber wohl nicht älteste) Weg durch die Elbfurth bei Boritz-Hirschstein-Merschwitz „die alte Poststrasse“ an. Ueber Grossenhain setzt sich mit mehrfachen Nebenwegen die bekannte alte Hauptstrasse über Königsbrück, Kamenz nach Bautzen und weiter zur Neissefurth Görlitz fort unter den Namen: „hohe Strasse“, „alte Poststrasse“, „kleine Poststrasse“, „kleine Strasse“, „die alten Strassen“. Von dem südlichsten der alten parallelen Nebenwege zwischen Bautzen und Görlitz, der zwischen Peschen und Unwürde (nördlich Löbau) den Namen „alte Strasse“ führt, zweigt bei Peschen eine alte Wegrichtung ab über Grossdehsa, Löbau, „Zuckmantel“ bis zu einem Kreuzungspunkt alter Wege nördlich Strahwalde, wo die Localnamen „Zigeunerplan“, „Rumburgshorn“, „Johannishorn“, „Lerchenberg“ vorkommen. Von hier laufen zwei Wegarme nach der alten Neissefurth Ostritz als „alte Bernstädter Strasse“ über Bernstadt und als „alte Löbauer Strasse“ über Niederrennersdorf, den „rothen Berg“, „Butterberg“, als „hohe Strasse“ nach Ostritz und weiter über Seidenberg, Marklissa nach Liegnitz. Von dem alten Wegknoten von Rumburgshorn (nördlich Strahwalde) laufen auch zwei alte Wege als „Hinterstrasse“ westlich, als „alte Strasse“ östlich vom Königsholz am Sonnenhübel nach Zittau. Von Grossenhain spaltet sich von der Bautzener „hohen Strasse“ eine ebenfalls bemerkenswerthe Strasse ab über Wessnitz, Göhra, Niederrödern, Radeburg, Radeberg, Stolpen, Neustadt, Schluckenau, Rumburg, Tollenstein, Böhm.-Leipa, „Mikenhan“, Hirschberg, Zolldorf, Brandeis, Prag. An diesen ältesten ostelbischen Lausitzer Gebirgsübergang schliesst sich auch die südöstliche Fortsetzung des Weges 2a über Kirschau an.

Zu erwähnen sind östliche Seitenzweige von dieser Hauptstrasse in der Richtung Bautzen und zwar über Okrylla als „alte Strasse“ über Grossnaundorf, als „Gasse“ nach Elstra und als „Körner Weg“ ebenfalls von Okrylla über Lomnitz nach Pulsnitz. Ein wichtiger Weg zweigt in Rumburg als „langer Weg“ und „Kälberweg“ nach Zittau ab, wo er sich wieder gabelt nach Kratzau, Reichenberg, Gablonz zum Iserübergang in Eisenbrod und andererseits über Friedland nach Schlesien.

2c. Der dritte Hauptweg von Strehla zieht sich südöstlich in etwa 4 km Abstand östlich der Elbe hin, setzt sich auch nördlich von Strehla in gleichem Charakter fort; er ist als östlicher Parallelweg, der durch das Elbthal seine Richtung empfangen hat, anzusehen. Von ihm laufen die Seitenzweige nach den alten Elbfurthen oder Fährstellen. Dieser Weg berührt zwischen Nünchritz und der Schwedenschanze bei Leckwitz auf etwa 13 km das Hochufer der Elbe, läuft dann über Goltzscha, Kmehlen, Gröbern, Weinböhla, als „alte Strasse von Mühlberg“ nördlich Coswig vorbei, hier das Waldwegzeichen Z tragend, weiter durch die Lössnitz über das „Weisse Ross“ nach Radebeul und von hier durch die Haide auf verzweigten Nebenwegen, die wiederum das Zeichen Z und gestrichenes Z und die Namen „Rennsteig“*), „Diebssteig“, „Schwesternsteig“ tragen. Der Rennsteig hält sich möglichst auf

*) H. Wiechel: Rennsteige und Rainwege in Sachsen. Wiss. Beil. d. Leipz. Ztg. 1898. No. 81. — L. Hertel: Die Rennsteige und Rennwege. Hildburghausen 1888.

den Wasserscheiden und tritt in Biela-Quohren aus der Haide, von wo sich die Wegrichtung als „alte Poststrasse" bis Rossendorf fortsetzt, über Dittersbach als „hohe Strasse" bis Hohnstein, als „alte böhmische Glasstrasse" über Lohsdorf, Ulbersdorf, Thomasdorf, als „Diebsstrasse" über Hemmhübel, Schönlinde bis Tollenstein läuft, wo der Anschluss an die ebenfalls alte Strasse 2b über Stolpen-Schluckenau-Rumburg stattfindet.

Dem am meisten der Elbe auf der Ostseite genäherten Wege 2c entspricht der knapp das Elbsandsteingebiet umziehende Weg nach Prag von Zeidler über Wolfsberg, „Hohle Ditte", Schnauhübel, am „Hemmhübel" vorbei nach Altdaubitz, über „Irichtberg", Kreibitz, „Nusshübel", „Auberg", Hasel, Kamnitz, „Hanne", Gersdorf, „Oberratzel", Karlsthal, Sandau, Politz, Graber, Beiswedel, Raschowitz, „Wochberg", „Lummel" nach Aujezd, Brotzen, Liboch, an dem Hochufer der Elbe hin bis Melnik und weiter nach Prag. Verlängert man diese fast genau südnördliche gerade Richtung von Prag nach Zeidler über diesen Ort nördlich weiter, so trifft man in den Weg über Kunnersdorf, „Lodersberg", „Silberberg", Schluckenau, Rosenhain, Sohland, wo das Spreethal erreicht wird, in dem der Weg über Schirgiswalde, Kirschau bis Postwitz und dann weiter bis Bautzen läuft, sich auch in gleicher Nordrichtung über Radibor, Ratzau nach Spremberg fortsetzt. Ohne Zweifel stellt dieser Weg die geradeste Verbindung von Prag mit Bautzen dar; seiner Trassirung nach scheint er als Durchgangsweg doch jünger zu sein, wie der etwas weiter nach Osten ausholende sehr alte Weg über Zwickau-Tollenstein, wenn auch einzelne Wegstrecken die Zeichen höheren Alters an sich tragen. Zahlreich sind die erwähnten Anschlüsse an die Elbübergänge zwischen Pirna und Strehla, die nicht im Einzelnen behandelt werden können. Einzelne dieser Elbübergänge werden mit dem Auftauchen und Wichtigwerden der Orte Pirna, Dresden und Meissen entstanden sein. Aus dem Charakter der alten Wege ist aber zu schliessen, dass die ältesten länderverbindenden Richtungen dem Elbübergang Strehla folgen.

3. Von Halle ist deutlich eine alte Wegrichtung nach der Muldenfurth Trebsen erkennbar. Aus der alten Salzstrasse 2 über Hohenhaida löst sich dieser Zweig los, führt über Wüste Mark Pesswitz entweder über Mochern, Leutitz oder über Gerichshain, Brandis, Polenz nach Trebsen. Hier setzen zwei bemerkenswerthe Richtungen an: die eine östlich am Rodaer See als „Bischofsweg" nach Wermsdorf und nun mehrfach verästelt als „hohe Weg", „das alte Q", „die Trift", „die breite Allee", „der Oberweg", „Butterweg", „lange Rain" dicht südlich am Collmberg vorbei nach Oschatz laufend, mit einem südlicheren Parallelweg über Lampertsdorf, Thalheim, Kreischa als „Kaiserweg" östlich bei Oschatz vorüber durch Borna nach Strehla. Die andere Hauptrichtung wendet sich von Trebsen über Nerchau nach Südost und bildet in ihrer Fortsetzung den alten Oederan-Brüxer Gebirgsübergang, der auch durch einen rechtsmuldischen Hochuferweg nördlich über Trebsen hinaus an die Uebergänge Wurzen (Püchau), Eilenburg angeschlossen ist. Diese alte böhmische Strasse scheint sich in der That an diese ältesten Muldenfurthen der Halle'schen Wege anzuheften, wozu auch der bekannte Reisebericht Ibrahim ben Jakub's von 973 stimmt, der vom Hoflager Kaiser Ottos II. in Magdeburg nach Prag zurückreiste über Qaliwa (Kalbe), Nubgrad (Nienburg), die Saline „al-Jahûd" = Halle am Flusse „Salawa", von da nach Nurnbin, was als Wurzen*) oder

*) W. Schulte in der wiss. Beil. d. Leipz. Ztg. 1882, No. 14.

Nerchau gedeutet worden ist. Es folgen die Angaben: von da (Nordhin) bis zur (nördlichen) Grenze des Waldes 25 Meilen, vom Anfang bis zum Ende des Waldes über Berge und durch Wildnisse 40 Meilen, vom (südlichen) Ende des Waldes (Oberleutensdorf) bis zum Sumpf (Seewiesen) bis zur hölzernen Brücke durch den Sumpf (Brüx) 2 Meilen; dann geht man ein in die Stadt Braga (Prag). Der alte Weg misst von Oberleutensdorf bis Wurzen 106 km, bis Nerchau 95 km, so dass bei 65 (arabischen) Meilen sich für jede 1,6 bezw. 1,5 km berechnete, was beides nicht unwahrscheinlich ist, da diese Meilen 1000 Doppelschritte umfassen, wie die römische Meile von = 1,4785 km Länge, bei der der Schritt der kleineren Italiener sich auf 0,74 m stellt. Ermittelt man den Waldanfang nach dem Verhältnisse von 25 zu 40 Meilen, so fällt er von Wurzen gerechnet auf die Wegstelle am Vorwerk Masseney, von Nerchau gezählt, auf die Striegisfurth dicht vor Hainichen. Die dortigen Localnamen, besonders der Name Hainichen selbst machen die letztere Annahme recht wahrscheinlich; es sind somit weder aus der Richtung der ältesten Wege noch aus der Lage des Urwaldanfanges Einwendungen gegen die Deutung auf Nerchau zu entlehnen.

Der alte böhmische Weg selbst lief über Nerchau, Pöhsig, Dürrweitzschen am „Zetsch" vorbei durch die Muldenfurth bei Altleisnig auf dem Rücken über die Flurstelle „der Vogelgesang" (Wohnungen oder Wachposten auf Bäumen, ähnlich Wachhalterbaum), Hartha, bei Waldheim die Zschopau kreuzend, Vorwerk Masseney (gegenüber der „Wachholderberg"), den Nonnenwald westlich berührend, durch die jetzigen Orte Hainichen, Cunnersdorf, oder wahrscheinlicher auf dem etwa 0,8 km nördlich parallel laufenden Rückenweg über Ottendorf sich nach Bockendorf und durch die Waldstelle „die Beutha" nach Oederan wendend. Der weitere Verlauf über Mittelsayda als „alte böhmische Heerstrasse" und Sayda und Purschenstein ist bekannt. Von hier spaltet sich der Weg in die Richtung über Einsiedel, Kreuzweg, östlich Georgenthal nach Brüx und in die ältere Richtung über Göhren, Rascha oder Zettl, Oberleutensdorf, Rosenthal, Kopitz, Brüx.

4. Von der südlicheren alten Salzstrasse unter I zweigt bei Beulitz ein Weg nach Schkeuditz ab, das auch direct von Halle durch die ebenfalls alte Strasse über Bruckdorf, Grosskugel erreicht wird. Dicht am rechten Elsterhochufer läuft der Weg dann über Wahren nach Leipzig, einen Zweig von Wahren über die Sanct Thekla-Kirche und den „Krätz Berg" nach Taucha und weiter nach der Furth Wurzen und als „Töpferweg" über Brandis nach der Furth Trebsen entsendend. Diese Wege sind erst mit dem Aufkommen von Tauchau und Leipzig entstanden. Der Leipziger Zweig zieht sich dann über Holzhausen, Naunhof als „alte Poststrasse" nach Grimma. Aelter wird der Weg von Holzhausen dicht neben dem Collmberg und dem „Kriegteich" vorbei durch Grosspössna nach dem Kreuzpunkt ältester Strassen am „alten Schloss", einer nahezu rechteckigen Strassenschanze*), die wenig verändert noch im Universitätsholze zu erkennen ist. Von hier lief über Köhra, Lindhardt die „hohe Strasse" nach Grimma; ferner zweigte hier die „alte Strasse" nach Rochlitz über Belgershain, Lausigk ab, von der sich wieder ein alter Zweig in Belgershain abspaltete über Pomsen, Grossbardau, Grossbothen, am Waldort „Zuckemandel" vorbei nach der Muldenfurth Sermuth und auf dem linken Ufer bleibend als „alte Strasse" über „Zschetsch" nach dem Uebergang Colditz. Noch

*) Vergl. Verhandl. der Berlin. Ges. für Anthrop. in der Zeitschr. für Ethnol. 1901.

ein dritter rein südlich gerichteter Weg zweigt am „alten Schlosse" ab, um Borna zu erreichen als „alte Strasse", durch den Forstort „Rosenthal" als „breiter Weg" nach Kamlitz und am Flurort „Rosendorf" in den „Heerweg" einmündend, der von Leipzig über die „Funckenburg", Dösen (auch Dösener Weg genannt), Güldengossa, Dalitzsch ebenfalls Borna zustrebt. Aber auch die älteste Ostwestverbindung Grimma-Eythra läuft neben dem „alten Schloss" vorbei, sich hier theilend in die alten Zweige über Cröbern, Gaschwitz, Budigasser Mark und andererseits über Magdeborn, Stöhna, Zeschwitz, Zwenckau.

4a. Jenseits der alten Muldenfurth Grimma läuft der Weg östlich am „Lerchenberg", „Huthbaum" neben dem Huthberg vorbei über Brösen als „alte Salzstrasse" über einen zweiten „Huthberg" und „Wachberg" nach Zschoppach, Klemmen, immer auf dem Rücken nach Zaschwitz, Jeesnitz zur Jahnafurth Zschaitz über Glaucha, von wo sich mit dem Aufkommen Meissens der Zweig über Leuben, Kubschütz durch den „tiefen Grund" über Mohlis und den Jahneberg ansetzt, während der älteste Weg über Korschütz, Lommatzsch immer auf dem Rücken als „Ochsenstrasse", Seitenzweige nach den Uebergängen Zadel, Seusslitz entsendend, nach der Elbfurth Boritz-Merschwitz lief. Beachtlich ist der Name Ochsenstrasse, der auf die Ochsenkarren der ältesten Zeit hinweist und den auch der älteste Nordsüdweg auf dem Landrücken in Schleswig und Holstein trägt. In diesem echten Höhenwege Grimma-Zschaitz-Lommatzsch-Boritz lässt sich wohl der älteste östliche Durchgangsweg dieser Gegend erkennen.

4b. Jenseits der Muldenfurth Colditz zieht sich ein Verbindungsweg nach der Strasse 4a rechts von Collmen bei der „Glocke", dem „Lastenberg", dem „Gieks" vorbei über Brösen und durch Leisnig. Ausserdem läuft ein Weg auf dem Höhenrücken über Meuselwitz, den „Wachhübel" nach Harthau zum Anschluss an den alten böhmischen Weg unter 3.

4c. Jenseits Rochlitz, das als Mittelpunkt ältester Siedelungen seit ältester Zeit von Bedeutung war, verzweigen sich zwei anscheinend alte Wege. Der eine läuft über Zschachwitz, Aitzendorf, Geringswalde als „Töpelstrasse" nach der Zschopaufurth Töpeln, die ganz analog der Muldenfurth Sermuth gelegen ist, nach Döbeln. Von diesem wichtigen Muldenübergang lief ein Seitenzweig über Mochau nach Lommatzsch, ein anderer über Grossteinbach, Lüttewitz, Mutzschwitz, Leippen über den Kuhberg als „Kuhbergstrasse" neben „Stroischen" nach Meissen, während ein dritter älterer Weg weiter südlich, dem Rücken folgend, Döbeln mit Meissen verband über die Punkte „Juchhee", „Höhbaum", „Trommelberg", Choren, Gruna, als „grüner Weg" nach Mahlitzsch, Heinitz und Luga. Bei Mahlitzsch zweigte von diesem alten Rückenwege und dessen Parallelwegen die Richtung in den Gau Nisani ab, als „Salzweg" zur Triebischfurth bei Munzig hinablaufend und über Wilsdruff, Pennrich, Pesterwitz, Döltzschen, Plauen, Leubnitz nach Dohna hinziehend (da Dresden erst später Anziehungsmittelpunkt wurde), der die Weisseritz auf der Linie Kesselsdorf, Potschappel, Coschütz, Leubnitz kreuzt. Diese Wege dürften die älteste Verbindung der Landschaften Glomaci und Nisani darstellen; die Linie Meissen-Wilsdruff-Dresden ist offenbar erst die Folge des Aufkommens dieser Orte.

Der zweite alte Weg zieht von Rochlitz südöstlich am „Trotzling" vorbei über Neugepülzig nach der Zschopaufurth Mittweida, um den Anschluss an die alte böhmische Strasse über den Flurort „Tabakspfeife" am „Behnitz Winkel" östlich Rossau zu gewinnen. Diese Einmündung liegt unmittelbar vor der unter 3 erörterten Urwaldgrenze an der Striegisfurth.

Eine ziemlich alte Fortsetzung findet dieser Verbindungsweg über Ottendorf, „Steintisch" (hier vom Parallelweg der böhmischen Strasse sich loslösend) über Riechberg, Bräunsdorf, Freiberg, Halsbach, Naundorf, als „Salzstrasse" über „Diebskammer", „Streithübel", Klingenberg mit dem „Gickelsberg", Höckendorf mit dem „Mückenberg" (mig-nouti = flimmern, also Funkenberg), „Geierswacht" hinter Grossölsa sich in die Richtungen Kreischa, Sayda, Dohna, ferner Possendorf, Babisnau, Lockwitz und endlich Bannewitz, Räcknitz, Dresden theilend. Dieser Weg Halle-Rochlitz-Mittweida-Dohna dürfte als das etwas jüngere Seitenstück zu dem ältesten nördlicheren Westost-Weg nach dem Gau Nisani über Munzig oder Roitzschen anzusehen sein.

4d. Aus dem Wegzweig über Lausigk nach Rochlitz zweigt bei dem Wegknoten Ebersbach ein Ast über Geithain, den „Wachhübel" bei Obergräfenhain nach der Muldenfurth Lunzenau ab, sich von hier auf dem Rücken über den „Gickelsberg" am „Tauerstein" vorbei nach der alten Chemnitzer Strasse wendend.

Die südlichen Salzwege von Halle.

Der besseren Uebersicht halber sind die folgenden Wege in eine neue Gruppe zusammengefasst worden.

5. Der wichtige Muldenübergang Penig ist durch mehrere alte Wege mit Halle verbunden, deren Verfolgung zur Klärung des ältesten Wegnetzes wesentlich beiträgt.

An den ältesten östlichen Salzweg von Halle unter 1 schliesst sich ein echter Rückenweg an, der mit 2 als „Karnweg", „Töpferweg" in grossem Bogen über Wüste Mark Pesswitz, Brandis, Polenz, als der „hohe Weg" über den „Kiewitz", Klinga, Pomsen, den „Groitzsch", Lausigk, Ebersbach, Altdorf-Geithain, Ossa, Jahnshain, als „alte Strasse" nach Penig führt, dessen Seitenzweige nach Trebsen, Grimma, Colditz, Rochlitz, Lunzenau bereits erwähnt sind. Hervorzuheben ist ein 1 bis 3 km östlich gelegener Parallelweg zwischen Ebersbach, Neumarkt-Geithain, Rathendorf mit dem „Kaiserborn" und „Salzberg" nach Penig. Diese Wegrichtung ist besonders bemerkenswerth, weil auf ihr Penig von Halle aus ohne Durchfurthung von Flüssen erreicht wird; Kreuzungen finden nur mit Bächen ohne grosses Sammelgebiet statt.

Aehnlich trassirt, aber gerader gerichtet verläuft die sich an Weg 4 über Schkeuditz, Leipzig anschliessende Richtung über Borna. Der beiden Wege von Leipzig über Güldengossa (Heerweg) und das alte Schloss (breite Weg) war schon gedacht. Von Borna zieht der sich auf dem Rücken haltende älteste Weg über Neukersdorf, den „Strassenteich", Roda, Kohren, Sahlis, Linda, durch das Pastholz zum Anschluss an die soeben erwähnte alte Strasse von Jahnshain nach Penig. Ein anderer, ab Borna das rechte Hochufer der Wyhra begleitender Weg durchfurthet diese bei Frohburg und läuft über Gnandstein, Goldener Pflug, den „Speckbusch" nahezu geradlinig als die „lange oder Thonstrasse" nach der Muldenfurth Waldenburg.

Die anderen Wege von Halle, die zweimal die Elster und die Pleisse kreuzen, schliessen sich an den später zu behandelnden Salzweg durch die Schkeuditzer Furth an.

Jenseits Penig läuft die Richtung als die bekannte Hohestrasse weiter am „Strassenteich", „Zugmantel", „Mordgrund" vorbei, wo der Lunzenauer

Zweig anschliesst, über Chemnitz, den „Kriegshübel", den „Schellberg", das „Raithholz" am „Rollfeld", Gornau, Zschopau zur Hilmersdorfer Höhe. Hier trennen sich die Wege nach den drei alten Uebergängen Reitzenhain, Kühnhaide und Rübenau, von denen nach den Localnamen der letztere der älteste sein muss, obgleich dieser Weg die Pockau bei Lauterstein an einer schwierigeren Stelle wie bei Kühnhaide und Reitzenhain durchfurthet. Dieser somit älteste Weg läuft über Lauta, Lauterstein, Zöhlitz fast geradlinig nach Rübenau, Kallich, Dernau und auf dem Rücken über Platten (Blatno) nach Kommotau. Auf einem Seitenweg über Gersdorf, Ubrissen kann auch Görkau erreicht werden. Ein Parallelweg hierzu mit Abzweigung am „Rungstockborn" oder am „Steinhübel" führt als „alte Kommotauer Strasse" über „Kriegwald" an der „Schwedenschanze" vorbei nach Obernatschkau (oder Natschung), über die Annasäule am Steinhübel, Rodenau, Quinau ebenfalls nach Kommotau. Welcher von beiden Wegen der ältere ist, ist schwer zu entscheiden.

Der mittlere Weg von der Hilmersdorfer Höhe zieht sich über Marienberg, früher Dorf Schlettenberg, Gelobtland als „Jörkauer Strasse" über Kühnhaide sich an den vorigen Weg in Obernatschung anschliessend.

Der westliche Weg läuft über die drei Brüder Höhe (Schachtname), nimmt die „Kärrner Strasse" von Wolkenstein auf und zieht sich fast gerade über die „Fuchskaloppe", die „hohe Brücke" nach Reitzenhain, Sebastiansberg, Krima, den „Klinger", Domina nach Kommotau.

Von Kommotau und Görkau laufen die Wege über die Egerfurthen bei Saaz, Postelberg oder Laun, sich jenseits vereinigend über Schlan nach Prag.

Auf diese Gebirgsübergänge bezieht sich die Notiz in der etwa 1015 geschriebenen Chronik des Merseburger Bischofs Thietmar aus dem Jahr 892: „in der „Provinz" Daleminzien nicht weit vom Flusse Caminizi in dem „Gaue" Chutizi starb Arno, neunter Bischof von Würzburg, als er von einem Feldzug gegen die Böhmen zurückkehrte und unweit der Landstrasse auf der nördlichen Seite in seinem auf einem Hügel aufgeschlagenen Zelte Hochamt hielt, umringt von einem Haufen Feinde, mit den Seinigen den Märtyrertod". Da der alte „Gau" Chutizi den Chemnitzfluss zur Ostgrenze hatte*), die Kirchenprovinz Meissen, in der Hauptsache aus dem Gau Daleminzien bestehend, zu Thietmar's Zeit aber sich über die Chemnitz bis zur Mulde erstreckte, so passt die Thietmar'sche Ortsbeschreibung nur auf das Gebiet zwischen Chemnitz und Mulde. Hier läuft aber „unweit (d. h. 1 bis 3 km westlich) der Chemnitz" der unter 4d erwähnte Lunzenauer Weg hin. Der „Tauerstein" bei Burgstädt bietet hier einen dem heranziehenden Arno nördlich von der Landstrasse erscheinenden Hügel dar, der wohl geeignet ist, sich zur Rast in feindlich gesinnter Umgebung zurückzuziehen. Die Trassirung dieses Weges spricht durchaus für ein hohes Alter, so dass auch von dieser Seite Bedenken gegen die Localisirung nicht vorliegen.

6. Der unter 4 behandelte Salzweg über Schkeuditz sendet hier die Elster durchfurthend einen wichtigen Zweig nach Süden in den 20 bis 40 km breiten, 125 km langen Landrücken zwischen Saale und Elster, der zwar nur zum kleinsten Theile unserem Gebiete angehört, dessen mittlerer

*) O. Posse a. a. O.

Längsweg aber nicht ausser Betracht bleiben kann. In der verkehrsreichen Nordspitze dieses Landrückens treten die Einwirkungen der wohl von jeher wichtigen Uebergänge Burgliebenau-Pretsch (Elster), Merseburg-Pretsch, Corbetha sowie Weissenfels (Saale), Eythra und Pegau (Elster) und später Plagwitz-Leipzig hinzu. Der Halle'sche rein südliche Verkehr kann daher abkürzend wenn auch durch zweimalige Saalekreuzung und in späterer Zeit die genannten Saalefurthen anstatt den Pass bei Schkeuditz benutzt haben.

Der alte Rückenweg gewinnt nach der Elsterdurchfurthung bei Grossdölzig das Südhochufer und läuft von hier weiter, den Zweig von Pretsch aufnehmend und den Zweig „die Salzstrasse" über Knauth-Naundorf nach Eythra entsendend. Rein südlich setzt sich der Weg durch die Wüste Mark Pfaffendorf 1 km östlich Schkölen bis Schkeitbar fort, wo die von Pretsch und dem jüngeren Dürrenberg herkommende südlichere Salzstrasse nach Eythra kreuzt, wo sich auch ein gerader Weg nach der Elsterfurth Pegau ablöst. Von Schkeitbar zieht auch ein Zweig die „alte Strasse" rein westlich über Meyhen südlich durch das „Rosenthal" um Lützen über Bothfeld nach Corbetha und weiter über das Rossbacher Schlachtfeld, bei Leiha in die Hauptstrasse nach Freiburg laufend. Weiter berührt der Rückenweg Eisdorf, wo der Anschluss von Eythra aufgenommen wird, als „grosser (oder kleiner) tiefer Weg" Grossgörschen, unter dem Namen „die hohe Eisenberger Strasse" Grossgrimma, wo der „Zwiebelweg" direct von Eythra und ein ostwestlicher Weg von Pegau nach der Saalefurth Naumburg, der den bemerkenswerthen Namen „Ochsenweg" trägt, sich anschliesst. Auf der Höhe läuft der Weg über Köttichau-Trebnitz nach Meineweh, wo sich ein Parallelweg Eisdorf-Steckelberg-Teuchern wieder anschliesst. Ueber Roda, wo Seitenzweige von Naumburg und Zeitz einmünden, zieht der Rückenweg über Eisenberg, Klosterlausnitz, wo der Zweig nach Gera, Tautendorf, wo der Zweig nach Weida, Greiz, Elsterberg sich ablöst, nach dem „Radberg", „Geheege" und Auma. Hier trennen sich wichtige Aeste nach Zeulenroda-Pöllwitz-Elsterberg, nach Pausa-Plauen und nach Strassberg, während der Rückenweg über Schleiz, „Zollgrün", Gefall oder Münchenreuth, Feilitzsch und den „Labyrinthberg" die Saalefurth Hof erreicht und von hier über Asch die Verbindung mit Eger findet. Dieser Rückenweg dürfte seinem Verlaufe nach wohl als die entscheidende Leitlinie im Westen unseres Gebiets anzusehen sein.

Es sind nun die Wege, die sich jenseits der Elsterfurthen südöstlich ansetzen, zu verfolgen.

6a. Von Eythra wird der Weg anfänglich rein östlich nach der Budigasser Mark die Aue durchquert haben. Von hier läuft der unter 4 genannte alte Ostweg Güldengossa-Altes Schloss, von hier verzweigt sich nur noch als Wegrest ein „Kaiserweg" nordöstlich, von hier zieht in gerader Richtung die „Heerstrasse" nach Pulgar und weiter als „Salzstrasse" nach Borna. Gelegentlich ist der Prödel-Zeschwitz verbindende „Rennsteigweg" zu nennen. In Kieritzsch zweigt von der Bornaer Salzstrasse ein Weg ab am „Strassenteich" und Lutherdenkmal vorbei über Brennsdorf, Breitingen, Gerstenberg nach Altenberg, von wo in südlicher Richtung über Saara, Zürchau, die Pleissefurth Gössnitz, „Schwanefeld", „Ameisenbüchel" mit „Burgstadt", den „Hog", Mosel der westliche Hochuferrand der Mulde und dem entlang Zwickau erreicht wird. Von Altenburg nach der Muldenfurth Waldenburg zieht sich der alte Weg über Paditz, „Burgberg", „Wachhügel" mit „Tommelgrund", Goesdorf, Wickersdorf, „Meisenprüh".

6b. Von der Elsterfurth Pegau-Groitzsch zieht sich ein Wegepaar „der Pfaffenweg", „der Gosser Weg", „die alte Strasse" nach dem alten Strassenknoten Borna. Der Hauptweg läuft über „die Wachtel" bei Lucka nach Altenburg. Bei Lucka schliesst sich ein wichtiger Rückenweg zwischen Pleisse und Elster an, der sich auch noch nördlich über Obertitz, Stolpen, Pulgar in der Richtung des Rennsteigweges und Kaiserweges bis zum Pleisseübergang bei Raschwitz südlich Leipzig verfolgen lässt. Von Lucka südlich läuft er über Meuselwitz, den „Geyersberg", Kayna, Hohenkirchen, Grossenstein, Ronneburg, „Vogelgesang", „Lerchenberg", Trünzig, Teichwolframsdorf, Reudnitz, Reichenbach und von hier fast geradlinig bis Eger. Zunächst läuft die Wegfortsetzung von Reichenbach mit der grossen Hofer Strasse die Göltzsch durchfurthend oder mehr geradlinig durch die Weissensander Furth, über Treuen, Poppengrün, über Schöneck oder als älterer Weg dicht östlich bei Schöneck vorbei als „grüner Weg" nach dem „Geierswald", Fribus, über den „Kühbauch", Markneukirchen, „Schanzholz", Landwüst, „alte Schloss", am „Geyersberg" vorbei nach Schönberg mit den „Geyerhäusern", „Altenteich", Oberndorf, Langenbrück, Lohenstein bis Eger. Dieser Weg stellt mithin eine zweite, aber fast geradlinige Verbindung Halle (-Merseburg-Zeitz)-Eger dar und zwar ebenfalls als Rückenweg entsprechend dem westlicheren Weg unter 6.

6c. Von der Elsterfurth Zeitz zweigt sich ein Weg ab, der den Rückenweg 6b bei Sachsenroda kreuzt und sich weiter über Reichstadt, Raudenitz, Schönhaide, „Scheidegrund", Rudelswalde dicht südlich Crimmitschau, bei „Kniegasse" und „Karthause" die Pleisse kreuzend, als Rückenweg über den „finsteren Graben", die „Hölle", Denkritz, die „Schatzgrube", den „Wachholderberg" und Weissenborn nach Zwickau hinzieht. Ausserdem zweigt ein südwestlicher Weg nach Gera, Auma, Schleiz, Hof ab. Der wichtige Ostwestweg durch Zeitz wird später behandelt.

6d. Vom Rückenweg unter 6 zweigt ein Seitenweg über Weida nach der Elsterfurth Greiz ab, der sich weiter bis Reichenbach fortsetzt. In der Richtung dieses Weges schliesst sich der zweite Gebirgsübergangsweg nach dem Egerthale an, der von Reichenbach hinzieht über Lengenfeld, den „Finkenberg", als „Königstrasse" nach Auerbach, „Tollengrün", Hohengrün, als „hohe Strasse" über Jägersgrün nach dem „Aschberg", über „Grünberg" nach Graslitz, Heinrichsgrün, sich hier nach den Egerfurthen Falkenau, Ellbogen und über Chodau nach Rodisfort gabelnd. Sowohl die Localnamen als die Weglage lassen in den beiden Wegen 6b und 6d von Reichenbach ins Egerthal alte Verbindungen erkennen. Der Name Königsweg ist wohl mit dem 1086 gekrönten Böhmenkönig Wratislaw, der lebhafte Verbindung mit seinem Schwiegersohn Wiprecht von Groitzsch unterhielt, in Zusammenhang zu bringen.

6e. Die unweit Greiz gelegene Elsterfurth Elsterberg vermittelt ebenfalls den Uebergang eines alten Weges nach Süden und zwar nach Asch über Reinhardtsgrün, die „Possecke", am „Gräfenstein" und „Schloss Routh" mit „Wallwiese" vorbei durch Thossfell, Altensalz, Neuensalz, Theuma, als „alte Strasse" am „alten Berge" und „Salzhübel" durch die Elsterfurth Oelsnitz über den „Geiersberg", „Heinzens Höhe", Rossbach. Von Oelsnitz zweigen zwei Parallelwege über den Geiersberg ab als „alte Strasse" über Obertriebel, Posseck und die (jüngere?) über Untertriebel; beide über Gassenreuth mit dem „alten Schloss" und der „alten Schanze" nach Hof laufend.

6f. Ein alter Zweig der Rückenstrasse 6 trennt sich in Auma ab, um ohne den Umweg über Hof das Egerthal direct zu erreichen; er läuft über Zeulenroda nach dem alten Wegknotenpunkt Pausa, wo er einen Seitenweg über Schönberg, Misslareuth nach Hof entsendet. Von Pausa über Mehltheuer als „hohe Strasse" am Flurorte „der weise Stein" vorbei zieht der Weg als „Schaafweg" nach der alten Elsterfurth Strassberg mit „Warth-Hübel" und der „Burg", Taltitz, den „Geiersberg", Raschau, durch das jetzige Oelsnitz über Tirschendorf, Schöneck, „Wachtelbusch", Kottenhaide, Klingenthal, den Anschluss an die alte Strasse unter 6d in Grasslitz suchend.

6g. Nach der später mehr in den Vordergrund getretenen Elsterfurth Plauen zweigt bei Mehltheuer vom vorigen ein Weg ab, der über Syrau mit „Neumarkt", den „Strassenhübel", „Bärenstein" nach Plauen und weiter am „Wachhübel" vorbei über Oberlosa, am „Salzhübel" den Weg 6e kreuzend, über Voigtsberg, Görnitz, „Warthebaum", Leubetha am westlichen Elsterhochufer gegenüber Adorf hinläuft. Der merkwürdige Localname „Wachbaum" kommt nordöstlich Voigtsberg noch einmal vor.

6h. Adorf ist eine alte Elsterfurth für die Verbindung Schöneck-Asch und zugleich Anschlusspunkt für den interessanten Kamm- und Grenzweg über Misslareuth, Grohau, Hainersgrün, „Wachhübel", die „Beuten", am „Assenberg" mit „altem Schloss" nach Sachsgrün, in Gassenreuth den Zweig 6e kreuzend, über Oberhergen, Freiberg nach Adorf, von wo aus der Anschluss als „hohe Strasse" und „alte Poststrasse" über Jugelsburg, „Finkenburg" (Funkenburg?), „Strassenbusch" in Landwüst an die grosse Nordsüdstrasse 6h erfolgt.

Alle bisher verfolgten Wege strahlen von Halle, wenn man will auch von den später aufgekommenen Nachbarorten Merseburg und Leipzig aus, entweder sich rein östlich hinziehend, das unzugängliche Elbsandsteingebirge in grossem Bogen östlich umziehend, das Erzgebirge südöstlich überschreitend oder endlich der Fichtelgebirgsabdachung Hof-Eger zustrebend. Mannigfache alte Verästelungen könnten noch erwähnt werden, andererseits sind noch eine Reihe von wichtigen alten Verbindungen hervorzuheben, die, um die Uebersicht nicht zu stören, bisher nicht genannt wurden.

Die Wege von Prag.

Was Halle für den Norden ist Prag für den Süden unseres Gebietes; ist es auch erst seit etwa 869 der herrschende politische Mittelpunkt, so haben wohl von jeher die Hauptorte der früher selbständigen Einzellandschaften wie Ellbogen, Saaz, Leitmeritz, Tetschen zur Mitte des Böhmerlandes lebhafte Beziehungen gehabt. Auch nach den Fundkarten bildet Prag etwa die Mitte des in prähistorischer Zeit besiedelten Gebietes, das gegen Sachsen hin durch eine Linie Kaaden-Tetschen begrenzt wird. Wenn für Halle die nordwärts gerichteten Flussthäler als Hindernisse, deren Furthen als Leitpunkte anzusehen waren, so ist für Prag der Gebirgskamm zwar als Hinderniss, die am Südfuss desselben hinlaufende alte Weststrasse aber als Leitlinie mit den Wegknoten als Leitpunkten aufzufassen.

7. Die alte nordböhmische Querstrasse ist deutlich von Eger bis zu den Iserkammpässen zu verfolgen. Ueber „Langenbruck", wo die erwähnten alten Wege von Hof, Adorf und Reichenbach zusammenlaufen, wo auch ein anscheinend alter Zweig über „Ensenbruck" und „Bruck" nach Fraureuth und weiter sich anschliesst, zieht der Querweg über Mariakulm

(wo ein Nordsüdweg kreuzt, der von Klingenthal über Gossengrün nach der Egerfurth Königsberg läuft), weiter über Zwodau neben der Egerfurth Falkenau nach Chodau (chodba = Fussweg, chod = Gang). An diesen beiden alten Orten schliessen sich zwei Ausläufer vom alten Pass bei Sauersack mit „Postelberg" und Frühbuss an, deren einer über Schönlind, dicht östlich Heinrichsgrün über „Hochfeld", „Hochtanne", „Knotberg", Thein nach Zwodau-Falkenau, deren anderer über „Kuhberg", Ordt, Kösteldorf, „Leitenberg" nach Chodau und zur Egerfurth Ellbogen sich hinzieht.

Von Chodau zum wichtigen Egerübergang „Rodisfort" laufen zwei Parallelwege; der nördliche über Neurohlau nimmt hinter Spittengrün den östlichsten Zweig vom Passe bei Frühbuss, der Neudeck, „Gibacht", Tüppelsgrün berührt, und weiterhin den alten Gebirgsweg von Halbmeil-Kuhberg-Mückenberg auf, welcher letztere über „Irrgang", Bäringen, „Drachenfels" (draha = Spur, Strasse), Edersgrün herabsteigt. Kurz vor Rodisfort mündet noch ein anscheinend alter Rückenweg, der sich am Mückenberg abzweigt und über „Hahnberg", „Spitzberg", „Schimitzberg" (westlich Joachimsthal), „Koberstein", Pfaffengrün und Schlackenwerth läuft. Der südliche ältere Parallelweg geht über Altrohlau, Zettlitz, Hohndorf, Ellm nach Rodisfort. Der Anziehungspunkt Karlsbad gehört in spätere Zeit, doch wird bei den Schiffhäusern und Drahowitz (draha = Weg) eine alte Egerfurth bestanden haben, die über Ottowitz Zweige nach den Passwegen über Frühbuss und Halbmeil entsendet, auch südlich Fortsetzung über „Espenthor", Engelhaus, Sollmus gefunden haben wird.

Laufen in Rodisfort alle alten Wege von Westen zusammen, so gabeln sie sich auch von hier aus nach Osten. Der Hauptweg läuft auf dem Rücken über „Höllenkoppe", Hermersdorf, „Hochwald", Liesen, „Langenau", „Langensack", „Kolinerberg", Pohlig, Quon und Liebotschan nach der Egerfurth Saaz; ein Seitenzweig führt von Liesen über den „Sahlerberg", Rodenitz, „Höllenberg", Atschau nach der Egerfurth Kaaden. Westlich Atschau, kaum 1 km von dieser Strasse liegt das Plateau des „Burgbergs", etwa 1 km lang und 0,7 km breit mit dem Dörfchen Burgberg, nach allen Seiten steil abfallend und recht geeignet, eine Volksburg (die Kadansburg?) aufzunehmen.

Zwischen Rodisfort und Kaaden ist zu erwähnen die Egerfurth bei Okenau mit Anschlüssen im Süden bei Hochwald, im Norden über „Pürstein", „Höllenstein" nach Schmiedeberg und „Schlössl" bei Hammerunterwiesenthal, sowie nach Weipert. Jünger dürfte die Egerfurth Klösterle mit ihren Wegenschlüssen sein.

Der wichtige Uebergang Kaaden ist mit drei Parallelwegen an den alten Pass Pressnitz angeschlossen, deren ältester (der mittlere) über „Königsberg", Wernsdorf, Radis, Kretscham läuft.

7a. In Kaaden tritt die nordböhmische Querstrasse in altbesiedeltes, fruchtbares Flachland mit zahlreichen vorgeschichtlichen Fundorten und spaltet sich in den die Seewiesen südlich umgehenden Zweig über Pröhl, Tuschmitz, Priesen, Eidlitz, Pösswitz, Holtschitz, Triebschitz, Brüx, Prohn, Priesen nach dem alten Wegknoten 0,8 km östlich Dux und den nördlicheren über Seebäusl, Prösteritz, Retschitz, Körbitz, Sporitz, „Gröschl" (grod), Kommotau, Görkau, Türmaul, Schimberg, Eisenberg, Tschernitz, Bettelgrün, Oberleutensdorf, Ladung, „Saleshöhe", Ossegg. Diese beiden Parallelwege werden nun auf dieser Strecke durchkreuzt von den alten Gebirgsübergangswegen nach Prag.

Vom Pressnitzpasse läuft ein alter Zweig auf der Höhe über den „Reischberg", durch Sonnenberg, Zollhaus nach Krima, sich hier an den Reitzenhainer Weg anschliessend. Auch drei directe Parallelwege nach Saaz zweigen an dieser Stelle ab, deren westlicher von Zollhaus über Platz, D. Kralupp, „Spielhübel", „Ruhstein", Dreihöf den Charakter eines Rückenweges in hohem Masse besitzt. Die Gebirgswege nach Kommotau sind schon benannt; es bleibt noch die alte Verbindung Sayda-Saaz über Grünthal, Brandau, Kleinhan, Ladung, Stolzenhan, Türmaul, Görkau oder Kleinhan-Göttersdorf nach Görkau und von hier weiter über Eidlitz, Horatitz zu erwähnen.

Jenseits der Seewiesen kreuzt der uralte Heerweg über Purschenstein mit den erwähnten Parallelwegen über Einsiedel und Göhren, die sich in Brüx vereinigen.

Der jüngere Pass bei Rechenberg entsendet den alten Weg über Zollhaus, Fleyh, Langenwiese, „Droscheberg" (draha, droha = Weg), Ladung, das Dorf Wiese (zu vergl. Langenwiese) und Paredl nach Brüx. Von Langenwiese läuft ein Zweig über Riesenberg, Ossegg, Unterhaan, am „Riesenbad" vorbei nach dem Wegknoten östlich Dux, sich nach Bilin fortsetzend. Die weitere Fortsetzung der Wege bis zu den Egerfurthen bei Saaz, Postelberg und Laun und weiter bis Prag kann hier ausser Betracht bleiben. Nach dem Charakter der ältesten Wegzüge muss der Postelberger Uebergang später zwischen die beiden älteren Furthen eingeschoben sein.

7b. Zwischen Ossegg-Dux und Tetschen bildet jetzt Teplitz den Anziehungspunkt. Im alten Wegnetz erscheint dagegen Teplitz nur als an einer alten Wegrichtung gelegen, keineswegs aber als wichtigster Wegknoten wie in neuerer Zeit. Die nordböhmische Querstrasse über den Wegknoten östlich Dux setzt sich über Losch, Hundorf, Teplitz, Turn, Soborten nach Mariaschein fort, wo sie sich mit dem Weg am Gebirgsfuss vereint, welcher von Osseg über Deutzendorf, Klostergrab, Kosten, Tischau, Eichwald, Pianken, Dreibanken (Drahenky) und Graupen gleichfalls Mariaschein erreicht. Von hier läuft ein alter Seitenweg über Karbitz am „Bihana"-Berg vorbei nach Aussig, während der nordböhmische Querweg nun vereint über Hohenstein, Straden, Kulm, Arbesau bei Kninitz die Wasserscheide des Eulaer Baches erreicht, um sich über Eula, Schönborn, Kröglitz nach Tetschen zu wenden. Die Strecke Kninitz-Eula ist allerdings in ihrer alten Trassirung aus der österreichischen Generalstabskarte 1 : 75 000 nicht so genau wie bei allen bisher erwähnten alten Wegrichtungen erkennbar — die Lage der jetzigen Kunststrasse durch Königswald, die stets in der Eulabachaue hinläuft, kann für die älteste Zeit wohl nicht in Frage kommen. Der alte Weg muss sich von Kninitz am „Hutberge" bei Kleinkahn vorbei, wo noch die Flurgrenze hinläuft, nach dem „Hegeberge" gewendet haben, wo sich dann der noch deutlich sichtbare Theil des Höhenweges, gleichfalls an einem „Hutberge" nach Tetschen laufend, anschliesst.

Der Kninitzer Sattel stellt den bei weitem günstigsten Abstieg vom Erzgebirgskamm dar; beträgt doch der Höhenunterschied nur 310 m, während die anderen alten Abstiege bei Kulm, am Geiersberg und bei Graupen je etwa 510 m Höhenunterschied aufweisen. Unzweifelhaft läuft der Weg nach dem alten Elbübergang Aussig über den Nollendorfer Pass, Kninitz,

„Zuckmantel", Troscbig, „Spiegelsberg", „Lerchenfeld". Neben Aussig bestanden für die Nordwege die westlicheren Zielpunkte Bilin und Brüx, die beide über Teplitz und den Wegknoten östlich Dux erreichbar waren. Hierhin zogen sich die Abstiege von den drei alten Nachbarpässen am „Mückenberge", am „Geyersberge" und am „Schauplatz" (mit Kulmer Kapelle). Nebenher senden diese drei Abstiege auch Seitenwege nach Aussig und zwar: Graupen-Mariaschein-Marschen-Karbitz, ferner Geiersberg-Hohenstein-Karbitz und endlich Kulmer Kapelle-Kulm-Böhm. Neudörfl-Herbitz-Prödlitz-Aussig.

Mit dem Vortreten des Einflusses von Prag wird auch das Bestreben erwachsen sein, diesen Mittelpunkt nicht erst durch die zwischenliegenden Orte Aussig, Bilin, Brüx, Saaz, sondern möglichst direct zu erreichen. Vielleicht erst in dieser um 600 n. Chr. zu setzenden Zeit wird das Hinderniss, das das böhmische Mittelgebirge darbot, durch ein wirkliches Wegenetz überzogen worden sein. An die genannten drei Pässe sowie an den von Kninitz setzen sich nun die Wegzweige direct nach Süden an. Der Zielpunkt ist Weissanjezd (Ujezd = Wegfahrt), wo die Wege von Aussig über „Ellbogen", Dubitz, „alte Berg" und von Wiklitz über die Bielafurth Hlinai, Schima zusammenlaufen, um sich über Wellemin zu spalten nach den fünf Egerfurthen zwischen Perutz und Leitmeritz, von wo sie sich dann wieder in Schlan zusammenschliessen. In Wiklitz laufen von Graupen, Hohenstein, Kulm und Kninitz die Wegzweige von den Gebirgspässen zusammen. Zu nennen ist der anscheinend jüngere Parallelweg durch das Mittelgebirge über Milleschau. Nach Weissanjezd führen überdies auch Seitenzweige von der nordböhmischen Querstrasse einmal von Kosten über „Kleinujezd", Settenz, dicht westlich bei Teplitz vorbei, über „Wachbübel", Welbine, Schallan, „Wachtberg" und „Paschkopole" und sodann in Teplitz ansetzend am „Schlossberg" vorbei über Drakowa, Suchei, Haberzie, Hlinai, hier in die alte Nordsüdstrasse mündend.

7c. Von Tetschen bis zu den Neissefurthen zieht sich der alte nordböhmische Querweg südlich um das Lausitzer Gebirge hin zwischen „Poppenberg" und „Falkenberg" hindurch in Richtung auf die Markersdorfer Kirche, beim „Wachberg" und „Hachenberg" vorüber, Böhm. Kamnitz und den „Schlossberg", Steinschönau, Parchen berührend, über den „Kammberg", Blottendorf, dicht am „Kleiss" und „Falkenberg" vorbei nach Zwickau, einem alten Wegknoten, wo die Richtungen von Rumburg über Tollenstein, von Löbau über Grossschönau, an der Lausche vorüber, von Zittau, von Leipa und von Niemes zusammentreffen. Von Zwickau ziehen zwei Parallelwege zwischen Isergebirge und Lausitzer Gebirge nach Friedland und weiter östlich; der nördliche über Cunnersdorf, am „Lerchenberg", „Haideberg", „Hutberg", an der „Brückellehne" nach Finkendorf, über den „Lerchenbübel", den „Passerkamm" mit 450 m Seehöhe*) erreichend und über „Giebelsberg", die Neissefurth Ketten und die wichtige Burg „Grafenstein", Oppelsdorf als „Diebsstrasse" über Zollhaus Friedland zustrebend. Der südliche Weg läuft von Zwickau über Gabel, Ringelshain oder Johnsdorf nach Pankratz, überschreitet in nur 391 m Seehöhe*) den Kamm am „Rabenstein", sinkt zur Neissefurth Weisskirchen herab und erreicht über „Schelleberg", „Gickelsberg", „Lichtenberg" als „Diebsteig" am „Wachberg" und „Geiersberg" vorbei Friedland. Die geringere Passhöhe und die Local-

---

*) Nach der österreich. Generalstabskarte 1 : 75 000.

namen sprechen für ein höheres Alter dieses Weges; andererseits ist die Linienführung des nördlichen Weges eine alterthümlichere.

In die Stationen dieses alten Querweges laufen von Norden die bereits erwähnten alten Wege aus der rechtselbischen Gegend. Zu bemerken ist der alte Wegknoten bei Finkendorf, wohin auch ein Zweig von Zwickau über Kunnersdorf, Gabel, Vogelsang, „Eichkamm“ führt. Von Finkendorf setzt sich nicht nur der alte Weg über Passerkamm nach Grafenstein-Friedland fort, es setzt sich am Passerkamm auch ein Zweig über Grottau an, der als Rückenweg zwischen Neisse und Wittig über Reibersdorf, als „Lob- (Lug)-Strasse“ über den „Lohnberg“ nordwärts läuft. Bei Finkendorf zweigt auch eine alte Verbindung nach Zittau ab über „Raubschloss“, „Scheibenberg“, die „3 Orln“, bei der „Ausspannung“ die wohl etwas jüngere Strasse von Gabel über Petersdorf, Lückendorf kreuzend, als „Grenzweg“ am „Zigeunerberg“ und den „Hölllöchern“ vorbei, über das Rathsvorwerk in die böhmische Vorstadt, über die Kuhbrücke nach Zittau. Die Lage dieser ältesten Zittauer Brücke ist vom Standpunkte der alten Wegtrassirung bemerkenswerth, weil hier wieder die Kreuzung zweier Gewässer kurz vor deren Vereinigung erfolgt. Von der Kuhbrücke über die Mandau läuft der alte Südostweg nach Reichenberg nach der Papiermühlenbrücke über die Neisse, während nur 400 m östlich beide Flüsse zusammenlaufen.

Die sächsischen Wege über das Erzgebirge.

Es bleiben nach der Erwähnung der alten Salzstrassen von Halle, des böhmischen Wegenetzes südlich des Gebirges und des voigtländischen Netzes noch einige ältere Wegrichtungen nachzutragen.

8. Von dem alten Wegknoten Zwickau laufen als Fortsetzung der besprochenen Nordstrassen alte Wegzüge nach sämmtlichen alten Egerfurthen zwischen Ellbogen und Saaz über die erwähnten alten Gebirgs-Passstellen.

Ein alter Weg wird von Zwickau über Oberbohndorf, Vielau, Schönau nach Wiesenburg gegangen sein, von wo ein echter Rückenweg über „Vogelbeerd“, „Wolfsschacht“, „Saupfütze“, „Luchsplatz“, „Pferdebrunn“ nach dem „Sonnenberg“ und „Rissigberg“ nebst einem dicht westlich gelegenen Parallelweg hinzieht, um über die „Ochsentränke“ zur Muldenfurth Oberblauenthal hinabzusteigen und weiter über den „Rösnigberg“, Eibenstock und über das „Hirtenraumel“, die „Spinnel, jetzt die Tafel“, Weiters Glashütte, die Mordhütte, an der Grenze am „Kranichsee“ östlich vorbeiziehend den Pass Sauersack-Frühbuss zu erreichen.

Es ist aber wahrscheinlich, dass ein älterer Weg eingeschlagen wurde, der die zweimalige Muldendurchfurthung vermeidet, der sich also von Zwickau über den „Schleifberg“ oder Planitz nach Wendischrottmannsdorf, Niedercrinitz, an den „Hohlteichen“ am „Hohlberge“ vorüber bis Kirchberg hingezogen haben musste. Allerdings vermisst man auf dieser wahrscheinlich schon zeitig mit dem Aufblühen Zwickaus und Wiesenburgs verlassenen Strecke den üblichen Charakter der schlanken langgestreckten ältesten Wegzüge. Von Kirchberg schliesst sich dann einer der gewohnten alten Rückenwege über den „Jüdenstein“, Bärnwalde, den „Schirrberg“, am „Zollhaus“ und „Hohenstein“ vorbei nach Hundshübel über den „Hemmstein“, bei Muldenhammer die Mulde durchfurthend nach Eibenstock an.

Ein in Unterblauenthal die Mulde kreuzender östlicher Zweig über Losa, den „Riesenberg", Sonnschwemme-Steinbach, an der Landesgrenze ebenfalls einen „Kranichsee" (daher wohl ohne Zweifel mit hranice = Grenze zusammengesetzt) streifend, über „Henneberg", die „Farbenleithe", den „tiefen Graben", der dicht östlich von Platten vorbeizieht und bei Bäringen Anschluss an den erwähnten Halbmeilpass findet, scheint weniger alt zu sein. Dasselbe gilt mit noch grösserer Wahrscheinlichkeit von dem westlich gelegenen Verbindungsweg über Hirschenstand.

8a. Der Hauptgebirgsweg von Zwickau wird aber den für die Prager Richtung bestgelegenen Pressnitzer Pass gesucht haben. Zunächst ist der sich an die Muldenfurth Wiesenburg anschliessende anscheinend alte Weg zu nennen, der sich an der Saupfütze an den Eibenstocker Weg unter 8 anschliesst und über Lindenau, den „Schimmelberg" südlich um Neustadt, über den „Lerchenberg" nach Albernau, Dockau, über den „Sachsenstein" bis Schwarzenberg läuft. Ein nördlicher, wohl älterer Parallelweg zieht über die „goldene Höhe", den „Mühlberg" dicht südlich Schneeberg vorbei über den „Gleesberg", „Brünlassberg", durch Aue und über Lauter nach Schwarzenberg. Von hier lief die älteste Richtung als Höhenweg über den „Knochen", den Rücken südlich Langenberg, nördlich um den „Krahenhübel" am „Schaafberg" und südlich dicht am „Scheibenberg" vorbei unter dem Namen „Fürstenweg", setzt sich fort bei der „Ruine" in Crottendorf, als „böhmische Strasse" durch Cranzahl, am Zollhaus in eine ebenfalls alte, hier von Stollberg, Chemnitz und Wolkenstein zusammenlaufende Strasse einmündend und mit ihr über „Kübberg", „Schloss Stein", den „weissen Hirsch", Pleil dem Pressnitzer Passe zustrebend.

8b. Zeichen eines sehr hohen Alters trägt der den Muldenbogen östlich umgehende Weg, der mit der Oststrasse am „Brückenberge" östlich die Mulde quert, am „Freytag" diese Strasse verlässt, als „hohe Strasse oder Freytagsstrasse" über „Einsiedel", den „Käseberg", Hartenstein, „Hundsberg", die „grüne Lücke", Lössnitz, über den „Grünwald"-Rücken, das „Kornbau", den „Einsiedel", „Spiegelwald", die „3 Tannen", Waschleithe, „Hemmberg", Schwarzbach hinzieht und sich am Scheibenberg dem südlichen Parallelweg anschliesst. Von hier läuft ein jüngerer Zweig über Neudorf, Rothenkretscham als „Fürstenweg" nach dem schon genannten Schlössel, Schmiedeberg und Pürstein.

Bemerkenswerth ist der Passweg über Gottesgab (ehemals Wintersgrün), nach dem zwei Parallelwege von Lössnitz laufen: der westliche über Pfannenstiel, den „Riss", den „Krahl", Schwarzenberg, die „Bärenstallung", das „hohe Rad", Pöhla, als „hoher Weg" über den „Sechserberg" und Dreieberg (draha = Strasse); der östliche Zweig über „Spiegelwald", „3 Tannen", „Fürstenberg", „Fürstenbrunn", „Oswaldkirche", „Langenberg", Mittweida, „Ziegenfels" als „Hundemarterweg" über die „faule Brücke", sich am Dreieberg mit dem westlichen vereinigend und über den Flurort „in der Hachel" an der „goldenen Höhe" vorbei nach Gottesgab und von hier über Schlackenwerth nach dem alten Uebergang Rodisfurt an der Eger laufend. Der Gottesgaber Pass ist mit dem Aufkommen Joachimsthals lebhafter geworden und hat noch Seitenwege von Scheibenberg (den „Proviant- oder Klötzerweg" über den grossen „Hemmberg") und von Schlettau (die „Thalerstrasse" über den kleinen „Hemmberg" und Katzenstein) entstehen lassen.

9. Von der Glauchauer Muldenfurth läuft ein reiner Rückenweg durch den „Rumpf-Wald", über die „Funkenburg" (Signalstation der Zwickau-Lichtensteiner Strasse), Heinrichsort, Neuesorge, hier einen „Kärrnerweg" von Lichtenstein aufnehmend, „Zschockenberg", „Sahrberg" als „hohe Strasse" bis zum Anschluss an die alte Strasse über Lössnitz.

Von der Muldenfurth Waldenburg zieht ein Weg über „Auspann-Callenberg", die „Katze", den „Eisenberg", Lungwitz, auf dem Rücken über das „Kieferholz", Jägerhaus, Würschnitz, als „Fürstenweg" über den „Panzerberg", das „Lutzenholz", Beutha, die „grüne Lücke" nach Lössnitz. Ein östlicher, wohl wesentlich jüngerer Parallelweg läuft von Würschnitz über Stollberg, Hohneck, Zwönitz, Grünhain zum Anschluss an den alten Weg im Spiegelwald.

9a. Ein bemerkenswerther nach den Localnamen alter Gebirgsübergangsweg setzt in Wüstenbrand an, das, auf der Wasserscheide zwischen Lungwitzbach und Kappelbach liegend, als Wegdurchgang besonders geeignet ist. Hierher laufen Zweige von Waldenburg über die „Katze", den „Pfaffenberg" oder „Rödenberg" bei Hohenstein, ferner von Wolkenburg als „Bergstrasse" auf dem Rücken westlich Bräunsdorf oder über den „hohen Busch", Bräunsdorf selbst nach Meinsdorf, endlich von Penig über Tauscha, die Sorge in Bräunsdorf anschliessend. Von Wüstenbrand läuft der Weg südöstlich als „Landgraben" über „Dreidörfel", östlich Leukersdorf am „Beuthenberg" vorbei, an den „drei Teichen" die Würschnitz kreuzend, über „Zigeunerbrunn" nach Jahnsdorf, hier sich in zwei Parallelwege, die den Abtwald östlich und westlich umgehen, spaltend. Der Westweg zieht sich als Kärrnerweg bei Meinersdorf die Zwönitz (die eigentlich den Namen Chemnitz zu führen hätte) kreuzend, als „Kärrnerstrasse oder Kalkweg", dann wieder als „Kärrnerweg" nach der Höhe nördlich von Thum, wo sich alte Wege kreuzen, wo auch der östliche Zweig, der als „Rollweg" durch das „Rollholz" über Burkhardtsdorf läuft, sich wieder anschliesst. Der Weg setzt sich von der Thumer Höhe als „Kärrner Strasse" durch Herold, Neudorf, am „Lerchenhübel" vorüber, zur Zschopaufurth Wiesa fort, steigt über die „Riesenburg" zur Stelle zwischen dem Pöhlberg und dem später erbauten Annaberg, wo alte Wegspuren in der Karte erkennbar sind. Hier trennt sich der alte Weg in zwei Parallelwege, den einen über Königswalde als der „alte Hemmweg" über Ziegenbrücke (Zigeuner?), Jöhstadt, Dürrenberg nach Pressnitz und in den anderen älteren über den „Lerchenhübel" nach dem Kuhberg mit Schloss Stein, wo er in die erwähnte alte Zwickau-Pressnitzer Strasse mündet.

10. Da die alten Hauptübergänge über Chemnitz (unter 5) und Oederan (unter 3) bereits erwähnt worden sind, ist zu den Freiberger Wegen weiterzugehen. Freiberg ist ebenso wie Leipzig und Dresden kurz nach der für diese Studie massgebenden Zeit Hauptmittelpunkt des Wegnetzes geworden; indessen scheinen auch in ältester Zeit Wege die Gegend, wo später Freiberg aufkam, gekreuzt zu haben, soll doch das Silbererz durch Harzer Fuhrleute zuerst erkannt worden sein. In der That wird aus dem Herzen von Daleminzien, der Gegend Nossen-Lommatzsch-Meissen ein Weg nach dem ältesten Pass bei Sayda geführt haben, der sich nach den Regeln der Trassirung ältester Wege finden lässt im Zuge: Wendischbohra, als „Zeisigweg" über Hirschfeld, Drehfeld (draha = Strasse), „Rabenstein", hier die Bobritzsch durchfurthend, Bieberstein, Haida, bei Vorwerk Hals über die Mulde, auf dem Rücken bis dicht östlich an die spätere Frei-

berger Sächsstadt. Von hier über den Münzbach sucht der Weg Anschluss an die alte böhmische Heerstrasse in Mittelsayda, Dörrnthal oder Sayda auf jetzt vielfach verästelten Wegen, deren ältester über „die drei Kreuze", „alte Mordgrube", den „Kuhberg", den „weissen Schwan", Vorwerk Münchenfrey, durch das Waldstück „Zehntel", dicht östlich Hartmannsdorf, die „untern Lichten" führt, wo ein alter Weg von Rauenstein als „Fürstenweg", „Diebssteig" und „Kammweg" einmündet. Von hier zieht sich der Weg als „Kammweg" um Obersayda herum nach Dörrnthal.

Aus diesem anscheinend sehr alten Wege zweigen überdies bei der „alten Mordgrube" alte Wege über Langenau als alte Poststrasse nach der alten Zschopaufurth Rauenstein und als „Rosenweg" über Leubsdorfer Hammer, Metzdorf, am Schellenberg vorbei nach Chemnitz ab.

Die directen Wege Freiberg-Rechenberg und Freiberg-Pass von Graupen werden etwas jünger sein; der ältere von beiden ist wohl der Weg nach dem älteren Pass bei Graupen, der auch bezüglich der Localnamen Beachtung verdient. Von Freiberg zog dieser Weg über die Hilbersdorfer Muldenfurth durch „das Geheege" bei der Kirche über die Bobritzsch, als „Geiersweg" am „Geiersberg" vorbei, als „Bergstrasse" durch den „Lückenbusch" und Röthenbach, den Röthenbacher Berg, am „Burgberg" vorbei zur Weisseritzfurth, von hier auf dem Rücken empor zur „kahlen Höhe" als „langer Rainsteig", an der „faulen Pfütze" vorbei durch Hennersdorf, Ammelsdorf, Schönfeld, am „Reinberg" vorüber durch den „grünen Wald", auf dem Rücken als „schwarzer Leichenweg" über den Pfaffenbusch, Hinter- und Vorderzinnwald bis zum Anschluss an die uralten Pässe Graupen-Geiersberg.

Ein südlicher Parallelweg über Weissenborn, Frauenstein wendet sich den jüngeren Pässen Moldau-Zaunhaus zu.

In den alten Graupener Passweg mündet unweit der „kahlen Höhe" ein Zweig aus dem Gau Nisani über Possendorf, „Einsiedlerstein", Dippoldiswalde und als „Fürstenweg" bis zum Anschluss hinter Sadisdorf.

11. Der Plauensche Grund durchschneidet den alten Gau Nisani; beide Theile werden durch die drei Weisseritzfurthen am Vorwerk Heilsberg, bei Potschappel und Plauen verbunden, nach denen alte Wege von Wilsdruff, dem Uebergangspunkt nach dem Daleminzier Gau ausstrahlen. Durch die westliche Furth läuft ein Weg Meissen-Prag über Wilsdruff, Braunsdorf, „Hirschberg", Rabenau, „Götzenbüschchen", an der „Klause" vorbei über das „steinerne Messer", Dippoldiswalde, Elend, als „Fürstenweg" über den „Windberg", „Ochsenteich", den „hohen Wald", „Schenkens Höhe" bei Falkenhain und von hier den „Riesengrund" westlich über „die Klinge" umgehend oder ihn bei der „Ladenmühle" durchquerend nach Altenberg, am „tiefen Bach" hinab nach Geising und über den „Schaubübel" bei der „Wachsteinrücke" vorüber nach dem alten Pass von Graupen.

Eine zweite Verbindung Meissen-Prag, durch Vermeidung der Kreuzungen tief eingeschnittener Thäler bemerkenswerth und deshalb älter, zweigt schon von Sora (Kneipe) ab und läuft über den „Kühbusch" durch die „Struth" als „Längenweg" später „langer Weg" auf dem Rücken nach Spechtshausen, als „breiter Weg" oder „Klingenweg" über Grillenburg dicht westlich Klingenberg am rechten Hochufer des Colmnitzbaches aufwärts durch den „Lückenbusch", sich hier an die erwähnte alte Freiberg-Graupener Strasse anschliessend. Die Verbindung vom Lückenbusch über Frauenstein nach dem Rechenberger Pass scheint etwas jünger zu sein.

Der mittleren Furth bei Potschappel strebt der Weg von Wilsdruff am „wüsten Berg" vorbei über Wurgewitz, seitwärts des „Burgwardberges" zu, dann führt er über Neucoschütz, Coschütz mit dem bekannten Burgwall, als „Kohlweg" über Mockritz, Leuhnitz, Lockwitz, Dohna und damit in das Herz von Nisani. Ueber die untere Furth Plauen läuft entsprechend ein nördlicher Parallelweg, der sich in Leubnitz anschliesst.

12. Die anscheinend allerältesten Erzgebirgsübergänge heften sich an das Plateau zwischen Dohna-Meusegast-Zehista; ein alter Weg zweigt allerdings schon von Lockwitz ab und läuft über Röhrsdorf, den „Blauberg", „Lerchenhübel", Maxen, „Heideberg", Hausdorf, „Grimmstein" dicht östlich Cunnersdorf nach Glashütte, über den „Sonnenberg", Börnchen nach dem „Schulhübel", wo er sich in den Ast über Lauenstein, Fürstenau, Graupen und in einen zweiten über den Mühlberg, Liebenau nach Geiersberg oder Kulm spaltet.

Von Dohna läuft der bekannte alte Weg über Eulmühle, Seidewitz als „alte Strasse über den Geiersberg", jetzt „Kalkstrasse", über den „Laurich", „Käferberg" am „Mückengeplerre" (Waldstück) und „Scherbens Knochen" vorbei durch Börnersdorf, seitlich „Scherbers Berg" nach Breitenau, wo er in den zweiten alten Weg mündet, der von der Eulmühle über Seidewitz, Friedrichswalde, Rittergut Gersdorf nach dem „Jagdstein" läuft und nun den Namen „Königsweg" und „alter Königsweg" führt, sich am „Raithau" vorbei nach dem Forstorte „Rennpläne", durch Hartmannsdorf am „Lerchenbühel" vorbei nach Breitenau zieht. Von hier läuft der gemeinschaftliche Weg unter dem Namen „alte Töplitzer Strasse" nach einem Punkt östlich Fürstenwalde, wo sich ein Zweig über Streckewalde nach Nollendorf, Kninitz ablöst, während der Stammweg weiter südlich bei den „schwarzen Wiesen" die jetzige Grenze überschreitet und fast geradlinig über den „Schauplatz" nach der Kulmer Kapelle läuft, während der Weg über die Ebersdorfer Kirche nach dem Geiersberg fast rechtwinklig abbiegt, ein Zeichen, dass der letztere jünger sein wird wie der Kulmer Weg, den überdies auch die erste historische Erwähnung betrifft: Markgraf Ekkehard zog 1040 mit einem Sachsenheer, das er bei Donin versammelt hatte, auf einem Weg, der bei der Burg Hlumec (Kulm) aus dem Walde in das böhmische Land tritt. Diese Burg wird wohl auch in dem älteren Berichte von 1004 gemeint sein, nach welchem der vertriebene Herzog Jaromir dem siegreich das Erzgebirge überschreitenden Kaiser Heinrich II. eine Burg, die so recht an der Thür des Böhmerlandes liegt, übergieht. Dass es 1126 mehrere Pässe gegeben hat, geht aus der Notiz hervor, der Böhmenherzog Sobeslav habe gegen ein heranziehendes deutsches Heer einige der Pässe verhauen und verrammeln lassen.

Nach der Art der Trassirung und der Namen der Wege scheint der Weg über den Laurich der älteste zu sein; ihm trat seit König Wratislaw um 1080 der wohl von ihm eingerichtete Königsweg zur Seite, dem er anscheinend die Richtung Breitenau-Jagdstein-Schäferbrunn — östlich bei Ottendorf vorbei — Galgenberg-Zehista gegeben hat. Der Verbindungsweg von Seidewitz, der den „Leitengrund" (Bahrathal) zwischen Friedrichswalde und Gersdorf ohne zwingende Nothwendigkeit für eine alte Strasse kreuzt, wird später hinzugetreten sein.

Der älteste Weg nach dem wegen seiner Höhe besonders günstig gelegenen Wasserscheidenpunkt Kninitz über Nollendorf hat sich ohne

Zweifel in der Gegend der Gersdorfer Wände und der „Rennpläne“ von den hier zusammenlaufenden Wegen über Seidewitz und über Zehista abgezweigt, um bei Gottleuba das Thal zu kreuzen und an den „14 Nothhelfern“, dem „Leichengründel“, „wüsten Schloss“, „Wachstein“ und „Huthstein“ vorbei auf dem Rücken über die „Oelsener Höhe“ östlich vom „Sattelberg“ über Schloss Schönfeld und durch den „Kühbusch“ die Nollendorfer Kirche zu erreichen.

Dieser nach der Trassirung und den Localnamen uralte Weg erhielt später als Concurrenz eine begünstigtere östliche Parallelstrasse, die sich schon bei Cotta loslöst und über den „Ladenberg“, Dürrhof, Berggiesshübel, den „dürren Berg“ nach Hellendorf, am „Bockaberg“ und der „Silbergrube“ vorbei durch Peterswald, am „Keibler“ vorüber nach Nollendorf läuft und sich in der Einsattelung des Gebirgskammes bei der Kirche an den vorerwähnten Weg anschliesst. An Verbindungswegen zwischen den beiden Parallelstrassen fehlt es nicht.

Kurz ist noch des Rückens zwischen Müglitz und Seidewitzbach zu gedenken, auf dem ein Weg von Dohna ohne jedwede Thalkreuzung bis Fürstenwalde hätte geführt werden können. Nirgends lassen sich aber die charakteristischen Spuren eines alten Weges entlang dieses Rückens erkennen; der hier vorkommende Name „Langenbrückenberg“ ist alterthümlich, kann aber einem Localwege sein Dasein verdanken.

Die unschwierigen Seidewitzbachfurthen an der Eulmühle, bei Zuschendorf und Zehista haben wohl in ältester Zeit bestanden und sind nicht als ausschlaggebende Verkehrshindernisse angesehen worden.

Als die älteste Passstrasse wird die Richtung Pirna-Dohna über Zehista-Rennpläne-Gottleuba-Oelsener Höhe-Nollendorf-Kninitz-Aussig anzusehen sein. Von Aussig, wo die Biela mit ihrem altbesiedelten Gebiete in die Elbe mündet, führten alte Rückenwege nach Leitmeritz sowie nach den Egerfurthen und Prag.

Als Nebenweg ist die Verbindung Pirna-Tetschen, die zum Theil den Namen „hohe Strasse“ führt, zu erwähnen.

Die ostelbischen Nordsüdwege.

Schon unter 2a, b, c ist eine Reihe paralleler Wege, die das Elbsandsteingebirge östlich umziehen und sich südlich nach Prag oder nach den Iserfurthen wenden, erwähnt. Den Schlüssel dieser Wege auf böhmischer Seite bilden Tollenstein und Zwickau.

12. Nordsüdwege laufen von den Elsterübergängen Mückenberg, Ruhland, Senftenberg in das Milzienerland, ebenso z. B. von Hoyerswerda, Wittichenau über Nausslitz, Crostewitz, als „kleine Strasse“ über Uhyst nach Bischofswerda und weiter; ferner von Hoyerswerda, über Königswartha, Neschwitz, als „Fischweg“ auf dem Rücken über Grosshänichen ebenfalls nach Bischofswerda. Ein anderer Südweg zieht von Ratzen, wo alte Wege von Spremberg und Muskau zusammenlaufen, am „Lerchenberg“ vorbei über Radibor, Cölln, Salzförstgen, Weissnausslitz, „Kleeschänke“, Tautewalde, „Dahrener Berg“, Weifa, „Jerkens Berg“, Wehrsdorf, Mittelsohland nach Schluckenau zum Anschluss in Zeidler an die alte Tollensteiner Strasse. Dieser Nordsüdweg läuft möglichst auf der Höhe und

dürfte daher älter sein als der in Radibor abzweigende östliche Parallelweg die Bautzener Spreefurth, die Mönchswalder Spreefurth, die „Adlerschenke“, Kleinpostwitz zum Wegknoten Kirschau, Schirgiswalde, Petersbach bis zum Anschluss in Mittelsohland an den Ostweg.

Besonders beachtlich ist der schon gestreifte Südweg, der in Löbau, wo ein System von alten Wegen nach den Neissefurthen zwischen Zittau und Radmeritz (Joachimstein) abzweigt, sich südlich in gerader Richtung nach Zwickau wendet, sich bis zur „Landbrücke“ nördlich Waltersdorf in Parallelwege theilend. Der westliche Weg läuft über „Nonnenberg“, Grossschweidnitz, Kottmarsdorf, die „Tümmeln“, „Spreeborn“, Gersdorf, „Wechselstein“, „Stachelbergelchen“, Seifhennersdorf, die „Leutherau“, am „Burgberg“ vorbei über Warnsdorf zur Landbrücke. Der Ostweg zieht als „hoher Weg“ dicht westlich Niedercunnersdorf über „Steinglanz“, wo der alte Kirschau-Zittauer Weg überschnitten wird, am „Haderplan“ vorbei, als „Leier- oder Grasweg“ dicht westlich um den „Kottmar“ am „Jockelsberg“ und westlich am „Spitzberg“ vorüber über den „Pfaffenberg“, die „Dreiborne Wiese“, am „Weissenstein“ und „Schwarzenstein“ vorbei über einen zweiten Pfaffenberg zur Landbrücke. Eine östlich den Kottmar umziehende Variante durch Nieder- und Obercunnersdorf trägt den Namen „Viehweg oder Königstrasse“, führt über den „Hungerbrunn“, den „Rötherberg“, um sich in Eibau an den vorigen Weg wieder anzuschliessen. Auch hier kann an König Wratislaw oder einen späteren böhmischen König gedacht werden, die längere Zeit Milska beherrschten, Heerzüge von Böhmen über Bautzen gegen Meissen unternahmen und diese Wegvariante wohl angelegt haben können. Schon vom Feldzug 1004 wird berichtet, dass Kaiser Heinrich II. nach seinem Uebergang (bei Kulm?) nach Böhmen wieder zurückgeht auf unwegsamen Pfaden nach Bautzen, wo er eine Besatzung zurücklässt. Nach den bisherigen Erörterungen fallen diese „Pfade“ entweder in die Richtung über Zwickau und Löbau oder, was nicht unwahrscheinlich ist, in die anscheinend alte Abzweigung vom Spreeborn bei Gersdorf am ‚schlechten Berg“, „Bauerberg“, „Fuchslöcherberg“ nach den neuen Häusern östlich Cunewalde. Vom Pass an der Lausche bis hierher läuft dieser alte Weg fast geradlinig. An dieser Stelle weicht der Weg mit westlicher Umbiegung den Bergen von Wuischke aus, zieht als Brettstrasse über Schönberg, Kosel, zwischen „Schmorz“ und „Drohmberg“ hindurch über Strehla nach Bautzen. Die Trassirung dieses sich möglichst auf den Rücken haltenden, schlank hinlaufenden Weges lässt in der That auf ein höheres Alter schliessen. Von der Landbrücke aus läuft auch ein anscheinend alter Weg, sich in Seifhennersdorf vom genannten ablösend, am „Gockelberg“, „Kuhberg“, „Föppelberg“ vorbei nach Altgeorgswalde und weiter über Oppach, sich nach den alten Spreefurthen Kirschau und Postwitz gabelnd. Von hier findet dann die weitere Fortsetzung nach Bautzen statt. Es wird schwer sein, unter den in Frage kommenden alterthümlichen Wegverbindungen jenen unwegsamen, also damals noch wenig ausgefahrenen „Pfad“ vom Jahre 1004 ausfindig zu machen. Jedenfalls ist dabei auch der fast geradlinige Südnordweg von Prag über Melnik, Sandau, Zeidler, Kirschau nach Bautzen unter 2c in Betracht zu ziehen, dessen Vorhandensein bereits im Jahre 1004 sehr wahrscheinlich ist.

Zu erwähnen sind noch die alten Parallel-Strassen westlich der Neisse zwischen Görlitz und Zittau, die theils am Hochuferrande, theils über die Rücken führen.

Die mittleren West-Ostwege.

Zwischen den rein östlichen alten Halleschen Salzstrassen und der nordböhmischen Querstrasse ziehen sich noch Westostverbindungen hin, die vereinzelt schon berührt wurden, hier aber noch kurz zu erwähnen sind.

14. Mit dem Aufkommen Leipzigs und Grossenhains verschob sich der Hauptheil des Verkehrs Halle, Eilenburg, Belgern und Strehla auf die bekannte Hohestrasse, die via regia der Urkunden, bei deren Benutzung von Leipzig aus die drei Uebergänge Eilenburg, Wurzen, Grimma wahlweise frei gegeben waren. Der Elbübergang fand in Boritz-Merschwitz statt. Näher auf diesen bekannten Strassenzug und auf seine späteren Varianten einzugehen, kann hier unterbleiben.

Auch auf die in der alten Elsterfurth Eythra sich sammelnden und östlich weiter ausstrahlenden Wege ist bereits unter 4 und 6 hingewiesen worden.

Der nächste Ostweg lief von Weissenfels über Zorbau, Steckelberg, „Zotzsch", Grossgrimma als „Ochsenweg" nach Pegau, Borna (No. 6b), weiter über den „alten Strassenteich", Flössberg mit „Schlossberg", das „Schlangenloch", Lausigk, Ballendorf, die „Einsiedelwiese", die „Braunicke", das „Dornicht" nach Colditz und auf erwähnten Wegen (4b) weiter.

Weiter südlich folgt der Ostweg von Naumburg über Pretsch nach Zeitz und Altenburg und östlich weiter über Clause, Lohma, die Strassenhäuser Beiern am „Messberg", Steinbach am „Mäuseberg", den „Zeissig" nach Penig. Von Altenburg läuft ein alter Weg über den „weissen Berg" (hier wie bei Prag am Punkte des Zusammenlaufens der Wege dicht vor der Stadt gelegen, also vielleicht „wegweisender Berg"), Docka, Gnandstein, Kohren, Ossa nach Rochlitz und weiter.

Schon von Zeitz trennt sich ein nördlicher Zweig, der über Lucka, Ramsdorf, am „Geiersberg" vorbei nach Haselbach, Treben, als „alte Strasse" nach Frohburg, über Greifenhain als „Heerstrasse" durch Eschbach und als „grüner Weg" nach Colditz läuft. Von Frohburg trennt sich ein Weg über Roda nach Rochlitz ab, der entweder über Geithain und „Gickelsberg" oder auf dem anscheinend sehr alten Rückenweg, dem „Laagweg" (lag = Ordnung, Gesetz, also „Rechtsweg") über Breitenborn läuft.

15. Für Sachsen von Bedeutung ist der Ostweg von der Saalefurth Kahla über die Leuchtenburg, Roda, St. Gangloff, „Lerchenberg", Gera, Ronneburg, „Raitzhain", Stolzenberg, Posterstein, Sommeritz, als „Kriegerstrasse" über Ponitz nach Meerane, Gesau, bei Glauchau über die Mulde, über den „Scheerberg", den Lungwitzbach, durch das „Audorf", über den „Elsterberg" immer auf dem Rücken über den „Kirchberg", die „Katze", den „Rödenberg", dicht nördlich Hohenstein und Wüstenbrand, den „Todtenstein" nach Rabenstein und als „Hartstrasse" nach Chemnitz hinlaufend, wo Anschluss an die alten Ostwege gefunden wird. Sowohl die Trassirung wie die Ortsnamen sprechen für ein hohes Alter dieses Weges.

16. Von der Saalefurth Orlamünde, Hummelshain läuft ein alter Ostweg, der sich mit der „hohen Strasse" von Pössneck bei Rosendorf vereinigt, über Zwackau nach Triptis, wo der alte Rückenweg von Saalfeld anschliesst. Oestlich setzt sich diese Richtung fort über Niederpöllnitz nach Weida, Veitsberg, Pohlen, Vogelgesang, Mannichswalde nach Crimmitschau und weiter. Von Weida entsendet diese alte Oststrasse einen Zweig über Bergа, Klein-Gundorf, den „Diebskeller", Katzendorf,

Trünzig mit der „Wache", als „Landsteig" über Stöcken, als Querweg zur alten Strasse von Ronneburg nach Werdau und von hier über den „Windberg" nach Zwickau.

Von dem wichtigen Verkehrsknoten Saalfeld läuft ein zweiter Ostweg über Schleiz und von hier sich spaltend über Pausa, „Wachholderschenke", Dobia, Wellsdorf, Trifle nach Greiz und andererseits über Mühltroff, Schönberg, über Demeusel, als „Plauenscher Steig" über Leubnitz, den „Kühberg", „Schneckengrün", am „Weisenstein" (wohl wegweisender Stein?) die alte Richtung Pausa-Strassberg kreuzend, Neundorf mit „Warthbühel", „Ochsenbühel" nach Plauen.

Von Saalburg über Culm und Zollgrün, Unterkoskau läuft ein Ostweg nach Stelzen, wo er sich in die Richtungen nach den Elsterfurthen Plauen, Strassberg, Kürbitz und Weischlitz verästelt.

17. Jenseits Plauen schliessen sich bemerkenswerthe alte Ostwege an. Zunächst der südlichere über Friesen, Mockelgrün mit dem „Zschockauberg", „Plauerberg", Schönau, „Hammelberg", Auerbach, „Ameisbühel", Schnarrtanne, „Lauberg", Schönheide, Eibenstock, das „hohe Thor", Zimmersacher, Sosa, zu beiden Seiten des „Sonnenberges" als „Tollberger Weg" und „neuer Weg", über den „Fellberg" nach Breitenbrunn zum Anschluss an den Pass bei Halbmeil, über den „Hahnberg" nach Gottesgab. Wiesenthal, Königsmühle, Oberhals, Kupferberg, Kaaden. Ein nur wenig nördlicherer Parallelweg läuft von Plauen über Thosfell nach Treuen als „Königstrasse", südlich Eich über den „hohen Brunnen" nach Rodewisch, als „Kohlstrasse" und „hohe Strasse" durch den „Rungswald" nach Schnarrtanne zum Anschluss an den südlicheren Weg, setzt sich aber auch von Rodewisch selbständig östlich fort über den „Judenstein", „kalten Frosch", Oberstützengrün, den „hohen Stein", als „alte Strasse" über den „kalten Dorn" bei dem Forstorte „fröhliche Zusammenkunft", Zschorlau, Bockau nach dem alten Wegknoten Schwarzenberg. Von hier läuft der Weg über den „Graul" an der „Oswaldskirche" vorbei nach Elterlein, am „Zieg" und an der „Wahrsage" vorbei über Geyer, „Streitberg", „kalten Muff" nach Wolkenstein. Von diesem wichtigen Uebergange laufen alte Wege nach den erwähnten Pässen Reitzenhain-Rübenau; der Ostweg aber zieht in Parallelwegen, deren jeder den Namen „Fürstenweg" und weiterhin „Seydenweg" trägt, der nördliche über Rauenstein, der südliche über den „Flöhberg", Görsdorf, den „Ochsenberg" nach Mittelsayda. Von hier setzt sich der Weg wie erwähnt nach Freiberg, aber auch nach dem Gau Nisani fort über Zethau, durch die Furthen in Mulda, Lichtenberg und Pretzschendorf, hier einen Ast über Dippoldiswalde und einen anderen in den Plauenschen Grund entsendend, der als „Fürstenweg" oder „Buttersteig" vor Höckendorf sich der „Butterstrasse" oder „Mittelgebirgischen Strasse" von Rechenberg-Frauenstein anschliesst und mit ihr gemeinschaftlich über Somsdorf nach Cossmannsdorf läuft.

Die Hof-Chemnitz-Dresden-Bautzener Strasse.

Den Schlussstein bildet dieser bekannte Ostweg, dessen Ausbildung in das Ende des für diese Studie bemessenen Zeitraums fallen dürfte und der bald nachher zu hoher Bedeutung gelangte.

18. Von Hof nach Zwickau lassen sich drei Parallelwege unterscheiden, deren mittlerer die ehemalige hohe Strasse, jetzt die Chaussee

darstellt; er läuft von Hof über den „Labyrinth-Berg" bei „Blosenberg", „Wiedersberg" und dem „alten Schlosse Haag" mit den nachbarlichen Localnamen „Weisenstein" (wegweisender Stein?), „Wachbübel", die „Beuten", der „graue Stein" über den „Kronenberg", Zöben, durch die Elsterfurth „Rosenthal" über Siebenhitz, die Sonne, neben dem „Glockenberg" vorbei über den „Postbübel" nach der Elsterfurth Plauen, wo der Weg sich in zwei alte Hauptrichtungen gabelt; die westliche läuft als „alte Strasse" am „Warthberg", „Strassenhübel" vorbei über Pöhl, den „Scheerhübel", „Kuhholz", „Marktpöhl", die „Possecke", wo nicht nur die alte Verbindung Elsterberg-Treuen gekreuzt wird, sondern sich auch ein alter Weg über die Gölzschfurth Mylau als „Kutschenweg" über Brunn nach Werdau zum Anschluss an die Pleissethalstrasse nach Altenburg ablöst. Von der Possecke läuft der Weg über Limbach nach Reichenbach aus als „alte Strasse" dicht östlich bei Reichenbach vorbei über die „Hölle", das „Brandel", als „Marktsteig" beim „Katzenschwanz" vorbei durch Ebersbrunn, Planitz nach Zwickau. Der später zur Chaussee ausgebaute Weg zieht sich durch die Stadt Reichenbach, hier einen Zweig nach dem erwähnten Kutschenweg aussendend, über Neumark, Schönfels, Stenn am „Götzenbusch" vorbei zum Anschluss an die eben erwähnte Strasse über Planitz oder (als Chaussee ausgebaut) über den „Liebberg", „rothen Berg" nach Zwickau. Ein anscheinend älterer Parallelweg von Neumark führt über den „langen Berg", „Kuhberg" nach Altschönfels.

Der östliche Weg von Plauen läuft über den „Weinberg", als „Lengenfelder Weg" über die „Warthe", Altensalz mit dem „Pfannenstiel", nach Thossfell mit der „Warthe" und dem Flurorte „Zetergeschrei". Hier schliesst der später zu erwähnende alte Weg Hof-Oelsnitz sich an; von hier trennen sich wiederum die eben vereinten Pfade in den Weg nach Altenburg und den nach Zwickau. Ersterer läuft, ein echter Rückenweg, als „Oelsnitzer Steig" über Pfaffengrün, „krumme Birke", an der „Igelstaud" vorbei über den „Mylberg" zur Elsterfurth Mylau; letztere zieht als „Königstrasse" durch Treuen, als „alte Strasse" über die Gölzschhäuser beim „Zigeunerholz" vorbei nach dem Katzenschwanz und Ebersbrunn, wo die alten Wege von Plauen nach Zwickau sich vereinigen.

Hier ist eines alten Rückenweges zu gedenken, der sich vom Katzenschwanz südlich abzweigend über den „Forellenteich", „Lerchenberg", als „Waldstrasse" über den „Wachthübel" westlich bei Plohn und Abhorn vorbei (hier die „Finkenburg", wohl = Funkenburg?) sich nun östlich durch die „Zeidelweid", „Hebesbrunn" zum Anschluss am „Judenstein" an den alten Ostweg 17 über Stützengrün wendend hinzieht.

Von Hof führt ein östlicher Parallelweg nach Altensalz-Thossfell zum Anschluss an den mittleren Weg über Plauen; er überschreitet bei Gassenreuth zwischen der „alten Schanze" und dem „alten Schloss" die Wasserscheide und ist bereits unter 6c erwähnt.

19. Zu gedenken ist des westlichen Weges nach Plauen ohne Elsterkreuzung, der sich allerdings weniger stark ausgeprägt über Tropen, Marxgrün, Kribes, am Burgstein über Schwand mit dem „Schutzberg", den „Butterpöhl" und „Gössnitzberg" nach Strassberg und über den „Glockenberg" nach Plauen hinzog, sich auch weiter bis zur Elsterfurth in Elsterberg über Vorwerk Heidenreich, „Strassenteich", Jössnitz, „Auspann" und „Görschnitzberg" fortsetzte.

20. Zwischen Zwickau und Freiberg lassen sich ausser dem zur Chaussee ausgebauten Wege noch Nebenrichtungen erkennen. Der Hauptweg kreuzt das Muldenthal, läuft über den „Brandberg" mit der „Funkenburg" über Lichtenstein, den „Chemnitzer Berg" durch das Lungwitzthal und Kappelbachthal nach Chemnitz, durch diese Linienführung in den Thalauen seine Entstehung erst um etwa 1100 wahrscheinlich machend. Von Chemnitz läuft die Chaussee in sichtlich neuerer Trassirung durch den Zeisigwald, die „Flöher Aue", Gückelsberg, die „Ausspannung", Oederan, das „kalte Feld", in älterer Richtung über Rittergut Oberschöna am „Geiersberg" und „Fernesiechen" nach Freiberg.

Die älteste Wegrichtung zwischen Chemnitz und dem alten Wegknoten Oederan wird nach den Trassirungsgrundsätzen für älteste Wege sich von Chemnitz hingezogen haben als „Fürstenweg" entweder am „Beuthenberg" vorbei direct durch Euba nach Plaue oder etwas südlicher nächst der Eubaer Kirche über den „Katzenberg" ebendahin. Von der Zschopaufurth Plaue durch die „Schweddei" führt über den „Kühstein" der Leithenweg nach der Flöhafurth Falkenau, so dass ganz folgerichtig die Flusskreuzung vor der Vereinigung in Flöha stattfindet. Von hier erstieg der alte Weg die Thalgehänge entweder über das Mühlfeld (wo die Gückelsberger Strasse durchläuft) oder über den „Schuesberg" am Höllengrund direct der „Ausspannung" zustrebend.

Interessanter ist der südliche Parallelweg von Zwickau nach Chemnitz. Von Zwickau läuft die erwähnte „Freytagstrasse" bis zum „Zschockenberg" (von althochd. suochan = suchen, eigentlich sich anhängen?), einem sehr alten Wegknoten, von wo der Rückenweg nach Chemnitz als „Pflockenstrasse" über das Jägerhaus, Ursprung, als „Fürstenweg" um Neukirchen und westlich Helbersdorf nach Chemnitz zieht.

Aus der Freytagstrasse zweigt ein Chemnitz völlig südlich umgehender Weg nach Freiberg am „Käseberg" ab, läuft über Hartenstein bei Beutha oder Waitzengrün vorüber nach dem „Katzstein" oder „Drachenfels" (draha = Weg), „Ellhogenthor", „Brand" und „Martinsberg" in die Nähe des „grossen Steins", einer alten Wegkreuzungsstelle. Von hier läuft der Rückenweg weiter als „Eisenweg" und „Zeller Weg" (Klösterlein Zella bei Aue) über die „Tabaktanne", das „schwarze Kreuz", das „Höllenloch", durch das „Rollholz", am „Drachenstein" und „Geiersberg" vorüber, bei Einsiedel die Zwönitz (richtiger die Chemnitz zu nennen) kreuzend, als „Fürstenweg", „Heege oder Spurweg" am Adelsberg vorbei, den „Galgenberg" südlich Euba erreichend, von wo er sich fortsetzte über die Zschopaufurth nördlich Erdmannsdorf, am „Lilienstein" und „Schellenberg" vorüber nach Metzdorf und als schon erwähnter „Rosenweg" nach Freiberg. Von diesem fast alle alten Wegnamen tragenden anscheinend sehr alten Höhenwege zweigen sich ebenfalls alterthümliche Verbindungswege nach verschiedenen Seiten ab, die hier nicht weiter zu verfolgen sind.

Hier mag noch gelegentlich einer weiter südlich parallel gelegenen Verbindung gedacht werden, die in Schwarzenberg ansetzt, um über Elterlein, als „8" oder „Fürstenweg" über die „Winterleithe", die „Kutten", die „Abschiedstanne", am „Wilden Mann", über die „Honigwiese", das „Rabenholz", als „breiter Weg" und „Kohlweg" beim Steinberg vorbei auf dem Rücken nördlich des „Göckelsbergs" über den „Ameisberg", als „Eisenstrasse", bei Zschopauthal diesen Fluss durchfurthend, über die „Waldkirche", Grünhainichen, Borstendorf, Eppendorf, Langenau, Freiberg zuzustreben.

Der Trassirung nach ist auch eine Verbindung, die sich mit Zweigen an die Nachbarfurthen Plaue und Falkenau ansetzt, um fast rein südlich den Anschluss an den alten Strassenknoten auf der Hilmersdorfer Höhe bei Lauta zu suchen, von gleichem Alter wie die von hier abzweigende Gruppe von Gebirgsübergängen. Dieser Weg läuft über „Schellenberg", den „Reuterberg" nach der „Waldkirche", Börnichen streifend, über die „kalte Küche", den „Donnersberg" im „Bornwald", am „Zeisighübel" und der „Heinzebank" vorbei.

21. Von Freiberg werden die ältesten Wege sich an die vor dem Aufkommen Dresdens vorhandenen Wege zunächst angeschlossen haben, also an die Richtungen von Wilsdruff über Potschappel oder Plauen nach Leubnitz, Lockwitz, die übrigens, was noch unerwähnt geblieben ist, eine naturgemässe, anscheinend alte Fortsetzung über Gommern, Mügeln zur Elbfurth Birkwitz, über „Lohecke", „steinerne Brücke", „Lerchenberg", Lohmen bis zum Anschluss an Hohnstein findet.

Der directe Weg läuft von Freiberg in Richtung Dresden über die Muldenfurth bei Halsbach am „Hammerberg" über Naundorf, wo die Salzstrasse (4c) östlich nach Dohna abzweigt, in zwei Parallelwegen: westlich über das „Kellerbrückchen", als „Fürstenweg" am „Tellhayn" und „Laux" vorbei, als „breiter Weg" neben dem „Ascherhübel", Spechtshausen, als „Hipweg" über Braunsdorf, Kesselsdorf zum Anschluss an die ältesten Wege nach Nisani (11). Der östliche Parallelweg läuft als Chaussee ausgebaut über „Mückensack", „Grüllenburg", „gebrannte Stein", „Borchelsberg" als „Fürstenweg" ebenfalls nach Braunsdorf oder als „Holzstrasse oder Waldweg", Braunsdorf nördlich umgehend, direct nach Kesselsdorf. Beide Parallelwege tragen die Kennzeichen alter Trassirung. Bei Borchelsberg zweigt ein Weg ab, der als „Jagdweg", „Winkelweg" den Schlottitzgrund nicht umgeht, sondern bei Tharandt durchquert und über den „Schlafberg" als „hoher Weg" nach Döhlen zum Anschluss an die alte Weisseritzfurth Potschappel führt.

Von der Dohnaer Salzstrasse (4c) zweigt bei Obercunnersdorf ein Weg ab, der über den „Mückenberg" an der „Geierswacht" vorbei über die „Capelllinde", „Martersäule", „Weissenstein", Grossölsa, neben dem „Lerchenberg" nach der Anhöhe die „Laue" bei Börnichen hinzieht, von wo er sich nach den Ortschaften im Gau Nisani verästelt, dabei auch einen Zweig über den „Käferberg", „Gobligberg", am „Lerchenberg" vorbei über den Horkenberg, den Kaitzbach umgehend, oder direct über den „Läuseberg", „Thonberg", am „Bothenberg" vorbei nach Dresden entsendend.

Westlichere, wohl jüngere Verbindungen laufen von Freiberg über Hutha, Grund-Mohorn, Herzogswalde, Grumbach nach Kesselsdorf.

Auch der Weg von Freiberg über Plankenstein, der sich an die Richtung Wilsdruff-Eula-Nossen hier anschliesst, ist jünger wie diese Richtung selbst gegenüber dem älteren Triebischthalübergang bei Munzig und dem wohl noch älteren Uebergang bei Roitschen mit den alten Localnamen Geiersberg, Kuhberg, Moderloch, Schanze.

22. Jenseits von Dresden theilen sich die Wege an der Priessnitzfurth, zu beiden Seiten des „Meisenberges" (von mezi = zwischen?) westlich nach Radeberg am „Brodberg", „Hengstberg", „Erzberg", „Dachsenberg" vorbei nach Radeberg und weiter nach Bautzen, östlich über den weissen Hirsch, Quohren, als „alte Poststrasse" über Possendorf nach Stolpen oder Bischofswerda und Bautzen führend.

Zu erwähnen ist der „Bischofsweg“ von Meissen über Klippbausen, der bei Briesnitz die Elbe übersetzt, Dresden umgebt und die Priessnitz etwa 300 m nördlich des vorigen Weges durchfurtbet, sich auch in diesem Abstand nördlich parallel der alten Radeberger Strasse binzieht, binter dem Brodberg sich mit dieser auf eine Strecke vereinigt, sie vor der „Hengstbrücke“ verlässt, als „Haackschaar oder Bischofsweg“ binzieht und über Ullersdorf mit dem „Todtberg“ kurz vor Wilschdorf die Hauptstrasse erreicht.

Welche Bedeutung die Dresdener Elbfurth vor der Verlegung des Markgrafensitzes dahin, also in ältesten Zeiten gehabt hat, ist schwer zu construiren. Der sich westlich der Priessnitz bis dicht an die Elbe ziehende leicht gangbare Landrücken wird einen Uebergang an dieser Stelle von jeher begünstigt haben, deshalb werden die Wegrichtungen Dresden-Scheunhöfe-Hechts Weinberg oder Wilder Mann-Boxdorf-Kreyer und weiter, sowie Dresden-Königsbrücker Strasse-Reiterexerzirplatz-Klotzsche, am „Eierbusch“ und „hohen Berge“ vorbei über Gommlitz, Lausa nach Okrilla und weiter aus ältester Zeit stammen, ebenso wie die erwähnten Zweige nach Radeberg und Quohren, sowie endlich die Seitenzweige, die der unter 2c erwähnte ostelbische Parallelweg (nördlich Dresden Rennsteig genannt) nach der Dresdener Furth, insbesondere von Kötzschenbroda und Radebeul ausgesendet hat.

—

Wenn wir die vorstehende knapp gefasste, nur durch Stichworte bezeichnete Darstellung des Wegnetzes in Sachsen und seiner Anschlüsse in der Zeit von 800 bis 1200 überblicken, so ist sofort zu erkennen, dass dieser erste Versuch nichts Abgeschlossenes bieten kann. So manche alte Wege, die sich von selbst aufdrängen, liegt nur einmal das Hauptgerüst fest, sind, um nicht zu weitläufig zu werden, unbenannt geblieben, andere haben wieder gelegentlich Aufnahme gefunden, obschon sie wahrscheinlich der unmittelbar folgenden Periode etwa 1200 bis 1400 angehören. Nirgends wird aber das Gegebene in Widerspruch mit dem im Specialkartenbilde niedergelegten thatsächlichen topographischen Material, noch mit den spärlichen historischen Notizen stehen. Zu dem bisher Bekannten und Veröffentlichten neu hinzu treten aber die Ergebnisse der sozusagen naturwissenschaftlichen Forschungsmethode, die gewonnen sind durch Beachtung der urzeitlichen Wegtrassirungsgrundsätze und Heranziehung der Localnamen. Freilich liegt ausreichendes Material zu solchen Studien nur in der von Oberreit veröffentlichten vortrefflichen kursächsischen Landesaufnahme aus der Zeit um 1780 vor, während für das anstossende Gebiet die österreichische Karte in 1:75000 und die Reichskarten in 1:100000 zwar schätzbare Angaben enthalten, aber bei weitem nicht jenen, bis in die kleinsten Einzelheiten dringenden Aufschluss gewähren wie der Oberreit'sche Atlas. Im nordwestlichen fruchtbaren Tieflande wird die Forschung überdies beeinträchtigt durch die seit etwa 1830 vorgenommenen Zusammenlegungen und die damit verbundene Störung des alten Wegnetzes. Für diese aussersächsischen Gegenden müsste man daher bei specieller Bearbeitung auf älteres Specialkartenmaterial zurückgehen.

Auf der beigegebenen Kartenskizze sind Ortsnamen und Localnamen so weit eingetragen, dass eine Auffindung der benannten Wegrichtungen möglich ist. Zur Erleichterung der Aufsuchung enthält die Skizze die im

Text gebrauchte Nummerirung des Wegnetzes. Etwas willkürlich und in Folge dessen der Kritik unterworfen ist die Abstufung der Wege, die aber nicht wohl entbehrt werden kann, soll die Uebersichtlichkeit einer Kartenskizze nicht ganz verloren gehen. Die gegebenen Wegstrecken selbst nebst den im Text genannten, entlang derselben vorkommenden Localnamen sind jedoch sämmtlich den Specialkarten entnommen. Eine Meinungsverschiedenheit kann nur darüber entstehen, ob die getroffene Auswahl und Combination der einzelnen Wegstrecken die wahrscheinliche ist. Zahlreiche Wege von unzweifelhaft hohem Alter liessen sich, wie bereits erwähnt, noch zwischenschalten; hier handelte es sich aber darum, zunächst ein Gerüst zu gewinnen, die entscheidenden, richtungsweisenden Hauptverkehrszüge festzulegen und den Anlass zu geben zur Ausgestaltung einer Verkehrskarte jener zwischen Vorzeit und Jetztzeit stehenden kritischen Epoche, einer Karte, die zugleich eine brauchbare Vorarbeit für die zukünftige Culturkarte jener Zeit abgeben würde.

Im Anschlusse an die vorstehenden Ausführungen ist kurz eines Umstandes zu gedenken, der bei einer sozusagen naturwissenschaftlichen Untersuchung der ältesten Wege Beachtung verdient: das Verhältniss der Wegzüge zu den Flurgrenzen und zu dem Liniensystem der Flureintheilung. Dass die ältesten Wohnplätze, Schutzanlagen, Marktstätten in innigster Beziehung zum ältesten Wegnetz stehen müssen, ist bereits ausgeführt worden; in dieser Hinsicht lieferte die benutzte Quelle ausgiebige Anhaltspunkte, sie lässt jedoch völlig im Stich bezüglich der Grenzlinien. Diesen Mangel der deutschen, sonst so trefflichen, amtlich-militärischen Kartographie sollen die in Veröffentlichung begriffenen „Grundkarten" in 1:100000 mit Flurgrenzlinien beseitigen; indessen ist deren Fertigstellung noch nicht so weit fortgeschritten, dass grössere zusammenhängende Gebiete bearbeitet werden könnten und ausserdem bietet die Verschiedenheit der Verjüngungen und die Kleinheit des Massstabes der „Grundkarte" Schwierigkeiten dar, die sich der genaueren Erkenntniss der relativen Lage der Wegzüge zu den Grenzlinien entgegenstellen. Dass diese relative Lage von ausschlaggebender Bedeutung für die Erkenntniss des relativen Alters von Grenze und Weg ist, leuchtet sofort ein, wenn wir unsere modernen Verkehrswege, die Eisenbahnen vergleichen, wie sie rücksichtslos das vorhandene Netz von Parzellengrenzen durchschneiden, wie sich ihnen aber die späteren Zufahrtsstrassen und Stadtviertel auf das Genaueste anpassen.

Eine wirklich werthvolle Bereicherung der analytischen Mittel, von denen wir bisher neben den vereinzelten kurzen historischen Ueberlieferungen die thatsächlich in die Landesfläche eingegrabenen, in der Specialkarte festgehaltenen Wegspuren, die Siedelungen und vorgeschichtlichen Funde, die Wegnamen, die nachbarlichen Localnamen und die Trassirungsweise angewendet haben, lässt sich nur gewinnen durch Zurückgreifen auf die Flurkarten selbst. So weit gehende Forschungen erfordern aber eine längere, ausschliessliche, amtlich unterstützte Beschäftigung mit diesem Gegenstande; schon heute darf aber wohl vorausgesagt werden, dass diese dritte und letzte Etappe in der Wegforschung in absehbarer Zeit gelegentlich der bevorstehenden Studien über die örtlichen Einzelheiten der Entwickelung der Flureintheilung erreicht werden wird. Vorläufig gilt es, über die von den Historikern bearbeiteten Zusammenstellungen des geschichtlichen Materials und die beigegebenen, mehr graphischen Darstellungen als wirklichen Landkarten ähnelnden linearen Versinnlichungen des historischen Materials hinauszugehen und nach der naturwissenschaftlichen Methode wahrscheinliche Karten der Niederschläge des Verkehrslebens der jeweiligen Epochen zu entwerfen und kritisch zu verbessern, in ähnlicher Weise, wie sie uns die Geologie aus weit älteren Perioden ohne Anhaltspunkte an historischen Daten von der Gestaltung der Erdoberfläche selbst in immer wachsender Vollendung darbietet.

Die wirksamste Förderung aller derartigen culturgeschichtlichen Arbeiten würde, wie angedeutet, die Veranstaltung von weiteren Kreisen zugänglichen Abdrücken des Oberreit'schen Atlas des Königreichs Sachsen sein. Sind die örtlichen wissenschaftlichen und auch touristischen Vereine im Besitze der ihr Gebiet betreffenden Kartensectionen, so ist ihnen treffliches Material und Anregung zur eingehenden weiteren Durcharbeitung der hier behandelten und anderer culturhistorischen Fragen gegeben und mancher Wanderlustige wird nicht nur das malerische Waldthal, den aussichtsreichen Gipfel, sondern auch die seitabliegenden, aber durch Alter und Geschichte ehrwürdigen Pfade als Zielpunkte wählen und ein im eigentlichen Wortsinne „Bewanderter" in unseres Volkes und Landes Vergangenheit werden.

Berichtigungen und Zusätze.

In der Karte hat zu stehen: Alte Strasse für Allenstrasse nördlich Löbau, Riesenberg für Riesenburg, Püchau für Pücha, Fribus für Frühbuss südlich Schöneck, Tauerstein für Jauerstein östlich Penig.

Der Weg Zittau-Gabel läuft nicht über die Kuhbrücke, sondern über die Hospitalbrücke.

Zu den auf optische Signale, Feuerzeichen hinweisenden Localnamen ist wahrscheinlich zu rechnen der „Blitzberg" südwestlich Eilenburg und der „Blitzenberg" südlich Johnsdorf bei Zittau.

Tafel I.

Abhandlungen

der

Naturwissenschaftlichen Gesellschaft

ISIS

in Dresden.

1901.

V. Die Verkieselung der Gesteine in der nördlichen Kalahari.

Mittheilung aus dem Königlichen Mineralogisch-Geologischen Museum nebst der Prähistorischen Sammlung in Dresden.

Von Prof. Dr. Ernst Kalkowsky.

(Mit drei Tafeln.)

---

1. In den Jahren 1896 bis 1898 durchforschte Herr Dr. Siegfried Passarge in Steglitz bei Berlin das Ngami-Land in Süd-Afrika in geographischer und geologischer Hinsicht. Er wird über die Ergebnisse seiner Reisen in einem grösseren Werke Bericht erstatten; bis jetzt liegen von ihm nur vor sein am 8. April 1898 in Berlin in der Gesellschaft für Erdkunde gegebener Bericht „Reisen im Ngami-Land" in den Verhandlungen der Gesellschaft, Bd. XXVI, 1899, No. 4 mit einer Kartenskizze, ein Vortrag „Die Hydrographie des nördlichen Kalahari-Beckens" in den Verhandlungen des

VII. Internationalen Geographen-Congresses in Berlin, 1900, mit einer Karte, und eine Abhandlung „Beitrag zur Kenntniss der Geologie von Britisch-Betschuana-Land", Zeitschrift der Gesellschaft für Erdkunde zu Berlin, Bd. XXXVI, 1901, mit 5 Tafeln. Das Gebiet seiner Reisen lässt sich durch das Dreieck Palapye-Gobabis-Andara begrenzen. Die Entfernungen auf der Karte betragen von der jetzigen Eisenbahnstation Palapye (ungefähr 27° 20′ ö. L. v. Gr. und 22° 40′ s. Br.) bis Gobabis in Deutsch-Süd-West-Afrika (19° ö. L. und 22° 20′ s. Br.) ungefähr 800 km, von Gobabis bis Andara am Okavango (21° 30 ö. L. und 18° s. Br.) in Deutsch-Süd-West-Afrika ungefähr 750 km und von Andara bis Palabye ungefähr 750 km. Der Ngami-See liegt so ziemlich in der Mitte dieses Gebietes, das als nördliche Kalahari seit der Diluvialzeit der Umwandlung in eine Sandsteppe immer mehr anheimfällt.

2. Ueber die geologischen Verhältnisse dieses Gebietes der nördlichen Kalahari schreibt mir Herr Dr. Passarge Folgendes:

„Die Hochfläche des südafrikanischen Continentes ist eine ausgedehnte Ebene, die sich allmählig von Westen nach Osten hinsenkt und nur geringe Niveauunterschiede zeigt, einige isolirte Bergketten ausgenommen. Im Westen wird sie von den hohen Gebirgen des Damara-Landes überragt, die den Rand des Plateaus bilden; im Osten dagegen endet die Hochfläche mit einem scharfen Plateaurand, der zu dem Tschobe- und Sambesi-Thal, dem Schollenland des Betschuanen-Landes und der Limpopo-Ebene bis steil abfällt. Nördlich des Malopo, der nach Westen hin in die Kalahari hineinfliesst, endet das Plateau in nicht näher bekannter Weise. In der Mitte dieses langen von Nord nach Süd streichenden Plateaus finden wir an seinem östlichen Rande eine deutliche Einsenkung, die Maklautsi-Pforte. Sie vermittelt den Uebergang zwischen den Makarikari-Pfannen, der tiefsten Stelle des nördlichen Kalahari-Beckens, und der Limpopo-Ebene.

In dem Plateau haben wir in geologischer Hinsicht zwei verschiedene Componenten zu unterscheiden, das Grundgebirge und die Deckschichten.

A. Das Grundgebirge besteht aus drei verschiedenen Formationen:

1. Die archäische Formation — Gneisse, Granite, alte krystalline Schiefer und Eruptivgesteine — setzt den grössten Theil des östlichen (Maschona-Matabele-Land, Transvaal) und westlichen (Damara- und Nama-Land) Randgebirges zusammen. Auf der Hochfläche wurde sie nur bei Okwa (Granite und Gneisse) und in den Tschorilo-Bergen (glimmerreiche Quarzschiefer) gefunden.

2. Die Chanse-Schichten bestehen aus alten Grauwacken, Grauwackensandsteinen und Sandsteinen. Untergeordnet kommen Kalksteine und Schieferthone vor. Sie sind durchweg steil aufgerichtet, durch Gebirgsdruck transversal zerklüftet und bilden im ganzen Westen der nördlichen Kalahari das Grundgestein. In dem Dreieck zwischen Ons (West), Andara (Nord), Chaina-Feld (Ost) dominiren sie vollständig. Ihrem Alter nach sind sie wahrscheinlich den Swasi-Schichten Transvaals und den Malmesberg-Schichten des Kaplandes gleichzustellen.

Während der Periode der Chanse-Schichten fand die Eruption der Totin-Diabase statt, die durch starke Epidotisirung ausgezeichnet sind. Nach der Gebirgsbildung, die der Ablagerung der Chanse-Schichten folgte, drangen die Quarzporphyre der Mahale-a-pudi-, der Moneka- und Kwebe-Berge südlich vom Ngami-See auf längerer Bruchspalte hervor.

3. Die Ngami-Schichten liegen als Schollen zwischen den aufgerichteten Chanse-Schichten. Wo sie vollständig entwickelt sind, bestehen sie aus drei Stufen: a) Untere Ngami-Schichten — Sandsteine, Grauwacken und Conglomerate; b) Mittlere Ngami-Schichten — Kalksteine, Dolomite, Kalkmergel und Kalksandsteine; ein auffallend schneller Facieswechsel ist für diese Gruppe charakteristisch; c) Obere Ngami-Schichten — Sandsteine, Conglomerate, Grauwacken.

Die Ngami-Schichten sind den Kap-Schichten gleichzustellen, die ebenfalls in drei Glieder zerfallen; unten liegt der Tafelberg-Sandstein, in der Mitte liegen die Bokkeveld-Schiefer und der Malmami-Dolomit, oben die Zuurberg- oder Ghatsrand-Schichten.

Die Ngami-Schichten finden sich local als Schollen zwischen Grauwacken an dem Südufer des Ngami-Sees und im Schadum-Thal. Ausgedehnte Ablagerungen bilden sie im Gebiet der Kaikai-Berge bis nach Gam hin und bei Gobabis. In ersterem Gebiet sind sie nur als Dolomite und Kalke entwickelt, bei Gobabis aber in typischer Dreitheilung. Ein isolirtes Vorkommen finden wir in der kleinen Makarikari-Pfanne westlich Ntschokutsa (25° ö. L.); dort tritt ein für die mittleren Ngami-Schichten charakteristisches Gestein am Boden des Pfannenrandes zu Tage.

Im Mangwato-Land finden wir zwischen dem Kalahari-Plateau und Palapye eine Formation entwickelt, die höchst wahrscheinlich ebenfalls den Kap-Schichten gleichzustellen ist, und die Mangwato-Schichten genannt werden mag. Sie sind in typischer Dreitheilung entwickelt: unten dickbankige quarzitische Sandsteine (Palapye-Sandstein), in der Mitte sandig-thonige Schiefer (Lotsani-Schiefer), oben mürbe, dickbankige Sandsteine (Ssakke-Sandstein).

Am Ende der Zeit der Ablagerung der Ngami-Schichten erfolgten erhebliche tektonische Bewegungen, die von der Eruption der gangförmig auftretenden Ngami-Aphanite begleitet wurden. Im Mangwato-Land ergoss sich eine gewaltige Decke von Mandelstein (Loale-Mandelstein) über die Mangwato-Schichten.

Es scheint nach jener Periode im heutigen Kalahari-Becken ein Gebirgsland bestanden zu haben, das im Laufe der folgenden Zeiten eine gründliche Denudation erlitt und zwar zur Zeit der permo-triassischen Karroo-Schichten. Wenigstens finden wir von den letzteren in unserem Gebiete keine Spur. Die Denudation bewirkte anscheinend die Bildung einer grossartigen Denudationsebene, pénéplaine. Bis auf eingeklemmte Schollen fielen die Ngami-Schichten der Abtragung zum Opfer. Das Resultat des Processes war die Bildung des plateauförmigen, complicirt aus Schollen zusammengesetzten Grundgerüstes des heutigen Süd-Afrika.

B. Die Deckschichten sind auf der Denudationsfläche des alten Gebirgslandes zur Ablagerung gelangt. Diese jungen Schichten lassen sich in zwei Gruppen gliedern.

1. Die Botletle-Schichten sind vorwiegend Sandsteine mit kieseligem Cement, von oft glasglänzendem Aussehen, die dickbankige klobige Massen bilden. Daneben kommen aber auch gut gebankte Sandsteine ohne „glasiges" Cement vor. Die Botletle-Schichten sind über das ganze nördliche Kalahari-Becken hin verbreitet. Am östlichen Rande des Kalahari-Plateaus brechen sie mit steilem Abfall ab (Loale bis Mohissa). Sie bilden den Untergrund der östlichen Kalahari bis Tlakani, finden sich im ganzen Botletle-Thal und am Südrande des Ngami-Sees, liegen in Schollen

auf den Chanse-Schichten des Chanse-Feldes und reichen westwärts bis nach Oas und anscheinend bis nahe an Windhoek heran. Im Kaukau-Feld und an den Popa-Fällen des Okavango haben sie dieselbe Lagerung und Gesteinsbeschaffenheit wie im Süden.

Als besondere Ausbildung der Botletle-Schichten sind aufzufassen die Reñaka-Schichten und die Pfannen-Sandsteine.

a) Die Reñaka-Schichten sind Sandsteine vom Typus der Botletle-Schichten, die sich in der Ebene zwichen Reñaka und Lilutwa an der Südseite des Ngami-Sees finden und nur eine besonders mächtige Ausbildung der untersten Partien der Botletle-Schichten vorstellen. Sie liegen dort über den Chanse-Grauwacken, und zwar sind die zu unterst befindlichen Bänke mit eckigen Bruchstücken der Grauwacken erfüllt. Dasselbe kann man überall beobachten, wo Botletle-Schichten auf dem Grundgestein liegen, so z. B. in den zahlreichen Pfannen des Chanse-Feldes, deren Boden von Botletle-Schichten gebildet wird. Es handelt sich hier anscheinend nicht um eine transgredirende Formation mit Abrasion, sondern um eine auf primärer Denudationsfläche in flachen Seebecken, vielleicht auch nur in Sümpfen abgelagerte Schichtenreihe. Dabei bestehen die untersten Glieder aus infiltrirtem und verkittetem Schutt des liegenden Gesteins, vielleicht Wüstenschutt.

b) Die Pfannen-Sandsteine: nach oben hin werden die Botletle-Schichten kalkreicher, kieseliges Cement tritt neben kalkigem auf. In vielen Fällen wird nun letzteres so vorherrschend, dass uns reine Kalksandsteine entgegentreten. Letztere bilden, wo sie vorhanden sind, stets das oberste Glied der Botletle-Schichten und zwar vermitteln sie am Botletle selbst direct den Uebergang zu der unteren Abtheilung der Kalahari-Schichten, dem Kalahari-Kalk. Die Pfannen-Sandsteine bilden in sehr vielen Fällen den Boden und die wasserhaltende Schicht in der Kalahari.

Das Alter der Botletle-Schichten ist nicht festzustellen, wahrscheinlich sind es aber relativ junge Ablagerungen von vielleicht tertiärem Alter.

Interessant und wichtig ist es, dass ein Theil der kieseligen Botletle-Schichten an der Oberfläche in zelligen Brauneisenstein — Laterit von tertiärem Alter — verwandelt worden ist. Die grosse Ausdehnung dieser Lateritdecke wird durch folgende Fundorte genügend charakterisirt: Plateaurand Loale-Mohissa, Oas, Popa-Fälle; wahrscheinlich liegen Botletle-Schichten mit Laterit auch an den Victoria-Fällen des Sambesi.

2. Die Kalahari-Schichten schliessen sich unmittelbar an die Pfannen-Sandsteine an. Sie zerfallen in den Kalahari-Kalk und den Kalahari-Sand.

a) Die Kalahari-Kalke sind sandige oder sandarme Kalke, die in grosser Zahl Conchylien enthalten, die mit den Arten der jetzigen Okavango-Sümpfe vollständig identisch sind; sie dürften also höchstens diluvialen Alters sein. Sie bedecken den grössten Theil des nördlichen Kalahari-Beckens und werden selbst überlagert von dem

b) Kalahari-Sand, einem fein- bis mittelkörnigen Sande.

Es dürfte sich der Nachweis führen lassen, dass die Kalahari-Kalke zum grössten Theile Ablagerungen in Sümpfen sind, und dass der Kalahari-Sand die Ausfüllungsmasse jener Sümpfe durch Flusssande ist.

Wir haben nun zweierlei recente Ablagerungen, die mit den Gliedern der Deckschichten zu vergleichen sind. Einmal haben wir in den Okavango-Sümpfen und in den vom Botletle gespeisten Becken der grossen Makarikari-Pfannen Ablagerungen von Kalktuff und kalkreichen Sanden — sie entsprechen den Kalahari-Kalken, sodann aber finden sich in zu- und abflusslosen Becken des Makarikari-Gebietes — Ntschokutsa, kleine Makarikari-Pfanne — ganz eigenthümliche kieselsäurereiche Ablagerungen, die an der Oberfläche zu harten Chalcedonmassen erstarrt sind und in vieler Beziehung Aehnlichkeit mit den kieseligen Sandsteinen der Botletle-Schichten haben, so dass man vielleicht berechtigt ist, auch für die entsprechenden älteren Formationen ähnliche Bildungsverhältnisse anzunehmen".

3. Herr Dr. Passarge übergab mir gegen 400 Nummern Gesteine aus diesem Gebiete — weitere Sammlungen sind leider vielleicht endgültig verloren gegangen — zur Durchsicht seiner Bestimmungen. Das schien anfangs eine leichte Arbeit, da es sich fast nur um Grauwacken, Sandsteine und Kalksteine handelte. Allein die flüchtige Untersuchung der Handstücke und einer Anzahl Dünnschliffe ergab bald so eigenartige und schwierige Verhältnisse, dass zu der genauesten und eingehendsten Untersuchung geschritten werden musste. Es stellte sich heraus, dass bei der Bildung und Umbildung der meisten, namentlich aber der jüngeren sedimentären Gesteine Vorgänge eine Rolle gespielt haben, die meines Wissens bisher noch nicht genauer untersucht worden sind. Das vorliegende Material bot aber weiter noch den grossen Vortheil, dass hier recente Bildungen vorlagen, die für die Deutung älterer von wesentlichem Belange sind.

Sedimentäre Gesteine zu untersuchen, die man nicht selbst geschlagen hat, ist eine besonders heikle Sache; soweit wie irgend möglich wurden die Schwierigkeiten durch mehrere Conferenzen mit Herrn Dr. Passarge in Dresden und in Steglitz zu beseitigen gesucht. Doch blieben immer noch Fälle, in denen ich auf Grund der Untersuchungen an dem Material eines kleinen Handstückes zu keinem endgültigen Resultat über die Natur des Gesteins oder seine Zugehörigkeit zu einem bestimmten Schichtenverbande kommen konnte. Herr Dr. Passarge wird sich in seinen Ausarbeitungen auf manche Diagnosen, die ich ihm für alle Vorkommnisse zur Verfügung stelle, stützen und dieselben weiter verwenden können; in dieser Abhandlung berücksichtige ich aber nur solche Stücke, bei denen sich zwischen dem geologischen Feldbericht und der mikroskopischen u. s. w. Untersuchung völlige sichere Uebereinstimmung ergab.

Die Untersuchungen der Gesteine waren recht schwierig und mühsam, und nur langsam konnte zur Erkennung des wahren Sachverhaltes durchgedrungen werden; deshalb wolle man aber auch erst am Schlusse der Arbeit die Ueberzeugung erwarten, dass das Richtige getroffen worden ist. Manche Verhältnisse müssen zunächst ohne strengen Beweis vorgeführt werden, weil sich ein Beweis überhaupt erst aus dem Zusammenhang ergiebt. Ist es hier doch auch meist unmöglich, Gesteinstypen im Einzelnen erschöpfend zu beschreiben und wegen des beständigen Wechsels der Gesteinsbeschaffenheit auch überflüssig: es sollen die einzelnen Phänomene im Allgemeinen und die Erscheinungsweise der Gesteine im Grossen und Ganzen geschildert werden.

4. Die Fundstätten der Gesteine sollen im Folgenden nur gelegentlich angegeben werden unter Andeutung, wo die Localität in diesem weiten Gebiete zu suchen ist. Auf unseren geographischen Karten fehlen meist alle hier in Frage kommenden Ortsbezeichnungen, und selbst auf den angeführten Kartenskizzen des Herrn Dr. Passarge sind sie bei dem kleinen Maasstabe derselben nicht sämmtlich verzeichnet. Nach Herrn Dr. Passarge sind in dem Gebiete überhaupt nur Gaunamen das einzig Sichere; gelegentlich kommen die Namen einzelner Häuptlinge als Ortsangaben zur Verwendung. In der Orthographie der Namen folge ich natürlich Herrn Dr. Passarge, jedoch unterdrücke ich alle Schnalzlaute der Buschmannsprachen. Die Schreibweise Ngami ist einmal eingebürgert, obwohl das Wort „Wasser im Allgemeinen" in der Sprache der Hottentotten bedeutend, gami mit einem Schnalzlaute vor dem g lautet; was bei dem einen Namen allgemein angenommen ist, kann in einer geologischen Abhandlung auch für andere neueinzuführende geographische Bezeichnungen billig sein.

I. Salzpelit und seine Kruste.

5. Südwestlich von dem grossen auf unseren Karten verzeichneten Gebiete der Makarikari (d. h. Salzpfannen) liegen nahe an dem Rande des Kalahari-Plateaus noch drei kleine Pfannen, die Passarge auf seiner Reise berührt hat. Nur von einer derselben, der Pfanne von Ntschokutsa, hat er von einer Stelle das derselben eigenthümliche Gesteinsmaterial gesammelt, das aber auch in den beiden anderen gefunden wurde. Den Boden der der Ueberfluthung jetzt nur periodisch ausgesetzten Pfanne bildet nämlich ein Salzpelit von unbekannter Mächtigkeit, der eine dünne harte Kruste trägt. Die Kruste ist unzweifelhaft secundär aus dem Salzpelit entstanden.

Ich erachte es für zweckmässig, die allgemeine und unbestimmte Bezeichnung „Pelit" zu verwenden, da hier zum ersten Male eine Untersuchung dieser offenbar in grosser Masse vorkommenden Substanz ausgeführt worden ist. Nach einigen Notizen von Dr. E. Holub scheint dieselbe Substanz auch in dem weiten Gebiete der grossen Salzpfannen der Makarikari vorzukommen. Es wird vielleicht die Zeit sein, der Substanz einen besonderen petrographischen Namen beizulegen, wenn sie einmal auch von anderen Stellen und an reichlicherem Material erforscht sein wird.

A. Der Salzpelit.

6. Der Salzpelit ist in trockenem Zustande eine dichte, weisse bis ganz lichtgrüne Masse von geringem specifischem Gewicht; er ist feinporös, hängt an der Zunge und saugt Wasser auf. Passarge schnitt Stücke des feuchten und dann noch hellgelblich-braunen Salzpelites mit dem Messer heraus; ausgetrocknet aber ist die Masse ziemlich fest, sie zerbröckelt unter dem Messer; sie färbt nicht ab, fühlt sich nicht wie Thon an, sondern vielmehr ganz schwach fettig etwa wie Bol oder Saponit. In der weissen Masse stecken unregelmässig vertheilt und makroskopisch sichtbar Sandkörner und Oolithkörner; manche der vorliegenden Stücke sind anscheinend frei von diesen Beimengungen, die dem Ganzen eine Art porphyrischer Structur geben. Ferner aber ist der Salzpelit in allen Proben brecciös; es liegen in einer Grundmasse bis einige Centimeter im Durchmesser haltende und viele kleinere Stücke von abweichendem Farbentone und abweichender Festigkeit, meist aber mit scharfen Kanten und deutlichster Bruchstücksform. Die genauere Untersuchung lehrt, dass alle diese Bruchstücke auch selbst Salzpelit sind und nur zum Theil eine von der Haupt-

masse wenig verschiedene Zusammensetzung haben. Obwohl nur wenig Material zur Untersuchung vorlag, so zeigt dieses doch deutlichst, dass Habitus und Beimischungen des Gesteines schnell wechseln, und dass die brecciöse Structur nicht durch Zusammenschwemmung und Ablagerung von Brocken entstanden ist, sondern durch eine Zerstückelung der Masse in situ, wohl bei ihrer Bildung und Umbildung unter Beihülfe von Salzen.

7. Die Sandkörner in Salzpelit erreichen eine Grösse von 2 bis 3 mm im Durchmesser; die meisten sind jedoch unter einem Millimeter dick, herab bis zu sehr geringen Dimensionen. Das Material ist vorherrschend Quarz, doch finden sich auch Körnchen, die als Sandsteinbröckchen aufzufassen sind. Dazu kommen harte Körner von dichter Beschaffenheit, die als Chalcedon zu deuten sind, eine Bezeichnung, die erst weiter unten gerechtfertigt werden kann. Es mag aber noch angegeben werden, dass diese Chalcedonkörner wesentlich identisch sind mit der Substanz der Kruste des Salzpelites. Unter den Sandkörnern kommen auch solche von dichtem Kalkstein vor, doch ist es hier manchmal sehr schwer zu entscheiden, ob diese Carbonatkörner wirklich Bruckstückchen dichten Kalksteins sind, oder nur missgestaltete und umgewandelte Oolithkörner.

8. Bald in geringerer, bald in grösserer Menge sind in dem Salzpelit isolirte Oolithkörner vorhanden; ihre Gestalt ist kugelförmig bis wenig regelmässig, ihre Grösse beträgt am häufigsten nur 0,1 bis 0,5 mm, doch sind auch grössere bis von über 1 mm Durchmesser nicht gerade selten. Sie bestehen aus lichtbräunlichem Kalk und sind nach mikrochemischer Analyse frei von Magnesia. Die mikroskopische Untersuchung lehrt, dass sie die gewöhnliche radiale und concentrisch-schalige Structur besitzen und nicht selten einen fremden Kern enthalten. Löst man die Oolithkörner in stark verdünnter Salzsäure langsam auf, so bleibt ein Skelett von feinstem Thon von der Form der Oolithkörner übrig, das zwar locker, aber lückenlos ist: die Oolithkörner enthalten gleichmässig in ihrer ganzen Masse feinsten Thon, der wohl wirklicher Thon, nicht etwa Salzpelit ist. Mir stand nicht genügend Material zur Verfügung, um eine genauere chemische Prüfung des Lösungsrückstandes vorzunehmen.

Besonders auffällig ist das verhältnissmässig häufige Vorkommen von halbirten Oolithkörnern im Salzpelit; diese halben Körner und noch kleinere Bruchstücke zeigen unter dem Mikroskop dieselbe Beschaffenheit und Structur wie die ganzen vollständigen Oolithkörner. Es dürfte ihre Zerstückelung durch krystallisirende Salze herbeigeführt worden sein. Auch in den norddeutschen Rogensteinen kommen solche halbirten Oolithkörner mit noch weiteren interessanten Erscheinungen vor; ich werde darüber in kurzem in einer anderen Abhandlung berichten und dann Gelegenheit haben, auch auf diese afrikanischen recenten Oolithkörner näher einzugehen.

Im Salzpelit spielen die Oolithkörner nur die Rolle der allothigenen Sandkörner; oolithische Gesteine oder auch nur vereinzelte Oolithkörner kommen sonst nirgends in der nördlichen Kalahari vor.

9. Nicht selten sinken die Bruchstücke von Oolithkörnern zu recht geringen Dimensionen hinab; aber dennoch scheint es, dass die im Salzpelit überdies noch vorkommenden kleinsten Partikelchen von kohlensaurem Kalk nicht als völlig zertheilte Oolithkörner aufzufassen sind, sondern als Carbonat anderen Ursprungs. Solche Partikelchen mögen kurz als Kalkstaub bezeichnet werden, sie sind u. d. M. durchaus alle einzeln wahr-

nehmbar, aber zweifelhaft bleibt es, ob sie unregelmässige Form oder die Gestalt von Rhomboedern haben. Winzige scharfe Rhomboeder von Kalkspath und von Dolomit werden aus anderen Gesteinen mehrfach zu besprechen sein.

10. Für die Bestimmung der Salze wurde der Salzpelit mit kochendem Wasser behandelt. Vermengt man die wässerige Masse nach dem Erkalten mit frisch gefälltem Eisenhydroxyd, so gelingt es leicht, den Kalkstaub, der sonst, man möchte sagen mit Vorliebe, auch durch das beste Filtrirpapier geht, von der Salzlösung zu trennen. Letztere zeigte starke Reaction auf Chlor und schwächere auf Schwefelsäure; von Erden konnte nur Magnesia festgestellt werden. Die Spectralanalyse zeigte, dass neben reichlichem Natron kein Kali in dem Salzgemisch vorhanden ist. Ebenso fehlte Kohlensäure durchaus in den in Wasser löslichen Salzen der untersuchten Proben. Die mikrochemische Analyse mit Kieselfluorwasserstoff ergab ebenso ein Vorherrschen des Natriums vor dem Magnesium und das Fehlen von Kalium. Die wasserklare wässerige Lösung der Salze wird beim starken Eindampfen gelblich; in den zur Trockne eingedampften Salzen bleibt eine kleine Menge verbrennbarer, organischer Substanz. Es ist also in dem Salzpelit ein geringer Betrag einer in Wasser oder doch in salzhaltigem Wasser löslichen organischen Substanz vorhanden.

Eine quantitative Analyse der Salze wäre werthlos gewesen, denn der Gehalt des Salzpelites an Chlornatrium und an Magnesiumsulfat schwankt sowohl qualitativ wie quantitativ. Nach den Mittheilungen des Herrn Dr. Passarge wird das ausblühende Salz in einer südlich von Ntschokutsa gelegenen kleinen Nebenpfanne von den Buschmännern als Speisesalz gesammelt; andererseits litten seine Lastthiere unter der abführenden Wirkung des Wassers der Pfanne, was ihn schon dort die gelegentliche reichlichere Anwesenheit von Magnesiumsalzen erkennen liess. Jedenfalls aber stecken in dem Salzpelit der Pfanne von Ntschokutsa doch im Ganzen bedeutende Mengen von Salzen.

11. Ein glatt geschabtes Stückchen des Salzpelites wurde mit durch Chloroform verdünntem Canadabalsam bis zur Erhärtung desselben gekocht und dann dünngeschliffen. Während des Kochens schien der Salzpelit sich nicht zu verändern, namentlich auch nicht Wasser zu verlieren. Das Präparat zeigte ausser den Sand- und Oolithkörnern und dem Kalkstaube nun auch die eigentliche Salzpelit-Substanz als eine anscheinend homogene Masse mit sehr schwacher feinkörniger Aggregatpolarisation, in der sonst weiter keine Einzelheiten erkennbar und unterscheidbar waren. Wenn also die Substanz auch entschieden schwach doppelbrechend ist, so kann sie doch als amorphe Masse bezeichnet werden in dem Sinne, in dem der Mineralog wohl den Meerschaum, den Bol u. dergl. als amorphe Mineralien bezeichnet, obwohl sie nicht optisch isotrop sind.

Für die chemische Analyse wurde homogenes Material in folgender Weise gewonnen. Da der Salzpelit in kaltem Wasser nicht völlig zertheilbar ist, so wurde er im Handteller mit wenig Wasser zerrieben, wobei eben möglichst ein Abreiben der Kalkkörner durch die Quarzkörner vermieden wurde. Durch Schlämmen wurden dann die Sand- und Oolithkörner abgesondert. Der zerriebene Salzpelit setzt sich im Wasser nicht völlig zu Boden; ein Theil also musste weggegossen werden, um den Salzpelit mit möglichst wenig Wasser und ohne lösliche Salze auf das Filter zu bringen.

Die Poren des Filters aber werden sehr bald verstopft, und das Abfiltriren des letzten Wasserrestes mit Hülfe der Saugvorrichtung auf einem Scheibenfilter nahm viele Stunden in Anspruch; es bleibt auf dem Filter eine ganz hellgrüne filzige Masse zurück. Diese enthält noch etwas Kalkstaub, offenbar auch winzige Quarzsplitter, war aber doch homogen zu nennen und frei von Salzen; nach der chemischen Zusammensetzung des Pelites ist es auch nicht zu vermuthen, dass die beim Decantiren fortgegossenen Partikelchen eine andere Zusammensetzung hatten, als die gewonnene Masse. Doch ist kein Zweifel vorhanden, dass jede andere Probe des Salzpelites, auch wenn dieser direct ohne alles Schlämmen in einer dem Anschein nach von Sandkörnern aller Art freien Partie analysirt worden wäre, andere Zahlen bei der Analyse ergeben haben würden. Da aber gerade ein Stück mit möglichst geringer brecciöser Structur verwendet wurde, so glaube ich behaupten zu können, dass die gewonnene filzige Masse wirklich die Durchschnitts-Zusammensetzung des Pelites ergeben muss.

Diese homogene Silicatmasse ist vor dem Löthrohr schwer schmelzbar, sie wird dabei hart bis zum Glasritzen. Beim Austreiben des Wassers im Platintiegel sintert die vorher zerriebene Masse stark zusammen. Die Mikroanalyse mit Kieselfluorwasserstoffsäure ergab einen Gehalt an Natrium und Magnesium. Das Wasser wurde quantitativ durch Glühverlust bestimmt, da die analysirte Masse nur Spuren von Kohlensäure ergab. Die Kieselsäure wurde durch zwei Analysen bestimmt, das Natrium nur als Verlust. Die sehr geringe Menge von Eisenoxyd besonders zu bestimmen, wurde unterlassen.

Das Silicat ist sowohl in concentrirter Salzsäure wie in concentrirter Kalilauge bei anhaltendem Kochen schwer löslich; kochende Lösungen von Chlornatrium und von Magnesiumsulfat blieben ohne jede Einwirkung.

Die quantitative Analyse ergab folgende Zahlen:

H^2O	18,986
SiO^2	52,799
Al^2O^3	10,643
Fe^2O^3	Spar
MgO	9,050
CaO	Spur
Na^2O	7,924

12. Der Salzpelit der Pfanne von Ntschokutsa ist somit ein Chlornatrium und Magnesium haltiges, an Sand- und Oolithkörnern verschieden reiches, amorphes, wasserhaltiges Natrium-Magnesium-Aluminium-Silicat von einer keinem bisher bekannten Minerale entsprechenden Zusammensetzung, mit brecciöser Structur. Es ist wahrscheinlicher, dass das analysirte Silicat aus lauter einander gleichen Theilchen besteht, als dass es ein Gemisch etwa von Kaolin mit einem Natrium-Magnesium-Silicat ist. Der ganze Salzpelit ist ein Gestein sui generis, dem wohl ein besserer einfacher Name gebührt, als die Verlegenheits-Bezeichnung Salzpelit. Ausdrücklich muss betont werden, dass der Salzpelit durchaus nichts mit irgend einer eruptiven Masse oder ihren Zersetzungsproducten zu thun hat; nach Angabe des Herrn Dr. Passarge spukt in Afrika die Bezeichnung Trachyt für die Masse herum.

B. Die Kruste des Salzpelites.

13. Der Salzpelit der Pfanne von Ntschokutsa ist von einer Kruste bedeckt, die sich als ein äusserst hartes, zähes und schwer zersprengbares Gestein von grünlicher bis schwärzlicher Farbe darstellt und mit blossem Auge Sandkörner und Oolithkörner wie der Salzpelit erkennen lässt. Vorliegende Handstücke zeigen eine Mächtigkeit von 4 bis 5 cm; an einigen Stücken haftet auch noch der Salzpelit an dieser Kruste, und die Grenze ist recht scharf durch den Farbenunterschied und ebenso durch den Gegensatz zwischen der mürben und der mit dem Messer nicht ritzbaren Masse. Die Kruste hat stets eine ausgesprochen brecciöse Structur; lagert die Kruste nach Passarge's Mittheilungen an einzelnen Stellen in grosse und kleine Schollen zerbrochen auf dem Salzpelit, so hat sie auch noch in diesen Schollen an und für sich eine kleinstückige Zusammensetzung; alle Bruchstücke sind aber oft wieder zu einem festen lückenlosen Gestein verkittet. Unter den Bruchstücken fallen besonders solche auf, die einem unreinen Chalcedon ähneln. In einigen Handstücken sind die Lücken zwischen den Bruchstücken nur theilweise ausgefüllt; kleine Poren mit einem Ueberzug von kohlensaurem Kalk konnten mehrfach beobachtet werden.

14. Dünnschliffe von diesem harten Gestein zeigen zunächst die Quarz-Sandkörner von derselben Grösse und Form wie der Salzpelit. Die Oolithkörner, ebenso regellos und im Ganzen nicht gerade reichlich vertheilt wie im Salzpelit, sind in manchen Präparaten etwas krystallinisch geworden. Sonst finden sich dieselben halbirten Oolithkörner und die kleinsten Bruchstücke von Oolithkörnern, immer noch an ihrer Structur als solche erkennbar, wie im Salzpelit. Kalkstaub ist in der Kruste in stark schwankender Menge vorhanden, in einem Präparat erscheint er geradezu als der beinahe vorherrschende Bestandtheil. Beachtenswerth ist es, dass der Kalkstaub gelegentlich in deutlichen kleinsten und selbst etwas grösseren Calcitrhomboedern auftritt. Einige kleinere und grössere Fragmente zeigen die Structur eines feinkörnigen Chalcedons zwischen gekreuzten Nicols. Opake Eisenerzpartikeln verursachen die dunkele Farbe des Gesteins, obwohl sie gar nicht in besonders reichlicher Menge auftreten.

15. Die Grundmasse nun, die in diesem brecciösen Gestein meist vor allen erwähnten Bestandtheilen vorwaltet, zeigt zwischen gekreuzten Nicols eine schwache, ganz feinkörnige Aggregatpolarisation. Feinste wie Staub erscheinende Partikelchen dürften nur sehr feine Poren sein; sonst ist die Grundmasse aus homogenen Partikeln zusammengesetzt, abgesehen von dem Kalkstaub. Mit Rücksicht auf ihre gleich anzugebende chemische Zusammensetzung und mit Rücksicht auf die Verhältnisse in anderen Gesteinen der nördlichen Kalahari muss diese Grundmasse als Chalcedon bezeichnet werden, als ein unreiner Chalcedon von ganz feinkörniger Structur. Nur selten wird seine Structur dadurch etwas grobkörniger, dass kleine, aber noch deutlich aus einzelnen Körnchen zusammengesetzte Partien beim Drehen des Präparates zwischen gekreuzten Nicols auf einmal das Maximum der Dunkelheit erreichen. Eine Art poikilitischer Structur dürfte diese Erscheinung erklären. Grössere Bruchstücke im Gestein haben im Wesentlichen dieselbe Beschaffenheit wie die ganze Alles verkittende Masse.

Diese Grundmasse ist auch in dünnsten Splittern vor dem Löthrohre unschmelzbar, doch backt das Pulver beim Glühen im Platintiegel noch ein wenig zusammen. Für die quantitative Analyse wurde das pulverisirte

Krustengestein mit verdünnter Salzsäure entkalkt, um den Vergleich mit der Analyse des Salzpelit-Silicates zu vereinfachen. Die Analyse ergab:

H^2O	2,724
SiO^2	92,614
Al^2O^3 / Fe^2O^3	2,648
MgO	0,500
CaO	—
Na^2O	1,514

16. Die beiden Analysen des Salzpelit-Silicates und der entkalkten Kruste lassen sich aber noch nicht ohne Weiteres vergleichen, da ja aus dem Salzpelit auch der Quarzsand entfernt worden war, was natürlich bei der Kruste unmöglich war. Wenn man aber im Auge behält, dass Material, das direct seiner chemischen Zusammensetzung nach verglichen werden konnte, überhaupt nicht vorlag und nicht präparirt werden konnte, so wird man zugehen dürfen, dass die mitgetheilten Analysen vergleichbar werden, sobald man zu der Zusammensetzung des Silicates des Salzpelites noch einen gewissen Betrag Kieselsäure als dem Quarzsandgehalt der Kruste entsprechend hinzuschlägt. Wie viel Procent Quarzsand aber in dem Krustengestein, das für die Analyse verwendet wurde, drinstecken, lässt sich auch wieder nicht genau angeben. Es müssen deshalb willkürliche Mengen SiO^2 — also wie unten geschehen 30 und 40 Procent als hohe Beträge — zu der Zusammensetzung des Salzpelit-Silicates hinzugerechnet werden:

	Silicat	Silicat + 30% SiO^2	Silicat + 40% SiO^2	Kruste
H^2O	18,986	13,290	11,392	2,724
SiO^2	52,799	66,959	71,679	92,614
Al^2O^3	10,643	7,450	6,386	2,648
Fe^2O^3	—	—	—	
MgO	9,650	6,755	5,790	0,500
Na^2O	7,922	5,546	4,753	1,514

Da nun der Augenschein lehrt, dass die Kruste unzweifelhaft aus dem Salzpelit hervorgegangen ist, und dass ferner die Kruste auch keine wesentlich andere Structur hat als der Salzpelit, so ist bei der Bildung der Kruste viel Kieselsäure und etwas Eisen zugeführt, dagegen Thonerde, Magnesia, Natron und viel Wasser weggeführt worden. Zufuhr von Kieselsäure allein genügt nicht, um die chemische Veränderung zu deuten. Die Kruste ist also ein Kieselgestein, das durch hydatogene Metamorphose aus dem Salzpelit hervorgegangen ist; ihre Chalcedon-Grundmasse ist eine Pseudomorphose nach dem Silicat des Salzpelites.

C. Genetisches.

17. Die Pfanne Ntschokutsa liegt am südlichen Rande des grossen Makarikari-Gebietes. In der Gegenwart wird dieses mehrere Kilometer im Durchmesser haltende Becken nur noch periodisch, z. B. 1898/99, von Ueberschwemmungen überfluthet, wohl aber muss das früher regelmässig der Fall gewesen sein. Dennoch wird Niemand behaupten können, dass der Salzpelit einfach ein primäres Sediment sei. So wenig auch bisher über die Sedimente in Seebecken im Inneren von grossen Continenten und

in Steppen auf Grund genauer Untersuchung bekannt ist, so erscheint doch die directe Ablagerung eines wasserhaltigen Natron-Magnesia-Thonerde-Silicates nach allen geodynamischen Theorien unmöglich, zumal vulkanisches Material ausgeschlossen ist. Ich bin mir vollkommen bewusst, dass ich über einen Gegenstand zu speculiren im Begriffe bin, den ich in seiner ganzen geologischen Massenhaftigkeit nicht gesehen habe; ja mir standen für die Untersuchung nur kleine Proben und nur von einer Stelle der Pfanne zur Verfügung. Und Herr Dr. Passarge konnte an Ort und Stelle ebenso wenig die winzigen Oolithkörner als solche erkennen, wie auf die Vermuthung kommen, dass der im feuchten Zustande wie Thon aussehende Salzpelit doch kein Thon, sondern etwas ganz Besonderes sei. Deshalb werden auch erst in Zukunft die in Frage kommenden Phänomene genauer studirt und discutirt werden können; es ist aber doch nothwendig, an diesem Orte die theoretischen Vorstellungen darzulegen, die ich mir nach meinen Untersuchungen und nach den Schilderungen Passarge's gebildet habe. Denn die Erkennung der Entstehung der Salzpelit-Kruste giebt den einzigen Anhalt für die Erklärung des Phänomens der Verkieselung von Gesteinen, das uns in der nördlichen Kalahari in einem gewaltigen Gebiete überall entgegentritt. Die Thatsachen liegen schon jetzt vor, ihre theoretische Erklärung wird erst in Zukunft gesichert werden können.

18. Von den Bestandtheilen des Salzpelites sind die Oolithkörner am leichtesten zu erklären. Dass sie vegetabilischen Ursprungs sind, ist in der neueren Zeit erkannt worden; ich werde bald Gelegenheit haben, in einer anderen Arbeit weitere Beweise dafür aus den Oolithen und verwandten Gesteinen selbst beizubringen. Ist also die Ntschokutsa-Pfanne ein Seebecken oder wenigstens periodisch unter Wasser gewesen, so sind die Oolithkörner im Salzpelit einfach primäre Bestandtheile desselben. Die Zerstückelung der Oolithkörner kann am leichtesten durch Auskrystallisiren von Salzlösungen erklärt werden, die in die abgestorbenen Oolithkörner eingedrungen waren. Zweifelhaft, ja unwahrscheinlich ist es, dass auch der Kalkstaub, dass aller Kalkstaub von Oolithkörnern herstammt. Wir wissen vielmehr, dass von vielen niederen Pflanzen auf ihrer Oberfläche, manchmal auch in einer pflanzlichen Gallerte, Körnchen von Calciumcarbonat abgeschieden werden. Auch für den Kalkstaub also können wir pflanzlichen Ursprung annehmen.

19. Die Quarzsandkörner und die selteneren Gesteinsbröckchen haben meist nur geringe Dimensionen; ihre Form lässt keinen sicheren Schluss zu, auf welchem Wege sie in die Pfanne gekommen sind. Einschwemmung ist nicht unmöglich, daneben aber würde ein Transport durch den Wind in Frage kommen. Jedenfalls ist es auffällig, dass die Sandkörner im Salzpelit ganz unregelmässig vertheilt sind.

20. Eingeschwemmt in die Salzpfanne wird eine gewisse Menge von einem thonerdehaltigen Schlick sein. Aber auch in dem Gebiet der grossen Makarikari wuchert an allen Seen und Flussläufen eine üppige Schilfvegetation, ein Vegetationsgürtel namentlich an den Rändern der Becken, der wohl geeignet ist, bei Ueberfluthungen der Becken das trübe Wasser zu filtriren, die Hauptmasse des Schlickes vom Becken fern zu halten, wie wir darüber Berichte auch aus anderen Gebieten Afrikas haben. Die Riedgräser selbst aber sterben auch ab; sie enthalten in ihren Membranen Kieselsäure, die in allerleichtesten Flöckchen und Theilchen im Verein mit organischer Substanz doch in die Becken gelangt. Es ist mir nicht gelungen, in botanischen Lehrbüchern Angaben über die Schicksale der Kieselsäure in abgestorbenen Pflanzentheilen zu finden; irgendwo muss sie doch bleiben oder im festen oder gelösten Zustande hingeführt werden. Von den Diatomeen allein kennen wir den Verbleib der Kieselsäure, und Diatomeen werden wohl auch hier bei der Bildung und Umbildung des Salzpelites eine Rolle gespielt haben, wenngleich ich sie in ihm nicht mehr nachweisen konnte. In den Kalahari-Kalken aber habe ich sie gefunden, wie weiter unten erwähnt werden wird. Ich bin also der Meinung, dass in den Salzpfannen ein an Kieselsäure vegetabilischen Ursprungs reicher Schlick abgelagert wurde, der ebenso reich war an Kalkstaub und der auch organische Substanz in Menge enthielt. Ein bedeutender Theil des Schlickes mag aber auch gar nicht durch Wasser an Ort und Stelle transportirt worden sein, sondern vielmehr eingewehter Staub, ein äolisches Sediment sein.

21. Kohlensaure Alkalien konnte ich in dem Salzpelit nicht nachweisen, er enthält vielmehr nur $NaCl$ und $MgSO^4$. Der Ursprung dieser Salze wird auf dieselbe Weise zu erklären sein, wie der Salzgehalt von Binnenseen — so viel oder so wenig wir davon eigentlich wissen. Hier in diesem Falle dem Ursprung der Magnesiasalze besonders nachzuforschen, würde ein eitles Unternehmen sein. Allein es ist wohl denkbar, dass diese Salze, Chlornatrium und Magnesiumsulfat und vielleicht jetzt nicht mehr vorhandene Alkalicarbonate, im Verein mit Kieselsäure in mehr oder minder leicht löslicher Form und im Verein mit organischer, humoser Substanz im Stande gewesen sind, aus dem Schlick das wasserhaltige Natron-Magnesia-Thonerde-Silicat zu erzeugen. In wie weit hierbei auch noch klimatische und meteorologische Verhältnisse in Frage kommen könnten, entzieht sich vorläufig jeder Beurtheilung. Nach Allem, was mir Herr Dr. Passarge mitgetheilt hat, entsteht der Salzpelit jetzt nicht mehr, er ist entstanden in der allerjüngsten Vergangenheit.

22. Die Entstehung der brecciösen Structur des Salzpelites bietet der Erklärung keine besonderen Schwierigkeiten. Bei periodischer Trockenlegung wird der sich bildende Salzpelit von Spalten durchzogen werden, zu deren Vermehrung und Erweiterung auskrystallisirende Salze noch das Ihrige beitragen: die Breccien sind nicht durch Gebirgsbewegung entstanden, nicht zusammengeschwemmt, sondern eine Bildung in situ bei der Entstehung der Massen selbst.

23. In dem Salzpelit sind aber wahrscheinlich die Bildungsvorgänge mit der Entstehung des Silicates doch noch gar nicht abgeschlossen; es finden noch weitere chemische Processe statt, bei denen Kieselsäure in Bewegung geräth, in Trockenperioden capillar aufsteigt und eine Verkieselung der oberflächlichsten Partien herbeiführt, die Bildung der Kruste verursacht. Die Sonne und die Thiere zerstückeln die sich bildende Kruste, deren Bruchstücke immer wieder von Neuem verkittet werden.

Kieselsäure organischen Ursprungs und ihr Transport bei Gegenwart von Salzen verschiedener Art und organischer, etwa humoser Substanzen, dazu in anderen Fällen Verschleppung dieser Reagentien durch Sicker- und Quellwasser — das sind die Factoren, die in der nördlichen Kalahari das Phänomen der Verkieselung hervorgerufen haben. Geysirphänomene kommen durchaus nicht in Frage.

II. Kalahari-Kalk.

24. Die jungen Kalahari-Kalke sind mürbe bis ganz feste und harte Gesteine von dichter Structur und hellen bis hellbraunen Farben. Die festen Kalksteine zeigen im Dünnschliff meist fleckige Beschaffenheit durch Herausbildung von Stellen mit etwas gröber krystallinem Korn. Die mikrochemische Analyse wies in einigen Vorkommnissen einen geringen und bedeutungslosen Gehalt an Magnesia nach. Beim Auflösen in verdünnter kalter Salzsäure bleiben übrig feiner Sand, Thon und stets auch Flocken von organischer Substanz. Es wurden nur einige wenige Vorkommnisse untersucht, in mehreren aber doch im Lösungsrückstand Spongillen-Nadeln und Diatomeen, meist in Bruchstücken, in nicht unbeträchtlicher Menge nachgewiesen. Die Diatomeen werden von anderer Seite bestimmt werden. Mit Ausnahme der Oolithkörner enthält also der Kalahari-Kalk alle Bestandtheile, die für das supponirte Substrat des Salzpelites angesetzt wurden, wenn vielleicht auch in anderen Mengenverhältnissen.

Die Kalahari-Kalke haben schon makroskopische Eigenthümlichkeiten der Structur, die dazu führen, diese Kalksteine wesentlich als Kalksinterbildungen in Binnengewässern aufzufassen, als Kalksteine terrestrischen, phytogenen Ursprungs. Diese Auffassung genauer zu begründen, muss an dieser Stelle unterlassen werden.

25. Hier ist es für den Gegenstand der Abhandlung nur von Bedeutung, dass in einem Vorkommniss von Kalahari-Kalk auch der Beginn der Verkieselung mit Sicherheit nachgewiesen werden konnte. Es ist das der Kalahari-Kalk von der Pfanne Kauganna, östlich von Gam, also westlich vom Ngami-See in der Nähe der Grenze von Deutsch-Süd-West-Afrika. Dieser Kalkstein zeigt in typischer Weise Kalksinterringe von bis 1 cm Durchmesser, innerhalb deren sich zum Theil ein fast ganz sandfreier Kalk vorfindet, während die Masse zwischen den Ringen an Sand sehr reich ist. Stellenweise ist nun an Stelle des Calcites sowohl der Sinterringe wie der innerhalb und ausserhalb derselben befindlichen Gesteinsmasse ein ganz feinkörniger, unreiner Chalcedon getreten mit kleinsten fetzenartigen Relicten des Calcites, Erscheinungen, die weiter unten ausführlicher beschrieben werden sollen. Löst man das Gestein in Salzsäure auf, so bleiben thonreiche Brocken übrig, die leicht zerdrückbar sind. Unter dem Mikroskope findet man in dem in Wasser ausgebreiteten Lösungsrückstand zahlreiche zackig-fasrige Aggregate, die Chalcedon sind. Die Bestimmung dieser in kochender concentrirter Salzsäure unlöslichen Aggregate als Chalcedon ergiebt sich aus analogen Verhältnissen in anderen Gesteinen. Die Art der Verkieselung in diesem Kalahari-Kalk ist überhaupt durchaus analog der anderer Kalksteine, weshalb hier nicht weiter darauf eingegangen zu werden braucht.

III. Botletle-Schichten.

A. Methoden der Untersuchung.

26. Die Gesteine der Botletle-Schichten und die aller übrigen Schichtensysteme wurden in Dünnschliffen auf ihre Zusammensetzung und Structur untersucht. Es wurden gegen 350 Schliffe von den verschiedenen Hand-

stücken angefertigt, ausser von denen, die schon makroskopisch mit Sicherheit die Identität mit anderen Stücken von demselben Fundpunkte erkennen liessen. Es stellte sich aber heraus, dass diese mikroskopische Untersuchung in sehr vielen Fällen zur Erkennung der wahren Sachlage nicht genügte. Zunächst ist es wie bekannt bei den dichten Carbonatgesteinen nicht möglich, unter dem Mikroskope Kalkspath und Dolomit zu unterscheiden; hier, wo es sich meist nur um kleinste Körnchen dieser Mineralien handelt, versagen alle formalen und structurellen Verhältnisse, die man zum Anhalte nehmen möchte. Dann aber verdecken die Carbonspäthe durch ihre starke Doppelbrechung sehr häufig allen Gehalt an Thon und vor Allem auch allen feinvertheilten Chalcedon. Wo es nöthig schien, wurden besondere Dünnschliffe von solchen Kalksteinen angefertigt; die fertig geschliffenen Präparate wurden dann entkalkt, d. h. der Kalkspath wurde langsam durch kalte verdünnte Salzsäure aufgelöst. Verfährt man hierbei behutsam, so kann man ein solches entkalktes Präparat auch auswässern, ohne dass bei den Proceduren irgend wie die Lagerung und der Zusammenhang der unlöslichen Partikeln gestört wird. Das trocken gewordene Präparat wird dann zur Hälfte mit einer Lösung von hartgekochtem Canadabalsam in Chloroform mit einem weichen Pinsel vorsichtig überstrichen. Ist der Lösungsrückstand auf der Canadabalsamschicht sehr gering oder augenscheinlich sehr locker, so lässt man einen Tropfen der Canadabalsamlösung aus dem Pinsel darauf fallen. In jedem Falle ist es nöthig, entkalkte Kalksteinpräparate frei und mit Canadabalsam bedeckt zu untersuchen.

27. Aus allen Schichtensystemen wurden zusammen 135 Proben mikrochemisch untersucht zur Entscheidung, ob Kalkstein oder Dolomit vorliegt. Mit der Untersuchung des Lösungsrückstandes unter dem Mikroskope und mit allen Vorbereitungen nimmt jede Probe ungefähr 20 Minuten in Anspruch, auch wenn 10 bis 20 Proben auf einmal bearbeitet werden. Man schlägt sich kleine Stückchen von etwa 20 bis 30 mm², womöglich in Form flacher Scherbchen und möglichst gleich gross von den verschiedenen zu untersuchenden Gesteinen. Diese Stückchen und ihre Lösungen werden ferner stets mit denselben vorbereiteten Reagentien und mit gleich grossen Mengen derselben behandelt, so dass man die Vorgänge mit einander vergleichen kann. Während der Ausführung der Untersuchung wurden sofort die Beobachtungen bei jeder Probe auf einem besonderen Zettel notirt.

Die Stückchen Carbonatgestein wurden in ein Reagenzgläschen gelegt, das zu einem Viertel mit ungefähr 20procentiger kalter Salzsäure gefüllt war. Kalkstein und Dolomit unterscheiden sich dann nur zum Theil durch die Art der Entwickelung der Kohlensäure; es kann auch ein normaler Dolomit in solcher Salzsäure stark aufbrausen, und es kann ein Kalkstein, der reichlich Thon oder feinvertheilten Chalcedon enthält, nur ganz schwache Kohlensäure-Entwickelung aufweisen. Nach der Beobachtung der Einwirkung der kalten Salzsäure wurde diese einmal oder mehrmals bis zum anhaltenden Kochen erhitzt, bis möglichst alle Kohlensäure ausgetrieben war. Die Lösung in dem Reagenzgläschen wurde nun verdünnt bis zur Ausfüllung des Gläschens. Zu einem Tröpfchen dieser verdünnten Lösung auf einem Objectträger wurde dann ein Tröpfchen eines ziemlich verdünnten Gemisches von 50 % Ammoniak, 25 % einer Lösung Natriumphosphat und 25 % einer Lösung von Ammoniumoxalat gebracht. Man muss sich den besten Concentrationsgrad des Reagenzes durch Vorversuche mit Calcit und Dolomit ermitteln. Stehen Lösung und Reagens in bestem Verhältnisse zu einander, dann geht die Reaction auf Kalk beim Fallenlassen des Reagenztropfens augenblicklich und bis zur völligen Ausfällung des Calciumoxalates in den bekannten winzigsten, eine zusammenhängende Haut bildenden Körnchen vor sich. Das Ammonium-Magnesium-Phosphat scheidet sich langsamer ab, doch ist auch diese Reaction in 2 bis 3 Minuten beendet. Die Krystallgruppen des sich bildenden Magnesiumsalzes sind ihrer Form nach abhängig von dem Concentrationsgrade der angewandten Lösungen, in jedem Falle aber höchst charakteristisch und von dem Kalkniederschlag leicht zu unterscheiden. Man wird durch diese Reactionen nicht nur leicht Kalkstein und Dolomit unterscheiden können, sondern auch genügend den Gehalt an Magnesia in mehr oder minder dolomitischen Kalksteinen zu bestimmen im Stande sein.

Ein etwaiger Lösungsrückstand der Proben wurde nun gleich weiter untersucht; es kommt darauf an, ob die Probe eine klare oder trübe Lösung giebt, ob das Stückchen seine Form unverändert beibehält oder in Brocken zerfällt, ob der Rest hart ist oder mehr oder minder leicht zerdrückbar. Pulveriger oder zerdrückter Rückstand wurde stets in Wasser auf dem Objectträger unter dem Mikroskope untersucht; in vielen Fällen aber wurde ein besonders beachtenswerther Lösungsrückstand auch noch nach dem Auswaschen mit Alkohol in Canadabalsam unter Deckglas untersucht.

B. Gesteinsreihen.

28. Es erwies sich bei der Untersuchung und für die Schilderung als nöthig, die Gesteine der Botletle-Schichten und die von Passarge als Pfannen-Sandsteine bezeichneten Vorkommnisse gemeinsam zu behandeln; ich muss es Herrn Dr. Passarge überlassen, auf Grund meiner ihm zur Verfügung gestellten Einzeldiagnosen unter Berücksichtigung des Vorkommens und der Lagerung zu entscheiden, ob durchgreifende Unterschiede zwischen den Gesteinen der beiden Stufen bestehen. Ich vereinige also diese Vorkommnisse unter der Bezeichnung der Botletle-Gesteine. Es wurden 90 sicher zu diesen Schichtensystemen gehörige Gesteine von ungefähr 20 Localitäten untersucht, die sich über das ganze grosse Gebiet vertheilen. Regionale Unterschiede zwischen den Vorkommnissen konnten in geringem Grade festgestellt werden, aber irgend welche Schlüsse daraus auf genetische Verhältnisse zu ziehen, bin ich nicht im Stande gewesen. Deshalb kann ich es auch unterlassen, die einzelnen Localitäten namhaft zu machen, die man ja doch vorläufig noch auf keiner Karte aufsuchen kann. Wie von Herrn Dr. Passarge ein häufiger und schneller Wechsel in der mineralischen Zusammensetzung der Botletle-Gesteine im Grossen beobachtet werden konnte, so wechseln sie auch im Kleinen, im Handstück und sogar im einzelnen Dünnschliff; mehrfach zeigte ein und dasselbe Präparat zwei bis drei ganz verschiedene Structuren und Verhältnisse der Gemengtheile zu einander.

Die Botletle-Gesteine zerfallen in die zwei genetisch getrennten Typen der sandigen Kalksteine und der Chalcedon-Sandsteine, die im Grossen und Ganzen auch den geologischen Abtheilungen der Pfannen-Sandsteine und der eigentlichen Botletle-Schichten zu entsprechen scheinen.

29. Als Typus der sandigen Kalksteine müssen alle diejenigen sehr verschiedenen Gesteine zusammengefasst werden, die primär mehr

oder minder kalkreiche Sandsteine und sandige bis reine Kalksteine sind oder waren. Die Gesteine treten jetzt auf als seit ihrer Ablagerung wesentlich unverändert oder als durch hydatogene Metamorphose verändert. Die Veränderungsvorgänge sind die der Dolomitisirung und der Verkieselung, Vorgänge, die einzeln auftreten oder zusammen und dann augenscheinlich doch von einander unabhängig. Es ist allerdings ungemein schwierig, sich hier ein Urtheil zu bilden; ich will auch nur sagen, dass ich im Laufe der Untersuchungen zu der Vorstellung gekommen bin, dass im Wesentlichen eine Dolomitisirung vor der Verkieselung eingetreten ist, ohne dass irgend wie ein geologisch grosser Zeitraum zwischen den beiden Vorgängen gelegen ist. Beide Vorgänge könnten also auch als geologisch gleichzeitig aufgefasst werden; sie sind aber vor Allem von einander unabhängig in ihrem Auftreten.

Die Dolomitisirung befällt die Gesteine so, dass der kohlensaure Kalk nur zum Theil in Dolomit umgewandelt wird, oder dass alles oder fast alles Calciumcarbonat in Dolomit übergeht. Von 50 mikrochemisch untersuchten Proben ergaben 25 nur Calcium, 9 erwiesen sich als mehr oder minder magnesiumhaltig, und in 16 Proben war der Gehalt an Magnesium so hoch, dass das Gestein einfach als Dolomit zu bezeichnen ist, ohne damit das Vorhandensein von geringen Mengen von reinem magnesiafreien Calciumcarbonat in Abrede stellen zu wollen.

Die zweite Veränderung dieses Typus der Botletle-Gesteine, die Verkieselung, ist die, dass in ihnen Calcit und Dolomit in Chalcedon verschiedener Art umgewandelt sind, ein Vorgang, der von einer Spur von Verkieselung bis zur völligen Verkieselung und Verdrängung alles Carbonates durch Kieselsäure fortschreiten kann. Dieser Vorgang soll als Verkieselung bezeichnet werden. Hierbei wird diese Bezeichnung in engerem Sinne gebraucht als in dem Titel der Abhandlung; doch wird dadurch ein Irrthum nicht veranlasst werden.

Zu dem Typus der sandigen Kalksteine gehören auch Vorkommnisse, die eine scheinbare oder echte brecciöse Structur besitzen. Die scheinbar brecciöse Structur wird entweder durch primär sehr ungleichmässig vertheilten und rasch wechselnden Sandgehalt verursacht oder durch ungleichmässig eingetretene Verkieselung. Es ist bisweilen gar nicht leicht, diese scheinbar brecciösen Gesteine im Handstück von den wirklich brecciösen zu unterscheiden. Die echten Breccien aber haben alle eine solche Zusammensetzung und Structur, dass die Breccienbildung auch in situ, ohne Gebirgsbewegung und ohne Zusammenschwemmung in ganz analoger Weise wie bei dem Salzpelit und seiner Kruste vor sich gegangen sein muss.

30. Der Typus der Chalcedon-Sandsteine umfasst Gesteine mit einem Chalcedoncement, von dem an Structur und Art des Auftretens nicht nachweisbar ist, dass es pseudomorph, authigen secundär, an Stelle von Carbonat getreten ist. Hier ist der Chalcedon authigen primär wohl in lockere Sande eingedrungen, diese erst zu einem festen Gestein machend. Dieser Vorgang soll hier von dem der Verkieselung im engeren Sinne als Einkieselung unterschieden werden. Für einen entfernt ähnlichen Vorgang bei der Entstehung der Kohlengesteine hat W. v. Gümbel das Wort Inkohlung gebildet gehabt, das den Vorgang knapp und klar bezeichnet, aber doch sprachlich unrichtig gebildet ist. Das neue Wort Einkieselung ist nach Analogie mit einseifen, einfetten u. s. w. gebildet. Eine scharfe Unterscheidung von Verkieselung und Einkieselung ergab sich mir im Laufe der

Untersuchung; erst als diese beiden Vorgänge als zwei ganz verschiedene Arten der Imprägnation mit Kieselsäure aus einander gehalten wurden, kam Klarheit in die Bestimmung der Natur der Gesteine der verschiedenen Schichtensysteme.

Zu dem Typus der Chalcedon-Sandsteine gehören auch echte Breccien und ferner solche Gesteine, die bei einem reichlichen Gehalt an Brauneisenstein kurz als Eisen-Sandsteine bezeichnet werden können. Einige Vorkommnisse der Chalcedon-Sandsteine, aber auch einige der Kalk-Sandsteine sind als Röhren-Sandsteine entwickelt, d. h. sie sind durchzogen von geraden oder gekrümmten hohlen und mit lockerem Material erfüllten Röhren, die als durch Wurzeln, Schilfstengel und dergleichen verursacht zu erklären sind; genau die gleiche Erscheinung zeigt sich ja auch in jüngeren, lacustren Sandsteinen unserer Gegenden.

31. Die Zahl der petrographisch unterscheidbaren Arten der Botletle-Gesteine ist recht gross; namentlich liefert der Typus der sandigen Kalksteine viel Varietäten, zu deren Bezeichnung nur lange zusammengesetzte Ausdrücke verwendet werden können. Eine recht arge Verirrung würde es sein, wollte man im Bereiche der sedimentären Gesteine der Mode fröhnen, die bei der Beschreibung der Eruptivgesteine im Schwunge ist, wo man womöglich jedem Handstücke einen besonderen „Species"-Namen beizulegen beliebt. Die Botletle-Gesteine gehören genetisch zusammen; es wird nützlich sein, auf kleinem Raume die Varietäten zusammen genannt zu finden, die auf Grund der genauen Untersuchung, aber nicht mit blossem Auge unterschieden werden können. Wahrscheinlich kommen in der nördlichen Kalahari noch andere Varietäten vor, als die sogleich aufzuzählenden, ja man kann annehmen, dass dort alle Varietäten vorkommen, die sich irgend durch die Combination der Begriffe Sand, Kalkstein, Dolomitisirung, Verkieselung, Einkieselung, brecciös, conglomeratisch u. s. w. benennen liessen. Da aber die Bestimmung der einzelnen Vorkommnisse eben nur für die Handstücke gilt, die mir gerade vorlagen, so ist eine genauere Ortsangabe wohl überflüssig; von Bedeutung ist nur die Zahl der Vorkommnisse der unterscheidbaren Varietäten. Es zeigt sich, dass Kalk-Sandstein und Chalcedon-Sandstein am häufigsten als feste primäre Gesteine erscheinen, dass unter den umgewandelten die dolomitisirten seltener sind als die verkieselten. Lockerer Quarzsand und mehr oder minder kalkreicher Sand sind es, die zuerst in Becken oder dergleichen abgelagert worden sind.

I. Gruppe:

1. Kalkstein, Zahl der Vorkommnisse 2,
2. schwach verkieselter Kalkstein 1,
3. schwach verkieselter dolomitischer Kalkstein 1,
4. Dolomit 4.

II. Gruppe:

1. sandiger Kalkstein 1,
2. sandiger dolomitischer Kalkstein 8,
3. halbverkieselter sandiger Dolomit 1,
4. halbverkieselter brecciöser sandiger Kalkstein 5.

III. Gruppe:

1. mürber Sandstein, 3 Vorkommnisse untersucht,
2. Kalk-Sandstein 12,

3. brecciöser oder conglomeratischer Kalk-Sandstein 6,
4. halbverkieselter Kalk-Sandstein 4,
5. halbverkieselter brecciöser Kalk-Sandstein 1,
6. verkieselte sandige Breccie 1,
7. völlig verkieselter Kalk-Sandstein 6,
8. halbverkieselter dolomitischer Kalk-Sandstein 6,
9. halbverkieselter brecciöser dolomitischer Kalk-Sandstein 1,
10. halbverkieselter Dolomit-Sandstein 1,
11. Dolomit-Sandstein 4,
12. brecciöser oder conglomeratischer Dolomit-Sandstein 4.

IV. Gruppe:

1. Chalcedon-Sandstein 16,
2. Krystall-Sandstein 1,
3. brecciöser Chalcedon-Sandstein 4,
4. Chalcedon-Breccie bis Conglomerat 2,
5. (conglomeratischer) Eisen-Sandstein 1.

C. Gemengtheile.

32. Die Sandkörner in den Botletle-Gesteinen sind stets klein, alle Sandsteine sind als feinkörnig zu bezeichnen. Unter den Sandkörnern waltet der Quarz bei Weitem vor. Die Quarzkörner zeigen durchweg eine Abhängigkeit der Form von der Grösse; die kleinsten Körnchen sind eckig, die mittleren subangular, die grössten stark abgerundet. Im Auftreten dagegen herrscht Regellosigkeit; in manchen Gesteinen sind alle Quarz-Sandkörner gleich gross, in anderen kommen alle Grössen durch einander und ohne jede Sonderung, z. B. nach Lagen, vor. Die Quarz-Sandkörner enthalten oft reichliche und zum Theil grosse Flüssigkeitseinschlüsse, seltener sind die bekannten dünnen opaken Nadeln; es hat den Anschein, dass Granite und Gneisse das Sand-Material geliefert haben. Unter den selteneren Feldspath-Sandkörnern wurden nur Orthoklas und Mikroklin gefunden; Gesteinspartikeln als Sandkörner sind auch nur selten und spärlich vorhanden. Dagegen ist noch besonders hervorzuheben das Vorkommen von „Flint"-Sandkörnern, von Körnern von verkieseltem Ngamikalk (siehe weiter unten). Hieran schliessen sich Fetzen und Bruchstücke von feinkörnigem Chalcedon und Gerölle davon. Es ist bisweilen recht schwer zu entscheiden, ob grössere Stücke solcher Kieselgesteine wirklich Gerölle sind oder nur Bruchstücke, da es wohl denkbar ist, dass unter der Tropensonne von Kieseln Stücke abgesprengt werden, so dass runde Kerne übrig bleiben. Doch kommen hier in den Botletle-Gesteinen auch unverkennbare Rollkiesel vor.

33. Im Allgemeinen enthalten die Botletle-Gesteine nur wenig Thon, der überdies im Dünnschliff meist nicht als solcher erkennbar ist, denn im Kalkspath und im Dolomit verschwindet er durch die starke Doppelbrechung dieser Substanzen, und im Chalcedon ist er in Folge der Zusammensetzung desselben aus kleinen Theilchen auch nur sehr schwer und unsicher zu erkennen. Beim Auflösen von carbonathaltigen Gesteinen in Salzsäure kommt aber der Thon zum Vorschein: als „Thon" gelten dann die unbestimmbar winzigen Stäubchen, deren Verschiedenartigkeit man zum Theil erkennen kann, über deren mineralische Beschaffenheit sich aber weiter nichts aussagen lässt. Leider ist es auch nicht möglich, die für genetische Verhältnisse wichtige Frage zu entscheiden, ob vielleicht in dem Thon, wenigstens in den nicht metamorphosirten Kalkgesteinen, organogene freie Kieselsäure in feinster Vertheilung vorhanden ist.

34. Eisenhydroxyd als Brauneisenstein und vielleicht in manchen Fällen Eisenglanz ist in den Botletle-Gesteinen meist nur spärlich vorhanden; seine Menge variirt selbst im einzelnen Handstück, so dass auch einmal kleine Stellen mit reinem Eisen-Bindemittel neben sonst anders beschaffenem Bindemittel vorkommen können. Tritt Brauneisenstein in etwas grösserer Menge auf, so liebt er es, die Quarz-Sandkörner zu umhüllen, oder er erscheint in Fetzen zwischen Chalcedon- oder Calcitkörnern. Als vorherrschendes Cement im Eisen-Sandstein wird das Brauneisenerz im Dünnschliff mit kräftig rothbrauner Farbe durchscheinend; durch chemische Analyse wurde in solchem Brauneisenerz eine nicht unbeträchtliche Menge von Kieselsäure nachgewiesen, die im Dünnschliff nicht als solche hervortritt. Nur selten erscheint Eisenhydroxyd als jüngste Ablagerung in Poren der Gesteine.

35. Bei der Entstehung der Botletle-Gesteine hat sich augenscheinlich zuerst dichter Kalkspath als Bindemittel oder als Gestein gebildet, der also aus allerwinzigsten, kaum unterscheidbaren Körnchen von Calcit besteht. Auch bei aller Umänderung bleibt der Kalk immer doch noch mikroskopisch feinkörnig, namentlich treten in diesen jungen Gesteinen niemals so grosse, von anderen Gesteinsgemengtheilen erfüllte Calcitindividuen auf wie in den älteren Kalksteinen der Ngami-Schichten. Sehr bald ist in den Botletle-Gesteinen der dichte Kalk theilweise bis ganz krystallinisch geworden, d. h. die Componenten des Calcitaggregates sind so gross geworden, dass sie mikroskopisch einzeln deutlich unterschieden werden können. Diese Erscheinung zeigt sich ja in unendlich vielen makroskopisch dichten Kalksteinen; hier in den Botletle-Gesteinen ist es besonders beachtenswerth, dass bei dem Krystallinischwerden des Kalkes öfter runde dichte Partien von geringem Durchmesser übrig bleiben, die dem Dünnschliff eine scheinbar oolithische Structur verleihen können oder Anlass geben, organische Gestalten wie etwa Foraminiferen zu vermuthen.

Man kann behaupten, dass dieser Vorgang des Krystallinischwerdens des Calcites erst durch ähnliche Reagentien bewirkt worden ist, wie sie auch bei der Dolomitisirung in Frage kommen. Abgesehen davon, dass der Dolomit stets mikroskopisch-körnig, nicht dicht, erscheint, besteht kein durchgreifendes Kennzeichen, das gestattete, Calcit von Dolomit u. d. M. zu unterscheiden; allenfalls ist noch für Dolomit charakteristisch das Vorkommen einer äusserst gleichmässigen, mikroskopisch feinkörnigen Structur in grösseren Partien. Recht sonderbar ist beim Calcit wie beim Dolomit das Auftreten einer Structur, die ich nicht besser denn als „plastisch"-körnig bezeichnen kann: die einzelnen Körner heben sich deutlich von einander ab, sie scheinen alle rundliche Conturen zu besitzen, und doch steckt zwischen ihnen keine andere Substanz als eben wieder Carbonat. Haben nun solche Körner des Aggregates nicht kugelige, sondern etwa walzenförmige Gestalt, so erscheint eine Structur, die man nur als ein Geflecht bezeichnen kann. (Vergl. hierzu die Abbildung eines solchen völlig verkieselten Geflechtes Taf. III, Fig. 1).

Mit dem Krystallinischwerden des Calcites und andererseits mit seiner Umwandlung in Dolomit geht Hand in Hand die Bildung von schlecht bis sehr gut und scharf ausgebildeten Rhomboederchen von mikroskopischen Dimensionen, die aber auch gelegentlich relativ gross werden können. Rhomboeder von Calcit und von Dolomit sind u. d. M. nicht von einander zu unterscheiden; es kann auf Zufall beruhen, dass in den untersuchten Gesteinen nur von Dolomit Rhomboeder auftreten, die durch einen Kern und zum Theil durch Anwachszonen ausgezeichnet sind. Poren und Thon sind hier wohl die die Structur verursachenden Elemente. Solche Rhomboeder mit Kern kommen vereinzelt vor, oder sie bilden auch die Hauptmasse des Gesteins, wie in dem der Abbildung Taf. III, Fig. 5 zu Grunde liegenden Vorkommniss von der Pfanne Garu, nordwestlich von Gam.

Die Dolomitisirung kann eine im Dünnschliff hervortretende scheinbar brecciöse Structur erzeugen.

Wird der Calcit oder Dolomit in Chalcedon umgewandelt, so bleiben bisweilen sehr charakteristische fetzenartig zerrissene und zerlappte Partikeln davon übrig, die im Chalcedon regellos vertheilt die eingetretene Verkieselung ganz besonders leicht kenntlich machen. Solche „Relicte" von Carbonat können aber auch mehr geschlossene Formen, wie die rundlicher oder gestreckter Körner besitzen. E. Geinitz hat in seiner Abhandlung „Studien über Mineralpseudomorphosen" im Neuen Jahrbuch für Mineralogie 1876, S. 449 bei der Beschreibung der Pseudomorphosen von Chalcedon nach Kalkspath die Auffassung vertreten, dass solche Partikeln von Kalkspath dort doch eine Neubildung seien. Ich glaube auch, dass die Relicte nicht direct die Reste des ehemaligen Calcites sind ohne Umwandlung oder Umlagerung der Molekeln etwa; aber die Substanz des Carbonates ist eben nicht von aussen hinzugeführt worden, sondern ein Rest des Carbonates, das sonst in Chalcedon pseudomorphosirt ist. Dass aber das Carbonat auch gewiss in molekularer Umlagerung im Chalcedon erscheint, geht schon daraus hervor, dass Calcit und Dolomit auch in kleinsten Partikeln und auch in winzigen Rhomboedern im Chalcedon auftreten.

Als secundär kann derjenige Kalkspath bezeichnet werden, der in kleinen Adern und öfters das Centrum von Poren ausfüllend auftritt; er erscheint meist in viel grösseren Körnern, als in der Gesteinsmasse selbst.

36. Die Erscheinungsweise des Chalcedons und anderer Modificationen der Kieselsäure, die als Stoff der Verkieselung und der Einkieselung auftritt, ist dieselbe in allen Gesteinen der nördlichen Kalahari, welchem Niveau sie auch angehören. Es ist deshalb zweckmässig, an dieser Stelle zusammenfassend Alles anzugeben, was über die Substanz, die im Allgemeinen als Chalcedon zu bezeichnen ist, auszusagen ist. Die Kieselsäure tritt auf als amorpher Opal, als Chalcedon, als Quarz, aber mit so allmählichen Uebergängen, dass es oft nicht möglich ist anzugeben, ob die vorliegende Substanz noch Opal oder schon Chalcedon, ob sie noch Chalcedon oder schon Quarz zu nennen ist. Man könnte wohl behaupten, dass sich amorpher Opal bei schnellem Absatz der Kieselsäure bildet, Chalcedon bei langsamerem und endlich Quarz bei sehr langsamer Zuführung der Kieselsäure in stärkerer Verdünnung. Aber abgesehen davon, dass sich auch ein verschiedener Intensitätsgrad der Metamorphosirung der Gesteine geltend macht, so möchte man in manchen Fällen Andeutungen dafür finden, dass Opal im Laufe der Zeit in Chalcedon, der Chalcedon in Quarz übergehen kann durch Umlagerung der Molekeln und durch

Ausstossung der Wasser-Molekeln. Meines Wissens kennt man bisher weder Opal noch Chalcedon, von dem sich nachweisen liesse, dass er älter ist, als etwa die obere Kreideformation.

In den Gesteinen der nördlichen Kalahari findet sich mehrfach der Chalcedon auch in grösseren Massen und grösseren Stücken; vielfach erscheint er in den Gesteinen, kleine Poren und zum Theil kleine Spalten und Schmitze fast oder ganz erfüllend. Ist er nur allgemein fein vertheilt im Gestein vorhanden, dann verleiht er demselben meist, nicht immer, einen bald schwächeren bald stärkeren Glasglanz auf frischen Bruchflächen; welche Varietät von Kieselsäure dann aber in dem Gestein enthalten ist, lässt sich makroskopisch nicht bestimmen.

37. Die Kieselsäure tritt seltener auf als meist wasserklarer Opal oder Hyalit, vollkommen isotrop auch in den besten Präparaten und bei stärkster Beleuchtung. Entweder findet sich der Opal in Säumen von etwa 0.01 bis 0.02 mm Breite um Sandkörner und andere Bestandtheile der Gesteine sich herumschmiegend, oder in kleinen unregelmässig gestalteten Partien. Die Säume von Opal sind entweder ganz homogen oder aus einzelnen feinsten Lagen zusammengesetzt, die sich mehr oder minder deutlich von einander abheben. Die Trennung einzelner Lagen von Opal von einander wird wohl durch Anhäufungen winzigster Poren verursacht. Im auffallenden Lichte glaubt man auch sonst eine Trübung des Opals auf Poren zurückführen zu können; ist die Trübung stark, dann liegt keine Möglichkeit mehr vor zu entscheiden, ob die Masse noch isotrop ist. In den unregelmässig gestalteten Partien von Opal, die z. B. mitten in anderer Kieselmasse liegen, sieht man ihn namentlich bei starker Vergrösserung von feinen Linien, wohl von Sprüngen durchzogen: der Opal zeigt körnigen Zerfall, wie man sich ausdrücken kann. Die Abbildung Taf. II, Fig. 5 zeigt namentlich in ihrer mittleren Partie die Erscheinung sehr deutlich; die Abbildung Taf. II, Fig. 6 zeigt dieselbe Stelle zwischen gekreuzten Nicols: der Rand der Opalmasse hat ziemlich kräftige Doppelbrechung und Zerfall in faserige Bestandtheile, während im zerstreuten Lichte isotroper Opal und sein doppelbrechender Rand von einander durchaus nicht zu trennen sind; letzterer hat sich augenscheinlich im Laufe der Zeit aus dem Opal entwickelt.

Zwischen gekreuzten Nicols zeigen die Säume von Opal bisweilen stellenweise auch eine ganz schwache Aufhellung: der Opal ist schwach doppelbrechend geworden. So kommt es vor, das zwischen völlig isotropen Lagen von Opal in Säumen sich eine Lage mit schwacher Doppelbrechung einstellt, ein Uebergang von Opal in Chalcedon. Auch sonst kann man Massen von Kieselsäure finden, die zwar die Structur des gemeinen Chalcedons besitzen, aber nur sehr schwache Doppelbrechung aufweisen. Dazu gehören ferner Massen von fein vertheilter Kieselsäure, die erst in entkalkten Dünnschliffen zum Vorschein kommen und in Bezug auf ihr optisches Verhalten erst geprüft werden können, wenn der entkalkte Schliff mit Canadabalsam bedeckt wird. Solche Kieselmassen bleiben aber auch dann noch oft schwer mit Sicherheit erkennbar, während im einfachen Dünnschliff eines zum Theil verkieselten Kalksteins gar nichts von ihnen zu sehen ist.

38. Diese schwach doppelbrechende Kieselsäure führt vom Opal hinüber zu dem Chalcedon, der zunächst einmal in seiner typisch faserig-büscheligen Ausbildungsweise auftritt. Da es sich fast immer um kleine Räume handelt, in denen der Chalcedon sich ablagern konnte, so sind seine Fasern auch niemals so lang, wie manchmal in den grossen Chalcedon-

massen in grossen Drusen und auf Klüften. Kugelförmige Aggregate, manchmal etwas grösser, meist recht klein, mit gutem, scharfem Interferenzkreuz, wurden nur ausnahmsweise beobachtet. Meist erscheint der faserige Chalcedon in Büscheln, also körperlich in Kegeln, die in bekannter Weise neben einander zu Lagen angeordnet sind. Auffällig war nur das Auftreten von isolirten Chalcedonkegeln von kräftiger Doppelbrechung mitten in völlig amorphem Opal. Auch hier, vergleiche die Abbildung Taf. IV, Fig. 1, erhält man durchaus den Eindruck, dass sich der Chalcedon secundär im Opal entwickelt hat.

Die Büschel von Chalcedon gruppiren sich auch in schmäleren bis breiteren Säumen, die oft im zerstreuten Licht durchaus nicht von Opal zu unterscheiden sind; sie zeigen sich auch ebenso aus z. B. 6 bis 8 Lagen aufgebaut wie der Opal. Ein solcher Chalcedon mit durch die Büschel hindurchgehenden Lagen ist dann also gleich dem Achat in mikroskopischem Maassstabe. Man kann hier also etwa den Ausdruck Mikroachat verwenden. Als ein Uebergang von Chalcedon in Quarz ist es dagegen anzusehen, wenn ein zwischen gekreuzten Nicols feinfaserig und stark divergentstrahlig erscheinender Chalcedon sich im zerstreuten Licht aus 12 bis 14 Lagen aufgebaut erweist, die durch allerfeinste Linien von einander getrennt sind von zackigem, Krystallspitzen entsprechendem Verlauf wie beim Festungsachat oder beim Amethyst (vergl. hierzu E. Geinitz l. c.).

Ausser dem feinfaserigen Chalcedon erscheint nun aber auch mehr oder minder grobstengeliger Chalcedon, bei dem die Stengel noch ebenso nach einem Centrum convergiren wie beim feinfaserigen, während man doch schon leichter die einzelnen Constituenten des Aggregates von einander unterscheiden und um so leichter in ihrem optischen Verhalten prüfen kann, je gröber — immer in mikroskopischem Maassstabe — sie sind. Da zeigt sich denn, dass die einzeln unterscheidbaren Stengel eine undulöse Auslöschung zwischen gekreuzten Nicols besitzen, als wären sie aus nicht erkennbaren, submikroskopischen Faserbüscheln aufgebaut. In anderen Fällen kann man aber bei den einzelnen Chalcedonstengeln auch ganz homogene Auslöschung constatiren.

39. Querschnitte solchen grobstengeligen Chalcedones erscheinen im Dünnschliff als grobkörniger Chalcedon; doch dürfte auch wirklich Chalcedon vorkommen, der aus Aggregaten von gröberen Körnern, nicht aus Stengeln besteht. In sehr auffälliger Weise sind in solchem grobkörnigen Chalcedon die Grenzen der Körner im zerstreuten Lichte oft gar nicht oder nur mit Mühe zu erkennen. Die einzelnen Körner löschen undulös oder homogen aus; in letzterem Falle ist immer noch ein Unterschied von Quarz festzustellen, erstens durch das Vorkommen von charakteristischen Einschlüssen, wie sie in anderen Arten des Chalcedons auftreten, zweitens durch die schwächere Lichtbrechung des Chalcedons im Verhältniss zum Quarz. Aber alle solche Kennzeichen können auch völlig versagen; es giebt keine scharfe Grenze zwischen einem körnigen Chalcedon-Aggregat und einem Quarzkorn-Aggregat. Ich habe mich im Laufe der Untersuchung mit den Ausdrücken „fast Opal“ und „fast Quarz“ für solche Uebergangsstufen zu behelfen versucht, möchte aber diese unbeholfenen Ausdrücke nicht weiter verwenden. Dass aber auch „echter“ Quarz als Endglied der ganzen Reihe erscheint, ist ganz unzweifelhaft.

40. In ziemlich bedeutendem Gegensatz gegen den mikroskopisch grobkörnigen Chalcedon steht der ganz feinkörnige Chalcedon. Mit recht grosser Sicherheit kann man behaupten, dass bei der Umwandlung von Carbonspath in Kieselsäure eine Beimengung von Thon die Herausbildung von klarem, deutlich faserigem oder stengeligem Chalcedon verhindert. Es tritt dann der Chalcedon in zum Theil äusserst feinkörnigen Aggregaten auf, deren Elemente wahrscheinlich kleinste Büschel sind. Solche Massen können scheinbar, in Folge der Dicke der Präparate, eine sehr schwache Einwirkung auf polarisirtes Licht aufweisen. Wo aber die Körnchen bei starker Vergrösserung noch gut prüfbar sind, zeigt sich ausnahmslos ungleichmässige undulöse Auslöschung. Im zerstreuten Licht können Stellen von recht feinkörnigem und dabei reinem Chalcedon eine gewisse Aehnlichkeit mit Tridymit-Aggregaten haben, ohne dass dabei natürlich an wirklichen Tridymit zu denken ist.

41. Opal und Chalcedon können sich unmittelbar mit scharfer Grenze an die Quarz-Sandkörner ansetzen. Nicht selten aber schliesst sich die neu hinzugeführte Kieselsäure als Quarz mit paralleler Lagerung der Molekeln an die vorhandenen Quarzkörner an, diese ausheilend. Da kann dann eine Lage um die Quarzkörner vorhanden sein, die gegen diese genau dieselbe Auslöschungsrichtung, genau dieselbe Stärke der Doppelbrechung besitzt, während sie nach aussen hin in Körner mit undulöser Auslöschung, in Chalcedon-Aggregate übergeht. In anderen Fällen tragen die Quarz-Sandkörner eine dünne Hülle von unzählig vielen Krystallspitzen in der Richtung der Hauptaxe, von kurzen geradlinig begrenzten Theilchen in der Prismenzone; es haben sich also viele authigene Subindividuen an das allothigene Quarzkorn angesetzt, und das optische Verhalten zeigt auch hier, dass die Substanz wirklich Quarz, nicht Chalcedon ist. Die Abbildung Taf. II, Fig 4 zeigt solche Krystallspitzen an dem Korn in der Mitte in besonders grossem Massstabe.

Recht interessant ist eine Erscheinung in dem einzigen Krystall-Sandstein zu nennenden Gestein der Botletle-Schichten vom Massarwa-Thal an der Südseite des Ngami-Sees. Hier sind alle Quarze mehr oder minder gut mit gleichmässigen Conturen zu Krystallen ausgeheilt, aber der ausheilende Quarz zeigt oft gekrümmte Anwachsstreifen etwa parallel den Conturen des Sandkornes im schärfsten Gegensatz gegen den oben erwähnten stark divergent-büscheligen Chalcedon mit zackig geradlinigen Anwachsstreifen. Die Abbildung Taf. IV, Fig. 4 zeigt diese nur bei gewisser Beleuchtung hervortretenden Anwachsstreifen auf das Deutlichste. Das Quarz-Sandkorn und die ausheilende Krystallspitze zeigen genau dieselbe Interferenzfarbe und völlig homogene Auslöschung zwischen gekreuzten Nicols; die Sichtbarkeit der Anwachsstreifen muss auf minimalen Unterschieden beruhen. Aber macht nicht das Ganze wieder den Eindruck, als wäre der ausheilende Quarz einst als amorpher Opal abgelagert worden?

42. Der Chalcedon ist öfters feinporös, denn wohl nur als Poren sind die feinsten Pünktchen zu deuten, die im auffallenden Licht weiss, im durchfallenden dunkel erscheinen. Recht charakteristisch für den Chalcedon ist es auch, dass feinere und gröbere Poren in Flocken, an Stellen in grösserer Anzahl erscheinen. Relativ grosse Poren sind ausgezeichnet durch ihre unregelmässigen eckigen Conturen, wodurch sie sich lebhaft auch von den am sonderbarsten gestalteten Poren z. B. in Granit-Quarzen unterscheiden. Durch eine grosse Anzahl winziger Poren wird der Chalcedon im auffallenden Licht milchig weiss, eine Erscheinung, die

nur selten beobachtet wurde. Die Armuth oder der Reichthum an verschiedenartigen Poren in wesentlich aus Chalcedon bestehenden Massen kann die Ursache einer makroskopisch im Handstück wie im Dünnschliff auffallenden Fleckigkeit sein.

43. In den verschiedenen Gesteinen der nördlichen Kalahari zeigt sich die authigene Kieselsäure bald nur in einer einzigen Ausbildungsweise, bald in mehreren Varietäten, die meist wie verschiedene Generationen nach einander zur Ablagerung gelangt sind. Diese verschiedenen Folgen von „Chalcedon", wie wir kurz sagen wollen, können durch scharfe Grenzen von einander geschieden sein; sie können aber auch in schnellem Uebergang mit verschwimmenden Grenzen mit einander verbunden sein. Die Grenzen sind dann manchmal im zerstreuten Licht, manchmal gerade zwischen gekreuzten Nicols verschwommen; es tritt z. B. der Fall ein, dass eine im zerstreuten Lichte ganz homogene Masse im polarisirten Lichte in einen Kern von völlig amorphem Opal und eine Rinde von kräftig polarisirendem Chalcedon zerfällt, vergl. oben S. 76 und Taf. II, Fig. 5 und 6. Solche Erscheinungen geben immer wieder der Vorstellung Nahrung, dass die einzelnen Varietäten des Chalcedons auch im Laufe der Zeit in einander übergehen können in der Richtung auf Entstehung von Quarz. Unzweifelhaft aber ist hier der oft so schnell zu Hülfe herbeigezogene Gebirgsdruck, die sogenannte Dynamometamorphose, ganz unschuldig an undulöser Auslöschung des Quarzes. Es liegt dann eben kein Quarz vor, sondern ein dem Quarz nahekommender Chalcedon. Aeltere Freiberger Geologen haben z. B. von wasserhaltigem Quarz auf den Erzgängen gesprochen; neuere Untersuchungen liegen darüber noch nicht vor.

Für die Verbindung der Varietäten des Chalcedons unter einander wäre noch die ziemlich häufige Erscheinung zu erwähnen, dass grössere Partien von feinkörnigem Chalcedon von einem unregelmässigen Netzwerk von grobkörnigerem durchzogen zu sein pflegen.

44. Die bisher besprochenen Verhältnisse beziehen sich auf reinen und farblosen Chalcedon. Es kommt daneben, aber doch seltener, auch ein homogener lichtgelb gefärbter Chalcedon vor, der z. B. auch kleinkörnig und dabei mit tridymitähnlichem Habitus erscheinen kann. Gewöhnlicher ist das Vorkommen einer gelblichen, faserig-streifigen Masse, die doch auch Chalcedon, von einer Spur von Eisenoxyd gefärbt, sein muss. In diesem Chalcedon sind niemals Büschel von Fasern vorhanden, die faserigen Elemente sind vielmehr in verschiedener Weise mit einander verflochten, meist mit striemig-streifiger Anordnung; einzelne Fasern treten beim Drehen des Präparates zwischen gekreuzten Nicols in verschiedenen Richtungen besonders hell hervor, und doch kann man im zerstreuten Lichte auch bei starker Vergrösserung und guter Beleuchtung keine fremden Elemente unterscheiden. Eisenhaltig ist die Substanz gewiss, ob auch noch andere chemische Bestandtheile darin vorhanden sind, lässt sich nicht entscheiden.

45. Dagegen tritt auch wirklich Sericit, winzige Partikelchen eines faserigen Glimmers, als Verunreinigung des Chalcedons auf; er ist recht wohl von den Theilchen des Chalcedons zu unterscheiden, doch muss der Nachweis der Sericit-Natur dieser Elemente auf weiter unten verschoben werden. Thon als Verunreinigung des Chalcedons ist als solcher u. d. M. nicht erkennbar, es sind nur Vermuthungen über seine gelegentliche Anwesenheit möglich. Dagegen ist im Chalcedon stets leicht zu erkennen jedes auch noch so winzige Partikelchen von Calcit oder Dolomit. Diese liegen in allen Arten der authigenen Kieselsäure vom amorphen Opal bis zum Quarz. Sehr oft haben dabei Calcit und Dolomit die Form von mehr oder minder scharfen Rhomboedern. Chalcedon und Carbonspäthe erscheinen in allen Zwischenstufen gemischt vom reinen Chalcedon bis zum reinen Carbonspath. Herrscht aber der Carbonspath stark vor, dann ist der Chalcedon u. d. M. oft schwer aufzufinden; erst in dem Lösungsrückstande findet man dann höchst charakteristische Chalcedon-Skelette, die lebhaft an Lithistiden-Skelette erinnern können. Seltener wurde im Lösungsrückstande der Chalcedon in faserig-zackigen porösen Aggregaten gefunden; auch das seltene Vorkommen von einzelnen an die Quarz-Sandkörner angewachsenen Fasern und Zacken von Chalcedon konnte nur im Lösungsrückstande nachgewiesen werden.

46. Eine besonders beachtenswerthe Erscheinungsweise des Chalcedons ist nun noch das Vorkommen von Pseudomorphosen von Chalcedon nach Calcit oder Dolomit in mehr oder minder scharfen Rhomboedern von mikroskopischen Dimensionen im Gesteinsgewebe. Dabei kann der Chalcedon auftreten als feinkörnige Masse, mit faserig-büscheliger Structur, körnig mit undulöser Auslöschung der einzelnen Körner, endlich als einheitliches Korn mit homogener Auslöschung, also quarzähnlich. Diese Pseudomorphosen sind oft wesentliche Hülfsmittel für die Erkennung der eingetretenen Verkieselung, sie werden daher noch mehrfach bei den Gesteinen der einzelnen Schichtensysteme zu erwähnen sein. Es mag hier nur noch auf die Abbildungen Taf. III, Fig. 6 und Taf. IV, Fig. 8 hingewiesen werden.

47. In der Mehrzahl der mikrochemisch untersuchten Gesteine der Botletle-Schichten zeigte sich beim Auflösen derselben in verdünnter Salzsäure ebenso ein Gehalt an organischer Substanz wie im Kalahari-Kalk. Es scheiden sich beim Auflösen leichte Flocken von heller Farbe ab, die sich in der Lösung meist schnell zu Boden setzen, weil sie Thon enthalten. Bei einigen Gesteinen, die sich leicht schon in kalter verdünnter Salzsäure lösen, wurde im Lösungsrückstand die organische Substanz auch als eine Hülle um Quarz-Sandkörner vorgefunden. Die Verbrennbarkeit der Flocken und damit ihre Natur als organische Substanz weist man am leichtesten nach, wenn man den Lösungsrückstand im Uhrglas mit Alkohol auswäscht und die feuchte Masse, in der die Flocken doch zu oberst liegen, anzündet; beim Abbrennen des Alkohols verglimmen dann die Flocken mit einem Ueberrest von Thon. Solche organische Substanz, dem Gewichte nach offenbar eine sehr geringe Menge, kommt sowohl in kalkigen wie in dolomitischen, in den härtesten wie in mürberen Gesteinen vor.

Die Schalen von Gastropoden, die in einigen wenigen Gesteinen vorhanden waren, sind für die vorliegende Untersuchung weiter nicht von Bedeutung; verkieselte Schalen wurden nicht gefunden.

Es mag noch an dieser Stelle erwähnt werden, dass Chlornatrium in einem mürben Sandsteine chemisch in reichlicher Menge nachgewiesen werden konnte in Uebereinstimmung mit der Angabe des Herrn Dr. Passarge. Sonst wurde nach dem Vorhandensein etwa von Spuren von NaCl als ziemlich selbstverständlich gar nicht erst gesucht.

D. Structur.

48. Bei der Entstehung von Sandsteinen aus Ablagerungen von lockerem Sande spielt das sogenannte Porenvolumen der letzteren eine bedeutende

Rolle. Die leeren Räume zwischen den Sandkörnern werden bei der Entstehung der Sandsteine oft durch ein besonderes Bindemittel ausgefüllt, dessen Menge dem Rauminhalt nach z. B. also gleich dem des Porenvolumens des abgelagerten Sandes sein kann. Da aber ein fester Sandstein immer noch porös sein kann, so empfiehlt es sich, bei der Beschreibung der mikroskopischen Structur von Sandsteinen den Unterschied festzuhalten zwischen Interstitien und Poren. Interstitien mögen die Räume zwischen den einzelnen allothigenen gröberen und feineren Körnern der Sandsteine und ähnlicher Gesteine genannt werden im Gegensatz zu den Poren, die bei der Verfestigung der Sandsteine in den Interstitien unausgefüllt übrig bleiben können. Im lockeren Sand ist also das Interstitialvolumen gleich dem Porenvolumen; es nähert sich dem möglichen Maximum umsomehr, je gleichmässiger gross und je mehr kugelförmig die allothigenen Körner sind. Im festen Sandstein kann nun aber das Volumen des Bindemittels grösser sein, als das Interstitialvolumen des primären körnigen Sedimentes zum Beispiel schon dadurch, dass mit den Quarz-Sandkörnern zugleich Kalkschlamm in grosser Menge zum Absatz gelangte. In einem sandreichen Kalkstein ist also nach der hier vorgeschlagenen Nomenclatur das Bindemittelvolumen, das Interstitialvolumen sehr gross.

Für die Sandsteine der Botletle-Schichten ist es nun in hohem Grade charakteristisch, dass in allen Vorkommnissen, sowohl von Kalk- und Dolomit-Sandsteinen, wie in den verkieselten Sandsteinen und in den Chalcedon-Sandsteinen, das Interstitialvolumen sehr gross ist. Dieses Verhältniss zeigt sich in einfachster Weise darin, dass die Sandkörner sich in den Gesteinen im Allgemeinen, einzelne Punkte natürlich ausgenommen, nicht berühren, sondern Bindemittel zwischen sich haben. Man kann das Verhältniss nur ungenau so ausdrücken, dass man sagt, das Bindemittel herrsche vor den Sandkörnern vor; das kommt auch vor, aber eben nur dann, wenn das Interstitialvolumen ganz besonders gross ist, eine Erscheinung, die bei den Botletle-Sandsteinen, die in mehr oder minder reine Kalksteine oder Dolomite übergehen, natürlich auch vorkommt.

Porös aber sind die Sandsteine der Botletle-Schichten wohl in allen Fällen nur dadurch geworden, dass bei der Verkieselung ein Theil des Cementes weggeführt wurde und dass bei der Einkieselung Theile der Interstitien unausgefüllt blieben.

49. Bei der Besprechung von Kalkspath und Dolomit in 35. ist schon die Structur der zu dem Typus der sandigen Kalksteine gehörigen primären Calcitgesteine und ihrer mehr oder minder dolomitisirten Varietäten genügend mit berücksichtigt worden, da die allothigenen Sandkörner, regellos vertheilt und wie im vorhergehenden Abschnitt erwähnt sich niemals berührend, keine weiteren allgemein beachtenswerthen structurellen Erscheinungen verursachen. Nur das mag noch erwähnt werden, dass in einigen wenigen Vorkommnissen die Sandkörner zunächst von radial gestellten kurzen Stengeln von Kalkspath umgeben werden, die bei der Umkrystallisation des Kalkcementes diese Anordnung erhalten haben. Solche Calcitsäume haben eine grosse Aehnlichkeit mit Chalcedonsäumen.

Die dolomitischen Gesteine haben keine wesentlich andere Structur als die Calcitgesteine.

In den verkieselten Gesteinen erscheint der Chalcedon in den Dünnschliffen an der Stelle der Carbonspäthe, er hat sie verdrängt. Man möchte mit einem etwas krassen aber doch bezeichnenden Ausdruck sagen, in manchen Fällen hat der Chalcedon den Carbonspath aufgefressen. Man findet kleine Partien von reinem Chalcedon, die sich nach aussen in die Carbonspäthe verlieren; diese Partien sind in anderen Vorkommnissen grösser, in einigen wenigen ist eine völlige Verkieselung eingetreten; in letzterem Falle kann nur die Structur des Chalcedons, der Vergleich mit nur stark verkieselten Gesteinen die Auffassung rechtfertigen, dass man es mit verkieselten und nicht mit eingekieselten Gesteinen zu thun hat. Bei der Verkieselung bleiben bald Relicte von Carbonspath übrig, bald vermisst man sie. Im ersteren Falle kann sich auch eine völlige Umlagerung der Carbonate einstellen, und das Bindemittel eines solchen Gesteins ist dann, vielleicht nur an einzelnen Stellen, ein sehr feinkörniges und schwankendes Gemisch von Calcit-(Dolomit-)Körnchen und Chalcedonkörnchen, das unter dem Mikroskop schwer, aber doch noch an den dünnsten Rändern der Präparate auflösbar ist; die bedeutenden Unterschiede in der Doppelbrechung erleichtern die Trennung der beiden Substanzen. Ist aber nur wenig Chalcedon gleichmässig im Carbonspathgemenge vertheilt, dann wird man ihn durchaus nur im Lösungsrückstand in skelettartig durchbrochenen Partikeln, selten in zackigen Aggregaten auffinden.

Wo der Chalcedon in grösserer Partie sich dem Carbonspath nähert, da löst sich letzterer meist in einzelne Körnchen auf, von denen dann einige schon ganz in Chalcedon eingebettet sind, während andere noch mit der primären Carbonatmasse direct zusammenhängen, dabei aber eine etwas andere Form aufweisen als die Körnchen der letzteren. Gar nicht selten ragen von den unumgewandelten Carbonatpartien Krystallspitzen in den Chalcedon hinein; Calcit und Dolomit sind auch in diesen Krystallspitzen nicht von einander zu unterscheiden, und namentlich ist es sicher nicht blos der Dolomit, der solche Spitzen bildet.

Solche Structuren lehren, dass bei der Verkieselung erst der Carbonspath molekulare Umlagerung erleidet und dann in Chalcedon pseudomorphosirt wird. Dieser Verlauf wird noch dadurch nachgewiesen, dass — in den Botletle-Gesteinen allerdings nur ausnahmsweise — auch Pseudomorphosen von Chalcedon in scharfer Rhomboederform auftreten, und dass ferner auch Partien mit so auffälliger Structur wie die eines „plastisch"-körnigen Calcit-Aggregates völlig in Chalcedon metamorphosirt, man darf sagen pseudomorphosirt worden sind.

50. In den verkieselten Botletle-Gesteinen erscheint in den einzelnen Vorkommnissen meist nur eine Art von Chalcedon, und zwar fein- bis feinstkörniger. Dieses Verhältniss erleichtert auch die Erkennung der Verkieselung in völlig verkieselten Gesteinen. In anderen Vorkommnissen können sich auch zwei Generationen von Chalcedon zeigen, die durch ihre Korngrösse oder durch ihre Einschlüsse von einander verschieden sind. So findet sich öfters ein stark poröser Chalcedon zunächst um die Quarzkörner, ohne aber dass diese regelmässig oder ganz von ihm umhüllt werden. Man muss sich beiläufig bemerkt hüten, solchen im auffallenden Lichte weissen, im durchfallenden Lichte trüben Chalcedon mit einem Chalcedon-Calcit-Gemisch zu verwechseln. In den Chalcedonmassen kann man auch Opal im Centrum derselben finden, oder es liegen umgekehrt doppelbrechende Chalcedonpartien im Opal; die Structuren sind eben so verschieden, dass eine erschöpfende Beschreibung nicht gegeben werden kann. Aber niemals finden wir in den verkieselten Gesteinen scharfe Säume von Chalcedon-Varietäten um die Sandkörner; treten diese doch gelegentlich in irgend einer Weise in geringer Menge auf, dann muss man hier ausser der Verkieselung auch noch eine später eingetretene Einkieselung annehmen; zeigt es sich doch, dass bei der Verkieselung grössere Poren im Centrum der Interstitien übrig bleiben können.

Dadurch, dass die Verkieselung meist von einzelnen wenig von einander entfernten Punkten ausgeht, kann ein ganz oder stark verkieseltes Gestein ein kleinfleckiges Aussehen erlangen, das im Handstück entfernt an oolithische Structur erinnert. Auch ein an Brauneisenerz reiches, wahrscheinlich aber dabei auch stets kieselhaltiges Bindemittel stellt sich öfters in kleinen Partien, Flecken erzeugend, ein.

Es ist noch besonders hervorzuheben, dass verschiedene Structuren in verkieselten Gesteinen neben einander vorkommen. So zeigte ein halbverkieselter, stark dolomitischer Kalk-Sandstein von Pompi am Botletle in einem und demselben mikroskopisch stark fleckigen Präparat folgende drei verschiedene Ausbildungsweisen des Bindemittels: 1. dichter Carbonspath (Calcit?) mit Chalcedon im Centrum; 2. Chalcedon mit Carbonspath (Dolomit?) im Centrum; 3. sehr feinkörniges schwankendes Gemisch von Chalcedon und Carbonspath.

51. Bei ungefähr dem vierten Theile aller Botletle-Gesteine, die von Carbonspäthen völlig frei sind, waren die Erscheinungen der Verkieselung nicht nachweisbar; ihr Kieselcement muss durch Einkieselung entstanden sein. In diesen Gesteinen, Typus der Chalcedon-Sandsteine, erscheinen in buntem Wechsel alle Arten von Kiesel vom amorphen Opal bis zum „echten" Quarz und zwar meist zwei Arten zugleich; einartige Kieselmasse kommt nur ausnahmsweise vor. Charakteristisch für die eingekieselten Gesteine ist das häufige Vorkommen von Säumen um die Sandkörner und zwar, wie hervorgehoben werden muss, um alle Sandkörner einzeln, wie das die Abbildung Taf. II, Fig. 1 zeigt. Die Säume heben die Quarzkörner oft sehr scharf von dem übrigen, anders struirten Bindemittel ab und bestehen bald aus Opal, bald aus verschiedenartigem Chalcedon; eine gesetzmässige Aufeinanderfolge der Kieselvarietäten ist nicht zu erkennen. Sandkörner mit Säumen und einem weiteren Kieselcement zwischen sich stellen die genauen Analoga der Ringel- oder Sphärenerze dar. Zu dieser Erscheinung gehört auch das Auftreten von ausheilendem Quarz um die Sandkörner in schmaler continuirlicher Lage oder, aber nur selten, in zahllosen Krystall-Subindividuen. Meist ist die Ausheilung in den Botletle-Gesteinen nur wenig stark entwickelt, doch steigert sie sich in einem Falle bis zur Herausbildung eines Gesteines vom Massarwa-Thal an der Südseite des Ngami-Sees, das nach dem mikroskopischen Befunde nur als Krystall-Sandstein bezeichnet werden kann; in ihm schliessen sich die Quarzkörner sämmtlich mit Ausheilung polyedrisch an einander wie in einem Quarzit. Die gekrümmten Ausheilungszonen wurden oben S. 78 erwähnt. Das Gestein hat kleine Poren, ist sonst von hohlen bis 1 cm starken unregelmässigen Röhren durchzogen, zeigt aber keine Spur von Opal oder Chalcedon.

Ein Staub von Eisenhydroxyd im Chalcedon oder eine dünne oder stärkere Hülle von Eisenhydroxyd um Quarzkörner kommt auch bisweilen in diesen eingekieselten Gesteinen vor.

52. Die eingekieselten Gesteine sind immer, wie schon aus der oben S. 73 gegebenen Aufzählung der Varietäten hervorgeht, typische Sandsteine.

Das Cement ist niemals in vorherrschender Menge vorhanden, aber aus dem Vorkommen von Säumen um die Sandkörner geht schon hervor, dass oft, sogar meist, das Porenvolumen des primären Sandes in den mannigfaltigsten Abstufungen von dem Interstitialvolumen der festen Sandsteine übertroffen wird. Bei den zum Vergleich herbeigezogenen Ringelerzen kann man ja die Entstehung nur so erklären, dass die auskrystallisirenden Gangmineralien die Bruchstücke des Nebengesteins allmählich von einander entfernt haben. Zu derselben Auffassung nöthigt uns auch die Structur der eingekieselten Botletle-Sandsteine; die fertigen Sandsteine haben ein grösseres Volumen, als die primären Sandablagerungen. Hiernach könnte man erwarten, dass solche Chalcedon-Sandsteine entweder bald nach der Ablagerung der Sande entstanden sind, oder dass sie vor der Einkieselung nicht von anderen mächtigen Massen überlagert worden sind. Ich kann hier leider keine genügende Auskunft geben, da Herr Dr. Passarge noch nicht in der Lage gewesen ist, meine Bestimmungen der einzelnen Gesteine mit seinen Beobachtungen in der Kalahari zusammenzustellen. Nur soviel weiss ich, dass die eingekieselten Chalcedon-Sandsteine bisweilen nur Massen innerhalb von lockeren Sandsteinen bilden. Andererseits werden wir bei den Rennka-Gesteinen, die auch Chalcedon-Sandsteine sind, eine auffällige Verschiedenheit der Structur finden, die auf den Druck überlagernder Massen zurückzuführen ist.

53. Breccien und Conglomerate gehören ihrer Zusammensetzung und ihrem Vorkommen nach zu einem der bereits besprochenen Typen, aber sie geben doch noch Anlass zu einer besonderen Erwägung. Mit Sicherheit kann man zunächst angeben, dass die grösseren Gesteinsstücke in diesen Gesteinen sowohl bei der Verkieselung als auch bei der Einkieselung in Mitleidenschaft gezogen worden sind. So sind Stücke rothen Mergelkalkes in ihrer äusseren Partie ärmer geworden an Eisenhydroxyd. Aederchen von Chalcedon gehen als Fortsetzungen des Bindemittels des ganzen Gesteins in die grösseren Stücke hinein, Gerölle von Chalcedonmasse zeigen eine innere concentrische Lage, die im Schliff trübe und milchig, also porös ist, während die äusserste Partie klarer durchscheinend, also wohl noch weiter von Kieselmasse imprägnirt ist. Aber eben diese Gerölle sind doch schon als wenigstens vorherrschend aus Chalcedon bestehende Massen zur Ablagerung gelangt. Ferner treten mehrfach Bruchstücke von dem älteren Ngami-Kalkstein in den Botletle-Gesteinen auf, die theilweise oder völlig ganz in der Art verkieselt sind, wie es beim anstehenden Ngami-Kalk vorkommt. Darnach will es scheinen, dass die Phänomene der Verkieselung und Einkieselung nicht nur in einem Zeitraume, nicht nur einmal stattgefunden haben, sondern entweder in mehreren Perioden oder längere Zeit hindurch. Es musste doch auch schon erwähnt werden, dass gelegentlich und in geringerem Masse bei den verkieselten Gesteinen auch die Erscheinungen der Einkieselung, und zwar diese immer als spätere Phänomene, vorkommen. Auch weiter unten werden noch Verhältnisse zu erwähnen sein, die gleichfalls für zwei Perioden der Zufuhr von Kieselsäure sprechen. Im vorherein aber kann erklärt werden, dass eine sichere Entscheidung auch weiterhin nicht möglich sein wird; die grossen Verschiedenheiten der Structur werden für diese Frage immer wieder dadurch zum Theil bedeutungslos, dass es sich immer nur wesentlich um eine Substanz, Kieselsäure, handelt. Ueberdies kommen hier speciellere Altersverhältnisse und die genauere Lagerung in Betracht, die ich nicht beurtheilen kann.

IV. Reñaka-Schichten.

54. Herr Dr. Passarge sah sich bei seinen Aufnahmen am Südufer des Ngami-Sees veranlasst, die liegendsten unter den jungen Sedimenten unter der besonderen Bezeichnung der Reñaka-Schichten zusammenzufassen. Die zunächst darüberliegenden halbverkieselten Dolomit-Sandsteine gehören zu den Typen der Botletle-Gesteine. Die Gesteine der Reñaka-Schichten sind sämmtlich Chalcedon-Sandsteine, von denen weitaus die Mehrzahl im Dünnschliff durch die mikroskopische Untersuchung von den Chalcedon-Sandsteinen der Botletle-Schichten unterschieden werden konnte. Es kommen als Reñaka-Schichten auch mürbe, poröse und also cementarme Sandsteine vor; diese geben aber weiter keinen Anlass zu besonderen Beobachtungen, zumal von ihnen auch nur wenige Proben vorlagen. Wahrscheinlich enthalten auch diese cementarmen Sandsteine ihren Zusammenhalt durch geringe Mengen von Kieselsäure, deren Nachweis u. d. M. kaum möglich ist. Die vorliegenden Sandsteine sind meist sehr spröde und hart, von gleichmässigem Korn und glasig glänzenden Bruchflächen; viele sind kleinfleckig mit in einander verschwimmenden Partien von heller bis bräunlich-violetter Farbe durch verschiedenen Reichthum an Eisenoxyden. Auch drei echte Breccien lagen von den Reñaka-Gesteinen vor; es treten in ihnen scharfkantige bis subangulare Bruchstücke von Chalcedon-Sandstein in einer reichlichen Grundmasse von Chalcedon-Sandstein auf, und immer hat der Chalcedon in den Bruchstücken eine andere Beschaffenheit, als der des Grundmasse-Sandsteins. Es herrscht also dasselbe Verhältniss, wie bei der brecciösen Kruste der Salzpfanne Ntschokutsa; auch die Reñaka-Breccien sind nicht durch Gebirgsbewegungen gebildet, sie zeugen vielmehr nur von einer längeren oder in mehrere Abschnitte zerfallenden Periode der Verkieselung.

55. Die Reñaka-Sandsteine enthalten ganz dieselben allothigenen Quarzkörner wie die Botletle-Gesteine. Dagegen sind ein klein wenig häufiger allothigene Gesteinskörnchen, ein feiner Gesteinsschutt des Liegenden. Dazu gehören auch vereinzelte Körnchen von Epidot. Von den Chalcedon-Varietäten der Reihe Opal bis Quarz kommen als Bindemittel nur gerade diejenigen beiden nicht vor, die in allen Gesteinen der nördlichen Kalahari gern in grösseren Partien erscheinen, nämlich fein- und langfaseriger Chalcedon und solcher mit deutlichen Interferenzkreuzen. Die übrigen Varietäten treten in den einzelnen Vorkommnissen in sehr wechselnden Mengen auf, doch könnte man behaupten, dass Opal relativ spärlich, gelber feinkörniger oder striemig-streifiger Chalcedon verhältnissmässig häufig erscheint. Eisenoxydhydrat, wohl Brauneisenstein, findet sich ebenfalls in wechselnden Mengen, gern Hüllen um die Quarz-Sandkörner bildend.

56. In den Reñaka-Sandsteinen ist das Bindemittel, abgesehen von lockeren besonders cementarmen Vorkommnissen, selten in überreichlicher Menge vorhanden; meist scheint das Cementvolumen dem Interstitialvolumen des primären Sandes an Menge gleichzukommen oder es doch nur wenig zu übertreffen. Damit steht in engem Zusammenhange das Auftreten der authigenen Kieselsäure; es soll versucht werden, hierüber den genetischen Vorgängen, wie sie sich wahrscheinlich abgespielt haben, folgend, zu berichten.

In Anhäufungen lockeren Sandes dringt eine Kieselsäure enthaltende Solution nur spärlich oder in besonders starker Verdünnung ein. Aus der Lösung scheidet sich die Kieselsäure unmittelbar in krystallinischem Zustande als Quarz ab, der sich an die allothigenen Quarzkörner ansetzt, bald in Rinden, bald in zahllosen kleinen Spitzen und Subindividuen; die Bedingungen für diese Verschiedenartigkeit liessen sich nicht erkennen. Die Menge des in dieser Weise ausheilenden Quarzes schwankt sehr, von Spuren, die nur mit Mühe aufzufinden sind, bis zu reichlichen Mengen. Die Neubildung von Quarzsubstanz findet ringsherum um alle Quarzkörner mehr oder minder gleichmässig statt, sie bleibt aber aus, wo auf den Quarz-Sandkörnern Ablagerungen von Brauneisenstein vorhanden waren oder sich vielleicht erst bei dem ersten Zutritt der Kiesellösungen bildeten. Durch die Ausheilung verwachsen vielfach reine Quarz-Sandkörner an den Berührungsstellen so innig, dass sie zwischen gekreuzten Nicols gerade so an diesen Stellen an einander grenzen, wie die Quarzkörner in einem krystallinischen Gestein; die unregelmässige Grenze ist oft im zerstreuten Licht gar nicht zu erkennen. Durch die Verwachsung entstehen Gruppen von zwei und mehreren Körnern, bisweilen kurze Ketten, Formen, die als allothigene Sandkörner unmöglich sind. Die Abbildung Taf. II, Fig. 3 zeigt alle Quarzkörner mit sehr feinzackigen rauhen Conturen und einige durch Ausheilung mit einander verwachsene Sandkörner. Diese Vereinigung von Quarz-Sandkörnern zu Gruppen wurde nur in den Reñaka-Sandsteinen, niemals in den Botletle-Gesteinen gefunden.

Allein die Vereinigung der Quarzkörner konnte nach dem Befunde in einigen Vorkommnissen ausser durch Ausheilung auch noch durch einen anderen Vorgang stattfinden, den ich in meiner Abhandlung „Ueber einen oligocänen Sandsteingang an der Lausitzer Ueberschiebung bei Weinböhla in Sachsen“ (diese Abh. 1897, S. 64) als Verschweissung von Quarzkörnern bezeichnet habe. Es zeigt sich, dass öfters ein Quarzkorn in ein benachbartes eingedrungen ist wie ein Gerölle in ein anderes in der Kalknagelfluh. Die Abbildung Taf. II, Fig. 2 zeigt quer hindurch eine Kette von vier in einander gepressten Körnern ohne Ausheilung. Auch bei den kleinen Sandkörnern findet man meist das Korn oder die Stelle eines Kornes mit kleinerem Krümmungsradius eingedrungen in eine Stelle eines anderen Korns mit grösserem Krümmungsradius; auch hier sind chemische und mechanische Vorgänge in Wechselwirkung getreten. Druck überlagernder Massen und Krystallisationsdruck, der durch das auskrystallisirende Bindemittel erzeugt wird, veranlasst die Erscheinung der Verschweissung. Der Druck wirkt aber nicht nur auf die Berührungsstellen, sondern auch auf die ganzen Körner, die in Folge davon Feldertheilung und undulöse Auslöschung annehmen. Ein unrichtiges Urtheil ist hier gewiss besonders leicht möglich; Feldertheilung und undulöse Auslöschung kann die Substanz der Quarzkörner schon in dem Gestein besessen haben, von dem sie herstammen, und Quarz-Sandkörner mit diesen Eigenschaften finden sich wohl in allen Sandsteinen. Aber in den Reñaka-Sandsteinen ist eben diese Erscheinung besonders häufig, ja sie wurde als besonders auffällig gerade in dem Gestein gefunden, das die stärkste Verschweissung der Quarzkörner erkennen liess.

57. In den Reñaka-Sandsteinen wird die Erkennung der Gruppen von Quarz-Sandkörnern oft noch dadurch erleichtert, dass diese Gruppen sich bei der weiteren Einkieselung wie ein Korn verhalten. Nach der

Bildung des ausheilenden Quarzes, der immer nur in geringer Quantität vorhanden ist, tritt eine Pause ein in der Zufuhr von Lösungen, aus denen sich Kieselsäure abscheiden kann, oder vielleicht nur eine Aenderung der chemischen Zusammensetzung der Lösungen; es scheidet sich nicht mehr Quarz ab, sondern amorpher Opal oder Chalcedon. Oefters tritt diese Generation der Kieselsäure in scharf begrenzten Säumen um die Sandkörner und um die Gruppen von Quarz-Sandkörnern auf, diese letzteren in höchst charakteristischer Weise als Gemengtheil-Einheiten hervorhebend. Bald sind es opal-, bald mikroachatartige Chalcedon-Säume ohne erkennbare Ursache der Verschiedenheit, die diese Structur erzeugen; durch Säume um Gruppen von Körnern unterscheiden sich die Chalcedon-Sandsteine der Ilenaka-Schichten lehhaft von denen der Botletle-Schichten. Auf die Säume folgt meist noch eine dritte Generation von Kieselsäure, irgend ein Chalcedon von anderer Structur oder Opal. Andererseits tritt in den Ilenaka-Sandsteinen ziemlich häufig in auffallender Weise auch nur eine Art von Chalcedon als Cement auf, z. B. nur sehr feinkörniger und dabei ganz klarer Chalcedon, oder nur grober körniger Chalcedon, oder nur gelber Chalcedon. Dem Absatz dieses einartigen Chalcedons kann Ausheilung der Quarz-Sandkörner vorausgegangen sein oder nicht. Verschiedene Structuren des Cementes in einem und demselben Dünnschliff, z. B. das nur sporadische Auftreten von Säumen, konnten mehrfach beobachtet werden.

Wenn sich aber überhaupt um viele Quarzkörner oder um Gruppen von Quarzkörnern Säume bilden konnten, so muss auch, analog dem Falle bei den eingekieselten Botletle-Gesteinen, eine Volumvergrösserung der Massen bei der Ausscheidung der zweiten Generation von Kieselsäure stattgefunden haben; es ist aber wohl denkbar, dass dieses Phänomen räumlich beschränkt gewesen ist, so dass hieraus kein Widerspruch gegen die Erscheinung der Verschweissung der Quarzkörner zu folgern ist. Die Ilenaka-Sandsteine besitzen im Allgemeinen wenig Kieselcement.

58. Bei der Einkieselung konnten in den Centren der Interstitien Poren bleiben, die in einem Falle durch secundären Kalkspath ausgefüllt wurden. Sonst fehlt der Kalkspath den Ilenaka-Sandsteinen durchaus und auch Pseudomorphosen von Chalcedon nach einer „plastisch"-körnigen Calcitmasse wurden nur einmal in den Bruchstücken eines brecciösen Chalcedon-Sandsteines gefunden. Es ist doch auch leicht denkbar, dass in den primären Sanden, aus denen die Ilenaka-Sandsteine durch Einkieselung entstanden, auch kleinere Partien vorhanden waren mit einem Kalkcement, das dann verkieselt wurde.

59. Höchst auffällig bleibt dabei immer der Unterschied zwischen den Ilenaka-Gesteinen und den Botletle-Gesteinen im Grossen; in den ersteren, die ausschliesslich eingekieselte Chalcedon-Sandsteine sind, kommt allein die Verwachsung der Quarz-Sandkörner durch Ausheilung und Verschweissung vor, während unter den Botletle-Gesteinen die primär kalkhaltigen bei Weitem vorwalten und die secundäre Verkieselung eine häufige Erscheinung ist. Die jüngsten Glieder der ganzen vielleicht tertiären Schichtenreihe, die Pfannen-Sandsteine, konnte ich nicht von den Botletle-Gesteinen nach petrographischen Kennzeichen trennen; wohl aber ist die Abtrennung der ältesten Glieder, der Ilenaka-Gesteine, möglich. Aber alle diese Gesteine gehören doch zu einer grösseren Einheit zusammen; ihre Entstehung und Metamorphose wird durch die jungen sandigen Kalahari-Kalke und den lockeren Kalahari-Sand der Steppe einerseits und die recenten Salzpelite und ihre Kruste andererseits in trefflicher Weise erläutert.

V. Uebergangsgesteine.

60. „Die Deckschichten sind auf der Denudationsfläche des alten Gebirgslandes zur Ablagerung gelangt", so schreibt oben S. 57 Herr Dr. Passarge. Die untersten Deckschichten, die sich unmittelbar auf dem Ausgehenden der älteren Gesteine abgelagert haben, enthalten oft so viel Material von diesen letzteren, dass es bei der petrographischen Untersuchung einigermassen schwer hält, sie mit der unteren Abtheilung, den Henaka-Schichten, direct zu vereinigen. Dazu kommt noch, dass auch das Grundgebirge selbst in seinem oberflächlichsten Ausgehenden eine andere Art der Metamorphose, andere Phänomene bei der Zufuhr von Kieselsäure aufweisen kann, als die Hauptmasse des Grundgebirges. Ich muss deshalb eine Gruppe der Uebergangsgesteine ausscheiden, die also geologisch entweder zu den Deckschichten oder zu dem Grundgebirge gehören, obwohl die Entscheidung darüber selbst im Felde schwierig sein kann. Wenigstens ergaben sich gerade bei den hier unter dem Namen der Uebergangsgesteine zusammengefassten Vorkommnissen bei meinen Besprechungen mit Herrn Dr. Passarge Meinungsverschiedenheiten über die Zugehörigkeit zu der einen oder anderen Gruppe. Da ein continuirliches Profil durch die oberen Ngami-Schichten am Südufer des Ngami-Sees nicht vorhanden ist, lässt sich die Zusammenfassung etwa eines Dutzends von Vorkommnissen als Uebergangsgesteine wenigstens für die vorliegende Abhandlung rechtfertigen. Sie geben zu einigen wenigen Bemerkungen Anlass.

61. Conglomerate, z. B. Quarzporphyrconglomerate von Tsillinyana am Südufer des Ngami-Sees, die geologisch unzweifelhaft zu den Ngami-Schichten gehören, können eine Menge von ganz besonders reinem Chalcedon zwischen ihren grösseren und kleineren Bestandtheilen enthalten, der bisweilen schon makroskopisch wahrnehmbar ist. Obwohl also die klastischen Bestandtheile nicht selten isolirt im reinen Chalcedon liegen, gehört doch der Chalcedon durchaus nicht etwa der Periode der Ngami-Schichten an, sondern er ist bei der Einkieselung des Gesteins in jüngerer Zeit entstanden. An die Conglomerate schliessen sich dann diejenigen Gesteine an, die als Schutt und Grus von alten Gesteinen mit jungem, meist auch sehr reinem Chalcedon zu deuten sind. Als Uebergangsgesteine sind solche Gesteine deshalb anzuführen, weil in ihnen das alte Gesteinsmaterial, das aufgelockerte, zerklüftete alte Gestein gar keine Aufbereitung erfahren hat; es ist vollständig lockerer, grober Schutt von Kieselmasse durchdrungen worden. Eine dritte Gruppe bilden dann diejenigen Gesteine, die vor der Einkieselung nicht nur zu Schutt, sondern völlig zu Sand aufgelöst worden waren. Hier treten dann dieselben Phänomene auf, wie bei den Deckschichten; Quarzkörner können neuen, ausheilenden Quarz aufweisen, es erscheinen alle Arten von Kieselsäure vom Opal bis zum grobkörnigen Chalcedon, es treten Säume von Kieselsäure von verschiedener Art auf, es können die Partikeln durch die sich verfestigende Kieselsäure von einander entfernt worden sein. Dass dann Zweifel bestehen können, ob man es mit einem Deckgestein oder noch mit einem alten Gestein zu thun hat, ist leicht erklärlich. Schliesslich können aber auch noch feste aber poröse alte Gesteine, z. B. ausgelaugte Kalksandsteine und Grauwacken eingekieselt worden sein, Gesteine also, die ohne eine vorherige Beeinflussung durch die Atmosphärilien unmöglich eingekieselt werden konnten. Dass auch Aederchen und kleine Drusen von Chalcedon in solchen Gesteinen stecken, überrascht nicht weiter.

62. Ist also Einkieselung die herrschende Erscheinung bei diesen Uebergangsgesteinen, so zeigen sich in ihnen doch auch die Phänomene der Verkieselung in ganz derselben Weise, wie bei den alten Gesteinen überall da, wo kohlensaurer Kalk vorhanden war. So sind in solchen hierher gehörigen Conglomeraten und Breccien nicht selten Bruchstücke von verkieseltem Ngami-Kalkstein, die wieder auf den Gedanken bringen, dass zwei getrennte Perioden der Zufuhr von Kieselsäure zu unterscheiden sind, dass die Verkieselung zeitlich der Einkieselung der ganzen Massen vorausgegangen ist. Da es aber wohl denkbar ist, dass bei der Einkieselung vorhandene Kalkstein-Bruchstücke in ganz derselben Weise verkieselt wurden, wie anderswo der anstehende Kalkstein, so liefern auch diese Uebergangsgesteine keinen Anhalt für eine sichere Entscheidung dieser Frage.

VI. Ngami-Schichten südlich und südöstlich vom Ngami-See.

A. Kieselige Grauwacke.

63. Eines der vorherrschenden Gesteine der unteren und der oberen Ngami-Schichten ist die Grauwacke, ein Name, der den betreffenden Gesteinen sowohl nach ihrem Alter wie nach ihren Gemengtheilen und ihrem ganzen Habitus zukommt, wenngleich manche Vorkommnisse mehr einen reinen Quarzsandstein darstellen. In allen diesen Gesteinen herrschen unter den allothigenen Gemengtheilen die Körner von Quarz bedeutend vor. Daneben finden sich aber auch mehr oder minder reichlich namentlich Plagioklas, Epidot und zu Viridit umgewandelte Körnchen, Gemengtheile, die offenbar von basischen Eruptivgesteinen herstammen. Ferner sind allothigene Körner von Gesteinen zu erkennen, z. B. in den Grauwacken der oberen Ngami-Schichten auch Körnchen von Kalkstein.

64. Die Quarz-Sandkörner zeigen in den Grauwacken nun auch die Erscheinungen der Ausheilung, ohne dass diese immer auftritt. Die Quarz-Sandkörner können mit Krystallspitzen oder mit Lagen von Quarz ausgeheilt sein; ganz besonders häufig tritt dabei der Fall ein, dass alle Quarz-Sandkörner so innig mit einander verwachsen sind, oder in so innigem Verbande mit dem gleich zu erwähnenden Cemente stehen, dass das ganze Gestein im Dünnschliff zwischen gekreuzten Nicols den Eindruck eines holokrystallinen Gesteins macht. G. Linck hat zuerst die Aufmerksamkeit auf diese Structur der Grauwacken gelenkt in seiner Abhandlung „Geognostisch-petrographische Beschreibung des Grauwackengebirges von Weiler bei Weissenburg“ in Abhandl. z. geol. Specialkarte von Elsass-Lothringen. Bd. III, 1891, S. 1.

Die „verschwommene Abgrenzung“ der Quarzkörner gegen einander und gegen das Bindemittel lässt sich in den Ngami-Grauwacken mit Sicherheit auf Ausheilungs-Vorgänge zurückführen. Diese Vorgänge sind wesentlich gleich denen in den Deckschichten, sie gehören aber eben allen Zeiten an und haben mit der jungen Verkieselung der Kalahari-Gesteine nichts zu schaffen.

65. Und doch wirkten bei der genaueren Untersuchung der Ngami-Gesteine diese in der Erscheinung ganz gleichen Ausheilungen der Quarze verwirrend, um so mehr, als das Bindemittel dieser Grauwacken erstens oft in überreicher Menge auftritt, und zweitens weil es aus einem Aggregat von Partikelchen besteht, das mit einer feinkörnigen Chalcedonmasse die allergrösste Aehnlichkeit hat. Das Bindemittel erscheint oft in körnerartigen Partien, vielleicht auch eben deshalb, weil die Quarz-Sandkörner sich zunächst durch ausheilenden Quarz zu Gruppen zusammengeschlossen hatten. Die Kieselpartikeln des Bindemittels sind wohl Quarz zu nennen; ist das Bindemittel etwas grobkörniger, so nimmt man in den einzelnen Körnern desselben auch nicht selten undulöse Auslöschung wahr, die wohl auch auf Krystallisationsdruck zurückgeführt werden kann, nicht darauf zurückgeführt zu werden braucht, dass etwa die Quarzkörnchen durch molekulare Umlagerung aus divergent-strahligen Chalcedonkörnern entstanden sind.

Ueberall enthält ferner das Bindemittel der Grauwacken winzige Blättchen und Fäserchen eines glimmerartigen Minerals, das einfach als Sericit bezeichnet werden kann. Etwas grösser waren die Blättchen desselben nur in einem Vorkommniss. Den Sericit werden wir aber merkwürdiger Weise auch in den verkieselten Ngami-Gesteinen in der jungen Kieselmasse wiederfinden.

66. Die Ngami-Grauwacken zeigen gar keine Spuren einer jüngeren hydrochemischen Umwandlung durch Zufuhr von Kieselsäure; in ihnen war eben nichts mehr da weder für eine Verkieselung noch für eine Einkieselung. Durch ihr Bindemittel verlangen die Ngami-Grauwacken ihre specielle Bezeichnung als kieselige Grauwacken; es ist damit möglich, diese alten Gesteine scharf von den jungen Kieselgesteinen getrennt zu halten, mit denen sie merkwürdige Analogien der Structur aufweisen.

B. Kalkstein und Mergel.

67. Die Kalksteine und Mergel der mittleren Ngami-Schichten sind dichte Gesteine von ganz heller bis gelbbrauner, brauner und violetter Farbe; es finden sich darunter ganz reine Kalksteine, mergelige Kalksteine und Mergel. Von 29 mikrochemisch untersuchten Handstücken zeigten nur zwei einen geringen Gehalt an Magnesia, der einen Uebergang zu den Dolomiten dieses Niveaus andeutet. Der Kalkspath zeigt recht oft in diesen mikroskopisch dichten Gesteinen u. d. M. grosse Körner, die, wie schon S. 74 erwähnt, von anderen Gemengtheilen des Gesteins erfüllt sind; dies geht so weit, dass einige Vorkommnisse in den Handstücken grosse, 5--8 mm im Durchmesser haltende, spiegelnde, aber dabei meist gekrümmte Spaltungsflächen des Kalkspaths aufweisen und ganz aus solchen grossen Kalkspath-Individuen bestehen. Diese Kalksteine etwa deshalb grobkörnig zu nennen, will nicht zutreffend erscheinen, denn da gerade sie reich sind an Thon, so bildet in ihnen der Kalkspath gleichsam nur ein in grossen Individuen entwickeltes Cement, aber nicht einen für sich bestehenden Gemengtheil, nach dem die Korngrösse des Gesteins zu bestimmen wäre.

Ein grosser Theil dieser Gesteine ist mergelig, er enthält Sandkörner und Thon. Der Thon ist in einem solchen kalkreichen Gestein kaum nach seinen Bestandtheilen u. d. M. zu bestimmen; in den Lösungsrückständen zeigt er sich bestehend aus feinsten Quarzsplittern, Glimmerblättchen, Eisenhydroxydpartikeln und winzigsten Elementen, die wohl ein Thonerdehydrosilicat sind.

68. Die dichten Ngami-Kalksteine zeigen meistens schon makroskopisch kleine Partien und Schmitzchen von wenigen Millimetern Durchmesser, die aus klarem, kleinkörnigem Calcit bestehen und bald nur spärlich, bald in grösserer Zahl auftreten. Als ein Extrem dieser Herausbildung groben Kornes ist es zu betrachten, wenn einige Vorkommnisse von einem unregelmässigen Geflecht gröberer, meist etwas Eisencarbonat haltiger Adern durchzogen werden. Aber auch in mikroskopischem Maassstabe zeigen sich im dichten Kalk kleine, bisweilen auffällig runde Partien von etwas gröberem, klarem Korn in ganz derselben Weise, wie dies bei den Botletle-Gesteinen erwähnt worden ist. Diese Veränderungen haben vielleicht ein hohes Alter und nichts zu thun mit den jüngeren Phänomenen; wahrscheinlich aber können wir als junge Veränderungen des dichten Kalkes die Herausbildung von Rhomboederchen und von radial-strahligen Kalkspathgruppen betrachten, die bei ihrer Entstehung die thonigen, zum Theil eisenreichen Bestandtheile in auffälliger Weise zur Seite drängen. Es wurde schon angeführt, dass die Ngami-Kalksteine öfters unter dem Mikroskope gerade relativ grosse Kalkspathkörner als einheitliches Cement zeigen; in diesen ist regelmässig Thon, Eisenhydroxyd und Quarzsand ganz gleichmässig vertheilt. Die mikroskopisch kleinen Rhomboederchen aber haben sich Platz geschafft im Thon, sie sind concretionäre Gebilde im Thon. Ebenso deutlich ist der seltenere Vorgang, dass radial-strahlige Calcitgruppen, gleichsam grobe Sphärulite, sich Platz geschafft haben; ein eisenreicher mergeliger Kalkstein besteht nur aus solchen Gruppen mit eisenschüssigem Thon als Fülle.

69. Chalcedon erscheint in den Ngami-Kalksteinen zunächst in grosser Menge bei Tsillinyana am Ngami-See, wo die Schichten eine bogenförmige Stauchung erlitten haben und dadurch eine Zertrümmerung; die vorliegenden Handstücke zeigen Bruchstücke von dichtem, gelbem Kalkstein in recht reinem Chalcedon mit klein-sphärulitischer Structur. Die Kalksteinbruchstücke ergaben im Lösungsrückstande kleine Stückchen von Chalcedon-Skeletten. Ausser in diesem Vorkommniss, das bald als Breccie, bald als von Chalcedonadern durchzogener Kalkstein erscheint, findet man den Chalcedon gelegentlich auch in kleinen Schmitzen und in feinen Aederchen schon makroskopisch; u. d. M. bestehen die Aederchen aus einem Gemisch von Calcit und Chalcedon; Calcit-Kryställchen ragen auch von den Seiten in die Chalcedon-Adern hinein, und der Chalcedon seinerseits ist in den Kalkstein eingedrungen.

70. Ein Theil der Ngami-Kalksteine zeigt durch die ganze Masse hin eine Verkieselung, eine Verdrängung des Kalkspathes durch Chalcedon. Es fanden sich einige schwach verkieselte, ein halb verkieselter und zwei stark verkieselte Kalksteine. Mitten im Kalkstein ohne allen Zusammenhang mit Adern treten Stellen von sehr feinkörnigem, schwach polarisirendem Chalcedon auf; in anderen Vorkommnissen kann man den Chalcedon erst im entkalkten Schliff oder im Lösungsrückstande auffinden. Beim Auflösen von Kalkstein-Stückchen bleiben (ausser etwa einem die Lösung trübenden Staube) Stückchen übrig mit ziemlich bedeutendem Zusammenhalt, die beim Zerdrücken auf dem Objectträger knirschen. Der halb verkieselte Kalkstein mit einem geringen Gehalt an Magnesia zeigt u. d. M. einen mittelkörnigen, gleichmässig mit Kalkspathkörnern und länglichen Fetzen von Kalkspath erfüllten Chalcedon, der auch einige Glimmerblättchen enthält. Die Fetzen von Kalkspath geben sich zum Theil wenigstens zu erkennen als Kerne von Pseudomorphosen von Chalcedon nach Kalkspath, wie denn auch im zerstreuten Lichte ganz aus Chalcedon bestehende Pseudomorphosen hervortreten, die sich zwischen gekreuzten Nicols nicht von der übrigen Chalcedonmasse abheben. Pseudomorphosen nach Rhomboedern wurden auch in anderen Vorkommnissen, z. Th. auch in Gesellschaft von nicht veränderten Kalkspath-Rhomboedern aufgefunden. Ein Gestein ergab sich als ein völlig verkieselter eisenschüssiger, stark mergeliger Kalkstein; er hat kleine Poren von gerade solcher Form und Vertheilung, wie sie sonst die makroskopisch sichtbaren Schmitzchen von gröberem Kalkspath aufweisen.

71. Auch die Mergel sind zum Theil verkieselt; in einem Handstück zeigte ein stark eisenschüssiger schiefriger Mergel eine jaspisartige, etwa 1,5 cm mächtige Lage, die sich durch ihre unregelmässigen, die Schichtung durchquerenden Conturen als eine secundär verkieselte Masse erwies; im Schliff verdeckt auch hier noch der Kalkspath stark den Chalcedon, der erst im entkalkten Schliff neben den zahlreichen allothigenen Quarzsplittern hervortritt.

72. Zwei Handstücke eines 3,5 cm mächtigen Ganges von dunkelbraunem Chalcedon bestehen aus grossen, meist grobfaserigen Sphärulithen, die in den centralen Partien von feinem Eisenhydroxydstaub erfüllt und von einander durch zwischengeklemmte blätterige Fetzen von Brauneisenstein getrennt sind. Es hat den Anschein, dass dieser Gang nichts anderes ist als ein verkieselter, in Chalcedon umgewandelter Gang von körnigem, Eisencarbonat haltigem Kalkspath.

C. Dolomit.

73. Nur zwei Vorkommnisse aus den mittleren Ngami-Schichten am Südufer des Ngami-Sees erwiesen sich bei der mikrochemischen Untersuchung als so reich an Magnesia, dass sie als Dolomit bezeichnet werden müssen. Beide Vorkommnisse von Sepote's Dorf sind aber auch in recht beachtenswerther Weise völlige Analoga zweier eben deshalb vorhin und S. 91 beschriebener Kalksteine. Das eine ist ein von grobem Netzwerk von Chalcedon durchzogener Dolomit. Der Chalcedon des Netzwerkes ist sehr rein und zeigt ausser stauburtigen Poren nur etwas Eisenerz; er hat schönste grosse Sphärulite im Gemisch mit grobkörniger, fast quarzartiger Masse; im zerstreuten Licht ist von der ganzen Structur recht wenig zu sehen. Der Dolomit liegt im Chalcedon in allerkleinsten bis in grossen Bruchstücken; in die kleinsten ist der Chalcedon stark, in die grossen nur wenig eingedrungen; im Lösungsrückstande der letzteren findet man Chalcedon-Skelette und Pseudomorphosen nach Kalkspath in Rhomboedern: dieser Chalcedon enthält auch noch Carbonatkörnchen als Zeugen seiner pseudomorphen Entstehung.

Das andere Vorkommniss ist ein halb verkieselter Dolomit, der im Handstück grau und verschwommen dunkelfleckig ist und täuschend ähnlich dem vorhin erwähnten halb verkieselten Kalkstein aussieht. Im Schliff liegen kleine Dolomitkörnchen und Kryställchen um alle Brocken einer aus Dolomit und Chalcedon bestehenden Masse, die durch grobkörnigen reinen Chalcedon verkittet sind; die Brocken sind die Reste des Carbonatgesteins in situ, nicht etwa brecciöse Theilchen; in ihnen sind Partien von sehr feinkörnigem Chalcedon mit Partien von feinkörnigem Dolomit durchmengt.

D. Contactmetamorpher, granathaltiger Kalkstein.

74. In der Renaka-Bucht am Südufer des Ngami-Sees haben Aphanitgänge den von ihnen durchbrochenen Kalkstein der mittleren Ngami-Schichten metamorphosirt. Die Contactmetamorphose hat makroskopisch wahrnehmbare Veränderungen in dem Kalkstein kaum hervorgerufen, so dass es Herrn Dr. Passarge in diesem Falle ganz unmöglich war, sie im Felde zu beachten. Trotzdem liegen glücklicher Weise sieben Handstücke vor, von denen eines ein granathaltiger Kalkstein, ein anderes ein halb verkieseltes und die übrigen fünf völlig verkieselte solche Contactgesteine sind. Sie liefern den handgreiflichen und unwiderlegbaren Beweis, dass die Vorgänge der Verkieselung und Einkieselung als jüngere secundäre Phänomene in der nördlichen Kalahari aufzufassen sind. Stammen die Handstücke auch nicht von einem continuirlichen Profil, sondern von verschiedenen Stellen her, so lassen sie doch in ihrer Gesammtheit alle eingetretenen Veränderungen mit völliger Sicherheit verfolgen; es können deshalb die Erscheinungen zum Theil aus den einzelnen Vorkommnissen combinirt besprochen werden.

75. Der helle, dunkelfleckige contactmetamorphe Kalkstein, der sich bei der mikrochemischen Untersuchung als nur schwach magnesiahaltig erwies, zeigt unter dem Mikroskope eine klare, feinkörnig-krystalline Structur. Er enthält stellenweise reichlich Quarz-Sandkörner, die an anderen Stellen ganz fehlen oder nur vereinzelt auftreten. Eisenoxyde sind in ihm schon vor der Contactmetamorphose vorhanden gewesen; einmal tritt (in einem der verkieselten Vorkommnisse) Eisenglanz als Contactproduct auf. Das hauptsächlichste Contactproduct aber ist farbloser Granat, der aus dem Kalkstein mit Salzsäure leicht isolirt werden konnte. Das isolirte, aber durch Quarzsplitter und etwas Eisenerz verunreinigte Granatmaterial löst sich im Schmelzfluss von kohlensaurem Natron-Kali nur schwer und langsam auf; die qualitative Analyse ergab nur Kieselsäure, Thonerde und Kalk, keine Magnesia. Der Granat ist also ein farbloser Kalk-Thonerde-Granat. Er ist überall in dem Kalkstein vertheilt, und zwar erstens in Gruppen von Körnchen, die wie aus Subindividuen ohne scharfe Krystallform aufgebaut erscheinen; diese Haufwerke sinken zu winzigen Dimensionen herab, die dann besser in isolirtem Granatmaterial untersucht werden. Da A. Sauer kürzlich über Granat-Aggregate aus dem bunten Keuper in Baden (Versammlung des Oberrheinischen geologischen Vereins 1900) berichtet hat, so mag erwähnt werden, dass, nach der Abbildung bei Sauer zu urtheilen, die hier vorliegenden Granatcomplexe gar keine Aehnlichkeit mit den badischen haben. Ferner tritt der Granat in einzelnen Haufwerken aus grösseren, zum Theil als sehr scharfe Rhombendodekaeder ausgebildeten Individuen auf. Zufällig sind die Rhombendodekaeder gerade in den völlig verkieselten Gesteinen besonders schön, scharf und gross, entwickelt; sie er-

reichen in diesen Gesteinen einen Durchmesser von 0,06 mm. Die Kryställchen sind oft wasserklar und optisch vollkommen isotrop. Auch an solchen grösseren Granaten kann man bisweilen noch die Spuren eines Aufbaues aus Subindividuen erkennen. Die Haufwerke grösserer Granaten pflegen von einem schmalen Saume von Gruppen von winzigen Granatkörnchen umgeben zu sein. In der Abbildung Taf. IV, Fig. 6 nach einem der ganz verkieselten Gesteine erscheint dieser Saum von winzigen Granaten als dunkele Zone, da sich diese nur bei sehr starker Vergrösserung in ihre Bestandtheile auflöst. Drittens erscheint der Granat reichlicher angehäuft in Zügen und Schmitzen, hier besonders mit Eisenerzen vermengt. Auch in dem an Sand reichen (jetzt völlig verkieselten) Kalkstein steckt der Granat wenigstens vereinzelt zwischen den Sandkörnern. Der Granat und die Art seines Auftretens lassen die Gesteine als unzweifelhaft contactmetamorph erkennen.

76. Dieser granathaltige contactmetamorphe Kalkstein ist nun stellenweise in jüngerer Zeit einer hydatogenen Metamorphose unterworfen worden. In dem einen Handstück lässt sich keine Spur von Chalcedon nachweisen, auch nicht in dem Lösungsrückstande. Ein anderes Vorkommnis zeigt im Schliff grössere Partien, die stark, andere, die schwächer verkieselt sind, mit einer Menge Kalkspath in Fetzen als Relicte, weitere Stellen, in denen kein Chalcedon nachweisbar ist. Der Chalcedon hat sich an die Stelle von Kalkspath gesetzt, ihn aufgefressen, ganz wie in den bisher beschriebenen Gesteinen. Dasselbe ist der Fall in den ganz verkieselten Gesteinen; hier ist Kalkspath nur noch in vereinzelten Resten oder gar nicht mehr vorhanden. Die Granaten liegen unverändert in dem Chalcedon mit ganz demselben Verband und Habitus wie in dem Kalkstein, hier im Chalcedon dem Studium noch viel schöner zugänglich als im Kalkstein. Der verkieselnde Chalcedon ist feinkörnig bis grobstengelig und grobkörnig; seine Structur in diesen Gesteinen genauer zu beschreiben, ist überflüssig, doch muss angeführt werden, dass er auch in scharf begrenzten Pseudomorphosen nach Rhomboedern von Kalkspath vorkommt. Neben dem verkieselnden Chalcedon steckt nun aber in diesen völlig verkieselten Gesteinen auch noch ein anderer Chalcedon, der durch Einkieselung an Ort und Stelle gekommen ist; er tritt zum Theil selbst in makroskopisch sichtbaren Schmitzen auf, in den Dünnschliffen in grösseren, völlig reinen Partien. Er bildet auch schmale Säume um andere Gemengtheile, also z. B. um Sandkörner, die in einem Vorkommniss noch mit Krystallspitzen besetzt, ausgeheilt sind. Da bei der Einkieselung der Chalcedon sich in vorhandenen Poren ablagert, so ist es nicht sonderlich auffällig, dass Säume von Mikroachat gelegentlich auch einzelne grössere Granatindividuen umgeben und dass an anderen Stellen der einkieselnde Chalcedon eine Menge winziger Granat-Haufwerke enthält. Der contactmetamorphe Kalkstein ist eben zum Theil oder stellenweise vor seiner Verkieselung schon durch die Tageswässer ausgelaugt und porös geworden, die Granaten aber mussten in den entstehenden Poren liegen bleiben.

E. Kalkstein-Breccie.

77. Im Anschluss an die Kalksteine ist ein Gestein aus der Reñakabucht an der Südseite des Ngami-Sees anzuführen, das gewiss zu der Gruppe der Uebergangsgesteine gehört, aber vorherrschend aus verkieseltem

Ngami-Kalkstein besteht. Das Gestein war ursprünglich eine Breccie aus sehr kleinen Bruchstücken von Ngami-Kalkstein, die durch sandhaltigen Kalk verkittet waren. Jetzt liegt es in völlig verkieseltem Zustande vor mit einer Structur, die jeder erschöpfenden Beschreibung spottet und nur durch die photographische Abbildung veranschaulicht werden kann. Die fünf Abbildungen Taf. III, Fig. 1—5 sind alle nach einem einzigen Präparat von 1,5 qcm Fläche aufgenommen. Das Bindemittel der Breccie besteht neben den bald reichlich vorhandenen, bald ganz fehlenden Quarz-Sandkörnern wesentlich aus Pseudomorphosen von feinkörnigem Chalcedon nach Kalkspath-Rhomboederchen, Taf. III, Fig. 5, die zwischen gekreuzten Nicols nicht einzeln zu unterscheiden sind. Es mag nur erwähnt werden, dass die Structur dieser Pseudomorphosen in einzelnen Fällen übereinstimmt oder wenigstens nahe kommt der von gewissen Vorkommnissen in den Gesteinen der Kaikai-Berge, die weiter unten besprochen werden. Die Bruchstücke von Ngami-Kalkstein aber zeigen jetzt in verkieseltem Zustande die allerverschiedensten Structuren, Taf. III, Fig. 1—4, die sich nur zum Theil als verschiedene Schnittrichtungen einer und derselben Structur deuten lassen. In ihnen kommt stellenweise neben der Verkieselung auch etwas Einkieselung vor. Das ganze Gestein erweckt die Vorstellung, dass Alles, Bruchstücke und verkittender Sandkalk, auf einmal durch einen Process verkieselt worden ist; die Verschiedenheiten der Structur mussten dann auf Verschiedenheiten der molekularen Umlagerung des Kalkspathes zurückgeführt werden, was allerdings auch seine Bedenklichkeiten hat.

Die fünf Abbildungen geben nur eine beschränkte Vorstellung von den Verschiedenheiten der Structur, die überhaupt bei den verkieselten Kalksteinen der nördlichen Kalahari vorkommen.

F. Rothsandstein.

78. Als eine Facies der Kalksteine und Mergel der mittleren Ngami-Schichten treten namentlich in Inseln im Alluvium an der Südseite des Ngami-Sees meist Eisenhydroxyd haltige feinkörnige Sandsteine auf, die von Herrn Dr. Passarge kurz Rothsandsteine genannt wurden. Die mikroskopische Untersuchung zeigte in der That, dass sie zu einem Typus zusammengehören. Die geologischen Beziehungen kommen dadurch auch im Kleinen zum Ausdruck, dass in den Kalksteinen der mittleren Ngami-Schichten gelegentlich auch dünne Lagen von Rothsandstein auftreten und ferner dadurch, dass die Rothsandsteine ursprünglich stets Kalk-Sandsteine waren.

Alle hierher gehörigen Handstücke zeigen eine sehr feinkörnige Sandsteinmasse; das Mikroskop lehrt, dass die Quarz-Sandkörner insgesammt geringe Dimensionen und die Form von scharfkantigen Splittern haben; stark gerundete Körnchen kommen darunter gar nicht vor. Im Dünnschliff erscheinen also alle Quarzkörnchen mit scharfeckigen Conturen, höchstens tritt untergeordnet auch eine gerundete Stelle auf. Solche Körner können gelegentlich auch einmal eine regelmässige, quadratische oder rhombische Gestalt haben. Das ist aber doch ein seltener Ausnahmefall.

Die grosse Mehrzahl der Rothsandsteine enthält Eisenhydroxyd und ist dadurch dunkel gefärbt, es gehören aber auch eisenarme, graue und helle Sandsteine nach der Form ihrer Quarz-Sandkörner zu diesem Typus.

Ursprünglich ist das Bindemittel in allen diesen Rothsandsteinen ein thonhaltiger Kalkspath gewesen; es liegt aber nur ein Handstück vor, das nicht verkieselt ist. In diesem bildet der Kalkspath 1—5 mm im Durchmesser haltende Körner, die mit Thon und den Quarzsplittern nach Art des sogenannten krystallisirten Sandsteins erfüllt sind.

79. Bei der Verkieselung geht diese Structur verloren; ein Handstück, das halb verkieselt ist, zeigt stellenweise nur Chalcedon-Cement, an anderen Stellen reichliche Reste und Fetzen von Kalkspath, die aber nicht mehr zu grösseren Individuen zusammengehören. Alle anderen Handstücke zeigen den Rothsandstein in völlig verkieseltem Zustande; auch kommt bei ihnen stellenweise eine Einkieselung vor, die sich schon makroskopisch durch dünne, wellige Lagen von Chalcedon als Auskleidung von grösseren Hohlräumen kenntlich macht. Im Präparat zeigt sich solcher Chalcedon als rein und von feinfaseriger Structur, während der Chalcedon als Verkieselungsproduct meist sehr feinkörnig, selten etwas grobkörnig ist und ausser Eisenoxyden meist mehr oder minder reichlich und deutlich winzige Blättchen und Fäserchen von Sericit enthält, der sich gewiss erst bei der Verkieselung als authigener Gemengtheil gebildet hat. In recht dünnen Schliffen ist der Serecit im zerstreuten Lichte wie zwischen gekreuzten Nicols namentlich bei stärkerer Vergrösserung leicht im Chalcedon zu erkennen. Dieser aus dem ursprünglichen Thongehalt des Kalkspathes entstandene Sericit, ferner ihrer Natur nach nicht genauer bestimmbare rothbraune Partikelchen einer Eisenoxyd-Verbindung und feinste Poren treten als Trübung des feinkörnigen Chalcedons auf.

80. Winzige, äusserst scharfkantige Rhomboederchen, die selten im Rothsandstein vorkommen, sind ohne Mühe als Chalcedon-Pseudomorphosen zu erkennen. Ausser ihnen gewahrt man aber in den Dünnschliffen aller Rothsandsteine in reichlicher Anzahl grössere Objecte mit im Allgemeinen rhombischen scharfen Konturen, aber oft mit etwas abgerundeten Ecken, die auch als Pseudomorphosen von Chalcedon nach Kalkspath aufgefasst werden müssen. Sie bestehen manchmal deutlichst aus feinkörnigem, feinporösem Chalcedon, dann aber auch aus gröberen Körnern mit stark undulöser Auslöschung mit oder ohne Interpositionen von Sericit und von Carbonatkörnchen, die ja stets leicht an ihrer starken Doppelbrechung zu erkennen sind. Nun kommt aber auch ein einheitliches klares Korn mit völlig homogener Auslöschung als Substanz der auffällig scharf conturirten Dinge vor, das von Quarz kaum zu unterscheiden ist. Solche Körner sehen auf den ersten Blick den allothigenen Quarzsplittern in hohem Grade ähnlich aus, und ihre richtige Deutung ist mit grossen Schwierigkeiten verbunden. Ich kann auch nach langem Studium dieser Verhältnisse nicht behaupten, dass ich im Stande wäre, jedes der scharfeckigen und geradekantigen wasserklaren Körnchen in den Schliffen sei es als allothigenen Quarz, sei es als quarzähnliches Chalcedonkorn zu bestimmen. Quarz-Krystalle sind letztere gewiss nicht, da die Auslöschungsrichtungen von den Conturen unabhängig sind, und wahrscheinlich ist ihre Substanz nicht Quarz, sondern ein quarzähnlicher Chalcedon von etwas schwächerer Doppelbrechung als der Quarz. In manchen Vorkommnissen sind solche zweifelhaften Objecte überraschend häufig; das mag aber darin seinen Grund haben, dass dann die primären Gesteine stärker mergelig waren, als die gemeinen Rothsandsteine.

81. Ist es schon für die Deutung der Erscheinungen der Verkieselung von Interesse, dass von dem scharf charakterisirten Typus der Rothsandsteine sowohl primäre kalkige, als auch halb und völlig verkieselte Gesteine vorlagen, so kommen nun noch contactmetamorphe Vorkommnisse hinzu, die mit Sicherheit erkennen lassen, dass die Contactmetamorphose vor der Verkieselung eingetreten ist. Die mir von Herrn Dr. Passarge als aus der Nachbarschaft von Aphanitgängen herstammend und als mehr oder minder stark contactmetamorph bezeichneten Vorkommnisse zeigen im Handstück und im Dünnschliff eine dunklere Farbe, weil in ihnen das Eisenhydroxyd in Eisenglanz umgewandelt ist, der deutlich als solcher bestimmbar ist. Mit der Umwandlung des Eisenhydroxydes in Eisenglanz ist zugleich das Kalkspath-Bindemittel krystallinisch-kleinkörnig geworden, wobei die Kalkspath-Körner und Rhomboeder bisweilen den Eisenglanz und die thonigen Bestandtheile deutlich zur Seite gedrängt haben, so dass sie als Fülle zwischen den Kalkspathkörnern auftreten. In einem stark metamorphen Gestein zeigt sich auch Granat in Häufchen von winzigen Körnchen, die im Schliff im auffallenden Licht als weisse Pünktchen erscheinen. Abgesehen davon, dass manchmal ihre Isotropie festgestellt werden konnte, war ihre Bestimmung als Granat natürlich nur möglich auf Grund ihres Vorkommens auch in den oben beschriebenen contactmetamorphen Kalksteinen.

Diese contactmetamorphen Rothsandsteine liegen nur in völlig verkieseltem Zustande vor: Granat und Eisenglanz finden sich eingeschlossen im Chalcedon, der also eine jüngere Bildung sein muss.

82. An die Rothsandsteine reiht sich durch seine Structur ein Vorkommniss von kalkiger Grauwacke aus den unteren Ngami-Schichten an; auch in diesem Gestein liegen die Quarz-(und Feldspath-)Sandkörner von einander getrennt ihrer ein Dutzend und mehr in je einem Kalkspathkorn. Es wiederholt sich also dieselbe Structur in verschiedenen Gesteinen der Ngami-Shichten. Wahrscheinlich liegt in einem anderen Vorkommniss ein verkieseltes Aequivalent auch dieses Typus der kalkigen Grauwacke vor, die Phänomene sind aber darin so wirr, dass ich nicht nur auf eine Beschreibung, sondern sogar auf eine sichere Deutung verzichten muss.

G. Ssakke-Sandstein.

83. Als Aequivalent der oberen Ngami-Schichten fasst Herr Dr. Passarge den Ssakke-Sandstein der Mangwato-Schichten am Loale-Plateau der Kalahari westlich von Palapye auf. Es herrscht als Ssakke-Sandstein ein Quarz-Sandstein mit kieseligem Bindemittel, das in porösen Varietäten zum Theil spärlich vorhanden ist. Die Quarz-Sandkörner zeigen öfters mehr oder minder starke Ausheilung durch Quarz; etwas jünger als der ausheilende Quarz ist dann ein feinkörniges, aus Quarz und Glimmer bestehendes Bindemittel. Dass diese Quarz-Sandsteine auch im Contact mit Melaphyr verändert vorkommen, soll nur beiläufig bemerkt werden; eine jüngere hydrochemische Veränderung ist an ihnen nicht nachweisbar. Dagegen gehört zu diesem Schichtensysteme auch ein hellbrauner Kalk-Sandstein, dessen kleine stark gerundete Quarz-Sandkörner alle mit einer dünnen Haut von Eisenhydroxyd überzogen sind; das Kalkspath-Bindemittel, der Menge nach nicht reichlicher als das Interstitialvolumen verlangt, erscheint auch hier in grösseren, von vielen Sandkörnern durchbrochenen Individuen. Die mikrochemische Analyse ergab neben Kalk

nur sehr geringe Mengen von Magnesia; im Lösungsrückstande waren entschiedene Chalcedon-Skelette nachweisbar, die im Dünnschliff durch den Kalkspath völlig verdeckt werden. Das Gestein zeigt, dass auch im äussersten Osten des von Herrn Dr. Passarge durchforschten Gebietes das Phänomen der Verkieselung vorhanden ist, wie in dem nun zu besprechenden westlichen und nördlichen Theil der nördlichen Kalahari.

VII. Ngami-Schichten der Kaikai-Berge.

84. Die Kaikai-Berge bilden ein Hügelland mit einer Erhebung von wenigen hundert Metern über das Kalahari-Plateau, WNW. vom Ngami-See ungefähr unter 19° 45′ südlicher Breite und 21° 15′ östlicher Länge nahe der Grenze gegen Deutsch-Süd-West-Afrika. Ihre Gesteine gehören dem Niveau der mittleren Ngami-Schichten an. Dieselben Massen finden sich auch noch weiter nördlich in Schollen im Schadum-Thal unter 19° südlicher Breite. Die Schichten sind der Hauptsache nach primäre Kalksteine, die hier in ähnlicher Weise wie südlich vom Ngami-See durch hydrochemische Processe metamorphosirt worden sind. Die Phänomene sind hier in diesem westlichen und nördlichen Gebiete unzweifelhaft von demselben Charakter und durch dieselben Reagentien hervorgerufen, aber die Endproducte sind doch etwas verschieden. Zunächst finden wir in diesem Gebiete die Dolomitisirung der Kalksteine in umfangreicherer Weise, dann die ebenfalls in grossem Massstabe auftretende Verkieselung; ob aber diese letztere zugleich mit der Dolomitisirung oder erst nach ihr eingetreten ist, lässt sich mit Sicherheit nicht entscheiden. Das Erstere scheint mir nach allen meinen Studien das Wahrscheinlichere. Herr Dr. Passarge giebt an, dass die kieseligen Massen, in denen wir verkieselte Carbonatgesteine erkennen, in Stöcken, gangartigen Gebilden und Lagern inmitten der Carbonatgesteine erscheinen. Phänomene der Einkieselung konnten nur bei einigen Gesteinen der Ebene zwischen den einzelnen Hügeln festgestellt werden.

85. Nur ein Gestein der Kaikai-Berge erwies sich bei der mikrochemischen Prüfung als magnesiafreier Kalkstein. In dem Dünnschliff des dichten röthlichen Gesteins gewahrt man feinkörnigen Kalkspath zwischen groben Kalkspath-Körnern mit polysynthetischer Zwillingsbildung und ungewöhnlich grossen Rhomboedern von Kalkspath ohne Zwillingsbildung. Sandkörner und vereinzelte Häufchen von Chalcedonkorn-Aggregaten kann man im Schliff wie im Lösungsrückstande beobachten. Aus dem Schadum-Thal liegt ein schwach dolomitischer dichter Kalkstein vor, in dessen Lösungsrückstand einige zum Theil sehr porenreiche Chalcedon-Aggregate und überdies einige Glimmerblättchen und einige Turmalinsäulchen zu beobachten sind. Ein stark mergeliger Kalkstein aus dem Schadum-Thal erwies sich bei der mikrochemischen Analyse als magnesiafrei; wegen des Zusammenhaltes eines mit kochender Salzsäure behandelten Stückchens ist eine geringe Menge von Chalcedon auch in diesem Gestein zu vermuthen.

86. Vierzehn Handstücke von den Kaikai-Bergen (einschliesslich dreier aus dem Schadum-Thal) ergaben bei der mikrochemischen Analyse einen so hohen Gehalt an Magnesia, dass sie als normale Dolomite zu bezeichnen sind, obwohl in einigen auch noch polysynthetisch verzwillingte Carbonatkörner zu finden waren. Die Dolomite sind unzweifelhaft aus dichten Kalksteinen hervorgegangen, indem sich dabei wie gewöhnlich ein mikroskopisch-krystallinisches Korn herausbildete. Die Veränderung der primären Structur ist öfters ungleichmässig vor sich gegangen, so dass die Dünnschliffe gefleckt aussehen; solche Flecken sind bisweilen stark gerundet, es zeigen sich auch Conturen, die an Oolithkörner oder an organische Reste entfernt erinnern. Tritt noch Verkieselung hinzu, so findet man wohl in einem und demselben Präparat ganz verschieden aufgebaute rund und scharf begrenzte Objecte, z. B. innen aus feinkörnigem und aussen aus grobkörnigem Dolomit bestehend, oder innen Calcit oder Dolomit und aussen ein Chalcedonring, oder innen klarer einheitlicher Chalcedon, aussen ein Ring von stark porösem, dolomithaltigem, sehr feinkörnigem Chalcedon; auch Poren können in der Mitte solcher rundlichen Gebilde vorhanden sein. In der Abbildung Taf. IV, Fig. 5 zeigt die ovale Partie in der Mitte dichten Dolomit mit einer grösseren centralen Pore, darum eine Zone von gröberen Dolomitkörnern, die bisweilen mit Krystallconturen an den klaren Chalcedon anstossen.

Eisenhydroxyd, manchmal Eisenglanz, ist in geringer Menge meist vorhanden; im Lösungsrückstande konnte mehrmals Turmalin in kleinen Säulchen nachgewiesen werden. Besonders hervorzuheben ist der Gehalt der Dolomite an Glimmer, der als authigener Gemengtheil in kleinen Blättchen im Lösungsrückstand isolirt und dann auch im Chalcedon eingewachsen erkannt werden konnte. Absichtlich wird hier das Mineral Glimmer, nicht Sericit genannt.

87. Alle Dolomite enthalten mehr oder minder viel Chalcedon. So sind zunächst mehrere Handstücke makroskopisch aus zum Theil gekrümmten Schalen von Chalcedon im Wechsel mit Schalen von Dolomit zusammengesetzt. Die Grenzen der einzelnen Lagen sind stets etwas unregelmässig, im Kleinen gezackt, zum Zeichen, dass wir es mit Umwandlungen, nicht mit primärer Wechsellagerung zu thun haben. Die mikroskopische Untersuchung zeigt, dass Dolomit und Chalcedon niemals scharf getrennt sind, sondern sich in vielen Abstufungen mit einander mischen. Im Chalcedon, der kleinkörnig, stellenweise auch ganz klar quarzähnlich und grobkörnig ist, liegt der Dolomit vielfach in winzigen, ziemlich scharfen Rhomboederchen in unendlicher Anzahl, wie das die Abbildung Taf. IV, Fig. 2 zeigt. Umgekehrt liegen quarzartig klare Körner von Chalcedon mit winzigsten rundlichen Dolomitkörnchen namentlich in ihren centralen Partien in einem vorherrschenden Dolomit-Aggregat.

In anderen Dolomiten findet man den Chalcedon in geringerer oder grösserer Menge erst im Dünnschliff auf; dieser Chalcedon ist stets körnig, niemals tritt faseriger Chalcedon auf, niemals erscheinen Mikroachat- oder Opal-Säume. Der Chalcedon ist äusserst feinkörnig bis ganz quarzartig grobkörnig, öfters porös und mit Dolomit durchwachsen. Meist enthält dieser Chalcedon winzigste Körnchen bis kleine und grössere Rhomboederchen von Dolomit, ferner Eisenhydroxyd-Partikeln und Blättchen von authigenem Glimmer. Diese Einschlüsse erscheinen durchaus auch in dem grobkörnigen Chalcedon, der bald stark undulös, bald ganz homogen auslöscht, aber auch im letzteren Falle eben wegen seiner Einschlüsse eine Neubildung ist, die in diesen Gesteinen noch nicht den Namen „Quarz" erhalten kann.

88. Obwohl in diesen Dolomiten der Kaikai-Berge bisweilen auch

grössere Rhomboeder von Dolomit unter dem Mikroskope gefunden werden, und obwohl die Verkieselung oft weit vorgeschritten ist, so liessen sich doch in den Dünnschliffen nirgends Pseudomorphosen von Chalcedon nach Dolomit-Rhomboedern nachweisen. Und doch sind sie in wenigstens der Hälfte dieser Dolomite vorhanden. Man findet sie erst im Lösungsrückstande der Gesteine als höchst auffällige Objecte. Nach dem Studium dieser konnte ich sie auch einmal in einem Dünnschliff mit Sicherheit nachweisen; für gewöhnlich wird ihre Anwesenheit völlig von dem stark doppelbrechenden Dolomit verdeckt. In dem Lösungsrückstand der Dolomite findet man neben Chalcedonkorn-Aggregaten, Glimmerblättchen, Turmalinsäulchen, Eisenerzen und eventuell einigen allothigenen Quarzkörnchen viereckige Plättchen, seltener dickere viereckige Körner von winzigen Dimensionen bis zu etwa 0,03 mm Seitenlänge bald nur vereinzelt, bald in grosser Anzahl. Diese Dinge haben zumeist zwei parallele ganz geradlinige Seiten und zwei dagegen mehr oder minder rechtwinklige Seiten mit nicht geradlinigem, unregelmässigem Verlauf. Es kommen aber diese Dinge auch vor mit vier geradlinigen, paarweise parallelen Seiten, die sich dann stets unter schiefen Winkeln schneiden, also Rhomben bilden; vergleiche Taf. IV, Fig. 3. Besonders gerade an den kleinsten Individuen ist solche rhombische Gestalt zu finden, die ja zu allererst an die Rhomboeder der Carbonspäthe erinnert. Obwohl auch manche dieser Dinge sicher nicht platt, sondern dick sind, habe ich doch nie, auch nicht im auffallenden Licht an der trockenen Substanz gute, leibhaftige Rhomboeder beobachten können. Rührt man den isolirten Staub in Canadabalsam ein, so findet man leicht, namentlich in den grösseren Dingen stets, Partikeln von Eisenhydroxyd, meist auch winzige Körnchen von Dolomit. Form und Einschlüsse sprechen dafür, in diesen Dingen Pseudomorphosen von Chalcedon nach Dolomit zu sehen; vielleicht stellen sie nur verkieselte Stellen der Dolomitkörnchen, man möchte sagen verkieselte Spaltungsstückchen von Dolomit dar. In welcher Weise besonders die kleinsten Plättchen im Dolomit liegen, ob in Dolomitkörnern oder zwischen Dolomitkörnern, das war nicht möglich zu erkennen.

Die Form und Begrenzung dieser Pseudomorphosen, — als solche müssen diese Dinge aufgefasst werden — prüft man am besten nicht an den im Canadabalsam, sondern an im Wasser befindlichen Proben. In beiden Mitteln zeigen sich nun aber auch die höchst auffälligen Polarisationsverhältnisse. Fast alle Vierecke zeigen zwischen gekreuzten Nicols eine Zertheilung in vier Felder nach zwei sich kreuzenden, den Seiten mehr oder minder parallelen Linien. Je zwei Felder über Eck löschen bei derselben Stellung aus; dreht man das Präparat, so kommt man an eine Stellung, bei der alle vier Theilstücke den gleichen Grad von Helligkeit besitzen, während ihre Grenzen gegen einander als ganz feine dunkle Linien hervortreten. Die Feldertheilung ist bisweilen erstaunlich regelmässig; in den meisten Fällen sind die Grenzen sehr unregelmässig und es zeigen sehr oft zwei über Eck liegende Felder eine Brücke zwischen sich, während die beiden anderen dann natürlich ganz von einander getrennt sind wie in der Abbildung Taf. IV, Fig. 3. Diese Pseudomorphosen verhalten sich also etwa wie Durchkreuzungszwillinge. Die Polarisationserscheinungen sind aber doch im Ganzen unregelmässig und zwar umsomehr, je dicker die Pseudomorphosen sind; in dicken sind wohl mehr als vier, wahrscheinlich acht im Raume, Theilstücke vorhanden. Die ganze Structur ist aber durchaus nur eine verhältnissmässig regelmässige Ausbildung der Aggregation von Chalcedonkörnern, wie sie sonst in den Pseudomorphosen von Chalcedon nach Calcit oder Dolomit nur andeutungsweise vorkommt. Die Polarisationsverhältnisse des Chalcedons, wie er in all diesen verkieselten Gesteinen pseudomorph nach irgend welcher Form des Carbonspathes erscheint, im Einzelnen verfolgen und studiren zu wollen, ob sich besondere Gesetzmässigkeiten dabei ergeben, würde eine undankbare und wohl auch zwecklose Aufgabe sein.

Als auffällig ist es noch besonders hervorzuheben, dass diese über Kreuz auslöschenden Chalcedon-Partikeln nur in den Dolomiten der Kaikai-Berge gefunden wurden.

89. Aus den Kaikai-Bergen liegen ferner ungefähr zehn Handstücke vor, die so geringe Mengen von Carbonspäthen enthalten, dass es nicht möglich ist zu entscheiden, ob es verkieselte Kalksteine oder verkieselte Dolomite sind. Die wahre Natur dieser Kieselgesteine lässt sich auch nur im Zusammenhang mit den nicht völlig verkieselten Carbonatgesteinen erkennen. Ihr Chalcedon ist wieder feinkörnig bis grobkörnig-quarzartig in den verschiedensten Mischungen und Uebergängen. Partikeln von Eisenoxyden, Blättchen von Glimmer, Staub von Carbonspath und Poren sind überall in wechselnden Mengen im Chalcedon vorhanden. Selten sind relativ grosse Pseudomorphosen von Chalcedon in Rhomboederform, wobei der Raum bisweilen nur zum Theil erfüllt ist. Makroskopisch zeigen diese Kieselgesteine bald homogene dichte Beschaffenheit, bald sind sie kleinfleckig; einige Vorkommnisse sind wahre Breccien.

Es mag an dieser Stelle noch erwähnt werden, dass unter den Gesteinen der Kaikai-Berge auch solche mit Quarz-Sandkörnern vorkommen, in denen die Sandkörner durch Quarz derart ausgeheilt sind, dass sie zwischen gekreuzten Nicols ganz in die Hauptmasse des Kieselgesteins durch Auflösung in kleine Körnchen überzugehen scheinen. Ein solcher nur zum Theil verkieselter sandhaltiger Dolomit zeigt die ausgeheilten Sandkörner mitten im Dolomit, an einer Stelle des Präparates aber in Kieselmasse; die ausheilende Quarzsubstanz enthält in beiden Fällen zahlreiche winzige Rhomboederchen von Dolomit.

90. In dem südwestlichen Theil des von Herrn Dr. Passarge durchforschten Gebietes, zu Gobabis in Deutsch-Süd-West-Afrika unter 22° 10′ südlicher Breite und 19° östlicher Länge, erscheint in mittleren Ngami-Schichten ein reiner, sehr feinkörniger Dolomit, in dessen Lösungsrückstand einige Chalcedontheilchen, darunter einige wenige gute Pseudomorphosen von Chalcedon nach Dolomit-Rhomboedern nachgewiesen werden konnten. Es lag nur ein Vorkommniss aus diesem Gebiete vor.

VIII. Dolomite von Gam.

91. Südlich von den Kaikai-Bergen in der Umgebung von Gam in Deutsch-Süd-West-Afrika und über die Grenze hinaus erscheinen als Vertreter der mittleren Ngami-Schichten feinkörnige, zum Theil zuckerkörnige bis grobkörnige Dolomite. Alle elf Handstücke von bis ungefähr 23 km weit von einander entfernten Punkten erwiesen sich bei der mikrochemischen Prüfung als normale Dolomite; nur ausnahmsweise wurden unter dem Mikroskope vereinzelte Körner mit polysynthetischer Ver-

zwillingung gefunden. Die Dolomite enthalten Einsprenglinge von Spatheisenstein und Körner und Pentagondodekaeder von Pyrit.

Diese Dolomite, die so ganz andere Beschaffenheit besitzen als wie die sonst dichten Dolomite der Ngami-Schichten, sind doch auch wieder nichts anderes als umgewandelte dichte Kalksteine. Aber hier bei Gam hat sich die Umwandlung in wieder anderer Weise vollzogen als in den Kaikai-Bergen. Die Gesteine sind zu körnigen Dolomiten geworden, in denen als authigene Gemengtheile noch Quarz und Phlogopit erscheinen, überdies noch zum Theil auch Rutil und Apatit; eine umfangreichere Verkieselung ist nicht eingetreten.

92. Im Dünnschliff wie im Lösungsrückstand findet man den Phlogopit bald spärlich bald reichlicher in bis 0,5 mm im Durchmesser haltenden Körnchen und Blättchen; letztere eignen sich für die Bestimmung des Winkels der optischen Axen, der immer klein gefunden wurde; doch zertheilt sich das Kreuz im Axenbild stets deutlich in Hyperbeln. Die Blättchen haben am Rande und die Körnchen überall eine grosse Zahl von Scheinflächen, die durch die Dolomitkörner hervorgerufen sind. Spaltbarkeit nach der Basis ist an den isolirten Blättchen wie im Dünnschliff leicht zu erkennen. Mit Kieselfluorwasserstoffsäure ergab der Phlogopit reichliche Kryställchen des Kali- und des Magnesiumsalzes. Die Bestimmung dieses farblosen Glimmers als Phlogopit ist also sicher. Er enthält bisweilen als Einschlüsse stark doppelbrechende gelbe Nädelchen mit Neigung zur Zwillingsbildung, die also wohl als Rutil gedeutet werden können, und meist Körnchen von Dolomit. Beachtenswerth sind in ihm oft grosse rundliche Gaseinschlüsse, eine für Glimmer sehr ungewöhnliche Erscheinung. Das Vorkommen von Phlogopit in den Dolomiten von Gam dient in vortrefflicher Weise zum Beweise, dass auch die Bestimmung der Blättchen und Fäserchen in dem Chalcedon anderer Gesteine als Glimmer resp. als Sericit zutreffend ist; wie hier die Phlogopite isolirt im Dolomit liegen oder nur verwachsen mit Quarz vorkommen, so sind auch die Glimmer und Sericite in den anderen Gesteinen stets vor dem Chalcedon gebildet worden, in dem sie als Einschlüsse erscheinen; hier ist noch die gelegentliche Anhäufung der Glimmer um allothigene Quarzkörner zu erwähnen.

93. Die isolirten authigenen Quarzkörner zeigen im trockenen Lösungsrückstand oder in Wasser eingerührt stets eine Begrenzung durch eine grosse Anzahl von Scheinflächen, die sich in scharfen Kanten und Ecken schneiden. Diese Form ist höchst charakteristisch und dabei beweisend für authigene Natur. Letztere ergiebt sich auch aus den Einschlüssen; als solche erscheinen selten Rutilnadeln, fast immer Partikeln von Brauneisenstein und von Dolomit. Die Quarze zeigen entweder homogene Auslöschung oder seltener schwache Feldertheilung und undulöse Auslöschung. Ein negatives Kennzeichen ist bei den Quarzen noch besonders beachtenswerth: sie zeigen niemals erkennbare Flüssigkeitseinschlüsse. E. Geinitz schreibt l. c. S. 463 bei „Hornstein und Kalkspath“: „alle Quarze sind frei von Flüssigkeitseinschlüssen“. Das ist nun aber auch das charakteristische Merkmal aller Varietäten von Chalcedon; es ist deshalb hier noch besonders zu betonen, dass ich nur in diesen makroskopisch-krystallin gewordenen Dolomiten von Gam an den authigenen Quarzkörnern so gar nichts mehr gefunden habe, was noch die Bezeichnung als Chalcedon gerechtfertigt hätte; alle diese Körner sind einheitliche selbständige Individuen und das Bischen undulöse Auslöschung, das ich einzig und allein — wenn das überhaupt nöthig ist — auf Krystallisationsdruck zurückführen muss, kann dem ganzen Habitus gegenüber nicht ins Gewicht fallen. Dass sonst der mikroskopisch gröber körnige Chalcedon quarzähnlich im höchsten Grade sein kann, ist ja öfters angegeben worden und mehr wie einmal ist mir der Zweifel rege geworden, ob ich nicht geradezu Quarz statt Chalcedon sagen müsste. Die letztere Bezeichnung ist gewählt worden, um die Zusammengehörigkeit auch solcher „quarzähnlicher" Massen nach Habitus und Entstehung mit dem „typischen" Chalcedon hervorzuheben.

94. Herr Dr. Passarge hatte bei Koanagha, östlich von Gam, auch Dolomite geschlagen, die ihm durch die grosse Anzahl von harten Körnern, „Sandkörnern", die auf der Verwitterungskruste übrig bleiben, aufgefallen waren. Dieses Vorkommniss erweist sich als an authigenem Glimmer und Quarz und deren körnigen Anhäufungen überreich; ihnen gegenüber tritt der Dolomit in manchen Lagen zurück, so dass er nur in einzelnen Körnern dem Quarz-Glimmer-Gemenge eingelagert ist. Neben Phlogopit und Quarz und Würfelchen von secundär in Brauneisen umgewandeltem Pyrit enthält dieses Gestein auch in reichlicher Menge kurze, dicke und nicht von ebenen Krystallflächen begrenzte Prismen von Apatit. Phosphorsäure wurde chemisch qualitativ in Menge nachgewiesen. Die Apatite haben eine dünne äussere Schicht von farbloser Substanz, die Hauptmasse ist intensiv gefärbt mit überraschend starkem Pleochroismus: die Basisfarbe ist bräunlich-grün, die Prismenfarbe blass bräunlich.

In diesem Gesteine stecken nun auch zwischen den authigenen Quarzen und Phlogopiten noch Körner von Orthoklas, Mikroklin und von Quarz mit grossen Flüssigkeitseinschlüssen wie unerwartete Fremdlinge. Sie liefern den untrüglichen Beweis, dass auch die Dolomite von Gam aus Kalksteinen entstanden sind, die stellenweise oder schichtenweise auch Sandkörner enthielten; die Körnchen von Dolomit im authigenen Quarz und im Phlogopit beweisen die Entstehung dieser Gemengtheile aus den erdigen Beimischungen des Kalksteins; das Fehlen der Flüssigkeitseinschlüsse im authigenen Quarz beweist, dass er ganz ähnlichen Ursprung hat wie sonst der Chalcedon.

IX. Chanse-Schichten.

95. Aus dem tiefsten Schichtensystem der nördlichen Kalahari, den Chanse-Schichten, lagen nur wenige Handstücke aus verschiedenen Gebieten zur Untersuchung vor. Es gehören zu diesen Schichten phyllitartige Schiefer, an Feldspath reiche und kalkhaltige Arkosen mit einem weiteren Bindemittel aus einem Quarz-Glimmer-Gemenge, Grauwacken von anscheinend krystallinem Gefüge, zum Theil mit deutlich erkennbar ausgeheiltem Quarz und mit einem Bindemittel auch aus Quarz und Glimmer. Durch Contactmetamorphose veränderte Gesteine kommen auch vor. Nur einen Kalkstein aus den Chanse-Schichten konnte ich untersuchen, und dieser zeigt sich von Chalcedon durchdrungen, in einzelnen Fleckchen ziemlich stark verkieselt. Die mikrochemische Analyse ergab einen geringen Gehalt an Magnesia. Beim Kochen eines Stückchens in verdünnter Salzsäure behält dieses in der gelben, schwach trüben Lösung seine Form unverändert, es ist dann aber leicht zerdrückbar. Im Lösungsrückstand, im

entkalkten Dünnschliff und im gewöhnlichen mikroskopischen Präparat zeigt sich der Chalcedon in einzelnen Körnern und in zusammenhängenden Massen; überall gehört er der grobkörnigen Varietät an. In dem Lösungsrückstand und in dem entkalkten Schliff findet man auch unzweifelhafte Pseudomorphosen, die sich zwischen gekreuzten Nicols aus kleinen Partikeln mit wandernden Schatten zusammengesetzt erweisen. Manche derselben zeigen fast dasselbe Verhalten, wie die über Kreuz auslöschenden Pseudomorphosen aus den Kaikai-Gesteinen.

X. Eruptive Gesteine.

96. Unter den zahlreichen Diabasen und Diabasaphaniten der nördlichen Kalahari, die ich untersucht habe, befindet sich auch ein Aphanit aus der Renaka-Bucht an der Südseite des Ngami-Sees, der von winzigen, ganz unregelmässig verlaufenden Aederchen und kleinen Partien von Chalcedon durchzogen ist. In einem etwas breiteren Aederchen zeigten sich scharf begrenzte winzige Pseudomorphosen von Chalcedon in Rhomboederform. Kleine Partien von Chalcedon sitzen fast überall mitten in den leistenförmigen Plagioklasen und an ihren Rändern. Auch dieses Gestein ist also verkieselt; der Chalcedon hat nichts an sich, was an Chalcedondrusen erinnerte, deren Substanz von der Zersetzung des Gesteins herstammt. Hier hat sich unzweifelhaft bei der Zersetzung des Aphanites nur Kalkspath gebildet; an seine Stelle ist später der Chalcedon getreten ganz ebenso wie in den sedimentären Gesteinen.

Neben den Diabasen des Ssané-Hügels am Loale-Plateau westlich von Palapye schlug Herr Dr. Passarge ein Handstück, das er für einen gefritteten Sandstein dicht neben dem Eruptiv-Gestein hielt. Das kleineckige Gestein ist hart und splitterig. Im Dünnschliff erkennt man nur vereinzelte Quarz-Sandkörner, dann kleine Partikeln und Partien von Ferrit und einer serpentinartigen, nicht näher bestimmbaren Substanz — alles Uebrige, die Hauptmasse, ist unreiner Chalcedon. Die Structur der Masse ist höchst sonderbar, und ich kann sie nur in folgender Weise erklären. Das Gesteinsmaterial war ursprünglich eruptives Magma, das im Contact mit alten Sandsteinen eine Menge Sandkörner aufgenommen hatte; es erstarrte zu einem etwa einem Variolit ähnlichen Gestein, in dem je ein Sandkorn zum Mittelpunkt eines sphärulitartigen Gebildes wurde, das sich aus Plagioklasleisten aufbaute. Dieses Gestein wurde zersetzt unter massenhafter Bildung von Kalkspath. Endlich wurde die ganze Masse in Chalcedon verwandelt, verkieselt, und zwar so, dass die ganze Umgebung eines Quarz-Sandkornes dieselbe optische Orientirung erhielt, die das Quarzkorn besitzt. Zwischen gekreuzten Nicols zerfällt also das ganze Präparat in grössere ausgezackte Körner, die zum Theil von einander durch Ferrit und serpentinartige Masse getrennt sind. Eine bessere Auskunft kann über das einzelne vorliegende Handstück nicht gegeben werden, die Verkieselung aber ist unzweifelhaft.

— .

Die weite Verbreitung des Chalcedons in Süd-Afrika ist bereits seit längerer Zeit bekannt; W. H. Penning hat schon 1886 (Quart. Journ. of the

Geol. Soc. of London, Bd. XLI, S. 576) den Namen „Chalcedolite“ benutzt offenbar für Gesteine, die als verkieselt zu deuten sein werden. Und erst kürzlich spricht Dantz in einem vorläufigen Bericht über seine Reisen in Deutsch-Ost-Afrika in der Zeitschrift d. Deutschen Geol. Ges. Berlin, 1900, Bd. 52, S. -45- von „Chalcedon führenden, sandigen Kalksteinen südöstlich Ujiji“. Es ist somit zu erwarten, dass das Phänomen der Verkieselung in einem sehr grossen Theil von Süd-Afrika durch weitere Forschungen und Studien nachgewiesen werden wird. Dass die Chalcedon führenden Gesteine und die Dolomite Phänomene der Umwandlung darbieten, ist auch schon von anderen Forschern angedeutet und erörtert worden. Doch glaube ich in dieser Abhandlung zuerst den Beweis geliefert zu haben, dass **in der nördlichen Kalahari die Erscheinung der Verkieselung mit oder ohne Dolomitisirung als eines der grossartigsten Phänomene der hydatogenen Metamorphose an Gesteinen jeden geologischen Alters auftritt, in denen Kalkspath als Haupt- oder Uebergemengtheil vorhanden ist oder war.**

Erläuterung der Tafeln.

Tafel II.

Fig. 1, Seite 83.

Chalcedon-Sandstein der Botletle-Schichten am Südrande der Renaka-Bucht an der Südseite des Ngami-Sees.

Einkieselung. Alle Sandkörner sind meist völlig umgeben von sehr schwach doppelbrechenden Säumen von Mikroachat. Das Centrum der Interstitien ist wasserklarer, kleinbüscheliger Chalcedon. Vergrösserung 60.

Fig. 2, Seite 86.

Chalcedon-Sandstein der Renaka-Schichten, östlich von Bolibing in der Renaka-Bucht an der Südseite des Ngami-Sees.

Einkieselung. Verschweissung der Quarz-Sandkörner. Quer durch die Abbildung vier zu einer Kette vereinigte Sandkörner. Die Interstitien sind erfüllt von schwach doppelbrechendem, sehr feinkörnigem Chalcedon von tridymitartigem Habitus. Vergrösserung 60.

Fig. 3, Seite 86.

Chalcedon-Sandstein der Renaka-Schichten vom Kap Renaka an der Südseite des Ngami-Sees.

Einkieselung. Die Quarz-Sandkörner sind durch schwache Ausheilung mit viel winzigen Subindividuen mehrfach mit einander verwachsen, wodurch Formen entstehen, die für freie Sandkörner unmöglich sind. In den Interstitien schwach doppelbrechender, sehr feinkörniger Chalcedon. Vergrösserung 60.

Fig. 4, Seite 78.

Chalcedon-Sandstein, Uebergangsgestein der untersten Renaka-Schichten aus der Renaka-Bucht an der Südseite des Ngami-Sees.

Einkieselung. Die direct aus der Grauwacke der Chanse-Schichten herstammenden Quarz-Sandkörner zeigen Ausheilung durch Krystallspitzen.

besonders das mittelste Korn in der Abbildung. Alle Sandkörner sind von Säumen von Mikroachat ganz umgeben, der im auffallenden Licht weiss erscheint. Die Interstitien sind erfüllt von ganz klarem feinfaserig-feinbüscheligem Chalcedon. Vergrösserung 60.

Fig. 5 und 6, Seite 76 und 79.

Chalcedon-Sandstein der Botletle-Schichten östlich von Totin im Bett des Ngami-Flusses.

Einkieselung. Die Interstitien zeigen sich im zerstreuten Licht in Fig. 5 von Opal „mit körnigem Zerfall" erfüllt, der vom Rand bis zum Centrum keinerlei Verschiedenheiten aufweist. Zwischen gekreuzten Nicols aber in Fig. 6 zeigen die äusseren Partien der Interstitialmassen kräftige Aggregatpolarisation. Vergrösserung 60.

Tafel III.

Fig. 1 bis 5, Seite 95, 74, 80.

Verkieselte Kalkstein-Breccie; Uebergangsgestein am Schutt von Kalkstein der mittleren Ngami-Schichten aus der Renaka-Bucht an der Südseite des Ngami-Sees.

Verkieselung. Alle fünf Figuren zeigen Stellen nur eines Präparates. Vergrösserung 60.

Fig. 1: Ein „plastisch"-körniges Geflecht von länglichen Calciten ist völlig verkieselt.

Fig. 2: Ein grob radialstrahliges Aggregat von Calciten ist völlig verkieselt.

Fig. 3: Völlig verkieselter Kalkstein; die Masse ist ein trübes gekröseartiges Geflecht von Strängen von Chalcedon mit kleineren Partien von reinem Chalcedon; einige an Eisenhydroxyd reichere Flecke.

Fig. 4: Völlig verkieselter, schwach sandiger Kalkstein; die Stränge von Chalcedon erinnern mit ihren Krümmungen und Windungen an Skelette von Lithistiden; die hellen Stellen in der Abbildung sind meist reiner Chalcedon, seltener Quarz-Sandkörner.

Fig. 5: Bindemittel der Breccie, bestehend aus Quarz-Sandkörnern (vier vom Rande her in die Abbildung hineinragend) und einem Aggregat von Pseudomorphosen von Chalcedon nach Rhomboedern von Calcit (oder Dolomit); die dunkleren Flecke in der Mitte der Pseudomorphosen werden erzeugt durch etwas trüben Chalcedon in sehr feinen concentrischen Schalen.

Fig. 6, Seite 75.

Brecciöser Dolomit-Sandstein der Botletle-Schichten nordwestlich von der Pfanne Garu unter 20° s. Br. in Deutsch-Süd-West-Afrika.

Die Abbildung stellt ein Bruchstück von Dolomit dar, das aus Rhomboedern zusammengesetzt ist, die oft einen dunkelen, eisenhaltigen, thonigen Kern enthalten. Vergrösserung 60.

Tafel IV.

Fig. 1, Seite 77.

Halbverkieselter Kalk-Sandstein der Botletle-Schichten von Meno a kwena am Ufer des Botletle-Flusses.

Die dunkelen Stellen der Abbildung sind dichter Calcit, die hellen sind Opal. In der Mitte der Abbildung um eine centrale Pore eine Partie von Opal, in der, wie auch an anderen Stellen der Abbildung, isolirte Büschel (Kegel) von stark doppelbrechendem Chalcedon liegen. Vergrösserung 60.

Fig. 2, Seite 99.

Halbverkieselter Dolomit mit Lagen von fast reinem Chalcedon aus den mittleren Ngami-Schichten der Kaikai-Berge.

Die Abbildung giebt eine Partie von Chalcedon mit reichlichem „Staub" von Dolomit-Rhomboederchen; einige Eisenglanzkryställchen. Vergrösserung 60.

Fig. 3, Seite 80 und 100.

Isolirte Pseudomorphose von Chalcedon nach einem Carbonspath aus einem schwach verkieselten Dolomit der mittleren Ngami-Schichten der Kaikai-Berge.

Die Pseudomorphose ist in Wasser zwischen fast gekreuzten Nicols photographirt. Vergrösserung 220.

Fig. 4, Seite 78.

Ausgeheiltes Quarz-Sandkorn aus dem Krystall-Sandstein der Botletle-Schichten vom Massarwa-Thal an der Südseite des Ngami-Sees.

Die obere ausheilende Krystallspitze zeigt genau dieselben Interferenz-Farben zwischen gekreuzten Nicols wie das untere Sandkorn, dabei aber doch bei schiefer Beleuchtung sehr feine gekrümmte, dem Umriss des Sandkorns parallele Anwachsstreifen; an der rechten Seite gehen Anwachsstreifen auch parallel der Krystallfläche. Vergrösserung 220.

Fig. 5, Seite 99.

Stark verkieselter Dolomit der mittleren Ngami-Schichten der Kai-kai-Berge.

Verkieselung. Die dunkleren Stellen der Abbildung sind Dolomit, die ganz hellen sind Chalcedon; um eine Pore im Centrum der Abbildung zunächst feinkörniger Dolomit, dann eine Zone von gröberkörnigem Dolomit, von der aus einzelne Krystallspitzen in den Chalcedon hineinragen. Vergrösserung 60.

Fig. 6, Seite 94.

Völlig verkieselter, contactmetamorpher, granathaltiger Kalkstein der mittleren Ngami-Schichten in der Reñaka-Bucht an der Südseite des Ngami-Sees.

Verkieselung. Grössere Rhombendodekaeder (von circa 0,07 mm Durchmesser) von farblosem Granat liegen gedrängt in klarem Chalcedon und sind umgeben von einer Zone von winzigen, aus Subindividuen zusammengesetzten Granaten; das Ganze liegt im Chalcedon. Vergrösserung 60.

VI. Ueber eine Discordanz zwischen Kreide und Tertiär bei Dresden.

Von Dr. Wilhelm Petrascheck.

Nördlich vom Dorfe Oberau durchsetzt die Berlin-Elsterwerdaer Eisenbahn in einem etliche Meter tiefen Einschnitt einen Höhenrücken, der aus diluvialem Schotter und Sand, aus oligocänem Thon und turonen Plänern aufgebaut ist. Sämmtliche Schichten sind in ihrer Ueberlagerung entblösst und jetzt in Folge von Erweiterungsbauten für ein zweites zu legendes Geleis aufs Neue in frischem Anschnitte der Untersuchung zugänglich. Dieser Ort, in unmittelbarer Nähe der grossen lausitzer Verwerfung gelegen, gewinnt erhöhtes Interesse dadurch, dass er neben der Lausche in Sachsen der einzige Ort ist, an dem tertiäre Schichten die Kreide überlagernd angetroffen werden können. Die letzteren werden hier dargestellt durch Pläner mit *Inoceramus labiatus* Schloth., die ersteren durch lichtgrauen Thon, der namentlich an der Basis von grobem Sand erfüllt ist und überdies vereinzelte Knollensteine führt. Seine petrographische Beschaffenheit verweist ihn ins Oligocaen.

Der Pläner fällt unter 8—10° nach OSO. ein und wird discordant vom Tertiär überlagert. Dies lehrt ebensowohl die Gesammtansicht des langen Profileinschnittes, wie einzelne Stellen desselben, an denen der die Basis bildende thonige Sand über die nach oben thonig aufgearbeiteten Plänerbänke hinwegsetzt. Die Auflagerungsfläche zeigt einen flach welligen Verlauf, indem der oligocäne Thon in weite, 0,5 m Tiefe erreichende, in den Pläner-Untergrund eingesenkte Mulden eingreift. Kleine eckige Plänerbrocken findet man mitunter im Thone eingebettet. Die geschilderten Verbandverhältnisse schliessen die Möglichkeit, dass es sich hier um Sedimente handelt, die zwar tertiären Ursprungs sind, sich jedoch auf secundärer Lagerstätte befinden, aus.

Man kann wohl die Lagerungsstörung der Plänerschichten mit der in nur ca. 500 m Entfernung, im Streichen des Pläners gemessen, liegenden lausitzer Verwerfung in Zusammenhang bringen und somit auf das Alter dieser grossartigen Dislocation schliessen. Während für tektonische Störungen hercynischer Richtung am Harze von Koenen*) eine jungmiocäne Entstehung angenommen wird, lehrt das Profil übereinstimmend mit den

*) Jahrbuch der Preuss. geolog. Landesanstalt, 1893, S. 78.

Anschauungen anderer Autoren, dass an dieser Verwerfung die Bewegungen bereits in früherer Zeit begonnen haben müssen. Aus der Art des Auftretens von Basalten und Phonolithen beiderseits der lausitzer Ueberschiebung folgert Siegert*), dass die Terrainverhältnisse zur Zeit der Ablagerung des miocänen Braunkohlenbeckens von Zittau bereits den heutigen sehr ähnlich gewesen sein müssen, dass also nicht nur die Ueberschiebung bereits vorhanden war, sondern auch die Abtragung der Kreideschichten auf der lausitzer Platte weit vorgeschritten gewesen sein muss. Kalkowsky**) verlegt wegen des Vorhandenseins eines die aufgerichteten Plänerkalke von Weinböhla durchsetzenden Sandsteinganges, der seiner petrographischen Beschaffenheit nach oligocaenen Alters ist, den Beginn der Bewegungen an das Ende des Unteroligocaens. Das beschriebene Profil lehrt, dass dieser noch weiter zurückzuverlegen ist, dass nämlich die Bewegungen schon vor Ablagerung des Oligocaens Anfang genommen haben müssen. Ob die Ueberschiebung selbst bereits zu dieser Zeit fertig gebildet war, oder ob dieselbe erst wenig später erfolgte, wie Kalkowsky daraus schliesst, dass der Sandsteingang zerbrochen und die beiden Theile desselben um etwas über 6 m aneinander verschoben wurden und zwar so, dass die Harnischstreifung der Verschiebungsfläche senkrecht zur lausitzer Dislocationsfläche steht, ist nicht zu entscheiden. Der Umstand, dass im erwähnten Eisenbahneinschnitt das Oligocaen sich in schwebender Lagerung befindet, schliesst weitere Bewegungen nicht aus.

Von Wichtigkeit für die Präcisirung des Endes der die lausitzer Ueberschiebung bewirkt habenden Krustenbewegungen ist das durch Beck und Hermann***) mitgetheilte Auftreten eines, die an der Verwerfung heraufgebrachten jurassischen Kalksteine quer durchsetzenden Ganges von Feldspathbasalt, der sich bis in den Granit hinein erstreckt. Da die Basaltdecken der Lausitz das Oberoligocaen überlagern, das Miocaen aber unterteufen, kann man folgern, dass die Störungen auf der lausitzer Verwerfungsspalte spätestens zu Beginn des Miocaens ihr Ende erreicht haben.

Will man auf Grund des geschilderten Profils annehmen, dass auch die Ueberschiebung schon vor der Ablagerung des Oligocaens erfolgt sei, so führt das Vorhandensein des Sandsteinganges zu der weiteren Annahme, dass die Pressungen an der Verwerfungskluft noch länger andauerten und das Aufreissen der Gangspalte zur Folge hatten. Ihre Richtung liegt innerhalb derjenigen des muthmasslich wirkenden Druckes. Dies erfolgte innerhalb des Oligocaens. Später müssten auf derselben Verwerfungskluft neue Bewegungen stattgefunden haben, die die Verschiebung des Ganges verursachten. Dass auf einer Dislocationsspalte zu verschiedenen Zeiten Zerreissungen und Verschiebungen eingetreten sind, ist eine wiederholt erwiesene Thatsache. Vielleicht kann man in gewissen seismischen Erscheinungen die Aeusserung noch heute andauernder Spannung erblicken†).

Da man in der Regel die Entstehung der Randbrüche der böhmischen Masse mit der Faltung der Alpen in Beziehung bringt, sei daran erinnert, dass dieselbe, soweit sie auch postcretacischen Alters ist, sich ebenfalls in verschiedenen Phasen vollzogen hat. Bekanntlich lässt sich die lausitzer-

*) Erläuterungen zu Section Zittau, S. 23.

**) Abhandlungen der naturwiss. Gesellschaft Isis. 1897, S. 86.

***) Erläuterungen Section Hinterhermsdorf-Daubitz, S. 42.

†) Vergl. Credner, Zeitschrift für Naturwissenschaft. Bd. 50 (1877). S. 287.

sudetische Verwerfung selbst noch im östlichsten Böhmen nachweisen. Hier, wo sie nach Süd umbiegt, wird sie von parallelen Brüchen begleitet. Ueber den von Geiersberg nach Böhm. Trübau streichenden Hauptbruch greift, wie auf Krejči's geologischer Karte von Böhmen dargestellt ist, das Miocaen hinweg, woraus ebenfalls folgt, dass der Bruch älter als miocaen ist. Für den Pottensteiner Parallelbruch hingegen wird von Hinterlechner*) ein sehr jugendliches, vielleicht sogar quartäres Alter angenommen, ein Beweis dafür, dass auch in dieser Gegend auf der sudetischen Bruchlinie Krustenbewegungen sich in verschiedenen Phasen vollzogen haben.

Sicher erwiesen ist für Sachsen bis heute nur, dass schon vor Ablagerung des Oligocaens im Gebiete der heutigen lausitzer Verwerfung Lagerungsstörungen stattgefunden haben, dass die Spannung während des Oligocaens anhielt und dass vor der Ablagerung des Miocaens nicht nur die Ueberschiebung stattgefunden hat, sondern auch beträchtliche Abtragungen auf dem nördlichen Theile erfolgt sind.

Dresden, Mineralogisch-geologisches Institut der Königl. Sächsischen Technischen Hochschule, Juli 1901.

*) Jahrbuch der K. K. geolog. Reichsanstalt, 1900, S. 610.

VII. Ueber ein Steinbeil von Halsbach.

Von Dr. A. Frenzel.

Im April 1901 wurde bei dem Ackerstürzen eines dem Rittergut Halsbach zugehörigen Feldes ein Steinbeil aufgefunden. Ein elfjähriger Knabe fand bei dem Steinelesen das Beil, welches ihm, seiner Form und Glätte wegen, auffiel und nahm es deshalb mit nach Hause. Der genaue Fundort ist auf dem beigegebenen Kärtchen durch ein + bestimmt. Die Angehörigen des Knaben — der Vater ein Bergarbeiter — hielten den Fund für einen Wetzstein, wie sich solcher die Landleute zum Schärfen ihrer Sensen und Sicheln bedienen. Indessen erkannte doch ein älterer Bruder des Finders, ein Schüler der Königl. Freiberger Bergschule, das Object für ein Steinbeil und brachte es mir zur Ansicht.

Nord

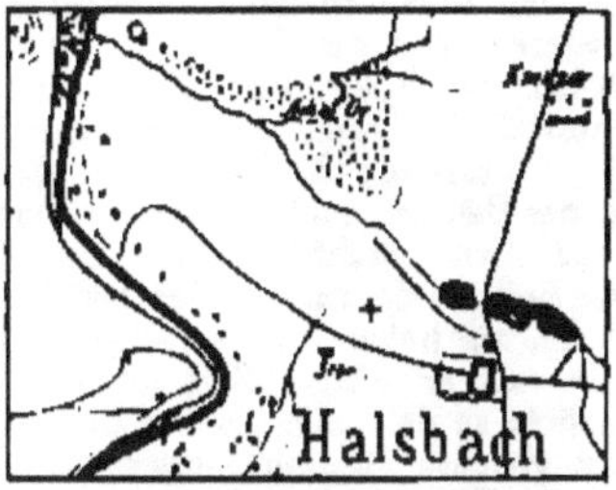

1:25000.

Der Ort Halsbach, den Mineralogen durch den Achatgang mit seinem schönen Korallenachat bekannt*), liegt am rechten Muldengehänge, etwa ½ Stunde östlich von Freiberg. Der Ort wird hauptsächlich von Berg- und Hüttenarbeitern bewohnt, welche in kleinen Häuschen wohnen, die an dem Gehänge wie angeklebt erscheinen. Der Untergrund wird von Gneiss gebildet. Darüber lagert als Ackerboden diluvialer Gehängelehm. Es ist nicht das erste Mal, dass man in Freibergs Umgebung ein Steinbeil auffand. Das Museum des Freiberger Alterthumvereins besitzt bereits vier Exemplare aus der Freiberger Gegend, zu welcher Sammlung das Halsbacher Beil als fünftes hinzukam.

Ueber diese Beile kann Folgendes bemerkt werden:

1. Eingang 26. Februar 1876. Finder Ingenieur Paul Siede aus Grossschirma (eingeliefert durch Obersteiger Teuchert auf Kurprinz). Gefunden in den Wiesen hinter dem Gasthof von Gaumnitz in Grossschirma. Grosses Beil mit Durchbohrung. Länge 17 cm, Schneidenbreite 7 cm. Professor Kreischer schlug seiner Zeit einen Splitter behufs Herstellung eines Dünnschliffes ab, wobei sich das Gestein unter dem Mikroskop als

*) Siehe H. Müller: Die Erzgänge des Freiberger Bergrevieres, 1901, 226.

ein Hornblendeschiefer ergab. Professor Dr. Beck, dem neuerdings der Dünnschliff vorgelegt wurde, bezeichnete das Gestein als einen Biotit führenden Amphibolit.

2. Eingang 5. Mai 1876. Geschenk des Bergakademikers, jetzigen Betriebsdirectors Wengler. Streitaxt, aufgefunden bei dem Ausgraben eines Schlämmteiches für die alte Thurmhofer Erzwäsche von Himmelfahrt, zwischen dem Thurmhofschacht und der Frauensteiner Strasse, bei dem dortigen ehemaligen hohlen Weg. Das Beil zeigt Durchbohrung, ist aber leider von den Arbeitern damals zerschlagen worden. Das Museum besitzt den vorderen Theil des Beiles mit der Schneide; derselbe hat eine Länge von 10 cm. Die Flächen des Beiles sind sehr glatt, die Structur des Gesteinmaterials feinkörnig, weniger schiefrig als bei den anderen vier Beilen.

3. Eingang 25. Juni 1876. Schenker Oberlieutenant Vollborn. Ein kleines Beil von schöner Form, Schneide gut erhalten, dagegen das andere Ende etwas beschädigt. Die Länge beträgt $8^1/_4$ cm, Schneidenbreite 5 cm. Das Beil wurde aufgefunden bei der kleinen alten Halde unterhalb Reiche Zeche, am linken Muldenthalgehänge. Es besteht gleichfalls aus Amphibolit mit schiefriger Structur und ist dem Beil von Halsbach überaus ähnlich, so dass man zu der Meinung kommen kann, diese Beile sind aus dem gleichen Material hergestellt.

4. Eingang 8. März 1884. Schenker Rittergutsbesitzer Karl Philipp Steyer in Naundorf. Die Hälfte eines Steinbeiles, aufgefunden auf Naundorfer Flur. Das Beil hat Durchbohrung und misst von der Schneide bis zur unteren Bohrfläche 3,5 cm. Es besteht gleichfalls aus Amphibolschiefer.

5. Das eingangs gedachte Beil von Halsbach ist ohne Durchbohrung und besitzt die aus der beigegebenen Abbildung ersichtliche Form, es hat eine Länge von 9 cm und misst an der breitesten Stelle 4,5 cm. Eine vorzügliche Photographie, von dem Photographen Saemann in Freiberg hergestellt, giebt ein höchst getreues Bild des Beiles. Die Farbe des Beiles auf frischem Bruche ist sehr dunkel, schwärzlichgrau, dagegen zeigt das Beil eine hellgraue Verwitterungsrinde, die es durch das wohl Jahrtausend lange Liegen in dem Gehängelehm erhalten hat. Legt man das Beil in Wasser, so lassen sich dann gut die zwei Gemengtheile, die dunkelgrüne Hornblende und der weisse Plagioklas, unterscheiden, auch Eisenkieseinsprenglinge kann man gewahren.

1/2 der natürl. Grösse.

Ein abgeschlagener Splitter zu einem Dünnschliff verwendet, wurde nach dem mikroskopischen Befunde durch Herrn Professor Dr. Beck als Amphibolit erkannt.

Auch die vorgeschichtlichen Menschen, die einstmals unser Muldenthal bewohnt oder durchstreift haben, werden ihr Material zu den Beilen und Meiseln nicht weit her geholt haben. Amphibolite finden sich vielfach als Einlagerung im Gneisse und auch aus der Freiberger Gegend sind dergleichen bekannt. Man denke an die „Diorite" von Halsbrücke und aus dem Stadtgraben von Freiberg (Schwedensteine, durch Springen einer Belagerungsmine emporgekommen); auch der im hiesigen Obermarktpflaster eingelassene Stein, auf welchem der Richtklotz des Prinzenräubers Kunz von Kaufungen gestanden haben soll, ein Wahrzeichen Freibergs, ist Amphibolit.

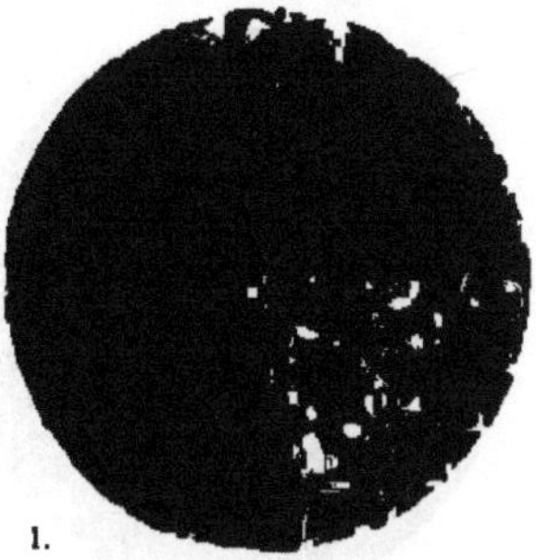

1.

2.

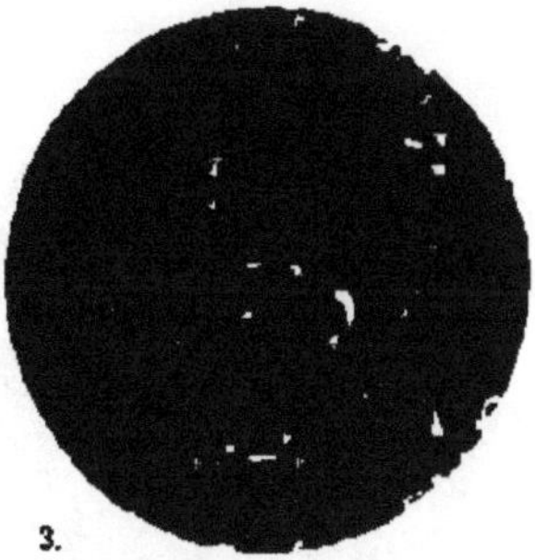

3.

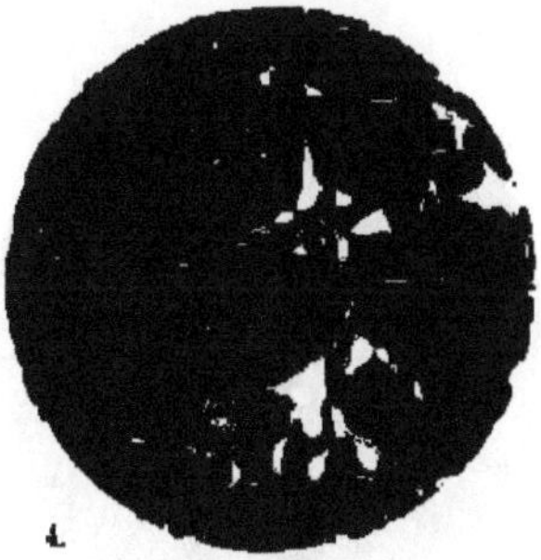

4.

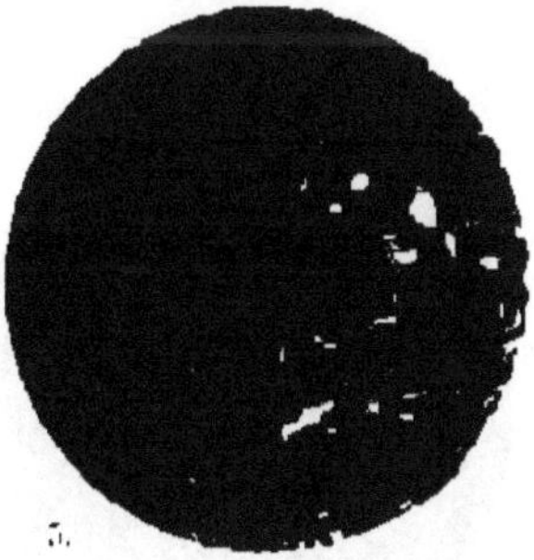

5.

6.

Phot. v. Verf.

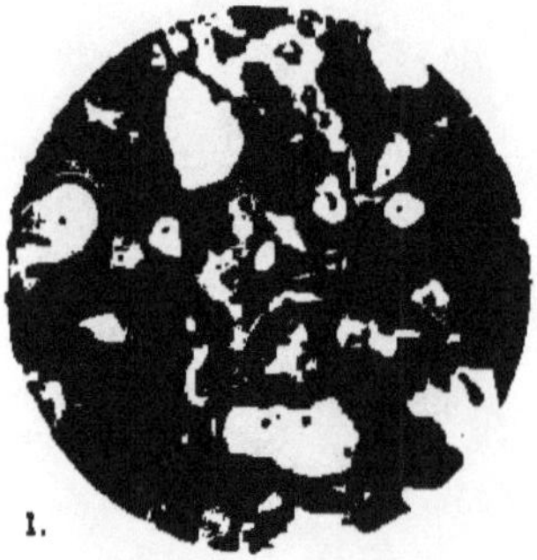

1.

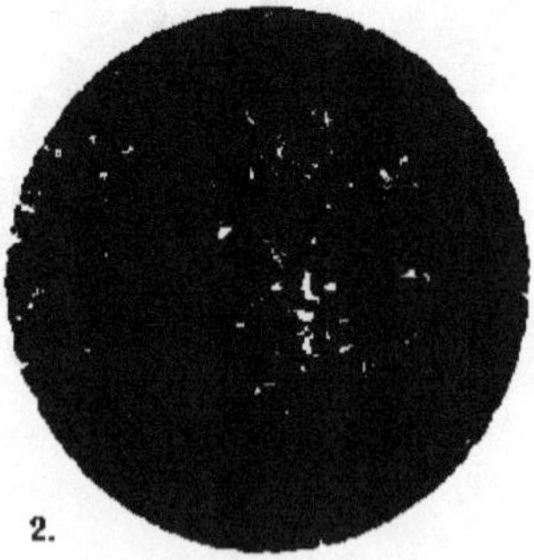

2.

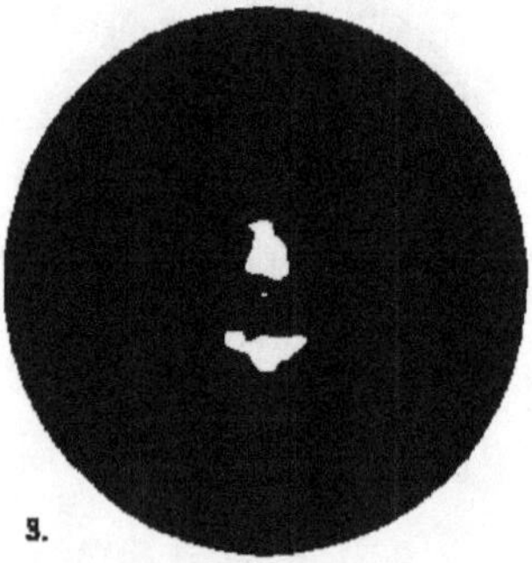

3.

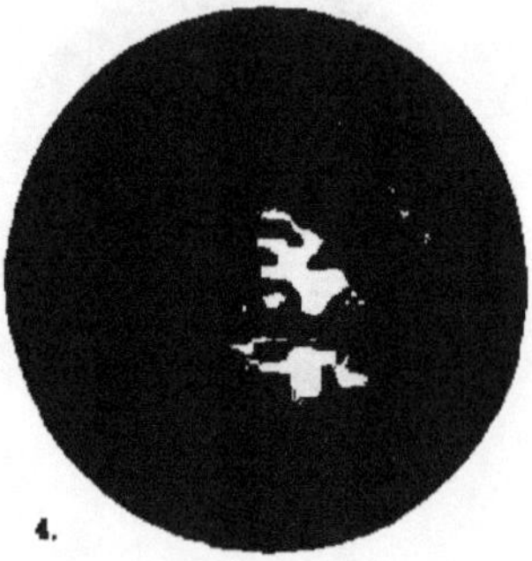

4.

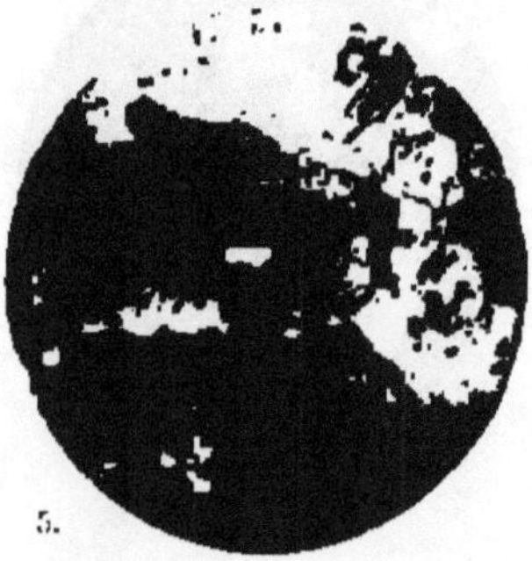

5.

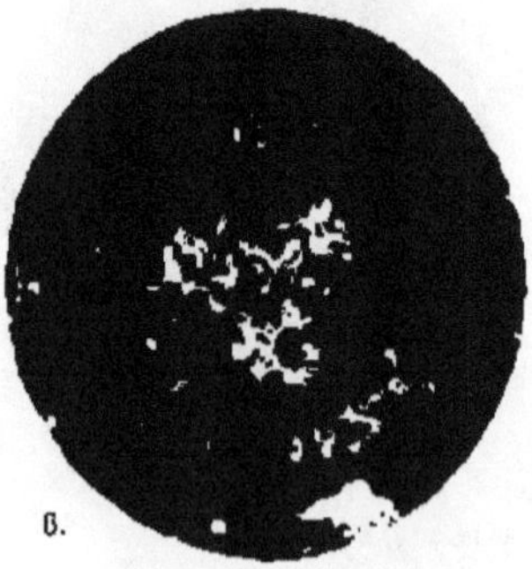

6.

Phot. v. Verf.

www.ingramcontent.com/pod-product-compliance
Lightning Source LLC
Chambersburg PA
CBHW020851210326
41598CB00018B/1632
* 9 7 8 3 7 4 1 1 7 2 0 8 3 *